はじめに

コンピュータが知能を持てば，人間に代わってさまざまな問題を解決したり，仕事をしてくれたりして便利になることでしょう．この知能についてですが，コンピュータの中にある知能は，人工的に作られたものであるため，70年ほど前から人工知能と呼ばれるようになり，1つの優秀な技術からなるのではなく，数多くの計算方法やアルゴリズムが組み合わさっています．

本書では，多くの人工知能の本で扱われている方法だけでなく，あまり扱われないような範囲まで興味の幅を広げて，アルゴリズムを紹介しています．そして，アルゴリズムの基本となる考え方を，難しくなりすぎないように説明し，その使い方を試せる45の例題とともに紹介しています．

アルゴリズムという無限にある手法を，野山を探検するような気持ちで体験いただき，得られた知識という宝物を持ち帰っていただけるとうれしく思います．

2023年5月
牧野 浩二

＜本書サポートページのご案内＞

試すためのプログラムや誤記訂正，追加情報はこちら

`https://interface.cqpub.co.jp/2023ai45/`

試せる45！人工知能アルゴリズム全集

第1部　アルゴリズムを試す準備

第2部　いろいろな人工知能

第9部 「音」認識人工知能の作り方

本書は『Interface』誌 連載「人工知能アルゴリズム探検隊」および，『Interface』誌に掲載した記事を編集したものです．

第1章 アルゴリズムを知っていた方が良い理由

牧野 浩二

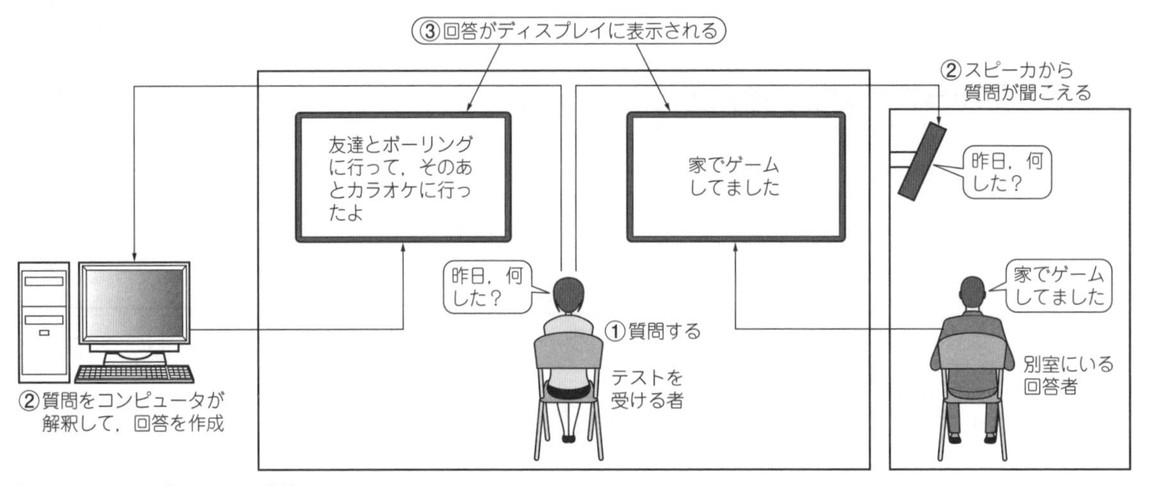

図1 チューリング・テストの方法

人工知能(AI：Artificial Intelligence)とは一体何でしょう．これにはいろいろな定義がありますが，有名な話の1つに，数学者のチューリング(1950年ころ)はコンピュータに知能があるかどうかを調べるためのテスト(チューリング・テスト)を提案しました．

ただし，反論も多数ありますので，以後はこれが絶対というわけではない点に注意しながら読み進めてください．

● 知能の有無を調べるチューリング・テスト

チューリング・テストは，**図1**のように2つのディスプレイの前にテストを受ける人が座り，いろいろな質問をします．1つのディスプレイに表示される返信は人間によるもので，もう1つのディスプレイに表示される返信はコンピュータによるものです．質問した人が回答を見て，コンピュータがどちらかを当てられるかというテストです．

70年ほど前にこのようなテストが考案され，今でも納得してしまうようなテストですね．最近は「質問はチャットで！」というウェブ・サイトが増えました．これらは，かなりの精度で質問に答えてくれていますので，人間が回答してくれているような錯覚におちいるときもあります．

● 人工知能に明確な定義はない

では，受け答えができれば人工知能といってよいのでしょうか．人間は受け答えだけするわけではなく，例えば，

- 状況を見て次の行動を決める
- 物事のつながりを理解して文章を理解する
- 絵や歌などの創作活動をする

というように，人間らしい行動というものはたくさんあります．そのため，これができたら人工知能の完成といった定義はないのです．

● どのようなものかを説明したものはある

例えば，人工知能学会が作成したAIマップβ 2.0[1]というものがあり，これを読んでいただけると人工知能についてより深く理解できます．

この資料はとても分かりやすく，かつ人工知能の専門家が作っているため信頼性が高いです．章末コラムではこの資料の一部を抜粋して説明します．

なお，本書では人工知能と表記しますが，AIマップβ 2.0を使った説明をする際は，その表記に合わせ人工知能のことをAIと呼ぶこととします．

● 文部科学省の科学技術項目にも説明がある

文部科学省の「見てみよう科学技術」の中の話題に「AIってなに？」[2]といったものがあり，下記の説明がなされています．

> AIとは人工知能（Artificial Intelligence）の略称．コンピュータの性能が大きく向上したことにより，機械であるコンピュータが「学ぶ」ことができるようになりました．それが現在のAIの中心技術，機械学習です．
>
> 機械学習をはじめとしたAI技術により，翻訳や自動運転，医療画像診断や囲碁といった人間の知的活動に，AIが大きな役割を果たしつつあります．
>
> 文部科学省では，AIが私たちの生活にもっと使われて便利になるように，理化学研究所のセンターなどでAIの基本となる数学やアルゴリズムの研究を進めています．

人工知能はある1つの技術やアルゴリズムでできているのではなく，さまざまな技術や方法でできています．

現在はディープ・ラーニング（深層学習）が人工知能を作るうえで大きな役割を果たしていますが，それ以外のアルゴリズムも人工知能を作るうえで重要な役割を果たしています．

知らないとこうなる

人工知能は先に述べたように，多くの技術や方法から成り立っています．これらの技術や方法を使うだけならば専用のツールを使えば何かしらの答えが出てきます．

しかし，アルゴリズムを知らない場合は，間違った解釈や分析をすることになり，実際には役に立たないといったことになります．ここでは2つの例を見てみましょう．

● 例1…クラスタ分析

データが似ているかどうかをうまく計算で求めて，指定した数のグループに分けることができるクラスタ分析という方法があります．これは，どんなデータであっても必ず分けることができるので便利ですが，時には意味のないデータとなることがあります．

▶問題設定

例えば，以下のようなスマートフォンに関するアンケートを採ったとします．

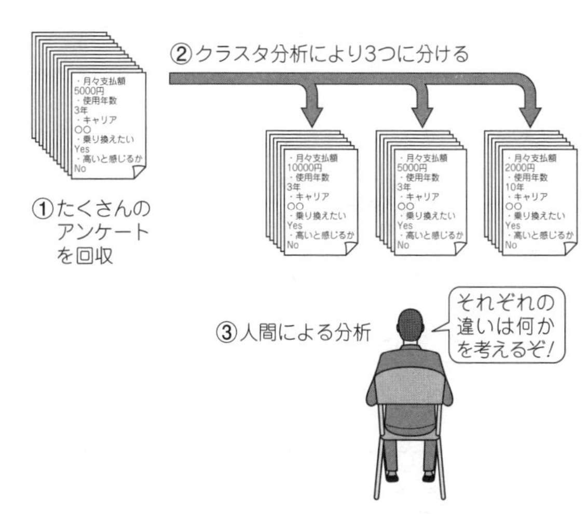

図2　クラスタ分析では分類理由は人間が考える

- 月々支払額
- 使用年数
- キャリア
- 乗り換えたいと思うか
- 高いと感じるか

次に，そのアンケート結果をまとめるために，回答した人を3つのグループに分けることを考えます（**図2**）．

▶アルゴリズムを知らずに分析するとこうなる

クラスタ分析では，3つに分かれた理由は人間が考える必要があります．アルゴリズムを知らないまま理由を考えようとすると，結果をうまく活用できずに，支払額によって3つに分けることができたとか，キャリアによって3つに分けることができたといった，何のひねりもない結果しか読み取れないことになります．

▶クラスタ分析をしっかり行うための肝

まず，分かれた理由を考えるにあたり，何のために3つに分けるのかといった仮説が必要となります．次に，その仮説に従って人間がデータを見ながら分析するといった手順を踏みます．

ここでの仮説とは，月々の支払額が高くても使用年数が長ければ乗り換えたいと思わない人が多いであろうといったものです．そして，3つに分かれたデータの詳細を見てその傾向が本当にあるのか，そして，その背景にある原因は何かといったことを考えることを行います．

こう聞くと難しそうですが，どういう仕組みでクラスタ分析が行われているのかといったアルゴリズムを知っておくと，仮説を立てやすくなったり，分析をしやすくなったりします．

▶分類できない（しにくい）データもある

例えば，**図3（a）**，**図3（c）**のようなデータは普通の

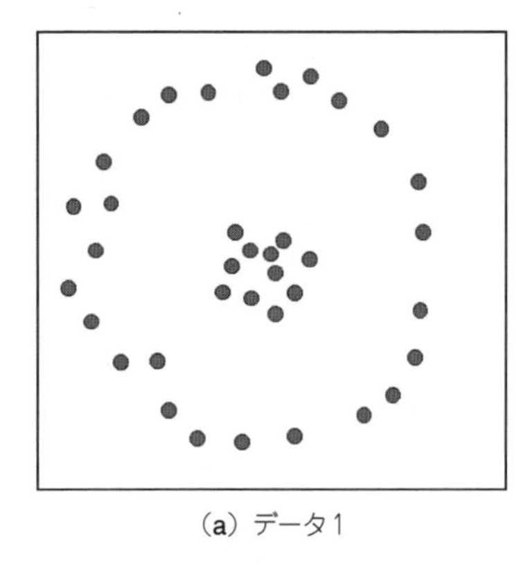

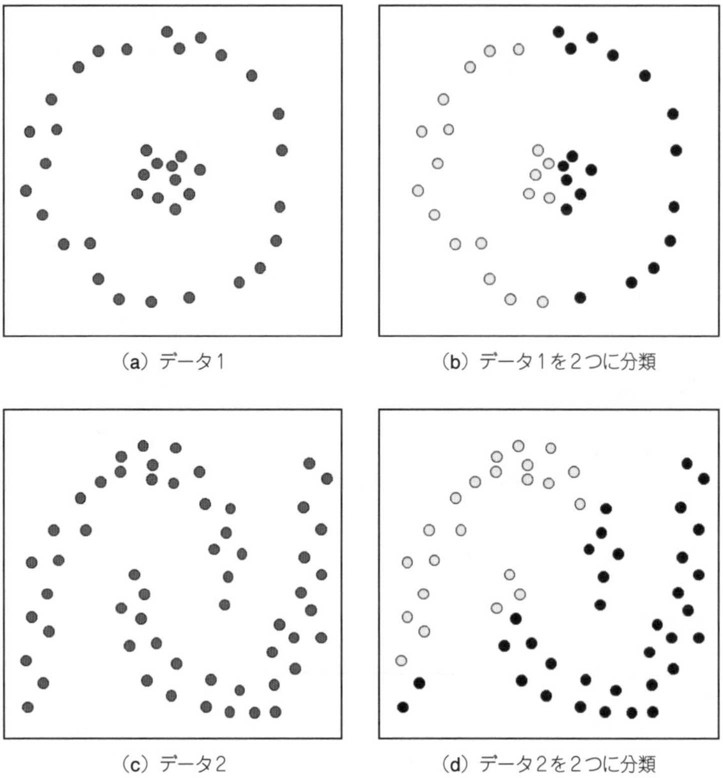

(a) データ1

(b) データ1を2つに分類

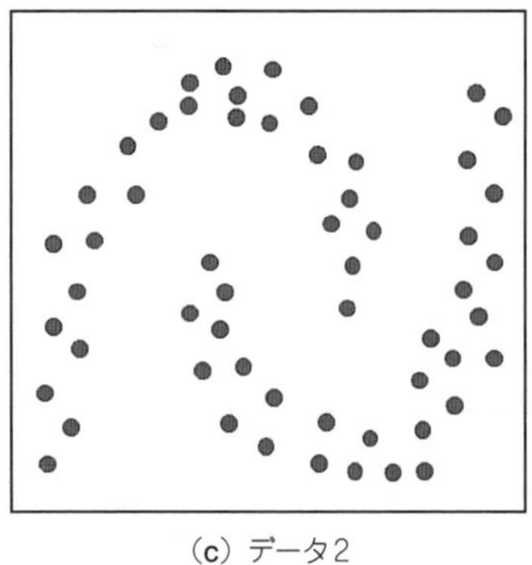

(c) データ2

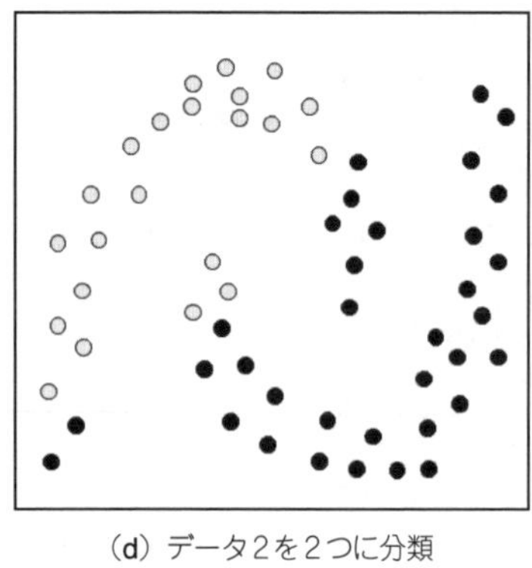

(d) データ2を2つに分類

図3　データ1とデータ2はクラスタ分析で2つに分類できない

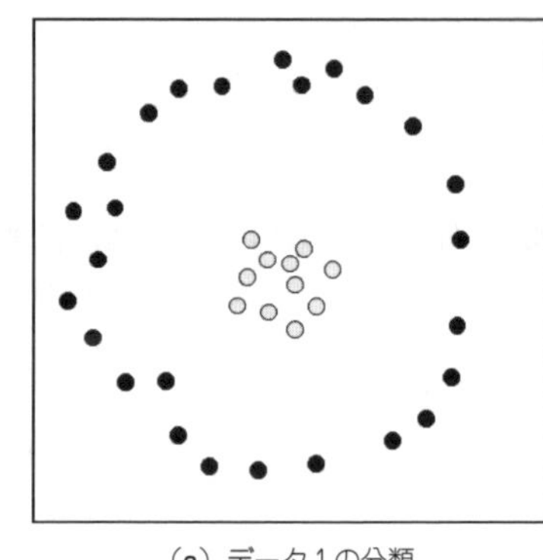

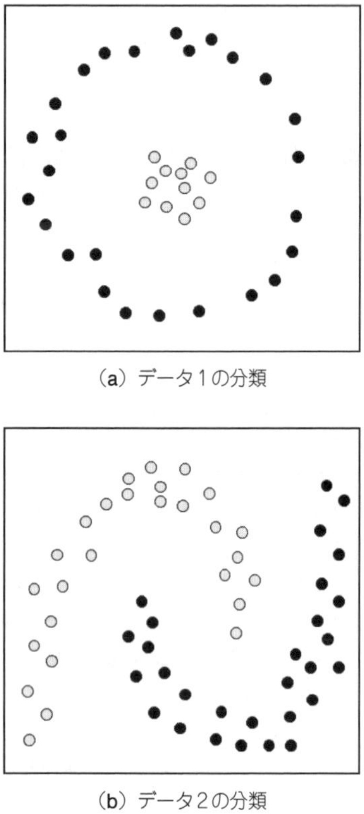

(a) データ1の分類

(b) データ2の分類

図4　アルゴリズムを拡張することでこんな分類もできる

クラスタ分析で2つに分けることはできません．これは，アルゴリズムを知っていれば納得できるものです．しかし，3つ以上の項目のあるデータの場合は，**図3**のような散布図で表すことができません．

以上のように，分析に入る前にはアルゴリズムの特性を知って，分析するデータが**図3**(a)，**図3**(c)のようなデータになっていないことを推測する必要があります．

なお，拡張した特別なアルゴリズムを使うことで**図3**(a)，**図3**(c)を**図4**(a)，**図4**(b)のように分類することもできます．

● 例2…サポート・ベクタ・マシン

サポート・ベクタ・マシンという方法は，うまく調整すれば，与えられたデータを100%分けるルールを作ることができます．

まずは，サポート・ベクタ・マシンがどのようなものかを簡単に説明すると，サポート・ベクタ・マシンでは2つのデータが**図5**のように分布しているデータを分ける線を引くルールを作るためのアルゴリズムです．そして，どちらのデータか分からないデータを入力したときに，作成したルールに従って，どちらに分類されるかを調べることができます．一方で，**図6**はランダムに配置した2つのデータを2つに分けた例です．この2つのデータには全く関連性がないため，完ぺきに2つに分けることはできていますが，このルールには何の意味もありませんね．

▶間違った使い方の例

ここでは例として，血液検査を考えます．血液検査を行うと，さまざまな検査項目の値が得られます．この血液検査の結果を大量に集めて，実際には血液検査に全く関連性がない病気であったとしても，病気かどうかを分類するルールを作ることはできます．

完ぺきなルールができたとなれば大発見ですが，これはちょうど**図6**のルールのように，集めたデータだけに対応したルールを作ったことに相当します．そのため，新しいデータをルールに従って分類した場合はうまく分類できないということになり，分類するルールができたからといって必ずしも使えるとは限らないのです．これはアルゴリズムを知っておけば，意味のある結果が出るようにうまく使いこなすことができるようになります．

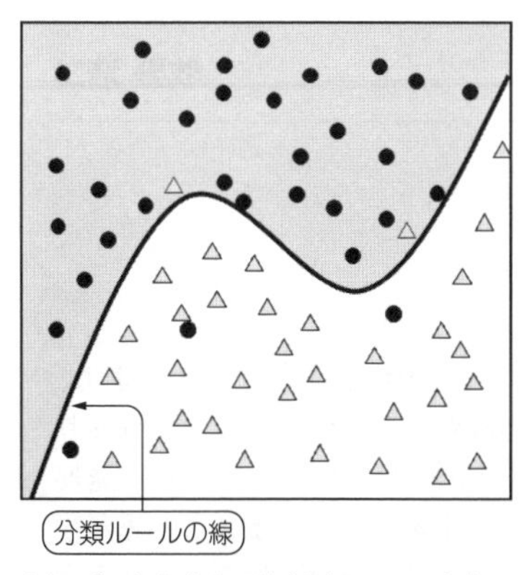

分類ルールの線

（a）データを分ける線を引くルールを作る

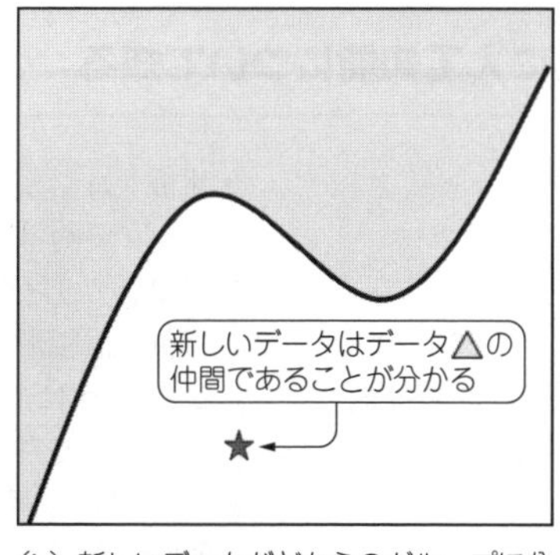

新しいデータはデータ△の仲間であることが分かる

（b）新しいデータがどちらのグループに分類されるかを調べられる

図5　サポート・ベクタ・マシンの特徴

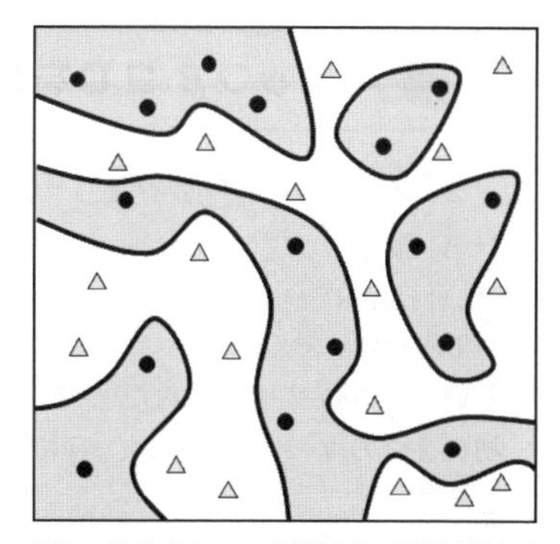

図6　うまく2つに分類できても関連性がない場合は新しいデータの分類に対応できない

本書のロードマップ

● 第2部…これだけは知っておきたい基礎

主成分分析やクラスタ分析といった，データ分析でよく用いられるアルゴリズムを，それぞれの使い方に合わせた例題を用いて説明しています．

● 第3部…小型ロボなど移動体向け

第3部以降は，カテゴリ別ではなく，解決する課題ごとにまとめました．例としてライン・トレース・ロボットを取り上げます．白い床に描かれた黒い線を白黒のセンサで検知して，黒い線に沿って移動するロボットに組み込むことのできるアルゴリズムを紹介します．

● 第4部…生命の動きをシミュレーション

人工生命と呼ばれるアルゴリズムを紹介します．これは，あるルールを与えるとあたかも生物が動き回るようなふるまいをみせるものです．

人工生命は人工知能の本では扱わないことが多くありますが，章末コラムで触れているAIマップにもあるように，人工知能のアルゴリズムの1つとしてみることもできます．ここまで紹介するのは，幅広い分野を扱う本書の特色の1つです．

● 第5部…センサ・データを例に分類アルゴリズムを試す

センサのデータを例に分類アルゴリズムを紹介します．紙幣を分類する方法を，実際のデータを取得するところから行います．人工知能はコンピュータの中だけにとどまりがちですが，実際に動作する電子工作との融合といった多方面への展開も行います．

● 第6部…ディープ・ラーニングと自走ロボ

センサではなく画像を使ってラインを判定する方法を紹介します．第3部でもライン・トレース・ロボットを扱いますが，これは電子工作とマイコンで試せる小さな人工知能でした．

第6部では，画像を使ってロボットを動かします．ディープ・ラーニングや深層強化学習を使います．

● 第7部…アンケート結果の解析と結果の読み取り

アンケートに焦点を当てて，それを分析する方法を紹介します．アンケートは集めたけれど，その活用の方法に苦労している方も多いと思います．

第7部では，人間にとって分かりやすくデータを分析して表示する方法を紹介するだけでなく，その読み取り方も併せて説明します．

● 第8部…ウイルス感染のシミュレーション

人や物事の結びつきを表すグラフ理論をもとにしたネットワークに関するトピックスを紹介します．ここでは，グラフ理論で明らかになった面白い性質（友達数名を経由すればアメリカ大統領につながる，うわさが爆発的に広がる仕組みなど）を紹介し，それを基に簡単なウイルス感染シミュレーションを動かしてみます．グラフ理論の入り口としても活用いただければ幸いです．

● 第9部…音から物体の種別を判定する

ディープ・ラーニングを使った音声認識に挑戦します．ディープ・ラーニングは多くのデータを使えば賢くなるのですが，データの集め方がうまくないとなかなか賢くなりません．

第9部では，データの集め方という他書ではあまり紹介されていない部分にも焦点を当て，実際に使える

コラム AIマップβ 2.0をもとに人工知能について知る　牧野 浩二

人工知能学会の作成したAIマップは，

- AI課題マップ
- AI技術マップ
- 研究会マップ

という3つのマップからなっています．ここでは最初の2つのマップを使ってAIについて説明していきます．

● AI課題マップ

まず，AIマップβ 2.0の11～12ページをご覧ください．

https://www.ai-gakkai.or.jp/pdf/aimap/AIMap_JP_20200611.pdf

これを見ると，課題は多岐にわたり，それぞれが複雑に絡み合っていることが分かります．

そして，AI課題マップでは課題を以下のように大きく6つに分けています．

- 予測/制御系
- 認識/推定系
- 生成/対話系
- 分析/要約系
- 設計/デザイン系
- 協働/信頼形成系

このように，AIが活躍する分野は数多くあり，まだまだたくさんの課題が残っていることも分かります．AIは成熟しつつある感もありますが，発展の余地がたくさんありますので，いまさらと思わずに興味のある分野に飛び込むためにぜひ，AIを学んでいただければと思います．

● AI技術マップ

AIマップβ 2.0の15ページ冒頭で以下のように述べられています．

> AI研究には多数の研究分野があり，それらは複雑に関連しあって進展している．そのため全ての研究分野の関連性を矛盾なく，1枚の図版に収めるのは困難である．そこで，異なる5つの観点からAI研究を捉えた5枚のマップを作成した．

ここでいう5枚のマップは以下です．

A．知能活動のフロー
B．技術と応用の相性を知り，次のターゲットを

ディープ・ラーニングを目指します．

● プログラムの実行環境

アルゴリズムを試すときにはそれぞれに適した方法があります．次章では「R」と「Processing」という2つのソフトウェアを紹介します．

◆参考文献◆

(1) AIマップβ 2.0，(社)人工知能学会．
https://www.ai-gakkai.or.jp/pdf/aimap/AIMap_JP_20200611.pdf
(2) AIってなに?，文部科学省．
https://www.mext.go.jp/kids/find/kagaku/mext_0008.html

まきの・こうじ

探す
C，基盤領域から手法・応用領域への展開
D，AI研究は多様 フロンティアは広大
E，AI研究の現在

ここではA，D，Eの3枚のマップをピックアップします．

▶ **A，知能活動のフロー**

AIマップβ 2.0の17ページを参照してください．このマップの中にたくさんある角丸や四角で囲まれた白抜き文字が，方法やアルゴリズムを示しています．そして，四角囲みの文字が分野を示しています．これを見ると，AI活動は多岐にわたっていることが分かります．

ここで注目すべきは，AIと人の関わりについてAI技術マップで最初に取り上げられている点です．AIは人間の能力以上の働きをするということを目指すだけでなく，人間との関わりを1番に考えている点が面白いですね．

▶ **D，AI研究は多様 フロンティアは広大**

AIマップβ 2.0の23ページを参照してください．AIに関連する方法やアルゴリズムが数多くあることが分かります．そして，以下のようにAIを大きく6つの分野に分類できることが分かります．

(1) 推論/知識/言語
(2) 発見/探索/創造
(3) 進化/生命/成長
(4) 人/対話/情動
(5) 身体/ロボット/運動
(6) 学習/認識/予測

人工知能に関する書籍では，(1)，(2)，(6)に関して取り上げるものが多くありますが，本書では，これに加えて(3)，(5)も取り上げており，幅広い分野となっています．

▶ **E，AI研究の現在**

25ページには，AIの基礎から応用に至るまでの方法やアルゴリズムがまとめられています．

例えば，左側に位置する基礎/理論には，グラフ理論が含まれています．これはAIには直接関係なさそうに思いますが，実は基礎となるものであることが分かります．

本書ではグラフ理論といったAIの本ではあまり扱わない分野まで踏み込んでいます．

<サポート・ページのご案内>

記事内容を試すためのプログラムや誤記訂正などはこちらから．
https://interface.cqpub.co.jp/2023ai45/

第2章

Rのインストールとプログラムの動かし方

牧野 浩二

リスト1　Rのプログラム例1…IRISデータを3つに分類する

```
> data = iris[,1:4]
> km <- kmeans(data,3)
> library(cluster)
> clusplot(data, km$cluster, color=TRUE, shade=TRUE,
                                labels=2, lines=1)
```

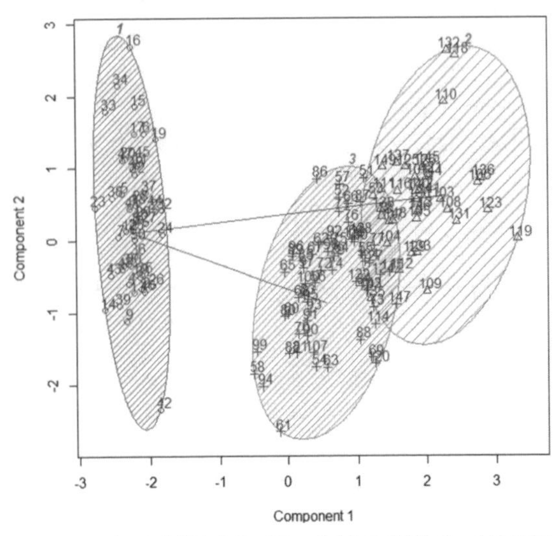

図1　Rはデータ分類も自動で行ってくれる（使用データはIRISデータ）

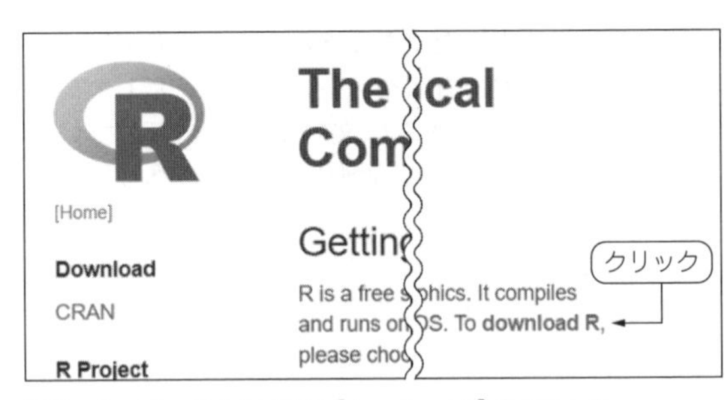

図2　ウェブ・サイトにある［download R］をクリック

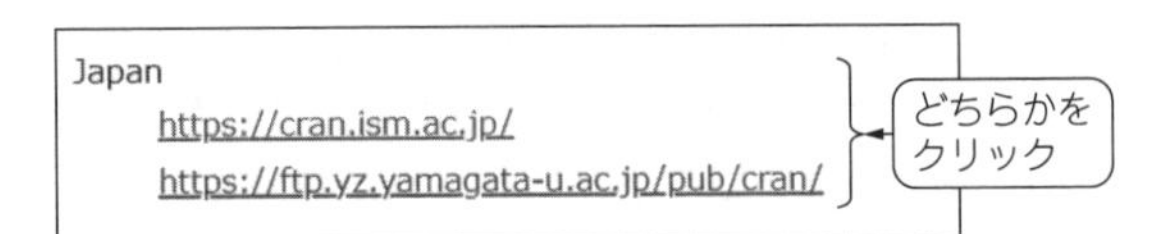

図3　Japanの下にあるリンクをクリック

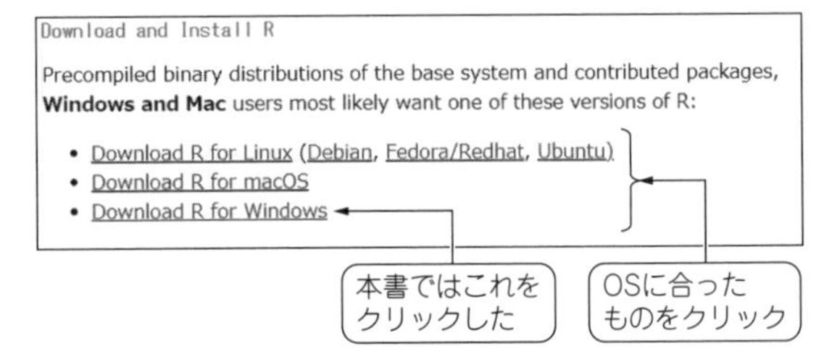

図4　使っているPCのOSに合ったものをクリック

統計や解析を行うためのソフトウェアはいろいろあります．一般的には，Excelでも統計や解析は行うことはできますが，高度な手法を組み込むことはなかなか難しいです．また，SPSSやMATLABは優秀ですが，高額（数十万円）です．

そこで，本書では統計解析ソフトウェア「R」を使います．このRは無料で使えてかつ，かなり高度なことまでできる優秀なソフトウェアです．

例えば，IRISデータと呼ばれる機械学習でよく使われる4種類の百合の花のデータを**リスト1**のような短いプログラムで自動的に3つに分けることもできます（**図1**）．

インストールする

● ダウンロード・データの入手

▶ステップ1：ウェブ・サイトにアクセス

まずは，**図2**に示すウェブ・サイト（https://www.r-project.org/）にある［download R］をクリックします．

▶ステップ2：国別に分けたリンクをクリック

図3が表示されたら，Japanの下にあるリンクをクリックします．

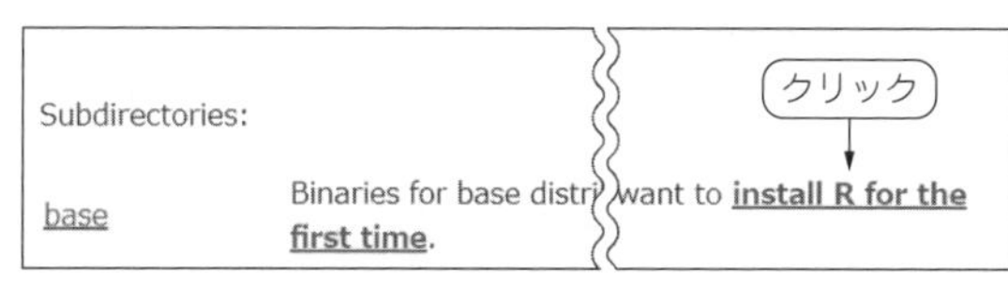

図5 「install R for the first time」をクリック

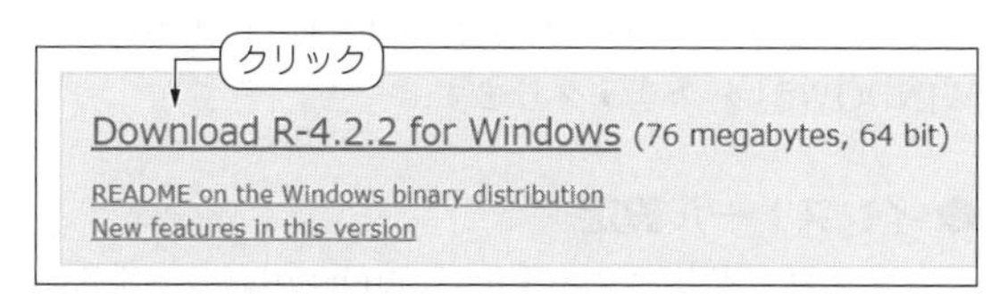

図6 ダウンロード用リンクをクリックすればダウンロードが始まる

図7 言語を選択したら［OK］をクリック

リスト2 Rのプログラム例2…値の代入と計算

```
> a <- 1      ← Ctlrキーを押しながらEnterキーを押す(以下同様)
> a
[1] 1
> b = 2
> b
[1] 2
> a+b
[1] 3
>
```

▶ステップ3：OSに合ったものをクリック

図4が表示されたら，お使いのOSに合わせてクリックします．本書では［Download R for Windows］をクリックします．

▶ステップ4：［install R for the first time］をクリック

そのあと表示される**図5**の［install R for the first time］と書かれたリンクをクリックします．

▶ステップ5：ダウンロード用リンクをクリック

やっと**図6**に示すダウンロードのためのリンクにたどり着きました．［Download R-4.2.2 for Windows］をクリックしてダウンロードを開始します．ダウンロードされるファイルは70Mバイト程度あります．

● インストール設定

ダウンロードしたファイルを実行するとインストールが始まります．まずは**図7**に示す言語の選択を行い，

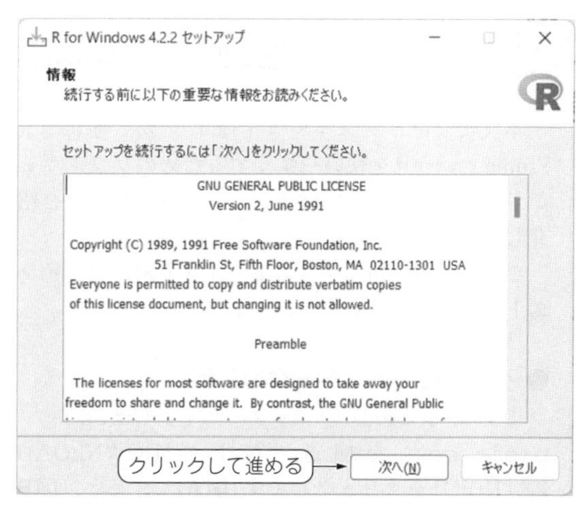

図8 言語の設定後はこのダイアログが表示される

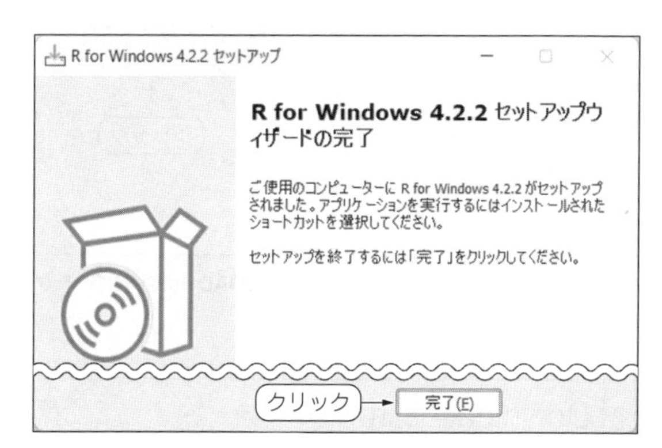

R for Windows 4.2.2 セットアップ
R for Windows 4.2.2 セットアップウィザードの完了
ご使用のコンピューターに R for Windows 4.2.2 がセットアップされました。アプリケーションを実行するにはインストールされたショートカットを選択してください。
セットアップを終了するには「完了」をクリックしてください。
クリック
完了(F)

図9 最後に［完了］をクリックすればRのインストールが終わる

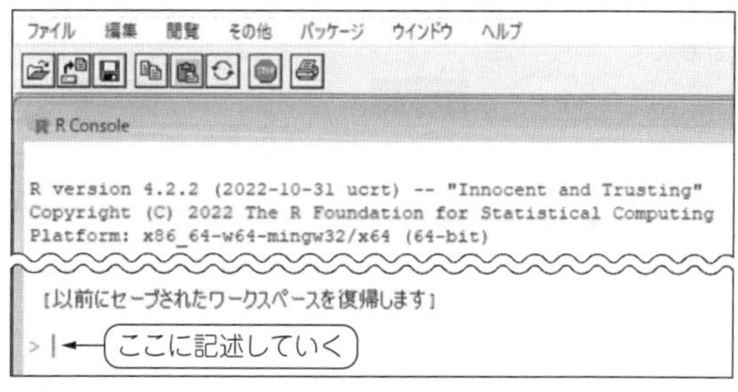

図10 プログラムはコンソールに記述していく

そのあと，**図8**のダイアログが表示されます．

これ以降は次のように進めます．

- 情報（先ほどのダイアログ）：次へ
- インストール先の指定：次へ
- コンポーネントの選択：次へ
- 起動オプション：いいえ（デフォルトのまま）を選択して次へ
- スタートメニューフォルダの指定：次へ
- 追加タスクの選択：次へ
- インストール状況：しばらく待つ

コラム Rをさらに便利にするR Studioの導入

牧野 浩二

本文でRをインストールしましたが，他にもR Studioという Rを使いやすくするためのソフトウェアがあります．ここではそのインストール方法を紹介します．

なお，R Studioをインストールする前にRをインストールしておく必要があります．

● ダウンロード・データの入手

まずは，R Studioのウェブ・サイト(`https://posit.co/`)を開き，右上の[DOWNLOAD RSTUDIO]をクリックします(**図A**)．すると，**図B**が表示されるのでFreeの下の[DOWNLOAD]をクリックします．

次に，**図C**が表示されたら，2の下にある[DOWNLOAD RSTUDIO DESKTOP FOR WINDOWS]をクリックします．

図A　ウェブ・サイト右上の[DOWNLOAD RSTUDIO]をクリック

図B　下にスクロールしてFreeの下の[DOWNLOAD]をクリック

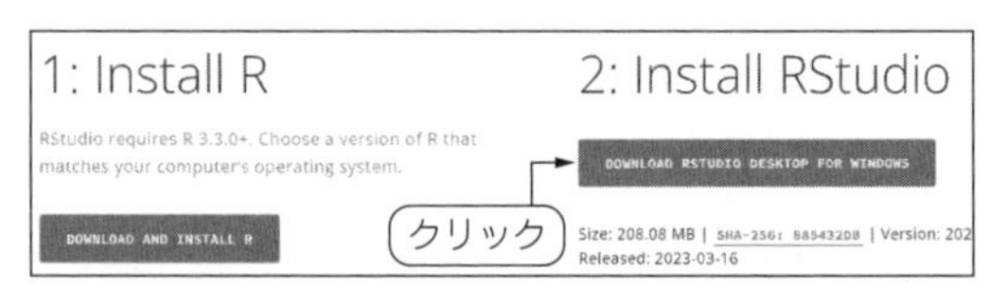

図C　2の下の[DOWNLOAD RSTUDIO DESKTOP FOR WINDOWS]をクリック

● インストール設定

ダウンロードしたファイル(RStudio-2022.12.0-353.exe，200Mバイト程度)を実行することでインストールを開始します．インストールが始まると**図D**のダイアログが表示されます．

図D　このダイアログが表示されたら[次へ]をクリックして進む

- R for Windows 4.2.2セットアップウイザードの完了：完了(**図9**)

起動してプログラムを実行してみる

● 起動と実行方法

実行はデスクトップに作成されたアイコンをクリックするだけで，**図10**が表示されたら起動は成功です．

Rでは，**図10**のコンソールにプログラムを書き[Ctrl]キーを押しながら[Enter]キーでプログラムを実行します．値の代入は<-を使うことが一般的ですが，＝でも代入はできます．

● 代入と計算のプログラム例

プログラム例を**リスト2**に示します．まず，aに1を代入するためのプログラムを書きます．そして，[Ctrl]キーを押しながら[Enter]キーを押すことで，このプログラムを実行できます．そのあと，aだけ入力して[Ctrl]キーを押しながら実行することでaの値が表示されます．

bについては，どちらでもできることを示すために，＝で代入しています．a＋bを実行することで，3と答えが表示されました．

まきの・こうじ

これ以降は次のように進めます．

- RStudioセットアップへようこそ：次へ
- インストール先の選択：次へ
- スタートメニューフォルダの選択：インストール
- インストール：しばらく待つ
- RStudioセットアップの完了：完了

● プログラムを実行する

R Studioを起動すると**図E**が表示されます．この図ではaに1を代入した後にbに2を代入し，a + bの結果を表示した結果を示しています．

R Studioを使うと右側に変数が表示されるので便利です．

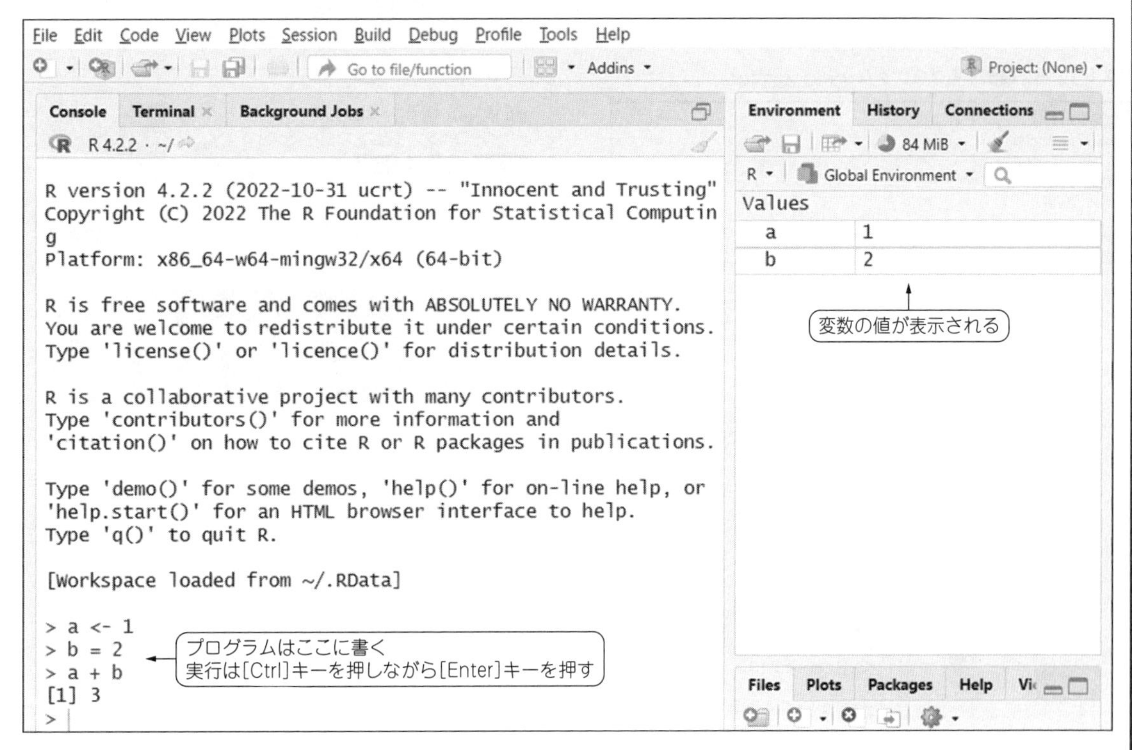

図E　R Studioのメイン画面
変数が右に表示されるので便利

<サポート・ページのご案内>

記事内容を試すためのプログラムや誤記訂正などはこちらから．
https://interface.cqpub.co.jp/2023ai45/

第3章

Processingのインストールとプログラムの動かし方

牧野 浩二

リスト1　円を描画するプログラム(basic.pde)

```
//最初に一回だけ実行される部分
void setup() {
}
//繰り返し実行される部分
void draw() {
  ellipse(50, 50, 100, 75);
}
```

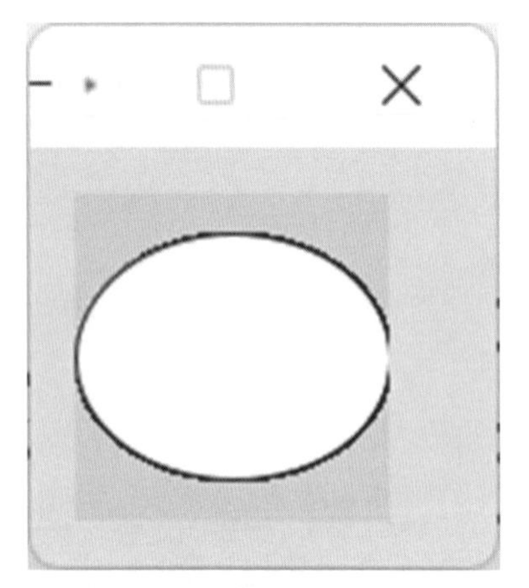

図1　Processingで描画した円

特徴…ウィンドウ上に図形を簡単に描画できる

人工知能のアルゴリズムを試す際に，実行結果をウィンドウ表示したり，線や円を描いたり，マウス，キーボードを使ったりするには，複雑なプログラムを組む必要があります．Processingは，これらをできるだけ簡単に行うことのできるプログラミング言語です．

● 円の描画

まずはProcessingの便利さを体験してみましょう．**リスト1**のプログラムを実行すると，**図1**に示すような円を描画できます．このように，とても簡単に使え，さらに機能も充実しています．

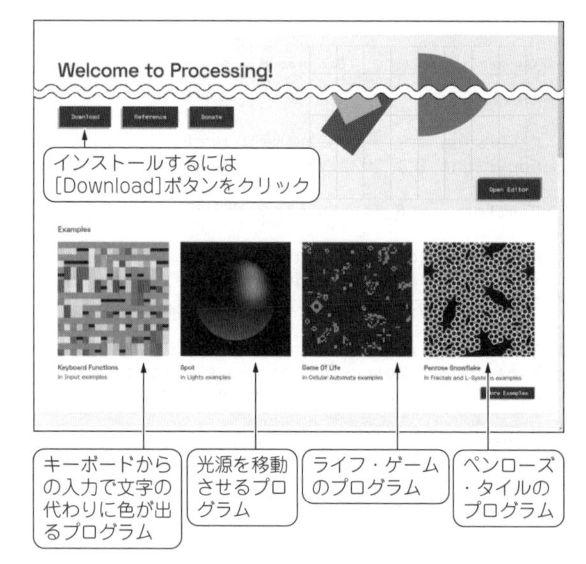

図2　ウェブ・サイトにはサンプル・プログラムが多数ある

● ウェブ上でも動かせてサンプル・プログラムも多数用意されている

Processingのウェブ・サイト(https://processing.org/)にアクセスすると，**図2**のような画面が表示されます．

この図の下の方に4つのきれいな画像が表示されていますが，これらはProcessingで簡単に作ることのできるサンプル・プログラムです．像をクリックするとプログラムが表示され，ウェブ上で実行できるようになっています．

なお，これらの画像は読み込むたびに異なる画像が表示されます．この他にも多くのサンプル・プログラムがあります．

インストールする

● ダウンロード・データの入手

最初に，**図2**に示したウェブ・サイト(https://processing.org/)の[Download]をクリックすることから始めます．

図3　ウェブ・サイトの［Download］をクリック後に表示される画面

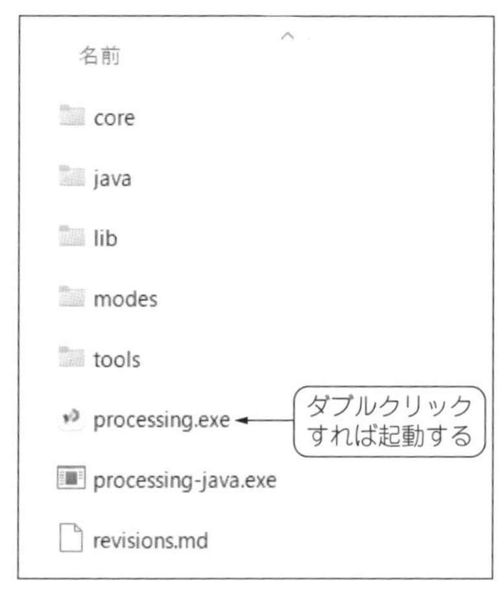

図4　ダウンロードしたファイルを展開すると実行ファイル（exeファイル）**がある**

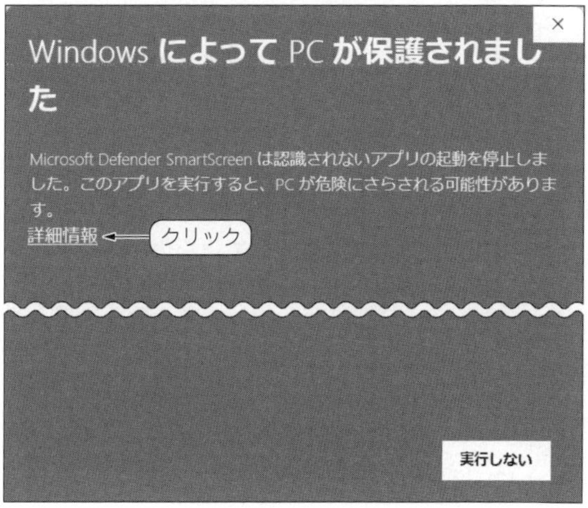

Windows によって PC が保護されました

Microsoft Defender SmartScreen は認識されないアプリの起動を停止しました。このアプリを実行すると、PC が危険にさらされる可能性があります。

詳細情報 ← クリック

実行しない

図5　このダイアログが表示されたらまずは詳細情報をクリック

クリックすると**図3**が表示されるので，お使いのOSに合わせたものをクリックします．本書では［Windows］版で動作を確認しています．ダウンロードされるファイルは200Mバイト程度あります．

● データは展開するだけでOK

ダウンロード・データ「processing-4.1.1-windows-x64.zip」がダウンロードできたら，展開するだけでインストール完了です．なお，4.1.1の部分はバージョンですので，ダウンロードする時期により変わることがあります．

展開すると実行ファイルを含む，**図4**のようなファイルがあります．

起動と使い方

● 起動方法

Processingを起動するにはまず，展開したprocessing-4.1.1フォルダにあるprocessing.exeをダブルクリックします．ここで，**図5**のように「Windowsによって PCが保護されました」と書かれたダイアログが表示されることがあります．その場合は，［詳細情報］をクリックして，**図6**が表示されたら［実行］をクリックします．

最後に，**図7**のような画面が表示されるので，［Get Started］をクリックします．なお，**図7**の上にある画像をクリックするとサンプル・プログラムが表示されます．

図6　次に実行をクリックする

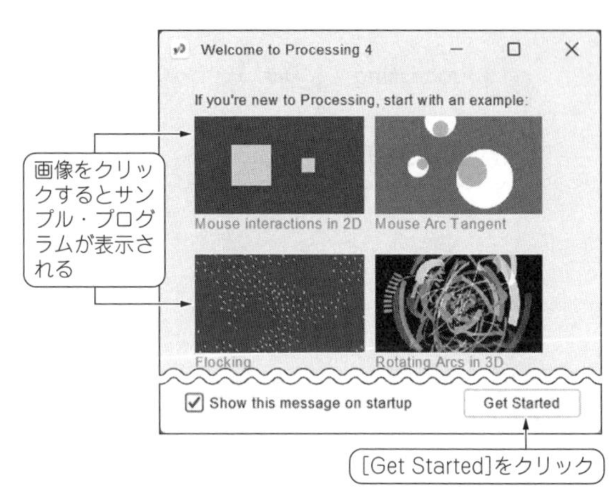

図7　最後に［Get Started］をクリックすればProcessingが起動する

● メイン画面の見方

Processingが起動すると，**図8**が表示されます．三角形が横になったボタンが実行ボタンで，四角が書かれたボタンが停止ボタンです．そして，その下の白い部分にプログラムを書きます．そのさらに下の黒い部分は，実行したときのエラーなどが表示されます．

何も書かれていない状態で実行ボタンをクリックすると，**図9**のような何も書かれていない小さなウィンドウが表示されます．

ウィンドウは，次のいずれかで閉じることができます．

1，右上のバツ印をクリック
2，Processingの停止ボタンをクリック
3，［ESC］キーを押す

サンプル・プログラムを動かす

どのようなことができるのかを知るために，3つのサンプル・プログラムを動かしてみます．

● 1，マウスの動きに応じて図形が動く

図10に示すように，マウスを動かすと2つの四角が動くものを実行してみましょう．まずはプログラムを表示させます．

これは，**図7**の左上の画像をクリックするか，**図11**に示すようにProcessingのファイル・メニューからサンプルをクリックし，出てきたウィンドウの中からInputの下のMouse2Dを選択します．

すると，**図12**に示すようなMouse2Dと書かれたウィンドウが表示されます．ここで実行ボタンを押すと，**図10(a)**が表示されます．

このプログラムはコメントも含めて21行しかありません．とても簡単にプログラムが作れることが分かりますね．

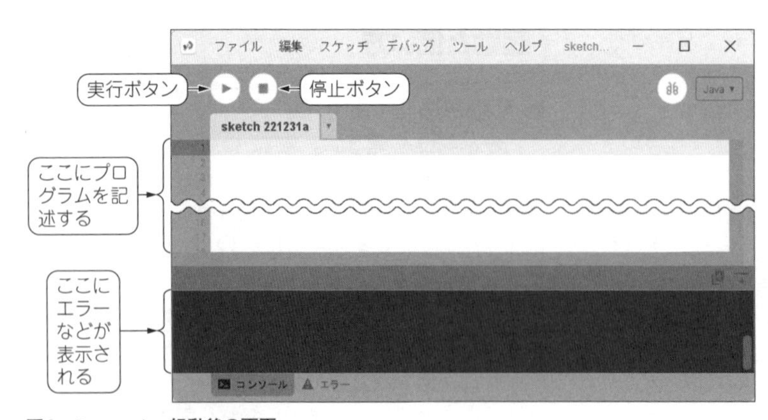

図8　Processing起動後の画面

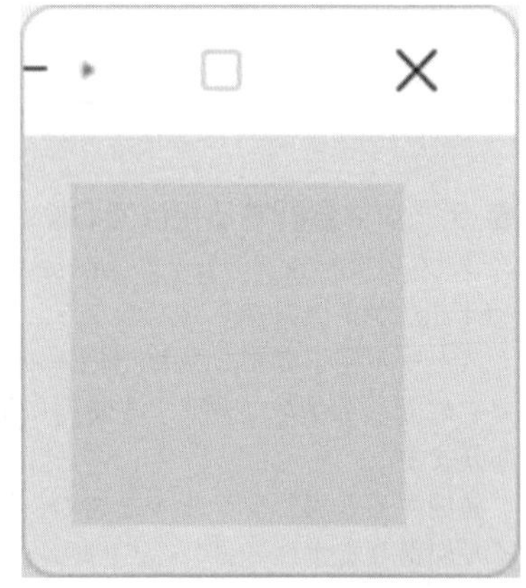
図9　プログラムを空白で実行すると何も書かれていない小さなウィンドウが表示される

(a) 元の画面

(b) マウスを横に動かす

(c) マウスを縦に動かす

図10　サンプル・プログラムの実行1…マウスを動かすと2つの四角が動く

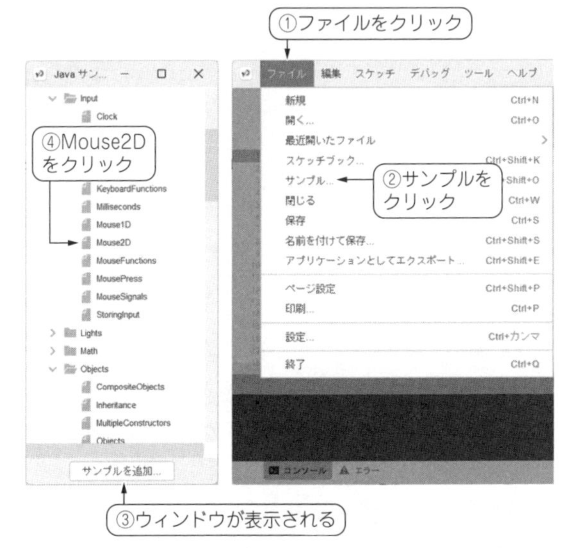

図11　プログラムを表示するためにMouse2Dをクリックする

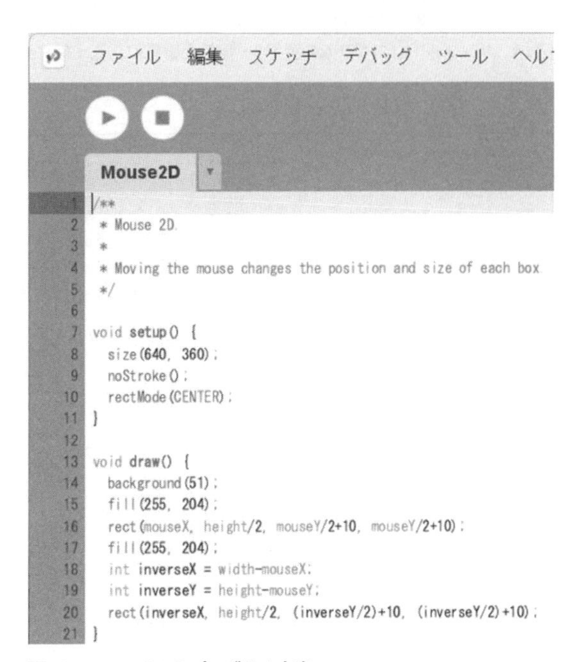

```
/**
 * Mouse 2D.
 *
 * Moving the mouse changes the position and size of each box.
 */

void setup() {
  size(640, 360);
  noStroke();
  rectMode(CENTER);
}

void draw() {
  background(51);
  fill(255, 204);
  rect(mouseX, height/2, mouseY/2+10, mouseY/2+10);
  fill(255, 204);
  int inverseX = width-mouseX;
  int inverseY = height-mouseY;
  rect(inverseX, height/2, (inverseY/2)+10, (inverseY/2)+10);
}
```

図12　Mouse2Dのプログラム内容
プログラムもわずか21行しかない

● 2, 魚の群れが移動する

図13に示す，魚の群れが移動するシミュレーションのプログラムを動かします．なお，実行中にマウスをクリックするとその場所に魚が増えます．

実行方法は，先ほどのマウスで図形を動かすときと同じように，**図7**の左下の画像をクリックするか，ファイル・メニューからサンプルをクリックし，出てきたウィンドウの中からTopicの下のSimulateの下にあるFlockingを選択します．その後，Flockingと書かれたウィンドウが表示されるので，それを実行します．

● 3, 惑星表示

最後に，**図14**に示す恒星と衛星のシミュレーションを実行してみます．これは，ファイル・メニューからサンプルをクリックし，出てきたウィンドウの中からDemosの下でGraphicsのさらに下にあるPlanetsを選択して実行します．

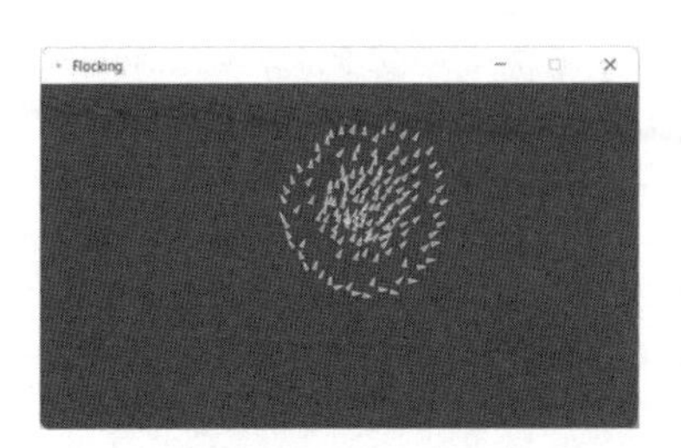

(a) 最初は1か所から始まる

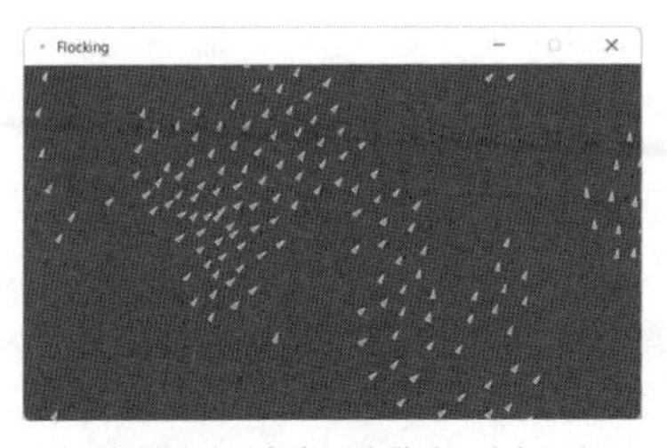

(b) 徐々に同じ方向に移動するようになる

(c) マウスをクリックすると1匹増える

図13　サンプル・プログラムの実行2…魚の群れを移動する

(a) シーン1

(b) シーン2

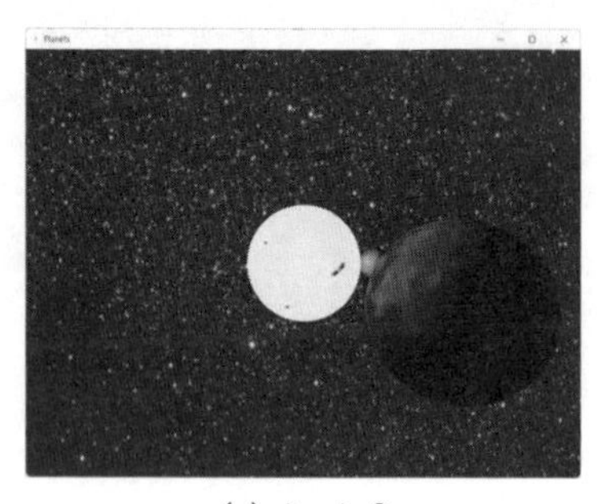

(c) シーン3

図14　サンプル・プログラムの実行3…恒星と衛星のシミュレーション

リスト2　setup関数とdraw関数の中身

```
void setup() {
  size(640, 360);
  noStroke();
  rectMode(CENTER);
}

void draw() {
  background(51);
  fill(255, 204);
  rect(mouseX, height/2, mouseY/2+10, mouseY/2+10);
  fill(255, 204);
  int inverseX = width-mouseX;
  int inverseY = height-mouseY;
  rect(inverseX, height/2, (inverseY/2)+10,
                                    (inverseY/2)+10);
}
```

初めに1回だけ実行される関数

繰り返し実行される関数

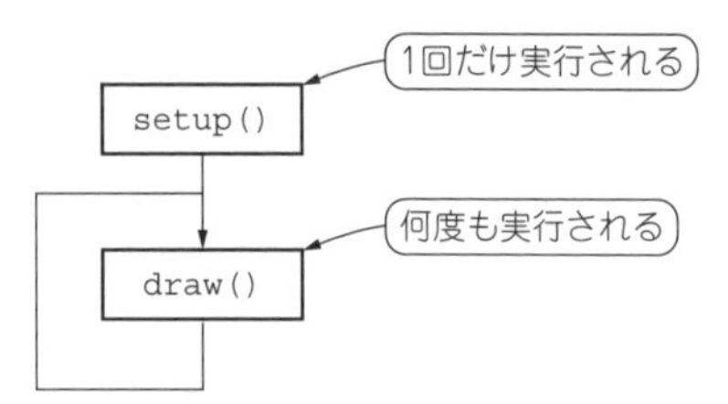

図15　Processingのプログラムはsetup関数とdraw関数の2つで成り立っている

プログラムの構成

● 2つの関数で成り立っている

Processingにおけるプログラムの作りを，Mouse2Dのプログラムを例に説明します．まずは，プログラムをリスト2に示します．

Processingのプログラムは，図15に示すようにsetup関数とdraw関数の2つの部分から成り立っています．setup関数は最初に1回だけ実行される関数で，draw関数は繰り返し実行される関数です．

● setup関数…変更しない処理を書く

setup関数は先に述べた通り，最初に1回だけ実行されるので，

- ウィンドウの大きさ：size関数で設定

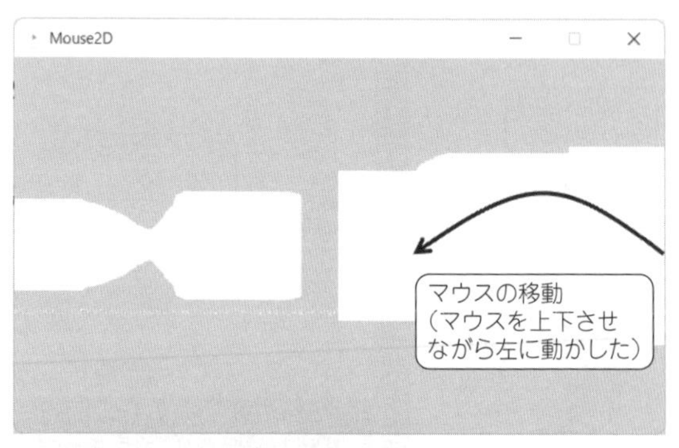

図16　background関数の処理がないと描いたものが残る

- 描画するものの枠線を書かない：noStroke関数で設定
- 四角形を書くときは中心位置を基準点にする：rectMode関数で設定

など，一度設定したら変更しないものを書いておきます．

● draw関数…図形を描画する

draw関数は何度も実行されるので，マウスの移動を検知して，四角を描くことを行っています．

まず，background関数でウィンドウ内に描いたものを全て塗りつぶして，まっさらな画面としています．なお，background関数の部分を消すと図16のように，描いたものが残ってしまいます．

● その他の関数の働き

fill関数で四角の色を設定し，rect関数で四角を描いています．マウスの位置は，mouseXとmouseYに自動的に保存されています．そして，ウィンドウのサイズは，widthとhight関数に保存されています．このように，あらかじめ決められた変数というものがあります．これは例えば，最初のrect関数ではマウスのX方向の位置とウィンドウの高さ方向の真ん中に，マウスのY方向の位置を2で割って10を足した大きさの四角を描いています．

まきの・こうじ

第1章 パターン認識でよく使われる「サポート・ベクタ・マシン」

牧野 浩二，渡邉 寛望

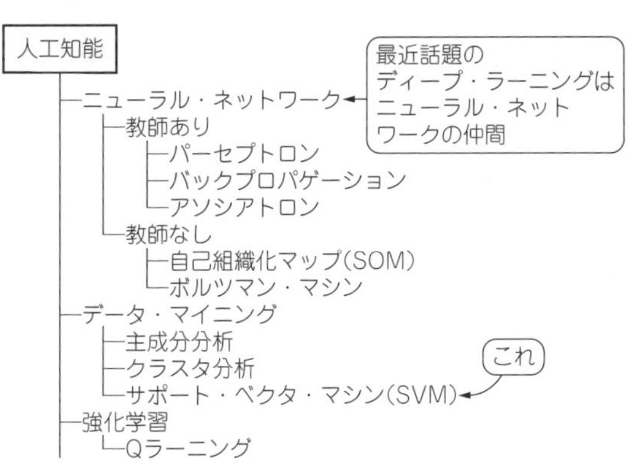

図1　パターン認識でよく使われるサポート・ベクタ・マシン

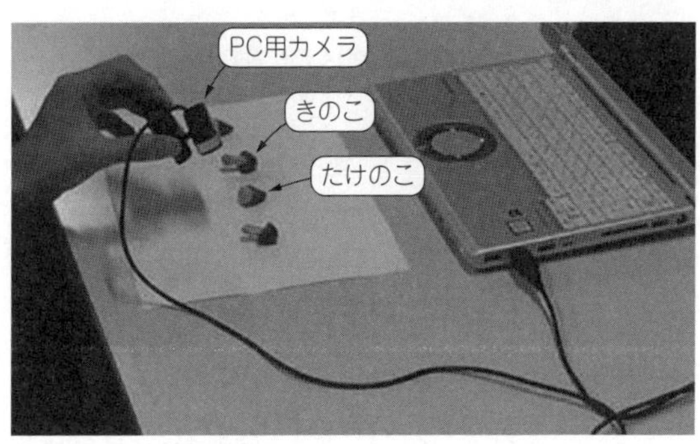

写真1　パターン認識でよく使う人工知能アルゴリズム「サポート・ベクタ・マシン」を用いて「きのこ形のお菓子」と「たけのこ形のお菓子」を分別してみる

● サポート・ベクタ・マシン

入力したデータがA群に属するのかB群に属するのかをスパッと判断してくれるアルゴリズムが「サポート・ベクタ・マシン」です(**図1**)．これを利用して，お菓子，「きのこの山」と「たけのこの里」(ともに明治)を分別してみます(**写真1**)．

サポート・ベクタ・マシンは英語で書くとSupport Vector Machineであるため，その頭文字をとって「SVM」と書かれることがよくあります．「マシン」と言われると，車とかロボットとかを想像してしまうかもしれませんが，入力データを2つにうまく分ける(データ・マイニングの)手法の1つです．

サポート・ベクタ・マシンは非常に強力で，パターン認識の分野でよく使われています．応用として，次のものがあります．

- 指紋認証
- 文字認識
- 人物照合
- ジェスチャ判別
- コンピュータ将棋

人間の動作判別や医療データなどへの応用も研究されています．

パターン認識向き サポート・ベクタ・マシンの仕組み

● 境界線を機械的に探してくれる

サポート・ベクタ・マシンがやっていることを模式的に表すと図2のようになります．ここでは具体的に説明するために，横軸を体重，縦軸を足の長さとし，トラとシマウマのデータを入力します．

サポート・ベクタ・マシンは**図2**に示すように，この2種類のデータをうまく分けるような線を機械的に

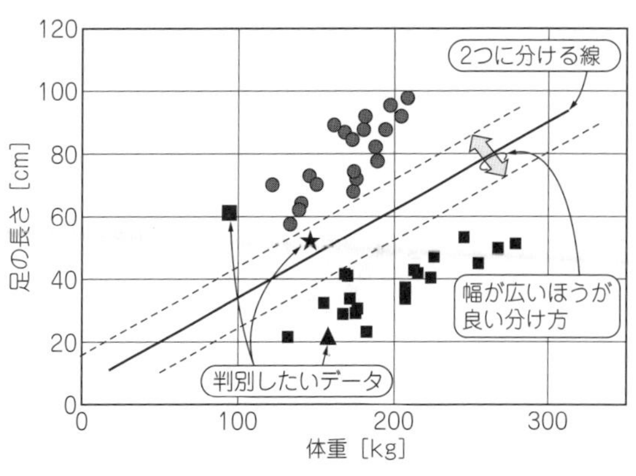

図2　トラ■とシマウマ●のデータを分類

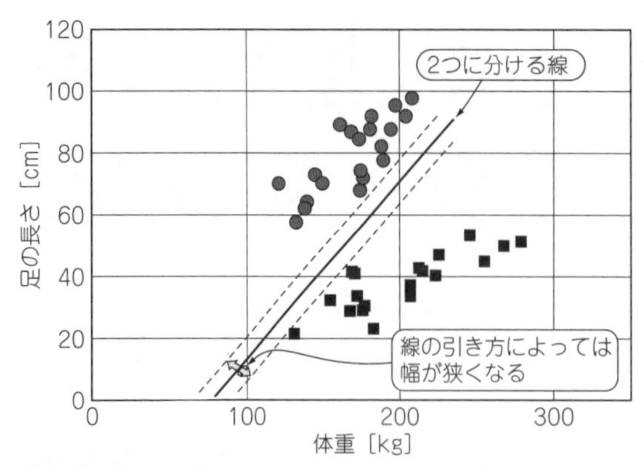

図3　図2はこのように境界線を引くこともできる
悪い境界線の例．トラ：■，シマウマ：●

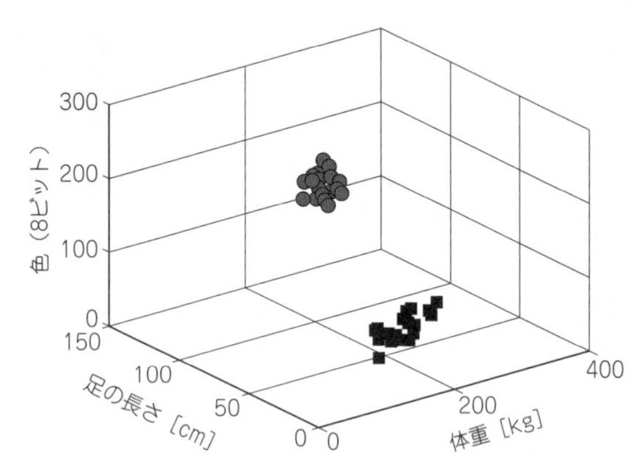

図4　図2に「トラとシマウマの色」を加えれば分類が容易になる
トラ：■，シマウマ：●

探し出すことができます．そして新たなデータを入力したとき，この線より上にあるか下にあるかを判定することで分類します．

例えば，線より上にあればシマウマ，下にあればトラという具合です．線より上か下かで分けるため，サポート・ベクタ・マシンはスパッと2つに分けることができるのです．

● 良い境界線／悪い境界線

ここで**図3**に示すように別の線を引くこともできます．**図2**と**図3**の分け方のどちらがより良い分け方であるかを判定するための基準が必要となります．

サポート・ベクタ・マシンでは，分けるために引いた線から最も近いデータまでの距離が長い方が良い線となります．

図2と**図3**には，分けるための線を平行移動させて最も近いデータまでの距離を点線で表しています．これらの図を比較すると，**図2**の方が良い線となっています．

このように，線の上か下かで判別するため，サポート・ベクタ・マシンはスパっと答えを出してくれます．

● 境界線を数式で表す

2次元の場合はここまで説明したように1本の線で分けています．どんな線かというと，数学的には次の式で表されています．ただし，この式は本書だけで詳しく説明することは難しいので割愛します．この境界線は，

$t_i(\omega x_i + \omega_0) \geq 1$

の制約の下でωのノルムを最小とする解$\min\|\omega\|$として表すことができます．ただし，t_iは1または－1，x_iはi番目のデータ，ωは面の傾きを表す重みベクトル，ω_0は切片に相当するバイアスとします．

上記は2次元に限定する数式ではありません．3次元でも4次元でも何百次元でも成り立ちます．4次元以降は頭の中でイメージするのは難しいのですが，数学上は成り立っています．つまり，特徴となるデータの種類をいくらでも増やすことができます．これが，いろいろな分野で使われる理由となっています．

● 入力するパラメータ（次元）を増やすと分類が容易になる

図2や**図3**では体重と足の長さを入力データとしていました．ここに「トラとシマウマの色」を加えれば，3次元になってしまいますが，**図4**のようにもっと分類が容易になります．

● 分類が難しいときの対処法

しかし，世界中の全てのデータを2つに分けることはできません．多くの場合複雑に絡み合っています．例えば**図5**のようにトラとパンダを同じ特徴量で分離しようとしても，2つに分けることができない場合があります．

サポート・ベクタ・マシンでは，そういう状況でも

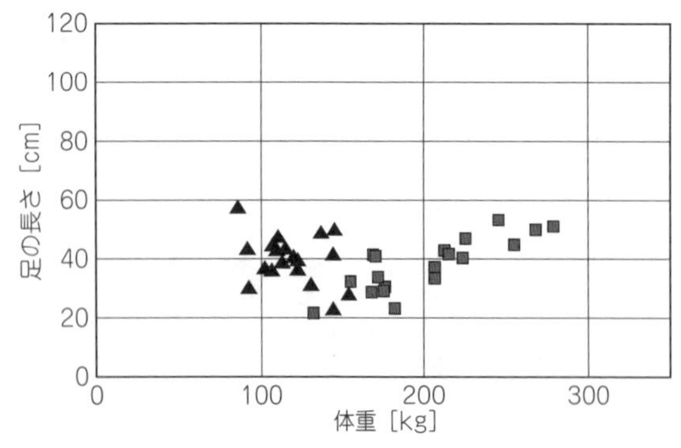

図5　パンダとトラは体重と足の長さだけでは分離しがたい
パンダ：▲，トラ：■

うまく対処して答えを出せるように，さまざまな手法が考えられています．

その1つにソフトSVMと呼ばれる拡張手法があります．これは，分けられないデータについては，ペナルティをつけて，そのペナルティの合計が小さくなるように線を引く方法です．

その他には，直線でない線で分割するという方法もとられています．

サポート・ベクタ・マシンは日々進化しており，いろいろなデータをうまく分けることができるようになってきています．

実験…きのことたけのこを見分ける！

● 手持ちのPCとフリーのソフトウェアで

それでは実際にサポート・ベクタ・マシンを使ってみましょう．ここでは，**写真1**，**図6**のように，USB接続のPC用カメラで，きのこ形のお菓子とたけのこ形のお菓子を撮影して，スパッと見分けるものを作ります．

そのときのPC上の画面を**図7**に示します．**図7**(**a**)はカメラの画像，(**b**)は画像処理した後の白黒画像と輪郭，(**c**)がサポート・ベクタ・マシンに加えた入力とその分類結果，(**d**)は見分けた結果となっています．

● 学習と判定の手順

このソフトウェアを使う手順は次の通りとなります．

(1) きのことたけのこを1つずつ白い紙の上に置いて，カメラで撮影します．このとき，きのこを撮影するときはキーボードの[K]キーを押し，たけのこを撮影するときは[T]キーを押します．これにより，どちらの画像かをサポート・ベクタ・マシンに教えます．

(2) 置き方を変えて(1)の撮影を繰り返して教師データを作ります(おおむね30回ずつ)．

(3) そのデータを基にして，サポート・ベクタ・マシンで見分けるための直線を求めます．この直線を求めるときには[スペース]キーを押します．

(4) その後テストを行うために，(1)と同じようにきのこまたはたけのこをカメラで撮影し，[C]キーを押します．そうすると，画面の右下に見分けた結果が表示されます．

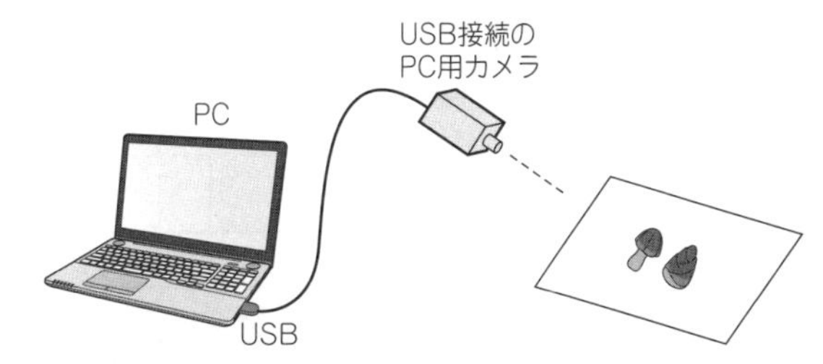

図6　きのことたけのこをカメラで見分ける装置を作る

● 開発環境

統合開発環境にはProcessingを使います．Processingはプログラミングを専門としないデザイナの人などが，PC上で簡単にきれいな絵を描ける言語として開発されました．その簡単さからさまざまなライブラリが作られて，今回のようなカメラで撮影しながらサポート・ベクタ・マシンを動かすこともできるようになっています．これに次のライブラリを追加して使います．

- OpenCV

インテルが開発し公開したオープンソースのコンピュータ・ビジョン向けライブラリです．画像処理・画像解析および機械学習などを簡単に使うことができます．

- Blob

画像内のBlob(かたまり)を見つける「ラベリング処理」を行うためのOpenCV用クラスの1つです．かたまりごとに位置や面積，外接矩形などの特徴量を抽出できます．BlobはProcessingに移植されたOpenCV

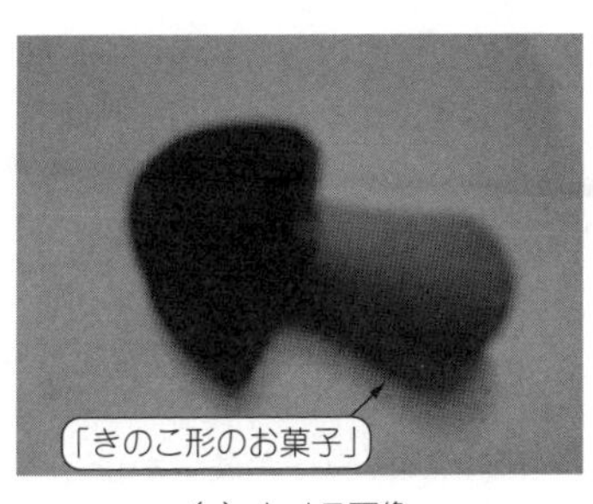

(a) カメラ画像

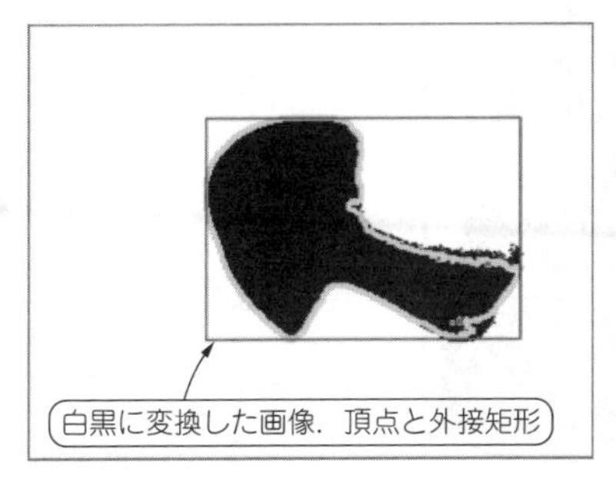

(b) 画像認識結果

(c) サポート・ベクタ・マシンによる分類

(d) 判定結果

図7　判定した様子

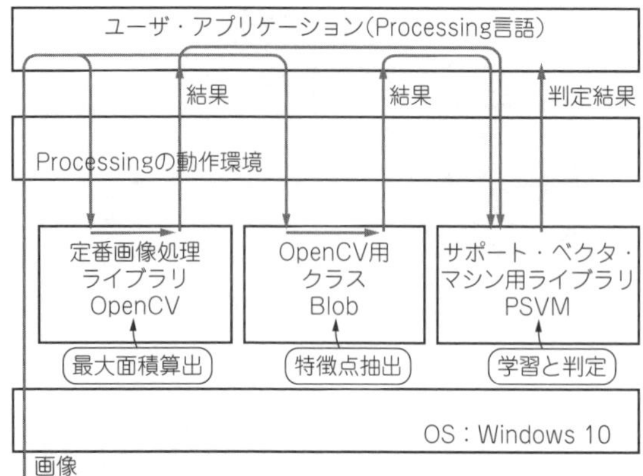

図8　きのこ/たけのこ判定ソフトウェアの構成

ライブラリには実装されていません．そこで別のライブラリとして実装しています．

- **PSVM**

サポート・ベクタ・マシンのプログラムをProcessingで使えるようにしたものです．

ソフトウェアの構成を**図8**に示します．

● 人工知能アルゴリズムへ入力するデータの準備

人工知能に関係する手法は入力データをどのように使うかを決める前処理が重要となります．今回は画像をそのまま入力データとして使うのではなく，そこから次の特徴量を抽出して，それを人工知能への入力として使います．

- **頂点の数**

きのこのほうが傘の部分に凸凹が多いため，たけのこに比べて頂点が多くなると予想できます．

- **面積の比**

きのこまたはたけのこを囲む長方形の中にある，「きのこまたはたけのこ」と「背景」との面積比を特徴量として使います．**図9**のようにきのこは柄の部分が

(a) きのこ…白い部分が多い　(b) たけのこ…黒い部分が多い

図9　人工知能アルゴリズムへの入力…面積比

細く，たけのこはずんぐりしています．きのこと比べてたけのこは，黒い部分の比率が大きくなると予想できます．

これらを入力として使うのは難しいと感じるかもしれませんが，上記のライブラリを使えば簡単です．

プログラミング

きのこ/たけのこ判定プログラムを**リスト1**(章末)に示します．ここからは，プログラムの各部の説明を行います．

● 準備…カメラからの画像を取り込む

OpenCVの機能を使ってPC用カメラの画像を取り込んでいます．ProcessingでOpenCVを使うためには次の手順が必要となります．

まず，Processingの「スケッチ」メニューから「ライブラリをインポート」の中の「ライブラリを追加」を選びます．

次にFilterと書いてあるダイアログにOpenCVを入力すると，「OpenCV for Processing」が出てきますので，右下の[Install]ボタンを押してしばらく待ちます．

これでProcessingでOpenCVが使えるようになります．ここでは，OpenCVのサンプル・プログラムのLiveCamTestを改造して使いました．**リスト1**の(ア)の`opencv.loadImage(video);`で取り込むことができ，`image(video, 0, 0 );`とすることで画面に表示できます．

● (1) 特徴点を抽出する

Blobを追加することで，簡単にできるようになります．追加の方法はOpenCVと同様です．Blobと入力後に現れる「BlobDetection」をインストールすることで使えるようになります．

まず，**図7**(b)の頂点ときのこやたけのこを囲む長方形を表示します．これは`drawBlobsAndEdges`関数で行っています．Blobのサンプル・プログラムの`bd_image`を改造して使いました．

次にきのこまたはたけのこを囲む長方形の中の部分について，きのこまたはたけのこと背景との面積比を求めている部分について述べます．これはサポート・ベクタ・マシンへの入力データを作るときに必要となります．

そのため，[K]キーや[T]キー，[C]キーが押されたときに数えるように書かれています[**リスト1**の(イ)]．Blobを使うと自動的に囲む線が幾つか得られます．例えば，きのこやたけのこがたくさんあるような場合には，**図10**のように長方形がたくさん出てき

(a) カメラ画像

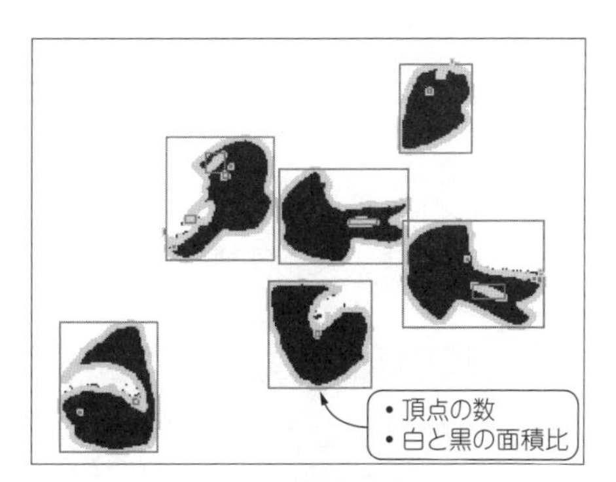

(b) 判定結果

図10　画像内のかたまりを見つけるためのOpenCV用クラスBlobを用いて面積比を求める

ます.

今回は1つだけ映すのですが，一応，得られた長方形の中で一番大きい長方形を対象とするようにしています．そのときの長方形の中にある全てのピクセルについて黒かどうかを調べて数えています．これを用いて長方形の面積と黒のピクセルとの比を計算しています．

そして，頂点の数を数えている部分について述べます．これもBlobの機能で数えることができ，得られた長方形の中にある頂点を**リスト1**の(ウ)で数えています．

またここで，[K]キーや[T]キーが押されると，**図11**に示すように対応するデータが追加されていきます．このとき，サポート・ベクタ・マシンによる分類が行われる前は，**図7**のように背景が2つに分かれていません.

● (2) サポート・ベクタ・マシンによる分類

▶ライブラリの入手

Processingでサポート・ベクタ・マシンのライブラリを利用するためには，ライブラリをダウンロードして手動で追加する必要があります.

Processing用のサポート・ベクタ・マシンはPSVMというライブラリにまとめられていて，次のウェブ・サイトからダウンロードできます.

```
https://github.com/atduskgreg/
Processing-SVM
```

ダウンロードしたzipファイルを解凍し，各自のドキュメント・フォルダの中にあるProcessingフォルダの中の`libraries`[注1]に移動することで使えるようになります.

▶学習

学習は[スペース]キーが押されたときに行われます．これは**リスト1**の(エ)に書かれています．学習データのセットは**リスト1**の(オ)の,

```
problem.setSampleData(labels,
trainingPointsNormarize);
```

で行います.

`labels`と`trainingPointsNormarize`は配列です．`labels`にはそのデータがきのこなのかたけのこなのかを表す`1`または`2`という数字が入っていて，`trainingPointsNormarize`には頂点の数と面積比が入っています．ここで注意しなければならないのは入力は0～1までに正規化する必要がある点

(a) カメラ画像

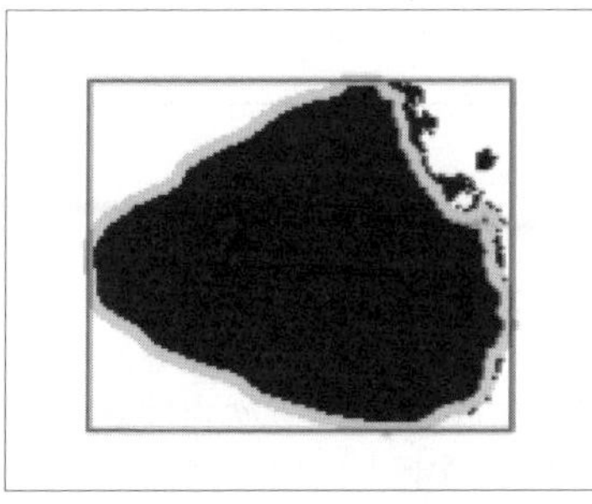

(b) 画像として認識

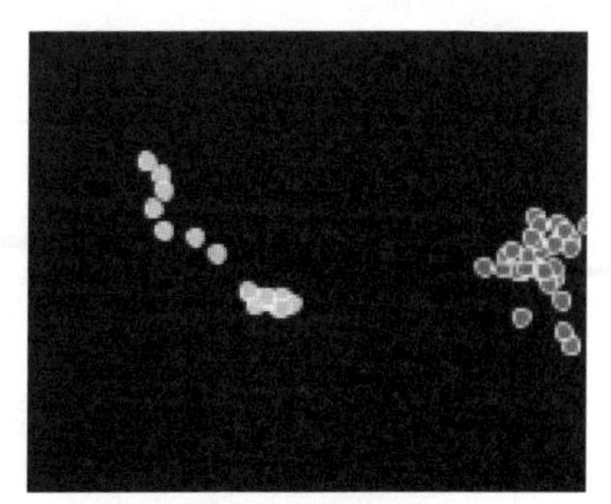

(c) 頂点の数を求めた

図11　Blobを用いて頂点数を求めている様子

注1：バージョン4.2の場合は，`processing-4.2/modes/java/libraries`の中です.

リスト1　きのこ/たけのこ判定プログラム

```
import gab.opencv.*;
import processing.video.*;注2
import java.awt.*;
import psvm.*;
import blobDetection.*;

SVM model;          //サポート・ベクタ・マシンを使うための宣言
BlobDetection theBlobDetection;
//外接矩形などを使うための宣言
SVMProblem problem;
//サポート・ベクタ・マシンの学習のための宣言
OpenCV opencv;      //OpenCVを使うための宣言

Capture video;      //カメラ画像をキャプチャするための宣言
PImage src, dst;    //カメラ画像と白黒変換画像の保存
PImage img;         //Blob画像の処理用

float[][] trainingPoints;
//学習データ：2次元(エッジの数，白黒の割合)
int[] labels;              //ラベル(1：きのこ，2：たけのこ)
int num;                   //学習データの数
float[] checkp;            //テスト・データ：2次元
int checkn;                //テスト・データのラベル
float maxcontours = 0; //エッジの数の最大値

PGraphics modelDisplay;

void setup() {
  size(640, 480);       //ウインドウのサイズ
  video = new Capture(this, 640/2, 480/2);
  //カメラ・キャプチャの画像用
  opencv = new OpenCV(this, 640/2, 480/2);
  //OpenCVで扱う画像用
  modelDisplay = createGraphics(640/2, 480/2);
  //サポート・ベクタ・マシンの結果表示部の画像用
  img = new PImage(640/2, 480/2);  //Blob処理画像用
  theBlobDetection = new BlobDetection(img.width,
                          img.height);     //Blobの設定
  theBlobDetection.setPosDiscrimination(true);
  theBlobDetection.setThreshold(0.2f);  //閾値

  num = 0;           //学習データ数の初期化
  trainingPoints = new float[200][2];
  //学習データ保存用(最大200個まで)
  labels = new int[200];        //ラベル保存用(最大200個)
  model = new SVM(this);        //SVM処理用
  problem = new SVMProblem();  //SVM処理用
  problem.setNumFeatures(2);   //SVM処理用
  checkp = new float[2];        //テスト・データの初期化
  checkp[0] = -10;
  checkp[1] = -10;
  checkn = 3;
  video.start();  //ビデオ・キャプチャ・スタート
}

//Blobによるエッジと外接矩形の抽出用関数
void drawBlobsAndEdges(boolean drawBlobs, boolean
                                        drawEdges)
{
  noFill();
  Blob b;
  EdgeVertex eA, eB;
  for (int n=0; n<theBlobDetection.getBlobNb(); n++)
  {
    b=theBlobDetection.getBlob(n);
    if (b!=null)
    {
// エッジの抽出
      if (drawEdges)
      {
        strokeWeight(3);
        stroke(0, 255, 0);
        for (int m=0; m<b.getEdgeNb(); m++)
        {
          eA = b.getEdgeVertexA(m);
          eB = b.getEdgeVertexB(m);
          if (eA !=null && eB !=null)
            line(
              eA.x*width/2, eA.y*height/2+height/2,
              eB.x*width/2, eB.y*height/2+height/2
              );
        }
      }
//外接矩形の抽出
      if (drawBlobs)
      {
        strokeWeight(1);
        stroke(255, 0, 0);
        rect(
          b.xMin*width/2, b.yMin*height/2+height/2,
          b.w*width/2, b.h*height/2
          );
      }
    }
  }
}

//サポート・ベクタ・マシン表示用関数
void drawModel() {
//サポート・ベクタ・マシンの結果を表示
  modelDisplay.beginDraw();
  modelDisplay.background(0);
  if (num>0) {
//右上のすべてのピクセルについてサポート・ベクタで分類し色分け
    for (int x = 0; x < width/2; x++) {
      for (int y = 0; y < height/2; y++) {

        //画像の位置からテスト・データを作成
        double[] testPoint = new double[2];
        testPoint[0] = (double)x/(width/2);
        testPoint[1] = (double)y/(height/2);

        //テスト・データを分類したラベルを変数dに
        double d = model.test(testPoint);

        //ラベルによって色分け
        if ((int)d == 1) {
          modelDisplay.stroke(255, 0, 0);
        } else if ((int)d == 2) {
          modelDisplay.stroke(0, 255, 0);
        } else if ((int)d == 3) {
          modelDisplay.stroke(0, 0, 255);
        } else {
          modelDisplay.stroke(255, 255, 255);
        }

        //設定した色で点を打つ
        modelDisplay.point(x, y);
      }
    }
  }
//結果の書き込みの修了
  modelDisplay.endDraw();
}

void draw() {
  scale(1);
  background(0);
```

です．

そして，データをセットしたら**リスト1**の(カ)の，

`model.train(problem);`

によって学習します．学習が終わると**図7**(**c**)のように背景が2つに分かれます．それぞれ30回以上学習させると効果的です．

▶撮影時は背景を白に

このとき，白い紙を敷いて，きのことたけのこだけが映るようにしてください．また，きのことたけのこの白黒画像があまりきれいに出ない場合は**リスト1**の(キ)の，

`opencv.threshold(70);`

の引数を0～255までの範囲で変えてください．

注2：エラーが出る際には，「スケッチ」→「ライブラリ」からVideo Library for processing 4を入れてみてください．

```
    opencv.loadImage(video); //カメラ画像の取得       }(ア)
    image(video, 0, 0 );     //カメラ画像を左上に表示  }
    opencv.gray();           //二値化
    opencv.threshold(70); ←──(キ)
    dst = opencv.getOutput();

    image(modelDisplay, 640/2, 0);
    //右上にサポート・ベクタ・マシンの分類結果を表示
    strokeWeight(1);

  //サポート・ベクタ・マシンの学習データの表示
  //小さな丸印で表示
    stroke(255);
    for (int i = 0; i < num; i++) {
      if (labels[i] == 1) {
        fill(255, 0, 0);
      } else if (labels[i] == 2) {
        fill(0, 255, 0);
      } else if (labels[i] == 3) {
        fill(0, 0, 255);
      }
      ellipse(trainingPoints[i][0]/maxcontours*width/
        2+width/2, trainingPoints[i][1]*height/2, 5, 5);
    }

  //サポート・ベクタ・マシンのテスト・データの表示
  //大きな丸印で表示
    if (checkn == 1) {
      fill(127, 0, 0);
    } else if (checkn == 2) {
      fill(0, 127, 0);
    } else {
      fill(0, 0, 127);
    }
    ellipse(checkp[0]*width/2+width/2, checkp[1]*height/
                                            2, 20, 20);

    image(dst, 0, 480/2);  //右上にSVMの表示

  //外接矩形とエッジを見つけるためのBlob処理
    img.copy(video, 0, 0, video.width, video.height,
      0, 0, img.width, img.height);
    theBlobDetection.computeBlobs(img.pixels);
    drawBlobsAndEdges(true, true);

  //右下に判定結果を表示
    PFont font;
    font = createFont("Arial", 36);
    textFont(font);
    fill(255);
    if (checkn==1) {  //きのこの山ならば
      text("KINOKO", width*3/5, height*3/4);
    } else if (checkn==2) {  //たけのこの里ならば
      text("TAKENOKO", width*3/5, height*3/4);
    }
  }

  void captureEvent(Capture c) {
    c.read();
  }
                                                  (エ)──┐
  void keyPressed() {
    if (key == ' ') {  //スペース・キーが押されたとき
  //保存した学習データからSVM用のデータを作る
      float[][] trainingPointsNormarize = new float
                                             [num][2];
      for (int i = 0; i < num; i++) {
        trainingPointsNormarize[i][0] = trainingPoints
                                 [i][0]/maxcontours;
        trainingPointsNormarize[i][1] = trainingPoints
                                              [i][1];
      }
      problem.setSampleData(labels,
  trainingPointsNormarize);  //データを設定する ←──(オ)
      model.train(problem);  //SVMの学習を実行 ←──(カ)
      drawModel();
    } else if (key == 'k' || key =='t' || key =='c') {
                              //k、t、cキーが押されたとき
                                                    (イ)
      float[] p = new float[2];
      Blob b;
      EdgeVertex eA, eB;
      float s = 0;
      int e = 0;
      int k = 0;
  //外接矩形の中で最大の面積となるものを探す
  //blobは複数の外接矩形を一度に探すことができる
  //複数あった場合は一番大きいものを対象とする
      for (int n=0; n<theBlobDetection.getBlobNb(); n++)
      {
        b=theBlobDetection.getBlob(n);
        if (b!=null)
        {
          if (s<b.w+b.h) {
            s=b.w*width*b.h*height;
            //最大となる外接矩形の大きさを計算する
            e=b.getEdgeNb();
            //その中のエッジの数を調べると ←──(ウ)
  //その中の白と黒の割合の計算
            k = 0;
            for (int i = 0; i < (int)(b.w*width); i++) {
                                          //全ピクセルを探索
              for (int j = 0; j < (int)(b.h*height);
                                                  j++) {
  //黒ならば(二値化画像なので、赤要素が0であることを調べればよい)
                if (red(dst.get(i+(int)(b.xMin*width),
                      j+(int)(b.yMin*height)))==0)
                  k++;
              }
            }
          }
        }
      }
      p[0] = e;       //エッジの数
      p[1] = k/s;     //外接矩形の面積に占める黒の割合
      if (key=='c') { //cキーが押されたとき            }
        checkp = p;   //テスト・データを作成           }
        p[0]/=maxcontours;                             }(ク)
        checkn = (int)model.test(p); (ケ)              }
        println("check: " + checkn);                   }
      } else {
        if (maxcontours<e) {
          maxcontours = e;
        }
        trainingPoints[num] = p;
        if ( key == 'k' ) {  //kキーが押されていたら
          labels[num] = 1;
          //ラベルを1にする(きのこであることを示す)
        } else if ( key == 't' ) {  //tキーが押されていたら
          labels[num] = 2;
          //ラベルを2にする(たけのこを示す)
        }                                          (イ)
        num++;  //学習したデータの数                 ここまで
      }
      println("area k: " + k + " s:" + s + " k/s:" + k/
            s + " e:" + e/maxcontours + " contours");
      //デバッグ用にシリアル・モニタに表示
    }
  }
```

▶分類結果の出力

そして最後に，テスト・データを入力して分類結果を出力します．これは[C]キーが押されたときに行われるため**リスト1**の(ク)に書かれています．

データの取得方法は同じなので，大部分は[K]キーや[T]キーが押されたときと同じです．テスト・データの分類は**リスト1**の(ケ)の，

```
checkn = (int)model.test(p);
```

によって行われます．

この戻り値はデータ・ラベルであり，きのこと分類されれば1に，たけのこであれば2となります．そして，この値によって**図7(d)**のように表示されます．たけのこの場合は「TAKENOKO」と表示されます．

まきの・こうじ，わたなべ・ひろみ

第2章

ニューラル・ネットの基本学習法「バックプロパゲーション」

牧野 浩二，鈴木 裕

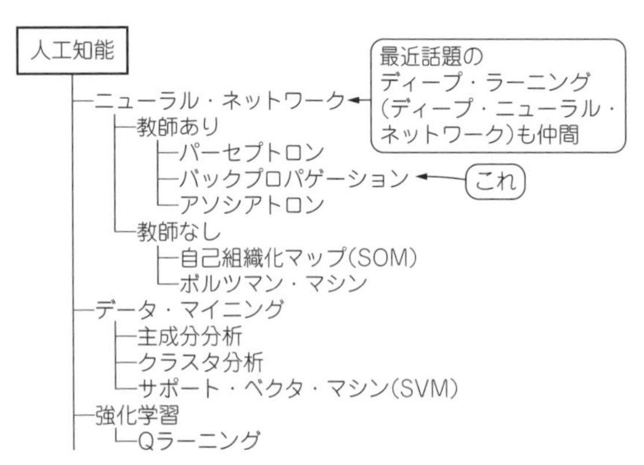

図1　ニューラル・ネットワークの基本学習法「バックプロパゲーション」

● ニューラル・ネットワークが注目される理由

人工知能において，ニューラル・ネットワーク(神経回路網)は，最もポピュラーなアルゴリズムの1つです(図1)．ニューラル・ネットワークは脳をモデル化したものと言われ，ニューロンを層状に並べた点に特徴があります．

ニューラル・ネットワークには，さまざまなものがありますが，特によく使われる「階層型フィードフォワード・ニューラル・ネットワーク」には，多くの実用例があります．

- 音声認識
- 指紋認証
- ヒトの表情認識
- 構造物ヘルス・モニタリング装置
- 交通手段選択ツール

そして次のような応用が研究されています．

- 地震予知
- 気象予測
- 音響情景把握
- ゲノム・データ解析
- 病変の早期発見

ニューラル・ネットワークの中でも今話題のディープ・ラーニングは最先端の研究課題であり，さらなる進化を遂げています．

● バックプロパゲーションを試す

このニューラル・ネットワークに効率良く学習させる手法の1つに，「バックプロパゲーション(Backpropagation)」があります．ニューラル・ネットワークの原理と基本的な学習法であるバックプロパゲーションによる学習法を知っておくと，よりよいニューラル・ネットワークを作れるようになります．

今回は，お菓子の袋を振ったときの音を録音し，その音の違いをバックプロパゲーションによってニュー

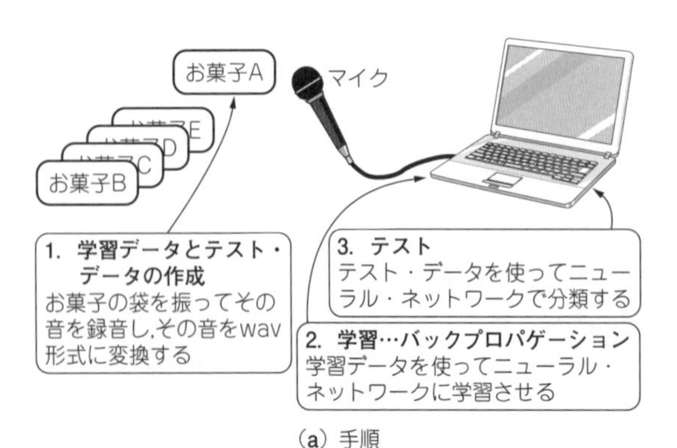

(a) 手順

(b) 実験に使ったターゲットお菓子

図2　ニューラル・ネットワークの基本学習法「バックプロパゲーション」でお菓子の袋を振ったときの音を学習して聞き分ける

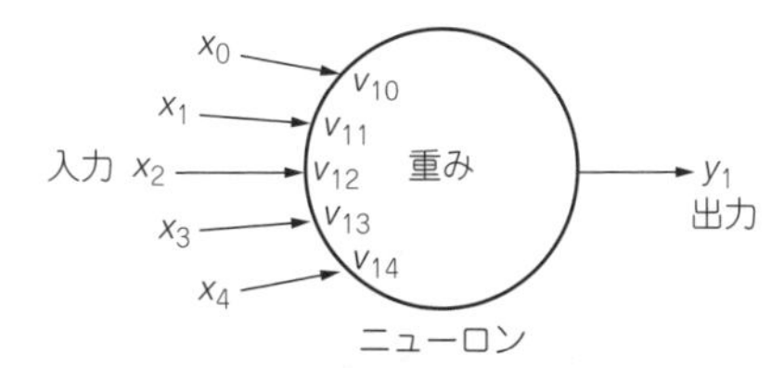

図3　ニューロンは複数の入力($x_0 \sim x_4$)が入ると重み($v_{10} \sim v_{14}$)を使ってある計算をして1つの出力(y_1)を出す

ラル・ネットワークに学習させ，中身を当ててみます(**図2**).

ニューラル・ネットワークの基礎知識

● 基本構成

バックプロパゲーションを使ったニューラル・ネットワークの学習について原理を説明します．まずはニューラル・ネットワークを構成するニューロンについて説明します．

ニューロンは**図3**に示すように，たくさんの入力($x_0 \sim x_4$)が入ると，重み($v_{10} \sim v_{14}$)を使ってある計算をして，1つの出力(y_1)を出すものとします．入力と出力は多くの場合，0～1の値を使います．しかし，最新のニューラル・ネットワークでは，この制限は特に問題にならず，もっと自由な値，例えば−1～+1の値を使うものもあります．

そして**図4**に示すようにニューロンは互いにつながっています．ニューラル・ネットワークは**図4**のように3層になっているのが特徴です．なお，もっと層の多いニューラル・ネットワークも研究されています．

人間の脳も情報処理の部位が層状になっていそうだということが分かってきました．人間の脳の層は，はっきりとは分かれていませんが，3層よりは多い(6層とも9層ともそれ以上？)と言われています．そのためニューラル・ネットワークは人間の脳の構造に近い構造であると考えられています．

ただし，脳の情報処理の部位が層状になっていると明らかになる前に，ニューラル・ネットワークは考案されていました．人間の脳に近いと考えられる構造で同じような答えを出せるとすれば，それは人間の脳のモデルであるという構成論的研究にもつながる成果であったと言えます．

通常，ニューラル・ネットワークでは，この3層は「入力層」，「中間層(または隠れ層)」，「出力層」という名前が付いています．**図4**の例では入力層の数を2，中間層の数を3，出力層の数を2としています．

図中のx_0とy_0はバイアスと呼ばれ，入力層と出力層の数には加えません．入力層は入力の次元数と同じ

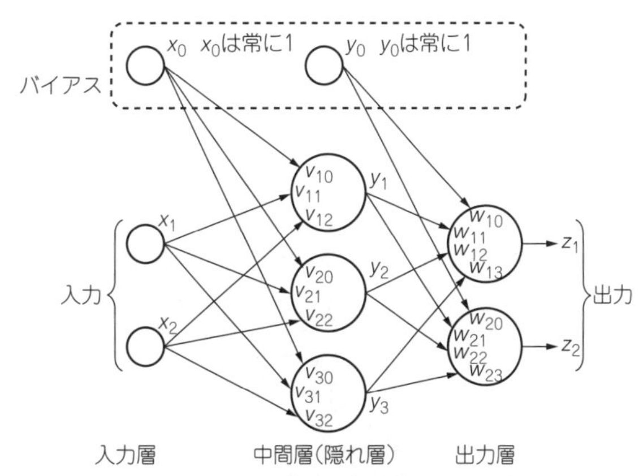

図4　ニューラル・ネットワークの基本構造
3層になっているのが特徴

数が用いられていて，出力層は答えとして用意する数だけ用意します．そして中間層は適当な数を用意します．はっきりとは決まっていませんが，入力層の0.5倍から2倍程度の数がよく用いられています．

● 推論値の計算方法

まずは入力層のニューロンですが，これは入力された値をそのまま出力するものとなっています．

次に中間層のニューロンに関してです．このニューロンの各入力には重み(v_{11}やv_{32}など)が設定されています．ニューロンは各入力に重みをかけたものを足し合わせた値を，ある関数(多くの場合，シグモイド関数)に入力して計算します．

これを数式で表すと，次のようになります．

$$y_i = f\left(\sum_{j=0}^{k}\left(v_{ij} \times x_j\right)\right) \quad \cdots\cdots (1)$$

シグモイド関数は次のような関数です．

$$f(x) = \frac{1}{1+e^{-x}} \quad \cdots\cdots (2)$$

そして，出力層のニューロンに関しても中間層と同じ関係が成り立ちます．

$$z_i = f\left(\sum_{j=0}^{k}\left(w_{ij} \times y_j\right)\right) \quad \cdots\cdots (3)$$

それでは実際に計算してみます．ここでは2入力のXORという演算子を学習させてみます．XORは**表1**のような入出力関係を持つ演算子です．対象とする

表1　XORの論理
これを教師信号とする

入力1	入力2	出　力
0	0	0
1	0	1
0	1	1
1	1	0

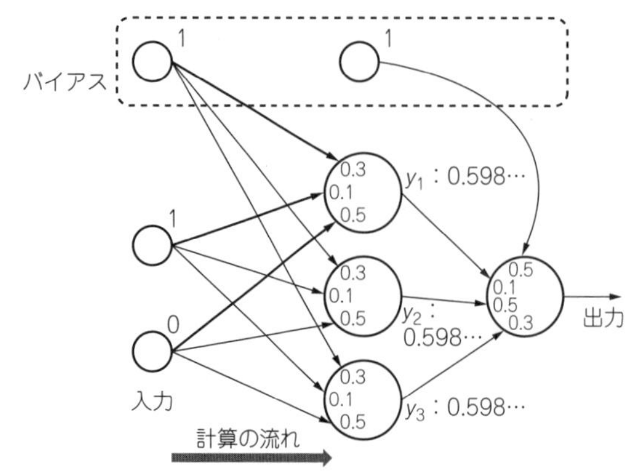

図5　推論値の導出1…中間層の重みは全て{0.3, 0.1, 0.5}とし出力層の重みは全て{0.5, 0.1, 0.5, 0.3}とした

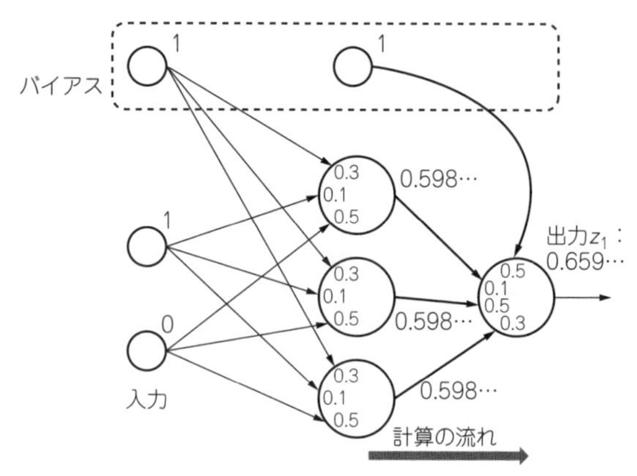

図6　推論値の導出2…出力層のニューロンについて計算

ニューラル・ネットワークは入力層を2，中間層を3，出力層を1としました．これは**図4**のz_2を出力するニューロンがないものに相当します．

まず，説明を簡単にするために，中間層の重みは全て{0.3, 0.1, 0.5}とし，出力層の重みは全て{0.5, 0.1, 0.5, 0.3}とします(**図5**)．そしてニューロンの関数を式(2)に示すシグモイド関数とします．

▶中間層の出力を計算

入力に{1, 0}が入力されたときの，**図5**の一番上の中間層のニューロンについて計算します．中間層への入力に重みを付けたときの合計を計算すると，

$$0.3 \times 1 + 0.1 \times 1 + 0.5 \times 0 = 0.4 \quad \cdots\cdots (4)$$

となります．これをシグモイド関数に入れて計算すると，次のように中間層の出力(y_1)が得られます．

$$y_1 = \frac{1}{1 + e^{-0.4}} = 0.598\cdots \quad \cdots\cdots (5)$$

このときに使った値と計算の流れを**図5**に示します．今回の場合，どの中間層のニューロンも同じ重みを用いているとしましたのでy_2, y_3も同じ値となります．

▶出力層の出力を計算

これを用いて出力層のニューロンについて計算します．**図5**と同様な図で計算の流れを**図6**に示します．出力層のニューロンへの入力に重みを付けたときの合計を計算すると，

$$0.5 \times 1 + 0.1 \times 0.598\cdots + 0.5 \times 0.598\cdots + 0.3 \times 0.598\cdots = 0.659\cdots \quad \cdots\cdots (6)$$

となります．これをシグモイド関数に入れて計算すると次のように出力層の出力(z_1)が得られます．

$$z_1 = \frac{1}{1 + e^{-0.659}} = 0.659\cdots \quad \cdots\cdots (7)$$

同じように異なる入力を加えたときの中間層の出力を計算すると，入力が{0, 0}のときは0.574…，{0, 1}のときは0.689…，{1, 1}のときは0.710…となります．

バックプロパゲーションによる学習手順

ここからバックプロパゲーションによる学習の過程を見てみましょう．学習は各ニューロンの重みを更新することとなります．この更新の方法が今回のテーマとなるバックプロパゲーションとなります．

バックプロパゲーションは誤差逆伝搬法とも呼ばれています．手順は次の通りです．

● 手順1：終了条件を決める

全ての教師信号の値と，出力層から出力された値の差の絶対値が，設定した値以下になるまで，または設定した回数だけ，以降の手順2～手順5を繰り返します．

全ての入力について出力層から出力された値と教師信号の絶対値を次式のように計算します．ここで教師信号はb_kと表します．

$$\sum_{k=1}^{n} \left| z_k - b_k \right| \quad \cdots\cdots (8)$$

これが全て設定した値よりも小さければ学習を終了します．

● 手順2：出力層→中間層計算

手順1で計算した値から，出力層の重みを修正するために，中間層への教師信号となる値を計算します．ここではこれをzb_jとします．

$$zb_j = (z_j - b_j) \times (1 - z_j) \times z_j \quad \cdots\cdots (9)$$

先ほどの例を使うと，{1, 0}を入力とした場合は，出力層の出力は0.659…となりました．また，教師信号は**表1**から1となります．そこでzb_1は次のように計算できます．

$$zb_1 = (0.659\cdots - 1) \times (1 - 0.659\cdots) \times 0.659\cdots = -0.076\cdots \quad \cdots\cdots (10)$$

この計算の流れを**図7**に示します．**図5**や**図6**とは

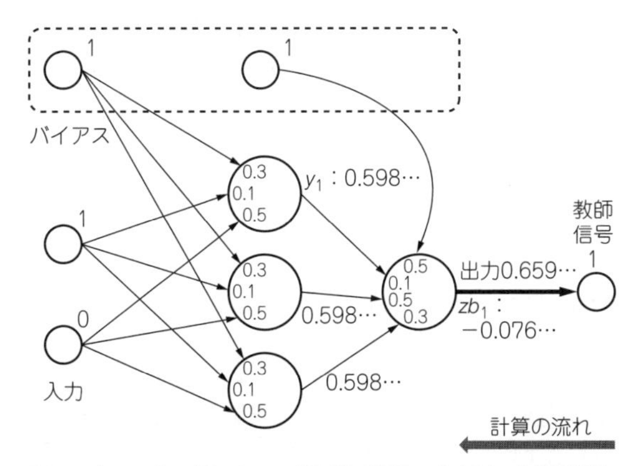

図7　バックプロパゲーション学習法手順②…出力層→中間層計算

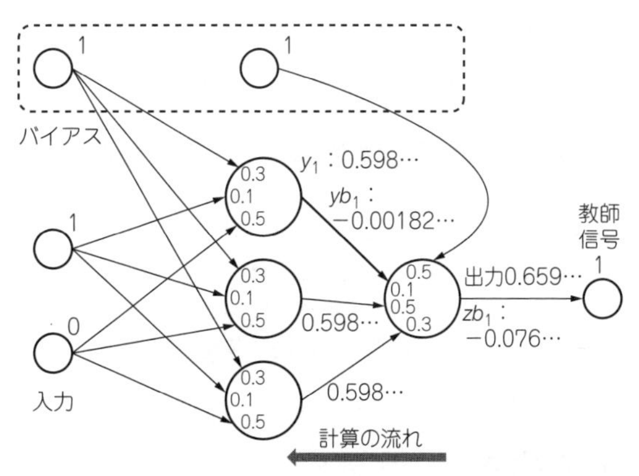

図8　バックプロパゲーション学習法手順③…中間層→入力層計算

逆方向に計算が進んでいきます．

● 手順3：中間層→入力層計算

中間層の重みを修正するための値をyb_iとします．yb_iは先ほど計算したzb_jと出力信号y_iから，次のように計算できます．

$$yb_i = (1 - y_i) \times y_i \times \sum_{j=0}^{n} (w_{ij} \times zb_j) \quad \cdots\cdots (11)$$

先ほどの例を使うと，{1, 0}を入力とした場合は，中間層の出力y_1からは0.598…が出力されました．そこで，**図8**中の一番上の中間層の重みを修正するための値(yb_1)は次のように計算できます．

$$yb_1 = (1 - 0.598\cdots) \times 0.598\cdots \times (0.1 \times (-0.076\cdots)) = -0.00182\cdots \quad \cdots\cdots (12)$$

● 手順4：出力層の重みを更新する

図9を元に説明します．zb_jとy_iを用いて重み(w_{ij})を更新します．ここでεは学習係数と呼ばれ，更新のスピードを決める値となります．

$$w_{ij} = w_{ij} - \varepsilon \times y_i \times zb_j \quad \cdots\cdots (13)$$

先ほどの例を使うと，{1, 0}を入力とした場合は，重みw_{11}は，εを0.1として次の計算をすることで，0.1から0.10454…に更新されます．

$$w_{11} = 0.1 - 0.1 \times 0.598\cdots \times -0.076\cdots \quad \cdots\cdots (14)$$

● 手順5：中間層の重みを更新する

図10を元に説明します．yb_jとx_iを用いて重みを更新します．ここでεは学習係数と呼ばれ，更新のスピードを決める値となります．

$$v_{ij} = v_{ij} - \varepsilon \times x_i \times yb_j \quad \cdots\cdots (15)$$

同じように，{1, 0}を入力とした場合は，次の計算をすることで，重みw_{11}は0.1から0.10458…に更新されます．

$$w_{11} = 0.1 - 0.1 \times 1 \times -0.00182\cdots = 0.10458\cdots \quad \cdots (16)$$

今回は1つの入力があったらすぐに重みを更新する方法を示しました．これはオンライン学習と呼ばれる方法になります．これに対して1つのデータ・セット(この例だと，{0, 0}，{1, 0}，{0, 1}，{1, 1}の4つ)を入力した結果を使う方法があり，これはバッチ処理と呼ばれる方法になります．

このように教師信号を用いて，中間層の教師信号となる値を作るという手順を見ると，情報が**図6**とは逆

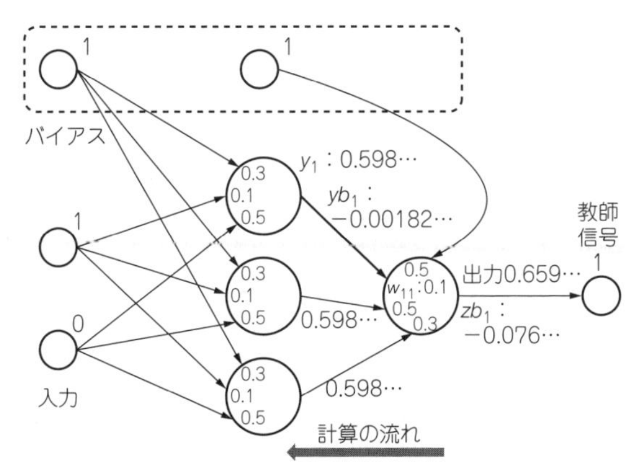

図9　バックプロパゲーション学習法手順④…出力層の重みを更新

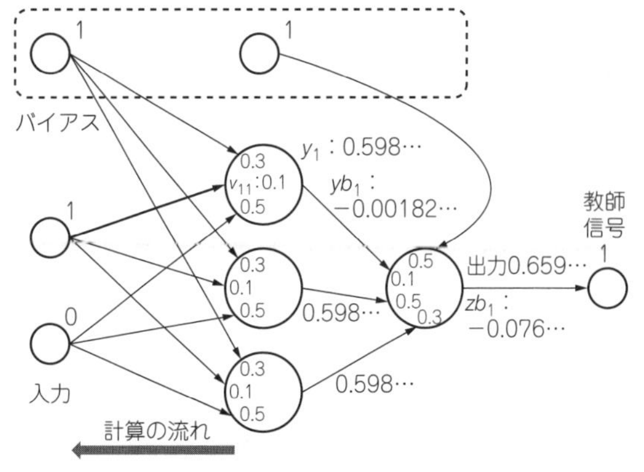

図10　バックプロパゲーション学習法手順⑤…中間層の重みを更新

に流れていきます．そのため，誤差が逆に伝搬する方法（誤差逆伝搬法）と名付けられています．

実験…お菓子の音を学習して聞き分ける

ベビースターラーメン，サッポロポテトバーベキュー味，とんがりコーンの袋を**図2**（**b**）のようにガシャガシャ振って，その音を入力としてニューラル・ネットワークに学習させます．その後，袋を振った音によって分類してみましょう．

● 開発環境

ニューラル・ネットワークの学習プログラムは，さまざまなプログラム言語を使って実現されています．

今回はOctaveを使います．シミュレーションや制御工学の研究でよく使われるMATLABという有料の数値計算ソフトウェアと互換性が高い数値計算ソフトウェアです．Octaveは，統合開発環境を備えており，C言語に似た言語でプログラミングできます．

▶インストール

初めにOctaveをインストールする必要があります．

`https://octave.org/`

にアクセスし，downloadから使用するOSに合わせてダウンロードし，実行してインストールします．以降はWindows 10を対象として説明をしていきます．

インストールが終了したらOctave（GUI）を起動します．起動したらウィンドウ中央下側にあるコマンド・ウィンドウのタブをクリックします．

その後，ニューラル・ネットワークを使うためのnnetパッケージをインストールします．以降の手順は本書サポート・ページで案内します．

`https://interface.cqpub.co.jp/2023ai45/`

● 入力データの扱い

入力した音声データの分類の手順を**図11**に示します．まずは，お菓子を振ったときの音声を入力します．そして，それをFFTで周波数分析を行います．ここでFFTとは，対象とする信号に含まれる周波数を分析することができる計算手法です．その後，ニューラル・ネットワークの学習を行います．その学習データを基に，テスト・データを使って，分類ができているかを試します．

出力を3つにして，それぞれお菓子の種類を割り当てておきます．そして，その中で最も大きな値を出力したニューロンに対応するお菓子を答えとします．

今回用いたニューラル・ネットワークを**図12**に示します．例えば，z_1をベビースターラーメン，z_2をサッポロポテトバーベキュー味，z_3をとんがりコーンに対応する出力ニューロンとします．ある音を入力としたときには，z_1からz_3のそれぞれに0～1の値が出力されます．その中の最も大きい値を出力したニューロンを答えとします．ベビースターラーメンの音を入力として用いたときz_1が0.8，z_2が0.4，z_3が0.2だった

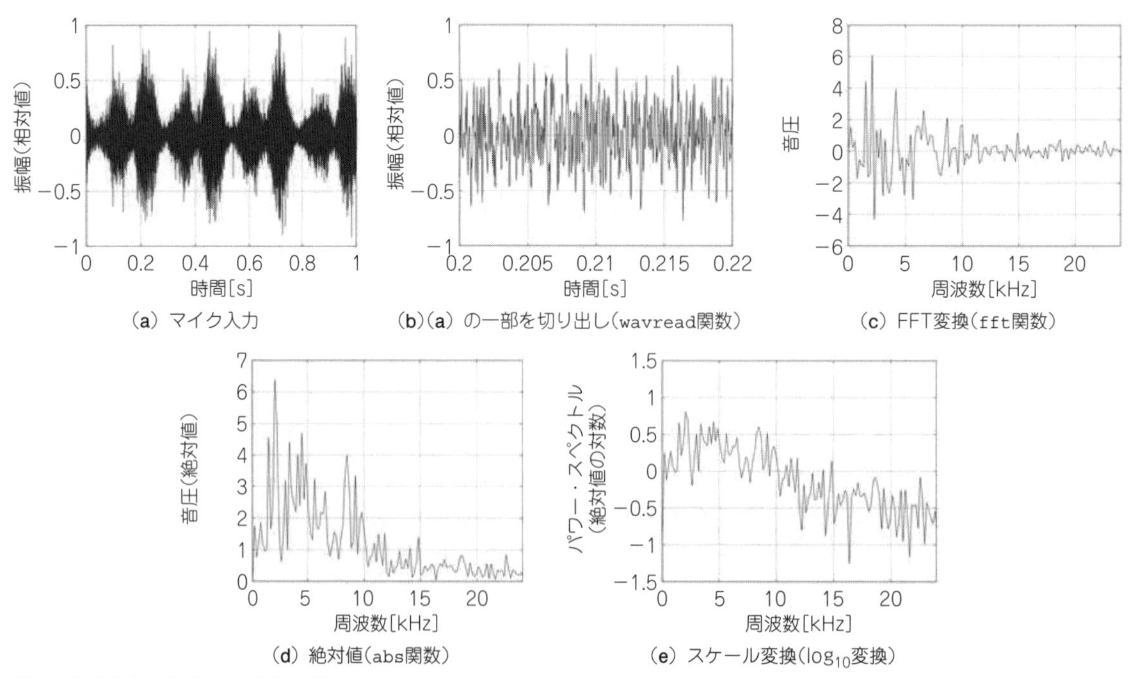

図11　入力した音声データの分類の手順

とすると，正しく分類できたことになります．それとは別に，とんがりコーンの音を入力として用いたときにz_1が0.5，z_2が0.8，z_3が0.5だったとすると，これは間違った分類ということになります．この比率から認識率を求めることとします．

● 実験準備…入力データづくり

筆者は，お菓子を振ったときの音をWindows 10のボイス・レコーダを用いて録音しました．録音は1分間とし，次の5種類のお菓子について2回ずつ行いました．ボイス・レコーダではm4a形式で保存されますので，wav形式に変換する必要があります．

筆者の実験では，m4a形式からwav形式への変換にはオンライン・オーディオ・コンバータ(http://media.io/ja/)を利用しました．なお，ここで使用した音声ファイルは，ウェブ・ページ(http://www.cqpub.co.jp/interface/download/contents.htm)からダウンロードできます．

- ベビースターラーメン(babystar1.wav，babystar2.wav)
- とんがりコーン(corn1.wav，corn2.wav)
- サッポロポテトバーベキュー味(babeq1.wav，babeq2.wav)
- かっぱえびせん(ebi1.wav，ebi2.wav)
- ポテトチップスのり塩味(potato1.wav，potato2.wav)

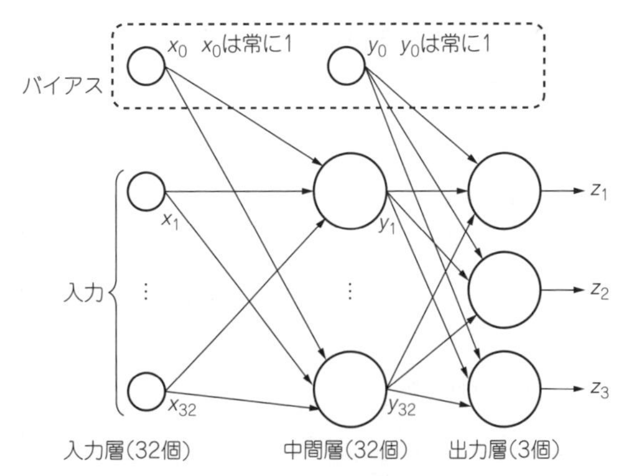

図12　今回用いたニューラル・ネットワーク

● いざ実験！…学習と判定

学習プログラムを**リスト1**に示します．プログラムのフローを**図13**に示します．ここでは，ベビースターととんがりコーン，サッポロポテトの音を学習データとして使っています．

▶学習データの読み込み

学習データは1行目にファイル名をシングル・クォーテーション(')で囲んでセミコロンで区切って指定します．ここでは3つのファイルですが，5つのファイル名を並べれば，5つのファイルを入力として使うこともできます．

ダウンロードできる音声ファイルは約1分となっています．学習データとする音声ファイルは長い方が学習結果はよくなる傾向にありますが，ある程度のとこ

リスト1　音データの学習

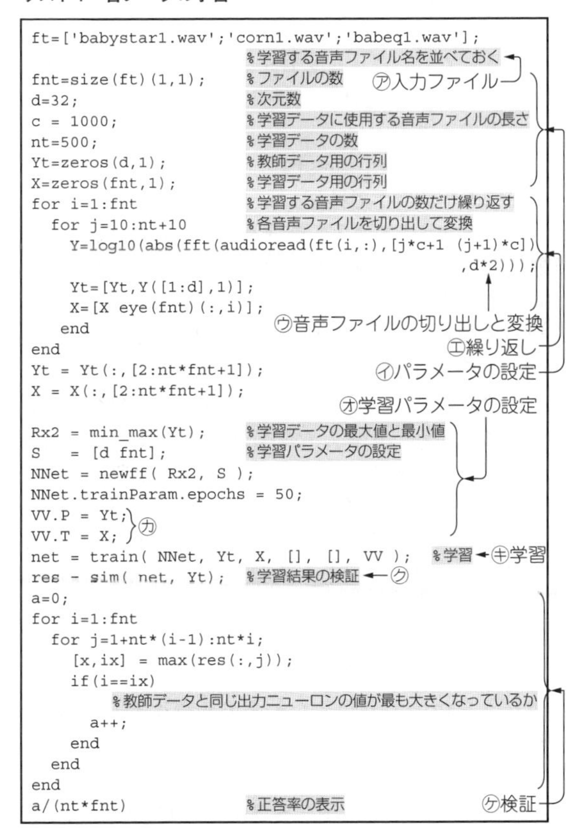

```
ft=['babystar1.wav';'corn1.wav';'babeq1.wav'];
                              %学習する音声ファイル名を並べておく
fnt=size(ft)(1,1);            %ファイルの数
d=32;                         %次元数
c = 1000;                     %学習データに使用する音声ファイルの長さ
nt=500;                       %学習データの数
Yt=zeros(d,1);                %教師データ用の行列
X=zeros(fnt,1);               %学習データ用の行列
for i=1:fnt                   %学習する音声ファイルの数だけ繰り返す
  for j=10:nt+10              %各音声ファイルを切り出して変換
    Y=log10(abs(fft(audioread(ft(i,:),[j*c+1 (j+1)*c])
                                                        ,d*2)));
    Yt=[Yt,Y([1:d],1)];
    X=[X eye(fnt)(:,i)];
   end
end
Yt = Yt(:,[2:nt*fnt+1]);
X = X(:,[2:nt*fnt+1]);

Rx2 = min_max(Yt);            %学習データの最大値と最小値
S   = [d fnt];                %学習パラメータの設定
NNet = newff( Rx2, S );
NNet.trainParam.epochs = 50;
VV.P = Yt;
VV.T = X;
net = train( NNet, Yt, X, [], [], VV );  %学習
res - sim( net, Yt);  %学習結果の検証
a=0;
for i=1:fnt
  for j=1+nt*(i-1):nt*i;
    [x,ix] = max(res(:,j));
    if(i==ix)
          %教師データと同じ出力ニューロンの値が最も大きくなっているか
      a++;
    end
  end
end
a/(nt*fnt)                    %正答率の表示
```


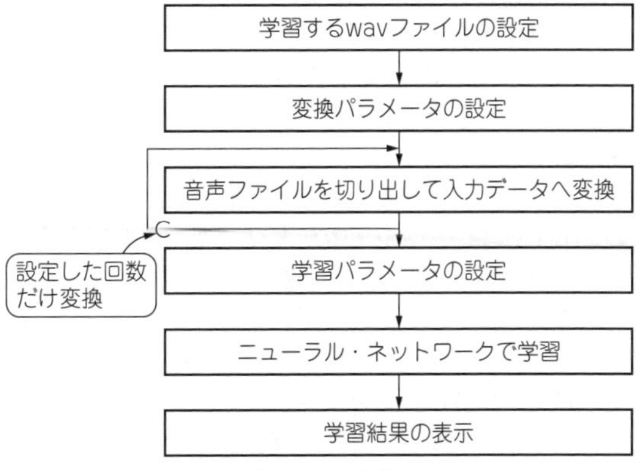

図13　袋を振ったときの音の学習と判定のフロー

リスト2　テスト・データで認識率を確認する

```
ft=['babystar2.wav';'corn2.wav';'babeq2.wav'];
fnt=size(ft)(1,1);
Yt=zeros(d,1);
nt=100;
for i=1:fnt
  for j=10:nt+10
    Y=log10(abs(fft(audioread(ft(i,:),[j*c+1 (j+1)*c])
                                            ,d*2)));
    Yt=[Yt,Y([1:d],1)];
   end
end
Yt = Yt(:,[2:nt*fnt+1]);

res = sim( net, Yt);
a=0;
for i=1:fnt
  for j=1+nt*(i-1):nt*i;
    [x,ix] = max(res(:,j));
    if(i==ix)
      a++;
    end
  end
end
a/(nt*fnt)
```

㋙入力ファイル
パラメータの設定
音声ファイルの切り出しと変換
繰り返し
検証

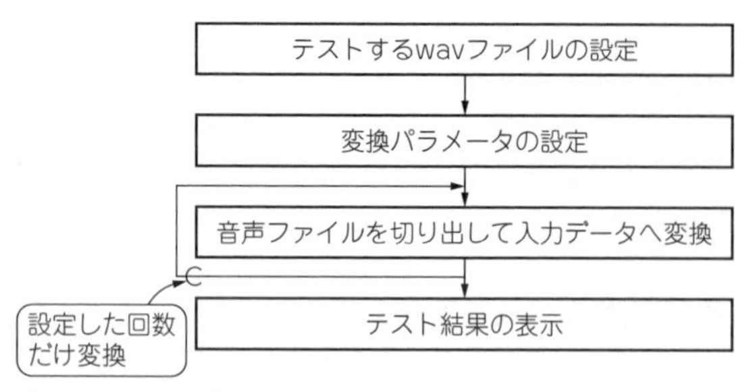

図14　テスト・データを検証するフロー

ろで頭打ちとなります．長くても10分程度で十分なはずです．

▶前処理

読み込んだデータに対して**リスト1**に示す前処理を行って学習しやすくしています．データを読み込んで前処理をするために，次の設定をしています．

3行目の`d`はFFTによる解析の次元数を表しています．これを大きくするとより細かな特徴を表すことができます．

4行目の`c`は音の長さを表しています．

5行目の`nt`は学習データの数を表しています．今回の例ではこれ以上大きな入力データの数は扱えません．

8行目の繰り返しは，音データの数だけ繰り返すようにしています．

9行目の繰り返しは対象とする音データから`nt`だけデータを切り出すようにしています．

10行目で音データから入力データに変換しています．まず，`wavread`関数で対象とする音データから`c`の長さ分の音を切り出しています．そしてそれを`fft`関数で解析しています．

さらに，絶対値を取って$\log_{10}$でスケール変換しています．これを使って入力データ`Yt`を作っています．

▶学習

リスト1㋔で学習のための設定を行っています．㋔の2行目でニューラル・ネットワークの中間層と出力層の数を設定しています．`d`が中間層の数，`fnt`が出力数を表しています．㋕で学習の繰り返し数を設定しています．この設定に従って㋖で学習を行っています．以上で学習は終わりです．

さらに，㋗で学習データを使って分類ができているのかどうかのテストをしています．そのテストの結果を㋘で解析しています．

このプログラムを実行した結果，分類できる率は約90%となっていました．また，学習には相当の時間が(Core i7のWindows PCで3分程度)かかります．

▶実行

実行後，次の出力がコマンド・ウィンドウに表示されます．学習に使ったデータを用いて分類した結果の正答率となります．学習によって完全に分類できない難しい問題であることが分かります．

```
ans = 0.8333
```

▶保存

学習データをファイルに保存するにはコマンド・ウィンドウで次のコマンドを入力してEnterキーを押します．これにより`net.txt`というファイルに保存できます．

こうしておくと，一度学習したデータを保存できるので，Octaveを起動した後に毎回学習しなくてもテストができます．

```
save net.txt net↵
```

▶テスト・データで検証

リスト2㋙にテスト・データとして入力ファイルを設定します．**リスト1**から学習のための設定と学習を行っている㋔㋖と，教師データを作成した11，12，16行を削除したものを使います．**リスト2**のフローを**図14**に示します．

学習後すぐにこのプログラムを実行する場合は必要ありませんが，保存した学習データを使いたい場合は，次のコマンドを入力してEnterキーを押します．

```
load net.txt↵
```

学習データを読み出してテストを実行する場合，**リスト1**の3行目と4行目をコマンド・ウィンドウで実行して変数を設定する必要があります．

リスト2を実行すると，次の出力がコマンド・ウィンドウに表示されます．これが学習後に，テスト・データを用いて分類した結果の正答率となります．60～70%程度の割合で識別できました．

```
ans = 0.6133
```

他のファイルを使った場合は50%程度の識別率に

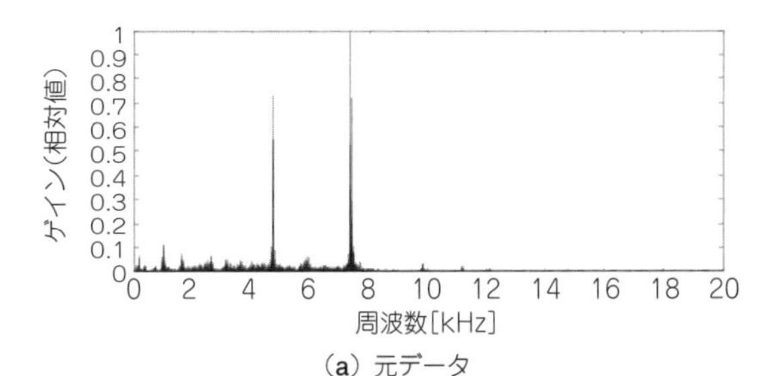

(a) 元データ

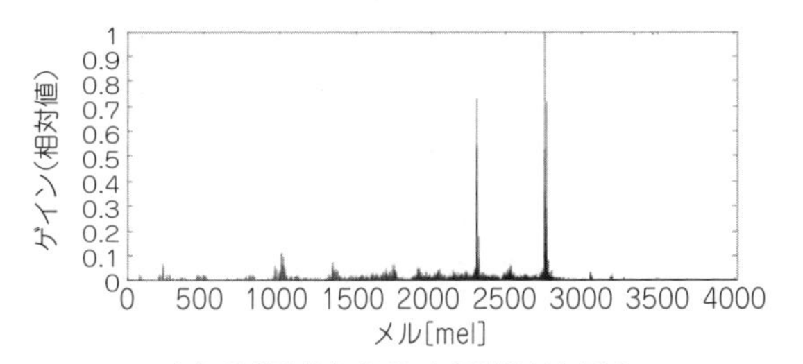

(b) 聴覚特性を考慮した周波数軸(メル)

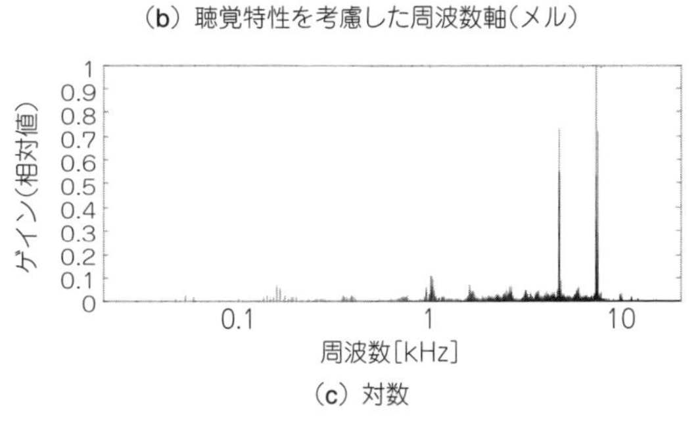

(c) 対数

図15 認識率向上1…周波数軸の変換

なってしまうこともありました.

ただ，どの組み合わせもあてずっぽうよりはよい識別率になっていました.

認識率向上テクニック

認識率を上げるには適切な前処理が必要になります．ニューラル・ネットワークは学習によってブラック・ボックス的に特徴を抽出し，識別装置として形成されます．従って，いかにニューラル・ネットワークが判断しやすい特徴ベクトルを与えるかがミソとなります．

今回のお菓子の袋を振ったときの音でその中身を当てる実験では，周波数スペクトル(FFTや線形予測などによる)の形状を利用すれば十分だと考えられます．

周波数スペクトルの離散的な値がニューラル・ネットワークの入力層ニューロン数と等しくなります．入力層ニューロンの数が増えるほど，ニューラル・ネットワークの学習は複雑なものとなり，望ましい結果が得られないことが多くあります．そこで，平均化などの処理によって必要最低限のスペクトル成分数へと減らす方法が用いられます．

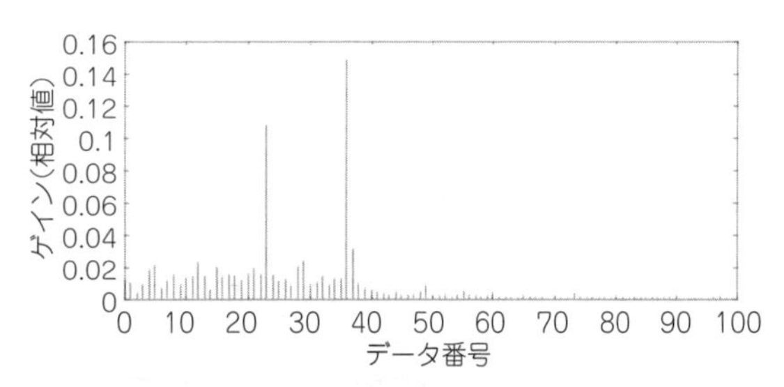

図16 認識率向上2…各周波数軸で100等分に平均化処理

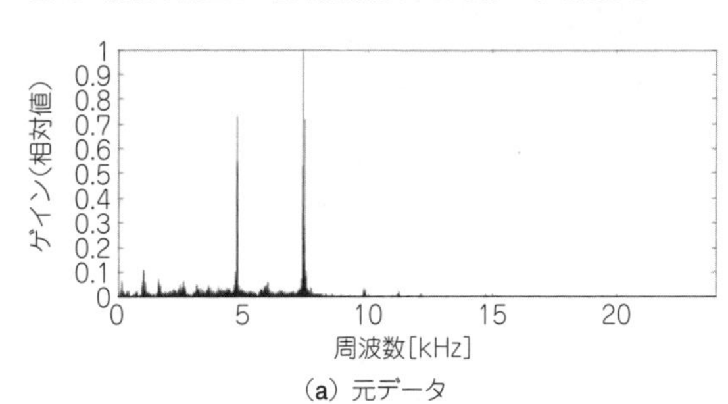

(a) 元データ

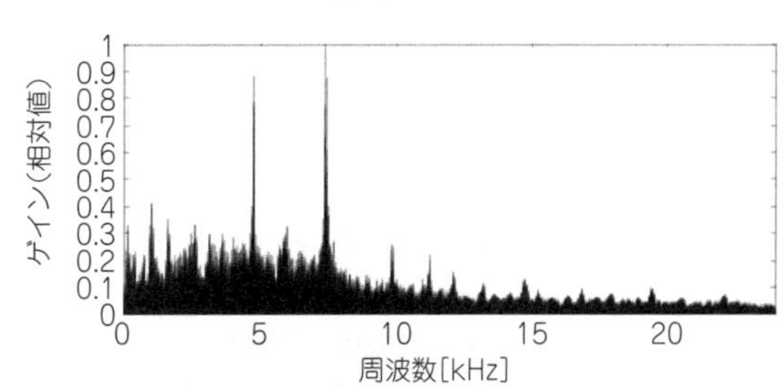

(b) 振幅圧縮法を施した後

図17 認識率向上3…筆者オリジナルの振幅圧縮法

このスペクトル成分数を減らす工程においては，どのスペクトル成分が結果に大きく寄与するのかをあらかじめ推定することが望ましく，場合によっては周波数軸を非線形に加工することで適切なスペクトル情報を保存できることがあります.

● 周波数軸の変換

例えば**図15**のように周波数軸変換をします．(**b**)のメルは聴覚特性を考慮した周波数軸であり，線形と対数の間のような特性になります.

● 平均化処理

各周波数軸で100等分に平均化処理した結果を**図16**に示します．対数軸ではスペクトルの低周波成分が拡大されており，低周波成分がニューラル・ネットワークによる判断へ大きく寄与するようになります.

● 振幅圧縮法

また，スペクトルの強度に対しても加工を行うことがあります．微小なスペクトル成分が判断に影響する

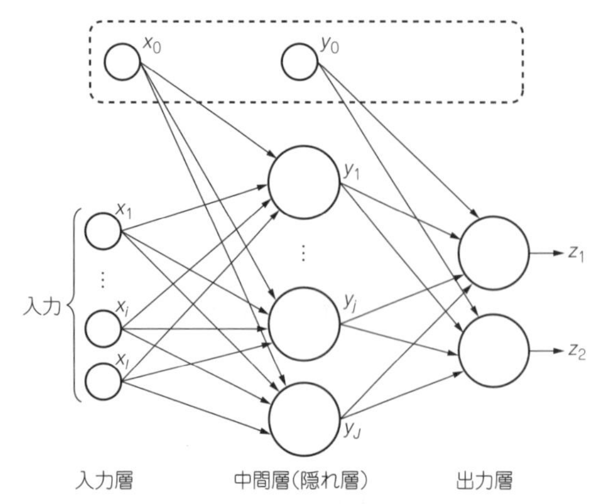

図18　ニューラル・ネットワークの構造を工夫…出力層ニューロンを2つ用意した例

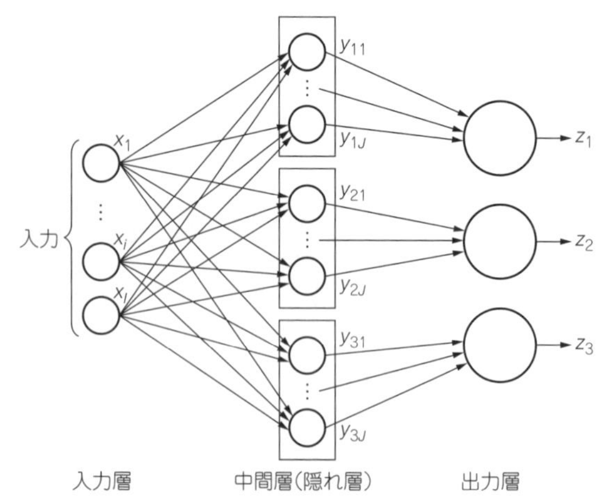

図19　図18よりも簡単なニューラル・ネットワーク

場合は，その微小成分を増幅させた方がニューラル・ネットワークは特徴をつかみやすくなります．そのために，正規化を用いたり，対数を用いたり，**図17**のように筆者の提案する振幅圧縮法を用いたりすることが有効な場合があります．

● ネットワーク構造を変える

ニューラル・ネットワークの構造を工夫することもよく行われます．今回の実験は，3種類の音を識別するので，**図18**のように，出力層ニューロンを2つ用意してベビースターラーメン，サッポロポテトバーベキュー味，とんがりコーンにそれぞれ教師信号として[0 0]，[0 1]，[1 0]を与えれば解けます．

図18よりも簡単な問題とすることで学習が適切となることがあります．それは，**図19**のように，出力層ニューロンを1つとして，ベビースターラーメンならば[1]，それ以外であれば[0]といった問題として学習させます．出力層ニューロンを1つだけ持つニューラル・ネットワークを3つ用意して，それぞれに学習させることとなります．結果として，入力層，3つに独立した中間層，3つのニューロンの出力層，といった構成になります．

＊　＊　＊

筆者はこれらを組み合わせることで，炭酸飲料水のビンを木製の棒でたたき，その音からビンが欠けているかどうかを判別する研究をしています(**写真1**)．もちろん，ビンが欠けているかどうかは目視で直ちに確認できるものでありますが，欠損による音響的差異は微少であり，熟練者でも聞き分けることの難しいものです．ニューラル・ネットワークの各種パラメータの最適化とともに，ニューラル・ネットワークに入力する特徴ベクトルの加工をいかに適切に行うかがミソであり，上述の研究では欠損の有無について95％を超える精度で検出できるという結果が得られています．

また，近年では中間層の層数を多段としたものも流行しています．これらの適切なパラメータ注1については多く検討されているものの，オペレータの経験的な要素が強く，試してみて最適なものを探索する方策がとられているのが現状です．

このことからも，ニューラル・ネットワークの学習方法の基本となるバックプロパゲーションの原理を知っておくと，より良いニューラル・ネットワークを作ることができるようになります．

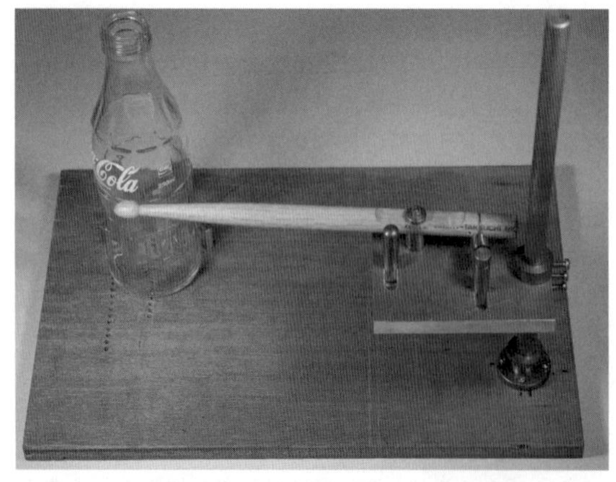

写真1　こんな実験もしています…ビンをたたいて欠損を聞き分ける

まきの・こうじ，すずき・ゆたか

注1：入力層，中間層，出力層のそれぞれのニューロン数や活性化関数(今回はシグモイド関数)の特性，学習の度合い，過学習を起こさない終了条件．

第3章

パラメータから分類「主成分分析」

牧野 浩二，堀井 宏祐

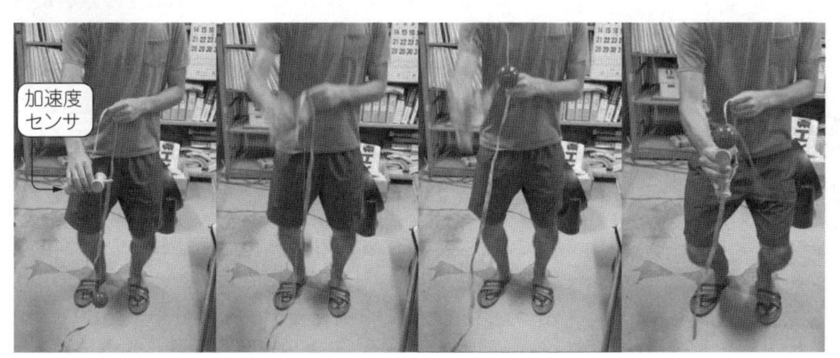

（a）精神統一　（b）振り上げ　（c）剣先より上に　（d）成功

写真1　細い棒で玉をキャッチする「とめけん」を例に経験者と初心者の動きを分類する

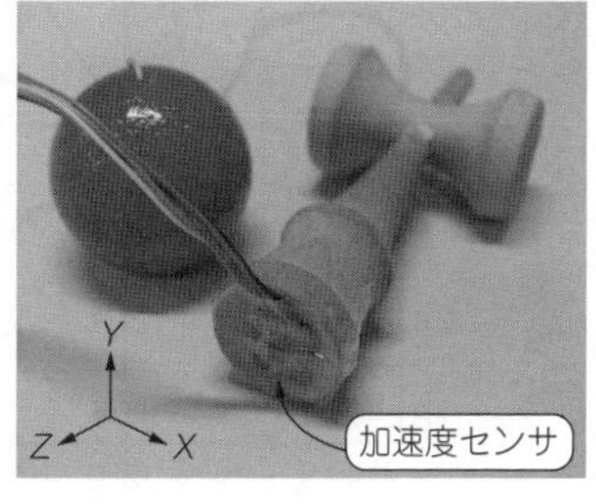

写真2　動き検出のための加速度センサを皿の部分に仕込んだ

けん玉の技の1つ「とめけん」（**写真1**）がうまくできるコツを，主成分分析（Principal Component Analysis）というアルゴリズムを使って探ってみます．けん玉には**写真2**のように加速度センサを取り付けています．詳しくは後ほど解説しますが，**図1**のように経験者と初心者の動き（*XYZ*方向の加速度や時間）を主成分分析で分類し，初心者の成功率を上げる方法を見つけます．

● 用途

主成分分析は次の場面でよく使われます．

- アンケートの分析
- テスト結果の解析

さらに，主成分分析を応用した次の研究もあります．

- 画像圧縮
- 工業製品の設計
- パターン認識

原理

表1に示す7種類の動物を，6つのパラメータで評価してみました．これを主成分分析で分類すると**図2**となります．まず，横軸については右に行くほど「威厳」があり，左に行くほど「親しみ」があると考えられます．

次に，縦軸については上に行くほど「怖い」要素が強くなり，下に行くほど「優しい」要素が強くなると考えられます．これは，主成分分析をした結果から筆者が軸の意味を考えたものになります．そのため，この手法は「国語力」も必要となります．

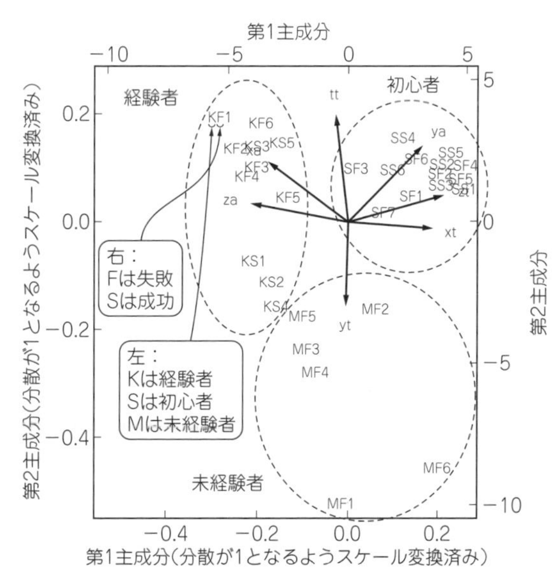

図1　けん玉経験者と初心者の動きを主成分分析で分類したもの

横軸はフォームのばらつき，縦軸は振り上げ時間というイメージ．読み取り方は本稿の後半で解説

● 複数のパラメータを持つデータの分け方

▶2次元平面にプロットされたデータに直線を引く

まずは，主成分分析のイメージを説明します．**表1**および**図2**のように難しいデータではなく，**表2**のように簡単なデータを使うこととします．横軸をX，縦軸をYとしてプロットすると**図3**となります．

これは2次元の図となりますが，この数値を1次元でできるだけ分かりやすく分類するにはどうしたらよいか考えることとしましょう．簡単に考えると，2次元のデータを1次元にするには，**図4**(a)のようにX軸で考えるものと，**図4**(b)のようにY軸で考えるものの2種類があります．

では，どちらの方がよいのかというと，主成分分析の考え方では，**図4**(b)のようにYの値を使った方が良い方法となります．その理由として，**図4**(b)の方がデータがばらついているからです．これはYの方が元のデータの情報を多く含んでいるということになります．

このばらつきのことを主成分分析では「情報量」と呼んでいます．そして，この情報量は分散で表されています．**図4**(a)の場合は分散が0.80となり，**図4**(b)の場合は分散が2.50となっている点からも，**図4**(b)の方が良い分類であることが分かります．

では，本当にY方向のデータだけでよいのかという疑問が生じます．答えはノーです．このデータを用いた場合，最も良い1次元のデータの分類は**図5**に示す

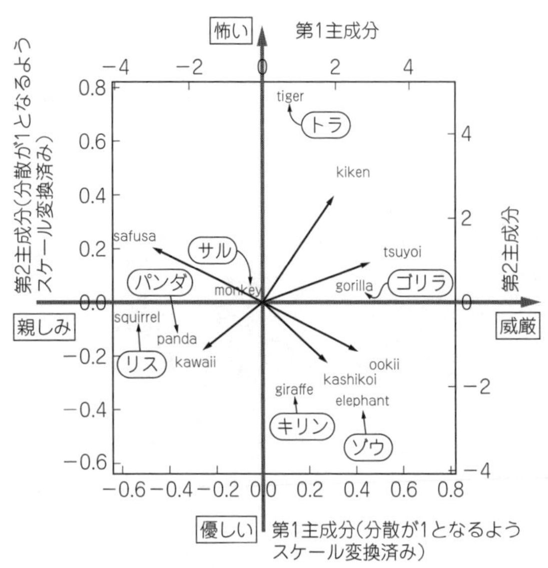

図2　7種類の動物を6つのパラメータで評価したものを主成分分析で分類したもの

表1　7種類の動物を6つのパラメータで評価する

種　類	かわいい	危　険	大きい	ふさふさ	強　い	賢　い
パンダ	5	1	3	5	2	2
ト　ラ	3	5	3	4	5	1
ゾ　ウ	4	2	5	1	5	4
サ　ル	2	3	2	3	1	4
ゴリラ	2	4	4	2	4	5
キリン	4	2	5	2	3	3
リ　ス	5	1	1	5	1	2

表2　主成分分析の動作を説明するために用意したサンプル

点＼軸	X	Y
A	3	4
B	2	2
C	3	1
D	1	3
E	2	4

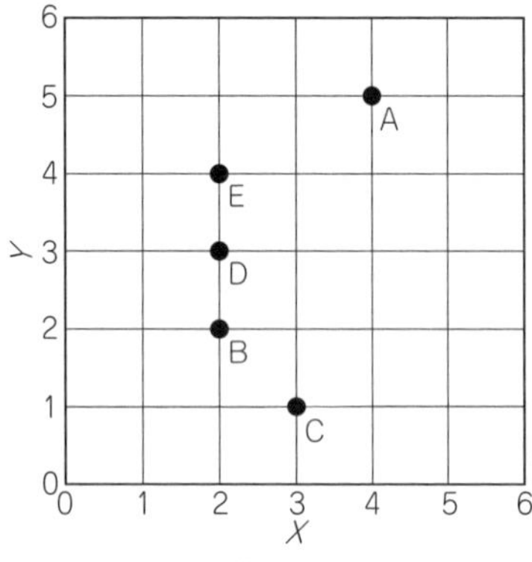

図3　表2のサンプル・データをXY軸上にプロットしたもの

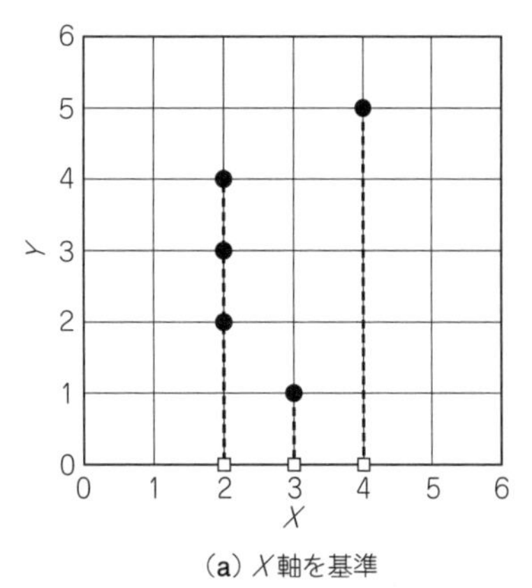

(a) X軸を基準

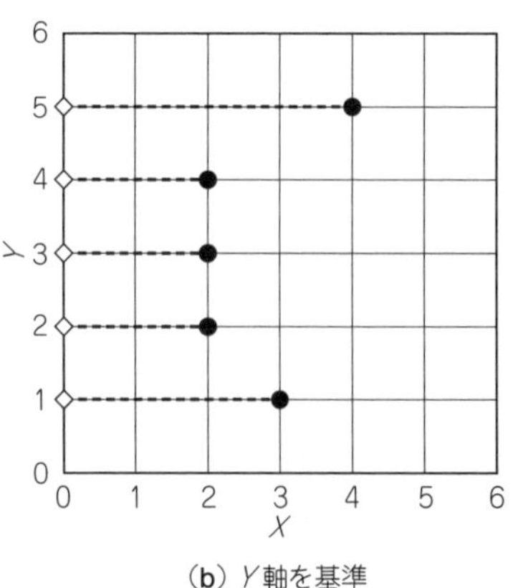

(b) Y軸を基準

図4　2次元のデータを1次元にする

主成分分析ではYの値を使った方がよいことになる

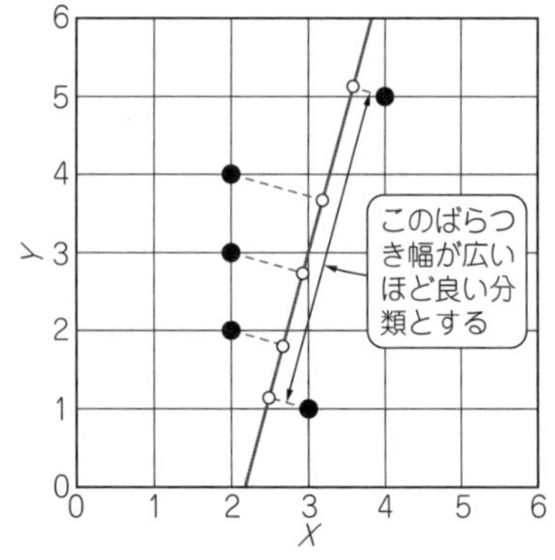

図5　図3に対して1本の線を引いた…値のばらつきが大きくなるように引いたもの

直線に垂直に下した線との交点となります．主成分分析では，ある1本の直線を考え，その線に垂直に下した線の値として考えることとします．そして，そのときのばらつきが最も大きくなる直線が，情報量が最も低下しない変換だと考えられるため，最も良い線となります．**図5**としたときの分散は2.64となります．

比較のために**図6**は45°の角度で直線を引いたものとなります．**図6**の線は**図5**の線と比べてよいのか悪いのかということが気になる読者も多いかもしれません．この場合の分散は2.15となり，**図5**よりもよくありません．

▶最もばらつく直線の成分を第1主成分とする

数字での比較でしたが，見た目でも比較してみましょう．**図4(a)**，**図4(b)**，**図5**と**図6**を横一直線に並べて示したのが，**図7**となります．**図5**が最もばらついています．

この最もばらつく直線の成分のことを第1主成分と呼びます．そして第2，第3主成分もあり，データの次元数と同じ数までの主成分を計算できます．そのため**表2**の場合は第2主成分まで計算することができ，最初に出てきた**表1**の場合は第6主成分まで計算できます．

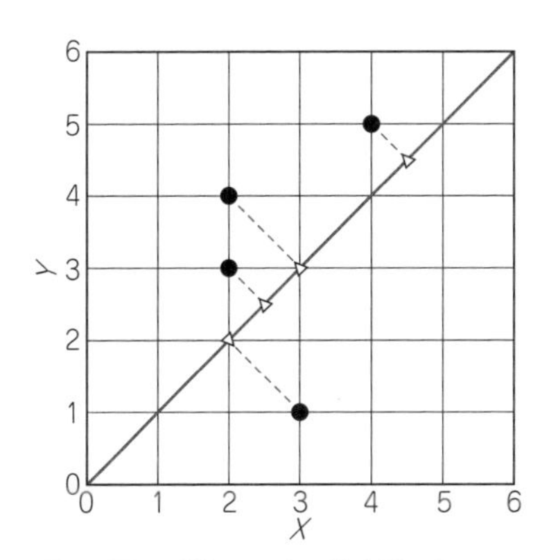

図6　図3に対して1本の線を引いた…45°に引いたもの

▶第1主成分と垂直な直線の成分を第2主成分とする

次に重要な点として，この第2主成分とは第1主成分に垂直な線となります．そして，第3主成分とは第1主成分と第2主成分のどちらにも垂直な成分となります．**表2**の第2主成分は**図8**として表すことができます．

主成分分析の結果を表すときには多くの場合，第2主成分までを図で表します．そこで，横軸を第1主成分，縦軸を第2主成分として主成分分析の結果を表すと**図9**のようになります．

Rという統計解析向けの言語で主成分分析を行うと**図10**の結果を得られます．さらにこれを使うと，どの項目が主成分のどちらにどのくらい影響しているかが表示されます．

この場合まず，先端にYと書かれている矢印が横に長く伸びていることが分かります．これは，Y成分が

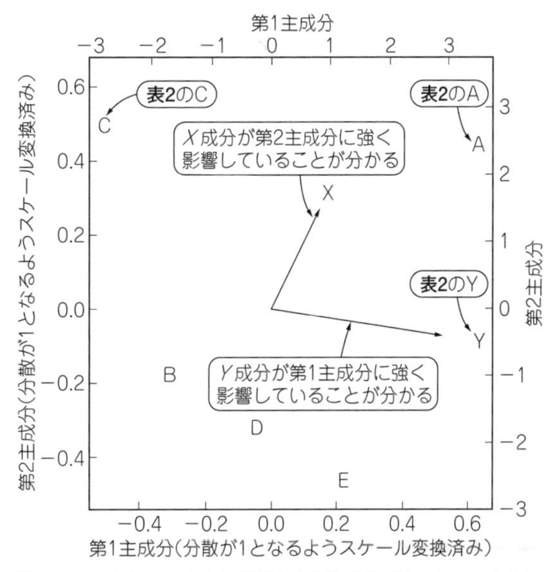

図10　表2の値をこのあと解説する方法で分析するとこのように表せる

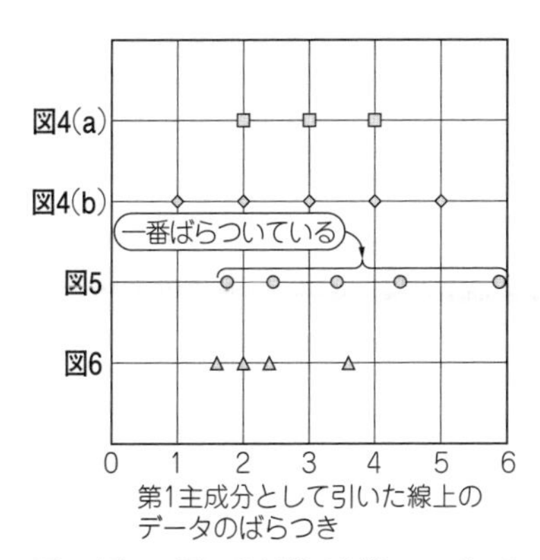

図7　図4～図6ではどれがばらついているか比較した

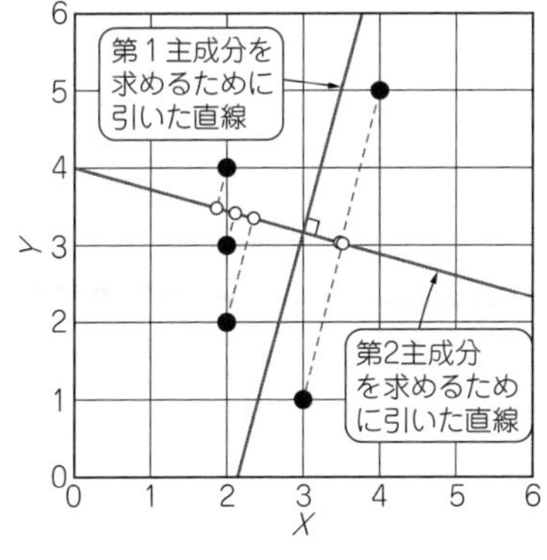

図8　図3の値のばらつきを第2主成分の直線で分析したもの

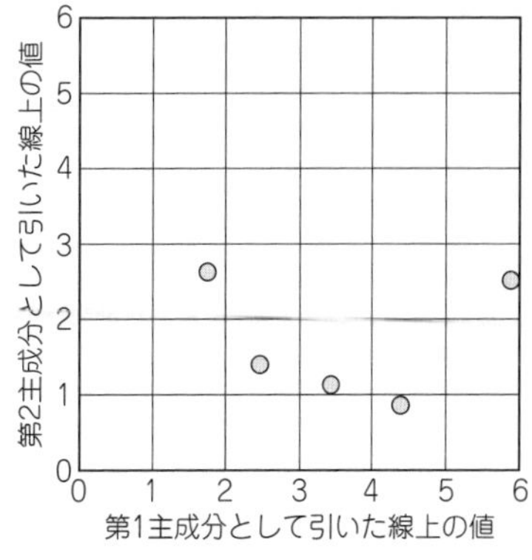

図9　図5と図8をもとに横軸を第1主成分/縦軸を第2主成分として表した

第1主成分に強く影響していることを示します．次に，先端にXと書かれている矢印は縦に伸びており，これが第2主成分に強く影響していることを示しています．

● 前回紹介したアルゴリズムとの違い

今回扱う主成分分析は，サポート・ベクタ・マシンのように，2次元平面にデータが表示されます．それとの違いに疑問を持たれる読者もいると思います．

▶教師データが必要/不必要で異なる

一番の違いは，教師データの「ある」，「なし」です．まず，サポート・ベクタ・マシンは，入力データとともにそのデータがどのようなものなのかという教師データがついていて，その教師データを基に入力データを2つの領域に分ける線を見つけ出します．そして，その結果を基に，教師データのないデータを入力したとき，どちらの領域に入るかで入力データがどのようなものかを判別します．

一方，今回扱う主成分分析では，教師データはないのですが，自動的に人間が見やすい形にデータを分布し直します．そして，その分布を基に，人間がその意味を決めることになります．

▶用意するデータの次元が異なる

もう1つの違いは，2次元平面にデータが表示されますが，サポート・ベクタ・マシンでは2次元平面に表示するためには2次元のデータを用意しておく必要があります．

一方，主成分分析では，多次元のデータ(**表1**の動物データは7次元)が2次元のデータに自動的に変換される点が違います．

主成分分析の計算方法

● 第1主成分の計算

主成分分析はどのような仕組みでデータを主成分に分けているのでしょうか．ここでは**表1**を例にとって話を進めます．まず第1主成分の計算について考えます．パンダについてはh_{11}～h_{16}までのある値を使って，次のような計算をして新しい指標を作っています．

$$y_{11} = h_{11} \times 5 + h_{12} \times 1 + h_{13} \times 3 + h_{14} \times 5 + h_{15} \times 2 + h_{16} \times 2$$

これはどの成分(可愛いや強いなど)をどの程度の割合で評価するかということになっています．そして，トラの場合は次のようになります．

$$y_{12} = h_{11} \times 3 + h_{12} \times 5 + h_{13} \times 3 + h_{14} \times 4 + h_{15} \times 5 + h_{16} \times 1$$

同じように，ゾウ，サル，ゴリラ，キリン，リスもy_{13}～y_{17}として計算できます．

そして，ここが主成分分析の最も重要な項目となるのですが，y_{11}～y_{17}までの値が最もばらばらになるようにh_{11}～h_{16}までの値を決めることとなります．ただしh_{11}～h_{16}を自由に選べると，例えばh_{11}を100，h_{12}を－100などと大きな値を取れば取るほどばらばらになってしまいますので，h_{11}～h_{16}のそれぞれを2乗して足し合わせた数が1となるようにします．

こうすることでまず，第1主成分の値が決まります．計算した後の値は，

$$h_{11} = -0.278,\ h_{12} = 0.328,\ h_{13} = 0.445,\ h_{14} = -0.515,\ h_{15} = 0.515,\ h_{16} = 0.303$$

となります．この値は数値計算により求めるため，簡単には求めることはできません．

そして，このh_{11}～h_{16}までの値を使うと，y_{11}～y_{17}は次のように計算できます．

$$y_{11} = -2.809,\ y_{12} = 0.804,\ y_{13} = 2.883,\ y_{14} = -0.640,\ y_{15} = 2.927,\ y_{16} = 1.044,\ y_{17} = -4.209$$

● 第2主成分の計算

同じように，第2主成分について考えます．

先ほど使ったh_{11}～h_{16}とは異なる値となるh_{21}～h_{26}を用いて，かつ，できるだけ「ばらばら」になるようにh_{21}～h_{26}までの値を決めます．このときh_{21}～h_{26}の値はh_{11}～h_{16}と直交するように選ばれます．このh_{21}～h_{26}の値が第2主成分と呼ばれます．計算した値は

$$h_{21} = -0.301,\ h_{22} = 0.681,\ h_{23} = -0.317,\ h_{24} = 0.351,\ h_{25} = 0.261,\ h_{26} = -0.392$$

となります．

これを用いるとy_{21}～y_{27}は次のように計算できます．

$$y_{21} = -0.627,\ y_{22} = 3.523,\ y_{23} = -1.685,\ y_{24} = 0.209,\ y_{25} = 0.294,\ y_{26} = -1.463,\ y_{27} = -0.252$$

この2つの値(第1主成分と第2主成分)をプロットしたものが**図2**となります．ここで，通常よく見るグラフのX軸(グラフの下側の軸)とY軸(グラフの左側の軸)の他に，グラフの上側と右側にも数字が書いてあります．

グラフの上と右にある数字は，今回計算した値を平均が0になるように全体をプラス幾つか(またはマイナス幾つか)したものとなります．そして，下と左にある数字は平均が0になったものを分散が1となるように変換したものとなります．

主成分の計算はRで

● 開発環境の準備

Rとは統計解析向けのプログラミング言語であり，オープンソースのソフトウェアです．R開発環境のインストールはウェブ・ページ(`https://www.r-project.org/`)を開き，青い字で書かれた「download R」をクリックします．

ダウンロードするサイトを選ぶページが表示されますので，筆者はJapanの下にあるhttps://cran.ism.ac.jp/をクリックしました．インストールするOSを選択するページが表示されるので，「Download R for Windows」をクリックします．

その後，「install R for the first time」をクリックし，「Download R3.3.1 for Windows」をクリックすることで，インストーラをダウンロードしました．ダウンロードしたインストーラを使ってインストールします．なお，筆者はWindows 10を使って行いました．

サンプル・データは本誌ウェブ・ページ(http://www.cqpub.co.jp/interface/download/contents.htm)から入手できます．

● 主成分分析を試してみる

ここで，**表1**に示すカンマ区切りの動物データをテスト用に，animal.csvに保存することとします．このファイルをドキュメント・フォルダに置きます．

なお，このファイルはダウンロードもできますが，**リスト1**に示しておきます．このcsvファイルの注意点として，1列目の1行目は何も書かないのですが，Rで処理する場合には，カンマも必要ありません．エクセルで書いてcsvファイル形式で保存した場合は1列目は**リスト2**となりますので，先頭のカンマを消してからRで読み出すようにしてください．

▶実行コマンドは3行

その後，Rを起動して，次のコマンドを入力して実行(Enterキーを押す)すると，**図2**が表示されます．

```
data = read.csv("animal.csv",header
=T)
result <- prcomp(data,scale=F)
biplot(result)
```

それぞれのコマンドについて説明を行います．まず1行目です．これはcsvデータを読み出すコマンドです．1つ目の引数がファイル名で，2つ目の引数がヘッダがあるかどうかを表します．ヘッダがあるかどうかとは，**表1**や**表2**に示すような1行目に示した項目の行が，そのファイルの中に含まれているかどうかです．含まれていない場合はheader=Fとします．

なお，クリップボードから読み出すこともできます．エクセルなどの表を選択して，コピーした状態で次のコマンドを入力すると，コピーしたデータを読み出すことができます．

```
data = read.table("clipboard",
header=T)
```

2行目は主成分分析するコマンドです．1つ目の引数は読み込んだデータです．2つ目の引数は主成分分析を行うときのデータの前処理を指定していて，「scale=Fとscale=Tのどちらか」とできます．まず，scale=Fとした場合は，読み込んだデータをそのまま用いて，主成分分析を行います．次に，scale=Tとした場合は，読み込んだデータを平均0，分散1に変換してから，主成分分析を行います．

▶scale=Fとscale=Tの使い分け

なぜ，このようなことができるようになっているのかについて簡単に説明を行います．例えば**表1**の動物データを用いた場合には，1～5点の範囲で点数を付けています．つまり，全ての項目が同じ基準で付けられています．しかし，かわいいという項目は1点が付けられていません．これを平均0，分散1になるように変更してしまうと，基準がずれてしまう場合があります．こういう場合は，scale=Fとした方が良い結果が得られます．

一方，この後に説明するけん玉データについて考えます．このデータでは，加速度の大きさと時間が入り交じっています．こういう場合は平均0，分散1にデータを変換してしまった方がよいので，scale=Tとした方が良い結果を得られます．

▶グラフの横軸と縦軸の意味

3行目は主成分分析の結果をグラフで表しています．このコマンドを実行すると，**図2**のグラフが表示されます．横軸に第1主成分，縦軸に第2主成分としたグラフとなっています．

そして，赤い矢印(誌面では青い矢印)でどの成分がどの程度主成分に影響を与えているかを表しています．

例えば，「強い」，「大きい」，「怖い」，「賢い」は主に右に向いており，第1主成分に影響していることが分かります．一方，第2主成分で同じ方向を向いているのは，「危険」，「強い」，「ふさふさ」となっています．

● 解析に用いたデータの詳細を見るコマンド

データの値を見るためには次のコマンドを使います．

リスト1　表1をcsvデータにしたものanimal.csv

```
kawaii,kiken,ookii,fusafusa,tsuyoi,kashikoi
panda,5,1,3,5,2,2
tiger,3,5,3,4,5,1
elephant,4,2,5,1,5,4
monkey,2,3,2,3,1,4
gorilla,2,4,4,2,4,5
giraffe,4,2,5,2,3,3
squirrel,5,1,1,5,1,2
```

リスト2　エクセルで書いてcsvファイル形式で保存した場合は先頭のカンマを消してからRで読み出す

```
,kawaii,kiken,ookii,fusafusa,tsuyoi,kashikoi
```

(このカンマを消す)

リスト3　summary (result) コマンド実行結果 (PC1は第1主成分，PC2は第2主成分を表す)

```
Importance of components:
                          PC1    PC2    PC3     PC4     PC5     PC6
Standard deviation     2.7273 1.7310 1.6445 0.54468 0.41575 0.10152
Proportion of Variance 0.5462 0.2200 0.1986 0.02178 0.01269 0.00076
Cumulative Proportion  0.5462 0.7662 0.9648 0.98655 0.99924 1.00000
```

リスト4　**result$rotation**の実行結果 ($h_{11}$などの係数を表す)

```
          PC1        PC2        PC3         PC4         PC5         PC6
kw -0.2777361 -0.3008688 -0.5275957  0.22824721 -0.06167592  0.70574973
ko  0.3281345  0.6811703  0.1739487 -0.17228346  0.01659017  0.60672879
oo  0.4445077 -0.3173486 -0.3424560 -0.62590094  0.43827106  0.02435440
fu -0.5146195  0.3506099 -0.1141857  0.05298255  0.76717731 -0.08850369
ty  0.5110741  0.2605426 -0.5293298  0.56370662  0.07614158 -0.25916788
ks  0.3026108 -0.3923839  0.5299812  0.45375911  0.45769068  0.24125393
```

リスト5　**result$x**の実行結果 ($h_{11}$などの係数を用いて計算した$y_{11}$などの値を表す)

```
                PC1        PC2         PC3        PC4        PC5         PC6
panda    -2.8088149 -0.6265780 -1.14192201 -0.1434421  0.6515266 -0.09862551
tiger     0.8044266  3.5232426 -1.39472077 -0.1046922 -0.1552042 -0.01346369
elephant  2.8829932 -1.6848157 -1.19657405  0.5909332 -0.3185684 -0.08991867
monkey   -0.6404589  0.2091873  2.94888211 -0.3090033 -0.2636512 -0.10808838
gorilla   2.9271438  0.2942944  1.49409612  0.3588078  0.5484192  0.09960319
giraffe   1.0436146 -1.4629071 -0.78208123 -0.9372566 -0.1613649  0.09865947
squirrel -4.2089044 -0.2524234  0.07231984  0.5446531 -0.3011571  0.11183358
```

```
summary(result)
result$rotation
result$x
```

まず，1行目を実行すると**リスト3**の値が表示されます．PC1は第1主成分，PC2は第2主成分を表しています．そして1行目は標準偏差，2行目は分散を表しています．さらに3行目は分散の累積値を表しています．第1主成分で54.62％の情報を表しており，第2主成分までで76.62％の情報量を表していることが示されています．

次に，2行目を実行すると**リスト4**の値が表示されます．これはh_{11}などの係数を表しています．

3行目を実行すると**リスト5**の値が表示されます．これは，h_{11}などの係数を用いて計算したy_{11}などの値を表しています．

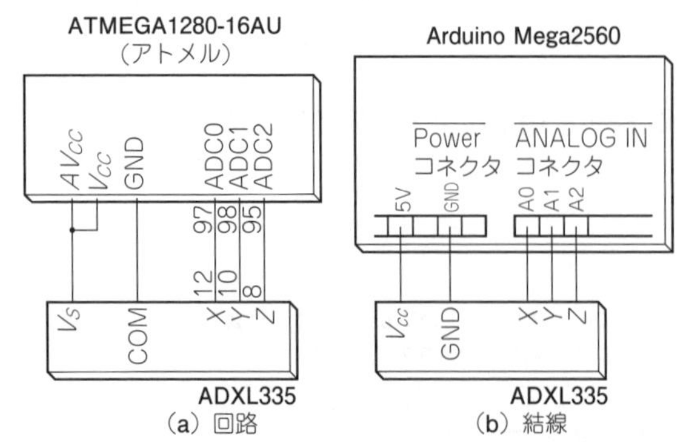

図11　動きセンサ (加速度センサ) の値はArduino Megaで取り込む

応用例…けん玉の技能向上に

● 動き取り込みのハードウェア

けん玉の技の1つ「とめけん」とは，**写真1**のように球を垂直に引き上げて剣先にさすという技です．けん玉の基本技ですが，できる人とできない人の差が大きく出る技です．

けん玉が上手にできるかどうかを調べるため，けん玉のけんの部分がどのように動いているのか3軸加速度計で計測することとしました．このために，けん玉の中皿 (剣先の後ろについている小さい皿) に，**写真2**のように3軸加速度計をガムテープで張り付けました．

使用した3軸加速度計はADXL335 (アナログ・デバイセズ) で，最大3Gの加速度 (重力の大きさが1G) を計測でき，その計測結果がアナログ電圧として出力されます．そこで3つのアナログ電圧を記録するために今回はArduino Megaを用いました．

記録する間隔は0.001秒 (1ms) とし，記録時間は1秒としました．記録開始の合図は押しボタン・スイッチを押すこととしました．これらの配線を**図11**に示します．

また，押しボタン・スイッチはけん玉を行う人とは別の人が押すこととします．押しボタン・スイッチを押す係の人が「はい」と言ったら，その直後にとめけんを行うこととしました．

自分で押してから始めると，プレッシャに負けてぜんぜん入りませんでした．他の人にボタンを押してもらうとプレッシャが多少弱まりましたが，10回やったら7回程度入るようなけん玉経験者でも成功率が半分近くになってしまいました．

● 動き取り込みのソフトウェア

計測に用いたArduino Megaのスケッチを**リスト6**に示します．計測した加速度のアナログ・データを配列に記録しておき，1秒間の計測が終わったら，シリアル・モニタに表示するようにしました．そして，シリアル・モニタに表示されたデータを，マウスをドラックすることで選択してからコピーして，エクセルに張り付けることで時系列データを記録しました．

● 動き取り込みのマイコン・ボードにはArduino Megaを使った

リスト6のスケッチを見て，疑問に思う点が幾つかある読者もいるかと思います．まず，なぜ一般によく使われるArduino Unoではなく，Arduino Megaを使ったのかについてです．今回はX，Y，Z方向の3つのデータを1ms（0.001秒）ごとに1秒間記録するため，3000個の配列が必要となります．Arduino Unoではメモリ量が足りなかったため，Arduino Megaを使いました．

次に配列に入れてから最後にシリアル・モニタに表示する方法についてです．その都度表示すればメモリ量が足りなくなることがなかったのではと思うかもしれません．しかし，その都度表示した場合はシリアル通信の部分に時間がかかってしまい，1ms間隔で計測できなくなってしまうという問題がありました．

そして3つ目として，`delay(1)`として1ms（0.001秒）の時間待ちでは本当の正確という意味ではずれるのではと思われる点についてです．確かにその通りで，アナログ値を読み出す時間があるので，正確に1ms間隔で記録はできてはいません．しかしアナログ値を読み出す時間はごくわずかですので，さほど問題はないとして今回はスケッチが簡単になるように実装しました．

● 計測したデータの前処理

データは「とめけん」が10回中7回程度入る経験者，10回中3回程度入る初心者1名，全く入らない未経験者の計3名に協力してもらい計測しました．この3名で何回か行った計測の結果の一部を**図12**に示します．

図12の加速度の違いから「とめけん」を行うときのコツを探ってみましょう．前処理を行い，入力するデータは次の7種類としました．

- `xa`：x軸の加速度の最大と最小の差
- `ya`：y軸の加速度の最大と最小の差
- `za`：z軸の加速度の最大と最小の差

リスト6　計測に用いたArduino Megaのスケッチ
計測した加速度のアナログ・データを配列に記録しておき，1秒間の計測が終わったら，シリアル・モニタに表示する

```
¥begin{lstlisting}
#define NUM 1000                    //記録するデータ数

void setup() {
  Serial.begin(250000);             //シリアル通信の速度
  pinMode(12, INPUT_PULLUP);        //12番ピンをプルアップ
}

void loop() {
  if(digitalRead(12)==LOW){         //ボタンが押されたら
    int x[NUM],y[NUM],z[NUM];       //配列の確保
    //Serial.println("Start");
    int i;
    for(i=0;i<NUM;i++){             //1msごとに
      x[i] = analogRead(0);         //3軸加速度の値を
      y[i] = analogRead(1);         //読み込んで
      z[i] = analogRead(2);         //配列に記録する
      delay(1);
    }
    for(i=0;i<NUM;i++){             //1秒間の記録が終わったら
      Serial.print(x[i]);           //データをシリアル・モニタに
      Serial.print("¥t");           //タブ区切りで
      Serial.print(y[i]);           //表示する
      Serial.print("¥t");
      Serial.println(z[i]);
    }
    //Serial.println("End");
  }
}
¥end{lstlisting}
```

- `xt`：x軸の最大加速度が生じた時刻と最小加速度が生じた時刻の差の絶対値
- `yt`：y軸の最大加速度が生じた時刻と最小加速度が生じた時刻の差の絶対値
- `zt`：z軸の最大加速度が生じた時刻と最小加速度が生じた時刻の差の絶対値
- `tt`：y軸加速度が最大となる時刻と最小となる時刻の中間の時刻と剣先に当たった時刻（x軸の加速度変化がしきい値以上となった時刻）の差（振り上げてから剣先に当たるまでの時間に相当）

前処理した結果が**表3**となりました．

● データの主成分分析

それでは実際にけん玉データの分類を行います．データは`kendama.csv`に書かれているものとして，次のコマンドを実行しました．今回は振り上げ時の力と時間という一定の基準に沿った評価ではないので，入力データを正規化するために`scale=T`としました．

```
data =read.csv("kendama.csv",header
=T)
result <- prcomp(data,scale=T)
biplot(result)
```

その分類結果は**図1**のようになります．

● 結果の考察

この結果から分かることとしてまず，経験者は左上

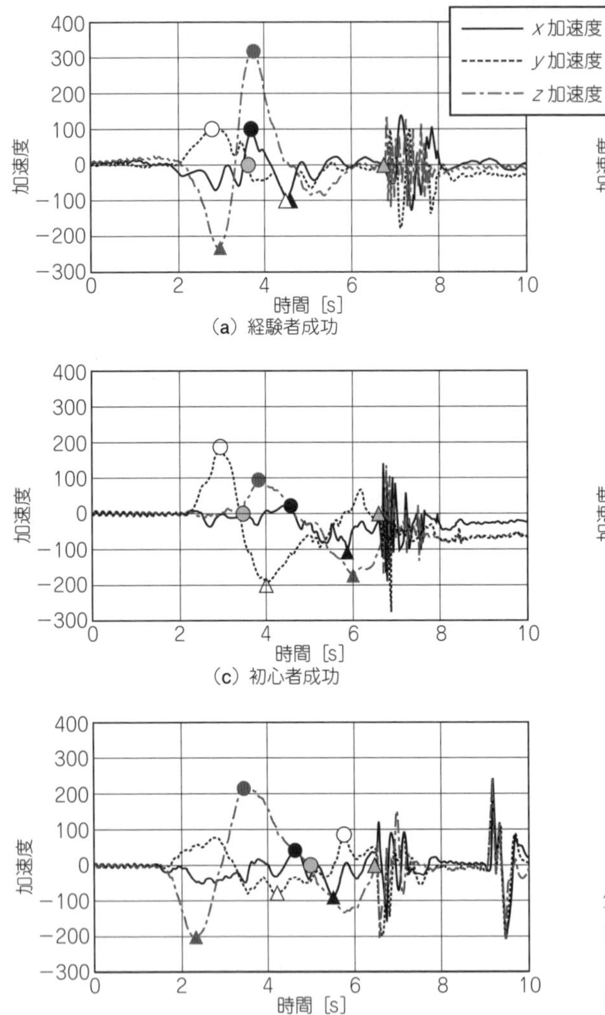

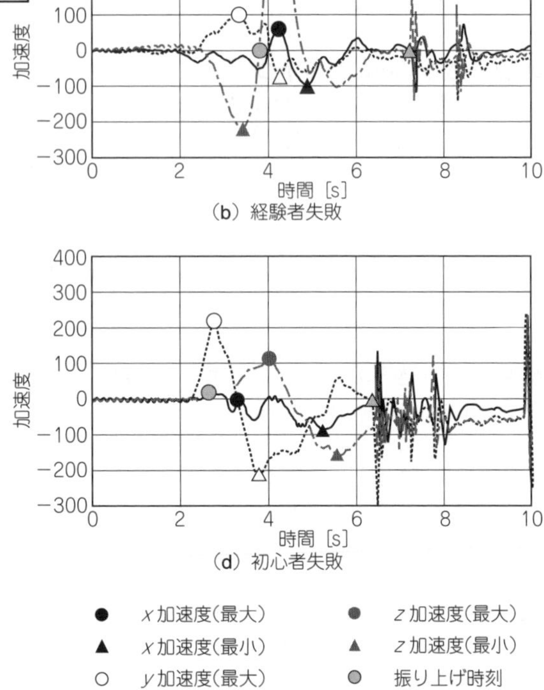

図12　とめけん動作時の3軸加速度値…ここからコツを考察してみる
経験者，初心者，未経験者の3名ぶん

に固まっていて，初心者は右上，未経験者は下側にそれぞれ異なる領域に分布している点があげられます．けん玉のふるまいは人によって大きく異なっています．

▶フォームのばらつき

経験者と初心者の第1主成分（横方向）に着目すると，経験者のばらつきの幅は初心者よりも狭くなっています．経験者は初心者に比べて成功してもしなくても一定の振り上げ方をしています．

さらに，未経験者の第1主成分の幅は経験者や初心者よりもずっと大きくなっています．未経験者は振り上げを一定に行えていません．

▶振り上げ時間

次に，第2主成分に着目すると，経験者が成功する場合は下側にあり，失敗する場合は上側にあることが分かります．この成分に関係するのは振り上げ時間(tt)とy軸方向への振り上げに要する時間です．振り上げに要する時間が長く，振り上げてから玉が剣先に当たるまでの時間が長く，初心者に近い動作をしています．

振り上げ時間が短いとはどういうことかというと，剣先すれすれまで球を振り上げてさしている状態となります．高く振り上げるよりもずっと成功率が高くなるような気がするという筆者の感覚にもマッチしています．

また，振り上げに要する時間も短いということは，球を引き上げるときに「くっと」一気に引き上げている状態となります．未経験者はこれがあまりできていないことを示しています．

このことから，初心者を脱却するには振り上げ時間を短くするために，球を上げすぎないようにすることと，上げるときに短く一気に引き上げることが上達の近道であることが分かります．

● 経験者のデータだけに注目…やはり振り上げ時間が成功と失敗を分ける

今度は，経験者だけのデータ（kendamaK.csv）を使って主成分分析をしました．その結果を**図13**に

表3　経験者/初心者/未経験者の動き（*XYZ*方向の加速度）を取得し前処理した値

入力するデータ / プレーヤ	xa	xt	ya	yt	za	zt	tt
KS1	184	87	192	176	550	78	326
KS2	179	93	189	166	485	83	282
KS3	202	32	221	91	503	99	323.5
KS4	125	79	175	171	522	70	308.5
KS5	186	78	202	77	417	90	342.5
KF1	256	46	192	86	580	97	318
KF2	189	43	191	102	579	76	369
KF3	159	63	181	91	567	83	349.5
KF4	163	29	221	121	572	69	369.5
KF5	124	137	218	94	591	78	322
KF6	223	42	252	109	454	96	369.5
SS1	116	286	341	112	253	249	307
SS2	141	205	375	119	278	262	310.5
SS3	122	265	477	140	301	171	312
SS4	128	130	381	106	259	214	315
SS5	113	256	434	99	254	190	318.5
SS6	114	35	396	114	268	185	322
SF1	101	115	392	123	287	186	311.5
SF2	101	256	430	101	271	156	309.5
SF3	142	37	405	105	305	125	289.5
SF4	100	166	429	120	235	245	293
SF5	88	281	394	111	272	201	336.5
SF6	129	191	369	114	308	206	338
SF7	112	61	382	145	281	156	327.5
MF1	41	37	85	175	242	67	129.5
MF2	113	184	189	86	463	203	111
MF3	134	51	235	102	466	99	53
MF4	130	88	168	154	418	112	157
MF5	195	129	231	215	452	127	272.5
MF6	81	321	79	172	159	170	141

S：成功，F：失敗

K：経験者，S：初心者，M：未経験者

示します．図の下側に成功が集まっています．これは第2主成分に大きく寄与している振り上げ時間とz方向の加速度に影響を受けています．未経験者に比べて経験者は振り上げ時間が一定となっていましたが，経験者だけのデータを分析すると，振り上げ時間が成功と失敗に寄与しています．また，第1主成分に寄与しているx方向とy方向の動作は成功には，あまり大きな影響を与えていません．

● 初心者のデータだけに注目…一定の力で振ることを指導するとよさそう

最後に初心者だけのデータ（kendamaS.csv）を使って主成分分析をしました．その結果を**図14**に示します．図の右上に成功が集まっていますが，経験者

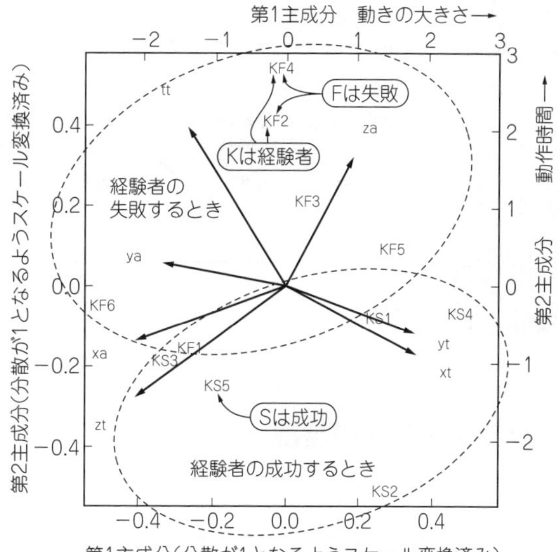

図13　経験者のデータに注目…失敗するときは時間が多くかかっている

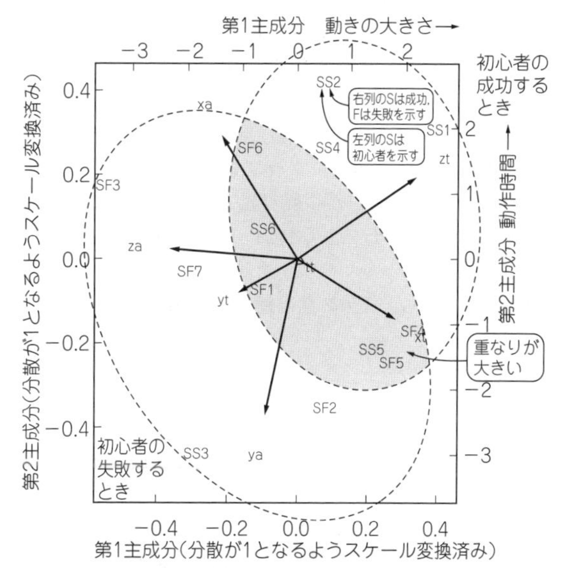

図14　初心者のデータに注目…図13のように明らかな差は出ていない

に比べると振り方が一定ではないので**図13**に示した経験者のように要因がはっきりとは別れていません．

経験者は振り上げ時間が大きく影響していましたが，このデータでは振り上げ時間の寄与は大きくありません．その代わり，ytとztに成功と失敗が寄与しています．この場合，振り上げ時に与える力の大きさのばらつきが成功と失敗に関連していると考えられ，一定の力で振ることを勧めると成功率が上がると考えられます．

まきの・こうじ，ほりい・ひろすけ

第4章

多数データのグループ分け「クラスタ分析」

牧野 浩二，北野 雄大

クラスタ分析の特徴

属性の分からない多数のデータを，幾つかのグループに分けてくれるのがクラスタ分析です．クラスタ(cluster)には，「塊」，「群れ」，「集団」などの意味があります．

クラスタ分析がよく利用されている場面として市場調査があります．例えば次の用途が挙げられます．

1，売り上げ実績や施設の稼働状況をもとにプロジェクトを評価
2，アンケート結果を利用した商品評価

例えばフィットネス・クラブを例に説明します．

- 機械をよく使い，かつ風呂にもゆっくり入る人
- ルーム・ランナをよく使い，シャワーだけで済ませる人
- 機械もルーム・ランナも使い，風呂にゆっくり入る人
- 風呂だけの人

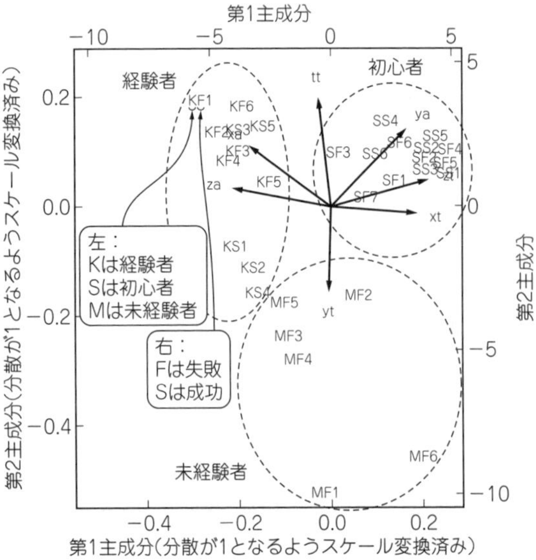

図1　けん玉経験者と初心者/未経験者の動きを主成分分析で見やすいように2次元プロットした

これらを曜日ごと，年齢/性別ごとに分ければ，「土日の利用者を増やすには，駅前のサラリーマンにビラを配ろう」，「シャワーの数を増やし女性客を呼び込めば機械の稼働率が上がる」などといった営業上の対策が打てます．

● 前章の主成分分析と組み合わせると見やすく分類できる

図1は「主成分分析」によって，けん玉経験者と初心者の動きを分類したものです．**図1**のように初心者，未経験者，経験者が分かれる結果となりました．**図1**の破線は筆者が単に，初心者，未経験者，経験者に分けるために，後から書き入れたものです．

図1のデータに，今回紹介するクラスタ分析を加えると，**図2**のように，プログラムが勝手に，何らかのグループ群に分割してくれます．**図2**の結果の中で，1つだけ(MF5)未経験者なのに経験者のデータ群として分類されていますが，後は見事に振り分けられています．

なお，**図1**はけん玉の技の1つ「とめけん」を行ったときのデータです(**写真1**)．とめけんとは，玉を垂直に一気に引き上げて剣先にさす技です．けん玉には

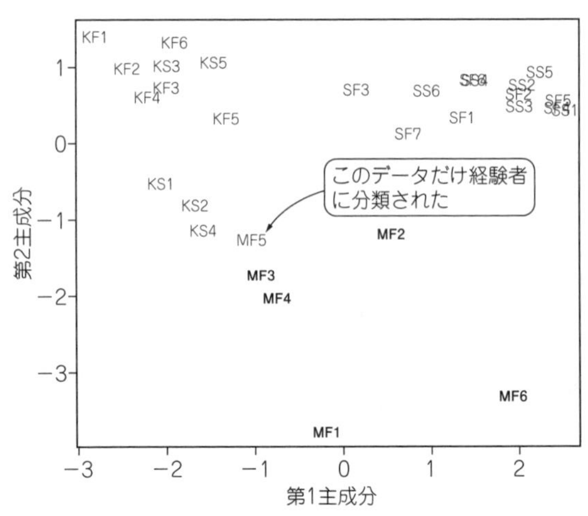

図2　図1にクラスタ分析を加えるとグループ分けできる

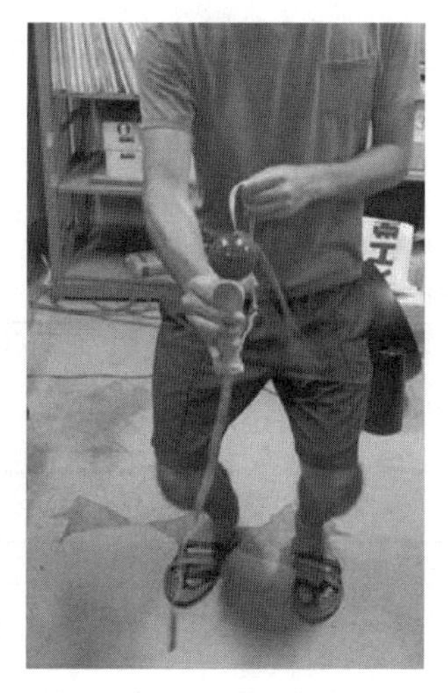

写真1
細い棒で球をキャッチする「とめけん」
経験者と初心者の動きを分類した

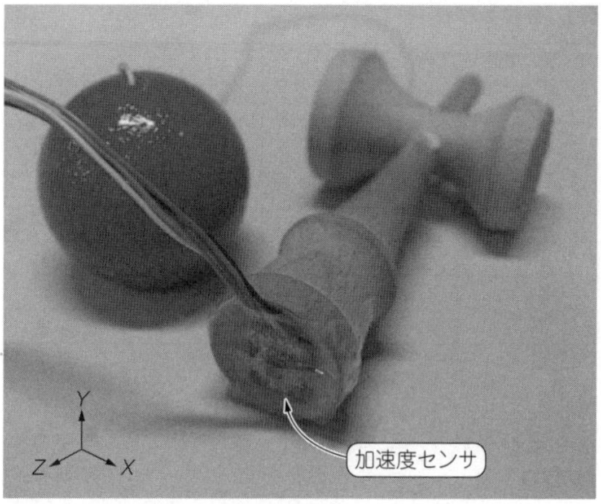

写真2　動き検出のために加速度センサを仕込んだ

写真2のように加速度センサが付いています．

測定時のシステム構成を**図3**に示します．

● 主成分分析との違い

図4に人工知能のアルゴリズムあれこれを整理しました．データ・マイニングの仲間には主成分分析とサポート・ベクタ・マシンがあります．

主成分分析は，同じ「分析」という言葉が付いていますので，どこが違うか気になる読者も多いかと思います．主成分分析は「どのように分布させれば人間に分かりやすくグループを示せるか」ということが主題となっています．

一方，クラスタ分析は，設定した数の「グループに分ける」ことが目的となっています．この2つは全く異なる観点でデータを整理，分類しているのですが，結果として2つは関係している点が面白いですね．

サポート・ベクタ・マシンは入力データにグループの情報が付いていました．そして，それをもとに2つに分ける線を見つけました．今回のクラスタ分析では，そのようなグループ情報はなく，クラスタ分析を行うことで勝手に分けてくれます．

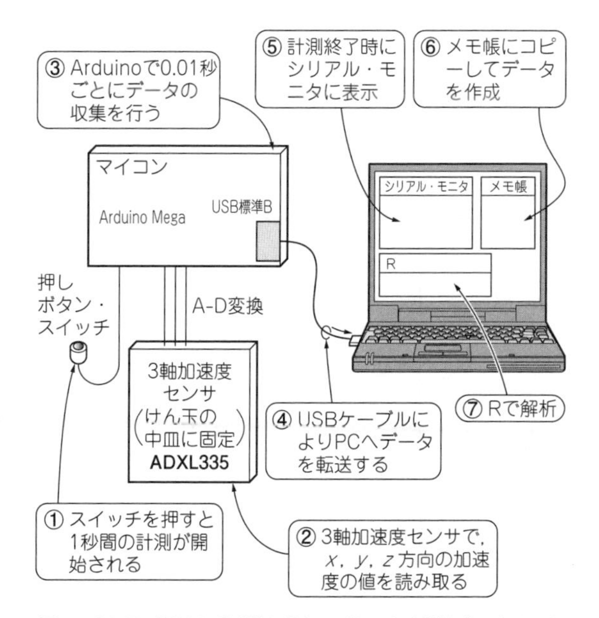

図3　けん玉の振り上げ時間や動きのばらつきを測定するためのシステム構成

処理のイメージ

表1に示すように7種類の動物に6つの評価を用います．これを幾つかのグループに分けてみます．後で詳しく説明しますが，R言語の主成分分析およびクラスタ分析のライブラリを用いて，**表1**を幾つかのクラスタに分割してみます．

▶2つに分ける

2つに分けた場合は**表2(a)**のように分かれ，それをグラフで表すと**図5(a)**となります．この2つのグ

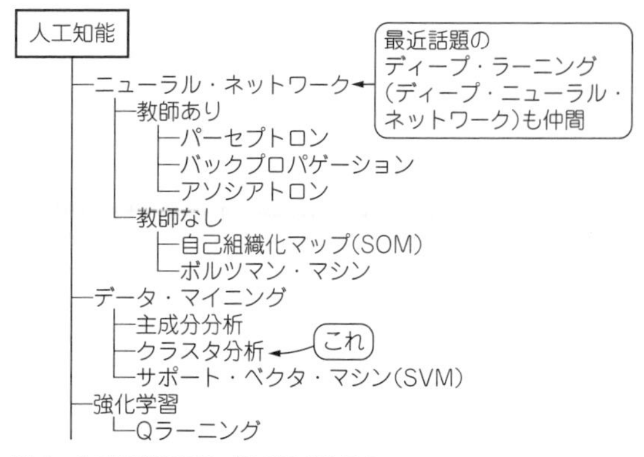

図4　人工知能のアルゴリズムあれこれ

表1　動物とその特徴

種類＼特徴	可愛い	危険	大きい	ふさふさ	強い	賢い
パンダ	5	1	3	5	2	2
トラ	3	5	3	4	5	1
ゾウ	4	2	5	1	5	4
サル	2	3	2	3	1	4
ゴリラ	2	4	4	2	4	5
キリン	4	2	5	2	3	3
リス	5	1	1	5	1	2

表2　クラスタ分析で複数のグループに分かれた

グループA	グループB
パンダ サル リス	トラ ゾウ ゴリラ キリン

(a) 2つのグループに分ける

グループA	グループB	グループC
パンダ サル リス	トラ	ゾウ ゴリラ キリン

(b) 3つのグループに分ける

グループA	グループB	グループC	グループD
トラ	サル	ゾウ ゴリラ キリン	パンダ リス

(c) 4つのグループに分ける

ループは動物の大きさで分けられていそうだと考えられます.

▶3つに分ける

3つに分けた場合は**表2(b)**, **図5(b)**のように分かれました. 動物の大きさで分かれていて, さらに, 大きい動物の中で怖い「トラ」が分かれたと考えることができます.

▶4つに分ける

4つに分けた場合は**表2(c)**, **図5(c)**のように分かれました. 3つのグループの分け方に加えて小さい動物の中では怖い「サル」が分けられたと考えられます.

この例では, データ数が少ないので4つまで分けましたが, もっとたくさんに分類できます. また, ここで, 3つに分けたときに「トラ」はグループBなのに, 4つに分けたときには「トラ」はグループAになっていることが気になる方もいるかと思います.

グループの名前はとりあえず付くものなので, あまり意味はありません. さらに, 最初の分け方がランダムなので, いつも同じグループ分けになるとも限らないという点も使うときには覚えておいた方がよいです.

このようにクラスタ分析は自動的に分けてくれますが, グループに分けるだけなので, 分類の意味は自分で考えなければなりません. 今回の例では筆者が考えました. そのため, この手法は前回の主成分分析と同じように, 「国語力」も必要となります.

処理の流れ

簡単な例を用いてクラスタ分析を説明します.

● ステップ1. データの用意と前処理

入力データは**表3**とし, 分類する数は3つとしました. そして, 用いる表にはA, B, Cの3つのグループ名を割り当てました. また, ここでは1列目をxの値, 2列目をyの値と呼ぶこととします.

● ステップ2. 各グループの重心位置を求める

各グループの重心位置を求めます. まずはグループAに関して計算します. グループAには3つのデータがあり, xの値とyの値をそれぞれ足し合わせて3で割

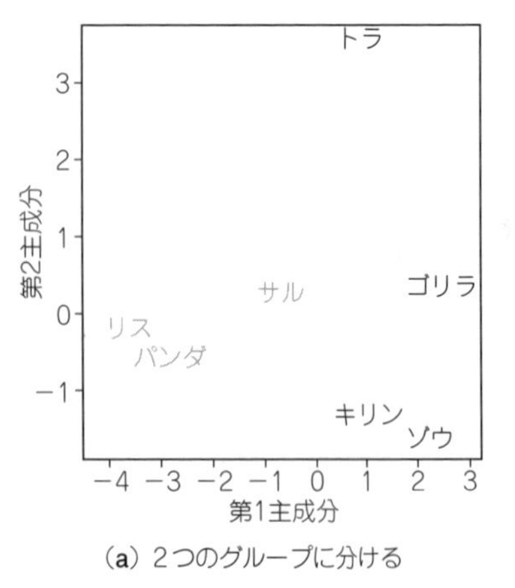

(a) 2つのグループに分ける

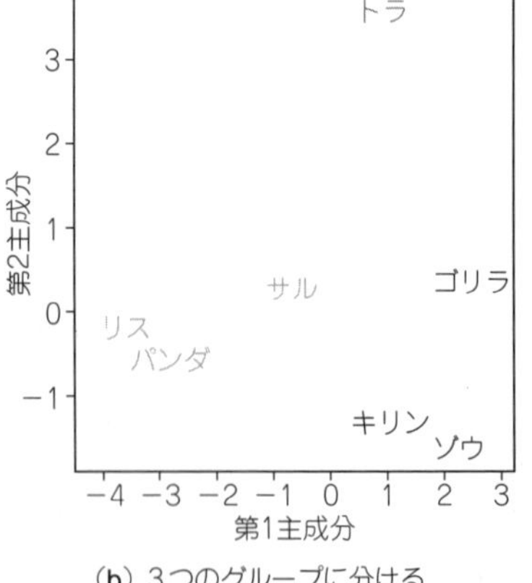

(b) 3つのグループに分ける

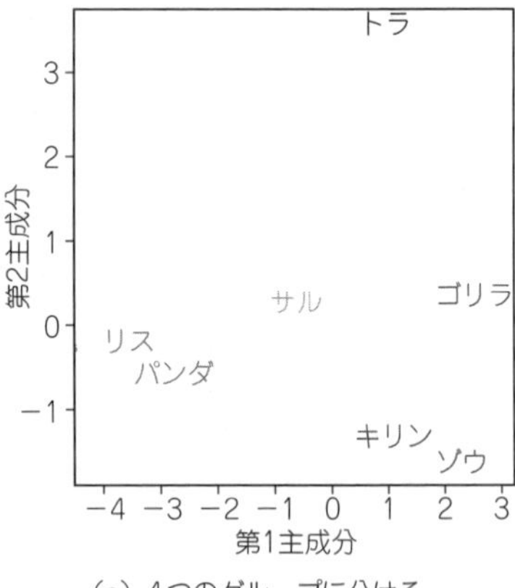

(c) 4つのグループに分ける

図5　表1に主成分分析とクラスタ分析を施した

表3　サンプルとして用意したデータ

xの値	yの値	グループ名
2	3	A
8	8	A
4	1	A
6	8	B
10	1	B
7	2	B
9	5	C
1	5	C
5	4	C

表4　各グループの重心位置

項　目	xの値	yの値
グループAの重心位置	4.66	4
グループBの重心位置	7.66	3.66
グループCの重心位置	5	4.66

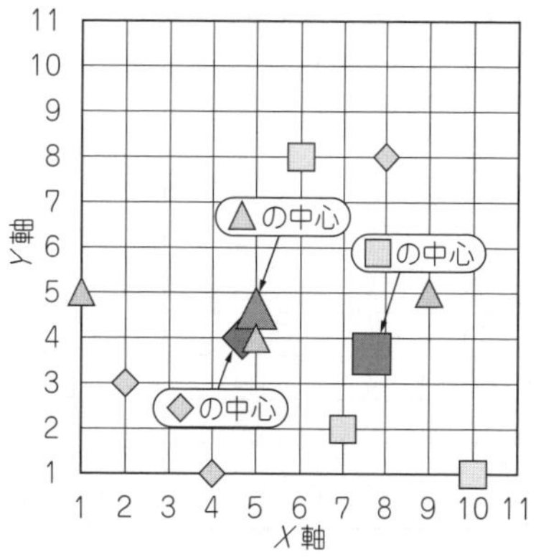

図6　適当に分けたデータの重心

ればよいこととなります．そこでグループAの重心位置のxとyの値はそれぞれ次のように計算できます．

• xの値

$(2+8+4)/3 = 4.66\cdots$

• yの値

$(3+8+1)/3 = 4$

同じように，グループBとグループCについても求めます．以上をまとめると**表4**となります．ここで，用いたデータと重心位置の関係を**図6**に示します．

● ステップ3．それぞれのグループの重心位置と各データまでの距離を求める

それぞれのグループの重心位置が求まったので，その位置と各データとの距離を計算します．距離はそれぞれのxの値同士を引いて2乗したものと，yの値同士を引いて2乗したものを足し合わせてルートを取ったものとなります．これを図で表すと**図7**となります．これは直角3角形の長辺の長さを求める方法と同じになります．

例えば，**表3**の1行目のデータと各グループの重心位置は次のように求めます．

• グループAの重心位置と1行目のデータとの距離

$\sqrt{(2-4.66\cdots)^2+(3-4)^2} \fallingdotseq 2.85$

• グループBとCの重心位置と1行目のデータとの距離

$\sqrt{(2-7.66\cdots)^2+(3-3.66\cdots)^2} \fallingdotseq 5.71$

$\sqrt{(2-5)^2+(3-4.66\cdots)^2} \fallingdotseq 3.43$

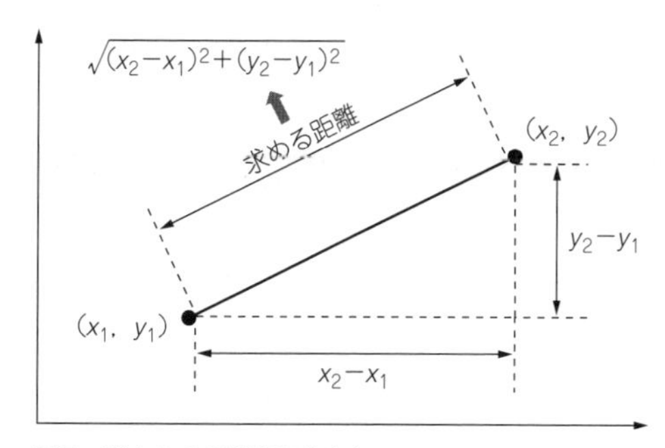

図7　重心までの距離の求め方

これを全てのデータについて計算すると**表5**となります．色付けしてある値は最も小さい値で，色付けしてある文字は後述する変更するグループ名を表しています．

この表では最も近い重心のグループ名を示しています．例えば1行目はグループAの重心位置までの距離が最も小さい2.85となっていますし，2行目はグループBの重心位置までの距離が最も小さい4.35となっています

● ステップ4．グループ名の変更

距離を求めたらグループ名を変更します．**表5**に従って最も近い重心のグループ名に変えます．1行目のデータはAで変わりはありません．2行目のデータはグループがAからBに変更になります．このようにしてできたデータは**表6**となります．

● ステップ5．繰り返し

グループの重心までの距離を調べたら，**表3**から**表6**へグループが変わりました．そこで，ステップ2からもう一度繰り返すこととなります．まず，各グ

表5　表3のデータから見てそれぞれの重心までの距離を求める

xの値	yの値	グループ名	グループAの重心	グループBの重心	グループCの重心	最も近い重心のグループ名
2	3	A	2.85	5.71	3.43	A
8	8	A	5.21	4.35	4.48	b
4	1	A	3.07	4.53	3.8	A
6	8	B	4.22	4.64	3.48	c
10	1	B	6.12	3.54	6.2	B
7	2	B	3.07	1.8	3.33	B
9	5	C	4.45	1.89	4.01	b
1	5	C	3.8	6.8	4.01	a
5	4	C	0.33	2.69	0.67	a

表6　表3のデータを改めてグループ分けした結果

xの値	yの値	グループ名
2	3	A
8	8	B
4	1	A
6	8	C
10	1	B
7	2	B
9	5	B
1	5	A
5	4	A

表7　表6のデータ群の重心

項　目	xの値	yの値
グループAの重心位置	3	3.25
グループBの重心位置	8.5	4
グループCの重心位置	6	8

表9　表8の結果をもとに重心を再計算した

項　目	xの値	yの値
グループAの重心位置	3	3.25
グループBの重心位置	8.66	2.66
グループCの重心位置	7	8

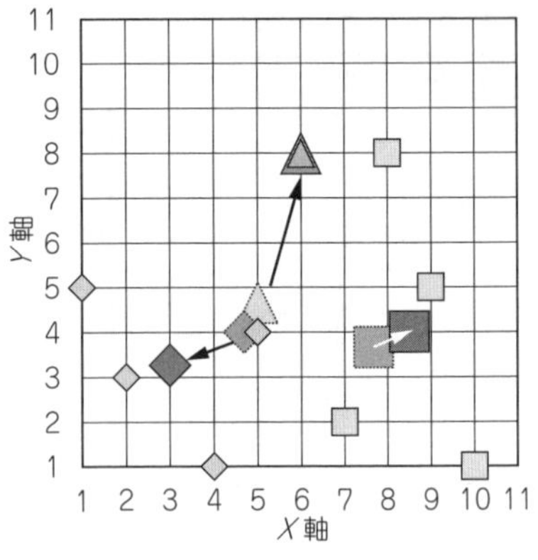

図8　表7の結果をもとに重心を移動した様子

表8　各データにおける重心との距離(再計算)

xの値	yの値	グループ名	グループAの重心	グループBの重心	グループCの重心	最も近い重心のグループ名
2	3	A	1.03	7.16	6.4	A
8	8	B	6.9	4.03	2	C
4	1	A	2.46	4.61	7.28	A
6	8	C	5.62	4.72	0	C
10	1	B	7.35	3.35	8.06	B
7	2	B	4.19	2.5	6.08	B
9	5	B	6.25	1.12	4.24	B
1	5	A	2.66	9.01	5.83	A
5	4	A	2.14	5.32	4.12	A

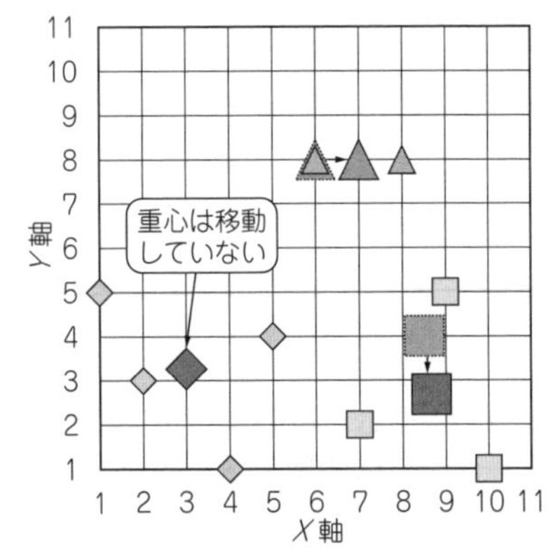

図9　表9の結果をもとに重心を移動した

ループの重心を求めると**表7**となります．**表6**と**表7**をもとにして，**図6**と同じ図を作ります(**図8**)．

重心位置が変化し，幾つかのグループが変わっています．そして**図6**に比べてずいぶんまとまってきています．各データにおける重心との距離を**表8**に示します．

ここで，各グループの重心位置は**表9**のようになります．**表9**を見ると，まだ2行目のデータのグループが変わっています．そのため，もう一度ステップ2から行います．

ここでは計算は省略しますが，今回のグループ変更でグループは変更されなくなりました．このときの重心とグループ分けを**図9**に示します．

以上のようにして，似たものは同じグループになるようにグループを更新していくのがクラスタ分析の考え方です．

体験1…まずは練習用データで

● 統計解析ソフトウェア「R」を使う

ここでは「R」というフリーの統計解析ソフトウェアを使います．Rはウェブ・ページ(`https://www.r-project.org/`)を開き，次の手順でダウンロードとインストールができます．

1. トップページ：青い字で書かれた「download R」をクリック
2. ダウンロードサイト：Japanの下にある`https://cran.ism.ac.jp/`をクリック
3. OS選択：「Download R for Windows」をクリック
4. 新規インストールの選択：「install R for the first time」をクリック
5. バージョンの選択：「Download R 3.3.1 for Windows」をクリック
6. インストール：ダウンロードした「R-3.3.1-win.exe」をダブルクリック

インストールができたら，Rを使って練習してみましょう．

● クラスタ分析を実行…3つのグループができた

ここで使うデータは**リスト1**のようなcsvファイルです．それをドキュメント・フォルダに置きます．そして**リスト2**のコマンドを実行します．

これを実行すると**図10**のように，3つのグループ番号を3つに色分けされたものが表示されます．ここまでの説明ではグループ名をA，B，Cとしましたが，

リスト1　練習用データABC.csv

```
2,3
8,8
4,1
6,8
10,1
7,2
9,5
1,5
5,4
```

リスト2　練習用データをクラスタ分析＋主成分分析

```
data = read.csv("ABC.csv",header=F)
pk<-kmeans(data,3)
plot(data,type="n")
text(data,labels=pk$cluster, col=pk$cluster)
```

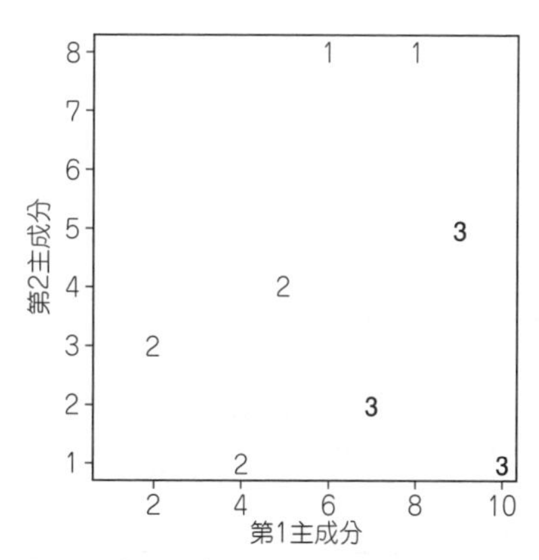

図10　練習用データでクラスタ分析

クラスタ分析の結果では，グループ名は1，2，3のような番号となります．

● 解析コマンドの中身

リスト2のコマンドについて説明を行います．

▶データの読み出し

1行目はcsvデータを読み出すコマンドです．1つ目の引数がファイル名で，2つ目の引数がヘッダがあるかどうかです．「ヘッダがあるかどうか」とは，**表1**や**表2**に示すような1行目に示した項目の行が，そのファイルの中に含まれているかどうかです．含まれている場合はheader=Tとします．

▶クラスタ分析の実行

2行目はクラスタ分析をするコマンドです．1つ目の引数は読み込んだデータです．2つ目の引数は分類する数になります．

3，4行目はクラスタ分析の結果をグラフで表しています．3行目でグラフを描きますが，実行しても何も表示されません．そして，4行目でラベルと色分けしてデータを表示しています．

pkと入力して[Enter]キーを押すと**リスト3**のようにクラスタ分析の結果が表示されます．まず，Cluster means:に続く数字は各グループの重心位置を表しています．

表9の手計算で求めた重心位置と**リスト3**とを比較してみましょう．グループ1はグループB，グループ2はグループC，グループ3はグループAと同じ位置を示しています．

リスト3の「Clustering vector：」に続く数字は，各データのグループを表しています．つまり**リスト1**中の1，3，8，9行目のデータはグループ3に属していることとなります．

グループ1はグループB，グループ2はグループC，グループ3はグループAと読み替えることができるので，**リスト1**の1，3，8，9行目のデータはグループAになり，5，6，7行目はグループBになり，2，4行目はグループCになります．

これと**表8**を比較すると，同じになっていることが分かると思います．

リスト3のWithin cluster sum of squares by cluster:は，各データの距離に関する値を示しています．Available components:はオプションを表しています．例えば，pk$clusterとすると，分類結果が表示されます．

体験2…動物データで

● クラスタ分析を実行…見づらいグラフができた

図1に示した動物データを対象としてクラスタ分析を行ってみます．動物データは**リスト4**に示すcsvとし，ドキュメント・フォルダにあるものとします．先ほどと同じようにクラスタ分析を行うコマンドを

リスト3　リスト2の実行結果

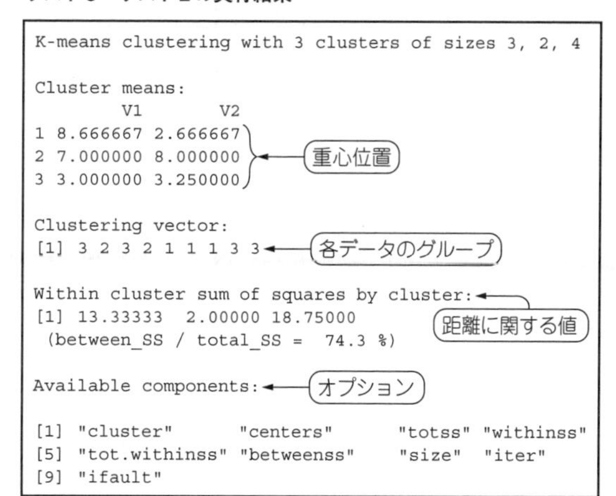

```
K-means clustering with 3 clusters of sizes 3, 2, 4

Cluster means:
        V1       V2
1 8.666667 2.666667
2 7.000000 8.000000
3 3.000000 3.250000

Clustering vector:
[1] 3 2 3 2 1 1 1 3 3

Within cluster sum of squares by cluster:
[1] 13.33333  2.00000 18.75000
 (between_SS / total_SS =  74.3 %)

Available components:

[1] "cluster"      "centers"      "totss" "withinss"
[5] "tot.withinss" "betweenss"    "size"  "iter"
[9] "ifault"
```

リスト4　動物データanimal.csv

```
kawaii,kiken,ookii,fusafusa,tsuyoi,kashikoi
panda,5,1,3,5,2,2
tiger,3,5,3,4,5,1
elephant,4,2,5,1,5,4
monkey,2,3,2,3,1,4
gorilla,2,4,4,2,4,5
giraffe,4,2,5,2,3,3
squirrel,5,1,1,5,1,2
```

リスト5　動物データをクラスタ分析

```
data = read.csv("animal.csv",header=T)
pk<-kmeans(data,3)
plot(data, col=pk$cluster)
```

リスト5のように入力します．ただし，今回はヘッダがあるのでheader=Tとしています．

図10ではなく**図11**のように，たくさんのグラフが表示されます．このグラフの見方を説明します．

丸が書いてあるボックスは**図10**とは異なり，グループを色だけで表しています．そして，対角線上のボックスにはkawaiiとかkikenなど入力データの1行目に書いた分類が並んでいます．これが縦軸と横軸になります．

例えば，上から6番目(1番下)，左から3番目のグラフは横軸にookii(大きい)，縦軸にkashikoi(賢い)としてグループを表示したものとなります．この分類を見ながらグループ分けの傾向を考えることとなります．

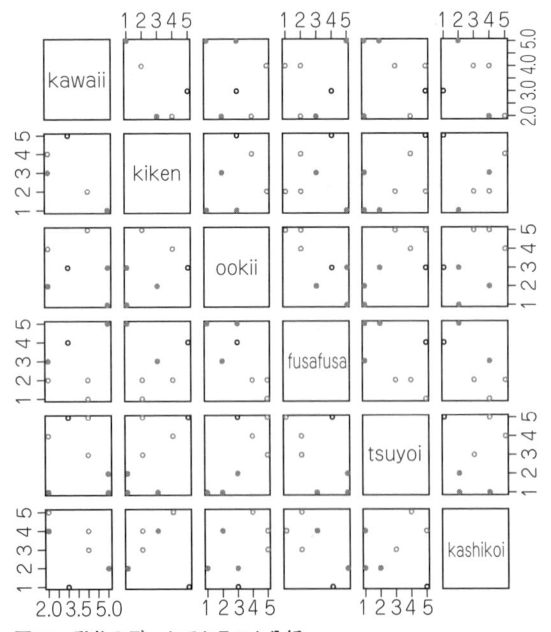

図11　動物のデータでクラスタ分析

リスト6　動物データをクラスタ分析＋主成分分析

```
data = read.csv("animal.csv",header=T)
pr <- prcomp(data,scale=F)
pk<-kmeans(data,3)
plot(pr$x,type="n")
text(pr$x,labels=rownames(pr$x),col=pk$cluster)
```

● クラスタ分析に主成分分析を加える

しかし，これはたくさんの情報が表示されすぎて分かりにくくなってしまっています．これに対して**図5**に示したグラフは分かりやすいと思ませんか．**図5**のグラフは「主成分分析」したものを用いています．主成分分析と合わせて表示するには**リスト6**のコマンドを入力します．これを実行すると**図5(b)**が表示されます．

ここでのポイントは2行目に示すように主成分分析を行っていて，4，5行目の表示には主成分分析のデータを用いて，色分けだけクラスタ分析を用いている点になります．なお，上記のコマンドは3つに分けた場合なので，**図5(b)**が表示されます．**図5(a)**や**図5(c)**を表示させるときには，3行目のkmeansの2つ目の引数(分割するグループの数)を2や4に変更して実行します．

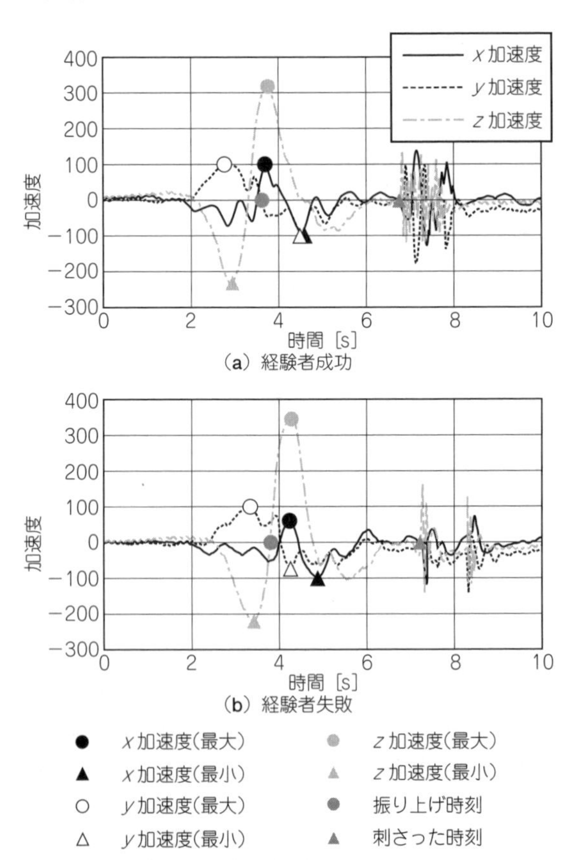

図12　とめけん動作時の3軸加速度値

ここで注意する点ですが，クラスタ分析は最初に設定するグループによって最終的にできるグループが変わることがあります．そのため，ここでの説明と同じデータ，同じコマンドを用いて実行しても，違う結果が得られる場合があります．

体験3…前回のけん玉データで

● 復習…けん玉に取り付けた加速度センサ・データの前処理

けん玉の技の1つ「とめけん」を行ったときのデータを分類します．ここでは，未経験者，初心者，経験者の3名のデータを用います．データはけん玉の中皿（剣先の反対側にある一番小さなお皿）に加速度センサを付けて計測しました．経験者の成功と失敗の計測データを1つずつ**図12**に示します．

この場合も，時系列データをそのまま使うのでなく，次のように前処理を行って7項目を調べました．

- xa：x軸の加速度の最大と最小の差
- ya：y軸の加速度の最大と最小の差
- za：z軸の加速度の最大と最小の差
- xt：x軸の最大加速度が生じた時刻と最小加速度が生じた時刻の差の絶対値
- yt：y軸の最大加速度が生じた時刻と最小加速度が生じた時刻の差の絶対値
- zt：z軸の最大加速度が生じた時刻と最小加速度が生じた時刻の差の絶対値
- tt：y軸加速度が最大となる時刻と最小となる時刻の中間の時刻と剣先に当たった時刻（x軸の加速度変化がしきい値以上となった時刻）の差（振り上げてから剣先に当たるまでの時間に相当）

この前処理を施した結果，**表10**となりました．なお，KS1は経験者（K）成功（S）の1回目のデータを表しており，KF3は経験者の失敗（F）3回目を表しています．そして，Sから始まるのは初心者，Mから始まるのは未経験者を表しています．

● クラスタ分析＋主成分分析の効果…自動で3グループに分かれた

表10のデータを用いてクラスタ分析および主成分分析を行いました．そのときのコマンドを**リスト7**に示し，その結果を**図2**に示します．ここで，先ほどと異なるのは3行目でscale関数を使っている点です．行列を引数としてscale関数を実行すると，各行について平均が0，分散が1となるように正規化されます．今回のけん玉データは各行の値が加速度であったり時間であったりするため，このように正規化しないとうまく実行できません．

表10　経験者/初心者/未経験者の動き（xyz方向の加速度）を取得し前処理した値

項目	加速度の最大と最小の差			そのときの時刻差			振り上げてから剣先に当たるまでの時間
プレーヤ	xa	ya	za	xt	yt	zt	tt
KS1	184	192	550	87	176	78	326
KS2	179	189	485	93	166	83	282
KS3	202	221	503	32	91	99	323.5
KS4	125	175	522	79	171	70	308.5
KS5	186	202	417	78	77	90	342.5
KF1	256	192	580	46	86	97	318
KF2	189	191	579	43	102	76	369
KF3	159	181	567	63	91	83	349.5
KF4	163	221	572	29	121	69	369.5
KF5	124	218	591	137	94	78	322
KF6	223	252	454	42	109	96	369.5
SS1	116	341	253	286	112	249	307
SS2	141	375	278	205	119	262	310.5
SS3	122	477	301	265	140	171	312
SS4	128	381	259	130	106	214	315
SS5	113	434	254	256	99	190	318.5
SS6	114	396	268	35	114	185	322
SF1	101	392	287	115	123	186	311.5
SF2	101	430	271	256	101	156	309.5
SF3	142	405	305	37	105	125	289.5
SF4	100	429	235	166	120	245	293
SF5	88	394	272	281	111	201	336.5
SF6	129	369	308	191	114	206	338
SF7	112	382	281	61	145	156	327.5
MF1	41	85	242	37	175	67	129.5
MF2	113	189	463	184	86	203	111
MF3	134	235	466	51	102	99	53
MF4	130	168	418	88	154	112	157
MF5	195	231	452	129	215	127	272.5
MF6	81	79	159	321	172	170	141

S：成功，F：失敗

K：経験者，S：初心者，M：未経験者

リスト7　とめけん動作をクラスタ分析＋主成分分析

```
data = read.csv("kendama.csv",header=T)
pr <- prcomp(data,scale=T)
ds <- scale(data)
pk<-kmeans(ds,3)
plot(pr$x,type="n")
text(pr$x,labels=rownames(pr$x),col=pk$cluster)
```

リスト8　とめけん動作をクラスタ分析

```
data = read.csv("kendama.csv",header=T)
pr <- prcomp(data,scale=T)
ds <- scale(data)
pk<-kmeans(ds,3)
plot(data, col=pk$cluster)
```

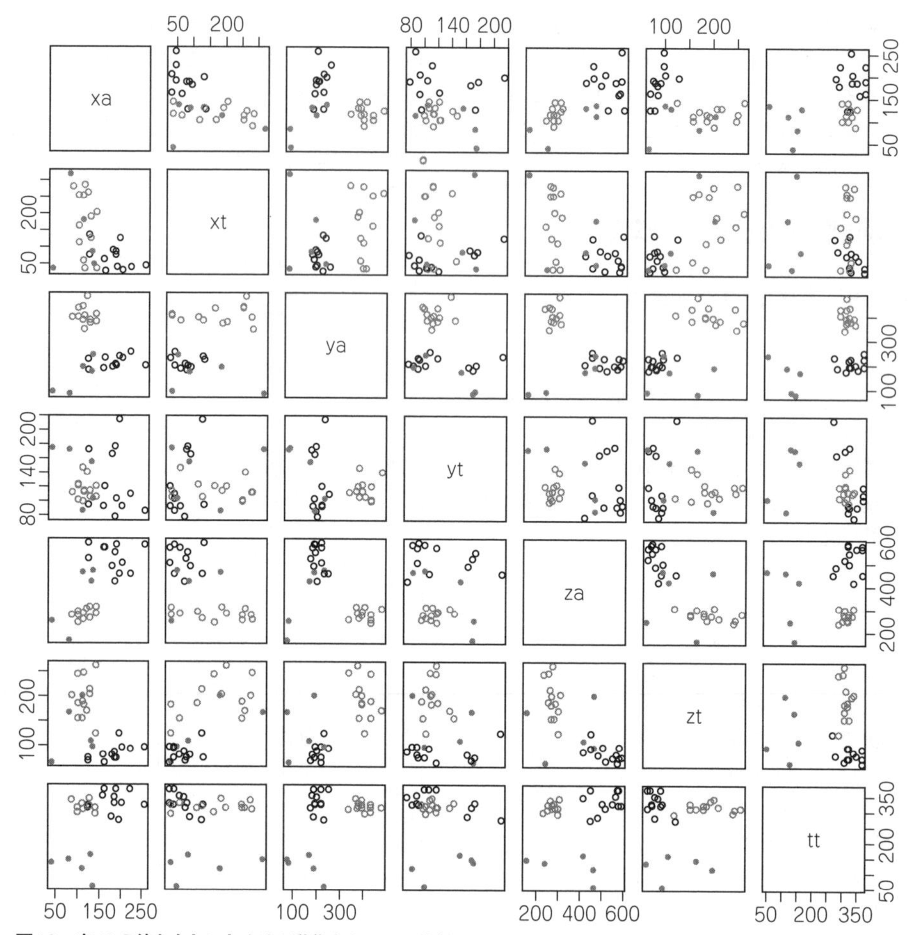

図13　表10の値をもとにとめけん動作をクラスタ分析した

図2を見るとMF5以外は経験者のグループ，初心者のグループ，未経験者のグループに分かれています．この結果からけん玉データから3人の特徴がしっかり現れています．

それでは，**図11**のようなグラフがたくさん出てくるグラフを表示してみます．これは**リスト8**のコマンドで表示できます．

この結果を**図13**に示します．この結果からは幾つかのことが読み取れます．まず，ttの横列を見ると，灰色の丸が下側に現れています．灰色の丸は未経験者を表していますので，未経験者と初心者＋経験者の差は振り上げてから剣先に当たるまでの時間（tt）に影響されており，初心者と経験者には差がありません．

また，yaの横列を見ると白丸が上に集まり，灰色の丸と黒丸が下側にあります．白丸は初心者を表していて，初心者がy方向に独特な動きをしています．

このように，なぜ・どのような要因で分類されたかを考えることができます．

＊　＊　＊

関係のない手法の「主成分分析」の結果をうまく使うと，より分かりやすくなる点も面白かったと思います．いろいろな手法を，少しずつ知っていることの有利な点を理解いただけたのではないでしょうか．

クラスタ分析を応用した次の研究もあります．

- 顔の皮膚の動きの分析(1)
- SNS依存度の推定(2)

◆参考文献◆

(1) 太田 信行，石原 尚，浅田 稔；顔ロボット開発に向けた口唇部周辺の複雑で広範な皮膚の流れ場のクラスタ分析，2015年，大阪大学．
http://www.er.ams.eng.osaka-u.ac.jp/Paper/2015/Ishihara15e.pdf

(2) 髙橋 尚也，伊藤 綾花；SNS利用における青年の対人関係特性―TwitterとLINE利用時の行動に注目した検討―，2016年，立正大学．
http://repository.ris.ac.jp/dspace/bitstream/11266/5765/1/kiyo14_p039_takahashi_etal.pdf

まきの・こうじ，きたの・ゆうだい

第5章

少数データを丁寧に分けられる「階層型クラスタ分析」の基本原理

牧野 浩二，北野 雄大

階層型クラスタ分析の特徴

クラスタ分析には「階層型」と，「非階層型」があります．階層型は，結果を樹形図として描くことができます．**図1**と**図2**に違いを示します．

● 少数のデータが得意

階層型は少数のデータを丁寧に分割したいときに適しています．階層型は樹形図になっていますので，1つ1つのデータのつながりに着目できます．しかし，データ数が多いと下の階層がごちゃごちゃしてしまい，このメリットがなくなってしまいます．

非階層型は大まかに設定した数に分割するため，大局的な（おおざっぱに）傾向を見たい場合に適していると言えます．ビッグデータと呼ばれる膨大なデータを扱う場合は非階層型の方がよい場合が多いです．

● 結果の再現性が高い

階層型では同じデータに対して同じ処理を行うため，何度繰り返しても同じ結果が得られます．

非階層型は初期値に影響されてしまいますので，毎回同じ結果が得られるとは限りません．

● 適切な分割数が分かる

階層型は分割の状態を把握できるので，処理結果からどの分割数がよいかを判断できます．

非階層型は初めに何個の集合に分けるかを指定するので，分割数を指定しないとうまく分けられません．

● 計算量は多くなってしまう

階層型は比較→階層決定→比較→階層決定…と処理を繰り返します．データの総数が多い場合，階層型の比較回数が多くなり，計算量が多くなります．

非階層型は分割数を初めに決めるため，比較は数回で済みます．

● 応用分野

階層型/非階層型ともに次の分類によく使われています．どちらを使うかは上に書いた特徴にマッチしているかどうかで決めます．

- クレジット・カードの利用頻度や額からのダイレクト・メール送信頻度の判別
- 購買・閲覧履歴からのおすすめ商品の判別
- 販売商品の分類による新規商品の差別化戦略策定
- 売り上げ実績や稼働状況からのプロジェクトの評価
- アンケート結果を利用した商品評価

使い方のイメージ

● メリット…キモとなるデータの解釈をいろいろ検討できる

上記のように，階層型クラスタ分析の特徴は，集団

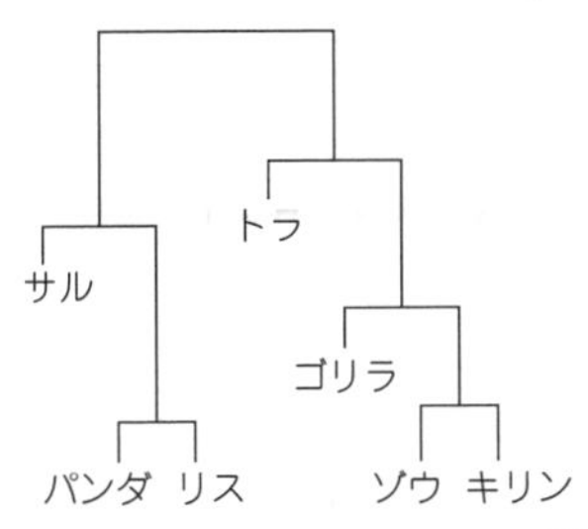

図1　分析対象の個々のデータを樹形図として関係づけてくれる「階層型クラスタ分析」は少数データをていねいに分けられる

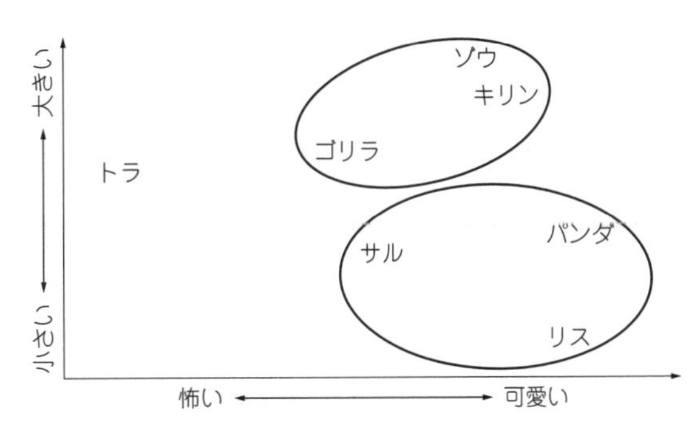

図2　図1と同じ元データを非階層型クラスタ分析で解析（クラスタ数：3）**…大ざっぱな傾向しか分からない**

表1　7種類の動物に6つの評価をしたサンプル・データ

種類＼特徴	可愛い	危険	大きい	ふさふさ	強い	賢い
パンダ	5	1	3	5	2	2
トラ	3	5	3	4	5	1
ゾウ	4	2	5	1	5	4
サル	2	3	2	3	1	4
ゴリラ	2	4	4	2	4	5
キリン	4	2	5	2	3	3
リス	5	1	1	5	1	2

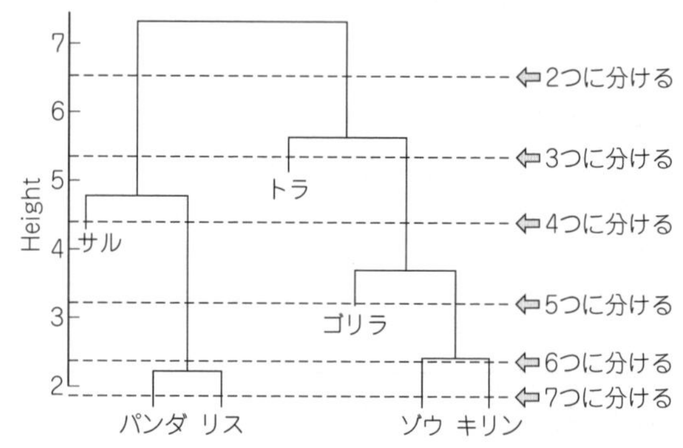

図3　表1を階層型クラスタ分析した

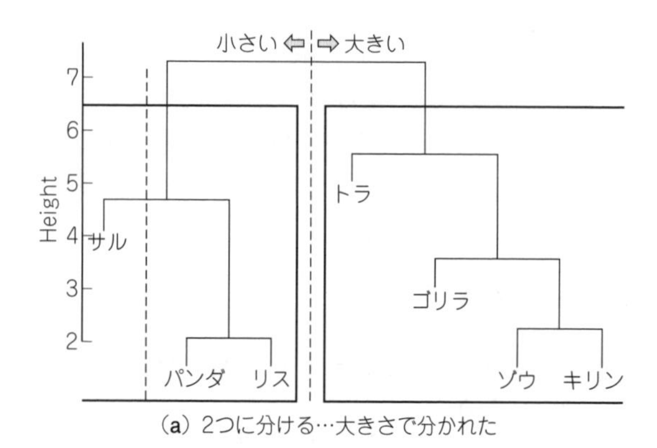

(a) 2つに分ける…大きさで分かれた

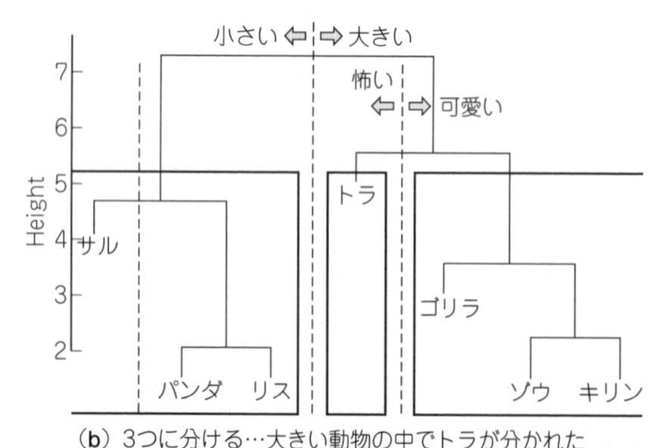

(b) 3つに分ける…大きい動物の中でトラが分かれた

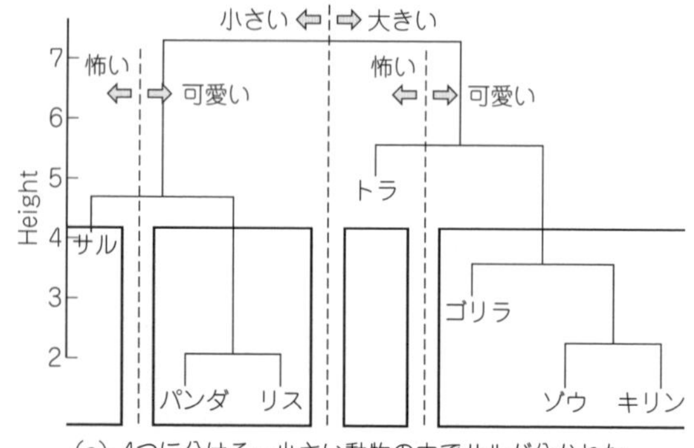

(c) 4つに分ける…小さい動物の中でサルが分かれた

図4　樹形図に加える解釈をいろいろ検討できる

を任意の数に分けられることにあります．では，任意の数の集団に分けられるメリットを考えてみます．

表1に示すように7種類の動物に6つの評価を用います．これを階層型のクラスタ分析でグループに分けてみます．すると**図3**となります．トーナメント表のようになっています．この表を樹形図（デンドグラム）と言います．

この樹形図を利用して任意のクラス数に分類できます．その方法はこの樹形図のどこでカットするのかによって決まります．例えば左側のメモリの6.5付近でカットすると，2つに分かれ，5.2付近でカットすると3つに分割できます．それでは，2，3，4つに分けた場合の樹形図を見ていきます．

▶2分割の解釈…大きさで分けられそう

図4（a）のように分かれます．この2つのグループは動物の大きさで分かれていそうだと考えられます．

▶3分割の解釈…大きさと怖さで分けられそう

図4（b）のように動物の大きさで分かれていて，さらに，大きい動物の中で怖い「トラ」が分かれたと考えることができます．

▶4分割の解釈…3分割の解釈に加えてサルが特定できそう

図4（c）のように3つのグループの分け方に加えて小さい動物の中では怖い「サル」が分かれたと考えることができます．

クラスタ分析は似ているものを塊にしてくれますが，どんな意味を持つかは人間が考えます．

処理の流れ

● 基本ステップ

樹形図を作るのはとても難しく感じるかもしれませんが，かなり単純なルールでできています．ルールを知っていると意味付けがよりやりやすくなります．

ステップ1：各データ（1つのデータまたはグループの代表値）間の「距離」を計算する

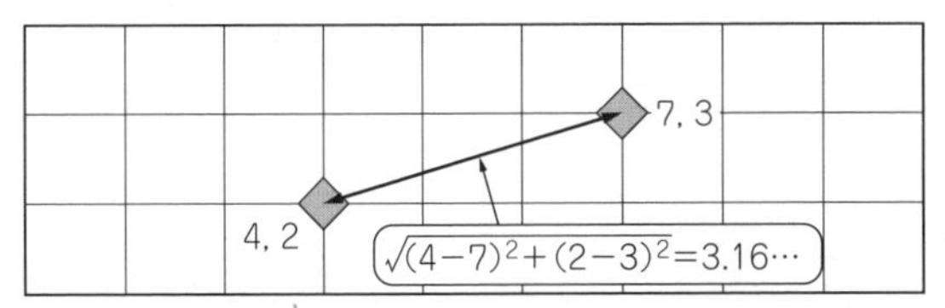

図5　2点間の距離の求め方

ステップ2：最も近いデータの組を1つのグループに割り当てる
ステップ3：その2つを線で結ぶ
ステップ4：全部のデータが樹形図で結ばれるまで，ステップ1から繰り返す

ここで，距離というのが問題になります．例えば(4，2)の点と(7，3)の点があったとします．この2点間の距離は**図5**のように計算できます．

● 予習…グループ間の距離を求める重心法

図6のようなグループ同士の距離はどのように決めるのでしょうか．求め方にはいろいろな方法があります．まずは，「重心法」を紹介し，それを使って樹形図を作ってみます．それ以外の方法は後で紹介します．

重心法は**図7**のように各グループの重心位置を計算して，その2つの重心位置の距離を計算するものとなります．ここで注意するのは距離は2乗を使う点です．

● ステップ1…距離を計算

今回は**表2**を使います．これをグラフにプロットすると**図8**となります．次にデータ内の点と点との距離を全て計算したものを**表3**に示します．この表の見方ですが例えば，CとDの距離は17となっています．これは次のように計算したものとなります．

$(5-9)^2+(2-3)^2=17$

● ステップ2…最も近いデータの組を1つのグループに割り当てる

この表の中でAとBの距離が2となっていて最も距離が短いです．そこで，この2つを1つのグループとします．

表2　重心法を説明するために用意したサンプル

点＼軸	X	Y
A	3	3
B	2	2
C	5	2
D	9	3
E	6	5

表3　図8の各点間の距離を調べた

点	B	C	D	E
A	2			
B	5	9		
C	36	50	17	
D	13	25	10	13

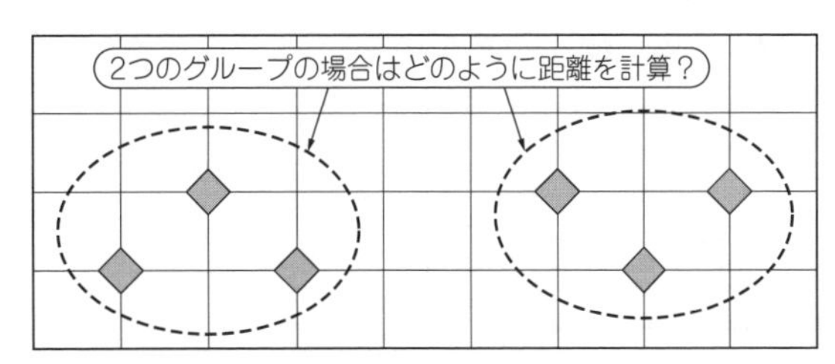

図6　2つのグループ同士の距離の求め方

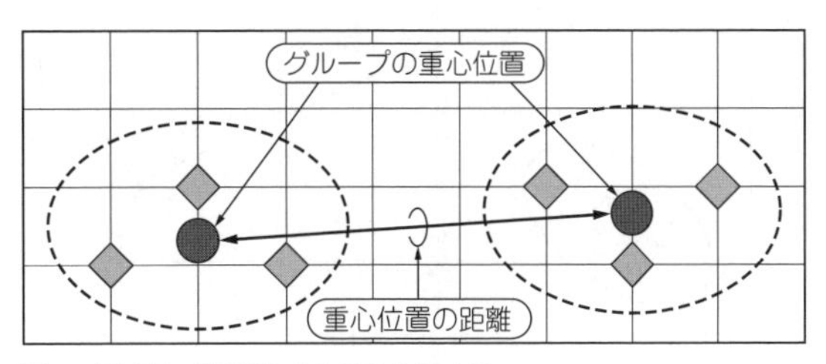

図7　重心法で距離を求めることにする

● ステップ3…2つを線で結ぶ

樹形図を書くときは**図9**となり，2つを結ぶことになります．そして，このときの線の高さは距離の2となっています．

● ステップ4…全部のデータが樹形図で結ばれるまでステップ1から繰り返す

それでは次のグループを探します．AとBがグループになったので，そのグループの位置を決めます．重心法では重心(平均)位置となります．そこで，AとBの重心位置と，C，D，Eの位置を**表2**と同じように表すと**表4**となります．

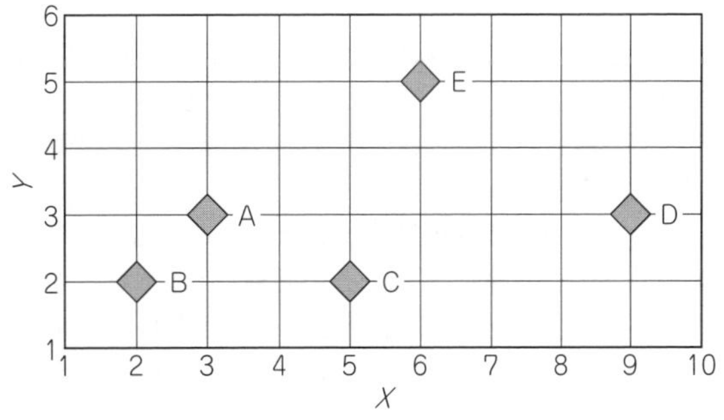

図8　表2を図で示した

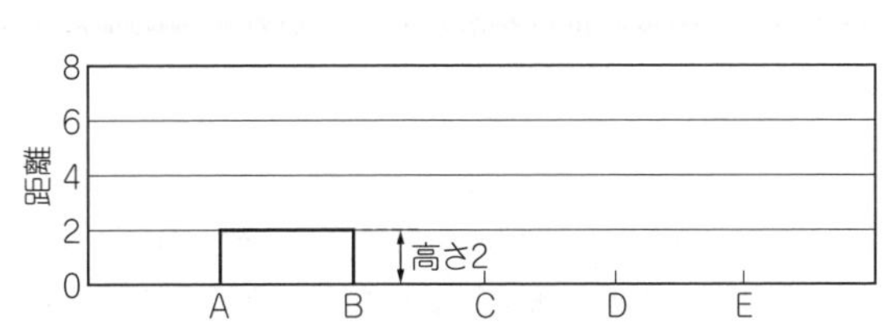

図9　樹形図ステップ1…AとBの関係

表4　表2の点データの重心が変わった

点＼軸	X	Y
A，B	2.5	2.5
C	5	2
D	9	3
E	6	5

(3＋2)/2
(3＋2)/2
AとBの平均の位置

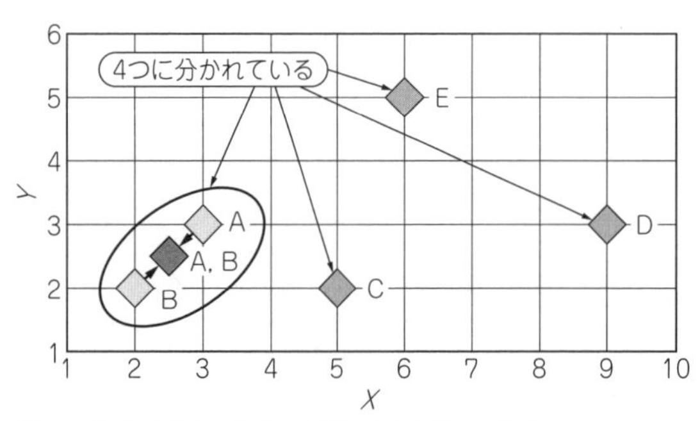

図10　重心が変わった表4のデータをグラフにした

表5　図10を元にデータ間の距離を計算

点	C	D	E
A，B	6.5		
C	42.5	17	
D	18.5	10	13

最も短い距離

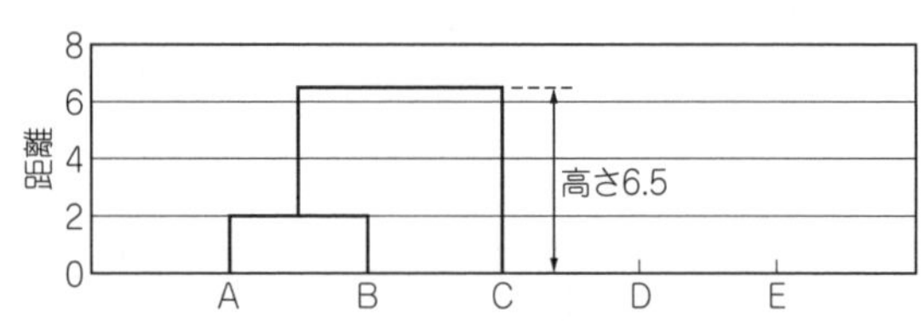

図11　樹形図ステップ2…Cのデータが加わった

これをグラフにプロットすると**図10**となります．1つのグループと3つのデータの合計4に分かれました．先ほどと同じように，各データ間の距離を全て計算したものを**表5**に示します．

この表の中で最も距離の短いデータの組はA，BのグループとCの組であり，その距離が6.5となっています．樹形図を書くと**図11**となり，AとBのグループとCとを結ぶことになります．このときの線の高さは6.5となります．

後は，この繰り返しとなります．まずはA，B，Cのグループの重心位置を計算して，それを表にすると**表6**となります．重心位置は(3+2+5)/3と(3+2+2)/3として計算します．

これをグラフにプロットすると**図12**となります．1つのグループと2つのデータの合計3に分かれました．各データ間の距離は**表7**となります．その中で最も距離が短いデータの組はDとEの組となっています．樹

表6　A，B，Cが1つのデータになったときの各データの位置

点＼軸	X	Y
A，B，C	3.33	2.33
D	9	3
E	6	5

AとBとCの平均の位置
(3＋2＋2)/3
(3＋2＋5)/3

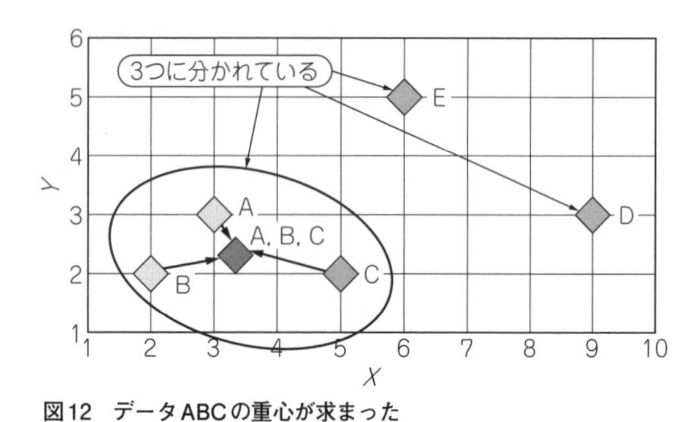

図12　データABCの重心が求まった

表7　データA，B，CとD，Eとの距離

点	D	E
A，B，C	32.56	
D	14.22	13

最も短い距離

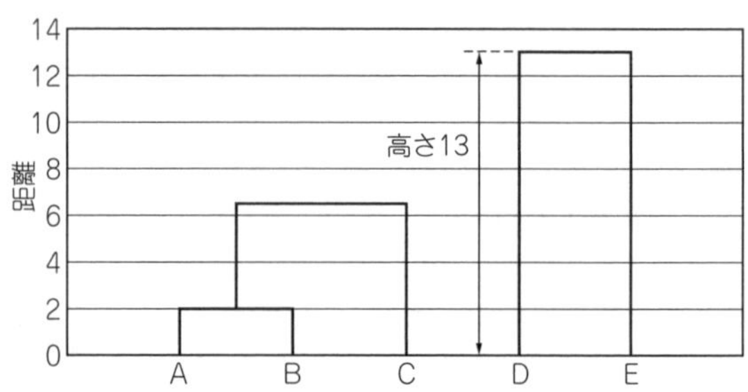

図13　樹形図ステップ3…DとEのデータが加わった

形図を書くと**図13**となり，DとEとを結ぶことになります．このときの線の高さは13となります．

D，Eのグループの重心位置を計算すると**表8**となります．これをグラフにプロットすると**図14**となります．2つのグループに分かれました．各データ間の距離は**表9**となります．樹形図を書くと**図15**となり，2つのグループを結ぶこととなります．このときの線の高さは20.14となります．これで全てのデータが樹形図で結ばれたので，樹形図の完成となります．

体験1…まずは練習用データで

● 統計解析ソフトウェア「R」を使う

毎回手計算するのは面倒なので，「R」というフリーの統計解析ソフトウェアを使って自動で樹形図を描きましょう．

表8　データABCとデータDEの位置

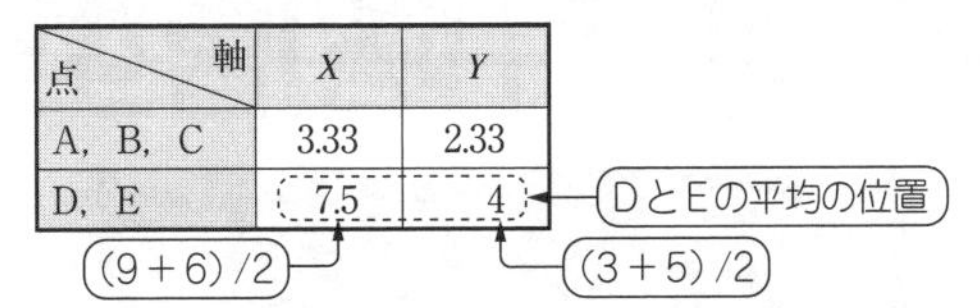

点＼軸	X	Y
A，B，C	3.33	2.33
D，E	7.5	4

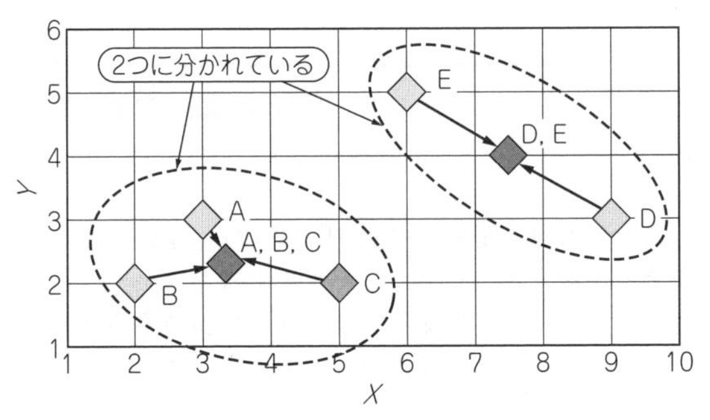

図14　表8のデータ位置を示す

表9　データABCとデータDEの重心同士の距離

点	D，E
A，B，C	20.14

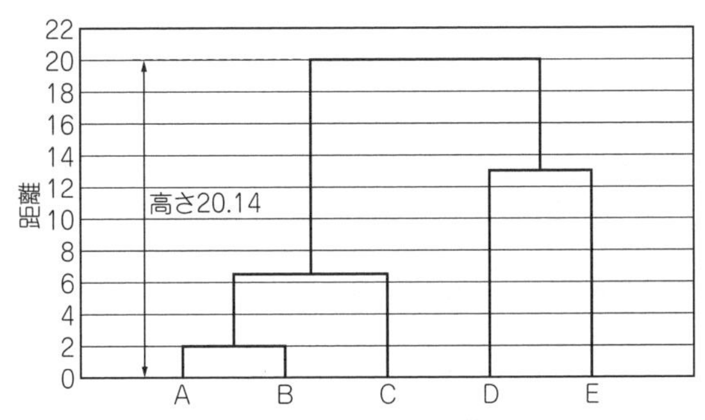

図15　樹形図の完成…ABC群とDE群とを結ぶ

● 樹形図を描画

Rを使って**表2**の樹形図を描くと**図16**となります．各データの始まりの高さが異なりますが，形とデータがつながる高さは同じとなっています．

● プログラムは4行

このときのコマンドを**リスト1**に示します．ここではfive.csvというデータがドキュメント・フォルダにあるものとしています．たった4行で書けます．

1行目ではcsvファイルを読み込んでいます．dataと入力して[Enter]キーを押すと読み込んだデータを見ることができます．

2行目では読み込んだデータを距離データに直しています．d^2と入力して[Enter]キーを押すと，距離に直した表を見ることができます．表示された表は**表3**と同じになっています．

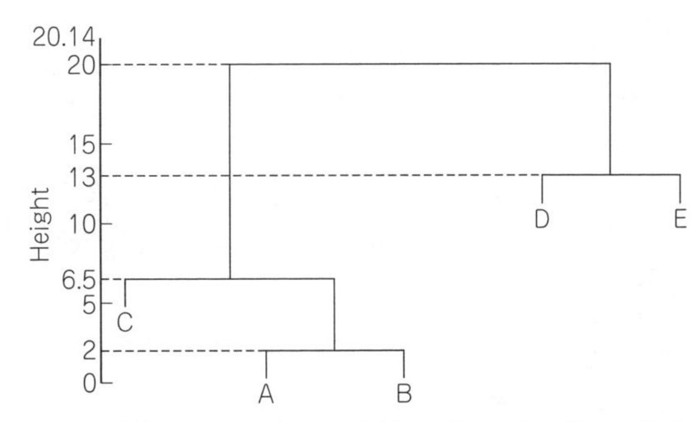

図16　統計解析ソフトウェアRを使って表2のサンプル・データを描画

リスト1　Rを使って表2の樹形図を描く

```
data = read.csv("five.csv",header=T)
d <- dist(data)
ph<-hclust(d^2,"centroid")
plot(ph)
```

リスト2　表1（動物データ）の樹形図を描く

```
data = read.csv("animal.csv",header=T)
d <- dist(data)
ph<-hclust(d)
plot(ph)
```

3行目で樹形図を作っています．1つ目の引数は距離となっています．重心法は通常距離の2乗を用いますので，1つ目の引数を2乗しています．2つ目の引数を"centroid"とすることで，「重心法」で樹形図を作成するようにしています．

4行目でそれをプロットして図に表しています．

体験2…動物データで

動物データの**図3**を作るRのコマンドは**リスト2**です．ここでは，animal.csvというデータがドキュメント・フォルダにあるものとしています．

先ほどと異なるのは3行目で，引数が1つになっています．その場合は，後に示す「完全連結法」という方法で距離を計算することとなります．

図3のグラフが表示された後に次のコマンドを入力すると，**図4(b)**のように青い囲み線が表示されます．

```
rect.hclust(ph,k=3,border="blue")
```

今回の例ではデータ数が少ないので，3つに分ける線を簡単に見つけることができます．しかし，もっともっと多くなると見つけるのが簡単ではありません．そういうときにこのコマンドを使うと分かりやすくなります．**図4(a)**はk=2として実行した結果で，**図4(c)**はk=4として実行した結果となっています．

まきの・こうじ，きたの・ゆうだい

第6章

少数データ分類向き「階層型クラスタ解析」を実験で試す

牧野 浩二，北野 雄大

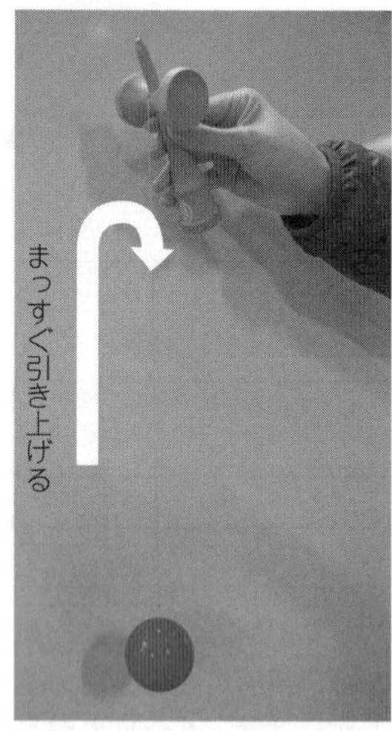

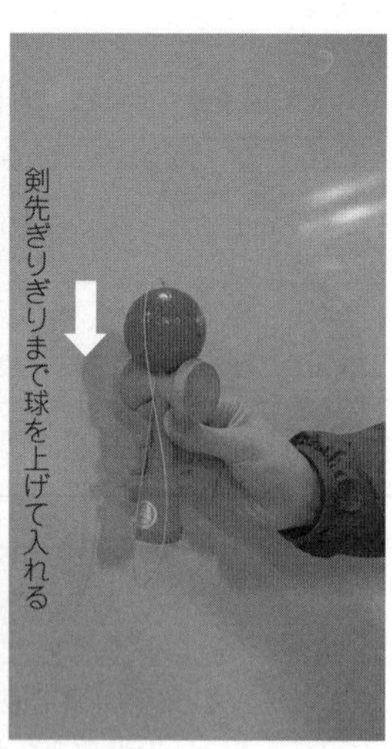

写真1　「とめけん」で少数データ分類向き「階層型クラスタ解析」を試す

ここでもけん玉の技の1つ「とめけん」を行ったときのデータを分類します．けん玉をやったことがほとんどない人にはとても難しい技ですが，練習するとすぐに上達する技です(**写真1**)．とめけんのコツは次の3つです．

- 短い時間で一気に引き上げること
- 球が回転しないようにまっすぐ引くこと
- 高く上げすぎないこと

● データ前処理

未経験者，初心者，経験者の3名のデータを用います．

時系列データをそのまま使うのでなく，クラスタ分析のときと同じように前処理を行ってとめけんのコツが計測できるような7項目を調べました．

この前処理を施した結果が**表1**となります．

表1　実験データ…経験者/初心者/未経験者のけん玉動作時の動き

入力するデータ / プレーヤ	xa	xt	ya	yt	za	zt	tt
KS1	184	87	192	176	550	78	326
KS2	179	93	189	166	485	83	282
KS3	202	32	221	91	503	99	323.5
KS4	125	79	175	171	522	70	308.5
KS5	186	78	202	77	417	90	342.5
KF1	256	46	192	86	580	97	318
KF2	189	43	191	102	579	76	369
KF3	159	63	181	91	567	83	349.5
KF4	163	29	221	121	572	69	369.5
KF5	124	137	218	94	591	78	322
KF6	223	42	252	109	454	96	369.5
SS1	116	286	341	112	253	249	307
SS2	141	205	375	119	278	262	310.5
SS3	122	265	477	140	301	171	312
SS4	128	130	381	106	259	214	315
SS5	113	256	434	99	254	190	318.5
SS6	114	35	396	114	268	185	322
SF1	101	115	392	123	287	186	311.5
SF2	101	256	430	101	271	156	309.5
SF3	142	37	405	105	305	125	289.5
SF4	100	166	429	120	235	245	293
SF5	88	281	394	111	272	201	336.5
SF6	129	191	369	114	308	206	338
SF7	112	61	382	145	281	156	327.5
MF1	41	37	85	175	242	67	129.5
MF2	113	184	189	86	463	203	111
MF3	134	51	235	102	466	99	53
MF4	130	88	168	154	418	112	157
MF5	195	129	231	215	452	127	272.5
MF6	81	321	79	172	159	170	141

S：成功，F：失敗

K：経験者，S：初心者，M：未経験者

● 階層型クラスタ分析を実行

▶プログラム

このデータを用いて階層型のクラスタ分析を行いました．その結果を**図1**に，用いたコマンドを**リスト1**に示します．階層型クラスタ分析の説明のリスト1，

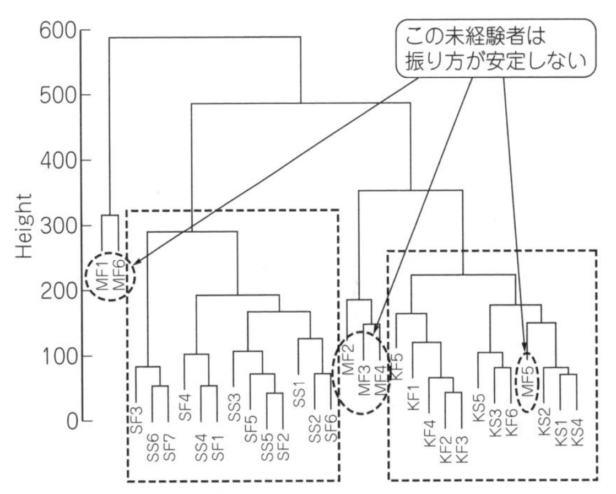

図1 「とめけん」の動きに階層型クラスタ分析を施した

リスト2で説明したコマンドと異なるのは，2行目でscale関数を使っている点です．行列を引数としてscale関数を実行すると，各行について平均が0，分散が1となるように正規化してくれます．

動物データのように0～5の値と決めていれば，正規化を行う必要がありません．むしろ正規化をするとデータがおかしくなってしまいます．例えば，「危険」は1～5の点数がついていますが，「可愛い」は2～5の点数となっています．これを正規化してしまうと，危険の1点と可愛いの2点がほぼ同じ意味に変わってしまうからです．

これに対して，けん玉データは各行の値が加速度であったり時間であったりします．加速度データはおおむね50～600の間ですが，時間データは50～300の間であり，評価の基準が異なっています．このような場合には正規化しないとうまく実行できません．

▶結果の考察

図1の結果を考えてみます．まず，初心者（Sから始まるデータ）に着目します．全て同じ塊に入っています．データが集まっている点が300程度となっています．つまり，いつも同じ振り方をしていること，経験者や未経験者とは異なる独自の振り方をしていることを読み取れます．

次に経験者に着目すると，これも同じ塊に入っています．データが集まっている点が200程度であり，初心者よりも一定した振り方になっています．

最後に未経験者に着目すると，塊が形成されず，データが散在しています．毎回同じ動作で振り上げていないことが読み取れます．

これを，主成分分析の結果と比較してみましょう．主成分分析を行うためのコマンドは**リスト2**となっていて，その結果は**図2**となります．経験者（K）が左上にまとまっていて，初心者（S）が右上にまとまり，未

リスト1　表1（けん玉のとめけん）の樹形図を描くコマンド

```
data = read.csv("kendama.csv",header=T)
data_scale <- scale(data)
d <- dist(data_scale)
ph<-hclust(d)
plot(ph)
```

リスト2　表1に主成分分析を加えるためのコマンド

```
data = read.csv("kendama.csv",header=T)
result <- prcomp(data,scale=T)
biplot(result)
```

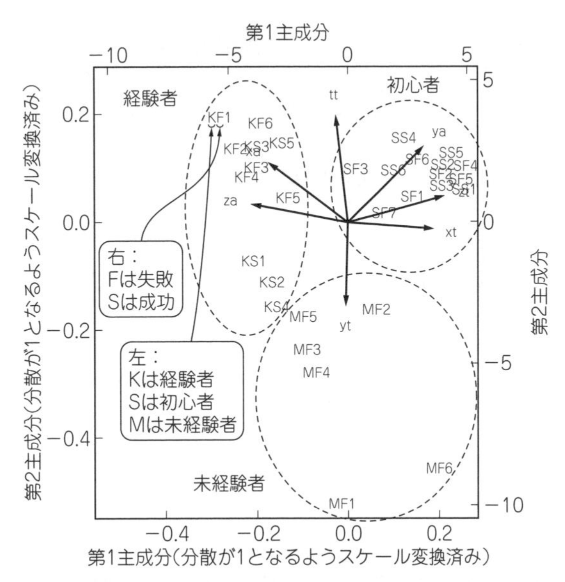

図2　比較用…図1と同じ元データに主成分分析を施して2次元プロットしたもの

経験者（M）が下の方に配置されています．主成分分析と分類する方法は異なるのに，経験者，初心者，未経験者に分類できる点は面白いと思います．

● 複数の分析アルゴリズムを使えると違う考察ができる

それでは，経験者だけのデータに着目して分類してみます．経験者だけのけん玉データ（kendamaK.csv）がドキュメント・フォルダにあるものとします．主成分分析は入力ファイルをkendamaK.csvとする以外は，**図2**を作ったときと同じコマンドで実行できます．その結果は**図3**となります．図の上側に失敗が集まり，下側に成功が集まっています．

このデータを用いて階層型クラスタ分析を行った結果を**図4**に示します．これは，入力ファイルをkendamaK.csvとする以外は，**図1**を作ったときと同じコマンドで書くことができます．成功が多い塊と

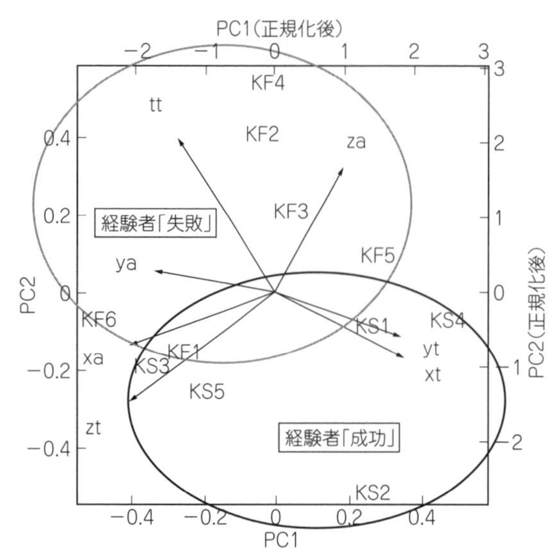

図3　経験者データの主成分分析…ちょっと分かりにくい

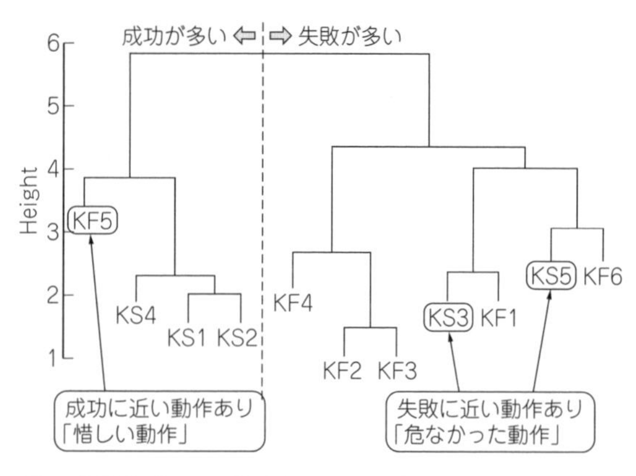

図4　経験者データの階層型クラスタ分析…見やすくなることがある

失敗が多い塊に分かれていますが，完全に分類できていません.

例えば，KS3やKS5は成功したけど実は「失敗しそうな動作」です．逆にKF5は成功に近い動きをしていたため，「惜しい動作」だったと判断できます．全体を見渡す主成分分析で傾向はつかむことができますが，クラスタ分析は各データに着目しやすい特徴もあります．いろいろな分類方法がありますが，1つにこだわらず，いろいろな方向からデータを解析できると，より興味深い結果が得られるようになります.

まきの・こうじ，きたの・ゆうだい

コラム　樹形図作りの肝…グループ間の距離の求め方あれこれ

牧野 浩二，北野 雄大

距離の求め方は「重心法」の他に5つあります．図にすると簡単ですので紹介したいと思います.

ここで説明するための**表A**(前章の表2)のデータのうち，幾つかのデータの組の距離を**表B**として表しておきます.

● 完全連結法

2つのグループの距離は，**図A**(a)のように「最も遠いデータ同士の距離」としています．**表A**のデータを用いて完全連結法で樹形図を描くと**図A**(b)となります．データの読み込みと表示はp.63の図16を書いたときと同じで，樹形図を作るときのコマンドだけが異なります.

```
ph<-hclust(d)
```

完全連結法は2つ目の引数は必要ありませんが，`"complete"`とすることもできます．樹形図の一番上の高さが**表B**の一番遠い距離の7.07となっています.

● 単連結法

2つのグループの距離は**図B**(a)のように「最も近いデータ同士の距離」としています．それを用いて樹形図を描くと**図B**(b)となります．そのときのコマンドは次の通りです.

```
ph<-hclust(d, "single")
```

樹形図が今までと異なっていることが見て取れます．距離の取り方によって結果が変わります．従って，うまく分類できる方法を探し出すことも重要となります.

ABCのグループとEがグループになるときを考えてみます.

表BからAとEの距離は3.61であり，BとEの距離は5.00であり，CとEの距離は3.16となっています．そのため，距離はCとEの3.16となり，樹形図の高さも3.16となっています.

表A　重心法を説明するために用意したサンプル

点＼軸	X	Y
A	3	3
B	2	2
C	5	2
D	9	3
E	6	5

表B　表Aのサンプル・データのデータ間距離

2つの点の組		距　離
A	D	6.00
A	E	3.61
B	D	7.07
B	E	5.00
C	D	4.12
C	E	3.16

平均4.83

表C　2点間の距離を順に並べた

2つの点の組		距離の2乗
C	E	10
A	E	13
C	D	17
B	E	25
A	D	36
B	D	50

中央値（17）

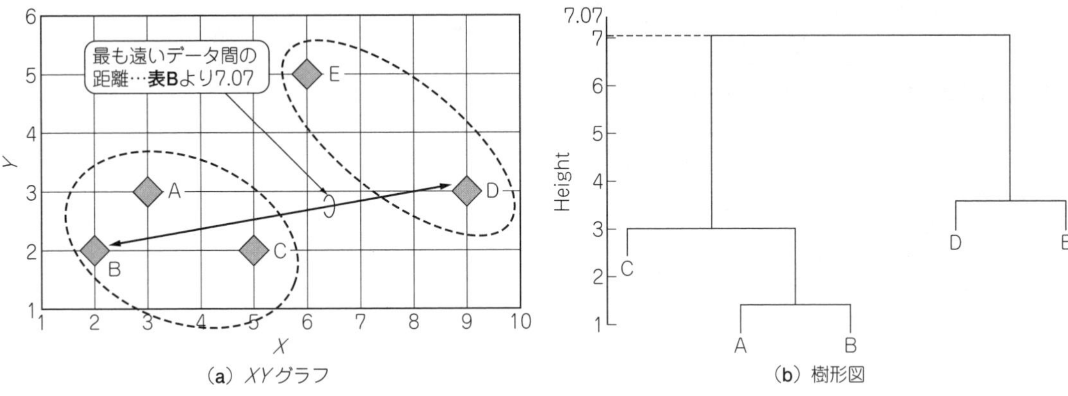

（a）XYグラフ　（b）樹形図

図A　完全連結法は各グループ中の重心同士でなく一番遠いデータ同士の距離を使う

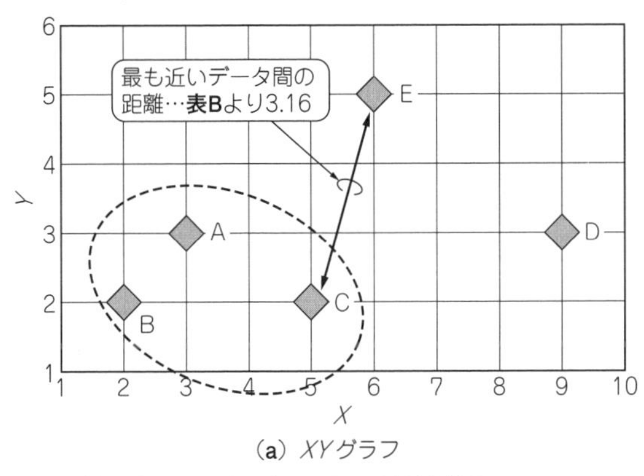

（a）XYグラフ

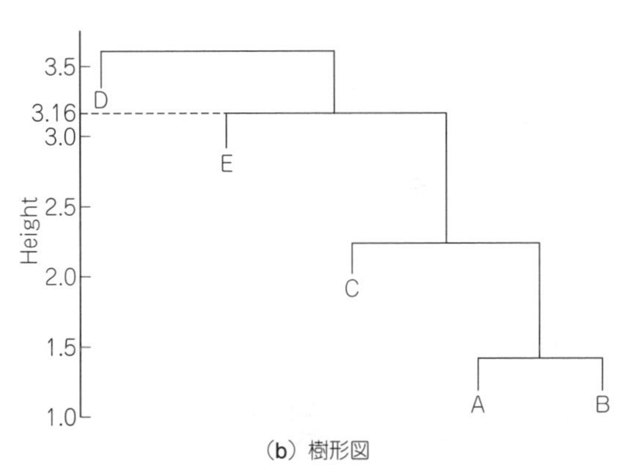

（b）樹形図

図B　単連結法…最も近いデータ同士の距離を使う

● 群平均法

2つのグループの距離は**図C**（**a**）のように全てのデータの組の距離の平均の距離としています．この6点の距離は**表B**に示す通りです．平均をとると4.83になります．それを用いて樹形図を描くと**図C**（**b**）となります．そのときのコマンドは次の通りです．

```
ph<-hclust(d,"average")
```

● メディアン法

2つのグループの距離は**図D**（**a**）のように「全てのデータの組の距離を並べて真ん中の距離」となります．それを用いて樹形図を描くと**図D**（**b**）となります．この6点の距離を短い順に並べると**表C**となります．その中の真ん中の値は17となります．そのときのコマンドは次の通りです．メディアン法も重心法と同じように距離の2乗の値を用います．

```
ph<-hclust(d^2,"median")
```

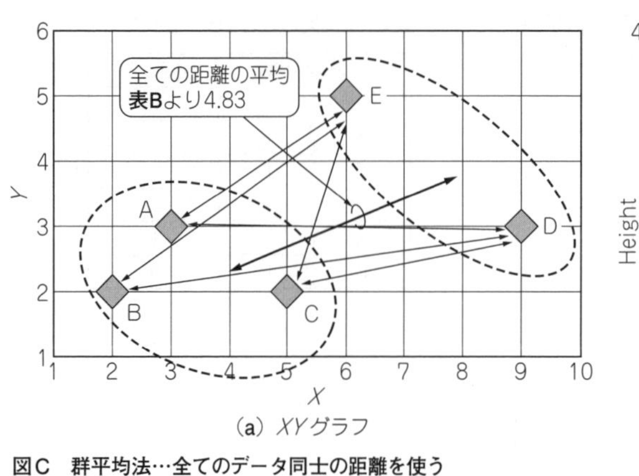

(a) XYグラフ

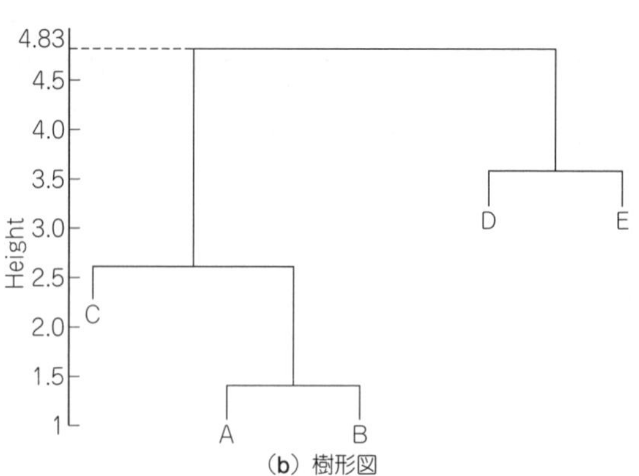

(b) 樹形図

図C　群平均法…全てのデータ同士の距離を使う

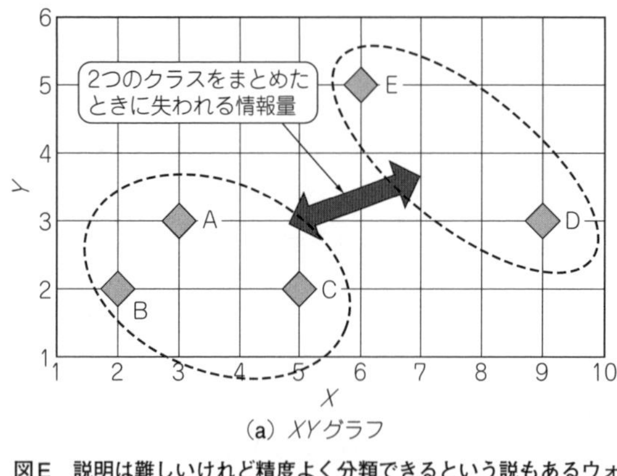

(a) XYグラフ

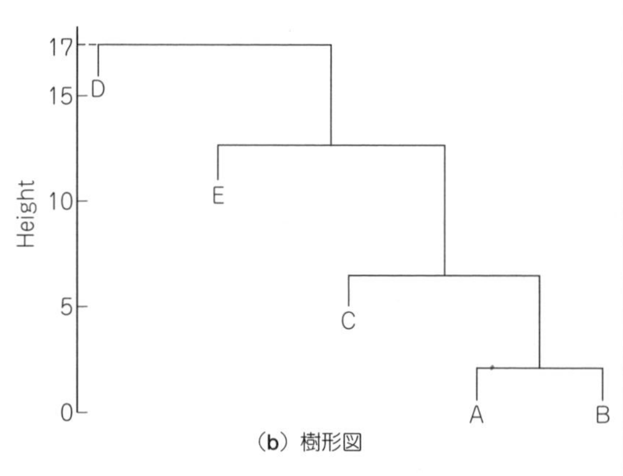

(b) 樹形図

図D　メディアン法…データ組の距離を並べて真ん中の距離を使う

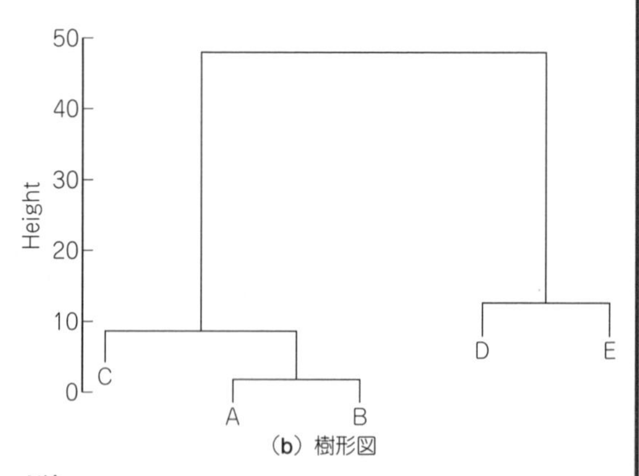

(a) XYグラフ

(b) 樹形図

図E　説明は難しいけれど精度よく分類できるという説もあるウォード法

● ウォード法

2つのグループを1つにしたときに失われる情報量を距離とみなしています．そのため，**図E(a)**に示すように簡単に表すことはできません．それを用いて樹形図を描くと**図E(b)**となります．そのときのコマンドは次の通りです．

```
ph<-hclust(d^2,"ward.D")
```

ウォード法も重心法と同じように距離の2乗の値を用います．ウォード法が最も精度よくグループ化できると考える研究者もいます．

第7章

答えを学習してなくても特徴を予測できる「自己組織化マップ」

牧野 浩二，寺田 英嗣

● 実際の需要予測等に使われていて進化中

自己組織化マップは英語でSelf-Organizing Mapと言い，その頭文字をとってSOMと略されています．これは1980年代前半にT.コホネン（Teuvo Kohonen）が提案した手法で，自己組織的に（教師データがなく与えられたデータだけで自動的にという意味）いろいろなデータが分類されることで話題になりました．

しかし，当時のコンピュータが非力であったため，分類できるデータの数に限界がありました．そのため人間が想像できる程度の分類にしか役立ちませんでした．

2000年代に入りコンピュータの性能が飛躍的に向上したのをきっかけに，多数のデータが扱えるようになったため，第2次ブームが起きました．これにより分類するだけでなく，学習しておいた分類結果に新たなデータを入力すると，そのデータの性質や特徴を予測できるようになりました．

例えば，脈拍解析やゲノム解析，電力需要の予測や気象予測，土砂生産量など，工学の分野を超えて利用されています．そしてさらに，今回紹介する2次元の平面マップだけでなく，マップを球面にしたりトーラス（ドーナツ型）にしたりなど，今でも改良が進んでいます[注1]．

● マップを作り新たなデータをマップに当てはめることが可能

図1に人工知能のアルゴリズムを整理しました．自己組織化マップ（以降，SOM）は，ニューラル・ネットワークの教師なし学習に位置付けられます．ここでは，これまで紹介したアルゴリズムとの違いを説明します．

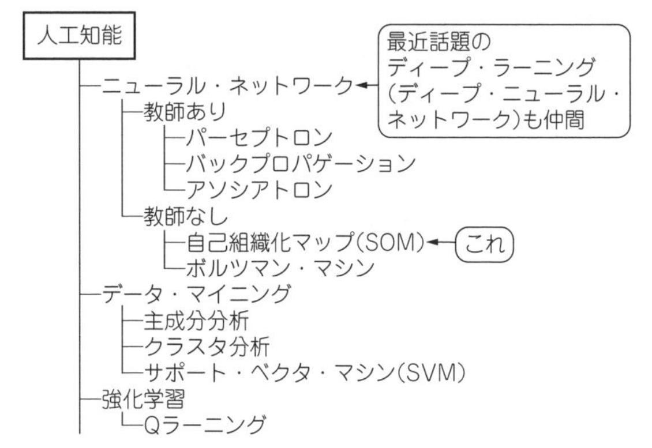

図1　人工知能のアルゴリズムあれこれ

SOMを使う場合は，似ているデータを集めて「2次元の表（マップ）」を作ることが目的です．2次元で表現する点は主成分分析に似ていますが，縦軸や横軸に意味はありません．似ているデータが集まるので，クラスタ分析の結果に関連性があります．

SOMによって作られたマップ上に新たなデータを当てはめることで，データの分類や今後の予測などに利用できる点が主成分分析やクラスタ分析とは異なります．

そのため，アンケート結果の分析にも用いることができますが，電力需要や気象などの「予測」にも使うことができます．例えば気象予測では，同じ天気の日は気温や気圧などが似ていることを利用します．対象とする地域（日本のある都市）の毎日の（または毎月や毎年の平均の）気温や気圧など測定できるデータを入力としてSOMによって分類することでマップを作ります．そして，今日の気温や気圧などをそのマップへの入力とすると，どのデータに一番近いのかが分かります．そして，そのデータの天気と同じ天気になると予測できます．

体験準備…Rのインストール

論より証拠，まずはSOMを体験してみましょう．主成分分析やクラスタ分析でも使った「R」[注2]を使って，SOMを扱ってみます．Rを使うといろいろな角

注1：これを応用した研究として，Interface2016年7月号 特集第8章「研究! 生体センシング×機械学習」で触り方を判別する方法を紹介しています．T.コホネンのグループが公開している本家本元のプログラムを使ったものです．

注2：Rはプログラミング言語および開発環境のことです．

表1　7種類の動物に6つの評価をした

特徴／種類	可愛い	危険	大きい	ふさふさ	強い	賢い
パンダ	5	1	3	5	2	2
トラ	3	5	3	4	5	1
ゾウ	4	2	5	1	5	4
サル	2	3	2	3	1	4
ゴリラ	2	4	4	2	4	5
キリン	4	2	5	2	3	3
リス	5	1	1	5	1	2

度からSOMを分析できます．使用するデータは動物データとけん玉データです．そして最後に，現在，筆者らが行っている歩き方を分類する方法について紹介します．

体験1…動物を分類

主成分分析やクラスタ分析と比較するために，同じデータを使ってSOMでできることを説明します．今回も**表1**に示すように7種類の動物に対する6つの評価を用います．

リスト1をRで実行することで，**図2**を表示できます．丸がたくさん並び，その中に名前が書かれています．なお，animalF.csvという**表1**の内容が書かれたファイルがドキュメント・フォルダにあるものとします．今回使うanimalF.csvはここまで使ってきたanimal.csvからヘッダ（1行目の分類の説明）を抜いたものになります．このコマンドの詳しい説明は後に述べるとし，まずはどのような結果が得られるのかについて説明します．

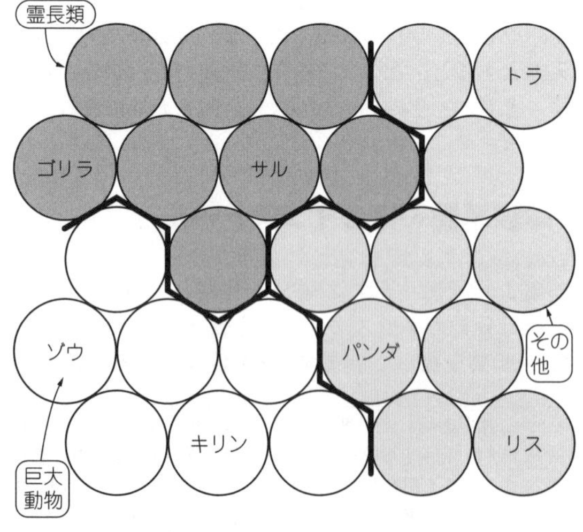

図2　リスト1の実行結果

リスト1　表1の動物データをSOMで分類
動作が不安定なときはサポート・ページをご覧ください

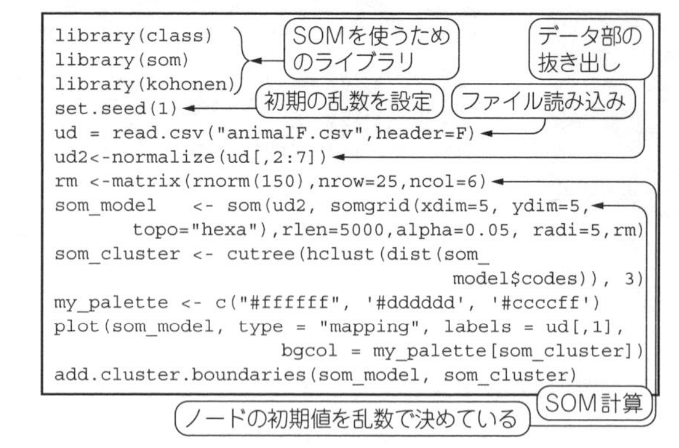

```
library(class)
library(som)
library(kohonen)
set.seed(1)
ud = read.csv("animalF.csv",header=F)
ud2<-normalize(ud[,2:7])
rm <-matrix(rnorm(150),nrow=25,ncol=6)
som_model    <- som(ud2, somgrid(xdim=5, ydim=5,
        topo="hexa"),rlen=5000,alpha=0.05, radi=5,rm)
som_cluster <- cutree(hclust(dist(som_
                                    model$codes)), 3)
my_palette <- c("#ffffff", '#dddddd', '#ccccff')
plot(som_model, type = "mapping", labels = ud[,1],
                bgcol = my_palette[som_cluster])
add.cluster.boundaries(som_model, som_cluster)
```


● 3つに分けた場合…霊長類と大きさで

この**図2**を見て評価を行います．得られた図は2次元に広がっていて，各場所でいろいろな意味があるため，マップと呼ばれています．まず，マップの左上の領域には「サル」と「ゴリラ」が分類されています．この2つは霊長類として生物学上分類されているものになります．**表1**には霊長類という項目はなかったのですが，人間が潜在的に持っているイメージを分類すると，霊長類だけ特別な存在であることが理解できます．

また，左下の領域は「ゾウ」と「キリン」が分類されています．これは誰が見ても大きい動物であると言えます．これは**表1**に含まれる大きいという項目によって分類されていると考えられます．

そして右側の領域はその他の動物が分類されています．その中でも下の方の領域に「リス」や「パンダ」が分類され，上の方の領域に「トラ」が分類されています．そこで下の方の領域にはかわいい動物が分類されやすいことが考えられます．

このように，分類された結果から，マップ上の特徴を人間が考えることとなります．このアプローチはこれまでのクラスタ分析や主成分分析と同じです．

● 2つに分けた場合…霊長類かそうでないか

図3に示す2つに分けた場合は，霊長類である「サル」と「ゴリラ」だけが分かれています．霊長類かそうでないかは大きな違いがあることが示されました．なお，2つに分ける場合は**リスト1**の9行目の最後の引数を2に変えることで表示できます．

● 4つに分けた場合…怖いが追加された

図4に示す4つに分けた場合は，3つに分けた場合の右側の領域がさらに2つに分かれています．その他の動物の中で「怖い」ものと「かわいい」ものに分かれたと考えられます．なお，4つに分ける場合は**リスト1**の9行目の一番最後の引数を4に変えること

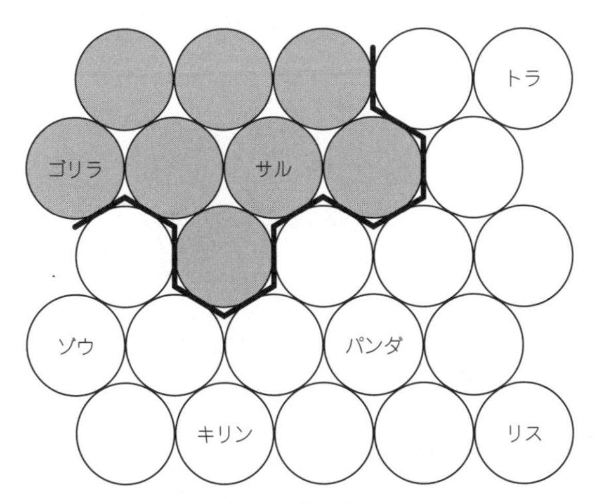

図3　図2と同じデータを2つに分けた

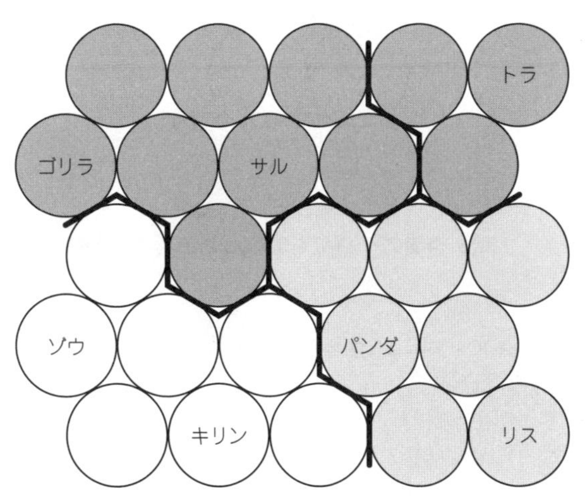

図4　図2と同じデータを4つに分けた

表2　テスト用動物データ

種類＼特徴	可愛い	危険	大きい	ふさふさ	強い	賢い
チンパンジ	2	2	2	3	3	5
サイ	2	4	4	1	4	2
ウサギ	5	1	2	5	1	2

リスト2　別の動物のデータを入力してみる

```
ud_test = read.csv("animalF_test.csv",header=F)
ud2_test<-normalize(ud_test[,2:6])
som_model_test    <- som(ud2_test, somgrid(xdim=5,
              ydim=5,topo="hexa"),rlen=1,alpha=0.00,
                              radi=0,som_model$codes)
plot(som_model_test, type = "mapping", labels =
                                         ud_test[,1])
```

で表示できます．

● 新たに別の動物のデータも入力してみる

最後にクラスタ分析や主成分分析とは異なり，テスト・データを入力します．ここでは**表2**に示す3つの動物とします．**表1**の動物データを分類した**リスト1**の後で**リスト2**を実行すると，**図5**のように3種類の動物の名前が書かれます．

まず，「チンパンジ」は左上の霊長類の領域に分類されています．何となく付けた点数でも，分類がしっかり出る点は面白い分類方法だと言えます．

次に，「サイ」は「ゾウ」や「キリン」と同じ領域である大きい動物に分類されています．そして「ウサギ」は右下の領域に分類されています．これは「リス」や「パンダ」に近いかわいい動物であることを示しています．

このようにテスト・データがこれまでのデータのどれに近いかを判別することで，その特徴を推測できる点がSOMのメリットの1つとなります．

処理の流れ

● 学習データとテスト・データを準備

SOMの分類フローを説明します．これが分かると結果からの意味づけもしやすくなると思います．今回は学習データとして下記の(A)を使い，テスト・データとして(B)を使います．このデータは名前の後ろに3つの数字が並んでいるため，3次元のデータとなります．**表1**のデータであれば6次元のデータです．

▶学習データ(A)

A, 1, 1, 1
B, 1, 0, 1
C, 1, 1, 0
D, 1, 0, 0

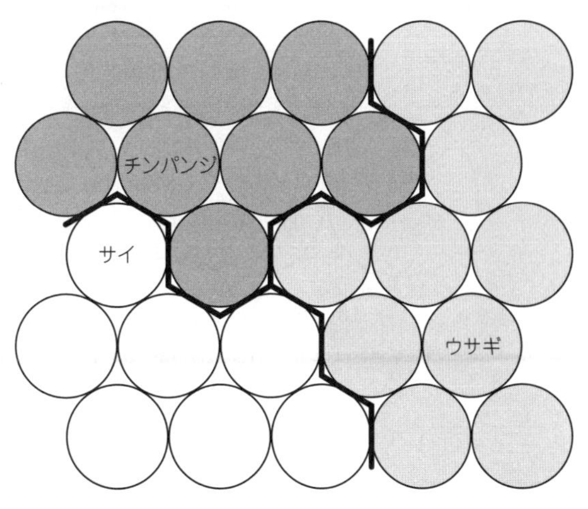

図5　別の動物データを入力した
テスト・データがこれまでのデータのどれに近いかを判別することでその特徴を推測できる

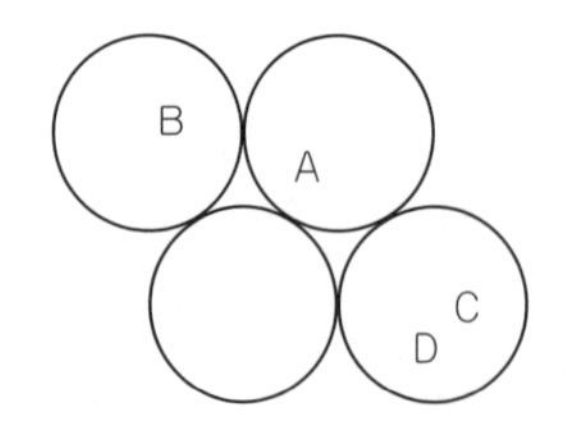

図6　学習データ(A)を分類した結果(学習100回)

▶テスト・データ(B)

```
E, 1, 1, 1
F, 1, 0, 0
G, 1, 0.6, 0.5
```

● マップの大きさを決める

まず，SOMを行うためにはマップの大きさを決める必要があります．ここでは簡単のため，2×2のマップを使うことにします．(A)を分類した結果は**図6**となります．

図2では色や区分けの線が入っていましたが，シンプルなSOMにはこの図のようにマルがたくさん書かれ，その中にデータの名前が書かれているものとなります．

この円で示されているものは「ノード」と呼ばれています．各ノードには**図7**に示すように，入力と同じ次元数のデータが格納されています．なお，**図7**，**図8**は筆者が作成したもので，Rのコマンドで作ることはできません．

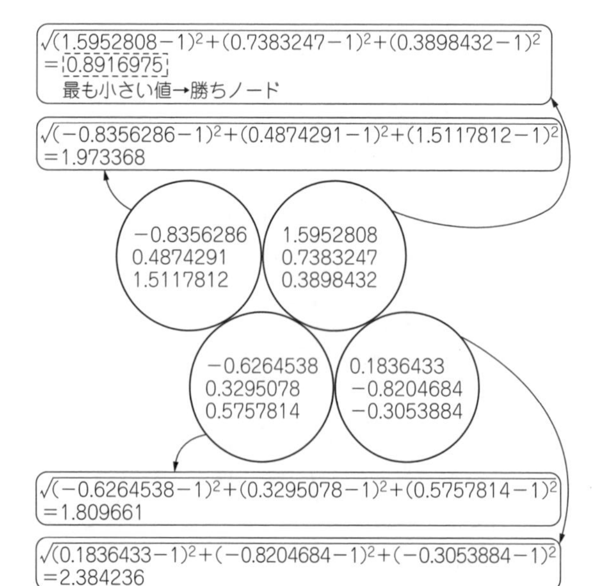

図8　学習データ(A)中のAデータと各ノードとの距離を計算する

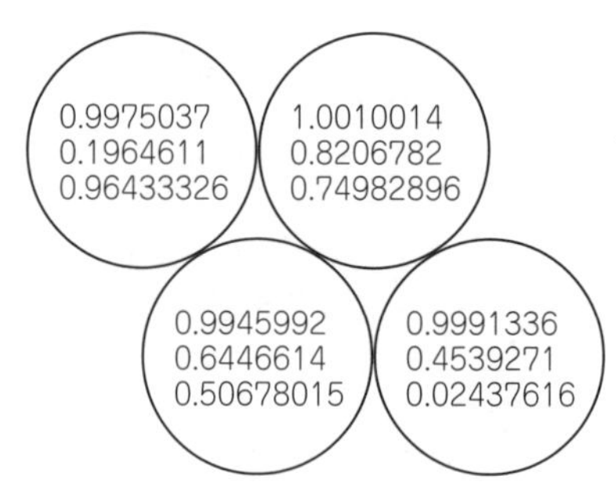

図7　各ノードには入力と同じ次元数のデータが格納されている

● データを分類する

まず，**図7**に示すように入力するデータと同じ次元数の乱数を各ノードに入れます．次に，学習データ(A)のAデータと，各ノードとの距離を計算します(**図8**)．ここで距離とは，各要素の差を2乗したものを足し合わせてルートを計算したものとなります．

その中で一番距離の短いものを「勝ちノード」とします．**図8**では右上が勝ちノードとなります．同じようにしてデータ(A)中のB，C，Dのデータと各ノードとの距離を計算します．その結果を**図9**に示します．この例では右上のノードが全てのデータとの距離が小さくなっています．つまり，全てのデータの勝ちノードが右上のノードとなります．このとき，異なるデータが同じ勝ちノードとなっても構いません．

▶学習0回

これを**図6**と同じように表すと**図10**となります．全ての勝ちノードの配置が決まると，それをもとにしてノードのデータを更新します．更新の方法は次に示す式(1)となります．$m_i(t)$はt回目の学習時のi番目のノードのデータを表していて，$x(t)$は入力データ，h_{ci}は学習係数と影響するノードの範囲によって決まる係数となります．

$$m_i(t+1) = m_i(t) + h_{ci}(t)[x(t) - m_i(t)] \cdots\cdots\cdots\cdots(1)$$

これによって，勝ちノードとなったノードは入力データの値に近づいていきます．さらに，その周りも同じ入力データの値の影響が加わりながら更新されていきます．

▶学習10回

例えば，10回繰り返した後の各ノードの値は**図11**となります．そして(A)のデータとの距離を計算すると**図12**となります．この計算結果からA，B，Cの勝ちノードは右上となり，Dの勝ちノードは右下となります．これを**図6**や**図10**と同じように表すと**図13**となります．

▶学習100回

さらに何度も繰り返すことでだんだん収束し，100回計算を繰り返した結果，ノードの値は**図14**となり，

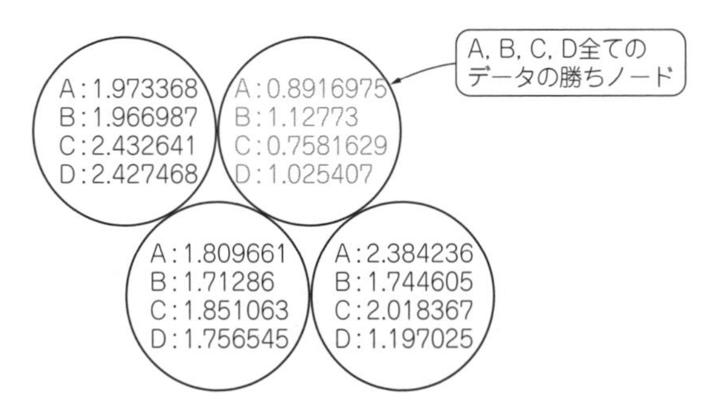

図9　(A)のB, C, Dのデータと各ノードとの距離

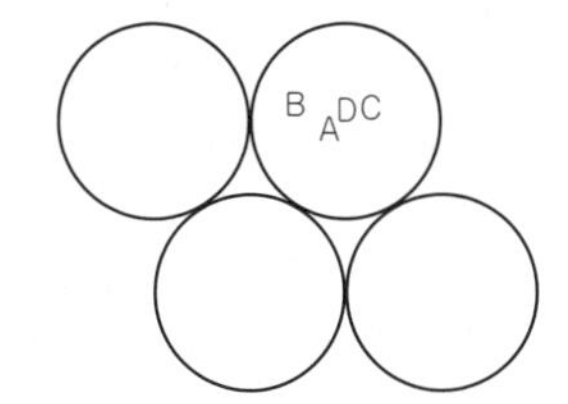

図10　勝ちノードにABCDをプロットしたもの

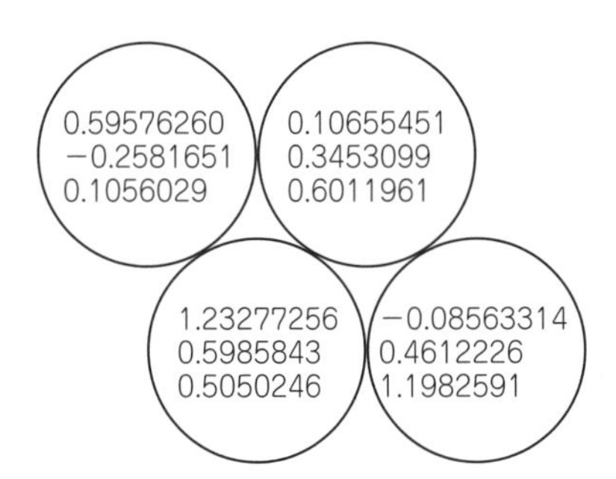

図11　学習を10回繰り返した後の各ノードの値

各データとの距離は**図15**となります．Rで計算した結果が**図6**となります．**図15**で計算した通り，勝ちノードにデータの名前が書かれています．

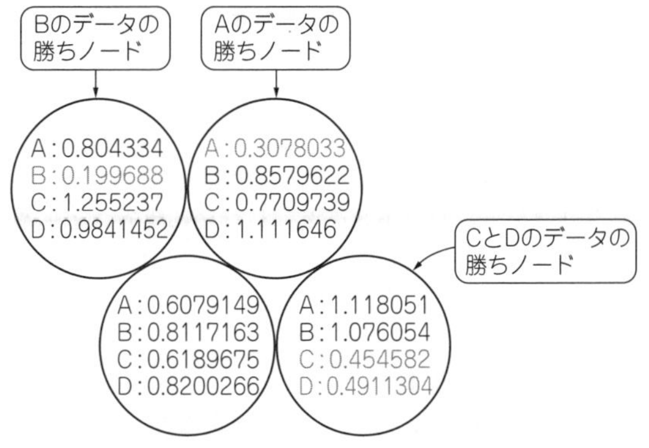

図15　図14のときデータ(A)との距離を計算した

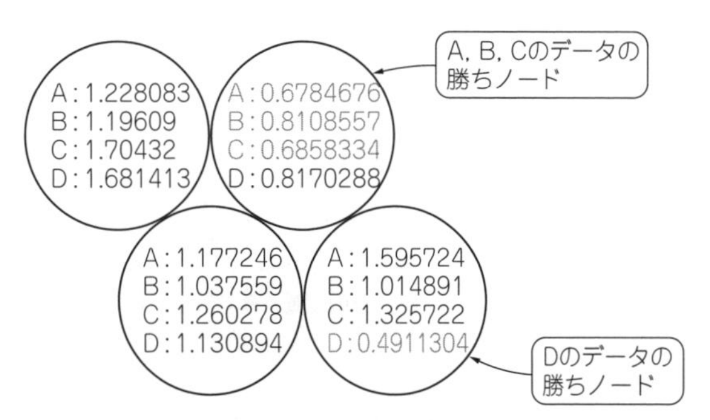

図12　図11のときデータ(A)との距離を計算した

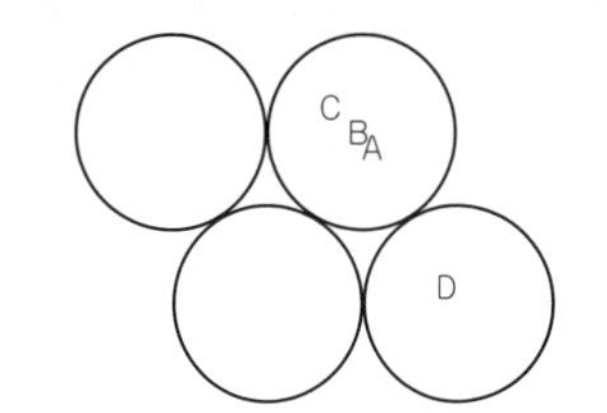

図13　学習10回時の値ABCDのプロット

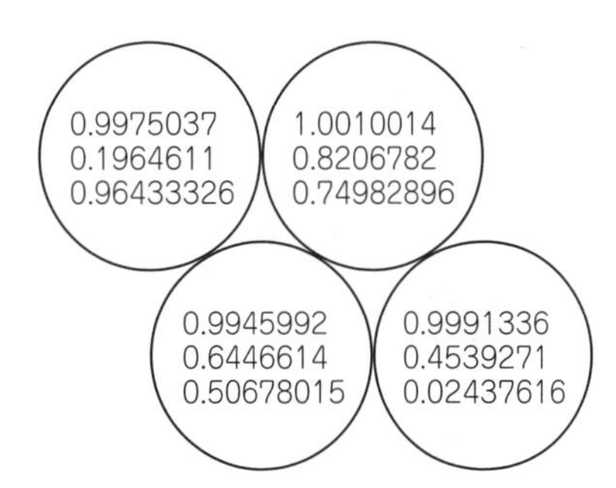

図14　学習を100回繰り返した後の各ノードの値

● テスト・データで計算してみる

このノードの値と，テスト・データ(B)に示すE, F, Gの3つの値との距離を計算したものが**図16**とな

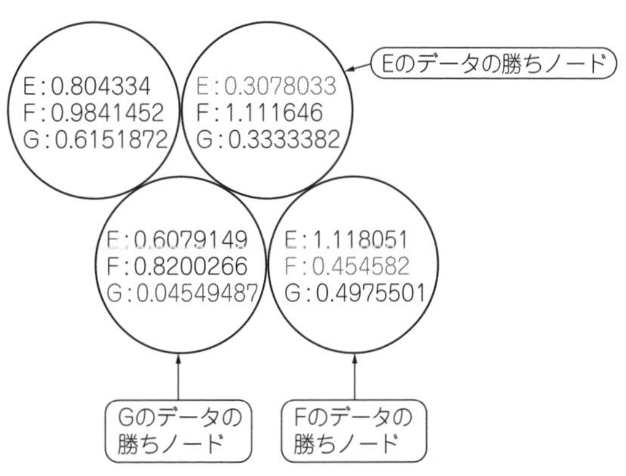

図16　学習したSOMにテスト・データを当てはめてみる

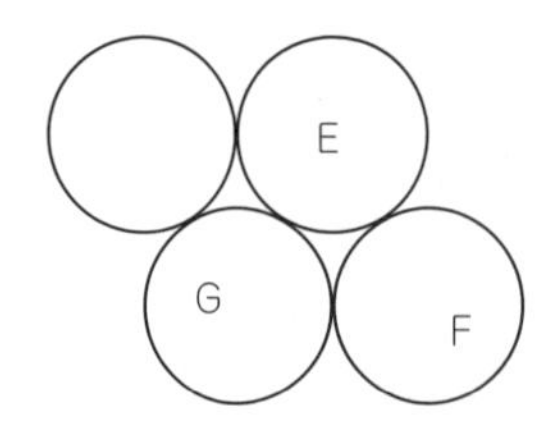

図17　テスト・データの配置をRで計算した

ります．このように勝ちノードを計算できます．

● Rで計算した結果と照らし合わせる

Rで計算した結果が**図17**となり，勝ちノードにデータの名前が書かれています．

プログラム

● 学習

先ほどの(A)(B)のデータを分類する具体的なコマンドを見ていきます．コマンドは**リスト3**となり，その結果は**図6**となります．Aは右上のノード，Bは左上のノード，CとDは右下のノードにそれぞれ配置されています．

リスト3の1～3行目はSOMを使うためのライブラリとなっています．Rを起動してから一度だけ実行すれば，その後は実行する必要はありません．

4行目は初期乱数を設定しています．SOMの結果は乱数の影響を受けて毎回異なります．それだと，うまくできているのかどうかの練習には向きませんので，固定としました．4行目を実行しないと毎回異なるSOMが作られます．また，4行目の引数を変える

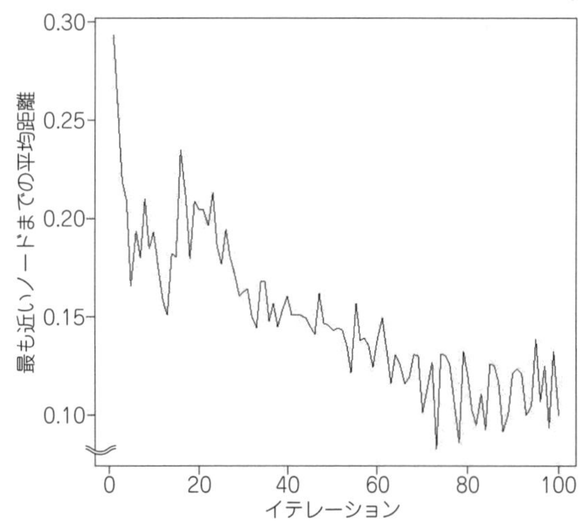

図18　リスト3を実行した後にリスト6のコマンドを実行して得られた図

リスト3　練習用の学習データでマップづくり

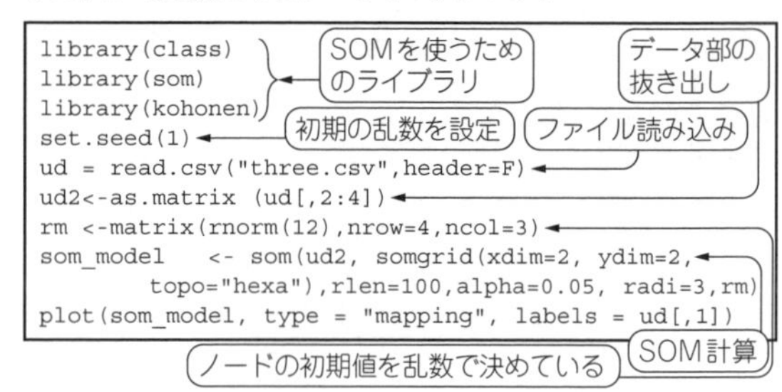

```
library(class)
library(som)
library(kohonen)
set.seed(1)
ud = read.csv("three.csv",header=F)
ud2<-as.matrix (ud[,2:4])
rm <-matrix(rnorm(12),nrow=4,ncol=3)
som_model   <- som(ud2, somgrid(xdim=2, ydim=2,
        topo="hexa"),rlen=100,alpha=0.05, radi=3,rm)
plot(som_model, type = "mapping", labels = ud[,1])
```


と結果が変わります．

5行目はファイルを読み込んでいます．

6行目はデータの部分を抜き出しています．今回は1列目に各データの名前が入っていて，それに続いて2列目～4列目までの3つのデータが含まれています．

7行目はノードの初期値を乱数で決めています．Rの場合，ノードの総数よりデータ数が少ないとエラーになります．そこでノードの総数よりデータ数が少ない場合は初期値を作成して，それを使う必要があります．ここではnrowというのはノードの総数となりますので，8行目のxdimとydimの積となります．

次に，ncolは入力データの次元数となります．学習データ(A)は2列目～4列目までの3次元となっています．そして，rnorm(12)はnrowとncolの積となります．

8行目でSOMの計算を行います．som関数の引数の1つ目は入力データです．2つ目はマップのサイズと形となります．xdimはノードを横に並べたときの数，ydimは縦に並べたときの数となります．SOMは周りに6個配置された6角形のノードを使うのが普通ですので，topoは"hexa"としておきます．3つ目～5つ目の引数は学習の回数と学習係数と影響を与える範囲です．学習回数はこの後の**図18**を見て十分かどうかを判別できます．学習係数は0～0.05の範囲を使います．影響を与える範囲はxdimとydimの大きい方に合わせておくとよいです．そして最後の6つ目の引数がノードの初期値を表します．

● テスト

次にテスト・データを入力としたときのコマンドを**リスト4**に示します．その結果は**図17**となります．このコマンドは**リスト3**を実行した後に実行する必要があります．Eは左上のノード，Fは左下のノード，Gは右上のノードにそれぞれ配置されています．

1行目と2行目は先ほどと同じで，テスト・データの読み込みとなります．

3行目でSOMを，テスト・データを用いて実行しています．ここで注目すべき点が幾つかあります．ま

リスト4　練習用のテスト・データを入力してみる

```
ud_t = read.csv("three_test.csv",header=F)
ud2_t<-as.matrix (ud_t [,2:4])
som_model_t    <- som(ud2_t, somgrid(xdim=2,
      ydim=2,topo="hexa"),rlen=0,alpha=0.00, radi=0,
                                     som_model$codes)
plot(som_model_t, type = "mapping", labels =
                                          ud_t [,1])
```

（テスト・データ読み込み）（SOM実行）

リスト5　各ノードのデータを見るコマンド

```
som_model$codes
```

リスト6　学習がうまくできているかどうかを調べる

```
plot(som_model, type="changes")
```

リスト7　リスト3の9行目のパラメータを変更

```
som_model    <- som(ud2, somgrid(xdim=2, ydim=2,
      topo="hexa"),rlen=1000,alpha=0.01, radi=1,rm)
plot(som_model, type = "mapping", labels = ud[,1])
```

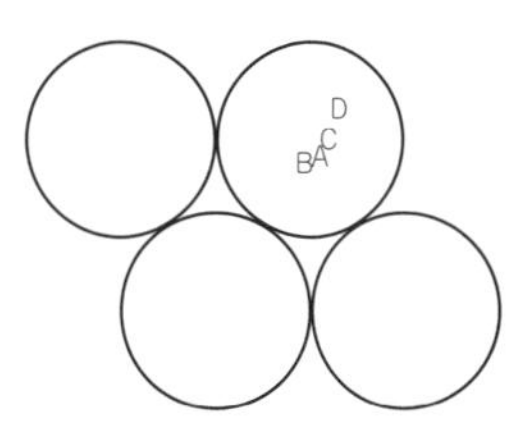

図19
リスト3の9行目のパラメータをリスト7のように変更してグラフを表示

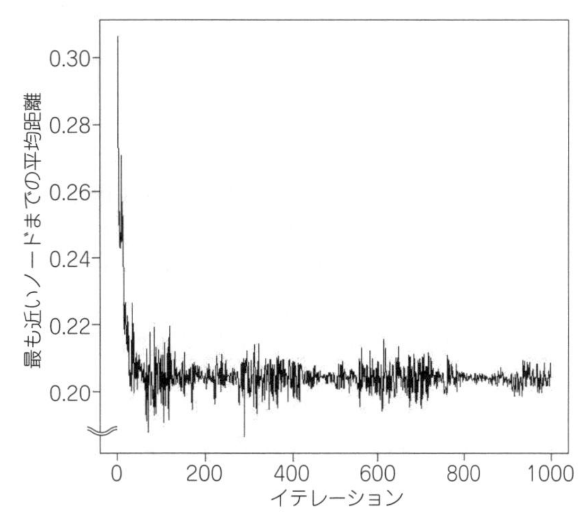

図20　学習係数の調整…リスト7を実行した

ず2つ目の引数は学習時と同じにしておく必要があります．そして，3つ目～5つ目の引数は，繰り返し回数を0とし，作成されたマップ上でテスト・データがどこに配置されるのかを計算するだけの関数とします．

そして最も重要なのが初期値の引数で，先ほどのsom関数で計算したsom_modelの中のcodesという変数を初期値として使う点です．このsom_model$codesという変数に各ノードのデータが入っています．

ここで，som_model$codesの中身を見るためには**リスト5**のコマンドを実行します．

実行すると次のように表示されるはずです．ただし実行環境によっては値が異なっているかもしれません．この値をノードに入れて表示すると次のようになります．

1行目は左下，2行目は右下，3行目は左上，4行目は右上のノードの値を示しています．

	[, 1]	[, 2]	[, 3]
[1,]	0.9945992	0.6446614	0.50678015
[2,]	0.9991336	0.4539271	0.02437616
[3,]	0.9975037	0.1964611	0.96433326
[4,]	1.0010014	0.8206782	0.74982896

使いこなしたい！パラメータをあれこれ変えてみる

ここまでだと，T.コホネンのグループが公開している本家本元のプログラムとあまり変わりません．むしろ本家の方が見やすい結果が出てきます．ここでは，幾つかの方法で出てきた結果を評価する方法を見ていきます．

● 学習がうまくできているかを調べる

学習回数，学習係数と影響を与える範囲などSOMの結果に影響を与えるパラメータがあります．そこで，学習がうまくできているのかどうかを調べるコマンドがあるので試してみます．

リスト3を実行した後に，**リスト6**のコマンドを実行すると**図18**が得られます．このグラフは隣り合うノード間の距離の平均を示していて，縦軸の値が小さいほど学習が進んでいることを示しています．

● 学習係数を調整してみる

例えば**リスト3**の9行目のパラメータを**リスト7**のように変更して，グラフを表示すると**図19**となり，全てのデータが右上に集まったままとなっています．このとき，**リスト7**を実行すると**図20**が得られます．学習結果が一定となっている様子が見て取れます．縦軸の大きさが**図18**は0.1ですが，**図20**の場合は0.2になっています．つまり，学習がうまく進んでいません．そして，200回を超えた後はほぼ一定になっています．このことから，学習回数は十分ですが，学習係

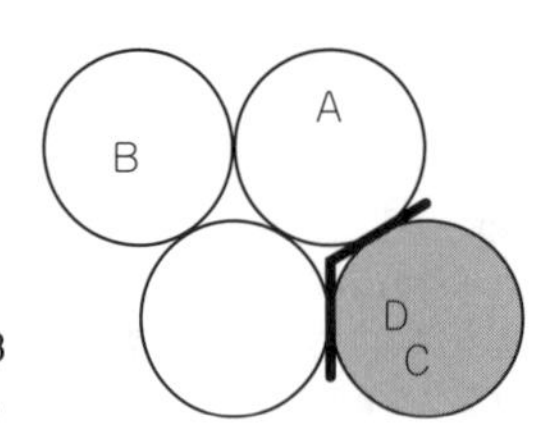

図21
クラスタ分析を併用…リスト3を実行後にリスト8を実行する

数や影響を与える範囲がうまく設定できていないと判断できます．このように，うまく学習できているかどうかを調べるときに使います．

● 見た目をきれいに…クラスタ分析を併用する

図6の数値データを分類したときには**図2**のように色分けされませんでした．実は色分けはSOMの機能だけではなく，クラスタ分析の機能を使っていました．クラスタ分析の機能を使うには**リスト3**を実行後に**リスト8**を実行すると**図21**が表示されます．

リスト8の説明をします．

1行目はノードを2つに分割するコマンドとなります．hclustコマンドはクラスタ分析のときに使ったコマンドとなります．そして，hclustコマンドの2つ目の引数（この例では2）が分割数となります．

2行目では領域を色分けするときの色を設定しています．ここでは，RGB（赤緑青）をそれぞれ16進数の2けたで示しています．この例では，#ffffffは白を，#ddddddは灰色，#ccccffは薄い青，#aaaaaaは濃い灰色を設定しています．本書では，印刷の都合上，白黒となってしまいますが，もっときれいな色を使うことができます．例えば，**リスト9**として，**リスト8**の3行目のbgcolの後ろをpretty_palleteに変更するときれいな色となります．

3行目はマップの表示をしています．このとき，bgcolという引数を使うことでノードの色を設定しています．ここではクラスタ分析によって分類された色をノードの色とするようにしています．

4行目はノードの境界線を太線で引くコマンドです．

● どのデータが分類に影響しているのか

もっと細かくデータを調べたいと思うこともあると思います．その場合は**リスト3**の後に**リスト10**を実行することでどの要素が分類に影響しているのかを調べられます．このコマンドを実行すると**図22**が得られます．各ノードには大きさが違う3つの扇形がつながった図が表示されます．扇形は**図14**に示したノードの値の大きさを示しています．

例えば，右下のノードは1つ目の要素が大きく，3つ目の要素が小さいものが集まるノードになっています．

左上と左下のノードはそれぞれ3つ目と2つ目の要素が大きいものが集まります．そして，右上のノードは全て大きいものが集まります．このように，どの要

リスト8　リスト3にクラスタ分析を併用する

```
som_cluster <- cutree(hclust(dist(som_model$codes)), 2) ←(ノードを2つに分ける)
my_palette <- c("#ffffff", '#dddddd', '#ccccff', '#aaaaaa') ←(領域を色分けするときの色を設定)
plot(som_model, type = "mapping", labels = ud[,1], bgcol = my_palette[som_cluster]) ←(マップを表示)
add.cluster.boundaries(som_model, som_cluster) ←(ノードの境界線を太線で引く)
```

リスト9　リスト8の3行目のbgcolの後ろをpretty_palleteに変更するときれいな色になる

```
pretty_palette <- c("#1f77b4", '#ff7f0e', '#2ca02c', '#d62728', '#9467bd', '#8c564b', '#e377c2')
```

リスト10　どのデータが分類に影響しているのか細かく調べる…練習用データの場合

```
plot(som_model, type="codes")
```

リスト11　どのデータが分類に影響しているのか細かく調べる…動物データの場合
リスト1の後にこのコマンドを入力

```
plot(som_model, type="codes", bgcol =
                        my_palette[som_cluster])
som_cluster <- cutree(hclust(dist(som_
                              model$codes)), 3)
add.cluster.boundaries(som_model, som_cluster)
```

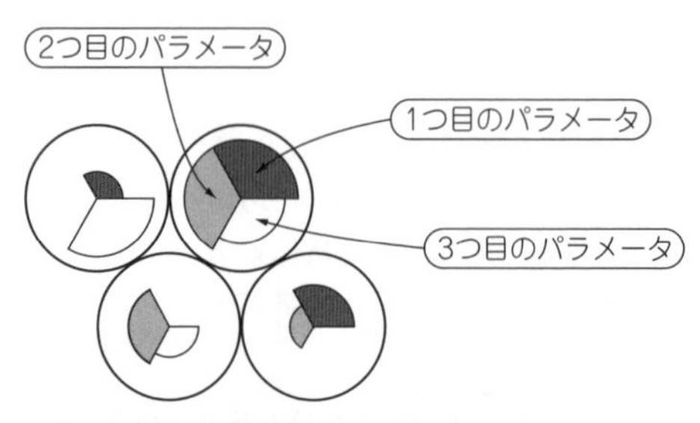

図22　練習用データの詳細解析…リスト3の後にリスト10を実行することでどの要素が分類に影響しているのかを調べられる

素が集まりやすいかが分かるようになっています．

動物データの場合は**リスト1**の後に**リスト11**を入力することで，**図23**のようになります．また，この図にもクラスタ分析で分類した色や境界線を追加できます．

この図から左上の領域の霊長類は賢さの要素が大きいことが特徴的であると判断できます．そして，大きい動物は「大きい」の他に「強い」と「かわいい」の要素が大きいと判断できます．

右側の領域のその他の動物については，右下の領域は「かわいい」と「ふさふさ」の要素が大きく，右上の領域は「危険」と「強い」の要素が大きいと判断できます．このことから，それぞれに分類された領域の特徴を各要素から対応付けることもできます．

◆参考文献◆

(1) 徳高 平蔵，大北 正昭，藤村 喜久郎 編；自訴組織化マップとその応用，シュプリンガー・ジャパン，ISBN978-4-431-72315-8.

まきの・こうじ，てらだ・ひでつぐ

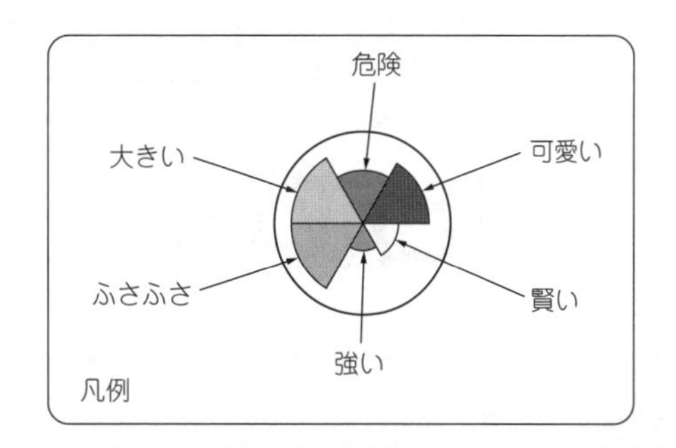

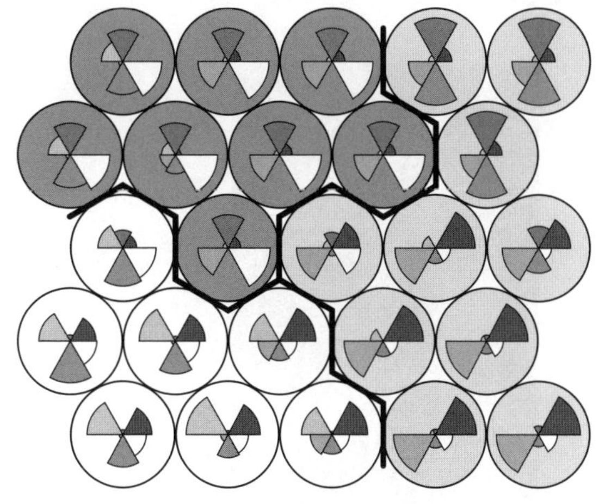

図23　動物データの詳細解析…リスト1の後にリスト11を入力

第8章

「自己組織化マップ」を使った成功・失敗判定の実験

牧野 浩二，寺田 英嗣

写真1
予備知識…
とめけんの動作

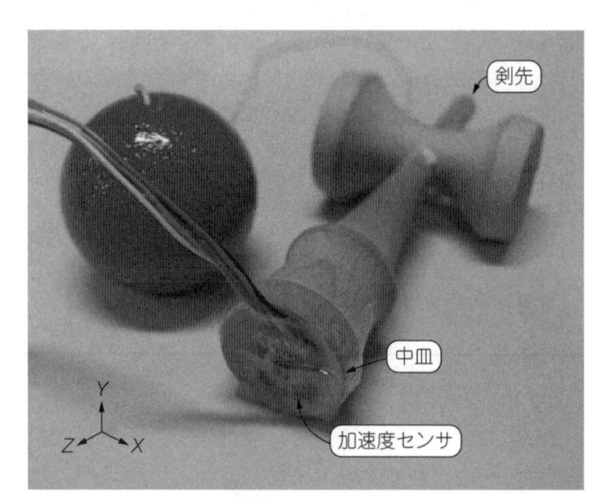

写真2　加速度センサはけん玉の中皿に取り付けた

「自己組織化マップ(SOM；Self-Organizing Map)」は，データを分類するだけでなく，学習しておいた分類結果に新たなデータを入力すると，そのデータの性質や特徴から，マップ上のどこに分類されるのかを予測してくれます．

例えば脈拍解析やゲノム解析，電力需要の予測や気象予測，土砂生産量など，工学の分野を超えて利用されています．

主成分分析やクラスタ分析でも使った「R」を使っていろいろな角度からSOMで分析してみます．使用するデータはここまで使ってきた「けん玉」データです．

表1　経験者か未経験者か＆成功か失敗かの予測に使用するテスト・データ

「とめけん」実行時の被験者の加速度データ(先頭文字がK：経験者，S：初心者，M：未経験者)

プレーヤ＼項目	*xa*	*ya*	*za*	*xt*	*yt*	*zt*	*tt*
KS5	186	202	417	78	77	90	342.5
KF6	223	252	454	42	109	96	369.5
SS6	114	396	268	35	114	185	322
SF7	112	382	281	61	145	156	327.5
MF6	81	79	159	321	172	170	141

けん玉データで経験者，初心者，未経験者を分類

● データの準備…学習用とテスト用がある

経験者，初心者，未経験者がとめけん(**写真1**，**写真2**)を行ったときの振り方のデータを分類してみます．

これまでは全てのデータを使って分類をしていましたが，ここでは経験者の成功と失敗(KS5，KF6)，初心者の成功と失敗(SS6，SF7)，未経験者の失敗(MF6)をテスト・データとして用い，それ以外を学習データとして用いることとしました(**表1**)．

● ステップ1：データを学習しマップを作る

学習データ(`kendamaF_learn.csv`)がドキュメント・フォルダにあるものとして，**リスト1**を実行すると，**図1**のようにクラスタ分析を加えつつSOMで分類できます．左側の領域にSから始まる初心者のデータがまとまっています．右下の領域にはKから始まる経験者のデータがまとまっています．そして，右上の領域にMから始まる未経験者のデータがまとまっています．ただ，MF5というデータは経験者の

リスト1　SOMとクラスタ分析を実行するためのRプログラム

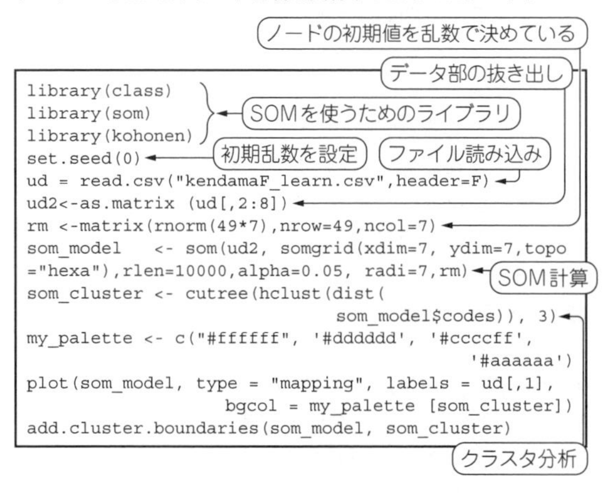

```
library(class)
library(som)
library(kohonen)
set.seed(0)
ud = read.csv("kendamaF_learn.csv",header=F)
ud2<-as.matrix (ud[,2:8])
rm <-matrix(rnorm(49*7),nrow=49,ncol=7)
som_model   <- som(ud2, somgrid(xdim=7, ydim=7,topo
="hexa"),rlen=10000,alpha=0.05, radi=7,rm)
som_cluster <- cutree(hclust(dist(
                              som_model$codes)), 3)
my_palette <- c("#ffffff", '#dddddd', '#ccccff',
                                          '#aaaaaa')
plot(som_model, type = "mapping", labels = ud[,1],
               bgcol = my_palette [som_cluster])
add.cluster.boundaries(som_model, som_cluster)
```


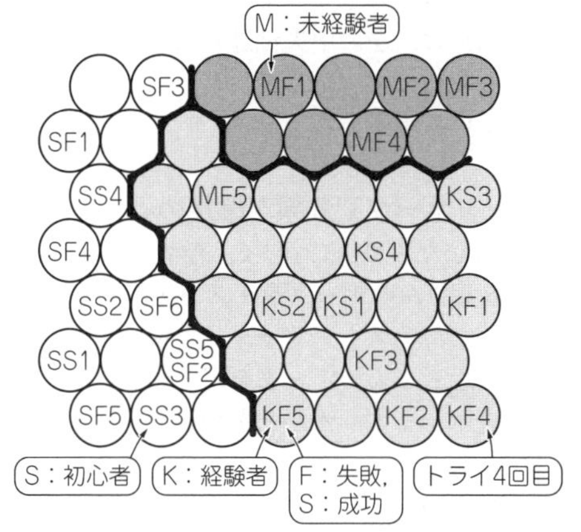

図1　経験者/未経験者/初心者の「とめけん」の動作をSOMで2次元平面にマッピングした

領域に入っていますが，未経験者の分類に近いところにあり，クラスタ分析の分け方が完璧ではないためこのようなことが起こっています．

このときのノードの値を**リスト2**で表示した結果が**図2**となります．また，扇形の意味は**図3**に示す通りです．この図から分かることとして，経験者はztがほぼ0となっています．これは引き上げ時に短い時間で「くいっと」引き上げていることに相当します．また，初心者は*xt*や*yt*が0となっていることから引き上げ時の角度が経験者と異なっていることが推測できます．このように各データからその原因を探ることもできます．

● ステップ2：テスト・データをマッピングする

次に，**リスト1**の後で，**表1**に示すテスト・データ(`kendamaF_test.csv`)を使って**リスト3**を実行してみます．その結果を**図4**に示します．

リスト2　リスト1に加えて詳細データを表す

```
som_cluster <- cutree(hclust(dist(
                              som_model$codes)), 3)
my_palette <- c("#ffffff", '#dddddd', '#ccccff',
                                          '#aaaaaa')
plot(som_model, type="codes", bgcol =
                         my_palette [som_cluster])
add.cluster.boundaries(som_model, som_cluster)
```

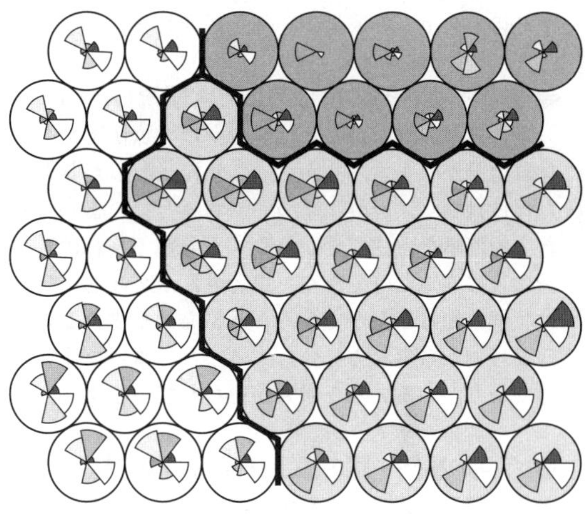

図2　Rを使うとさらに詳しく表示できる

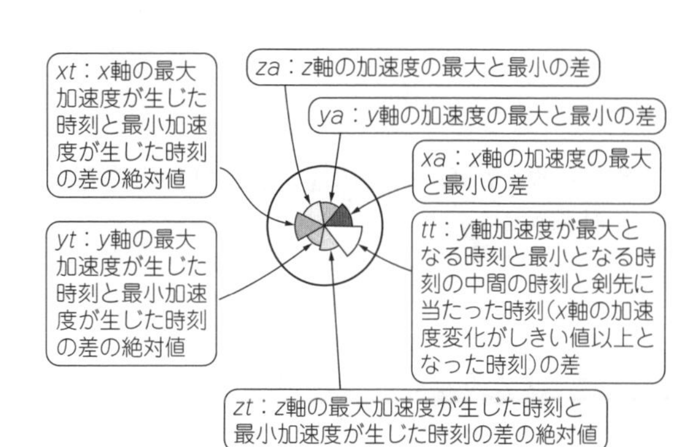

図3　図2の読み解き方

経験者，初心者，未経験者それぞれのデータがそれぞれの領域に分類できています．このことから，けん玉の振り方で経験者なのか初心者なのか，はたまた未経験者なのかを分類できます．これがSOMの面白い特徴です．

● ステップ3：結果の解析例

▶経験者データのみ…動作によって成否がハッキリ分かれる

経験者だけのデータにして分類しました．ここでも，上記と同じように学習データ(`kendamaKF_learn.csv`)とテスト・データ(`kendamaKF_`

コラム 人工知能×医療の研究…歩き方の良しあしをSOMで判定する

中村 祐敬

牧野・寺田氏らのグループでは，SOMによる分類を，「歩行時の足の裏にかかる力変化を計測して歩行を分析する研究」に応用しています．これは，医者である筆者と一緒に実際の患者のデータを測定していて，臨床研究という段階にあります．ここではそのシステムと成果の一部を紹介します．

● 動機…歩き方の良しあしを客観視したい

歩き方がおかしいことは医者や理学療法士たちは見れば分かります．しかし，これにはしっかりとした尺度はなく，経験に基づいて判断しています．歩き方を簡単な方法で分かりやすく分類できれば，診断の役に立つだけでなく，患者さんが客観的に自分の状態を知ることができるようになります．このような理由から歩き方を分析することは重要な研究課題であり，いろいろな研究が行われています．

● 今回の事例…膝の人工関節置換術を施した人

年を取ると膝の軟骨がすり減って歩行が困難になることがあります．その場合，膝関節を人工関節に取り換える全人工膝関節置換術という手術を施すことがあります．その術前と術後の歩行データを計測して歩行の特徴を分類しています．

● データの取得…4つの圧力センサから重心を計測する

歩行時の足の裏にかかる力が最もかかる位置を足底圧中心と呼んでいます．この研究では足の裏に4つの圧力センサを仕込んだ靴を作成し，4つの圧力センサにかかる力を，一定の間隔でPCに送信しています．そして，その4つの圧力から足底圧中心の位置を計測します(**図A**)．

▶データ例

足底圧中心を計測した結果の1つの例を**図B**に示します．これは健常者のデータで，かかとを着いてから緩やかなカーブを描いて親指に重心位置が抜けていくとても良い歩き方です．

● データの学習

今回は計測した12人の患者さんのデータのうち，9人の患者さんのデータを学習データとし，それに5人の健常者のデータを加えて学習して足底圧中心を分類しました．その結果を**図C**に示します．ここでは8個の領域に分割しています．

図C中に特徴を書きましたが，各領域で特徴があります．例えば，左の中央付近の領域は良い歩き方がまとまっています．そして，右上はかかとを着かずに歩いている歩き方などです．

● テスト・データで効果を確かめる

この学習したSOMに対して，学習に使わなかった3人の患者さんのデータをテスト・データとして分類しました．テスト・データは学習に用いた患者さん以外の患者さんのデータを用いました．その結果を**図D**に示します．かかとを着かない，親指から小指に戻るなど，しっかり分類できました．

また，幾つかのデータでは術後の回復具合や患者さんごとの特徴など，いろいろなことが分かってきました．SOMは解釈が難しいのですが，うまく使えば，診断システムを作ることもできるのではないかと期待しています．

なかむら・まさひろ

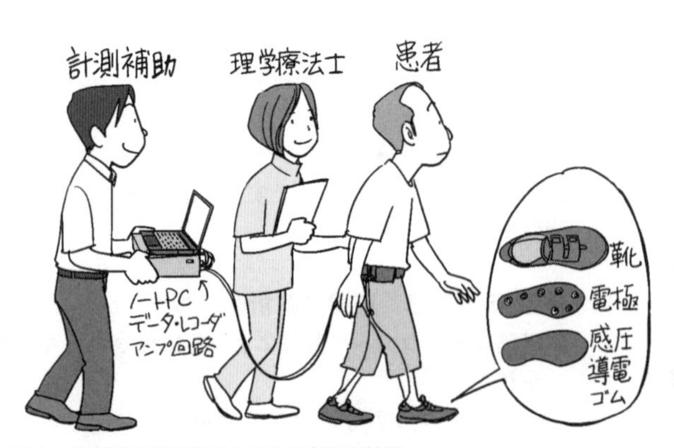

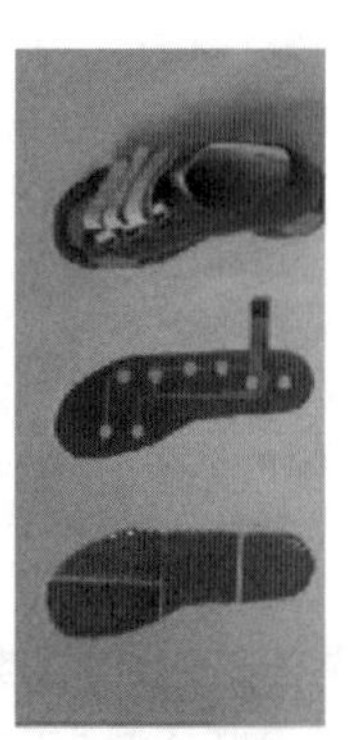

図A　歩行時の足の裏にかかる力変化を計測

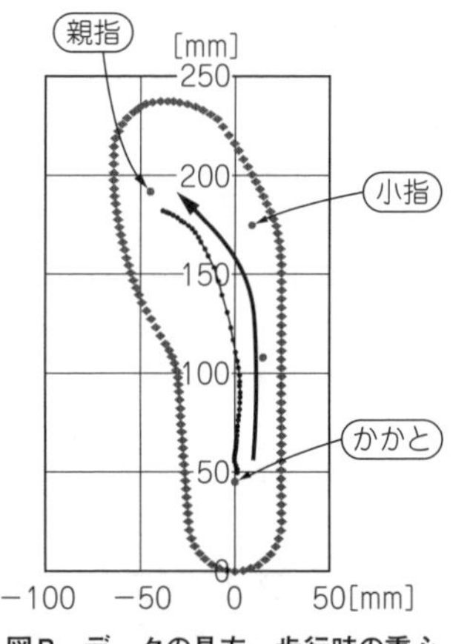

図B　データの見方…歩行時の重心の移り具合を表している

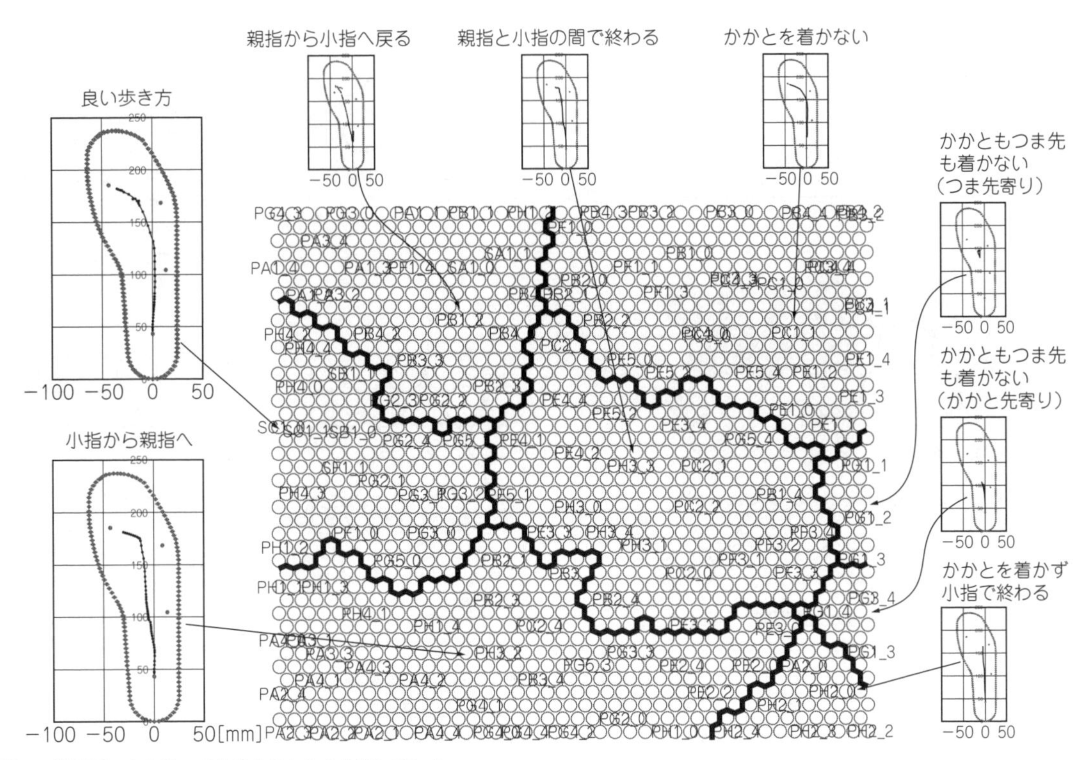

図C　学習データを使って歩き方のクセを分類しておく

9人の患者データに5人の健常者のデータを加えて学習して足底圧中心を分類

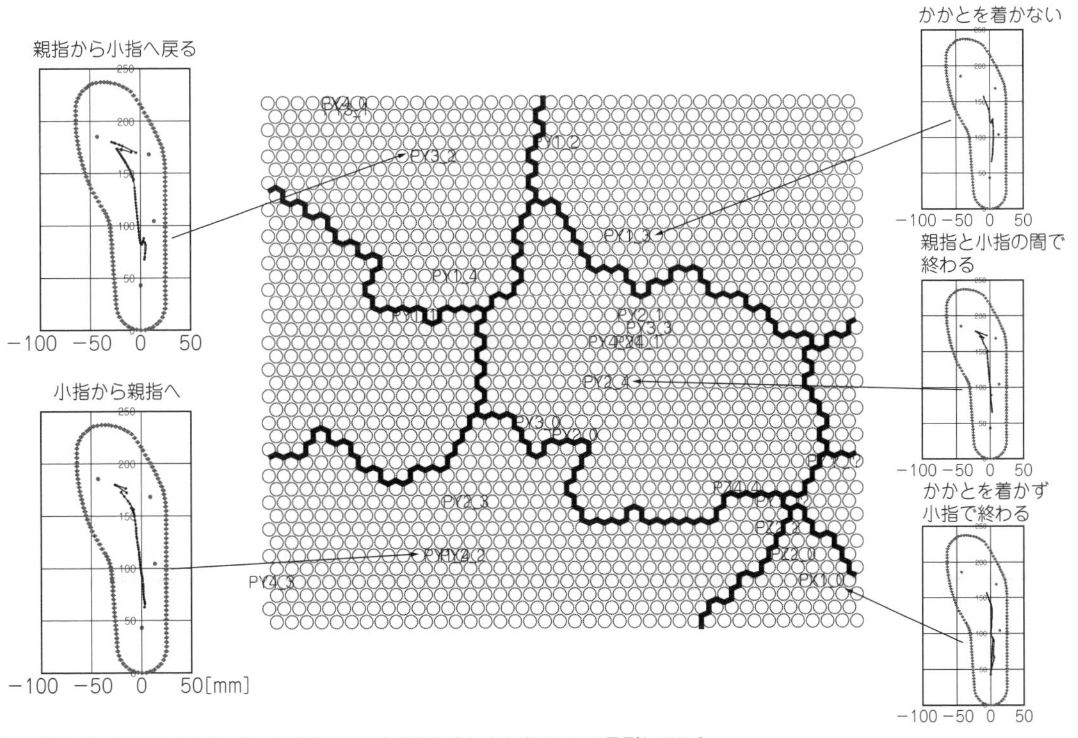

図D　従来プロの経験に基づいていた患者さんの歩き方の良しあしをSOMで予測してみた

学習に使わなかった3人の患者さんのデータをテスト・データとして図Cに重ねた

リスト3　テスト・データのマッピング

```
ud = read.csv("kendamaF_test.csv",header=F)
ud2<-as.matrix (ud[,2:8])
som_model   <- som(ud2, somgrid(xdim=7, ydim=7,topo
="hexa"),rlen=0,alpha=0.05, radi=7,som_model$codes)
plot(som_model, type = "mapping", labels = ud[,1],
                   bgcol = my_palette [som_cluster])
add.cluster.boundaries(som_model, som_cluster)
```

テスト・データ読み込み
データ部の抜き出し
SOM計算

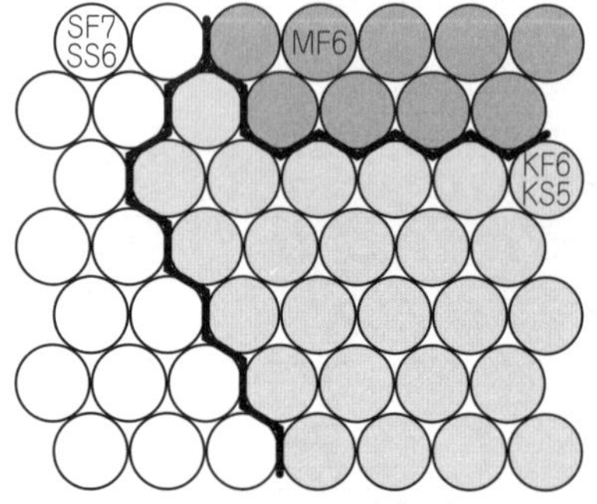

図4　経験者か未経験者か推測可能…テスト・データをマッピングしてみた

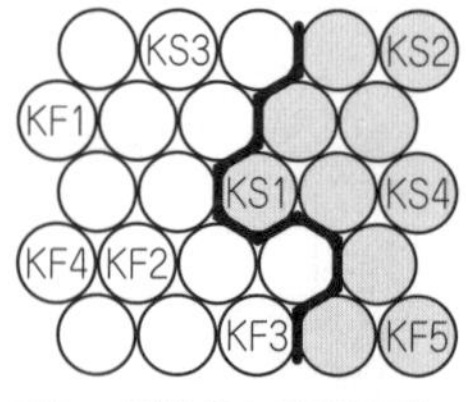

図5　経験者の学習用データをマッピング

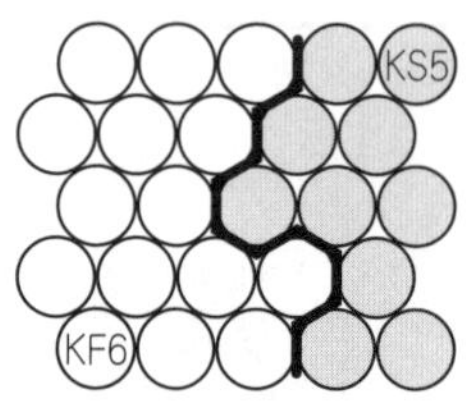

図6　経験者のテスト・データをマッピング
経験者の動作中のデータから「成功するか失敗するか」が予想できる

図7　初心者の学習用データをマッピング…成功と失敗があまり区別がつかない
初心者の動作中のデータから成功を予想することは困難と判断した

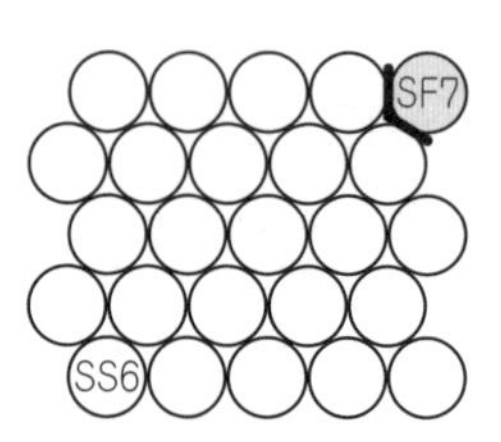

図8　初心者のテスト・データをマッピング…いちおう分類は成功したが成功・失敗判定は難しそう

test.csv)に分けました.

学習結果とテスト結果を**図5**と**図6**に示します.**図5**を見ると成功データが多い領域と失敗データが多い領域に分かれています.

そして,テスト・データを入力すると**図6**に示すように成功データ(KS5)は成功の領域に,失敗データ(KF6)は失敗の領域に分類されています.経験者の振り上げ方から成功か失敗かを判別できます.

▶初心者データのみ…成功と失敗の差がデータに現れない

初心者だけのデータにして分類しました.その結果を**図7**,**図8**に示します.ここでも上記と同じように学習データ(kendamaKF_learn.csv)とテスト・データ(kendamaKF_test.csv)に分けました.

テスト・データでは,成功は成功の領域に分類され,失敗は失敗の領域に分類されました.しかし,成功と失敗の領域に分かれてはいますが,成功の領域にも失敗が多数あります.これは初心者は一定の振り上げ方をしていないため,成功と失敗の差がデータに現れていないと考えられます.

まきの・こうじ,てらだ・ひでつぐ

第9章

自己組織化マップを使ってセンサ・データをもとに人の触り方を推定する

牧野 浩二，今仁 順也

日常生活でロボットが活躍する日もそれほど遠くない未来のこととなりそうです．そうなると人間と触れ合う機会が増えることになりますが，そのロボットが融通の利かないディジタル的なものだったら，きっと嫌気がさしてしまうでしょう．

ロボットと人間が仲良く暮らすためには，人間の感情や調子，動作など，非常にあいまいな状態をロボットがきちんと理解するための判断基準を持たなければなりません．この判断のために，人間の思考をモデルとしたニューラル・ネットワーク型の学習が数多く提案されてきました．

そのうちの1つである自己組織化マップ（Self Organizing Map）は，教師信号を必要としないことと，あいまいな状態をあいまいなままで処理するため，人間のあいまいな動作の分類に応用するにはちょうどよい方法だと筆者は考えています．

ここでは簡単のため最も基本的な自己組織化マップを対象として基本アルゴリズムの説明を行い，人の触り方の分類と推定を行います．

● こんなことにも使える

自己組織化マップを使って分類と推測を行うためには，たくさんの学習データを収集し，その特徴によって分類したマップを作る必要があります．そして，別のデータによって作成されたマップ上のどこに分類されるかによって，そのデータの特徴を推測するという方法を用います．

例えば，自己組織化マップを応用すると，

- 野球の投手の手に加速度センサを付けて，投球したときの加速度データを入力として調子の良し悪しを判別する
- 気温と気圧を1時間ごとに計測し，明日の天気を推測する
- 呼吸や脳波の時系列データから感情を推測する
- 筋電データからどのように動かしたいかを推測する

など，そのままではよく分からないデータの中から，何らかの方向性，まとまりを推測する際に使えそうです．

ハードウェア

写真1に示す曲げセンサを使って，10cm角の面状センサ（**写真2**）を作りました．センサ上の手が触れた位置と強さを同時に計測することで，ユーザがどのようにセンサに触れたのかを推定します．

曲げセンサは，曲げ具合で電気抵抗値が変動します．この曲げ具合をマイコンの8チャネルA-Dコンバータで取り込み（**写真3**，**図1**），値をPCに送ります．

図2に解析データの例を示します．

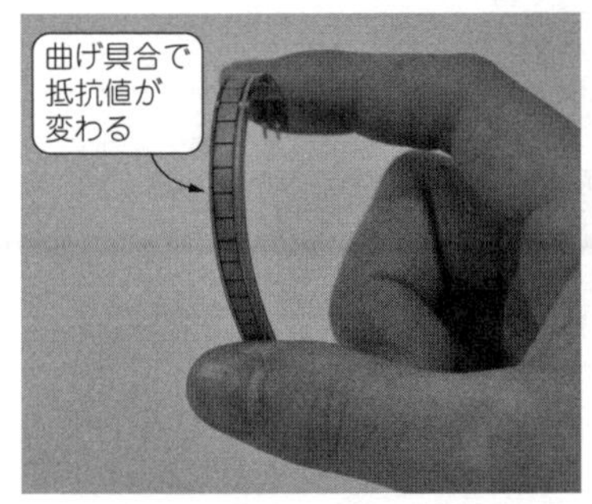

写真1　たたく／なでるを検出するための曲げセンサ

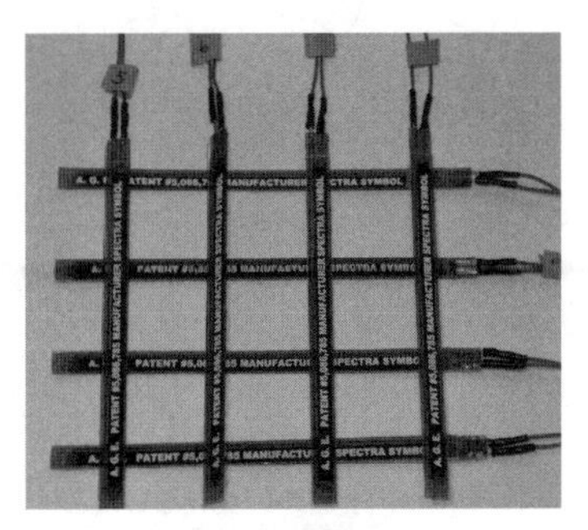

（a）配置直後

（b）布のケースに入れた

写真2　曲げセンサを格子状に配置して面接触センサとした

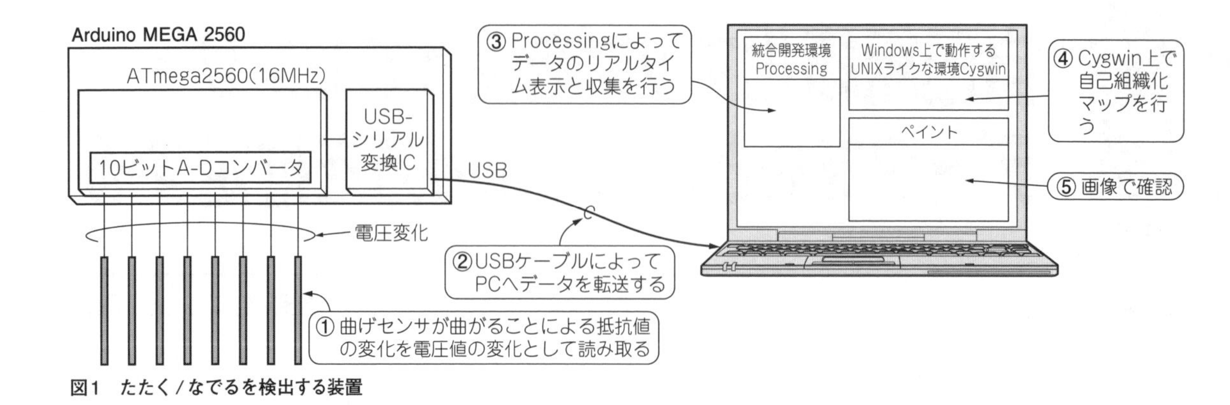

図1　たたく/なでるを検出する装置

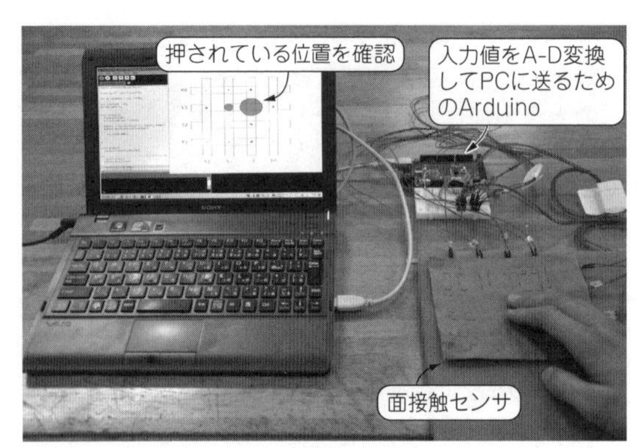

写真3　面接触センサの値はPCで取り込んで解析する

● 信号の流れ

図1の信号の流れは，次の通りです．

1. A-Dコンバータ付きのマイコンが，曲げセンサの抵抗値の変化を，電圧の変化として読み取る
2. 読み取ったデータをPCに転送する
3. 統合開発環境Processingを用いて，データのリアルタイム収集・表示を行う
4. Cygwin上で自己組織化マップ解析ライブラリ（無償）を動かし，自己組織化マップ解析する
5. ペイントを立ち上げて，自己組織化マップ解析の結果を表示する

● 曲げセンサ×8で作る面接触センサ

面接触センサは各所で販売されていますが，ここでは東京工科大学の大山恭弘教授が考案した「曲げセン

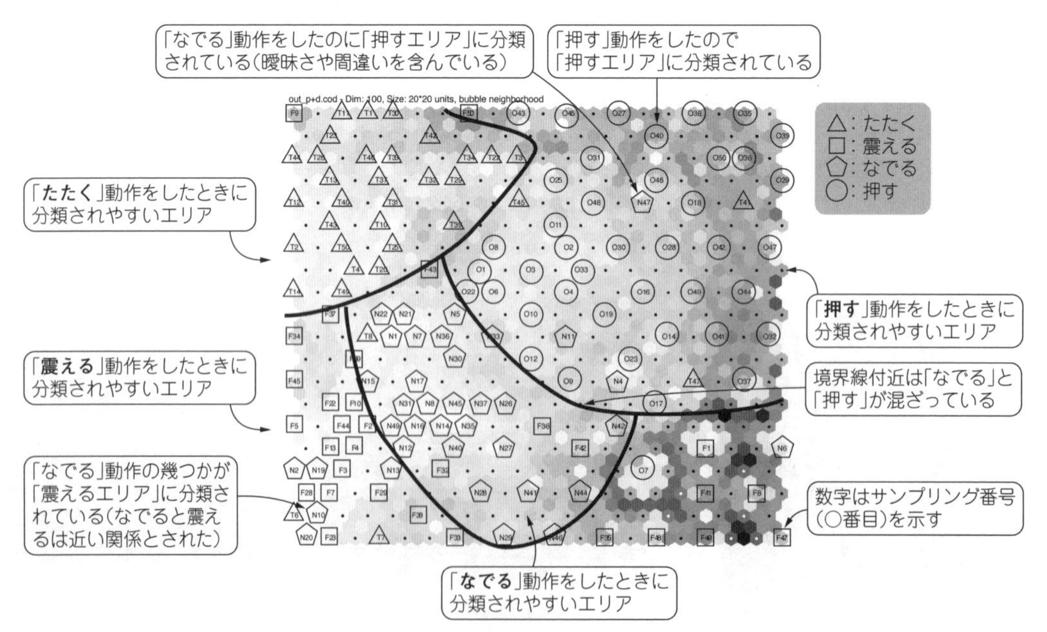

図2　自己組織化マップ技術でたたく/なでる/震えるを2次元平面に分類

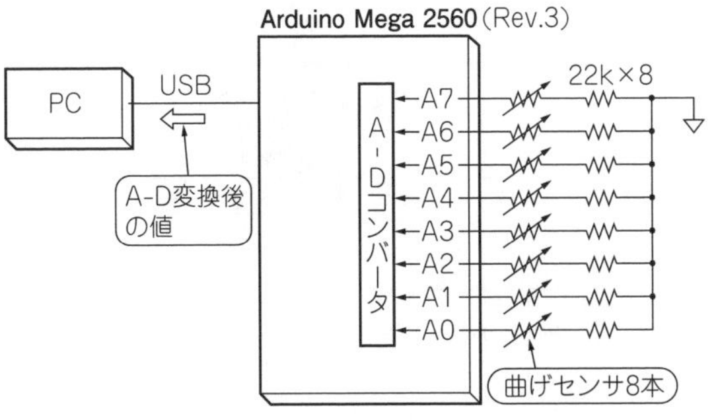

図3　曲げセンサとArduinoとの接続

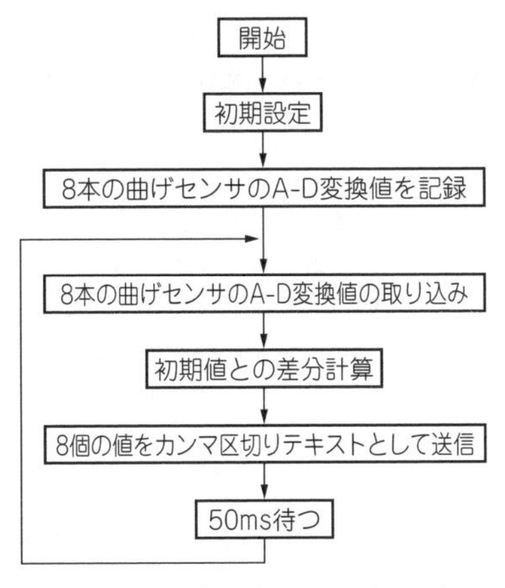

図4　Arduinoスケッチのフローチャート

リスト1　Arduinoスケッチ
8個のA-D変換を約50ms間隔で行い全ての曲げセンサの分圧を計測

```
int flex_0[8] = {0,0,0,0,0,0,0,0};
int flex[8] = {0,0,0,0,0,0,0,0};

void setup() {
  Serial.begin(9600);
  delay(3000);
  for(int i = 0; i < 8; i++){
      flex_0[i] = analogRead(i);
  }
}

void loop() {
  for(int i = 0; i < 8; i++){
    flex[i] = analogRead(i);
    flex[i] = flex[i] - flex_0[i];

    if (flex[i] < 0){
      flex[i] = 0;
    }
    Serial.print(flex[i]);
    Serial.print(",");
  }
  Serial.println();
  delay(50);
}
```

8本の曲げセンサのA-D変換の初期値
8本の曲げセンサのA-D変換値
初期設定
8本の曲げセンサのA-D変換値を記録
8本の曲げセンサのA-D変換値と読み込み済みの初期値との差分計算
8個の値をカンマ区切りテキストとして送信
50ms待つ

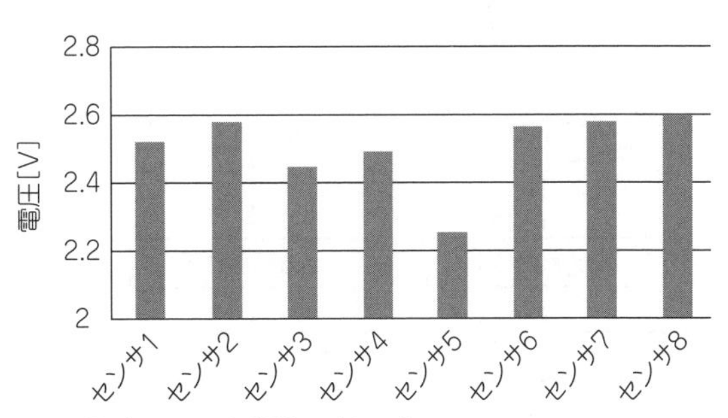

図5　曲げセンサの初期値はばらつく

サを組み合わせた面接触センサ」を用いることにします．

この面接触センサは，曲げセンサ（sparkfun製）を8本組み合わせるだけで簡単に作れます．使用した曲げセンサは，曲げると抵抗値が変わります．この曲げセンサを**写真2**(a)のように格子状に配置して，両面を布で挟んで縫いつけて作成します．

● 曲げ検出回路

図3に示すように各曲げセンサに22kΩの抵抗を付けます．曲げセンサが持っている抵抗値と分圧しています．曲げセンサに手が触れると抵抗値が変わるため，Arduino Mega 2560のA0～A7端子で読み出す電圧が変わります．

ソフトウェア構成

面接触センサの各曲げセンサの分圧はマイコンArduino Megaで計測し，シリアル通信によってPCに送られ，Processingでデータのリアルタイム表示とファイル保存を行います．

● マイコン・プログラム

Arduinoスケッチのフローチャートを**図4**に示します．8個のA-D変換を約50ms間隔で行い，全ての曲げセンサの分圧を計測します．スケッチを**リスト1**に示します．

この計測の間隔は正確ではありませんが，人間の触り方にはあいまいさがあるため，読み込みの間隔が数msずれても問題がないと考え，タイマを使わずに実現しています．

本実験で用いた曲げセンサは個体差が大きく，かつ平面に置いているつもりであっても微小な曲がりがありました．そのため**図5**に示すように触られていない状態でもA-D変換した値にばらつきが生じます．

そこでArduinoの起動時のA-D変換値を記録しておき，その差分を計算して送信データを作成します．これにより，面接触センサを曲面に配置しても，その状態をデフォルトとしますので，うまく接触を検出するようになります．

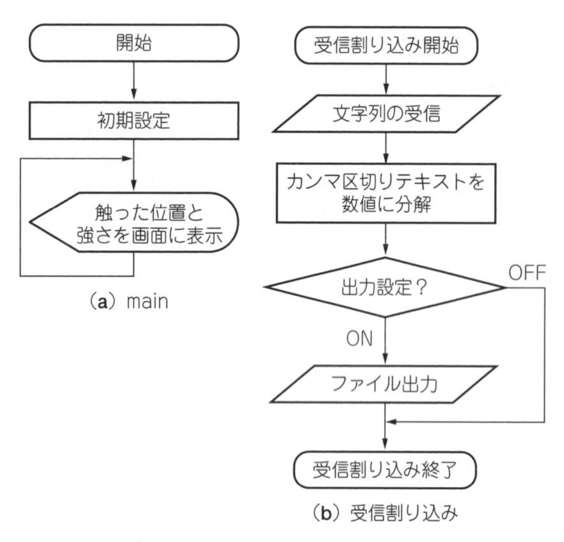

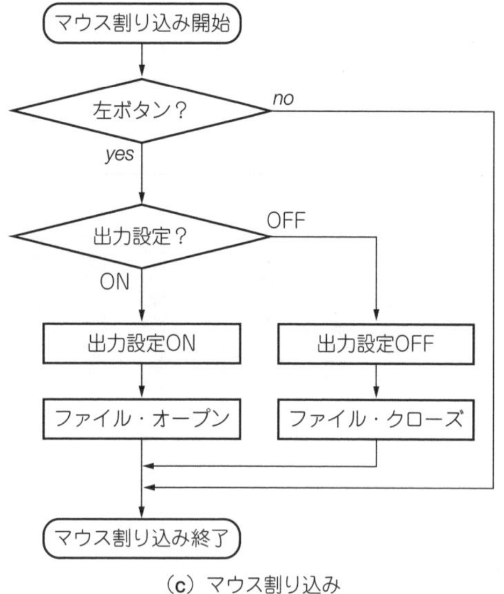

図6　プログラムのフローチャート

8本の曲げセンサの値を，カンマ区切りテキストで，最後に改行コードを付けてシリアル通信でPCに送ります．

● データ収集/表示のプログラム

PC上でのデータ収集/表示は，統合開発環境Processingで行いました．プログラムのフローチャートを**図6**に示します．Processingはデータを受信すると割り込みがかかり，改行コードまで一気に読み込みます．そのデータはカンマ区切りテキストですので，そのままファイルに書き込むことで，csv形式のデータとして保存できます．このデータを使ってオフラインで自己組織化マップによる分類を行います．

確認のため**図7**のような画面を表示して，触られている力の強さを曲げセンサの交点16カ所に円の大きさで表示します．この円の大きさは各センサの値の積を半径として決めています．この図では力の強さを円で表示していますが，この情報を使えば最も強く触られている位置が交点でなくても，重み付け平均を計算することである程度正確に推定できます．

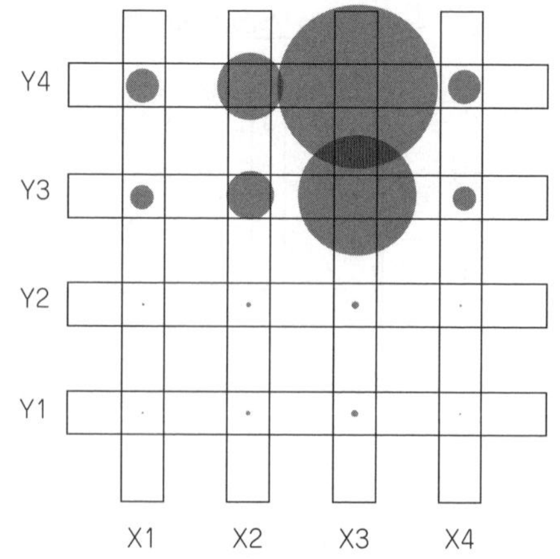

図7　確認のため曲げセンサに加わる力を円の大きさで表示

自己組織化マップのデータ解析手順

得られたデータを解析するために自己組織化マップを使います．データの取得はリアルタイムですが，この解析は今回オフラインで行っています(リアルタイムにできないというわけではない)．

● 自己組織化マップによる分類の例

まず初めに，基本的な自己組織化マップを用いた例を示します．**図8**に自己組織化マップの入力データとしてよく用いられる動物データというものを示します．最初の16は16種類の特徴がある(16次元のデータである)ことを示しています．

各列は特徴を表していて，初めの3つは大きさを0と1で表し，その後の7つは体つきを表しているといった具合です．そして，最後の列は名前を表しています(日本語はちゃんと設定しないと使えない)．

この動物データを入力データとして自己組織化マップで分類すると**図9**となります．動物の名前がマップ上で散らばっていることが見て取れます．自己組織化マップの特徴として近い性質のデータは近い位置に分類されます．そして，黒くなっている部分は見た目よりも遠いことを表しています．

これを見ると大きく「哺乳類と鳥類」に分かれ，哺乳類の中でも「肉食と草食，雑食」に分類されていることが分かります．

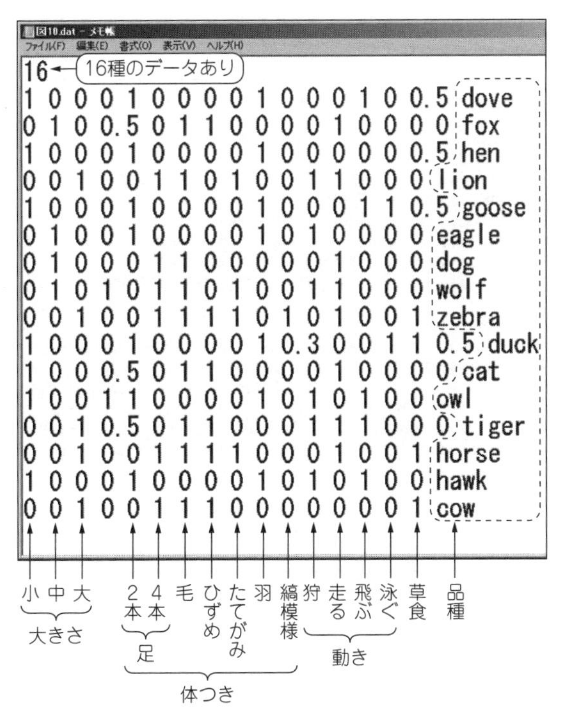

図8　自己組織化マップの入力データとしてよく用いられる16次元の動物データ

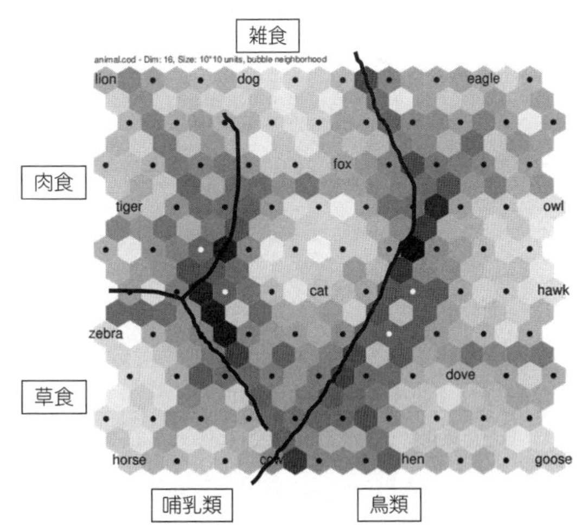

図9　16次元のデータ(図8)を解析して2次元にプロットする

● 自己組織化マップによる分類ツールのインストール

自己組織化マップによるデータ解析をWindowsで行うとき，Cygwin + SOM_pak + シェル・スクリプトを組み合わせると簡単にできます．まずCygwinをインストールします．このとき追加パッケージとして次のものを加えます．

```
devel/Gcc-core
devel/make
Interrapts/perl
Graphics/ImageMagick
Graphics/GraphicsMagic
```

インストール完了後にCygwinを起動すると，自動的にhomeフォルダの下にユーザ名のフォルダが作成されます．

そのフォルダにsom-pakをインストールします．図10に示すようにアールト大学(旧ヘルシンキ工科大)のT.コホネンらのチーム(考案者本人が公開している!)が管理する自己組織化マップの情報があるウェブ・ページ(`http://www.cis.hut.fi/research/som_lvq_pak.shtml`)を開きます.「SOM_PAK」をクリックし，`som_pak-3.1.tar`をCygwinインストール・フォルダの下にあるhomeフォルダの下のユーザ名のフォルダにダウンロードします．

その後，Cygwinを実行し，Cygwin上のコンソールで次のコマンドを実行します．

```
$ tar xvf som_pak-3.1.tar↵
$ cd som_pak-3.1↵
$ find . -name ¥*.c -exec perl -p -i
-e 's/getline/getline_rename/g' {}
¥;↵
$ find . -name ¥*.h -exec perl -p -i
-e 's/getline/getline_rename/g' {}
¥;↵
$ find . -name ¥*.c -exec perl -p -i
-e 's/setprogname/setprogname_
rename/g' {} ¥;↵
$ find . -name ¥*.h -exec perl -p -i
-e 's/setprogname/setprogname_
rename/g' {} ¥;↵
$ make -f makefile.unix↵
```

これでインストールは終わります．

● 自己組織化マップ分類ツールの動かし方

実際に自己組織化マップを使う方法を紹介します．まず，自己組織化マップの確認によく用いられる図11に示す`animal.dat`という名前の入力データ

図10　自己組織化マップの情報があるウェブ・ページ

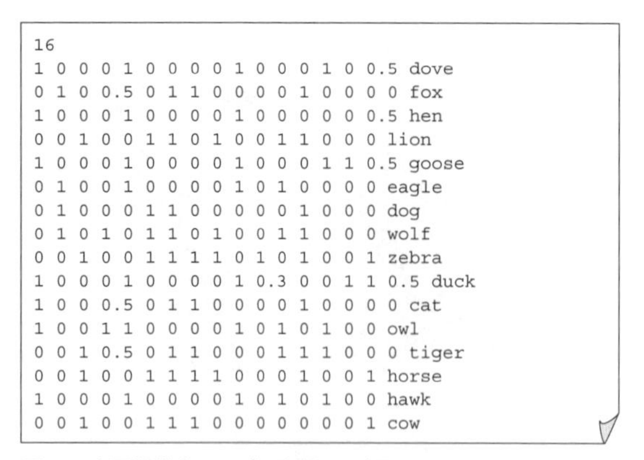

```
16
1 0 0 0 1 0 0 0 0 1 0 0 0 1 0 0.5 dove
0 1 0 0.5 0 1 1 0 0 0 0 1 0 0 0 0 fox
1 0 0 0 1 0 0 0 0 1 0 0 0 0 0 0.5 hen
0 0 1 0 0 1 1 0 1 0 0 1 1 0 0 0 lion
1 0 0 0 1 0 0 0 0 1 0 0 0 1 1 0.5 goose
0 1 0 0 1 0 0 0 0 1 0 1 0 0 0 0 eagle
0 1 0 0 0 1 1 0 0 0 0 0 1 0 0 0 dog
0 1 0 1 0 1 1 0 1 0 0 1 1 0 0 0 wolf
0 0 1 0 0 1 1 1 1 0 1 0 1 0 0 1 zebra
1 0 0 0 1 0 0 0 0 1 0.3 0 0 1 1 0.5 duck
1 0 0 0.5 0 1 1 0 0 0 0 1 0 0 0 0 cat
1 0 0 1 1 0 0 0 0 1 0 1 0 1 0 0 owl
0 0 1 0.5 0 1 1 0 0 0 1 1 1 0 0 0 tiger
0 0 1 0 0 1 1 1 1 0 0 0 1 0 0 1 horse
1 0 0 0 1 0 0 0 0 1 0 1 0 1 0 0 hawk
0 0 1 0 0 1 1 1 0 0 0 0 0 0 0 1 cow
```

図11　自己組織化マップの確認によく用いられるanimal.datという入力データ

(拡張子に注意，中身はテキスト)を作成します．

　次に，これを自己組織化マップで分類するためのコマンド群を集めた**リスト2**に示すシェル・スクリプト(command.sh)を用意します．なお，#から後ろはコメントですので省略可能です．

　この2つのファイルをsom_pak-3.1のフォルダに作成し，次のコマンドを実行します．

```
$ ./command.sh animal↵
```

(注意：拡張子を付けない)

すると**図9**に示す「animal.png」が生成されます．

リスト2　自己組織化マップで分類するためのコマンド群を集めたシェル・スクリプト(command.sh)

```
#!/bin/sh

XDIM=20         # マップ・サイズ(X軸)
YDIM=20         # マップ・サイズ(Y軸)
TOPOL=hexa      # 格子の形． hexa=6角形， rect=4角形
NEIGH=bubble    # 近傍関数
RAND_SEED=123   # 初期値生成用のシード値
LEARN_RLEN=1000000      # 学習1回目の学習回数
LEARN_ALPHA=0.5     # 学習1回目に用いる学習率係数
LEARN_RADIUS=20     # 学習1回目に用いる近傍半径の初期値.

basefile=$1
./randinit -din $basefile.dat -cout $basefile.cod
  -xdim ${XDIM} -ydim ${YDIM} -topol ${TOPOL} -neigh
                        ${NEIGH} -rand ${RAND_SEED}
./vsom -din $basefile.dat -cin $basefile.cod -cout
            $basefile.cod -rlen ${LEARN_RLEN} -alpha
      ${LEARN_ALPHA} -radius ${LEARN_RADIUS} -rand 1
./qerror -din $basefile.dat -cin $basefile.cod
./vcal -numlabs 1 -din $basefile.dat -cin $basefile.
                              cod -cout $basefile.cod
./umat -cin $basefile.cod -ps -o $basefile.ps
convert -rotate 90 $basefile.ps $basefile.png
```

　ただし，Cygwinのバージョンなどにより違うマップが作られることもあります．また，このとき，ポストスクリプト形式のファイルも同時に生成されます．これは拡大しても文字や線がきれいに表示されますが，開くにはIllustratorやGSviewなどのソフトウェアが必要となります．

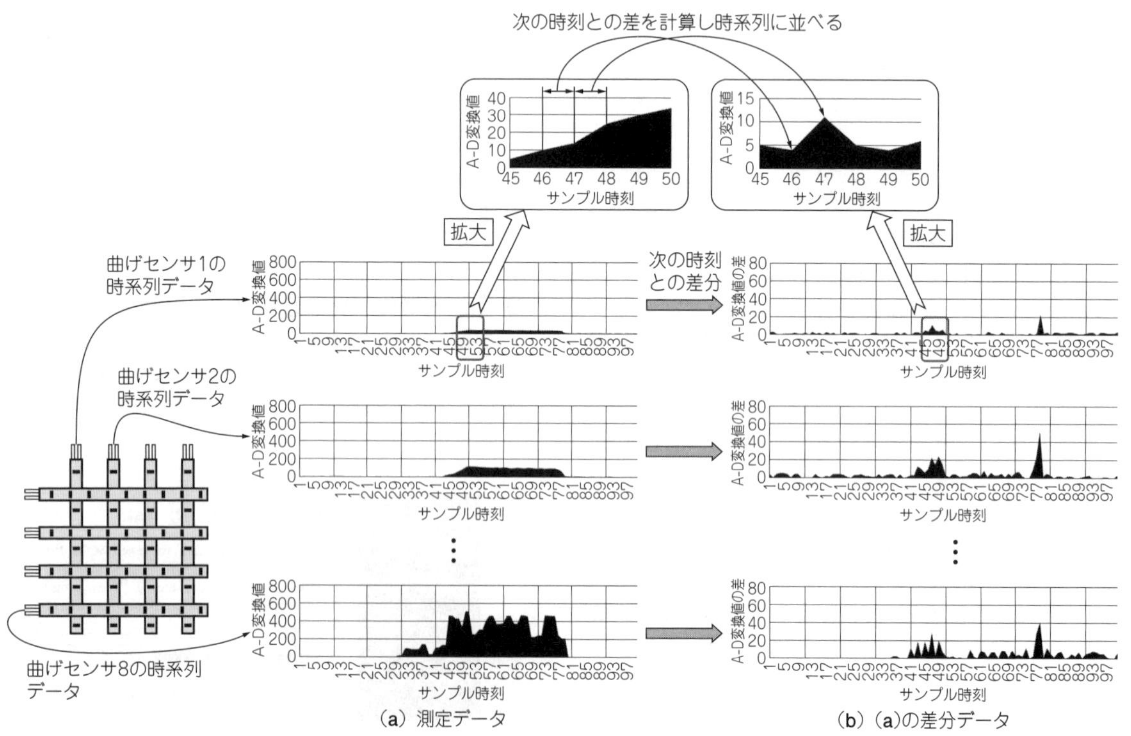

図12　押す動作をしたときの8本のセンサの値の時系列データ

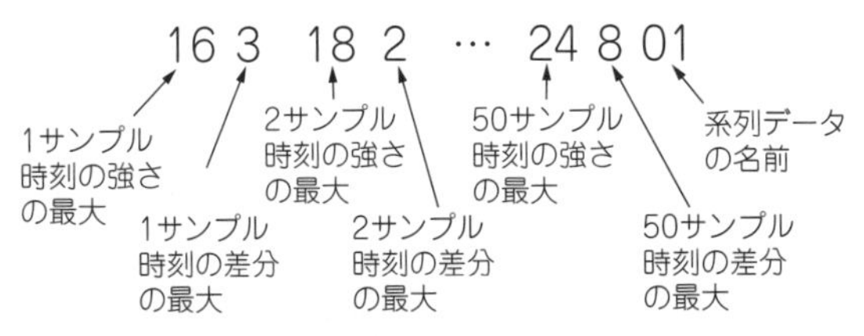

図13　100次元データの読み方

実際に面接触センサのデータを計測し自己組織化マップで分類してみる

● 8本のセンサの時系列データと差分データを取得する

押す動作をしたときの8本のセンサの値の時系列データを**図12**(a)に示します．これは押した強さに相当します．横軸はサンプル時刻(0.05秒間隔)とし，縦軸はセンサから得られたArduinoのA-D値(0～1023までの値)となっています．

そして次のサンプル時刻のデータとの比較を行い，その差の絶対値の時系列データを**図12**(b)に示します．これは，変化量に相当します．

この2つの時系列データから自己組織化マップの入力データを作成します．自己組織化マップに入力するデータは多次元のデータでよいのですが，自己組織化マップのアルゴリズムの性質上，各データの次元数をそろえておく必要があります．そこで，触られた瞬間から50サンプルを入力データとして扱うこととします．この間の時刻で，各サンプル時刻の全部のセンサの強さと変化量の最大値を探し，これを50サンプル時間行うことで得られる100次元(＝各サンプル時刻で2つの値×50サンプル時間)のデータを用います．これによって得られる100次元のデータの一部を表したものが**図13**の数値となります．

● 実験結果

押す，たたく，なでる，震えるのデータ取得例を**図14**に示します．これらは8本のセンサから得られた値を積み上げグラフで表しています．この4つの動作について，上記と同じ手順でそれぞれの100次元のデータを作成します．そうすると，4列のデータができます．そして，この4つの動作を合計64回繰り返して，入力データを作成します．

この64個のデータのうち，初めの50個のデータを学習データとし，マップを作るために使います．そして残りの14個のデータをテスト・データとし，作ったマップ上のどこにそのデータが分類されるのかをテストするために使います．

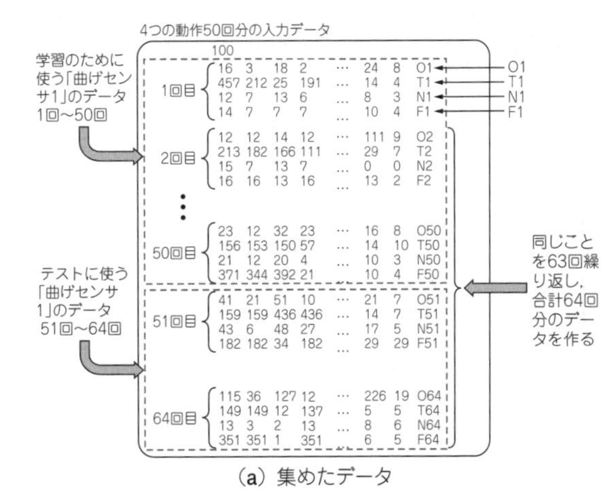

(a) 集めたデータ

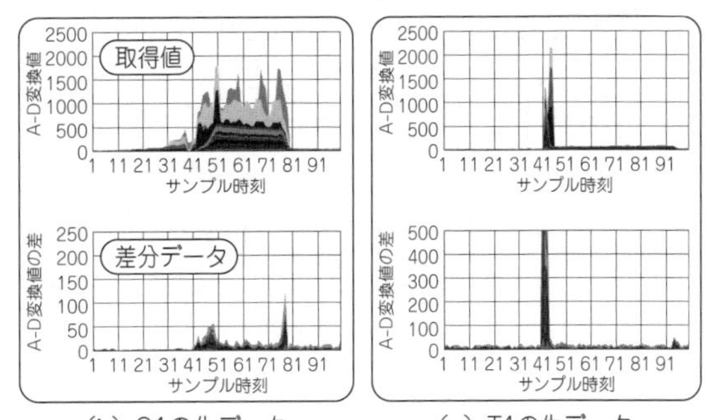

(b) O1の生データ　(c) T1の生データ

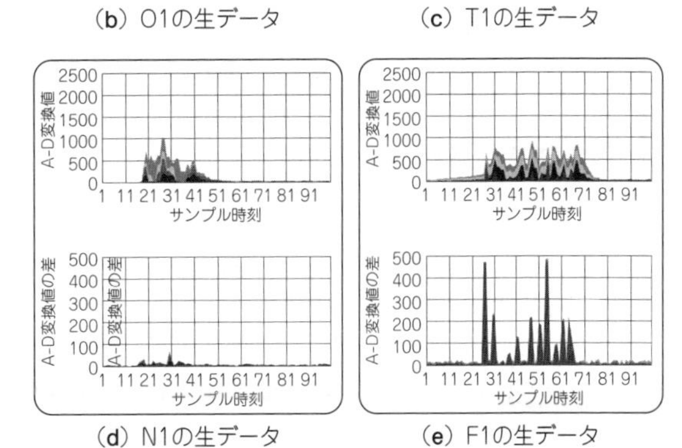

(d) N1の生データ　(e) F1の生データ

図14　押す/たたく/なでる/震えるの取得データ例

● 自己組織化マップによる触り方の分類と推定の結果

64回分のデータのうち，50回分を学習データとし，残り14回分をテスト・データとした結果を示します．この学習では**リスト2**のcommand.sh中のパラメータを次のように変更しました．

```
XDIM=20       # マップ・サイズ(X軸)
YDIM=20       # マップ・サイズ(Y軸)
TOPOL=hexa    # 格子の形，6角形：hexa,
                                  4角形：rect
NEIGH=bubble # 近傍関数，bubble，gaussian
RAND_SEED=123 # 初期値生成用のシード値
```

コラム 自己組織化マップのアルゴリズム

牧野 浩二，今仁 順也

```
4
6.8 3.3 5.7 2.2 Sakura1
7.2 3.6 6.1 2.5 Sakura2
6.4 3.2 4.5 1.5 Ume1
6.9 3.1 4.9 1.5 Ume2
5.1 3.7 1.5 0.4 Kiku1
5.0 3.4 1.6 0.4 Kiku2
```

図A　花のデータ（flower.dat）

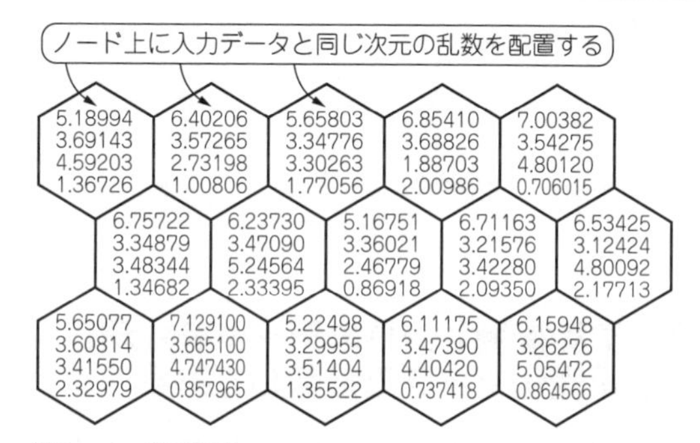

図B　ノードの配置

$$\sqrt{(5.65077-6.8)^2+(3.60814-3.3)^2+(3.41550-5.7)^2+(2.32979-2.2)^2}=2.579044$$

$$\sqrt{(7.1291-6.8)^2+(3.6651-3.3)^2+(4.74743-5.7)^2+(0.857965-2.2)^2}=1.717572$$

$$\sqrt{(5.22498-6.8)^2+(3.29955-3.3)^2+(3.51404-5.7)^2+(1.35522-2.2)^2}=2.823608$$

図C　基準ノードとの距離を求める

リストA　シェル・スクリプト command_test.sh

```
#!/bin/sh

basefile=$1
./vcal -numlabs 1 -din ${basefile}"_test.dat" -cin
        $basefile.cod -cout ${basefile}"_test.cod"
./umat -cin ${basefile}"_test.cod" -ps -o
                              ${basefile}"_test.ps"
convert -rotate 90 ${basefile}"_test.ps"
                              ${basefile}"_test.png"
```

図Aに示す花のデータ（flower.dat）を用いて説明します．これは自己組織化マップの入力データとしてはとても小さいデータですが，アルゴリズムを追うにはちょうどよいので紹介します．アルゴリズムが分かると使い方や使える分野，入力データの作り方などのコツがつかみやすくなります．

▶ステップ1…ノードの配置

設定したサイズの格子状のマップが作られます（サイズは**リスト2**のXDIM，YDIMで設定可能）．**図B**は3×5のマップを表しています．この例では6角格子ですが4角格子にも変更できます（**リスト2**のhexa，rect）．ここでマップ上の6角形の1つ1つをノードと呼びます．

▶ステップ2…各ノードに乱数を配置

各ノードには入力データと同じ次元のランダムなデータが割り当てられます（ランダム値はRAND_SEEDにより変更可能）．

ここでは**図A**に示す4次元のデータを使うため，各ノードは4次元の値を持ちます．そして各ノードに割り当てられたデータを多くの書籍ではm_iと表します．添え字のiはノードの番号です．

▶ステップ3…基準ノードとの距離を求める

図Cのように入力データのうちの1つと各ノードとの距離（2乗和のルート）を計算します．多くの文献では，入力データをxと表し，この計算を$\|m_i - x\|$と書いてあります．

▶ステップ4…勝ちノードの決定

その中で最も距離が短いノードをm_cと表し，それを勝ちノードと呼びます．このcは，$\|x-m_c\| = \min\{\|x-m_i\|\}$や$c = \arg\min\{\|x-m_i\|\}$などと表されます．

▶ステップ5

その勝ちノードと周辺のノードのデータを入力データを使って更新します．更新によりノードの値が入力データに近づきます．この更新式は，

$$m_i(t+1) = m_i(t) + h_{ci}(t)[x(t) - m_i(t)]$$

と表され，h_{ci}は学習係数と影響するノード範囲によって決まります（学習係数とノード範囲は

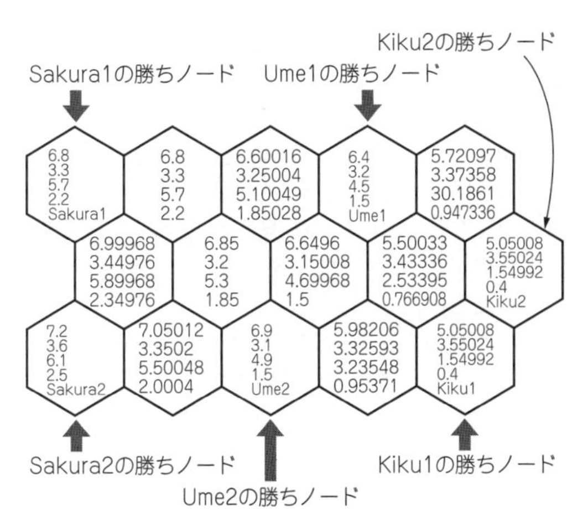

図D　ステップ3～6を10万回繰り返した後のノードと勝ちノード

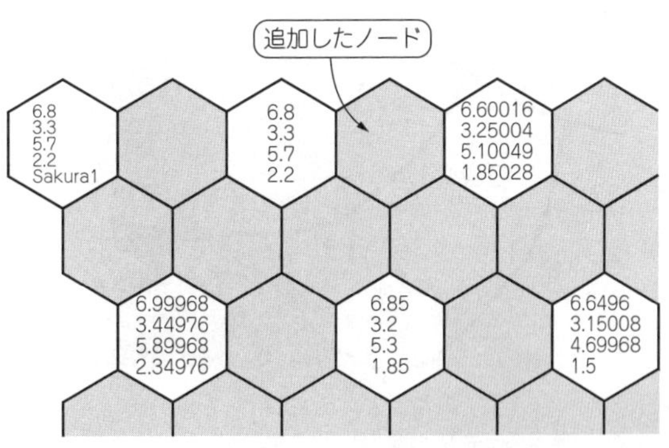

図E　ノード間にノードを追加し大きなマップを作る（**図D**の一部のみ掲載）

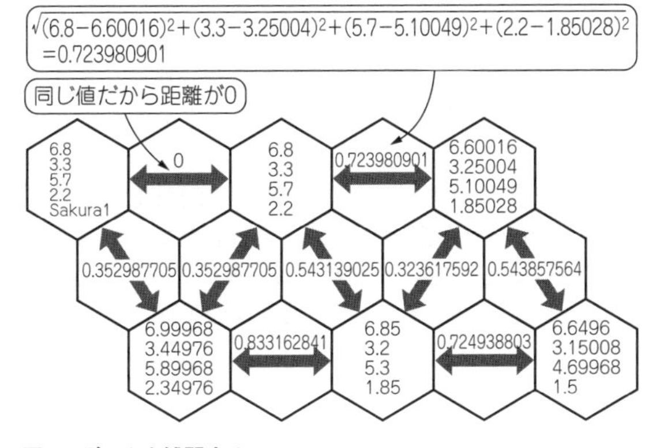

図F　データを補間する

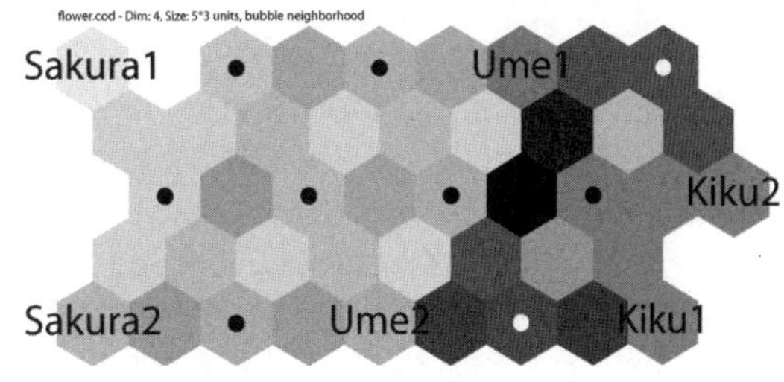

図G　最終的なマップ

```
4
7.0 3.4 5.9 2.3 Sakura3
6.6 3.2 5.1 1.8 Ume3
5.5 3.4 1.9 0.8 Kiku3
```

図H　テスト用データ（flower_test.dat）

リスト2のLEARN_ALPHAとLEARN_RANGEで設定).

▶ステップ6

これを全ての入力データについて行います.

▶ステップ7

ステップ3～6を設定した回数だけ実行することでマップを作ります(学習回数はLEARN_RLENで設定可能). 設定した回数だけ行った後の各ノードの値と勝ちノードを**図D**に示します.

▶ステップ8…いよいよマップづくり

最後に, マップの表示を行います. SOM_pakではステップ1～7で使用したマップのノードの間にノードを加えて**図E**のように大きなマップを作ります. そして, **図F**のように, もともと(**図D**において)隣り合っていたノードの距離を計算し, 距離が近ければ(値が小さければ)白くし, 距離が遠ければ(値が大きければ)黒くするようにグレー・スケールで表します.

そして, 初め(**図D**において)からあるノードの色はそのノードの周りにあるノードの色の平均としています. これにより, **図G**に示すマップができます.

▶ステップ9…分類する

図Hに示すテスト・データを入力すると(**リストA**), **図G**のように分類されます. これは, **図E**の各ノードのデータと**図F**に示すテスト・データの距離を求め, その中の勝ちノードの位置となっています. **図C**の要領で計算すると確認できます.

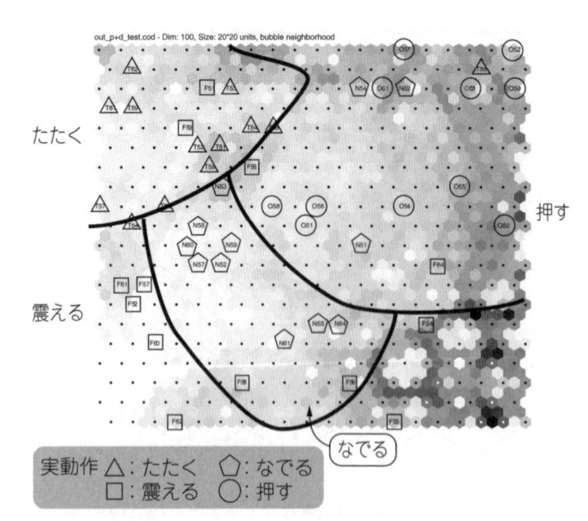

図15　学習したマップでテスト・データがどこに分類されるかをテストした結果

```
LEARN_RLEN=100000     # 学習回数
LEARN_ALPHA=0.5       # 学習率係数
LEARN_RADIUS=20       # 近傍半径の初期値
```

テスト・データを使うときにはテスト用の**リストA**に示すシェル・スクリプト(command_test.sh)を作成しました．

まず，学習データを用いてマップを作成します．そして，テストは学習したマップ上でテスト・データがどこに配置されるのかを確認することで，人の触り方が推定できているかどうかをチェックします．

学習データをtouch.datとし，テスト・データは拡張子の後ろに「_test」を付けるというルールにしましたので，touch_test.datというファイル名として次のコマンドを実行します．

```
$ ./command.sh touch↵
$ ./command_test.sh touch↵ ←「_test」は付けない
```

それぞれの自己組織化マップの分類結果がtouch.pngとtouch_test.pngとして生成されます．まず，学習による分類結果を**図2**に示します．

左上にたたく(3角形)のデータが集まっていて，右上に押す(円)，左下と右下に震える(4角形)，中央になでる(5角形)が集まって配置されています．なお，図中の3角形や円は結果を見やすくするために筆者が書き入れました．結果はN，F，SやOに示す文字を見てください．

これを見ると，完全に分類されているのではなく，あいまいさがうまく表れています．

例えば，なでるのデータを表すN4とN11と書いてある5角形は押すエリアに分類されていたり，N2，N10，N19とN20は左下の震えるの中に入っています．また，たたくのデータを表す3角形で囲まれているT8はなでるのエリアに入っていたりします．それ以外にも，ちょっとだけエリアからずれていたり，まったく異なる位置に入っていたりなど，あいまいさが出ています．

この結果から，きちっとした分類でなく，あいまい性が残る狙い通りの分類になることが分かりました．

次に，その学習したマップでテスト・データがどこに分類されるかテストした結果を**図15**に示します．それぞれの触行動の多くが，学習したエリアに含まれていることが分かります．あいまいでありながらも，ある程度，どのように触られたかを推測できることが示されました．

まきの・こうじ，いまに・じゅんや

第10章

迷路探索やゲームで試す「強化学習」

牧野 浩二

機械学習

- 教師付き学習
  - ディープ・ラーニング
  - サポート・ベクタ・マシン
- 半教師付き学習
  - 深層強化学習
  - 強化学習
- 教師なし学習
  - 主成分分析
  - クラスタ分析
  - 自己組織化マップ

図1 「強化学習」は機械学習の1つ

●「強化学習」が注目される理由

最近，ディープ・ラーニング（深層学習）が大きな成果を上げています．その成果の1例として次のものがあります．

- 囲碁や将棋が人間よりも強くなった
- テレビ・ゲームで人間よりも高得点をとれるようになった
- ロボットがモノをうまくつかんで仕分けられるようになった
- ぶつからないように車が自動的に動いた

実はこれらは「深層強化学習」と呼ばれ，ディープ・ラーニングに強化学習を取り入れたアルゴリズムです．深層強化学習は，さまざまな学習法が提案されていて，ホットな分野となっています．

この深層強化学習は，「強化学習」の学習方法を変更したものですので，強化学習を知ることはとても重要です．そして，強化学習を知ることで，深層強化学習に適している問題とそうでない問題が分かるようになります．また，強化学習はとても強力な手法なので，普通の強化学習でもかなり面白い問題を解くこともできます．

ここでは強化学習を次の手順で説明し，強化学習とはどのようなものかを紹介していきます．

- 機械学習における強化学習の位置づけ
- 半教師付き「強化学習」の概念
- 体験1…迷路探索のトライ＆エラーを経てAIが正解を見つけられるようになる
- 体験2…AI同士が対戦することでAIが成長する
- 体験3…成長したAIと対戦してみる

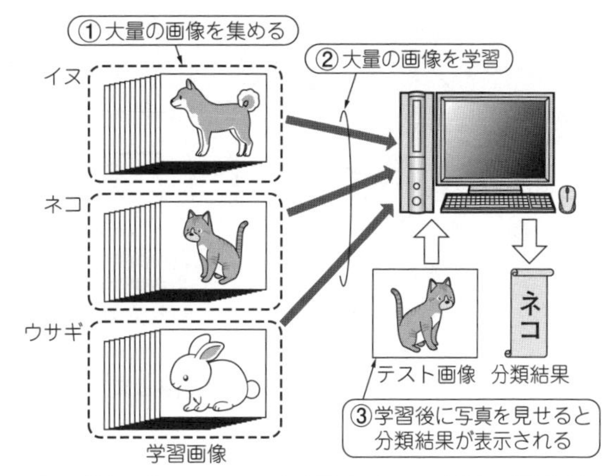

図2 答えの分かっていることを判別できるAIを作れる「教師付き学習」

機械学習における強化学習の位置づけ

強化学習とはいったいどのようなものでしょうか．似た言葉で「機械学習」というものがあります．機械学習と強化学習との関係は**図1**として表すことができます．機械学習は大きく3つに分けられます．その中の1つが強化学習となっています．

● 答えの分かっていることが分かるようになる「教師付き学習」

教師付き学習は，学習データに答えがセットになったデータを学習する手法です．例えばディープ・ラーニングが得意な問題の1つに，「写真に何が写っているのか当てる」があります．

簡単な例として，イヌ，ネコ，ウサギが映っている写真を学習することとしましょう．この場合は，それぞれの写真を大量に集めて，学習時に「ネコの写真」と，「それがネコであることを表す答え」をデータセットにします（**図2**）．学習が終わったら，別の写真を入力すると，ネコなどと答えられるようになります．

このように教師付き学習では，答えの分かっている

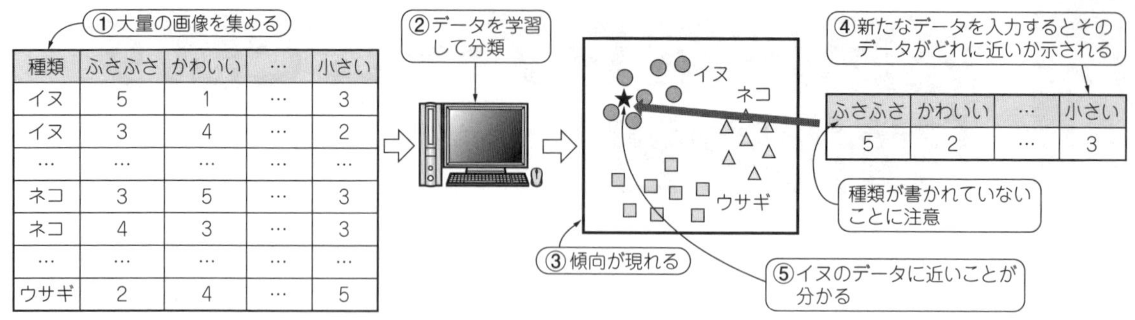

図3　こんな感じかな？とボンヤリ分かる「教師なし学習」（主成分分析の例）

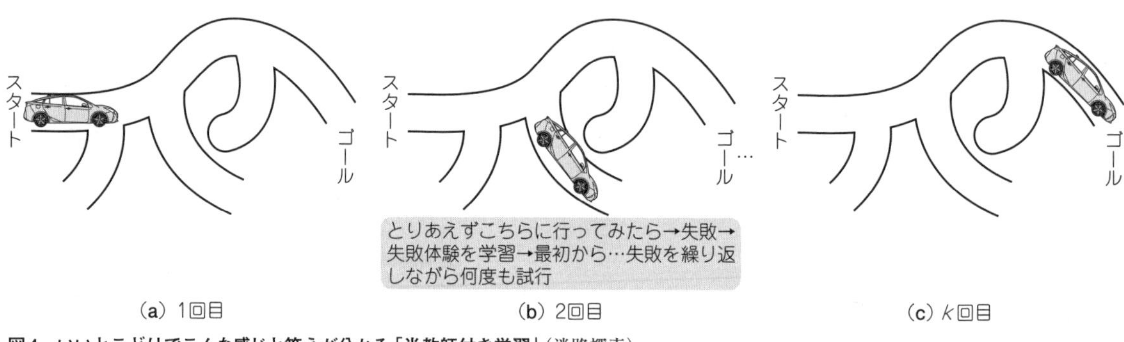

図4　いいとこどりでこんな感じと答えが分かる「半教師付き学習」（迷路探索）

データを使って教える必要があります．そのため，学習データを作ることに手間がかかります．特にディープ・ラーニングでは，大量のデータが必要となるため，実際に役に立つものを作るのは非常に難しくなります．

● こんな感じかな？とボンヤリ分かる「教師なし学習」

教師なし学習は，学習データに答えが付いていないデータを使って学習する手法です．これはデータ・マイニングとも呼ばれ，それぞれの手法の基準に従ってデータを分類する手法です．対象とするデータにマッチした手法を合わせると面白いように特徴が現れます．

ただし，教師付き学習とは異なり，この方法は「イヌ」や「ネコ」などと答えが確定的に出てくるのではありません．入力するデータが，既に分類した結果データの，どの値にどの程度近いかという情報として出てきます（**図3**）．

● いいとこどりでこんな感じと答えが分かる「半教師付き学習」

教師付き学習と教師なし学習の間にあるのが半教師付き学習となります．これは，全てのデータに答えがあるわけではなく，全く答えがないわけではないという学習法です．強化学習は半教師付き学習です．

例えば囲碁や将棋などは，それぞれの手に「良い」と「悪い」の答えを付けられません．しかし，勝ち負けはあります．この勝ちに至る1手は良い手として学習していきます（**図4**）．

この説明だけでは理解が難しいと思います．この後で「迷路探索」と「ビン取りゲーム」という対戦ゲームを例に，この原理を見ていきます．

半教師付き「強化学習」の概念

強化学習は勝ち負けが決まる最後の1手だけは答えがあると説明しました．そこに至る過程はどのように学習していくのでしょうか．この基本的な考え方は次のようになります．

まず，勝ち負けに至る過程を覚えておいて，その手順に対する良し悪しをコンピュータ自身で数値化しておきます．再度，新たにゲームを始めます．そして，次の1手を打ったときに，良い手に至る盤面なのかそれとも良くない手に至る盤面なのかを，数値化しておいた手順を使って数手先まで計算します．そのたくさんの計算の中で最も良い手を選びます（**図5**）．

このように強化学習は，一連の流れを覚えて数値化して，自分自身で作った数値に従って手を考えます．こうすることで人間が思いもよらなかった手を見つけ出すことがあります．

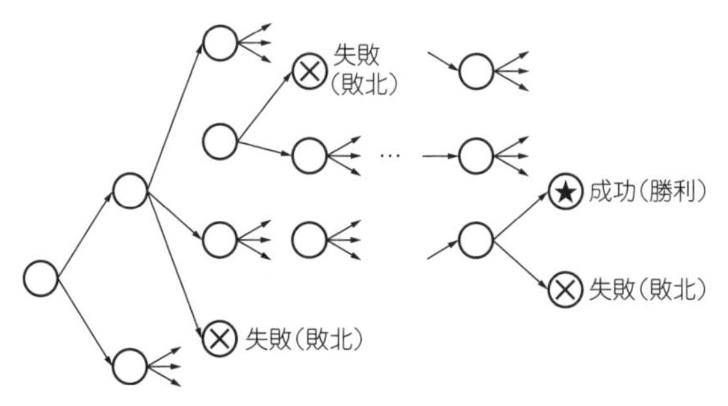

図5　強化学習は数手先まで計算した中で良い手を選ぶ

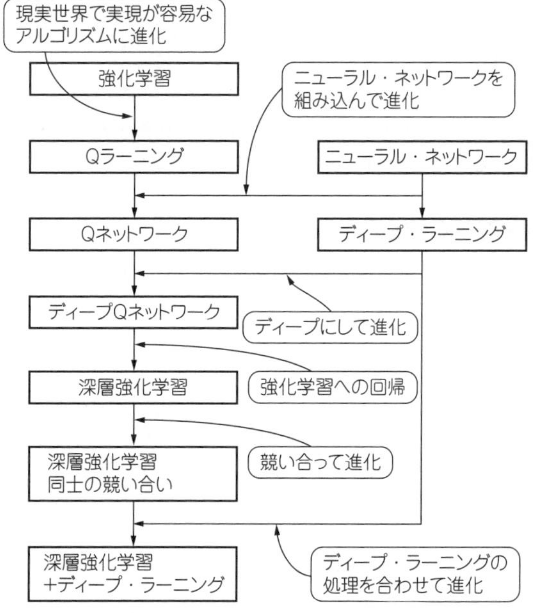

図6　強化学習とディープ・ラーニングが融合するともっとスゴいのが生まれる

● 強化学習の簡易版：Qラーニング

強化学習は，先ほど説明したように「数手先」までを考えますが，これをコンピュータに実装すると，次の1手を選ぶのに膨大な時間がかかってしまいます．そこで，実装を容易にしたQラーニングという方法が提案されました．

これは1手先の最も良い手を選ぶというように簡略化されています．そしてコンピュータ自身で作る次の手の良し悪しを判定するための数値をQ値と名付けています．

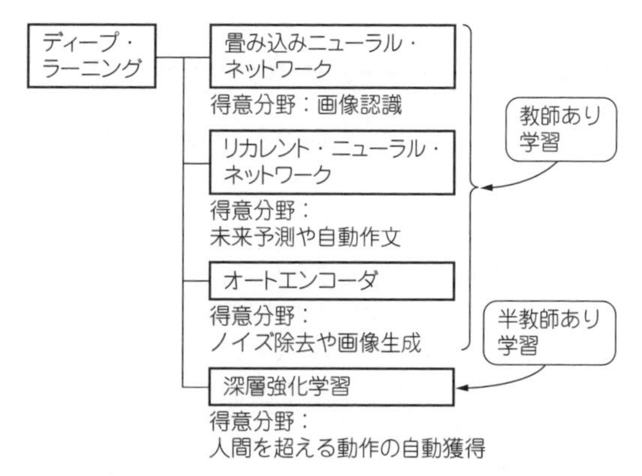

図7　深層強化学習はディープ・ラーニング・アルゴリズムの1つ

● 強化学習と深層強化学習の違い

強化学習から深層強化学習に発展する過程を見ていきましょう．強化学習は，自ら学ぶという強力な概念を持った学習法でしたが，実世界で動作する機械やロボットへの適用が難しいという課題がありました．

そこで実現が容易なアルゴリズムであるQラーニングが作られました(**図6**)．Qラーニングは，つい最近まで大活躍した強化学習の手法でした．

このQラーニングにニューラル・ネットワークを組み込んで，Qネットワークに進化しましたが，当時のニューラル・ネットワークがあまり多くのことができなかったのと同様に，Qネットワークも革新的な成果を得られませんでした．

その後，ニューラル・ネットワークがディープ・ラーニングに進化した方法を応用して，QネットワークはディープQネットワーク(Deep Q Network, DQN)に進化しました．ディープ・ラーニングが大きな成果を上げているのと同様にディープQネットワークも大きな成果を上げ始めました．そして，コンピュータの性能が向上したため，簡略化したQラーニングの学習方法から強化学習へ学習方法が戻り，深層強化学習となって，さらに多くの成果を上げました．

その後は深層学習同士の競い合いや，ディープ・ラーニングの処理(**図7**の上3つの処理など)を合わせてさらに進化させるなど，今でも急速な発展を遂げています．

実習1…迷路探索のトライ&エラーを経てAIが正解を見つけられるようになる

強化学習の概念だけですと，よく分からないと思います．まずは迷路探索を対象としてQラーニングの仕組みを紹介していきます．この迷路探索の技術は，ロボット・アームにおいて，いろいろな部品を避けながらうまく動かすことなどに応用できます．

アルゴリズム

まずは簡単のため，**図8**に示す迷路を対象としてQラーニングの説明を行います．○(白丸)がスタート位置，●(黒丸)がゴール位置，□(白四角)が移動できる位置，■(黒四角)が壁を表します．

なお，本章のメイン・ターゲットは体験2のビン取りゲームですので，迷路探索のシミュレーションはダウンロードできますが，これを作るための説明は行いません．

● 迷路探索における動きを作る

Qラーニングでは，「Q値」と「報酬」という2つの値を用います．そして，「行動」と「状態」という言葉が出てきます．それぞれについて簡単に説明しておきます．

▶報酬

報酬とは，その手がよかったかどうかを教えるための値で，人間が決めておく値です．例えばゴールに到達するとプラスの値を与え，壁の方向に移動するとマイナスの値を与えることとなります．

▶行動

行動とは，コンピュータが採る手のことを指します．迷路探索では，

・上に移動　・右に移動　・下に移動　・左に移動

の4種類があります．

▶状態

状態とは現在の状況を指します．対象とする迷路探索では，**図8**のように各マスに番号を振りました．スタートにいるときは6番の状態にあるとし，右に移動した場合，状態が7番に変わったとします．そして，13番の状態になるとゴールしたとします．

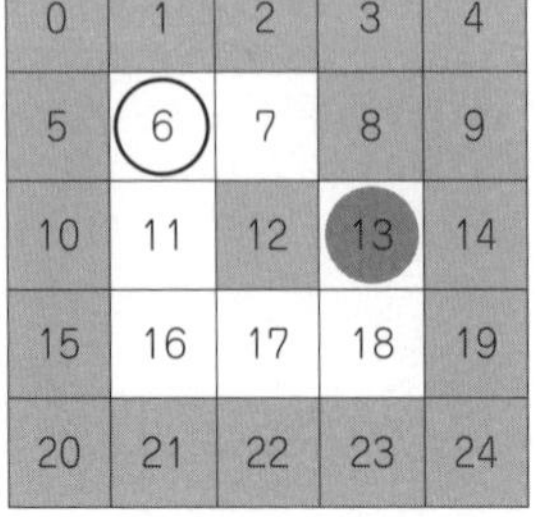

▶Q値

Q値とはコンピュータが自動的にそれぞれの手のよさを数値化したものとなります．コンピュータはこの自分で作成した値で，その値が最も大きい手を選ぶこととなります．

迷路を例とするとQ値が**表1**のようになっていたとします．ここではスタート位置にいるときのQ値を想定しています．QラーニングではQ値が最も大きい行動をとることとなるので，下へ移動という行動をします．

0	1	2	3	4
5	6	7	8	9
10	11	12	13	14
15	16	17	18	19
20	21	22	23	24

図8
5×5マスの迷路を例にQラーニングを解説する

● 変数を決める

Qラーニングは学習法ですから，その学習方法は式で表されます．ここでは，式で表す前に，先ほど説明した4つの言葉を変数として表します．

▶報酬

報酬はrとして表します．今回対象とする迷路探索では，ゴールに到達したら100，壁にぶつかったら−1として設定します．そして，通れる場所を移動した場合は0とします．

▶状態

状態はsとして表します．迷路探索の場合は**図8**に示すように，各位置に番号が振られています．例えば$s=6$の場合はスタート位置にいるとします．文献によってはs_tとして表す場合があります．これはt回目の手順のときの状態を表しています．

▶行動

行動はaとして表します．迷路探索では，上下左右に移動することができるため，4パターンの行動があります．aは通常0からの通し番号で表します．そこで，**表2**のように設定することとします．これによって下に移動する行動は$a=1$として表します．

▶Q値

Q値は$Q(s,\ a)$として表します．他の3つに比べて急に難しくなりました．これは「状態sのときに，aの行動をとるときのQ値」という意味になります．

表1
迷路のスタート位置におけるQ値を仮にこの表の値とする

行　動	Q値
上へ移動	−0.5
右へ移動	0.4
下へ移動	1.0
左へ移動	−0.8

表2　行動aの移動方向を数値で表した

行　動	a
右に移動	0
下に移動	1
左に移動	2
上に移動	3

表3　$s=6$状態のときのQ値

行　動	表し方	Q値
右に移動	$Q(6,\ 0)$	0.000
下に移動	$Q(6,\ 1)$	0.307
左に移動	$Q(6,\ 2)$	−0.200
上に移動	$Q(6,\ 3)$	−0.200

表4　$s=11$状態のときのQ値

$Q(s,\ a)$	Q値
$Q(11,\ 0)$	−0.200
$Q(11,\ 1)$	2.431
$Q(11,\ 2)$	−0.200
$Q(11,\ 3)$	0.000

例えば，スタート位置($s=6$)にいる状態のQ値は，**表3**のように表せます．

$Q(6,\ 0)$は6の状態で0の行動，つまり上に移動するときのQ値ということになります．ここでは$s=6$の状態の場合のみ示しましたが，**図9**のように他の状態のときにも，各状態について4つのQ値が設定されています．

● 計算式

Qラーニングは次の式に従ってQ値を自動的に更新していきます．

$$Q(s,\ a) \leftarrow (1-\alpha)Q(s,\ a)+\alpha(r+\gamma \max Q)$$

この式のαとγは定数です．max$Q$は移動先の状態の最大のQ値という意味となります．言葉だけですと分かりにくいと思いますので，具体例を示しながら説明をしていきます．

● 手計算

▶通路を通った場合

スタート位置($s=6$)にいるときに，下に移動した場合の更新を考えます．このときは$Q(6,\ 1)$を更新します．まず，報酬は0ですので$r=0$とします．

次にmax$Q$を求めます．状態6から下に移動しますので，状態11になります．この状態のQ値は，**表4**となっています．この中で最も大きいQ値は2.431です．max$Q=2.431$となります．

以上から，$Q(6,\ 1)$は次のように更新されます．ここで$\alpha=0.2$，$\gamma=0.9$としました．

$$Q(6,\ 1) \leftarrow (1-0.2)\times 0.307+0.2\times(0+0.9\times 2.431)=0.68318$$

この更新により$Q(6,\ 1)$は0.307から0.68318になります．

▶壁にぶつかった場合

壁にぶつかった場合を考えます．ここでは壁にぶつかると，スタート位置から再スタートすることとします．例えば$s=11$の位置から左方向($a=2$)へ移動する行動をとった場合は，$s=10$に移動せずにスタート位置に戻ります．$s=10$の状態にならないため，Q値は設定されません．この理由から**図9**のようなQ値となるため，max$Q$は0となります．

以上から$Q(11,\ 2)$は次のように更新されます．

<table>
<tr><td>右 0.000
下 0.000
左 0.000
上 0.000</td><td>0.000
0.000
0.000
0.000</td><td>0.000
0.000
0.000
0.000</td><td>0.000
0.000
0.000
0.000</td><td>0.000
0.000
0.000
0.000</td></tr>
<tr><td>0.000
0.000
0.000
0.000</td><td>0.000
0.307
−0.200
−0.200</td><td>−0.200
−0.200
0.000
−0.200</td><td>0.000
0.000
0.000
0.000</td><td>0.000
0.000
0.000
0.000</td></tr>
<tr><td>0.000
0.000
0.000
0.000</td><td>−0.200
2.431
−0.200
0.000</td><td>0.000
0.000
0.000
0.000</td><td>0.000
0.000
0.000
0.000</td><td>0.000
0.000
0.000
0.000</td></tr>
<tr><td>0.000
0.000
0.000
0.000</td><td>11.991
−0.200
−0.200
0.000</td><td>38.095
−0.200
0.000
0.000</td><td>−0.200
0.000
0.000
79.028</td><td>0.000
0.000
0.000
0.000</td></tr>
<tr><td>0.000
0.000
0.000
0.000</td><td>0.000
0.000
0.000
0.000</td><td>0.000
0.000
0.000
0.000</td><td>0.000
0.000
0.000
0.000</td><td>0.000
0.000
0.000
0.000</td></tr>
</table>

gCount18（試行18回後）

図9　各マスにはQ値が記録・更新される

$$Q(11,\ 2) \leftarrow (1-0.2)\times(-0.2)+0.2\times(-1+0.9\times 0)=-0.36$$

この更新により$Q(11,\ 2)$は−0.2から−0.36になります．

▶ゴールに移動した場合

ゴールに到達した場合もスタート位置から再スタートすることとします．ゴールに到達するには，$s=18$の状態から$a=3$の行動をする必要があります．

そのときの更新は次の通りとなります．

$$Q(18,\ 3) \leftarrow (1-0.2)\times(79.028)+0.2\times(100+0.9\times 0)=83.2224$$

以上を繰り返すと自動的にゴールまでの道筋を見つけ出します．

シミュレーション

● プログラムの入手

シミュレーションはProcessingを用いて作りました．本書のウェブ・ページ(http://www.cqpub.co.jp/interface/download/contents.htm)からプログラムRL_Programを入手できます．

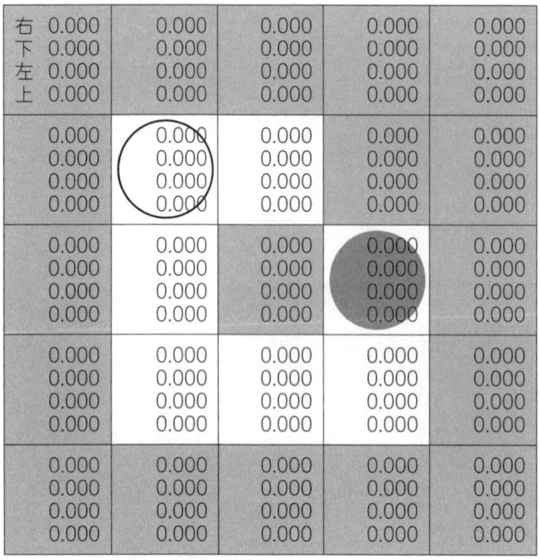

右 0.000 下 0.000 左 0.000 上 0.000	0.000 0.000 0.000 0.000	0.000 0.000 0.000 0.000	0.000 0.000 0.000 0.000	0.000 0.000 0.000 0.000
0.000 0.000 0.000 0.000	0.000 0.000 0.000 0.000	0.000 0.000 0.000 0.000	0.000 0.000 0.000 0.000	0.000 0.000 0.000 0.000
0.000 0.000 0.000 0.000	0.000 0.000 0.000 0.000	0.000 0.000 0.000 0.000	0.000 0.000 0.000 0.000	0.000 0.000 0.000 0.000
0.000 0.000 0.000 0.000	0.000 0.000 0.000 0.000	0.000 0.000 0.000 0.000	0.000 0.000 0.000 0.000	0.000 0.000 0.000 0.000
0.000 0.000 0.000 0.000	0.000 0.000 0.000 0.000	0.000 0.000 0.000 0.000	0.000 0.000 0.000 0.000	0.000 0.000 0.000 0.000

gCount0（試行0回後）

図10　シミュレーション開始直後

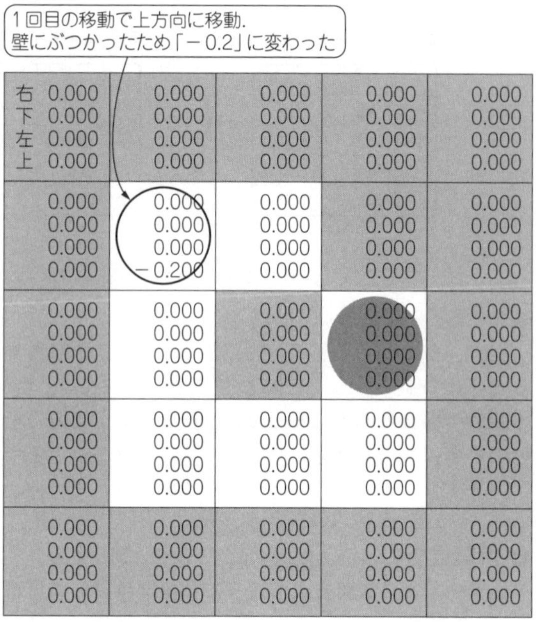

1回目の移動で上方向に移動．
壁にぶつかったため「－0.2」に変わった

右 0.000 下 0.000 左 0.000 上 0.000	0.000 0.000 0.000 0.000	0.000 0.000 0.000 0.000	0.000 0.000 0.000 0.000	0.000 0.000 0.000 0.000
0.000 0.000 0.000 0.000	0.000 0.000 0.000 －0.200	0.000 0.000 0.000 0.000	0.000 0.000 0.000 0.000	0.000 0.000 0.000 0.000
0.000 0.000 0.000 0.000	0.000 0.000 0.000 0.000	0.000 0.000 0.000 0.000	0.000 0.000 0.000 0.000	0.000 0.000 0.000 0.000
0.000 0.000 0.000 0.000	0.000 0.000 0.000 0.000	0.000 0.000 0.000 0.000	0.000 0.000 0.000 0.000	0.000 0.000 0.000 0.000
0.000 0.000 0.000 0.000	0.000 0.000 0.000 0.000	0.000 0.000 0.000 0.000	0.000 0.000 0.000 0.000	0.000 0.000 0.000 0.000

gCount1（試行1回後）

図11　1回目の移動後

入手したMazeをProcessingで開いて実行すると，**図10**が表示されます．白丸が今いる位置を示しています．Q値を更新しながら移動していく様子が分かるように，ゆっくり動かしています．マウスの左ボタンを押すと速く進みます．

● 実行…Q値が更新される様子を見てほしい

最初は**図10**に示すようにQ値は全て0としています．壁にぶつかると**図11**に示すように，Q値がマイナスになります．ゴールに到達するとプラスのQ値が現れるようになります．

これをしばらく見ていると先に示した**図9**となります．Q値の高い方向へ移動するとゴールに到達できるようになります．

実習2…AI同士が対戦することでAIが成長する

ビン取りゲームを例に

「ビン取りゲーム」というゲームを対象としてQラーニングの仕組みを紹介していきます．Q値の更新式などは同じですが，更新のタイミングが少し違います．これが対戦ゲームのコツとなります．

● ルール

ビン取りゲームは2人で行うゲームです．最初に取り合うビンの本数を決めておきます．例えば10本と決めます．そして，1～3本までの間で交互にビンを取り合い，最後の1本を取った方の負けとなります．

● 必勝法

ビン取りゲームには必勝法があります．取り合うビンの本数を4で割って1余る場合は後手必勝，それ以外は先手必勝となります．これを表したのが**表5**です．

なお「先」は先手必勝の本数，「後」は後手必勝の本数となります．例えば，取り合う本数が4本だった場合は先手必勝です．先手は3本取れば，先手の勝ちになります．

それでは，取り合う本数が6本だった場合はどうでしょうか．この場合も先手必勝となります．まず，先手は1本だけ取ります．次の手番で後手がどのように取っても，先手は5本目を取ることができます．例えば，後手が1本の場合は，先手は次に3本取れば5本目のビンを取ることができます．後手が2本の場合であっても3本の場合であっても，先手はそれぞれ2本

表5　ピン取りゲームの必勝法
取り合うピンの本数を4で割って1余る場合は後手必勝，それ以外は先手必勝

取り合う本数	1	2	3	4	5	6	7	8	9	10	11	12	13	14	15	16	17	18	19	20	21
勝利する手番	後	先	先	先	後	先	先	先	後	先	先	先	後	先	先	先	後	先	先	先	後

表6　ピン取りゲームのQ値がこの表のようになっていたとする

行　動	Q　値
1本取る	0.0
2本取る	1.1
3本取る	0.2

表7　行動aと取得するピンの本数との関係

行　動	a
1本取る	0
2本取る	1
3本取る	2

表8　ピン取りゲームのQ値
6本のピンのときかつ先手が勝つように学習済み

取った本数(状態：s) / 行動：a	0	1	2	3	4	5	6
1本($a=0$)	1.7	1.0	−78.4	−9.9	1.9	−99.1	1.0
2本($a=1$)	−44.2	1.0	−0.1	1.9	−99.1	−99.1	1.0
3本($a=2$)	−49.5	1.0	1.9	−99.1	−99.1	−99.1	1.0

と1本取れば5本目のピンを取ることができます．その結果，後手は6本目を取ることとなります．つまり，必勝法は$4n+1$本目を取ることとなります．

このように必勝法がある方が，学習がうまくできているかどうかよく分かるため，例題として用いました．

アルゴリズム

● プログラミングのためのルール設定

ピン取りゲームをプログラムするときのルールをまとめておきます

▶報酬

ピン取りゲームでは，勝ったときにはプラスの値を与え，負けたときにはマイナスの値を与えることとなります．

▶Q値

ピン取りゲームに対応させてみます．残りのピンが3本の場合，Q値が**表6**のようになっていたとします．この場合はQ値が最も大きいのは2本とる行動です．そこで，2本取るという行動をとることとなります．

▶行動

行動とはコンピュータがとる手のことです．ピン取りゲームでは行動として，

・1本取る　・2本取る　・3本取る

の3種類があります．

▶状態

状態とは現在の状況です．ピン取りゲームでは，残り3本だとか7本だとかに当たります．つまり，設定したピンの本数分だけ状態があります．

● 4つの変数

重要な4つの変数をピン取りゲームに合わせて説明します．

▶報酬：r

勝った場合はrを1に設定し，負けた場合は−100に設定します．また，勝敗のつかない取り方(例えば残り10本で3本取ったなど)は0とします．

▶状態：s

ピン取りゲームの場合は設定した本数だけ状態があります．例えば$s=1$の場合は1本取った状態とします．

▶行動：a

ピン取りゲームの場合は1本取る，2本取る，3本取るの3パターンあります．aは通常0からの通し番号で表すことが多くあります．そこで，**表7**のように設定することとします．これにより2本取る行動は$a=1$として表します．

▶Q値：$Q(s,\ a)$

ピン取りゲームのQ値は**表8**のように表せます．ここでは全部6本のピンとし，先手が勝つように学習済みのものを使います．**表8**は学習済みの先手のQ値を示していますので，まずは取った本数が0の列を見ます．

$Q(0,\ 0)$は1.7となります．ここでちょっと分かりにくくなっていますが，取る本数は行動＋1として表しています．$Q(0,\ 0)$は0本取っている状態で0の行動，つまり1本取るということになります．そして，$Q(0,\ 1)$は−44.2，$Q(0,\ 2)$は−49.5となっています．

状態が0(まだ何も取っていない)の場合，$Q(0,\ 0)$と$Q(0,\ 1)$，$Q(0,\ 2)$の中では$Q(0,\ 0)$が一番大きいため，1本取るという行動をします．

● Q値の計算ルール

Qラーニングは次の式に従ってQ値を自動的に更新していきます．

$$Q(s,\ a) \leftarrow Q(s,\ a) + \alpha(r + \gamma \max Q - Q(s,\ a))$$

対戦の場合は，更新のタイミングがちょっと特殊です．この計算方法を見ていきましょう．

迷路探索では**図12**のフローチャートにあるように，行動決定(移動方向の決定)，動作(移動)，Q値の更新の順に行っていました．

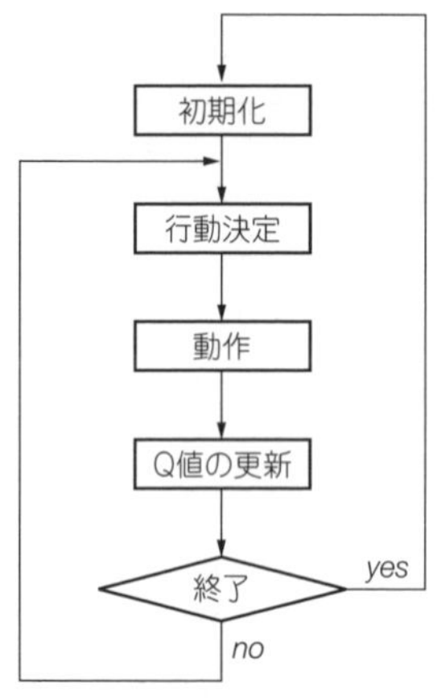

図12　迷路探索のフローチャート

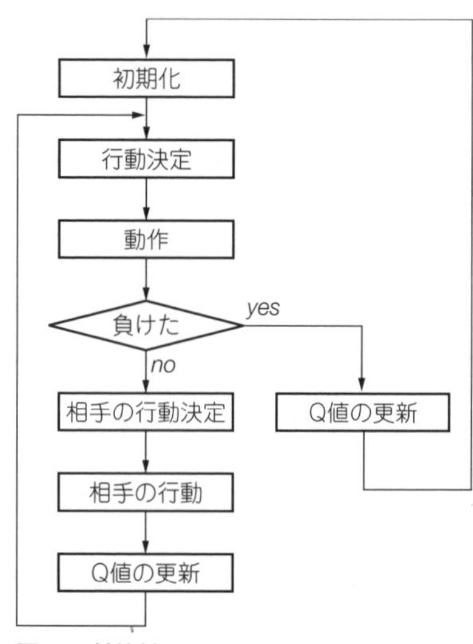

図13　対戦ゲームのフローチャート

対戦ゲームでは**図13**のフローチャートにあるように，行動決定（取る本数の決定），動作（ピンを取る），負けた場合（既定の本数を超えていれば）Q値の更新，そうでなければ相手の動作（相手がピンを取る），Q値の更新という手順となります．

ここで重要となるのが，相手の動作後にQ値を更新する点となります．では，なぜQ値の更新は相手の動作の後に行う必要があるのでしょうか．自分がどんなに良い動作をしても，相手が取る本数によって状態が変わってしまうのです．そのため，相手の動作も込みで学習しなければならないのです．

Q値の更新を手計算で体験

対戦ゲームを例にQ値の更新を手計算で行っていきます．ここでも6本のピンを取り合うゲームとします．**表9**のように，最初のQ値は全て0としておきます．そして，先手の学習を行います．後手はランダムに取るものとします．

■ 1回目のゲーム

● 1回目の更新

まず，先手の取る本数を決めます．まだ1本も取っていません（$s=0$）ので，**表9**の取った本数が0本の列を見ます．全て0となっています．同じQ値の場合はその中でランダムに選びますので，1，2，3本のどれかがランダムに選ばれます．ここでは2本取ったとしましょう．2本の場合は$a=1$となります．そこで，更新するQ値は$Q(0,\ 1)$となります．2本取っても残りの本数は4本ですので，まだQ値の更新はしません．

次に後手の取る本数を決めます．今回はランダムに取ることにします．2本取る（$a=1$）ことになったとします．合計で4本取りました（$s=4$）．

そのときのQ値の最大値を**表9**から探します．全て0ですので，max$Q$は0となります．以上から，$Q(0,\ 1)$は次のように更新されます．なお，$\alpha=0.5$，$\gamma=0.9$としました．今回の更新では変わりませんでした．

$$Q(0,\ 1) \leftarrow (1-0.5)\times 0 + 0.5\times(0+0.9\times 0) = 0$$

● 2回目の更新

再度，先手の手番になりました．取った本数が4本なので，**表9**の取った本数が4本の列を見ます．全て0ですので，ランダムに取る本数を選ぶこととなります．

ここで3本取る行動（$a=2$）が選択されたとします．そうすると，取った本数が7本となり，ゲームで設定した6本を超えます．つまり先手の負けとなります．

負けたときはQ値をすぐに更新します．更新は次の式となります．なお，負けた場合は-100の報酬を与えるものとしました．

$$Q(4,\ 2) \leftarrow (1-0.5)\times 0 + 0.5\times(-100+0.9\times 0) = -50$$

以上より1回目のゲーム後のQ値は**表10**となります．

■ 2回目のゲーム

● 1回目の更新

上記と同様に2回目のゲームを始めます．

$s=0$のときは全て0ですのでランダムに選びます．ここでは$a=0$，つまり1本取る行動（$s=1$）を選んだとします．これにより，$Q(0,\ 0)$の値が更新の対象となります．

次に，後手の動作を決めます．ここでは$a=2$（3本取る）行動を選んだとします．これにより取った本数は4本となります．$s=4$のときのQ値は0，0，-50ですので，max$Q$は0となります．

そこで，$Q(0,\ 0)$は次のように更新されます．今回の更新でも変わりませんでした．

$$Q(0,\ 0) \leftarrow (1-0.5)\times 0 + 0.5\times(0+0.9\times 0) = 0$$

表9　対戦ゲームのQ値の更新を手計算でやってみる…最初のQ値をゼロとした

取った本数 / 行動	0	1	2	3	4	5	6
1本($a=0$)	0.0	0.0	0.0	0.0	0.0	0.0	0.0
2本($a=1$)	0.0	0.0	0.0	0.0	0.0	0.0	0.0
3本($a=2$)	0.0	0.0	0.0	0.0	0.0	0.0	0.0

表10　1回目のゲーム後のQ値

取った本数 / 行動	0	1	2	3	4	5	6
1本($a=0$)	0.0	0.0	0.0	0.0	0.0	0.0	0.0
2本($a=1$)	0.0	0.0	0.0	0.0	0.0	0.0	0.0
3本($a=2$)	0.0	0.0	0.0	0.0	−50.0	0.0	0.0

● 2回目の更新

再度，先手の手番になりました．取った本数が4本なので，**表10**の取った本数が4本の列を見ます．全て0，0，−50ですので，1本取る行動($a=0$)もしくは2本取る行動($a=1$)がランダムに選ばれます．

ここで1本取る行動($a=0$)が選択されたとします．これにより，$Q(4,\ 0)$の値が更新の対象となります．そうすると，取った本数が5本となります($s=5$)．

次の後手の行動はどのように選んでも6本目を取ることとなります．このとき，先手には報酬1($r=1$)が与えられます．そして，6本目のQ値は全て0ですので，max$Q$も0となります．

以上から，更新は次の式となります．

$$Q(4,\ 0) \leftarrow (1-0.5)\times 0 + 0.5\times(1+0.9\times 0) = 0.5$$

以上より2回目のゲーム後のQ値は**表11**となります．

■ 3回目のゲーム

● 1回目の更新

3回目のゲームでは先手は1本取る行動($a=0$)を選択し，後手は3本取る行動($a=2$)を選択したとします．これにより$s=5$となります．$s=5$のmax$Q$は0.5となるため，次のように更新されます．

$$Q(0,\ 0) \leftarrow (1-0.5)\times 0 + 0.5\times(0+0.9\times 0.5) = 0.225$$

● 2回目の更新

$s=4$の状態でQ値は0.5，0，−50ですので，最もQ値の大きい$a=0$(1本取る行動)が選択されます．先ほどと同様に，後手の行動はどのように選んでも6本目を取ることとなり，先手には報酬1($r=1$)が与えられます．以上から，更新は次の式となります．

$$Q(4,\ 0) \leftarrow (1-0.5)\times 0.5 + 0.5\times(1+0.9\times 0) = 0.75$$

以上より3回目のゲームの後のQ値は**表12**となります．このQ値を使えば先手は必ず勝つことができます．

表11　2回目のゲーム後のQ値

取った本数 / 行動	0	1	2	3	4	5	6
1本($a=0$)	0.0	0.0	0.0	0.0	0.5	0.0	0.0
2本($a=1$)	0.0	0.0	0.0	0.0	0.0	0.0	0.0
3本($a=2$)	0.0	0.0	0.0	0.0	−50.0	0.0	0.0

表12　3回目のゲーム後のQ値

取った本数 / 行動	0	1	2	3	4	5	6
1本($a=0$)	0.225	0.0	0.0	0.0	0.75	0.0	0.0
2本($a=1$)	0.0	0.0	0.0	0.0	0.0	0.0	0.0
3本($a=2$)	0.0	0.0	0.0	0.0	−50.0	0.0	0.0

他にも盛り込んだ要素

● Qラーニングにはランダム動作が必要

表12を使えば必ず勝つことができます．しかし，Qラーニングではある確率でわざとランダムな行動をとるような動作ルールを加えています．そのため，4本取った状態でも2本取り，負けてしまうことがあります．ビン取りゲームでは実感できないでしょうけれど，将棋や囲碁など複雑なゲームでは，このランダム要素があることで，いろいろな方法を試すこととなるため，Qラーニングでは重要な役割を果たします．

● 対戦で両方強く

先ほどの説明では，後手はランダムに行動を選ぶようにしていました．実際には，相手も強化学習で強くした方がうまく学習できることが知られています．

筆者が試した学習相手による学習効果は，

相手も強化学習で行動選択>相手は必勝法により行動選択>相手はランダムに行動選択

となっていました．

相手も強化学習させるなんて難しそうに感じるかもしれませんが，さほど難しくありません．ビン取りゲームの場合は必勝法があるので，それを使えばそこそこ学習できますが，ランダムだと学習できない場合もありました．

対戦ゲームを作るときには，互いに強化学習で成長するプログラムを作ることが効果的です．

● 両方強くするフローチャート

両方強くするためのフローチャートを**図14**に示します．複雑そうに見えますが，次の2点を実装しています．

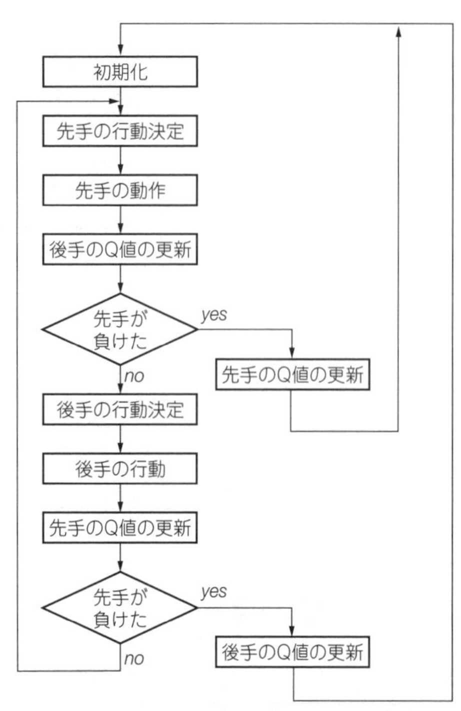

図14　先手と後手の両方を強くするためのフローチャート

- 自分の手番で負けたらQ値を更新
- 相手の手番の後で自分のQ値を更新

シミュレーション

■ 実行結果

● ビンの数は6本

ビン取りゲームのシミュレーションもProcessingを用いて作りました．学習のときはグラフィカルに表示させずに，コンソールに結果だけ表示するものとしました．プログラムBottleLearnを実行するとコンソールに**リスト1**のように表示されます．

なお，この表示はビンの数を6本としたときです．WinとLoseと書いている部分は各対戦でどちらが勝ったかを示しています．「0 Win, 1 Lose」は先手が勝ったことを表しています．6本の場合は先手必勝ですので，学習すれば必ず勝てます．

しかし強化学習では，ときどきランダムに行動する要素をわざと入れておく必要があります．そのため，学習していても後手が勝つ場合があります．

その後ろに並んでいる数字がQ値を表しています．最初の3行が先手のQ値を表し，1行開けた後の3行が後手のQ値を表しています．先手がランダムに動作した場合は後手が勝つように，後手も学習できています．

リスト1　プログラムBottleLearnを実行したときのコンソール

```
0 Win, 1 Lose
0 Lose, 1 Win
0 Win, 1 Lose
0 Win, 1 Lose
0 Win, 1 Lose

1.7099998    1.0    -89.08727    -88.61497
                      1.8999999    -99.09999    1.0
-89.18999    1.0    -86.33787    1.8999999
                        -74.075    -99.09999    1.0
-77.8268     1.0    1.8999999    -99.09923    1.0
                                   -99.09999    1.0

-67.654625    -84.31838    -75.93537    -45.0
                        0.99999976    -100.0    0.0
-73.00766    -89.98889    -33.625    1.0    0.0
                                     -100.0    0.0
-56.25807    -89.994446    1.0    -75.0    -50.0
                                     -100.0    0.0
```

そして，学習終了時には，Q値が書かれた2つのテキスト・ファイルが生成されます．

- QV0_**.txt：先手のQ値
- QV1_**.txt：後手のQ値

**には設定したビンの数が書かれます．例えば，QV0_20.txtは20本のビンでゲームをしたときのQ値となります．

● ビンの数を変更

ビンの数を変更するには，Nの数を変更します．この例ではビンの数は6となっています．

```
int BOTTLE_N = 6;
```

■ プログラム

● Q値の設定

Q値は**リスト2**に示すように，QV0とQV1という2つの2次元配列に保存するようにしました．また，Q値の更新には，先手と後手それぞれの1つ前の行動(act0, act1)と，1つ前のビンの数(bn0, bn1)，報酬(r0, r1)が必要となるため，それぞれを定義しています．また，現在の残りの本数(bn)と現在のゲームの回数(Episode)も設定しています．

● 動作と学習

行動選択，動作，Q値の更新を行っている部分を**リスト3**に示します．ここでは10000回の繰り返しゲームを行うようにしています．

whileループの中が1回のゲームです．まず，先手が行動を決め(GetAction(QV0))，先手の動作を行います(Step(act0, 0))．その動作の後，「後手のQ値を更新」します(UpdataQTable(act1, r1, bn1, QV1))．

さらに，ゲームが終了した(設定した本数のビンが

リスト2　Q値はQV0とQV1という2つの2次元配列に保存した

```
float[][] QV0 = new float[BOTTLE_N+1][3];
float[][] QV1 = new float[BOTTLE_N+1][3];

int r0, r1;
int bn, bn0, bn1;
int act0, act1;
int Episode = 1000;
```

リスト3　行動選択，動作，Q値の更新を行っている部分

```
void Learn()
{
  boolean done;
  for (Episode = 0; Episode<10000; Episode++) {
    r0 = r1 = 0;
    bn = bn0 = bn1 = 0;
    while (true) {
      act0 = GetAction(QV0);
      bn0 = bn;
      done = Step(act0, 0);
      UpdataQTable(act1, r1, bn1, QV1);
      if (done==true) {
        UpdataQTable(act0, r0, bn0, QV0);
        print("0 Loose, 1 Win\n");
        break;
      }
      act1 = GetAction(QV1);
      //act1 = WinAction();
      //act1 = RandomAction();
      bn1 = bn;
      done = Step(act1, 1);
      UpdataQTable(act0, r0, bn0, QV0);
      if (done==true) {
        UpdataQTable(act1, r1, bn1, QV1);
        print("0 Win, 1 Lose\n");
        break;
      }
    }
  }
  QVsave();
}
```

取られた）ときには，done変数がtrueに代わっていますので，先手のQ値を更新し，break文でwhileループを抜けます．

次に後手の処理を行います．これは先手と同様に行動を決め（GetAction(QV1)），動作を行います（Step(act1, 1)）．その動作の後，「先手のQ値を更新」します（UpdataQTable(act0, r0, bn0, QV0)）．ゲーム終了時には後手のQ値を更新し，break文でwhileループを抜けます．

● 行動（ビンを実際に取る）

行動関数を**リスト4**に示します．aの値はactionとしています．actionに1を足した数が取るビンの本数となりますので，取ったビンの本数（bn）を3行目のように更新します．

そして，取ったビンの本数が設定したビンの本数を超えたら，先手と後手の報酬を設定し，戻り値としてtrueを設定します．一方，取ったビンの本数が設定したビンの本数よりも少なければ，戻り値をfalseとします．

リスト4　ビンを実際に取る行動関数

```
boolean Step(int action, int turn)
{
  bn = bn + action + 1;
  if (bn>=BOTTLE_N) {
    bn = BOTTLE_N;
    if (turn==0) {
      r0=-100;
      r1=1;
    } else {
      r0=1;
      r1=-100;
    }
    return true;
  }
  return false;
}
```

リスト5　ビンを取る本数を決める行動選択関数

```
int GetAction(float [][] QV)
{
  float Epsilon = 0.1;
  if (random(1)<Epsilon) {
    return RandomAction();
  } else {
    float maxQ;
    maxQ = -1000;
    int [] bns = new int [3];
    int bnn = 0;

    for (int j=0; j<3; j++) {
      if (maxQ<QV0[bn][j]) {
        maxQ = QV0[bn][j];
        bnn=0;
        bns[bnn] = j;
      } else if (maxQ==QV0[bn][j]) {
        bnn++;
        bns[bnn] = j;
      }
    }
    int n = int(random(bnn));
    return bns[n];
  }
}
```

● 行動選択（ビンを取る本数を決める）

行動選択関数を**リスト5**に示します．まず，最初のif文はε-greedy法というものを実現するための処理となっています．これはある確率でランダムに行動を選ぶというものです．ここでは一定の確率でランダムに行動を選ぶようにしています．また，最初は確率を高くしておき，徐々に確率が下がるようにゲームの繰り返し回数でしきい値を決める方法もあります．

次に，else文の中ではQ値に従った行動選択が行われています．Q値の高い行動を選択するのですが，初期状態のときなどでQ値が同じになるときがあります．そこで，同じQ値となっている場合はそのQ値となる行動の中からランダムに選択するようにしています．そのため，else文の中身が少し難しくなっています．

リスト6　Q値を更新するための関数

```
void UpdataQTable(int action, int reward,
                       int bn_old, float [][] QV)
{
  float alpha = 0.5;
  float gamma = 0.9;
  float maxQ;
  maxQ = -1000;
  for (int i=0; i<3; i++) {
    if (maxQ<QV[bn][i])maxQ=QV[bn][i];
  }
  QV[bn_old][action] = (1-alpha)*QV[bn_old]
            [action]+alpha*(reward + gamma*maxQ);
}
```

リスト7　RandomAction関数

```
int RandomAction() {
  return int(random(3));
}
```

リスト8　WinAction関数

```
int WinAction() {
  if ((BOTTLE_N-bn)%4==0)
    return 2;
  else if ((BOTTLE_N-bn)%4==1)
    return int(random(3));
  else if ((BOTTLE_N-bn)%4==2)
    return 0;
  else
    return 1;
}
```

BottlePlay

0:SENTE
1:GOTE

Input? [1 or 2]

図15　人間対コンピュータ BottlePlayの初期画面

BottlePlay

Input? [1, 2 or 3]

図16　ビン取りゲームの画面
黒い四角がビンの代わり

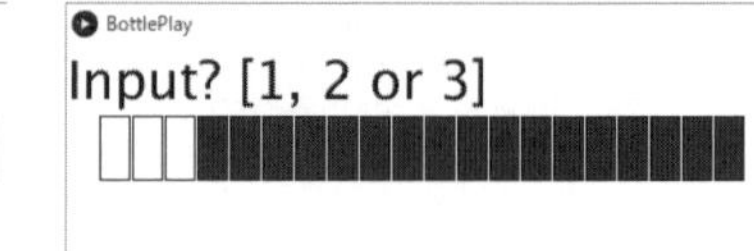

AI : 1

図17　図16の状態から人間が2本，コンピュータが1本取った状態

● Q値の更新

Q値を更新するための関数を**リスト6**に示します．for文でmaxQを探しています．その後の更新式はこれまでに示した式と同じです．

● ランダム行動

ランダムに行動を選択するための関数です．これはε-greedy法で必要となる行動選択です．これはChainerを用いた深層強化学習でも必要となる，「地味ですが重要な関数」です．

なお，**リスト7**に示したRandomAction関数のコメントアウトを外し，GetAction関数をコメントアウトすると後手の動作をランダム行動するように変更できます．

● 必勝法に従った行動

これは強化学習には関係ありませんが，おまけとして付けておきました．**リスト8**に示したWinAction関数のコメントアウトを外し，GetAction関数をコメントアウトすると，後手の動作を必勝法に従った行動をするように変更できます．

体験3…成長したAIと対戦してみる

最後に学習したQ値を用いて人間と対戦しましょう．BottlePlayを実行します．最初に**図15**が表示されますので，先手の場合は0を，後手の場合は1を押してください．

その後，**図16**が表示されます．取れるビン（ただの長方形）の数がグラフィカルに表示されます．残っているビンを黒，既に取ったビンを白色として表しています．

この状態で1～3のキーを押します．例えば2を押した後，コンピュータが1本を取った場合は**図17**となります．

コンピュータと対戦して勝った場合は「You win!」が表示されます．そして，負けた場合は「You lose...」が表示されます．

● ビンの本数を変更して勝負

ビンの本数を変更して勝負する方法を最後に示します．まず，学習する必要がありますので，BottleLearnを起動し，BOTTLE_Nの値を変更します．

例えば，40本に変更した場合はQV0_40.txtとQV1_40.txtの2つのファイルが生成されます．この2つのファイルをBottlePlayフォルダに入れます．

そして，BOTTLE_N変数がありますので，それを40に変更します．実行すると先ほどと同じように勝負できます．

なお，AIがあまり強くない場合は，**リスト3**のfor文の繰り返し回数（10000）をもっと大きくしてください．

まきの・こうじ

第11章

PICマイコンで試せる人工知能記憶装置「アソシアトロン」

牧野 浩二

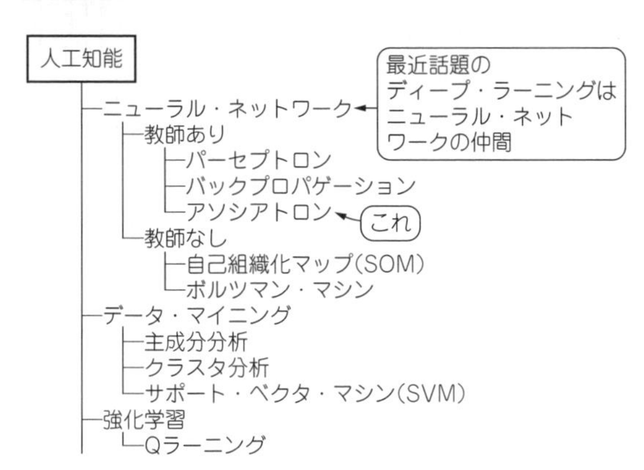

図1　人工知能アルゴリズムあれこれ

人工知能の進化は，ニューラル・ネットワークの進歩に大きく関連しています．ニューラル・ネットワークは，これまでにいろいろな学習モデルが開発されています．

ここでは人工知能の黎明期に開発されたものの，応用の範囲が広そうなアソシアトロン(Associatron)を紹介します(**図1**)．その後に，次のものを紹介します．

- サポート・ベクタ・マシン(Support Vector Machine)
- バックプロパゲーション(Backpropagation)
- 主成分分析
- クラスタ分析
- パーセプトロン(Perceptron)

最初の3つは近年よく使われるものを集めました．4つ目のクラスタ分析も割とよく使います．3つ目の主成分分析と対比するために選びました．5つめのパーセプトロンは，アソシアトロンと同じように，古きを知って新しいものへの応用の刺激になることを期待しています．

なんとなーく思い出せる人工知能記憶装置アソシアトロン

● こんな場面で活躍できる

アソシアトロンは「連想記憶装置」とも呼ばれています．連想記憶とは，今の状態や状況から記憶したものを思い出すことで，アソシアトロンはその思い出しを連続的に起こせることにも応用できます．そこでアソシアトロンが利用できる点として次のものが考えられます．

1. 将棋や囲碁などの勝ちそうな局面を判断し，次の1手を決められる
2. 映画や音楽を記憶し，その断片を見せると次のシーンやフレーズを思い出せる
3. 複数の検査結果から病気を判断できる
4. これまでの会話の流れを考慮した会話ができる
5. 生物のように状況に合わせてロボットを動かせる
6. 非線形制御にも応用できる
7. 走行中の車から標識を認識する

このように聞くと難しいアルゴリズムかと思うかもしれませんが，PICマイコンで実現できてしまうような簡単なアルゴリズムです．ここでは，アルゴリズムを説明し，PICで実現する方法を通して，アソシアトロンを紹介します．古いけど今後の可能性のあるちょっと変わったアルゴリズムを学んでみるのも面白いのではないでしょうか．

● 脳の記憶モデルを対象としていたため情報処理の人たちから熱心に研究されなかった

アソシアトロンは脳の記憶モデルを対象とし，ニューロンをモデル化したものを扱うため，ニューラル・ネットワークの1つの形態として分類されています．アソシアトロンは脳のモデルをできる限り単純化し，モデルから脳のモデルを類推する構成的研究に主眼が置かれていました．そのため情報処理を目的とした他のニューラル・ネットワークの方が大きく発展しました．

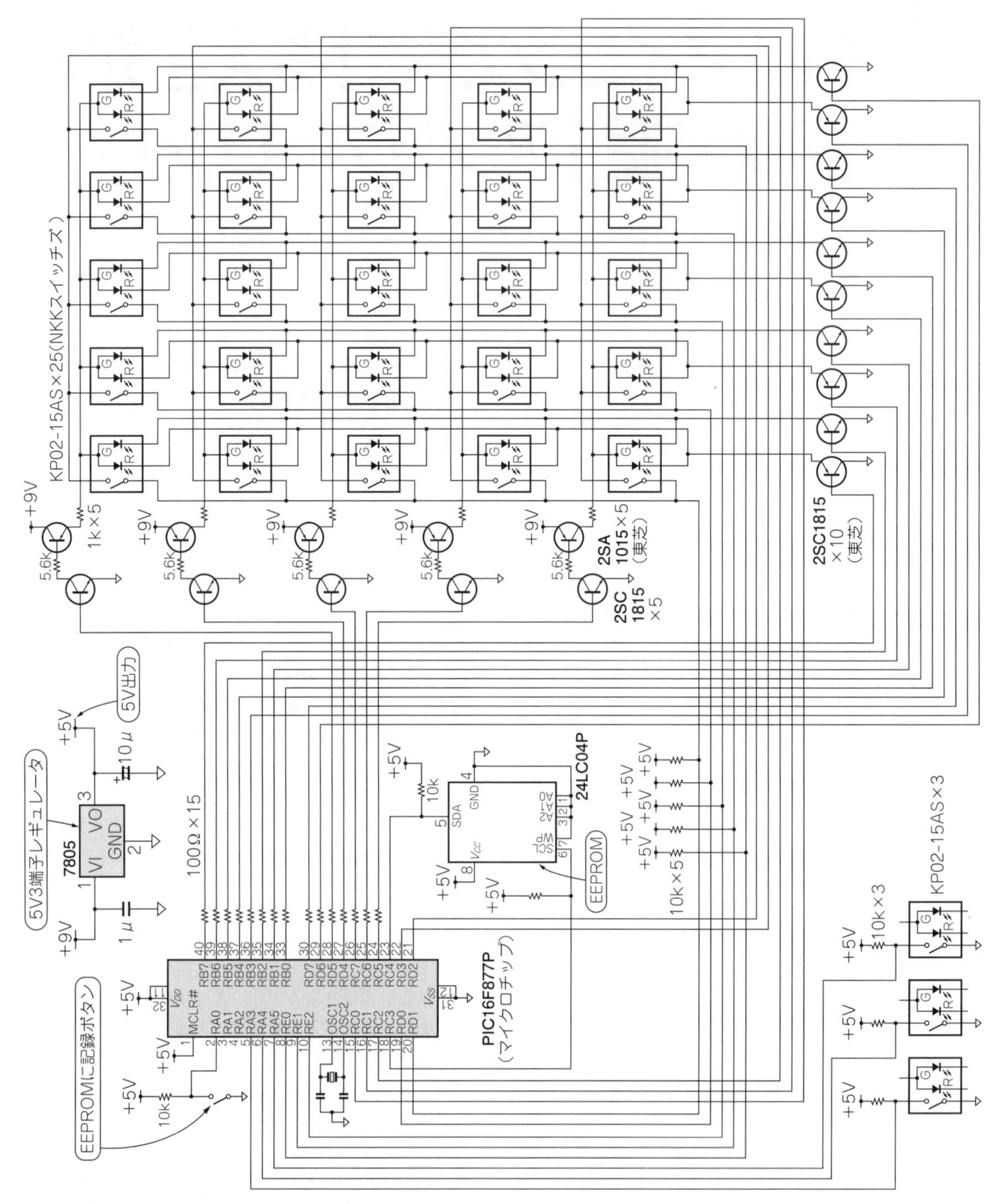

図2　PICマイコンを使ってアソシアトロンを試すための回路

他の手法に押され気味だったアソシアトロンですが，近年，光アソシアトロンというものが開発され，光の干渉をうまく使うことで性能が向上しました．

また，将来実現が期待されている量子コンピュータは，状態の干渉をうまく使っています．このことからも，アソシアトロンは従来のコンピュータの枠にとらわれないハードウェアによって実現すると，まだまだ無限の可能性があり，人工知能の性能が飛躍的に向上するかもしれません．

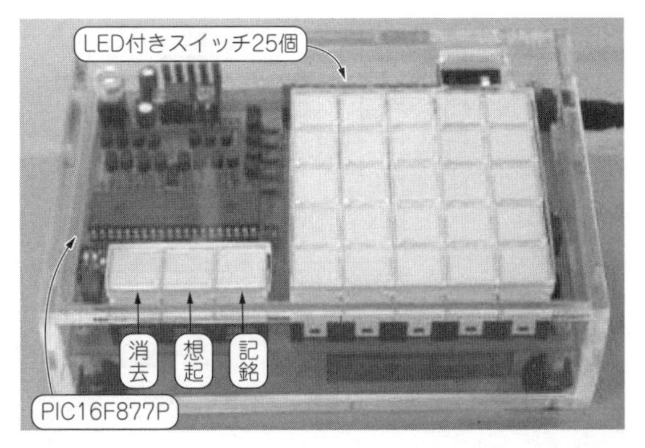

写真1　PICマイコンで作ったなんとなーく思い出せる人工知能装置「アソシアトロン」

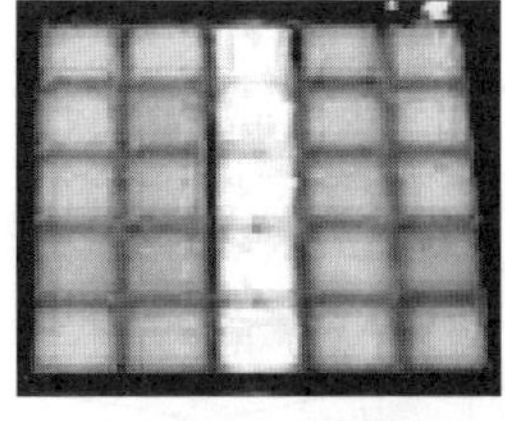

(a) 数字の1を記憶

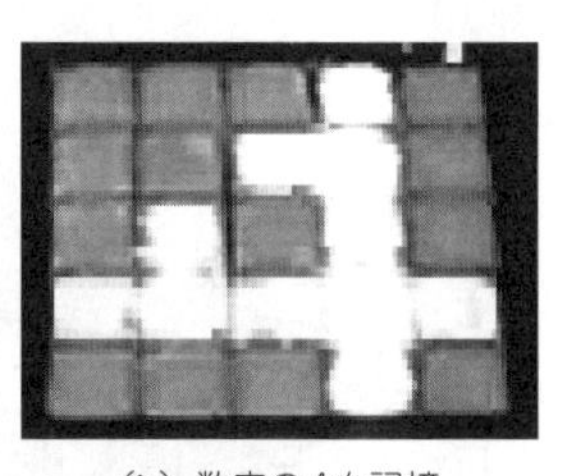

(b) 数字の4を記憶

(c) 数字の8を記憶

写真2　覚えさせる3つのパターン

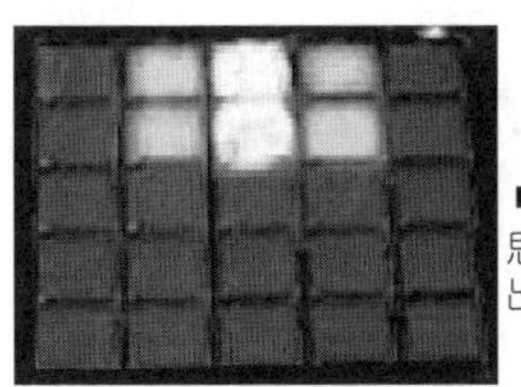

(a) 数字の一部を入力

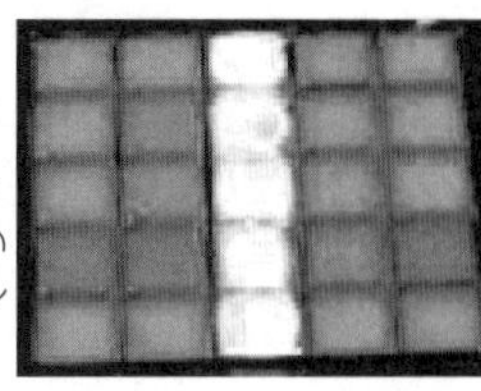

(b) 思い出した結果

写真3　思い出しの例1…1を思い出す

(a) 入力

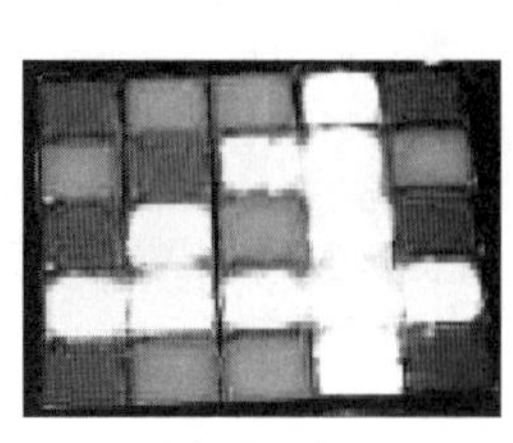

(b) 思い出し

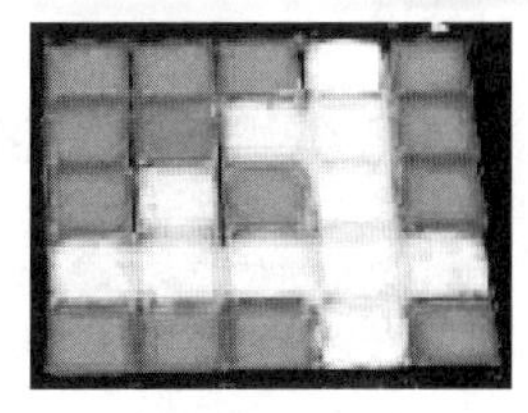

(c) もう1回思い出し

写真4　思い出しの例2…4を思い出す

(a) でたらめな形を入力

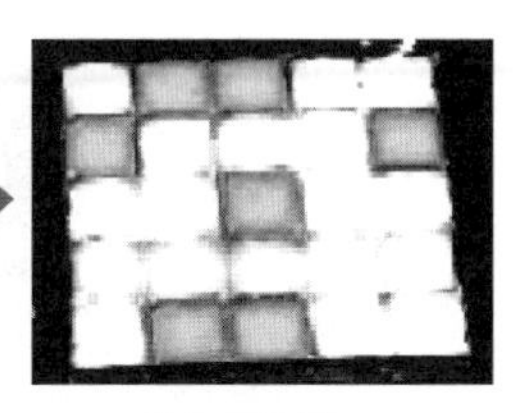

(b) 思い出し

写真5　思い出しの例3…4の思い出しに失敗

実験でやること…PICマイコンで記憶してなんとなく思い出させる!

製作するのは，PICマイコンの横に25個のスイッチ(赤/緑/消灯)とEEPROMを並べただけのシンプルな実験ボードです(**図2**).

● 記憶した数字の一部の入力があれば思い出す

現在のニューラル・ネットワークなどの機械学習は‘1’,‘0’の2値を用いるものが多いのですが，アソシアトロンは“1”，“0”，“－1”の3値を用いる点に特徴があります．そして，人間の脳をモデルとしていたので，あいまいな入力に対してはあいまいな出力を返すようになっている点に特徴があります．

写真1のように，スイッチが25個付いています．このスイッチは1回押すと緑に光り，2回押すと赤く光り，3回押すと消えるものとなっていて，入力と出力を兼ねています．

ここでは数字の1，4，8(**写真2**)を記憶させて，その一部を入力すると覚えたものを思い出すという例を示します．

● 曖昧に思い出してくれるから楽しい

例えば，**写真3**(a)を入力すると，**写真3**(b)のような出力が得られます．これだけだとパターン・マッチングと同じようなものに見えます．

そこで**写真4**(a)を入力してみます．すると**写真4**(b)に示すように4に近いものが出力されますが，完璧に「思い出され」てはいません．

写真5のように，でたらめな形を入力すると，曖昧に思い出してくれるときもあります．

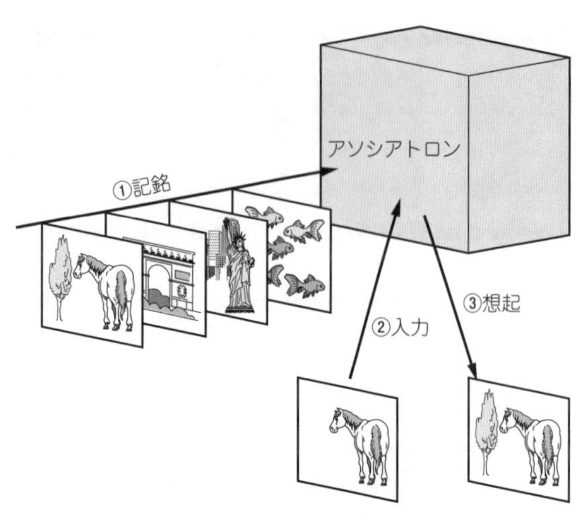

図3　アソシアトロンができることは「想像を交えて思い出すこと」

アソシアトロンの記憶と思い出しのメカニズム

● 記銘と想起が鍵

アソシアトロンを理解する上で重要なキーワードとして「記銘」(覚えさせる)と「想起」(思い出す)があります．この2つの言葉を使いながら説明をしていきます．

アソシアトロンの原理を説明するためによく用いられる表現に**図3**のようなものがあります．

その手順は，

①たくさんの絵を記銘をしていく
②記銘した絵の一部などの何かしらの入力を加える
③記銘された絵やそれに近い絵が想起される

というものです．

この例では，分かりやすくするために2次元で説明していますが，実際は**図4**のように，それを1次元のベクトルとして扱います．

● 一部に刺激を与えると脳全般に伝搬する

アソシアトロンは多くのニューラル・ネットワークと同じように，脳の最小単位であると考えられているシナプスによって結合された多数のニューロンのモデルを使っています．

ニューロンは**図5**に示すように，たくさんの入力と

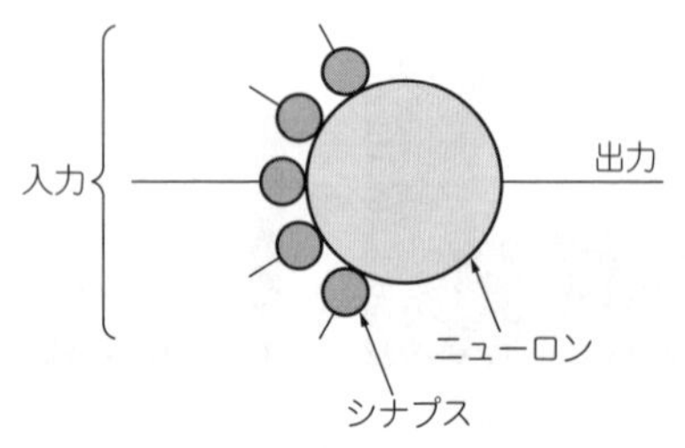

図5　神経細胞のモデル

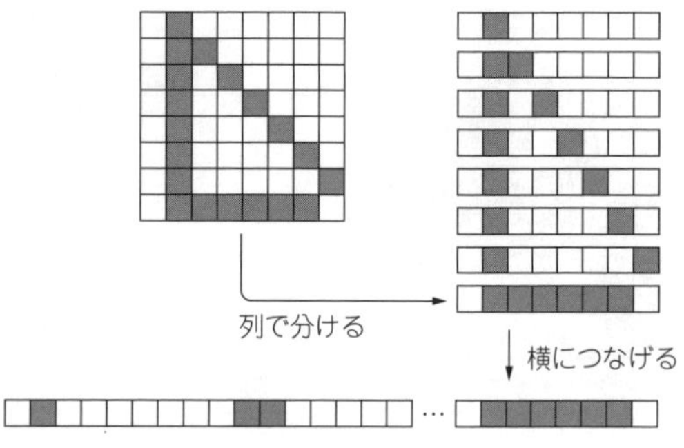

図4　PICマイコンにはシリアルでデータを入力

1つの出力からなっています．アソシアトロンの場合は−1，0，1の3つの値が出力されます．

このニューロンがたくさんつながって複雑に絡み合うことで脳のモデルを作っています．アソシアトロンの構造を**図6**に示します．全てのニューロンの出力が他のニューロンの入力にシナプスによってつながっています．

そのため，一部のニューロンだけに入力刺激を与えても，その刺激が全体に伝搬して，結果的に全体を思い出すことができます．

● 記銘と想起を数式で説明

ここからは，数式を用いて説明していきます．

▶記銘

まず，記銘について述べます．1つ目の入力をベクトルX^1で表します．

$X^1 = (x_1^1,\ x_2^1,\ \cdots\ x_n^1)$

x_1やx_2はニューロンの状態を表しているので，**図6**のようになります．また，x_1やx_2は−1，0，1のうちどれかの値を取ります．

記銘では，次式のように入力ベクトルを転置したものと，そのままのベクトルを掛け合わせて行列とします．

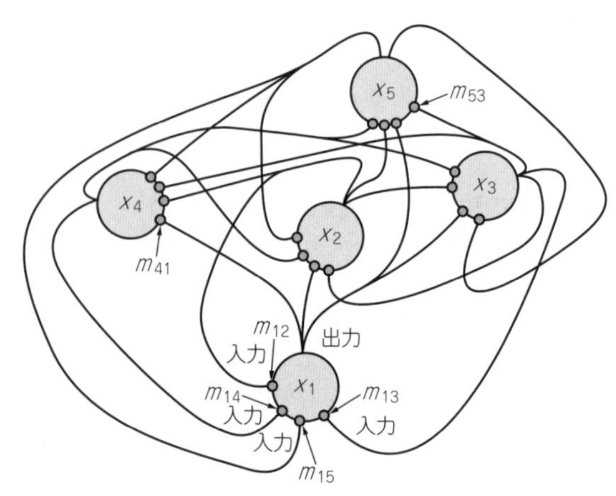

図6　アソシアトロンで表現した神経回路網

$M = X^{1T}X^1$

これを「記憶行列」と呼ぶこととします．記憶行列の各要素はシナプスに相当します．ここで記憶行列のi行j列の要素をm_{ij}と表すと，シナプスは**図6**のように表せます．

そして，2つ目と3つ目の入力（x^2とx^3）を記銘するには，次のように記憶行列に加えて更新します．

$M = M + X^{2T}X^2$

$M = M + X^{3T}X^3$

つまり，k個の状態を記憶した場合は次のように書くことができます．

$$M = \sum_{p=1}^{k} X^{pT}X^p$$

たくさん記銘するにつれて，記憶行列の各要素がどんどん大きくなってしまいそうですが，アソシアトロンは－1, 0, 1を入力とするので，極端に1が多い入力を何度も使わない限り，あまり大きくなりません．

ここまでの手順を実際の数値を入れて考えてみます．

$X^1 = (1,\ 0, 1, -1)$

$X^2 = (1,\ 0, 0, -1)$

$X^3 = (0, -1, 0, -1)$

記憶行列は次のように計算できます．

$$M = X^{1T}X^1 + X^{2T}X^2 + X^{3T}X^3$$

$$= \begin{pmatrix} 1 & 0 & 1 & -1 \\ 0 & 0 & 0 & 0 \\ 1 & 0 & 1 & -1 \\ -1 & 0 & -1 & 1 \end{pmatrix} + \begin{pmatrix} 1 & 0 & 0 & -1 \\ 0 & 0 & 0 & 0 \\ 0 & 0 & 0 & 0 \\ -1 & 0 & 0 & 1 \end{pmatrix} + \begin{pmatrix} 0 & 0 & 0 & 0 \\ 0 & 1 & 0 & 1 \\ 0 & 0 & 0 & 0 \\ 0 & 1 & 0 & 1 \end{pmatrix}$$

$$= \begin{pmatrix} 2 & 0 & 1 & -2 \\ 0 & 1 & 0 & 1 \\ 1 & 0 & 1 & -1 \\ -2 & 1 & -1 & 3 \end{pmatrix}$$

これで記銘は終わりです．

▶想起

次に，想起について考えます．次のように定義されている量子化関数というものを使います．

$$\phi(x) = \begin{cases} 1, & x>0 \\ 0, & x=0 \\ -1, & x<0 \end{cases}$$

この関数はすごくおおざっぱで，0より大きければ1に，0より小さければ－1に，0ならば0にしてしまおうという関数です．

先ほど計算した記憶行列について考えると，次のようになります．

$$\phi(M) = \begin{pmatrix} 1 & 0 & 1 & -1 \\ 0 & 1 & 0 & 1 \\ 1 & 0 & 1 & -1 \\ -1 & 0 & -1 & 1 \end{pmatrix}$$

次に入力ベクトルと，この記憶行列から思い出す手順を示します．入力ベクトルをYとすると，想起されるベクトルZは次のように求めることができます．

$Z = \phi(Y\phi(M))$

入力ベクトルが次のようだとすると，

$Y = (1, 0, 1, 0)$

想起されたベクトルは次のようになります．

$Z = (1, 0, 1, -1)$

YはX_1に近いので，出力結果としてX_1が出力されました．

まずはアソシアトロンの動きを見てみる

PICマイコンを使った実験装置の作り方は後述するとして，まずはアソシアトロンを動かしてみます．

● 数字の記銘と想起

5×5の入力を持つアソシアトロンを例に，その動作を紹介します．まず**図7**に示す「1」，「4」，「8」のパターンを1度だけ記銘したとします．

図8（a）～**図8（c）**は，記銘したパターンの一部を入力としたときの想起パターンを示しており，**図8（d）**～**図8（f）**はノイズのあるパターンを入力としたときの想起パターンを示しています．どちらもうまく想起できています．

図8（g）と**図8（h）**は記銘したパターンの反転パターンが想起される例を示しています．

そして，**図8（i）**はうまく想起できなかったパターンを示しています．

アソシアトロンはパターン・マッチングではないので，反転したパターンや間違ったパターンを想起することもあります．しかし，この「間違った」という点

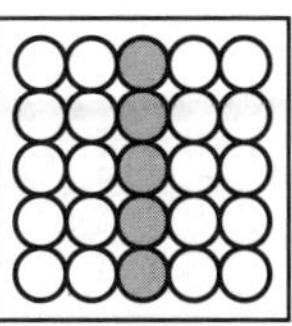

1の記銘

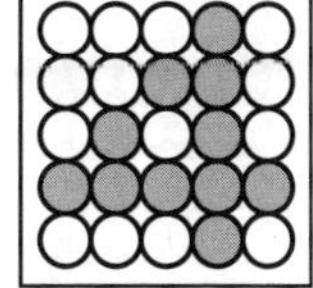

4の記銘

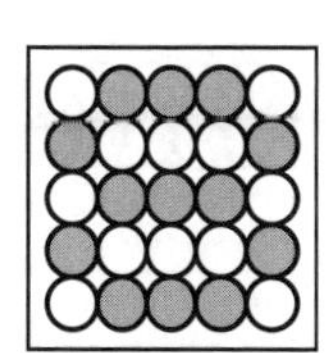

8の記銘

○ 1　● －1　• 0

図7　記銘するパターン

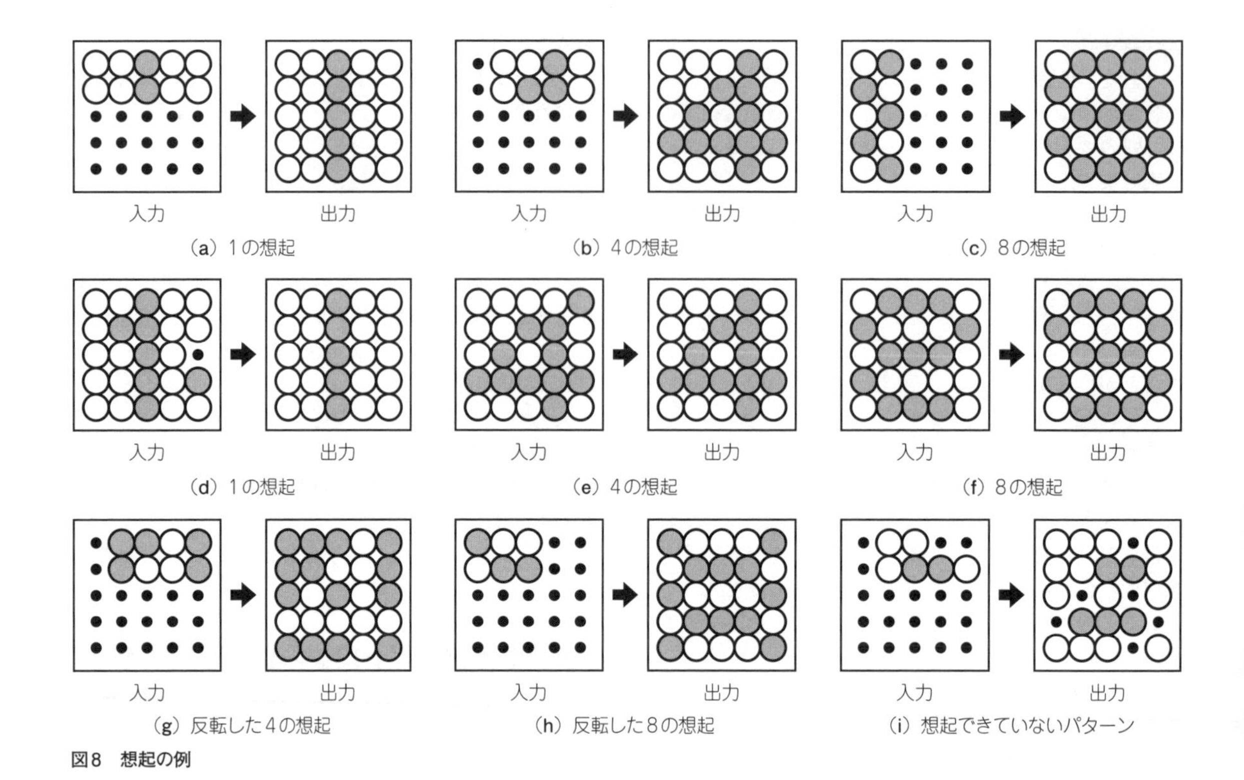

図8　想起の例

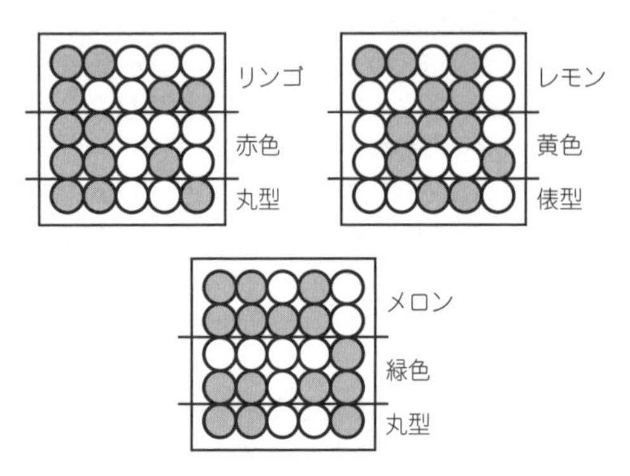

図9　連想記憶として使う
果物を覚えさせる

も人間の脳のモデルとしてみると面白い性質だと筆者は思っています．

● 連想記憶

次に，これを連想記憶として使う方法を紹介します．例えば5×5のパターンを**図9**のように分けて意味づけしたとします．

リンゴを入力すると赤くて丸い個体が想起され，黄色と俵型を入力するとレモンが想起されます（**図10**）．このようにすると，一部の情報から連想できます．

そしてこれを連続的に想起する方法も考えられています．ここまでに説明したモデルではニューロンの状態は時間とともに変わりませんでした．そこで，忘れるという要素を導入すると，ニューロンの状態が時間とともに変化することとなります．状態が変わったところで再度想起すると，さらに次の状態が得られます．これを繰り返すと，どんどん次の状態が芋づる式に想起できるといった具合です．この想起方法についてはまだまだ研究の余地が残っています．

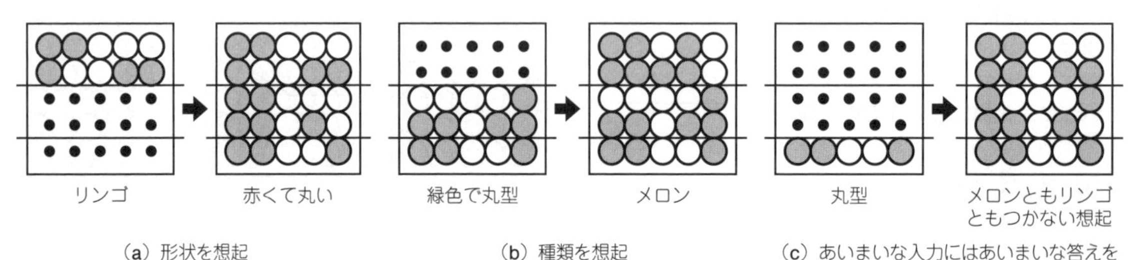

図10　果物の想起の例

写真6[1]　1971年に開発されたアソシアトロンの試作機

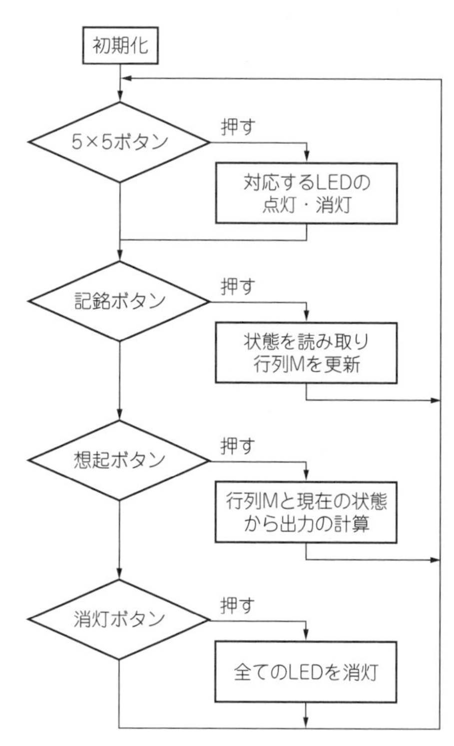

図11　PICマイコンのプログラムのフローチャート

PICマイコン・アソシアトロン人工知能装置の作り方

■ ハードウェア

アソシアトロンは1971年(今から半世紀近く前!)にハードウェアで実現されました．外観を**写真6**に示します．マイコンのようなものは使われておらず，全てTTL-ICから成り立っています．

これを2005年に筆者がPICマイコンで小型化し，持ち運べるようにしました．その外観を**写真1**に示します．そのポータブル型のアソシアトロンの回路を**図2**に示します．内部に2色のLEDが組み込まれているスイッチを5×5個の合計25個用いて入力と出力を行っています．そして，スイッチを押すたびに，緑発光→赤発光→消灯が繰り返されるようにしてあります．緑が発光しているときは1，赤が発光しているときは−1，消えているときは0としました．次に回路図のそれぞれの部分について説明します．

● 5×5のLED発光部

25個×2色のLEDを，ダイナミック・ドライブによって発光させています．トランジスタや抵抗のばらつきによる発光強度のばらつきを可変抵抗で調節しています．

● 5×5のスイッチ

25個のスイッチ入力をキー・マトリクスという方法で監視しています．

● 記銘/想起/消去ボタン

通常のスイッチの回路です．

● 外部メモリ

PICではメモリが不足し，記憶行列を保持できなかったため，EEPROMを使っています．EEPROMを使うことで，電源を切っても記憶行列を保持し続けられるようになっています．

■ ソフトウェア

PICマイコンのプログラムのフローチャートを**図11**に示します．プログラムの一部を**リスト1**に示します．

● 5×5ボタンで状態設定

5×5のボタンを押すと，そのボタンの点灯状態が変化します．各ボタンのLEDの点灯状態は`sw[NN]`という配列に保存しています．そして，記憶行列は`i2c_asm_data[NN]`という配列に保存するようにします．ここでNNはボタンの総数です．記銘ボタンが押されると，自己相関を表す行列を計算し，それを

リスト1　記憶と思い出しのプログラム

```
#define CHAT 4   //チャタリング防止用
#define NN 25    //入力(スイッチの数)

signed int i2c_asm_data[NN];  //記憶行列
//スイッチの状態
//0または1：消灯
//2または3：緑点灯
//4または5：赤点灯
int sw[NN];


//記憶ルーチン
//記憶ボタンを押したときのチャタリング防止
  if(asksw==0){
   if(input(DEF_SW_K)==0)askswc++;
   else askswc=0;
   if(askswc==CHAT)asksw=1;
  }
//チャタリング確認後の処理
  else if(asksw==1){
//いったんすべてのLEDを消灯する。
//EEPROM読み書きの電力確保
   output_low (DEF_LED_L1);
   output_low (DEF_LED_L2);
   output_low (DEF_LED_L3);
   output_low (DEF_LED_L4);
   output_low (DEF_LED_L5);
//記憶行列を電源を切った後も保持しておくために
//EEPROMの別領域にデータを保存
   if(input(DEF_SW_M)==0){
    for(swj=0;swj<NN;swj++){
     ReadSaveData(swj);
     WriteSaveData(swj+NN);
    }
    msg_count = MSG_START_SAVE;
    msg_end = MSG_END_SAVE;
   }
//記憶行列の更新
   else{
    for(swj=0;swj<NN;swj++){
     ReadSaveData(swj); //EEPROMからデータを読み込む
     for(swi=0;swi<NN;swi++){
      if(sw[swj]==2||sw[swj]==3){
      //swjの位置のLEDが「緑」点灯していたら
       if(sw[swi]==2||sw[swi]==3){
       //swiの位置のLEDが「緑」点灯していたら
        i2c_asm_data[swi]++;//記憶行列の要素を+1する
       }
       else if(sw[swi]==4||sw[swi]==5){
       //swiの位置のLEDが「赤」点灯していたら
        i2c_asm_data[swi]--;//記憶行列の要素を-1する
       }
      }
      else if(sw[swj]==4||sw[swj]==5){
      //swjの位置のLEDが「赤」点灯していたら
       if(sw[swi]==2||sw[swi]==3){
       //swiの位置のLEDが「緑」点灯していたら
        i2c_asm_data[swi]--;//記憶行列の要素を-1する
       }
       else if(sw[swi]==4||sw[swi]==5){
       //swiの位置のLEDが「赤」点灯していたら
        i2c_asm_data[swi]++;//記憶行列の要素を+1する
       }
      }
     }
     WriteSaveData(swj); //EEPROMにデータを書き込む
    }
   }
   asksw = 2;
  }
//ボタンを離したときのチャタリング防止
  else if(asksw==2){
   if(input(DEF_SW_K)==1)askswc++;
   else askswc=0;
   if(askswc==CHAT)asksw=0;
  }

//想起ルーチン
//想起ボタンを押したときのチャタリング防止
  if(asssw==0){
   if(input(DEF_SW_S)==0)assswc++;
   else assswc=0;
   if(assswc==CHAT)asssw=1;
  }
//チャタリング確認後の処理
  else if(asssw==1){
//いったんすべてのLEDを消灯する。
//EEPROM読み書きの電力確保
```

基にして記憶行列を更新します．

● 記銘

まず，記銘ボタンが押されたときのチャタリングの除去をソフトウェア上で行っています．次に電源が切れても記憶行列を保存できる領域に保存するかどうかを決めるボタンが押されているかどうかを調べます．押されていればEEPROM上の特別な領域に記憶行列を保存します．押されていなければ(通常はこちら)，記憶行列を更新します．これは$M = M + X^{T}X$を計算していることになります．その後，記憶行列をEEPROMに書き込んでいます．最後に，記銘ボタンが離されたときのチャタリング除去を行っています．

● 想起

想起ボタンが押されると，記憶行列と現在の状態の入力ベクトルを基にして計算を行い，その結果を出力します．チャタリングの除去ついては記銘ボタンを押したときと同じです．

電源が切れても記憶行列を保存できる領域に保存するかどうかのボタンが押されているかどうかを調べ，押されていればEEPROM上の特別な領域に保存してある記憶行列を読み込みます．

押されていなければ(通常はこちら)，記憶行列とスイッチの状態から想起を行います．まず，$Y\phi(M)$を計算しています．その後，それに量子化関数を適用してZを求めています．そして，求めた値でスイッチの状態を更新しています．

● 消灯

消灯ボタンが押されると，LEDを全て消去します．なお，EEPROMとはI^2C方式で通信しています．チャタリングの除去については記銘ボタンを押したときと同じです．そして，電源が切れても記憶行列を保存できる領域に保存するかどうかを決めるボタンが押されているかを調べ，押されていればEEPROM上の特別

```
      output_low (DEF_LED_L1);
      output_low (DEF_LED_L2);
      output_low (DEF_LED_L3);
      output_low (DEF_LED_L4);
      output_low (DEF_LED_L5);
  //データロード
  //記憶行列を電源を切った後も保持しておくために
  //EEPROMの別領域からデータを読み出し
      if(input(DEF_SW_M)==0){
       for(swj=0;swj<NN;swj++){
        ReadSaveData(swj+NN);
        WriteSaveData(swj);
       }
       msg_count = MSG_START_LOAD;
       msg_end = MSG_END_LOAD;
      }
  //想起
      else{
       for(swj=0;swj<NN;swj++){
        swl = 0;
        ReadSaveData(swj); //EEPROMからデータを読み込む
        for(swi=0;swi<NN;swi++){
         if(sw[swi]==2||sw[swi]==3){
         //swiの位置のLEDが「緑」点灯していたら
          swl += i2c_asm_data[swi];
          //記憶行列の値を加える
         }
         else if(sw[swi]==4||sw[swi]==5){
         //swiの位置のLEDが「赤」点灯していたら
          swl -= i2c_asm_data[swi];
          //記憶行列の値を引く
         }
        }
        if(swl==0) //計算した値が0だったら
         asy[swj] = 0; //消灯
        else if(swl>0) //0より大きかったら
         asy[swj] = 2; //緑点灯
        else if(swl<0) //0より小さかったら
         asy[swj] = 4; //赤点灯
       }
  //記憶行列より想起された値でLEDの点灯・消灯を更新
       for(swi=0;swi<NN;swi++){
        sw[swi] = asy[swi];
       }
     }
     asssw = 2;
    }
  //ボタンを離したときのチャタリング防止
    else if(asssw==2){
     if(input(DEF_SW_S)==1)assswc++;
     else assswc=0;
     if(assswc==CHAT)asssw=0;
    }
  //クリアルーチン
  //消去ボタンを押したときのチャタリング防止
    if(ascsw==0){
     if(input(DEF_SW_C)==0)ascswc++;
     else ascswc=0;
     if(ascswc==CHAT)ascsw=1;
    }
  //チャタリング確認後の処理
    else if(ascsw==1){
  //データクリア
  //記憶行列を電源を切った後も保持しておくための
  //EEPROMの別領域にデータを消去
     if(input(DEF_SW_M)==0){
      for(swj=0;swj<NN;swj++){
       ClearSaveData(swj+NN);
      }
      msg_count = MSG_START_CLEAR;
      msg_end = MSG_END_CLEAR;
     }
  //クリア
     else{
      for(swi=0;swi<NN;swi++){
       sw[swi] = 0;//スイッチの点灯状態をすべて消灯に
      }
      msg_count = MSG_END_CONT;
      msg_end = MSG_END_CONT;
     }
     ascsw = 2;
    }
  //ボタンを離したときのチャタリング防止
    else if(ascsw==2){
     if(input(DEF_SW_C)==1)ascswc++;
     else ascswc=0;
     if(ascswc==CHAT)ascsw=0;
    }
```

な領域に記憶行列を読み込んで，全て0にして書き込んでいます．押されていなければ(通常はこちら)，スイッチの状態を全て消灯にします．

● 装置の使い方

1, 25個のスイッチを押すたびに緑点灯，赤点灯，消灯が繰り返されます
2, 25個のスイッチを何度か押すことで，記銘したいパターンを作成します
3, 記銘したい場合は，左の3つのボタンの中の一番右を押します
4, 全部消灯したい場合は，3つのボタンの中の一番左を押します
5, 2と3を繰り返し，幾つかのパターンを記銘します
6, 25個のボタンを使い想起したいパターンを作成します
7, 左の3つのボタンから中央のボタンを押し想起します

＊　　＊　　＊

マイコンで実現できるほど単純で，ちょっと変わったアルゴリズムからできているアソシアトロンについて紹介しました．人工知能について古きを知ることで，そこから生まれる新しい発想の刺激になることを期待しています．

◆引用文献◆

(1) 中野 馨；脳をつくる，p.36，共立出版，1995年．

まきの・こうじ

第1章　1番簡単な「If-Thenルール」

牧野 浩二

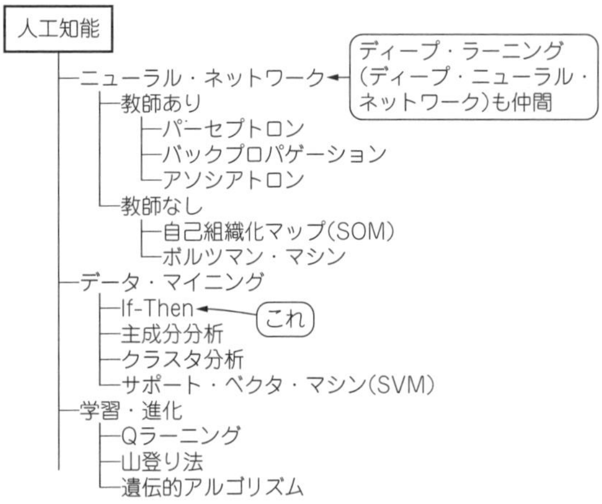

- 人工知能
  - ニューラル・ネットワーク ← ディープ・ラーニング(ディープ・ニューラル・ネットワーク)も仲間
    - 教師あり
      - パーセプトロン
      - バックプロパゲーション
      - アソシアトロン
    - 教師なし
      - 自己組織化マップ(SOM)
      - ボルツマン・マシン
  - データ・マイニング
    - If-Then ← これ
    - 主成分分析
    - クラスタ分析
    - サポート・ベクタ・マシン(SVM)
  - 学習・進化
    - Qラーニング
    - 山登り法
    - 遺伝的アルゴリズム

図1　人工知能アルゴリズム「If-Thenルール」

自走ロボなどに使えるAIアルゴリズム

自走ロボの1つであるライン・トレース・ロボットをご存知でしょうか．白い床に描かれた黒いラインに沿って自動的に動く車型ロボットです．原理は簡単ですが実際に動くと面白いので，電子工作の題材としてよく用いられます．しかし奥は深く，ロボット・コンテストが行われたり，大学の研究の題材として扱われたりしています．

このライン・トレース・ロボットを例に人工知能を紹介していきます(**図1**)．まずはそのアルゴリズムを試すためのシミュレータを準備し，最も簡単な人工知能アルゴリズムIf-Thenルールを実装してロボットを動かします．

自走ライン・トレース・ロボットで試せるAIアルゴリズムには次のようなものがあります．

● その1：If-Thenルール

もし○○ならば▲▲しなさいというルールがたくさん並んでいるものとなります．これは人工知能っぽく感じないかもしれませんが，過去の人工知能ブームではこれを大量に並べて専門家と同じ判断をさせようとしたエキスパート・システムにおいて中心的役割を果たしました．

- ▶**利点**：人間がルールを作りやすい
- ▶**欠点**：応用力がない，どこまでルールを作れば人工知能になるのか分からない
- ▶**利用例**：チケットの発券機など決まったルールで動くもの，他の人工知能アルゴリズムの中で必要な場合分け

● その2：山登り法(焼きなまし法)

ロボットがどのくらい良い動作をしたかを記録しておき，動作パラメータを少しだけ変えて実験します．その結果がよければ変えた動作パラメータを採用し，そうでなければ戻すことを繰り返します．結果がだんだんよくなる過程が山を登っていくようなイメージですのでそう呼ばれています．

- ▶**利点**：簡単にアルゴリズムが作れる，ある程度の答えならば高速に求められる
- ▶**欠点**：必ずしも最適(最大値だったり最小値だったり)にはならずに局所解となることがある
- ▶**利用例**：太陽光発電システムや潮流発電システムの電力最大化問題(局所解がないことが明らかな問題)，セールスマン巡回問題(ナビなどに利用できる)，ナップサック問題(図書館の書籍購入など限られた予算で最も効果的な買い物をするときなどに利用できる)などの組み合わせ最適化問題(ただし，局所解にならないようなアルゴリズムが必要)

● その3：遺伝的アルゴリズム

行動を遺伝子という形で記録し，複数のロボットを動かして結果のよかった2体のロボットを選び，遺伝子を交配させて子供を作ります．親と同じ数の子供を作ったら，再度ロボットを動作させることを繰り返すことで，優秀なロボットを作る方法です．

- ▶**利点**：局所解に陥らずに最適な解を見つけることができる

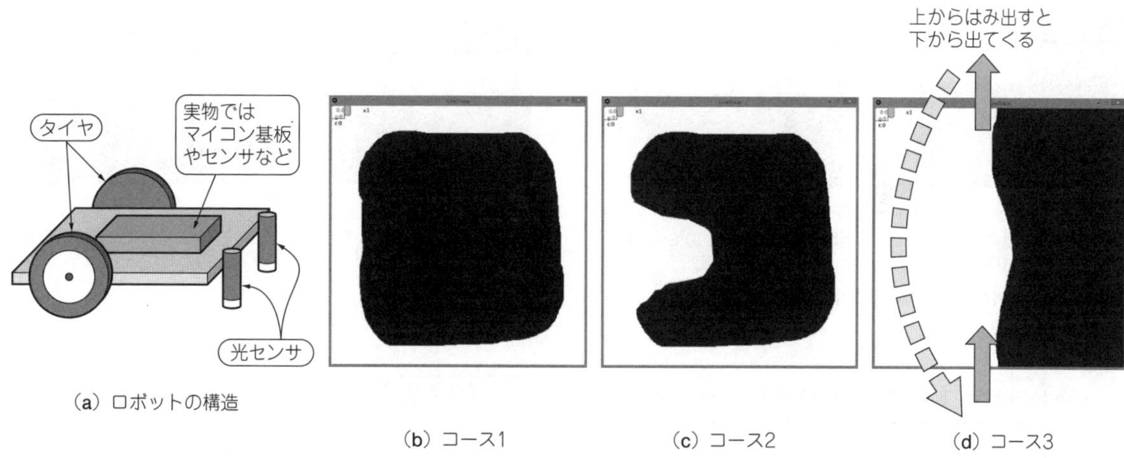

(a) ロボットの構造　(b) コース1　(c) コース2　(d) コース3

図2　ライン・トレース・ロボットの多くは光センサで下地の白黒を判定しながら走る

▶欠点：計算量が多い，収束に時間がかかる
▶利用例：セールスマン巡回問題やナップサック問題などの組み合わせ最適化問題

● その4：Qラーニング

行動するごとにある決められた報酬(Q値)が得られるようになっていて，報酬がたくさん得られるように，どんどん動作を更新する方法です．

望ましい動作が与えられている「教師あり学習」ではなく，また，自分自身で良い動作を作り出す「教師なし学習」でもありません．従って「半教師付き学習」と呼ばれています．

▶利点：望ましい動作だけを与えているので教師データを必要としない
▶欠点：望ましい動作をうまく決める必要がある
▶利用例：ゲーム(オセロ，囲碁や将棋)やテレビ・ゲーム(スーパーマリオやパックマン)の学習，ロボットの歩行動作の獲得

*　*　*

山登り法と遺伝的アルゴリズムは同じ問題を解くことができそうですね．この2つの違いは「リアルタイム性」と「局所解」という点です．山登り法は1つの計算が終わるとすぐにパラメータを更新できるメリットがありますが，局所解に陥ることがよくあります．山登り法でも局所解に陥らなくするような手法も研究されていますが完全ではありません．

一方，遺伝的アルゴリズムは，簡単な問題であっても数パターンの計算が必要となり，リアルタイムにパラメータを更新することはできませんが，局所解を回避できるメリットがあります．

また，山登り法の応用である焼きなまし法(アニーリング法とも言います)は次世代コンピュータとして期待されている量子コンピュータの「量子アニーリング」というものに応用できるとされています．これが実現できると超高速に計算(普通のコンピュータの1億倍とも言われています)できるため，次世代技術として再注目されています．

上記のアルゴリズムの位置づけを図1に示します．

ターゲット：自走ロボ

● あらまし

ライン・トレース・ロボットは，前方に白と黒を判別するための光センサを搭載し，2つの車輪で動く車型のロボットです[図2(a)]．ラインを判別するように学習することは少し難しくなりますので，図2(b)～(d)に示すような床とし，白と黒の境界を判別して動くロボットとします．

● 走行ルール

ここで作るシミュレータはパックマンやマリオ(スーパーマリオではない)のように画面(コース)を左にはみ出したら右から出てくるようにします．同じように，上にはみ出したら下から出てくるようにします．この場合，コース3は無限に長いくねくねの道となります．

例えば図3(a)のようなコースを左回りにうまく走るためのルールを考えてみます．まず，図3(a)では左のセンサだけ黒い床の上にあります．この場合は直進させるようにします．しばらく直進すると図3(b)のように，両方のセンサが白い床の上に来ます．この場合は左に曲がるようにします．

その後，直進すると図3(c)のように両方のセンサが黒い床の上に載る場合があります．この場合は右に曲がるようにします．これを繰り返すと図3のコースを1周できます．

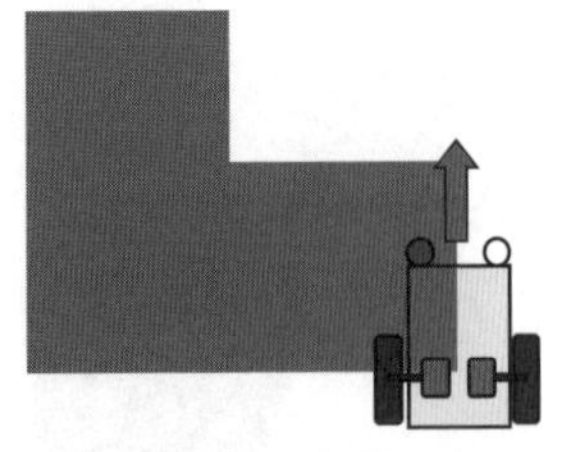

(a) 左のセンサだけ黒い床の上のときは直進

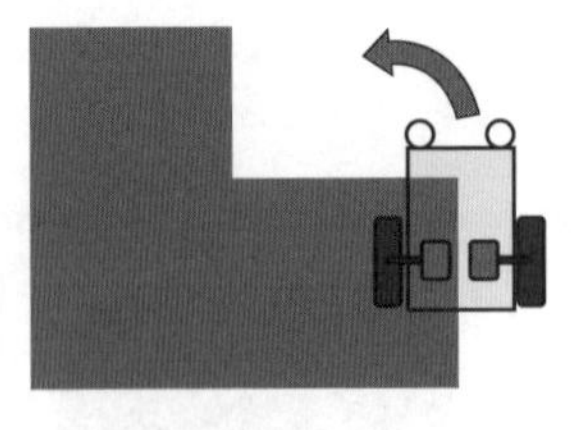

(b) 両方のセンサが白い床の上のときは左折

(c) 両方のセンサが黒い床の上のときは右折

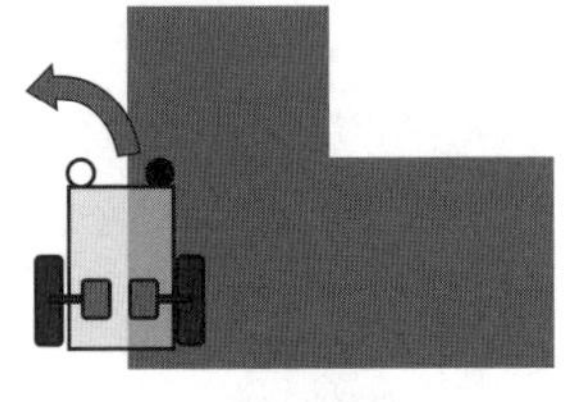

(d) 右のセンサだけ黒い床の上のときは左折

図3　コースを外れないための決まりを定めた

表1　ライン・トレース・ロボットのIf-Thenルール

If		Then
左センサ	右センサ	動作
黒	黒	右旋回
黒	白	直進
白	黒	左旋回
白	白	左旋回

何かしら（人が手で動かしたなど）の理由で，**図3**(**d**)の状態（右のセンサだけ黒い床の上にある）になる場合があります．この場合も左に回るようにします．そうすると，両方のセンサが白い床の上に乗ります．この場合は**図3**(**b**)で決めたルールに従って，左に回ります．しばらく左に回っているうちに左のセンサだけ黒い床の上に乗ることとなり，左回りでコースを回ることができます．

「If-Thenルール」のあらまし

● 人工知能の1つといえる

If-Thenルールとは，

If（もし）○○
Then（だったら）□□をしなさい

というルールです．最近の主流となっているC言語やJava，PythonなどではIfの後にThenは付けませんが，1980年代にはやったBASICやFortranではIfの後にThenを付けてプログラムを記述していました．これが名前の由来となっています．

現在の人工知能ブームの前にも，1980年代に人工知能のブームがありました．このときは専門知識をひたすらIf-Thenの形で書き連ねることで知識を獲得しようとする取り組みもありました．このIf-Thenルールをたくさん使って発展させたのが，エキスパート・システムやプロダクション・システムと呼ばれるものになります．現在でも人工知能の条件判別にIf-Thenが使われています．

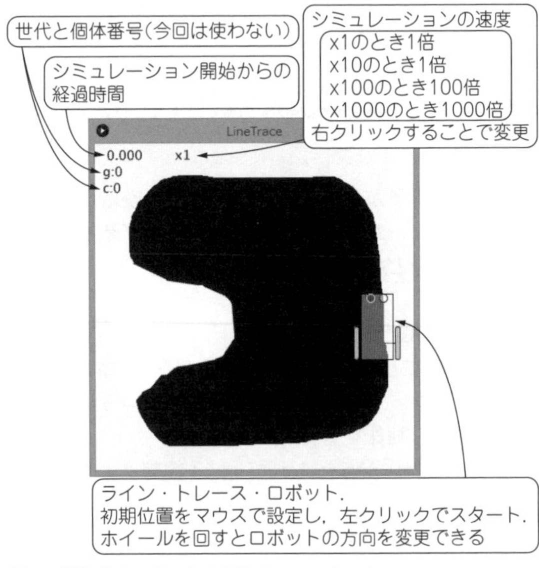

図4　制作するロボット走行シミュレーション

● 自走ロボのIf-Thenルール

作成するライン・トレース・ロボットのIf-Thenルールは，**表1**のようにまとめることができます．

シミュレーションの準備

ライン・トレース・ロボットが動作を獲得するためには，何度も（場合によっては1000回以上）試行する必要があります．それを実際のロボットで行うことは到底できそうにありません．そこでシミュレータを作成して，ライン・トレース・ロボットが動作を獲得する様子を見てみましょう．

● 実行画面の読み方

作成するシミュレータを実行すると**図4**として表示されます．画面上でマウスを動かすと，マウス位置にライン・トレース・ロボットがついてきます．そして，マウスのホイールを回すとライン・トレース・ロボットの方向が変わります．左クリックすると，その

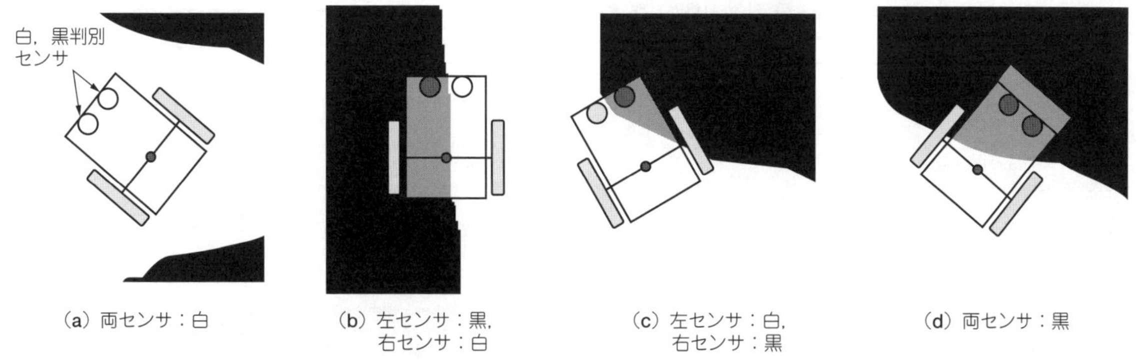

図5　白黒センサの判定状況を表示できるようにした

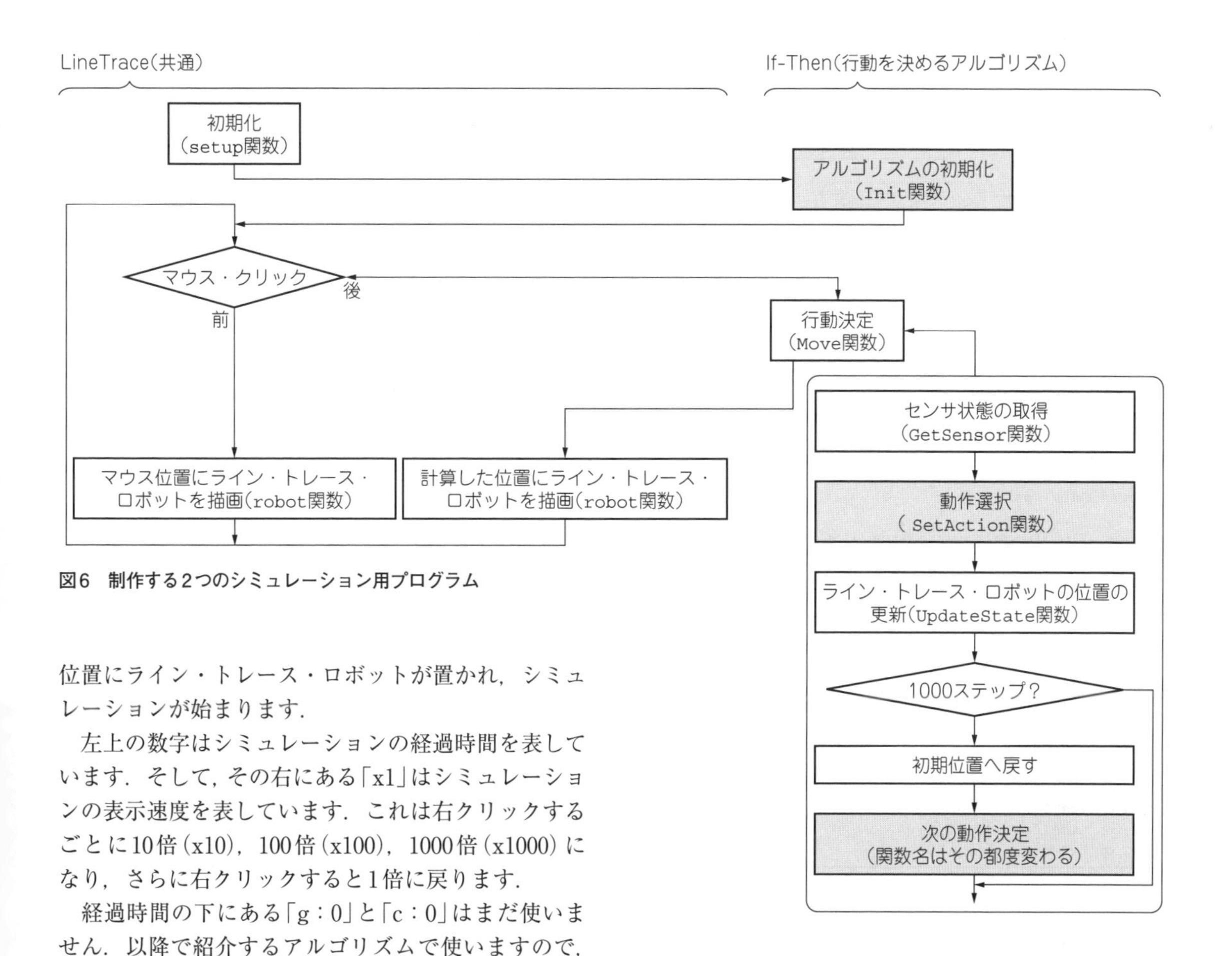

図6　制作する2つのシミュレーション用プログラム

位置にライン・トレース・ロボットが置かれ，シミュレーションが始まります．

左上の数字はシミュレーションの経過時間を表しています．そして，その右にある「x1」はシミュレーションの表示速度を表しています．これは右クリックするごとに10倍(x10)，100倍(x100)，1000倍(x1000)になり，さらに右クリックすると1倍に戻ります．

経過時間の下にある「g：0」と「c：0」はまだ使いません．以降で紹介するアルゴリズムで使いますので，そのときに紹介します．

また，シミュレータに表示するライン・トレース・ロボットの前方に2つの白黒センサが付いています．**図5**のように白黒センサが反応すると色が変わるようになっています．なお，このシミュレータは左上が原点となっています．

● 開発環境

シミュレータはProcessing[注1]を使って作ります．筆者はVer.3.1.1を用いました．Processingは画面表示やマウスの入力がとても簡単にできます．実行速度はC言語などに比べると遅いのですが，動いている様子が見えるようなものを簡単に作れます．

使うにはインターネットからzipファイルをダウンロードして展開するだけです．まず，Processingのホームページ(https://processing.org/)を

注1：ビジュアル・デザインのためのプログラミング言語/統合開発環境．Javaを単純化しグラフィック機能に特化した言語．MITメディアラボで開発されていた．

リスト1　ライン・トレース・ロボットを表示したり動かしたりする（LineTrace.pde）
以降も共通に使う

```
float vehicleWidth=100;
float vehicleDepth=80;
float wheelRadius = 60;
float wheelWidth = 20;
float sensorDist=50;
float sensorHeadRadius=10;      ← ロボットのサイズ

int img_x=800;
int img_y=800;                  ← コース・サイズ

int LeftSensor=0;
int RightSensor=0;              ← 光センサの状態

PrintWriter writer;

float init_sx, init_sy, init_sq=0;

PImage img;
color Pixel;
boolean flag_start=false;
int draw_step=1;

float sx, sy, sq; ← ロボットの位置と角度

float vel_R=0;
float vel_L=0;                  ← 左右のタイヤ速度

int gCount;
int cCount;

float time=0;
float count=0;
int fps = 10;

void setup() { ← 最初に1度だけ実行
  size(800, 800); ← コース・サイズ
  rectMode(CENTER);
  background(100);

  frameRate(fps);

  img = loadImage("course2.bmp"); ← コースの読み込み
  img.loadPixels();

  writer = createWriter("data.txtt"); ← 移動で他の書き出し用ファイル

  Init();
}

void draw() { ← 繰り返し実行
  image(img, 0, 0, img_x, img_y);
  img.loadPixels();

  fill(0);
  textSize(16);
  text(time/fps, 10, 20);
  text("x"+draw_step, 100, 20);
  text("g:"+gCount, 10, 40);
  text("c:"+cCount, 10, 60);

  if (flag_start) { ← クリック後はロボットの表示と位置の更新
    robot(sx, sy, sq);
    Move();
  } else {
    robot(mouseX, mouseY, init_sq); ← クリック後はマウス位置にロボットの表示
  }
}

void mouseWheel(MouseEvent event) { ← マウス・ホイールを回すとロボットの向きが変わる
  float e = event.getCount();
  init_sq +=radians(e*10);
}

void mousePressed() {
  if (mouseButton==LEFT) { ← 左クリックでスタート
    if (flag_start==false) {

      flag_start=true;
      init_sx = mouseX;
      init_sy = mouseY;         ← マウス位置をロボットの位置へ登録
      sx = init_sx;
      sy = init_sy;
      sq = init_sq;

      PrintWriter writer_init; ← ファイル書き出し開始
      writer_init = createWriter("init_pos.txt");
      writer_init.println(init_sx+"¥t"
                  +init_sy+"¥t"+init_sq+"¥t");
      writer_init.flush();
      writer_init.close();
    }
  } else if (mouseButton==RIGHT) { ← 右クリックで表示間隔を変更
    if (draw_step==1000) {
      draw_step=1;
    } else {
      draw_step*=10;
    }
  }
}

void exit() {
  writer.flush();
  writer.close();               ← 終了時にバッファの内容をファイルに書き出してファイルを閉じる

  super.exit();
}

void robot(float X, float Y, float Qdeg) { ← ロボットの表示

  GetSensor(X, Y, Qdeg);

  translate(X, Y); ← 位置

  pushMatrix();
```

表示します．表示されたページの中から，「Download Processing」をクリックします．

寄付するかどうかを聞かれますので，寄付をしない場合は「No Donation」を選択し，「Download」をクリックします．使っているOSに合わせてリンクをクリックします．筆者は「Windows 64-bit」をクリックしました．

するとダウンロード先を聞かれます．筆者は「デスクトップ」としました．ダウンロードしたファイルを「右クリック」して「すべて展開」を選択します．その中の，「processing.exe」をダブルクリックすることでProcessingが起動します．

● プログラム

プログラムは2つ作ります．1つは，LineTrace.pdeというファイル名でライン・トレース・ロボットを表示したり動かしたりするなど，今後も共通で使うものがまとめて書かれています．

```
  rotate(Qdeg);  ← 角度

  stroke(0, 0, 0, 255);
  fill(0, 0, 0, 255);
  ellipse(0, 0, 5, 5);

  fill(0, 0, 0, 255);
  line(-vehicleWidth/2-wheelWidth/2, 0,
                  vehicleWidth/2+wheelWidth/2, 0);

  fill(200, 200, 200, 255);
  rect(-vehicleWidth/2, 0, wheelWidth, wheelRadius, 7);
  rect( vehicleWidth/2, 0, wheelWidth, wheelRadius, 7);

  fill(255, 255, 255, 100);
  rect(0, -wheelRadius/2, vehicleWidth*0.8,
                     vehicleDepth+wheelRadius);   ← 描画

  int sx_Left = (int)(-sensorDist/2);
  int sy_Left = (int)(-vehicleDepth);   ← 左センサ
  if (LeftSensor == 1) {
    stroke(255, 255, 255, 255);
    fill(63, 63, 63, 255);
  } else {
    stroke(0, 0, 0, 255);
    fill(255, 255, 255, 100);
  }
  ellipse(sx_Left, sy_Left, sensorHeadRadius*2,
                            sensorHeadRadius*2);

~中略(右センサも同様)~

  noFill();
  popMatrix();
}

void GetSensor(float X, float Y, float Angle) {   ← センサ状態の更新
  float l= vehicleDepth;
  float d= sensorDist/2;
  float cosQ=cos(Angle);
  float sinQ=sin(Angle);
  int Sx_Left, Sy_Left;
  int Sx_Right, Sy_Right;

  int x_Left = (int)(l*sinQ - d*cosQ + X);
  int y_Left = (int)(-l*cosQ - d*sinQ + Y);

  int x_Right = (int)(l*sinQ + d*cosQ + X);
  int y_Right = (int)(-l*cosQ + d*sinQ + Y);

  Sx_Left = x_Left;
  Sy_Left = y_Left;   ← 左センサ位置の計算
  if (Sx_Left < 0) {
    Sx_Left += img_x;
  }
  if (Sx_Left > img_x) {   ← センサがウィンドウからはみ出たとき
    Sx_Left -=img_x;
  }
  if (Sy_Left < 0) {
    Sy_Left += img_y;
  }
  if (Sy_Left > img_y) {
    Sy_Left -= img_y;
  }
  int num = (Sy_Left*width)+Sx_Left;
  if (num >= 0 && num < width*height) {
    Pixel = img.pixels[num];
    if (int(brightness(Pixel))==0) {
      LeftSensor = 1;
    } else {
      LeftSensor = 0;   ← 左センサ位置の色判別
    }
  } else {
    LeftSensor = 0;
  }

~中略(右センサも同様)~

void UpdateState() {   ← ロボット位置の更新
  float t_sq=(vel_L-vel_R)/vehicleWidth;
  float t_vel=(vel_L+vel_R)/2;

  sq += t_sq;
  sx += t_vel*sin(sq);
  sy -= t_vel*cos(sq);

  if (sx < 0) {
    sx += img_x;
  }
  if (sx >= img_x) {
    sx -=img_x;
  }
  if (sy < 0) {
    sy += img_y;
  }
  if (sy >= img_y) {
    sy -= img_y;
  }
}

int GetState() {   ← センサ位置から状態への対応付け
  int state=0;
  if (LeftSensor== 1 && RightSensor==1) {
    state = 0;
  } else if (LeftSensor==1 && RightSensor==0) {
    state = 1;
  } else if (LeftSensor==0 && RightSensor==1) {
    state = 2;
  } else if (LeftSensor==0 && RightSensor==0) {
    state = 3;
  }
  return state;
}
```

もう1つは，ライン・トレース・ロボットの動作を決定するアルゴリズムが書かれたものです．今回はIfThen.pdeというファイルとなります．

● フローチャート

フローチャートを図6に示します．この中で以降のアルゴリズムによって変えなければならないところは，灰色の部分です．

1つはアルゴリズムの初期化を行うInit関数の中です．もう1つは，動作選択のためのアルゴリズムが書かれたSetAction関数です．また，次の動作を決定するためのMove関数も多少変わることがありますが，その説明は都度行います．

プログラム1…ロボの基本動作や表示を行うベース

ライン・トレースのプログラム(LineTrace.pde)をリスト1に示します．

● グローバル変数

最初の部分にライン・トレース・ロボットの形を決めるための変数が設定されています．この大きさは実際に作ることができるライン・トレース・ロボットに合わせています[1]．ここで重要な変数はvel_Lとvel_Rとなります．

これはライン・トレース・ロボットの左右のタイヤの速度となっていて，行動を決めてライン・トレース・ロボットを動かすときにはこの値を変えて動かします．タイヤの速度とライン・トレース・ロボットの動作の関係はこの後説明します．これ以外にも，いろいろな変数の設定があります．

● 初期化のためのsetup関数

Processingではプログラムを実行したら初めにsetup関数が1度だけ実行されます．そこでsetup関数内でウィンドウの大きさや画面の更新頻度などの初期化をします．

ここで重要な点は，コースの設定をしている点です．

```
img = loadImage("course2.bmp");
```

として読み込んでいます．この，course2.bmpを，使いたいコースのファイルの名前にすればよいことになります．

ダウンロードできるサンプル・ファイルには，course1.bmp，course2.bmp，course3.bmpがありますので，変更してみてください．

そして，移動データや学習したときの値など，今後いろいろ保存するためのファイルをdata.txtとして設定しています．今回はdata.txtにはスコアが入ります．さらにアルゴリズムの初期化のための関数として設定したInit関数を呼ぶこととします．

● 何度も実行されるdraw関数

その後，draw関数が何度も呼ばれます．draw関数の中ではまず，シミュレーション時間などの情報を左上に表示しています．そして，マウスの左ボタンが押される前はflag_startがfalseとなっているため，マウス位置にライン・トレース・ロボットを描画することだけを行います．

マウスの左ボタンが押された場合は，mousePressed関数の中でflag_startがtrueに変更されるため，動作アルゴリズムが書かれたMove関数が呼び出されるようになります．そしてMove関数の中でライン・トレース・ロボットの位置と方向が更新されますので，その位置と方向になるようにライン・トレース・ロボットを描画します．

● マウス・ホイールを回したときに呼ばれるmouseWheel関数

この関数はマウス・ホイールを回したときに呼び出されます．関数内ではマウス・ホイールをどのくらい回したのかを得ることができます．その値をライン・トレース・ロボットの方向に加えることで，ライン・トレース・ロボットを回転させています．

● マウスを押したときに呼ばれるmousePressed関数

右ボタンでも左ボタンでも押したときに呼び出されますので，最初のif文で左ボタンであるかどうかをチェックしています．左ボタンが初めて押されたならば(flag_startがfalseならば)，今のマウスの位置を初期位置としてシミュレーションを開始しています．また，このとき，ライン・トレース・ロボットの初期位置と初期方向をinit_pos.txtというファイルに保存しています．

右ボタンが押されたときはdraw_stepというシミュレーションの速度を決める変数を10倍し，10000になったら1に戻しています．

● ウィンドウを閉じたときに呼ばれるexit関数

ウィンドウが閉じたとき，データを保存するファイルを閉じることにしています．このサンプルではバッファに残っているデータを強制的に書き出してからファイルを閉じています．

● ロボットの描画をするrobot関数

ロボットを描いています．本書への掲載用に白黒で描いていますが，設定を変えカラフルにすると，より見やすくなります．

● センサの値を読み取るGetSensor関数

ロボットの位置と方向を引数として入れると，前方の2カ所のセンサの値をもとに床の色に従ってLeftSensorとRightSensor変数を更新します．黒のときは1に，白のときは0になります．

● ロボットの位置を更新するUpdateState関数

Move関数の中でライン・トレース・ロボットの左右のタイヤの速度からロボットの次の時刻の位置を計算しています．シミュレーション上では速度に1を掛けた距離だけ進むこととしています．

左右のタイヤの速度を指定すると，ロボットは直進したり旋回したりします．例えば図7のように左右のタイヤが同じ速度ならば直進，左右のタイヤが逆の速度なら旋回，左タイヤは停止して右タイヤだけ動いているときは左に滑らかに曲がるなどです．

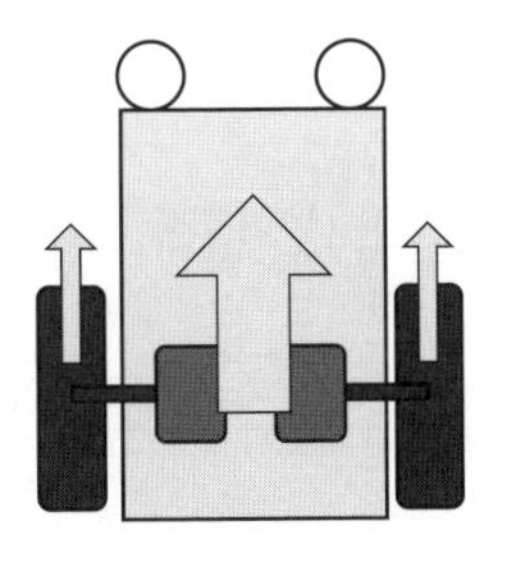

(a) 直進…両方のタイヤが正転

(b) 左旋回…右タイヤが正転，左タイヤが逆転

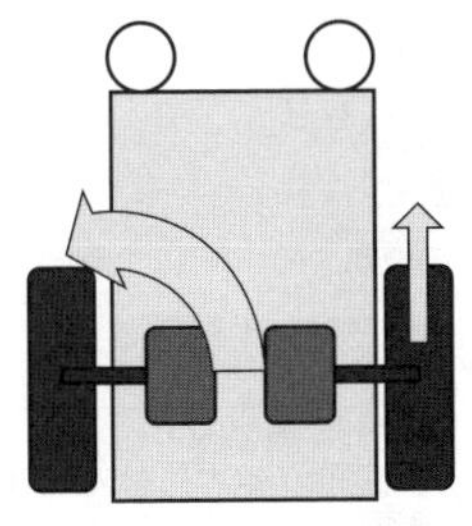

(c) 左折…右タイヤだけ正転

図7　ロボットを直進させたり曲げさせたりするときのタイヤの動き

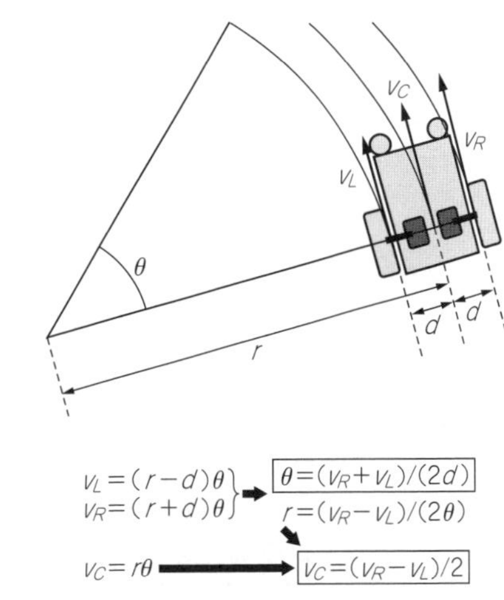

図8　左右のタイヤの速度とロボットの速度と回転速度（角速度）との関係

それでは，左右のタイヤの速度とライン・トレース・ロボットの中心の速度および回転速度（角速度）との関係を計算してみます．

まず，ロボットの左右のタイヤの速度とロボットの角度とは**図8**の関係があります．ロボットの進む距離`t_vel`は，**図8**のV_cに相当し，回転する角度`t_sq`は**図8**のθに相当します．また，V_R，V_L，dはそれぞれ，`vel_R`，`vel_L`，`vehicleWidth/2`となります．この関係を`UpdateState`関数で計算しています．

● センサの状況から状態を対応付ける`GetState`関数

左右のセンサの値をもとに状態を表す0～3の値に換算する関数です．対応は**表2**に示します．

表2　左右のセンサの値をもとにロボットの状態を0～3の値で表す

左センサ	右センサ	動　作
黒	黒	0
黒	白	1
白	黒	2
白	白	3

プログラム2…If-Thenルールのアルゴリズム

If-Thenルールのプログラムを**リスト2**に示します．

● 初期化のための`Init`関数

まず，初期化するための`Init`関数が必要です．今回は何も使いませんが，書いておく必要があります．

● ライン・トレースを動かすための`Move`関数

次に，動作のための`Move`関数では，センサの値を読み取って（`GetSensor`関数），ルールに従った動作から左右のタイヤの速度を決め（`SetAction`関数），ライン・トレース・ロボットを動かして（`UpdateState`関数）います．

そして，`SIM_COUNT`は1回のシミュレーションの最大時間となっています．ここでは1000に設定されています．このため1000回シミュレーションが繰り返されると，初期位置から再度実行できます．1000回という制限をやめたいときは`if`文全体をコメント・アウトします．

● 左右のタイヤの速度を決めるための`SetAction`関数

`GetSensor`関数を呼び出すことで，左右のセンサの状態が更新されます．そこで，その値に従って`vel_L`と`vel_R`の値を変えています．もし，`state`が`0`の場合は両方のセンサが黒となっていますので，その場で右に旋回するように`vel_L`と`vel_R`には符号が逆の値（`5`と`-5`）を代入しています．`1`と`2`の場合は片方のセンサが黒，もう片方が白となっていますので直進するように`vel_L`と`vel_R`には同じ値（`5`）を代入しています．そして，`3`の場合は両方のセンサが白となっていますので，`0`の場合とは逆の値を入れてその場で左に旋回するようにしています．

リスト2　If-Thenルールのアルゴリズムをプログラム化（IfThen.pde）

```
final int SIM_COUNT=1000;
float score = 0;

void Init()   初期化のための関数
{             ここでは使わない
}
                                   表示の更新間隔
                                   だけシミュレー
void Move()                        ションを進める
{
  for (int step=0; step<draw_step; step++) {
    GetSensor(sx, sy, sq);  ←センサの更新
    SetAction();  ←動作選択
    UpdateState();  ←位置の更新
    count++;
    time=count/fps;
    if (count>=SIM_COUNT) {
      sx = init_sx;
      sy = init_sy;        1000回のシミュレーションが
      sq = init_sq;        終わったときの処理
      println(score);      ・初期位置に戻す
      score=0;             ・スコアを表示する
      count = 0;           ・スコアの初期化
      break;               ・シミュレーション回数の初期化
    }
  }
}

int SetAction() {          センサの状態から
  int state  = GetState(); 現在のロボットの状態の取得
                           0：右ー黒，左ー黒
                           1：右ー黒，左ー白
  vel_L=5;                 2：右ー白，左ー黒
  vel_R=5;                 3：右ー白，左ー白

  if (state == 0) {
    vel_L=5;
    vel_R=-5;   左旋回
  } else if (state == 1) {
    vel_L=5;
    vel_R=5;    直進
  } else if (state == 2) {
    vel_L=5;
    vel_R=5;    直進
  } else if (state == 3) {
    vel_L=-5;
    vel_R=5;    右旋回
  }
                スコアの更新
  if (state == 1 || state == 2) {
    score+=abs((vel_L+vel_R)/2);
  }
  return 0;     片方だけ黒ならば
}               その速度の絶対値をスコアに加える
                →速い方がスコアがよい
```

動作確認

● 既存コースで動かしてみる

実行はウィンドウ左上の三角マークをクリックすることで行います．**図4**が表示されますので，ライン・トレース・ロボットを置いて実行してみてください．初期位置は白黒の境界線上に置けばスムーズに走り出しますが，黒の上や白の上においても境界線を見つけて走り出します．ここでは，ライン・トレース・ロボットが動いている様子を**図9**に示します．

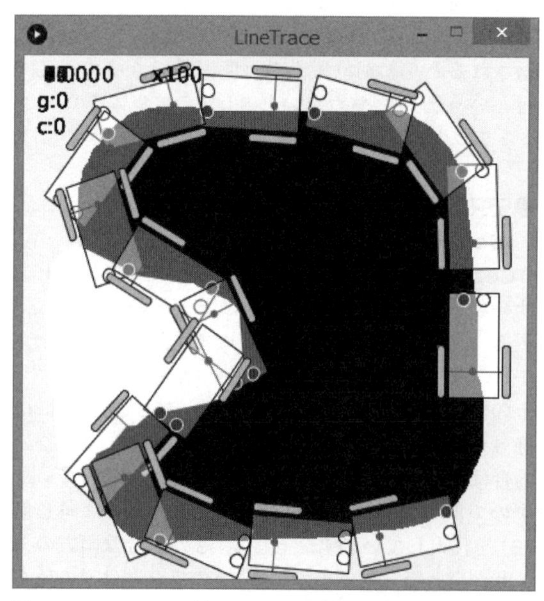

図9　If-Thenルールに従ってコースを回るロボ

● 自分で作ったコースを使う

▶描画

ここで，自分でコースを描いて使う手順を紹介しておきます．まずはペイントを起動します．その後は**図10**の手順に従ってコースを描いてビットマップ形式で保存します．

サイズは正方形でなくても構いません．保存先はLineTrace.pdeファイルと同じフォルダとします．

ライン・トレース・ロボットをうまく動かすコツはコースを細い線で描かないことです．線が細すぎると，線を発見できずに通り過ぎてしまうことがあります．

▶プログラムの変更

次に，作成したビットマップの大きさに合わせてプログラムを変更します．800×800サイズでビットマップを作成している場合は次の変更をする必要はありません．

ここでは例としてサイズが400×600，ファイル名がtest.bmpのビットマップ・ファイルを使うこととして説明を行います．なお，ビットマップのサイズの調べ方は，ビットマップ・ファイルを「右クリック」して「プロパティ」を選択し，「詳細」タブを選択することでできます．**リスト1**のプログラムに対する変更箇所は4カ所です．まずは2カ所の変更を行います．

```
int img_x=800;
int img_y=800;
```

img_xにはビットマップ・ファイルの水平方向(幅)のサイズ，img_yには垂直方向(高さ)のサイズを入れます．400×600サイズの場合は次のように変更します．

```
int img_x=400;
int img_y=600;
```

3つ目の変更箇所は，

```
size(800, 800);
```

の部分です．400×600サイズの場合は次の通りとなります．

```
size(400, 600);
```

よく分かる読者の方は，これも変数で書いて設定すればよいのではと思うかもしれません．しかし，このバージョンのProcessingではsize関数の引数に変数(finalを付けて定数とした場合も含めて)を使えなくなっています．

4つ目の変更箇所は読み出すファイル名を指定する

```
img = loadImage("course2.bmp");
```

の部分です．

test.bmpを使う場合は次の通りとします．

```
img = loadImage("test.bmp");
```

以上の手順に従いビットマップ・ファイルを作成し，4カ所を変更することで自分で作ったコースでライン・トレース・ロボットを動かすことができます．

＊　＊　＊

人間が決めたルールに従ってライン・トレース・ロボットを動かしました．以降ではシミュレータを使ってライン・トレース・ロボットが動作を獲得していくアルゴリズムを紹介していきます．

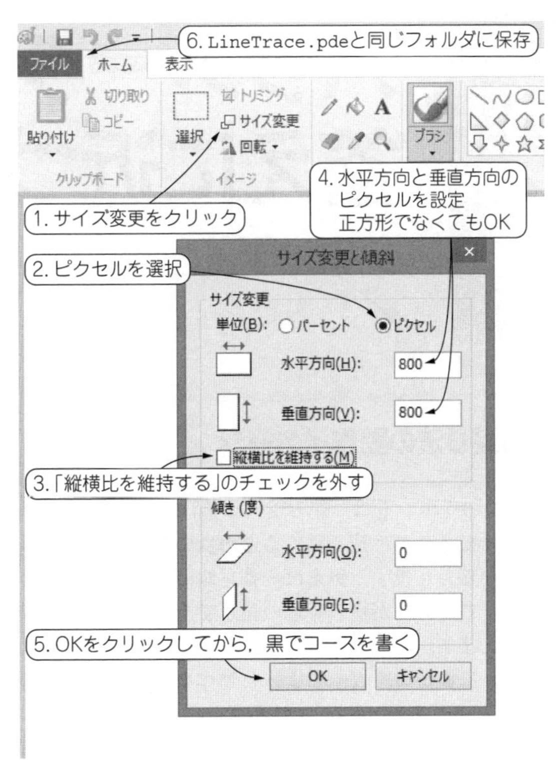

図10　コースの作り方(ペイントを使う例)

◆参考文献◆

(1) 牧野 浩二；たのしくできるArduino電子工作，東京電機大学出版局，2012年．

まきの・こうじ

第2章

パラメータを変えながら答えに近づく「山登り法」

牧野 浩二

山登り法の動作イメージ

図1のロボットは，左センサが黒，右センサが白のときにできるだけ速く動くことが良い動きだと教えられているとします．例えば一番左側のように左センサが黒，右センサが白，普通の速さで直進している状態を考えます．次の動作は，もっと速く直進する，右に緩やかに曲がるなど，ちょっと動作を変えることを考えます．この例では2つしか示しませんでしたが，ゆっくり直進や左に曲がるなどに変わる場合も考えられます．

● 動作の記憶

このロボットが「もっと速く直進」という動作を選択したとします．この場合，まだ左センサが黒，右センサが白となりました．そして，速く動いたので，良い動作をしたとロボットは大満足です．そこで，この動作のルールを記憶することとします．

● 動作のやり直し

この動作のルールを基にして，また少しだけ動作を変えることを行います．もしも速く直進するのではなく**図1**下の選択のように，右に曲がるように動作を変えたらどうなるでしょうか．その場合は左センサが黒い床から離れてしまうことになります．そうするとロボット自身がダメな動きだったと気づきます．その場合は左センサが白で右センサが黒のときには直進するルールに戻そうと考えます．これを繰り返していくうちにロボットはだんだん良い動作になっていきます．

もうちょっと詳しく見てみる

● 簡単な例で体験

山登り法の極意は値をちょっと変えて，変える前よりも計算結果が大きくなるかどうかの確認を繰り返すことにあります．この方法で，関数の最大値を求めることもできます．

ここでは，

$y = -3x^4 + 4x^3 + 12x^2$

の最大値を山登り法で解いてみましょう．この関数のグラフを**図2**に示しておきます．

▶ $x = 1$

例えば初期値として$x = 1$とします．そのときのyの値は次のように計算できます．

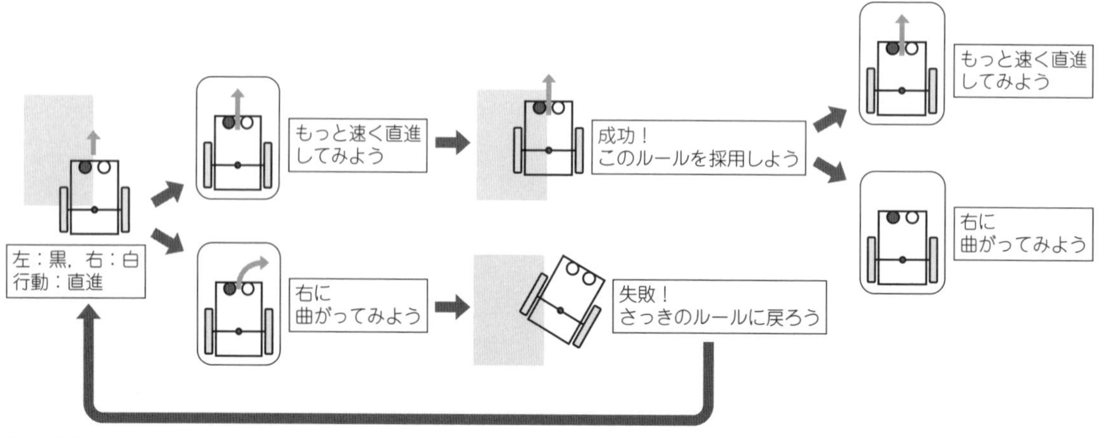

図1　自走ロボットに定められた動き

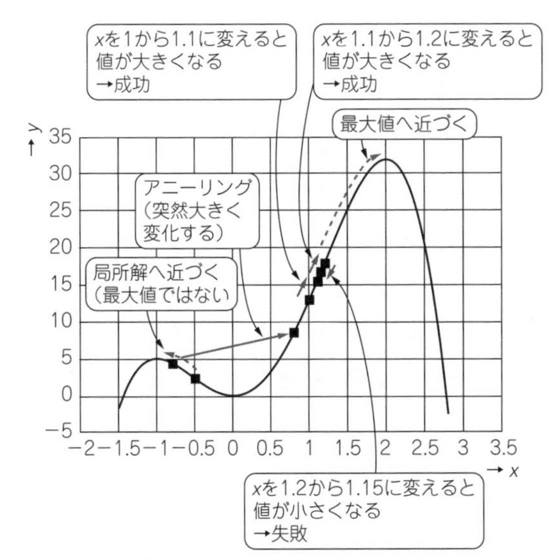

図2 「山登り法」のイメージ
$y = -3x^4+4x^3+12x^2$のグラフ

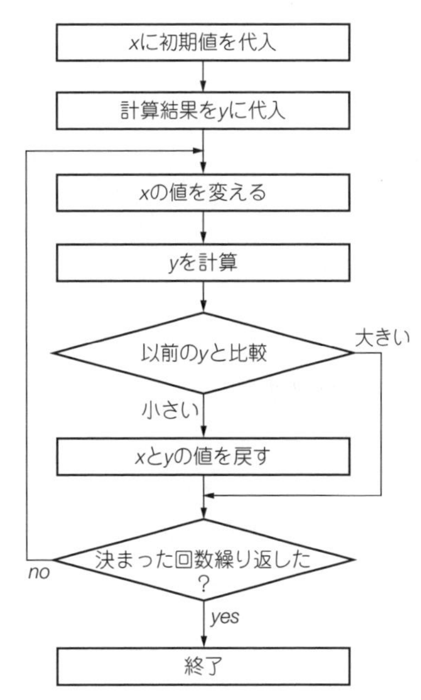

図3 図2の関数曲線において頂上へ向かうためのフロー

$y = -3 \times 1^4 + 4 \times 1^3 + 12 \times 1^2 = 13$

この13という値が基準となります.

▶ x ＝1.1

次にxの値を変更します. 山登り法ではランダムな値が使われます. 例えば変更する量が+0.1の場合, 1に0.1を足してxの値が1.1となります. x = 1.1のときのyの値は次のように計算できます.

$y = -3 \times 1.1^4 + 4 \times 1.1^3 + 12 \times 1.1^2 = 15.4517$

計算した結果が先ほど基準にした13よりも大きいですね. そこで15.4517が新しい基準の値となります. **図2**で示すとxの値が1から1.1に変わったので山を登っているような変化となります.

▶ x ＝1.2

さらに変更する量が+0.1の場合, 1.1に0.1を足してxの値が1.2となり, yの値は次のようになります.

$y = -3 \times 1.2^4 + 4 \times 1.2^3 + 12 \times 1.2^2 = 17.9712$

15.4517よりも大きいため, 17.9712が新しい基準の値となります.

▶ x ＝1.15

では, 変更する値が－0.05となった場合について考えます. **図2**を見れば一目瞭然ですがxの値が1.15となり, yの値が約16.7となります. この値は17.9712よりも小さいため, 望ましくない方向に動いたことが分かります. そのためxの値は1.2に戻し, また乱数を加えていきます.

これを繰り返すことで, 山の頂上へ向かっていき, x = 2のとき, yの最大値が32となることが, 繰り返し計算をすることで求まります. これをフローチャートで表すと**図3**となります.

● 山登り法の問題点

▶ 1…正確な値は分からない

例として用いた数式の最大値は, xが2のとき32となります. しかし, 山登り法の問題点として, xが正確に2になるとは限らない点があります. 変更する値はランダムな値ですので, 0.2862を加えるなども行われます. そのため, 正確に2になることはなかなかありません. その結果, 得られた値が本当に最大値なのかも保証されないという問題もあります.

▶ 2…隣の山の方が高いかも

今回の説明ではxの値を1から始めましたが, xの値を－0.5から始めると, 左の山に登って行ってしまいますね. その結果, 5が最大値という答えを導いてしまうこともあります. これを「局所解」に陥ると言います.

● 問題点をクリアできる「焼きなまし法」

その問題を解決するために, 焼きなまし法(アニーリング法)というものがあります. これは山登り法と原理は同じですが, 変化させる値の大きさとして最初は大きな値も取れるようにしておいて, 徐々に小さな値しか取れなくなっていくようにしたものです. そうすることによって**図2**のように左の山に登り始めても, 大きな乱数によって, 右の山へジャンプすることができるようになります. さらに, 時間がたつにつれて変化する大きさが小さくなるので, 山の頂上付近を細かく探ることができるようになります.

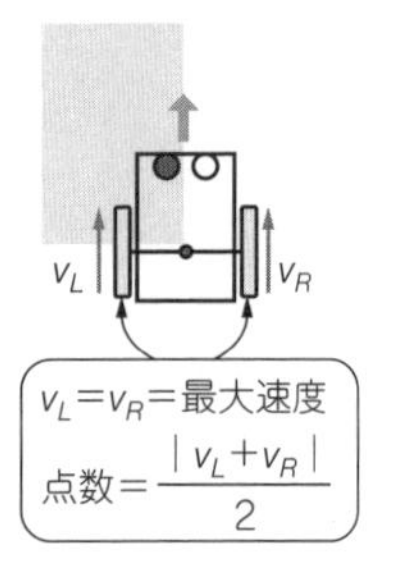

(a) 左：黒，右：白で行動：直進…直進したほうが点数が高い

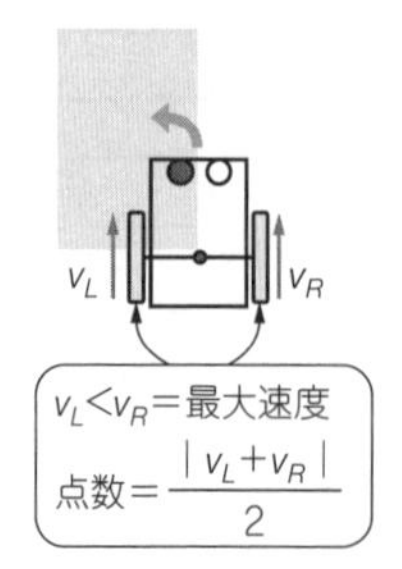

(b) 左：黒，右：白で行動：少し回転

図4　直進のときの点数の付け方

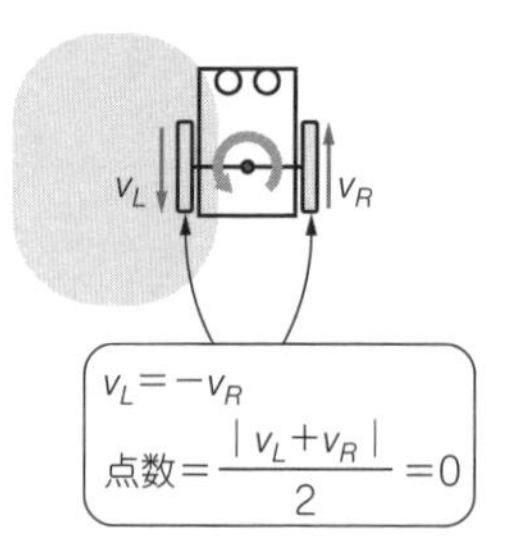

(a) 左：白，右：白で行動：その場回転…滑らかに回転したほうが点数が高い

(b) 左：白，右：白で行動：滑らかに回転

図5　回転のときの点数の付け方

シミュレーションの準備

それでは実機で山登り法の発展形である「焼きなまし法」によるライン・トレースを体験してみましょう．と言いたいところですが，ハードウェアを用意するのはそれなりに時間がかかります．今回はシミュレーションでプログラム作りを体験してみます．

筆者提供のプログラムは，本書ウェブ・ページからダウンロードできます．

```
http://www.cqpub.co.jp/interface/
download/contents.htm
```

プログラミング

■ ステップ1…走り方のルールを決める

山登り法では行動に点数を付けて，その点数が大きくなるように行動を変えていきます．そこで行動に対する点数を決める必要があります．この点数の決め方は経験と試行錯誤で決めることとなり，その決め方で動きの良し悪しが決まります．

● 左が黒で右が白…まっすぐ速く走らせる

まず，ライン・トレース・ロボットを速く走らせるには，ロボットが白黒の境界にいるとき(片方のセンサが白でもう片方のセンサが黒だったとき)に，なるべく速く走るようにしたいですね．そこで両方のタイヤの速さの平均の絶対値を行動に対する点数とします．こうすることで，**図4**のように最大速度で直進すると点数が高く，少しでも曲がると点数が低くなります．

● 両方とも白または黒…進みながら曲がる

次に，両方とも白，または黒になったときには，**図5**のようにその場で回転するよりも，進みながら滑らかに曲がった方が速く移動できそうですね．その場で回転する場合は，両方のタイヤの速度の平均は0となります．それに対して，滑らかに曲がっている場合，両方のタイヤの速度の平均の絶対値は0以上となります．そこで，この場合も両方のタイヤの速さの平均の絶対値を行動に対する点数とします．

● 直進とカーブの点数比率…速く走らせるコツ

真っすぐ走らせるときと進みながら曲がるときの点数の付け方を説明しました．どちらの場合でも点数は両方のタイヤの速さの平均の絶対値としていますので，例えば，ラインに沿って走る場合を考えると，カーブするたびに左右のタイヤの速さに差が生じるため，全速力で直進する場合よりも得られる点数が低くなります．

ではここで，左が黒で右が白のときの点数と，両方とも白または黒の点数をそのまま足し合わせることを考えてみましょう．その場合，ラインに関係なく全速力で直進すると最高得点が得られてしまいます．そこで，片方が白，もう片方が黒となっている方が望ましいので，両方白または両方黒の場合の得点に0.2を掛けます．こうすることで，両方白または両方黒となっているときの移動は点数が低くなります．この0.2という値は筆者が試行錯誤しながら決めました．以上をまとめると次のようになります．

片方白，もう片方黒：両方のタイヤの速度の平均の絶対値
両方白，または両方黒：両方のタイヤの速度の平均の絶対値×0.2

■ ステップ2…実際のプログラムの作成

フローチャートを**図6**に示します．新たに必要な部分は`Init`関数と`SetAction`関数，`Yamanobori`関数となります．

● setup関数

`setup`関数内でウィンドウの大きさや画面の更新

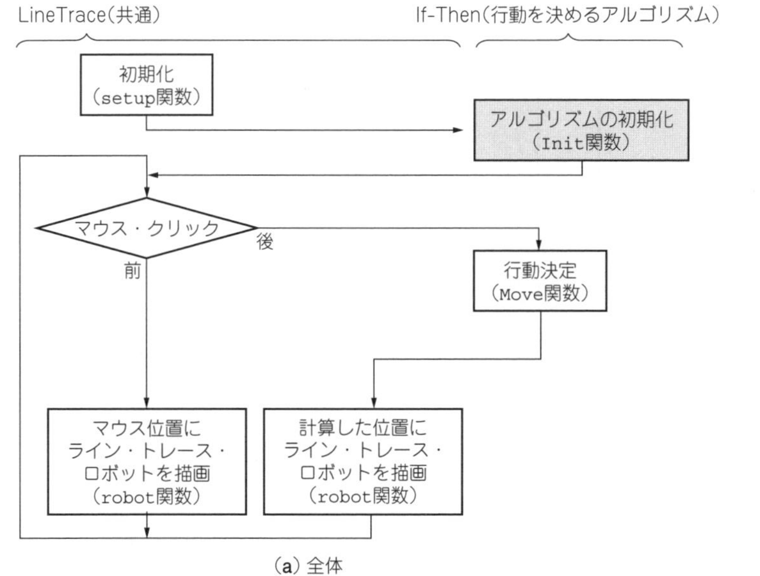

(a) 全体

(b) Move関数の中身

図6　山登り法で動く自走マシンのプログラム

頻度などの初期化をします．ここで重要な点は，コースの設定をしている点です．

```
img = loadImage("course2.bmp");
```

として読み込んでいます．

サンプル・ファイルの中に他のコースもありますので，変更してみてください．data.txtには試行回数とスコア，左右のセンサの状態に対応する左右のタイヤの速度が保存されます．さらにアルゴリズムの初期化のためにInit関数を呼び出します．

● draw関数

draw関数が何度も呼ばれ，シミュレーション時間などの情報を左上に表示しています．マウスがクリックされた後かどうかを，flag_startがtrueかfalseかで判断します．マウスがクリックされる前だったらrobot関数を呼び出し，マウスの位置にライン・トレース・ロボットを描画します．

クリックされた後だったら，Move関数を呼び出して行動を決定してから，robot関数を呼び出してライン・トレース・ロボットを計算した位置に描画します．

この後は，新しく作る山登り法の肝となるプログラムの説明を，リストを示しながら行います．

● 変数の説明

制作するプログラムの中で重要な変数の説明をしておきます．まず，幾つかのグローバル変数を設定しています(**リスト1**)．その意味を説明します．

1行目のSIM_COUNTは1回の施行中のロボットの移送ステップ数としています．

2行目のSTATE_NUMは状態の数を表しています．状態というと難しく感じるかもしれませんが，左と右のセンサの状態が(白，白)，(黒，白)，(白，黒)，(黒，黒)になりますので，その数を表しています．

4～6行目はそれぞれ，動作したときの点数(score)と，各状態における左右のタイヤ速度を設定しています．タイヤの速さは－5～5の値を取ることとしています．

7～9行目はそれぞれ，山登り法では1つ前の行動を行ったときの点数と比べて1つ前の方が点数がよければ，そのときの動作に戻すことを行います．そこで，1つ前の行動の点数(old_score)と動作を保存するための変数を用意しておきます．

● Init関数

各状態のときのタイヤ速度のスコアの初期値を設定します．一部を**リスト2**に示します．まず，scoreを0にしています．そして，次のfor文では各状態の

リスト1　グローバル変数の設定

```
1  final int SIM_COUNT=1000;
2  final int STATE_NUM=4;
3
4  float score = 0;
5  float [] action_vel_L = new float [STATE_NUM];
6  float [] action_vel_R = new float [STATE_NUM];
7  float old_score = 0;
8  float [] old_action_vel_L = new float [STATE_NUM];
9  float [] old_action_vel_R = new float [STATE_NUM];
```

リスト2　Init関数

```
1  void Init()
2  {
3    score = 0;
4    for (int i=0; i<STATE_NUM; i++) {
5      action_vel_L[i]=random(2);
6      action_vel_R[i]=random(2);
7    }
8    old_score = score;
9    for (int i=0; i<STATE_NUM; i++) {
10    old_action_vel_L[i]=action_vel_L[i];
11    old_action_vel_R[i]=action_vel_R[i];
12  }
13 }
```

タイヤ速度を0～2の乱数で決めています．初期状態でタイヤの速さにマイナスの値を入れないことで，とりあえず前に進むようにしています．マイナスの値を使うとなかなか収束しませんでした．例えば5，6行目で－2～2の乱数を初期値としたい場合は，random(2)をrandom(4)-2とします．そして，現在の点数と動作を，1つ前の点数と動作を保持する変数に代入しています．

● Move関数

センサの値を読み取ってロボットを動かした後，Yamanobori関数を呼び出して行動を更新します．一部を**リスト3**に示します．

4行目のGetSensor関数では，ライン・トレース・ロボットの現在の位置と方向から，先端についているセンサの場所を計算し，センサの下が白か黒かを判別することでセンサ情報を更新します．

5行目のSetAction関数は，次の行動を決める関数です．

6行目のUpdateState関数はSetAction関数によって決まった行動に従ってロボットを動かしています．

9行目のif文でcountがSIM_COUNT(1000)に達したかどうかを判定し，10～13行目でライン・トレース・ロボットの位置やカウントを初期値に戻し，

リスト3　Move関数

```
1  void Move()
2  {
3    for (int step=0; step<draw_step; step++) {
4      GetSensor(sx, sy, sq);
5      SetAction();
6      UpdateState();
7      count++;
8      time=count/fps;
9      if (count>=SIM_COUNT) {
10       sx = init_sx;
11       sy = init_sy;
12       sq = init_sq;
13       count = 0;
14       gCount++;
15       Yamanobori();
16       break;
17     }
18   }
19 }
```

15行目でYamanobori関数を呼び出します．

● SetAction関数（ここ重要！）

現在の状態から次の行動を決定し，点数を計算します．一部を**リスト4**に示します．

2行目のGetState関数で現在の状態を取得します．現在の状態は左右のセンサの値によって**表1**のようになります．

4，5行目で各状態に対応した左右のタイヤの速さを決定しています．この関数の中で点数を決めています．この決め方が重要です．

ロボットのセンサの片方が白，もう片方が黒となっている状態のとき，このセンサの状態は1または2となります．このときには8行目にあるように左右のタイヤの速度の平均値の絶対値をスコア変数(score)にプラスしていきます．

一方，両方のセンサが白または黒となっているときは，10行目にあるように左右のタイヤの速度の平均値の絶対値に0.2を掛けて，スコア変数(score)にプラスしていきます．

このように設定すると，境界上をできるだけ速く走ることとなり，境界上から外れると滑らかな回転となります．

リスト4　SetAction関数

```
1  int SetAction() {
2    int state  = GetState();
3
4    vel_L=action_vel_L[state];
5    vel_R=action_vel_R[state];
6
7    if (state == 1 || state == 2) {
8      score+=abs((vel_L+vel_R)/2);
9    } else {
10     score+=abs((vel_L+vel_R)/2*0.2);
11   }
12
13   return 0;
14 }
```

● Yamanobori関数（今回のアルゴリズム）

得られたスコアを元に，山登り法によって行動の

表1　GetState関数で現在の状態を取得

左センサ	右センサ	状　態
黒	黒	0
黒	白	1
白	黒	2
白	白	3

ルールを更新します．一部を**リスト5**に示します．Yamanobori関数が呼び出されるのはSIM_COUNTで決められたステップ(1000ステップ)後です．

3～9行目で今回の点数と動作をファイルに保存しています．ファイル名はdata.txtです．

11行目で今回の点数(score)と前回の点数(old_score)を比較します．もしold_scoreの方がよければ(11～16行目)，現在の点数と動作を1つ前の点数と動作に戻します．逆に今回の点数(score)がよければ(17～22行目)，1つ前のスコアと動作に現在のスコアと動作を上書きします．そして次のシミュレーションに備えてscoreを0にします(24行目)．

その後，各状態のタイヤの速さを変えます．まず，変更する値の大きさを決めます(24～27行目)．ここでは，0～1までの乱数を求め，それが0.9より小さかったらrsという変数に10を入れます．このrsを使って29と30行目でタイヤの速度を変更します．rsが10の場合は－0.1～0.1の範囲で変えることとなります．これが起こる確率は90％です．

一方，rsが1となるのは10％で，この場合は－1～1の範囲で変えることとなります．このようにたまに大きな変更を起こすことで，焼きなまし法のような効果を得ています．実際の焼きなまし法はシミュレーションのステップに従ってジャンプする範囲を変更するなど，もう少し複雑なことをしています．

そして，各タイヤの速さが－5～5を超えないように変えています(31～34行目)．

シミュレーション結果

それではシミュレーションでライン・トレース・ロボットを動かしてみます．今回の山登り法は，ライン・トレース・ロボットを置く位置によって結果が変わります．これには法則はなく，偶然得られる結果となります．ここでは2種類の結果を示します．

● 結果1

それでは2つのシミュレーションのうち，1つ目の結果を**図7**に示します．**図7(d)**のグラフは点数の変化を示しています．そして，**図7(a)～(c)**はライン・トレース・ロボットの移動軌跡を表しています．なお，スタート位置は右の真ん中の境界線上です．

1回目はゆっくり移動し，ラインにあまり沿っていません．そして，1/4周程度しか移動できていません．

150回目ではラインに沿って移動してほぼ1周しています．それに従い点数も上昇しています．

1000回目になると，かなり速く移動できるようになり，1周半も移動しています．

リスト5　Yamanobori関数

```
1  void Yamanobori()
2  {
3    writer.print(gCount+"\t"+score);
4    for (int i=0; i<STATE_NUM; i++) {
5      writer.print("\t"+action_vel_L[i]);
6      writer.print("\t"+action_vel_R[i]);
7    }
8    writer.println();
9    writer.flush();
10
11   if (old_score>score) {
12     score = old_score;
13     for (int i=0; i<STATE_NUM; i++) {
14       action_vel_L[i]=old_action_vel_L[i];
15       action_vel_R[i]=old_action_vel_R[i];
16     }
17   } else {
18     old_score = score;
19     for (int i=0; i<STATE_NUM; i++) {
20       old_action_vel_L[i]=action_vel_L[i];
21       old_action_vel_R[i]=action_vel_R[i];
22     }
23   }
24   score=0;
25   float rs;
26   if (random(1)<0.9)rs=10;
27   else rs=1;
28   for (int i=0; i<STATE_NUM; i++) {
29     action_vel_L[i]+=(random(2)-1)/rs;
30     action_vel_R[i]+=(random(2)-1)/rs;
31     if (action_vel_L[i]<-5)action_vel_L[i]=-5;
32     if (action_vel_L[i]>5)action_vel_L[i]=5;
33     if (action_vel_R[i]<-5)action_vel_R[i]=-5;
34     if (action_vel_R[i]>5)action_vel_R[i]=5;
35   }
36 }
```

● 結果の考察

シミュレーションが終わると，init_pos.txtとdata.txtが生成されます．init_pos.txtはライン・トレース・ロボットの初期位置と初期角度が書いてあります．data.txtは試行回数，点数，状態が0(黒黒)のときの左と右の速度，状態が1(黒白)のときの左と右の速度，状態が2(白黒)のときの左と右の速度，状態が3(白白)のときの左と右の速度の順にデータが書かれています．

このデータを基に，それぞれの1回目，150回目，1000回目のタイヤの速度を**表2**に示します．

まず，右のセンサが黒で左のセンサが白の場合は，白黒の境界にいるときなので，1000回目には両方とも5，つまり最大速度となっています．1回目や150回目に比べて値がどんどん大きくなっています．

両方のセンサが白の場合は，左に回転する必要があり，大きな速度差を付けてかつ左タイヤは最大速度に近くなることで，滑らかにかつ速く移動できるようになっています．

両方のセンサが黒黒の場合は左側のへこんでいる部分にライン・トレース・ロボットが入って，右に回転するときです．このカーブはきついので，両方のタイヤをほぼ反対に回しています．そして速度を速めるこ

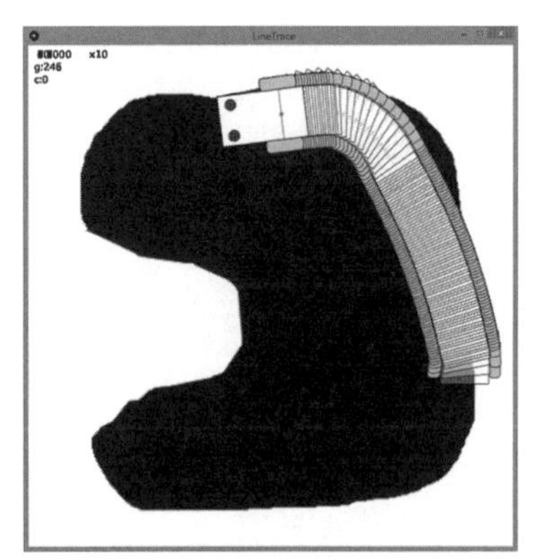

(a) 1回目

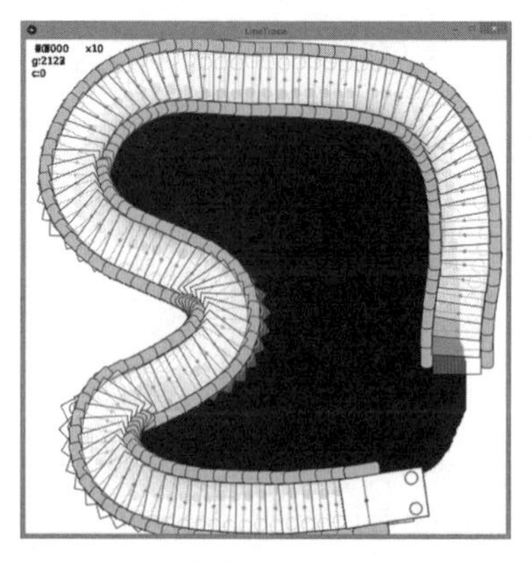

(b) 150回目

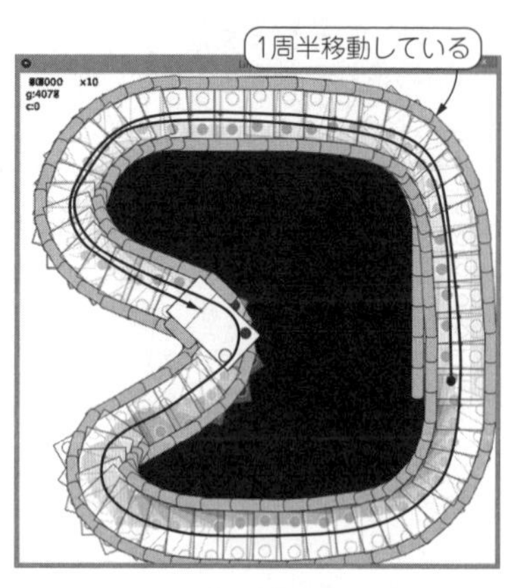

(c) 1000回目

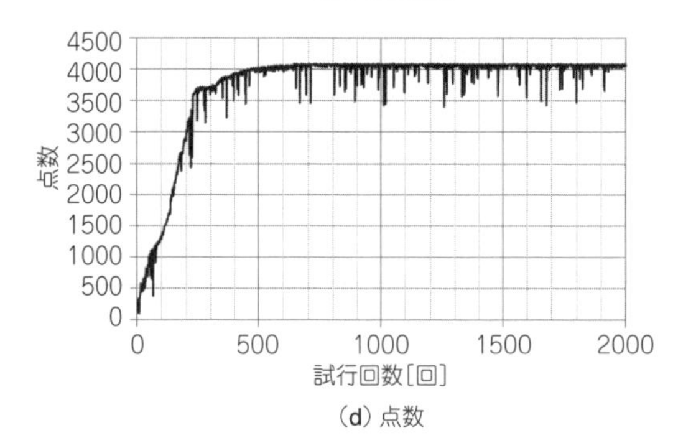

(d) 点数

図7　シミュレーション結果1…やってみてうまくいったらその「やり方」を採用する手法だから回数を重ねるとだんだん上手くいくようになる

とで，なるべく早くカーブを抜けるようにしています．

センサの右が白で左が黒となるパターンはないので，特に意味のない値となっています．このように回数を重ねるごとに，どんどんうまくなるのが山登り法の特徴です．

● 結果2

もう1つの結果を**図8**に示します．1回目はとんでもない動きをしています．スタートしてから右に滑らかにカーブします．このシミュレーションでは，右にはみ出ると左から出てきますので，左上を移動します．そして上にはみ出て下から出るなどを繰り返しています．

500回目になると，スタート直後はラインをトレースしていますが，両方が白になるとその場で転回して，スタート位置の方向へ向かって移動しています．そしてラインをトレースして，半周くらい移動しています．

その後，1500回目には1周半も移動できるようになります．このときはスタート直後にその場で回転をして，右回りにラインをトレースしています．

● 図7や図8を描くビューワの作り方

図7や**図8**のような「シミュレーション結果を確認するビューワ」を作成しました．手順は2つです．

まず，シミュレーション後に作成されるinit_

表2　タイヤ速度

センサ	左速度	右速度
黒　黒	0.4353875	0.48067427
黒　白	0.71198845	1.6252766
白　黒	0.3860004	0.6877532
白　白	0.519755	1.0313932

(a) 1回目

センサ	左速度	右速度
黒　黒	1.7856829	−1.9307165
黒　白	3.121197	2.624927
白　黒	0.345356	1.3122504
白　白	−1.7356522	2.8536892

(b) 150回目

センサ	左速度	右速度
黒　黒	4.9343963	−4.4728827
黒　白	5	5
白　黒	2.7992423	0.59101135
白　白	−4.913614	2.9850903

(c) 1000回目

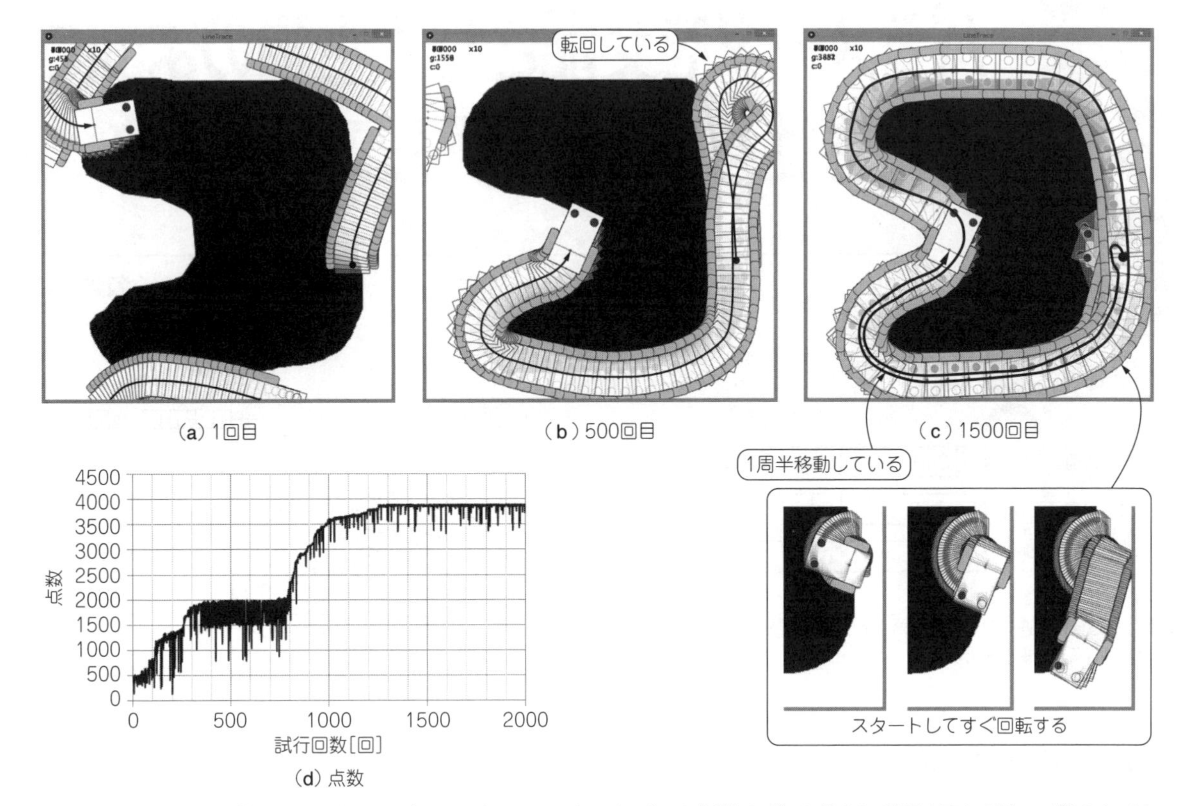

図8　シミュレーション結果2…図7と同じシミュレーションではあるがロボットを最初にどこに置くかで様子が変わる例→いずれにしても回数を重ねればうまく走れる

pos.txtをコピーして，ビューワのinit_pos.txtを上書きします．次にdata.txtを開きます．その中の1行をコピーします．そしてビューワの中のdataline.txtを開き，コピーした内容で書き換えます．

最後にビューワを実行すると動作を確認できます．

まきの・こうじ

第3章 パラメータを交配させて生物のように進化させる「遺伝的アルゴリズム」

牧野 浩二

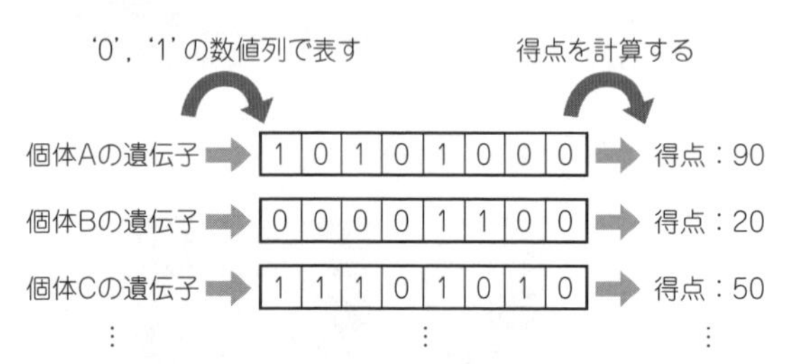

図1 遺伝的アルゴリズムでは対象とする問題を '0' と '1' の数値列で表しそれを遺伝子とみなす

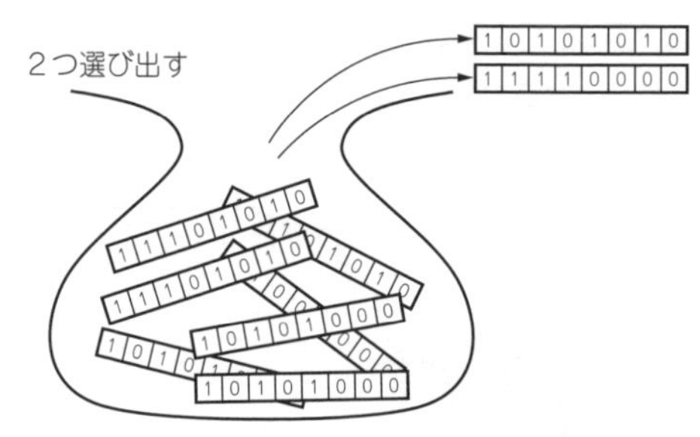

図2 たくさんの個体の中から2つの親となる個体を選ぶ

遺伝的アルゴリズム

● 生物の交配のようにロボットを進化させる方法

いろいろな動き方をする数十台のライン・トレース・ロボットをシミュレーション上で動かします．うまく動いたものには高い得点を与えます．得点が高いと親に選ばれやすくなり，選ばれた2台のライン・トレース・ロボットを「交配」させて，子供ライン・トレース・ロボットを作ります．世代が進むにつれて優秀なライン・トレース・ロボットが作られていくというものです．

動き方を遺伝子として表して，交配し，時には突然変異を入れながら，まるで生物の進化のようにロボットを進化させます．

● あらまし

まず遺伝的アルゴリズムの大まかなポイントを見ながらイメージをつかみましょう．

図1のように遺伝的アルゴリズムでは，対象とする問題を '0' と '1' の数値列で表し，それを遺伝子とみなします．この変換方法がまず1つ目のポイントとなります．この後で例題を使って説明します．この遺伝子を持つ個体というものをたくさん作ります．

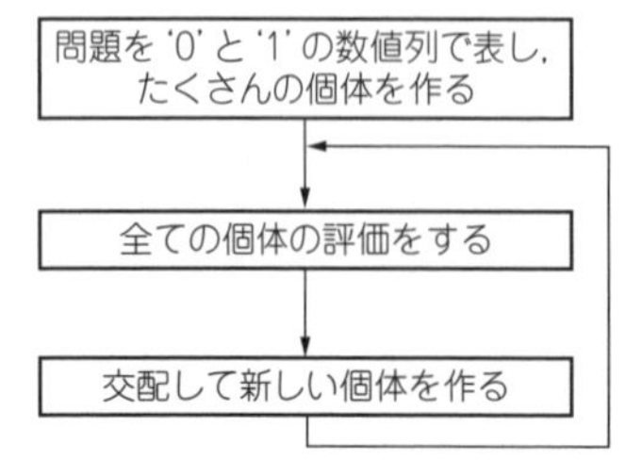

図3 遺伝的アルゴリズムの大まかな流れ

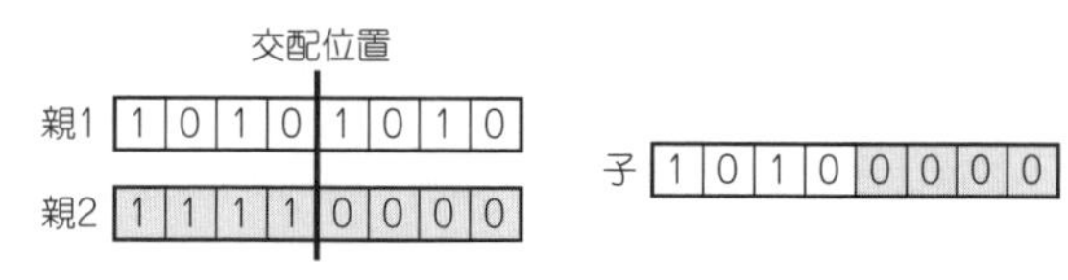

(a) ちょうど半分のところで切り離し

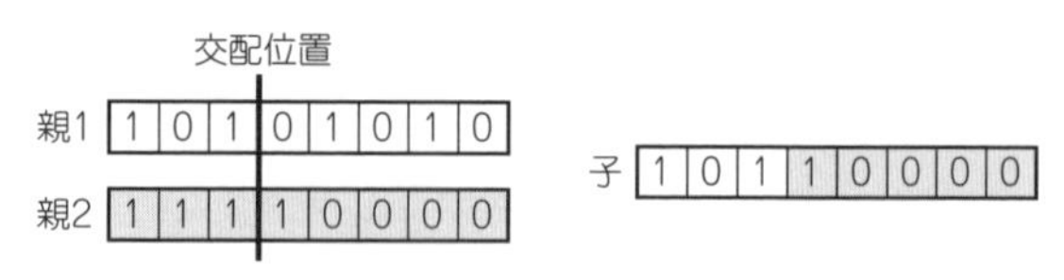

(b) 左から3番目で切り離し

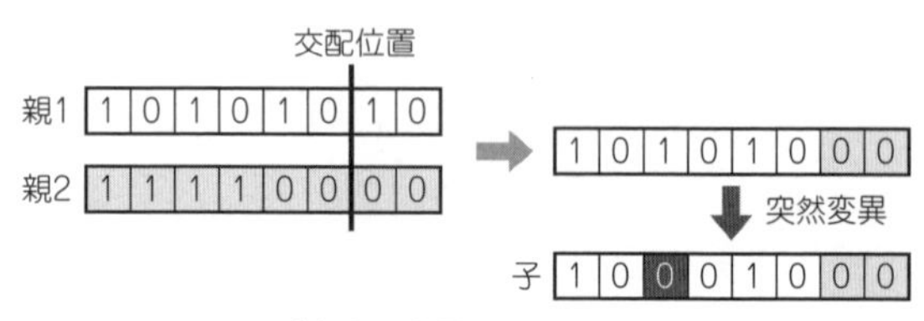

(c) 突然変異を加えたもの

図4 選ばれた2個の親遺伝子を任意の位置で切り離しブレンドして子供を作る

さらに，この遺伝子に従い，各個体がどれだけ良い答えを出すかを評価します．遺伝子によって結果が決まっています．**図2**に示すようにたくさんの個体の中から2つの親となる個体を選びます．親は評価が高いほど選ばれやすくなります．

遺伝的アルゴリズムの大まかな流れを**図3**のフローチャートに示します．

図4に示すように，2個の選ばれた親遺伝子を，あるところで切り離し，ブレンドして子供を作ります．**図4(a)**の場合はちょうど半分のところで切り離しましたが，**図4(b)**のように3番目で切り離すこともできます．また，**図4(c)**にあるようにまれに突然変異を加えます．これを繰り返すと優秀な個体が生まれるという具合です．生物の進化の過程を，遺伝子を用いて模倣しているようですね．

● どんな問題に使える？

遺伝的アルゴリズムはいろいろな問題に適用できます．その応用例として次のものがあります．

- ナップサック問題
- 巡回セールスマン問題[注1]
- ロボット制御
- プログラム自動生成
- 遺伝子情報解析

これらに共通するのは，扱う問題のサイズ（都市の数や荷物の数）が大きくなると解くのにかかる時間が急激に増えてしまうという問題をかかえていることです．本稿では遺伝的アルゴリズムの説明にナップサック問題を用います．

注1：幾つかの都市を重複なくできるだけ効率的に一度だけ訪れる経路を探す問題．

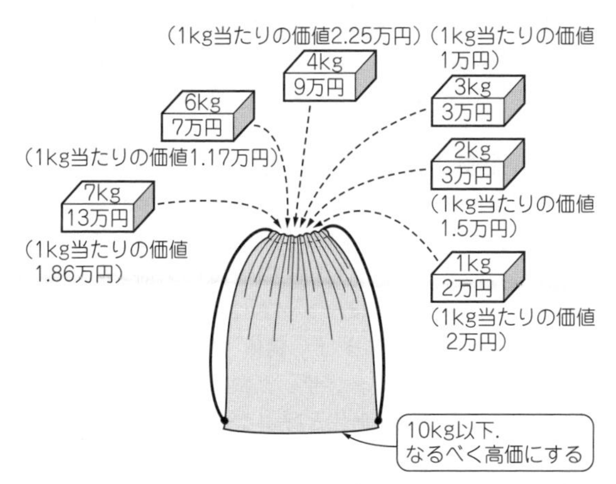

図5　ナップサック問題の説明のために重さと価値の違う6つの荷物を用意

● 山登り法との違い…局所解を避けられる

山登り法は，ロボットがどのくらい良い動作をしたかを記録しておき，動作パラメータを少しだけ変えて実験し，結果がよければ変えた動作パラメータを採用し，そうでなければ戻すことを繰り返します．遺伝的アルゴリズムは，行動を遺伝子という形で記録し，複数のロボットを動かして結果のよかった2体のロボットを選び，遺伝子を交配させて子供を作ります．親と同じ数の子供を作ったら，再度ロボットを動作させることを繰り返すことで，優秀なロボットを作る方法です．

この2つの違いは「リアルタイム性」と「局所解」という点です．山登り法は1つの計算が終わるとすぐにパラメータを更新できるメリットがありますが，局所解に陥ることがよくあります．遺伝的アルゴリズムは，簡単な問題であっても数パターンの計算が必要となり，リアルタイムにパラメータを更新することはできませんが，局所解を回避できるメリットがあります．

お題…ナップサック問題

● まじめにやれば解ける問題だが…

ナップサック問題は，その道では有名な問題です．頑張れば解ける問題なのですが，とても時間がかかります．

決められた重さまで荷物を入れることができるナップサックがあるとします．ここでは例として10kgまで入れることができるとします．そして，重さと価値の違う幾つかの荷物があるとします．ここでは**図5**のように6種類のものを用意します．例えば，4kgのものは9万円の価値があるものとし，2kgのものは3万円の価値があるという具合です．

ナップサック問題とは，10kg以下となるように荷物をナップサックに詰め込んで，価値の合計が最も高くなる組み合わせを見つける問題です．皆さんは簡単に見つけられるでしょうか．答えは，7kg，2kg，1kgの3つを選んだときの17万円となります．

● 計算量が指数的に増えるので意外と考えないといけない

ナップサックに入れる組み合わせは幾つあるのでしょうか．**図5**の場合は64通り（2^6）の組み合わせが

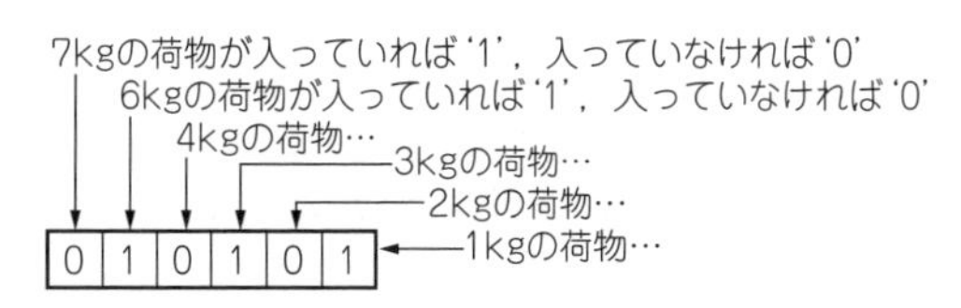

図6　荷物の有り無しを2進数で表現

コラム1 ナップサック問題で一般によく使う「動的計画法」

牧野 浩二

ナップサック問題は総当たりで計算すれば解くことができますが，荷物の数が増えると計算量が爆発的に増えます．このコラムではこれを解く方法としてよく用いられる「動的計画法」を紹介します．

動的計画法を具体的に，**図5**で示した6種類の荷物を用いて紹介します．ただし**図5**の設定ではうまく解けないようになっています．

● 方法1…重量の軽いものから詰めていく

1kg，2kg，3kg，4kgの4つを詰めることができます．その場合，2万円＋2万円＋3万円＋9万円＝16万円となり，最も価値の高い選び方とはなりません．

● 方法2…価値の高いものから詰めていく

一番価値が高いのは7kgのものですので，これを詰めると，残り3kgとなります．3kg以下のもので，最も価値が高いのは3kgのものです．この場合，13万円＋3万円＝16万円となりますので，最も価値の高い選び方とはなりません．

● 方法3…1kg当たりの価値の高い順に詰めていく

価値を重さで割った「重さ当たりの価値」が最も高いものは，4kgの荷物となります．6kg以下の荷物で重さ当たりの価値の高いものは，1kgとなります．このようにして10kgになるまで詰める場合，4kg，1kg，3kg，2kgの4種類を詰め込むこととなり，9万円＋2万円＋3万円＋2万円＝16万円となります．この場合も最も価値の高い選び方とはなりません．

動的計画法はかなり強力にナップサック問題を解くことができますが，必ずしも最適な答えを見つけることはできません．

あります．荷物がn種類あった場合は2^nの組み合わせがあります．

それぞれの荷物をナップサックに入れるかどうかの2択ですので，**図6**のように荷物の数それぞれについて入れる（‘1’で表示）または入れない（‘0’で表示）となります．**図6**の場合は6kg，3kg，1kgの荷物を入れたということを表しています．

例えば，‘110101’となっている場合は，7kg，6kg，3kg，1kgの4種類の荷物が入っていることを表しています．このときは10kgを超えてしまいますが，組み合わせとしては可能です．

また，‘000011’となっている場合は，2kg，1kgの2種類の荷物が入っていることを表しています．この場合は合計の重さが3kgなので，まだまだ入りますが，このような入れ方も可能です．このように‘0’と‘1’で表したものが遺伝子となります．

上記のように考えるため，全ての組み合わせの計算量は2のn乗となります．例えば100個の荷物があったとします．この場合，2^{100}の組み合わせとなり，この全ての組み合わせを計算するのにかかる時間を考えてみます．

3GHzのCPUを使った場合で1クロックで1個の個体の評価ができるとすると，概算で10^{13}年（2^{100}/3000000000（秒）/60（秒→分）/60（分→時間）/24（分→日）/365（日→年）を計算）かかります．

解き方

さて，ここから遺伝的アルゴリズムで解いていきます．遺伝的アルゴリズムは**図6**で示したナップサック問題のように，問題を‘0’と‘1’の数字で表した「個体」を作るところから始まります．例えば‘010101’という詰め方をしたものも個体と呼びます．そして，各個体を評価します．ナップサック問題に当てはめると，価値を計算することに当たります．

全ての個体について評価が終わると，‘0’と‘1’の数値列を遺伝子に見立てて交配を行い，新しい個体を生み出します．この交配の部分が遺伝的アルゴリズムのポイントとなります．この後，ナップサック問題に数値を入れながら具体的なアルゴリズムを解いていきます．

● 1：個体の生成（第1世代）

まずは個体の生成について見ていきます．ここでは**表1**に示すような5個の個体を生成したとします．説明のためにそれぞれA1からE1までの名前を付けておきます．最初の個体はランダムに生成することがよく行われています．例えば，個体A1は4kg，2kg，1kgの3種類の荷物をナップサックに入れたことを示しています．これを第1世代と呼ぶこととします．

● 2：評価（第1世代）

評価は全ての個体の合計重量と合計価値をそれぞれ

表1　生成した5個の個体
個体A1は4kg，2kg，1kgの3種類の荷物をナップサックに入れたことを示す

重さ／個体	7kg	6kg	4kg	3kg	2kg	1kg	合計重量	合計価値
A1	0	0	1	0	1	1	7	13
B1	1	0	0	0	1	0	9	15
C1	1	0	0	0	0	0	7	13
D1	0	1	0	0	0	1	7	9
E1	1	0	1	0	1	0	13	0 (24)

表2　第2世代…第1世代の個体を交配して5体の子を生成

親の遺伝子	B1	B1	B1	B1	B1	B1	合計重量	合計価値
A2 (B1)	1	0	0	0	1	0	9	15

親の遺伝子	B1	B1	B1	C1	C1	C1	合計重量	合計価値
B2 (B1C1)	1	0	0	0	0	0	7	13

親の遺伝子	C1	C1	C1	E1	E1	E1	合計重量	合計価値
C2 (C1E1)	1	0	0	0	1	0	9	15

親の遺伝子	D1	D1	A1	A1	A1	A1	合計重量	合計価値
D2 (D1A1)	0	1	1	0	1	1	13	0 (20)

親の遺伝子	A1	A1	A1	A1	B1	B1	合計重量	合計価値
E2 (A1B1)	0	0	1	1	1	0	9	14

計算することで行います．例えば個体A1の合計重量は7kg，合計価値は13万円となっています．そして個体E1の合計重量は13kgなので，ナップサックに入れてよい重さの10kgを超えていますが，個体としては存在します．入れたものを合計すると合計価値は24万円となりますが，重量を超えてしまっているので合計価値を0円とします．合計価値の高いものを順に並べると次のようになります．

個体B1＞個体A1＝個体D1＞個体C1＞個体E1

● 3：交配による個体の生成（第2世代）

第1世代の個体を交配して5体の子を生成します．その生成した結果を**表2**に示します．

▶個体A2

個体A2は個体B1から生成されています．これをA2（B1）と表記することとし，**表2**にはどの部分がどの親からの遺伝子かということも示しています．「交配は？」と思うかもしれませんが，最も合計価値が高いものは残すという「エリート選択」という戦略があります．エリート選択がない場合は，次の世代で親の世代よりも良い結果を残せない個体ばかりになってしまう場合があります．

▶個体B2

個体B2は個体B1と個体C1からできています．個体B1と個体C1は合計価値が高いため選ばれやすくなっています．この選択方法は「ルーレット選択」と呼ばれています．交配によって生まれた子は左から3番目まで（7kg，6kg，4kg）がB1の個体の遺伝子，その後ろ（3kg，2kg，1kg）が個体C1の遺伝子から成り立っています．

表3　第3世代…第2世代の個体を交配して第3世代の子を5体生成

第2世代親の遺伝子	A2	A2	A2	A2	A2	A2	合計重量	合計価値
A3 (A2)	1	0	0	0	1	0	9	15

第2世代親の遺伝子	A2	A2	A2	C2	C2	C2	合計重量	合計価値
B3 (A2C2)	1	0	0	0	1	0	9	15

第2世代親の遺伝子	B2	B2	B2	B2	A2	A2	合計重量	合計価値
C3 (B2A2)	1	0	0	0	1	0	9	15

第2世代親の遺伝子	C2	C2	C2	D2	D2	D2	合計重量	合計価値
D3 (C2D2)	1	0	0	0	1	1	10	17

第2世代親の遺伝子	A2	A2	E2	E2	E2	E2	合計重量	合計価値
E3 (A2E2)	1	0	1	1	1	0	16	0 (27)

▶個体C2

個体C2は個体C1と個体E1からできています．個体E1は重さが10kgを超えているため，価値は‘0’となりますが，低い確率で選ばれるようになっています．このように価値の低い個体も子を生成することで同じ遺伝子ばかりになることを防いでいます．同じ遺伝子ばかりになると交配しても同じ個体しか出てこなくなってしまいます．このようにすることで，個体の多様性を保つことができます．

▶個体E2

個体E2は個体A1と個体B1からできていて，左から4番目の遺伝子が突然変異を起こしています．突然変異は決められた確率で遺伝子が反転します．

● 4：評価（第2世代）

第1世代の評価と同じように第2世代も合計重量と合計価値を計算します．合計価値が大きいのは個体A2と個体C2であることが分かります．個体A2はエリート戦略で選ばれたので合計価値が高いのは当然の結果と言えます．

一方，個体C2は第1世代でそこそこ優秀だった個体C1と最も優秀でなかった個体E1から生成されています．優秀な個体だけではなく優秀でない個体でも親の選び方によっては合計価値の高い個体になる面白い例です．

コラム2 親の選択方法

牧野 浩二

親の選択方法は2種類あります．

● 1：エリート選択

最も評価の高い個体を次の世代の個体としてそのまま使う方法です．**表1**～**表3**の例ではエリートに選択される個体は1つだけでしたが，例えば上位3つなど幾つにでも設定できます．

● 2：ルーレット選択

評価の比率によって選ばれる可能性を変える方法です．例えば**表1**に示す第1世代が選ばれる確率は**図A**(**a**)のようになります．これをルーレットを回すように選択すると個体B1が選ばれやすく，個体E1は選ばれなくなります．そこで，ルーレット選択するときには合計価値に＋1した値を使うと**図A**(**b**)のようになり，個体E1が選ばれる確率が0ではなくなりますので，多様性を保つことができます．

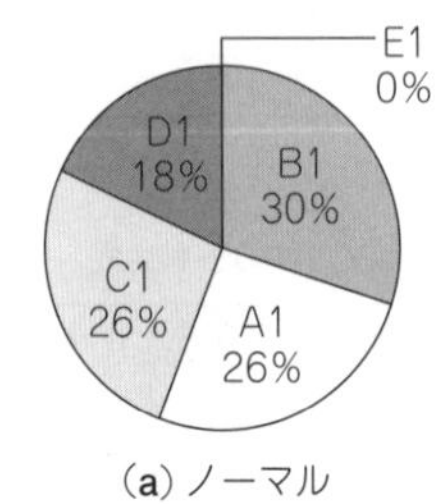

(a) ノーマル

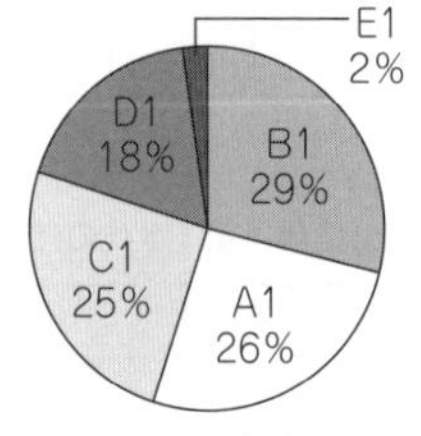

(b) 合計価値に＋1した

図A　ルーレット選択

個体D2は親は10kgより少ないのですが，交配すると10kgを超えています．

● 5：交配による個体の生成（第2世代）

第2世代の個体を交配して第3世代の子を5体生成します．その生成した結果を**表3**に示します．注目すべきは個体D3で，最高の合計価値を持つ個体が生まれていることが分かります．

このように世代を重ねながら最高の合計価値を持つ個体を探すのが遺伝的アルゴリズムとなります．

● グラフで確認

各世代における各個体の合計価値の変化を**図7**に示します．合計価値の最大値を大きな黒い丸印で，最小値（この場合は0）を白い大きな丸印で，それ以外の合計価値を灰色の丸印で示しました．

最大となる合計価値が上がっていることはもちろんですが，灰色で示した他の個体の合計価値も大きくなっている様子が分かります．これは優秀な個体がそろってきていることを示しています．

一方，最も価値の低い個体の合計価値は0となっていて各世代に存在しています．価値がないからと言って遺伝子が残らないのではなく，しっかり残っている点から，個体の多様性が維持できていることも分かります．

準備

遺伝的アルゴリズムでは進化するまでに100回以上試行する必要があります．これを実際のロボットで行うことはとても大変なので，Processingを使ってシミュレーションで体験しましょう．

図7　各世代における各個体の合計価値の変化

● 実行画面の読み方

図8の左上のgは世代を表しています．そして，その下のcは実行中のライン・トレース・ロボットの個体番号を示しています．ライン・トレース・ロボットの試行は0番～9番の，10個の個体の試行を番号順に行います．

● ラインのトレース

今回対象とするライン・トレース・ロボットは**図9**に示すように前方に2カ所の床の白黒判別センサが付いていて，後方にある2つのタイヤの速度をうまく設定することで，白黒の境界線上を走り続けるものです．

ライン・トレース・ロボットと言いながらラインに沿って走るのではなく，白黒の境界線に沿って走ります．ライン・トレース・ロボットにとってはラインよりも境界の方が発見しやすいのでシミュレーションで自動的に動かすときには，この設定の方が進化しやす

コラム3　遺伝子は2カ所でも3カ所でも切れる

牧野 浩二

本章では遺伝子を切る位置を1カ所としています．これを1点交差と呼びます．遺伝子を切る位置を図Bのように2カ所にすることもできます．これは2点交差と呼ばれています．3カ所など何カ所でも遺伝子を切る位置を設定できます．

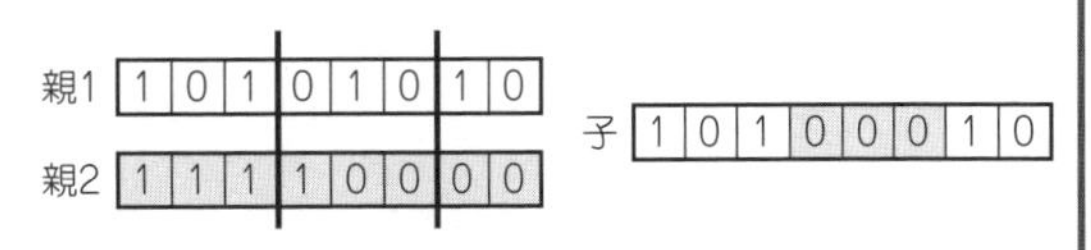

図B　遺伝子を切る位置を2カ所とした2点交差

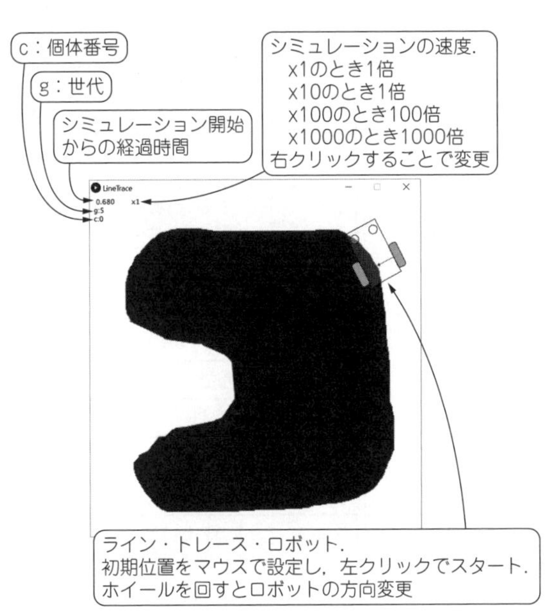

図8　シミュレータProcessingの操作画面

くなります．

前方に2つのセンサがあるので，白黒の組み合わせは(白，白)，(白，黒)，(黒，白)，(黒，黒)の4種類となります．タイヤの速さは無段階に選べるのではなく，32段階(正転16段階＋逆転15段階＋停止)とします．

プログラミングの方針決め

プログラムを見ながら遺伝的アルゴリズムの実装方法を見ていきましょう．フローチャートを**図10**に示します．灰色の部分が今回の遺伝的アルゴリズムを実装する上で書き換える必要のある関数で，白の部分は前章まで使ってきたものと同じ関数となっています．

今回のライン・トレース・ロボットのプログラムでは1世代に10個体のロボットがそれぞれライン・トレースをすることとしました．

● 行動を遺伝子に置き換える

「タイヤの速さを32段階にした」と書いたことでピンときた読者はさすがです．32というのは2の5乗です．つまり，タイヤの速さを5ビットで表すこととします．左右のタイヤがあるので10ビットとなります．そしてセンサの状態ごとに左右のタイヤの速度を決めます．センサの組み合わせは4つですので，遺伝子の合計は40ビットとなります．これを図で表すと**図11**となります．つまり2の40乗もの組み合わせの中から良いものを選ぶこととなります．

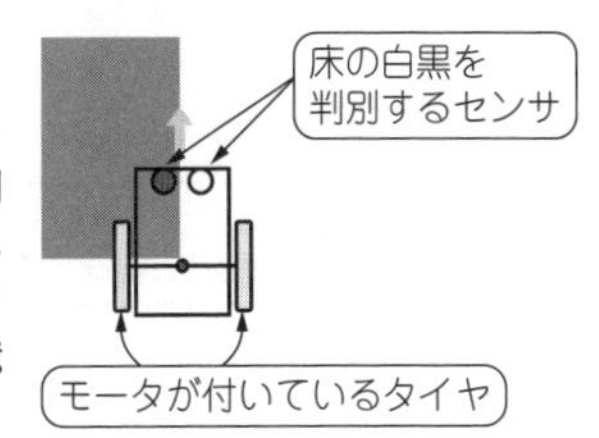

図9
ライン・トレース・ロボットは前方に2カ所の床の白黒判別センサがついていて後方にある2つのタイヤの速度をうまく設定することで白黒の境界線上を走り続ける

● ライン・トレース・ロボットの評価方法[注2]

次に，遺伝子に従って行動したときの評価の仕方を決める必要があります．ライン・トレース・ロボットがうまく動いたと感じるのは，高速かつ境界線上をスムーズに動いているときではないでしょうか．

そこで，ライン・トレース・ロボットにはなるべく速く動いてほしいので，タイヤの速さを足して絶対値を取ったものを評価します．こうすると両方の車輪が全速で正転しているときに評価が高くなります．ライン・トレース・ロボットが白と黒の境界にいるとき，つまり，センサの状態が(白，黒)または(黒，白)のときは全速力で直進するようになると期待できます．

次に，センサが両方とも黒，または両方とも白のときを考えます．このときは境界に沿うために回転動作をしてほしいですね．そこで，境界にいるときよりも評価の値を下げます．具体的には，タイヤの速さを足して絶対値を計算したものに0.2を掛けます．こうすると，(白，白)または(黒，黒)にいるときには評価

注2：この評価は山登り法でライン・トレース・ロボットを動かしたときと同じとしています．さらに，最大速度も同じとしてありますので，両者を比較することもできます．

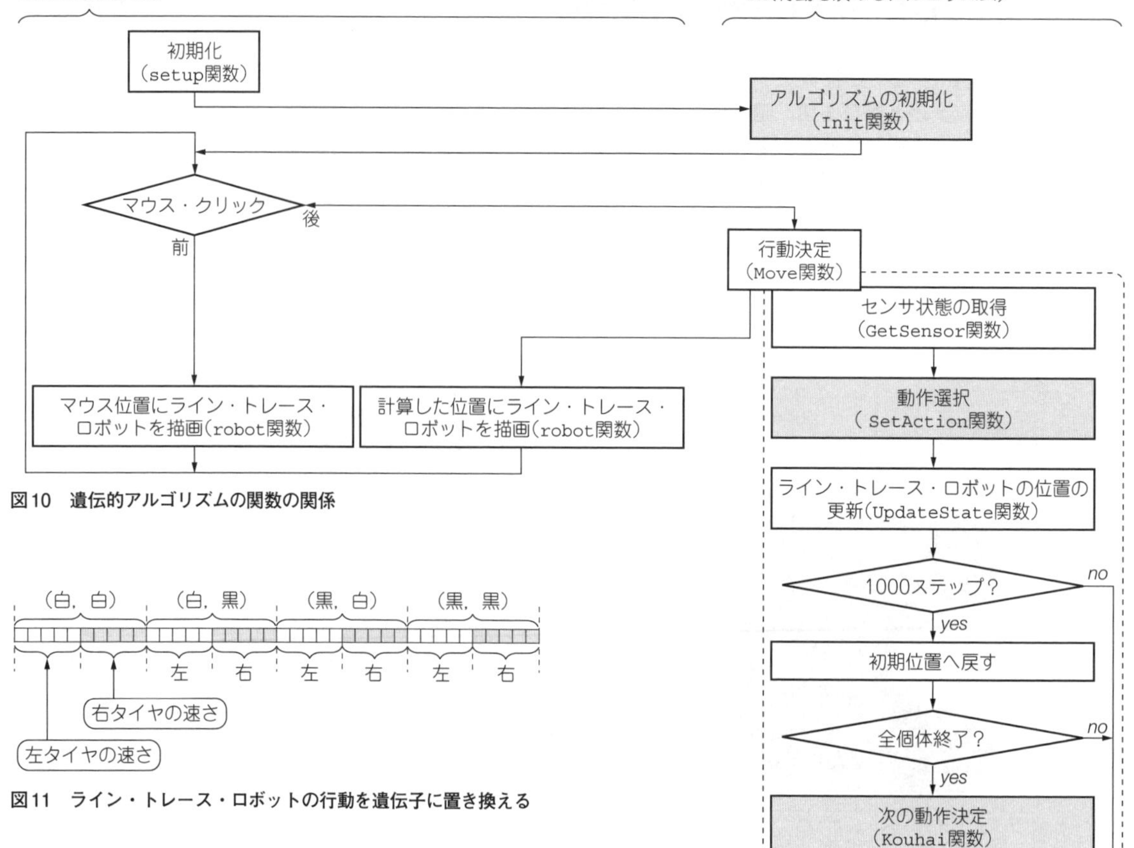

図10　遺伝的アルゴリズムの関数の関係

図11　ライン・トレース・ロボットの行動を遺伝子に置き換える

が低くなりますのでなるべく早く境界線上に戻ろうとすることが予想できます.

● **交配の仕方**

評価の高かった2つの個体はエリートとして選択し, 次の世代の子供として残します. その他の8個体はルーレット選択で選ばれた2個体を1点交差(コラム3参照)で交配しました.

プログラミング

■ 前章までと共通部分

● **setup関数**

プログラムの実行後に一度だけsetup関数が実行されますので, 各種の初期化をします. ここで重要な点はコースの設定をしている点です.

```
img = loadImage("course2.bmp");
```

として読み込んでいます.

● **mousePressed関数**

マウスがクリックされたときに呼び出されます.

● **draw関数**

draw関数が何度も呼ばれ, シミュレーション時間などの情報を左上に表示しています. マウスがクリックされた後かどうかをflag_startがtrueかfalseかで判断します. マウスがクリックされる前だったら, robot関数を呼び出し, マウスの位置にライン・トレース・ロボットを描画します. マウスがクリックされた後だったら, Move関数を呼び出して行動を決定してから, robot関数を呼び出してライン・トレース・ロボットを計算した位置に描画します.

● **robot関数**

ロボットを描いています.

■ 本章で新しく作るプログラム

● **変数の説明**(リスト1)

幾つかのグローバル変数を設定しています. その意味を説明します.

2行目のSTATE_NUMは状態の数を表しています. 状態としてとりうる組み合わせは4種類となります.

リスト1　幾つかのグローバル変数を設定

```
1 final int SIM_COUNT=1000;
2 final int STATE_NUM=4;
3 final int ACTION_NUM=5*2;
4 final int GEN_NUM=ACTION_NUM*STATE_NUM;
5 final int CAR_NUM=10;
6
7 int [][] gen = new int [CAR_NUM][GEN_NUM];
8 float [] score = new float [CAR_NUM];
```

0～3の整数で状態を表しています.

3行目のACTION_NUMは各状態のときのタイヤの速さを表す遺伝子のビット数を設定しています. 今回は各タイヤの速さは5ビットで表現し, 左右のタイヤがあるため, 5×2の計10ビットとなっています.

4行目のGEN_NUMは遺伝子のビット数を設定しています. これは**図11**で示したように4(状態の数)×5×2(各状態での動作を表すビット数)となっています.

5行目のCAR_NUMは各世代での個体の数となっていて, ここでは10としています.

7行目のgenという2次元配列は各世代における各個体の遺伝子を格納する変数となっています.

8行目のscoreという配列は各個体の得点を保存しておくものとなります.

● Init関数(リスト2)

各状態のときのタイヤの速さやスコアの初期値を設定します. まず, 各個体のscore配列を0にしています. そして, 次のfor文では各個体の遺伝子をランダムに決めています. ここでは, 0～1の乱数を作り, 0.5より小さければ1, そうでなければ0としています.

● Move関数(リスト3)

センサの値を読み取ってロボットを動かした後, Kouhai関数を呼び出し行動を更新します.

30行目のGetSensor関数では, ライン・トレース・ロボットの現在の位置と方向から, 先端についているセンサの場所を計算し, センサの下が白か黒かを判別することでセンサ情報を更新します.

31行目のSetAction関数は次に説明しますが, 次の行動を決める関数です.

32行目のUpdateState関数はSetAction関数によって決まった行動に従ってロボットを動かしています.

35行目のif文でcountがSIM_COUNT(1000)に達したかどうかを判定し, 36～41行目でcConuntという個体の番号を1増やし, ライン・トレース・ロボットの位置やカウントを初期値に戻します. こうすることで次の個体のシミュレーションが始まります. そして, ループから抜けます.

全ての個体のシミュレーションが終わったかどうかはcCountがCAR_NUM(設定した個体の数)と等しいかどうかにより判断しています. もし全ての個体のシミュレーションが終わっていたらKouhai関数を呼び出します.

● SetAction関数(ここ重要!)(リスト4)

現在の状態から次の行動を決定し点数の計算をします. 51行目のGetState関数で現在の状態を取得します. 現在の状態は左右のセンサによって次のようになります.

(黒, 黒):0
(黒, 白):1
(白, 黒):2
(白, 白):3

53～58行目のfor文で各状態に対応した左タイヤの速さを読み取っています.

これは**図11**を見ながら, 状態が1, つまり(黒, 白)の場合を考えます. この場合は右から数えて10ビッ

リスト2　Init関数…各状態のときのタイヤの速さやスコアの初期値を設定する

```
void Init()
{
  for (int i=0; i<CAR_NUM; i++) {
    score[i]=0;
    for (int j=0; j<GEN_NUM; j++) {
      float n = random(1);
      if (n<0.5)
        gen[i][j] = 1;
      else
        gen[i][j]=0;
    }
  }
  cCount=0;
  gCount=1;
}
```

リスト3　Move関数…センサの値を読み取ってロボットを動かした後, Kouhai関数を呼び出し行動を更新

```
27 void Move()
28 {
29   for (int step=0; step<draw_step; step++) {
30     GetSensor(sx, sy, sq);
31     SetAction();
32     UpdateState();
33     count++;
34     time=count/fps;
35     if (count>=SIM_COUNT) {
36       cCount++;
37      sx = init_sx;
38       sy = init_sy;
39       sq = init_sq;
40       count = 0;
41       break;
42     }
43   }
44   if (cCount==CAR_NUM) {
45     Kouhai();
46   }
47 }
```

ト目からの値を使うこととなります．これは現在の状態の番号×タイヤの速さを表す遺伝子のビット数(state*ACTION_NUM)から計算できます．

このfor文では計算したビットから5つ(ACTION_NUM/2)だけ読み取ります．さらに，符号付きの2進数から10進数へ変化させています．まず，0ビット目(10ビット目に対応するビット)はそのままsに足し合わせ，1ビット目は2を掛けてから足し合わせ，2ビット目は4(2の2乗)を掛けてから足し合わせることを行っています．

そして，59行目では求めた値がr/2より大きければ－rすることで，－r/2～r/2－1の値を作っています．つまり，－16～15の値となります．

さらに，60行目でr/2で割ることで，－1～1の値[厳密には－1～0.9375(=15/16)]に変換しています．

61行目で－5を掛けることで，－5～5[(厳密には－4.6875(=15/16×5) ～5]の値に変換しています．それを右タイヤの速度としています．

ここで－5を掛けるところがポイントとなっています．2の補数は5ビットの場合－16～15となります．16で割って5を掛けると，正の最大値が5よりも少しだけ小さくなってしまいます．そこで，－5を掛けることで，正の最大値が5となるようにしています．

64～73行目は同じようにして左タイヤの速さを計算しています．さらに，この関数の中で点数を決めています．この決め方が重要です．ロボットのセンサの片方が白，もう片方が黒となっている状態のとき，このセンサの状態は1または2となります．このときには76行目にあるように左右タイヤの速度平均値の絶対値をスコア変数(score)にプラスしていきます．

一方，両方のセンサが白または黒となっているときは，78行目にあるように左右タイヤの速度平均値の絶対値に0.2を掛けてスコア変数(score)にプラスしていきます．

このように設定すると，境界上をできるだけ速く走ることとなり，境界上から外れると点数が低くなることから，回転動作が生まれると期待します．

リスト4　**SetAction関数…現在の状態から次の行動を決定し点数の計算をする**

```
49 int SetAction()
50 {
51   int state  = GetState();
52
53   float s=0;
54   int r=1;
55   for (int i=0; i<ACTION_NUM/2; i++) {
56     s += gen[cCount][state*ACTION_NUM+i]*r;
57     r*=2;
58   }
59   if (s>=r/2)s-=r;
60   s/=(r/2);
61   s*=-5;
62   vel_R = s;
63
64   s=0;
65   r=1;
66   for (int i=ACTION_NUM/2; i<ACTION_NUM; i++) {
67     s += gen[cCount][state*ACTION_NUM+i]*r;
68     r*=2;
69   }
70   if (s>=r/2)s-=r;
71   s/=(r/2);
72   s*=-5;
73   vel_L = s;
74
75   if (state == 1 || state == 2) {
76     score[cCount]+=abs((vel_L+vel_R)/2);
77   } else {
78     score[cCount]+=abs((vel_L+vel_R)/2*0.2);
79   }
80   return 0;
81 }
```

● Kouhai関数(今回のアルゴリズム)(リスト5)

得られたスコアを元に交配のルールを更新します．Kouhai関数が呼び出されるのはSIM_COUNTで決められたステップ(1000ステップ)のシミュレーションを全ての個体で実行した後です．

まず，88～108行目で個体を得点順に並べています．

110～119行目で世代と得点順に並べたときの得点とその個体の番号，その個体の遺伝子をdata.txtファイルに保存しています．

121～124行目で各個体の点数を合計点数で割って0～1の数に変換しています．

126～129行目で得点の高い2体の親を次の子供として設定しています．

132～158行目で2つの親を選んで，エリート選択で生まれた2つの子供と合わせてCAR_NUMの子供が生まれるように設定しています．この親の選び方はルーレット選択によるものです．この具体例を示します．全ての個体の合計得点が1になるようにしています．そして，0～1の乱数をrand関数により得ます．その値がどの親の範囲に入っているかを調べています．

例えば**図12**のような割合で各個体の点数の比が表されたとします．乱数として0.2が得られた場合には個体1が親として選ばれ，0.8が得られた場合は個体6が親と選ばれるようになります．

150行目で1点交差する位置をランダムで設定し，152～156行目で子供の遺伝子を作っています．

そして159～169行目では突然変異を加えています．各ビット10％の確率で突然変異が起きるようにしていますが，簡単のため，必ずしも反転はしないようになっています．またこのとき，エリート選択で選ばれた個体には突然変異を加えないようにしています．

10個体の子供を作ったら，170～175行目でそれを次の試行の個体として変数に代入しています．

最後に176と177行目で個体の番号を0に戻し，世代を1だけ増やしています．

リスト5　Kouhai関数…得られたスコアを元に交配のルールを更新する

```
83  void Kouhai()
84  {
85    int [][] gen_next = new int [CAR_NUM][GEN_NUM];
86    int [][] gen_parent= new int [2][GEN_NUM];
87
88    println("Sort");
89    float [] sortScore= new float [CAR_NUM];
90    int [] sortCarNum= new int [CAR_NUM];
91    float sumScore=0;
92    for (int i=0; i<CAR_NUM; i++) {
93      sortScore[i] = 0;
94      sumScore += score[i];
95    }
96    for (int i=0; i<CAR_NUM; i++) {
97      for (int j=0; j<i+1; j++) {
98        if (sortScore[j]<score[i]) {
99         for (int k=CAR_NUM-1; k>j; k--) {
100           sortScore[k]=sortScore[k-1];
101           sortCarNum[k]=sortCarNum[k-1];
102         }
103         sortScore[j]=score[i];
104         sortCarNum[j]=i;
105         break;
106       }
107     }
108   }
109
110   for (int i=0; i<CAR_NUM; i++) {
111     writer.print(gCount);
112     writer.print("\t"+sortCarNum[i]);
113     writer.print("\t"+sortScore[i]);
114     for (int j=0; j<GEN_NUM; j++) {
115       writer.print("\t"+gen[sortCarNum[i]][j]);
116     }
117     writer.println();
118   }
119   writer.flush();
120
121   for (int i=0; i<CAR_NUM; i++) {
122     println(i+"\t"+sortScore[i]);
123     sortScore[i]/=sumScore;
124   }
125
126   for (int j=0; j<GEN_NUM; j++) {
127     gen_next[0][j] = gen[sortCarNum[0]][j];
128     gen_next[1][j] = gen[sortCarNum[1]][j];
129   }
130
131
132   for (int m=2; m<CAR_NUM; m++) {
133     for (int k=0; k<2; k++) {
134       float s1, s2;
135       s1 = 0;
136       s2 = sortScore[0];
137       float nf = random(1);
138       for (int i=0; i<CAR_NUM; i++) {
139         if (s1<=nf&&nf<s2) {
140           for (int j=0; j<GEN_NUM; j++) {
141             gen_parent[k][j] = gen[sortCarNum[i]]
[j];
142           }
143         }
144         if (i<CAR_NUM-1) {
145           s1 = s2;
146           s2 += sortScore[i+1];
147         }
148       }
149     }
150     int ni = (int)random(GEN_NUM);
151
152     for (int j=0; j<GEN_NUM; j++) {
153       if (j<ni)
154         gen_next[m][j] = gen_parent[0][j];
155       else
156         gen_next[m][j] = gen_parent[1][j];
157     }
158   }
159   for (int i=2; i<CAR_NUM; i++) {
160     for (int j=0; j<GEN_NUM; j++) {
161       if (random(1)<0.1) {
162         float n = random(1);
163         if (n<0.5)
164           gen_next[i][j] = 1;
165         else
166           gen_next[i][j]=0;
167       }
168     }
169   }
170   for (int i=0; i<CAR_NUM; i++) {
171     for (int j=0; j<GEN_NUM; j++) {
172       gen[i][j] = gen_next[i][j];
173     }
174     score[i]=0;
175   }
176   cCount=0;
177   gCount++;
178 }
```

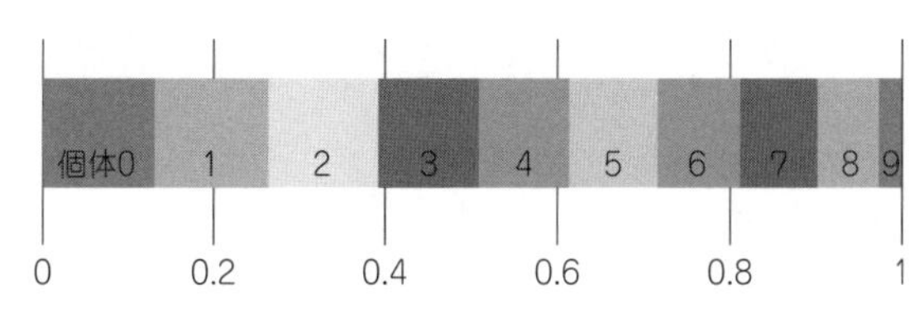

図12　各個体の点数の比

シミュレーション結果

それではシミュレーションでライン・トレース・ロボットを動かしてみます．遺伝的アルゴリズムは，ライン・トレース・ロボットを置く位置によって結果が変わります．これには法則はなく，偶然得られる結果となります．

進化の過程を示すグラフを図13に示します．このグラフは横軸に世代，縦軸に得点を示していて，各世代の全個体の点数を示しています．そのため各世代で10個の点があります．

注目すべき点は2つあります．

● 最大得点は世代が進むにつれて大きくなる

1つは最高得点が世代が進むにつれて大きくなっていっている点です．これは，世代が進むとうまく動いていることを表しています．1世代目，10世代目，50世代目の最高得点となったライン・トレース・ロボットの動作の軌跡を図13の上側に示します．50世代では1周半も動いていることが分かります．

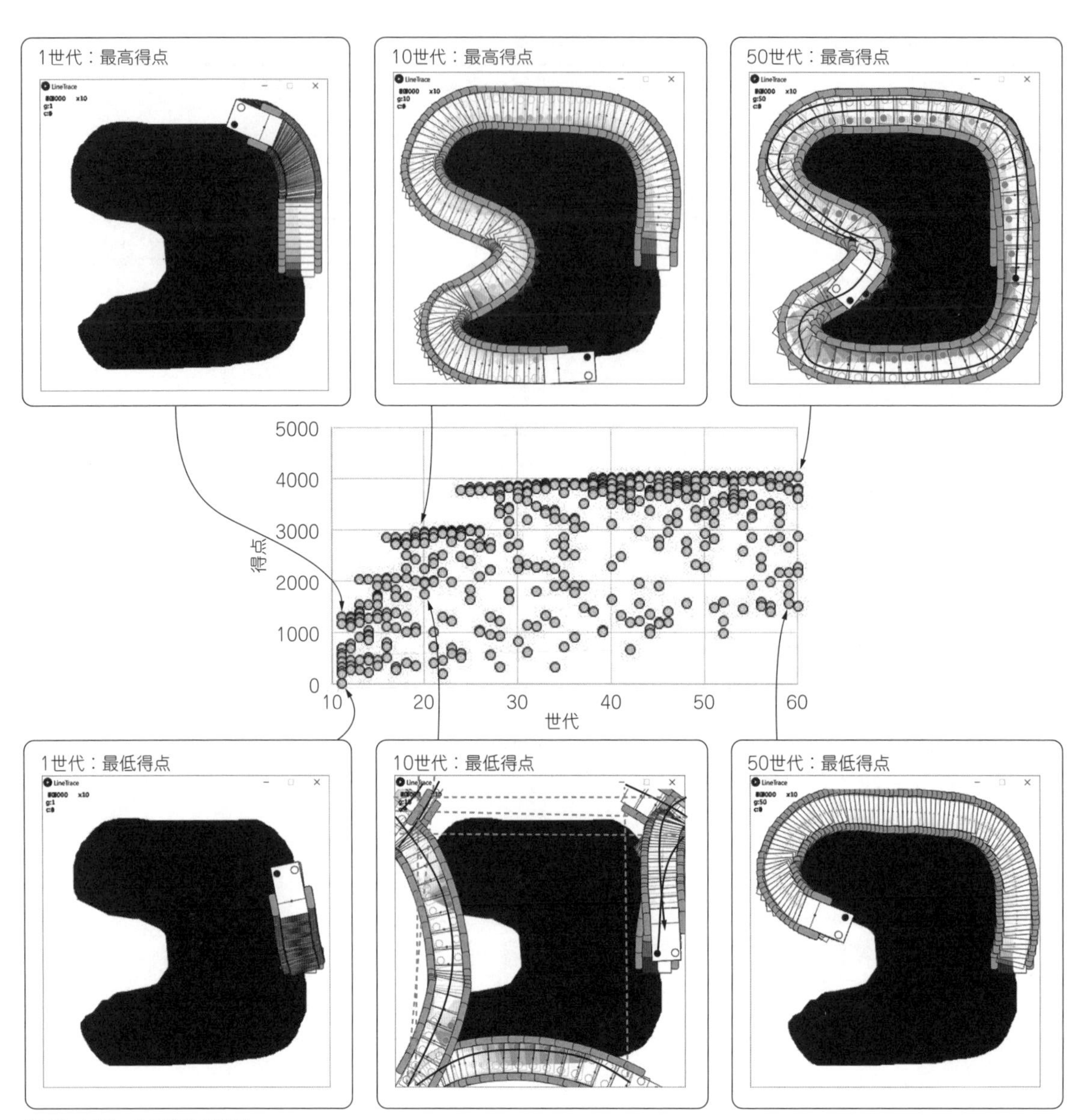

図13　ロボットの進化の過程

● 各世代で得点の低い個体が生まれている

もう1つは，各世代で得点の低い個体が生まれている点です．同じような遺伝子を持つ個体だけで構成されずに，遺伝子の多様性が残っていることが分かります．

1世代目，10世代目，50世代目の最低得点となったライン・トレース・ロボットの動作の軌跡を**図13**の下側に示します．

10世代目に注目すると，白と黒の境界を無視したかのように自在に走り回っています．

なお，このシミュレーションでは左にはみ出したら右から，上にはみ出したら下からループするようになっています．

また，1世代目，10世代目，50世代目の最高得点となったライン・トレース・ロボットの個体番号と各状態となったときの左右のタイヤの速さを**表4**に示します．世代が進むにつれて，（黒，白）となっているとき，つまり境界線上にいるとき最大の速度で走るようになってきています．

200世代目の最高得点となったライン・トレース・ロボットの遺伝子も示します．

（白，白）や（黒，黒）となったときに片側のタイヤは最大の速さで滑らかに転回しています．

表4　世代ごとに最高得点を得たロボット番号とそのときのタイヤ速さ

世代	個体番号	得点	(黒, 黒)		(黒, 白)		(白, 黒)		(白, 白)	
			右	左	右	左	右	左	右	左
1	4	1319.813	00110 (速さ－3.8)	11000 (速さ－0.9)	01011 (速さ1.9)	01011 (速さ1.9)	01000 (速さ－0.6)	10100 (速さ－1.6)	01100 (速さ－1.9)	11100 (速さ－2.2)
10	0	2961.75	01010 (速さ－3.1)	10111 (速さ0.9)	00101 (速さ3.8)	01001 (速さ4.4)	01001 (速さ4.4)	00101 (速さ3.8)	01000 (速さ－0.6)	11110 (速さ－4.7)
25	0	3923.719	01110 (速さ－4.4)	10111 (速さ0.9)	00001 (速さ5)	01001 (速さ4.4)	11111 (速さ0.3)	10110 (速さ－4.1)	01001 (速さ4.4)	11110 (速さ－4.7)
50	0	4043.625	11110 (速さ－4.7)	00101 (速さ3.8)	00001 (速さ5)	00001 (速さ5)	00011 (速さ2.5)	10100 (速さ－1.6)	11001 (速さ4.1)	11110 (速さ－4.7)
200	0	4110.594	11110 (速さ－4.7)	00001 (速さ5)	00001 (速さ5)	00001 (速さ5)	10001 (速さ4.7)	10100 (速さ－1.6)	00001 (速さ5)	11110 (速さ－4.7)

● ちなみに…ビューワの使い方

シミュレーション結果を確認するために**図13**を作成できるビューワを作成しました．使用するための手順は2つです．まず，シミュレーション後に作成されるinit_pos.txtをコピーして，ビューワのinit_pos.txtを上書きします．次に，data.txtを開きます．その中の1行をコピーします．そして，ビューワの中のdataline.txtを開き，コピーした内容で書き換えます．最後に，ビューワを実行すると動作を確認できます．

なお，遺伝子から各状態でのタイヤの速さに変換するエクセル・シートもダウンロードできるようになっています．これを使うには，data.txtを開き，その中の1行をコピーします．そしてカーソルをA3セルに合わせて，張り付けると各遺伝子に対応した速さが計算されます．

まきの・こうじ

過去も加味してベスト行動を決める「拡張版遺伝的アルゴリズム」

牧野 浩二

本章で扱う自走ロボ

● 過去の情報も参考にして行動を決める

前章までは現在の値(2つのセンサ値が白白/白黒/黒白/黒黒)を元に，次の行動を決めていました．ここでは数ステップ前のセンサ値も考慮して，次の動作(右旋回/左旋回/直進/後進)を決めるようにします．

● 過去の情報を覚えておく利点

少し極端な例で説明をします．**図1**に示すようにライン・トレースする床には4角形の1つの角が取れた形が描かれているとしましょう．

左のセンサが黒，右のセンサが白の場合は直進[今後このセンサ状態を(黒，白)と書く]，(白，白)になると90° 回転するというルールとした場合を考えます．この場合，**図1(a)**の行動となります．最初の角はうまく回転できますが，その後の斜めに進むところでうまくいかなくなります．

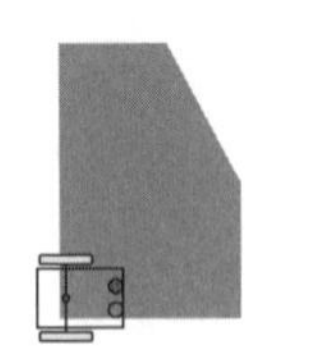
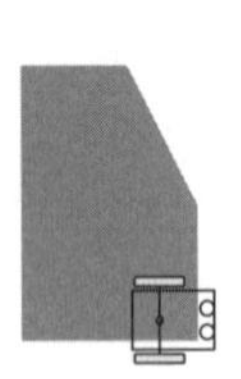
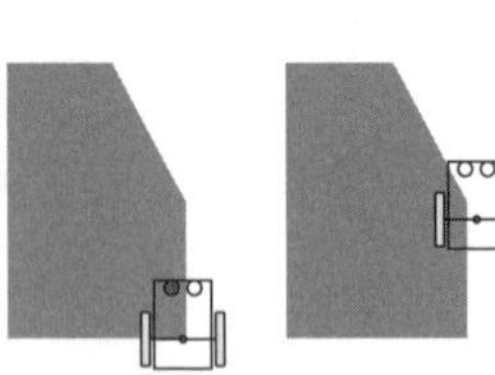

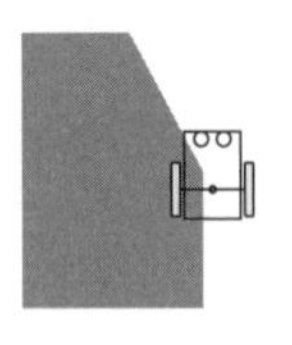

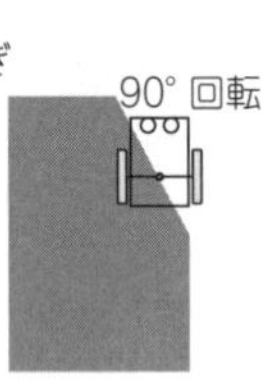

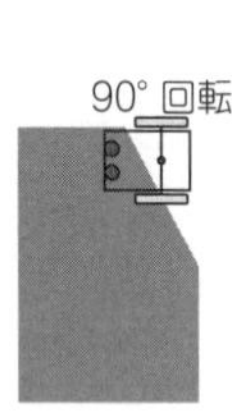

(a)(白，白)になると90° 回転

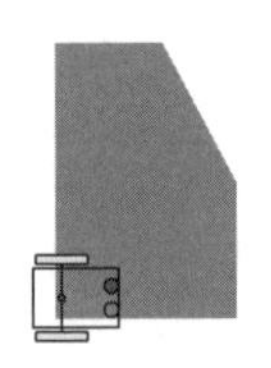
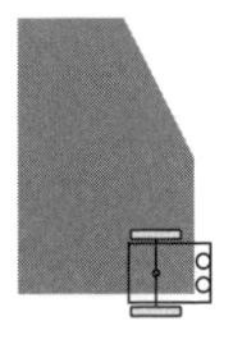

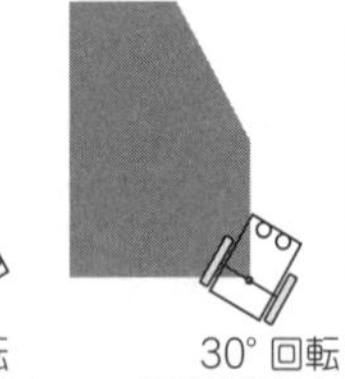

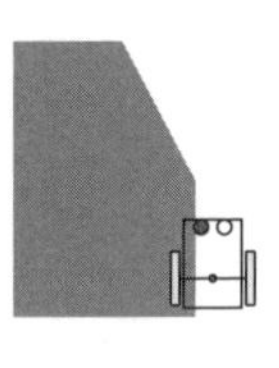
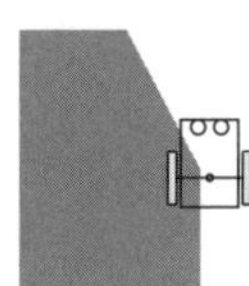

(b)(白，白)になると30° 回転

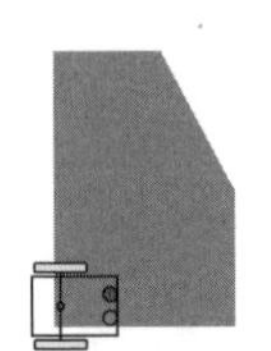
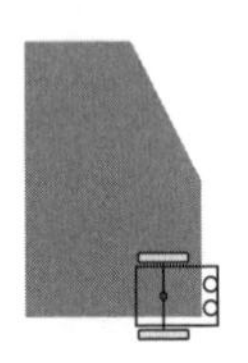

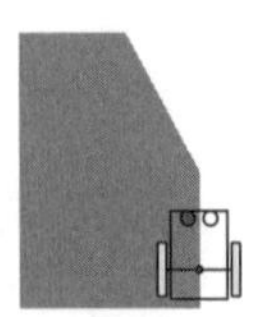

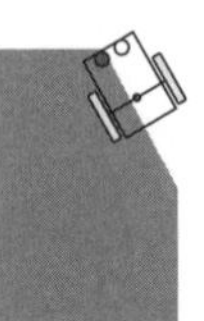

(c)(白，白)になると30° 回転，それでも(白，白)になると60° 回転

図1　過去の情報を加味して行動を決めた方が効率が良いことがある
トレースする床には4角形の1つの角が取れた形が書かれているとする

次に(白，白)になると30°回転するというルールにした場合を考えます．この場合，**図1(b)**の行動となります．最初の角を回転するのに時間がかかりますが，次の斜めの角はうまく進むことができます．

では，もっとうまくいく方法はないのかと考えてみます．(黒，白)から(白，白)に変わったときは30°回転，回転しても(白，白)の場合60°回転するというルールにしたらどうでしょうか．この場合，**図1(c)**の行動となります．ロボットは速く動くと思いませんか．これを実現するには，(白，白)のときの前の状態が(黒，白)なのか(白，白)なのかが重要になります．この場合には，センサ値の履歴を覚えておくとうまく移動できるのです．

アルゴリズム

「過去の情報を組み入れる」ことに主眼をおき，別の角度から詳しく解説します．

● 自走ロボでは

ライン・トレース・ロボットを遺伝的アルゴリズムで進化させるときの方法を大まかに説明することで，遺伝的アルゴリズムのポイントを説明します．

● 得意な問題あれこれ

遺伝的アルゴリズムを適用できる問題に巡回セールスマン問題があります．

これは，幾つかの都市を重複なく最短経路で回るという問題です．全部の組み合わせを考えれば，最短で回る経路というのは必ず分かります．しかし，扱う問題のサイズ(都市の数)が大きくなると解くのにかかる時間が急激に増えていきます．遺伝的アルゴリズムはこのような問題に効果を発揮します．

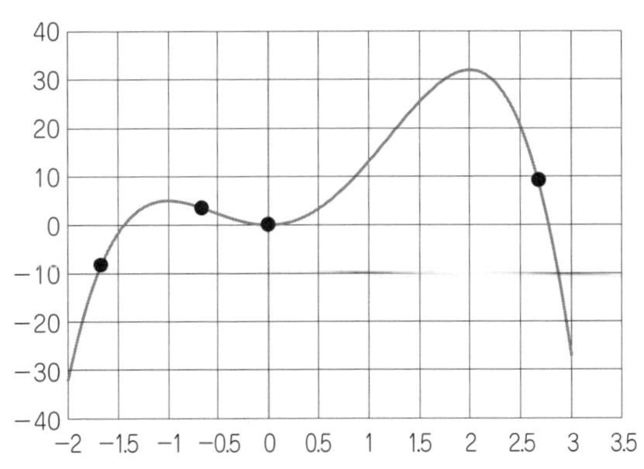

図2　過去情報を参考にする「拡張版遺伝的アルゴリズム」を関数の最大値を探す問題を例に解説する
$y=-3x^4+4x^3+12x^2$のグラフ

● 「遺伝子型」と「表現型」がある

遺伝的アルゴリズムには，「遺伝子型」と「表現型」というものがあります．人間の遺伝子も細かく見ればATCGの記号の羅列です．その羅列によって「背が高い」とか「まぶたが二重になる」とか人間の形質が決まります．遺伝子を記号の羅列として見たものが「遺伝子型」，それによって決まる形質を「表現型」と呼びます．

なんとなく分かったようでも，具体的にはどうすればよいか分からないと思います．ここから遺伝的アルゴリズムと関数の最大値を探す問題とを関連させながら説明します．

例題…関数の最大値を探す

式(1)で得られる**図2**の関数を対象として，最大となるxを見つける問題を解いてみましょう．$x=2$のところで最大となります．

$$y=-3x^4+4x^3+12x^2 \quad \cdots\cdots (1)$$

● 遺伝子は数値列で表現する

遺伝的アルゴリズムでは，一般的に遺伝子を**図3**のような0と1の数値列で表します．この表し方が「遺伝子型」となります．ここでは4つの数字で遺伝子を作っていますが，実際の問題を解くときにはもっと長い遺伝子を使います．

0と1からなる値をxの値と関連付けます．この問題ではxの範囲を−2～3と決めます．遺伝子型を2

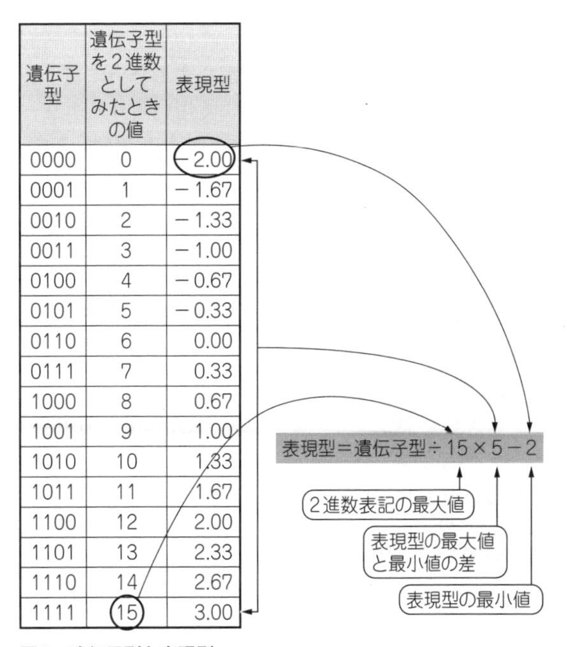

遺伝子型	遺伝子型を2進数としてみたときの値	表現型
0000	0	−2.00
0001	1	−1.67
0010	2	−1.33
0011	3	−1.00
0100	4	−0.67
0101	5	−0.33
0110	6	0.00
0111	7	0.33
1000	8	0.67
1001	9	1.00
1010	10	1.33
1011	11	1.67
1100	12	2.00
1101	13	2.33
1110	14	2.67
1111	15	3.00

図3　遺伝子型と表現型

遺伝子型	表現型	計算値	ルーレット選択時の選ばれやすさ
0001	−1.67	−8.50	1.00
0100	−0.67	3.58	13.08
0110	0.00	0.00	9.50
1110	2.67	9.33	18.72

エリート選択で選ばれる親

ルーレット選択時の確率＝計算値－計算値の最小値＋1

図4　交配しながら進化…選ばれる親はこれ

進数として見たときの値は**図3**のように表すことができます．そして，‘0000’を－2とし，‘1111’を3となるように値を割り付けます．割り付けられた値を遺伝的アルゴリズムでは「表現型」と呼びます．遺伝子型と表現型の変換は**図3**に書かれた式で行うことができます．このようにして，遺伝子型と表現型を決めることになります．

● 交配しながら進化

遺伝的アルゴリズムでは交配をしながら進化します．そのため，幾つかの遺伝子の異なる個体が必要となります．例として**図4**に示す4つの個体が存在するとします．それぞれの表現型で表された値を式(1)に代入すると，**図4**の左から3列目の値になります．

大きな値となるものを見つけたいので，計算した値が大きい方が良い個体となります．そこで‘1110’の個体が最も良い個体，その後‘0100’，‘0110’，‘0001’の順となります．

● 親を選ぶ

遺伝的アルゴリズムでは，交配をするために親を選ぶ必要があります．ここでは，よく用いられるエリート選択とルーレット選択という2つの方法を紹介します．

▶エリート選択

エリート選択とは，最も良い個体をそのまま子に残すという方法です．交配していないのではと思うかもしれませんが，交配することで最も良かった個体がいなくなってしまうことがあります．それを防ぐために，このような方法が用いられます．**図4**の例では‘1110’の遺伝子を持つ個体が選ばれます．

▶ルーレット選択

ルーレット選択とは，値の大きさに従って選ばれやすさを決めるというものです．ここでは計算値がマイナスの値もありますので，**図4**では図中に示した計算式のように最小値を引いて1をプラスしています．この1をプラスする理由は，最も悪い個体でも選ばれる確率を少しでも残すようにするためです．この場合，それぞれの個体が選ばれる選ばれやすさは**図4**の右列となります．

これを円グラフで示したものが**図5**となります．例えば，一番良かった個体は44％の確率で選ばれることとなります．この円グラフをルーレットの板と見立てているため，ルーレット選択と呼ばれています．

● 子供を作る

子供の生成方法を**図6**に示します．この図ではいろいろなことが1つの図に書かれているので，一見すると難しそうに見えますが，1つ1つの部分を見ていけばそれほど難しくありません．

まずは**図6**の一番上のペア(‘1110’と‘0100’のペア)の交配を例に説明します．交配は遺伝子をある部分で切って，お互いの遺伝子を交換することで行います．この例では真ん中で切っています．2種類の遺伝子を作ることができますが，どちらか一方だけ残すものとします．この例では‘1100’を残しています．

次に**図6**の上から2番目のペア(‘1110’と‘0110’のペア)は，左から1番目のところで遺伝子を切ります．遺伝子を切り離す位置は決まっていません．この例で

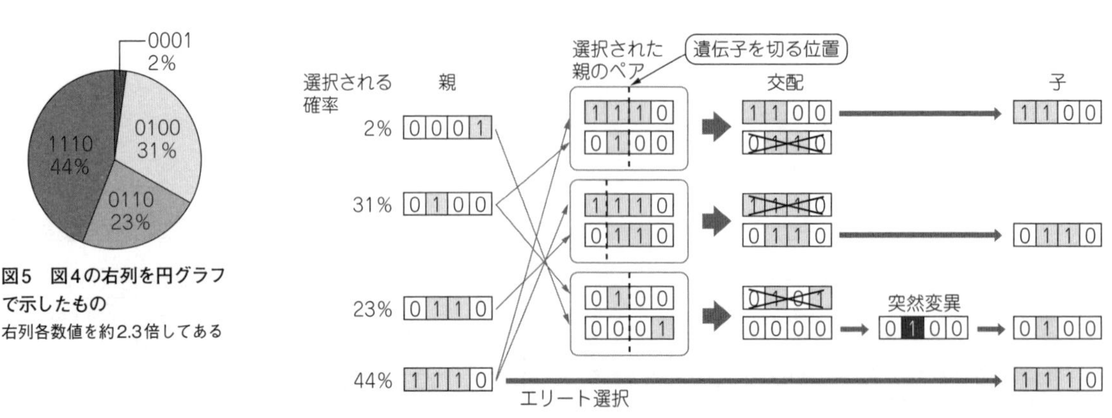

図5　図4の右列を円グラフで示したもの
右列各数値を約2.3倍してある

図6　選択された親からの子供の生成方法

遺伝子型	表現型	計算値	ルーレット選択時の確率
1100	2.00	32.00	33.00
0110	0.00	0	1.00
0100	−0.67	3.58	4.58
1110	2.67	9.22	10.22

ルーレット選択時の確率＝計算値−計算値の最小値＋1

図7　できた子供を図4と同様に評価した

は '0110' の個体を残しています．

そして**図6**の上から3番目のペア（'0100' と '0001' のペア）は，真ん中で遺伝子を切り，'0000' の個体を残しています．さらに左から2番目の数字を '0' から '1' に反転させています．これが突然変異となります．これは，低い確率で起こるように設定しておきます．

なお，**図6**の一番下はエリート戦略で選ばれたので，そのまま子供となります．

以上から4つの子供を作りました．遺伝的アルゴリズムでは親と同じ数の子供を作ります．

● できた子供の評価

式(1)に入れて計算して，**図4**と同じように評価したものを**図7**に示します．最大値となる個体が生まれています．今回は簡単な問題でしたので，1世代で答えが出ましたが，答えが出ない場合は，同じ手順で世代を進めます．

自走ロボで試す

● シミュレーションで体験してみる

今回の遺伝的アルゴリズムでは，進化するまでに10台以上のロボットを使って，100回以上の試行を繰り返す必要があります．ここでもシミュレータを使って体験しましょう．

10台のライン・トレース・ロボットを用いた場合は0番の個体から9番の個体まで，10個の個体の試行を番号順に行います．

1回の試行が1000ステップですので，1000倍にすると1000ステップおきの表示となるため，ロボットは動いていないように見えます．しかし，試行はどんどん進み，世代も進んでいきます．

ステップ1…基礎検討：どのように遺伝的アルゴリズムを組み込むか

● 左右2個のタイヤの速度をベストにするために遺伝子で表現する

ライン・トレース・ロボットが認識できる環境は前方2カ所のセンサだけの情報です．状態を表す番号は前章までと同じです．

表現型：遺伝子型÷32×10−5

遺伝子型	遺伝子型を2進数としてみたときの値	表現型
00000	0	−5
00010	1	−4.6875
⋮	⋮	
01111	15	−0.3125
10000	16	0
10001	17	0.3125
⋮	⋮	
11110	30	4.375
11111	31	4.6875

図8　タイヤの速度を表す遺伝子型と表現型の関係

● 「遺伝子型」と「表現型」の関係

タイヤの速度を表す遺伝子型と表現型の関係を**図8**に示します．表現型では '00000' を−5とし，'11111' を4.6875（＝15÷16×5）として割り当てました．この当てはめ方は前項の遺伝的アルゴリズムの基本形と同じとなっています．

● 過去の情報も入れて遺伝子に組み入れる方法

▶ちなみに…過去情報を使わない場合

センサの状態ごとに左右のタイヤの速度を決めます．左右のタイヤの速さがそれぞれ5ビットで決まるので，1つの状態につき10ビット必要となります．過去の情報を使わない場合は，センサの組み合わせは4つですので，遺伝子の合計は40ビットとなります．これを図で表すと**図9**となります．つまり2の40乗もの組み合わせの中から，良いものを選ぶこととなります．

例えば今の状態が（黒，白）だった場合は，**図9**の遺伝子の左から21番目～30番目までの遺伝子を使うこととなります．

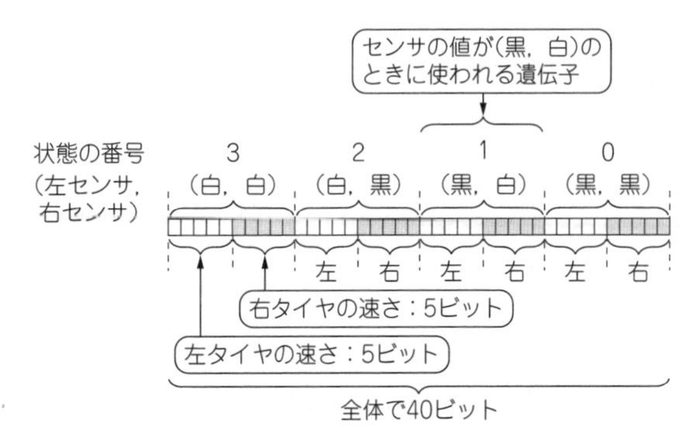

図9　過去の情報を使わない場合センサの組み合わせは4つで遺伝子の合計は40ビット

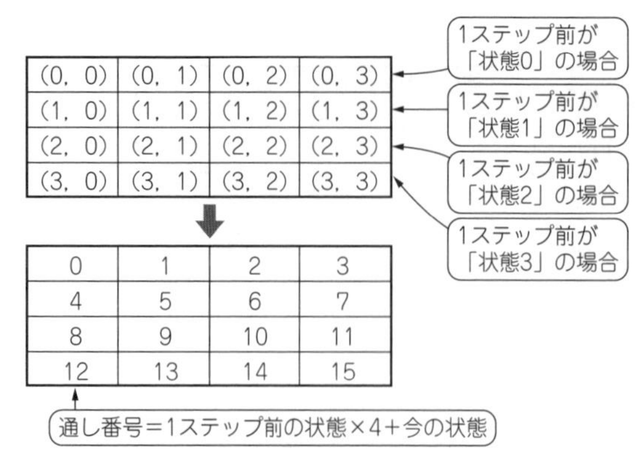

図10　1ステップ前の状態が取り得る値

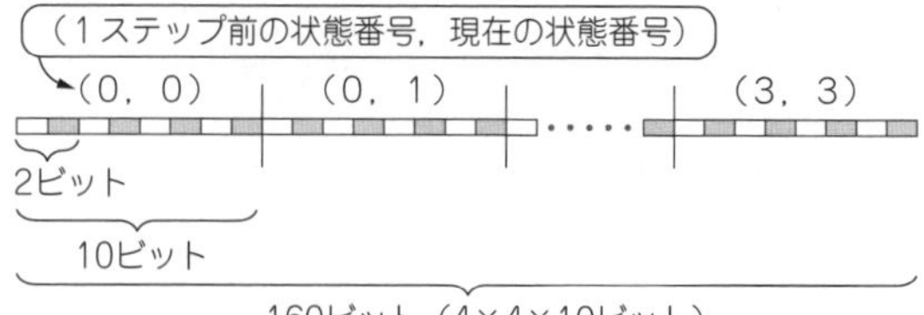

図11　1ステップ前までの過去情報を使う場合センサの組み合わせは16で遺伝子の合計は160ビット

なお，この評価は山登り法でライン・トレース・ロボットを動かしたときと同じとしています．さらに，最高速度も同じとしてありますので，両者を比較することもできます．

▶1ステップ前の情報

ここまでは今の状態から各タイヤの速さを求める方法を示しました．それでは1ステップ前の状態を考えます．取りうる状態を書き出すと**図10**の上の表になります．つまり，16通り(4の2乗)の状態となります．そして，それを通し番号に変えると**図10**の下の表になります．後で示すプログラムで実装するには通し番号の方が都合がよいのです．

遺伝子はこれを全て書き出すこととなるので，**図11**となり遺伝子の合計は160ビット(4×4×10ビット)となります．つまり，2の160乗もの組み合わせから良いものを選ぶこととなります．

▶2から4ステップ前の情報

2ステップ前の情報を使う場合はさらに4倍となりますので，遺伝子の合計は640ビット(4×4×4×10ビット)となります．1ステップ前の情報を使おうとするごとに4倍されますので，4ステップ前の情報は4の4乗倍となります．そこで遺伝子の合計は4ステップ前まで使う場合は2560ビット(4×4×4×4×10ビット)となります．組み合わせは2の2560乗ありますので，普通に計算することは無理ですね．しかし，遺伝的アルゴリズムではこのように膨大な選択肢の中から良いものを見つけ出してくれます．

● 走行の評価方法

ライン・トレース・ロボットがうまく行動したかどうかを数値で評価する方法を決めます．

次に境界線上にいない場合の評価をします．この場合，なるべく速く境界線上に戻ってほしいのですが，その場で回転をするよりもカーブを描いて前進しながら境界線上に戻った方が速く動けそうです．そこで，タイヤの速さを足して絶対値を計算したものに0.2を掛けることとします．こうすると(白, 白)または(黒, 黒)にいるときには評価が低くなりますので，なるべく速く境界線上に戻ろうとすると予想できます．

● 交配の仕方

評価の高かった2つの個体はエリート選択として次の世代に残します．その他の8個体はルーレット選択で選ばれた2個体を1点交差で交配しました．

ステップ2…プログラミング

● プログラムの説明

プログラムを見ながら遺伝的アルゴリズムの実装方法を見ていきましょう．プログラムは，本書ウェブ・ページからダウンロードできます．フローチャートを**図12**に示します．灰色の部分が拡張版の遺伝的アルゴリズムを実装する上で書き換える必要のある関数です．白い部分は前章までと同じ関数となっています．

■ 新しく作る遺伝的アルゴリズムのプログラム

● 変数の説明(リスト1)

幾つかのグローバル変数を設定しています．その意味を説明します．

1行目のSIM_COUNTは1回の試行中のロボットの移送ステップ数で，1000としています．

2行目のSTATE_T_NUMは何ステップ前の情報まで考慮するかを設定しています．1とした場合は現在の状態だけで，3とした場合は2ステップ前の情報まで遺伝子に含めています．

3行目のSTATE_NUMは状態の数を表しています．各ステップで取りうる状態は前章までと同じ4種類です．そして，過去の情報を遺伝子に含めるたびに4倍されるため，4のSTATE_T_NUM乗としています．

4行目のACTION_NUMは各状態のときのタイヤの速さを表す遺伝子のビット数を設定しています．各タイヤの速さは5ビットで左右のタイヤがあるため，5×2となっています．

5行目のGEN_NUMは遺伝子のビット数を設定しています．これは**図11**で示したように4のSTATE_T_

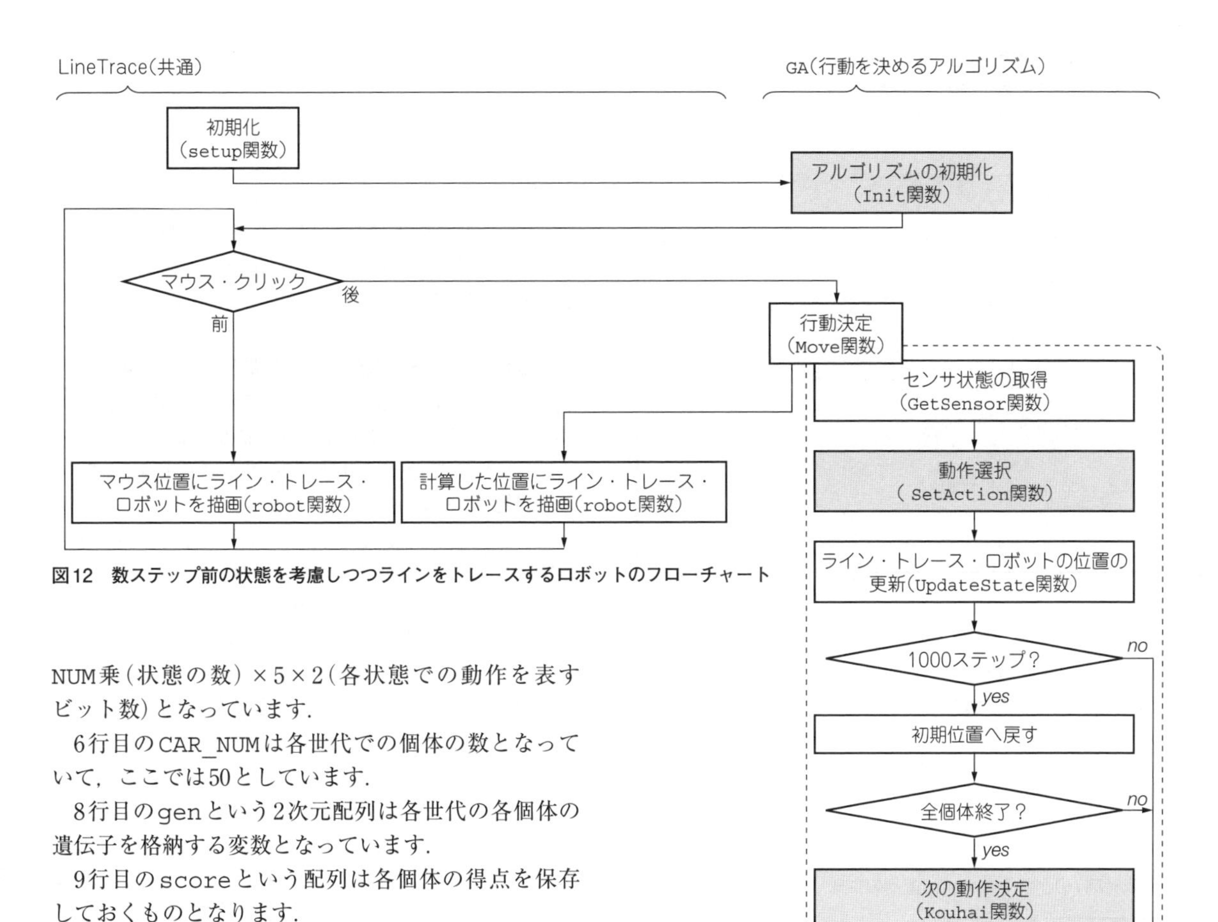

図12　数ステップ前の状態を考慮しつつラインをトレースするロボットのフローチャート

NUM乗(状態の数)×5×2(各状態での動作を表すビット数)となっています.

6行目のCAR_NUMは各世代での個体の数となっていて，ここでは50としています.

8行目のgenという2次元配列は各世代の各個体の遺伝子を格納する変数となっています.

9行目のscoreという配列は各個体の得点を保存しておくものとなります.

11行目のstate_tという配列は過去の状態を保存しておく配列です.

● Init関数(リスト2)

次の初期設定をしています.

- 各個体のscore配列を0にしています.
- 各個体の遺伝子をランダムに決めています.
- 各個体の過去の状態を1[つまり(黒，白)]にしています.

● Move関数(リスト3)

GetSensor関数ではセンサ情報を更新します.

SetAction関数は，次の行動を決める関数です.

リスト1　幾つかのグローバル変数を設定

```
1 final int SIM_COUNT=1000;
2 final int STATE_T_NUM=3;
3 final int STATE_NUM=(int)pow(4,STATE_T_NUM);//4
4 final int ACTION_NUM=5*2;
5 final int GEN_NUM=ACTION_NUM*STATE_NUM;
6 final int CAR_NUM=50;
7
8 int [][] gen = new int [CAR_NUM][GEN_NUM];
9 float [] score = new float [CAR_NUM];
10
11 int [] state_t = new int [STATE_T_NUM];
```

UpdateState関数はSetAction関数によって決まった行動に従ってロボットを動かしています.

if文でcountがSIM_COUNT(1000)に達したかどうかを判定し，cCountという個体の番号を1増

リスト2　Init関数…各状態のときのタイヤの速さやスコアの初期値を設定

```
void Init()
{
  for (int i=0; i<CAR_NUM; i++) {
    score[i]=0;
    for (int j=0; j<GEN_NUM; j++) {
      float n = random(1);
      if (n<0.5)
        gen[i][j] = 1;
      else
        gen[i][j]=0;
    }
  }
  //  writer = createWriter("data.dat");
  for (int i=0; i<STATE_T_NUM; i++) {
    state_t[i] = 1;
  }
  cCount=0;
  gCount=1;
}
```

リスト3　**Move**関数…センサの値を読み取ってロボットを動かした後**Kouhai**関数を呼び出し行動を決定

```
void Move()
{
  for (int step=0; step<draw_step; step++) {
    GetSensor(sx, sy, sq);
    SetAction();
    UpdateState();
    count++;
    time=count/fps;
    if (count>=SIM_COUNT) {
      cCount++;
      sx = init_sx;
      sy = init_sy;
      sq = init_sq;
      count = 0;
      break;
    }
  }
  if (cCount==CAR_NUM) {
    Kouhai();
  }
}
```

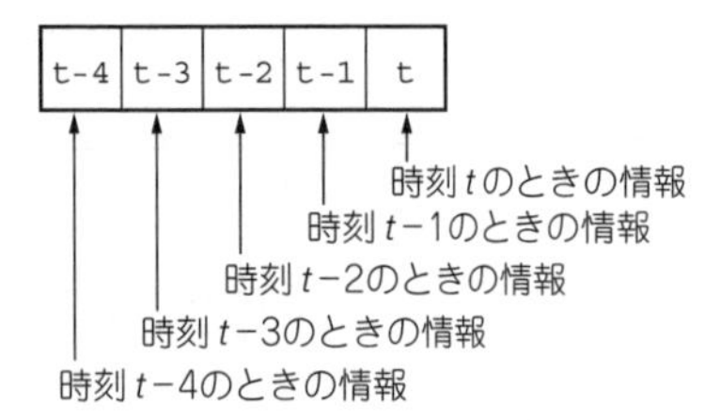

(a) 時刻tのときのstate_t配列の中身

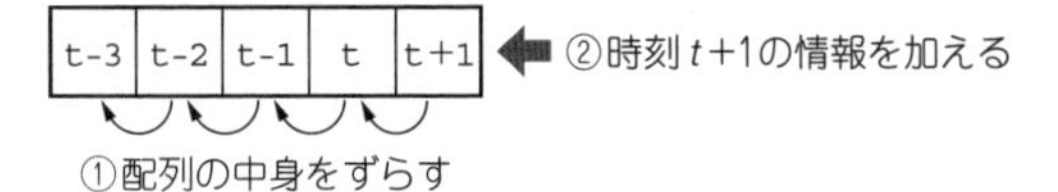

(b) 時刻$t+1$のときのstate_t配列の中身

図13　リスト4の6行目～9行目で過去の状態の情報をずらす

やし，ライン・トレース・ロボットの位置やカウントを初期値に戻します．こうすることで次の個体のシミュレーションが始まります．そして，ループから抜けます．

全ての個体のシミュレーションが終わったかはcCountがCAR_NUM(設定した個体の数)と等しいかどうかを調べ，もし全ての個体のシミュレーションが終わっていたらKouhai関数を呼び出します．

● SetAction関数(ここ重要！)(リスト4)

次の行動を決める重要な部分です．まず，3行目のGetState関数で現在の状態を取得します．

6～9行目で過去の状態の情報をずらしています．これは**図13**のようになっています．

11～14行目で**図10**に示した方法で過去の状態を含めて通し番号の状態に変えています．

17～27行目は右タイヤの速度を計算しています．これは過去の状態も含めた状態の番号×タイヤの速さを表す遺伝子のビット数(state*ACTION_NUM)から計算できます．**図8**で示した変換を行っています．

同じように29～38行目では左タイヤの速度を計算しています．

40～44行目で点数を計算しています．(白，黒)または(黒，白)のときには左右タイヤ速度の平均値の絶対値をスコア変数(score)にプラスしていきます．(白，白)または(黒，黒)のときには左右タイヤ速度の平均値の絶対値に0.2を掛けてスコア変数(score)にプラスしていきます．

このように設定すると，境界上をできるだけ速く走ることとなり，境界上から外れると点数が低くなることから，回転動作が生まれると期待します．

リスト4　**SetAction**関数…現在/過去の状態から次の行動を決定し点数を計算する

```
 1 int SetAction()
 2 {
 3   int state   = GetState();
 4   int state_now   = state;
 5
 6   for (int i=0; i<STATE_T_NUM-1; i++) {
 7     state_t[i] = state_t[i+1];
 8   }
 9   state_t[STATE_T_NUM-1] = state;
10
11   state = 0;
12   for (int i=0; i<STATE_T_NUM; i++) {
13     state += state_t[i]*pow(4,i);
14   }
15
16
17   float s=0;
18   int r=1;
19   for (int i=0; i<ACTION_NUM/2; i++) {
20 //     println(state+":"+ACTION_NUM+"/
                                  "+GEN_NUM+":"+i);
21     s += gen[cCount][state*ACTION_NUM+i]*r;
22     r*=2;
23   }
24   if (s>=r/2)s-=r;
25   s/=(r/2);
26   s*=-5;
27   vel_R = s;
28
29   s=0;
30   r=1;
31   for (int i=ACTION_NUM/2; i<ACTION_NUM; i++) {
32     s += gen[cCount][state*ACTION_NUM+i]*r;
33     r*=2;
34   }
35   if (s>=r/2)s-=r;
36   s/=(r/2);
37   s*=-5;
38   vel_L = s;
39
40   if (state_now == 1 || state_now == 2) {
41     score[cCount]+=abs((vel_L+vel_R)/2);
42   } else {
43     score[cCount]+=abs((vel_L+vel_R)/2*0.2);
44   }
45   return 0;
46 }
```

● Kouhai関数（リスト5）

シミュレーションで得られた得点を元に交配を行っています．

6～26行目で個体を得点順に並べています．

28～37行目で世代と得点とその個体の番号，その個体の遺伝子をdata.txtファイルに保存しています．なお，28行目のfor文の「i<CAR_NUM」の部分を「i<1」とすると各世代で最高得点を出した個体の情報だけが保存されるようになります．

39～42行目で各個体の点数を合計点数で割って0～1までの数に変換することで，ルーレット選択をしやすくしています．

44～47行目で得点の高い2体の親を次の子供として設定しています．

50～66行目でルーレット選択により2つの親を選んでいます．

67行目で1点交差する位置をランダムで設定します．

68～73行目で子供の遺伝子を作っています．

75～85行目では突然変異を加えています．

86～91行目でそれを次の試行の個体として変数に代入しています．

92，93行目で個体の番号を0に戻し，世代を1だけ増やしています．

ステップ3…結果：過去情報を使った方が速く走行できる

それではシミュレーションでライン・トレース・ロボットを動かしてみます．遺伝的アルゴリズムはライン・トレース・ロボットを置く位置によって結果が変わります．これには法則はなく，偶然得られる結果となります．そこで，次のシミュレーションではライン・トレース・ロボットの出発地点は全て同じとなるようにしました．

リスト5　Kouhai関数…得られたスコアをもとに交配のルールを更新する

```
 1 void Kouhai()
 2 {
 3   int [][] gen_next = new int [CAR_NUM][GEN_NUM];
 4   int [][] gen_parent= new int [2][GEN_NUM];
 5
 6   println("Sort");
 7   float [] sortScore= new float [CAR_NUM];
 8   int [] sortCarNum= new int [CAR_NUM];
 9   float sumScore=0;
10   for (int i=0; i<CAR_NUM; i++) {
11     sortScore[i] = 0;
12     sumScore += score[i];
13   }
14   for (int i=0; i<CAR_NUM; i++) {
15     for (int j=0; j<i+1; j++) {
16       if (sortScore[j]<score[i]) {
17         for (int k=CAR_NUM-1; k>j; k--) {
18           sortScore[k]=sortScore[k-1];
19           sortCarNum[k]=sortCarNum[k-1];
20         }
21         sortScore[j]=score[i];
22         sortCarNum[j]=i;
23         break;
24       }
25     }
26   }
27
28   for (int i=0; i<CAR_NUM; i++) {
29     writer.print(gCount);
30     writer.print("\t"+sortCarNum[i]);
31     writer.print("\t"+sortScore[i]);
32     for (int j=0; j<GEN_NUM; j++) {
33       writer.print("\t"+gen[sortCarNum[i]][j]);
34     }
35     writer.println();
36   }
37   writer.flush();
38
39   for (int i=0; i<CAR_NUM; i++) {
40     println(i+"\t"+sortScore[i]);
41     sortScore[i]/=sumScore;
42   }
43
44   for (int j=0; j<GEN_NUM; j++) {
45     gen_next[0][j] = gen[sortCarNum[0]][j];
46     gen_next[1][j] = gen[sortCarNum[1]][j];
47   }
48
49   for (int m=2; m<CAR_NUM; m++) {
50     for (int k=0; k<2; k++) {
51       float s1, s2;
52       s1 = 0;
53       s2 = sortScore[0];
54       float nf = random(1);
55       for (int i=0; i<CAR_NUM; i++) {
56         if (s1<=nf&&nf<s2) {
57           for (int j=0; j<GEN_NUM; j++) {
58             gen_parent[k][j] = gen[sortCarNum[i]][j];
59           }
60         }
61         if (i<CAR_NUM-1) {
62           s1 = s2;
63           s2 += sortScore[i+1];
64         }
65       }
66     }
67     int ni = (int)random(GEN_NUM);
68     for (int j=0; j<GEN_NUM; j++) {
69       if (j<ni)
70         gen_next[m][j] = gen_parent[0][j];
71       else
72         gen_next[m][j] = gen_parent[1][j];
73     }
74   }
75   for (int i=2; i<CAR_NUM; i++) {
76     for (int j=0; j<GEN_NUM; j++) {
77       if (random(1)<0.1) {
78         float n = random(1);
79         if (n<0.5)
80           gen_next[i][j] = 1;
81         else
82           gen_next[i][j]=0;
83       }
84     }
85   }
86   for (int i=0; i<CAR_NUM; i++) {
87     for (int j=0; j<GEN_NUM; j++) {
88       gen[i][j] = gen_next[i][j];
89     }
90     score[i]=0;
91   }
92   cCount=0;
93   gCount++;
94 }
```

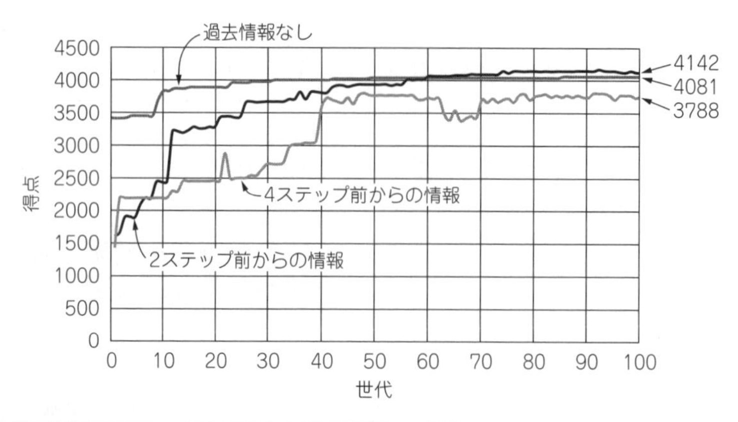

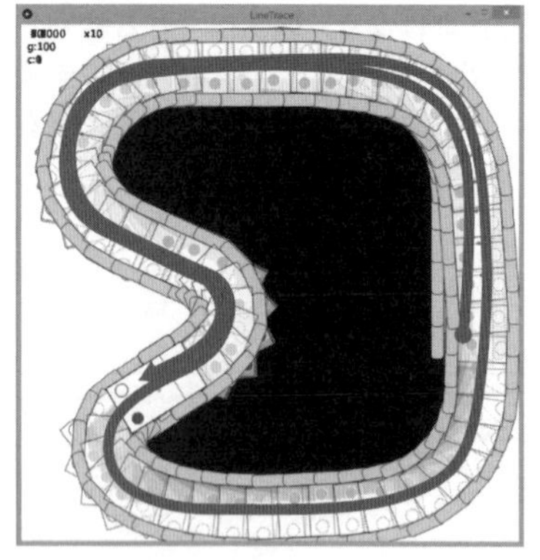

過去情報なし

2ステップ前からの情報

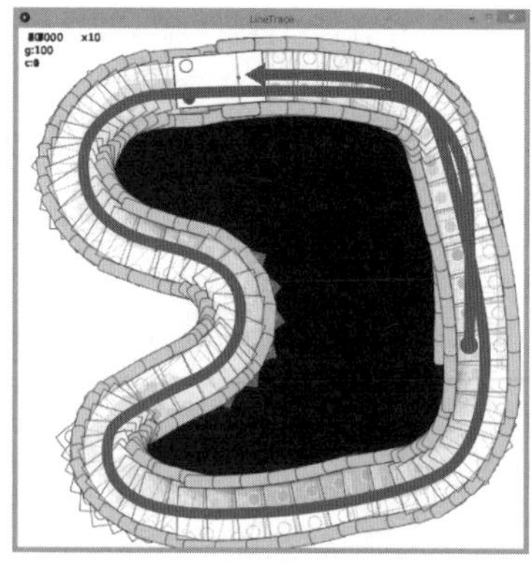

4ステップ前からの情報

図14　10台のロボットを用いたときの進化の過程

表1　過去情報を使わずに走行したとき1000ステップの中でどの状態が選ばれたか

状態	回数	センサの状態	左のタイヤ速度	右のタイヤ速度
0	48	0	4.375	−4.6875
1	816	1	5	5
2	0	2	0	0
3	136	3	−4.6875	4.6875

センサの状態
(黒, 黒)
(黒, 白)
(白, 黒)
(白, 白)

● 10台のロボットを使ったとき…2ステップ前からの情報を使ったものがベストだった

10台のロボットを用いたときの進化の過程を示すグラフを横軸に世代，縦軸に得点として**図14**に示します．また，100世代のときの最も得点の高かったロボットの動きも合わせて示します．

わずかながら2ステップ前からの情報を使った方が良い結果が得られました．しかし，4ステップ前からの情報を使った場合はなかなか進化できていないように見えます．

動き方を見てみましょう．過去の情報を使わなかったものは1周半動いています．しかし，得点は2ステップ前からの情報を使ったものが一番よいのですが，1周と4分の1しか動いていません．これはどういうことでしょうか．

試行中にどの状態を多くとるのかを調べました．1000ステップの中で選ばれた状態が多かったものを抜き出したものを**表1**に示します．まず，過去の情報を使わなかったものを見てみます．**表1**を見ると(黒，白)のときは全速力で前進し，(白，白)になるとその場で左旋回しています．そして，左側のくぼみを抜けるときには(黒，黒)となりますので，ほぼ右旋回しています．

2ステップ前からの情報を使ったものを考えます．**表1**と同じように示したものが**表2**になります．(黒，白)が続いているときは全速力で直進しています．しかし，**図15**に示すように，(白，白)になると後ろに少しだけカーブしながら下がります．そうするとセンサの状態が(黒，白)に戻るようです．その後さらにカーブしながら後ろに下がります．そして，左旋回しています．

得点の付け方が左右の速度を足して絶対値を足し合わせているため，下がっても高い得点が得られる仕組みになっていました．筆者はそれに気づいておらず，

表2
2ステップ前からの情報を使って走行したとき1000ステップの中でどの状態が選ばれたか

状態	回数	センサの状態	左のタイヤ速度	右のタイヤ速度
21	716	111	5	5
23	74	113	− 4.6875	− 1.25
29	73	131	− 4.375	− 3.75
53	74	311	− 4.375	5

2ステップ前の状態	1ステップ前の状態	今の状態
(黒, 白)	(黒, 白)	(黒, 白)
(黒, 白)	(黒, 白)	(白, 白)
(黒, 白)	(白, 白)	(黒, 白)
(白, 白)	(黒, 白)	(黒, 白)

表3　4ステップ前からの情報を使って走行したとき1000ステップの中でどの状態が選ばれたか

状態	回数	センサの状態	左のタイヤ速度	右のタイヤ速度
0	85	0	4.6875	1.25
341	653	11111	4.375	5
343	42	11113	− 3.75	− 3.75
349	41	11131	− 4.0625	0
373	41	11311	2.1875	4.6875
469	41	13111	− 4.0625	− 1.875
853	42	31111	− 3.125	4.375

4ステップ前の状態	3ステップ前の状態	2ステップ前の状態	1ステップ前の状態	今の状態
(黒, 黒)	(黒, 黒)	(黒, 黒)	(黒, 黒)	(黒, 黒)
(黒, 白)	(黒, 白)	(黒, 白)	(黒, 白)	(黒, 白)
(黒, 白)	(黒, 白)	(黒, 白)	(黒, 白)	(白, 白)
(黒, 白)	(黒, 白)	(黒, 白)	(白, 白)	(黒, 白)
(黒, 白)	(黒, 白)	(白, 白)	(黒, 白)	(黒, 白)
(黒, 白)	(白, 白)	(黒, 白)	(黒, 白)	(黒, 白)
(白, 白)	(黒, 白)	(黒, 白)	(黒, 白)	(黒, 白)

遺伝的アルゴリズムが得点の穴を見つけたようです．

最後に4ステップ前からの情報を使ったものも同じように**表3**に示します．この場合もやっぱり下がった方がよいようです．

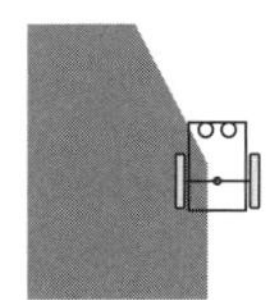

図15　ロボットの得点の付け方

● 50台のロボットを使ったとき…4ステップ前からの情報を使ったものがベストだった

同じように50台のロボットを用いたときの進化の過程を示すグラフを**図16**に示します．

50台にすると探索する範囲が増えてより良い結果が得られる場合があるからです．このときは，4ステップ前からの情報を使った方が良い結果が得られました．10台の場合も50台の場合も過去の情報を使った方がよいことが分かりました．

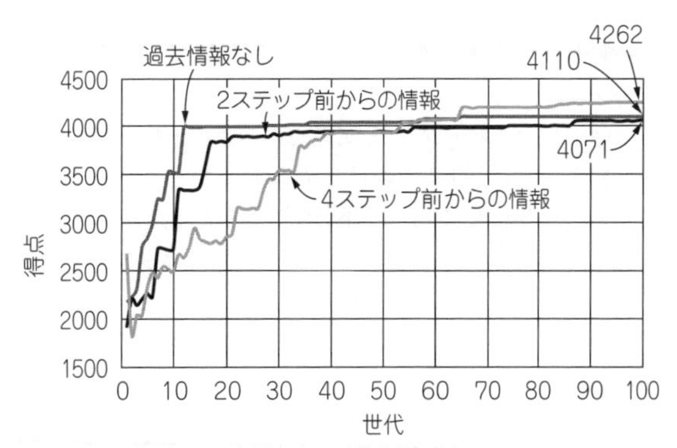

図16　50台のロボットを用いたときの進化の過程

おまけ…結果を見やすくする

● 各世代の最高得点だけを抽出するプログラム

シミュレーション結果の書かれたdata.txtはサイズが大きくなり，メモ帳やエクセルでは開けない場合があります．そこで各世代の最高得点だけのデータを出力する変換プログラムを作成しました．このプログラムを使うと100ステップ時のライン・トレース・ロボットの得点の中で，最高得点となる動きの遺伝子をdataline.txtに保存できます．さらに**図16**のようなグラフを描いて進化の様子を確認できるように，各ステップの最高得点をdata_maxに保存しています．

実行手順はdata.txtをconvertプログラムのあるフォルダにコピーしてconvertプログラムを実行するだけです．

まきの・こうじ

第5章

対戦ゲームや自動運転AIの基本アルゴリズム「Qラーニング」

牧野 浩二

- 人工知能
  - ニューラル・ネットワーク
    - 教師あり
      - パーセプトロン
      - バックプロパゲーション
      - アソシアトロン
    - 教師なし
      - 自己組織化マップ(SOM)
      - ボルツマン・マシン
  - データ・マイニング
    - If-Then
    - 主成分分析
    - クラスタ分析
    - サポート・ベクタ・マシン(SVM)
  - 学習・進化
    - Qラーニング ← これ
    - 山登り法
    - 遺伝的アルゴリズム

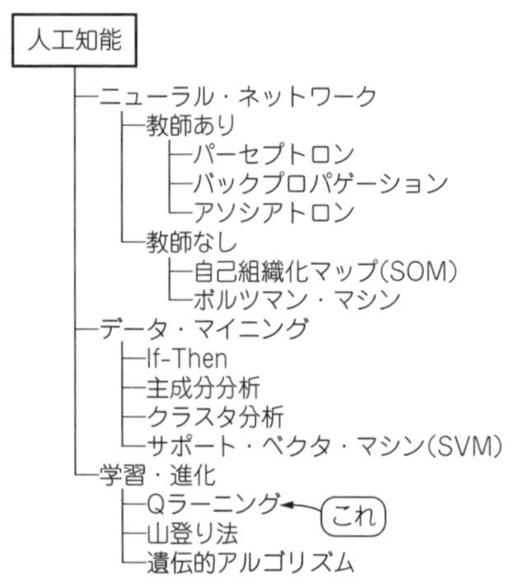

図1　人工知能のアルゴリズムあれこれ

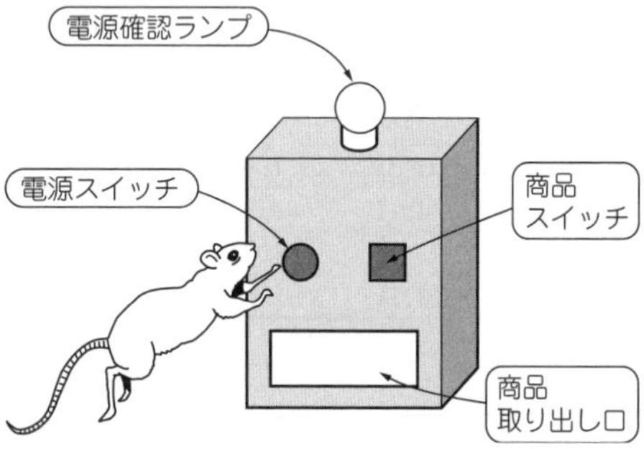

図2 「Qラーニング」は報酬がたくさん得られるように学習する
電源スイッチと商品スイッチが付いた自動販売機があるかごの中に1匹のネズミがいる

進化アルゴリズム「Qラーニング」

人工知能アルゴリズムの中で学習しながら進化するアルゴリズムとしては，次の3つがあります．

- 地味にパラメータを少しずつ変えながら答えに近づく「山登り法」
- 2台のパラメータを交配させて生物のように進化させる「遺伝的アルゴリズム」
- 良かった行動だけに報酬が与えられ「良かった行動」が選ばれるようパラメータを書き換える「Qラーニング」

Qラーニングは，ある決められた行動をしたときに報酬が得られるようになっています．行動するごとに「Q値と呼ばれる行動に対する評価」が得られるようになっていて，たくさん報酬が得られるように，Q値をどんどん更新する方法です．

▶**利点**：望ましい動作だけを与えていればよくて教師データを必要としない
▶**欠点**：望ましい動作をうまく決める必要がある

Qラーニングを応用すると，ロボットの走行/歩行動作の獲得，My検索エンジンの最適化，メールの仕分け，パケットの仕分け，エレベータ制御の最適化などが可能になります．

このQラーニングを応用した「ディープQネットワーク」が注目を集めています．対戦ゲームでは，人間がかなわないような得点を出すことができるようになりました．また，トヨタやNTT，Preferred Networksによる「ぶつからない車」にも使われています(1)．最新の人工知能のアルゴリズムを理解するためにも元となるQラーニングの仕組みを知っておくことが重要です．

Qラーニングのお約束の数式

いきなりQラーニングの数式を書きます．Qラーニングはこの式に従って計算が進んでいくので，説明のために必要となります．この後簡単な例を用いて説明していきます．

$$Q(s,a) \leftarrow (1-\alpha)Q(s,a) + \alpha\,(R(s,a) + \gamma \max Q(s',a')) \quad \cdots\cdots(1)$$

ただし，s：今回の状態，a：今回の状態での行動，s'：次の状態，a'：次の状態での行動，α：定数(学習率)，γ：定数(割引率)，R：報酬，Q：行動選択に必要な値とします．

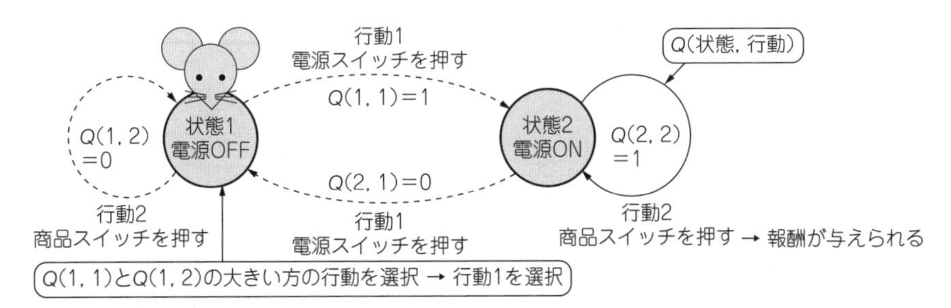

状態＼行動	1	2
1	1	0
2	0	1

図3　状態1では自販機の電源がOFF

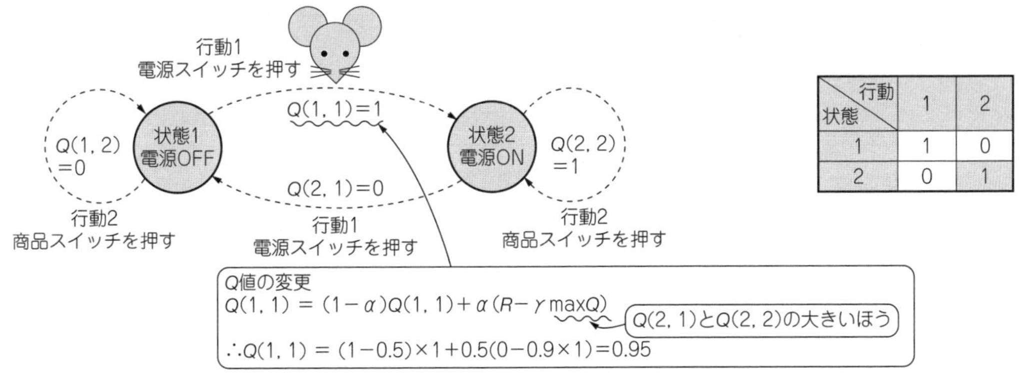

状態＼行動	1	2
1	1	0
2	0	1

図4　ネズミが行動…状態1→状態2

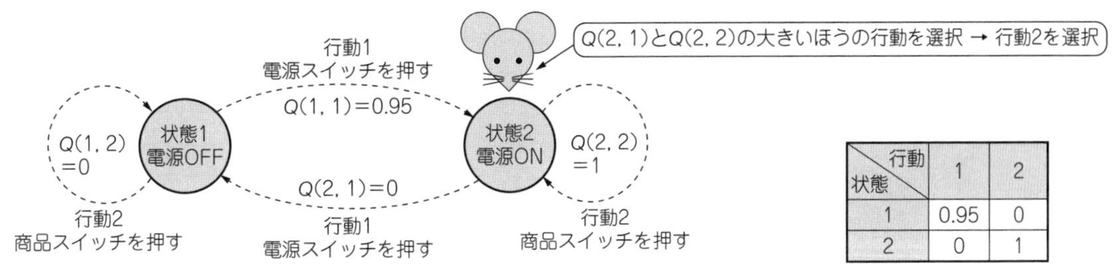

状態＼行動	1	2
1	0.95	0
2	0	1

図5　自販機の状態2からネズミが行動し商品スイッチを押す

基本原理

● 初期状態

ここからは，よく用いられている問題でQラーニングの仕組みを説明します．かごの中に1匹のネズミがいるとします．このかごの中には電源スイッチと商品スイッチが付いた自動販売機があります．

電源スイッチは押すたびにONとOFFが切り替わり，電源がONのときにランプが点灯します．電源スイッチが入っている状態で商品スイッチを押すと餌(チーズ)が出てきます．ネズミはチーズを獲得できるように学習できるでしょうか．

● 状態の遷移

自動販売機にはONとOFFの2つの「状態」があります．この状態というのは式(1)のsに相当します．これを**図3**の丸印で表します．

▶状態1…電源がOFFのとき

電源がOFF(状態1)のときを考えましょう．ネズミは電源スイッチを押す「行動」と商品スイッチを押す「行動」のどちらかをできます．この行動というのは式(1)のaに相当します．これを電源OFFの丸印から出ている2つの点線の矢印で表しています．

▶状態1→行動1→状態2

とりあえず電源スイッチを押したとしましょう．そうすると**図4**のように矢印を通って，**図5**のように電源がON(状態2)になります．一方，もし商品スイッチを押した場合は何も起きず，状態も変わりません．

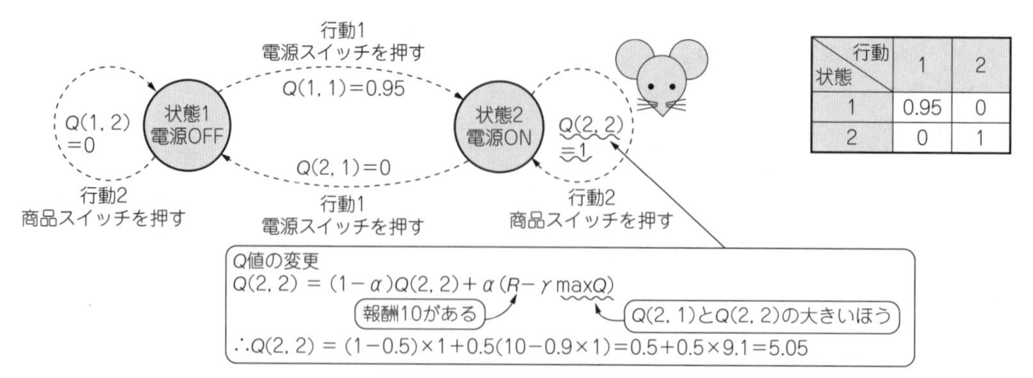

状態＼行動	1	2
1	0.95	0
2	0	1

図6　図5における $Q(2,\ 2)$ のQ値を変更する

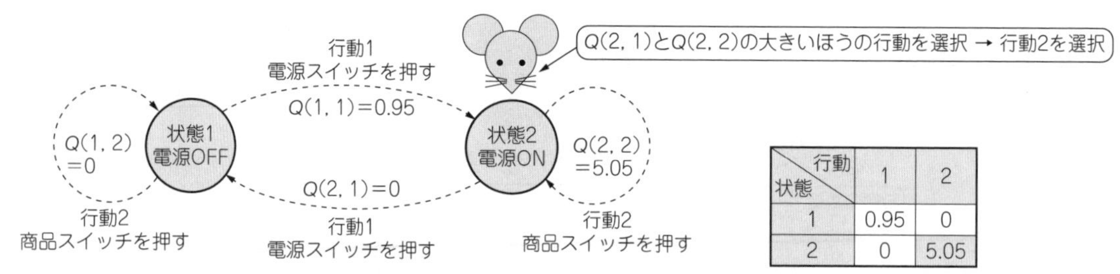

状態＼行動	1	2
1	0.95	0
2	0	5.05

図7　状態2においてネズミは常にQ値の高い行動2を選ぶことに

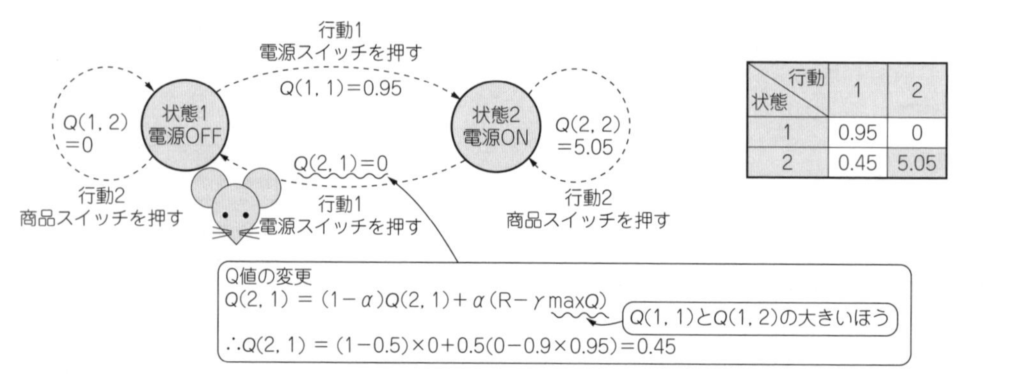

状態＼行動	1	2
1	0.95	0
2	0.45	5.05

図8　状態2においてときどきは行動1を選択する場合を加える

▶状態2

電源がON（状態2）のときを考えましょう．このときも2つの「行動」を取ることができます．**図6**のように商品スイッチを押した場合は，商品が出てきます．つまり報酬（R）が与えられることとなります．そして，**図7**のように状態2に戻ります．

▶状態2→行動1→状態1

状態2から電源スイッチを押すと電源がOFF（状態1）となります（**図8**）．

● Q値それは「選択したくなる気持ち」

図中にQという文字が出てきて気になっていたと思います．各状態での行動に対してQ値というものが決まっています．例えば，$Q(1,\ 1)$は電源OFFのとき（状態1）に電源スイッチを押す（行動1）ときのQ値となり，$Q(1,\ 2)$は電源OFFのとき（状態1）に商品スイッチを押す（行動2）ときのQ値となります．

同じように$Q(2,\ 1)$，$Q(2,\ 2)$は電源ONのとき（状態2）に電源スイッチを押したとき（行動1）と商品スイッチを押したとき（行動2）のQ値となります．

これをそれぞれの図の右側に示すような表を用いて示す書籍もあります．なお，表の中で灰色で示した行動を取ったときには報酬が得られることを示しています．

Q値のイメージですが，「選択したくなる気持ち」と考えると，うまく説明できる場合が多いです．このように考えてこの後を読んでいきましょう．

● ネズミの行動1…Q値の高い行動を選ぶ→電源スイッチを押す

電源がOFFだったとします．このときネズミは**図3**の状態にあります．ネズミは電源スイッチと商品スイッチのどちらかを押すこととなります．結果としてQ値の大きい行動を選択することとなります．Q値が大きいということは，選択したくなる気持ちが強いことを表しています．

ここでは説明のためにQ値を**図3**のように決めました．この場合，$Q(1,\ 1)$ の方が$Q(1,\ 2)$ よりも大きいため，ネズミは電源スイッチを押す行動を選択します．これはちょうど**図4**のように行動することに相当します．

● ネズミの行動2…$Q(1,\ 1)$のQ値を更新する

行動した結果に従ってQ値を更新します．この更新には最初に出てきた難しそうな式(1)を使います．ここではαを0.5，γを0.9とします．電源OFFの状態(状態1)にいたネズミが電源スイッチを押す(行動1)を取りましたので，$Q(1,\ 1)$の値を更新することとなります．この更新式は次のようになります．

$$
\begin{aligned}
Q(1,1) &\leftarrow (1-\alpha)\,Q(1,\ 1) + \alpha\,(R(s,a) - \gamma \max Q) \\
&= (1-0.5) \times 1 + 0.5\,(R - 0.9\max Q) \cdots\cdots (2)
\end{aligned}
$$

式(2)で決まっていないのはRと$\max Q$です．Rは報酬となっていて，**図3**の黒い太い線で示す行動(電源ONのときに商品スイッチを押す)を取ったときに与えられることとなります．そのため今回Rは0となります．

次に$\max Q$です．これは次の状態のときの行動を考えることがイメージしにくいと思います．**図4**のように電源スイッチを押した場合，次の状態は電源ON(状態2)となります．この$\max Q$は電源がONのときに起こせる行動(電源スイッチを押す/商品スイッチを押す)を行ったときに最大のQ値となる値となります．

この例では$Q(2,\ 1)$と$Q(2,\ 2)$の値を比べることになります．$Q(2,\ 1)$が0，$Q(2,\ 2)$が1となっていますので，$\max Q$は1となります．これはネズミが電源をONにした後に起こせる行動の中で，最も選択したい行動だという気持ちの大きさを示しています．

この値を入れて計算すると次のようになります．

$$Q(1,\ 1) \leftarrow (1-0.5) \times 1 + 0.5\,(0 - 0.9 \times 1) = 0.95$$

つまり，報酬が得られなかったので，ちょっとだけQ値(選択したい気持ち)が小さくなりました．

● ネズミの行動3…Q値の高い行動を選ぶ→商品スイッチを押す

無事に電源を付けることに成功したネズミ(**図5**)ですが，次の行動はどのように決まるのでしょうか．この場合もQ値の大きい方の行動を選択することとなります．$Q(2,\ 1)$ は0，$Q(2,\ 2)$ は1ですので，$Q(2,\ 2)$ の行動，つまり**図6**のように商品スイッチを押す行動をします．この場合は餌(チーズ)が出てきます．

● ネズミの行動4…報酬を得たためQ値を更新する

Q値の更新は先ほどと同じですが，今回は報酬を得ることができました．報酬Rは10として計算してみます．これにより**図6**のようにQ値が変更されます．なお，$\max Q$は次の状態が引き続き電源ONなので，$Q(2,\ 1)$と$Q(2,\ 2)$の大きい方の値となります．

$$Q(2,\ 2) \leftarrow (1-0.5) \times 1 + 0.5\,(10 - 0.9 \times 1) = 5.05$$

● ネズミの行動5…ランダムにダメな方を選ぶ可能性も残しておく

さて，餌をもらったネズミは**図7**のように電源がON(状態2)の状態にいます．Q値の大きい方を選択する場合は当然，商品スイッチを押すこととなります．しかし，これでは良い学習にならないことが知られています．そこで，ある確率でランダムに選択するようにします．これはε-greed法と呼ばれています．

例えば，**図8**のように電源スイッチを押す行動が選択された場合のQ値の更新は次のようになります．maxQは次の状態が電源OFFなので，$Q(1,\ 1)$と$Q(1,\ 2)$の大きい方の値となります．

$$Q(2,\ 1) \leftarrow (1-0.5) \times 0 + 0.5\,(10 - 0.9 \times 0.95) = 0.4275$$

● ネズミの行動6…行動の終わり

Qラーニングの終わりには2種類あります．

▶1. 試行の終わり

報酬を得たら，または決まったステップだけ行動したら，ネズミを初期状態に戻します．こうすることで初期状態からネズミの学習を進めることができます．これを学習1回と数えます．

▶2. 学習の終わり

決まった回数だけ学習した，または十分な確率で報酬を得られるようになったら，学習を終了します．

体験してみる

● ライン・トレース・ロボット

ここではQラーニングでライン・トレース・ロボットの学習を行ってみます．

筆者提供のプログラムは，本書ウェブ・ページから

ダウンロードできます.

● 提供プログラムの使い方

決まったステップ数(1000ステップ)経過すると，初期位置に戻ってシミュレーションが再開されます．これを1回のシミュレーションとします．

このとき，これまで学習したQ値は初期化せずに引き継ぐこととします．これによりシミュレーション回数が増えるごとにライン・トレース・ロボットがうまく動作するようになります．また，左上のgの後ろの数字はシミュレーションを行った数を示しています．なお，実際の学習は学習回数を区切らずにずっと続けてよいのですが，他の手法と比較できるように1000ステップで区切るようにしました．

動作のキモとなるパラメータ「状態」「行動」「報酬」

● ライン・センサの取りうる「状態」

Qラーニングではロボットの取りうる状態と行動，それに加えて報酬を決める必要がありました．まず，状態を考えましょう．前方に2カ所の白黒センサがあるので，白黒の組み合わせは(白，白)，(白，黒)，(黒，白)，(黒，黒)の4種類となります．この4種類が状態となります．

● ロボットの取りうる「行動」

ロボットの行動を考えましょう．とりうる行動は前進，その場回転(回転)，滑らかにカーブ(旋回)があり，それぞれ左右方向が考えられます．左右のタイヤの正転，逆転，停止でこれらの動作をさせるには次の5種類の組み合わせが考えられます．

右タイヤ　左タイヤ

直進：(正転，正転)
右回転：(正転，逆転)
左回転：(逆転，正転)
右旋回：(正転，停止)
左旋回：(停止，正転)

● ロボットが得られる「報酬」

最後に報酬を考えます．ゴールがあるわけではありませんので，ライン・トレース・ロボットが境界線上にいたら報酬を与えるようにします．そこで左右のセンサが(白，黒)または(黒，白)となっていたら正の報酬を与え(＋10)，(白，白)または(黒，黒)となっていたら負の報酬(－1)を与えることとします．この報酬の付け方によってロボットの動作が変わります．

▶白黒または黒白の場合

これまでの手法と比較するために，どの程度うまく走ったかの点数を同じ基準で付けておくことにします．ただし，この点数はQラーニングでは使いません．

まず，白黒の境界線上にライン・トレース・ロボットがいる場合を考えます．白黒の境界をなるべく速く走らせたいので，センサの状態が(白，黒)または(黒，白)となっていた場合，左右タイヤの平均速度の絶対値を点数とします．これにより，白黒の境界にいるときに向きを変えようと少しでも回転すると点数が下がるようになります．

▶白白または黒黒の場合

次に，センサの値が両方とも白または黒の場合を考えます．この場合は曲がってほしいのですが，その場で回転するのではなく，進みながら回転した方が速く動けそうです．

そこで，この場合も左右タイヤの平均速度の絶対値を点数とします．ただし，両方のセンサが白または黒となっている場合はあまり良い状態ではないので，この点数に0.2を掛けます．この点数の計算をサンプル時間ごとに行い，合計の点数がライン・トレース・ロボットの点数となります．

プログラム

Qラーニングをライン・トレース・ロボットに実装します．プログラムのフローチャートを**図9**に示します．今回，作成するプログラムは図中の灰色で示した次の5つの関数となります．

- `Init`関数
- `SetAction`関数
- `Move`関数
- `Reward`関数
- `UpdateQ`関数

ここまでと共通の部分の説明は割愛します．

■「Qラーニング」用に新たに作るプログラム

● 変数の説明(リスト1)

プログラム中で使っているグローバル変数の説明をします．

1行目の`SIM_COUNT`は1回のシミュレーション中のロボットの移送ステップ数としています．

2行目の`STATE_NUM`は状態の数を表しています．これは左右センサの状態の組み合わせ(白，白)，(黒，白)，(白，黒)，(黒，黒)の4種類となります．

3行目の`ACTION_NUM`は行動の数を表しています．行動は直進，その場回転(右，左)と滑らかにカーブ(右，左)の5種類となります．

5行目の`Qvalue`はQ値を表していて，状態×行動の数ぶんの変数が必要となります．そこで，2次元配列で定義しています．

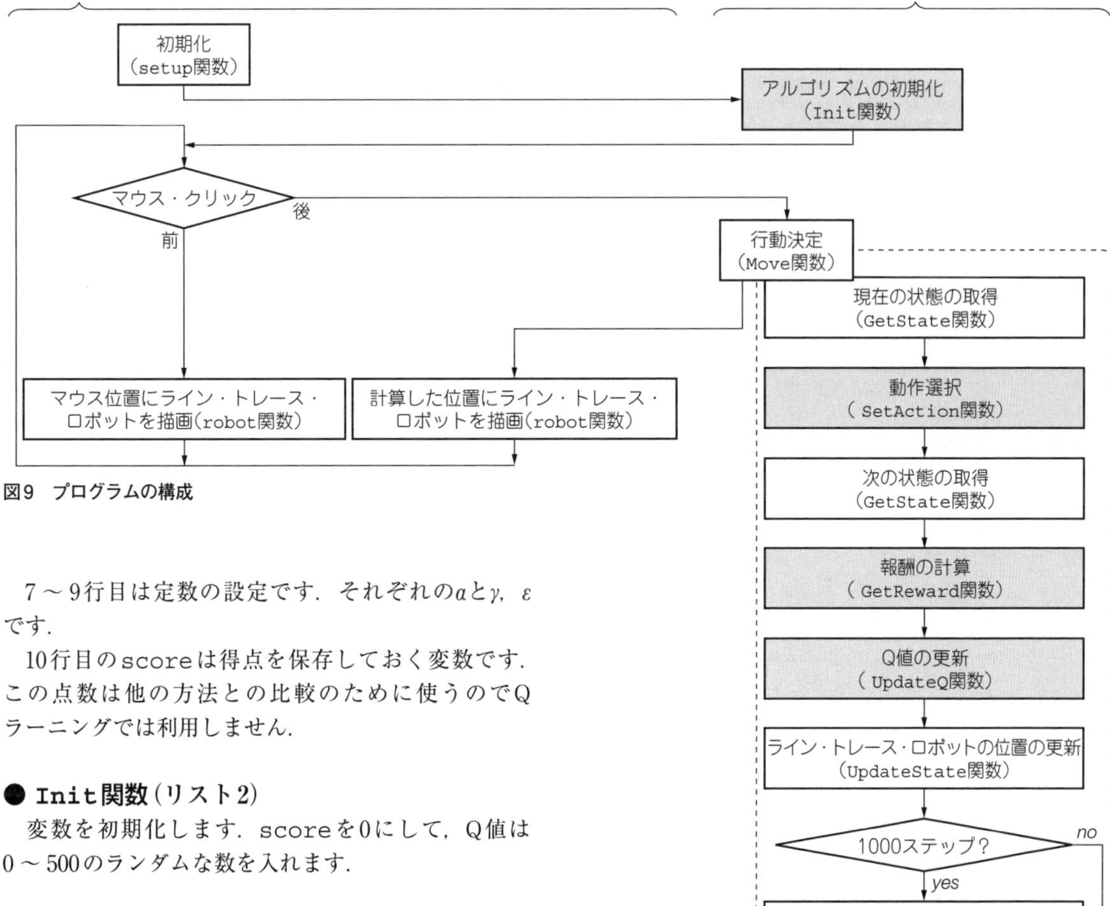

図9　プログラムの構成

7～9行目は定数の設定です．それぞれのαとγ，εです．

10行目のscoreは得点を保存しておく変数です．この点数は他の方法との比較のために使うのでQラーニングでは利用しません．

● Init関数(リスト2)

変数を初期化します．scoreを0にして，Q値は0～500のランダムな数を入れます．

● Move関数(リスト3)

ロボットを動かすことと，Q値の更新を行っています．

4行目のGetState関数で現在の状態を取得します［(式(1)のsの取得)］．

5行目のSetAction関数で現在の行動を決定します［(式(1)のaの取得)］．

6行目のGetState関数では，その行動を取ったときの次の状態を取得しています［式(1)のs'の取得］．

7行目のGetReward関数では，その状態のときの報酬を計算します［式(1)のRの取得］．

8行目のUpdateQ関数では，現在の状態，現在の行動，次の状態，報酬からQ値の更新を行います［式(1)の計算］．

9行目のUpdateState関数でライン・トレース・ロボットの位置を更新しています．

11～21行目では1000ステップ実行したかどうかを

リスト1　プログラム中で使っているグローバル変数

```
01 final int SIM_COUNT=1000;
02 final int STATE_NUM=4;
03 final int ACTION_NUM=5;
04
05 float[][] Qvalue=new float[STATE_NUM][ACTION_NUM];
06
07 float ALPHA=0.5;
08 float GAMMA=0.9;
09 float EPSILON=0.1;
10 int State=0;
11 float score = 0;
```

リスト2　変数を初期化するInit関数

```
void Init()
{
  randomSeed(0);
  score=0;
  for (int i=0; i < STATE_NUM; i++) {
    for (int j=0; j < ACTION_NUM; j++) {
      Qvalue[i][j]=random(500.0);
    }
  }
}
```

リスト3　ロボットを動かす＆Q値を更新するMove関数

```
01 void Move()
02 {
03   for (int step=0; step<draw_step; step++) {
04     int current_state  = GetState();
05     int current_action = SetAction();
06     int next_state  = GetState();
07     float reward = GetReward(next_state);
08     UpdateQ(current_state, current_action,
                                  next_st ate, reward);
09     UpdateState();
10
11     count++;
12     time=count/fps;
13     if (count>=SIM_COUNT) {
14       sx = init_sx;
15       sy = init_sy;
16       sq = init_sq;
17       count = 0;
18       gCount++;
19       writer.print(gCount+"\t"+score);
20       for (int i=0; i < STATE_NUM; i++) {
21         for (int j=0; j < ACTION_NUM; j++) {
22           writer.print("\t"+Qvalue[i][j]);
23         }
24       }
25       writer.println();
26       writer.flush();
27       score = 0;
28       randomSeed(0);
29
30       break;
31     }
32   }
33 }
```

リスト4　現在の状態をもとにしてQ値に従って次の行動を決定するSetAction関数

```
01 int SetAction() {
02   int a;
03   int atmp=0;
04   int amax=0;
05   int state  = GetState();
06
07   float Qmax = -9999999;
08   for (a=0; a < ACTION_NUM; a++) {
09     if (Qvalue[state][a] > Qmax) {
10      Qmax = Qvalue[state][a];
11       atmp = a;
12     }
13   }
14
15   if (random(1.0) < EPSILON) {
16     amax = (int)random(float(ACTION_NUM));
17   } else {
18     amax = atmp;
19   }
20
21   vel_L=0;
22   vel_R=0;
23
24   if (amax == 0) {//foward
25     vel_L=5;
26     vel_R=5;
27   } else if (amax == 1) { // Left Turn
28     vel_L=5;
29     vel_R=-5;
30   } else if (amax == 2) { // Right Turn
31     vel_L=-5;
32     vel_R=5;
33   } else if (amax == 3) { // Left Curve
34     vel_L=5;
35     vel_R=0;
36   } else if (amax == 4) { // Right Curve
37     vel_L=0;
38     vel_R=5;
39   }
40   float t_vel=(vel_R+vel_L)/2;
41   float t_sq=sq + (vel_L-vel_R)/vehicleWidth;
42   float t_sx = sx + t_vel*sin(t_sq);
43   float t_sy = sy - t_vel*cos(t_sq);
44   GetSensor(t_sx, t_sy, t_sq);
45
46   if (state == 1 || state == 2) {
47     score+=abs((vel_L+vel_R)/2);
48   } else {
49     score+=abs((vel_L+vel_R)/2*0.2);
50   }
51   return amax ;
52 }
```

調べて，実行していたら初期位置に戻してシミュレーション終了時のQ値をファイルに保存します．

● SetAction関数（リスト4）

現在の状態をもとにしてQ値に従って次の行動を決定します．

5行目で現在の状態を読み取っています．

7～13行目では，その状態をもとにして，Q値の最も高い行動を探しています．

15～19行目では，ε-greed法を実現しています．これは1までの乱数を作り，それがε（0.1に設定）よりも小さいかどうかを調べます．これによって10％の確率で行動をランダムに選択するようになります．

21～39行目では，行動に対応するようにタイヤの速度を設定しています．

40～44行目では，その方向に動作したときのセンサの値をGetSensor関数で更新しています．

45～49行目は点数を付けるための処理です．

● Reward関数（リスト5）

報酬を計算する関数です．状態が0（黒，黒）と状態が3（白，白）の場合，ライン・トレース・ロボットが境界線上にいませんので，－1の報酬を返します．状態が1（黒，白），状態が2（白，黒）の場合，境界線上を進んでいますので，10の報酬を返します．

● UpdateQ関数（リスト6）

式（1）に代入してQ値を更新しています．

リスト5　報酬を計算するReward関数

```
float GetReward(int state) {
  float val = 0;

  if (state == 0) {
    val = -1.0;
  }
  if (state == 1) {
    val =  10.0;
  }
  if (state == 2) {
    val = 10.0;
  }
  if (state == 3) {
    val = -1.0;
  }

  return val;
}
```

リスト6　式(1)に代入してQ値を更新するUpdateQ関数

```
void UpdateQ(int state, int action, int next_state,
                                          float reward) {
  float Qmax;

  Qmax = Qvalue[next_state][action];
  Qvalue[state][action] = (1-ALPHA)*Qvalue[state]
                 [action]+ALPHA*(reward + GAMMA*Qmax) ;
}
```

シミュレーション結果

シミュレーションでライン・トレース・ロボットを動かしてみましょう．LineTrace_Q-Learningを実行することでシミュレーションを行うことができます．今回は黒い島の右の真ん中付近の境界線上にライン・トレース・ロボットを置いて実行しました．ここでは2つの結果を示します．

● 結果1…順方向へ進む

結果を図10に示します．図10(d)のグラフは点数の変化を示しています．図10(a)～(c)はライン・トレース・ロボットの移動軌跡を表しています．ここで示す移動軌跡は，LineTrace_Q-Learning_viewerという筆者提供のビューワ用のプログラムを用いて示しました．

Qラーニングは移動中にどんどん学習してしまうため，ビューワで確認しようとしても更新が進んでしまい，どのような動作が得られたのか分からなくなってしまいます．そこで，シミュレーション(LineTrace_Q-Learning)で得られたQ値に従って動くものとし，動作中にQ値の更新はしないものとしました．同様の理由で，Q値の選択にもランダム要素を加えませんでした．

▶10回のシミュレーションで学習・走行できた

1回目はゆっくり移動し，あまりたくさん進めませんでした．5回目は2/3周ほどのところまで進めました．そして10回目では1周半も進めるようになりました．

山登り法では1周半のライン・トレースを行う動作を学習するまでに，100回以上のシミュレーションが必要でしたが，Qラーニングでは10回のシミュレーションで学習できました．Qラーニングは1ステップ動くたびに学習するため，結果として学習が早く終わるのです．

▶うまくライン・トレースできている

10回目の1周半動いたライン・トレース・ロボットに着目します[図10(c)]．このときのQ値を表1に示します．行動は各状態での最大のQ値となるものが選択されます．そこで，各状態での最大となるQ値には灰色の網掛けをしています．まず，センサの値が(黒，白)となる場合，直進のQ値が最も大きくなっています．そのため，(黒，白)となる場合は直進すること

表1　10回動いたときのQ値

ライン・センサ ＼ 進行方向	直　進	右回転	左回転	右旋回	左旋回
(黒，黒)	－2.37	14.73	－8.64	11.53	-9.14
(黒，白)	33.09	5.24	－3.5	8.28	0.64
(白，黒)	52.89	53.31	48.36	40.95	32.25
(白，白)	－2.25	－9.02	23.01	－9.39	6.27

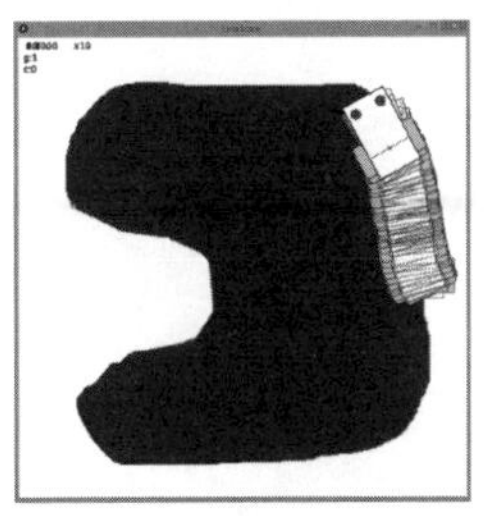
(a) 1回

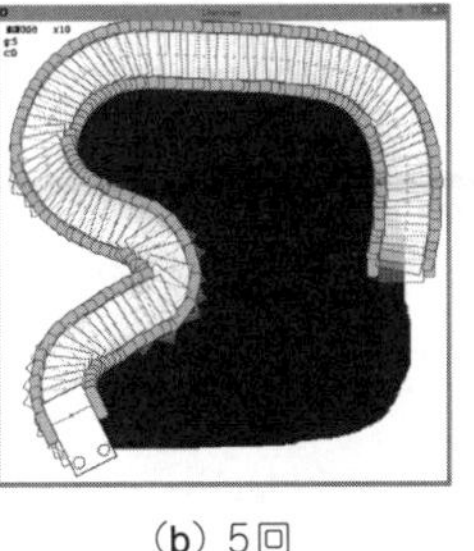
(b) 5回

(c) 10回

(d) 試行回数と得点

図10　シミュレーション結果…ライン・センサ(黒，白)のときの報酬は「10」

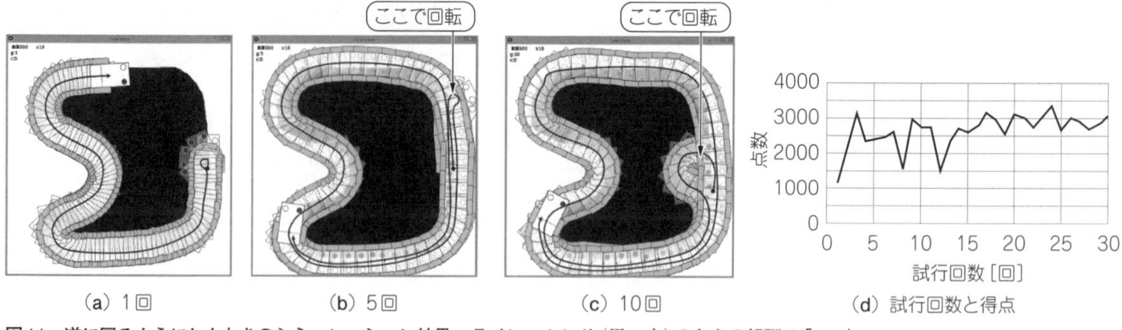

(a) 1回　(b) 5回　(c) 10回　(d) 試行回数と得点

図11　逆に回るようにしたときのシミュレーション結果…ライン・センサ（黒，白）のときの報酬は「－1」

となりますので，スタートしてから真っすぐ進みます．

真っすぐ進むとセンサの値が（白，白）になります．このとき，最大のQ値となるのは左旋回です．左旋回するとまた，センサの値が（黒，白）となりますので，ライン・トレースが始まります．また，センサの値が（黒，黒）になるのは**図10**に示す黒い島のへこんだ部分に入り込んだときになります．Q値が最大となるのは右旋回ですので，うまくライン・トレースができるようになっています．

● 結果2…反対方向へ進む

今度は結果1とは反対に回るように学習させてみました．報酬の付け方について（黒，白）のときの報酬は「10」となっていましたが，それを「－1」に変更しました．その結果を**図11**に示します．

▶こちらもうまく動いた

その場で回ったり（1回目），ちょっと進んでから回ったり（5回目），開始直後に大きく旋回したり（10回目）して反対方向に動いています．報酬をうまくつけることで，反対方向に回るようにできるのは面白いですね．

◆参考文献◆

(1) 分散深層強化学習でロボット制御，Preferred Infrastructure.
https://research.preferred.jp/2015/06/distributed-deep-reinforcement-learning/

まきの・こうじ

第6章

イライラ棒でQラーニングの実験

牧野 浩二

ここではQラーニングの応用例を紹介し，理解を深めたいと思います．具体的にはRCサーボモータで作ったロボット・アームを使って，Qラーニングで「正しい動作」を獲得して，昔テレビで見たことがあるようなイライラ棒をクリアします(**図1**，**写真1**)．

図1　答えじゃなくてルールを学習するイメージのとても重要なアルゴリズム「Qラーニング」をイライラ棒を例に体得
イライラ棒は遊園地やゲームセンターにも置いてあるかも

ディープ・ラーニングとの違い

Qラーニングは半教師付き学習という学習になります．この半教師付きというところが他の機械学習や人工知能とは異なる点です．

● 教師付き学習

教師付き学習(教師あり学習ともいう)の代表格として，ディープ・ラーニング(ニューラル・ネットワーク)やサポート・ベクタ・マシンがあります．これらは，ある入力データの答えが用意されていて，入力と答えのセットをたくさん使って学習していくものとなります．

全ての入力データに答えがあるので，教師付き学習と呼ばれています．

● 教師なし学習

一方，教師なし学習というものもあります．これはデータ・マイニングとも呼ばれます．複雑なデータを人間が理解しやすい形に整理してくれるもので，主成分分析やクラスタ分析などがそれに当たります．

主成分分析はアンケートの集計などに力を発揮する

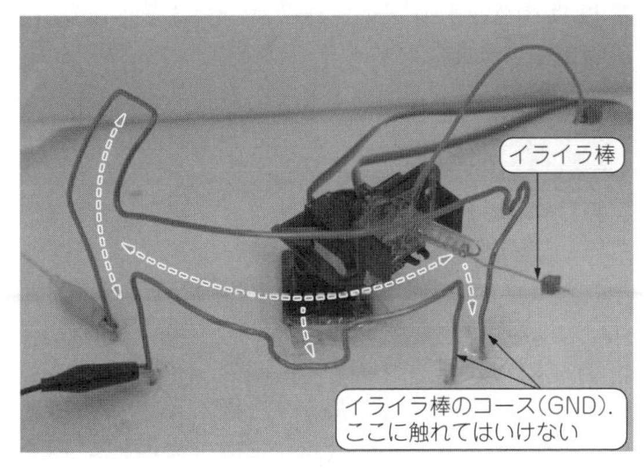

(a) イライラ棒のコース

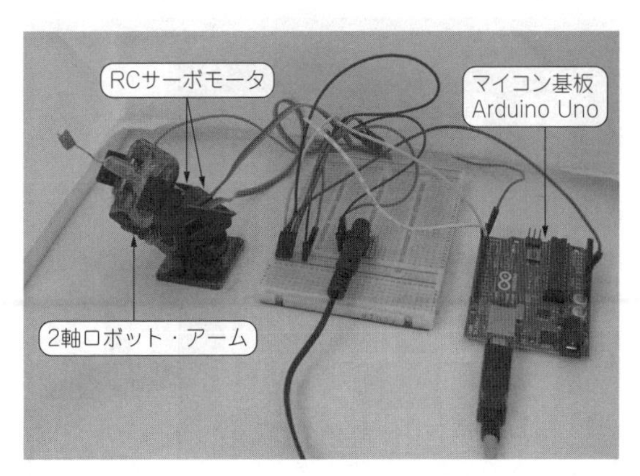

(b) 使用したハードウェア

写真1　イライラ棒を例に重要アルゴリズム「Qラーニング」&プログラミングをマスタ

もので，何十項目もあるアンケート結果を2次元の散布図にまとめてくれるものとなります．

● 半教師付き学習

これに対して半教師付き学習とは，望ましい状況になるとプラスの報酬がもらえ，望ましくない状況になるとマイナスの報酬がもらえるものとなります．このとき，全ての状況に報酬を付けなくてよいため，半教師付き学習となります．

インベーダ・ゲームを例にとると，次のように良いこと/良くないことを設定しておくだけで済むことになります．

- 敵のミサイルに当たってはいけない
- 敵が下まで来てはいけない
- UFOを倒すとよい
- 敵にミサイルが当たるとよい

動かして合点

Qラーニングのアルゴリズムを説明する前に，シミュレータで体験してみます．

イライラ棒は**図1**のように，プレーヤが金属の棒を持ち，金属レールに触れないように金属レールの間を通り，時間内にゴールを目指すゲームです．

後半では，**写真1(a)**のようにPCとArduinoをつないで，PCから実際に2つのサーボモータが付いたロボット・アームを動かして，実機ベースでイライラ棒をクリアしてみます．この2軸のロボット・アームは左右(パン)と上下(チルト)方向に動きます．そして**写真1(b)**のように針金を曲げてイライラ棒のコースを作ることとします．

この実験では実際にロボット・アームが動いて，棒が壁に当たると当たったことを認識して，学習します．

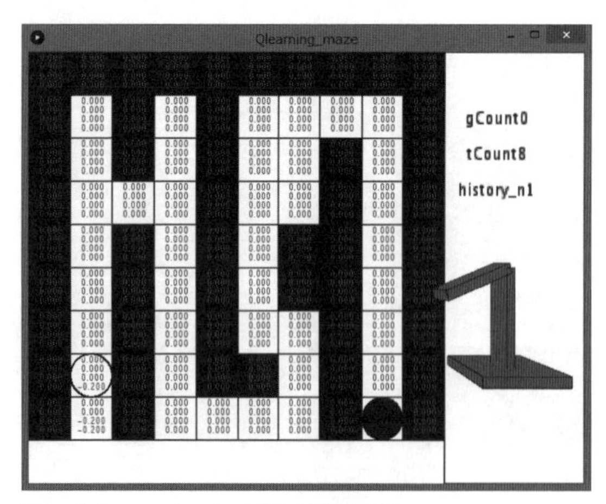

図2　シミュレーションでイライラ棒を解く

● 実行環境

まずは**図2**のようなコースを用意します．これを使いながらQラーニングの仕組みを説明していきます．PC上でシミュレータProcessingを使って，Qラーニングを画面に表示しながら学習の様子を確認します．後半では，PC上のProcessingとPCに接続したマイコン基板Arduinoとを連携させて，実際のロボット・アームで学習を行います．

● Arduino開発環境のインストール

Arduino開発環境は，`https://www.arduino.cc`にアクセスし，「SOFTWARE」をクリックして入手します．さまざまなバージョンの開発環境が選べます．筆者は「Download the Arduino IDE」の下にある「Windows ZIP file for non admin install」を選びました．クリックするとまた別のページが開き，寄付をしない場合は「JUST DOWNLOAD」をクリックします．

ダウンロードしたzipファイルを解凍し，`arduino.exe`を実行することで，Arduinoの開発環境が起動します．

● ロボット・アームの入手

写真1(b)の2軸ロボット・アームはAmazonで購入しました．「SG90サーボ用 2軸 カメラマウント」で検索すると，商品ページが見つかります．価格はRCサーボモータが2個付いて1500円程度でした．サーボモータが付いていないバージョンもありますので，購入の前にご確認ください．

● シミュレーションの実行

学習は実際のロボットでもできるのですが，学習にかなりの時間がかかります．まずはシミュレーションを動かして学習の様子を見てみましょう．ここでは筆者提供の`Qlearning_maze_Arm_Simulation.pde`を使います．プログラムは本書のウェブ・ページからダウンロードできます．

```
http://www.cqpub.co.jp/interface/download/contents.htm
```

実行するとPC上に**図2**が表れます．黒い部分が壁，白い部分が通れる部分，黒く塗りつぶした丸がゴール，黒く塗りつぶしていない丸(壁の位置にあるときは白い丸に)が，イライラ棒の位置となります．

そして右側に2軸のロボット・アームの絵を付けました．イライラ棒を上に動かすと**図3(a)**のようにロボット・アームも上を向き，右に動かすと**図3(b)**のようにロボット・アームも右を向くようになっています．

ロボット・アームでイライラ棒を動かすイメージが

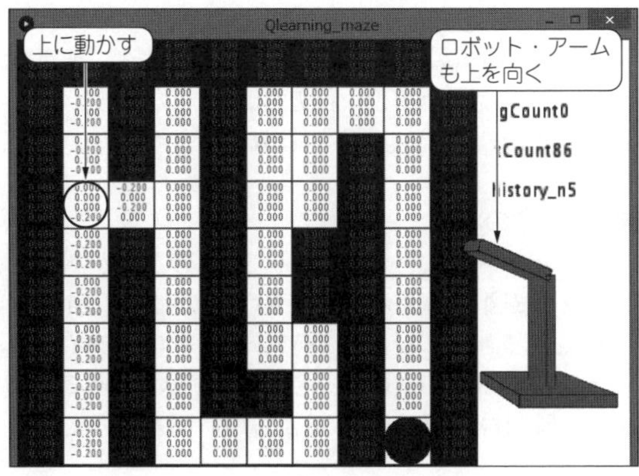

(a) イライラ棒を上に動かす

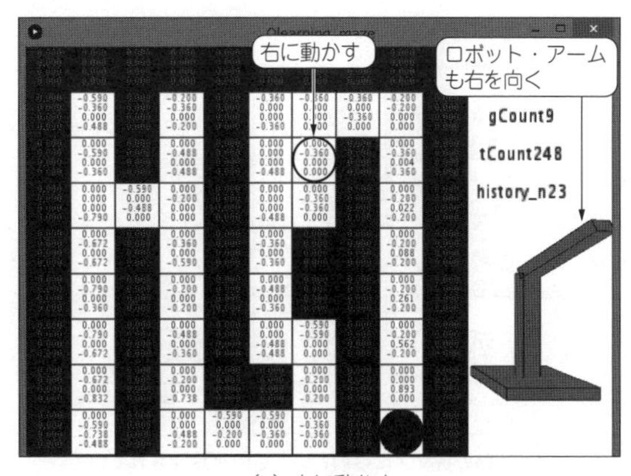

(b) 右に動かす

図3　右側に2軸のロボット・アームの絵を付けた
○に合わせてアームが動く

わくかと思い付けています．お使いのPCによってはグラフィックス・ドライバが対応していないと，「OpenGL EL Error」と書かれた警告ダイアログが出ますが，全てOKを押すとシミュレーションが始まります．なお，ロボット・アームを表示しなければ警告は表示されません．ロボット・アームの表示をやめるには**リスト1**(後述)のpushMatrixからpopMatrixまでをコメント・アウトしてください．

実行すると，しばらくはゴールに向かわずにスタート付近をランダムにふらふらしているはずです．かなり待つと偶然にゴールに到達します．そうするとゴールの1つ手前の場所まで来るとゴールできるようになります．その後，ゴール2つ手前の場所まで来るとゴールできるようになります．ゴールを繰り返すことで，ゴールできる位置がスタート地点に近づいていきます．これがスタート位置まで到達すると，スムーズにゴールに到達します．

このときの様子を動画(QL_maze_simulation1.wmv)に保存しました．この動画も本書ウェブ・ページからダウンロードできます．

迷路を例に仕組みを解説

迷路をもとにしてQラーニングの仕組みを紹介していきます．

● ルール

ロボット・アームはゴールへの道筋を自動的に学習していきます．学習前はロボット・アームをランダムに何度も動かしてゴールに向かいます．ルールとして次の4つを与えました．

(1) 壁にぶつかったらその前の位置に戻る
(2) ゴールに到達したらロボットは記憶しておいた道順に従ってスタート位置に戻る
(3) ゴールに到達するまでの記憶の限界を設定しておき，その限界の数だけ記憶すると，記憶しておいた道順に従ってスタート位置に戻る
(4) 各マスに書かれた数値(Qラーニングのポイントとなる Q値)に従ってイライラ棒を動かす(Q値はロボット・アームの記憶の中にあり，実際に書かれているものではない)

(1)から(3)は実際のロボット・アームを動かすときの工夫となります．シミュレーションでは，ゴールしたらスタート位置までイライラ棒をワープさせてスタート位置から始めるのが普通です．

実際のロボットはワープができませんので，覚えておいたスタート位置までの履歴をたどります．これもシミュレーションに入れています．履歴ですので，壁にぶつからずにスタート位置に戻ることができます．(4)はQラーニングであるがゆえのルールとなります．

● イライラ棒はQラーニングが得意とする迷路探索でクリアできる

このロボット・アームを使った場合，イライラ棒の動きは球面となるので，難しそうに感じますが，ロボット・アームは左右と，上下の2つの動きしかできません．そのため，**写真1**のようにイライラ棒のコースを迷路のように展開できます．つまり，黒い部分に当たらずに白い部分だけを通り，ゴールに到達するものとなります．Qラーニングの得意な迷路探索と同じになります．

● 基本式

Qラーニングは式(1)の単純な仕組みだけで学習できます．

$$Q(S_t, a) \leftarrow (1-\alpha)Q(S_t, a) + \alpha[r_{t+1} + \gamma \max Q] \cdots\cdots (1)$$

Q(11, 0)=0
11
Q(11, 3)
=−1
Q(11, 1)
=−1
Q(11, 2)=2
Q(16, 0)=0
報酬
10
16
Q(16, 3)
=3
Q(16, 1)
=0
Q(16, 2)=−1
報酬
−1

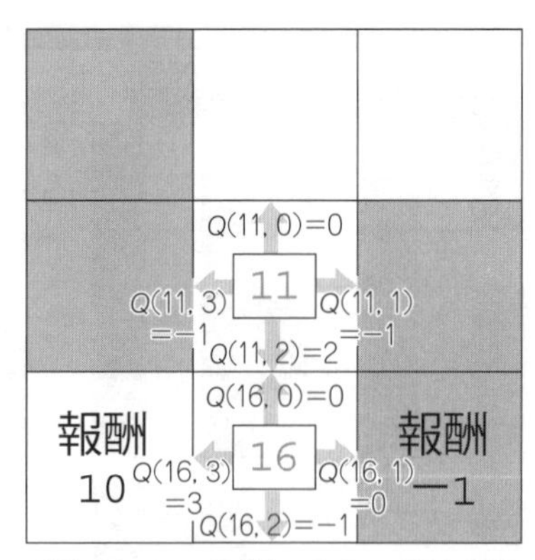

図4　迷路の各マスにQ値というものが設定されている

この式だけではよく分からないかもしれませんが，$Q(s, a)$，r，$\max Q$の意味が分かれば理解しやすいかなり単純な学習法です．図を使いながら説明していきます．

● $Q(s, a)$ …進むべき道

Qラーニングでは迷路の各マスにQ値というものが設定されています．これは**図4**のようになっています．また，各マスから動ける方向にそれぞれQ値が設定されています．迷路の場合は上下左右ですので，各マスに4つの値が設定されることとなります．

では，これは何を表しているかというと，進むべき道（選ばれやすさ）を示していて，通常は値の大きい方へ進むようになっています．**図4**の場合，イライラ棒が11番にあった場合は下側に動かすこととなります．

ただし，失敗するかもしれませんが，たまには違う動作もさせる必要がありますので，ある小さな確率で必ずしも大きな値の方向に進まないようにします．これをε-greedy法と言います．

● αとγは定数

それではQ値の更新式を説明していきます．簡単なところから説明すると，「αとγは0～1の定数」です．αは学習係数，γは割引率と呼ばれています．

● s_tは今の状態

状態とは何でしょう．例えば5×5の迷路があったとします（**図5**）．この迷路の各マスには0～24の番号が振ってあるとします．時刻tのときにイライラ棒がどこにあるのか（位置，状態）をs_tという値で示します．時刻tはスタートしてからの時間だと考えてください．

例えば，**図6**(a)の位置にイライラ棒があれば，$s_t = 6$となり，**図6**(b)の位置にイライラ棒があれば$s_t = 13$となります．

s_{t+1}とは$t+1$の時刻の状態となります．例えば$s_t = 6$の場所にイライラ棒があったとして，下に動いたら$s_{t+1} = 11$となります．ただし，$t+1$は次の時刻という意味で使っています．

● aは行動

行動とは何でしょう．ここでも迷路の例に当てはめます．イライラ棒は上下左右に動かすことができます．そこで，次のように行動を番号で表します．

上に移動	$a = 0$	下に移動	$a = 2$
右に移動	$a = 1$	左に移動	$a = 3$

● $Q(s_t,\ a)$はQ値

さて，いよいよQラーニングのポイントとなるQ値の説明に入ります．Q値とはある場所（s_t）において，ある行動（a）の起こしやすさを示す値となります．そして，迷路の全ての位置にはQ値が設定されています．このQ値はロボットが頭の中で覚えている値となります．

例えば**図4**のようになっています．位置は11番とし，上に動く場合のQ値は$Q(11, 0)$となります．こ

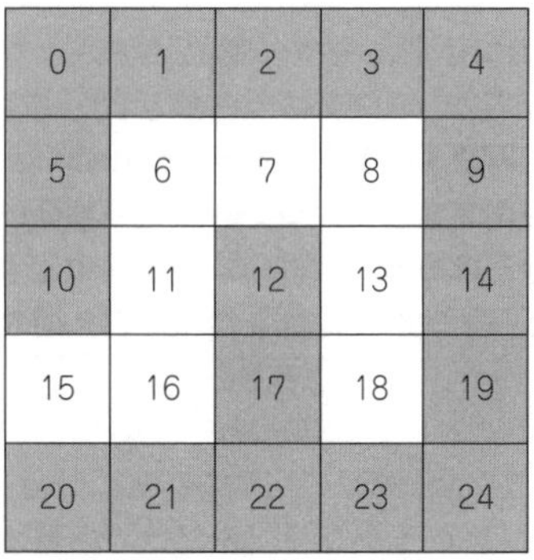

0 1 2 3 4
5 6 7 8 9
10 11 12 13 14
15 16 17 18 19
20 21 22 23 24

図5　5×5の迷路があったとする

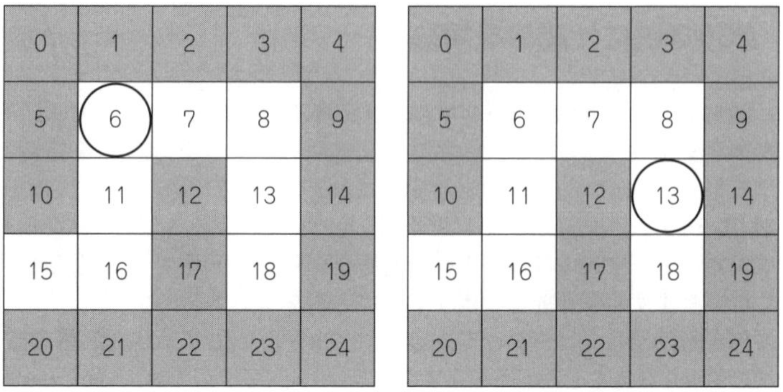

0 1 2 3 4
5 6 7 8 9
10 11 12 13 14
15 16 17 18 19
20 21 22 23 24
0 1 2 3 4
5 6 7 8 9
10 11 12 13 14
15 16 17 18 19
20 21 22 23 24

(**a**) s_t=0　　(**b**) s_t=13

図6　イライラ棒の位置

リスト1　シミュレーション用プログラム Qlearning_maze_Arm_Simulation.pde

```
001 final int Nx=10;
002 final int Ny=9;
003 final int S=Nx*Ny;
004 final int A=4;
005 float [][] qv = new float [S][A];
006
007 int init_pos=81;
008 int goal_pos=88;
009
010 int agent_pos=init_pos;
011 int agent_pos_old;
012 int agent_act;
013
014 int goal_f=0;
015 int out_f=0;
016
017 final float Ep=0.05;
018 final float alpha=0.2;
019 final float gamma=0.9;
020
021 int tCount=0;
022 int gCount=0;
023 int [] map = {
024  -1, -1, -1, -1, -1, -1, -1, -1,
                                   -1, -1,
025  -1, 0, -1, 0, -1, 0, 0, 0, 0, -1,
026  -1, 0, -1, 0, -1, 0, 0, -1, 0, -1,
027  -1, 0, 0, 0, -1, 0, 0, -1, 0, -1,
028  -1, 0, -1, 0, -1, 0, -1, -1, 0, -1,
029  -1, 0, -1, 0, -1, 0, -1, -1, 0, -1,
030  -1, 0, -1, 0, -1, 0, 0, -1, 0, -1,
031  -1, 0, -1, 0, -1, -1, 0, -1, 0, -1,
032  -1, 0, -1, 0, 0, 0, 0, -1, 0, -1,
033 };
034
035
036 int [] history = new int [1000];
037 int history_n=0;
038 int history_f=0;
039
040 int reward_f=0;
041
042
043 float reward=0;
044 void setup()
045 {
046   size(640, 480, P3D);
047   textAlign(CENTER);
048   textSize(10);
049   background(255);
050
051   for (int s=0; s<S; s++) {
052     for (int a=0; a<A; a++) {
053       qv[s][a] = 0;
054     }
055   }
056   map[goal_pos] = 1;
057   //MapSave();
058   frameRate(30);
059 }
060
061 void draw()
062 {
063   stroke(0);
064   fill(129);
065   textSize(10);
066   int d = height/Nx;
067   for (int s=0; s<S; s++) {
068     if (map[s]==-1)
069       fill(0);
070     else
071       fill(255);
072     int x = s%Nx;
073     int y = s/Nx;
074     rect(x*d, y*d, d, d);
075     fill(127);
076     for (int a=0; a<A; a++) {
077       text(qv[s][a], x*d+d/2,
                         y*d+(a+1)*10);
078     }
079   }
080   fill(0);
081   int goal_x = goal_pos%Nx;
082   int goal_y = goal_pos/Nx;
083   ellipse(goal_x*d+d/2,
                    goal_y*d+d/2, d, d);
084   //  fill(0, 127);
085   noFill();
086   int agent_x = agent_pos%Nx;
087   int agent_y = agent_pos/Nx;
088   strokeWeight(2);
089   stroke(255);
090   ellipse(agent_x*d+d/2,
              agent_y*d+d/2, d-2, d-2);
091   stroke(0);
092   ellipse(agent_x*d+d/2,
                    agent_y*d+d/2, d, d);
093   strokeWeight(1);
094
095   fill(255);
096   rect(height, 0, width-height,
                               height);
097   fill(0);
098   textSize(18);
099   text("gCount"+gCount, width-100,
                                   80);
100   text("tCount"+tCount, width-100,
                                  120);
101   text("history_n"+history_n,
                     width-100, 160);
102
103   pushMatrix();
104   fill(127);
105   translate(width / 2, height / 2,
                                  50);
106   pushMatrix();
107   translate(200, 100, 0);
108   box(80, 10, 80);
109   rotateY(radians(agent_x*18+180));
110   translate(0, -50);
111   box(10, 100, 20);
112   translate(0, -50);
113   rotateZ(radians(agent_y*9+45));
114   translate(0, -40);
115   box(10, 80, 20);
116   popMatrix();
117   popMatrix();
118
119   if (history_f==0) {
120     if (reward_f==0) {
121       //if(gCount%10==0&&tCount==0)
122       //      QVSave();
123
124       if (reward<0&&out_f==0) {
125         agent_act = (agent_act+2)%4;
126       } else {
127         out_f=0;
128         Select_Action();
129       }
130       Move();
131       History();
132       reward_f=1;
133       return;
134     } else {
135       delay(500);
136       if (reward<0&&out_f==0) {
137         reward=0;
138       } else {
139         reward = Reward();
140         ModifyQValue(reward);
141       }
142       reward_f=0;
143     }
144
145     tCount++;
146
147     if (goal_f==1 || history_
                           n==1000) {
148       history_f=1;
149     }
150   } else {
151     if (history_n==0 && reward_
```

の例では$Q(11, 0)$は0となっています．同じように左に行く場合は$Q(11, 1)$となり，値は-1となっています．下に行く場合は$Q(11, 2) = 2$，右に行く場合は$Q(11, 3) = -1$となります．

● max$Q$

max$Q$は移動した先のQ値の最も大きい値という意味です．11番の位置($s_t = 11$)にいたときに，下へ移動($a = 2$)した場合では，16番の位置に来ます．16番の位置にいるときにとれるQ値の最大値は**図4**に示すように3ですので，max$Q$は3となります．難しそうに見えて実は簡単ですね．

ここまでで，r_{t+1}が0の場合のQ値の更新を考えることができます．なお，$\alpha = 0.2$，$\gamma = 0.9$とします．

$$Q(5, 2) \leftarrow (1 - 0.2) \times 2 + 0.2 \times (0 + 0.9 \times 3) = 2.14$$

このように，$Q(5, 2)$が2から2.14に更新されます．移動するごとにこの式に従ってQ値を更新していきます．

● r_{t+1}

これは報酬を表します．報酬とは人が設定する良い状態と悪い状態に基づくものとなります．ここでは$s = 16$にいるものとします．左に行く($s = 3$)とゴールになり，右に行く($s = 1$)と壁になります．

まず，ゴールに到達したときを考えます．ここで，ゴールに行くと報酬が10もらえるものとします．また，Qラーニングではゴールに到達すると，また初めの位置から再スタートすることが多くあります．その場合，ゴール後にどの方向にも動かないので，max$Q$は0となります．それでは$Q(16, 3)$の更新式を考えます．

リスト1 シミュレーション用プログラム Qlearning_maze_Arm_Simulation.pde（つづき）

```
                                f==0) {
152         history_f=0;
153         agent_pos=init_pos;
154         goal_f=0;
155         out_f=0;
156         tCount=0;
157         gCount++;
158         history_n=0;
159         reward_f=0;
160       } else {
161         if (reward_f==0) {
162           history_n--;
163           agent_act =
                 (history[history_n]+2)%4;
164           Move();
165           reward_f=1;
166         } else {
167           delay(500);
168           reward_f=0;
169         }
170       }
171     }
172
173
174     saveFrame("am-########.bmp");
175 }
176
177 void History()
178 {
179   if (out_f==1)
180     return;
181
182   if (history_n==0) {
183     history[history_n] = agent_act;
184     history_n++;
185   } else {
186     if (history[history_n-1] !=
             ((agent_act+2)%4)) {
187       history[history_n] = agent_act;
188       history_n++;
189     } else {
190       history_n--;
191     }
192   }
193 }
194
195 void Select_Action()
196 {
197   if (random(1)<Ep) {
198     agent_act = int (random(A));
199   } else {
200     int [] an = new int [A];
201     int n = 0;
202     float qmax;
203     qmax = qv[agent_pos][0];
204     an[n]=0;
205     for (int a=1; a<A; a++) {
206       if (qmax<qv[agent_pos][a]) {
207         qmax=qv[agent_pos][a];
208         n=0;
209         an[n]=a;
210       } else if (qmax==qv[agent_
                        pos][a]) {
211         n++;
212         an[n]=a;
213       }
214     }
215     agent_act =
              an[int(random(n+1))];
216   }
217 }
218
219 void Move()
220 {
221   agent_pos_old = agent_pos;
222   int agent_x = agent_pos%Nx;
223   int agent_y = agent_pos/Nx;
224   if (agent_act==0)agent_y--;
225   else if (agent_act==1)agent_x++;
226   else if (agent_act==2)agent_y++;
227   else if (agent_act==3)agent_x--;
228   else print("Error1");
229
230   if (agent_x<0 || agent_y<0 ||
        agent_x>=Nx || agent_y>=Ny) {
231     agent_pos = agent_pos_old;
232     out_f=1;
233   } else {
234     agent_pos = agent_x+agent_y*Nx;
235     if (agent_pos==goal_pos) {
236       goal_f=1;
237     }
238   }
239 }
240
241
242 int Reward()
243 {
244   if (out_f==1)
245     return -1;
246
247   return map[agent_pos];
248 }
249
250 void ModifyQValue(float reward) {
251   float maxQ = qv[agent_pos][0];
252   for (int a=1; a<A; a++) {
253     if (maxQ<qv[agent_pos][a])
254       maxQ = qv[agent_pos][a];
255   }
256   qv[agent_pos_old][agent_act] =
    (1-alpha)*qv[agent_pos_old][agent_
     act]+alpha*(reward + gamma*maxQ);
257 }
258
259 void QVSave()
260 {
261   PrintWriter out;
262   String fn = "QV"+str(gCount)+".
                               txt";
263   out = createWriter(fn);
264   out.println(str(Nx)+"\t"+str(Ny));
265   for (int s=0; s<S; s++) {
266     float maxQ=-100;
267     int maxQn=-1;
268     out.print(s);
269     for (int a=0; a<A; a++) {
270       out.print("\t"+str(qv[s][a]));
271       if (maxQ<qv[s][a] && qv[s]
                          [a]>0) {
272         maxQ=qv[s][a];
273         maxQn=a;
274       }
275       out.println("\
     t"+str(maxQn)+"\t"+str(maxQ));
276     }
277   }
278   out.flush();
279   out.close();
280 }
281
282 void MapSave()
283 {
284   PrintWriter out;
285   String fn = "map.txt";
286   out = createWriter(fn);
287   out.println(str(init_pos));
288   out.println(str(Nx)+"\
                    t"+str(Ny));
289   for (int s=0; s<S; s++) {
290     out.print(str(map[s])+"\t");
291     if (s%Nx==Nx-1)
292       out.println("");
293   }
294   out.flush();
295   out.close();
296 }
297
```

$$Q(16,3) \leftarrow (1-0.2)\times 3 + 0.2\times(10+0.9\times 0) = 4.4$$

つまり，その方向に行きやすくなります．

次に，16番にいたとき（$s_t = 16$）に右側に動かしたとしましょう．Qラーニングではε-greedy法によって，たまにランダムに動きます．

この場合は報酬として-1がもらえるものとします．そうすると，その方向に行きにくくなります．イライラ棒の場合は壁にぶつかったら終了なので，$\max Q = 0$となります．そのため，Q値は次のように更新されます．

$$Q(16,1) \leftarrow (1-0.2)\times 0 + 0.2\times(-1+0.9\times 0) = -0.2$$

つまり，その方向に行きにくくなります．

なお，今回のゲームではゴールに到達または壁にぶつかったら，初めの位置から再スタートとなるため，ゴール位置や壁の位置のQ値はありませんでした．しかし，問題によってはQ値を設定する場合もあります．このときは$\max Q$を探す必要があります．

プログラムの作り方（シミュレーション編）

Qラーニングの仕組みが何となく分かったかと思います．仕組みが分かってもプログラムに書き起こせるかはまた別問題ですね．

ここでは**リスト1**のプログラムの解説を行います．そして，このプログラムを基にして実際のロボットを動かすプログラムを作ります．

● 動作ルール決め

ロボット・アームの動作ルールを次のように決めました．

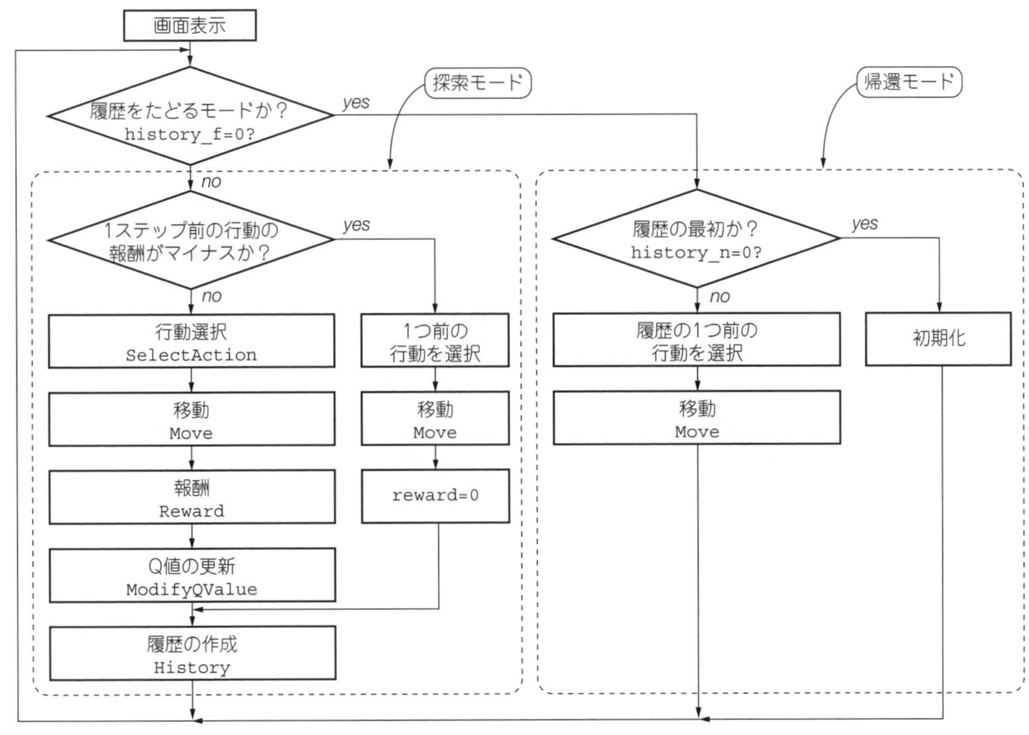

図7　イライラ棒のコースをクリアするためのプログラム・フロー（シュミレーション用）

- Q値に従って動く
- 壁にぶつかると－1の報酬を得る
- 壁にぶつかると前の位置に戻る
- ゴールに到達すると1の報酬を得る
- ゴールに到達すると履歴をたどってスタート位置に戻る
- 履歴の合計が1000ステップになると，履歴をたどってスタートに戻る

実際のロボットで動かすことを想定するのでちょっと特殊です．シミュレーションだけでしたら，壁にぶつかったらスタートにワープして戻るということができます．ゴールしたときも同じくワープして戻れます．しかし，実際のロボットは動けるところを移動させながら戻らなくてはなりません．そこで，壁にぶつかったらその前の位置に戻ったり，保存した履歴をたどりながらスタート位置に戻ったりすることを行っています．

● プログラムの流れ

フローは**図7**のようになっています．2つの処理をhistory_fという変数で分けています．history_fが0の場合はQラーニングの探索モード，1の場合は履歴をたどってスタート位置に戻る帰還モードを表しています．history_fが1となる条件は，

- ゴールに到達した
- 履歴の合計が1000を超えた

となります．また，historyが0になる条件は次の1つだけとなります．

- 履歴をたどってスタート位置に戻った

● 重要な変数

グローバルに設定する変数や定数を説明しておきます．Nx，Nyはイライラ棒が左右と上下にそれぞれ動けるステップ数で，**写真1**の迷路の大きさに相当します．

Sは位置の番号の最大値で，これは迷路のマスの合計数に相当します．

Aは行動の数で，上下左右の4方向に動けることから4を設定しています．

qvはQ値を保存する配列で，各マスに行動の数だけの数値を保存する必要があるため，配列として設定しています．

init_posとgoal_posはスタート位置とゴール位置のマスの番号です．

agent_posはイライラ棒の位置の番号で，agent_pos_oldは移動する前の番号を保存しています．

agent_actはイライラ棒が選択した行動です．

goal_fはゴールしたときに1となり，履歴によってスタート位置に戻るときの開始合図となります．

out_fはイライラ棒が移動できる範囲を超えたときに1となります．これによって移動できない方向への移動を防いでいます．

Epはε-greedy法のランダム動作する確率を示しています．0～1の乱数と比較するため，0.05は5%の確率となります．

alphaとgammaはそれぞれ式(1)のαとγを表しています．

tCountはスタートしてから移動した回数を表しています．

gCountはスタートから始めた回数を表しています．

mapはイライラ棒が動ける迷路を決めています．

historyは配列で行動を1000個保存しておくことができます．

history_nは履歴の数です．例えばイライラ棒が移動すると1増えますが，イライラ棒が来た道を戻ったら1減るようにしています．

history_fはQラーニングによる探索モードにあるのか，履歴による帰還モードにあるのかを示す変数です．

● 初期設定：setup関数

Processingでは初めにsetup関数が1回だけ実行されます．そこでQ値の初期化などを行っています．

● 描画：draw関数

この関数は一定の時間ごとに実行されます．そこで，この部分にマップやロボット・アームの描画プログラムを書いています．そしてイライラ棒が動く部分を119～169行目に書いています．これは**図7**のフローチャートを実現したものとなります．

● 行動選択：SelectAction関数

まず197行目で0～1の乱数と定数Epを比較しています．これより小さい場合はランダムに行動を選ぶようになっています．これはε-greedy法となっています．

次に205～215行目でQ値が最も大きい行動を探しています．例えば次のような場合，行動が複数存在します．

$Q(2, 0) = 0$
$Q(2, 1) = 0$
$Q(2, 2) = -1$
$Q(2, 3) = 0$

この場合に，0，1，3のいずれかをランダムで選択できるように少し複雑な処理をしています．

表1　逆方向の動作の番号は行動に2を足して4で割った余りを計算することで変換できる

行　動	番　号	2を足して4で割った余り	その番号の行動
上	0	2	下
右	1	3	左
下	2	0	上
左	3	1	右

● 移動：Move関数

Qラーニングでは，移動する1つ前の位置を保存しておく必要があります．そこで現在位置の番号を，agent_pos_oldに保存します(221行目)．

その後，agent_act変数によってイライラ棒の位置を更新します(222～228行目)．それが設定した迷路の範囲を超えていれば，out_fを1にして，イライラ棒を元の位置に戻しています(230～232行目)．もし移動した先のイライラ棒の位置番号とゴールの位置番号が同じならば，goal_fを1にしています(234～236行目)．

● 報酬：Reward関数

移動した結果の報酬を調べて，それを戻り値としています．移動先が迷路の範囲を超えた場合(out_f＝1)，－1の報酬を戻します(244，245行目)．そうでない場合はmap変数に書かれた報酬を返します(247行目)．ただし，ゴールの報酬はsetup関数の中で，1に設定されています(56行目)．

● Q値の更新：ModifyQValue関数

Qラーニングのポイントとなるのの更新を行っています．max$Q$は移動先のQ値の最大値で，$Q(s_{t+1}, a)$がqv[agent_pos][a]となりますので，aを0から3まで変えながら最大値を探しています．そして式(1)に従って更新しています(256行目)．なお，$Q(s_t, a)$はqv[agent_pos_old][agent_act]となります．

● 履歴の作成：History関数

まず，範囲外に移動しようとしたときに1になるout_fが1の場合は，イライラ棒を動かしていないので，Historyは更新しません．履歴の数が0の場合は移動した行動を記録します．

次に履歴の数が0より大きい場合，今回の行動が1つ前の行動の逆の方向に移動しているかどうか調べています．逆方向の動作の番号は今回の動作の番号に2を足して4で割った余りを計算することで算出できます．これを示したのが**表1**となります．

もし1つ前の行動の反対向きの動作でなかったら履歴を増やします．逆に，1つ前の行動の反対方向の動

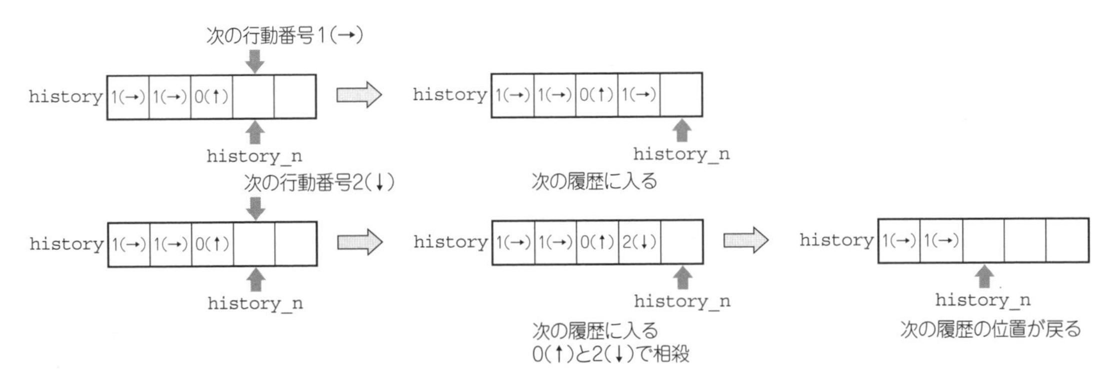

図8　履歴の作成…1つ前の行動の反対向きの動作でなかったら履歴を増やす．逆に1つ前の行動の反対方向の動作であったら履歴を相殺して戻す

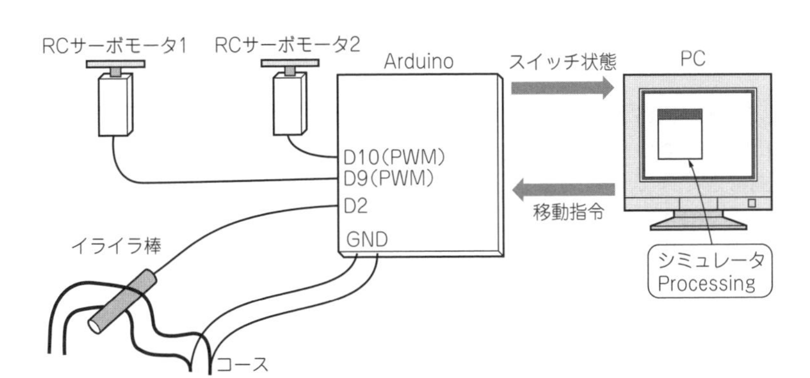

図9　実機ではPCからArduinoに指令を送りRCサーボモータを動かす

写真2　ロボット・アームは根元にばねを入れてあり簡単に曲がる

作であったら履歴を相殺して戻します．これは**図8**の動作となります．

ちょっと複雑ですが，戻った場合は履歴を短くすることで，実際のロボットでもスタート位置に早く戻れるようにしています．

● おまけの機能

ダウンロードしたプログラムにはQ値を保存する関数(`QVSave`関数)と，マップを保存する関数(`MapSave`関数)が付いています．

ダウンロードした状態ですと，両方とも呼び出されないようになっています．必要な場合は`setup`関数内の`MapSave();`や`draw`関数内の`QVSave();`とその1行前の`if`文のコメント・アウトを外してください．

実際のロボットで実行

■ ハードウェア

● PCで計算しArduinoで実行する構成とした

イライラ棒を実際にプレイするロボット・アームは**写真1**(a)のようになっています．そして**図9**のようにProcessingで計算し，移動指令をシリアル通信でArduinoに送り，2つのRCサーボモータを動かします．

イライラ棒をプレイするロボット・アームは**写真2**のようになっています．先端についている金属の棒は，根元にばねを入れて，簡単に曲がるようにしておいて，さらに，Arduinoの入力ピンにつながっています．

これはArduinoの内部プルアップという機能を使い，棒が何にもつながっていないときに“H”が入力されている状態になるようにします．イライラ棒の壁に当たる部分は針金で作っていて，これはワニ口クリップでArduinoのGNDピンにつながっています．イライラ棒が針金に当たると，GNDにつながったこととなります．

このとき，根元にばねが入っているため，先端がぐにゃっと曲がり，金属のコースとイライラ棒が壊れるのを防いでます．接触すると入力ピンは“L”になります．移動した後のピンの状態を読み取り，Processingに返します．

リスト2　RCサーボモータを動かすマイコン・プログラム(Arduinoのスケッチ Qlearning_maze_Arm_Ar.ino)

```
01  #include <Servo.h>
02  Servo mServo1;
03  Servo mServo2;
04
05  void setup() {
06    Serial.begin(9600);
07    mServo1.attach(9);
08    mServo2.attach(10);
09    pinMode(2, INPUT_PULLUP);
10  }
11
12  void loop() {
13    char c,v;
14    if(Serial.available()>2){
15      c=Serial.read();
16      if(c=='a'||c=='b'){
17        int x=(char)Sesrial.read();
18        mServo1.write(x*20);
19        int y =(char)Serial.read();
20        mServo2.write(y*16+30);
21        if(c=='a'){
22          delay(200);
23          for(int i=0;i<500;i++){
24            v = digitalRead(2);
25            if(v==LOW){
26              v=0;
27              break;
28            }
29            delay(1);
30          }
31          Serial.write(v);
32        }
33      }
34    }
35
36  }
```

● 回路の作製

RCサーボモータとArduinoをつなぎます．回路を**図10**に示します．RCサーボモータの出力が小さいため，Arduinoの5Vピンから電源を供給できそうですが，Arduinoが壊れる可能性があります．RCサーボモータが壊れずに動いているような場合でも，電圧が下がることで指令値通りの角度に動かないことがあります．面倒でもRCサーボモータにはマイコン基板とは別の電源を供給してください．

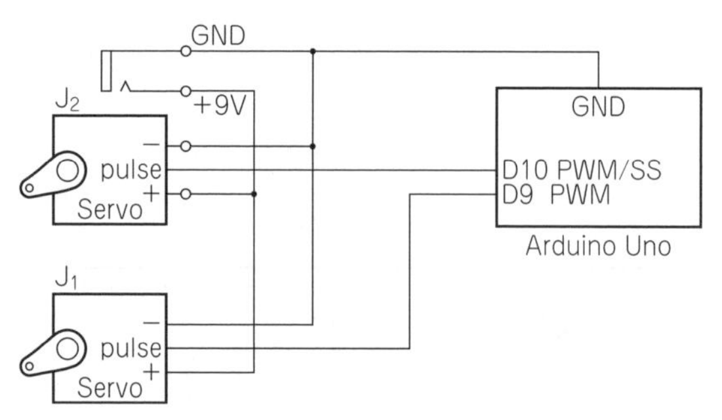

図10　PCとArduinoとRCサーボモータの接続

■ マイコン基板のソフトウェア

RCサーボモータを動かしたり，イライラ棒が壁に当たっているかどうかを判定するArduinoの部分から説明します．

Arduinoは書き込み機とマイコンが一体化したボードで，簡単に書き込みと実行を行えるようになっています．プログラムも簡略化されており，非常に使いやすいです．今回使用するArduinoに書き込むプログラム(スケッチという)を**リスト2**に示します．

● PCとArduinoとの通信

Arduinoとの通信はシリアル通信を使います．Processingから2つのRCサーボモータを動かすために，2つの値をArduinoに送る必要があります．連続で送ってしまうと，どちらのRCサーボモータへの指令か分からなくなりますので，Processingでは識別子 'a' または 'b' を付けてから2つの値を送るようにします．そのため，3つのデータが送られます．

Arduino側では，指令 'a' の場合はイライラ棒がぶつかっているか検出して返信することを行い，'b' の場合は返信は行わないこととします．'b' は動作テスト・モードとなっています．

Arduinoでは3つ以上のデータが受信されたら(14行目)，1文字目を読み取って(15行目)，それが 'a' または 'b' という文字ならば(16行目)その後の2つの数字を読み取ります．この2つの値を使ってRCサーボモータを動かします(17～19行目)．

例えば，PCから 'a' が送られてきたら，RCサーボモータを動かします．そしてイライラ棒が移動し終わるのを0.2秒間待ちます(22行目)．その後，壁にぶつかっているかどうかを調べるために2番ピンを読み取ります(24行目)．もし，ぶつかっていれば "L" (0と同値)が得られ，ぶつかっていなければ "H" (1と同値)が得られます．

この処理を1msおきに500回繰り返します．この中で1回でもぶつかっていることが検出されれば，Processingに0を送信し，そうでなければ1を送信します．

■ PC側のソフトウェア

● 制作フロー

プログラム(Qlearning_maze_Arm_Pr)はダウンロード・データで提供します．前述の**リスト1**をもとに作っており，主な変更点は4つあります．

1. シリアル通信の設定の追加
2. イライラ棒の位置をArduinoに送信する部分を追加
3. 報酬をArduinoから受け取る部分の追加
4. 報酬を受け取るまで待つ部分の追加

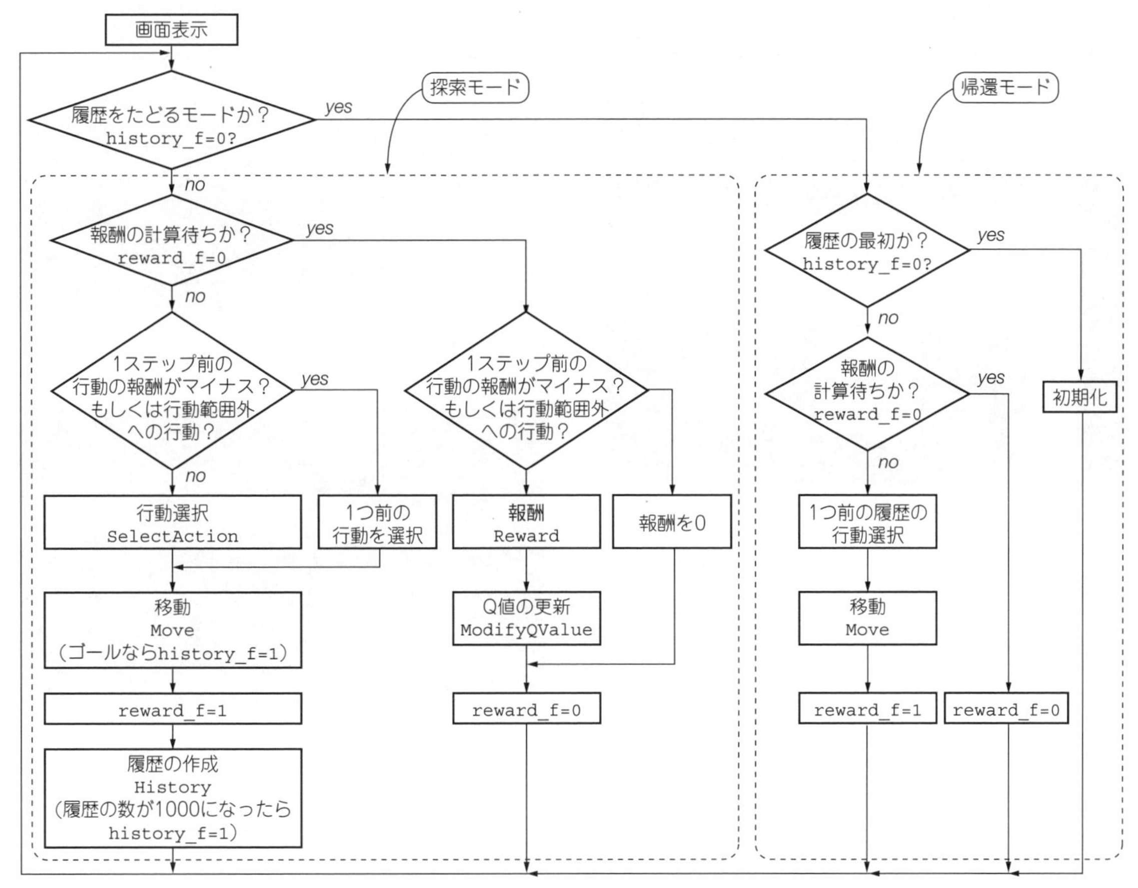

図11　実機でイライラ棒のコースをクリアするためのPC側のプログラム・フロー

これを実現するためにreward_f変数を追加しました．reward_fが0のときはProcessingによる次の行動決定，1のときはArduinoからの返信待ちとします．

フローチャートに表すと**図11**となります．**図7**に比べてずいぶん複雑になった感じです．これは，シミュレーションでは行動してすぐに報酬を得ていましたが，実際にはロボット・アームが動くまで少し待つ必要があります．そのため，報酬を得るまでにループを繰り返すようにしたためです．

● 1．シリアル通信の設定の追加

プログラムの先頭にライブラリを読み出す部分を追加します．

```
import processing.serial.*;
Serial port;
```

次に，setup関数内に，通信ポートと通信速度を設定する部分を次のように追加します．

```
port = new Serial(this, "COM3", 9600);
```

ここで"COM3"と書いてある部分がArduinoと通信するポートとなります．Arduinoにスケッチを書き込んだときと同じポートを使います．

● 2．イライラ棒の位置をArduinoに送信する部分を追加

これはMove関数の最後に次のコードを追加しました．

```
port.write('a');
port.write(agent_x);
port.write(agent_y);
reward_f=1;
```

● 3．報酬をArduinoから受け取る部分の追加

Arduinoからは0または1のデータが戻ってきます．そこで次のコードでデータを受信したかどうかを調べて，1つ以上のデータを受信していれば，1つだけデータを読み込みます．ぶつかっていないとき1，ぶつかったとき0が送られてきますので，これを報酬に直

注1：Proessingではシリアル通信を受信する割り込みがありますが，現在のバージョンでは機能していないようです．

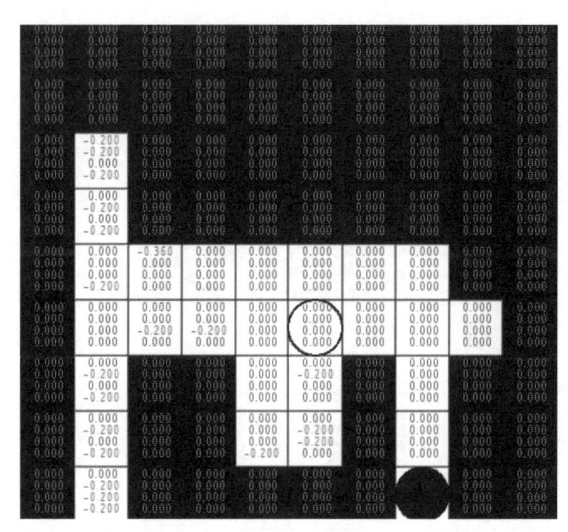

図12　シミュレーションでイライラ棒のコースを表現した

すためにif文で場合分けをしています．

```
  reward_f=1;
  return;
} else if (port.available()>0) {
  int c = port.read();
  if (reward<0&&out_f==0) {
    reward=0;
  } else {
    reward = Reward();
    if (reward==0 && c==0) {
      reward=-1;
    }
    ModifyQValue(reward);
  }
```

● 4．報酬を受け取るまで待つ部分の追加

報酬を受け取るまで待つようにreward_fの値が1のときには受信待ちになるようにしています．

● 実行の方法

図10の回路を作ります．次にArduinoとPCとをUSBケーブルで接続します．その後，Arduinoに**リスト2**(Qlearning_maze_Arm_Ar.ino)を書き込みます．

書き込みが完了したらQlearning_maze_Arm_Pr.pdeに書かれたCOMポートをArduinoを書き込んだときと同じポートに書き換えます．Qlearning_maze_Arm_Pr.pdeを実行します．

実行結果

写真1に示す迷路を実際に作って学習しました．シミュレーションでこの迷路を作ると**図12**となります．**図12**の迷路を解いているシミュレーション動画(QL_maze_simulation2.wmv)もダウンロードできます．

写真3　学習の初期段階の移動軌跡

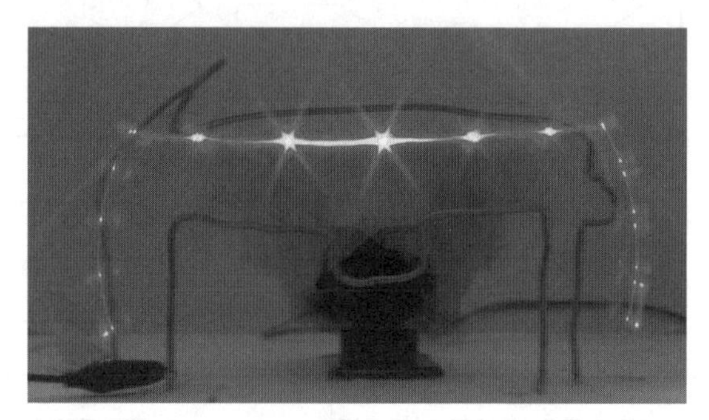

写真4　学習終了時の移動軌跡

● 学習初期

学習の初期段階の移動軌跡を**写真3**に示します．これはカメラのシャッタを開けっぱなしにして撮ったものとなります．スタート位置から進んで，真ん中付近でふらふらしています．なお，棒の先端にLEDを付けるように改造してあります．

同じぐらいの学習進度の行動の動画もダウンロードできるようにしてあります．ファイルはQL_before.MOVとなります．

● 学習終了時

その後，学習終了時の移動軌跡を**写真4**に示します．針金に当たらずにゴールに到達しています．ゴールできるように学習した後の動画もダウンロードできるようにしてあります．ファイルはQL_after.MOVとなります．この動画ではランダム動作が少し入ってまっすぐにゴールに向かっていません．

まきの・こうじ

第7章

突然変異も起こせる「遺伝的プログラミング」

牧野 浩二，小林 裕之

遺伝的プログラミングの発展形

遺伝的プログラミング(GP：Genetic Programming)は，遺伝的アルゴリズム(GA：Genetic Algorithm)と，名前だけでなく内容も似ています．位置づけは**図1**のようになります．

どちらも遺伝子を使って，生物が進化するように交配と突然変異を起こしながら，優秀な答えを探すというところは同じです．違う点は遺伝的アルゴリズムが，「遺伝子と，遺伝子に対応する数値」の1対1の対応(遺伝子型と表現型の関係)で決めているのに対して，遺伝的プログラミングは1対1で数値が得られるだけでなく，遺伝子の中に変数や条件文を入れることです．変数や条件文が使えると簡単なプログラムとなります．

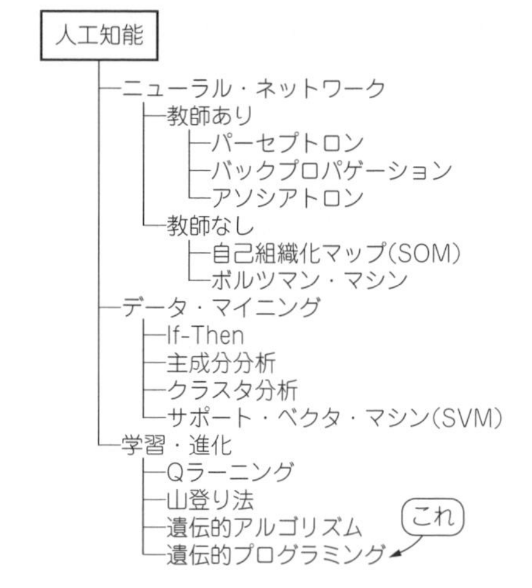

図1　生物のように進化させる遺伝的アルゴリズムの遺伝条件を細かく設定する発展系「遺伝的プログラミング」

● 応用のポテンシャル

遺伝的プログラミングの応用例として次のものがあります．応用範囲が広く，いろいろなものに応用できそうなことが示されています．しかし産業応用として用いられているものは少ないようです．原理を知って応用するとビジネス・チャンスが生まれるかもしれません．

▶ジョブ・マッチング

企業側がどのような人材が欲しいのかを決める木構造と，求職者がどのような企業に就きたいのかを決める木構造をそれぞれ作り，求職者全員ができるだけ希望する仕事に就けるよう割り振るものを作ります[(2)]．

▶絵画(モナ・リザ)の学習

ポリゴンによる画像を作成し，その画像と実際のモナ・リザの画像の各画素の比較による評価を繰り返すことで，モナ・リザの絵が自動的に作られます[(3)]．

▶作曲支援システム

音符の並びを遺伝的プログラムの木構造と対応付けています．また，木構造で楽譜表現を記述する方法があり，古典的な音楽学の分析作業でも用いられています．これを比較しつつ，最終的に人間が判断しながら満足のいく曲を作成するものです[(4)]．

▶電気電子回路自動設計

遺伝的プログラミングの木構造の端っこ(終端子)はどの端子とつながるかを表し，枝分かれする部分(非終端子)は電子回路の要素(抵抗やコンデンサ，OPアンプなど)とすることで，電子回路を表します．そして，周波数特性や過渡特性を評価基準として目的の回路を作成します[(5)]．

▶ロボットの行動獲得

鉄棒にぶら下がった人型ロボット(Acrobot)が振り上げ動作を行い，大車輪を行う試みもあります．これは位置や関節角度を入力するとロボットの腰の部分のモータをどれだけの力で動かせばよいかがでてくるものとなります．

木構造表現

● フロー

遺伝的プログラミングのフローは**図2**のように表すことができます．遺伝的プログラミングのポイントとなるのが，問題を「木構造」とした遺伝子で表すという部分になります．そして，遺伝的プログラミングでは生物の進化のようにたくさんの個体を作り，それが優秀かどうかを調べ，優秀ならば親として残して次の世代を作ることを繰り返します．この構成は遺伝的アルゴリズムと同じです．

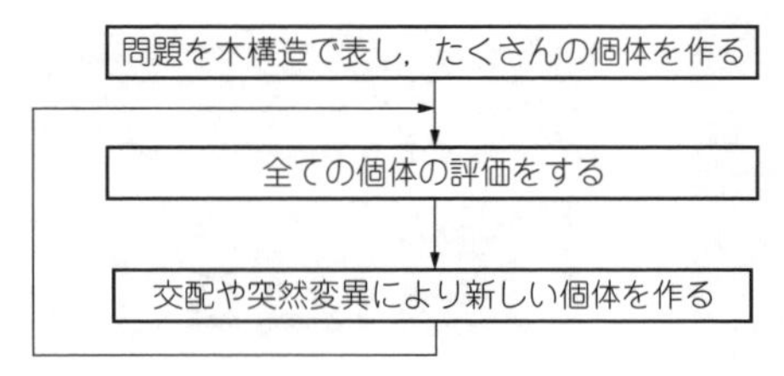

図2　遺伝的プログラミングにおける試行錯誤の流れ

● ルール

遺伝的プログラミングは**図3**のように「木構造」で表す必要があります．この木構造の見方が分かれば，遺伝的プログラミングの原理が分かるようになります．そして，この木構造が遺伝的プログラミングの遺伝子となります．

▶プラス

図3(a)では丸で囲まれたプラス印に四角で囲まれた2と5という数値が付いています．これは2＋5を表しています．つまり，この木構造は7を表しています．

▶マイナス

それでは**図3**(b)はどうでしょう．まず，下側のマイナスが付いている部分は4－1となります．そして上側の部分で3＋(4－1)となります．つまり答えは6となります．

▶関数を作れる

数字の部分に変数xを入れると関数を作ることができます．例えば**図3**(c)では$x(x+2)$となります．

▶条件文も作れる

また，**図3**(d)のように分岐している部分に条件文に当たるものを入れることができます．この例では条件に当てはまれば3，当てはまらなければ1が得られます．

● 要素の呼び方

木構造を構成する丸や四角で囲まれているものは「ノード」と呼びます．

▶丸は非終端子

丸で囲まれたノードは「非終端子」と呼びます．つまり端っこの要素ではないということです．非終端子には，＋，－，×，÷などの演算子や条件文などが入ります．そして，下に延びる線が2本以上つながっています．

▶四角は終端子

四角で囲まれたノードは「終端子」と呼びます．これは端っこの要素という意味です．終端子には数字や変数などが入ります．これには下に延びる線はつながりません．

● 関数を木構造で表現する

式(1)の関数を表す木構造を求めてみましょう．

$$x^3+2x^2+3x+4 \quad\cdots\cdots(1)$$

まず，式(1)を式(2)のように変更します．

$$(x^3+2x^2)+(3x+4) \quad\cdots\cdots(2)$$

かっこでくくっただけですが，＋(加算)を挟んで2つに分かれましたね．これを木構造で表すと**図4**(a)となります．

次に式(2)を式(3)のように変更します．

$$(x^2\times(x+2))+((3x)+(4)) \quad\cdots\cdots(3)$$

x^3+2x^2の部分はx^2をくくり出して×(乗算)で表し，$3x+4$は$3x$と4に分けて＋で表しています．これを木構造で表すと**図4**(b)となります．

だんだん要素が分類されてきました．もう分かりますね．左のx^2と$(x+2)$は，それぞれ×と＋に分けられます．そこで**図4**(c)として表すことができます．

このように分けると，遺伝的プログラミングで関数が表現できます．

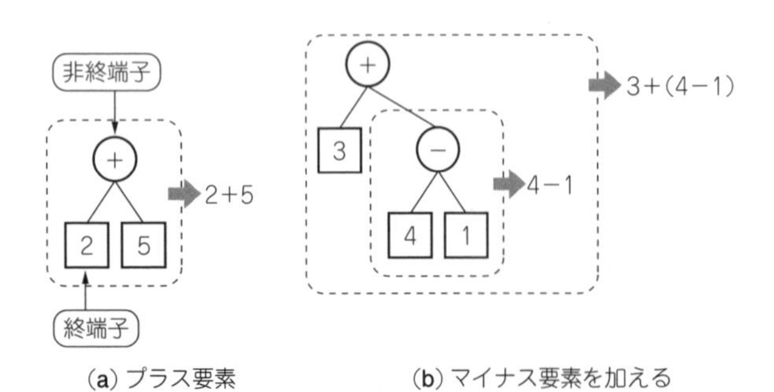

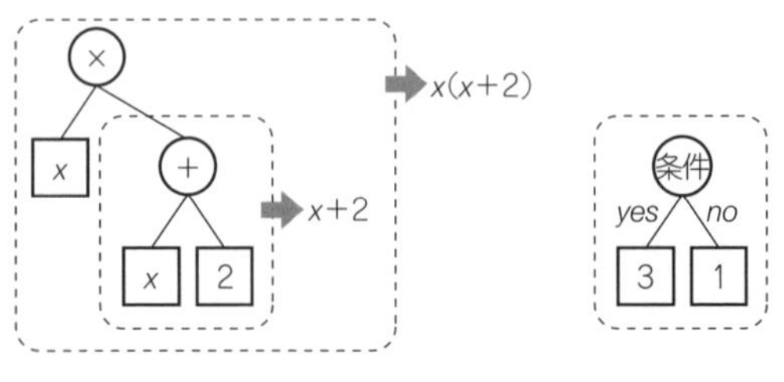

図3　まずはシンプルな木構造から

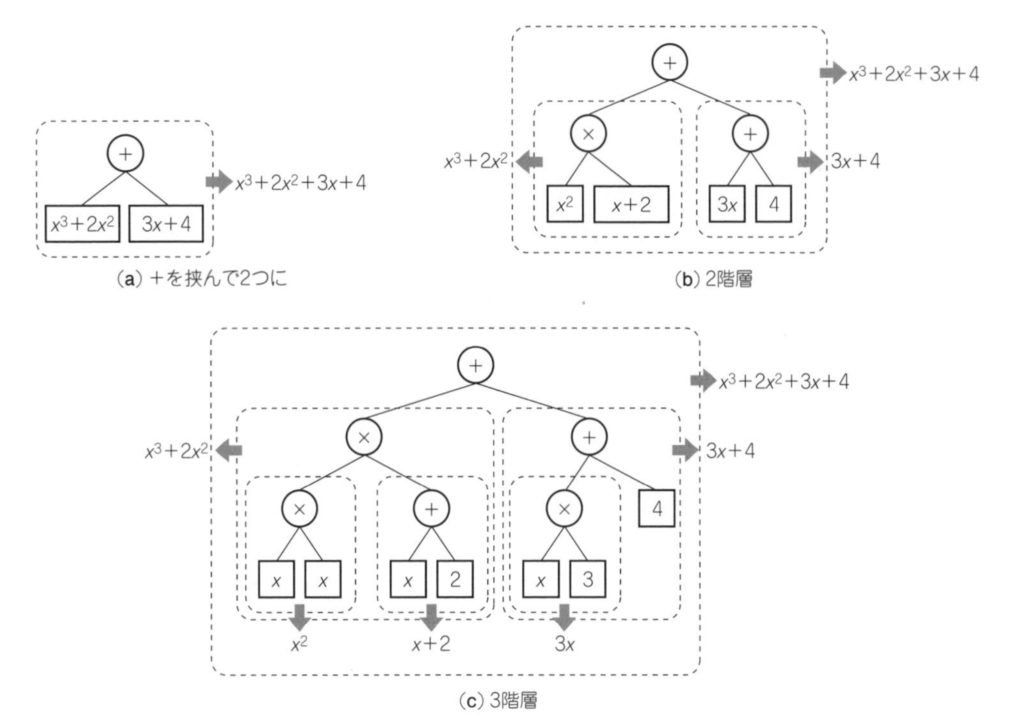

図4　関数を木構造で表現する

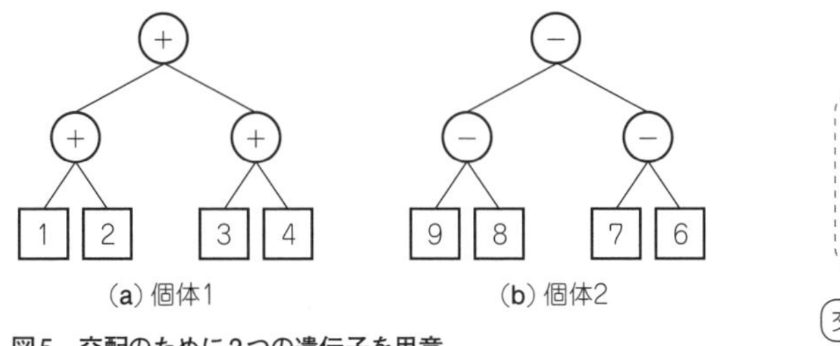

図5　交配のために2つの遺伝子を用意

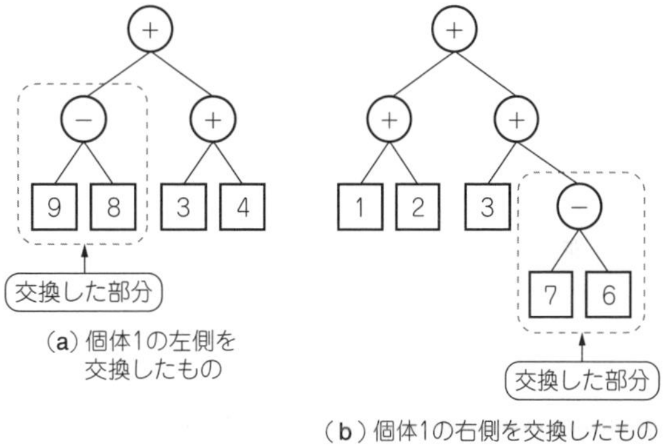

+
− +
9 8 3 4
交換した部分
(a) 個体1の左側を交換したもの

+
+ +
1 2 3 −
7 6
交換した部分
(b) 個体1の右側を交換したもの

図6　交配によって生まれた個体

進化の過程

遺伝的プログラミングは，うまく動いたり良い評価が得られたりする優秀な親を選び，交配や突然変異を行い，子孫を残すことを繰り返すことで進化させていきます．ここでは進化の仕方を見ていきましょう．

● 交配

図5に示すように交配には2つの遺伝子を用意します．交配はノードを取り換えることになります．これによって**図6(a)**や**図6(b)**の個体が生まれます．2つ生まれますが通常は片方だけを子供とします．行っていることは単純ですね．

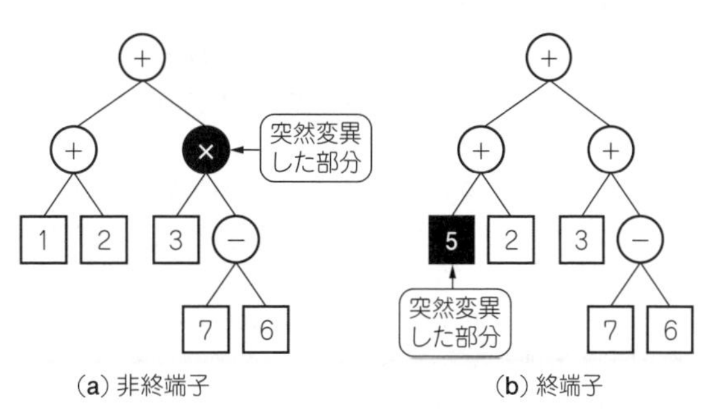

図7　突然変異を起こす

● 突然変異

次に突然変異を起こします．ここでは**図6(b)**の子供を対象とします．**図7**に示すようにノードの内容を

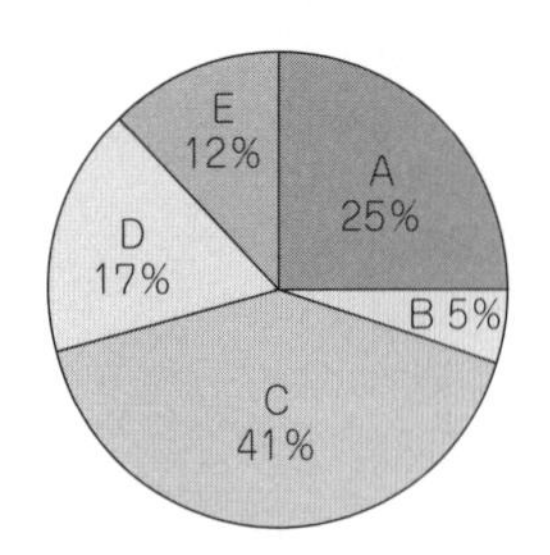

図8　全ての個体を対象としたルーレット選択

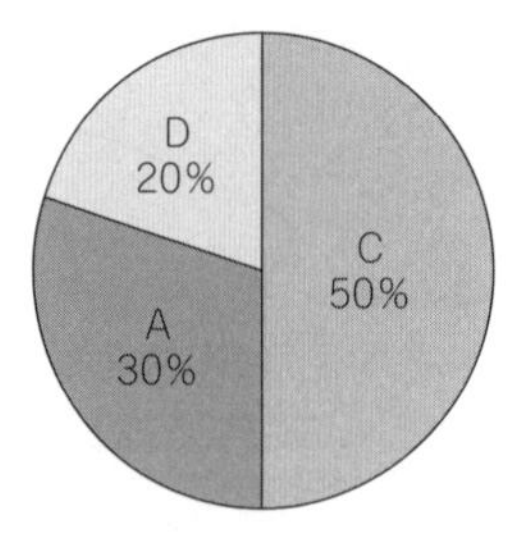

図9　上位60%（3位まで）の個体を対象としたルーレット選択

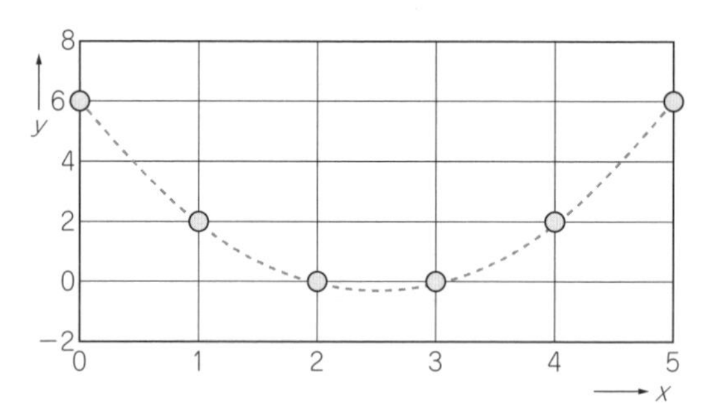

図10　$y = x^2 - 5x + 6$のxに0～5までを当てはめた

表1　A～Eまでの個体の評価値

個体名	評価値
A	15
B	3
C	25
D	10
E	7

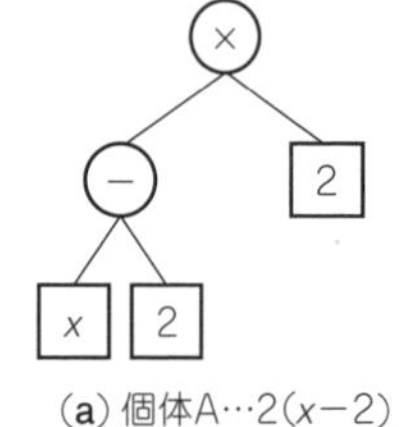

(a) 個体A…2(x−2)

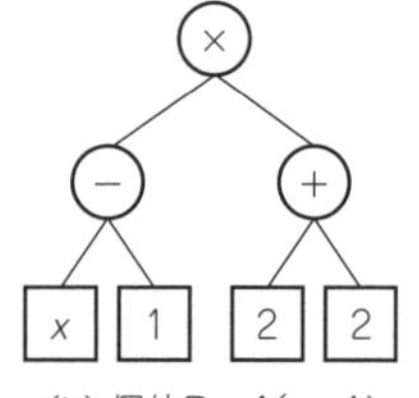

(b) 個体B…4(x−1)

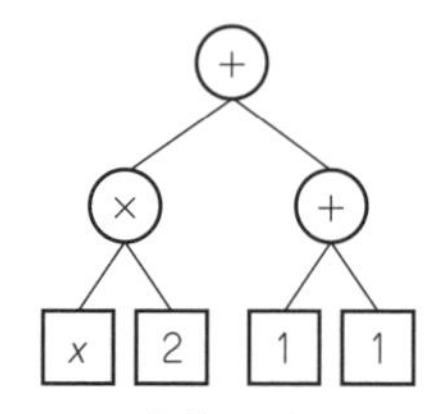

(c) 個体C…2x+2

図11　初期個体

変えることとなります．ここで**図7**(**a**)に示すように「非終端子」は非終端子の要素（＋や－など），**図7**(**b**)に示すように「終端子」は終端子の要素（1や2など）に変化させなければなりません．

● 親となる遺伝子の選び方

遺伝的プログラミングは，遺伝的アルゴリズムと同じように2つの親を選ぶ必要があります．親を選ぶ基準として，評価値（適合度と呼ぶこともある）というものを計算する必要があります．

評価値は扱う問題に対してそれぞれ決まるものですので，この後の例題で説明します．ここではA～Eまでの5個の個体がそれぞれ，**表1**の評価値を得ているものとします．この例では評価値が高いほど良いものとします．ここでは2種類の親の選び方を説明します．

▶1．エリート選択

エリート選択とは全個体数のうち，評価値の高い数%の個体をそのまま子供とする選び方です．例えば**表1**に示す5つの個体の場合，上位40％（2つ）をエリート選択によって子供とすると決めれば，AとCがそのまま子供となります．

▶2．ルーレット選択

ルーレット選択は評価値を確率に直して親を選ぶ方法です．これは直観的には**図8**のように評価値を円グラフに直して，それがあたかもルーレットのように回って，止まった位置の親を選ぶような選択方法ですので，この名前が付いています．

表2　第1世代個体の「2乗誤差の和」

xの値	yの値	各個体から得た値			各個体の誤差		
		個体A	個体B	個体C	個体A	個体B	個体C
0	6	－4	－4	2	100	100	16
1	2	－2	0	4	16	4	4
2	0	0	4	6	0	16	36
3	0	2	8	8	4	64	64
4	2	4	12	10	4	100	64
5	6	6	16	12	0	100	36
		2(x－2)	4(x－1)	2x＋2	124	384	220

（誤差の合計）

また，エリート戦略とルーレット戦略とを組み合わせて，上位60％（この場合は3位まで）をエリート戦略で残し，そのエリート戦略で選ばれた個体だけを親に選び，ルーレット選択する方法もあります．この場合は**図9**の円グラフになります．

得意技…関数の同定

遺伝的アルゴリズムの得意分野として関数の同定があります．ここでは**図10**に示すような6点が計測できたとします．この点の関係を表す関数を，遺伝的プログラミングで求める方法を見ていきましょう．なお，**図10**の点は式(4)に従って0～5までの整数を計算したものとなっています．

$$y = x^2 - 5x + 6 \quad \cdots\cdots (4)$$

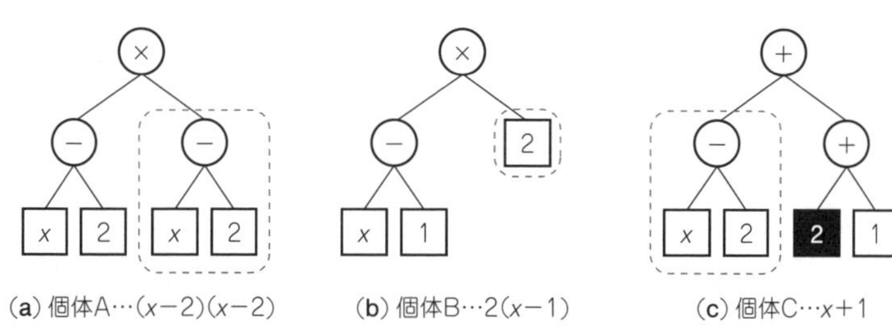

(a) 個体A…(x−2)(x−2)　(b) 個体B…2(x−1)　(c) 個体C…x+1

図12　交配で生まれた第2世代

表3　第2世代個体の「2乗誤差の和」

xの値	yの値	各個体から得た値			各個体の誤差		
		個体A	個体B	個体C	個体A	個体B	個体C
0	6	4	−2	1	4	64	25
1	2	1	0	2	1	4	0
2	0	0	2	3	0	4	9
3	0	1	4	4	1	16	16
4	2	4	6	5	4	16	9
5	6	9	8	6	9	4	0
		x−(x−2)	2(x−1)	x+1	19	108	59

誤差の合計

表4　第3世代個体の「2乗誤差の和」

xの値	yの値	各個体から得た値			各個体の誤差		
		個体A	個体B	個体C	個体A	個体B	個体C
0	6	6	−2	−3	0	64	81
1	2	2	0	−1	0	4	9
2	0	0	4	1	0	16	1
3	0	0	10	3	0	100	9
4	2	2	18	5	0	256	9
5	6	6	28	7	0	484	1
		x−(x−3)	x−(x+2)	2x+3	0	924	110

誤差の合計

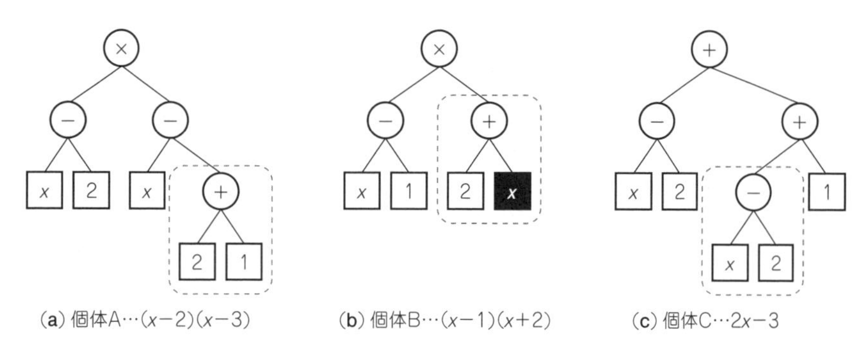

(a) 個体A…(x−2)(x−3)　(b) 個体B…(x−1)(x+2)　(c) 個体C…2x−3

図13　さらに交配して生まれた第3世代

▶初期個体

まずは初期個体を作ります．ここでは**図11**のA～Cまでの3つを初期個体とします．なお，ここでは終端子はx，1，2の3種類だけとします．

▶2乗誤差の和を求める

次に0～5までの整数を入れて**表2**のようにそれぞれの値を求めます．そして，それぞれ求まった値と**図10**に示す値の差の2乗を計算し，全て足し合わせます．この値を2乗誤差の和と呼びます．

例えば**表2**の個体Aの「2乗誤差の和」は，次のように計算します．

$$(6-(-4))^2+(2-(-2))^2+(0-0)^2+(0-2)^2$$
$$+(2-4)^2+(6-6)^2$$
$$=100+16+0+4+4+0=124$$

もし，個体の遺伝子が式(4)と一致していれば，2乗誤差の和は0となります．つまり，この値が低ければ低いほど良いものとなります．このように低ければ良い値になっている場合は，評価値と言わず「適合度」と呼びます．

▶交配

今回の例は個体数が少ないので，エリート戦略を取らずに，ルーレット選択もせずに，3つの個体を適当に選んで交配し，次の世代を作ることとします．交配した結果を**図12**に示します．例えば**図12**の個体Aは，**図11**の個体Aと個体Cを交配させたものとなります．交配で新しい遺伝子がくっついた部分を角が丸くなった四角の囲み線で示しています．

また，**図11**の個体Aと個体Bを交配させたときに

リスト1　$y=-3x^4+4x^3+12x^2$関数の同定をプログラムで試してみる

```
void Evaluate()
{
  for (cCount =0; cCount< POPULATION; cCount++) {
    float y, val;
    score[cCount]=0;
    for (float x=-3; x<5; x+=1) {
      y = -3*x*x*x*x+4*x*x*x+12*x*x;
      xval=x;
      val = cars[cCount].evaluate();
      score[cCount] += (y-val)*(y-val);
    }
  }
}
```

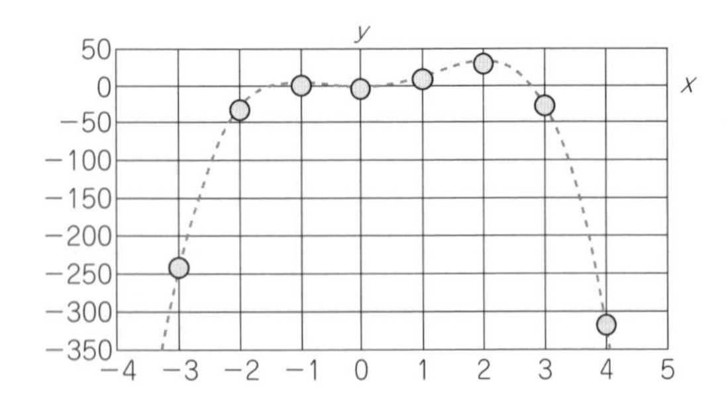

図14　$y=-3x^4+4x^3+12x^2$のxに−3〜4を当てはめた

は**図12**の個体Bが生まれます．このとき交配する位置はランダムで選ばれます．さらに**図11**の個体Bと個体Cを交配させ，それが突然変異を起こしたものが**図12**の個体Cとなります．突然変異は反転文字で示しています．ここでは1から2へ突然変異を起こしています．

このようにして子供が生まれています．さて，**表2**と同じように適合度を求めた結果が**表3**となります．同じように**図12**の個体を交配させたものが**図13**になり，その適合度は**表4**となります．**図13**の個体Aの適合度は0となり，式(4)を示す個体が生まれたことが分かります．

確認のため**図13**の個体Aの遺伝子を展開するとx^2-5x+6となります．つまり式(4)と同じになっています．このように関数を求めることができるのです．

● プログラムの例

後半で説明するライン・トレース・ロボットのプログラムから評価と交配の部分だけを抜き出してプログラムを作りました(**リスト1**)．なお，ライン・トレース・ロボットのプログラムから必要な部分だけを抜き出して作っていますので，個体の名前がcarsとなっているなど，多少変な変数名となっています．この関数同定プログラムは本書ウェブ・ページからダウンロードできます．

http://www.cqpub.co.jp/interface/download/contents.htm

ここでは式(5)から得られる**表5**のデータが与えられているものとし，式(5)の同定に挑戦してみましょう．なお，式(5)をグラフに表すと，**図14**となります．

$$y=-3x^4+4x^3+12x^2 \quad \cdots\cdots(5)$$

表5　$y=-3x^4+4x^3+12x^2$において与えられているとするx

xの値	yの値
−3	−243
−2	−32
−1	5
0	0
1	13
2	32
3	−27
4	−320

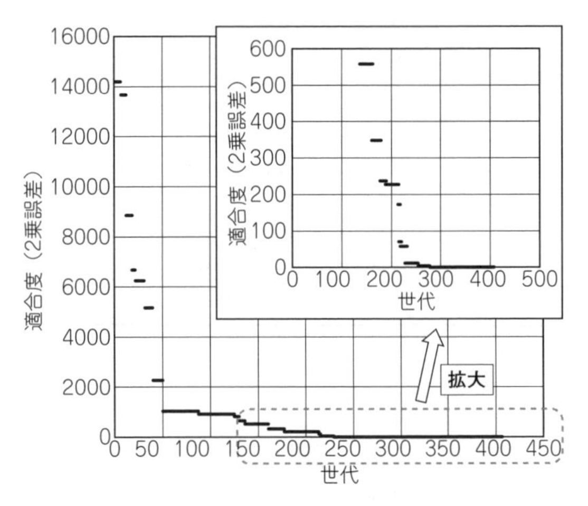

図15　プログラムで式(5)の関数を同定した結果

ダウンロードしたファイルを，統合開発環境Processingで開き，実行します．実行結果は**図15**となります．これは実行後に出力されるdata.txtの1行目と2行目をグラフにしたものとなります．横軸が世代，縦軸が適合度で，低い方が良い結果となります．**図15**の右上のグラフは適合度を拡大して表示したものです．300世代くらいで0になっています．つまり式(5)が同定できたこととなります．

● 同定の過程

どのように同定できたのかを調べてみました．**図16**に初期個体，100世代，200世代，400世代のときの最も適合度の高い個体のグラフを**図14**に重ねました．世代が進むにつれて式(5)のグラフに近づいて

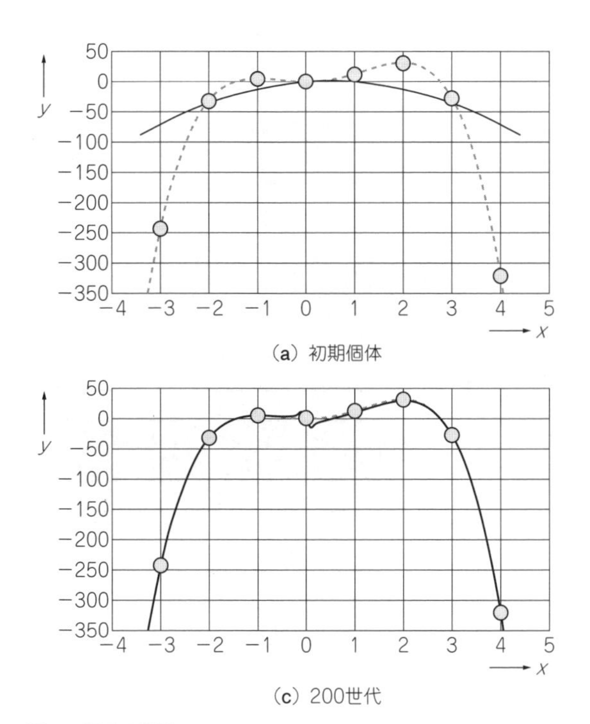

(a) 初期個体

(c) 200世代

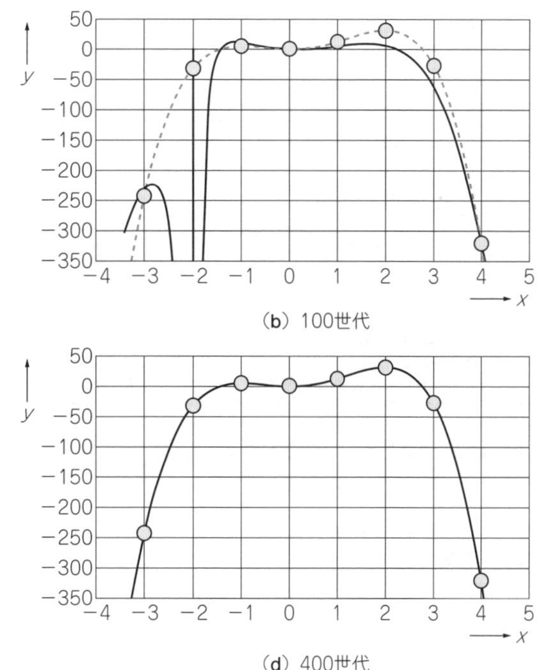

(b) 100世代

(d) 400世代

図16　同定の過程

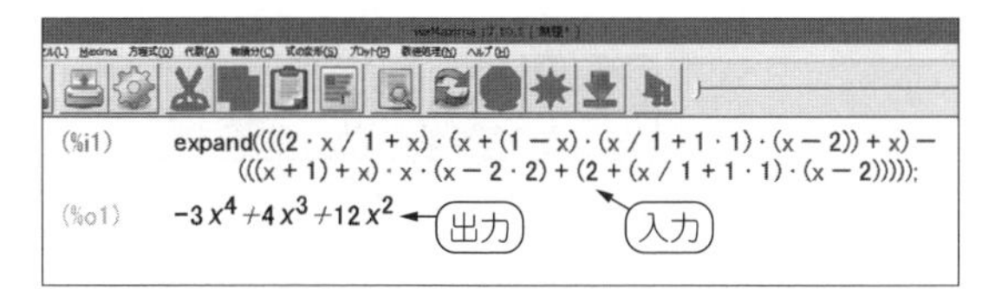

図17　数学ソフトウェアMaximaで関数を展開してまとめる

いますね．

遺伝的プログラムから得られた400世代の関数は次のようになっています．

```
y=(((2*x/1+x)*(x+(1-x)*(x/1+1*1)*
   (x-2))+x)-(((x+1)+x)*x*(x-2*2)+
   (2+(x/1+1*1)*(x-2))))
```

これを展開してまとめてみましょう．展開にはMaxima（マキシマ）(http://maxima.sourceforge.net/)というソフトウェアが便利です．Mathematica（マセマティカ）のように文字を文字のまま計算してくれます．expandコマンドを使うことで**図17**のように数式をまとめてくれます．確かに$-3x^4+4x^3+12x^2$となりました．

● 他のデータを使う場合はどこを変えればよいのか

リスト1のEvaluate関数の中を変えることで，他のデータを扱うことができます．ここでは対象とする関数をプログラム中に書いていますが，データを読み取ってそれと比較することで実現できます．なお，今回の同定は個体数を2000とし，エリート戦略で残る割合を80%，突然変異の割合を80%としました．

遺伝子を表すクラスを決める

ライン・トレース・ロボットのプログラムを見ながら遺伝的プログラミングの実装方法を見ていきましょう．遺伝的プログラミングでは遺伝子の数が最初から決まっているわけではなく，再帰的に設定するものとなります．そのためクラスを使って遺伝子を設定すると簡単に書くことができます．プログラムの構造をしっかり追ってみましょう．

● プログラムのフロー

プログラムのフローチャートを**図18**に示します．濃い灰色の部分がここで扱う遺伝的プログラミングを実装するうえで書き換える必要のある関数です．濃い灰色以外の部分はここまで使ってきたものと同じ関数になっています．

● ライン・センサの読み取り値

進化がうまくいくように，シミュレータでは白黒の境界線上を動くようにしています．ロボット前方に搭載した2つの白黒センサの値が取りうる組み合わせは，

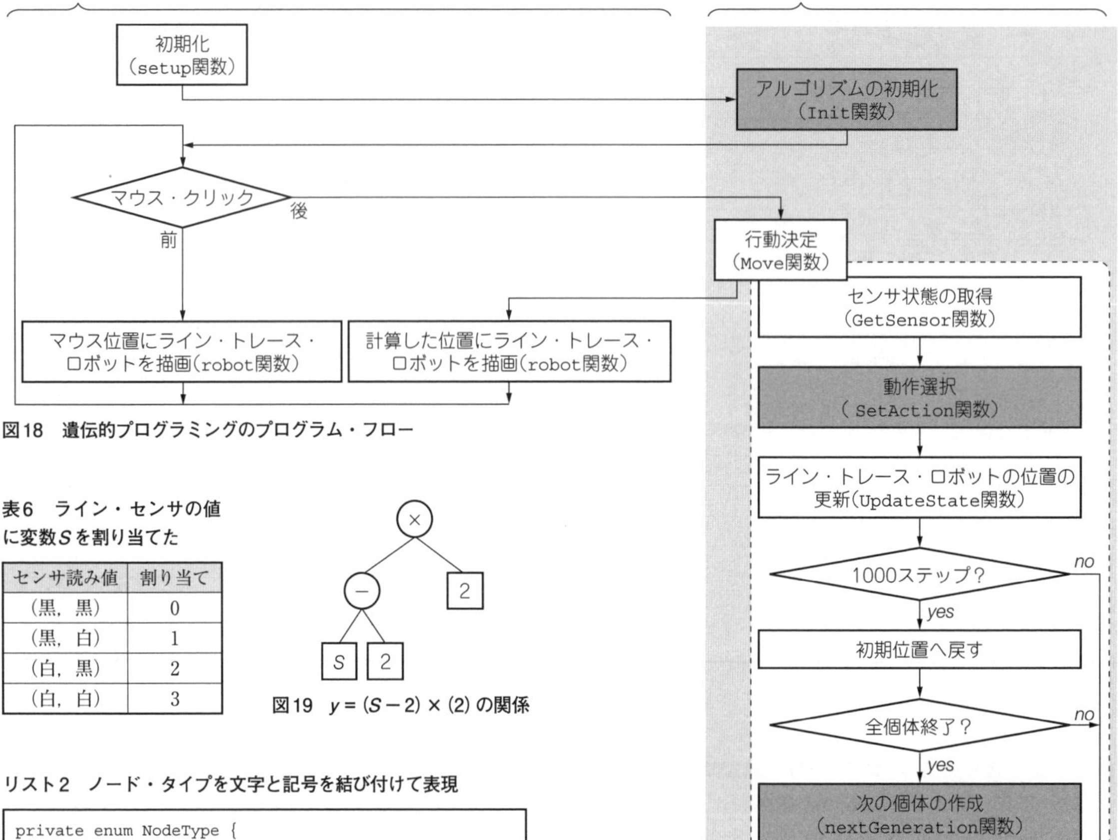

図18　遺伝的プログラミングのプログラム・フロー

表6　ライン・センサの値に変数Sを割り当てた

センサ読み値	割り当て
(黒，黒)	0
(黒，白)	1
(白，黒)	2
(白，白)	3

図19　$y = (S - 2) \times (2)$ の関係

リスト2　ノード・タイプを文字と記号を結び付けて表現

```
private enum NodeType {
  ADD("(+)"), SUB("(-)"), MUL("(*)"), DIV("(/)"),
    ONE("[1]"), TWO("[2]"), SENSOR("[S]");
  private final String str;
  private NodeType(final String aStr) {
    str = aStr;
  }
  public String text() {
    return str;
  }
}
```

(白，白)(白，黒)(黒，白)(黒，黒)の4種類となります．

● 遺伝子

非終端子は+，−，×，÷の4種類とします．

終端子は1，2と白黒のセンサの組み合わせによって0～3の整数が返される変数の3種類とします．ここで，センサの組み合わせにより得られる変数をSとして表し，センサの白黒と値の関係は**表6**とします．

例えば**図19**の場合で，ライン・トレース・ロボットの前方のセンサの値が(黒，白)の場合は次の式(1)の計算が行われ，(白，白)の場合は式(2)の計算が行われます．

• (黒，白)の場合：
$(1-2)\times 2$ ……………………………………(1)

• (白，白)の場合：
$(3-2)\times 2$ ……………………………………(2)

● ノード・タイプ(リスト2)

ノードのタイプを，文字と記号を結び付けて表します．今回のライン・トレース・ロボットでは，非終端子は四則演算の4種類，終端子は1，2，Sの3種類とします．なお，Sはセンサの状態から**表6**を基に数値に変換したものです．

これによってノード・クラスの中でtype変数はADDやSUB，ONEなどの文字列として呼び出せます．そしてtype.text()とすると，ADDは(+)，SUBは(-)，ONEは[1]が表示されるようになります．

遺伝子のつながった構造を作る

● 結線情報(リスト3)

プログラムの中で木構造を保持するには**図20**のように，次の2種類が必要です．

リスト3　木構造の肝となる結線情報

```
1   private class Node {
2     public NodeType type;          // このノードの種別
3     public Node child0, child1;
                    // 左右の枝 (自身が葉の場合は null のこと)
4
5     public Node(NodeType aType, Node aChild0,
                                      Node aChild1) {
6       rnd = new Random();
7       type = aType;
8       child0 = aChild0;
9       child1 = aChild1;
10    }
11
12    public Node(int depth) {      // ランダムな式を生成する
13      NodeType[] v = NodeType.values();
14      if (depth == 0) {
15        type = (new NodeType[] {NodeType.ADD,
                                         NodeType.SUB,
16          NodeType.MUL, NodeType.DIV})
                                        [rnd.nextInt(4)];
17      } else if (depth < MAX_DEPTH) {
18        type = v[rnd.nextInt(v.length)];
19      } else {
20        type = (new NodeType[] {NodeType.ONE,
                                         NodeType.TWO,
21          NodeType.SENSOR})[rnd.nextInt(3)];
22      }
23      if (type == NodeType.ADD || type == NodeType.SUB
24        || type == NodeType.MUL || type ==
                                      NodeType.DIV) {
25        child0 = new Node(depth + 1);
26        child1 = new Node(depth + 1);
27      } else {
28        child0 = null;
29        child1 = null;
30      }
31    }
32
33    // 突然変異 (node type をランダムに変化させる)
34    public void mutation() {
35      Node tgt = pickNodeRnd();
36      if (tgt.child0 != null) {
                           // 葉ではない (2項演算子である)
37        tgt.type = (new NodeType[] {NodeType.ADD,
            NodeType.SUB, NodeType.MUL, NodeType.DIV})
                                        [rnd.nextInt(4)];
38      } else {                 // 葉である  (オペランドである)
39        tgt.type = (new NodeType[] {NodeType.ONE,
    NodeType.TWO, NodeType.SENSOR})[rnd.nextInt(3)];
40      }
41    }
42
43    public float evaluate () {
44      float value = 0;
45      switch (type) {
46      case TWO:
47        value = 2;
48        break;
49      case ONE:
50        value = 1;
51        break;
52      case SENSOR:
53        value = GetState();
54        break;
55      case ADD:
56        value = child0.evaluate() + child1.evaluate();
57        break;
58      case SUB:
59        value = child0.evaluate() - child1.evaluate();
60        break;
61      case MUL:
62        value = child0.evaluate() * child1.evaluate();
63        break;
64      case DIV:
65        if (child1.evaluate() != 0) {
66          value = child0.evaluate() /
                                      child1.evaluate();
67        } else {
68          // 0の除算は -1 倍扱いにすることでコード数節約兼エラー回避
69          value = -child0.evaluate();
70        }
71        break;
72      }
73      return value;
74    }
75
76    // 自身の部分木(の根)をランダムに返す (交叉に使用)
77    // (ランダムに掘り進んだ経路に対して一様分布で選ぶ.)
78    public Node pickNodeRnd() {
79      Node n = this;
80      ArrayList <Node> nodes = new ArrayList
                                            <Node> ();
81      while (n != null) {
82        nodes.add(n);
83        n = (rnd.nextInt(2) == 0) ? n.child0 :
                                              n.child1;
84      }
85      return nodes.get(rnd.nextInt(nodes.size() - 1)
                                                 + 1);
86    }
87
88    // 自身の deep copy 生成 (突然変異のときは
                              shallow copy だとまずい)
89    @Override
90      public Node clone() {
91      if (child0 == null) return new Node(type,
                                          null, null);
92      else return new Node(type, child0.clone(),
                                      child1.clone());
93    }
94
95    // debug 用
96    public ArrayList<String> show() {
97      ArrayList<String> str = new ArrayList<String>();
98      str.add("-" + type.text());
99      if (child0 != null) {
100       for (String s : child0.show()) {
101         str.add("  |" + s);
102       }
103       str.add("  |");
104       for (String s : child1.show()) {
105         str.add("   " + s);
106       }
107     }
108     return str;
109   }
110   // 後置記法で文字列化 (保存用)
111   public String showRPN() {
112     if (child0 != null) {
113       return child0.showRPN() + " "
              + child1.showRPN() + " " + type.text();
114     } else {
115       return type.text();
116     }
117   }
118   // 中置記法で文字列化
119   public String showInfix() {
120     String str = null;
121     switch (type) {
122     case TWO:
123     case ONE:
124     case SENSOR:
125       str = (type.text()).substring(1, 2);
126       break;
127     case ADD:
128     case SUB:
129       str = String.format("(%s %s %s)",
130         child0.showInfix(),
131         (type.text()).substring(1, 2),
132         child1.showInfix());
133       break;
134     case DIV:
135     case MUL:
136       if (type == NodeType.DIV && child1.
                evaluate() == 0) { // 0の除算の例外
137         str = String.format("%s * (-1)",
                                  child0.showInfix());
138       } else {
139         str = String.format("%s %s %s",
140           child0.showInfix(),
141           (type.text()).substring(1, 2),
142           child1.showInfix());
143       }
144       break;
145     }
146     return str;
147   }
148 }
```

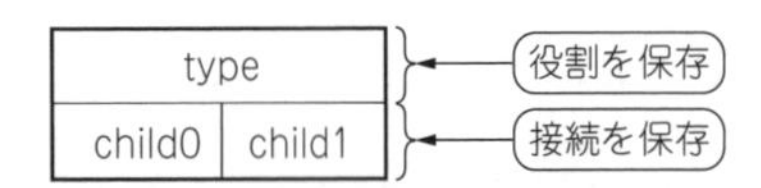

図20 プログラム上で木構造を持つには役割と接続を保存する箱が要る

- ノードの役割(+, −など)を保存しておく部分
- どの2つのノードとつながっているか，または終端子なのかを保存しておく部分

そして図21のようにノードをつないでいきます．これを通常のC言語のように書くと，とても大変です．そこで今回はクラスを使います．ここではNodeクラスを作りました．この中にはノードのタイプを保存しておくところ(type)と，つながっているノードを保存しておくところ(child0, child1)があります(リスト3の2，3行目)．また，Nodeクラスの中で遺伝子から値を計算したり，遺伝子を保存するための文字列を作っています．これらは再帰的な方法で書かれていますので，慣れないと読みにくいかもしれませんが，とてもすっきり書くことができます．

このクラスの中には次の7個の関数[注1]があります．

- ノードを作る関数：Node(int depth)
- ノードをつなぐ関数：Node(NodeType aType, Node aChild0, Node aChild1)
- 交配時に突然変異を起こす関数：mutation()
- 遺伝子の値を計算する関数：evaluate()
- つながっているノードの中から1つだけ選ぶ関数：pickNodeRnd()
- ノードを複製する関数：clone()
- ノードの構造を表示する関数：show(), showRPN(), showInfix()

また，次の2個の関数を使って交配と次の世代の生成を行っています．

- 次の世代を生成する関数：nextGeneration()
- 引数に設定した2つの個体を交配して子を1つ作る関数：crossover()

● ノード1つの作り方

ノードを1つだけ作る関数は，ノード・クラスの5～10行目に設定されています．引数にタイプと，そのノードにつながる2つのノードを指定することでノードを作ることができます．なお，つながるノードを両方ともnullとすると終端子となります．

● 木構造を作る

ノードをつなげて木構造を作る関数は，12～31行目で設定しています．引数にdepth変数を取り，depthと階層の関係は図21のようになっています．まず14行目で一番上の階層(depth=0)の場合はtypeに+，−，×，÷となるようにランダムで設定しています．ここでは+(ADD)が選択されたとします．

そして25行目と26行目でその下の階層のnodeを作るために再帰的に呼び出しています．

例えばdepth=1の左のノードのtypeに×(MUL)が選ばれた場合には，先ほどと同じように2つの子供ノードが付きます．また，depth=1の右のノードのtypeに1(ONE)が選ばれた場合には，終端子なので子供ノードは付きません．このときは28行目と29行目にあるようにchild0とchild1をnullに設定します．depth=2と3はその繰り返しです．depth=3までを図で示すと図22となります．

遺伝子の計算

遺伝子の計算はevaluate関数で行います．ここでは図23の遺伝子を持つものとして，センサは(白,

注1：クラスなので本当はメソッドと呼びます．

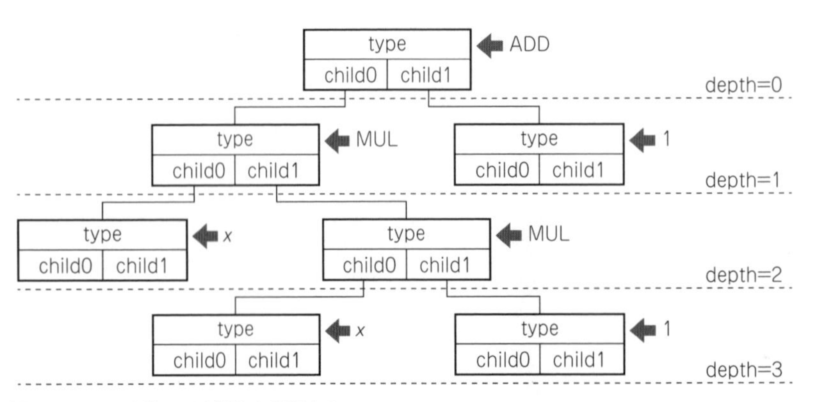

図21 クラスを使って木構造を表現する

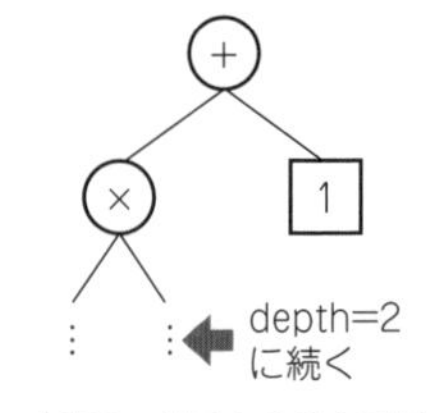

図22 リスト2の1層目

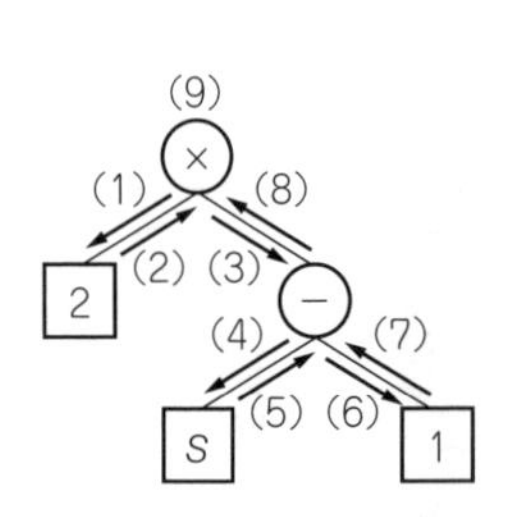

図23 遺伝子の計算の順番

黒)となっているものとして処理を見ていきます.

▶ (1)…左に進む

×が一番上に来ています.この場合はcase MULが実行されます.この中では最初にchild0.evaluate()が実行されます.child0は左のノードですので,左に進みます.

▶ (2)…関数を終了する

2が出てきます.この場合はcase TWOが実行されます.valueを2にして関数を終了します.これによってchild0.evaluate()は2となります.

▶ (3)…右に進む

case MULの中のchild1.evaluate()が実行されます.child1は右のノードですので,右に進みます.

▶ (4)…左に進む

−が出てきます.この場合はcase SUBが実行されます.この中では最初にchild0.evaluate()が実行されます.

▶ (5)…関数を終了する

*S*が出てきます.この場合はcase SENSORが実行されます.この中ではGetState()が実行されます.(白,黒)と仮定していますので,valueを2にして関数を終了します.これにより,child0.evaluate()は2となります.

▶ (6)…右に進む

case SUBの中のchild1.evaluate()が実行されます.child1は右のノードですので,右に進みます.

▶ (7)…関数を終了する

1が出てきます.この場合はcase ONEが実行されます.valueを1にして関数を終了します.これによってchild1.evaluate()は1となります.

▶ (8)…関数を終了する

case SUBの中のchild0.evaluate()とchild1.evaluate()が,それぞれ2と1として決まりました.そこで,これを引いた値を計算すると1となります.valueを1にして関数を終了します.これによってchild1.evaluate()は1となります.

▶ (9)…値が求まった

以上の手順でcase MULの中のchild0.evaluate()とchild1.evaluate()がそれぞれ2と1として決まりました.そこで,これを掛けた値を計算すると2となります.以上からこの遺伝子から得られる値は2と計算できます.

● ノードの構造を表示

遺伝子を保存するための文字列を作成する関数の説明を行います.まずshowRPN()は左の遺伝子,右の遺伝子,演算子の順に並びます.この方法は演算子が最後に配置されますので,「後置記法」と呼ばれます.図23の場合は「2*S* 1 − ×」となります.

次にshowInfix()は左の遺伝子,演算子,右の遺伝子の順に並びます.この方法は演算子が中央に配置されますので,「中置記法」と呼ばれるものとなります.図23の場合は「(2 × (*S* − 1))」となります.ここでは両端にかっこを付ける処理をしています.

最後に,show()は木構造のように表示するものとなっています.

```
-(×)
   |-[2]
   |
    -(-)
     |-[S]
     |
      -[1]
```

● 速度の関係

センサの状態sを入れると,遺伝子の計算をしてくれる関数をf(s)と設定します.例えば図19の場合はf(1)=-2,f(3)=2となります.センサの値をsとしたとき,左右のタイヤの速度は次のように計算するものとします.

```
vel_L = (float) Math.cos(f(s)) * f(s) / 2
vel_R = (float) Math.sin(f(s)) * f(s) / 2
```

遺伝的プログラミングでは,f(s)はかなり大きい値まで取れます.そこで速度の最大値を±5とし,それより大きい速度となる場合は±5にします.一見すると,とても変なことをやっているように見えます.f(s)だけで左右の速度を連続的に設定できるように,かつ,あまり自明でないようになります.このあたりが一種のロボットにとっての問題設定で,このさじ加減が,進化が面白くなるかに効いてくるようです.

少し不思議な感じがあるかもしれませんが,ここではこの方式で速度を決めることにします.

● 評価の仕方

センサの状態が(白,黒)または(黒,白)のとき,評価値は各ステップでのタイヤの速さを足して絶対値を取ったものとします.また,センサの状態が(白,白)または(黒,黒)のとき,評価値は先ほどの値に0.2を掛けたものとします.この各ステップの評価値を1000ステップ分合計したものを1回の試行の評価値とします.

こうすることで,なるべく速い速度で移動するようになり,(白,白)や(黒,黒)の部分,つまり,境界線上ではない部分を移動しているときにはなるべく早く白黒の境界線上に移動するように行動すると期待しています.

なお,この評価は山登り法でライン・トレース・ロ

リスト4　次の世代の生成を行うnextGeneration関数

```
1  void nextGeneration() {
2    // スコア順に整列
3    for (int i = 0; i < POPULATION - 1; i++) {
                                        // bubble sort
4      for (int j = i + 1; j < POPULATION; j++) {
5        //       if (score[i] < score[j]) {
6        if (score[i] > score[j]) {
7          float tmps = score[i];
8          score[i] = score[j];
9          score[j] = tmps;
10         Node tmpc = cars[i];
11         cars[i] = cars[j];
12         cars[j] = tmpc;
13       }
14     }
15   }
16   // 最優秀コード/最低ノード発表
17   println("*** C H A M P I O N   o f   T H I S
                                      G E N . ***");
18   writer_log.println(gCount+"\t"+score[0]);
19   writer_log.println(cars[0].showInfix());
                                        // 中置記法で保存
20   for (String s : cars[0].show()) {
21     writer_log.println(s);//階層構造を保存
22   }
23   writer.println(gCount+"\t"+score[0]+"\t\""+cars
         [0].showRPN()+"\"");//後置記法で文字列化 (保存用)
24   println(score[0]);
25   // 上位を残し、残りはそれらの交配で充当
26   int threshold = (int)(POPULATION * SURVIVE_RATE);
27   for (int i = threshold; i < POPULATION - 1; i++) {
28     // 交叉で 2 つ作られるが一つは捨てる
29     cars[i] = crossover(
                     cars[rnd.nextInt(threshold)],
30       cars[rnd.nextInt(threshold)])[0];
31     if (Math.random() < MUTATION_RATE) {
32       cars[i].mutation();
33     }
34   }
35   cars[POPULATION - 1] = new Node(0);
36   // スコアゼロクリア
37   for (int i = 0; i < POPULATION; i++) {
38     score[i] = 0;
39   }
40   gCount++;
41 }
```

ボットを動かしたときと同じです．さらに，最大速度も同じなので，両者を比較することもできます．

● 交配の仕方

評価の高かった上位40%の個体をエリート戦略として次世代の子供として残します．さらに，エリート戦略で選ばれた個体を親として，その親の中からルーレット選択で選ばれた2体の遺伝子を交配し，ときどき突然変異を入れながら子供を作成します．

プログラミング

■ 今回新しく作る部分

まず，幾つかのグローバル変数を設定しています．

SIM_COUNTは1回の施行中のロボットの移送ステップ数です．

MAX_DEPTHは遺伝子に相当する木構造の最大深さを決めています．

POPULATIONは各世代での個体の数です．

SURVIVE_RATEはエリート戦略で次の世代の子供として生き残る確率を設定しています．個体数が10で生き残り確率が0.4の場合は，4つの個体がそのまま次の個体になります．

MUTATION_RATEは突然変異が起こる確率です．

carsという配列は各個体の遺伝子などを格納する変数です．

scoreという配列は各個体の得点を保存しておくものとなります．

● Init関数

各個体のscore配列を0にし，各個体の遺伝子をランダムに決めています．

● Move関数

センサ情報を更新し，次の行動を決めて，位置を更新しています．行動ステップがSIM_COUNT (1000ステップ)になると，スコアを表示するようにしています．そしてcCountという個体の番号を1増やし，ライン・トレース・ロボットの位置やカウントを初期値に戻します．

全ての個体のシミュレーションが終わったかどうかは，cCountがPOPULATION (設定した個体の数)と等しいかどうかを調べます．もし全ての個体のシミュレーションが終わっていたらnextGeneration関数を呼び出して，次の世代の個体を作ります．

● SetAction関数

cars[cCount].evaluate()で遺伝子から数値を計算しています．そして先に説明した「速度の関係」に従って左右の速度を決めています．さらに「ライン・トレース・ロボットの評価の仕方」に従って評価値を決めています．

● 次の世代の生成 (リスト4)

これはnextGeneration関数の中で行います．まず3～14行目で評価の高い順に並べ直しています．なお，関数の同定の場合は2乗誤差の和が小さい方が評価が高くなりますので，scoreの低い順に並べ直す必要があります．

リスト5　交配を行うcrossover関数

```
// 2つの親を交差させて2つの子([0][1]の配列)を作る
public static Node[] crossover(Node father,
                                Node mother) {
  Node children[] = new Node[2];
  children[0] = father.clone();
  children[1] = mother.clone();
  Node n0 = children[0].pickNodeRnd();
  Node n1 = children[1].pickNodeRnd();
  // n0 と n1 を入れ替える
  NodeType tmpType = n0.type;
  Node     tmpChild0 = n0.child0;
  Node     tmpChild1 = n0.child1;
  n0.type = n1.type;
  n0.child0 = n1.child0;
  n0.child1 = n1.child1;
  n1.type = tmpType;
  n1.child0 = tmpChild0;
  n1.child1 = tmpChild1;
  return children;
}
```

図24　筆者提供のプログラムを実行したときの画面

その後，17～24行目で最も優秀だった個体の遺伝子をshow関数などで示します．

POPULATION*SURVIVE_RATEで計算された数よりも順位の高い個体は，エリート戦略によって次の世代に残します．ここでは50×0.4で20個体となります．

27～34行目でエリート戦略で残した親を元にして，残りの個体を生成します．また，交配した後，設定した確率(MUTATION_RATE)よりも小さければmutation関数(交配時に突然変異を起こす関数)を呼び出すことで突然変異を起こします(31行目)．

mutation関数では，pickNodeRnd関数を呼び出して，突然変異をするノードを決めています．そして終端子は終端子に，非終端子は非終端子に突然変異が起こるようにしています．

遺伝子の生成に関するプログラムが長くなったので，この部分は簡略化するためにこのような構成としました．遺伝的アルゴリズムのように全ての個体から子供を作ることもできます．

● 交配(リスト5)

これはcrossover関数で行います．この関数の中で親に選ばれた個体はそれぞれpickNodeRnd関数(つながっているノードの中から1つだけ選ぶ関数)を呼び出して，切り離すノードを決めます(6，7行目)．その番号のところで切り離し，交換してつなぎ直します(9～11行目)．

シミュレーションの準備

筆者の経験上ライン・トレース・ロボットが自律走行できるようになるまでには，50個体の異なる遺伝子を持つものを，それぞれ100回以上繰り返し走らせる必要があります．

これを実際のロボットで行うのは手間がかかるので，Processingで作ったシミュレータを使います．

ライン・トレース・ロボットの進化の過程を見ると，遺伝的プログラミングの効果がよく分かると思います．

シミュレーション・プログラムは本書ウェブ・ページからダウンロードできます．

実行すると図24の画面が現れます．マウス位置にライン・トレース・ロボットが描かれ，マウス・ホイールを回すとライン・トレース・ロボットの向きを変えられます．左クリックでその位置から動作を開始できます．

左上のgの後ろの数字は世代を表しています．そして，その下のcの後ろの数字は実行中のライン・トレースの個体番号を示しています．ライン・トレースの試行は0～49番の個体までの50個体の試行を番号順に行います．

また，実行中に右クリックすることで，表示の速さが1倍→10倍→100倍→1000倍→1倍…と変わるようになっています．1回の試行が1000ステップですので，1000倍にすると1000ステップおきの表示となります．ロボットは動いていないように見えますが，試行はどんどん進んでいきます．

シミュレーション結果

それではシミュレーションでライン・トレース・ロボットを動かしてみます．50台のロボットを用いたときの進化の過程を示すグラフを図25に示します．このグラフは横軸に世代，縦軸に得点を示しています．そして第1世代，第10世代，第50世代のそれぞれ最高得点となった動作と最低得点となった動作の軌跡を示しています．

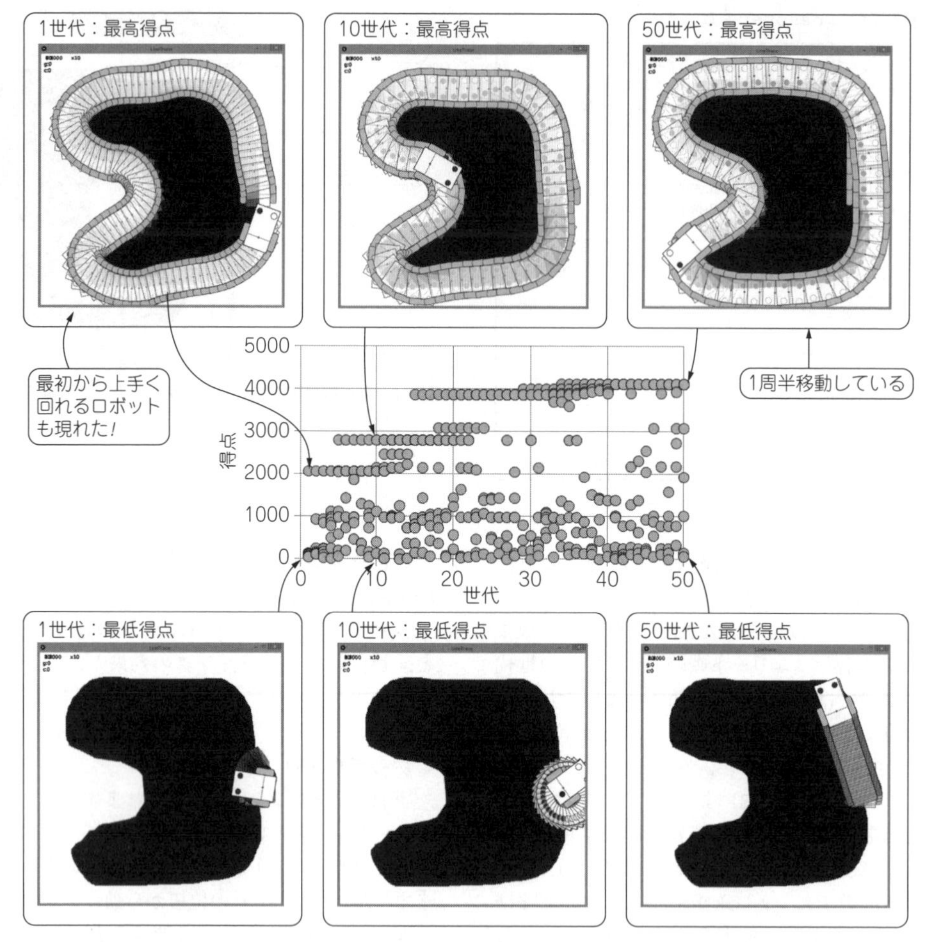

図25 「遺伝的プログラミング」を搭載した10台のライン・トレース・ロボットの進化の過程

● 過去のアルゴリズムの中で最高の記録が出た

第1世代から1周近く回る個体が存在しています．そして第50世代では1周半以上動いています．この動作はこれまで取り上げたライン・トレース・ロボットの進化の中で，最高記録かもしれません．ただし，筆者がマウスで適当にスタート位置を決めていますので，毎回少しずつ異なります．置く場所はほぼ同じにしましたが，スタート位置によって多少結果が異なりますので，遺伝的プログラミングが最高というわけではありません．

最低得点に着目すると50世代になってもゆっくり直進する個体がいます．遺伝的プログラミングは遺伝子がダイナミックに変わるため，うまく動かない個体が出やすくなっており，個体の多様性を保ちやすい手法となっています．

◆参考文献◆

(1) クレジット審査システム.
http://catalog.lib.kyushu-u.ac.jp/handle/2324/10593/KJ00004858570.pdf
(2) ジョブマッチング.
http://www.ai.soc.i.kyoto-u.ac.jp/publications/thesis/B_H24_yuduki-ryohei.pdf
(3) 遺伝的プログラミングによるモナ・リザの学習.
https://rogerjohansson.blog/2008/12/07/genetic-programming-evolution-of-mona-lisa/
(4) 作曲支援システム.
https://www.jstage.jst.go.jp/article/artsci/4/2/4_2_77/_pdf
(5) 電気電子回路自動設計.
https://doors.doshisha.ac.jp/duar/repository/ir/13906/02304902001.pdf

まきの・こうじ，こばやし・ひろゆき

第8章

自律移動車が「正確な位置&地図」を推定する「SLAM」

牧野 浩二

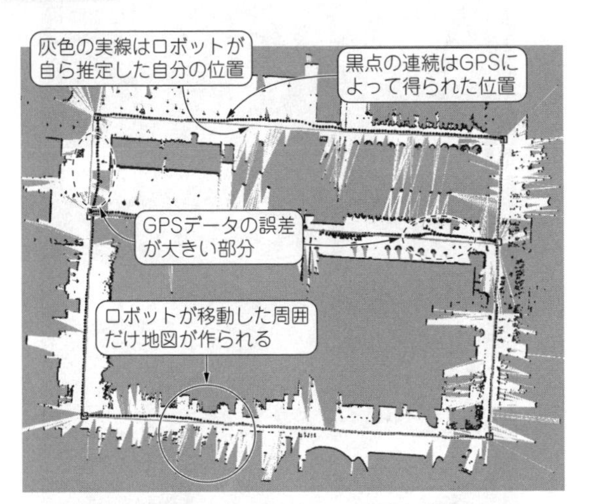

図1　自走ロボで重要な「正確な位置＆地図」を推定するSLAMの基本
自律移動するロボットでは必須といっても過言ではない

人工知能のアルゴリズムではないのですが，番外編としてライン・トレース・ロボットが，これまでよりもスムーズに走れるようになる技術を紹介します．

SLAM（スラム）(Simultaneous Localization And Mapping) と言います．移動するロボットが動き回りながら地図を作り，その地図を頼りに自分の位置を修正するという技術です(**図1**)．

これからの自走ロボで重要なこと…「正確な位置と地図を知る」

SLAM技術を必要とするのはロボットです．ロボットと言っても，従来の「皆さんに縁遠いロボット」ではなく，家庭内で掃除や介護の助けになるようなロボットの話です．次のような用途が考えられます．

- イベント・スペースや会社などで移動しながら案内するロボット
- 夜中に建物を巡回する警備ロボット
- 建物の中を動き回る掃除ロボット

掃除ロボットは実際に個人の家で働いていますし，PepperにもSLAMが搭載されているようです．

これらの基本は，自身で考えながら移動するロボットです．次の2つのことができると，行動の計画が立てられるようになるため，よりうまく働けます．

- 働く場所の地図をロボットにあらかじめインプットしておく
- その地図上でロボットがどこにいるのかを正確に知ることができる

実は，この「地図上でロボットがどこにいるのかを正確に知ること」が難しいのです．

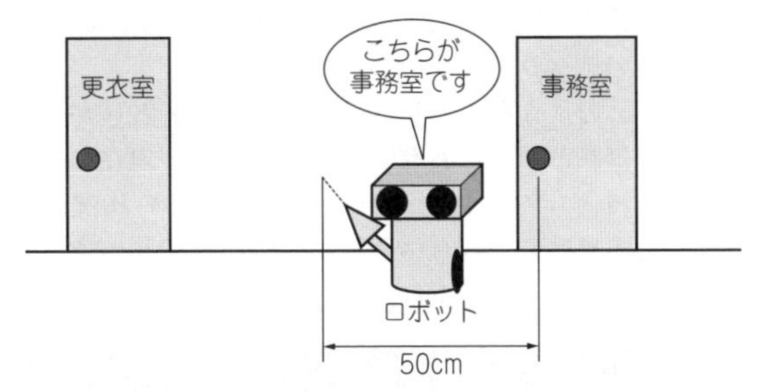

図2　移動ロボットの位置推定には高い精度が要求される
案内ロボットは数十cmの誤差があると使い物にならない

これまでの自分の位置検出方法

● その1：GPS…屋外なら使えるが精度が低い

ロボットが屋外を移動する場合，GPSからの位置情報と地図によって，自分の位置を知ることができます．しかし現状ではGPSには誤差が2～3mはあります．現在では日本版GPSの準天頂衛星システム「みちびき」が打ち上げられており，これまでよりも精度が高くなるという期待もありますが，それでも数cm～数十cm以内の誤差での測位は最高条件のときとされています．また，RTK (Real Time Kinematic)-GPSなる手法も注目されていますが，RTK-GPSを使うためには基準局を設置する必要があり，いつでもどこでもすぐに使えるわけではありません．

移動ロボットには，安定した正確な位置情報が必要です．例えば，案内ロボットが公園の入り口から訪問先の施設のドアの前まで案内してくれる状況を考えましょう．**図2**のように案内してくれた先がドアから

コラム 実際のSLAMではGPSも組み合わせる

牧野 浩二

● 高度な課題をホントの市街地で実験する「つくばチャレンジ」

茨城県つくば市では，自律移動ロボットの実証実験「つくばチャレンジ」が行われています．市民が行き交う市街地に2km程度のコースを設定し，スタートからゴールまで人の手を借りず，ロボットが自律的に走行します(**写真A**)．

近年では「特定の人を見つける」，「信号を認識して横断歩道を走行する」といった難易度の高い課題へのチャレンジが行われています．

このようなチャレンジを通じて研究者達が，互いの経験と結果を共有すること，および現在のロボット技術（特に自律移動ロボット技術）の状況を一般の市民に見てもらい，技術について正しい理解を得ていただくことを目的としています．

(a) つくばチャレンジ2015は2kmの市街地を自走する

(b) ロボットはGPSや測域センサを搭載する

写真A　市街地をロボットが自律走行できるか試せる「つくばチャレンジ」
リアル・ワールドにおける実証実験なので雨が降ろうとも中止にならない

● SLAMとGPSを組み合わせて精度を高める

つくばチャレンジは屋外で行われます．屋外ならGPSが使えるのではないかと思われるかもしれません．しかし，一般的にGPSなどの衛星からの電波を用いて位置を計測するときの問題として，高い建物の周囲では衛星の電波が反射することによって

50cmずれて，壁を指して「こちらが事務室です」と言ったら，一般の人は「このロボットは使い物にならない」と思ってしまいます．

● その2：車輪回転量による移動距離測定…車輪がスリップしたらアウト

室内で働くロボットは，GPS情報が使えない場合が多く，使えたとしてもこれらのロボットで必要となる数cmの精度で計測はできません．

そういうロボットがどのように自分の位置を計測しているかというと，一般的には車輪の回転量から計算します．

しかし，車輪の回転量だけで正確な位置を計測することは困難です．車輪の接地箇所の変化やスリップなど，いろいろな理由で誤差が生じます．そして一度発生した誤差は別の手段で補正しない限り，その後の計測に影響を及ぼし続けます．

● その3：ジャイロ・センサによる方位検出…累積誤差がある

ロボットの向きを計測するのにジャイロ・センサが用いられます．ジャイロ・センサはその場の温度などによって出力が微妙に変化し，累積誤差が生じます．従って，これだけで正確な方位を知ることは困難です．

● その4：床や壁にマーカ…いつも決まったコースなら有効

ジャイロ・センサと車輪回転量を使っている状況を人間に例えると，目を閉じて歩き，歩幅で位置を測るようなものです．

移動ロボットは，自分の正確な位置を車輪の回転以外の何らかの方法で得る必要があります．例えば工場など決まった場所を動く場合には，壁や床にマーカを仕込んでおき，位置を修正します．

現状，移動ロボットは「真の位置・姿勢」を知ることはできません．そこで，より確からしい値を「推定」

測位精度が低下する「マルチパス」と呼ばれる現象が発生します．これが発生すると，いきなり数mもロボットの推定位置がずれるので，市街地ではGPSだけで安定したロボットの自律走行を実現することは困難です．

今回の記事に協力いただいた江口氏は，地図作成時にGPSの情報を用いたそうです．つくばチャレンジのコースの範囲はとても広いので，ジャイロと車輪の回転量の計測だけでひずみのない地図を作成するのはかなり大変です．そのため，GPS測位データの精度を評価して，精度の高いデータだけを使って計測値を補正しながら，FastSLAMによって地図を作成し，安定した自律走行を実現しました．そのときの結果を**図A**に示します．うまく地図が作成できています．

ちなみに，つくばチャレンジでは効率的に地図作成を行うため，事前に人がロボットを操作して目標経路を走行させ，ロボットが地図作成のためのデータを取得する手法が一般的です．

● 参考…SLAMに用いられるセンサ

SLAMには環境中の物体の形状を計測できるセンサが必要となります．実際にはどのようなセンサを使っているのか気になる方もいるでしょう．これにはレーザを走査して環境中の物体との距離を計測するレーザ・スキャナ（測域センサ，LiDARなどの呼び方がある）を用いることが多いです．

写真1に示したのは，SLAMでよく用いられるレーザ・スキャナの例です．走査するレーザの本数，および走査の方式によって，環境の一断面形状を計測する2次元レーザ・スキャナ，立体形状を計測する3次元レーザ・スキャナがあります．

最近では，コスト低減やシステムの小型・軽量化を狙って，カメラを用いたVisualSLAMの研究も進められています．

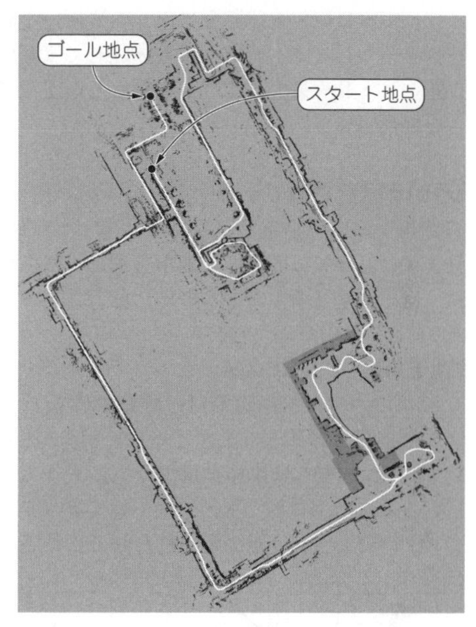

図A　つくばチャレンジで実際に得られた地図

します．

動きながら位置＆地図推定を行う「SLAM」

● ロボットが自分で地図を作る

地図を移動ロボットにあらかじめインプットすることは，実はとても面倒な作業です．掃除ロボットを買ってきて，まずは正確な地図を作ってそれを入力しないとうまく動かないという仕様だと，途端に使う気が失せるでしょう．配置換えをするたびに地図を書き換えするなんてなおさらです．

地図のインプットは面倒な作業ですが，地図があれば移動ロボットは地図と照らし合わせていろいろな仕事をこなすことができそうですし，その位置を基にして自分の位置を修正できそうです．

そこでSLAM技術では，ロボット自身で地図を作ります．地図を作るには**写真1**に示すようなレーザ・スキャナ（測域センサ）やカメラなど，環境（周囲の

写真1　SLAM技術は2次元測域センサと組み合わせて使うことが多い
UTM-30LX（北陽電機）．レーザ光を使った測距センサを回転させて周囲をスキャンする

形）を認識するセンサが必要となります．

● 地図を元に動いてその地図を「ながら修正」

先ほどロボットは自分の位置を正確に知ることはできない，と書きました．そのため，正確な地図は作れないはずと思われるかもしれません．

SLAM技術は，正確な位置が分からなくても地図を作って，それを利用して位置を推定する，という2つのことを同時に行う方法なのです．

つまり，**図3**のように地図を作ることで位置を把握し，把握した位置から地図を作る方法です．

ここでは実際に屋外自律移動ロボットに用いられている技術を紹介します．皆さんにも体験してほしいので，ライン・トレース・ロボットを動かしながらプログラムを解説します．

● いろいろ研究されている

SLAM技術は多く研究されていて，幾つかの種類があります．近年では商品への適用も進められています．SLAMの種類を**表1**にまとめました．

● 今回選んだFastSLAM

ここではこの中のFastSLAMと呼ばれる技術を用います．FastSLAMは次に説明する「つくばチャレンジ」に代表される屋外自律移動ロボットにも多く利用されている手法で，ロボット用ソフトウェア・ライブラリのROS[注1]に「slam_gmapping」として実装されています．ROSに実装されているという点からも，原理を知っておくと使いやすくなると考えます．

FastSLAMによって作成される地図は，**図4（c）**に示すように地図の範囲を細かい格子に区切った地図です．これを「占有格子地図」と言います．それぞれの格子についてセンサで観測した建物などによる空間の占有が表現されています．

そして**図5**に示すように，地図を作成し，位置を修正し，修正した位置をもとに地図を更新ということを行います．

では，どのように地図と自己の位置の違いを認識するかというと，**図6**のように作成した地図と計測した情報を合わせてみます．**図6（a）**のようにずれている場合は，正しい位置・姿勢が推定できていないとし，**図6（b）**のように一致している場合は正しい位置・姿勢が推定できているとします．

実際のFastSLAMによって作成される地図は「占有格子地図」ですが，今回はライン・トレース・ロボットを用いることと，ロボットの移動範囲が比較的せまいことから，作成される地図をプログラム上の「配列」で表現します．

SLAMをシミュレーションで確かめる

● 準備

SLAMは地図を作るために，先にお話したようにレーザ・スキャナやカメラなどを用いてロボット周辺

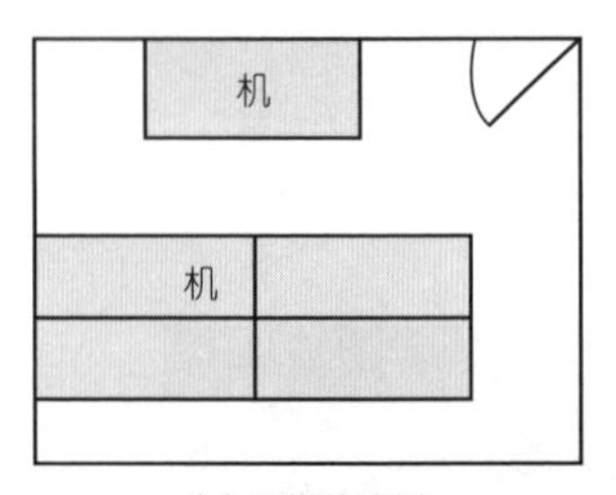

（a）実際の屋内

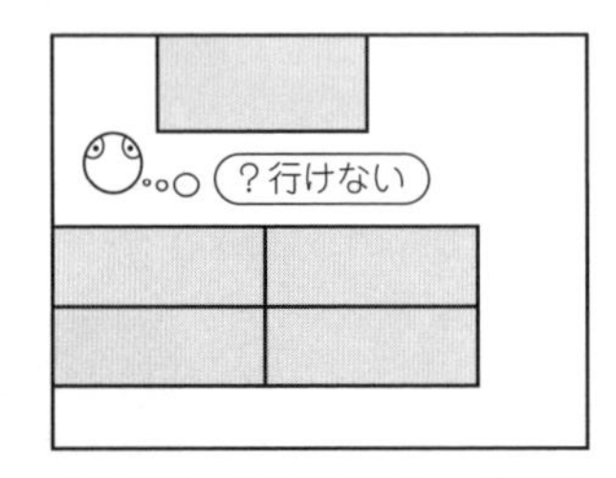

（b）ロボットの頭の中1…修正前

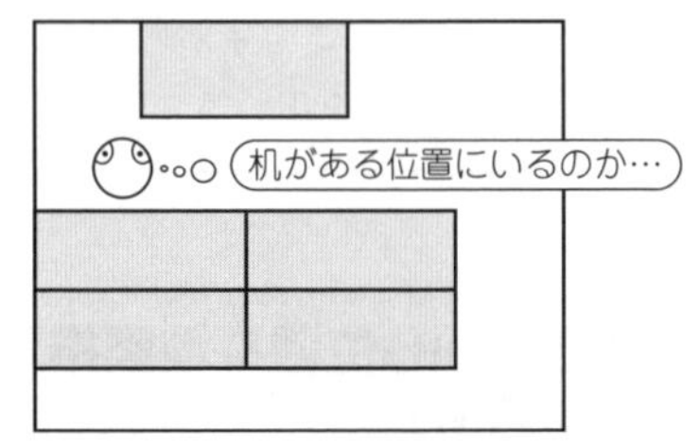

（c）ロボットの頭の中2…修正後

図3　周囲の状態をもとに自分の位置を修正し続ける

表1　SLAMの種類

SLAMの種類	概　要	実用化例
EKF-SLAM	拡張カルマン・フィルタによる．最も古い．計算量が大きい	−
形状計測に基づくSLAM	ロボットの位置・姿勢から環境の計測結果を重ね合わせて地図を作成する	レスキュ・ロボット
Graph-SLAM	走行軌跡を既知情報を用いてグラフ化し，環境形状に矛盾のない地図を作成する	比較的広範囲を移動する車両．GNSSを用いることが多い
FastSLAM	パーティクル・フィルタを用いた複数仮説による走行軌跡の推定および地図作成を行う	多くの移動ロボット．ROSのgmapping．特に「つくばチャレンジ」
VSLAM	カメラを用いたSLAM	掃除ロボット（Roomba 980）

注1：Robot Operating Systemの略．ロボットのアプリケーションを作成するためのフレームと機能ライブラリを提供するオープンソース・ソフトウェア．米国のベンチャ企業 Willow Garageによって開発された．現在はOSRF（OpenSource Robotics Foundation）によって管理運営されており，世界中のロボット研究者がROSを利用している．ROSを共通のプラットフォームとすることで研究成果の共有が容易になり，それをベースとしてさらなる研究が行われることでロボット技術が急速に進化している．

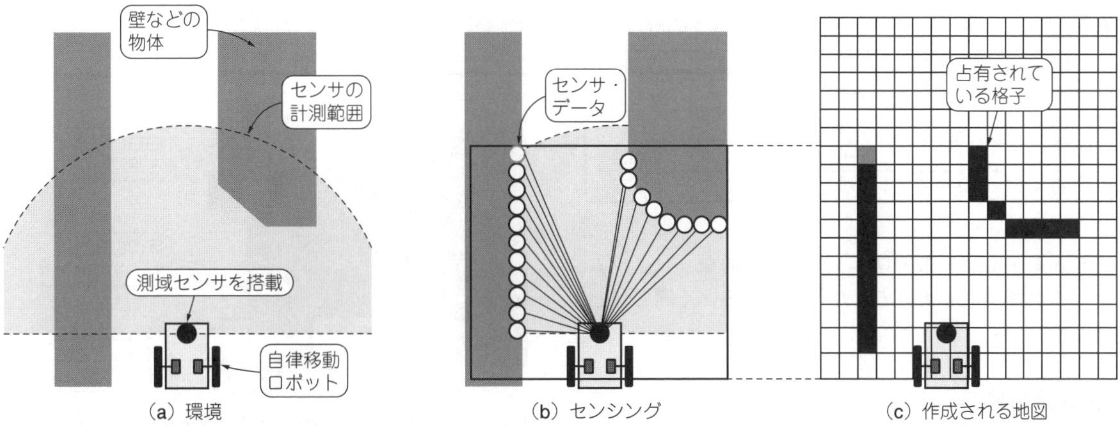

図4 SLAMによる地図は占有格子地図と呼ばれるタイプ
何かに専有されていることが確実な場所だけ把握できる

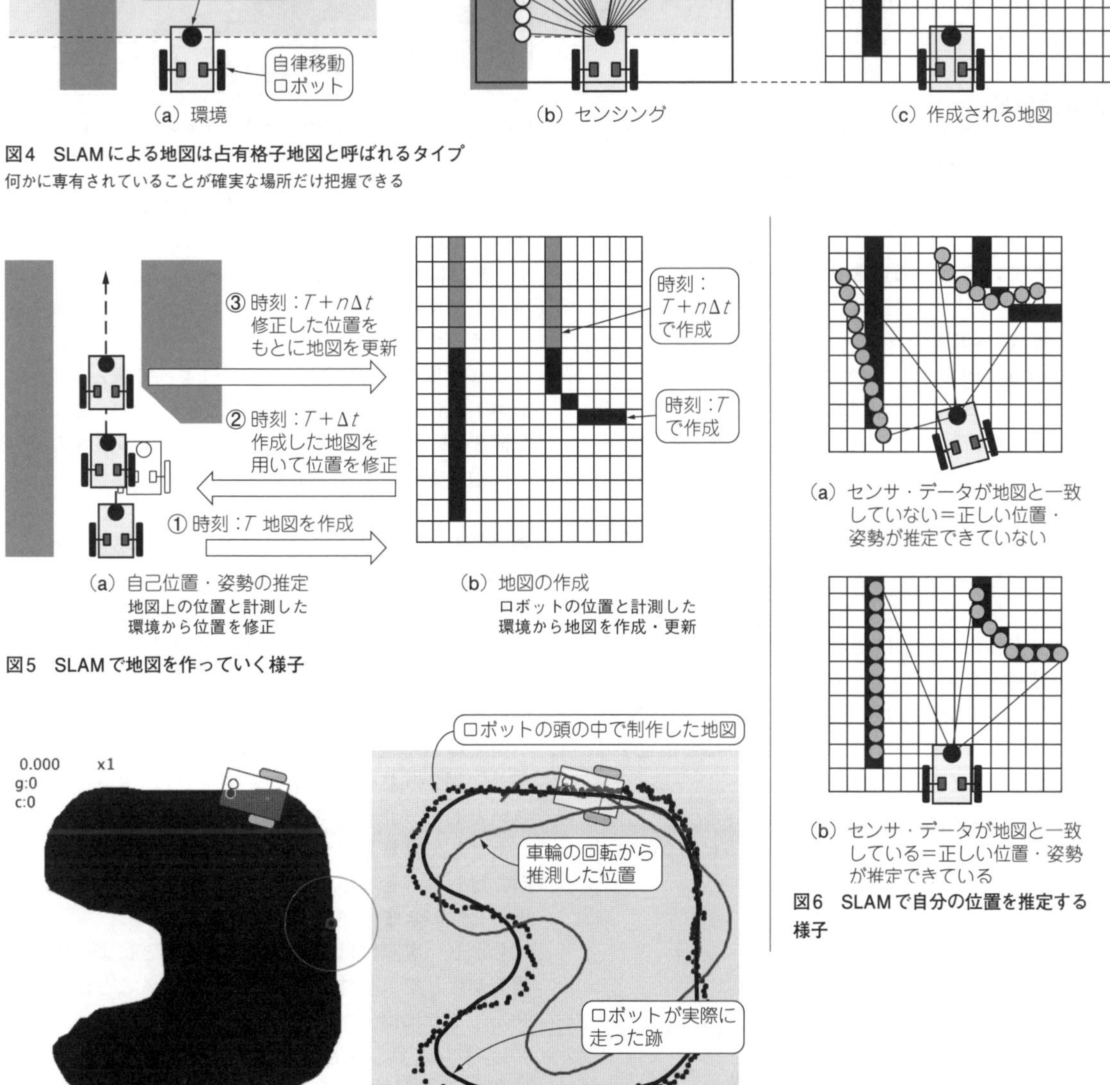

(a) 自己位置・姿勢の推定
地図上の位置と計測した
環境から位置を修正

(b) 地図の作成
ロボットの位置と計測した
環境から地図を作成・更新

図5 SLAMで地図を作っていく様子

図6 SLAMで自分の位置を推定する様子

(a) ロボットの今の位置　(b) ロボットの過去の動き

図7 ライン・トレース・ロボットでSLAMを試したときの画面

の環境形状を計測します．地図を用いた自己位置推定については，**図5**に示すように，地図とセンサ情報を照合して自己位置を推定します．

ここでは読者が取り組みやすくするため，ロボットの前方2カ所の床の白黒を計測できるライン・トレース・ロボットを対象とします．これはカメラで前方を見ていることに相当し，白と黒の領域の境界を識別します．

表2　ライン・トレース・ロボットの動作をこのように決める

左センサ	右センサ	左車輪	右車輪	動作
黒	黒	正転	停止	右旋回
黒	白	正転	正転	直進
白	黒	停止	正転	左旋回
白	白	停止	正転	左旋回

ライン・トレース・ロボットの基本的なプログラムは，これまで取り上げてきたものとなるべく同じにしました．

● 実行結果

実行画面は**図7**となります．マウスを動かすとロボットの初期位置を，マウス・ホイールを回すとロボットの初期角度を変更でき，クリックした位置からロボットがスタートします．

操作しているところの動画もダウンロードできます．

図7(a) は，実際のライン・トレース・ロボットが動いている途中を示しています．**図7(b)** はライン・トレース・ロボットがSLAMを使って修正した自分の位置を点線で示していて，白と黒の領域の境界だと推測して地図を作成している部分を黒い丸で示しています．

細い実線は，SLAMを使わなかったときの移動ロボットが車輪の回転から計測した位置です．シミュレーションなので，ロボットの状態を実世界に近づけるため，車輪の回転量にわざと誤差を入れています．SLAM技術を使わないと，ロボットは計測した車輪の回転量の累積誤差によって，移動するにつれて誤差が累積し，次第にとんでもない位置にいると推定するようになります．

▶白黒センサがカメラの代わり

ライン・トレース・ロボットは，前方に2つの白黒センサが付いていて，床の白黒を判別しながら左右の車輪の速度をうまく調節することで，ラインの境界線上（またはラインに沿って）を動くことができるロボットです．この2つの白黒センサが環境を認識するカメラの代わりになります．

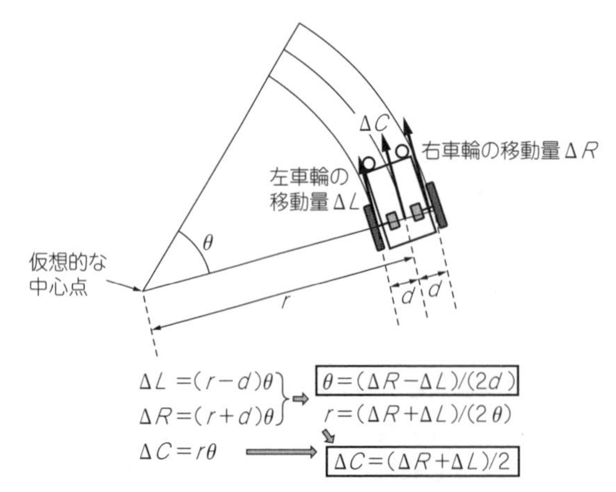

図9　左右の車輪の動きを角度と移動量に変換する

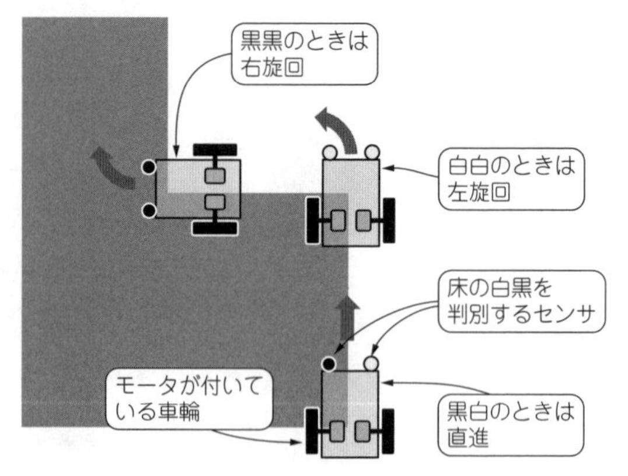

図8　表2の動作により白と黒の境界上をトレースできる

ここでは左右のセンサの状態によって**表2**のように2つのタイヤの速度を決めることとします．これにより**図8**の行動をとるようになり，白と黒の領域の境界上を動くようになります．

● 課題…車輪のスリップなどで計測誤差が溜まってしまう

ライン・トレース・ロボットは，左右車輪の回転量から一定時間内の自分の速度と角速度（回転の速さ）を計算し，それらを累積することで，自分の位置と方位を算出しています．

例えば右車輪がΔL，左車輪がΔRだけ動いたとすると，**図9**のように計算します．そしてθがとても小さいとして，正面からθ分斜めの方向にΔCだけ直進したとして計算します．その移動量を現在の位置と方向に足し合わせていくことで，移動後の位置と方向を更新していきます．

しかし，実際には車輪のスリップなどによって計測誤差が生じて，正確な値を計測し続けることはできません．これには2つのパターンがあります．

1つ目は，真っすぐ移動しているつもりでも，**図10**のように実際は真っすぐ移動しない場合です．ロボットは少し曲がった位置にいるにもかかわらず直進した位置にいると誤解します．この場合（99，1）にいるにもかかわらず，（100，0）の位置にいると間違えます．これは自由に動くことのできる移動ロボットによくある間違え方です．

2つ目はライン・トレース・ロボットのように真っすぐ移動し続ける場合です．ロボットは**図11**の点線の軌跡を通って移動しているように計測しているた

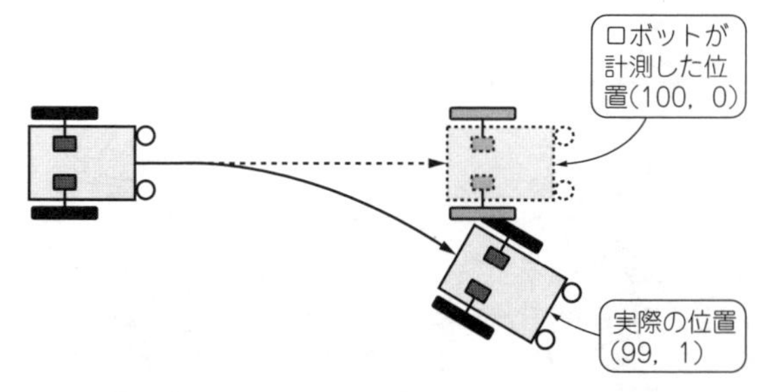

図10　車輪の動きから推定した位置が間違っているパターン1
実際には曲がっているのに，真っすぐ移動したと推定されている

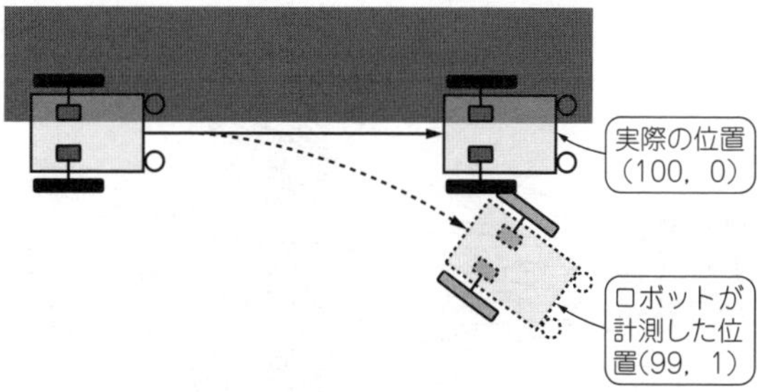

図11　車輪の動きから推定した位置が間違っているパターン2
実際には真っすぐ移動しているのに，曲がって移動したと推定されている

め，直進した位置にいるにもかかわらず少し下に曲がった位置にいると誤解します．(100, 0)にいるにもかかわらず，(99, 1)の位置にいると間違えます．今回はライン・トレース・ロボットを対象とするため，このパターンの誤差を対象とします．

SLAMの肝…「パーティクル・フィルタ」の処理

● ステップ1…フィルタで確からしいパーティクルを選ぶ

SLAMの鍵はパーティクル・フィルタという手法になります．パーティクルとは英語で粒子という意味です．FastSLAMではパーティクル・フィルタによってロボットの位置があたかも粒子のようにばらまかれるように表現されます．ロボットの位置・姿勢をそれぞれのパーティクルと仮定し，センサ情報を用いて確からしいパーティクルを選んでいくことでロボットの位置・姿勢を推定する手法です．

もう一度**図11**の動作を考えます．ロボットは(99, 1)の位置にいると間違えると述べました．つまり，ロボットは**図11**の破線のように移動したと思っています．そこで，わざとランダムな誤差を加えて移動させたと仮定し，たくさんの位置・姿勢を想定します．これを模式的に表すと**図12**となります．ロボットがあたかもばらまかれたように見えます．これは台風の予想円みたいなものだと考えると分かりやすいですね．

● ステップ2…確からしいパーティクルだけを残す

たくさんのパーティクルを移動させますが，どれが正しい位置・姿勢にあるか，つまり「確からしさ」を評価する必要があります．仮定として，これらの位置に移動したときに白黒の境界線上に移動するのか，両方とも白または黒の位置に移動するのか分かるものとします．これを計測するためにカメラなどが必要になるのです．

ライン・トレース・ロボットは白黒の境界線上を走るように決められています．そこで，ばらまかれたパーティクルが白黒の境界線上にあればその移動は確からしく，白白または黒黒になるならば確からしくない移動であるとします．この確からしさを「重み」と呼びます．**図12**の例では直線に移動したパーティクルだけ重み(確からしさ)が増え，それ以外のパーティクルの重みを減らします．なお，**図12**の例では1個しか重みを増やすものはありませんが，例えば(100, 0.1)の位置に移動するパーティクルならば白黒の境界線上に来ますので，重みを増やします．

● ステップ3…より確からしいパーティクルが選ばれるように並び替える

先ほどは確からしいパーティクルを評価する方法を示しました．パーティクルの数は固定ですが，より高い精度で自己位置・姿勢を推定するためには，あらかじめ十分な数のパーティクルを用意します．その際に後の処理の効率化のため，より確からしいパーティクルを順に並べます．そして，不確かなパーティクルを削除して，より確からしいパーティクルから新たなパーティクルを作成します．ただし，パーティクルが多いほどコンピュータの計算量が増えて処理に時間が

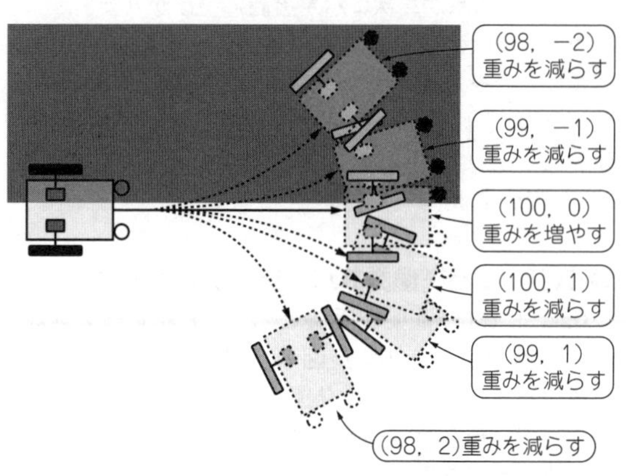

図12　パーティクル・フィルタの動作1…ランダムな誤差を加えた推定位置を多数用意して評価する
センサで得られたデータから確からしさを評価して重み付けする

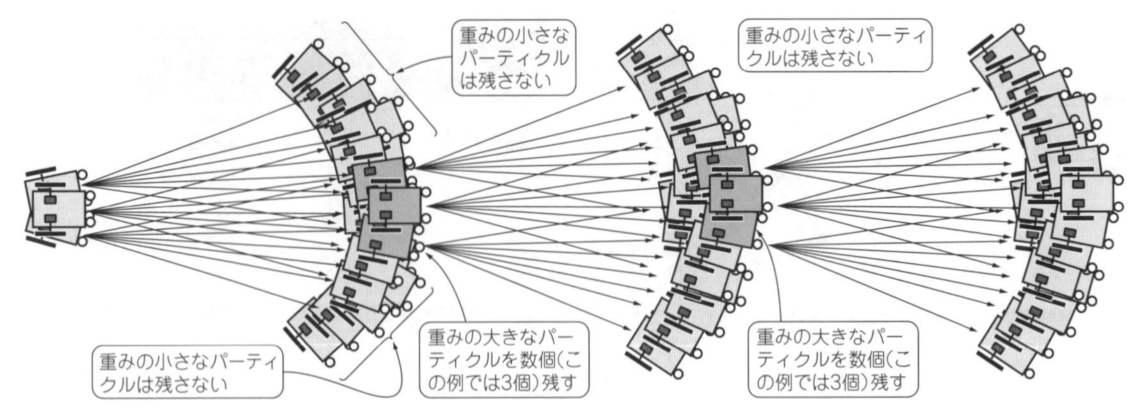
重みの小さなパーティクルは残さない
重みの小さなパーティクルは残さない
重みの小さなパーティクルは残さない
重みの大きなパーティクルを数個(この例では3個)残す
重みの大きなパーティクルを数個(この例では3個)残す

図13　パーティクル・フィルタの動作2…比較的正しそうな推定位置候補から次の推定位置を用意する
確からしさが低いものも少し残して次の候補を作るのが精度を上げるコツ

かかるので，適切な数にすることが必要です．

パーティクルの確からしさを評価した後に，パーティクルを重みの大きい順に並べます．これは後に説明する，パーティクルの複製を作成しやすくするためです．そして，重みの小さいパーティクルほど多く削除して，重みの大きいパーティクルから新たなパーティクルを作成します．位置推定の精度を上げるコツとして，重みの小さいパーティクルもある程度残します．ロボットの推定位置に対してより多くの可能性を持たせるためです．

こうすることで，**図13**のようになり，確からしいパーティクルを多く残しながらロボットの位置を推定していくことができます．

● ステップ4…パーティクルごとに走行地図を作る

図13のように不確かなパーティクルを削除し，その分だけ確からしいパーティクルの複製を作成します．そのパーティクルの走行軌跡から**図14**のように地図を作ります．これが，次に示す奥義につながります．

なお，実際のFastSLAMでは，それぞれのパーティクルに持たせる地図として，地図の範囲を細かい格子に区切り,それぞれの格子についてセンサで観測した建物などによる占有の有無を表現した「占有格子地図」を用います．

● ステップ5…優秀なパーティクルを残す

FastSLAMの重要な手法として，「閉ループ処理」というものがあります．**図14**のように1周して元の位置に戻った後に威力を発揮する手法です．1周して，初期位置に最も近い位置に戻ってきたパーティクルを最も良い地図を作成したものとして採用するという手法です．ループを検出する手法はさまざまですが，ここでは次のようにします．

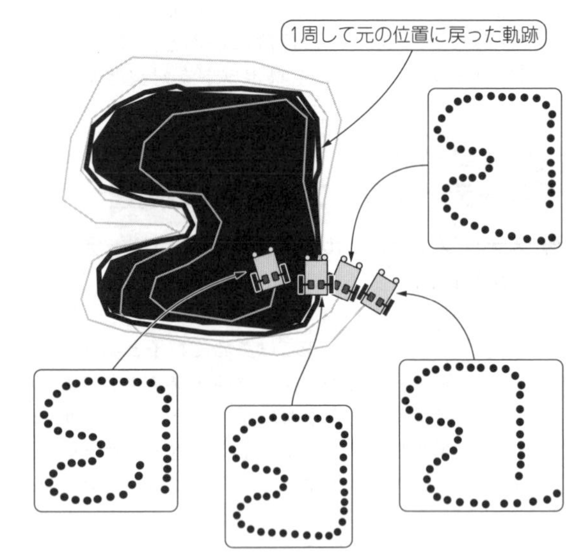
1周して元の位置に戻った軌跡

図14　パーティクル・フィルタの動作3…幾つかの軌跡と地図が出来上がる
同じところに戻ってきたことを検出できた場合，精度の高い軌跡を決められる

先に説明したように，パーティクルを移動させた後，重みの大きいパーティクルについて，それが持つ地図上の位置の周辺に既に作成した領域がないか探します．もし見つかったら，それはロボットが一度通った場所に戻ってきた，つまり走行経路のループが閉じることを意味します．従って，各パーティクルが持つ地図と現在のセンサ・データを比較して，走行経路のループが閉じているパーティクルの重みを大きくし，それ以外のパーティクルの重みを小さくします．これによってループが閉じた地図，つまり形状の精度が高い地図を作成できます．この処理は「閉ループ処理」と呼ばれ，FastSLAMでも特に重要な処理と言えます．

まきの・こうじ

この記事の作成に当たっては，つくばチャレンジ2008から2016までチーム「宇都宮プロジェクト」として参加した江口 純司氏に協力してもらいました．

第9章

正確な位置&地図推定「SLAM」のプログラム

牧野 浩二

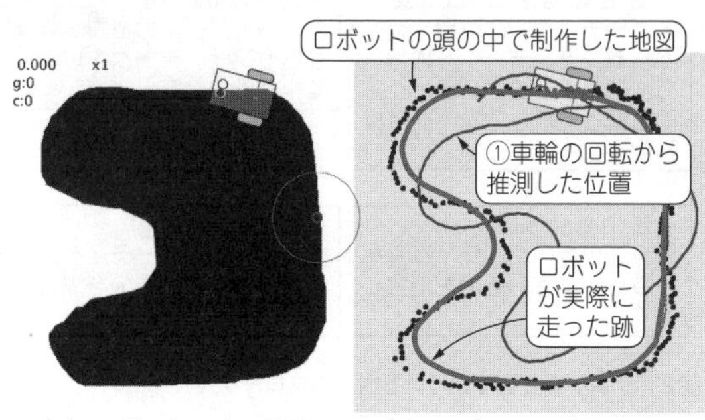

(a) ロボットの今の位置　(b) ロボットの過去の動き

図1　ライン・トレース・ロボットのシミュレーションでSLAMの動作をみる

紹介するSLAMプログラム

● ダウンロード方法

動作プログラムは本書サポート・ページからダウンロードできます.

```
https://interface.cqpub.co.jp/2023ai45/
```

● 中身

ダウンロードしたプログラムを解凍してProcessingで実行すると，5つのタブが表示されます.

▶ LineTraceタブ（重要）

パーティクルを描いたり，次の動作を決めたりする部分です.

▶ IfThenタブ

ライン・トレース・ロボットをルールに沿って動かすための部分です.

▶ ImageProcタブ

実際に移動するマップを表示したり，白黒情報を取り出したりするための部分です.

▶ ParticleFilterタブ（重要）

パーティクルを作成したり，移動したり，重みを決めたりする部分です.

リスト1　位置情報を修正せずに動いた場合の軌跡を計算する

```
1  // Raw Odometry
2  w_noize = 1.1+ random(0.0, 0.1);
3
4  d_src = t_vel + d_noize;
5  w_src = t_sq*w_noize;
6
7  sq_src += w_src;
8  sx_src += d_src*sin(sq_src);
9  sy_src -= d_src*cos(sq_src);
10
11 cPF.srcTrack.append(sx_src, sy_src, sq_src, 0);
```

▶ RingBufferタブ

パーティクルの軌跡をある程度の長さだけ覚えておくための部分です.

プログラムの全体像

● ロボットの動作を定める

ライン・トレース・ロボットの動作を決める部分を見ていきます．これは，LineTraceタブの中に書かれている`UpdateState`関数の中にあります．その中のロボットが位置情報を修正せずに動いた場合の軌跡を計算している部分を**リスト1**に示します.

この場合の位置と方向はそれぞれ，`sx_src`，`sy_src`，`sq_src`としています．そして，この計算で得られた結果が**図1**の細い実線①になります.

今回のシミュレーションでは「わざと」誤差が生じるようにしています．**リスト1**の2行目で1.1～1.2のランダムな数を生成し，4行目で方向に誤差を加えています．その誤差を加えたデータをもとにして，ロボットの位置を7～9行目で計算しています.

このシミュレーションでは，角度の誤差だけ入れて，速度には誤差を加えていません．ロボットが移動するたびに左に曲がっていくように，1.1～1.2の値としています．左右同じ程度に曲がる誤差にすることもできますが，その場合はあまり誤差がたまらずにシミュレーション結果を見ても効果が分かりにくいため，わざと左だけに曲がる誤差を加えました.

リスト2　位置の候補であるパーティクルを作り精度が高そうなものを選ぶ
中にある関数はリスト3～リスト6に示す

```
1  cPF.Predict(d_raw, w_raw, 0.0, 10*PI/180,
                                  state, false);
2  i_loop = cPF.DetectLoop(0, range_loop_close);
3  if (i_loop >= 0) {
4    print("---- LoopClose ---------\n");
5    cPF.Evaluate_LoopClose(i_loop);
6    cPF.ReSampling(0.0, 0.0*PI/180);
7    cPF.Reset_weight();
8    count = 0;
9    EvaluateCount = 5;
10   flag_loopclose = true;
11 } else if (cPF.Evaluate(state) > 0 &&
                          EvaluateCount <= 0) {
12   print("---- Sensor ---------\n");
13   cPF.ReSampling(0.0, 0.0*PI/180);
14   EvaluateCount = 2;
15 }
16 EvaluateCount --;
17 if (EvaluateCount <= 0) {
18   EvaluateCount = 0;
19 }
```

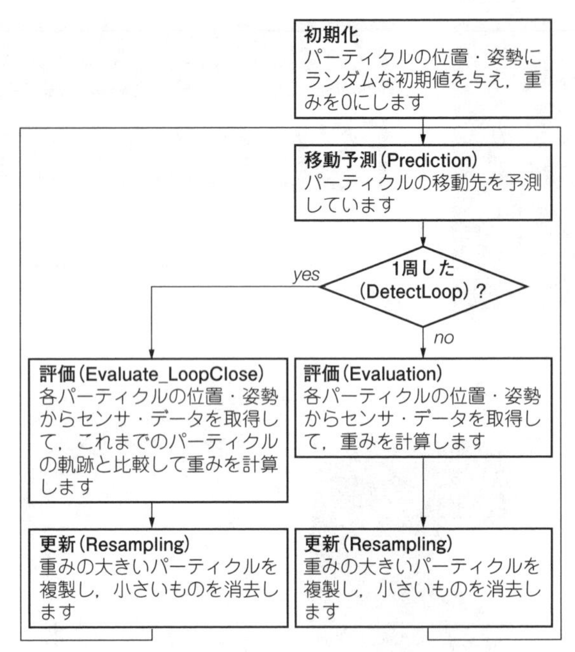

図2　リスト2で処理している内容のフローチャート

● 処理の大枠を作る

移動ロボットがパーティクルを作り，修正する部分を**リスト2**に示します．これをフローチャートで表すと**図2**となります．まずは全体の流れを説明し，その後，細かく説明することとします．

まず1行目のPredict関数でパーティクルを移動させています．

次に2行目のDetectLoop関数でこれまでの移動軌跡と今の位置とを比較して，最も距離の小さい移動軌跡までの距離がしきい値よりも小さければそのIDを返し，そうでなければ－1を返します．

3～10行目で1周した後の処理をしています．この部分がFastSLAMの奥義となります．3行目でこれまでの移動軌跡の中に位置が近いIDがあれば，評価(Evaluate_LoopClose関数)，更新(ReSampling)，重みのリセット(Reset_weight)を行っています．そして，シミュレーション・カウントを0に戻しています．さらにEvaluateCount=5にしています．これは，次に示すセンサ情報によりパーティクル情報を更新するまでの間隔を5ステップ後に設定しています．

11～14行目でセンサ情報からパーティクルを更新する処理をしています．11行目のelse ifでは評価値が0より大きくかつEvaluateCountが0以下となったときに処理をするように条件を付けています．この条件を満たしたときには，リサンプリング(ReSampling)し，EvaluateCount=2にすることで，2ステップ後に更新するように設定しています．

主な関数の処理

● パーティクルの移動の予測(Predict関数)

パーティクルの移動の予測はParticleFilterタブの中にあるPredict関数(クラスなので本当はメソッドと呼ぶ)に書かれています．これを**リスト3**に示します．

パーティクルの数はNum_Particleとして設定され，5～27行目のfor文でその回数だけ繰り返しています．

Trackには全てのパーティクルの移動軌跡が記録されています．6行目でTrack[k].get_last data関数を用いてk番目のパーティクルの最後のデータを取り出しています．

7～10行目に示すようにパーティクルには位置(x, y)と方向(qrad)，重み(weight)が設定されています．

12，13行目でraとrbという乱数を作り，それを使って15～17行目でパーティクルの位置と方向を更新します．

19行目でその位置をTrackに追加します．

21行目でその位置と方向を基にして床が白黒の境界かどうかを調べます．

22～26行目で白黒の境界ならば，Track[k].set_map関数でセンサの位置の情報をマップに追加しています．このプログラムでは簡単のため，評価値は必ず1が戻るようになっていますが，各パーティク

リスト3　パーティクルの移動の予測を行う関数Predict

```
1   int Predict(float d, float w, float d_range,
                        float w_range,int state){
2     float ra,rb;
3     float x_sens,y_sens;
4
5     for(int k=0;k < Num_Particle;k++){
6       t_particle            = Track[k].
                                  get_lastdata();
7       last_particle[k].x    = t_particle.x;
8       last_particle[k].y    = t_particle.y;
9       last_particle[k].qrad = t_particle.qrad;
10      last_particle[k].weight = t_particle.
                                        weight;
11
12      ra = random(-1.0,1.0);
13      rb = random(-1.0,1.0);
14
15      particle[k].qrad = last_particle[k].qrad +
                                  w + w_range*ra;
16      particle[k].x = last_particle[k].x +
            (d + d_range*rb)*sin(particle[k].qrad);
17      particle[k].y = last_particle[k].y -
            (d + d_range*rb)*cos(particle[k].qrad);
18
19      Track[k].append(particle[k].x,particle[k].
            y,particle[k].qrad,particle[k].weight);
20
21      cImProc.GetSensor(particle[k].
                x,particle[k].y,particle[k].qrad);
22      if(state == 1 || state == 2){ //Left,Right
23        x_sens = 0.5*(cImProc.Sx_Left +
                              cImProc.Sx_Right);
24        y_sens = 0.5*(cImProc.Sy_Left +
                              cImProc.Sy_Right);
25        Track[k].set_map(x_sens, y_sens);
26      }
27    }
28    return 1;
29  }
```

ルの重みによって0にする処理を加えるとより精度の高いものとなります．

● 1周したかどうか（DetectLoop関数）

これはParticleFilterタブの中にあるDetectLoop関数に書かれています．これまでのパーティクルの移動軌跡の全てと現在の位置を比べることで距離の短いものを探し出しています．

これを**リスト4**に示します．

例えば2行目で現在時刻と移動軌跡のパーティクルの時刻を比較して，50サンプリング時間離れているかどうかを調べることで，移動した直後のパーティクルと比較することを防ぐなどの工夫があります．

● パーティクルの評価：1周する前（Evaluate関数）

パーティクルの評価はParticleFilterタブの中にあるEvaluate関数に書かれています．これを**リスト5**に示します．

3行目で各パーティクルの位置にロボットがいるときのロボットの地図上の床の白黒を判別します．そして，stateが1（左が黒，右が白）だった場合，5～11行目で実際にセンサ情報と比較します．もし，地図上の床の白黒と実際の床の白黒が一致している場合は重みを増やし，一致していなかったら重みを減らすことを行います．stateが2の場合も同様です．そして，得られた重みを22行目で追加します．これにより，パーティクルの重みを更新します．

リスト4　1周したかどうかを判定する関数DetectLoop

```
1   for(int i=0; i < cPF.Track[n].get_size();i++ ){
2     if(cPF.Track[n].get_map_current_time() -
          cPF.Track[n].get_data(i).map_time > 50){
3       cImProc.GetSensor(particle[n].x,
                particle[n].y,particle[n].qrad);
4       dist = cImProc.Distance(cImProc.x_Sensor_
          Center,cImProc.y_Sensor_Center,Track[n].
        get_data(i).x_mp,Track[n].get_data(i).y_mp);
5       if(dist < range && min_dist > dist){
6         min_dist = dist;
7         i_loop = i;
8         map_time=cPF.Track[n].get_data(i).
                                      map_time;
9       }
10    }
11  }
```

リスト5　パーティクルの評価を行う関数Evaluate

```
1   int Evaluate(int state){
2     for(int k=0;k < Num_Particle;k++){
3       cImProc.GetSensor(particle[k].
              x,particle[k].y,particle[k].qrad);
4       if(state==1){ //LEFT
5          if(cImProc.LeftSensor > 0 && cImProc.
                            RightSensor <= 0){
6           particle[k].weight += 1.0;
7          }
8          else{
9           particle[k].weight -= 0.25;
10          if(particle[k].weight < 0)
                        particle[k].weight = 0;
11         }
12      }
13      else if(state==2){ //RIGHT
14        if(cImProc.LeftSensor <= 0 && cImProc.
                            RightSensor > 0){
15          particle[k].weight += 1.0;
16        }
17        else{
18          particle[k].weight = -0.25;
19          if(particle[k].weight < 0) particle[k].
                                  weight = 0;
20        }
21      }
22      Track[k].set_weight(particle[k].weight);
23    }
24    return 1;
25  }
```

● パーティクルの更新（ReSampling）

パーティクルの更新はParticleFilterタブの中にあるReSampling関数に書かれています．行っていることは単純ですが，プログラムで実現するとかなり長くなるため，この関数で行っていることは次にまとめるにとどめます．パーティクルの更新もパーティクル

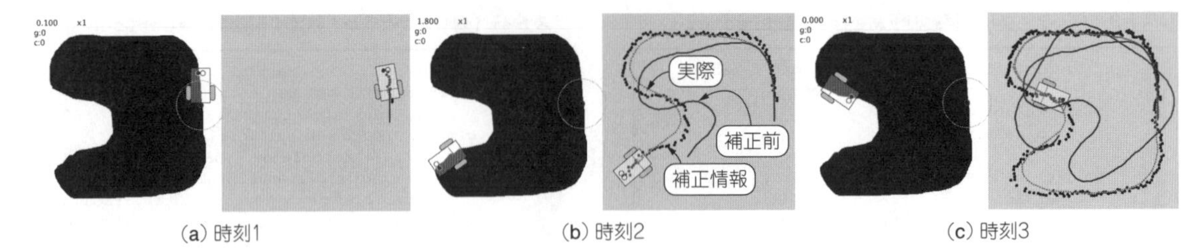

図3 SLAMを使えば精度の高い位置把握ができる

の移動と同じように全てのパーティクルの数だけ処理しています．

パーティクルの更新
1. 重み順に並べる
2. 上位半分のパーティクルを重みに従ってコピーし，全パーティクルの半分のパーティクルを作る
3. それらを合わせて新しいパーティクルとする

● パーティクルの評価：1周した後（Evaluate_LoopClose関数）

パーティクルの評価はParticleFilterタブの中にあるEvaluate関数に書かれています．これを**リスト6**に示します．i_loopはDetectLoop関数によって得られた移動軌跡の中で最も近いパーティクルのIDとなっています．

まず，各パーティクルの位置と最も近い移動軌跡との距離を計算してevalに入れます．それが0以下の場合（エラー対応のため起こらないが）1000にします．

その距離に応じて6行目で重みを更新しています．これにより，距離の遠いものはより小さい重みに変化していくことで，距離の小さいものの重みが相対的に大きくなります．

シミュレーション結果

シミュレーション結果を**図3**に示します．SLAMを使わないと1周もしないうちに自分の位置を見失っています．そして，SLAMを使うと1周しても位置がずれていません．なお，今回のSLAMは簡易バージョンだったので，50周程度移動し続けると，SLAMを使っていても位置が分からなくなる場合があります．より高度なSLAMを使うことでもっと長い間，位置を計測できます．

リスト6 1周したと判明したときにパーティクルを評価する関数Evaluate_LoopClose

```
1   int Evaluate_LoopClose(int i_loop){
2     float eval = 0;
3     for(int k=0;k < Num_Particle;k++){
4       cImProc.GetSensor(particle[k].
              x,particle[k].y,particle[k].qrad);
5       eval = cImProc.Distance(Track[k].get_data
     (i_loop).x_mp, Track[k].get_data(i_loop).y_mp,
   cImProc.x_Sensor_Center,cImProc.y_Sensor_Center)
        *cos(particle[k].qrad - Track[k].get_data
                                   (i_loop).qrad);
6       if(eval <= 0) eval = 1000;
7       particle[k].weight = 1.0/(1.0+eval);
8       Track[k].set_weight(particle[k].weight);
9     }
10    return 1;
11  }
```

＊　＊　＊

つくばチャレンジ2008～2016までチーム「宇都宮プロジェクト」として参加した江口 純司氏の協力のもと，本章を執筆しました．

◆参考・引用＊文献◆

(1) 友納 正裕；移動ロボットのための確率的な自己位置推定と地図構築，ロボット学会誌 vol.29, no.5, pp.423-426, 2011年.

まきの・こうじ

第1章

人工知能とは違うアプローチ「人工生命」

牧野 浩二

注目点＼ジャンル	人工生命	人工知能
対象の数	多数の固体 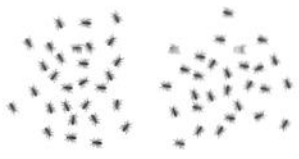 (A群 B群 アリの群れ)	1個体または数個体 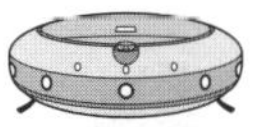 (そうじロボ)
個々の動作	単純	複雑

図1　コンピュータに知能を持たせる人工知能とは違うアプローチ「人工生命」
複数の自走マシン同士の衝突回避や人の動きの分析に利用できそう

人工知能と同じようなところを目指している「人工生命」とは

人工生命とは，コンピュータの中に小さな生命体を作ろうという試みで，コンピュータが開発された初期の頃から行われています．

人工知能と人工生命を比較すると**図1**のように表せます．人工生命と人工知能の求めるところは同じであり，コンピュータの中に「知能」を持たせることを目的としています．

人工知能は「人間のような高度な情報処理」を目的としていますが，人工生命には「アリのように各個体に単純な行動パターンを与えて，全体として複雑な動作を創発すること」を目的としているものが多くあります．

知能を持たせるとしても，人間のような複雑なものを追い求めると，とても難しい問題となります．人工生命は「知能の源流を生命の基礎から追い求める」というアプローチで知能を解明しようとしています．例えばドワンゴによって開発された超人工生命「LIS(リス)(Life of Silico)」など，研究は続いています．一方でディープ・ラーニングの台頭によって人工知能からのアプローチが盛んです．

人工生命は「小さな生命を作ることで知能に発展させよう」という試みです．そういう意味では人工生命も人工知能の一部として扱うこともできそうです．人工生命と言うと，会話ができる人工知能を思い起こすかもしれません．確かに会話ができると生命のように感じます．ここでは，それほど高度なものではなく，ある種の簡単なルールを与えると，あたかも生物のように振る舞うものを人工生命と呼ぶこととします．

紹介する人工生命は次の通りです．

- 鳥の群れ：Boids
- アリの群れ
- ライフ・ゲーム
- 囚人のジレンマ・ゲーム

実験すること

● 群れとしてのリアル行動を再現してみる

本章の対象は「鳥の群れ」です．鳥の「群れ」が「知的な振る舞い」をするため，「群知能」とも呼ばれる分野です．また，鳥の群れと言いましたが，作成するプログラムのパラメータを変えることで，蚊柱のような虫の群れなど，鳥とは違った群れの動作を作ることができます．

具体的には**図2**に示す群れを作ります．3角形が鳥を表し，黒い丸が障害物を表します．画像だけでは分かりにくいと思いますのでムービーを用意しました．本書ウェブ・ページからダウンロードしてご覧ください．

図3のようにマウスを押している間，黒い小さな四角が表れ，その四角の方に向かって鳥の群れが動きます．

今回作る鳥の群れは実装が容易なことから，いろいろなサンプル・プログラムが公開されています．Processingのサンプルにもあります．「ファイル」→「サンプル」を選択し，開いたダイアログの中の「Topic」→「simulate」→「Flocking」を選択して実行すると，**図2**と同様のシミュレーションが始まります．このシミュレーションでは障害物がなく，マウスの位置にも近づいてきませんが，マウスをクリックすると鳥を1羽増やすことができます．

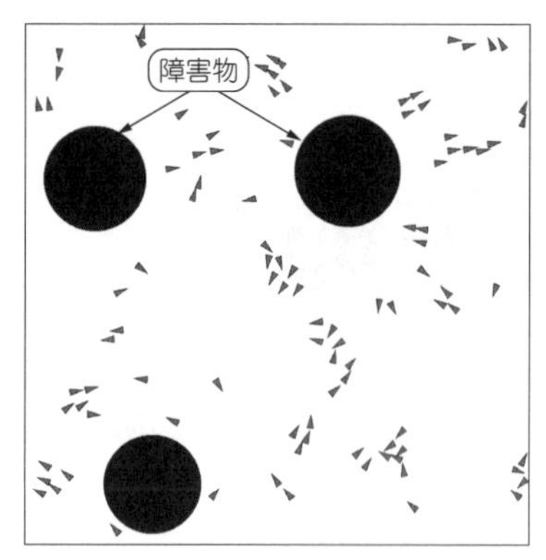

（a）最初はばらばら

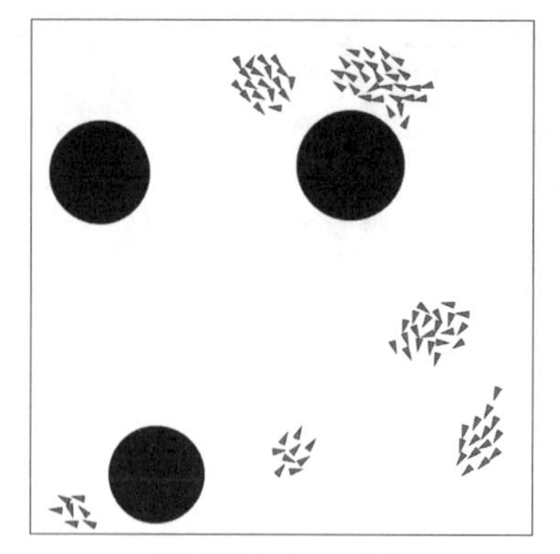

（b）群れになってきた

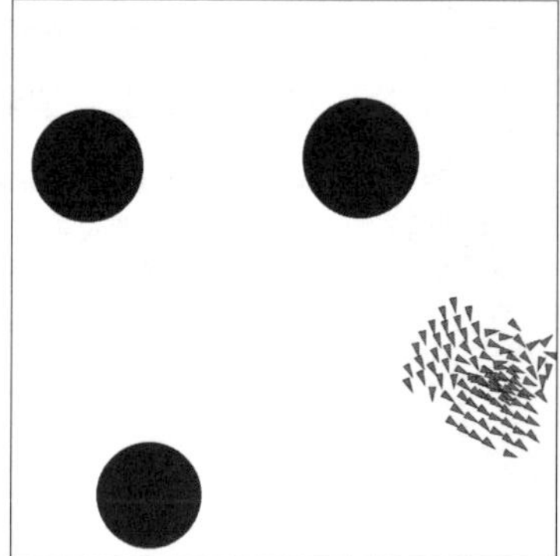

（c）大きな群れができた

図2　今回作るのは鳥の群れ…それぞれがぶつからないで動き回れる

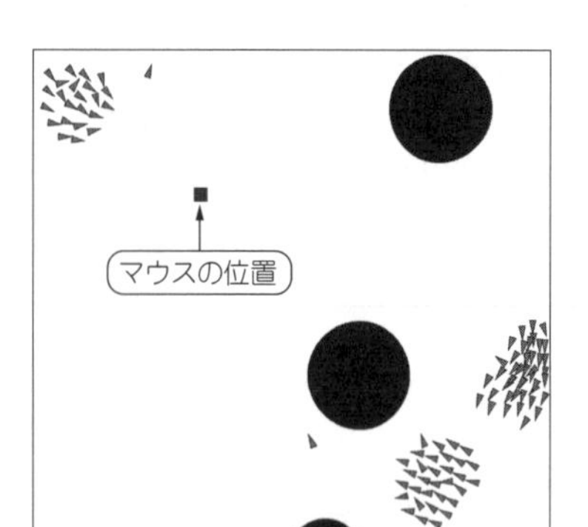

（a）マウスで集合点を示す

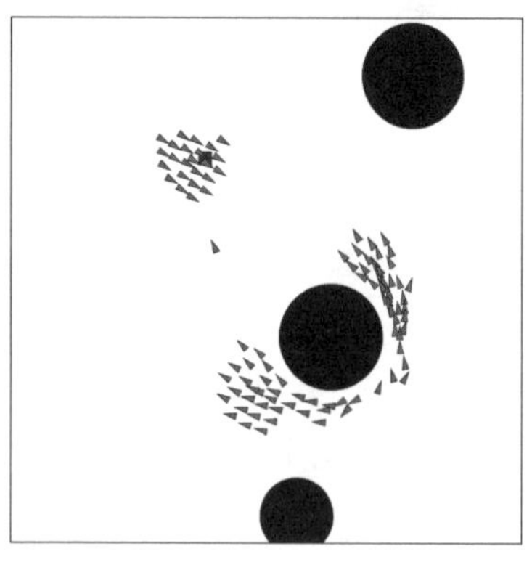

（b）群れが集まってくる

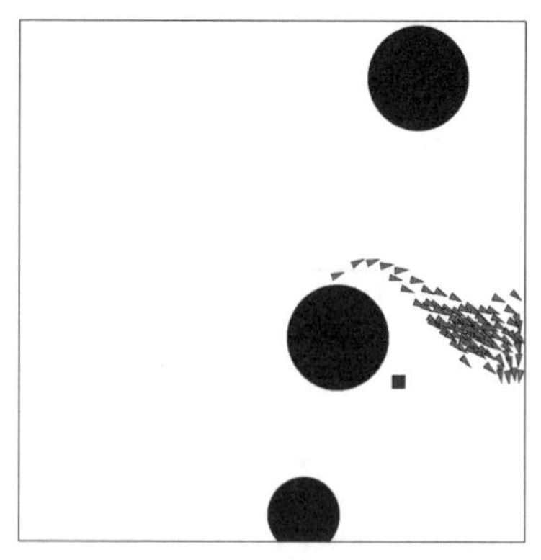

（c）マウスの位置に合わせて全体が移動する

図3　マウスの位置に向かって集まってくる

写真1　人間の動きに合わせて吊ってあるバネが動く「Swarm Wall」というアート

人間が近づくとバネが生命体のように左右に振れる．米国コロラド大学の美術館Art Museumに展示された．東北学院大学 菅原 研教授提供

応用のポテンシャル

● ぶつからないロボットや車に

鳥の群れは簡単なアルゴリズムでありながら，それぞれの個体はぶつからないで動き回ることができます．次のように実際のロボットにも応用されています．

- 人の流れのシミュレーション
- 魚の群れのシミュレーション
- 100台以上の軍事用無人飛行機の飛行の実証
  http://www.bbc.com/news/technology-38569027
- ぶつからない車の実現（日産）
  https://global.nissanstories.com/ja-JP/releases/eporo
- 「Swarm Wall」という人間の動きに合わせて点が動くアート（**写真1**）

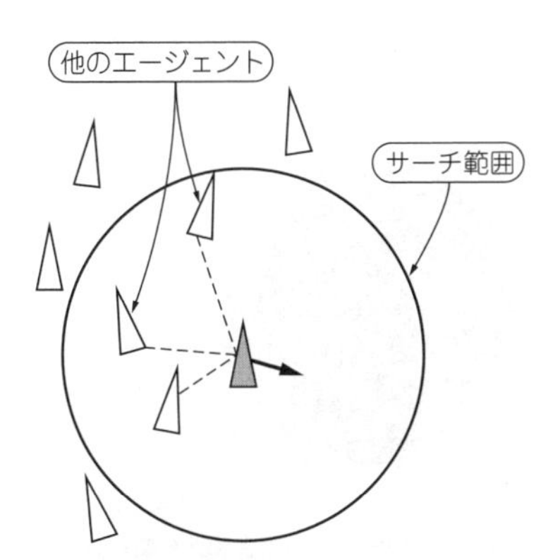

図4　分離…ある範囲内に他のエージェントがいたら距離を取る

図5　整列…ある範囲内に他のエージェントがいたら同じ方向に動こうとする

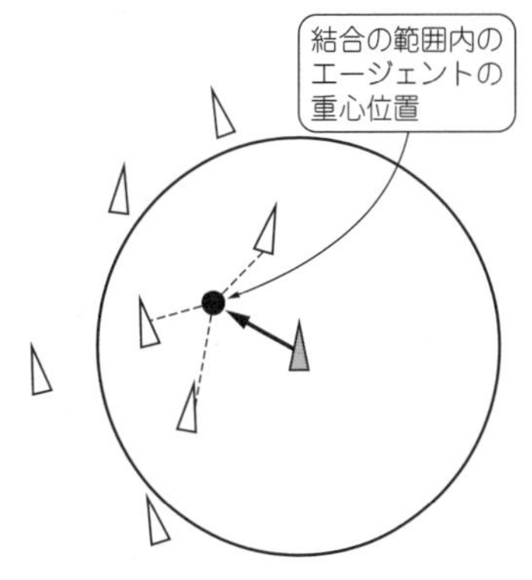

図6　結合…ある範囲内に他のエージェントがいたら，その重心位置を計算し近づいていく

● それ以外にも意外と使える

▶まさに群れ行動の作成

このアルゴリズムの歴史は古く，クレイグ・レイノルズ氏(Craig Reynolds)が1986年(30年前)に提唱しました．bird(鳥)＋roid(もどき)をつなぎ合わせて，Boids(ボイド)という名前を付けました．このアルゴリズムを使うと鳥の群れの動きをうまくシミュレーションできるので，映画「バッドマン」のコウモリの群れのCGにも使われたと言われています．

レイノルズ氏のウェブ・ページがまだ残っています．

`https://www.red3d.com/cwr/boids/`

英語ですがBoidsのルールの説明などが分かりやすく書かれています．ムービーのリンクはありますが，今は切れています．

そのウェブ・ページの中で，「Flocks, Herds, and Schools: A Distributed Behavioral Model the SIGGRAPH '87 boids paper.」をクリックし，「Full article available online: HTML (0.8MB)」をクリックすると，当時の論文を見ることができます．

鳥の群れが舞っていく画像が貼られていて，今回作るBoidsよりも見栄えがよく，しかも3次元のものができています．

▶インタラクティブな用途

下山氏[注1]らは鳥の位置と鳥の頭の方向に関して運動方程式を用いて運動を決めることで，ノイズ項を含むことなく複雑な群れ行動を表現できるモデルを構築しました[(1)]．なお，それを基にして，**写真1**に示した菅原氏のSwarm Wallが作られています．このように現在でもまだまだいろいろと発展しています．

その他にもいろいろなゲームやシミュレーション，研究などに応用されています．運動方程式を用いるなど，より鳥の群れに近くなるように改良はされていますが，基本的なアルゴリズムはあまり変わっていません．

鳥の群れアルゴリズム

オリジナルのBoidsアルゴリズムに加えて，目的地へ向かうルール，壁，ランダム動作を加えたBoidsを作ります[注2]．ここまでは鳥という言葉を使っていましたが，実際の鳥とは違いますので，ここからは「エージェント」と呼ぶこととします．「エージェント」とは自分の意思で動き回ることのできるロボットのようなものと考えてください．

● ルール

オリジナルのBoidsのアルゴリズムでは，エージェントが移動するためのルールはたった3つしかありません．そして前提条件として，エージェントはある決められた範囲にある他のエージェントとの相対位置(自分からどの方向にどのくらいの距離にいるのか)や相対速度を知ることができるとします．これはオリジナルのBoidsでも同じです．

▶その1：分離(separate)

1つ目は分離と名付けられたルールです．これはある範囲内に他のエージェントがいたら，そのエージェントから距離を取るために，**図4**のように離れる動きをするルールです．これがぶつからないためのルールになります．

▶その2：整列(Alignment)

2つ目は整列と名付けられたルールです．これはある範囲内に他のエージェントがいたら，同じ方向に動こうとするルールです．これにより**図5**のようにみんなで一緒の方向に飛んでいくことができます．

注1：下山 直彦氏，1996年当時は東北大学．
注2：分かりやすくするために2次元のシミュレーションとします．プログラムを短くかつ分かりやすくするために，オリジナルのアルゴリズムとは多少異なる処理をしています．

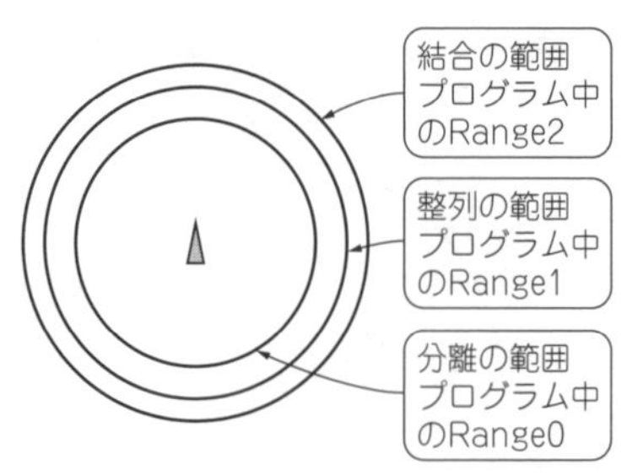

図7　分離/整列/結合は目的ごとにサーチ範囲が異なる

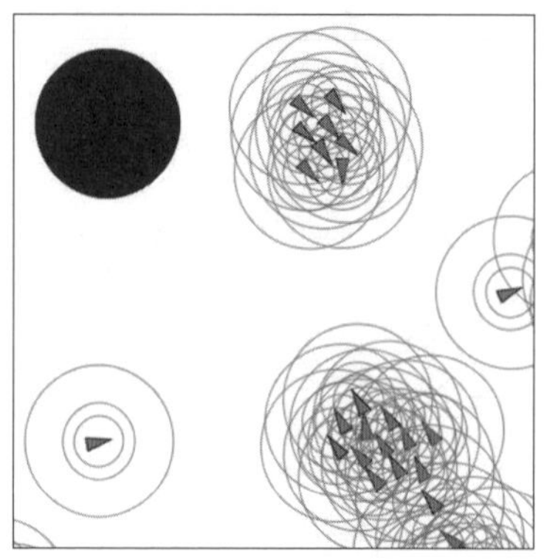

図8　サーチ範囲の表示例

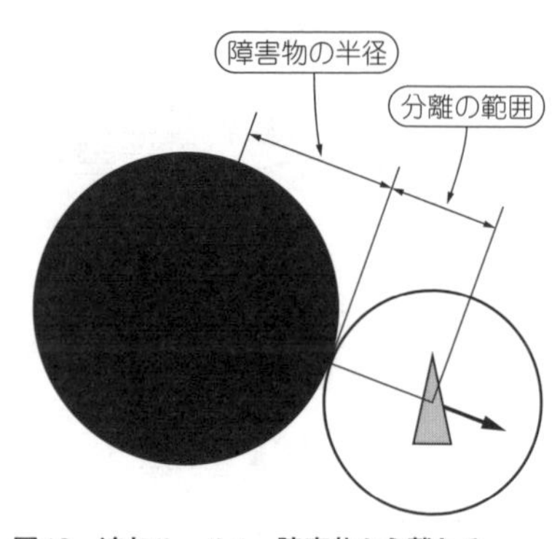

図10　追加ルール1…障害物から離れる

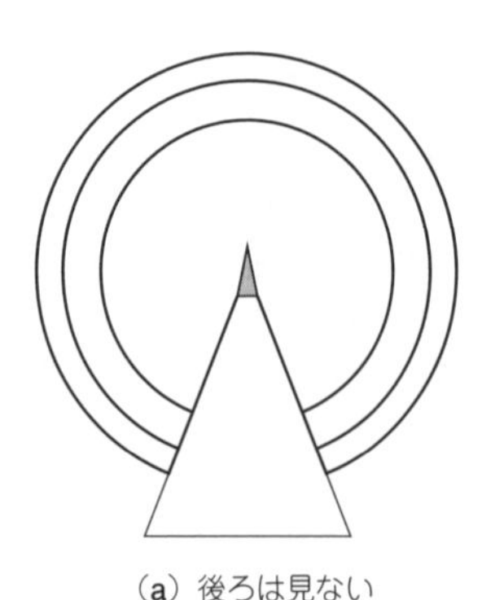

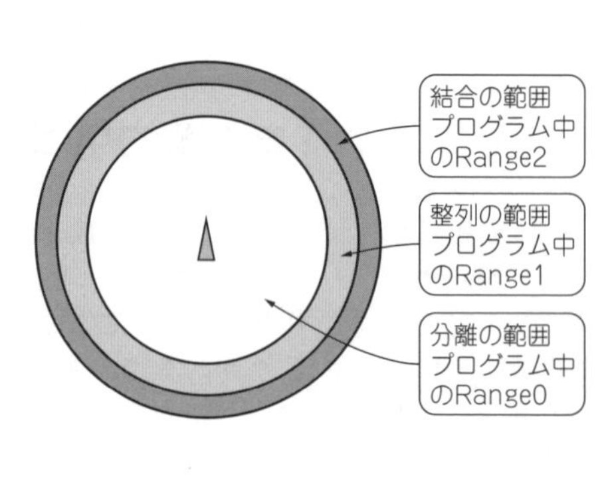

図9　Boidsはバージョンごとに挙動が異なる

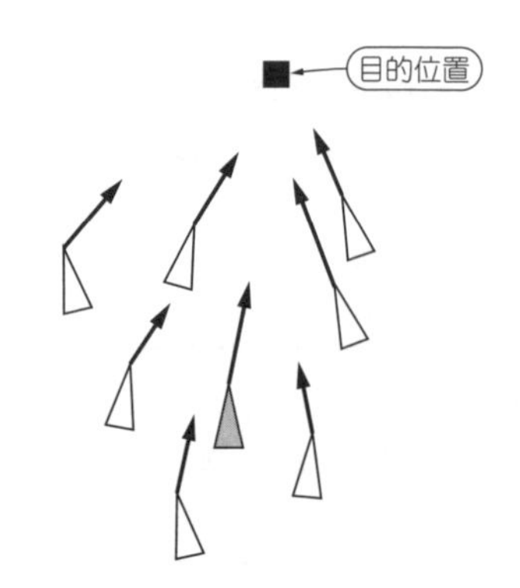

図11　追加ルール2…目的位置に集まる

▶**その3：結合 (Cohesion)**

3つ目は結合と名付けられたルールです．これはある範囲内に他のエージェントがいたら，その重心位置を計算し，**図6**のように近づいていくというルールです．

▶**それぞれの範囲**

分離，整列，結合は実はそれぞれ範囲が違います．図で表すと**図7**のようになります．この図では結合の範囲は整列よりも大きいとしていますが，同じにしても動きます．

プログラムを動かした後，右クリックすると**図8**のように範囲が表示されます．

● ちなみに…Boidsはバージョンごとに挙動が異なる

Boidsはいろいろなバージョンが開発されています．例えば**図9(a)**のように，後ろは見ないものもあります．また，**図9(b)**のように整列の対象となるエージェントは分離の範囲より外側にあるものだけとしたり，結合の対象となるエージェントは整列の範囲より外側にあるものだけとする拡張もあります．

ここでは，本書で扱うアルゴリズムを作る上で直接関係ない異なるバージョンの話も加えました．いろいろなバージョンがあることを知っていれば，ある本とあるウェブ・ページではアルゴリズムが異なっていた場合でも，バージョンの違いであるとしてスムーズに読むことができると思います．

● リアル行動に近づけるための追加ルール

▶**障害物から離れる**

障害物をよけた方が動きが面白くなります．簡単に作るために障害物は全て円形とし，**図10**のようになったら離れる方向に移動するものとします．これはオリジナルのBoidsでも実装されていたものですが，レイノルズ氏のウェブ・ページの図には明確に書いてありませんでした．本章では分かりやすくするために追加ルールとして入れました．

▶**目的地に集まる**

オリジナルのBoidsのルールだけですと，エージェントがただ動き回るものができます．ここでは結合を応用して，**図11**のようにその位置に向かうようなルールを追加しました．ただし，これはマウスを押してい

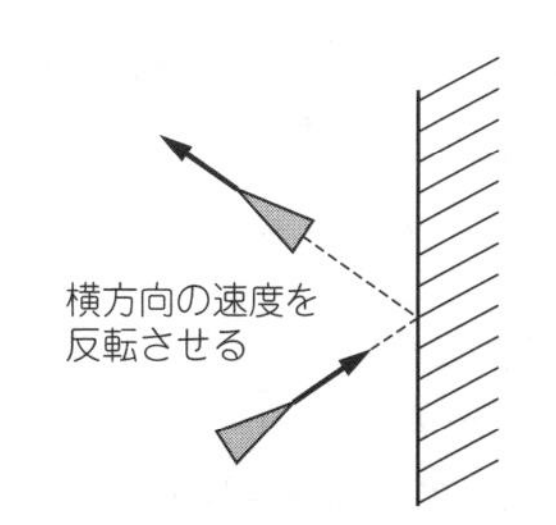

図12　追加ルール3･･･壁があるときは反射

るときだけ有効になるものとしますので，マウスを押していないときはオリジナルのBoidsのルールとなります．これは結合のルールを拡張したものとなります．

▶壁にぶつかると反射

壁にぶつかると**図12**のように反射して移動するようにします．これは横方向の壁にぶつかった場合，横方向の速度の符号を反転します．縦方向も同様です．

Processingのサンプル「Flocking」のように右方向にはみ出たら左から出てくるように作ることもできますが，エージェントが近くにいるかどうかの判別が複雑になりますので，ここでは壁を作りました．

▶ランダム動作

オリジナルのBoidsに少しランダムな動きを入れると生物の動きに近くなると言われています．そこでランダムな動作をするように速度を変えさせます．

プログラミング

Boidsのプログラムを作ります．動きを簡単に表示するためにProcessingを使います．

エージェントはこれまでに説明した幾つかのルールに従い，速度を決定するものとします．そして，その速度に従って次の動作を行うものとします．フローチャートを**図13**に示します．これを実現している部分が**リスト1**となります．

なお，`step<1`としている部分の数を大きくするとシミュレーションが速く動くようになります．例えば5にした場合は5ステップごとに表示となります．

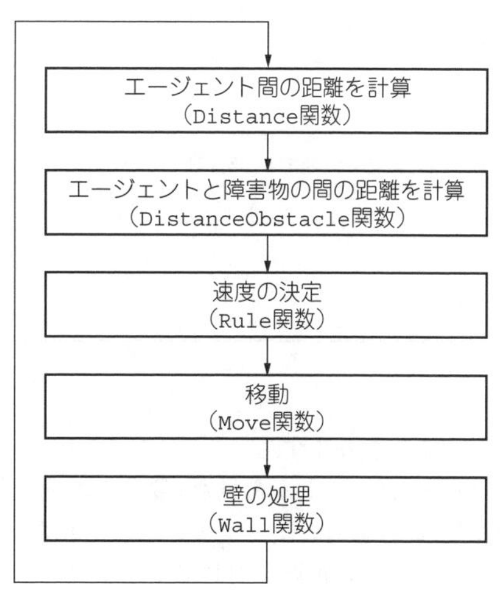

図13　プログラムのフロー

エージェントの数を増やすと計算時間がかかるようになり，シミュレーションが遅くなることがありますので，その場合はこの数を大きくしてください．

● 変数の定義

Boidsではたくさんのエージェントがいます．そしてエージェントには全て番号がついています．プログラムではi番目のエージェントのx方向とy方向の位置を`px[i]`，`py[i]`という配列で表します．同じようにi番目のエージェントの速度を`vx[i]`と`vy[i]`とします．さらにルールに従って変更する速度を`fx[i][j]`，`fy[i][j]`として表し，`j`は`0`～`5`の数とします．それぞれの数の意味はこの後説明します．

● 他のエージェントとの距離を計算

全てのエージェントは他の全てのエージェントまでの距離を計算します(**リスト2**)．計算した距離を`rd[i][j]`に保存します．この2次元配列はi番目のエージェントから見たj番目のエージェントまでの距

リスト1　エージェントの動作速度は変えられる

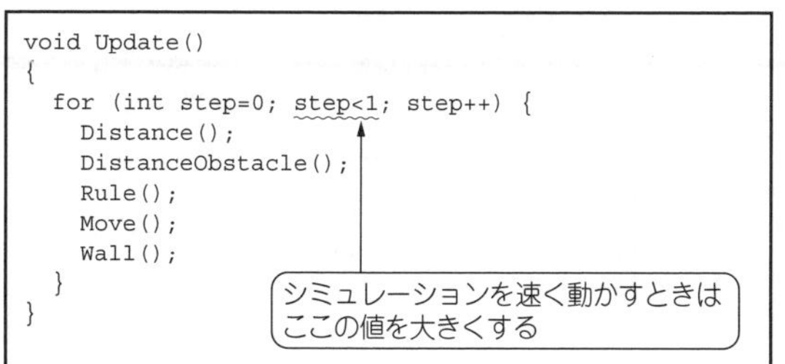

```
void Update()
{
  for (int step=0; step<1; step++) {
    Distance();
    DistanceObstacle();
    Rule();
    Move();
    Wall();
  }
}
```


リスト2　他のエージェントとの距離

```
void Distance()
{
  for (int i=0; i<ROBOT_NUM; i++) {
    for (int j=i+1; j<ROBOT_NUM; j++) {
      float d = sqrt((px[i]-px[j])*(px[i]-
               px[j])+(py[i]-py[j])*(py[i]-py[j]));
      rd[i][j] = d;
      rd[j][i] = d;
    }
  }
}
```

リスト3　障害物との距離

```
void DistanceObstacle()
{
  for (int i=0; i<ROBOT_NUM; i++) {
    for (int j=0; j<OBSTACLE_NUM; j++) {
      float d = sqrt((px[i]-ox[j])*(px[i]-
            ox[j])+(py[i]-oy[j])*(py[i]-oy[j]));
      od[i][j] = d;
    }
  }
}
```

離という意味となります．

i番目のエージェントから見たj番目のエージェントまでの距離は，j番目のエージェントから見たi番目のエージェントまでの距離と同じです．プログラムを高速に行うために2つ目のforループの始まりをi+1番目からとし，重複した計算を避けるようにしています．

● 障害物との距離を計算

全てのエージェントと全ての障害物までの距離を計算します（**リスト3**）．計算した距離をod[i][j]に保存します．障害物にも番号がついています．この2次元配列はi番目のエージェントから見たj番目の障害物までの距離という意味となります．

● ルールに従って変更する速度を計算する

ここが最も重要な部分となります．ルールに従って各エージェントの速度を変更するための計算をします（**リスト4**）．

▶公式ルールによるもの

5～9行目でルールに従って変更する速度fx[i][j]，fy[i][j]を全て0にします．

次に12～16行目で分離するためのルールに従って変更する速度を計算します．これはRange0という分離の影響を受ける範囲内にエージェントがいれば，その方向から離れる方向に速度を変えるように，速度の変更量を計算しています．この速度はfx[i][0]とfy[i][0]に保存します．

17～21行目で整列するためのルールに従って変更する速度を計算します．これはRange1という整列の影響を受ける範囲内にエージェントがいれば相対速度を計算し，その差を変更する速度とします．この速度はfx[i][1]とfy[i][1]に保存します．

22～26行目で結合するためのルールに従って変更する速度を計算します．これはRange2の範囲内のエージェントの相対位置を計算し，その合計を求めます．この速度はfx[i][2]とfy[i][2]に保存します．

29～36行目で，分離・整列のそれぞれの変更する速度の計算に用いたエージェントの数で割っています．

リスト4　ルールに従った速度の計算

```
1   void Rule()
2   {
3     int [] n = new int [ALPHA_NUM];
4     for (int i=0; i<ROBOT_NUM; i++) {
5       for (int j=0; j<ALPHA_NUM; j++) {
                                   //変更する速度を0に
6         fx[i][j] = 0;
7         fy[i][j] = 0;
8         n[j] = 0;
9       }
10      for (int j=0; j<ROBOT_NUM; j++) {
11        if (i!=j) {
12          if (rd[i][j]<Range0) {//分離
13            fx[i][0] -= (px[j]-px[i])/rd[i][j];
14            fy[i][0] -= (py[j]-py[i])/rd[i][j];
15            n[0]++;
16          }
17          if (rd[i][j]<Range1) {//整列
18            fx[i][1] += (-vx[i]+vx[j]);
19            fy[i][1] += (-vy[i]+vy[j]);
20            n[1]++;
21          }
22          if (rd[i][j]<Range2+Range0/2) {//結合
23            fx[i][2] += (px[j]-px[i])/rd[i][j];
24            fy[i][2] += (py[j]-py[i])/rd[i][j];
25            n[2]++;
26          }
27        }
28      }
29      if (n[0]>0) {//足し合わせた速度の数で割る
30        fx[i][0] /= n[0];
31        fy[i][0] /= n[0];
32      }
33      if (n[1]>0) {
34        fx[i][1] /= n[1];
35        fy[i][1] /= n[1];
36      }
37      if (n[2]>0) {
38        float r = sqrt(fx[i][2]*fx[i][2]+
                              fy[i][2]*fy[i][2]);
39        fx[i][2] /= r;
40        fy[i][2] /= r;
41      }
42      for (int j=0; j<OBSTACLE_NUM; j++) {
                                  //障害物から離れる
43        if (od[i][j]<or[j]) {
44          fx[i][3] -= (ox[j]-px[i])/(od[i][j]);
45          fy[i][3] -= (oy[j]-py[i])/(od[i][j]);
46        }
47      }
48      if (mousePressed==true) {//マウス位置に近づく
49        if (mouseButton == LEFT) {
50          float mx = mouseX;
51          float my = mouseY;
52          float d = sqrt((mx-px[i])*(mx-px[i])+
                          (my-py[i])*(my-py[i]));
53          fx[i][4] = (mx-px[i])/d;
54          fy[i][4] = (my-py[i])/d;
55        }
56      }
57      fx[i][5] = random(2)-1;//ランダム動作
58      fy[i][5] = random(2)-1;
59    }
60  }
```

リスト5　位置の更新

```
void Move()
{
  float d;
  for (int i=0; i<ROBOT_NUM; i++) {
    for (int j=0; j<ALPHA_NUM; j++) {
      vx[i] += a[j]*fx[i][j];
      vy[i] += a[j]*fy[i][j];
    }
    d = sqrt(vx[i]*vx[i]+vy[i]*vy[i]);
    px[i] += vx[i]/d;
    py[i] += vy[i]/d;
  }
}
```

リスト6　重みの設定

```
float [] a = {0.1, 0.05, 0.02, 0.5, 0.02, 0.0};//鳥
//float [] a = {0.1, 0.0005, 0.2, 0.5, 0.02, 0.0};//蚊柱
//float [] a = {0.1, 0.5, 0.0, 0.5, 0.02, 0.0};//魚
//float [] a = {0.1, 0.05, 0.02, 0.5, 0.2, 0.1};//ランダム
```

表1　計算した速度から位置を更新する際にはaの重みを掛ける

ルール	変　数	重　み
分離	a[0]	0.1
整列	a[1]	0.05
結合	a[2]	0.02
障害物	a[3]	0.5
目的地	a[4]	0.02
ランダム	a[5]	0

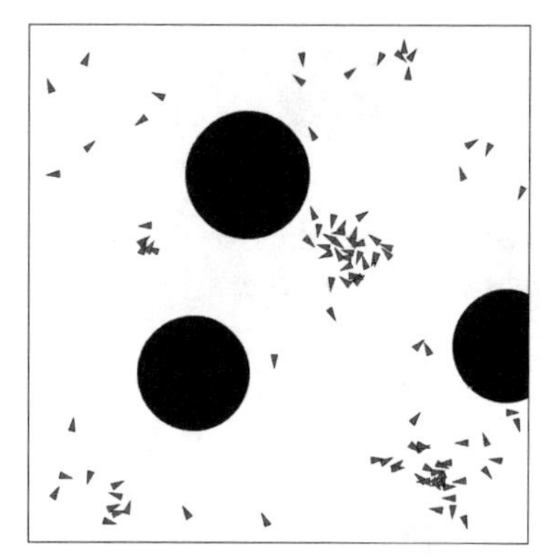

図14　群れの動作を変えてみる1…蚊柱

37～41行目では結合の範囲にいるエージェントの重心方向を計算しています．これによって変更する速度の平均を求めています．

▶独自ルールを追加

ここまでがBoidsの公式ルールによる速度の変更となります．この後は，動きが面白くなったり，いろいろな研究や応用例で使われているルールを簡単にしたりしたものとなります．

42～47行目では障害物にぶつからないように動くためのルールに従って変更する速度を計算しています．これは分離のルールと同じですが，影響を受ける障害物の範囲を，障害物の半径＋分離の影響を受ける範囲(Range0)の距離以内に障害物があれば，離れる方向に速度を変えるように，変更する速度を計算しています．この速度はfx[i][3]とfy[i][3]に保存します．

48～56行目ではマウスの位置に近づくためのルールに従って変更する速度を計算しています．これは，結合のルールと同じですが，範囲指定がなく全てのエージェントが影響を受けるものとしています．この速度はfx[i][4]とfy[i][4]に保存します．

57～58行目ではランダムに速度を変えるためのルールに従って変更する速度を計算しています．ここでは，－1～1までのランダムな数を作り，それを変更する速度としています．この速度はfx[i][5]とfy[i][5]に保存します．

● 計算した速度から位置を更新する

ルールに従って変更する速度が決まりました．その速度から位置の更新は**リスト5**で行います．ここでは，次の式に従って変更することとします．

```
vx[i] = vx[i] + a[0]*fx[i][0] +
a[1]*fx[i][1] + a[2]*fx[i][2] +
a[3]*fx[i][3] + a[4]*fx[i][4] +
a[5]*fx[i][5]
vy[i] = vy[i] + a[0]*fy[i][0] +
a[1]*fy[i][1] + a[2]*fy[i][2] +
a[3]*fy[i][3] + a[4]*fy[i][4] +
a[5]*fy[i][5]
```

さらに，その速度の大きさを求めて，vx[i]とvy[i]をその速度で割ることで，速度の大きさを常に1にしています．これにより止まることなく一定の速度で動き続けるようになります．

ここでルールごとにa[0]などの重みを掛けて計算します．これは**リスト6**で設定しています．この場合，**表1**のように重みが決まります．ランダムを0としていますので，ランダムな動作はしないように設定しています．

● 群れの動作を変えてみよう

▶蚊柱

Boidsの面白さは，パラメータを変えると群れの動作が変わるところにあります．例えば**リスト6**の1行目をコメント・アウトして，2行目のコメント・アウ

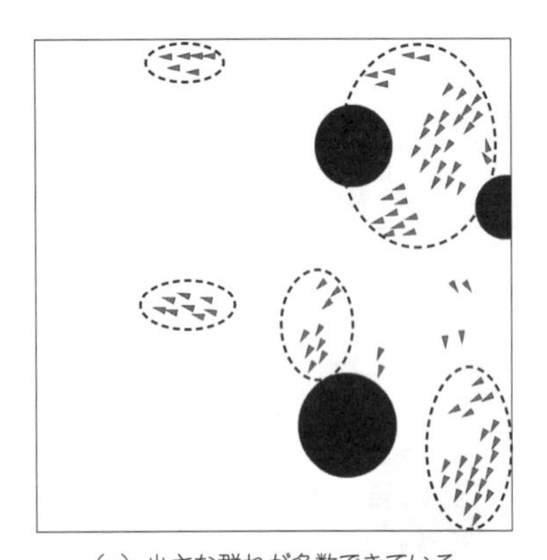
(a) 小さな群れが多数できている

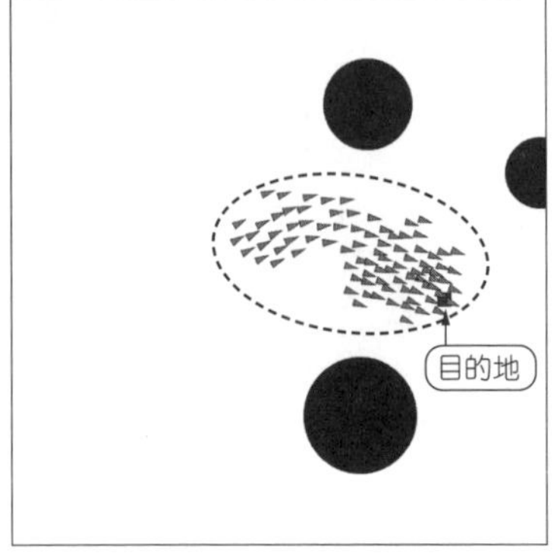

(b) 目的地を与えると一気に集まる

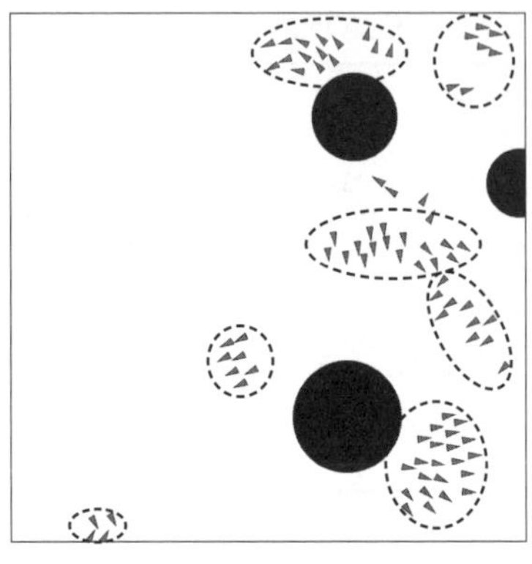
(c) 目的がなくなると小さな群れに分かれる

図15　群れの動作を変えてみる2…魚

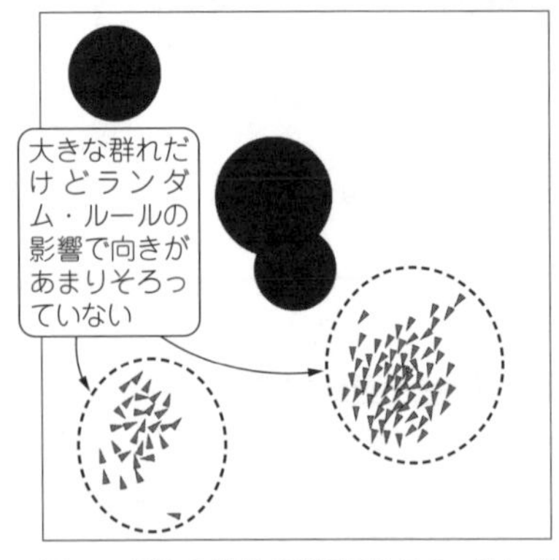

図16　群れの動作を変えてみる3…ランダム要素

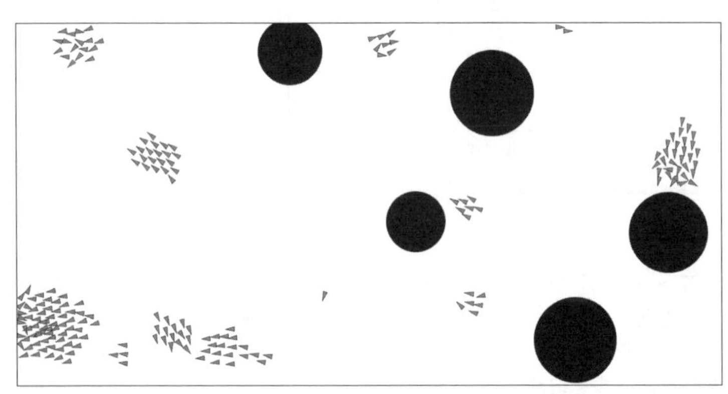
図17　障害物の数やエージェントの数，フィールド・サイズを変えることも可能

トを外すと**図14**のような動作が得られます．エージェントが同じ方向に動かないため，あたかも蚊柱のような動きをします．

▶魚

さらに**リスト6**の1行目をコメント・アウトして，3行目のコメント・アウトを外すと**図15**のような動作が得られます．これは集合ルールの要素がありません．整列はしますが，ちょっとしたことで分離してしまいます．そして，これをマウスで操縦するとマウスにちゃんとついてきます．

▶ランダム要素

ここまでの例ではランダム要素を入れていませんでしたが，**図16**の例では群れにランダム要素を入れています．これは**リスト6**の1行目をコメント・アウトして，4行目のコメント・アウトを外すことで実現できます．群れの中でエージェントが動き回りながら移動していきます．

その他のパラメータも変更できます．ロボットの数はROBOT_NUM=100としてある数字を変えます．障害物の数はOBSTACLE_NUM=3としてある数字を変えます．フィールドの大きさはimg_x=800とimg_y=800，size(800, 800)の部分を変えることとなります．

図17はロボットの数を200，障害物の数を5，フィールドの大きさを1600×800にした場合の動作を表しています．

◆参考・引用*文献◆

(1) N. Shimoyama, K. Sugawara, T. Mizuguchi, Y. Hayakawa, and M. Sano；Collective Motion in a System of Motile Elements, Physical Review Letters, Vol.76, pp.3870-3873, 1996.

まきの・こうじ

第2章

「巡回セールスマン問題」の最短ルートをアリのエサ探しから解く

牧野 浩二

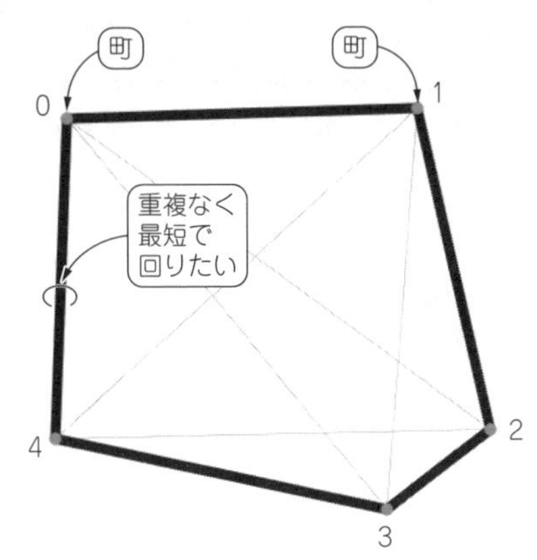
町
町
0
1
重複なく
最短で
回りたい
2
3
4

図1 最短ルートを探す「巡回セールスマン問題」は最近量子コンピュータでも話題

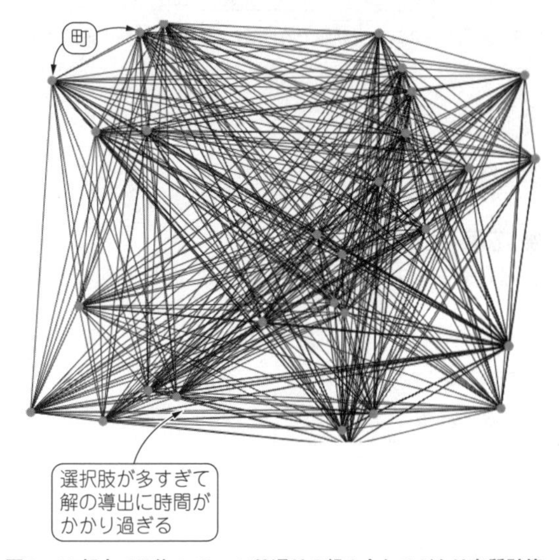
町
選択肢が多すぎて
解の導出に時間が
かかり過ぎる

図2 30都市では約4.42×10^{30}通りの組み合わせがあり実質計算不能

ここでは量子コンピュータで解けると話題の「巡回セールスマン問題」を，アリの生命活動を元に解いてみます．アリは餌場と巣の間を，仲間のためにフェロモンを落としながら往復します．フェロモンはやがて蒸発するので，長いルートと短いルートでは，短いルートの匂いが自然と濃くなります．気がつくとアリの群れは，巣と餌場の間を最短ルートで往復できるようになるのです．

重複なく最短ルートで回る「巡回セールスマン問題」

● 最短ルートを総当たりで探していく

アリの生命活動は，巡回セールスマン問題に代表される最適ルートを見つける方法に応用できます．巡回セールスマン問題とは，全ての町を重複なく最短ルートで回る手順を解く問題です．

例えば町が5つあったとします．それぞれの名前は0町，1町，…，4町とします．町は図1の位置にあり，各町から他の全ての町へ行くことができるルートがあるとします．最短ルートはどのようなものでしょうか．人間が見ると5都市程度ならば簡単ですね．

0町→1町→2町→3町→4町→0町と回れば最短になります(図1)．

実は5都市を回るルートは12通りしかありません．これは4！/2(＝4×3×2×1÷2)で計算できます．0町から出発すると選択肢は4つしかなく，次は重複を許さないので選択肢は3つしかないと考えていきます．そのため都市の数－1の階乗となります．さらに回る方向によってルートの長さは変わらないので，2で割っています．

● 都市の数が増えるほどめちゃくちゃ演算負荷が高くなる

10都市の場合は幾つになるか計算すると，約18万通り(10！/2＝1814400)となります．30都市では約4.42×10^{30}通りになってしまいます(図2)．このように都市の数が多いと爆発的にルートが増えるため，とても難しい問題となっています．

なお，30都市の場合は最新のスーパコンピュータを使っても，1億年以上かかる計算となります[(2)]．量子コンピュータ(量子アニーリング)はこのような問

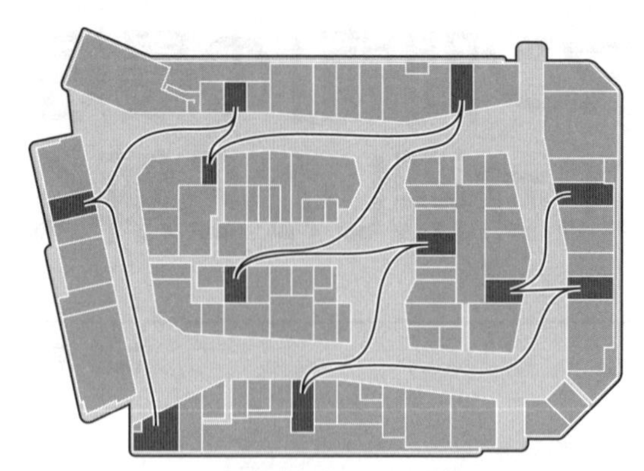

図3　巡回セールスマン問題で解けること…買い物時の最短ルート

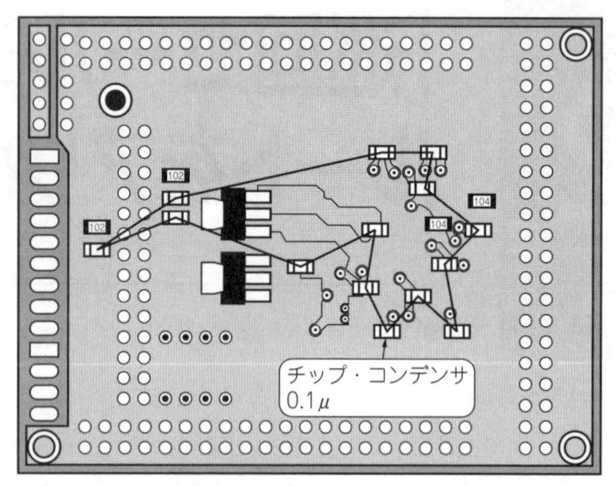

図4　巡回セールスマン問題で解けること…電子基板の部品配置と配線

題が解決できるということで注目されています.

● 応用

巡回セールスマン問題が解けると次のような応用が考えられます.

- 配膳
- 近所へのチラシ配り
- 買い物(**図3**)
- イベント運営(参加者の動線)

また，仕事絡みで考えると，

- 電子基板の配線パターン
- 基板の部品実装(**図4**)
- 配達ルート
- X線結晶構造解析(タンパク質の構造解析)
- VLSI設計

などがあります．遊びや趣味で考えると，

- 最長片ルート切符[3]：初乗りでどれだけ長く電車に乗って帰ってこられるか？
- 最長しりとり：しりとりをできるだけ長く続ける
- 文書整形問題：英語の文章をWordなどで書いたときにうまく単語の間を詰める

などがあります.

アリの行動をベースに最適なルートを見つける

● フェロモンの強さによるルート選択

例えば**図5**のように，巣から餌までの間に通れない場所があるとします．最初は**図5**(**a**)のように上のルートと下のルートを同数のアリが通っていたとします．上のルートの方が短いので，同じ数のアリがいたとしても，上の方の匂いが強くなります.

すると下のルートを通っていたアリが匂いの強い上のルートを通るようになります[**図5**(**b**)]．通るアリが増えると上のルートの匂いはどんどん強くなります．一方，下のルートを通るアリは減りますので，さらに匂いが弱まります．このようにして，自然と短いルートが選ばれるようになります[**図5**(**c**)].

● アリのルート選択を数式で書く

アリ・コロニー最適化問題を数式で書くと，次のようになります．この式に従ってアリの動きを決定していきますので，アリ・コロニー最適化問題では重要な式です.

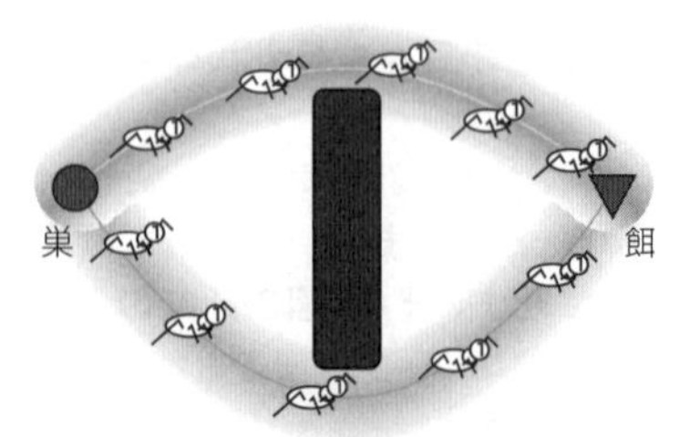

(a) 始めは同じ数のアリが上と下のルートを通る

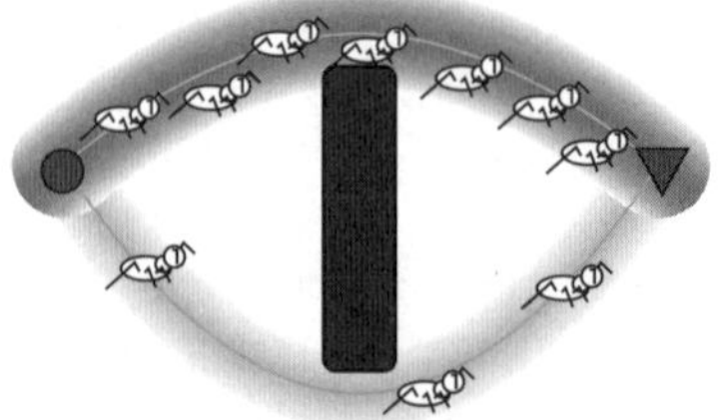

(b) 上のルートの方が短いのでフェロモンが濃くなる．濃くなるから上のルートにアリが増える

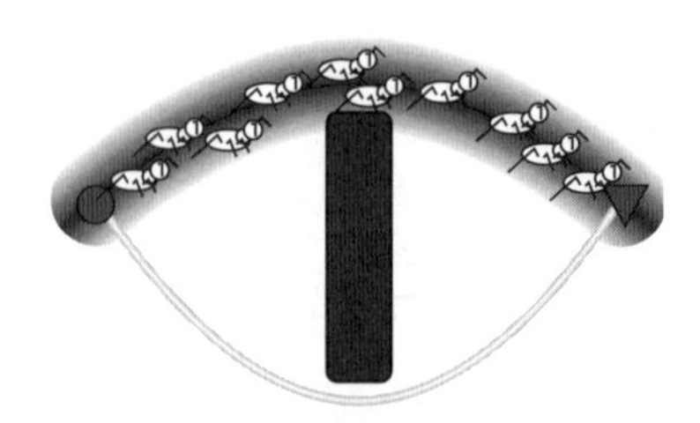

(c) 下のルートを通るアリが少なくなりフェロモンが薄くなるため，さらに通るアリが減る

図5　フェロモンによって最短ルートが選ばれるようになる

数式は一見難しそうですが，原理は結構簡単ですので，問題例と照らし合わせれば理解できると思います．なお，数式の意味や変数はこの後詳しく説明します．

ここでは，たった4つのルールだけでアリ・コロニー最適化問題が表現できることが理解いただければよいです．

● ルートの選択にかかわる数式

▶1，評価値の計算

$$a_{ij}^{k}(t)=\frac{[\tau_{ij}]^{\alpha}[\eta_{ij}]^{\beta}}{\sum_{l\in\Omega}[\tau_{il}]^{\alpha}[\eta_{il}]^{\beta}} \quad \cdots\cdots(1)$$

▶2，ルートを選ぶ確率の計算

$$p_{im}^{k}(t)=\frac{a_{im}^{k}(t)}{\sum_{n\in\Omega}a_{in}^{k}(t)} \quad \cdots\cdots(2)$$

● フェロモン更新にかかわる数式

▶3，アリが通ったルートに置くフェロモン量の計算

$$\Delta\tau_{ij}^{k}(t)=\begin{cases}Q/L_k(t), & \text{if}(i,j)\in T_k(t)\\ 0, & \text{else}\end{cases} \quad \cdots\cdots(3)$$

▶4，各ルートのフェロモンの更新

$$\tau_{ij}(t+1)=\rho\tau_{ij}(t)+\sum_{k=1}^{m}\Delta\tau_{ij}^{k}(t) \quad \cdots\cdots(4)$$

▶式(1)～式(4)の使いどころ

アリ・コロニー最適化問題では，たくさんのアリが実際にスタート位置からゴール位置まで動くシミュレーションを行います．各アリは評価値を計算して，その評価値に従って確率を計算してルートを選びます．これには式(1)と式(2)を使います．

そして全てのアリがスタートからゴールまで移動した後で，各アリが通ったルートに置くフェロモン量を計算します．そのフェロモン量をもとにして各ルートのフェロモンを更新していきます．これには式(3)と式(4)を使います．

● 実際に解いてみる

それではアリ・コロニー最適化問題を実際に解いてみましょう．ここでは**図3**を簡略化して，**図6**のように0町から1町を通って2町に行く問題を考えます．そして，0町から1町に行くルートは長いルートと短いルートの2つあり，1町から2町に行くルートも同じように距離の違う2つのルートがあるとします．なお，0町から2町に直接つながるルートはありません．

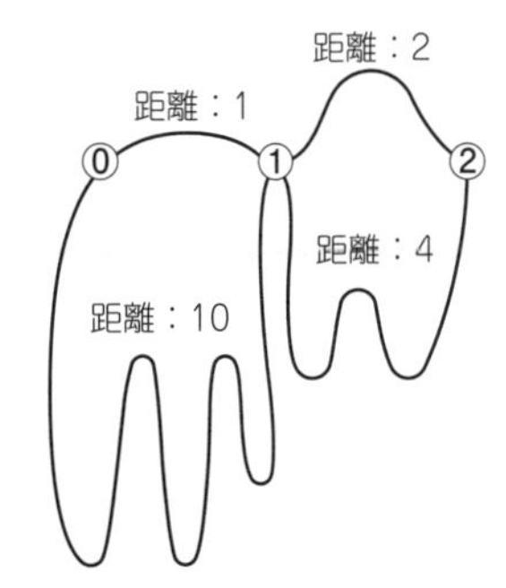

図6　0町から1町を通って2町に行くルート選択

● 式(1)と式(2)を使ってルート選択確立を求める

▶式(1)のあらまし

数字を使いながら計算してみましょう．数式は難しそうですが，計算は算数です．取りあえず0町から1町に行くルートの長さは短い方を1，長い方を10にします．最初は，全てのフェロモン量を1としておきます．

まずは式(1)の計算を行います．式(1)はアリがどのルートに行くのか確率的に決める式(2)を決めるための式です．式(1)の分子と分母ともに「フェロモン量をα乗」して，「ルートの評価値をβ乗」しています．ルートの評価値とはそのルートがどれだけ良いルートかを示す指標です．

今回の問題では距離の逆数を使うことにします．そうすると，短いルートは1，長いルートは0.1となるので，長いルートの方が評価が小さくなります．

そしてαとβはフェロモン量とルートの評価をどの程度重要視するかを決めるものです．例えばαを5にしてβを1とすると，フェロモン量を重視することとなります．ここではαとβはともに1とします．

分母のΣはどうなっているかというと，1番目のアリが0町から1町に行くことのできるルートの値を全て足し合わせています．簡略化した**図6**の問題では全部のルートを足し合わせています．Σの条件がかなり複雑そうに見えますが，これについては，この後に出てくる**図1**や**図2**の問題を例に計算するとイメージができます．

▶ルートの選択確立…0町から1町に向かうとき

1匹目のアリが0町から1町に向かうことを考えます．説明の都合上，0町にいる場合はi=0，1町にいる場合はi=1とします．そして，短いルートをj=0，長いルートをj=1とします．

そのため，

a_{01}^{1}

とは，1番目のアリが0町の位置にいるときの長いルートを通る評価値という意味になります．

式(1)の評価値は次のように計算できます．

短いルート：

$$a_{00}^{1}=\frac{1^1\times1^1}{1^1\times1^1+1^1\times0.1^1}=\frac{1}{1.1}$$

長いルート：

$$a_{01}^{1}=\frac{1^1\times0.1^1}{1^1\times1^1+1^1\times0.1^1}=\frac{0.1}{1.1}$$

表1　4匹のアリの移動ルート

番号＼ルート	0町→1町	1町→2町
1番のアリ	短いルート	短いルート
2番のアリ	短いルート	長いルート
3番のアリ	長いルート	短いルート
4番のアリ	長いルート	長いルート

この値を使って短いルートと長いルートを選択する確率を計算します．これは式(2)を使います．

短いルート：

$$p^1_{00}=\frac{1/1.1}{1/1.1+0.1/1.1}=0.909\cdots$$

長いルート：

$$p^1_{01}=\frac{0.1/1.1}{1/1.1+0.1/1.1}=0.090\cdots$$

つまり短いルートを選択する確率が約91%，長いルートを選択する確率が約9%となります．なお，簡略化した問題ではΣの部分が各アリで同じとなりますので，どのアリも同じ評価値と確率となります．

▶ルートの選択確立…1町から2町に向かうとき

1町から2町に行くルートも同じように計算できます．全く同じだと皆さんの検算に使えませんので，1町から2町に行くルートの長さは短い方を2，長い方を4にします．評価値は次のようになります．

短いルート：

$$a^1_{10}=\frac{1^1\times0.5^1}{1^1\times0.5^1+1^1\times0.25^1}=\frac{0.5}{0.75}$$

長いルート：

$$a^1_{01}=\frac{1^1\times0.25^1}{1^1\times0.5^1+1^1\times0.25^1}=\frac{0.25}{0.75}$$

確率は次のようになります．

短いルート：

$$p^1_{10}=\frac{0.5/0.75}{0.5/0.75+0.25/0.75}=0.666\cdots$$

長いルート：

$$p^1_{01}=\frac{0.25/0.75}{0.5/0.75+0.25/0.75}=0.333\cdots$$

● 式(3)と式(4)を使ってフェロモンを更新する

ここでは4匹のアリが移動したとしましょう．問題を簡単にするために**表1**のように移動したとします．実際には先ほどの確率の計算から短いルートが選ばれやすくなっていますが，計算過程を示すためにあえて表のようにしました．

それでは式(3)を計算します．ここでQは試行錯誤的に決める値ですので，10としておきます．まず，L_kはアリが通ったルートの長さの合計となります．そのため1番のアリは1+2なので3となります．

表2　各ルートに残したフェロモン量

番号＼ルート	k	L_k	$\Delta\tau^k_{00}$	$\Delta\tau^k_{01}$	$\Delta\tau^k_{10}$	$\Delta\tau^k_{11}$
1番のアリ	1	3	10/3	0	10/3	0
2番のアリ	2	6	10/6	0	0	10/6
3番のアリ	3	12	0	10/12	10/12	0
4番のアリ	4	15	0	10/15	0	10/15

表3　短いルートのフェロモン量が増えた

ルート	更新前	更新後
0町から1町の短いルート	1	5.9
0町から1町の長いルート	1	2.4
1町から2町の短いルート	1	5.067
1町から2町の長いルート	1	3.233

$\Delta\tau^1_{00}=10/3$

$\Delta\tau^1_{01}=0$ ← 通っていないので0

$\Delta\tau^1_{10}=10/3$

$\Delta\tau^1_{11}=0$ ← 通っていないので0

4匹のアリの計算結果は**表2**となります．この値を使ってフェロモン量を更新します．これは式(4)を使います．この中のρはフェロモンが蒸発してなくなることを模擬するための定数です．ここでは取りあえず0.9とします．

AからBという短いルートのフェロモン量の更新は次のようになります．

$$\tau_{00}\leftarrow0.9\tau_{00}(10/3+10/6+0+0)=5.9$$

同じように全てのルートを計算すると次の通りになります．

$$\tau_{01}\leftarrow0.9\tau_{01}(0+0+10/12+10/15)=2.4$$
$$\tau_{10}\leftarrow0.9\tau_{10}(10/3+0+10/12+0)\fallingdotseq5.067$$
$$\tau_{11}\leftarrow0.9\tau_{11}(0+10/6+0+10/15)\fallingdotseq3.233$$

これを表にまとめると**表3**となります．最初は全て同じフェロモン量でしたが短いルートのフェロモン量がより多く増えて選ばれやすくなっています．

プログラム

アリ・コロニー最適化問題のプログラムを作ります．動きを簡単に表示するためにProcessingを使います．

● ルートの選択

まず，各アリのルートの選択を行う部分を**リスト1**に示します．式をそのままプログラムに書くと，3次元配列が必要となります．これは，式(1)と式(2)がそれぞれ，a^k_{ij}とp^k_{ij}となっているからです．プログラムを短くするために，各アリの行動を計算していくこ

リスト1　各アリがルートの選択を行う

```
//フェロモンの評価とアリの行動：式(1)と式(2)
float [] AntSelectP = new float [ROAD+1];
for (int k=0; k<AGENT_NUM; k++) {
  float s = 0;
  for (int i=0; i<POS; i++) {
    AntSelectP[0] = 0;
    s = 0;
    for (int j=0; j<ROAD; j++) {
      AntSelectP[j+1] = AntSelectP[j] + MapP[i]
                                  [j]/MapL[i][j];
      s += MapP[i][j]/MapL[i][j];
    }
//アリの行動の選択
    float f = random(s);
    int n = 0;
    for (int j=0; j<ROAD; j++) {
      if (f>=AntSelectP[j] && f<AntSelectP[j+1])
        n = j;
      Ant[k][i] = n;
    }
  }
}
```

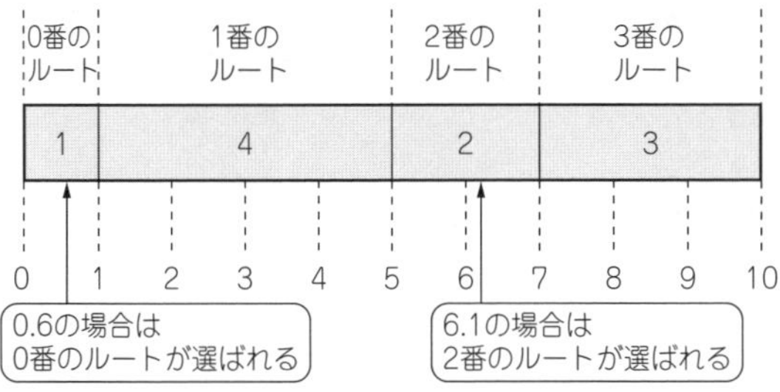

図7　図6の4つのルートの選択確率
2×2で計4つのルートがある

ととしました．式(1)についてはαとβをともに1とし，9行目で計算しています．

選択確率は**図7**のようにしました．**図6**には4つのルートがあり，それぞれのルートを選ぶ確率を1，4，2，3としています．この合計数が10ですので，10までの乱数を発生させて，例えば，その乱数が0.2だった場合は1より小さいため0番のルートが選択され，その乱数が，6.1だった場合には2番のルートが選択

リスト2　フェロモン量の更新

```
//フェロモンの更新：式(4)の右辺第1項
for (int i=0; i<POS; i++) {
  for (int j=0; j<ROAD; j++) {
    MapP[i][j] *= 0.9;
  }
}
//フェロモンの更新：式(3)と式(4)の右辺第2項
for (int k=0; k<AGENT_NUM; k++) {
  float l = 0;
  for (int i=0; i<POS; i++) {
    int j = Ant[k][i];
    l += MapL[i][j];
  }
  for (int i=0; i<POS; i++) {
    int j = Ant[k][i];
    MapP[i][j] += 10/l;
  }
}
```

されることとなります．このようにすることで，選択確率に従って選ばれるようになります．**リスト1**では，sまでの乱数を発生させ，それがどの範囲に入っているかでルートを選択することとしています．

Ant[k][i]はアリがどの場所でどのルートを選択したかを記録する配列です．そして，その配列に選択したルートを代入しています．

● フェロモン量の更新

次にフェロモン量の更新を行います(**リスト2**)．まず，式(4)の右辺第1項を計算しています．ここではρを0.9としています．

次に式(3)と式(4)の右辺第2項を計算しています．このときに先ほど保存しておいた各アリがどの場所でどのルートを選択したかを記録する配列(Ant[k][i])を使っています．

● シミュレーション実行

ant_dim1_2x2を実行すると**図8**が得られます．**図8(a)**に示すシミュレーション直後の図を用いてこの図の見方をまず説明します．この**図8**は**図6**と同じ

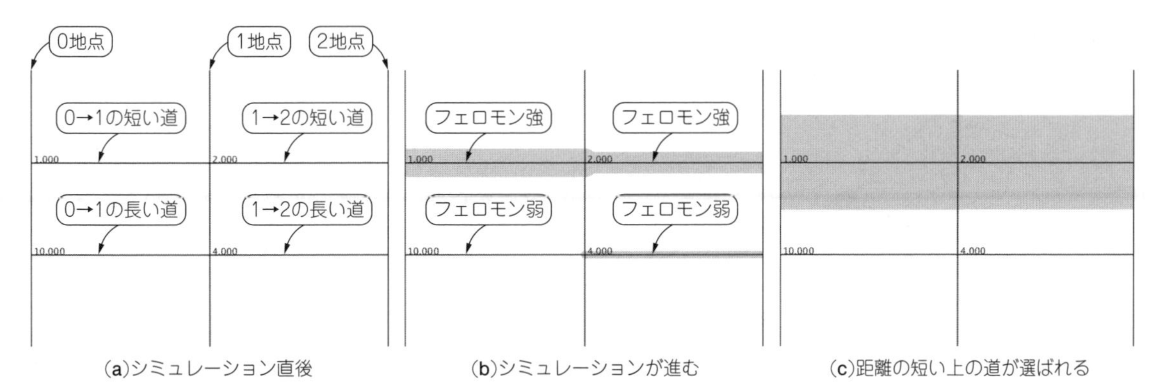

図8　シミュレーション場所2カ所，ルート2本(ant_dim1_2x2)の実行結果

ように3つの町を想定していて，左の縦線が0町，中央の縦線が1町，右の縦線が2町を表しています．そして0町と1町，1町と2町はともに2本のルートでつながれていることを表しています．中に書かれている数字はルートの長さを示していて，この長さも**図6**に合わせています．

シミュレーションが進むと**図8(b)**のようになります．この灰色の部分がフェロモン量を表していて，強くなるに従って太い線を書いています．そして，しばらくすると**図8(c)**のようになり，フェロモンの増減がなくなります．この場合，下に示す長いルートよりも上に示す短いルートの方がフェロモンがずっと多くなるため，アリは上のルートを通るようになります．これによって最短ルートを見つけることができます．

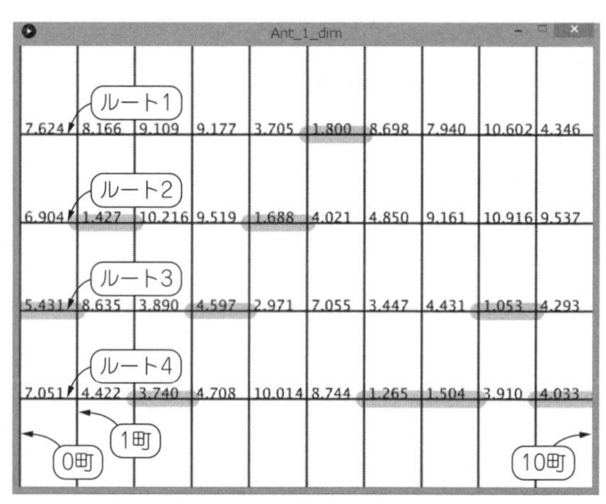

図9　シミュレーション場所11カ所，ルート4本の実行結果

● 問題を変えてみよう

ant_dim1は町の数(POS)，ルートの数(ROAD)，アリの数(AGENT_NUM)を**図9**のように変えられます．**図9**は町の数を11個，4つのルートでつながっていて，100匹のアリでシミュレーションするように設定した場合となります．この場合も左が0町，縦線の左から1町，2町と続き，一番右端が10町となります．

```
int POS=10;
int ROAD=4;
int AGENT_NUM = 100;
```

その場合の実行結果が**図9**となります．各ルートの長さはランダムに決まるようにしていますので，実行するたびに異なります．フェロモンがたくさん置かれているルートの長さが各町間のルートの中で一番小さいことが分かります．つまり，フェロモンがたくさん置かれたルートを通ると最短ルートで10町まで到着できます．

● 2次元の場合…式(1)のΣを扱う

いよいよ**図1**や**図2**を解いてみます．これまでの簡略化した問題と違うのは，式(1)と式(2)にあるΣの扱いとなります．Σの意味は**図10**を使いながら説明します．**図10(a)**は0町～4町までの5つの場所があり，それぞれルートがつながっていることを示しています．フェロモン量と距離は全て決まっていますが，

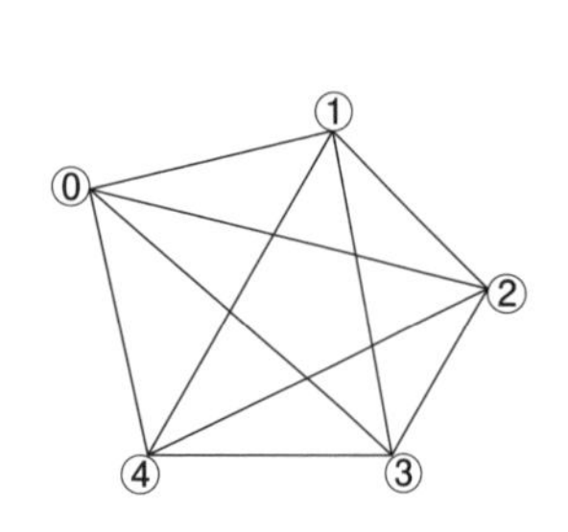

(a) 0町～4町までの5つの場所がある

(b) 0町を出発する場合…4つのルートがある

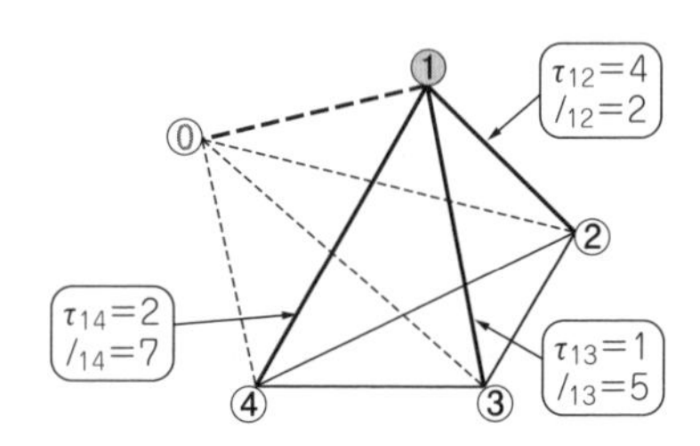

(c) 1町を出発する場合…3つのルートがある

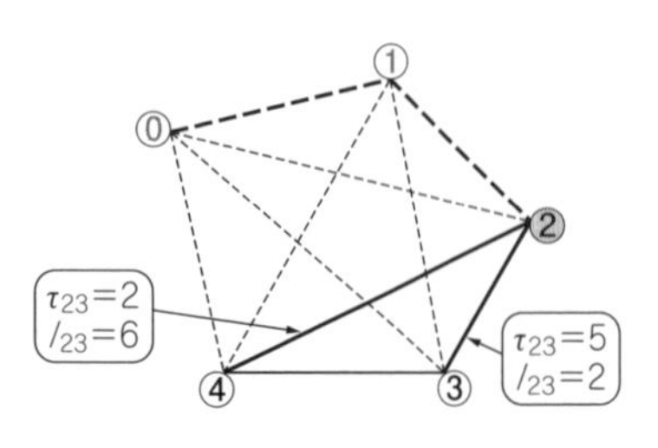

(d) 2町を出発する場合…2つのルートがある

(e) 3町を出発する場合…1つのルートがある

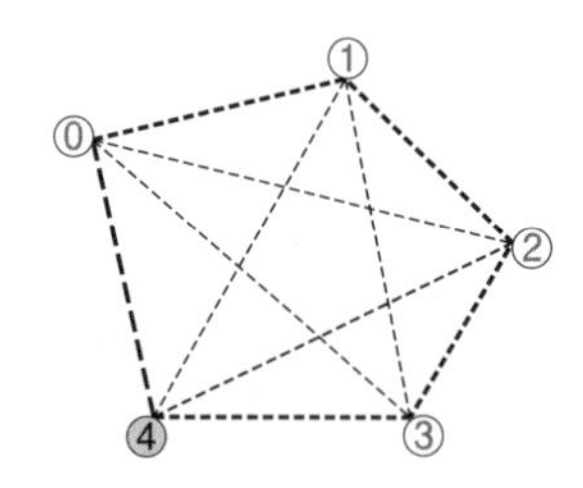

(f) 4町から0町に戻る…同じルートを逆方向に通ることになる

図10　2次元の場合の最短ルート導出

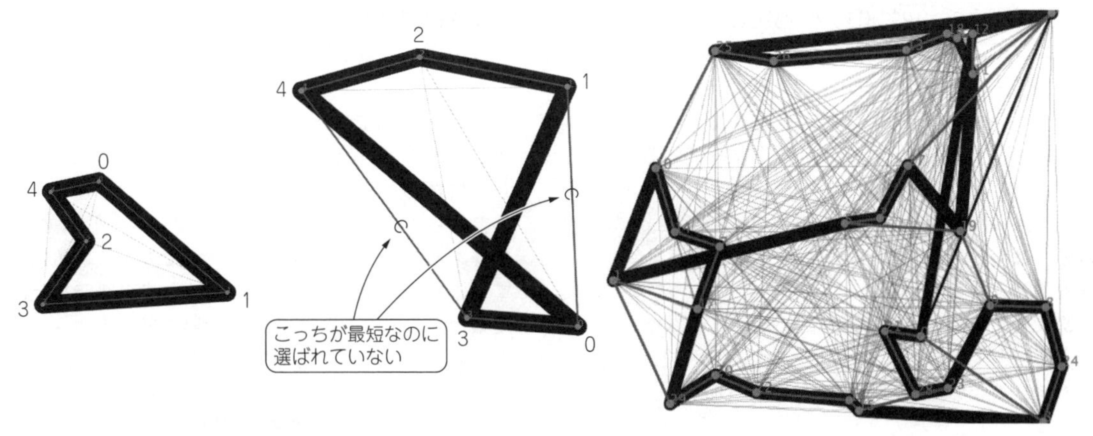

(a)町の数を5カ所・・・成功例　(b)町の数を5カ所・・・失敗例　(c)町の数を30カ所

図11　2次元の場合のシミュレーション ant_dim2

ごちゃごちゃしますので**図10(b)**～**図10(f)**には必要な分だけフェロモン量と距離を示しています.

ここでは1匹のアリの行動に着目します. まずは0町を出発する場合を考えます. このときは**図10(b)**のように1町, 2町, 3町, 4町の4つのルートがあります. 式(1)のΣの項は次のように計算できます. なお, αとβはともに1としています.

$$\sum_{l\in\Omega}[\tau_{il}]^{\alpha}[\eta_{il}]^{\beta}=\tau_{01}\eta_{01}+\tau_{02}\eta_{02}+\tau_{03}\eta_{03}+\tau_{04}\eta_{04}$$
$$=5\times\frac{1}{2}+2\times\frac{1}{4}+3\times\frac{1}{3}+2\times\frac{1}{2}$$

例えば, 0町を出発して1町に到達したとします. このときには0町は既に行ったことがあるため, **図10(c)**に示すように1町から行くことのできる都市は2町, 3町, 4町の3つのルートとなります. そこで0町を通って1町に来たアリの式(1)のΣの項は次のように計算できます.

$$\sum_{l\in\Omega}[\tau_{il}]^{\alpha}[\eta_{il}]^{\beta}=\tau_{12}\eta_{12}+\tau_{13}\eta_{13}+\tau_{14}\eta_{14}$$
$$=4\times\frac{1}{2}+1\times\frac{1}{5}+2\times\frac{1}{7}$$

1町の次に2町に到達したとします. 同じように, このときには0町と1町は既に行ったことがあるため, **図10(d)**に示すように2町から行くことのできる都市は3町, 4町の2つのルートとなります. そのため式(1)のΣは次のようになります.

$$\sum_{l\in\Omega}[\tau_{il}]^{\alpha}[\eta_{il}]^{\beta}=\tau_{23}\eta_{23}+\tau_{24}\eta_{24}=5\times\frac{1}{2}+2\times\frac{1}{6}$$

そして3町に到達したとします. 0町, 1町, 2町は既に行ったことがあるため, **図10(e)**に示すように行くことのできる都市は4町だけとなり, 式(1)のΣは次のようになります.

$$\sum_{l\in\Omega}[\tau_{il}]^{\alpha}[\eta_{il}]^{\beta}=\tau_{34}\eta_{34}=3\times\frac{1}{2}$$

最後に**図10(f)**に示すように, 4町から0町に戻ります. なお, 0町を出発して1町→2町→3町→4町を通り0町に戻るときと, 0町を出発して4町→3町→2町→1町を通り0町に戻るときは, 同じルートを逆方向に通ることになります. そこでこのフェロモン量とルートの評価値は同じものを使う必要があります.

つまりτ_{ij}とτ_{ji}は同じとなり, η_{ij}とη_{ji}も同じとなります.

式(2)も同様のΣがあります. 考え方は同じです.

● 2次元の場合スタートからゴールまでの距離L_k

アリ・コロニー最適化問題では, スタートからゴールに戻ってくる設定とすることが多くあります. サラリーマン巡回問題で考えると, 行ったきり戻ってこないなんてことはないです. そこで, L_kは最終都市と出発都市とを結ぶルートの距離も加える必要があります.

図6では考えない設定でしたので, **図1**や**図2**の問題にしたときにこの計算を忘れないように気を付けてください.

● 2次元の場合のシミュレーションを実行

▶うまくいったとき

`ant_dim2`を実行すると**図11**が得られます. **図11(a)**は町の数を5カ所にした場合です. 実行すると赤い点で町が表示されその右上に小さく表示されている番号が町の番号です. 太い線がフェロモンが強くなったルートです.

図11ではうまく最短ルートが見つかっています. そして, Processingのターミナル部分に次のように表示されます.

0, 4, 2, 3, 1, : 1237.8115 / 1237.8115

コロン(:)の左側はルートを示していて，0町→4町→2町→3町→1町と経由して0町に戻ってくることを示しています．そしてコロン右側の数字の/(スラッシュ)の左側は，フェロモンが強くなっているルートの長さの合計です．そして，右側はたくさんのアリが今まで通った中で最も短いルートを示しています．この場合は同じになります．

▶失敗

次に**図11(b)**を見ることにしましょう．なんだかうまくできていないように見えます．細い線はたくさんのアリが今まで通った中で最も短いルートを示しています．

このアルゴリズムではかなりの確率で最短ルートが見つかりません．ターミナルには次のように表示され，フェロモンが強くなっているルートの距離は1664.6561で，これまで通った中で最短のルートの距離は1503.7637となっていることからも分かります．

0, 3, 1, 2, 4, : 1664.6561 / 1503.7637

▶5地点から30地点に変更

最後に**図11(c)**の結果を見てみましょう．フェロモンが強くなっているルートよりも短いルートが見つかっています．ただし，今まで通ったルートの中で最短のルートが最も短いルートである保証はありません．もっと短いルートがあるかもしれません．

● 研究しだいでまだまだ良くなる

最後にがっかりしないようにしてください．これがアリ・コロニー最適化問題の入り口なのです．例えば「さぼるアリ」を入れると，もっとよくなるという研究もあります．google scholarで「アリ・コロニー」として検索をかけるといろいろな手法が出てきます．

これらはここで書いた「アリ・コロニー最適化問題」を基本としていますので，ここまで分かると頭に入ってくると思います．工夫次第で今までの研究を上回る成果が出るかもしれません．世界を驚かすアルゴリズムに挑戦してみるのも面白いかもしれません．

◆参考文献◆

(1) アリの集団の知恵は，スーパーコンピュータを超える?，夢ナビ．
http://yumenavi.info/lecture.aspx?GNKCD=g008691
(2) 百億年かかっても解けない問題～巡回セールスマン問題と遺伝的アルゴリズム～，JBpress．
http://jbpress.ismedia.jp/articles/-/47988
(3) 簡単そうで難しい組み合わせ最適化，京都大学工学部情報学科．
https://www-or.amp.i.kyoto-u.ac.jp/files/open-campus-04.pdf

まきの・こうじ

第3章

人工生命で群れを動かす

牧野 浩二

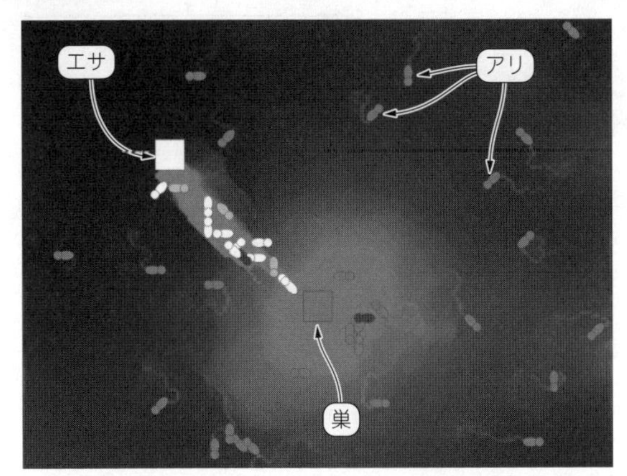

図1　人工生命的アプローチ…アリがエサ場と巣の間を行き来する行動を模擬して群れの行動をシミュレーション

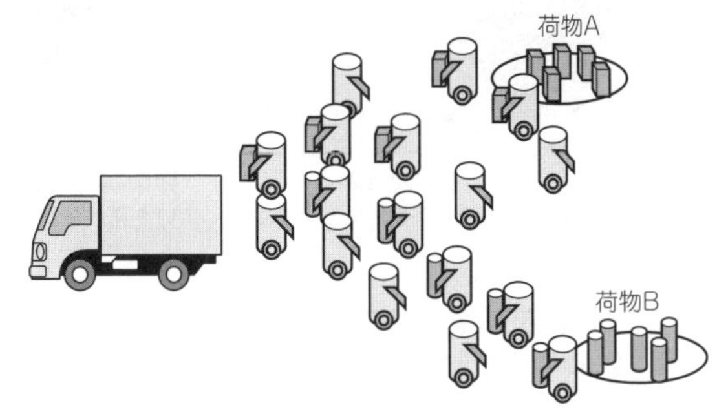

図2　できるようになることの1つ…たくさんのロボットで大量の荷物を効果的に搬送

ここで紹介する人工生命を**図1**に示します．アリの巣とエサがあり，その間をアリが往復する行動を模擬します．ここではアリを例にしていますが，人間の行動シミュレーションに発展させることも可能です．

紹介するアルゴリズムをマスタできると，次のようなことが可能になります．

- たくさんのロボットで大量の荷物を効果的に搬送
- ビルや街中を多くのロボットで効率的に見回る
- 混雑したビルの人の流れを可視化する
- 大量の敵をばたばた倒すゲーム（〇〇無双のようなゲーム）のシミュレーション

例えば，荷物を協力して搬送する概念は**図2**のようになります．幾つかある（この例では2つ）荷物置き場から荷物をピックアップしてトラックに積み込む作業となります．

このアルゴリズムを応用すると，リーダーがいるわけでもないのにロボットがうまい具合に協力して荷物を搬送する動作を自然とできます．

基本となるアリのエサ探しのルール

● フェロモンの役割

まず，アリの行動を考えてみましょう．アリは巣から出て行ってうろうろしながらエサを探しています．このとき**図3**のように歩いた部分に匂い物質であるフェロモンを残していきます．アリは1匹だけでなく，たくさんのアリが巣から出てまた戻ってくることを繰り返していますので，**図4**のようになります．

それを何度も繰り返すと，**図5**のように巣の周りの匂いが強くなります．このとき，アリは匂いの強い方に移動することで巣に戻ることができます．

アリはエサを見つけると先ほどとは異なる匂い物質を残して**図6**のように巣に戻ってきます．他のアリはその匂い物質を頼りに，エサのあるところに向かいます．

複数の経路がある場合でもたくさんのアリが通るに従って，徐々に最適な経路が得られます．これが最適な答えを導くアルゴリズムとして応用されています．

群れの動きを作るプログラム

図1に示した群衆の動きプログラムを作ります．開発環境にはProcessingを使います．Processingを使って，本稿で説明するよりも，もっとアリっぽい動きをさせたり，何かの問題に応用したりする際には，プログラムの構造を理解しておく必要があります．どのようにアリを動作させるのかと同時に，プログラムでの実現方法を示します．

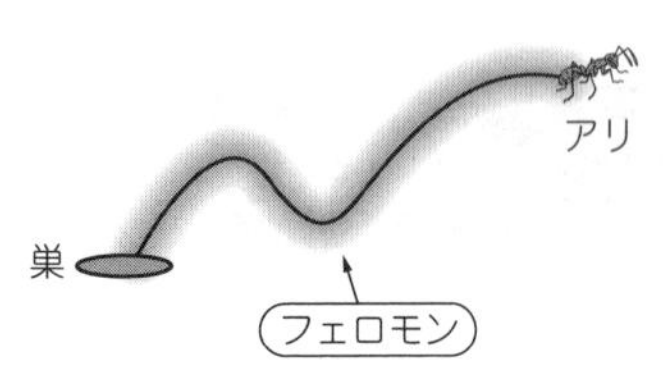

図3　アリは歩いた場所に匂い物質であるフェロモンを残していく

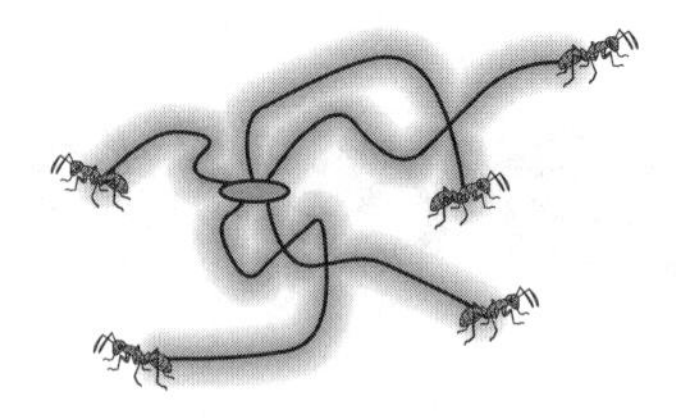

図4　行動の前提…アリは巣から出て戻ってくることを繰り返す

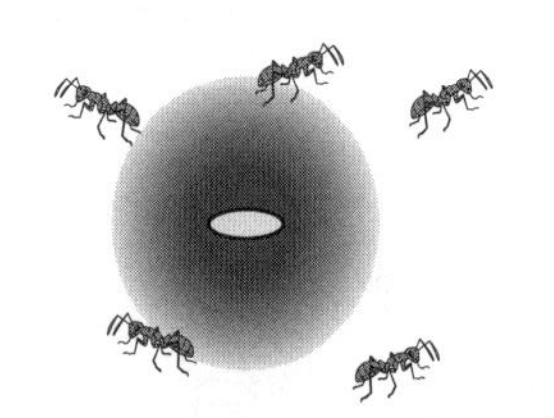

図5　複数のアリが歩いた後は巣の周りの匂いが濃くなる

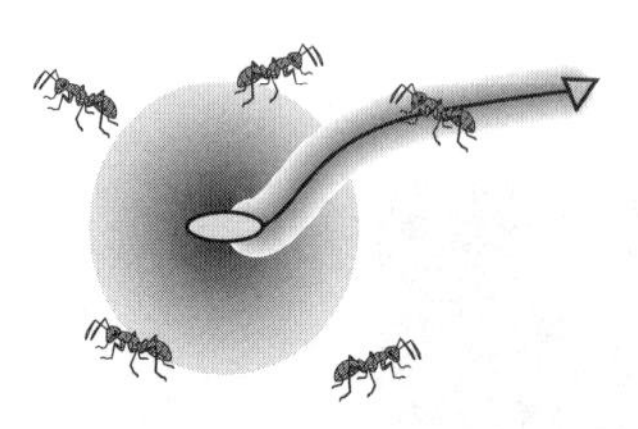

図6　エサを見つけたアリは異なる匂いを発しながら巣に戻る

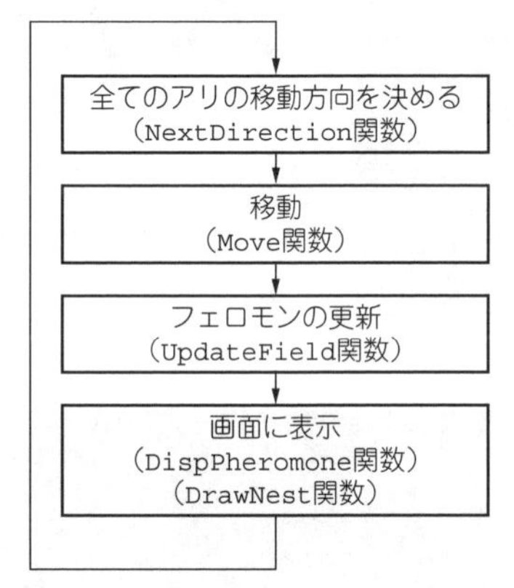

図7　アリの動きをプログラムするためのフロー

● アリの動きを作るフロー

図2に示すようなアリの動きをプログラムするためのフローを**図7**に示します．

①全てのアリの移動方向を決める(NextDirection関数)
②アリを移動させる(Move関数)．このときにフェロモンを置く
③フェロモンを蒸発させたり拡散させたりする(UpdateField関数)
④フェロモンと障害物を表示(DispPheromone関数)と，巣とエサとロボットの表示(DrawNest関数)

これらは**リスト1**に示すようにdraw関数内に書かれていて，フローチャートの順に実行されます．step<1と書かれている数字を大きくすると表示間隔が広がるためシミュレーションが速く進みますが，スムーズに動いているようには見えなくなります．ただし，これは表示上の問題ですので，シミュレーションはしっかりできています．

● 処理1：巣とエサと障害物を配置する

巣やエサ，障害物をどのように配置しているかを**リスト2**を使って説明します．これは2次元配列(pMapPos)を使います．0は何もないところ，1は巣，2は壁，3はエサとして設定します．そして，この配列からアリが出て行かないように周りを壁で囲んでいます．

なお，エサを3としている理由はちょっと高度です．応用するときに読んでいただければよいのですが，エサを運ぶたびに減っていくことをシミュレーションしやすくするための配慮です．例えば，エサの数を100に設定しておいてアリが来るたびに1だけ減らして3になったらエサがなくなったなどのシミュレーションが簡単にできるようになります．

リスト1　アリの動きのフローをdraw関数内に書く

```
void draw() {
  scale(width/img_x);//画面いっぱいに表示する
  image(img0, 0, 0);//表示
  for (int step=0; step<1; step++) {
                              //シミュレーションをスピードアップ
    NextDirection();
    Move();
    UpdateField();
  }
  DispAll();
  saveFrame("af-########.bmp");//画面をビットマップに保存
}
```

● 処理2：フェロモンを配置する

プログラム上でどのようにフェロモンを実現しているかを説明します．このプログラムでは200×200の配列を用意してその各マスにフェロモンを置いています．イメージしやすくするために**図8**のように5×5の配列を例にとります．それをExcelで等高線グラフにすると**図8(b)**となります．そしてこの後で説明しますが，アリはフェロモンの山を登る方向に動くことでエサや巣へ向かいます．

フェロモンは**リスト2**のようにグローバル変数として宣言しています．これもこの後説明するのですが，巣に帰るためのフェロモンと，エサに誘導するためのフェロモンの2種類を使いますので，それぞれのフェロモンの配列を宣言しています．そして，それぞれはInit関数内で全て0に初期化しています．

リスト2　巣/エサ/障害物/フェロモンを配置する

```
//フェロモンの配列の大きさ
int img_x=200;
int img_y=200;

//フェロモン保存用配列
int [][] pMapN0 = new int [img_x][img_y];
int [][] pMapN1 = new int [img_x][img_y];
int [][] pMapF0 = new int [img_x][img_y];
int [][] pMapF1 = new int [img_x][img_y];
//巣, 餌, 壁用の配列
int [][] pMapPos = new int [img_x][img_y];

//初期化
void Init()
{
//アリの設定
  for (int i=0; i<ROBOT_NUM; i++) {
    rx[i] = img_x/2;
    ry[i] = img_y/2;
    rq[i] = (int)random(8);
    rm[i] = 0;
    rh[i]=(int)random(200)+100;
  }
//フェロモンをすべて0に
  for (int y = 0; y < img_y; y++) {
    for (int x = 0; x < img_x; x++) {
      pMapN0[x][y] = 0;
      pMapF0[x][y] = 0;
      pMapPos[x][y] = 0;
    }
  }
  //壁
  for (int y = img_y/3; y < img_y/3+10; y++) {
    for (int x = img_x/4; x < img_x/2; x++) {
      pMapPos[x][y] = 2;
    }
  }//壁(上下に出ていかないように)
  for (int x = 0; x < img_x; x++) {
    pMapPos[x][0] = 2;
    pMapPos[x][img_y-1] = 2;
  }//壁(左右に出ていかないように)
  for (int y = 0; y < img_y; y++) {
    pMapPos[0][y] = 2;
    pMapPos[img_x-1][y] = 2;
  }
  //餌
  for (int y = img_y/4-5; y < img_y/4+5; y++) {
    for (int x = img_x/4-5; x < img_x/4+5; x++) {
      pMapPos[x][y] = 3;
    }
  }
  //巣
  for (int y = img_y/2-5; y < img_y/2+5; y++) {
    for (int x = img_x/2-5; x < img_x/2+5; x++) {
      pMapPos[x][y] = 1;
    }
  }
}
```

1	20	30	20	1
1	15	20	15	1
1	10	15	10	1
1	7	10	7	1
1	5	7	5	1

(a) マス目の数値

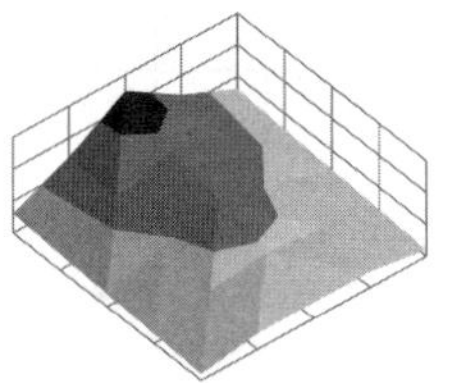

(b) 等高線グラフ

図8　5×5のマス目にフェロモンを配置

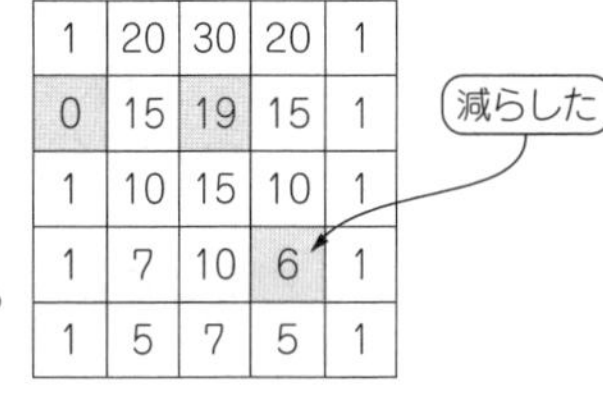

1	20	30	20	1
0	15	19	15	1
1	10	15	10	1
1	7	10	6	1
1	5	7	5	1

図9
フェロモンの蒸発…3つのマスから1減らした

リスト3　フェロモンを蒸発させる

```
//フェロモンを蒸発させる
for (int y = 1; y < img_y-1; y++) {
  for (int x = 1; x < img_x-1; x++) {
    if (random(10)<1) {
      ChangePheromone(pMapN0, x, y, -1);
      ChangePheromone(pMapF0, x, y, -1);
    }
  }
}
```

6	14	25	14	6
5	13	18	13	5
4	9	14	9	4
3	7	9	7	3
2	5	5	5	2

(a) マス目の数値

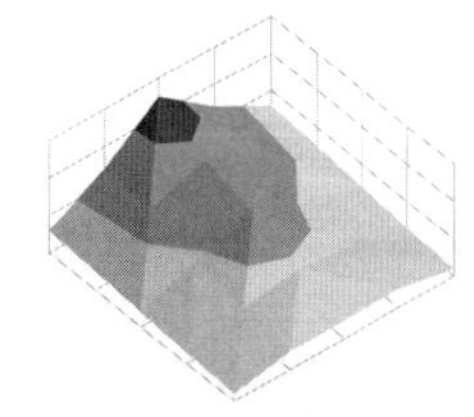

(b) 等高線グラフ

図10　数値の大きいところから小さいところへフェロモンを拡散させる

● 処理3：フェロモンを蒸発させる

フェロモンは時間とともに蒸発します．これにより，あまり使われない道は消えていきます．プログラムではUpdateField関数の中で実現されています．

リスト3に示すように，シミュレーション時間が1ステップ進むごとに10%の確率で1だけ減らすことにしています．なお，ChangePheromone関数は，1つ目の引数に書かれたフェロモンの配列から，2つ目と3つ目に書かれた位置の値を，4つ目の引数の値だけ変更します．

この関数内でフェロモン量が0より小さくなることはなく，maxPheromone変数で設定された最大フェロモン量よりも大きくならないような処理をしています．

このように10%の確率で減るため，**図8**に示す5×5のマスでは，25マス中2～3つのマスが1減ることになり，**図9**のように減ります．なお，ここでは3つ

リスト4　フェロモンを拡散させる

```
//フェロモンをコピーしておく
CopyPheromone(pMapN0, pMapN1);
//フェロモンの拡散
for (int y = 1; y < img_y-1; y++) {
  for (int x = 1; x < img_x-1; x++) {
    pN00=GetPheromone(pMapN0, x, y);
    if (pN00>12) {
      for (int k=0; k<8; k++) {
        if (pMapObst[x+nx[k]][y+ny[k]]==0)
                                    {//巣, 餌, 壁の方向でなければ
          pN01=GetPheromone
                      (pMapN0, x+nx[k], y+ny[k]);
          if (pN00>pN01) {
            ChangePheromone
                    (pMapN1, x, y, -((k+1)%2+1));
            ChangePheromone
            (pMapN1, x+nx[k], y+ny[k], ((k+1)%2+1));
          }
        }
      }
    }
  }
}
//フェロモンをコピーして更新する
CopyPheromone(pMapN1, pMapN0);
```

のマスから1減らしています．全てのマスから一律に減らさない理由は2つあります．

- ステップごと全てのマスから減らしてしまうとすぐにフェロモンが蒸発してしまうという問題がある
- ランダムに減らした方がアリっぽい動きとなる

● 処理4：フェロモンを拡散させる

フェロモンは蒸発してなくなるだけでなく，周りに広がっていきます．例えば**図10**に示すように周りに流れていきます．このフェロモンを等高線で表すと**図10(b)**となります．フェロモンの値が大きかったところは小さくなり，小さかったところは大きくなります．このようにフェロモンが拡散していくことで，通った道以外にもフェロモンが道に残るようになります．

これもUpdateField関数の中で実現されています．拡散処理を行っている部分を**リスト4**に示します．これを行うときにはCopyPheromone関数でフェロモンをコピーしておいて，そのコピーしたフェロモンを元の状態として拡散させます．コピーせずに拡散させると，拡散してフェロモン量が変わったマスをさらに拡散させてしまうということが起こるからです．

まず，対象とする位置のフェロモン量を調べます．フェロモン量が12以上の場合，拡散が起こるようにしました．そして8方向のフェロモンを調べています．このとき，nxとnyの配列は次のようになっています．これにより0のときは右側のマス，1のときは右上のマスという具合に**図11**に示す方向のフェロモン量を調べることができます．

```
int [] nx = {1, 1, 0, -1, -1, -1, 0, 1};
int [] ny = {0, 1, 1, 1, 0, -1, -1, -1};
```

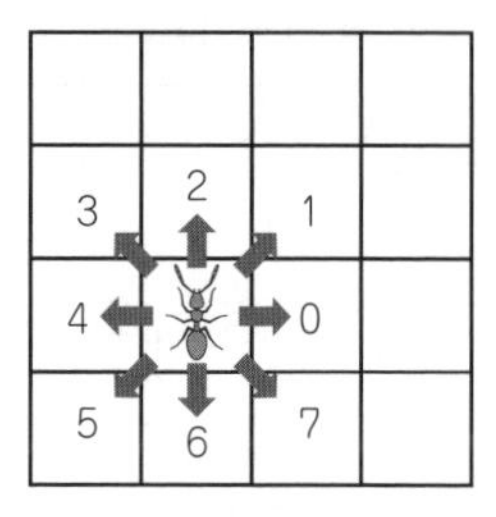

図11
進行8方向に数値を割り振る

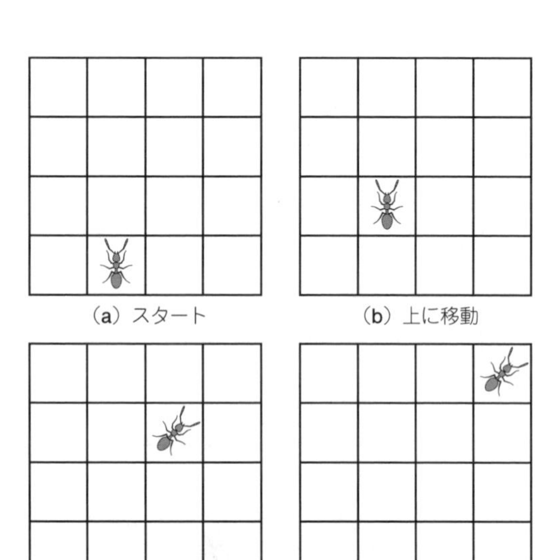

(a) スタート　(b) 上に移動
(c) 右斜めに進むこともできる　(d) さらに右斜めに進んだ

図12　アリは各マスを飛び飛びに移動する

そして，フェロモン量が隣の方が大きければ拡散を起こします．上下左右の場合は2だけ拡散させて，斜め方向には1だけ拡散させるようにしています．また，拡散は壁の方向には起きないようにしています．

壁も「フェロモンのための配列」と同じ大きさの配列を作成しておき，0は通れるところ，1は壁としています．

実行したときのアリの動き

シミュレーションを実行するとアリは割とスムーズに移動しているように見えますが，アリは各マスを飛び飛びに移動しています．例えば**図12(a)**の位置に居るアリは，次のステップでは隣のマスに移動します[**図12(b)**]．

また，簡単にするためにシミュレーションではアリ同士の衝突は考えません．そのため，同じマスにアリが2匹以上いる場合もあります．

● アリの方向

図11に示すようにアリの移動には方向があり，数

リスト5　アリの移動

```
void Move()
{
  for (int i=0; i<ROBOT_NUM; i++) {
    rx[i]+=nx[rq[i]];
    ry[i]+=ny[rq[i]];
    if (pMapPos[rx[i]][ry[i]]==1) {//巣ならば
      rm[i]=0;//探索モードに
      rq[i]+=4;//反転
      rh[i]=(int)random(200)+400;//100;
    } else if (pMapPos[rx[i]][ry[i]]==2) {//壁ならば
      rx[i]-=nx[rq[i]];//壁にめり込まないように
      ry[i]-=ny[rq[i]];//元の位置に戻す
      rq[i]+=4;//反転
    } else if (pMapPos[rx[i]][ry[i]]==3) {//餌ならば
      rm[i]=1;//帰巣モードに
      rq[i]+=4;//反転
    }
    rh[i]--;
    if (rh[i]==0) {//エネルギーが0
      rm[i]=3;//帰巣モードに
      rq[i]+=4;//反転
    }

    while (rq[i]>7)rq[i]-=8;
    while (rq[i]<0)rq[i]+=8;
  }
}
```

14行目（矢印：`} else if (pMapPos[rx[i]][ry[i]]==3)` の行）

字が振られています．例えば**図12**(**b**)の後に右斜め(1番の方向)に進んだ場合は**図12**(**c**)となります．

● アリの移動

アリは現在向いている方向を基に移動します．そのプログラムを**リスト5**に示します．i番目のアリの移動の方向は`rq[i]`，位置は`rx[i]`，`ry[i]`です．移動方向と位置の関係は**図11**に示した`nx`と`ny`配列を使います．

まずは移動した先が巣ならば，探索モード(モードはこの後に示す)にして方向を反転させ，エネルギーを初期化しています．壁ならば，壁にぶつかる前の状態に戻して方向を反転させます．これは壁にめり込まないようにするためです．

そして，移動した先がエサならば帰巣モードにして方向を反転させます．また，移動するたびにエネルギーを消費させ0になったら帰巣モードにしています．

● アリのモード

アリには4つのモードがあります．まとめると次のようになります．先頭の数字はプログラム上でアリがどのモードにいるかを設定するときの番号です．

- 0：探索モード(灰色)
- 1：エサを見つけて帰巣モード(明るい灰色)
- 2：エサに向かうモード(白)
- 3：エネルギー不足による帰巣モード(暗い灰色)

▶1：探索モード

アリはエサを求めて巣からスタートして探索します．このときには3分の1の確率で直進，右斜め前，左斜め前に進みます．つまり，突然横に進んだり，後ろに進んだりすることはありません．

例えば**図12**(**a**)は直進が選ばれて**図12**(**b**)になり，その後，右斜め前が選ばれて**図12**(**c**)となります．そして，その後に直進が選ばれると**図12**(**d**)の位置に移動します．また，元いた位置にフェロモンを置いてから移動します．探索のためのフェロモンですので「探索フェロモン」と名前を付けておきます．

また，帰巣モードやエネルギー不足による帰巣モードもしくは偶然に巣に帰ってきた場合はエネルギーを初期化し，探索モードにしてから向きを反対にします．これは移動方向に4を足すと反対向きになります．**図11**で確認してみてください．ただし8を超えた分は8を引いています．

▶2：エサを見つけて帰巣モード

エサを見つけると巣に帰るモードとなります．エサを見つけたかどうかは**リスト5**の14行目の`if`文で調べています．エサを見つけると帰巣モードにして，移動方向に4を足すことで移動方向を反対にします．

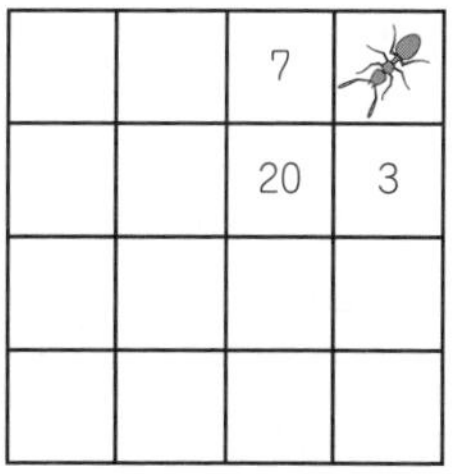

		7	(アリ)
		20	3

図13
巣に帰るとき…進行方向とその左右方向の3つのフェロモン量に応じた確率で方向が決まる

巣に帰るときはフェロモンの高い方向に移動します．このとき，単にフェロモンの高い方向に移動するとうまくいきません．そこで**図13**のように進んでいる方向とその左右方向の3つの方向のフェロモン量に比例した確率で選ばれるようにしました．

この図では進んでいる方向に20，進んでいる方向から右斜め前方向に7，左斜め前に3のフェロモンがある状態となっています．ここではこの2乗した値を使います．

これはフェロモンが強い方向をより選ばれやすくする工夫です．フェロモンが置かれていない位置も選ばれるように0の場合は1として扱うこととしました．

この3つのフェロモンの2乗した値を足すと458 (＝400＋49＋9)ですので，直進する確率を400/458，右斜め方向に進む確率を49/458，左斜め前に進む確率を9/458として選ぶこととします．そうするとたいていの場合，最も高い方向に移動するようになります．これは**リスト6**で行っています．

このとき，元いた位置に探索フェロモンとは別のフェロモンを置きながら巣に戻ります．このフェロモンを「エサフェロモン」と名前を付けて区別します．

なお，このエサフェロモンも探索フェロモンと同様に蒸発と拡散が生じます．

▶3：エネルギー不足による帰巣モード

アリにはある量のエネルギーを持たせておき，巣から移動させることとしました．そしてエネルギーが0になると帰巣モードになります．ある程度遠くまで探索して巣に戻ることを繰り返すようにすることで，巣の周りのフェロモン量を多くするようにしています．

移動方向の選択は，エサを見つけた後の帰巣モードと同じとしました．エサを発見したわけではないのでエサフェロモンを残さずに巣に戻る点が異なります．

▶4：エサに向かうモード

探索モード中にエサフェロモンを見つけるとエサに向かう行動を起こします．進む方向の決め方は帰巣モードと同じで，向いている方向とその右斜め前と左斜め前のフェロモン量から確率を計算して進む方向を選びます．これはFoodMode関数で行っています．

● その他の機能

クリックすると探索フェロモンとエサフェロモンがPheromonT*.txtファイルとPheromonE*.txtファイルに保存されます．そして巣やエサ，障害物の位置がPos*.txtに保存されます．さらに，そのときの画面のビットマップ画像がPheromon*.bmpとして保存されます．

これをコピー&ペーストでExcelのセルにコピーし，等高線グラフで描画すると**図14**のようにフェロモンの置かれている状況が見えます．これは**図15**の状態での探索フェロモンとエサフェロモンです．

巣を中心に探索フェロモンの山ができていることが分かります．そして，巣からエサに向かってエサフェロモンの通り道ができています．

いじってみる

● 障害物を1つ配置する

障害物を作りたい場合，pMapPos配列に2を設定すると壁ができます．例えば**図15(b)**の障害物を作るには，初期設定を行うInit関数の中で**リスト7**とすることで実現できます．

リスト6　帰巣モード時のルート選択

```
void ReturnMode(int i, int mode)
{
  int r1, r2, r3;
  float cr0, cr1, cr2, cr3;
  cr0 = GetPheromone(pMapN0, rx[i], ry[i]);
  r1 = rq[i];
  cr1 = GetPheromone
              (pMapN0, rx[i]+nx[r1], ry[i]+ny[r1]);
  r2 = r1+1;
  if (r2>7) r2=0;
  cr2 = GetPheromone
              (pMapN0, rx[i]+nx[r2], ry[i]+ny[r2]);
  r3 = r1-1;
  if (r3<0) r3=7;
  cr3 = GetPheromone
              (pMapN0, rx[i]+nx[r3], ry[i]+ny[r3]);

  if (mode==1)
    ChangePheromone(pMapF0, rx[i], ry[i], 2048);

  float cc;
  cr1 -= cr0;
  if (cr1<0)cr1=1;
  cr1*=(cr1*cr1);
  cr2 -= cr0;
  if (cr2<0)cr2=1;
  cr2*=(cr2*cr2);
  cr3 -= cr0;
  if (cr3<0)cr3=1;
  cr3*=(cr3*cr3);

  cc = random(cr1+cr2+cr3);
  if (cc<cr1)rq[i] = r1;
  else if (cc<cr1+cr2)rq[i] = r2;
  else rq[i] = r3;
}
```

● たくさんの障害物を配置する

図15(c)のように形の決まった障害物を10個配置するプログラムを**リスト8**に示します．これもInit関数の中に書きます．簡単のためにエサや巣に障害物が重ならないような処理はしていませんので，重なってしまうこともあります．

● 2カ所にエサを配置する

図15(d)のようにエサを2カ所に配置してみます．

図14
フェロモンの置かれている状況＝群衆が通りそうなところ

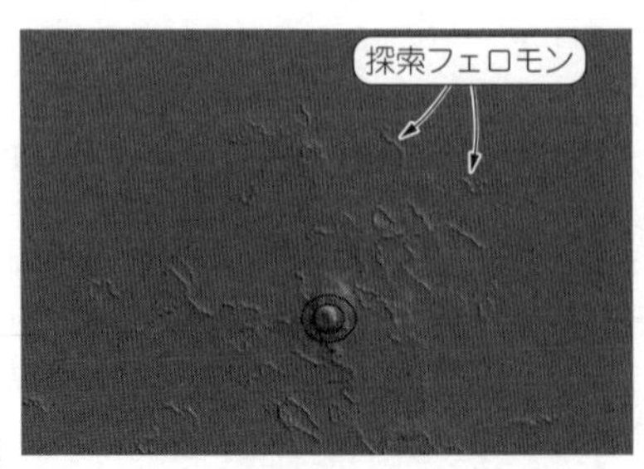

(a) 探索フェロモン

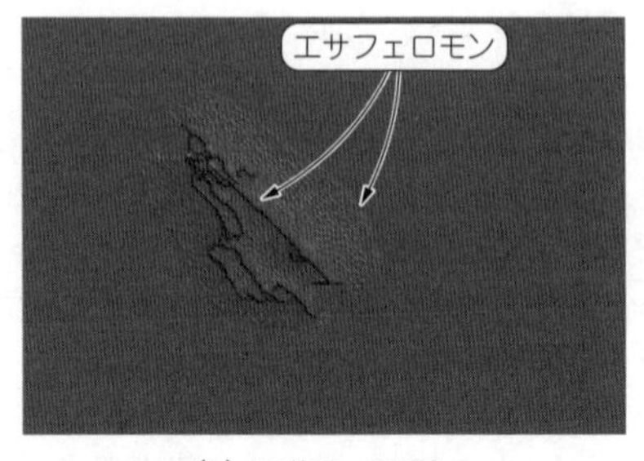

(b) エサフェロモン

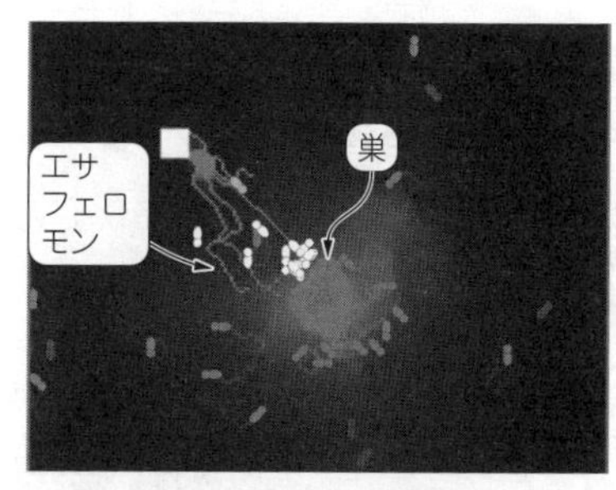

(a) エサ場1つ，障害物なし

(b) エサ場1つ，障害物1つ

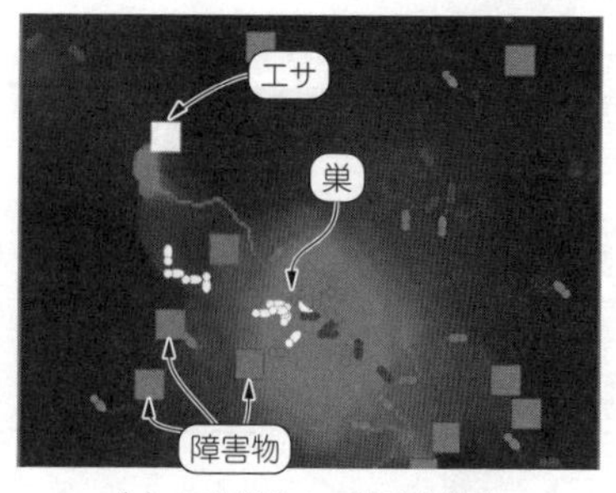

(c) エサ場1つ，障害物複数

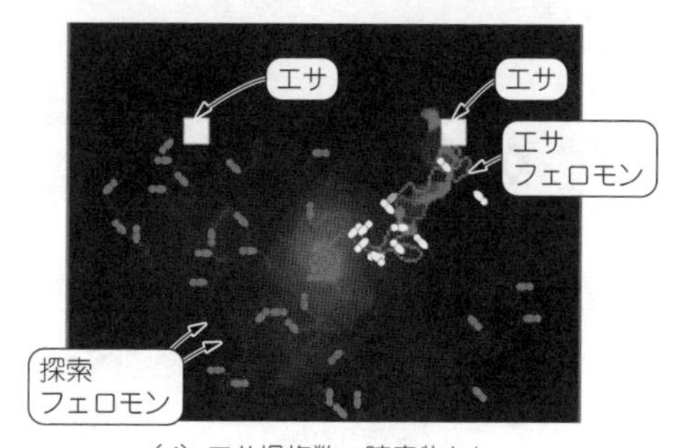

(d) エサ場複数，障害物なし

図15　エサ場と障害物の配置

リスト7　障害物を1つ配置する

```
//1つの障害物
for (int y = img_y/3; y < img_y/3+10; y++) {
  for (int x = img_x/4; x < img_x/2; x++) {
    pMapPos[x][y] = 2;
  }
}
```

リスト8　たくさんの障害物を配置する

```
//たくさんの障害物
for (int k=0; k<10; k++) {
  int ox = (int)random(img_x-10)+5;
  int oy = (int)random(img_y-10)+5;
  for (int y = oy-5; y < oy+5; y++) {
    for (int x = ox-5; x < ox+5; x++) {
      pMapPos[x][y] = 2;
    }
  }
}
```

エサはpMapPos配列に3以上の数を設定することで実現できます．これを実現するためのプログラムは**リスト9**となります．

● もっと面白い動きをさせるための方法

ここで示したアリの動きは簡略化されているため，障害物があるとうまくエサとの間を往復できなくなることがあります．変更するとアリの動作が変わる部分を幾つか紹介します．いろいろ変更して実際のアリの動きを完全にコピーするアルゴリズムに挑戦するのも面白いかもしれません．

リスト9　2カ所にエサを配置する

```
//もう1つの餌
for (int y = img_y/4-5; y < img_y/4+5; y++) {
  for (int x = img_x*3/4-5; x < img_x*3/4+5; x++) {
    pMapPos[x][y] = 3;
  }
}
```

リスト10　フェロモンの拡散…フェロモン量が12以上あれば縦横には2だけ拡散させ，斜めには1だけ拡散させる

```
pN00=GetPheromone(pMapN0, x, y);
if (pN00>12) {
  for (int k=0; k<8; k++) {
    if (pMapPos[x+nx[k]][y+ny[k]]==0) {
      pN01=GetPheromone
                    (pMapN0, x+nx[k], y+ny[k]);
      if (pN00>pN01) {
        ChangePheromone
                    (pMapN1, x, y, -((k+1)%2+1));
        ChangePheromone
              (pMapN1, x+nx[k], y+ny[k], ((k+1)%2+1));
      }
    }
  }
}
```

▶アリの数：50を設定

```
int ROBOT_NUM=50;
```

▶フェロモンの蒸発：10分の1の確率で1減らす

```
if (random(10)<1) {
    ChangePheromone(pMapN0, x, y, -1);
    ChangePheromone(pMapF0, x, y, -1);
}
```

▶フェロモンの拡散：フェロモン量が12以上あれば縦横には2だけ拡散させ，斜めには1だけ拡散させる(リスト10)．

▶行動選択：前方3カ所のフェロモン量から確率を計算する．

`void ReturnMode(int i, int mode)`の中

まきの・こうじ

第4章

生命の誕生と死をコンピュータの中にモデル化する

牧野 浩二

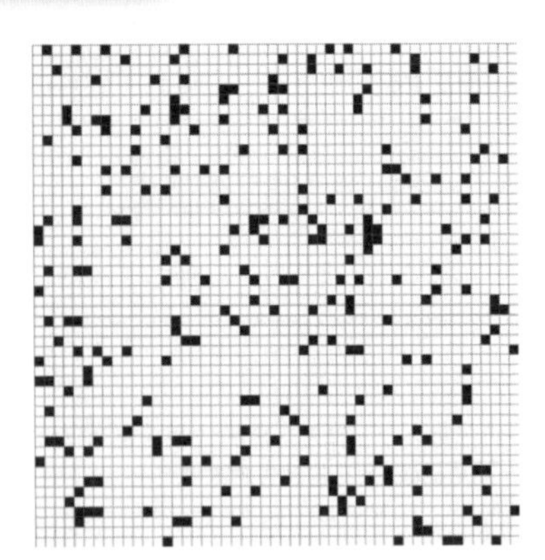

(a) 最初の状態

(b) しばらくした後の状態

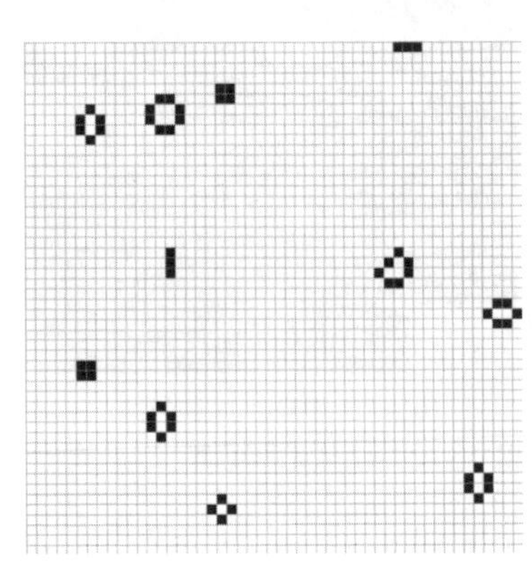

(c) 安定状態

図1 点の集合に見えたものが生物のような動きをする人工生命

紹介するアルゴリズムは「ライフ・ゲーム」です[注1]. 周りの状況に合わせて, 黒い点の集合が生成/消滅する様子が, あたかも生命の誕生/死のように見えます.

とにかく神秘的な生命の誕生と死をモデル化した「ライフ・ゲーム」

● 誕生

ライフ・ゲームは, 英国の数学者Conwayが今から約50年も前の1970年に考案した, 生命の誕生と死をモデル化したものです.

ライフ・ゲームは動いている様子を見ると分かりやすいと思いますので, 本書サポート・ページから, ダウンロードした動画をご覧ください.

https://interface.cqpub.co.jp/2023ai45/

図1のように, 画面の中の黒い部分がもぞもぞ動いている様子が分かると思います. 増えたり減ったりする様子が生命の誕生と死を表しています.

● 用途

ライフ・ゲームが直接使えるような実用的なアプリケーションというものは見たことがありません. ライフ・ゲームはチューリング・マシンの一種であるため, さまざまな計算機として使えることにはなっていますが, 実際に計算機として使うような人は今のところ会ったことがありません.

この後で説明する簡単なルールから, 複雑な動作や図形が自動的に作成される様子は, 誕生から50年にもなりますが, 各時代の人たちを魅了し続けています.

生死のルール

ライフ・ゲームは**図1**のように格子状のマス(これをセルと呼ぶ)があり, 白と黒の部分があります. 黒い部分を生きているセル, 白い部分を死んでいるセルと呼ぶこととします.

● 4つのルールがある

各セルは周りの8マスの状態によって,

- 次の時間に生き残るか
- 死んでしまうか
- 誕生するか

注1: ライフ・ゲームはセルラ・オートマトンの一部とされています. セルラ・オートマトンは, 格子状のセルと単純な規則による離散的計算モデルを利用したアルゴリズムです.

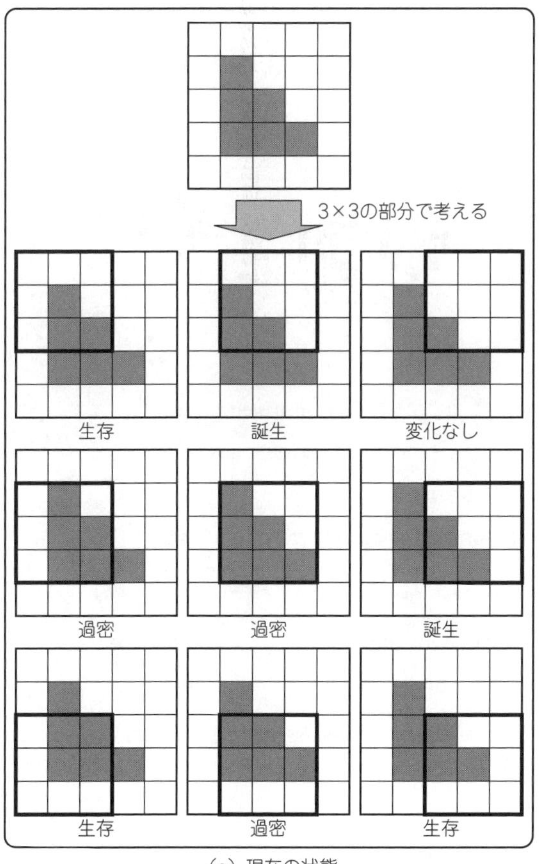

(a) 現在の状態

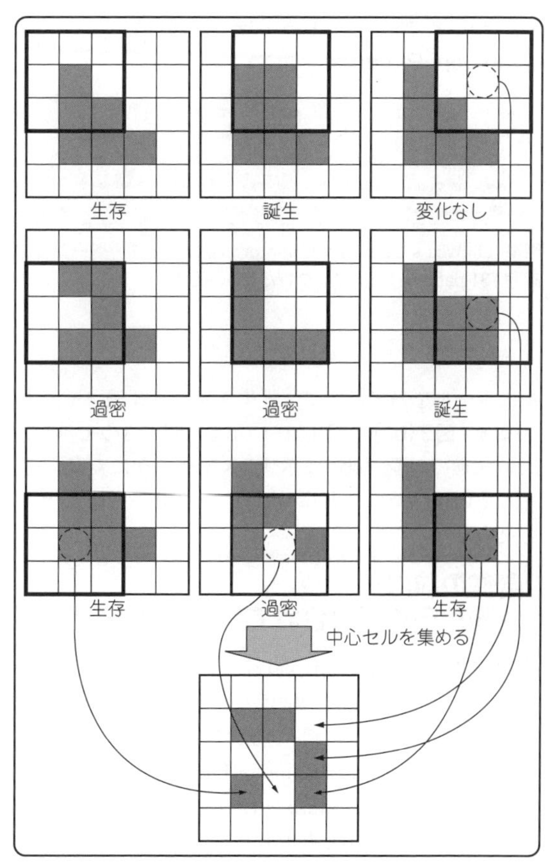

(b) 次の状態

図3　現在の次の状態の計算例
3×3のセルにおける中央のセルが，次にどうなるかを考える

が決まります．この誕生したり死んだり，生き残ったりするルールは，次の4つから成り立っています(**図2**)．

▶誕生

死んでいるセルに隣接する生きたセルがちょうど3つあれば，次の世代が誕生する．

▶生存

生きているセルに隣接する生きたセルが2つか3つならば，次の世代でも生存する．

▶過疎

生きているセルに隣接する生きたセルが1つ以下ならば，過疎により死滅する．

▶過密

生きているセルに隣接する生きたセルが4つ以上ならば，過密により死滅する．

● 次の状態の計算例

図3(a)を例に説明します．「現在の状態」から，セルの次の状態を計算するために，現在の状態セルを3×3になるように分けます．それぞれ3×3のセルで中央のセルが，次にどうなるかを考えます．3×3セ

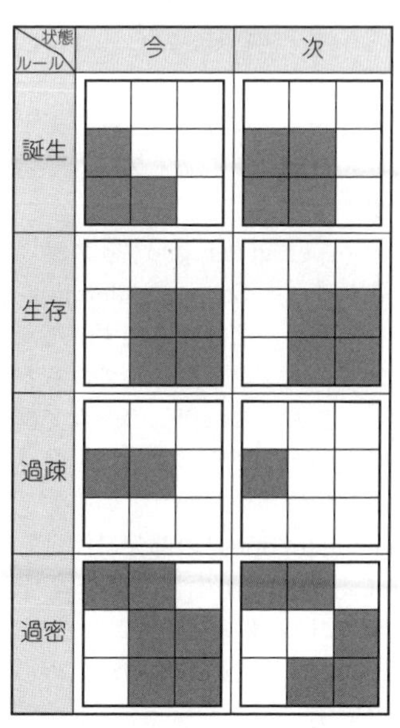

図2　ライフ・ゲームの4つのルール

図4　LifeWiki - Conway's Game of Lifeのウェブ・ページにある「1131 patterns」をクリックしたときの画面

ルにルールを当てはめて，誕生させたり死滅させたりします[図3(b)]．図3(a)に示した3×3のセルは，次の状態では図3(b)に示す3×3のように変化します．その後，それぞれに分けた3×3セルの中心セルを集めます．

自作の前に…生物が多く紹介されているサイト

● 特におすすめがLifeWiki

ライフ・ゲームでは，定番の生物というものが存在します．次のサイトで紹介されています．

- LifeWiki - Conway's Game of Life

`http://conwaylife.com/wiki`

特に，LifeWikiは英語サイトで，数多くの生物が紹介されています．

● 生物の探し方

探し方を紹介します．LifeWiki - Conway's Game of Lifeのウェブ・ページを開いたら，「1131 patterns」[注2]をクリックします．図4が表示されます．まずは「Important patterns」の部分に注目します．これの右に書いてあるものが，ライフ・ゲームで重要なパターンとなります．

例えば，「Gosper glider gun」をクリックすると，図5が表示されます．Gosper glider gunと名前の付いた生物が右上のセル上で動きます．ただし，全てのセルのアニメーションが用意されているわけではありません．また，この下には何個のセルで構成されているか，周期は幾つか，このパターンを発見した人の名前とその年などの情報が書かれています．

次に「Major categories」の部分に注目します．これの右に書いてあるものが生物のカテゴリ別に集めたページへ飛ぶリンクとなっています．例えば，「Oscillators」は周期的に動く生物が集められたページに飛ぶリンクです．

注2：2018年10月10日現在の値です．

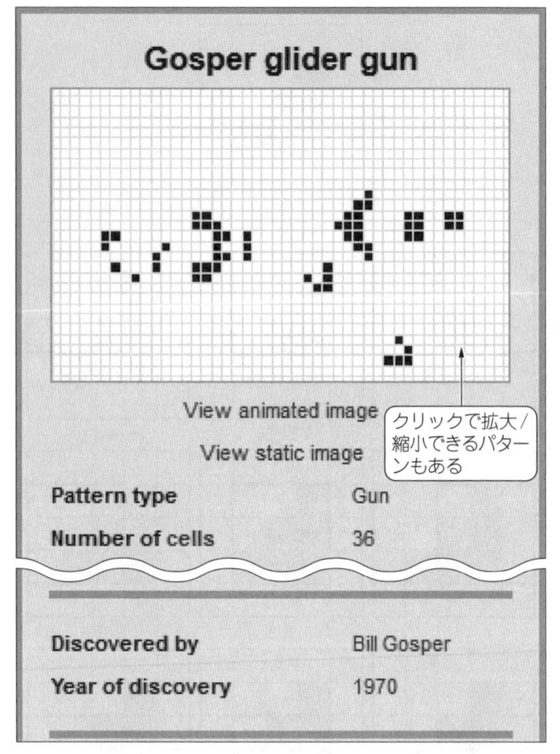

図5　図4中のGosper glider gunをクリックすると詳細が表示される

ライフ・ゲームを作る

ここでもProcessingを使ってプログラム`Lifegame10x10.pde`を作ります．まずは，本書ウェブ・ページから，ダウンロードしてください．

ダウンロードしたプログラムに付加してある機能は次の通りです．

- マウスの左ボタンをクリック：セルが黒く変わる
- マウスの右ボタンをクリック：セルが白く変わる
- 「s」ボタンをクリック：シミュレーションのスタートとストップ
- 「1」ボタンをクリック：シミュレーションを1ステップだけ進める
- 「c」ボタンをクリック：セルを全て白くする
- 「r」ボタンをクリック：セルの生物をランダムに増やす

● フローチャート

フローチャートを図6に示します．初期設定し，現在のセルの状態を表示(`DispCell`関数)した後，シミュレーションがスタートしている場合，または1ステップだけ進める場合は，セルの更新(`NextGeneration`関数)を行います．

キーボードが押されたときの関数(keyPressed関数)によって押されたキーを判別して，シミュレーションのスタート/ストップなどを行っています．

そして，マウスが押されたときの関数(mousePressed関数)，マウスがドラッグされたときの関数(mouseDragged関数)が呼ばれたとき，マウスの位置のセルの白黒を変える関数(DrawLife関数)を呼び出してセルを変更しています．

● セルの更新

ライフ・ゲームは最初に示した4つのルール(誕生，生存，過疎，過密)に従ってセルが生まれるのか，生き残るのか，死ぬのかを決めます．それを実装しているのが**リスト1**に示すNextGeneration関数です．

▶ Mapを2つ用意する

セルを更新するときには，もう1枚同じ大きさの全て白となっているセルを用意しておきます．このプログラムでは生命が存在するセルが書かれているものをMap0としています．そして，そのセルをもとにして新しく更新されるセルをMap1としています．

例えば，Map1のような更新後のセルを用意せずに，Map0上のセルを更新してしまうとどうなるのでしょうか．実際に比較したのが**図7**と**図8**です．更新したセルの状態を使って隣のセルの更新が行われてしまいます．

▶ 3×3のセルの状態を調べる

セル更新の様子を示したのが**図7**です．最初の状態は**図7(a)**の上に表されています．ここでは広いフィールドの中の5×5の部分だけに着目して説明を行います．

まず，3×3の部分に分けてその中央のセルが，誕生，死滅(過疎，過密)，生き残り，変化なし，のいずれなのかを調べます(詳細は後述)．これを**図7(a)**の太線で囲まれた9個の3×3のセルで表しています．なお，調べているときにはセルは変化しません．

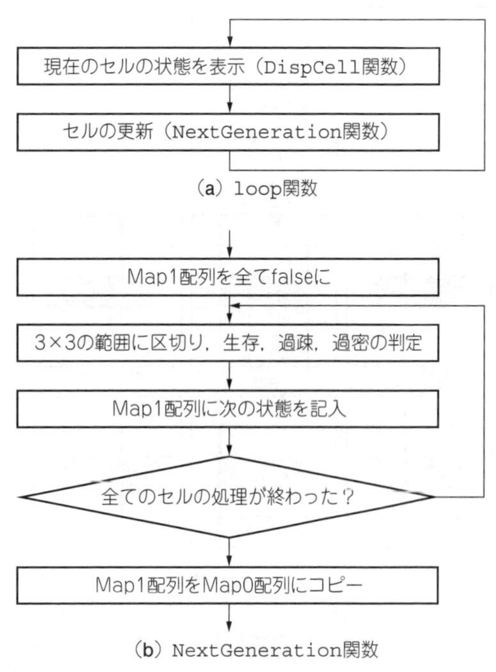

図6　ライフ・ゲームのフローチャート

▶ 3×3に分けたセルの中央のセルを変化させる

次に，調べた結果に従って全ての3×3に分けたセルの中央のセルを変化させます．これは**図7(b)**の太線で囲まれた9個の3×3のセルで表されています．そして，その中央のセルだけを集めると**図7(b)**の下の図となり，生物が横1列に並んでいたものが縦1列に変化しました．

リスト1　セルの更新プログラム

```
int map_size=50;

（中略）

int [] nx = {1, 1, 0, -1, -1, -1, 0, 1};
int [] ny = {0, 1, 1, 1, 0, -1, -1, -1};

（中略）

void NextGeneration()
{
  int c;
  for (int j=0; j<map_size; j++) {
    for (int i=0; i<map_size; i++) {
      Map1[i][j]=false;
    }
  }
  for (int j=0; j<map_size; j++) {
    for (int i=0; i<map_size; i++) {
      c = 0;
      for (int k=0; k<8; k++) {
        int x = i+nx[k];
        int y = j+ny[k];
        if (x<0)x=map_size-1;
        if (x>=map_size)x=0;
        if (y<0)y=map_size-1;
        if (y>=map_size)y=0;
        if (Map0[x][y]==true)
          c += 1;
      }
      if (Map0[i][j]==false) {
        if (c==3) {
          Map1[i][j]=true;
        }
      } else {
        if (c<2||c>3) {
          Map1[i][j]=false;
        } else {
          Map1[i][j]=true;
        }
      }
    }
  }
  for (int j=0; j<map_size; j++) {
    for (int i=0; i<map_size; i++) {
      Map0[i][j]=Map1[i][j];
    }
  }
}
（後略）
```

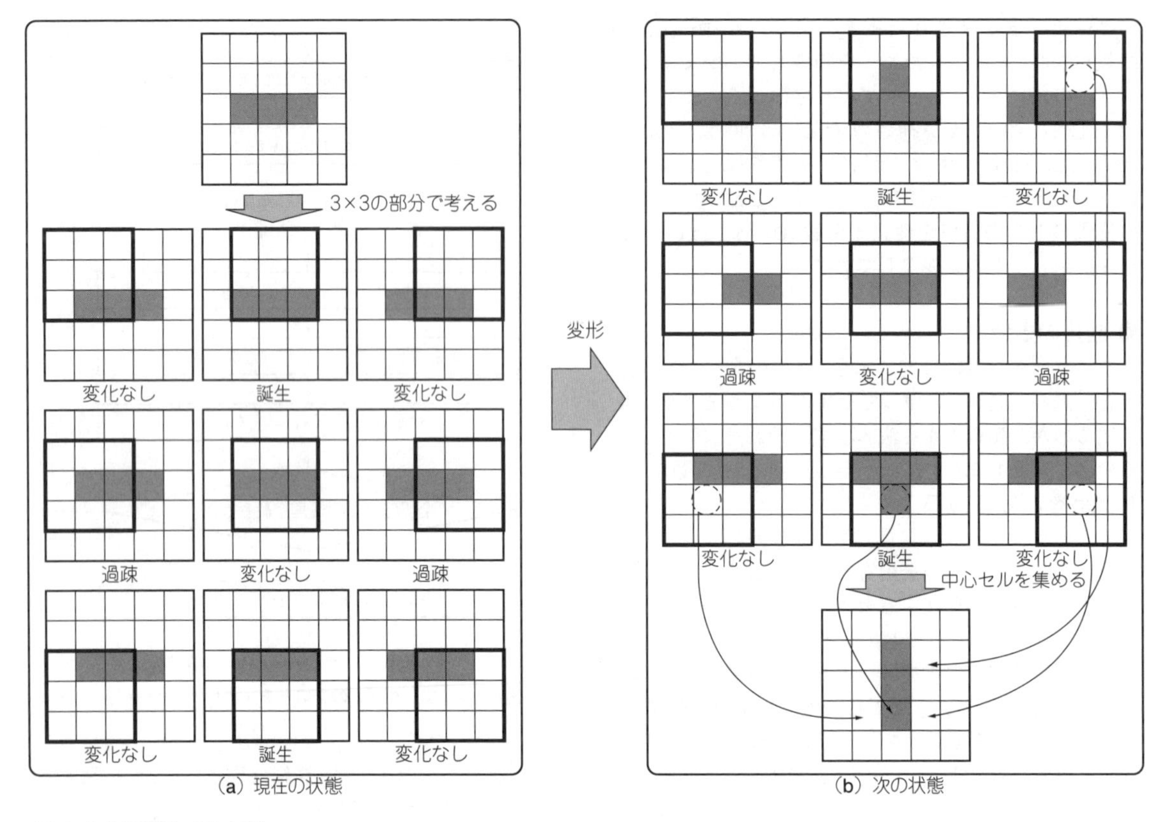

図7　セルの更新…正しい例

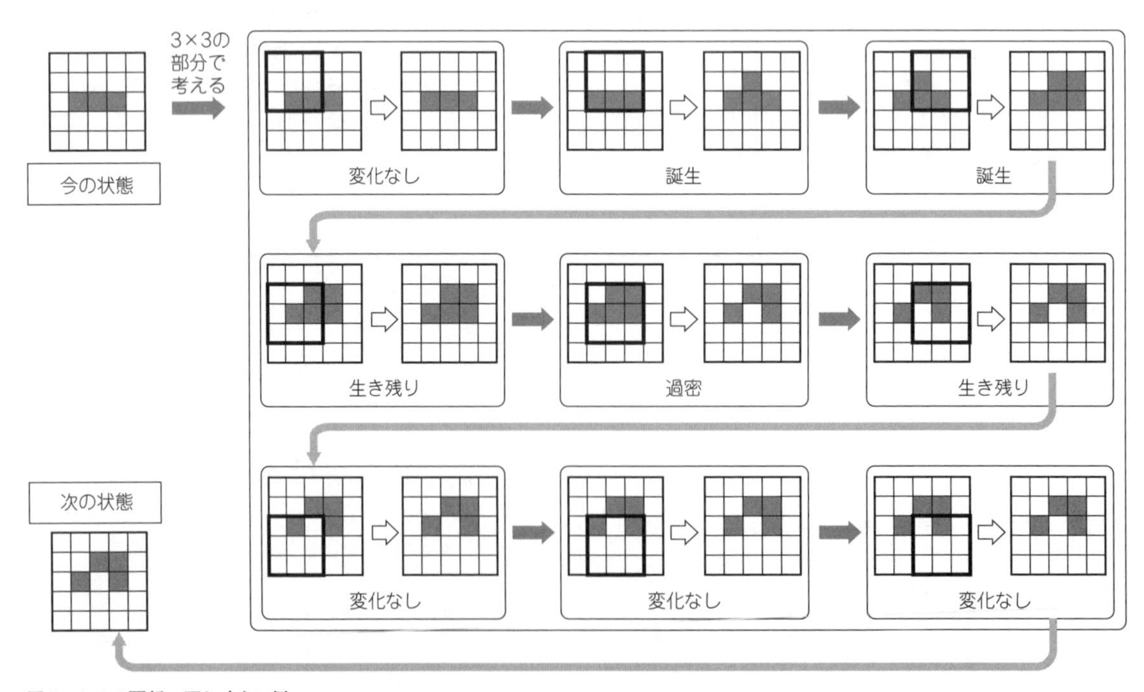

図8　セルの更新…正しくない例

● セルの更新…やってみたくなるけどダメな例

図7のように各部分に分けて後からまとめて更新せずに，1つずつその場で更新したらどうなるかを試してみました．これはプログラムが簡単になるのでやりたくなってしまう更新方法です．このようにするとうまくできないことを**図8**に示します．

結果から言うと，最初の状態は**図7**と同じですが，更新後は**図8**の左下に示すように縦1列にはなりませんでした．この過程が**図8**の右に示されています．

まず，左上の3×3の部分だけ考えてみます．この場合は変化がありません．次に中央上の3×3の部分を考えます．そうすると，中央のセルの周りにちょうど3つのセルがありますので，誕生します．ここから**図7**と異なる更新となっていきます．セルが誕生しましたので，右上の部分の更新では誕生となります．

このように，1つずつ更新すると，前に更新した分が影響して，ライフ・ゲームのルールに合わなくなっていきます．以上から，**図7**のように同時に更新する仕組みが必要になります．

● 誕生/死滅/生き残りの調べ方

誕生/死滅/生き残りを調べるには，各セルの周りのセルに着目します．ここではnxとnyという配列を使っています．例えば，nx[0]とny[0]は1と0となっています．つまり，右方向を表しています．

同じように，nx[1]とny[1]は1と1となっていいますので右下の方向を表しています．**図9**に示すように，配列要素で方向を表しています．こうすることで，**リスト1**にあるように，8回ループさせれば全方向を調べることができます．

そして，それぞれのセルに生物が存在するか(Map0の配列がtrueか)を調べ，存在する場合はcという変数に1を加えます．これを8回繰り返すことで，8方向の生存するセルの数を調べることができます．ここで，このcを「隣接数」と呼ぶこととします．

まず，対象とするセルに生物が存在するかどうかを調べます．生物が存在しない場合(Map0がtrue)，

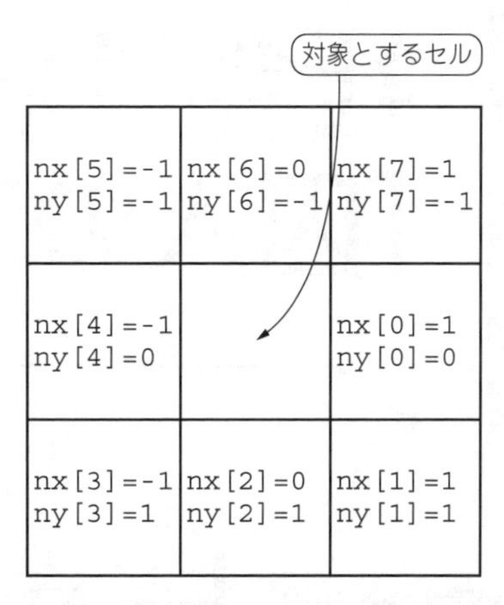


```
int[]nx={1,1,0,-1,-1,-1,0,1};
int[]ny={0,1,1,1,0,-1,-1,-1};
```

図9　誕生/死滅/生き残りの調べ方…nxとnyという配列を使う

隣接数が3かどうかを調べます．隣接数が3の場合(c=3)，次の状態でセルは誕生します．そこで，Map1にtrueを書き込みます．

次に，生物が存在する場合(Map0がtrue)について考えます．隣接数が1以下または4以上の場合(c<2またはc>3)，次の状態でセルは過疎・過密により死亡します．そこで，Map1にfalseを書き込みます．もしそれ以外の場合は，次の状態でも生存するため，Map1にtrueを書き込みます．最後に，セルを更新するためMap1の内容をMap0にコピーします．

● フィールドの大きさを変更する

フィールドの大きさを変えるには**リスト1**のmap-size値を変更します．ダウンロードできるプログラムは50×50の2500個のセルからなるフィールドとなっています．

まきの・こうじ

第5章

社会科学の基本問題「囚人のジレンマ」

牧野 浩二

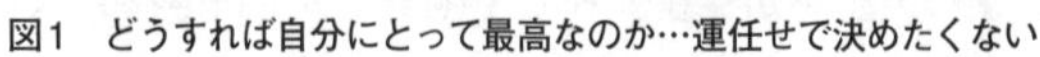
図1　どうすれば自分にとって最高なのか…運任せで決めたくない

囚人のジレンマというゲーム理論を通して，人工生命が互いに対戦する様子を紹介します．囚人のジレンマには戦略というものが存在します．この戦略が時に人間臭くもあり，人間の社会の縮図のような解釈を与えるものとなっています．

さらに，囚人のジレンマを拡張して，人工生命が社会を作るシミュレーションに発展させます．うまくプログラムをして，社会を支配するルールを持つ人工生命を作ってみましょう．

社会科学の基本問題「囚人のジレンマ」のルール

囚人のジレンマは1950年ごろに考案されました．まずはどのようなゲームなのかを説明します．登場するキャラクタは実際にはまだ容疑者ではありますが，このゲームの名前に囚人とついているため，囚人と呼びます．

<問題>

2名の囚人が別々の部屋で取り調べを受けています（**図1**）．

それぞれの囚人は罪を「自白」するか，「黙秘」するかを迷っています．なぜなら，取調官から次のようなルールで懲役の長さが決まると聞かされているからです．

- 2人とも自白した場合：2人とも懲役5年
- 2人とも黙秘した場合：2人とも懲役2年
- 1人が自白して，もう1人が黙秘した場合：自白した人は無罪（懲役0年），黙秘した人は懲役10年

皆さんならどうしますか．イチかバチか自白するのか，相手を信頼して黙秘するのか悩みどころです．

さまざまな応用ができる

応用として次の問題があります．

- 価格設定問題
- 動物の協調作業
- 軍縮の問題
- 受験戦争

ここでは「価格設定問題」と「動物の協調作業」の2つについて，具体的に説明します．

● 価格設定

価格設定問題として定食屋さんの安売り戦略を取り上げます．2つの定食屋さんがあったとしましょう．両方とも同じくらいの値段で，同じくらいの数のお客さんが入っていたとします．2店とも高い値段で定食を販売すれば利益が出ますね．

片方の店だけ値段を下げたらどうなるでしょう．値段を下げた店は客単価は下がりますが，お客さんがたくさん来るようになるので薄利多売となり，2店とも高い値段で定食を販売していたときよりもより多くの利益を得ることができます．

一方，高いままの価格で販売を続けている店は，お客さんが来なくなるので，売り上げはがた落ちです．

そこで，高いままの価格で販売を続けていた店も値段を下げるとどうでしょう．両方とも客単価は下がりますが，両方とも同じくらいの数のお客さんが入りますね．

長期的な目で見てどのように価格を設定すればよいのかというのも囚人のジレンマの応用となります．

表1　取り調べ時に提示された自白/黙秘による損得

囚人A＼囚人B	黙秘	自白
黙秘	(2年，2年)	(10年，0年)
自白	(0年，10年)	(5年，　5年)

表2　自白/黙秘の損得を利得として数値化

自分＼相手	協調(黙秘)	裏切り(自白)
協調(黙秘)	利得R：6点(懲役2年)	利得S：0点(懲役10年)
裏切り(自白)	利得T：8点(懲役0年)	利得P：2点(懲役5年)

● 動物の協調作業

動物の協調作業として，猿の毛づくろい問題を取り上げます．動物園に行くと2匹の猿が毛づくろいをしている姿がよく見られます．猿たちは大抵の場合，交互に行っています．

毛づくろいをするのは面倒ですが，やってもらえるとかゆくなくなります．では，毛づくろいをした猿が，相手の毛づくろいをせずにどこかに行ってしまったらどうでしょう．毛づくろいをしてもらった猿は何もせずにきれいになりましたのでとても良い気分です．

一方，毛づくろいだけした猿はどうでしょう．苦労だけして自分はきれいにならないこととなります．それだったら，毛づくろいをしてあげない方がよかったと思いますね．

では，互いの猿が毛づくろいをしなかったらどうでしょう．互いに体中がかゆくなってしまいます．これも囚人のジレンマと同じですね．

損か得かを整理する

囚人のジレンマの損得を整理したのが**表1**です．なお，この後の説明を分かりやすくするため，自白は「裏切り」，黙秘は「協調」と呼ぶこととします．

囚人A裏切り(自白)，囚人B協調(黙秘)のところにある(0年，10年)は囚人Aが懲役0年(無罪)，囚人Bが懲役10年ということを表しています．この表は損得表または利得表と呼ばれています．

● 良い手とは何か

どれが良い手なのでしょうか．ゲーム理論の「ナッシュ均衡」という考え方から取るべき手を考えてみます．ナッシュ均衡とは，相手がその戦略を取るときに，自分が戦略を変えると損をするような状況です．

囚人の例では，両方の囚人が裏切る(自白する)ときがナッシュ均衡となります．言葉で説明すると難しく感じるかもしれませんが，**表1**を用いると簡単です．相手が裏切った(自白した)ときに，自分も裏切った(自白した)ときは懲役5年となりますが，相手が戦略を変えない(裏切った)とき，自分が戦略を変える(協調する)と，懲役が5年から10年に伸びてしまうからです．

では，共に協調したときはナッシュ均衡にならないのでしょうか．このときは，自分だけ戦略を変える(協調から裏切りへ変える)と，懲役が2年から0年に変わります．つまり，戦略を変えた方が良い状態になっています．このため，両方の囚人が協調するというのはナッシュ均衡になりません．ちなみに，共に協調する戦略を取ることは「パレート最適」と呼ばれる状態です．

● 何度も対決するときに面白くなる

さて，囚人の選択が1回限りだとジレンマは起こりません．なぜなら裏切るのが最も良い戦略になってしまうからです．

しかし，繰り返し同じ相手と，**表1**のような選択をすることになると，様子が変わります．自分と相手がこれまでにどちらの戦略を取ったかという情報をうまく使うことができるようになるからです．

何度も繰り返し選択をする場合は，その囚人が合計で懲役何年になったという数を使うのではなく，得点として点数を与えた方がうまく説明できます．囚人のジレンマではこの点数のことを「利得」と呼ぶことがよくあります．

例えば，**表2**のように利得を決めます．この利得の決め方はこの後で説明する条件に当てはまっていればどのように選んでもよいです．利得が1桁だと，この後の説明で使う表が見やすくなるため，このように決めました．

今回は使いませんが，例えば懲役年数と合わせて「利得を10から懲役年数を引いた数」としてもよいです．

● 囚人のジレンマ問題が成立する条件

この問題のように簡単に決まることがないよう，問題を設定するための条件が知られています．このジレンマが起こるための関係性が成立するのは次の2つの式が成り立つときとなります．**表2**の利得はこの式が成り立っています．

$$T > R > P > S \quad \cdots\cdots (1)$$

$$2R > S + T \quad \cdots\cdots (2)$$

上記2つの条件の意味は言葉で説明できます．まず，式(1)の意味から説明します．自分が最も良い状態となるのは，自分は裏切った(自白した)のに，相手が

表3　ALL-CとALL-C 5回選択した後の利得

戦略	1	2	3	4	5	合計
ALL-C	協調 6	協調 6	協調 6	協調 6	協調 6	30
ALL-C	協調 6	協調 6	協調 6	協調 6	協調 6	30

表4　ALL-CとALL-D 5回選択した後の利得

戦略	1	2	3	4	5	合計
ALL-C	協調 0	協調 0	協調 0	協調 0	協調 0	0
ALL-D	裏切 8	裏切 8	裏切 8	裏切 8	裏切 8	40

協調(黙秘)してくれた場合ですね．この場合は自分が無罪となりますので8点としています．確かに**表2**でもそのときの利得が最大となっています．

次によいのは，両方とも協調したときで，利得は6点です．

最も悪いのは，自分が相手を信頼して協調したにもかかわらず，相手が裏切ったときです．この場合は利得は0点です．つまり得られる利得は，上から順に自分が裏切り，協調，裏切り，協調となっています．

次に式(2)の意味を説明します．十分長く繰り返すゲームを考えたときに，交互に裏切るよりも互いに協調し合った方が互いの利益となることを示しています．ちょっとイメージが付きにくいかもしれませんので，2回行った場合を考えます．

1回目に自分が裏切り，相手が協調したとします．そうすると，1回目の利得は自分はT点，相手はS点として得られます．2回目は逆になり，自分が協調，相手が裏切ったとします．そうすると，2回目の利得は自分はS点，相手はT点が得られます．2回の合計点数は自分と相手は共に$T+S$点となります．

裏切りと協調を繰り返すのではなく，2回とも自分と相手が共に協調したとします．
この場合は2回目の合計点数は自分と相手は共に$2 \times R$点となります．つまり，協調関係を築くとより良い結果が得られるように点数を決めていることとなります．

● どのような戦略があるのか

囚人のジレンマの考察は古くから行われていて，過去にはさまざまな戦略を集めたコンテストのようなものも行われています．代表的な戦略を次に示します．日本語で名前の付いているものは戦略名の後ろに名前を付けておきます．

なお，囚人のジレンマではDは裏切りを表し，Cは協調を表す文字として使われます．そのため，ALL-Dとは「全て」-「裏切り」ということを表しています．

- ALL-C：常に協調を選択する
- ALL-D：常に裏切りを選択する
- RANDOM：ランダムに裏切りと協調を選択する
- TFT (Tit For Tat)：しっぺ返し戦略．最初は協調を選択する．次からは相手が前回取った行動をまねする
- anti-TFT (anti-Tit For Tat)：逆しっぺ返し戦略．しっぺ返し戦略の逆の戦略．最初は裏切りを選択する．次からは相手が前回取った行動の逆の行動を選択する
- TF2T (Tit-For-Two-Tats)：初回は協調を選択する．相手が2回連続で裏切りを選んだとき，次回は裏切りを選択する
- GRIM (またはFRIEDMAN)：初回は協調を選択する．相手が1回でも裏切りを選んだら，以後は最後まで裏切りを選択する
- GRIM *：GRIMと同じ戦略だけれども，最後だけは必ず裏切りを選択する
- REPEAT-C：初回は協調を選択する．その後，裏切りと協調を繰り返す
- REPEAT-D：REPEAT-Cと同じだが，初回は裏切りを選択する

● 最終的な利得を手計算

ここでは5回選択した後の利得を計算してみましょう．

▶ ALL-CとALL-C

常に協調する2人を対象とします．これの計算は簡単ですね．毎回共に協調しますので，共に6点入ってきます．そのため，5回選択した後は30点得られます．これは**表3**として表すことができます．

▶ ALL-CとALL-D

1人は常に協調し，もう1人は常に裏切る人を対象とします．1人が協調でもう1人が裏切りだった場合，協調は0点となり，裏切りは8点もらえます．そこで，5回選択した後はALL-Cの戦略を取った場合は0点，ALL-Dの戦略を取った場合は40点得られます．これは**表4**として表せます．常に協調する人はカモにされてしまっています．

▶ ALL-DとTFT

1人は常に裏切り，もう1人はしっぺ返し戦略を取る人を対象とします．先ほどに比べて難しくなりますね．各選択でどちらにどのように得点が入ったのかを**表5**として表します．それぞれの選択回数について見ていきます．

- 1回目の選択

TFTの戦略を取る人は協調となりますので，

表5　ALL-DとTFT 5回選択した後の利得

戦略	1	2	3	4	5	合計
ALL-D	裏切 8	裏切 2	裏切 2	裏切 2	裏切 2	16
TFT	協調 0	裏切 2	裏切 2	裏切 2	裏切 2	8

表6　ALL-CとTFT 5回選択した後の利得

戦略	1	2	3	4	5	合計
ALL-C	協調 6	協調 6	協調 6	協調 6	協調 6	30
TFT	協調 6	協調 6	協調 6	協調 6	協調 6	30

表7　REPEAT-CとTFT 5回選択した後の利得

戦略	1	2	3	4	5	合計
REPEAT-C	協調 6	裏切 8	協調 0	裏切 8	協調 0	22
TFT	協調 6	協調 0	裏切 8	協調 0	裏切 8	22

表8　ALL-C（常に協調）/ALL-D（常に裏切り）/TFT（しっぺ返し）3つの優劣

相手の戦略／自分の戦略	ALL-C	ALL-D	TFT	合計点数
ALL-C	66666 : 30	00000 : 0	66666 : 30	60
ALL-D	88888 : 40	22222 : 10	82222 : 16	66
TFT	66666 : 30	02222 : 8	66666 : 30	68

ALL-D戦略を取った人には8点が入り，TFTの戦略を取った人は0点となります．

• 2回目の選択

TFTの戦略を取る人は1回目で相手が裏切りの戦略を取ったので2回目は裏切り戦略となります．共に裏切りとなりますので，双方の利得は2点となります．

• 3回目以降の選択

TFTの戦略を取る人はその前の回で相手が裏切りの戦略を取ったので次も裏切り戦略となります．共に裏切りとなりますので，双方の利得は2点となります．

▶ **ALL-CとTFT**

今度は1人は常に協調して，もう1人はしっぺ返し戦略を取る人を対象とします．各選択でどちらにどのように得点が入ったのかを**表6**として表します．

TFTは相手の手をまねるため，常に相手が協調する場合はTFTも協調します．ALL-CとTFTは相性の良い戦略となります．

▶ **REPEAT-CとTFT**

1人は協調と裏切りを繰り返し，もう1人はしっぺ返し戦略を取る人を対象とします．この場合の利得を**表7**に示します．

• 1回目の選択

REPEAT-CとTFTは共に初回は協調となりますので，どちらも6点が得られます．

• 2回目の選択

REPEAT-Cは協調の後は裏切る戦略となります．TFTは1つ前の相手の戦略をまねるため，協調します．そのためREPEAT-Cは8点となり，TFTは0点となります．

• 3回目の選択

REPEAT-Cは裏切りの後は協調する戦略となります．TFTは1つ前の相手の戦略をまねるため，裏切ります．そのためREPEAT-Cは0点となり，TFTは8点となります．

• 4回目以降の選択

2回目と3回目の選択を繰り返すこととなります．

● 3つの戦略の優劣

ALL-C（常に協調），ALL-D（常に裏切り），TFT（しっぺ返し）の3つの優劣を調べるために**表8**に全ての対戦結果をまとめました．この表から次のことが分かります．

- ALL-D（常に裏切り）はALL-C（常に協調）とTFT（しっぺ返し）と対戦した場合，より多くの利得を得られる
- ALL-CとTFTは同じ戦略を持つ相手と対戦した場合は，共に協調するために良い利得が得られる
- ALL-CとTFTが対戦した場合は互いに協力するので良い利得が得られる
- 全ての対戦の合計は，TFTが最もよい

シミュレーション

ここでもProcessingでシミュレーションします．今回は2人の囚人の繰り返し対戦を行います．

例えば，ALL-C対ALL-Dのような異なる戦略を持つ囚人の対戦だけでなく，ALL-C対ALL-Cのような同じ戦略を持つ囚人の対戦も行います．そして，戦略として本稿で紹介した中でランダムに選択する戦略を除いた9種類を用意しました．全ての戦略の組で対戦すると81（=9 × 9）の結果が得られます．

● 実行結果

シミュレーションを実行するとコンソールに**図2**のような表示がなされます．Scoreと書いてある下の数字は10回対戦したときの得点です．Win or Loseと書いてある下の数字は星取表のようなもので，10回対戦したときに相手よりも得点を多く獲得していた場合

表9　それぞれの戦略を持った者同士が10回対戦したときに獲得した利得

相手の戦略 / 自分の戦略	ALL-C	ALL-D	TFT	anti TFT	Repeat	anti Repeat	GRIM	GRIM＊	TF2T	平均	順位
ALL-C	60	0	60	54	30	30	60	54	60	45.3	5
ALL-D	80	20	26	20	50	50	26	26	32	36.7	8
TFT	60	18	60	40	38	40	60	60	60	48.4	2
antiTFT	62	20	40	20	40	42	24	24	62	37.1	7
Repeat	70	10	46	40	40	40	22	22	70	40	6
antiRepeat	70	10	40	34	40	40	16	16	64	36.7	8
GRIM	60	18	60	24	46	48	60	60	60	48.4	2
GRIM＊	62	18	60	24	46	48	60	60	60	48.7	1
TF2T	60	16	60	54	30	32	60	60	60	48	4

表10　それぞれの戦略を持った者同士が10回対戦したときの勝ち負け

相手の戦略 / 自分の戦略	ALL-C	ALL-D	TFT	anti TFT	Repeat	anti Repeat	GRIM	GRIM＊	TF2T	勝敗差	順位
ALL-C	0	－1	0	－1	－1	－1	0	－1	0	－5	9
ALL-D	1	0	1	0	1	1	1	1	1	7	1
TFT	0	－1	0	0	－1	0	0	0	0	－2	6
antiTFT	1	0	0	0	0	1	0	0	1	3	2
Repeat	1	－1	1	0	0	0	－1	－1	1	0	5
antiRepeat	1	－1	0	－1	0	0	－1	－1	1	－2	6
GRIM	0	－1	0	0	1	1	0	0	0	1	4
GRIM＊	1	－1	0	0	1	1	0	0	0	2	3
TF2T	0	－1	0	－1	－1	－1	0	0	0	－4	8

```
Score----------
60  0   60  54  30  30  60  54  60
80  20  26  20  50  50  26  26  26
60  18  60  40  38  40  60  60  60
62  20  40  20  40  42  24  24  40
70  10  46  40  40  40  22  22  46
70  10  40  34  40  40  16  16  40
60  18  60  24  46  48  60  60  60
62  18  60  24  46  48  60  60  60
60  18  60  40  38  40  60  60  60
Win or Lose----------
0   -1  0   -1  -1  -1  0   -1  0
1   0   1   0   1   1   1   1   1
0   -1  0   0   -1  0   0   0   0
1   0   0   0   0   1   0   0   0
1   -1  1   0   0   0   -1  -1  1
1   -1  0   -1  0   0   -1  -1  0
0   -1  0   0   1   1   0   0   0
1   -1  0   0   1   1   0   0   0
0   -1  0   0   -1  0   0   0   0
```

図2　「囚人のジレンマ」シミュレーション実行結果

は1を，少なければ－1を，同じならば0を表示するようにしています．

これをドラッグして選択後，コピーしてExcelに貼り付けて，どの戦略がよかったのか考えます．今回はシミュレーションを簡単にするために，あえてファイルへ出力せずに行いました．これを表にまとめると**表9**と**表10**になります．

表9はそれぞれの戦略を持った者同士が10回対戦したときに獲得した利得を示しています．例えば，ALL-D行のTFT列にある26はALL-DとTFTが10回対戦して得たALL-Dの利得となります．そして，右から2番目の列は平均の利得を表しています．その平均利得をもとに順位をつけたのが一番右の列になります．

表10はそれぞれの戦略を持った者同士が10回対戦したときの利得を比べて，利得が多い方を勝ちとしています．勝った場合は1，負けた場合は－1，引き分けの場合は0としました．例えばALL-C行のTFT列にある0は，対戦結果が引き分けだったことを示しています．これは手計算で説明したようにALL-CとTFTは互いに協調して引き分けになることがこの結果からも分かります．また，ALL-C行のALL-D列にある－1はALL-CがALL-Dに負けたことを示しています．ALL-DはALL-Cに勝ったということになりますので，ALL-D行のALL-C列は1となっています．

右から2番目の列は勝敗差を示しています．これは列の平均を取った値です．その勝敗差をもとに順位をつけたのが一番右の列になります．

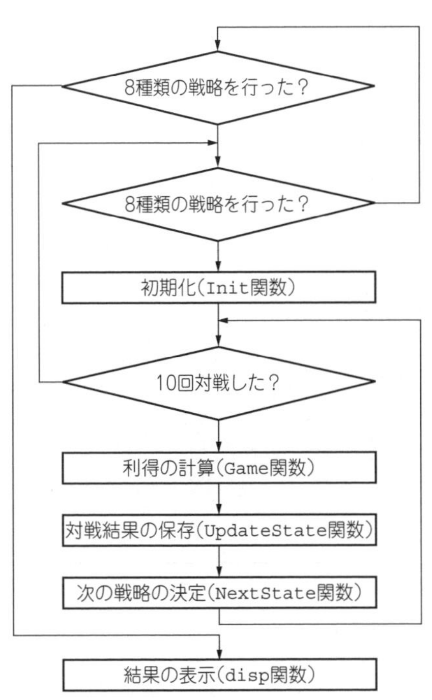

図3　シミュレーションに用いたプログラムの構成

リスト1　囚人のジレンマをシミュレーションするためのAllGame関数

```
void AllGame()
{
  for (int i=0; i<TypeMax; i++) {
    for (int j=0; j<TypeMax; j++) {
      mAgentA[i].Init();
      mAgentB[j].Init();
      for (int k=0; k<GameMax; k++) {
        mAgentA[i].Game(mAgentB[j]);
        mAgentB[j].Game(mAgentA[i]);
        mAgentA[i].UpdateState();
        mAgentB[j].UpdateState();
        mAgentA[i].NextState();
        mAgentB[j].NextState();
      }
      //利得の保存
      ALLScore[i][j]=mAgentA[i].Score;
      //勝敗の保存
      if (mAgentA[i].Score<mAgentB[j].Score){
        ALLWorL[i][j] = -1;
      }
      else if (mAgentA[i].Score>mAgentB[j].Score){
        ALLWorL[i][j] = 1;
      }
      else{
        ALLWorL[i][j] = 0;
      }
    }
  }
}
```

● どれが良いの？

利得の順位に着目すると，

1位：GRIM*
2位：GRIM
2位：TFT
4位：TF2T

となっています．いずれも相手が裏切らなければ協調する戦略が上位に来ています．

悪い方の順位は，

7位：antiTFT
8位：ALL-D
8位：antiRepeat (REPEAT-D)

となっています．最初に裏切ると利得が下がっています．

勝敗差の順位に着目すると，

1位：ALL-D
2位：antiTFT
3位：GRIM*
⋮
6位：TFT
6位：antiRepeat
8位：TF2T
9位：ALL-C

となっています．利得では7位と8位というワースト1位と2位になったALL-DとantiRepeatが勝敗差では1位と2位になっています．逆に，利得では3位にいたTFTも勝敗差では下位になっています．平均利得が高いからといって必ず勝っているというわけではない点が面白いです．

● シミュレーションの構成

シミュレーション・プログラムは**図3**に示すような構成となっています．このシミュレーションでは，9種類の戦略は**表9**の上から順に0～8の数字が振られています．そこで0～8のループを2重にすることで，全ての組み合わせをシミュレーションしています．

まずは初期化(Init関数)を行い，次にそれぞれ選択を伝え合って利得を計算(Game関数)します．

そして，これまでの選択した結果を保存するための処理(UpdateState関数)をします．それをもとに次の手を計算(NextState関数)します．これらは全て，**リスト1**に示すAllGame関数内に書かれています．

全ての対戦が終わったら結果を表示(disp関数)します．今回はクラスを使い囚人をAgentとして表しています．

● 次の1手を決める

次の1手を決めるのは，**リスト2**に示すAgentクラス内のNextState関数で行っています．エージェント・クラスにTypeという変数があり，どの戦略を取るかが保存されています．そして，NextState

リスト2　次の一手を決めるNextState関数

```
class CAgent
{
  int Type;
(中略)
  void NextState()
  {
    switch(Type) {
    case 0://ALL-C
      StateA[0]=true;
      break;
    case 1://ALL-D
      StateA[0]=false;
      break;
    case 2://TFT
    case 3://antiTFT
      StateA[0]=StateB[0];
      break;
    case 4://Repeat
    case 5://antiRepeat
      StateA[0]=!StateA[0];
      break;
    case 7://GRIM*
      if (GameNum==GameMax-1)
        Dflag=true;
    case 6://GRIM
      if (Dflag==false)
        StateA[0]=true;
      else
        StateA[0]=false;
      break;
    case 8://antiTFT
      if (GameNum>1 && StateB[0]==false && StateB[1]==false) {
        StateA[0]=false;
      } else
        StateA[0]=true;
      break;
    case 10://Random
      if ((int)random(2)<1)
        StateA[0]=true;
      else
        StateA[0]=false;
      break;
    }
  }
};
```

表11　シミュレーション時に紹介した変数のまとめ

項　目	詳　細
SteteA[n]	n手前の自分の選択
SteteB[n]	n手前の相手の選択
GameNum	選択した回数
GameMax	繰り返し回数
Dflag	これまでに1度以上裏切られたらfalse，それ以外はtrue

表12　戦略にIDを割り振る

ID	戦略名	戦　略
0	ALL-C	常に協調
1	ALL-D	常に裏切り
2	TFT	しっぺ返し
3	antiTFT	しっぺ返し（初回は裏切り）
4	Repeat	繰り返し
5	antiRepeat	繰り返し（初回は裏切り）
6	GRIM	裏切られたらずっと裏切り
7	GRIM *	GRIM戦略＋最後だけ裏切り
8	TF2T	2回連続で裏切られたら裏切り

関数内でType変数によって次の1手をswitch case文で選択しています．

例えばTypeが0の場合はALL-Cですので，次の手も協調となります．次の1手はStateA[0]に代入することで行えるようにシミュレーションが作成されており，協調の場合はtrueを代入します．

同じように，Tyepが1の場合はALL-Dですので，次の手も裏切りとなります．そこでStateA[0]にfalseを代入します．

TFTの戦略を取るときには，1手前の相手の手が必要となります．これはStateB[0]に保存されています．そこで，StateA[0]にStateB[1]を代入することで1手前の相手の手を次に選択できるようになります．

同じようにTF2Tの戦略は2回連続で裏切られたときに裏切るという戦略ですので，1手前と2手前の相手の戦略が必要となります．2手前の戦略はStateB[2]に保存してあります．なお，この戦略は2回以上選択をしていなければなりません．何回目の選択かを表す変数としてGameNum変数を用意してあります．

Repeat戦略では，協調と裏切りを繰り返すため，1手前の自分の手を覚えておく必要があります．これはStateA[1]に保存されています．

GRIM戦略では，1度でも裏切ったかどうかを調べています．これはDflagがfalseであったら，これまでに1度以上裏切られていることとなります．

● 新しい戦略を入れるための変数のまとめ

読者の皆さんが考えた戦略をシミュレーションに組み込む方法を紹介します．先ほどいろいろな変数の意味を紹介しましたが，ここで**表11**にまとめておきます．また，戦略とIDの関係を**表12**にまとめます．

シミュレーションその2…新しい戦略を入れる例題

例として次の戦略を組み込みます．

- 最初：裏切り
- 最後：裏切り
- その他全て：協調

リスト3　1手目の選択を決めるInit関数

```
void Init()
{
  if (Type==1||Type==3||Type==5||Type==20)
    StateA[0]=false;
  else
    StateA[0]=true;
  Score=0;
  Dflag=false;
}
```

リスト4　新しい戦略を入れ込む
リスト2のswitch case文に追加

```
case 20://MySelect
  if (GameNum==GameMax-1)
    StateA[0]=false;
  else
    StateA[0]=true;
  break;
```

表13　新しい戦略を試したときの利得

自分の戦略＼相手の戦略	ALL-C	ALL-D	TFT	anti TFT	Repeat	anti Repeat	GRIM	GRIM*	TF2T	自作戦略	平均
自作戦略	64	2	56	50	32	32	8	8	62	56	37

表14　新しい戦略を試したときの勝敗

自分の戦略＼相手の戦略	ALL-C	ALL-D	TFT	anti TFT	Repeat	anti Repeat	GRIM	GRIM*	TF2T	自作戦略	勝敗差
自作戦略	1	−1	0	−1	−1	−1	−1	−1	1	0	−4

● IDを付ける

この戦略にIDを付けます．UsingType配列に番号を追加します．番号は通し番号でなくて構いません．ここでは，IDとして組み込む戦略に20番を割り当てたとします．最後に書いた「,20」が追加した部分です．

```
int [] UsingType=
            {0,1,2,3,4,5,6,7,8,20};
```

なお，UsingType配列に書いた戦略だけが実行されます．例えば，UsingType={0,1,5}とした場合は，ALL-CとALL-D，Repeatだけで対戦が行われます．

● 最初の選択を決める

1手目の選択は**リスト3**のAgentクラスのInit関数にあります．最初に裏切りを選択するには，if文に追加します．ここでは「||Type==20」が追加した部分です．なお，1手目が協調の場合はInit関数に追加する必要はありません．

● 戦略を決める

リスト2のswitch case文に**リスト4**を追加します．この戦略を組み込んで実行した結果を**表13**と**表14**に示します．平均利得は37.0でした．**表9**の中では8番目の戦略となりました．**表10**に示した勝敗差に関しては8番目となりました．適当に作るとあまり良い戦略にはなりませんでした．

戦略の追加はさほど難しくありませんね．ぜひ，良い戦略を考えてみてください．

まきの・こうじ

第6章 社会科学のコンピュータ実験…囚人のジレンマで作る村社会

牧野 浩二

各マスの番号は
戦略のタイプ
これが自分とすると

(a) 試行前($T=0$)

周りに合わせて刻々と戦略を変える
2のしっぺ返し戦略は相手に
されたことを自分もする

(b) 試行8回($T=8$)

自分が最大の利益を得られる戦略を
探った結果，周りも同じ戦略となった

(c) 試行16回($T=16$)

図1 社会科学の基本問題「囚人のジレンマ」のコンピュータ実験を行うと村社会における人間の行動のようなものを表現できるかもしれない

1:1の関係から自分の行動を決めるのではなく，1:nの中から自分の行動を決める場合に囚人のジレンマがどのように適用できるか考えます．具体的には**図1**のように，場所という概念を加えて，複数のお隣さんと対戦を繰り返します．対戦を繰り返すことで，あたかも協調社会や裏切り社会などが形成され，地域ごとに特色が出ることがあります．

今回も皆さんが考えた戦略を組み込めるよう説明します．社会を支配する戦略を考えたり，多様な戦略が同時にうまく混在するような複数の戦略を考えてみたりしてください．

社会科学の基本問題「囚人のジレンマ」の応用＆戦略

● こんな風に応用できる

価格設定問題を取り上げます．例えばペットボトル飲料の価格を考えます．今回は場所が重要となります．お客さんは家からそこそこ近いところのお店に向かいます．そのため，近くのお店との争いになります．周りのお店が定価で売っていれば，そのお店も定価で売っても買う人がちゃんといます．

では，周りのお店が値段を下げた場合はどうでしょう．値段を下げたお店はお客さんがたくさん来て薄利多売となります．一方，値段が定価のお店には急にお客さんが入らなくなります．そのため，価格を下げるという戦略に変更になります．

両方とも価格を下げるとお客さんは戻りますが，収入は定価で売っているときよりも少なくなります．

長期的な目で見て，同時に周りの状況をうまく考え併せて，どのように価格を設定すればよいのかというのも囚人のジレンマの応用となります．

群集心理のシミュレーション

● プログラムの入手先

囚人のジレンマは計算で答えが一意に決まるものではありません．一意に決まらないからこそ面白い動作が得られます．また，本章の例では弱い戦略のものは淘汰(とうた)されて，強い戦略が増加する様子を見ることができます．これにより，県民性とか，お国柄といったようなものが現れることの意味を，少しだけ理解いただけるかもしれません．と思うのは，筆者だけでしょうか．

シミュレーションを作成し，それを実行して結果を表示させます．ここでもProcessingを使います．実行プログラムは本誌ウェブ・ページからダウンロードできます．

実行プログラムのうち，「DilemmaGame_2D」は本稿で使った図と同じように白黒で表示するものです．「DilemmaGame_2D_color」は内容は同じですが，表示を色付きに変更したものです．

表1　戦略ごとに決めた番号

戦　略	番号
ALL-C	0
ALL-D	1
TFT	2
anti-TFT	3
REPEAT-C	4
REPEAT-D	5
GRIM	6
GRIM*	7

● 画面の見方

シミュレーションを実行すると**図1**が表示されます．これらの違いは「世代の違い」で，T=0は最初の状態，T=1は1世代後の状態という具合に表しています．各マスに囚人がいるものとし，白から黒までの灰色の濃さによって戦略の違いを表しています．さらに，戦略の番号を表示しています．番号と戦略の対応は**表1**に示しています．

● シミュレーションを進める…閉じた空間の中で社会が形成されていくようすが見られる

図1のように世代が進むにつれて戦略が変わっていきます．このシミュレーションでは多くの場合，2番の戦略であるTFTが主流となり，0番の戦略であるALL-Cが少し混じるという社会が形成されています．

2番は裏切ればしっぺ返しとして1回だけ裏切るのですが，基本的には「協調社会」です．そのため，0番(常に協調する戦略)が混じることがあります．

図1は**表1**の0番～5番の戦略でしたが，6番の戦略を加えると**図2(a)**のように6番だらけになります．6番は裏切られたら許さないという戦略です．

しっぺ返しよりもより強力な「罰則社会」です．しかし突然社会が変わり，2番だらけのしっぺ返し社会になることもあります[**図2(b)**]．

また，かなりまれに**図2(c)**のように1番だらけになることがあります．1番は常に裏切る戦略です．これは「裏切り社会」となります．なんだか人間社会の歴史を見ているようですね．

● シミュレーションの中で行われている計算

どのように対戦を行うのかを見ていきます．例えば**図1**の一部を取り出して考えます．一部を切り出すと**図3**として表せます．

中心の0番のALL-Cは，周りの8マスとの対戦を行います．この8マスとの対戦を考えます．

図4は協調か裏切りかを「協」と「裏」という文字で表していて，**図5**はその方向のマスと対戦したときに中心のマスが得られる得点を表しています．

それでは，それぞれの対戦について見ていきます．下方向は0番なのでALL-Cです．そのため，下方向と対戦した場合には，下方向のマスは協調しますので，中心が得るのは6点です．

右下は1番(ALL-D)なので常に裏切ります．そのため，右下と対戦した場合，中心が得るのは0点となります．

4番，5番はその1つ前の戦略と反対の戦略を出しま

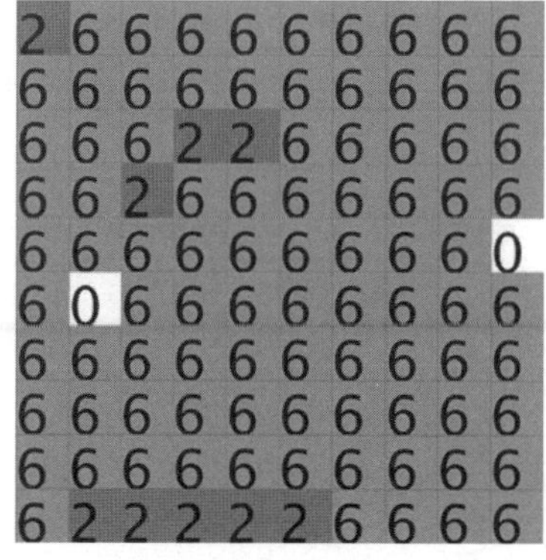

(a) 罰則社会

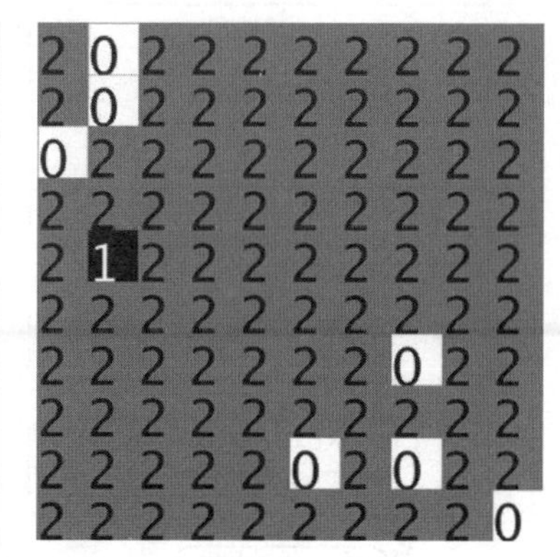

(b) 協調社会(しっぺ返し)

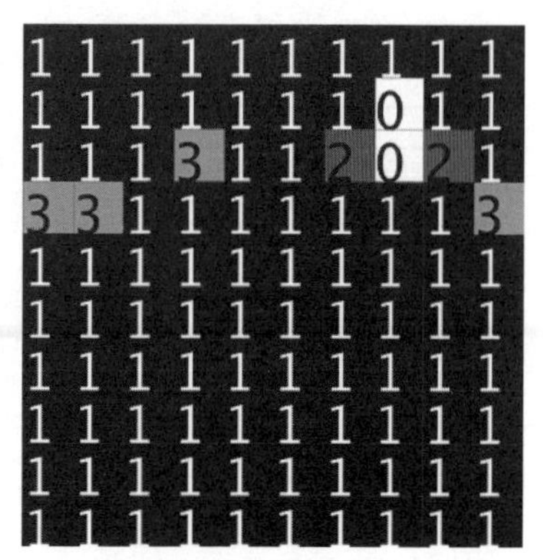

(c) 裏切り社会

図2　囚人のジレンマなるアルゴリズムで形成された社会

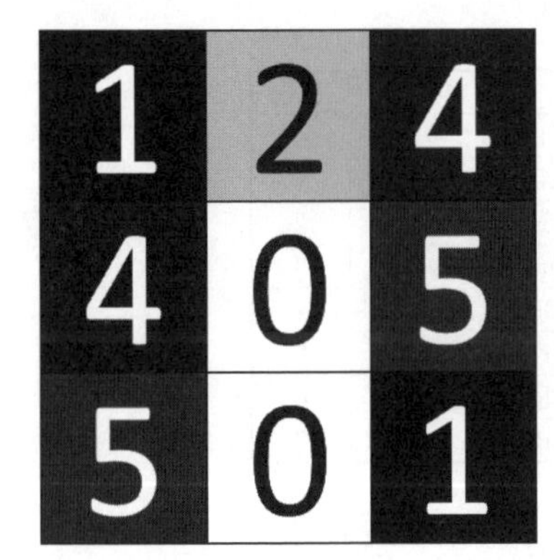

図3　どのように計算が行われているのか見てみよう…図1の一部を切り出した

裏	協	裏
裏		協
協	協	裏

図4　図3中に書かれている戦略を文字で表した

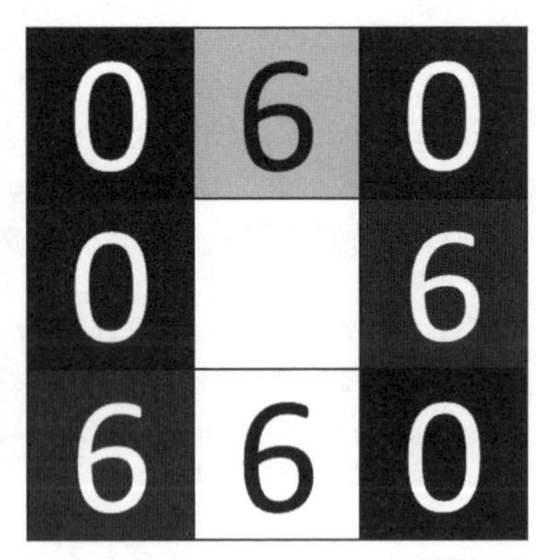

図5　真ん中に自分がいるとして全ての方向と対戦した際の得点を表す

す．1つ前の戦略で4番は協調，5番は裏切りとすると，今回の戦略は4番が裏切り，5番が協調となります．そのため，4番と対戦した場合は0点，5番と対戦した場合は6点となります．

また，2番は1つ前の相手の戦略を取ります．中心は常に協調なので，今回も協調となります．そのため6点が入ります．

以上から中心のマスが得る得点の合計は0＋6＋0＋0＋6＋6＋6＋0＝24となります．

プログラム

プログラム全体は**図6**に示すように「表示」,「対戦」,「次の戦略設定」を繰り返す構成となっています．これらの関数はdraw関数の中に書かれています．

そして，詳細は次に示しますが，対戦と次の戦略設定は**図7**と**図8**に示す手順で行います．

● 対戦

まずは対戦の関数（Game関数）について説明を行います．**図7**にある「全てのマスの初期化（Init関数）」とは，**リスト1**の3～7行目にあるようにInit関数を全てのマスで呼び出す処理となっています．

そして，「決められた回数対戦した？」に相当するループは8行目となります．この中で「隣接する相手と対戦」(NeighborGame関数）を全てのマスで行います（9～13行目）．

その次に「対戦結果の保存」(UpdateAction関数）を全てのマスで行い（14～18行目），「最後に次の行動を決定」(NextAction関数）を行っています（19～23行目）．

このように，全てのマスの処理を行ってから次の処

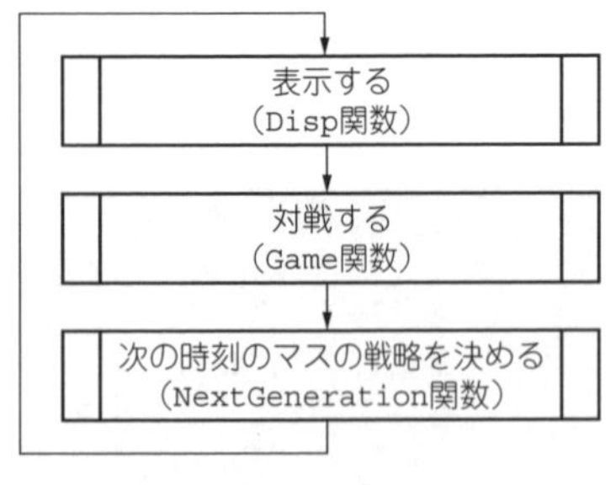

図6　プログラム全体のフロー
この3つを繰り返す

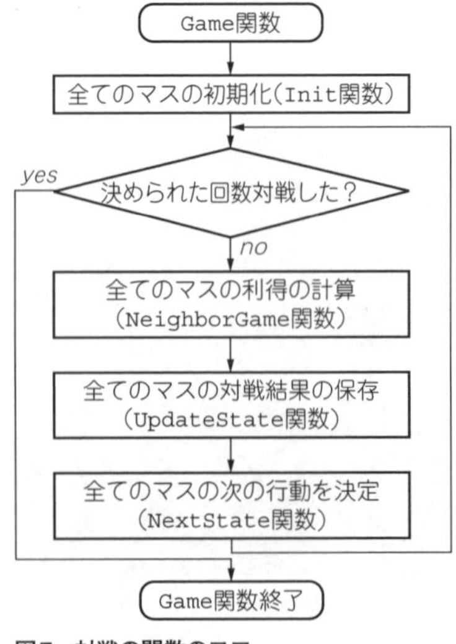

図7　対戦の関数のフロー

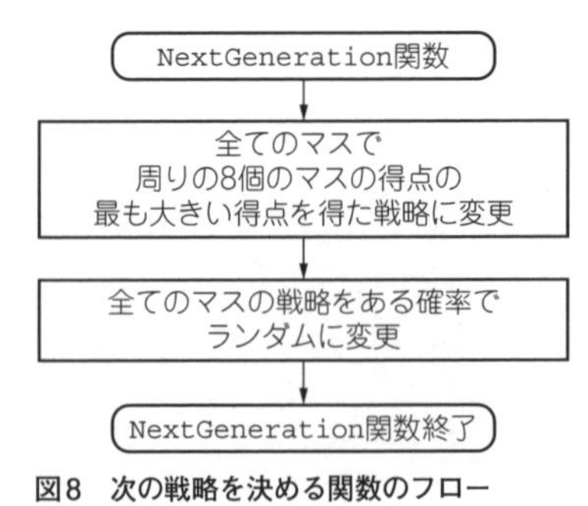

図8　次の戦略を決める関数のフロー

リスト1　対戦のGame関数

```
void Game()
{
  for (int j=0; j<map_size; j++) {
    for (int i=0; i<map_size; i++) {
      mAgent[i][j].Init();                    ← 3～7行目
    }
  }
  for (int k=0; k<GameMax; k++) {            ← 8行目
    for (int j=0; j<map_size; j++) {
      for (int i=0; i<map_size; i++) {
        mAgent[i][j].NeighborGame();          ← 9～13行目
      }
    }
    for (int j=0; j<map_size; j++) {
      for (int i=0; i<map_size; i++) {
        mAgent[i][j].UpdateState();           ← 14～18行目
      }
    }
    for (int j=0; j<map_size; j++) {
      for (int i=0; i<map_size; i++) {
        mAgent[i][j].NextState();             ← 19～23行目
      }
    }
  }
}
```

理を行わないと，場所の依存性が出てしまいます．

● 初期化関数の中身

初期化関数を**リスト2**に示し，どのような処理をしているのかを説明します．この関数はCAgentクラスの中に書かれています．いろいろな変数の初期化を行っていますので，各変数の役割も説明します．

Type0は戦略を保存するための変数で，番号と戦略の関係は**表1**に示すものを使います．

StateA[0][d]は次の自分の選択（自白または裏切り）を表す変数で，自白の場合はtrue，裏切りの場合はfalseが設定されます．そして，dは自分のマスから見た方向を表しています．この方向と番号の関係を**図9**に示します．例えばStateA[0][4]は左にいる相手への次の自分の選択となります．

最初のfor文ではTypeが1(ALL-D)，3(anti-TFT)，5(REPEAT-D)の場合，最初の選択を裏切りとするためにfalseに設定します．それ以外の戦略の場合は最初の選択を協調とするためにtrueにします．

そして，Dflag[d]は各方向から1度でも裏切られるとtrueに代わる変数です．これはGRIM戦略に必要となります．

Scoreに各マスが数回の対戦で得られる得点を保存します．Type1は戦略を変更するための関数(NextAction関数)で必要になります．これは変更前の戦略を保存しておくための変数です．

GameNumは何回目の対戦かを保存しておく変数です．Grim*のような最後の行動を決めるときに使います．

リスト2　初期化のInit関数

```
void Init()
{
  for (int d=0; d<8; d++) {
    if (Type0==1 ||Type0==3 ||Type0==5)
      StateA[0][d]=false;
    else
      StateA[0][d]=true;
    Dflag[d] = false;
  }
  Score=0;
  Type1 = Type0;
  GameNum = 0;
}
```

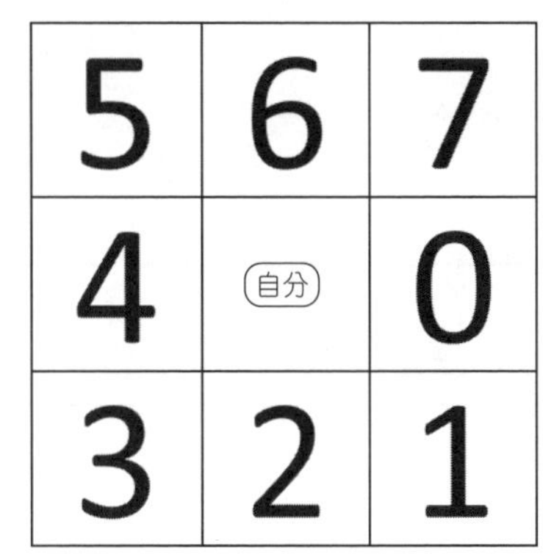

図9　自分から見て各方向に番号を付ける

表2　自白/黙秘の損得を利得として数値化

自分＼相手	協調（黙秘）	裏切り（自白）
協調（黙秘）	利得R：6点（懲役2年）	利得S：0点（懲役10年）
裏切り（自白）	利得T：8点（懲役0年）	利得P：2点（懲役5年）

● 隣接する相手と対戦するための関数の中身

隣接する相手と対戦するための関数を**リスト3**に示し，どのような処理をしているのかを説明します．

5行目の(d＋4)％8がポイントで，隣のマスの選択をActionB[0][d]変数に保存しています．方向と番号の関係は**図9**のように決めましたので，反対方向を表す番号は4を足すことで得られます．ただし，8を超えることがありますので，余りを計算しています．

例えば，**図9**を見ると3の反対にあるのは7ですし，6の反対にあるのは2(10を8で割った余り)となっています．確かに4を足して8で割った余りが反対方向の番号を表していますね．

その後のif-else文では**表2**に示す得点を場合分けで計算しています．得点はScore変数に加算します．

最後のif文は相手に裏切られたかどうかを調べ，裏切られた場合はそのことを記録する変数Dflag[d]をtrueに変更します．

リスト3　隣接する相手と対戦するためのNeighborGame関数

```
void NeighborGame()
{
  GameNum++;                                          (5行目)
  for (int d=0; d<8; d++) {
    StateB[0][d] = mAgent[ii[d]][jj[d]].StateA[0]
                                             [(d+4)%8];
    if (StateA[0][d]==true && StateB[0][d]==true) {
      Score += 6;
    } else if (StateA[0][d]==true && StateB[0]
                                        [d]==false) {
      Score += 0;
    } else if (StateA[0][d]==false && StateB[0]
                                         [d]==true) {
      Score += 8;
    } else if (StateA[0][d]==false && StateB[0]
                                        [d]==false) {
      Score += 2;
    }

    if (StateB[0][d]==false) {
      Dflag[d]=true;
    }
  }
}
```

リスト4　対戦結果を保存するためのUpdateState関数

```
void UpdateState()
{
  for (int k=0; k<GameMax-1; k++) {
    for (int d=0; d<8; d++) {
      StateA[k+1][d]=StateA[k][d];
      StateB[k+1][d]=StateB[k][d];
    }
  }
}
```

リスト5　次の選択を決定するためのNextState関数

```
void NextState()
{
  for (int d=0; d<8; d++) {
    switch(Type0) {
    case 0://ALL-C
      StateA[0][d]=true;
      break;
    case 1://ALL-D
      StateA[0][d]=false;
      break;
    case 2://TFT
    case 3://antiTFT
      StateA[0][d]=StateB[0][d];
      break;
    case 4://Repeat-initC
    case 5://Repeat-initD
      StateA[0][d]=!StateA[0][d];
      break;
    case 7://GRIM*
      if (GameNum==GameMax-1)
        Dflag[d]=true;
    case 6://GRIM
      if (Dflag[d]==false)
        StateA[0][d]=true;
      else
        StateA[0][d]=false;
      break;
    case 8://antiTFT
      if (GameNum>1 && StateB[0][d]==false &&
                             StateB[1][d]==false) {
        StateA[0][d]=false;
      } else
        StateA[0][d]=true;
      break;
    }
  }
}
```

● 対戦結果の保存のための関数の中身

対戦履歴を保存できます．この関数を**リスト4**に示し，どのような処理をしているのかを説明します．

`StateB[0][d]`が変数`d`で表す方向にあるマスの次の選択を保存し，`StateB[1][d]`は1つ前の選択，`StateB[2][d]`は2つ前の選択といった具合に保存します．例えばTF2T戦略を取る場合は2つ前の選択も必要となります．今回はあまり使いませんが，履歴をうまく使って新しい戦略を作るときに利用してください．

● 次の選択を決定するための関数の中身

次の選択を決定するための関数を**リスト5**に示し，どのような処理をしているのかを説明します．

ALL-CとALL-Dはそれぞれ協調と裏切りを取り続けるので，それぞれ`true`と`false`を代入しています．

TFTとantiTFTは相手の今回の行動を次の自分の行動とします．相手の行動は`ActionB`変数に保存されていますので，それを`ActionA`変数に代入しています．

GRIM＊は最後の行動のときは必ず裏切るという戦略ですので，最後になったら`Dflag`を`true`にしています．その後はGRIMと同じで，`Dflag`が`false`ならば協調のために`true`を，`Dflag`が`true`ならば裏切りのために`false`を`ActionA`変数に代入しています．

Repeat-initCとRepeat-initDは最初の行動が協調と裏切りの違いだけで，それ以降は1つ前の行動とは反対の選択をとります．

自分であれこれ試してみる

シミュレーション条件を変えてみましょう．

● マスの数

マスの数を変えます．ここまでは10×10のマスを対象としてきましたが，もっと範囲を広げるには次の定数を10から変更します．

```
int map_size = 10;
```

例えば50にした場合は**図10(a)**となり，200とした場合は**図10(b)**となります．

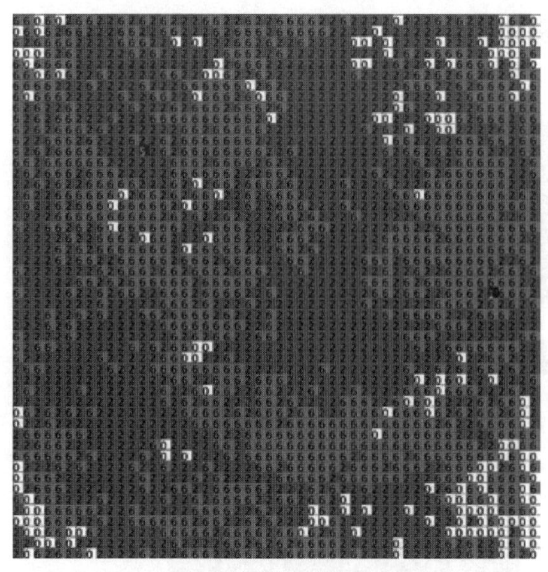

(a) 50 × 50

(b) 200 × 200

図10　マスの数を変更

● 戦略

使用する戦略を変えます．ここまでの説明では0番～6番までの戦略を使ってきました．これは次のようにして設定しています．

```
int[]UsingType={0, 1, 2, 3, 4, 5, 6};
```

例えば，1番と3番の戦略を使わない場合は次のように変更します．

```
int[]UsingType={0, 2, 4, 5, 6};
```

● 対戦数

対戦する数を変えます．ここまでの説明では対戦数を5としてきました．

これは次の値を変えることで変更できます．

```
int GameMax=5;
```

● いろいろなシミュレーション

全部の戦略を使わずに，幾つかの戦略の組み合わせでシミュレーションを行ってみました．ここでは10×10のマスの場合と100×100の場合の2種類の結果について言及します．

▶協調と裏切りだけの社会［図11（a）］

マスの数が大きくても小さくても裏切りばかりとなります．協調だけをする正直者はカモにされてしまいます．

▶しっぺ返し戦略を加えた社会［図11（b）］

裏切り者は排除されてしっぺ返し戦略を持つものが大半を占めます．10×10マスの場合は全体がしっぺ返しになり，たまにほとんどが協調になります．これを100×100マスで見るとしっぺ返しの中に協調の集団が表れます．

▶GRIM戦略を加えた社会［図11（c）］

この場合も裏切り者は排除されます．10×10マスの場合で見ると，しっぺ返しばかりになったり，GRIM戦略を持つものが大半を占めたりします．そして，たまに協調戦略を持つものが大量に現れます．

これを100×100マスで見るとしっぺ返しとGRIM戦略，協調戦略が三つどもえとなります．

▶戦略番号0から6までを使った場合［図11（d）］

ここでは100×100マスに着目します．この場合も図11（d）のようにしっぺ返しとGRIM戦略，協調戦略が三つどもえとなります．

▶GRIM＊戦略（最後の対戦が分かる）を使った場合［図11（e）］

マスの数が大きくても小さくてもGRIM＊戦略ばかりとなります．最後の対戦が分かるようになると戦略が大きく変わります．

● 新しい戦略の追加の仕方

新しく作った戦略を追加する方法を説明します．例として次の戦略を組み込みます．

- 最初：裏切り
- 最後：裏切り
- その他全て：協調

▶IDを付ける

戦略にIDを付けます．UsingType配列に番号を追加します．番号は通し番号でなくて構いません．ここでは，IDとして組み込む戦略に20番を割り当てた

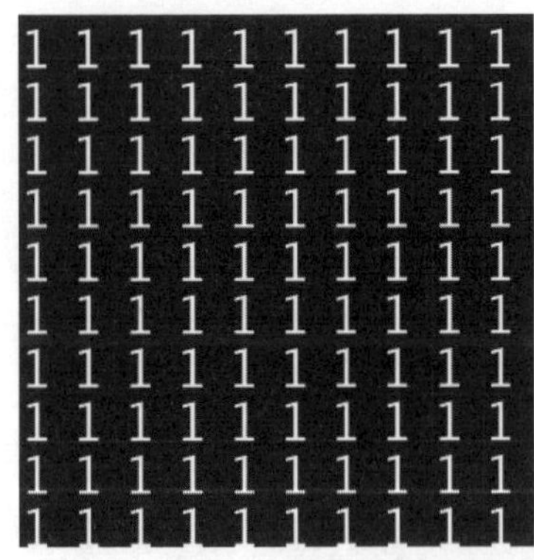

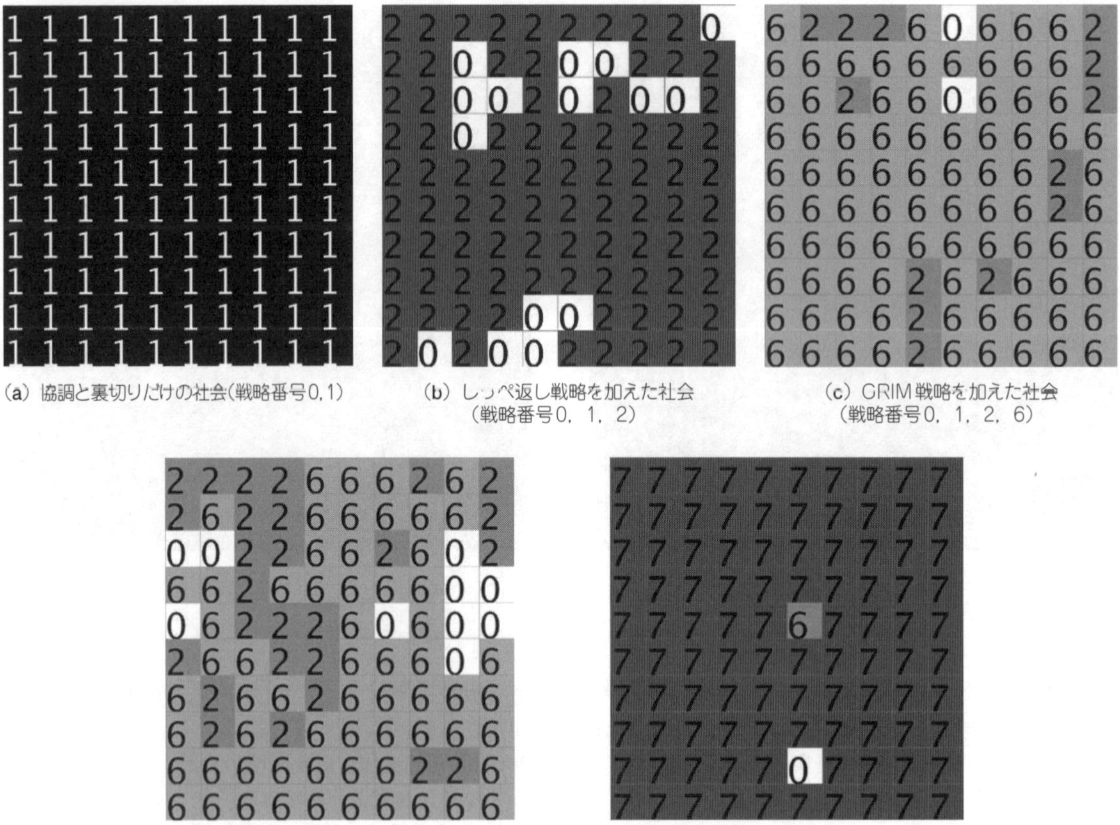

（a）協調と裏切りだけの社会（戦略番号0, 1）

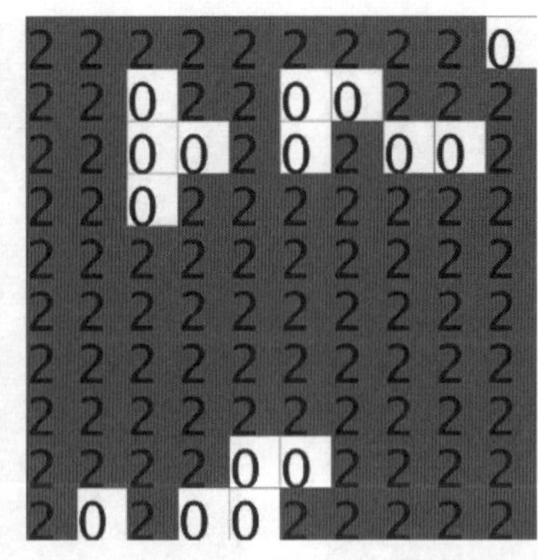

（b）しっぺ返し戦略を加えた社会（戦略番号0, 1, 2）

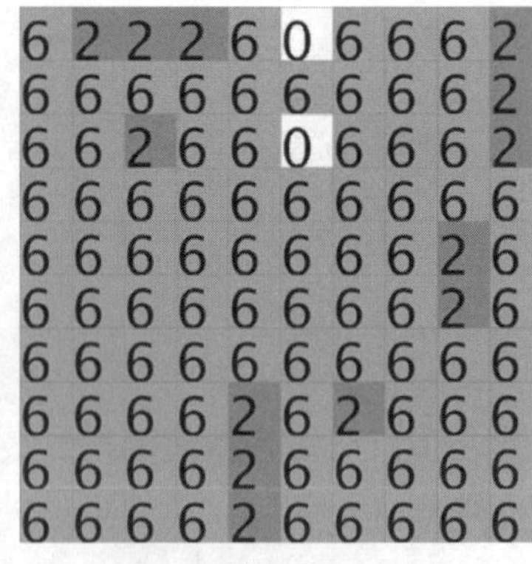

（c）GRIM戦略を加えた社会（戦略番号0, 1, 2, 6）

（d）戦略番号0～6を使った場合

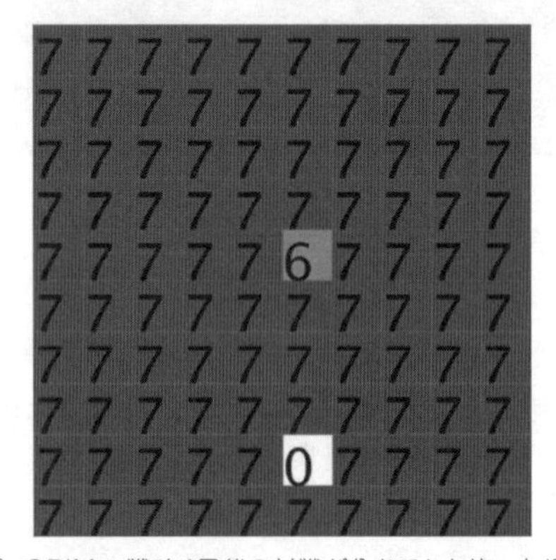

（e）GRIM＊戦略（最後の対戦が分かる）を使った場合

図11　全部の戦略を使わずに幾つかを組み合わせてシミュレーションしてみた
結果は10×10マスだけを提示

とします．最後に書いた「,20」が追加した部分です．

```
int[]UsingType={0,1,2,3,4,5,6,7,20};
```

▶最初の選択を決める

1手目の選択はAgentクラスのInit関数にあります．最初に裏切りを選択するにはif文に追加します．**リスト6**に示すように

```
||Type==20
```

が追加した部分です．なお，1手目が協調の場合はInit関数に追加する必要はありません．

リスト6　自分の戦略の追加…最初に裏切りを選択する場合にif文にType==20を追加する

```
void Init()                                    追加
{                                               ↓
  for (int d=0; d<8; d++) {
    if (Type0==1 ||Type0==3 ||Type0==5 ||Type0==20)
      StateA[0][d]=false;
    else
      StateA[0][d]=true;
:
}
```

▶戦略を決める

リスト5のswitch case文に**リスト7**を追加します．

▶表示する

Disp関数内のswitch case文に**リスト8**を追加します．0～7の戦略にこの戦略を加えてシミュレーションを行った結果が**図12(a)**となります．こ

リスト7　自分の戦略をNextState関数に追加

```
case 20://MyState
  if (GameNum==GameMax-1)
    StateA[0][d]=false;
  else
    StateA[0][d]=true;
  break;
```

リスト8　自分の戦略をDisp関数に追加

```
case 20://MySelect
  fill(223);//16*14-1
  break;
```

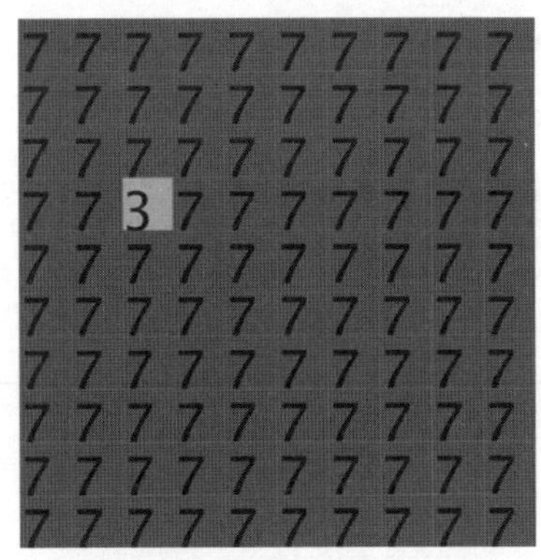

(a) 7番のGRIM＊戦略に負けた

(b) 0番の協調戦略を取り続ける相手しかいない場合は勝てた

図12　新しい戦略(20番)を加えた

の場合も7番のGRIM＊戦略に負けました.

そこで, 新しい戦略が勝てる相手を探しました. 0番の協調戦略を取り続ける相手に絞った場合は**図12(b)**のように勝てました.

まきの・こうじ

第1章

単純パーセプトロンで「紙幣」の分類に挑戦

牧野 浩二

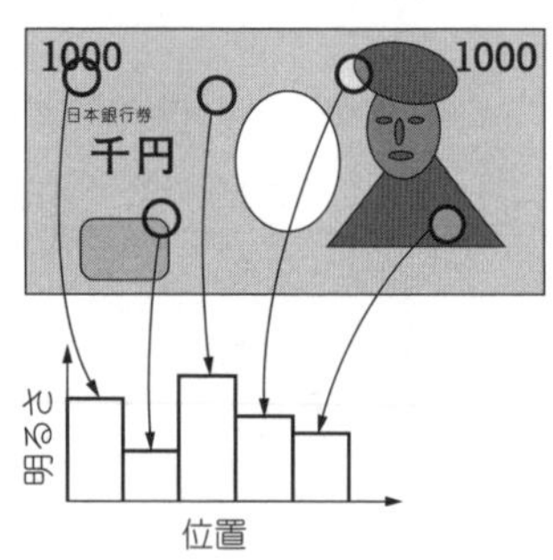

(a) お札の5カ所の明るさを測定

(b) 1000円札以外のお札も使う

図1　お札の分類器の考え方…5カ所の色の濃さ(明るさ)を測定

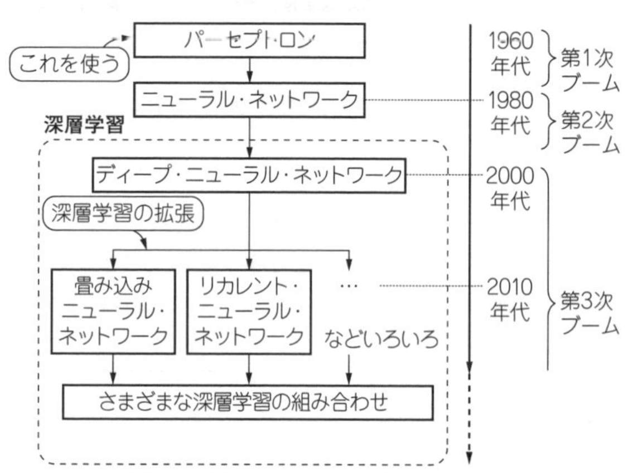

図2　人工知能技術はすごく発達する時代に突入

「お札の分類」をテーマに取り上げます．分類方法は，最近流行っているディープ・ラーニングを用いた画像処理をするのではなく，**図1**に示すようにお札の数カ所について白黒の濃淡を測り，1万円，5千円，2千円，千円の4種類に分類します．

分類に用いたアルゴリズムは「単純パーセプトロン」です．これは，ディープ・ラーニングの原型となったパーセプトロンを単純化したものです．

この内容を通して，複雑な処理を行うのではなく，あえて簡単な問題を知ることで，ディープ・ラーニングの原理をおさらいし，基礎を固めましょう．そして，ディープ・ラーニングでも問題を簡略化することは重要なので，お札の分類問題を例題として「問題を簡略化する」とはどのようなことなのかを紹介します．

お札の認識方法

● ニューラル・ネットワークの原型である単純パーセプトロンを利用する

パーセプトロンは，ニューラル・ネットワークの原型です．パーセプトロンからディープ・ラーニングまでの年表を**図2**に示します．

ディープ・ラーニングの流行は，第3次人工知能ブームと言われています．その1つ目がパーセプトロンです．その中の単純パーセプトロンは，脳細胞を模擬したシステムとして発展しました．

単純パーセプトロンは，単純なEx-OR演算子のような線形分離できない問題(コラム1)には対応できないという欠点があります．だからと言って，全く使えない手法なのかというとそうではなく，問題をうまく設定すれば，お札の分類のような難しそうな問題にも対処できることを示します．

● 学習データを簡略化して使う

図1のように数カ所のデータだけを簡略化してしまうと，人工知能とはかけ離れたものになってしまうと思われるかもしれません．しかし，実際のディープ・ラーニングでも，データをそのまま使うのではなく，簡略化することはよくあります．

画像ならモノクロにしたり解像度を落としたり，音声ならFFT(高速フーリエ変換)などの前処理を行うことで認識しやすくしています．人工知能をうまく使うときは，どのように簡略化するかが腕の見せ所です．本章ではどのように簡略化して問題を扱っているかも紹介していきます．

コラム1 線形分離できない問題とは

牧野 浩二

「線形分離」と，言葉で表すと難しく感じるかもしれません．論理演算子に当てはめて，簡単に解説します．

● 論理積(AND)

AND演算子は**表A**に示すように2つの入力が1の場合に出力が1となり，それ以外は0となります．横軸に入力1，縦軸に入力2として，0となる場合は白丸，1となる場合は黒丸としてグラフで表すと，**図A**となります．これを2つに分ける線を図中に破線で示しました．直線で分離できています．

● 論理和(OR)

次に，OR演算子は，2つの入力が0の場合0となり，それ以外は1となります．これも同様にグラフで表すと**図B**となり，直線で分離できます．

● 排他的論理和(Ex-OR)

Ex-OR演算子は，同じ入力の場合は0，異なる入力の場合は1となる演算子です．これをグラフで表すと**図C**となります．どのような直線を引いても2つに分類できず，**図C**のように曲線を用いないと分離できません．これが今回扱う線形分類できない問題となります．

表A AND，OR，Ex-OR演算子

入力1	入力2	AND 演算子出力	OR 演算子出力	Ex-OR 演算子出力
0	0	0	0	0
0	1	0	1	1
1	0	0	1	1
1	1	1	1	0

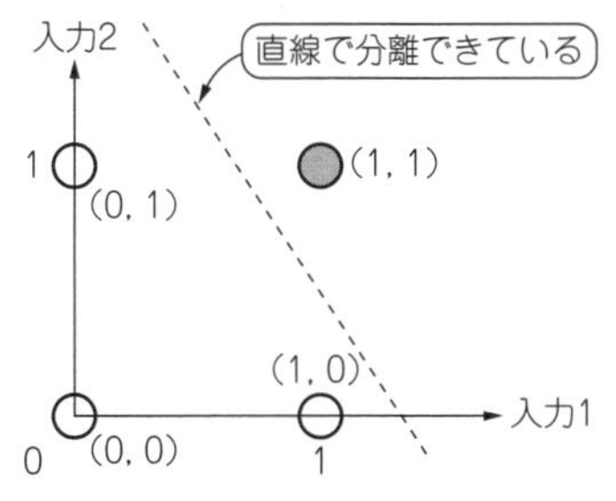

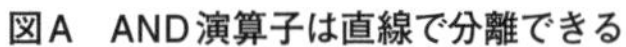
図A AND演算子は直線で分離できる

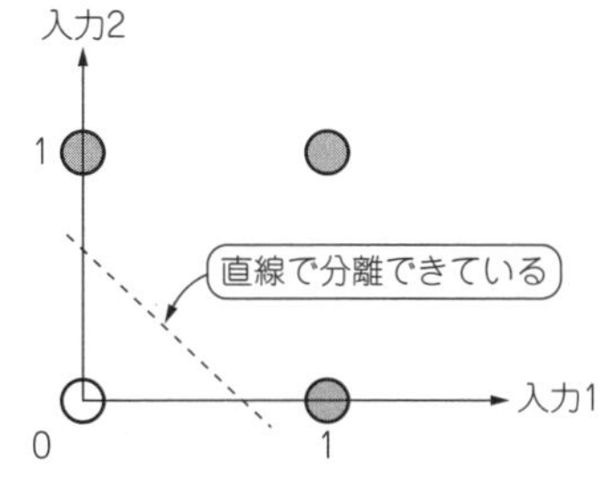

図B OR演算子は直線で分離できる

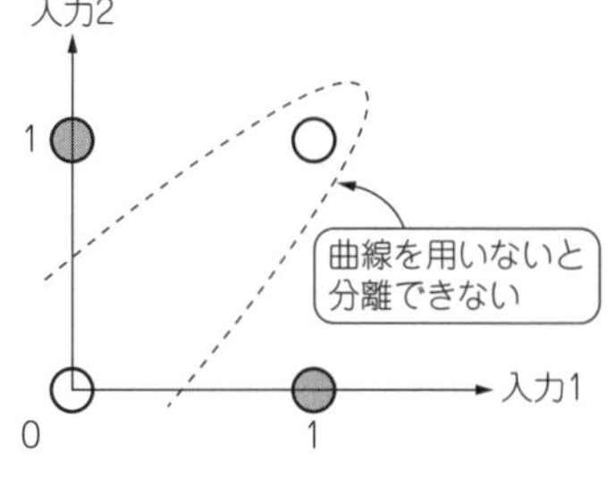

図C Ex-OR演算子は直線で分離できない

● お札の細部まで確認する必要はない

例えば，折り畳まれた千円札を考えてみましょう．折り畳まれた状態でも，千円かその他のお札なのかを識別できる方は多いと思います．それは，人間は一部だけでも認識できる能力を持っているからです．

それでは，千円札についてどの程度分かっていればよいのでしょうか．千円札の表には夏目漱石，裏には富士山が書かれていますが，このことを覚えていなくても，千円札を認識できる方がほとんどです．すなわち，全てを覚えていなくても認識できるということです．ただし，偽物かどうかはしっかり見ないと分かりません．4種類(1万円，5千円，2千円，千円)のうち，本物のお札はどれでしょう，という具合に物体認識は，条件を限定すれば簡単な方法で分類できる場合が多いです．そして，簡単な方法を例題で理解することで，難しい問題の理解にもつながると考えています．

こんな感じのお札分類器を過去に作った

● 1987年のアイディア

お札の分類問題は，筆者の恩師である元東京大学教授の中野馨先生がパーセプトロンの応用を実演するために使っていた問題です．ちなみに，先に述べた千円の話も中野先生が講義で使われていた話の受け売りです．

中野先生が使っていた分類器を**写真1**に示します．1987年に当時の研究室の学生が作成したもので，電池で動く持ち運び可能な装置です．この装置は，故障なく動いていると中野先生からお聞きしています．使い方を解説しながら，お札の分類器とはどのようなものかを解説していきます．

● 操作方法

このお札の分類器には，5つの反射型光センサがついています．お札の分類器の左下にお札の角を合わせ

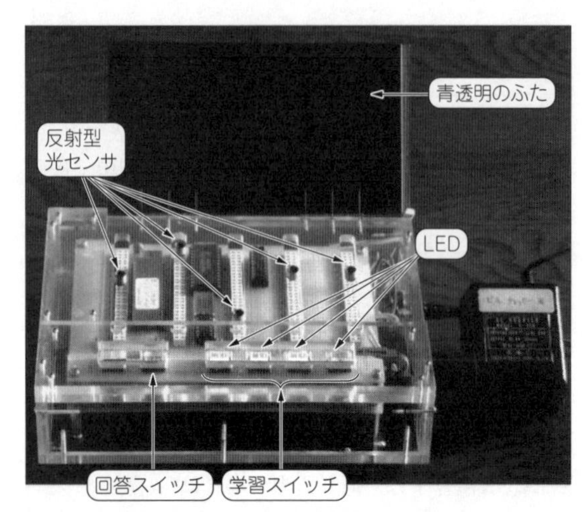

写真1　1987年に東京大学で作成されたお札の分類器

て，蓋をします．そして，下側にある5つのスイッチのうち右から4つ目までのいずれかのスイッチを押すことで学習させ（学習スイッチと呼ぶ），一番左のスイッチで回答させます（回答スイッチと呼ぶ）．

この4つのスイッチは，お札の種類を教えるためのスイッチで，当時は1万円札，5千円札，千円札，500円札の4種類でした．

回答スイッチを押すと，学習スイッチの近くに取り付けられたLEDを光らせることで，どのお札か回答します．

● 学習させる

学習方法を次に示します．なお，主電源を入れて間もない場合は，何も学習していない状態となります．

▶1回目の学習

まず，1万円札を置いて蓋をします．説明を分かりやすくするために，一番右のスイッチを1万円スイッチと決めます（どのスイッチを1万円スイッチとしても構わない）．そして，その1万円スイッチを押します．これで1回目の学習が終わります．

▶2回目の学習

次に5千円札を同様に置きます．そして，右から2番目のスイッチを5千円スイッチと決めて，スイッチを押します．

▶学習の繰り返し

同様に，2千円は右から3番目，千円は右から4番目と決めてスイッチを押します．これを，各お札について数回繰り返します．なお，学習の順番はその都度変えることもできます．

▶正しく判別できなかった場合

何回か繰り返したら，お札を置いた後，左にある回答ボタンを押します．すると，LEDが1つだけ光ります．例えば，1万円を置いた場合に，1万円スイッチ

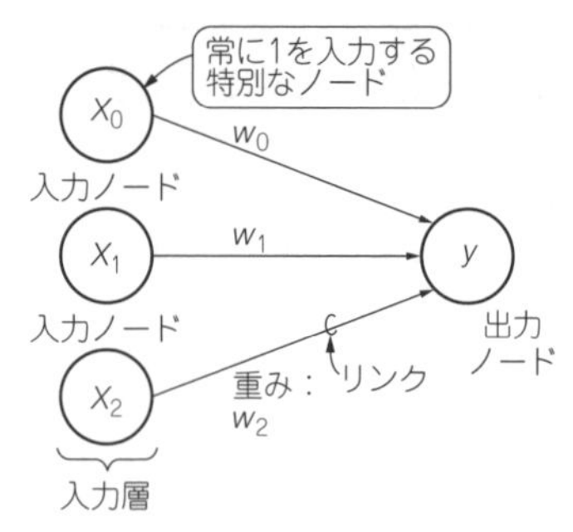

図3　単純パーセプトロン

の近くにあるLEDが光れば，正しく判別できたことになります．逆に，その他のLEDが光った場合はうまく判別できていません．このお札は1万円札であることを教えるため，1万円スイッチを押して学習させます．各お札について3～5回学習させると，全ての種類のお札を判別できるようになります．

● お札を分類しやすくした工夫

このお札の分類器が作られたのは1987年なので，今ほど高度な処理をマイコンに頼ることはできませんでした．そこで，お札を分類しやすくするために，幾つかの工夫をしています．

▶計測位置を固定する

このお札の分類器では，反射型光センサがピン・ソケットに刺さっています．そのため，他の位置にずらせるような設計となっています．**図1**に示したお札の分類器の反射型光センサの位置はお札を分類しやすい位置になるように実験を繰り返して決めたと聞いています．対象となる問題が明らかな場合，分かりやすいように設定することも大事なことです．

▶蓋の色を青とする

お札の分類器は，中身が見えるように透明アクリルで作られていますが，蓋だけは青透明のアクリルが使われています．透明だと，お札を透過した光の影響を強く受けてしまい，使用する場所によってうまく動作しないことがあったそうです．透明色でなく，黒などの光を通さない素材にすれば解決する問題ですが，このお札の分類器は講演用に使っていたため，蓋を閉じてもお札の種類が分かるようにしたかったと聞いています．使用環境に合わせて，実験環境を整えることも重要です．

分類のアルゴリズム…パーセプトロン

● 表し方

お札を分類するための仕組みに用いるパーセプトロンの解説に入ります．まずは，単純パーセプトロンと呼ばれる「出力が1つだけのパーセプトロン」から解説

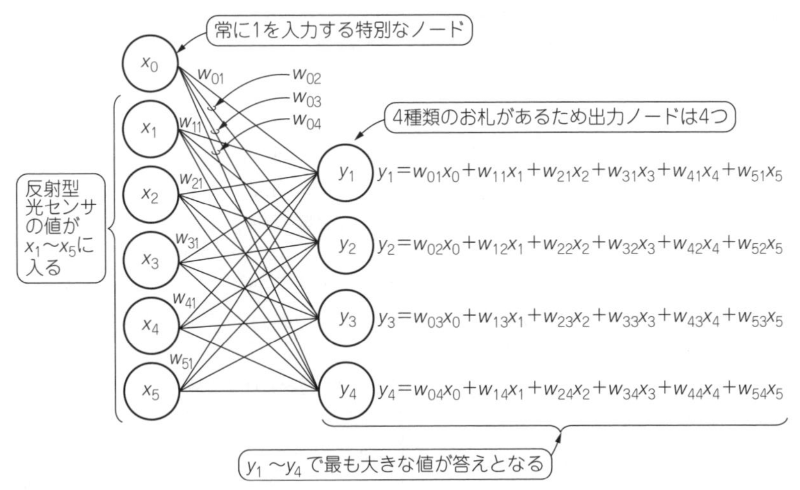

図4　お札の分類器へ拡張した単純パーセプトロン

を行います．単純パーセプトロンは，**図3**に示すような形で表すことができます．これはニューラル・ネットワークの原型となっています．図中の各丸はノードと呼ばれます．左にある入力ノードの列は入力層と呼ばれていて，入力ノードには値が入ります．ここで，入力が常に1の特別なノードがつながっているとします．ノードをつなぐ線をリンクと呼び，リンクごとに重みが設定されています．ノード1につながるリンクにはw_1という重みが設定され，ノード2につながるリンクにはw_2という重みが設定されています．右にある出力ノードは，後に示す計算した値が入ります．

● 計算方法

パーセプトロンの計算は，ニューラル・ネットワークと似ています．**図4**に示すように各ノードには値が設定されていて，ノード1の値をx_1，ノード2の値をx_2とします．また，入力が常に1のノードをx_0と表すこととします．

出力ノードは次のように計算します．なお，x_0は常に1です．

$$y = w_0 x_0 + w_1 x_1 + w_2 x_2 \quad \cdots\cdots (1)$$

たくさんのノード（n個の入力ノード）がある場合は，シグマ記号を用いて式(2)のように表すことができます．こちらの方が一般的な書き方なので，多くの書籍ではこのように書かれています．

$$y = \sum_{i=0}^{n} w_i x_i \quad \cdots\cdots (2)$$

▶実際に計算した結果

ここで，AND演算子を例にとり，数値を用いた計算結果を示します．**表1**に示すようにAND演算子には2つの値を入力します．その値は0もしくは1とします．AND演算子は，2つの入力が1のときのみ1を出力し，どちらか一方もしくは両方が0の場合は0を出力します．

ここで$w_0 = -0.5$，$w_1 = 0.4$，$w_2 = 0.3$とした場合の計算結果を**表1**に示します．

● 正しい答えを得るには「重み」が重要

計算結果が0以下ならば0とし，そうでなければ1とします．**表1**に照らし合わせると，入力の両方とも1の場合だけ，0.2となっています．これは0より大きい数なので，1が答えとして得られます．そして，それ以外の場合はマイナスの値となっているので，0が答えとして得られます．この重み，$w_0 = -0.5$，$w_1 = 0.4$，$w_2 = 0.3$を用いた場合は正しく答えが計算できています．

● 学習…答えを間違えたら「重み」を更新

パーセプトロンもニューラル・ネットワークと同様に重みを更新することとなります．パーセプトロンでは，答えが間違っている場合のみ更新します．そして，0と答えるべきところを1と答えた場合には，重みを減らします．計算結果が0以下となっているため，0より大きくするためです．反対に1と答えるべきところを0と答えた場合には重みを増やします．更新式は式(3)のようになります．

表1　単純パーセプトロンの計算

$w_0 = -0.5$，$w_1 = 0.4$，$w_2 = 0.3$とした場合

入力1 (x_1)	入力2 (x_2)	出力 (y)	ANDの答え
0	0	−0.5	0
0	1	−0.2	0
1	0	−0.1	0
1	1	0.2	1

コラム2 簡単な数値例でパーセプトロンを計算してみる

牧野 浩二

●「重み」の更新を実際に計算してみる

数式と説明だけではイメージが湧かないと思うので，簡単な数値を用いて「重み」の更新を計算してみます．学習係数pは0.1としました．

ここでは，初期重みを**表B**として設定します．その計算結果とパーセプトロンの答え（yの値），それを2値化した値，AND演算子の答え，重みを示します．

表B中の重みを用いた場合は入力がともに0の場合だけ正解しています．正解していない$x_1 = 0$，$x_2 = 1$の場合の計算を示します．この場合は，**表B**に示すように重みが－1なので，$r = -1$とします．まず，w_0を計算します．

$$w_0 \leftarrow w_0 + rpx_0 = -0.3 + (-1) \times 0.1 \times 1 = -0.4$$

同様に，w_1とw_2は次のように計算できます．

$$w_1 \leftarrow 0.7 + (-1) \times 0.1 \times 0 = 0.7$$

$$w_2 \leftarrow 0.6 + (-1) \times 0.1 \times 1 = 0.5$$

更新した重みを用いて計算すると**表C**となります．まだ，間違っていることが分かります．

これを繰り返すことで答えと一致します．手順としては，$x_1 = 1$，$x_2 = 0$を用いて重みを更新し，その後，もう一度$x_1 = 1$，$x_2 = 0$を用いて重みを更新することで**表D**の重みが得られます．

表B　初期重みと計算結果

w_0	w_1	w_2	p			
−0.3	0.7	0.6	0.1			
x_0	x_1	x_2	y	2値化	問題の答え	重み(r)
1	0	0	−0.3	0	0	−1
1	0	1	0.3	1	0	−1
1	1	0	0.4	1	0	−1
1	1	1	1	1	1	1

表C　更新した重みと計算結果

w_0	w_1	w_2	p			
−0.4	0.7	0.5	0.1			
x_0	x_1	x_2	y	2値化	問題の答え	重み(r)
1	0	0	−0.4	0	0	−1
1	0	1	0.1	1	0	−1
1	1	0	0.3	1	0	−1
1	1	1	0.8	1	1	1

表D　正しく計算できる重みと計算結果

w_0	w_1	w_2	p			
−0.6	0.5	0.5	0.1			
x_0	x_1	x_2	y	2値化	問題の答え	重み(r)
1	0	0	−0.6	0	0	−1
1	0	1	−0.1	0	0	−1
1	1	0	−0.1	0	0	−1
1	1	1	0.4	1	1	1

$$w_i \leftarrow w_i + rpx_i \quad \cdots\cdots(3)$$

式(3)より，rは重みを減らす場合は－1とし，重みを増やす場合は1とします．

AND演算子を例にした場合，重みrはコラム1の**表A**に示す値となります．そして，pは学習係数です．1以下の値を用いるのが普通です．

▶誤った値が出力された場合

間違って出力したノードにつながるリンクの重みは，マイナスの値（$r = -1$）を使って更新し，正しく出力してほしいノードにつながるリンクの重みはプラスの値（$r = 1$）を使って更新します．更新式は式(3)に従います．この説明には実際の値を使った方が分かりやすいため，この更新は後述するシミュレーションの画面を基にして解説します．

● お札の分類器に対応づける

単純パーセプトロンは出力として，1つのノードがつながっていました．お札の分類器の出力ノードは1つではなく，**図4**のように複数用います．そして，最も大きな値を出力したノードが答えとなるようにします．

▶入力ノード

入力ノードには，反射型光センサの値が入ります．また，5カ所計測する場合は**図4**のように入力層のノード数は5個となります．

▶出力ノード

出力ノードには，後に示す計算した値が入ります．計算した値の中で，最も大きな値が得られたノードが答えとなります．お札には種類が4つあるので，出力層のノード数は4個になります．

▶重みの添え字

入力ノードと出力ノードは全てつながっています．**図3**の単純パーセプトロンでは，出力ノードが1つであったため，重みの添え字は1つで表していましたが，**図4**のように複数ある場合は2つの添え字で表します．例えば，w_{01}はx_0からy_1へつながるリンクの重みという意味になります．

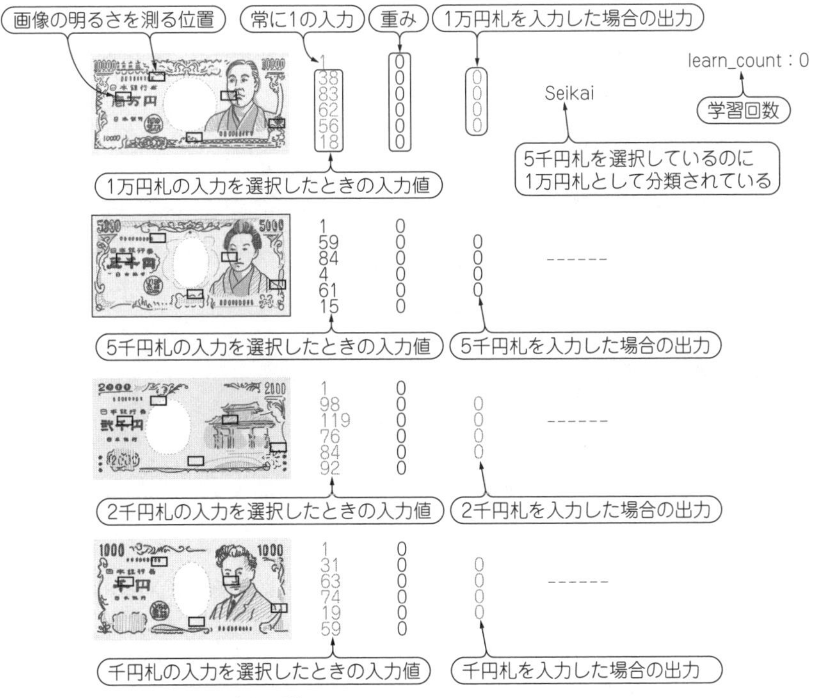

図5　シミュレーション画面（学習前）

お札の分類をシミュレーションで体験

● シミュレーションはProcessingを使用

シミュレーションはProcessingで作成しました．

動作確認用プログラムはウェブ・ページからダウンロードが可能です．

ダウンロードしたファイルを解凍すると`BillChecker.pde`と同じフォルダに`data`フォルダがあります．実行するには，この`data`フォルダに，次の手順でお札の画像データをダウンロードする必要があります．

▶画像データ

画像データを取得するには，日本銀行ホームページの中の「現在発行されている銀行券・貨幣」

```
https://www.boj.or.jp/note_tfjgs/
note/valid/issue.htm/
```

を表示します．そして，お札の画像上で右クリックすると「名前を付けて画像を保存」が表示されるので，次の名前で保存してください．

- 1万円札：bn_10000f_e.jpg
- 5千円札：bn_5000f_e.jpg
- 2千円札：bn_2000f_e.jpg
- 千円札：bn_1000f_e.jpg

● 学習前と学習後のシミュレーション結果

図5には学習前のシミュレーション画面を示し，**図6**には1回だけ学習した画面を示します．**図5**は未学習のため，5千円札を選択してるにもかかわらず，1万円札として分類されています．1回学習することで正しく5千円札と分類されるようになりました(**図6**)．画面の詳細や操作方法については，次に示します．

▶画像の明るさ

お札の中に書かれた小さい四角（画面上では赤囲み枠）が画像の明るさを計測する位置を表します．このシミュレーションでは5カ所あります．その場所で計測された値が右側に示されています．値が6個並んでいますが，一番上の1は先に解説した常に1となる入力を表しています．

▶お札の選択

お札を囲む線は選択したお札を示しています．お札の選択は，左クリックで行います．**図5**は5千円札を左クリックしています．

▶重みと出力

図5は初期状態なので全て0としています．

▶分類

出力の右にある「Seikai（正解）」と「-----」はパーセプトロンがどのお札として分類したかを示しています．

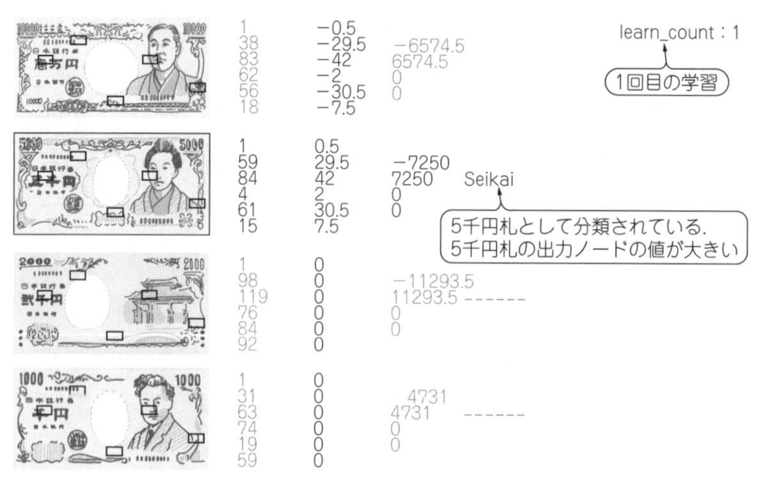

図6　シミュレーション画面(1回だけ学習)

▶**文字色**

実際に計算に使う値のみ黒で表しています．灰色の文字で表している値については，例えば一番上の数字は1万円をクリックした場合に得られる正解と出力結果を示しています．

▶**学習と学習回数**

学習は右クリックで行います．learn_countの右にある数字は学習の回数を示しています．その他のお札についても，左クリックで選択して，右クリックで学習することを繰り返すと，**図7**のように分類できるようになります．

● 学習結果の詳細をみてみる

図5と**図6**から学習結果の詳細を見ていきます．

▶**学習前**

図5は未学習の場合です．5千円を選択しているのに1万円と分類されています．そこで，1万円に分類するノードにつながるリンクの値を減らします．ここでは，式(3)の学習係数を0.5としています．**図5**に示すように，初期の重みは0なので，1万円札の右にある重みの値が，5千円札の値に－0.5を乗算した値になります．さらに，5千円に分類するノードにつながるリンクの値を増やします．同様に，初期の重みは0なので，5千円札の右にある重みの値が5千円札の値に0.5を乗算した値になります．

▶**1回目の学習後**

1回学習後(**図6**)に5千円札の値を選択した場合，出力ノード値は次のようになります．計算過程も示しておきます．

- 1万円札に分類するノードの値：－7250

計算式((－29.5)×59＋(－42)×84＋(－2)×4
＋(－30.5)×61＋(－7.5)×15＋(－0.5)×1)

- 5千円札に分類するノードの値：7250

計算式(29.5×59＋42×84＋2×4＋30.5×61
＋7.5×15＋0.5×1)

- 2千円札に分類するノードの値：0
- 千円札に分類するノードの値：0

▶**学習の繰り返しと出力ノード値**

学習を繰り返すと**図7**のようになります．ここから，2千円札を選択した場合，次のような計算方法で出力ノード値が求まります．

- 1万円札に分類するノードの値：4975

計算式((－28.5)×98＋32.5×119＋76×76
＋27.5×84＋(－45.5)×92＋0.5×1)

- 5千円札に分類するノードの値：－13212.5

計算式(21.5×98＋32.5×119＋(－162)×76
＋31.5×84＋(－103.5)×92＋1×1)

- 2千円札に分類するノードの値：7676.5

計算式(46.5×98＋(－62)×119＋8×76
＋5.5×84＋102.5×92＋(－2.5)×1

- 千円札に分類するノードの値：561

計算式((－39.5)×98＋(－3)×119＋78×76
＋(－64.5)×84＋46.5×92＋1×1)

2千円札に分類する出力ノードの値が最も大きいことが分かります．つまり，2千円札を選択した場合，正しく2千円として分類できるようになっています．

他のお札の出力ノードの結果も，それぞれ対応したお札の値が最も大きくなっています．例えば，1万円札の出力ノードの値は上から7048(1万円札に対応)，－6627.5(5千円札に対応)，－732.5(2千円札に対応)，312(千円札に対応)となっています．

よって，正しく1万円札と分類されていることが分かります．2千円札と千円札も同様に，一番大きい値がそのお札を表しています．これで，全てのお札が正

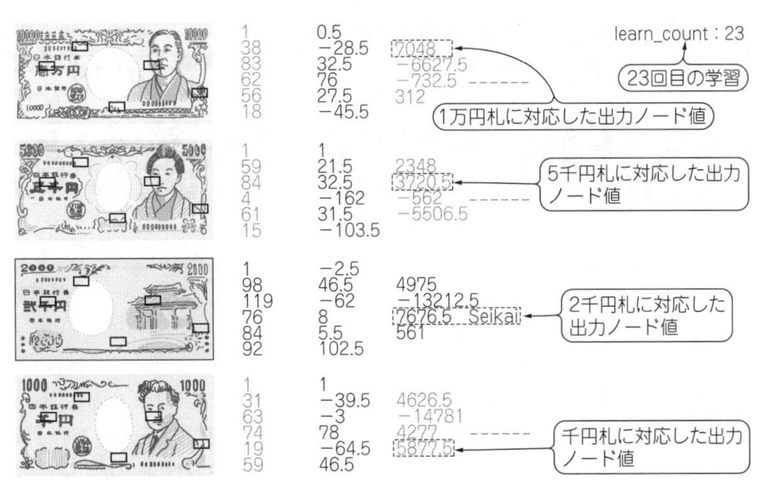

図7　シミュレーション画面(学習終了)

しく分類できました.

● プログラムを変更して分類しやすくする

分類しやすい位置を探したり，分類できる最小の数を見つけるために，計測位置および計測数を変えてみます.

▶計測位置を変える

位置は，次の行で設定され，{x座標，y座標}として並んでいます.

```
• int [][] measure_pos = {{30, 50}, {80, 25}, {130, 100}, {180, 50}, {230, 75}}
```

この数値を変えることで，計測位置を変えることができます.

▶計測数を変える

計測数の変更は，座標を付け足すことで実現できます.

例えば，{130, 25}の位置を追加して6か所とすると，次のようになります.

```
• int [][] measure_pos = {{30, 50}, {80, 25}, {130, 100}, {180, 50}, {230, 75}, {130, 25}};
```

今回紹介した計測位置の変更や計測数の追加を行っても，分類は早く収束しませんでしたが，最適な計測位置や計測数を考えてみるのもよいかもしれません.

まきの・こうじ

第2章

紙幣の種類判定データの妥当性を統計的「t検定」で確かめる

牧野 浩二，石田 和義

お札の分類には多数の明るさデータを使いましたが，ここである疑問が生じます．それは，「これらのデータにはちゃんとした差があるのか」ということです．

そこで本章では，データ同士の差を調べる手法の1つである「t検定」を紹介します．t検定そのものは人工知能のアルゴリズムではありませんが，有用な解析手法の1つです．

最初に，筆者が作成したデータを使ってExcel上でt検定を体験してもらおうと思います．Excelには，t検定の計算を行える関数も用意されています．

次に，お札の分類で紹介した，幾つかのお札データについて「データ同士に差があるかどうか」をt検定を使って確認します．

t検定をイメージしやすくするために，あえて簡単な言葉に置き換えています．インターネットなどで調べやすくするために，専門用語も示すことにします．他の書籍でしっかり勉強したい方は，これらの言葉が専門用語に置き換わることをご理解ください．また，t検定にはいろいろな種類がありますが，本稿では「対応のない2種のデータのt検定」を対象とします．

統計的解析手法「t検定」とは

t検定は，データの検証のためにさまざまなところで使われています．その使われ方の1つとして，2組のデータに「差があるかどうか」を調べることが挙げられます．2組のデータとは，例えば山梨県の桃の重さと福島県の桃の重さの両データとなります．

ここで，「差があるかどうか」と書きましたが，実際にはもう少し厳密な定義があります（後に詳しく解説する）．まずは，t検定の概要をイメージすることから始めましょう．

● t分布という確率分布に従うと仮定する

t検定では，データの確率分布はt分布に従っていると仮定しています．確率分布とは，横軸のある値を取るときの確率を表しています．数学的な仮定を置くと説明できますが，ここではt分布に従っているとします．

なお，t検定を行うときには「片側検定」と「両側検定」という2つの検定方法があります．興味のある方はコラムを参考にしてください．

● 差が有効かの判断基準を決める

2つのデータの差が有効かどうかのことを「有意差」と呼びます．有意差を結論付けるには，「p値」という値が必要です．このp値が，「0.05以下ならば有意な差がある」と言えるからです．p値に関して，詳しくは後述します．

● t検定が活躍している分野[注1]

t検定は次の分野で使われています．

- 工場の品質管理[注2]
- 薬の効果[注2]
- アンケート分析（マーケティング）[注3]
- 電車の中吊り広告にあるトクホ食品の効果グラフ

Excelでt検定入門①…若者の足の長さ

若者の足の長さが，20年前に比べて短くなっているというデータがありました．図1は各年の17歳の足の長さ（身長から座高を引いた）を求めたグラフです．なお，データは，eStat（https://www.e-stat.go.jp/）の学校保健統計調査をもとにしています．また，グラフは平均値をプロットしたものです．

最も足が長かった平成6年度は79.7cmで，平成27年度は78.6cmでした．データは平均値なので，それ

注1：データサイエンス研究所（https://www.statweb.jp/method/t-kentei）のホームページにはさまざまな事例が載っています．

注2：なるほど統計学園高等部，総務省 統計局．https://www.stat.go.jp/koukou/trivia/careers/career2.html

注3：入江 崇介；「t検定」で平均の差を比較する，リクルート．https://www.recruit-ms.co.jp/issue/column/0000000610/

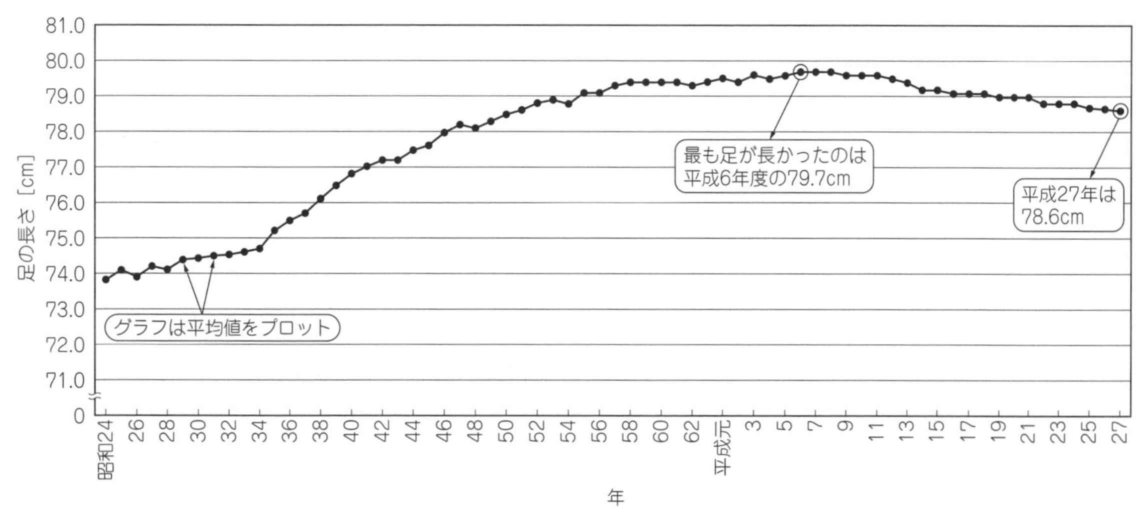

図1　足の長さの平均値をプロットしたグラフ

ぞれの人の足の長さは異なります．

● 体験用Excelファイル

体験用Excelファイルはウェブ・ページからダウンロードできます．

ダウンロードした「練習用エクセル.xlsx」の「足の長さデータ」タブにあります．

● t検定計算に使う「T.TEST関数」

Excelでt検定の計算を行うには「T.TEST関数」を使います．この関数は，「T.TEST(配列1, 配列2, 尾部, 検定の種類)」のように，複数の引数を指定することで使用できます．引数については，次に示します．

▶配列1

対象となる一方のデータです．

▶配列2

対象となるもう一方のデータです．

▶尾部

片側分布を計算するか，両側分布を計算するかを数値で指定します．

- 1を指定すると片側分布の値となる
- 2を指定すると両側分布の値となる

▶検定の種類

実行するt検定の種類を数値で指定します．

- 1を指定すると対をなすデータのt検定となる
- 2を指定すると等分散の2標本を対象とするt検定となる
- 3を指定すると非等分散の2標本を対象とするt検定となる

● 結果…平成6年度と27年度では「有意な差がある」

図2は，Excelで平成6年度と27年度の足の長さのデータからt検定を行ったものです．上部の分散と平均の値を変えるとデータが変わります．そして右上にはt検定の結果が表示されています．

平成6年度と27年度のデータでt検定を行った結果，p値は5×10^{-107}となり，0.05以下のため「有意な差がある」という結果が得られました．なお，乱数を使ってデータを作成しているため，Excelを開くたびに毎回異なる結果となります．しかし，p値がとても小さいことに変わりはありません．

▶当時のデータがないため真偽は分からない

若者の足の長さと，長かったときの足の長さの有意差の真偽を知るには，当時のデータが必要です．残念なことに，現在入手できるデータからでは調べることができませんでした．

Excelでt検定入門②…桃の重さと産地

次に桃の重さデータの有意差を調べてみます．桃は中玉と大玉に分かれていて，中玉は3kgの箱に10～12玉，大玉は3kgの箱に6～9玉入っています．

表1の1列目と2列目の桃のデータは，筆者が中玉と大玉の玉数から適当に作成したもので，実際の桃のデータとは異なります．3列目と4列目は，F県産とO県産の桃のデータです．このデータも筆者が適当に作成したものです．中玉と大玉の桃のデータ，およびF県産とO県産の桃のデータからt検定を行ってみます．作成したデータは「練習用エクセル.xlsx」の「桃データ」タブにあります．

乱数を使っているため
エクセルを開くたびに
毎回異なる結果となる

平均と分散を変えるとデータが変わる

p値が0.05以下
のため有意な差
があると言える

	A	B	C	D	E	F		G	H	I	J	K	L	
1	平成6年度						平成27年度						T検定の結果	
2	乱数	足の長さデータ		分散	1		乱数	足の長さデータ		分散	1		p値	5E-107
3	0.137494	78.60835		平均	79.7		0.494193	78.58544		平均	78.6			
4	0.56245	79.85718					0.399138	78.34442						
5	0.102168	78.43071		平均	79.62301		0.155584	77.58723						
6	0.32194	79.23772		最大	83.02021		0.277585	78.00997		平均	78.5675			
7	0.596138	79.94336		最小	76.43226		0.218083	77.82132		最大	82.0821			
8	0.544426	79.81159					0.307688	78.09759		最小	74.90499			
9	0.453332	79.58275		ヒストグラム用データ			0.139104	77.51565						
10	0.841813	80.70194		区間	度数		0.799156	79.43861		区間	度数			
11	0.60711	79.9718		75.0	0		0.356638	78.23254		75	1			
12	0.218006	78.92105		75.5	0		0.651562	78.98954		75.5	1			
13	0.526369	79.76615		76.0	0		0.639184	78.95628		76	2			
14	0.135417	78.59886		76.5	2		0.475878	78.5395		76.5	13			
15	0.832028	80.66221		77.0	5		0.494727	78.58678		77	35			
16	0.643755	80.06852		77.5	13		0.85762	79.66969		77.5	95			
17	0.980067	81.75513		78.0	38		0.52249	78.6564		78	130			
18	0.784501	80.48748		78.5	73		0.083946	77.22099		78.5	201			
19	0.181123	78.78891		79.0	141		0.41305	78.38029		79	197			
20	0.335728	79.27585		79.5	190		0.889817	79.82555		79.5	160			
21	0.692739	80.20363		80.0	188		0.158407	77.59897		80	88			
22	0.968764	81.56293		80.5	149		0.657695	79.00618		80.5	51			
23	0.491906	79.67971		81.0	116		0.122213	77.436		81	21			
24	0.108239	78.46405		81.5	46		0.062695	77.06746		81.5	3			
25	0.849853	80.7358		82.0	25		0.902992	79.89879		82	1			
26	0.051589	78.07036		82.5	8		0.24268	77.90229		82.5	1			
27	0.636156	80.0482		83.0	5		0.086102	77.23484		83	0			
28	0.863355	80.79552					0.313904	78.11519						

以下続く　　以下続く

図2　平成6年度と27年度のデータをt検定してみる
筆者が用意したエクセルで試せる

表1　桃の大きさと産地別のデータ

種　類	Y県(中玉)	Y県(大玉)	F県(大玉)	O県(大玉)
最大	0.293909501	0.468578002	0.469283687	0.467305722
最小	0.240154893	0.321447955	0.341072808	0.354120432
平均	0.272565137	0.396914501	0.403074817	0.400997976
重さデータ	0.27760327	0.418957912	0.411058521	0.399254197
	0.274798259	0.332761956	0.366226045	0.374654066
	0.283994289	0.384623224	0.401887459	0.405683467
	0.273258419	0.408244122	0.393655907	0.367087432
	0.277001675	0.351183499	0.386638676	0.407417338
	0.267315265	0.393621276	0.458466255	0.371416068
	0.269018986	0.402013391	0.432772194	0.398744308
	0.273743597	0.366963283	0.447467615	0.421420458
	0.253255183	0.376747068	0.421202365	0.391641675
	以下続く	以下続く	以下続く	以下続く

● t検定を行う

このデータも**図3**に示す上部の分散と平均の値を変えると，データが変わり，t検定の結果が表示されます．t検定の結果の関数は，「=T.TEST (B3:B103,G3:G103,2,3)」のようになっています．引数で範囲指定と種類を指定するだけなので簡単です．

次に関数の引数について解説します．

▶1番目の引数

引数B3：B103はY県（大玉）の桃の重さデータを表しています．

▶2番目の引数

引数G3：G103はY県（中玉）の桃の重さデータを表しています．

▶3番目の引数

引数2は両側分布の値です．

▶4番目の引数

引数3は非等分散の2標本を対象とするt検定を表しています．

● 結果

▶桃の大きさには「有意差あり」と言える

今回の結果を見ると，p値は1.294×10^{-119}という，すごく小さい値が計算で得られました．0.05よりも小さいので，**表1**の大玉と中玉には「有意な差がある」

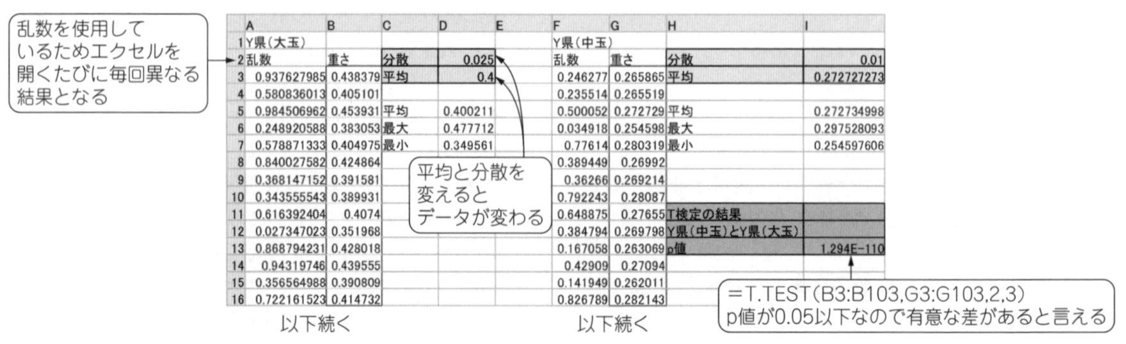

	A	B	C	D	E	F	G	H	I
1	Y県(大玉)					Y県(中玉)			
2	乱数	重さ	分散	0.025		乱数	重さ	分散	0.01
3	0.937627985	0.438379	平均	0.4		0.246277	0.265865	平均	0.272727273
4	0.580836013	0.405101				0.235514	0.265519		
5	0.984506962	0.453931	平均	0.400211		0.500052	0.272729	平均	0.272734998
6	0.248920588	0.383053	最大	0.477712		0.034918	0.254598	最大	0.297528093
7	0.578871333	0.404975	最小	0.349561		0.77614	0.280319	最小	0.254597606
8	0.840027582	0.424864				0.389449	0.26992		
9	0.368147152	0.391581				0.36266	0.269214		
10	0.343555543	0.389931				0.792243	0.28087		
11	0.616392404	0.4074				0.648875	0.27655	T検定の結果	
12	0.027347023	0.351968				0.384794	0.269798	Y県(中玉)とY県(大玉)	
13	0.868794231	0.428018				0.167058	0.263069	p値	1.294E-110
14	0.94319746	0.439555				0.42909	0.27094		
15	0.356564988	0.390809				0.141949	0.262011		
16	0.722161523	0.414732				0.826789	0.282143		

乱数を使用しているためエクセルを開くたびに毎回異なる結果となる
平均と分散を変えるとデータが変わる
=T.TEST(B3:B103,G3:G103,2,3)
p値が0.05以下なので有意な差があると言える
以下続く
以下続く

図3　桃の大きさデータのt検定

と言えます．

▶**桃の産地には「有意差なし」と言える**

先ほどと同じようにt検定を行うと，Y県（大玉）とF県（大玉）のp値は0.67955793となり，Y県（大玉）とO県（大玉）のp値は0.601428923となりました．これは，0.05よりも大きいので，桃の産地によって「有意な差はない」と言えます．

ちょっと掘り下げ…「仮説検定」とは

● 判定基準p値は確率に関係している

トクホ食品（特定保健用食品）の効果を例にとって考えてみます．トクホ食品を摂取したときの効能が，0.05をほんのわずかでも下回っていれば（例えば，0.0499）すごい効果があり，0.05をわずかでも上回っていれば（例えば，0.05001）全く効果がないものなのでしょうか．また，求めたp値が0.001のものと，0.0499のものは効果が同じなのでしょうか．実はp値は確率に関係しています．p値を図で説明したり，計算したりすることは難しいです．

● t検定は仮説検定の1つ

初めに「差がある」と書きましたが，実際にはt検定で求められるものは「差がない確率が低い」ということになります．なぜこのような表現になっているのかを解説します．

t検定は，「仮説検定」と呼ばれる検定の1つです．この言葉の通り仮説を立てます．この仮説検定には，「帰無仮説」と「対立仮説」の2種類の仮説を立てます．トクホ食品の例を当てはめると次のようになります．

- 帰無仮説：トクホ食品の効果がない（つまり同じ）
- 対立仮説：トクホ食品の効果がある

● 仮説検定は「帰無仮説」を「棄却する」確率を求めている

仮説検定では，帰無仮説を「棄却する」（間違っている）確率を求めています．例えば，

トクホ食品の効果がないこと

が間違っている確率が5%という結果が出たとします．つまり，「効果がないということはなさそう」と読み取れます．そして，「効果がある」と読み替えて結果として示すことがよく行われています．しかし，気を付けなければならないのは，先ほども述べた通り「効果がないことが間違っている可能性が5%」という結果です．

● 「p値が0.05以下」とは「棄却される確率が5%以下」

これまでp値が0.05以下ならば2つのデータには差があるとしてきました．この0.05という数字は棄却される確率が5%以下であるということです．この値は「有意水準」と呼ばれています．効果がある指標ではなく，棄却される確率なので次のことが言えます．

- めったに起きないことが偶然に起きただけかもしれず，実は帰無仮説が正しかった可能性はある
- 上記の誤りを犯す確率が有意水準5%である
- 有意水準5%とは，同じ状況で検定を行うと20回に1回は検定を誤る危険性があることを意味する

つまり，絶対的な指標ではなく「間違えが含まれている」ということも念頭に置く必要があります．だからと言って，有意水準5%が悪いかというと，全くそうではありません．

紙幣の種類判定データの妥当性のt検定

それでは，お札のデータからt検定を行います．その際，検定統計量という数値が必要になるので，最初にその説明から入ります．

● 検定統計量を求める数式

t検定では，p値を計算するための検定統計量というものがあります．検定統計量とp値は似た関係にあり，また，検定統計量を求める数式もあります．

確認事項として，お札ごとのデータの間に関係はありません．t検定の言葉でいうと「2つの母分散がともに未知である」となります．この場合は次の式で検定統計量をTとして求めます．

$$T=\frac{\mu_x-\mu_y}{\sqrt{\frac{\sigma_x}{N_x}+\frac{\sigma_y}{N_y}}} \cdots\cdots(1)$$

ただし，μ_xとμ_yは2つのデータのそれぞれの平均，σ_xとσ_yはそれぞれの不偏分散です．N_xとN_yはそれぞれのデータ数です．

● 仮説の棄却判断をする

▶**検定統計量とt分布表から読み取った値の大小関係**

p値は直接有意水準と比較できますが，検定統計量は直接比較できません．比較値は有意水準から変換した値となります．変換は，t分布表と呼ばれる**表2**に示す変換表を使います．ここで，**表2**にある自由度とは，2組のデータ数の和から2を引いた数です．検定が棄却される条件は，計算で求めた検定統計量がt分布表から求めた値（t分布表の境界点）よりも大きいときです．

▶**具体的な数値を用いて解説**

例えば，検定統計量が3.0と求められたとします．自由度が8で，有意水準が0.05だったとすると，**表2**からt分布表の境界点は2.306004となります．次の関

表2　有意水準から検定統計量の比較すべき値を調べるためのt分布表

自由度＼有意水準	0.5	0.25	0.1	0.05	0.025	0.01	0.005	0.025	0.001
1	1	2.414213562	6.313751515	12.70620474	25.45169958	63.65674116	127.3213365	25.45169958	636.6192488
2	0.816496581	1.603567451	2.91998558	4.30265273	6.205346817	9.924843201	14.08904728	6.205346817	31.59905458
3	0.764892328	1.422625281	2.353363435	3.182446305	4.176534846	5.84090931	7.453318505	4.176534846	12.92397864
4	0.740697084	1.344397556	2.131846786	2.776445105	3.495405933	4.604094871	5.597568367	3.495405933	8.610301581
5	0.726686844	1.300949037	2.015048373	2.570581836	3.16338145	4.032142984	4.773340605	3.16338145	6.868826626
6	0.717558196	1.273349309	1.943180281	2.446911851	2.968686684	3.707428021	4.316827104	2.968686684	5.958816179
7	0.711141778	1.254278682	1.894578605	2.364624252	2.841244249	3.499483297	4.029337178	2.841244249	5.407882521
8	0.706386613	1.240318261	1.859548038	2.306004135	2.751523596	3.355387331	3.832518685	2.751523596	5.041305433
9	0.702722147	1.229659173	1.833112933	2.262157163	2.685010847	3.249835542	3.689662392	2.685010847	4.780912586
10	0.699812061	1.221255395	1.812461123	2.228138852	2.633766916	3.169272673	3.581406202	2.633766916	4.586893859
12	0.695482866	1.208852542	1.782287556	2.17881283	2.560032959	3.054539589	3.428444242	2.560032959	4.317791284
14	0.69241707	1.200140298	1.761310136	2.144786688	2.509569411	2.976842734	3.325695818	2.509569411	4.140454113
16	0.690132254	1.193685414	1.745883676	2.119905299	2.472878322	2.920781622	3.251992874	2.472878322	4.014996327
18	0.688363806	1.188711483	1.734063607	2.10092204	2.445005617	2.878440473	3.196574222	2.445005617	3.921645825
20	0.686954496	1.184761434	1.724718243	2.085963447	2.42311654	2.84533971	3.153400533	2.42311654	3.849516275
30	0.682755693	1.173064871	1.697260887	2.042272456	2.359562459	2.749995654	3.029798224	2.359562459	3.645958635
40	0.680672717	1.167302049	1.683851013	2.02107539	2.328934768	2.704459267	2.971171295	2.328934768	3.550965761
50	0.6794282	1.163871412	1.675905025	2.008559112	2.310913936	2.677793271	2.936964085	2.310913936	3.496012882
100	0.676951043	1.157070509	1.660234326	1.983971519	2.275652413	2.625890521	2.870651524	2.275652413	3.390491311
200	0.675718411	1.153700026	1.652508101	1.971896224	2.258403184	2.600634436	2.838513688	2.258403184	3.339835406
500	0.674980738	1.151687265	1.647906854	1.964719837	2.248173322	2.585697835	2.819547776	2.248173322	3.310091152

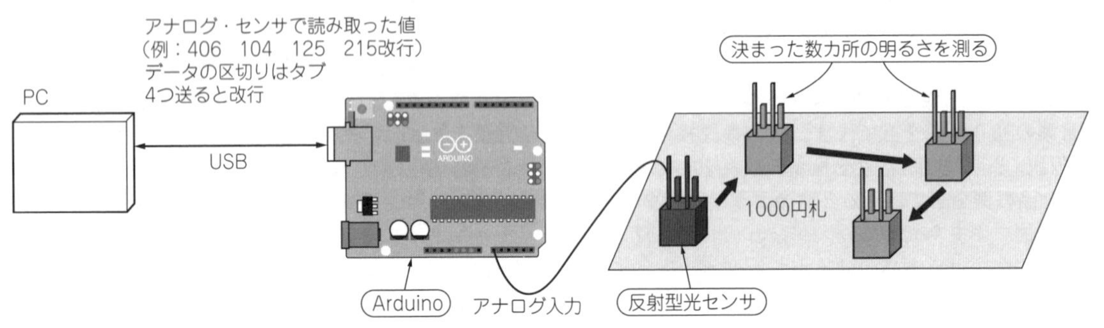

図4　お札のデータ収集実験の流れ

係が成り立つため，仮説は棄却されることとなります．

検定統計量(3.0) ＞ t分布表の境界点(2.306004)

p値では0.05より小さかったら棄却でしたが，検定統計値では境界点よりも大きかったら棄却となります．紛らわしいので間違えないようにしましょう．

一方，有意水準が0.01とした場合は，**表2**からt分布表の境界点は3.355387となります．この場合は次の関係が成り立つため，仮説は棄却されないことになります．

検定統計量(3.0) ＜ t分布表の境界点(3.355387)

実験環境

● ハードウェア

お札の実験データを取る実験機の説明をします．実験機の概要を**図4**に示します．外観を**写真1**に示します．お札の4カ所の色の濃淡を，秋月電子通商で購入した反射型光センサで計測し，Arduinoでその都度データを送ります．Arduinoのシリアル・モニタに表示し，それをコピー&ペーストでテキスト・ファイルに保存しました．お札の計測位置を変えないように，**図5**のように穴の開いた紙をお札に乗せて計測しました．実験データをまとめたものを**表3**に示します．

写真1　お札の明るさデータを取るための実験機

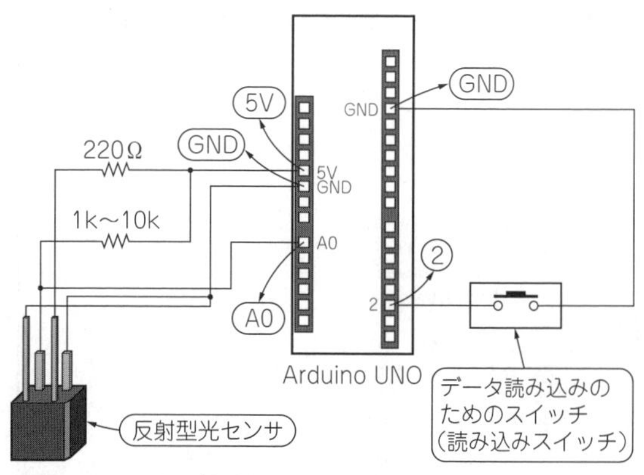

図6　Arduinoと反射型光センサの配線図

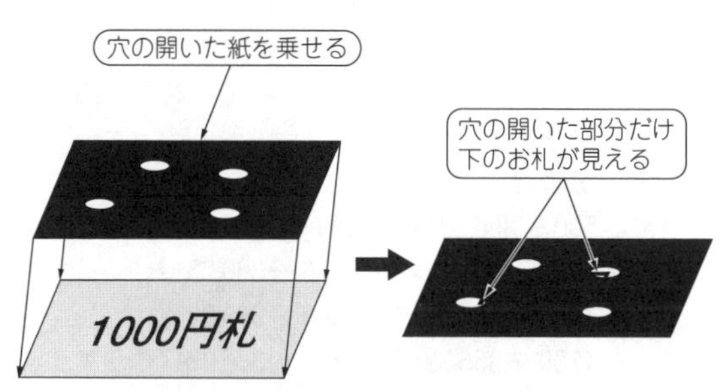

図5　穴の開いた紙を乗せて計測位置を固定

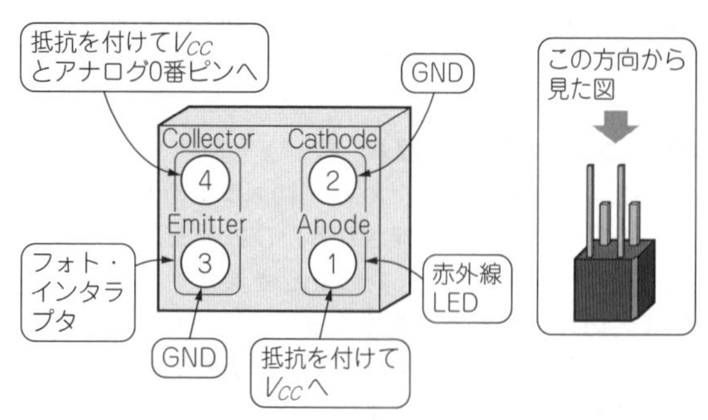

図7　使用した反射型光センサのピン配置…フォト・リフレクタ（反射タイプ）LBR-127HLD

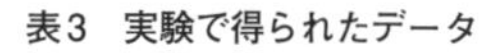

表3　実験で得られたデータ

お札の種類	1万円	5千円	千円
センサから得られた数値	406	500	214
	441	360	231
	320	332	231
	482	456	218
	411	496	234
	433	205	189
	381	180	220
	404	317	253
	453	450	265

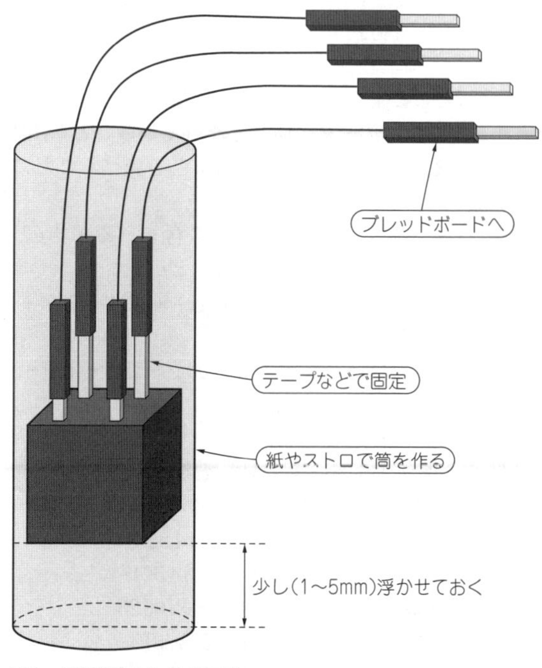

図8　反射型光センサの加工

マイコン基板とセンサとの接続を**図6**に示します．スイッチを押すたびにデータを送信するものとしました．使用する反射型光センサの配線を**図7**に示します．

反射型光センサからお札までの距離が変わると，値が大きく変化してしまいます．そこで，太めのストロを切って，その中に反射型光センサを**図8**のように入れます．そして，ストロの端から1～5mmの位置で

リスト1　4カ所のデータを取得するためのArduinoプログラム

```
void setup() {
  Serial.begin(9600);
  pinMode(2, INPUT_PULLUP);
}

void loop() {
  static int count = 0;
  if (digitalRead(2) == LOW) {
    int v = analogRead(0);
    Serial.print(v);
    count++;
    if (count < 4)
      Serial.print("\t");
    else
      Serial.println("");
  }
    delay(500);
}
```

固定します．反射型光センサとArduinoの接続にはオス-メス・ケーブルを使うと便利です．

● Arduinoプログラム

この実験機を動かすためのプログラムを**リスト1**に示します．スイッチが押されるたびに光センサの値を読み取ります．そして，count変数が4より小さければ区切りとしてタブ文字を送り，4だった場合は改行コードを送っています．実行後，シリアル・モニタに計測データが表示されます．

実験

● 1万円札と千円札のt検定…有意な差アリ

それでは，1万円札と千円札を対象としてt検定を行います．帰無仮説は，「1万円札と千円札のデータは同じ」とします．なお，これを棄却するとは，「1万円札と千円札のデータが同じとなっていること」が間違っている確率が5%以下であることを調べることになります．

式(1)を計算する前に，式(1)に含まれる平均μと分散σ^2の計算を行います．平均(μ_xとμ_y)は，

$$\mu_x = (406 + 441 + 320 + 482 + 411 + 433 + 381 + 404 + 453)/9 = 414.56$$

$$\mu_y = (214 + 231 + 231 + 218 + 234 + 189 + 220 + 253 + 265)/9 = 228.33$$

となり，分散(σ_x^2とσ_y^2)は，

$$\sigma_x^2 = ((406 - 414.56)^2 + (441 - 414.56)^2 + (320 - 414.56)^2 + (482 - 414.56)^2 + (411 - 414.56)^2 + (433 - 414.56)^2 + (381 - 414.56)^2 + (404 - 414.56)^2 + (453 - 414.56)^2/(9 - 1) = 2166.28$$

$$\sigma_y^2 = ((214 - 228.33)^2 + (231 - 228.33)^2 + (231 - 228.33)^2 + (218 - 228.33)^2 + (234 - 228.33)^2 + (189 - 228.33)^2 + (220 - 228.33)^2 + (253 - 228.33)^2 + (265 - 228.33)^2/(9 - 1) = 491.00$$

となります．そして，データ数N_xとN_yは9です．以上より，検定統計量Tは次の通りとなります．

$$T = \frac{(414.56 - 228.33)}{\sqrt{(2166.28 \div 9 + 491.00 \div 9)}} = 10.84$$

それでは，**表2**に示すt分布表の値を調べます．有意水準は0.05としました．自由度は，データ数がともに9なので，9 + 9 − 2 = 16となります．この2つの値から，t分布表の境界点は2.119905となります．以上の結果から，次の関係が成り立ちます．

検定統計量(10.84)＞t分布表の境界点(2.119905)

この結果から，1万円札と千円札のデータでは，「帰無仮説は棄却」されました．つまり統計的に差のあるデータとなります．

● 1万円札と5千円札のt検定…有意な差ナシ

同じようにt検定を行います．5千円札のデータをμ_yとσ_y^2とすると次のように計算できます．平均は，

$$\mu_y = (500 + 360 + 332 + 456 + 496 + 205 + 180 + 317 + 450)/9 = 366.22$$

となり，分散は，

$$\sigma_y^2 = ((500 - 366.22)^2 + (360 - 366.22)^2 + (332 - 366.22)^2 + (456 - 366.22)^2 + (496 - 366.22)^2 + (205 - 366.22)^2 + (180 - 366.22)^2 + (317 - 366.22)^2 + (450 - 366.22)^2)/9 = 14265.19$$

となります．以上より検定統計量Tは次の通りとなります．

$$T = \frac{(414.56 - 366.22)}{\sqrt{(2166.28 \div 9 + 14265.19 \div 9)}} = 1.131$$

この2つの値からt分布表の境界点は，2.119905なので次の関係が成り立ちます．

検定統計量(1.131)＜t分布表の境界点(2.119905)

この結果から，1万円札と5千円札のデータでは「帰無仮説は棄却されません」でした．

＊　　＊　　＊

読者が実験を行わなくてもt検定を試せるように，お札のデータを提供します．「練習用エクセル.xlsx」の「お札データ」にありますので，ぜひ試してみてください．なお，p値が0.05より小さくなる組み合わせや，大きくなる組み合わせが混ざっています．

◆参考文献◆

(1) 橋本 洋志，牧野 浩二；データサイエンス教本 Pythonで学ぶ統計分析・パターン認識・深層学習・信号処理・時系列データ分析，2018年，オーム社．

まきの・こうじ，いしだ・かずよし

コラム　棄却される領域が異なる片側検定と両側検定

牧野 浩二，石田 和義

● 片側検定…片側にのみ棄却される領域を持つ

図Aは確率分布を表しています．よって，**図A**の網掛け部分の面積を計算すると確率となります．例えば有意水準5%の面積とは面積が0.05となることに相当します．この面積が0.05となる横軸の値を求めます．これは，手計算では簡単に求められません．そして，検定結果から横軸に相当する値が求まります．この検定結果から，得られる値が**図A**の場合だと右にあれば仮説が棄却されたことになります．

▶片側検定が適している例

学校のテストを考えます．まずテストを行って，その後で平均点を上げるべく補講を行ったとします．その補講の後で再度テストを行ったとします．最初のテストと補講後のテストの点数差を検証すべきデータとします．補講の効果があったかどうかを調べるときには，片側検定を使います．

● 両側検定…両側に棄却される領域を持つ

両側検定とは，**図B**に示すように両側に棄却する領域を持っているものです．ここで注意すべきは有意水準5%とした場合，右と左の領域それぞれの面積は0.025となる点です．

その他は片側検定と同じ考え方となります．

▶両側検定が適している例

丸棒を作る会社があったとします．さらに，その丸棒を何本か抜き出してその直径を測ったとします．工業部品なので正確な直径となっていません．この丸棒が規格通りできているか調べるときには両側検定を使います．

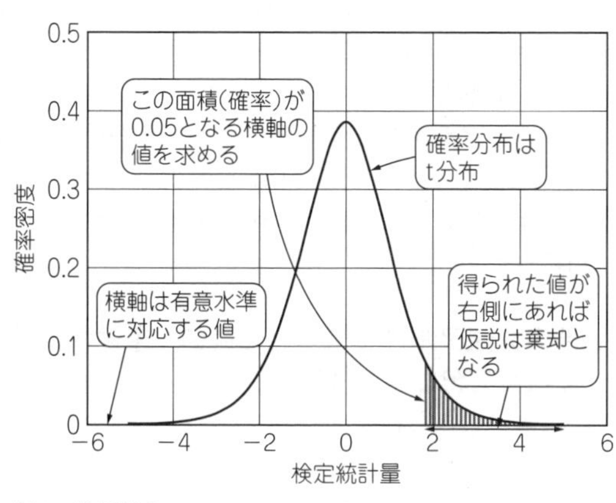

図A　片側検定

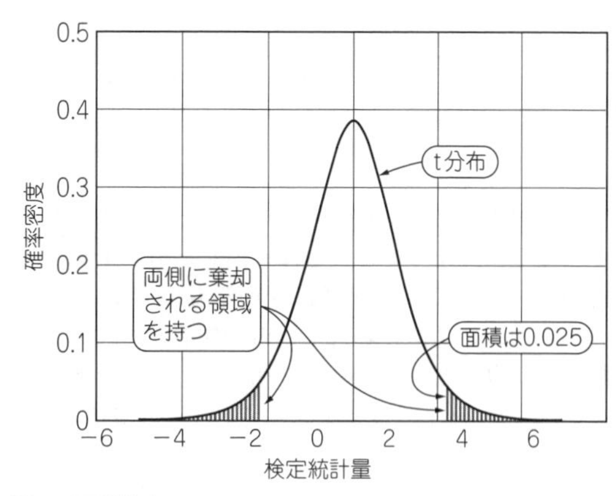

図B　両側検定

第3章 分かりやすい2分割を繰り返す分類方法「決定木」

牧野 浩二

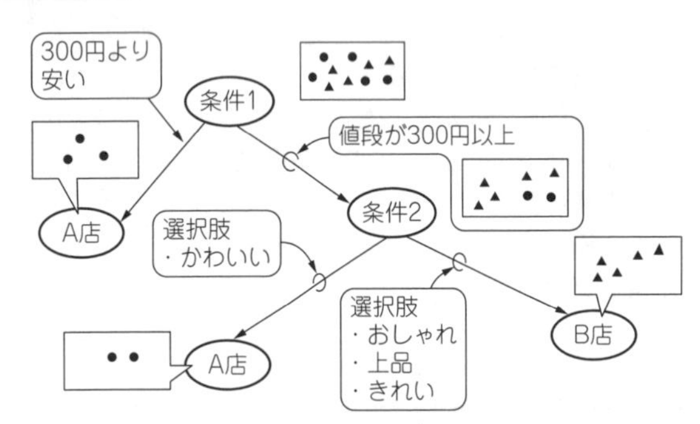

図1　2つに分けることを繰り返して最終的に分類する方法「決定木」

決定木（けっていぎ）で分類を行います．決定木とは与えられたデータを2つに分けることを繰り返し，最終的にデータを有意差のあるグループに分けるものです．結構，いろいろなところで使われている分類方法です．

例として，ここでもお札の分類を行います．画像処理ではなく，お札の数カ所の明るさ（色の濃淡）で分類します．

分類方法「決定木」とは？

● 2分割を繰り返して分類

決定木とは，木構造を用いた学習手法の1つです．2つの洋菓子店を例にとり，**図1**を見ながらイメージをつかみましょう．

2種類のデータを**図1**では丸と三角で表しています．例えば，2つの洋菓子店（A店とB店）のケーキのデータだとしましょう．データは値段と見た目で構成されているとします．

それをある基準で2つに分けます．例えば，値段が300円よりも高いか安いかで分けると2つに分かれます．左に分かれたものは丸だけ分離できました．こちら側はこれで分類が終わりです．

さらに，ケーキ・データには見た目のデータとして，かわいい，おしゃれ，上品，きれいという4つの選択肢があったとします．そのうちのかわいいが選択されているかどうかで分けたとしましょう．この例では，混ざり合った2つのデータがうまく分類できました．

決定木は，このように幾つかの基準で，2つに分けているうちに，うまく分ける条件を導き出すことができます．決定木のキー・ポイントは「この2つに分ける条件を自動的に見つけてくれる点」です．

また，決定木は本物の木をさかさまにしたような形をしているところから木構造を用いた学習方法と呼ばれています．この例では木っぽくないですが，もっと多くのデータを使ってたくさん条件分けをすると**図2**のように木を逆さまにしたような形となっています．

そういえば木構造を持つ学習にはクラスタ分析がありましたね．なお，**図2**はRというソフトウェアを使って作りました．これを作るためのコマンドは最後に紹介します．

● 他の分類アルゴリズムとの違い…条件が人間にとって分かりやすい

決定木の大きな特徴は，どのような形式のデータでも自動的にうまく分類できる条件を，人間にとって分かりやすい形で示せる点です．他の分類手法では，多くの場合は直接的な原因を示してはいません．

例えば決定木では，重さが1kg以上ならばAグループ，そうでなければBグループなどのように，具体的な分類条件が得られます．そして，それがどの程度重要なのかも，決定木を図示すると一見して分かるようになっています．こうした点は他の分類法にない特徴です．

さらに決定木は，値段や長さなどの数値のデータだけでなく，「かわいい」とか「おいしい」，「楽しい」などの言葉が入っていてもうまく分類できる点に特徴があります．

ただし，決定木は過学習（オーバフィッティング）と呼ばれる学習データに特化した分類条件になることが，他の手法に比べて起きやすい点に注意する必要があります．

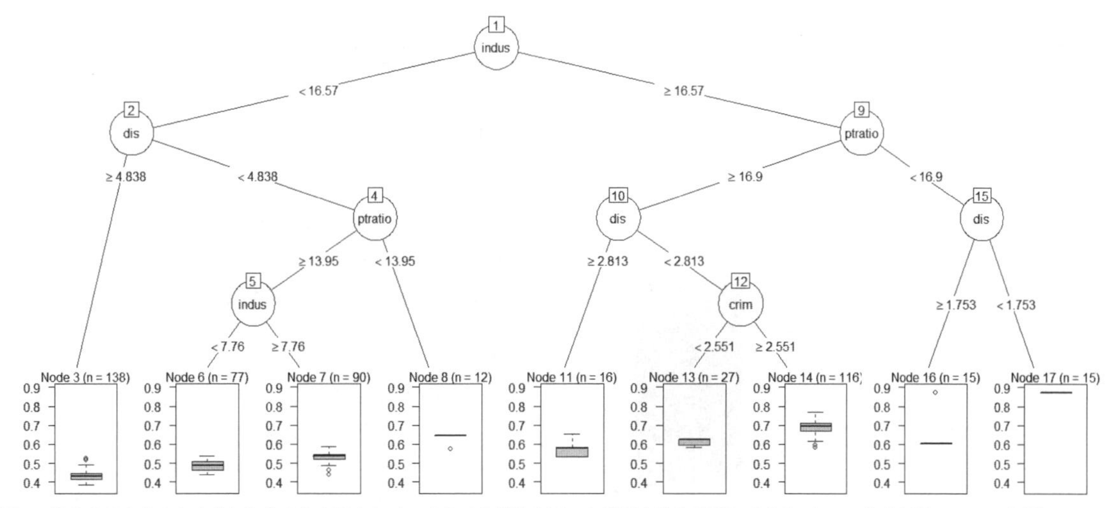

図2　決定木は木をさかさまにしたような形をしているので木構造を用いた学習方法と呼ばれる（ボストンの住宅価格データの分類）

● かなりいろいろなことに使われている

決定木はいろいろなところで使われています．例えば，内閣府の調査(https://www5.cao.go.jp/keizai3/2017/0118nk/nk17.html)の中には，

- ネット・ショッピングの利用には，年齢，収入，時間的制約などが関係しているかどうか
- 教育年数の少ない労働者などへのキャリア形成支援が必要かどうか
- 転職により賃金が上がる人の特徴は何か

などの調査事例があります．

IBM ソリューション ブログ(https://enterprisezine.jp/iti/detail/6323)には「医療統計における決定木分析（ディシジョン・ツリー）の活用」という記事もあります．

決定木による分類を試す

● 分類対象のデータ

イメージがわかない人もいると思いますので，まず，実際にできるというところを示したいと思います．

先ほどの**図1**は次に示すcake.txtを用いた場合の分類結果を表しています．コマンドの説明はこの後で説明することとします．分類には統計や分析に優れたフリー・ソフトウェアR(https://www.r-project.org/)を用います．またWindowsではcake.txtをドキュメント・フォルダに保存します．

```
<cake.txt>
値段，見た目，お店
200，きれい，A
280，おしゃれ，A
150，上品，A
350，かわいい，A
400，かわいい，A
350，おしゃれ，B
400，上品，B
320，きれい，B
500，おしゃれ，B
450，上品，B
```

● 実行コマンド

Rを起動します．その後，次のコマンドを実行すると，Rに標準で含まれるpartykitとして用意された決定木のサンプルを試すことができます．なお，1行目のinstallから始まるコマンドは，Rのインストール後に1回だけ実行します．2回目以降は実行する必要がありません．1行目を実行すると地域を選ぶダイアログが表示されますので，Japanの中の住んでいる地域に近い場所を選んでください．

```
install.packages("partykit")
library(partykit)
library(rpart)
da = read.csv("cake.txt")
rd = rpart(お店 ~ .,da, minsplit = 1)
p <- as.party(rd)
plot(p)
```

● 実行結果

実行すると**図3**が表示されます．一番上の丸には「値段」と書かれており，まずは値段で分類しています．そして，左の線には<300と書かれています．300円未満なら左ということを表しています．そして，左に進むと薄い灰色の四角があり，この中にNode2

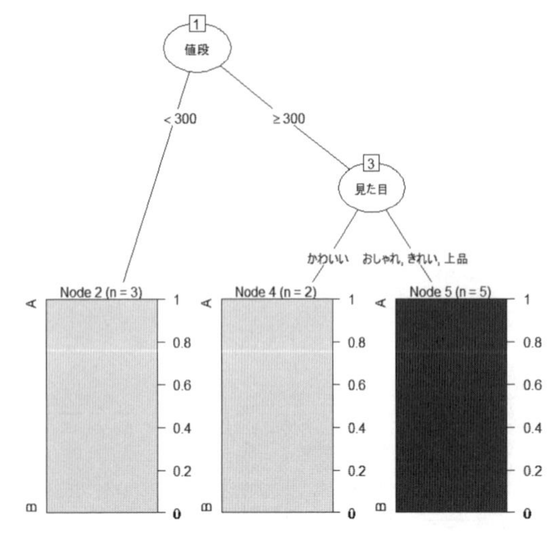

図3　Rプログラムで洋菓子店データを分類

(n=3) と書いてあります．これは3個のA店のデータが分類されたことを示しています．

次に，右の丸に着目します．丸の中は「見た目」と書いてあります．ここでは見た目で分類されています．そして，かわいいの場合は左に分類されます．Node4 (n=2) と書いてあります．これは2個のA店のデータが分類されたことを示しています．見た目の丸の右の線に着目すると「おしゃれ，きれい，上品」が選択されたものとなっています．それにつながる線には黒い四角があり，Node5 (n=5) と書いてあります．これは5個のB店のデータが分類されたことを示しています．

Rを使って数値と文字が混在した情報をうまく仕分けることができました．日本語で分類してくれる点も使いやすいですね．

決定木分類アルゴリズム

● まざり具合を減らすような分け方条件がある

決定木の原理は「データがどれだけ混ざっているかを計算し，その混ざり具合ができるだけ減るように分ける」です．この混ざり具合を「不純度」と呼びます．

例えば，同じデータを**図4**のように異なるルールで2つに分けたとします．**図4 (a)** の分け方では左側にα社のデータが多く，右側にβ社のデータが多くなっています．

一方，**図4 (b)** の分け方では左側にα社のデータが多くなっていますが**図4 (a)** よりも多くありませんし，右側のα社とβ社のデータ数が同じです．

何となく，**図4 (a)** の方がうまく分かれている気がします．実は，この図に計算結果が書いてありますが，計算しても確かに**図4 (a)** の方がうまく分かれています．

● 不純度を表すパラメータ

不純度（混ざり具合）を表す方法としては次の3つがよく使われます．

- 誤り率
- 交差エントロピー
- ジニ係数[注1]

これらの違いはそれぞれの求め方の違いだけで，基本的な考え方は同じです．そこで，今回は計算が簡単なジニ係数に絞って説明します．

● 不純度を表すジニ係数を計算してみる

ジニ係数をI_Gとすると式(1)で計算できます．難しそうな数式が出てきましたが，数値を当てはめれば簡単です．この式に含まれる変数の意味は，Nはノードに含まれるデータの数，n_iはクラスiに含まれるデータ数，cはクラスの数です．

注1：所得や資産の不平等あるいは格差を測る指標．考案者はイタリアの統計学者コラド・ジニ．

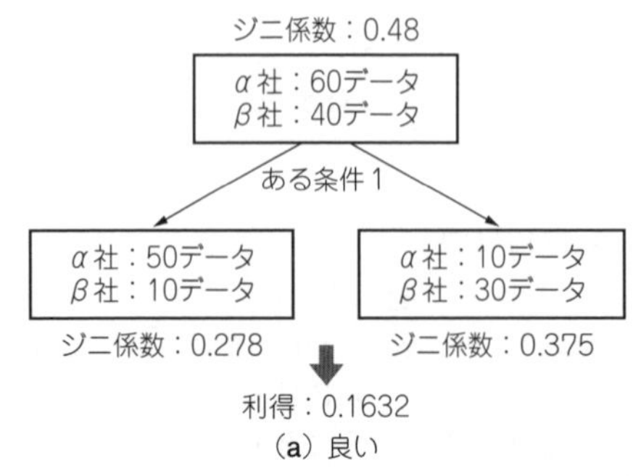

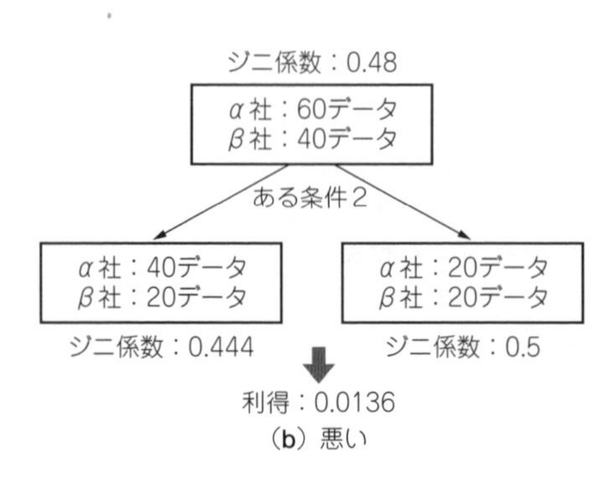

図4　分け方の条件に良し悪しがある

●●●
▲▲

$$1-\left(\frac{3}{5}\right)^2-\left(\frac{2}{5}\right)^2=0.48$$

(a) ●が3個，▲が2個の場合

●●● ■■■■
▲▲

$$1-\left(\frac{3}{9}\right)^2-\left(\frac{2}{9}\right)^2-\left(\frac{4}{9}\right)^2=0.642$$

(b) ●が3個，▲が2個，■が4個の場合

●●● ■■■■
▲▲ ×

$$1-\left(\frac{3}{10}\right)^2-\left(\frac{2}{10}\right)^2-\left(\frac{4}{10}\right)^2-\left(\frac{1}{10}\right)^2=0.7$$

(c) ●が3個，▲が2個の場合，■が4個，×が1個の場合

図5　ジニ係数の計算

$$I_G=1-\sum_{i=1}^{c}\left(\frac{n_i}{N}\right)^2 \cdots\cdots(1)$$

さっそく，計算してみましょう．計算が簡単になるように●が3個，▲が2個の場合を考えます[**図5**(a)]．

このときのジニ係数は次の計算で算出できます．クラスの数は2種類ですので2となります．そしてデータ数Nは3＋2なので5となります．そして，2種類の各クラスに含まれるデータ数はそれぞれ3と2となりますので，次のように計算できます．

$$1-\left(\frac{3}{5}\right)^2-\left(\frac{2}{5}\right)^2=0.48$$

図5(b)のように●が3個，▲が2個，■が4個の場合は，次のようになります．

$$1-\left(\frac{3}{9}\right)^2-\left(\frac{2}{9}\right)^2-\left(\frac{4}{9}\right)^2=0.642$$

続いて，**図5**(c)のように●が3個，▲が2個，■が4個，×が1個の場合は次の計算となります．

$$1-\left(\frac{3}{10}\right)^2-\left(\frac{2}{10}\right)^2-\left(\frac{4}{10}\right)^2-\left(\frac{1}{10}\right)^2=0.7$$

● 良い分類条件を選ぶ原理

図4に示したように100個のデータを2つに分けることを考えます．最初は●が60個，▲が40個あったとします．この場合のジニ係数を求めてみましょう．

$$1-\left(\frac{60}{100}\right)^2=\left(\frac{40}{100}\right)^2=0.48$$

それでは**図4**(a)のように●が50個と▲が10個の組と，●が10個と▲が30個の組に分けた場合のジニ係数を求めてみましょう．**図4**(a)の左側のように●が50個，▲が10個の場合は次のようになります．

$$1-\left(\frac{50}{60}\right)^2-\left(\frac{10}{60}\right)^2=0.278$$

そして，**図4**(a)の右側のように●が10個，▲が30個の場合は次のようになります．

$$1-\left(\frac{10}{40}\right)^2-\left(\frac{30}{40}\right)^2=0.375$$

どのくらいよいかは次のように計算します．これは，元のジニ係数(0.48)から，左に分かれたデータでジニ係数を求め(0.278)，それに重み(左に分類されたデータ数(60)を元のデータ数(100)で割ったもの)を掛けたものを引きます．右に関しても同じように引きます．その結果が減少するジニ係数と考えます．これは「利得」と呼ばれています．

$$0.48-\frac{60}{100}\times 0.278-\frac{40}{100}\times 0.375=0.1632$$

それでは**図4**(b)のように●が40個と▲が20個の組と，●が20個と▲が20個の組に分けた場合のジニ係数を求めてみましょう．左側のように●が40個，▲が20個の場合は次のようになります．

$$1-\left(\frac{40}{60}\right)^2-\left(\frac{20}{60}\right)^2=0.444$$

そして，右側のように●が20個，▲が20個の場合は次のようになります．

$$1-\left(\frac{20}{40}\right)^2-\left(\frac{20}{40}\right)^2=0.5$$

この場合も同じように計算します．

$$0.48-\frac{60}{100}\times 0.444-\frac{40}{100}\times 0.5=0.0136$$

図4の場合は(a)の方が(b)に比べて利得(減少するジニ係数)が大きいため，より良い分類となります．

Excelで決定木計算の詳細を見てみる

先ほどの`cake.txt`に示した洋菓子店を例にとって計算してみましょう．計算は単純なのですが，数が多いので表計算ソフトウェアのExcelを使って計算します．

● 手順1：Excelに入力

`cake.txt`のデータを**図6**のようにExcelに書きます．

	A	B	C	D
1	値段	見た目	お店	
2	200	きれい	A	合計数
3	280	おしゃれ	A	Aの数
4	150	上品	A	Bの数
5	350	かわいい	A	
6	410	かわいい	A	
7	350	おしゃれ	B	
8	400	上品	B	
9	320	きれい	B	
10	500	おしゃれ	B	
11	450	上品	B	

図6　データの準備

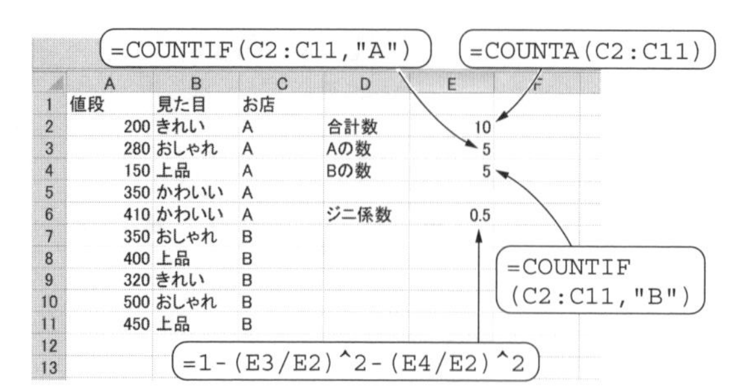

	A	B	C	D	E
1	値段	見た目	お店		
2	200	きれい	A	合計数	10
3	280	おしゃれ	A	Aの数	5
4	150	上品	A	Bの数	5
5	350	かわいい	A		
6	410	かわいい	A	ジニ係数	0.5
7	350	おしゃれ	B		
8	400	上品	B		
9	320	きれい	B		
10	500	おしゃれ	B		
11	450	上品	B		
12					
13					

図7　データ数を数える処理

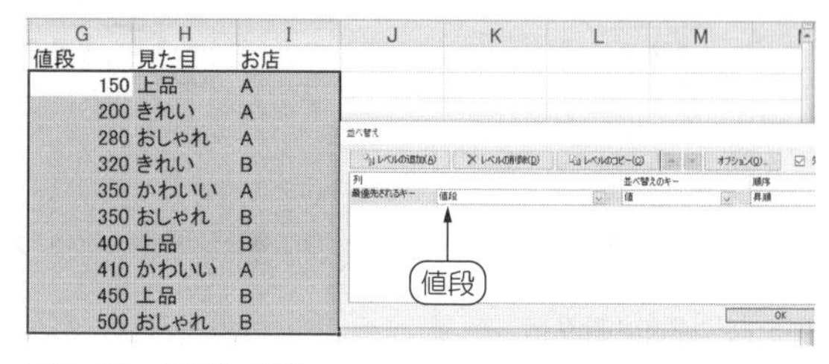

値段	見た目	お店
150	上品	A
200	きれい	A
280	おしゃれ	A
320	きれい	B
350	かわいい	A
350	おしゃれ	B
400	上品	B
410	かわいい	A
450	上品	B
500	おしゃれ	B

図8　データの並べ替え

● 手順2：COUNT関数で数える

合計のデータ数，A店のデータの数とB店のデータの数を計算します．**図7**に示すように，A店やB店がそれぞれ幾つあるかはCOUNTIF関数を使って数えます．また，合計のデータ数はCOUNTA関数を使い求めます．そして，この3つの値からジニ係数を求めます．

● 手順3：並べ替え

場合分けする条件を探すために，値段の低い順に並べ替えます．この手順を次に示します．

まず，A，B，C列のデータをG，H，I列にコピーします(**図8**)．そして，G，H，I列を選択し，データ・タブにある並べ替えを選択すると，並べ替えと書かれたダイアログが表示されます．「先頭行を見出しとして使用する」と書かれたチェック・ボックスにチェックが入っていることを確認し，列の優先されるキーとして値段を選択します．その後，OKをクリックすると，**図8**のG，H，I列のように値段順に並びます．

● 手順4：ジニ係数＆利得の計算を試す

それでは，利得を計算します．まずは，150円のデータだけ左に分類して，それ以外は右に分類する場合の計算を行います．その計算を**図9**に示します．この場合，左に分類されるA店のデータは1個，B店のデータは0個となります．これらを求めるために，J列とK列ではCOUNTIF文を用います．

ここでの工夫として，範囲の始まりに$(絶対参照)を付けておきます．これをそれぞれ，J列2行目とK列2行目に書きます．そして，L列の左に分類されるデータの合計数は先ほどのデータの合計となります．

M列の右に分類されるデータの数はE列2行目に示したデータの合計からL列の左に分類されたデータの数を引いたものとなります．

このデータを用いて，150円のデータだけ左に分類された場合の左のジニ係数と右のジニ係数を求めます．

図の文字列だけだと分かりにくいので，実際に数値を入れて計算を行います．

左のジニ係数(O列)

$$1-\left(\frac{1}{1}\right)^2-\left(\frac{0}{1}\right)^2=0$$

右のジニ係数(P列)

$$1-\left(\frac{5-1}{9}\right)^2-\left(\frac{5-0}{9}\right)^2=0.494$$

この左右のジニ係数から利得を計算します．

利得(Q列)

$$0.5-\frac{1}{10}\times 0-\frac{9}{10}\times 0.49382716=0.0556$$

● 手順5：値段で分類できそうな商品だけ別にする

次に，150円と200円のデータだけを左に分類することを考えます．**図10**に示すように範囲を選択し，右下の部分をドラッグすると**図11**に示すように下の行の計算ができます．

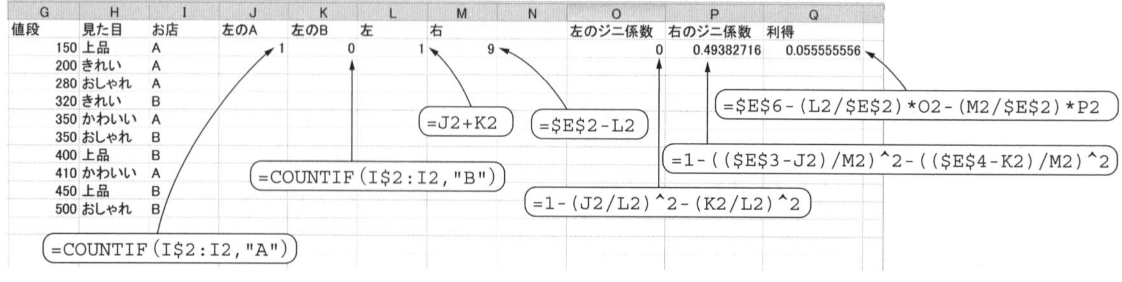

値段	見た目	お店	左のA	左のB	左	右		左のジニ係数	右のジニ係数	利得
150	上品	A	1	0	1	9		0	0.49382716	0.055555556
200	きれい	A								
280	おしゃれ	A								
320	きれい	B								
350	かわいい	A								
350	おしゃれ	B								
400	上品	B								
410	かわいい	A								
450	上品	B								
500	おしゃれ	B								

図9　利得の計算

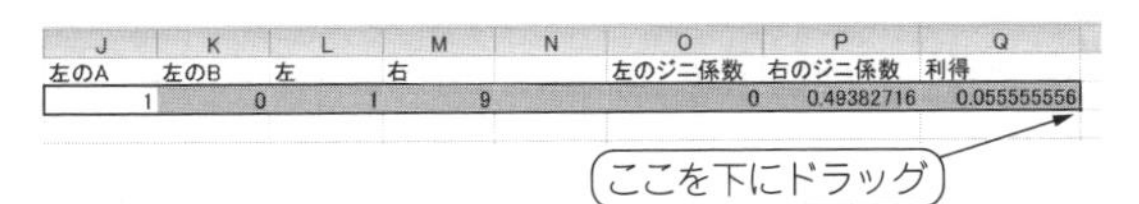

J	K	L	M	N	O	P	Q
左のA	左のB	左	右		左のジニ係数	右のジニ係数	利得
1	0	1	9		0	0.49382716	0.055555556

図10　150円と200円のデータだけを左に分類する…範囲を選択

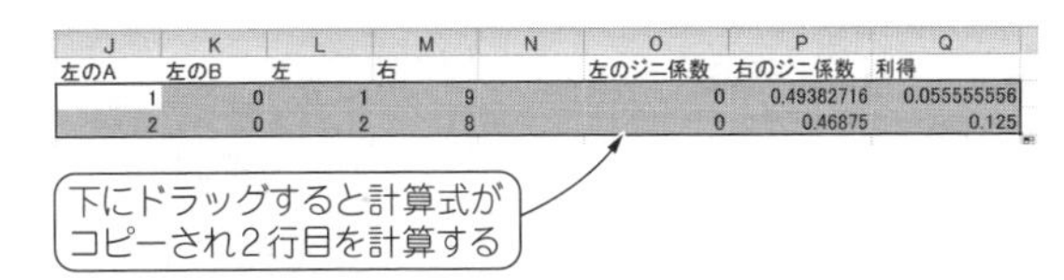

J	K	L	M	N	O	P	Q
左のA	左のB	左	右		左のジニ係数	右のジニ係数	利得
1	0	1	9		0	0.49382716	0.055555556
2	0	2	8		0	0.46875	0.125

図11　2行目の計算

図12に示すようにJ列3行目をダブルクリックすると，左に分類されるA店のデータを調べる範囲がI列2行目～3行目となっています．つまり，150円と200円のデータがA店のデータかどうかを調べてその数を数えています．

● 手順6：全ての利得を計算する

手順4では1つだけドラッグしましたが，これは説明のためですので，実際には**図13**に示すように10行目までまとめてドラッグします．そうすると，全てのパターンの利得が得られます．

例えば，8行目の400円のデータの横に書いてあるものは，400円以下のデータを左に，それより大きいデータを右に分類しています．そのため，J列8行目の左の数が4，K列8行目の右の数が3となっています．

この中で最も利得が大きいのは，4行目の0.214285714となります．つまり，値段で分ける場合は280円以下のものとそれより大きいもので分けると利得が最大となります．

この場合，前後のデータの平均値を場合分けの基準としますので，300円［=（280+320）÷2］が場合分けの基準となります．

G	H	I	J	K	L
値段	見た目	お店	左のA	左のB	左
150	上品	A	1	0	1
200	きれい	A	=COUNTIF(I$2:I3,"A")		2
280	おしゃれ	A			
320	きれい	B			
350	かわいい	A			
350	おしゃれ	B			
400	上品	B			

図12　150円と200円のデータがA店のデータかどうかを調べてその数を数えている

● 手順7：見た目で分類する

ここまでは値段で分類する方法を示しました．今度は見た目で分類した場合の利得を計算します．そして，先ほど求めた300円で分類した場合の利得と比較して，利得が大きければ見た目の分類を採用することとなります．

先ほどと同じように並び替えを行います．**図14**に示すようにA，B，C列のデータをS，T，U列にコピーして，それを選択し，データ・タブにある並べ替えを選択すると，並べ替えと書かれたダイアログが表示されます．列の優先されるキーとして「見た目」を選択すると，**図15**のように見た目でまとめられます．

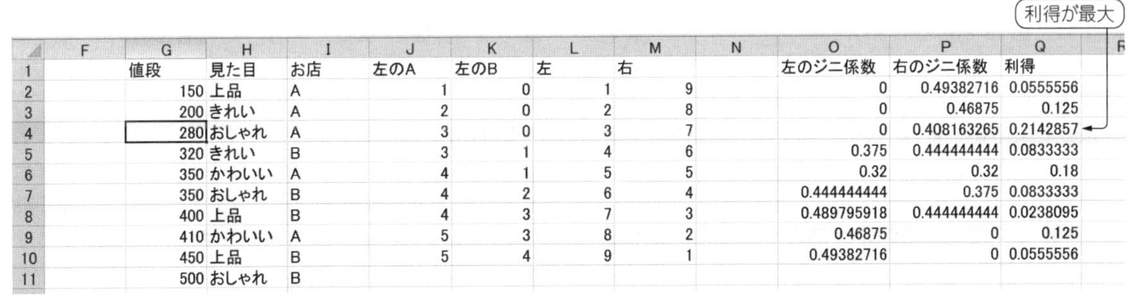

	F	G	H	I	J	K	L	M	N	O	P	Q
1		値段	見た目	お店	左のA	左のB	左	右		左のジニ係数	右のジニ係数	利得
2		150	上品	A	1	0	1	9		0	0.49382716	0.0555556
3		200	きれい	A	2	0	2	8		0	0.46875	0.125
4		280	おしゃれ	A	3	0	3	7		0	0.408163265	0.2142857
5		320	きれい	B	3	1	4	6		0.375	0.444444444	0.0833333
6		350	かわいい	A	4	1	5	5		0.32	0.32	0.18
7		350	おしゃれ	B	4	2	6	4		0.444444444	0.375	0.0833333
8		400	上品	B	4	3	7	3		0.489795918	0.444444444	0.0238095
9		410	かわいい	A	5	3	8	2		0.46875	0	0.125
10		450	上品	B	5	4	9	1		0.49382716	0	0.0555556
11		500	おしゃれ	B								

図13　値段で分けた場合の全ての利得計算

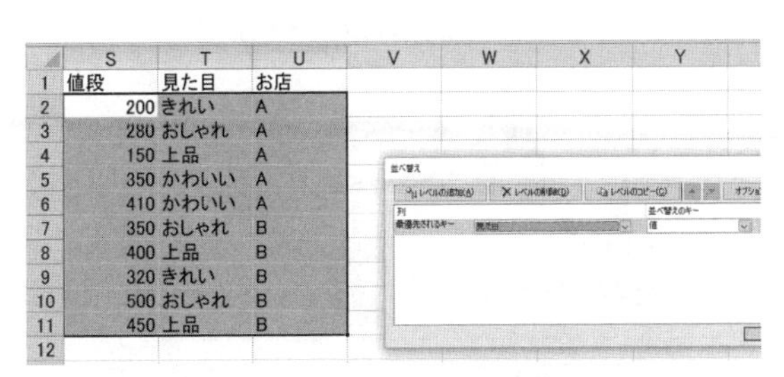

	S	T	U
1	値段	見た目	お店
2	200	きれい	A
3	280	おしゃれ	A
4	150	上品	A
5	350	かわいい	A
6	410	かわいい	A
7	350	おしゃれ	B
8	400	上品	B
9	320	きれい	B
10	500	おしゃれ	B
11	450	上品	B

図14　見た目で分類した場合の利得を計算する方法…見た目の並び替え

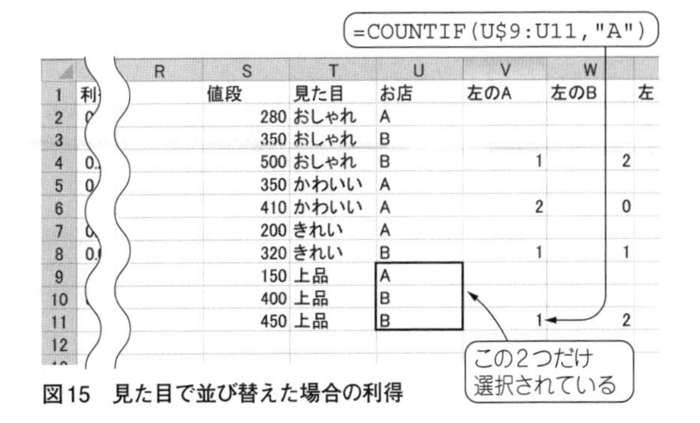

	S	T	U	V	W
1	値段	見た目	お店	左のA	左のB
2	280	おしゃれ	A		
3	350	おしゃれ	B		
4	500	おしゃれ	B	1	2
5	350	かわいい	A		
6	410	かわいい	A	2	0
7	200	きれい	A		
8	320	きれい	B	1	1
9	150	上品	A		
10	400	上品	B		
11	450	上品	B	1	2

図15　見た目で並び替えた場合の利得

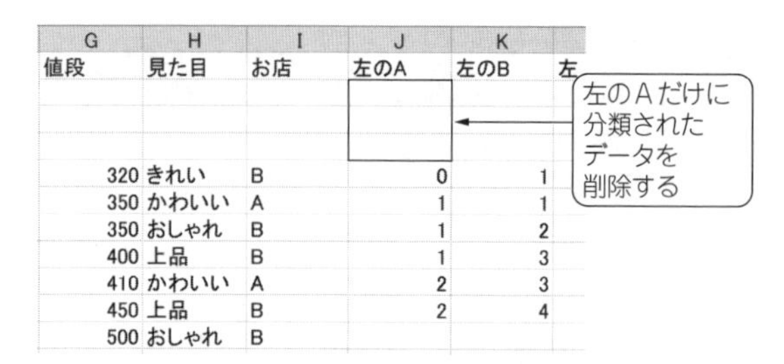

G	H	I	J	K	
値段	見た目	お店	左のA	左のB	左
320	きれい	B	0	1	
350	かわいい	A	1	1	
350	おしゃれ	B	1	2	
400	上品	B	1	3	
410	かわいい	A	2	3	
450	上品	B	2	4	
500	おしゃれ	B			

図16　右に分類されたデータのジニ係数を求める

● 手順8：項目ごとにジニ係数＆利得を計算する

手順4で計算した方法と同じことを行います．ただし，今度は1行ずつでなく「おしゃれ」とか「かわいい」などと項目ごとに分けます．例えば，おしゃれで分けた場合，左に分類されるA店とB店のデータの数はそれぞれ2と1になります．

また，項目ごとに調べるため，**図15**のようにとびとびとなります．そして，それぞれの項目の範囲は**図14**に示すように項目ごととします．

その計算の結果，最大の利得となるのはかわいいで分けた場合で，0.125となります．

● 手順9：分け方を評価して最初の条件を決める

これまでの手順で，値段で分けた場合の最大の利得は300円で分類した場合の0.214285714となり，見た目で分けた場合は0.125となります．この2つを比較すると，値段で分けた場合の方が利得が大きくなります．そこで，最初の分類は300円以上かどうかとなります．

また，**図13**を見ると300円以下のデータはA店のものだけになります．そのため，左に分類されたデータはこれ以上分類しません．ここまでの手順で，**図1**の初めの条件（300円以上かどうか）と左に分類されるデータが決まりました．

● 手順10：残った右側の分類のジニ係数を求める

残った7個のデータを分類します．これは，**図1**の右の分類となります．ここからの計算はこれまでのExcelの値を消すだけです．まず，右に分類されたデータのジニ係数を求めます．これは，**図16**に示すように，左だけに分類されたものを削除することで求めることができます．

● 手順11：利得を求めて2つ目の条件を決める

同じように値段分類と見た目分類についても左に分類されたデータを削除します．この結果を**図17**に示します．

値段で分けた場合の最大の利得は9行目の410円以下かそれより大きいかで分けた場合の0.065306122となります［**図17（a）**］．一方，見た目で分けた場合はかわいいで分類した場合の0.408163265となります［**図17（b）**］．そこで，かわいいで分類します．

図17（b）のかわいいを取り除くと，残りの5つのデータは全てB店のデータとなります．これは**図1**に示したのと同じ分類となっています．このような手順を繰り返して，分類していきます．計算は簡単ですが，計算量が多いですね．

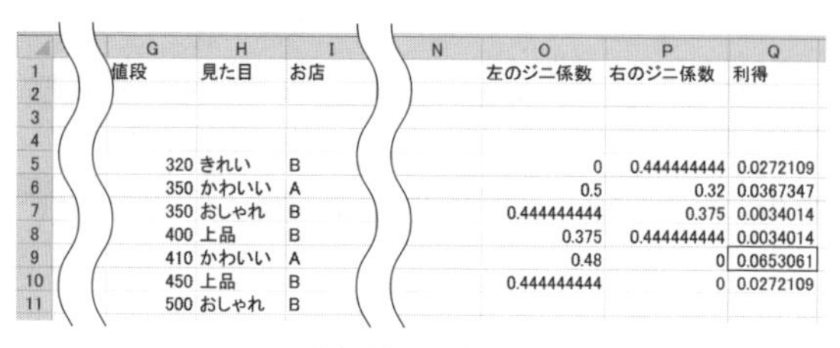

	G	H	I	N	O	P	Q
1	値段	見た目	お店		左のジニ係数	右のジニ係数	利得
2							
3							
4							
5	320	きれい	B		0	0.444444444	0.0272109
6	350	かわいい	A		0.5	0.32	0.0367347
7	350	おしゃれ	B		0.444444444	0.375	0.0034014
8	400	上品	B		0.375	0.444444444	0.0034014
9	410	かわいい	A		0.48	0	0.0653061
10	450	上品	B		0.444444444	0	0.0272109
11	500	おしゃれ	B				

（a）値段で分けた

		S	T	U	Y	Z	AA	AB	AC
1	右	値段	見た目	お店			左のジニ係	右のジニ係	利得
2									
3		350	おしゃれ	B					
4		500	おしゃれ	B		5	0	0.48	0.0653061
5		350	かわいい	A					
6		410	かわいい	A		5	0	0	0.4081633
7									
8		320	きれい	B		6	0	0.4444444	0.0272109
9									
10		400	上品	B					
11		450	上品	B		5	0	0.48	0.0653061

（b）見た目で分けた

図17　同じように値段分類と見た目分類についても左に分類されたデータを削除

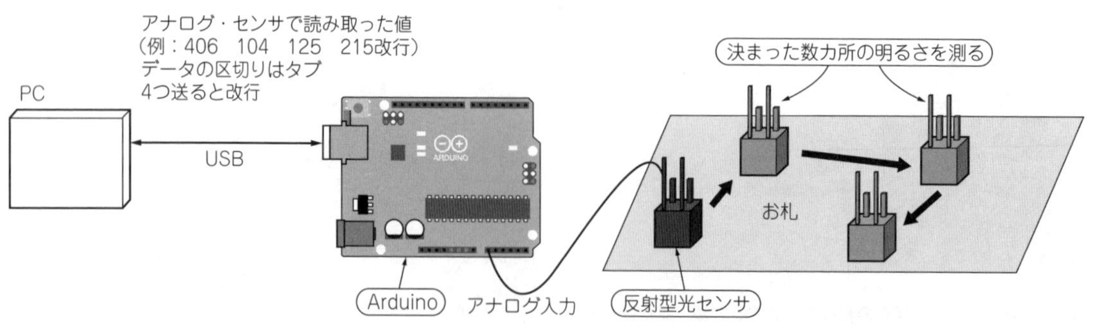

図18　お札の明るさの計測

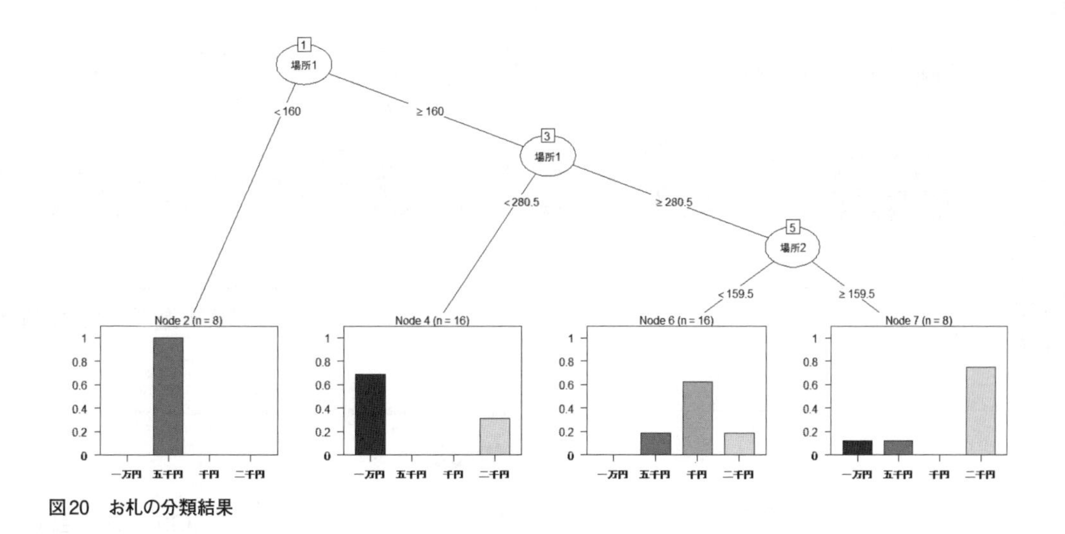

図20　お札の分類結果

お札の分類に使ってみる

● お札の反射光をArduinoで実測して分類する

最後に，実際のデータを使って分類します．このデータは**図18**に示すような反射型光センサを用いてお札の数カ所の反射光をArduinoで測定し，その値をPC上のウィンドウに表示して，それをファイルにコピー&ペーストで保存したものとなります．このデータの一部を**図19**に示します．

なお，第5部第2章も同様のデータを使っていますが，ここでは種類を表す部分を千円，2千円，5千円，1万円としました．さらに，1行目にそれぞれの列の説明をつけています．

このデータを`money_data.txt`として保存し，ドキュメント・フォルダに保存しているものとします．そして次のコマンドを入力することで**図20**が得られます．なお，1行目の`install`から始まるコマンドは一度実行していれば，再度実行する必要はありません．

```
install.packages("partykit")↵
library(partykit)↵
library(rpart)↵
md = read.csv("money_data.txt")↵
rd = rpart(種類 ~ .,md)↵
p <- as.party(rd)↵
plot(p)↵
```

この結果から，まず，場所1の値で5千円のデータの多くを分類でき，さらに，場所1の値を分けることで1万円を，そして，場所2の値を分けることで千円と2千円を分類できることが分かります．

Rのコマンドの意味を簡単に説明します．

- `library(rpart)`は決定木を行うためのライブラリの読み込みです

場所1,	場所2,	場所3,	場所4,	種類
406,	104,	125,	215,	千円
500,	115,	107,	320,	2千円
78,	80,	108,	100,	5千円
214,	146,	72,	110,	1万円
441,	115,	106,	213,	千円

図19　お札の明るさデータの一部

- `library(partykit)`は決定木の結果をうまく示すためのライブラリです

そして，`rpart`関数で，決定木を実行しています．1つ目の引数の「種類」と書いてある部分が分類する対象となり，それ以外はデータとなります．

この分類対象の値を「目的変数」，それ以外のデータの部分を「説明変数」と言います．

その結果を`as.party`関数を使ってグラフで表しやすい形に変換しています．そして，`plot`関数でグラフ表示をしています．

▶おまけ：もっと本格派な決定木のサンプル

Rにはさまざまなデータが用意されています．**図2**を作成するためのRのコマンド・リストを次に示します．これは，ボストンの住宅価格データをもとに窒素酸化物の濃度を目的変数として決定木を行った結果です．

```
install.packages("partykit")↵
library(partykit)↵
library(rpart)↵
data(Boston,package="MASS")↵
da = rpart(nox~.,data=Boston,
minsplit = 2)↵
p <- as.party(da)↵
plot(p)↵
```

まきの・こうじ

第1章　画像ディープ・ラーニング自走ロボ・シミュレーション

牧野 浩二，西崎 博光

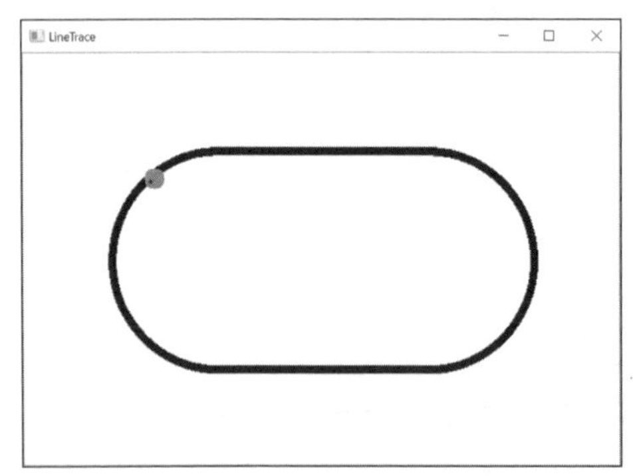

(a) コース全体

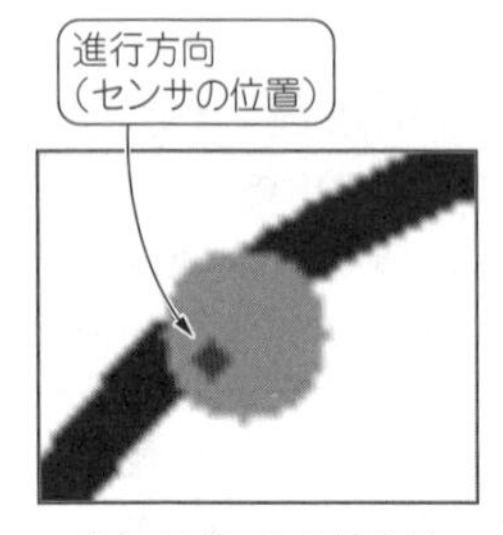

(b) ロボットの拡大図

図1　画像ディープ・ラーニングでロボットを自走させる
まずはPC上でシミュレーション

人工知能アルゴリズムを，ロボットに応用する事例を多く耳にします．例えば，AWS(Amazon Web Services)の「DeepRacer」という，人工知能でラジコン・カーを動かすコンテストがあります．その優勝チームのインタビューでは，「初心者でも(中略)ここまでできる」とありました．人工知能×ロボットは，まだまだ初心者でも参加し，十分に戦える分野だと思います．

そこで，ディープ・ラーニング×ロボットの取り組みを紹介します．

やること

● 画像ディープ・ラーニングでロボットを走らせる

画像を「学習用データ」として使い，ディープ・ラーニング(深層学習)アルゴリズムにてライン・トレース・ロボットを走らせてみます．最初はシミュレータを使い，最終的には実機を用いて，白地に黒で描かれたラインを画像で読み取ってトレースしてみます(**図1**)．

高校生の課題になるようなライン・トレース・ロボットは，白地に引かれた黒のラインを光センサを用いて明るさで読み取っています．ラインがあると1，ラインがないと0と判定するのですが，この「しきい値」の設定で，生徒は苦労しているようでした．今回はラインの有無を画像をベースにした人工知能で読み取ろうというのが主旨です．

● なぜロボットにディープ・ラーニングを用いるか

ラインのありなし判定には，ディープ・ラーニングを利用します．ディープ・ラーニングの学習には，学習用データの答えに相当するラベルが必要です．ロボットにディープ・ラーニングを組み込む際には，「どのように学習用データとラベルを集めるのか」が問題になります．

たくさんのデータを集めて，うまく学習すると人間を超える能力を発揮できる分野がいろいろあることは，既に実証されています．ディープ・ラーニングは「画像の認識率について人間が画像を認識するときの能力を超えた」という発表から注目されるようになりました．最近では大量の論文から病気の診断をしたり，過去の判例をもとにして弁護士の仕事を肩代わりしたりするなど，人間の能力を超える仕事をこなすようになっています．

画像，論文，判例といったものは全て，学習データの答えに相当するラベルが付いています．そして，それらはネット上で比較的容易に手に入ります．まだ多くは実現されていませんが，ロボットにディープ・

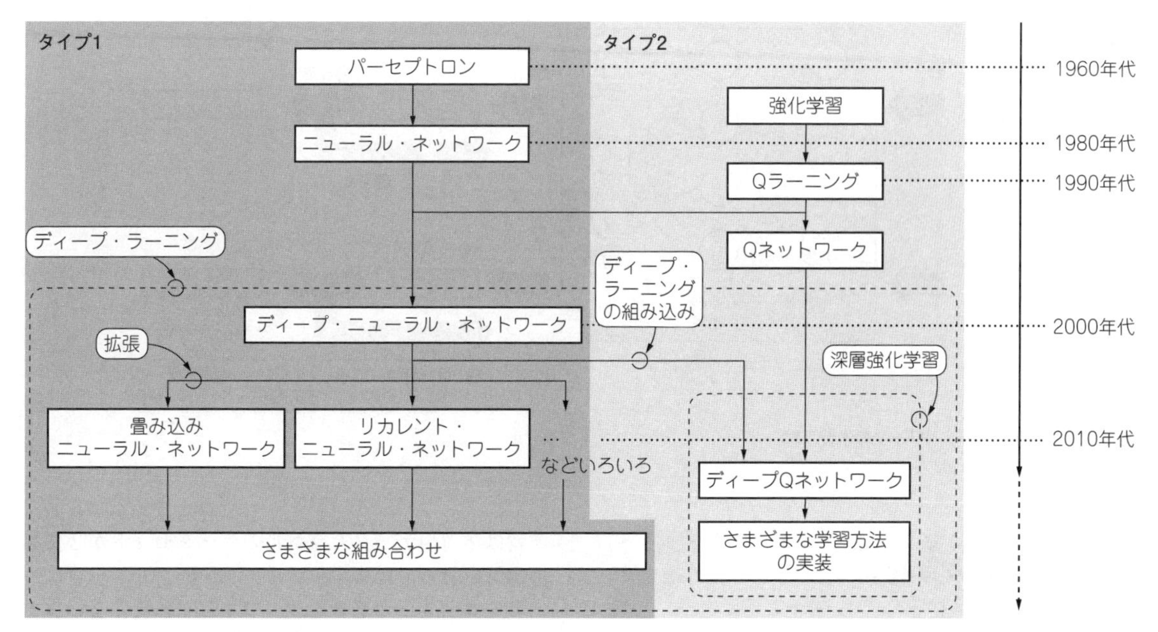

図2　ディープ・ラーニング(深層学習)**の進化**

ラーニングを取り入れると，人間よりも優れた動作を行えるようになることが期待されています．例えば，人間の器用さの極みとして位置づけられる匠の技といった動作は，今のところロボットで実現できていませんが，近い将来，ディープ・ラーニングを使うと実現できるかもしれません．

● 課題…自走用学習データはネットに落ちてない

ロボットにディープ・ラーニングを組み込む際には，ネット上で学習用データが手に入るものではありませんので，「どのように学習用データとラベルを集めるのか」が問題になります．

実は，このデータを集めるという点がディープ・ラーニングの肝であり，難しい点でもあります．本章では，ロボットの中でも実現が簡単なライン・トレース・ロボットを対象として，実際に学習データとラベルのセットを作る方法を紹介します．この方法をきっかけにして，いろいろなロボットへ応用していただければと思っています．

おさらいディープ・ラーニング

● 進化の系譜

ディープ・ラーニングについて簡単におさらいします．**図2**に示すディープ・ラーニングの進化の歴史を見ながら説明します．ディープ・ラーニングは突然現れた技術ではなく，今から70年くらい前に提唱されたパーセプトロンを基にして進化したニューラル・ネットワークから少しずつ改善されてきた技術です．

そして現在，ディープ・ラーニングと呼ばれるものには，次の2つがあります．

タイプ1：ニューラル・ネットワークから進化したもの
タイプ2：強化学習から進化したもの

タイプ1は，学習用データとラベルを対にした「データセット」が必要になります．

タイプ2は，データセットが必要ないという違いがあります．この違いがあるため，なぜデータセットが必要なのか分かりにくくなっています．それぞれについて簡単に説明することで，データセットの必要性を説明します．

● タイプ1：ニューラル・ネットワークから進化したもの

まず，本稿で扱う**タイプ1**を説明します．ニューラル・ネットワークは**図3**に示すような構造となっています．この学習手順は次の通りです．

❶ 学習用データとラベルのセットをたくさん作っておく
❷ 学習用データをニューラル・ネットワークの入力にして出力の値を求める
❸ 求めた出力値と学習用データとがセットとなったラベルと同じかどうかを判別して(実際にはニューラル・ネットワークから値が得られるためラベルとの差を計算することになる)，異なっている場合はニューラル・ネットワークの修正を行う

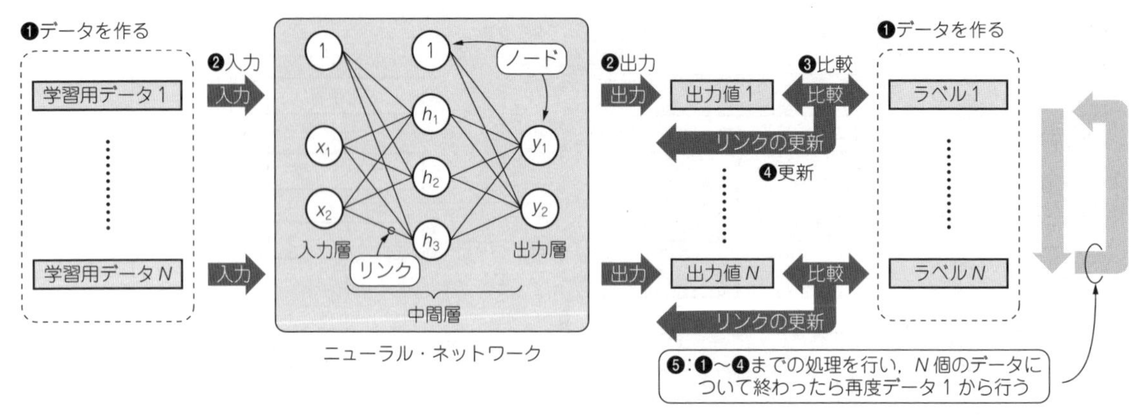

図3　ニューラル・ネットワークの学習手順

❹ その差が小さくなるように，ニューラル・ネットワークの結合状態(図中の○と○とを結ぶ線＝リンク)を更新する
❺ 次に，❷〜❹を何度も繰り返すことで，学習用データを入力するとラベルと一致した(または近い)値が出力されるようになる

ニューラル・ネットワークから進化したディープ・ラーニングでも，この学習手順は変わっていませんので，学習用データと対になったラベルが必要になります．そして，このデータセットをうまく集めるということがとても重要となります．

なお，**図2**のディープ・ラーニングの中にあるディープ・ニューラル・ネットワークとは，**図4**に示すように，**図3**と構造は似ていますが，中間層と言われる層とノードが増えたものとなります．

● タイプ2：強化学習から進化したもの

本稿では扱いませんが，**タイプ2**は，**タイプ1**と区別して「深層強化学習」と呼ばれています．深層強化学習は学習用データとラベルのデータセットが必要ない学習を行っています．

データセットが必要な**タイプ1**と，必要のない**タイプ2**の2種類あるにもかかわらず，どちらもディープ・ラーニングと呼ばれているため，分かりにくくなっています．ここでは深層強化学習について簡単に説明することで，データセットの必要性について整理しておきます．

深層強化学習の応用例には，囲碁や将棋が強くなったり，テレビ・ゲームをうまく攻略するようになったりするものがあります．将棋や囲碁は1手打つごとに答えがあるわけではなく，最後に勝つか負けるかだけが重要となります．そのため，深層強化学習は，良い状態(相手に勝つ)と悪い状態(相手に負ける)を設定しておき，良い状態(悪い状態)になったときに，それに至る手順を自動的に学習する手法となっています．この学習は次の3つの手順で行われています(**図5**)．

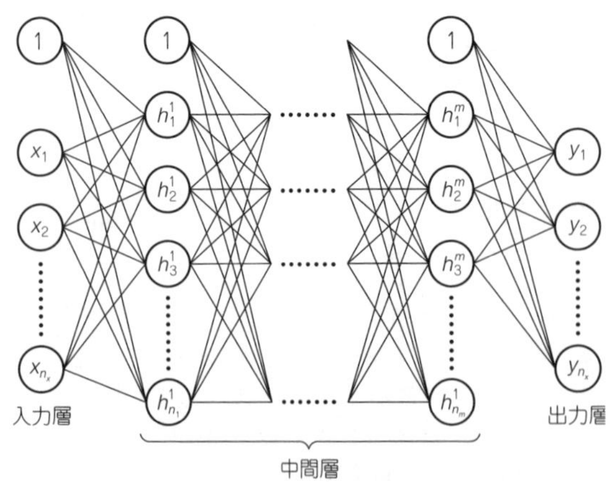

図4　ディープ・ニューラル・ネットワークは中間層が複数ある

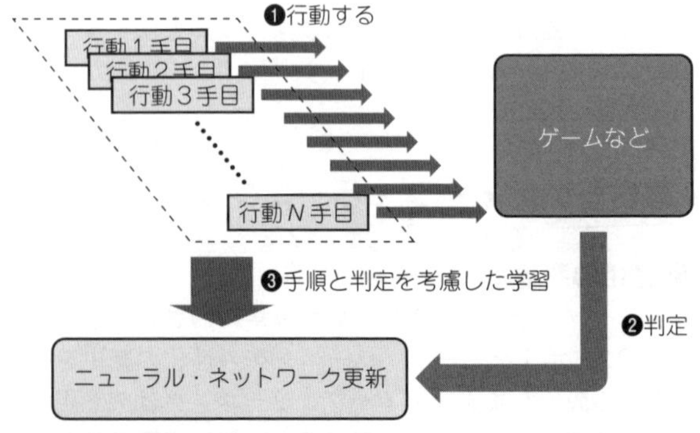

図5　深層強化学習では良い状態/悪い状態を判断してディープ・ニューラル・ネットワークを更新する

❶1手ずつ行動する
❷行動した結果が「良い状態」か「悪い状態」または「設定されていない状態」かを判定する
❸良い状態または悪い状態だった場合，これまでの行動と判定結果をセットにしてディープ・ニューラル・ネットワークの更新を行う

このように，「学習するためのデータセットが必要とならない学習」となっています．

● 実行ステップ

ディープ・ラーニングを使うためには，データセットが必要ということが分かりました．ここからはディープ・ラーニングを使うための方法を説明していきます．

ディープ・ラーニングを使うには，通常，3つのステップがあります．そのため，**図6**に示すような手順で，3つの独立したプログラムを動かすことが普通です．ここではその3つのステップを説明します．

▶❶データを集める

ディープ・ラーニングで学習するためには，たくさんの学習用データとラベルの対が必要になります．通常はデータを集めるためのプログラムが必要となります．この部分は手作業で集めたり，誰かが作ったデータセットを使ったりすることもあります．

▶❷学習する

集めたデータをディープ・ラーニングで学習するプログラムが必要となります．この部分がディープ・ラーニングのプログラムを使うときにクローズアップされ，その解説本も多く出ています．

そして，学習した結果を「学習済みモデル」と呼ばれる1つのファイル(複数あることもある)として出力します．

▶❸学習結果を使う

学習済みモデルを使い，新たに取得したデータを評価(分類)して答えを出すことで，やっと社会の役に立つプログラムとなります．

● データを集める方法

学習用データとラベルのデータセットを作ることは，かなりの労力が必要となります．例えば，犬，猫，ウサギの画像を区別するディープ・ラーニングを作ることを考えます．その場合，それぞれの画像を集め，それにラベルを付けます．

集め方の一例として，グーグルなどの検索サイトで「犬」の画像検索を行い，出てきたものを1つずつクリックしながらダウンロードし，あらかじめ作っておいた「dog」という名前のフォルダに保存することを行います．

それを猫とウサギに関しても同じことを行います．

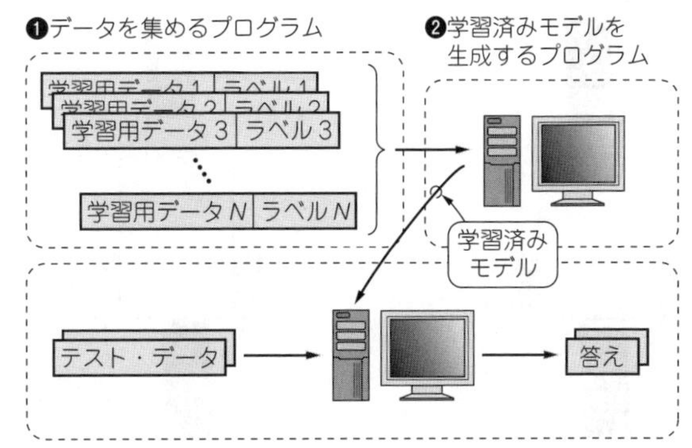

図6　ディープ・ラーニング実行の3ステップ

画像は100枚以上，場合によっては1万枚くらい必要になります．考えただけで大変ですね．そこで，犬や猫など，一般的な画像はラベルとセットで集めてくれているサイトもあり，それをダウンロードして使うこともできるようになっています．

一般的な画像ではないもの，例えば，「きのこの山」と「たけのこの里」を分ける学習済みモデルを作る際には，自身でデータセットをそろえなければなりません．

ディープ・ラーニングをロボットへ適用することの難しさ

● データセットを作る必要がある

ディープ・ラーニングのアルゴリズムをロボットに適用することを考えます．ロボット用のデータセットは，大抵の場合，誰かが作ったものを流用することは期待できません．自身で作成する必要があります．

ロボット用の学習用データを作成する際には，ロボットがある状態(位置とか角度とか)において，次にどのように動けばよいのかというラベルを作る必要があります．

このデータをロボットに自動的に作らせれば，ずいぶん作業が楽になります．そのためのテクニックを次に紹介します．

● データセットはロボットに作らせたい

一般的なライン・トレース・ロボットは，前方にある光センサで白黒を判別してラインに沿って移動します(**図7**)．

ここでは**図8**のように前方にカメラがあり，**図8**の右に示すような画像がリアルタイムに撮影できるロボットを想定します．そして，ラインをカメラで撮影し，その画像をもとにラインをトレースするものを作ります．

このロボットを動かすためのデータセットを作ってみます．データセットを作るために，前方に光センサを付けた通常のライン・トレース・ロボットを作り，

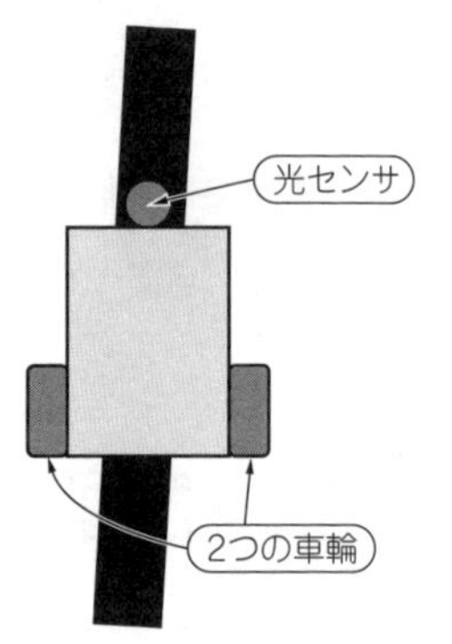

図7　一般的なライン・トレース・ロボット

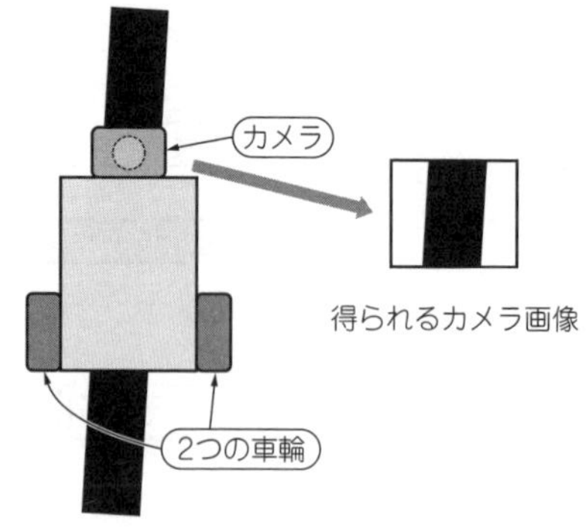

図8　ディープ・ラーニングで走るライン・トレース・ロボット

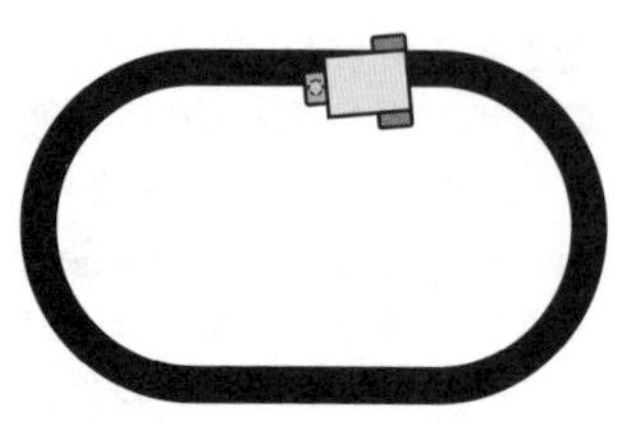
図10　ライン・トレース・ロボットのための円形コース

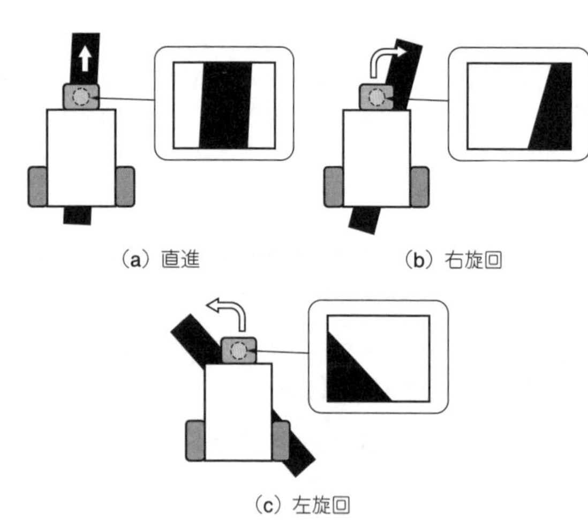

図9　ロボットとラインとの位置関係で次の動きが決まる

図11 「Anaconda Prompt」を起動しPythonをインストール

ラインに沿って動かします．**図9**のように，そのときのカメラ画像と，撮影時にどのように動いたかをラベルとして(例えば，右旋回したとき0，左旋回したとき1)，セットにして集めていきます．

このように他の手法で動かして，学習用データとラベルを一緒にして集めるという方法を使うことで，大量かつ自動的にデータセットを作ることができます．

例えば，円形コースなら1～2周するとデータセットがそろいます．

● ライン・トレース・ロボットのルール

簡単のため**図8**に示す1つだけ白黒センサがあるものとします．なお，この場合は**図10**に示すような円形コースしか走れません．この場合のルールを次に示します．非常に単純なルールで動きます．

<ルール>
黒：右旋回
白：左旋回

実験環境を作る

これを実機で作るのは大変ですので，シミュレータで実験しましょう．シミュレータのプログラムにはPythonを使いました．

Anaconda (https://www.anaconda.com/) というパッケージを使ってPython環境を構築します．Anacondaは公式ホームページから無料でダウンロードできます．ダウンロード・サイトを開いた後，OSをクリックして選択します．「Python 3.7 version」と「Python 2.7 version」がダウンロードできます．筆者は「Python 3.7 version」を使いました．

Anacondaのインストールが終わったら，画像処理用のライブラリ(OpenCV)とディープ・ラーニング用のフレームワーク(Chainer)のインストールを行う必要があります．

「Anaconda Prompt」を起動すると**図11**となります(OpenCVのインストール画面)．まず，画像処理用のライブラリ(OpenCV)のインストールを次のコマンドで行います．

```
> pip install opencv-python↵
```

次にディープ・ラーニング用のフレームワーク(Chainer)のインストールを次のコマンドで行います．

```
> pip install chainer↵
```

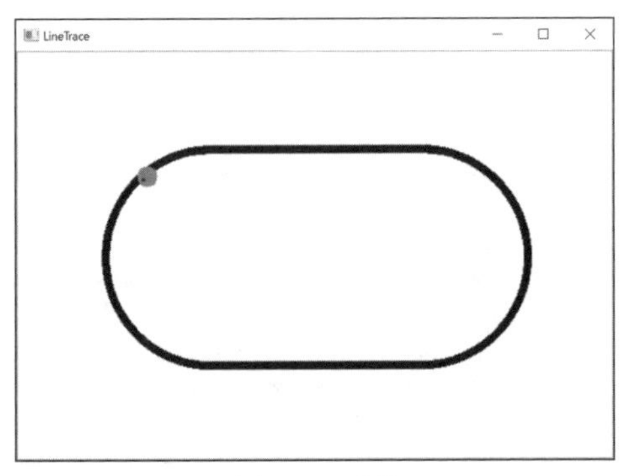

(a) コース全体

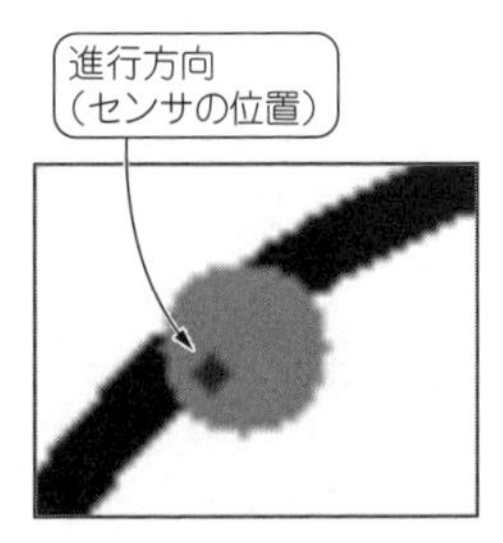

(b) ロボットの拡大図

図12　制作したシミュレータでロボットを走らせる

リスト1　ロボットの動きを作る(lt_rule.py)

```
1  import cv2
2  import math
3  import numpy as np
4
5  theta = 1.7
6  rx = 100
7  ry = 200
8  sx = int(rx + 5*math.cos(theta))
9  sy = int(ry + 5*math.sin(theta))
10
11 while True:
12  img = cv2.imread("course1.bmp",
                        flags=cv2.IMREAD_GRAYSCALE)
13
14  if img[sy,sx]==0:
15   bw = 0
16  else:
17   bw = 1
18  print(img[sy,sx])
19
20  cv2.circle(img, (int(rx), int(ry)), 10, 127, -1)
21  cv2.circle(img, (sx, sy), 2, 32, -1)
22  cv2.imshow("LineTrace",img)
23
24  if cv2.waitKey(10)==27:
25   cv2.destroyAllWindows()
26   break
27
28  if bw==0:
29   steer = - 0.04
30  else:
31   steer = 0.02
32  theta = theta + steer
33  rx = (rx + 1*math.cos(theta))
34  ry = (ry + 1*math.sin(theta))
35  sx = int(rx + 5*math.cos(theta))
36  sy = int(ry + 5*math.sin(theta))
```

シミュレータを作る

● プログラム

ライン・トレース・ロボットのシミュレータを作ります．分かりやすく，かつプログラムを短くするために**図12**(**b**)のようにロボット本体は丸で示し，その進行方向は小さな丸で示すことにします．これにより，どちらの方向に動いているのか分かりやすくなります．なお，進行方向を示す小さな丸の位置に白黒センサやカメラがあるものとします．プログラムを**リスト1**に示します．実行は次のコマンドで行います．

```
python lt_rule.py↵
```

● 改造するためのポイント

リスト1を改造する人向けにポイントを説明します．ライン・トレース・ロボットは通常，2つのタイヤで動きますが，簡単のため，今回は一定のスピードで動くものとし，その進行方向の角度を変えるだけにしました．

rxとryはロボットの位置，sxとsyはセンサの位置のための変数です．そしてthetaはロボットの進行方向のための変数で，ラジアン角です．

この初期位置を5～7行目で設定しています．コースを変えた場合はこの位置と角度が白と黒の境界線上になるように設定してください．

これにより，ロボットの位置の更新を32～34行目にあるように簡単に書くことができるようになります．

まず，円形のコースはcourse1.bmpを読み込んでいます(12行目)．この画像を変えることで，さまざまなコースで走ることができます．例えば，**図13**のようなおにぎり型にもできます．このファイルは，600×400画素で白黒2値のビットマップで作成してください．2値以外のフォーマットですと，境界線が滑らかになるため，0と255の2値になりませんので，プログラムの改造が必要となります．

次に，判断している部分を説明します．14行目のif文でセンサの下の色を調べています．

そして0(黒)ならばbw変数を0，白ならば1としています．

リスト2　画像を集める(lt_logger.py)

```
1 import cv2
2 import math
3 import numpy as np
4
5 theta = 1.7
6 rx = 100
7 ry = 200
8 sx = int(rx + 5*math.cos(theta))
9 sy = int(ry + 5*math.sin(theta))
10
11 fn = 0
12 f = open('./log/list.txt','w')
13
14 while True:
15  img = cv2.imread("course1.bmp", flags=cv2.IMREAD_
                                                  GRAYSCALE)
16
17  if img[sy,sx]==0:
18   bw = 0
19  else:
20   bw = 1
21
22  rect_img_size = 50
23  out_img_size = 4
24  out_img = img[sy-rect_img_size : sy+rect_img_
          size, sx-rect_img_size: sx+rect_img_size]
25  rots = cv2.getRotationMatrix2D((rect_img_
         size,rect_img_size), theta *180/3.14, 1.0)
26  out_img = cv2.warpAffine(out_img, rots,
                   (rect_img_size*2,rect_img_size*2))
27  out_img = out_img[rect_img_size-out_img_size :
      rect_img_size+out_img_size, rect_img_size-out_
              img_size: rect_img_size+out_img_size]
28
29  filename = str(fn).zfill(6)+'.png'
30  fn = fn + 1
31  cv2.imwrite('./log/images/'+filename, out_img)
32  f.write(filename + ' ' + str(bw)+'\n')
33
34  cv2.circle(img, (int(rx), int(ry)), 10, 127, -1)
35  cv2.circle(img, (sx, sy), 2, 32, -1)
36  cv2.imshow("LineTrace",img)
37
38  if cv2.waitKey(10)==27:
39   cv2.destroyAllWindows()
40   break
41
42  if bw==0:
43   steer = - 0.04
44  else:
45   steer = 0.02
46  theta = theta + steer
47  rx = (rx + 1*math.cos(theta))
48  ry = (ry + 1*math.sin(theta))
49  sx = int(rx + 5*math.cos(theta))
50  sy = int(ry + 5*math.sin(theta))
51
52 f.close()
```

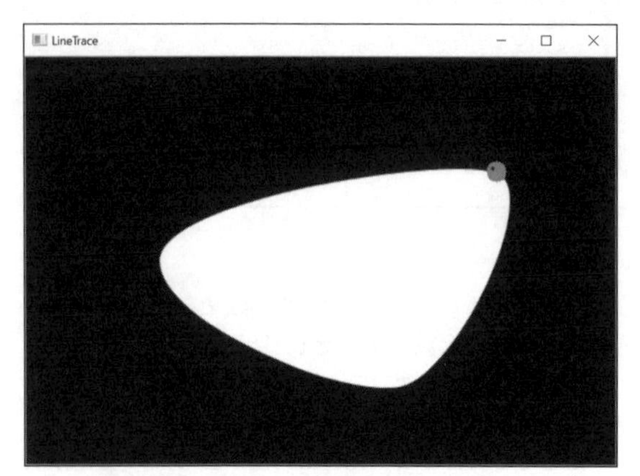

図13　制作したロボットはさまざまなコースを走れる
おにぎり型コースでもよい

それをもとにして次の角度の変化量を28～31行目で決めています．なお，黒だった場合は大きく角度を変えています．これは，黒い線から外に出て行きにくくするための工夫ですので，同じ値にしても構いません．

黒だった場合は角度を減らすので，右に旋回するようになり，白の場合はその逆方向に旋回します．また，この値を変えることで急なカーブにも対応できるようになります．そして，32～36行目で角度と位置を更新します．これを何度も繰り返すことでライン・トレース・ロボットが動いている様子が描画されます．なお，「ESCキー」を押すとシミュレーションが終わります．

学習用の画像データを集める

ライン・トレース・ロボットが移動しているときの画像を集めます．このプログラムは図3の❶を実行するためのプログラムに相当します．そのためには**リスト2**を**リスト1**に加える必要があります．また，実行するときには次のフォルダ構造となるように，logフォルダとimagesフォルダを作ります．

```
lt_logger.py
log ─┐
     └─images
```

imagesフォルダに画像データが入ります．なお，新たにデータを取り直すときはimagesフォルダの中身を空にしてから行います．

まず，**リスト2**の11～12行目は，画像データのファイル名とそのときの旋回方向をテキスト・ファイル(list.txt)に保存するための前処理，ファイルに保存する処理，後処理です．このテキスト・ファイルを使ってディープ・ラーニングを行います．なお，list.txtの中身は次のように「画像ファイル名，行動の番号」の順になっています．また，imagesフォルダには，**図14**に示すような画像が保存されます．

```
000000.jpg 0
000001.jpg 0
000002.jpg 0
000003.jpg 0
```

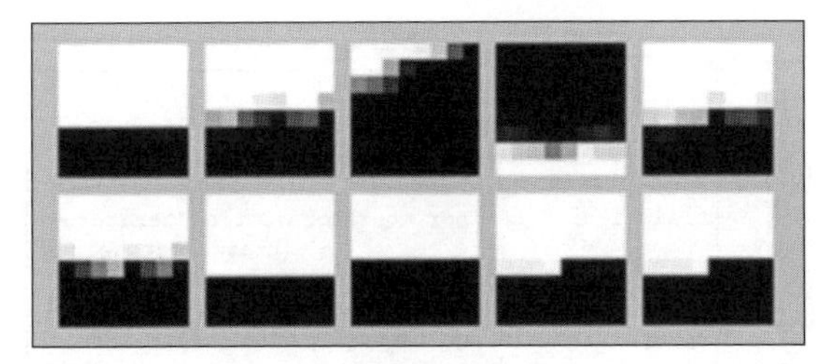

図14　imagesフォルダに保存される画像

表1　AND回路の論理

入力1	入力2	出力
0	0	0
0	1	0
1	0	0
1	1	1

```
(中略)
000108.jpg 1
000109.jpg 1
000110.jpg 0
000111.jpg 1
000112.jpg 0
(後略)
```

次に**リスト2**の22～31行目で，画像の切り出しと回転，保存を行っています．24行目でセンサの位置を中心として100×100の画像を切り出しています．

ロボットの進行方向に合わせて画像を回転させるために，25行目で回転行列を作り，26行目で回転させています．

そして，27行目で，8×8の画像を切り出しています．それに連番ファイル名を付けて(29行目)`log/images/`というフォルダに保存しています(31行目)．

学習

取得したデータを使ってディープ・ラーニングによる学習と評価を行います．まずは簡単な例を用いてプログラムの説明を行います．

● 問題設定

なるべく問題を簡単にするために論理回路のANDを対象とします．ANDの論理回路は**表1**に示す関係があります．

● シンプルなニューラル・ネットワークを例に解説

説明を簡単にするために，今回は**図3**中のニューラ

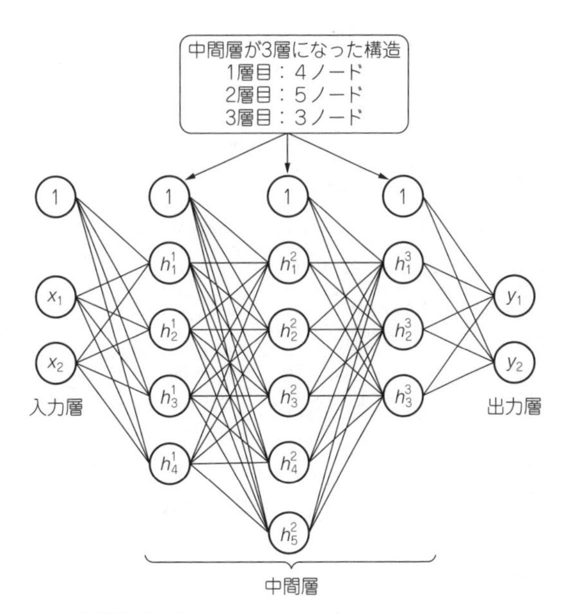

図15　中間層が3層あるニューラル・ネットワーク

ル・ネットワークを用いることとします．ディープ・ニューラル・ネットワークではないと思われるかと思いますが，まずは簡単な構造で説明を行います．その後，**図15**に示す中間層の数が変わるものを実現することでネットワークの構造を変える方法を示します．

表1に示したANDの論理回路の問題は入力が2つ，出力は0と1のどちらかとなっています．この場合，**図3**に示すように入力ノード数が2つというのはすぐに分かると思います．そして，この問題の場合には出力ノード数は**図3**に示すように2つになります．出力が0と1の2つですので2つのノードとなります．2つ使うところがポイントです．

ここでは扱いませんが，出力が0，1，2の3つの値の場合には，出力ノード数は3つになります．

● 学習プログラム

学習プログラムを**リスト3**に示します．**リスト3**の1～6で設定を行った後，**リスト3**の7で実行します．

ここでネットワークを設定している2の部分について説明を行います．まず，14～15行目で**図3**のリンクの設定を行っています．そのため14行目は2つ目の引数が3，15行目は2つ目の引数が2になっています．この部分を変えることでネットワークの構造を変えられます．

次に17～18行目でノードの処理を行っています．各ノードはリンクを通じて値が得られます．その値に対してどのような計算をして各ノードの出力にするかを決めています．

17行目では中間層の出力値を決めるためにReLU関

リスト3　AND回路の論理を学習するためのプログラム(and_train.py)

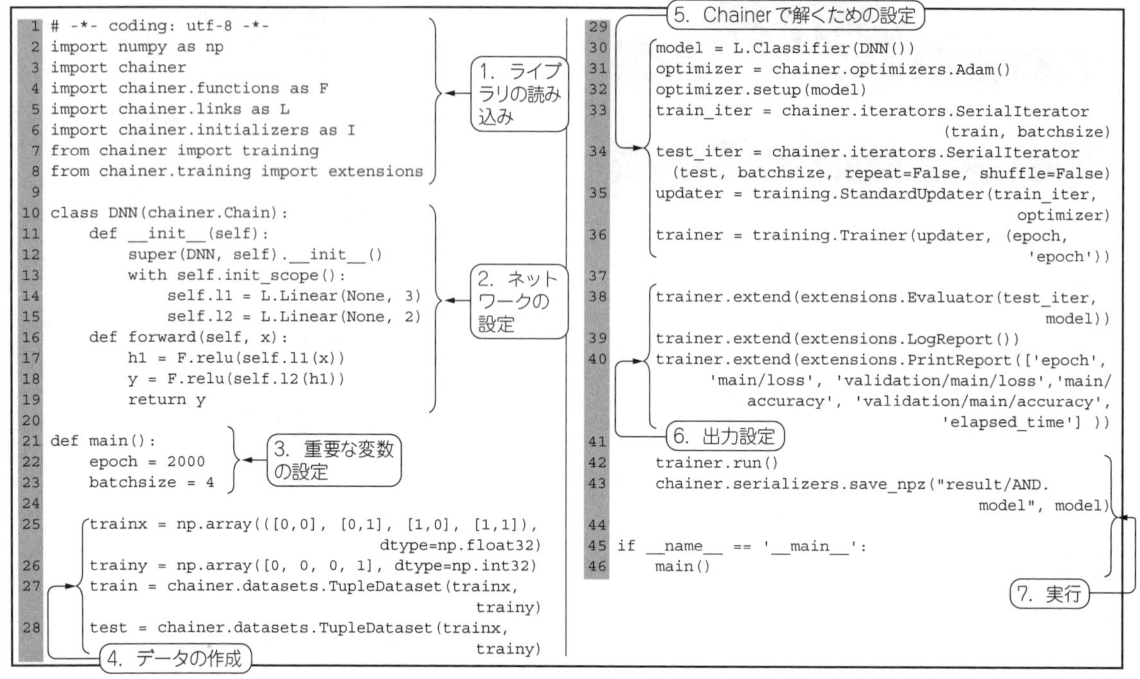

```
 1 # -*- coding: utf-8 -*-
 2 import numpy as np
 3 import chainer
 4 import chainer.functions as F
 5 import chainer.links as L
 6 import chainer.initializers as I
 7 from chainer import training
 8 from chainer.training import extensions
 9
10 class DNN(chainer.Chain):
11     def __init__(self):
12         super(DNN, self).__init__()
13         with self.init_scope():
14             self.l1 = L.Linear(None, 3)
15             self.l2 = L.Linear(None, 2)
16     def forward(self, x):
17         h1 = F.relu(self.l1(x))
18         y = F.relu(self.l2(h1))
19         return y
20
21 def main():
22     epoch = 2000
23     batchsize = 4
24
25     trainx = np.array(([0,0], [0,1], [1,0], [1,1]),
                                         dtype=np.float32)
26     trainy = np.array([0, 0, 0, 1], dtype=np.int32)
27     train = chainer.datasets.TupleDataset(trainx,
                                                   trainy)
28     test = chainer.datasets.TupleDataset(trainx,
                                                   trainy)
29
30     model = L.Classifier(DNN())
31     optimizer = chainer.optimizers.Adam()
32     optimizer.setup(model)
33     train_iter = chainer.iterators.SerialIterator
                                        (train, batchsize)
34     test_iter = chainer.iterators.SerialIterator
       (test, batchsize, repeat=False, shuffle=False)
35     updater = training.StandardUpdater(train_iter,
                                                optimizer)
36     trainer = training.Trainer(updater, (epoch,
                                                 'epoch'))
37
38     trainer.extend(extensions.Evaluator(test_iter,
                                                   model))
39     trainer.extend(extensions.LogReport())
40     trainer.extend(extensions.PrintReport(['epoch',
             'main/loss', 'validation/main/loss','main/
                 accuracy', 'validation/main/accuracy',
                                      'elapsed_time'] ))
41
42     trainer.run()
43     chainer.serializers.save_npz("result/AND.
                                           model", model)
44
45 if __name__ == '__main__':
46     main()
```


(a) 実行プログラム

```
>python and_train.py
```

epoch	main/loss	validation/main/loss	main/accuracy	validation/main/accuracy	elapsed_time
1	0.71625	0.715531	0.5	0.5	0.0045064
2	0.715531	0.714818	0.5	0.5	0.0204269
3	0.714818	0.714105	0.5	0.5	0.0346497
(中略)					
1999	0.0720826	0.0720364	1	1	88.1381
2000	0.0720364	0.0719886	1	1	88.20

(b) 実行結果

数という正の値だったらそのまま出力，負の値だったら0となる関数を用いることを設定しています．

18行目は出力層の値を決める関数ですが，これはそのまま出力するように設定しています．

リスト3を実行すると**リスト3(b)**のような表示がなされ，resultフォルダにAND.modelという学習済みモデルが生成されます．

● 評価プログラム

学習済みモデルを使って評価をするプログラムを**リスト4**に示します．これを実行すると**リスト4(b)**の表示が得られます．

評価プログラムの説明を行います．**リスト4**の1～4で設定を行った後，**リスト4**の5で評価します．重要な点を説明します．

リスト4の2のネットワークの設定は，**リスト3**のネットワークと同じにする必要があります．

リスト4の3のデータの作製は，評価するデータだけを設定します．そのため，テストをするためのデータは必要ありません．そして，Chainerで解くための設定は，ネットワークの設定を読み出す部分とモデルを読み出す部分だけとなります．

リスト4の5の評価の部分が**リスト3**にはなかった部分です．ここではデータをChainer形式に変換し，ネットワークで処理した後，どちらの答えか(0または1)を判別しています．

● 中間層を変えてディープ・ニューラル・ネットワークを作る

図15に示すような中間層が3層あるニューラル・ネットワークに変更します．変更は**リスト3**の2のネットワークの設定を**リスト5**に変更するだけです．ネットワークの構造を決めてしまえば変更は難しくありませんね．また，変更したネットワークを使って評

リスト4　学習済みモデルを使って評価をする（and_eval.py）

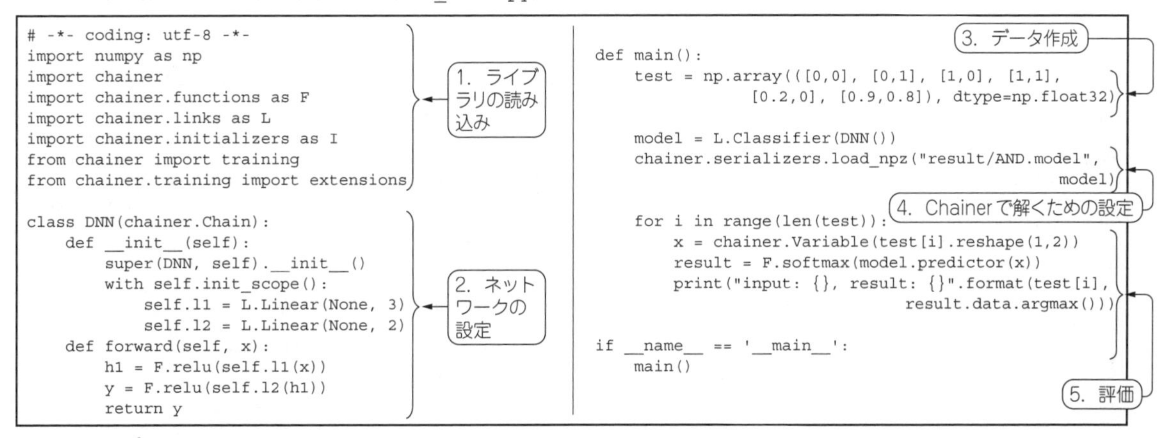

```
# -*- coding: utf-8 -*-
import numpy as np
import chainer
import chainer.functions as F
import chainer.links as L
import chainer.initializers as I
from chainer import training
from chainer.training import extensions

class DNN(chainer.Chain):
    def __init__(self):
        super(DNN, self).__init__()
        with self.init_scope():
            self.l1 = L.Linear(None, 3)
            self.l2 = L.Linear(None, 2)
    def forward(self, x):
        h1 = F.relu(self.l1(x))
        y = F.relu(self.l2(h1))
        return y

def main():
    test = np.array(([0,0], [0,1], [1,0], [1,1],
                [0.2,0], [0.9,0.8]), dtype=np.float32)

    model = L.Classifier(DNN())
    chainer.serializers.load_npz("result/AND.model",
                                                    model)

    for i in range(len(test)):
        x = chainer.Variable(test[i].reshape(1,2))
        result = F.softmax(model.predictor(x))
        print("input: {}, result: {}".format(test[i],
                                        result.data.argmax()))

if __name__ == '__main__':
    main()
```


（a）実行プログラム

```
>python and_eval.py
input: [0. 0.], result: 0
input: [0. 1.], result: 0
input: [1. 0.], result: 0
input: [1. 1.], result: 1
input: [0.2 0. ], result: 0
input: [0.9 0.8], result: 1
```

（b）実行結果

価を行うときにはその評価プログラムのネットワークも変更する必要があります．

ディープ・ニューラル・ネットワークに対応した評価プログラムは学習プログラムと同じように，**リスト4**の2のネットワークの設定を**リスト5**に変更するだけで実現できます．

and_eval_DL.pyとして，紹介したプログラムとともに本書ウェブ・ページからダウンロードできます．

● 集めた画像を学習する

画像を学習するプログラムを**リスト6**に示します．初めのimportやfromから始まる部分は，ライブラリやフレームワークの読み込みや設定です．

その次のclassの部分がニューラル・ネットワークの設定です．これは**図16**に示すように入力が画像を縦に並べたもの，中間層が256ノードのものが2層，出力層は2ノードとなっています．

画像データの読み込みは，LabeledImageDatasetという関数で行います．これはChainerに特有の関数で，list.txtに画像ファイルの名前とラベルを並べたものを用意しておき，そのファイルを読み出すことで学習用データとラベルが対になったデータセットを自動的に作ってくれます．

その後はChainerでディープ・ラーニングを行うときの定型となっています．詳しくはディープ・ラーニング入

リスト5　ネットワークの変更（and_train_DNN.py，and_eval_DL.py共通）

```
class DNN(chainer.Chain):
    def __init__(self):
        super(DNN, self).__init__()
        with self.init_scope():
            self.l1 = L.Linear(None, 4)
            self.l2 = L.Linear(None, 5)
            self.l3 = L.Linear(None, 3)
            self.l4 = L.Linear(None, 2)
    def forward(self, x):
        h1 = F.relu(self.l1(x))
        h2 = F.relu(self.l2(h1))
        h3 = F.relu(self.l3(h2))
        y = F.relu(self.l4(h3))
        return y
```

門：Chainerチュートリアル（https://tutorials.chainer.org/ja/）というPreferred Networksが無料で公開している公式チュートリアルを参照してください．

実行すると**リスト6**（**b**）の表示が得られます．main/lossが0に近づくほどうまく学習できているということを示していて，main/accuracyは学習用データを判定したときの正答率であり，1に近づくほど良い結果ということになります．これは簡単なデータですので10回のエポック数（学習回数）で十分に学習を行えました．

学習終了後に，resultフォルダにlt.modelという名前の学習済みモデルが生成されます．

学習済みモデルを使ってロボット自走シミュレーション

最後は学習済みモデルを使ってライン・トレース・ロボットを動かしてみましょう．

動かすためのプログラムを**リスト7**に示します．これを実行すると**図12**と同様の画面が現れ，ロボット

リスト6　集めた画像を学習する(lt_train.py)

```
1 # -*- coding: utf-8 -*-
2 #from __future__ import print_function
3 import argparse
4 import os
5 import sys
6
7 import chainer
8 import chainer.functions as F
9 import chainer.links as L
10 import chainer.initializers as I
11 from chainer import training
12 from chainer.training import extensions
13 from chainer.datasets import LabeledImageDataset
14 from chainer.datasets import TransformDataset
15 import numpy as np
16
17 class DNN(chainer.Chain):
18  def __init__(self):
19   super(DNN, self).__init__()
20   with self.init_scope():
21    self.l1 = L.Linear(None, 256)
22    self.l2 = L.Linear(None, 256)
23    self.l3 = L.Linear(None, 2)
24
25  def forward(self, x):
26   h1 = F.relu(self.l1(x))
27   h2 = F.relu(self.l2(h1))
28   return self.l3(h2)
29
30 def preprocess(in_data):
31  img, label = in_data
32  img = img / 256.  # normalization
33  img = img.reshape(8*8)  # 2-dim (8,8) -> 1-dim (64)
34  return img, label
35
36 def main():
37  input_dir = 'log/'
38  dataset = LabeledImageDataset(os.path.join(input_
                                          dir, 'list.txt'),
39        os.path.join(input_dir, 'images'),
40        label_dtype=np.int32)
41  threshold = np.int32(len(dataset) * 0.8)
42  train = TransformDataset(dataset[0:threshold],
                                          preprocess)
43  val = TransformDataset(dataset[threshold:],
                                          preprocess)
44
45  model = L.Classifier(DNN())
46
47  optimizer = chainer.optimizers.Adam()
48  optimizer.setup(model)
49
50  train_iter = chainer.iterators.
SerialIterator(train, 50)
51
52  updater = training.StandardUpdater(train_iter,
                                optimizer, device=-1)
53  trainer = training.Trainer(updater, (10, 'epoch'),
                                       out='result')
54
55  trainer.extend(extensions.LogReport())
56  trainer.extend(extensions.PrintReport(
57   ['epoch', 'main/loss', 'main/accuracy', 'elapsed_
                                            time']))
58
59  trainer.run()
60  model.to_cpu()
61  modelname = 'result/lt.model'
62  print('save the trained model: {}'.format
                                        (modelname))
63  chainer.serializers.save_npz(modelname, model)
64
65 if __name__ == '__main__':
66  main()
```

(a) 実行プログラム

```
>python train_lt.py
epoch       main/loss     main/accuracy   elapsed_time
1           0.306876      0.892667        0.10976
2           0.0492475     0.996           0.222722
3           0.0139732     0.998667        0.310854
4           0.0036446     1               0.409602
5           0.00139459    1               0.504666
6           0.000687637   1                0.600933
7           0.000424978   1                0.700705
8           0.000285452   1                0.817428
9           0.000190878   1                0.923893
10          0.000142905   1                1.02331
save the trained model: result/lt.model
```

(b) 実行結果

がライン・トレースを始めます.

白黒センサで動かしたときとほぼ同じ動きとなりますが，これは画像を使って動いています.

リスト7は長いですが，lt_rule.py，lt_logger.pyとlt_train.pyを合わせたものとなります．まず，ニューラル・ネットワークの設定の部分となるclassは，**リスト6**のlt_train.pyと同じです．

リスト7の34～46行目までは，コース画像の設定と，ロボット位置や角度の変数設定ですので，**リスト2**のlt_logger.pyと同じです．

また，48～56行目の画像を切り出して回転させる部分や71～79行目のロボットを動かす部分は，**リスト2**のlt_logger.pyと同じです．

このプログラムで新たに追加した部分は，2カ所あります．1つは21～32行目のニューラル・ネットワークの設定と42，43行目の学習済みモデルの読み込みの部分です．

もう1つは58～61行目の画像を読み込んで評価する部分です．この評価する部分で画像から白黒を判定し，bwという変数に0または1を返しています．

ディープ・ラーニングでロボットを動かす方法は単純ですが，気づきにくいテクニックを使っています．ロボットにディープ・ラーニングを組み込む手助けとなれば幸いです．

まきの・こうじ，にしざき・ひろみつ

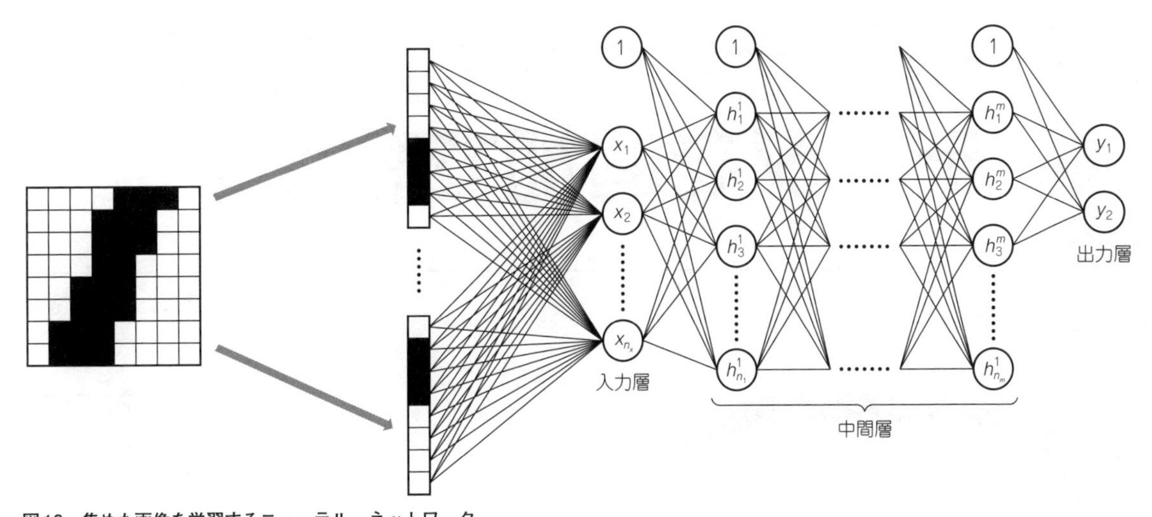

図16　集めた画像を学習するニューラル・ネットワーク
入力が画像を縦に並べたもの，中間層が256ノードのものが2層，出力層は2ノード

リスト7　学習済みモデルを使ってロボットを動かす（`lt_eval.py`）

```
 1 # -*- coding: utf-8 -*-
 2 #from __future__ import print_function
 3 import cv2
 4 import math
 5 import numpy as np
 6
 7 import argparse
 8 import os
 9 import sys
10
11 import chainer
12 import chainer.functions as F
13 import chainer.links as L
14 import chainer.initializers as I
15 from chainer import training
16 from chainer.training import extensions
17 from chainer.datasets import LabeledImageDataset
18 from chainer.datasets import TransformDataset
19 import numpy as np
20
21 class DNN(chainer.Chain):
22  def __init__(self):
23   super(DNN, self).__init__()
24   with self.init_scope():
25    self.l1 = L.Linear(None, 256)
26    self.l2 = L.Linear(None, 256)
27    self.l3 = L.Linear(None, 2)
28
29  def forward(self, x):
30   h1 = F.relu(self.l1(x))
31   h2 = F.relu(self.l2(h1))
32   return self.l3(h2)
33
34 theta = 1.7
35 rx = 100
36 ry = 200
37 sx = int(rx + 5*math.cos(theta))
38 sy = int(ry + 5*math.sin(theta))
39
40 fn = 0
41
42 model = L.Classifier(DNN())
43 chainer.serializers.load_npz('result/lt.model',
                                                   model)
44
45 while True:
46  img = cv2.imread("course1.bmp", flags=cv2.IMREAD_
                                            GRAYSCALE)
47
48  rect_img_size = 50
49  out_img_size = 4
50  out_img = img[sy-rect_img_size : sy+rect_img_
         size, sx-rect_img_size: sx+rect_img_size]
51  rots = cv2.getRotationMatrix2D((rect_img_size,
           rect_img_size), theta *180/3.14, 1.0)
52  out_img = cv2.warpAffine(out_img, rots, (rect_
                     img_size*2,rect_img_size*2))
53  out_img = out_img[rect_img_size-out_img_size :
 rect_img_size+out_img_size, rect_img_size-out_img_
                 size: rect_img_size+out_img_size]
54
55  out_img = out_img / 256.  # normalization
56  out_img = out_img.reshape(out_img_size*out_img_
            size*2*2)  # 2-dim (8,8) -> 1-dim (64)
57
58  xc = chainer.Variable(np.asarray(out_img, dtype=
                                      np.float32))
59  xc = xc.reshape(1, xc.shape[0])
60  yc = model.predictor(xc)
61  bw = F.softmax(yc).data.argmax()
62
63  cv2.circle(img, (int(rx), int(ry)), 10, 127, -1)
64  cv2.circle(img, (sx, sy), 2, 32, -1)
65  cv2.imshow("LineTrace",img)
66
67  if cv2.waitKey(10)==27:
68   cv2.destroyAllWindows()
69   break
70
71  if str(bw)=='0':
72   steer = - 0.04
73  else:
74   steer = 0.02
75  theta = theta + steer
76  rx = (rx + 1*math.cos(theta))
77  ry = (ry + 1*math.sin(theta))
78  sx = int(rx + 5*math.cos(theta))
79  sy = int(ry + 5*math.sin(theta))
```

第2章

AI自走ロボに別の学習データを追加で教える

牧野 浩二，西崎 博光

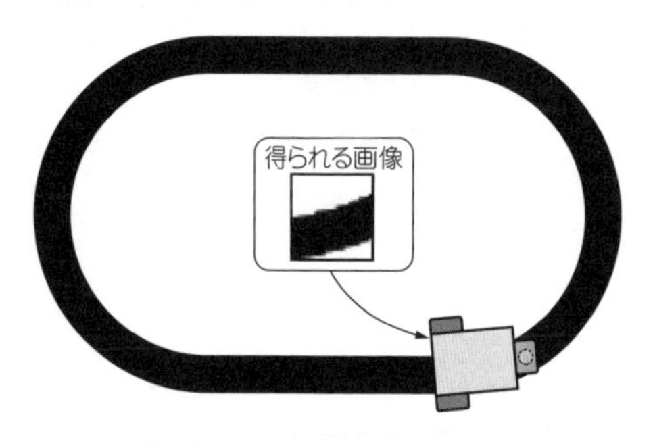

図1　単純な楕円コースを回れるようになったAI自走ロボットに別の学習データを加えて別のコースも回れるようする
画像を学習することで回れるようになった（シミュレーション）

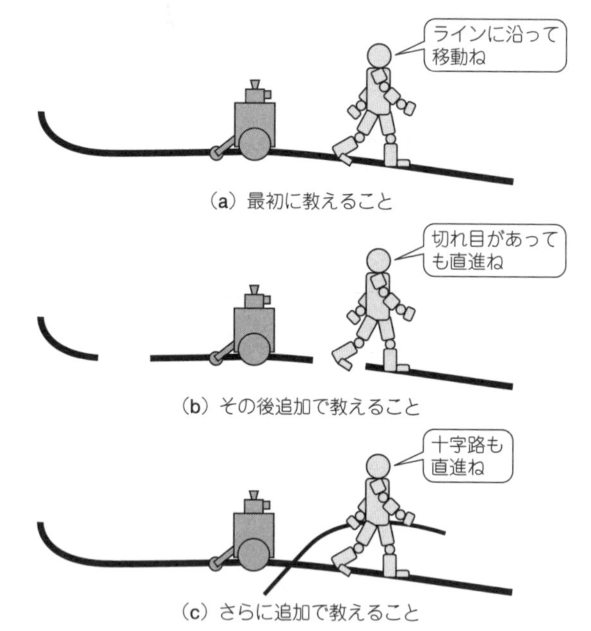

ラインに沿って移動ね
(a) 最初に教えること
切れ目があっても直進ね
(b) その後追加で教えること
十字路も直進ね
(c) さらに追加で教えること

図2　複雑なコースに対応するためにロボットにいろいろな学習データを追加で教える

ディープ・ラーニングは，画像を利用した診断や翻訳などには大きな成果を発揮していますが，ロボットへの搭載はまだまだ発展途上です．最近，ディープ・ラーニングをロボットに搭載しようとする試みが，自動車や食品の工場，構造物の検査，介護，教育現場などで聞かれるようになりました．例えばファナックの「バラ積みロボット」をはじめ「AI　ロボット　工場」で検索すると，数多くの事例が見つかります．

本章でやること

● 学習データを追加しながら学習を続けられるようにする

黒のラインが途中で切れていたり，十字路になっていたりしても，走行を続けられるようにします．ポイントは「いろいろな学習データを追加しながら学習することで，複雑な動きができるようになる」ことです．

● 具体的には

あるルールでロボットを動かし，そのときの動作を学習データとして集めます．例えばロボットに，「ラインをたどれば手紙の配達ができるよ」と教えるために，ロボットと一緒にラインの上を歩きます（**図2**）．

そして，それをディープ・ラーニングで学習させます．これによって，ラインに沿って移動することができるようになります．

● ライン消滅への対応

次に違うルールでロボットを動かし，その動作の学習データを作ります．例えば，途中のラインが消えていることもあるかもしれません．そこで，「線が消えていても，その先に線があればまっすぐ走って大丈夫だから」と教えるために，ラインの消えている部分も一緒に歩きます．

そして，先ほどの学習データと今回の学習データを一緒にして，ディープ・ラーニングで学習させます．そうすると2つの動作を覚え，状況に合わせて2つの動作を切り替えて動きます．

図3　複雑なコースに対応できるようになる

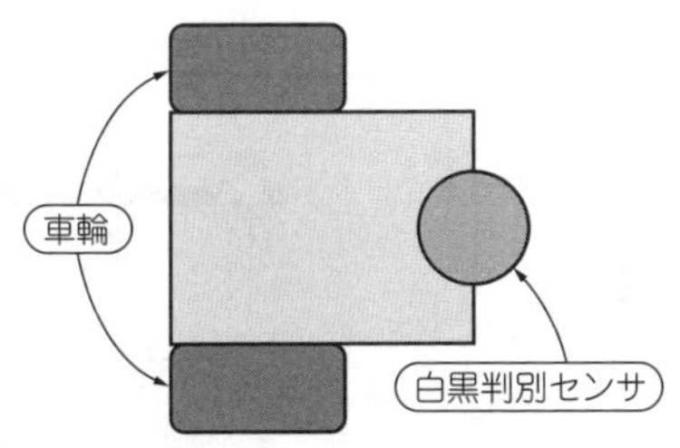

図4　一般的なライン・トレース・ロボットは白黒センサで床の色を計測しながら自走する
車輪が2つ，白黒センサが1つ

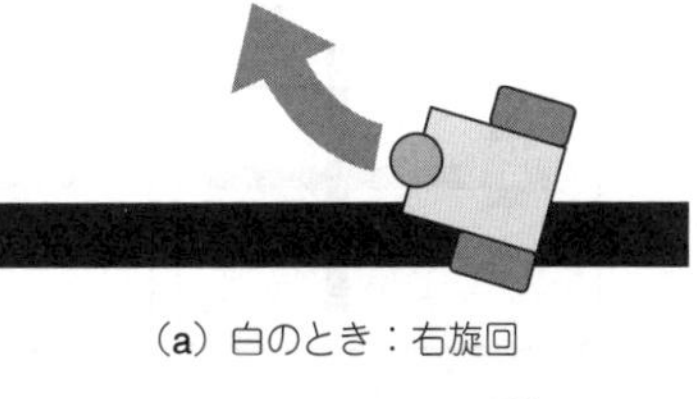

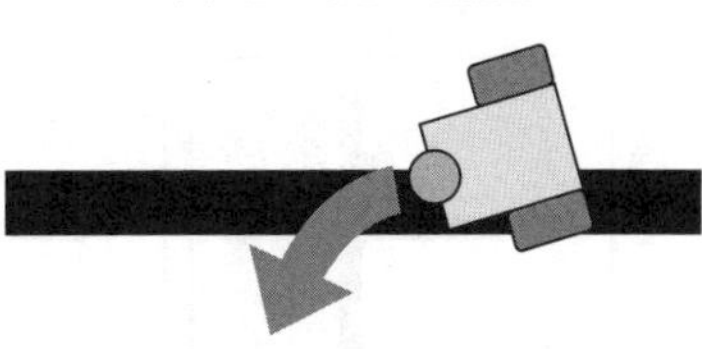

図6　図5と同じルールのまま右回りするように置いた

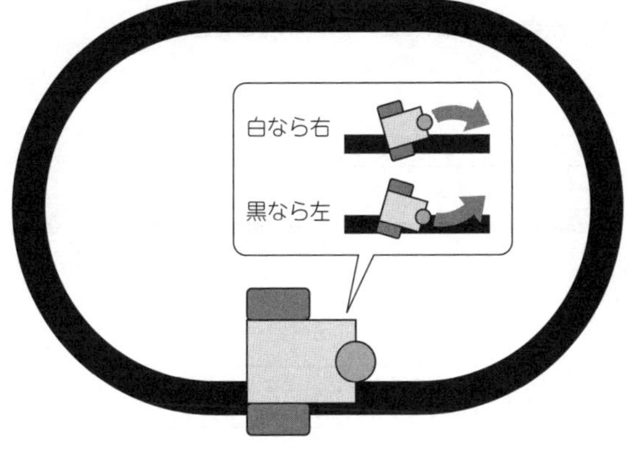

図5　楕円コースを左回りに移動

図7
逆回りをさせる場合はルールを変更する

● 十字路への対応

同じように「十字路があってもまっすぐ進もう」とか，「目印があったら少し止まろう」などといった具合に，さらに違うルールでロボットを動かし，そのデータを加えて学習することで，全部の行動ができるようになるものを作ります．

● 複数の学習データを足し算

今回は上記の学習データを，足し合わせて学習します．まずは右回りに学習データを集めます．その次に十字路やライン切れのデータを集めます．これらを全て使って学習すると，**図3**のように十字路や線が切れている部分があってもうまく走ることができるようになります．

これのすごいところは，異なるルールで得られた学習データを合わせて学習していくことで，ロボットのできることが増えていくことです．例えば，この後で示すように，楕円コースを右回りに回るときと左回りに回るときではルールが違います．それでも，両方の学習データを合わせることで，右回りも左回りもできるようになります．

複雑なラインに沿って走れるようになるためのルールの検討

● ルールをうまく決めることでラインに沿って走れる

一般的なライン・トレース・ロボットは，**図4**に示すような2つの車輪が付いており，白黒センサで床の色を計測しながら移動します．このときのルールをうまく決めることで，ラインに沿って走ることができるようになります．

例えば，**図5**に示すコースのラインの内側を左回りに移動するルールを考えます．白黒センサの値が白ならば右に旋回，黒ならば左に旋回するルールとすると，左右にふらふらしながらですが，ラインに沿って移動できるようになります．

● 「逆回り」のルール

先ほど示したルールをそのままに，楕円コースを右回りに移動させます．この場合，**図6**に示すように，白ならばラインから離れていきますし，黒ならばラインに近づいていってしまいます．つまり，そのままのルールではラインの「内側の」境界線を移動できません．

そこで，逆回りをさせる場合はルールを変更し，白

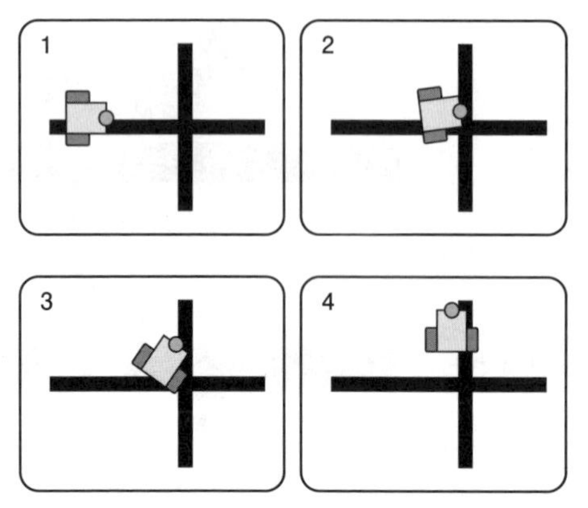

図8　今のルールのままだとロボットは十字路を超えずに左に曲がっていく

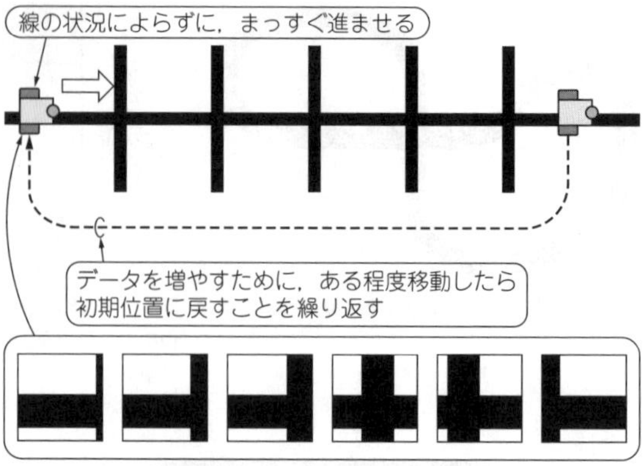

図9　十字路は直進するというルールを教え込む

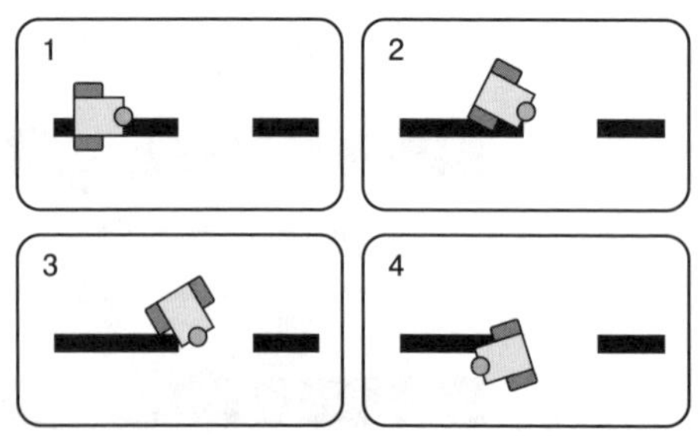

図10　今のルールのままだとロボットは線の切れ目に来ると右に旋回しラインを戻ってしまう

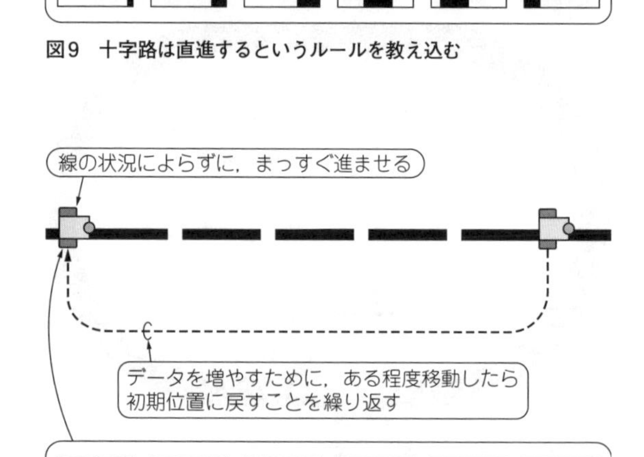

線の状況によらずに，まっすぐ進ませる
データを増やすために，ある程度移動したら
初期位置に戻すことを繰り返す

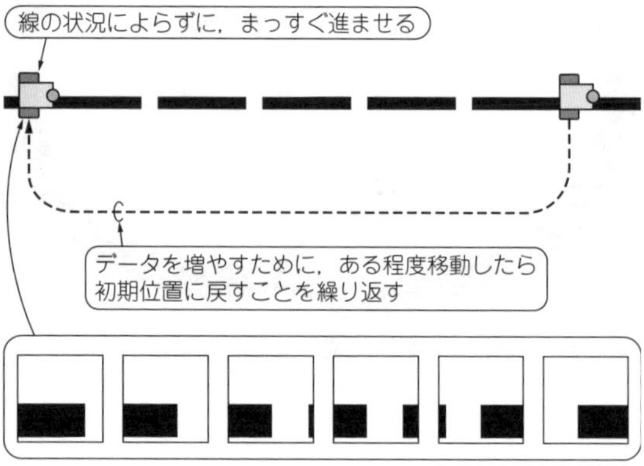

図11　ラインの切れ目は直進するようルールを教え込む

ならば図7のように左旋回，黒ならば右旋回といった具合に「逆のルール」を設定しなければなりません．

ディープ・ラーニングでは，この2つの学習データを合わせて学習すると，ラインの内側を右回りも左回りもできるライン・トレース・ロボットになります．

●「十字路」のルール

図8に示す十字路を考えます．十字路に差し掛かった場合，白と黒の境界線を判別するので，ロボットは十字路を超えずに，左に曲がっていってしまいます．これをライン・トレース・ロボットのルールに入れることは難しそうです．

そこで図9に示すコースを作成し，ライン・トレース・ロボットには「ラインに関係なくまっすぐ進め」というルールを搭載します．これにより，十字路は直進するというルールを教え込もうとしています．

この移動を行ったときの画像データを「学習データ」として学習させると，ラインをトレースしながら，十字路は直進するようになります．

●「ライン切れ」対応

ラインが切れているときの対応を考えます．図10の場合，ロボットは線の切れ目に来ると床の色が白になりますので，右に旋回し，ラインを戻ってしまいます．

そこで，十字路のときと同じことを図11に示すコースで行います．これにより，ライン・トレースしながら，ラインの切れ目を直進するようになります．なお，白のときも直進するようになってしまうので，図11に示したように，切れ目のどちらかが，取得した画像に写っていないとうまく学習ができません．

できるようになること

この技術で何ができるようになるのでしょうか．ロボットに1つずつ動作を教えることができるようになります．ライン・トレース・ロボットを例に説明します．なお，ディープ・ラーニングを使わない従来手法では，図3のようなラインが切れているコースを移動させようとしただけで，それに対応するためのルールはとても複雑になります．

● 手作業でルールを追加するのは大変なこと

ラインが切れているコースを走行するためのルールを考えてみましょう．単純に考えると白になってもしばらくは直進するルールにすればよさそうです．しかし図12のようにヘアピン・カーブがある場合，白になってから直進し過ぎてしまうと，やがて白なので右に旋回しますが，黒が見つからずその場で回転を始めることもあります．手作業で行動のルールを追加するには，これまでのルールによる行動も残さなければならないので，かなり大変です．

● 後からルールを自動で追加できる

ラインが切れているときでもまっすぐ走るという動作を行わせ，そのときの画像データを学習データとして取得させます．そして，これまでのライン・トレース・ロボットの学習データと合わせて学習することで，ラインをトレースする行動と，切れ目があったときの行動ができるようになります．

ロボットに組み込むプログラム

説明はこのくらいにして，実際に手を動かすための準備をしましょう．ここからはディープ・ラーニングをロボットに組み込むための手順を示します．次の4つのプログラムが必要となります(図13)．

● ①ロボットを動かす

まずはルールを決めてロボットを動かす必要があります．実機でもよいのですが，今回はロボットを動かすためのシミュレータを作りました．まずはルール通り動くことを確認した方が，プログラムの制作が楽になります．

● ②学習のためのデータセットを作る

シミュレータに学習データとそれに対応するラベルを作る機能を付けます．

● ③学習済みモデルを生成する

取得したデータを使ってディープ・ラーニングを行い，学習済みモデルを生成します．

● ④学習済みモデルを利用して動く

ロボットに学習済みモデルを使うプログラムを組み込んで，学習した結果を使って動かします．

シミュレータを使う

● 基本の左回り

左回りに移動するルールを組み込んだシミュレータ

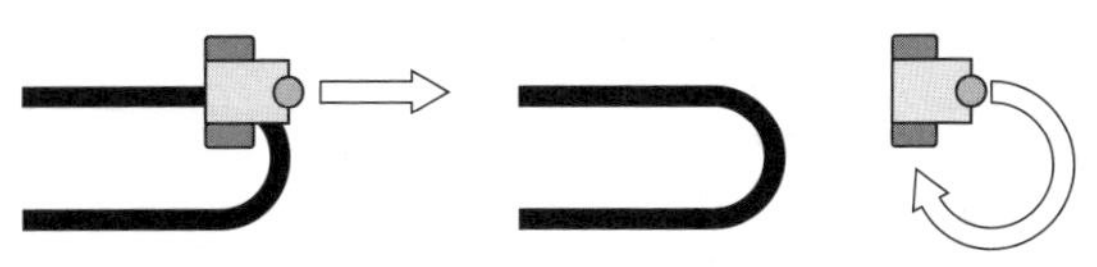

(a) 1．しばらく直線　(b) 2．黒線がみつからず その場回転

図12　手作業でルールを追加するのは大変
白になってから直進しすぎてしてしまうと黒が見つからずその場で回転を始める…これの対応を手作業でするのは大変

を作ります．まずはロボットを左回りに動かします(図13の①)．次にシミュレータにデータを取得するプログラムを組み込んで動かします．このとき，白黒センサで判定し，左に旋回したときの画像に対するラベルとして0を付けます．そして，右に旋回したときの画像に対するラベルとして1を付けます．こうすることで，ラベルとして0と1が付いたデータセットができます(図13の②)．

このデータセットを学習し学習済みモデルを生成します(図13の③)．得られた学習済みモデルを使って走行します(図13の④)．この場合には，左回りに走行することだけできるようになります．

● 右回り

次にシミュレータのルールを変更し，右回りに走れるようにします[図13(b)]．そして，シミュレータのルールに合わせて学習データを作るプログラムを変更します．ここがポイントとなります．

白黒センサで判定し，左に旋回したときの画像に対するラベルとして先ほど使ってなかった「2」を付けます．同じように，右に旋回したときの画像に対するラベルとして「3」を付けます．

これにより，ラベルが0～3までのデータセットができます．このデータセットを使って学習すると，時計回りと反時計回りに走行できるようになります．

● 十字路

十字路に対応します．どのような画像が得られるかに着目します(図14)．十字路の場合は，ライン上を直進するだけのルールに変更します．そして，そのルールでデータセットを作成します．この場合は何があっても直進しかしないので，全ての学習データにラベルとして「4」を付けます．

● ライン切れ

同じように切れ目のあるラインは十字路と同じことを行い，ラベルに5を付けます(図15)．これらを全て学習すると，状況に合わせて6種類から選んで行動できるようになります．

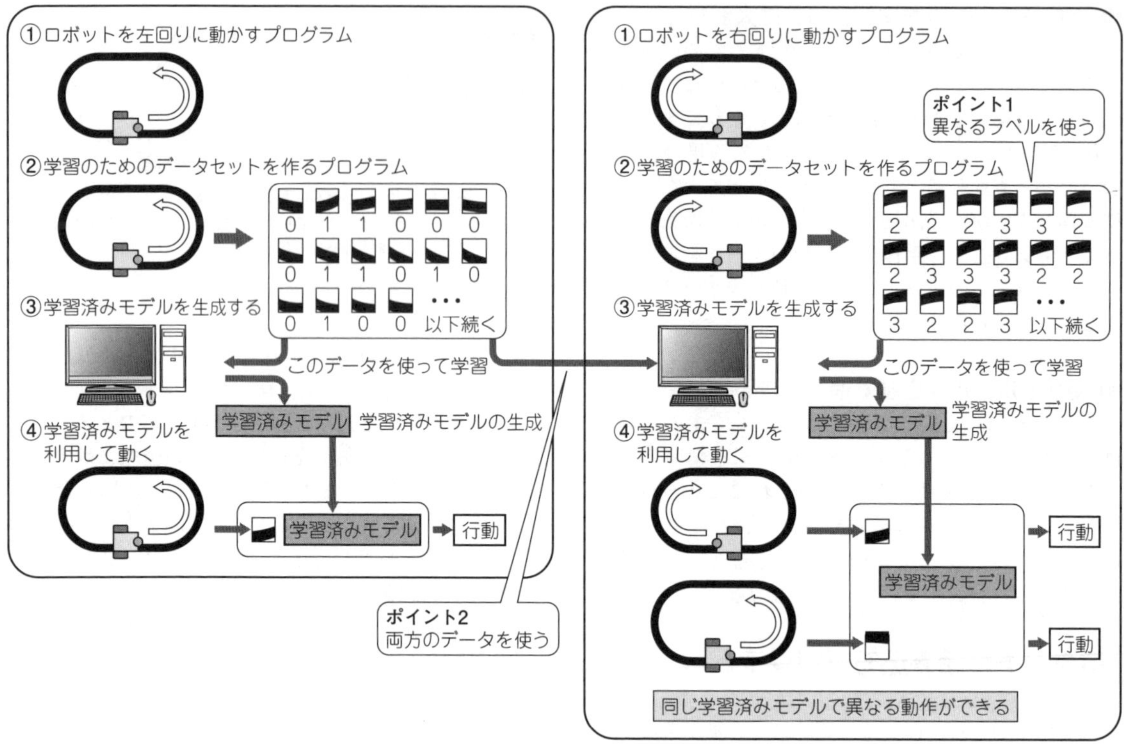

(a) 左回りだけできるライン・トレース・ロボットの学習過程
(b) 左右どちらも回れるライン・トレース・ロボットの学習過程

図13　ディープ・ラーニングをロボットに組み込むための手順

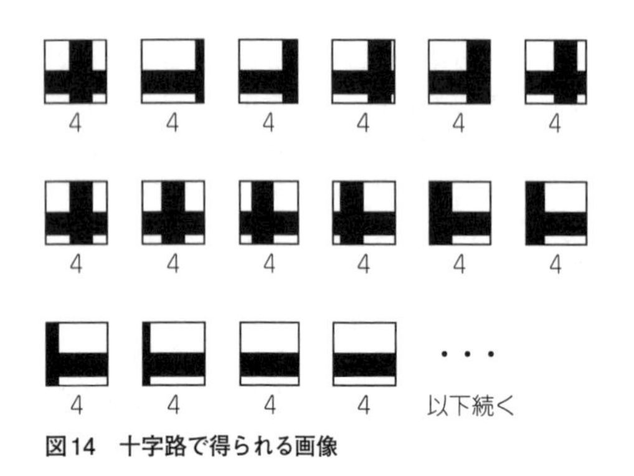

図14　十字路で得られる画像

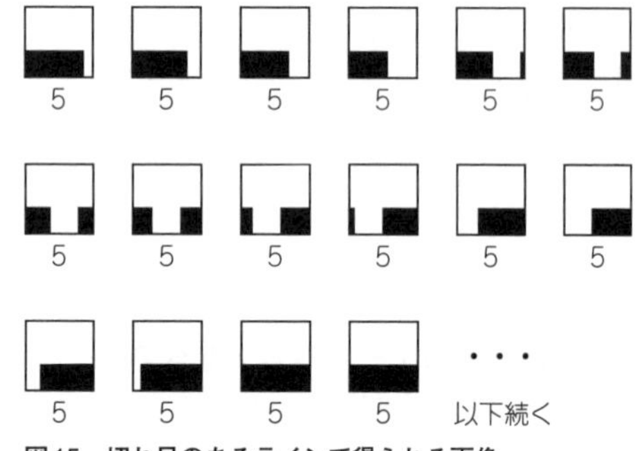

図15　切れ目のあるラインで得られる画像

開発環境の準備

前章と同様にシミュレータを作り，コースを学習させています．これらはPythonで行います．まずはAnaconda(https://www.anaconda.com)をインストールします．

シミュレータを作るために，次のコマンドでOpenCVをインストールします．

```
> pip install opencv-python↵
```

得られたデータを学習するために，ディープ・ラーニング用フレームワーク(Chainer)を次のコマンドでインストールします．

```
> pip install chainer↵
```

本章で紹介するプログラムは本書ウェブ・ページからダウンロードできます．

プログラムの全体構成を**図16**に示します．

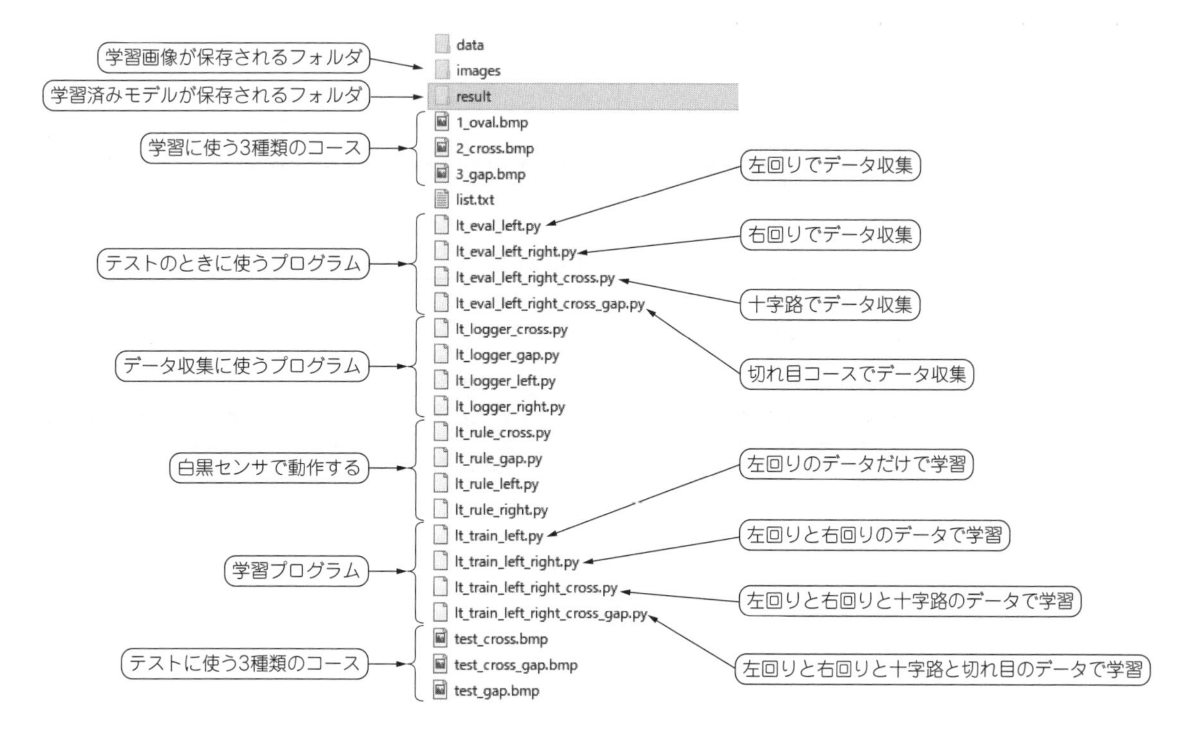

図16　プログラムの全体構成

シミュレーション①…ロボットを動かす

ライン・トレース・ロボットのシミュレータを実行すると，**図17**のように白黒の線で書かれたコースとロボットが表示されます．プログラムを簡単にするために，ロボットは丸で表し，進行方向は小さな点で表すものとします．

実際のライン・トレース・ロボットは左右に車輪が付いており，その速度差で曲がるのですが，このシミュレータでは簡単にするために，タイヤの速度差という部分は省略し，各シミュレーション・ステップでどちらの方向に曲がるかを決め，速度は一定で移動するものとします．

全部で4つのルールがあります．そこで，次の4つのプログラムをダウンロードして試せるようにしておきます．

- lt_rule_left.py：右回りのプログラム
- lt_rule_right.py：左回りのプログラム
- lt_rule_cross.py：十字路を直進するプログラム
- lt-rule_gap.py：切れ目を直進するプログラム

これらのプログラムの違いは，次の3つだけです．

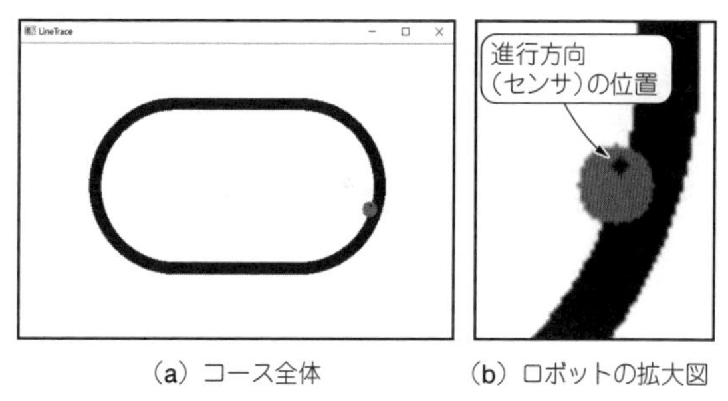

(a) コース全体　(b) ロボットの拡大図

図17　ライン・トレース・ロボットのシミュレータを実行
白黒の線で書かれたコースとロボットが表示される

- コースの読み込み
- ルール
- 初期方向

学習データを作成するためのコースは**図17**に示した楕円コースのほかに，**図18**に示す十字路コースと切れ目のあるコースを用意しました．

リスト1は左回りをするときのルールを使ったプログラムです．

リスト2は十字路を直進するときのプログラムです．光センサの値によって行動を変化させていません．そして，ロボットの位置がある値を超えたら初期値に戻しています．

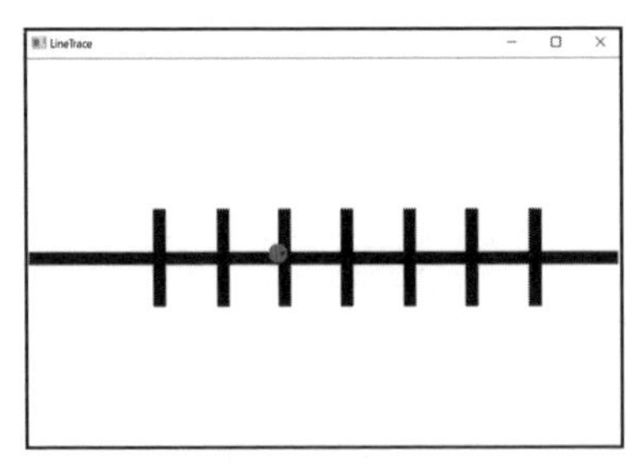

(a) 十字路

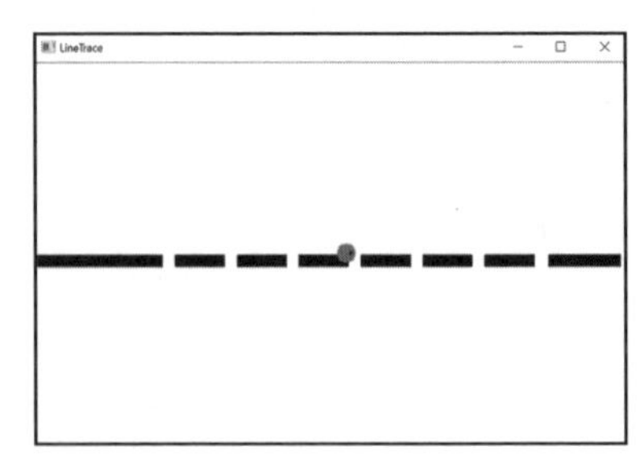

(b) 切れ目

図18　学習データを作成するためのコース

リスト1　lt_rule_right.py：左回りのプログラムの一部

```
前略
theta = 1.7
中略
    if img[sy,sx]==0:
            #光センサの色によって行動を決定（bwの値がラベルとなる）
        bw = 0
    else:
        bw = 1
中略
    img = cv2.imread("1_oval.bmp",
            flags=cv2.IMREAD_GRAYSCALE)#コースの読み込み
中略
    if bw==0:#行動によって曲がる方向を決定
        steer = - 0.1
    else:
        steer = 0.05
後略
```

シミュレーション②…学習のためのデータセットを作る

このロボットがラインを移動するときに，**図14**や**図15**など，いろいろな画像を取得します．画像を作るときのポイントは2つあります．

● 1．データの保存

Chainerではラベルを付けた画像の読み込みを簡単にする仕組みがあります．これを利用するには，画像をimagesフォルダに保存します．このとき，画像にはそれぞれ別の名前を付ける必要があります．そしてimagesフォルダと同じフォルダにlist.txtを作り，そのlist.txtにはファイル名とラベルをタブで区切ったものを並べて書いておきます．

● 2．ラベルのつけ方

動作ごとにラベルを付けます．例えば楕円コースを左回りする場合，右に旋回したら0，左に旋回したら1としました．そして，十字路を直進する場合はラベルとして4を設定します．4つのルールに対応したデータを取得するプログラムとして次の4つを提供しています．

リスト2　lt_rule_cross.py：十字路を直進するプログラムの一部

```
前略
theta = 0
中略
    bw = 4
中略
    img = cv2.imread("2_cross.bmp",
            flags=cv2.IMREAD_GRAYSCALE)#コースの読み込み
中略
    steer = 0
    if rx >500:
        rx  = 110
後略
```

リスト3　lt_logger_left.pyを実行させる前にimages_leftの中にある画像を全て削除しておく

```
前略
f = open('./list_left.txt','w')
中略
    filename = 'L'+str(fn).zfill(6)+'.png'
    cv2.imwrite('./images_left/'+filename, out_img)
後略
```

- lt_logger_left.py：左回りのプログラム
- lt_logger_right.py：右回りのプログラム
- lt_logger_cross.py：十字路を直進するプログラム
- lt_logger_gap.py：切れ目を直進するプログラム

これらはlt_rule_*.pyプログラムにデータを保存する部分を付けたものとなります．これらのプログラムで異なる部分は2つあります．

▶画像の保存先とlist.txtの名前

lt_logger_left.pyを実行した場合にはdata/images_leftというフォルダに画像が入るようにします．そして画像の名前とラベルがまとめられたテキスト・ファイルの名前をlist_left.txtとします．

同じようにlt_logger_right.pyの場合は，images_rightとlist_right.txtを設定します．なお，lt_logger_left.pyを実行させる前にimages_leftフォルダの中にある画像を全て削除しておいてください．これを指定する部分のプログラムはリスト3となります．

▶**画像の名前**

lt_logger_*.pyは画像に番号を付けて保存します．その名前のルールを次のように決めます．

lt_logger_left.py：L＋番号＋.png
lt_logger_right.py：R＋番号＋.png
lt_logger_cross.py：C＋番号＋.png
lt_logger_gap.py：G＋番号＋.png

こうすることで，例えばlt_logger_right.pyを実行した場合には，images_rightフォルダの中に，

R000000.png，R000001.png，R000002.png…

が生成され，list_right.txtには次のように書かれます．

```
R000000.png 2
R000001.png 3
R000002.png 3
      ⋮
```

以上のように設定することで，それぞれのルールごとのフォルダとファイルができます．

シミュレーション③…学習済みモデルを生成する

学習プログラムでは，list.txtに書かれた画像ファイルを，同じフォルダにあるimagesフォルダから読み出すことを行います．

● 基本の左回り

左回りの動作を学習することを考えます．この場合は，次のことを行います．

- images_leftフォルダにある画像を全てimagesフォルダにコピーする
- list_left.txtの中身をlist.txtへコピーする

その後，学習プログラムを実行すると左回りの学習データセットを用いた「学習モデル」が生成されます．

4つのルールに対応したデータを取得するプログラムとして次の4つがダウンロードできます．

- lt_train_left.py：左回りのプログラム
- lt_train_right.py：右回りのプログラム
- lt_train_cross.py：十字路を直進するプログラム
- lt_train_gap.py：切れ目を直進するプログラム

これらのプログラムで異なる部分は「出力ノード数」だけです．これは次の部分となります．

```
self.l3 = L.Linear(None, 2)
```

左回りのときは0と1だけなので2を引数とします．

● 左回り＋右回り

次に左回りの動作と右回りの動作の2つを統合したデータを作ります．この場合は，次のことを行います．

- images_leftフォルダにある画像を全てimagesフォルダにコピーする
- images_rightフォルダにある画像を全てimagesフォルダにコピーする
- list_left.txtの中身をlist.txtへコピーする
- list_right.txtの中身をlist.txtへ追記する

これにより，imagesフォルダの中には次のファイルが入ることになります．

L000000.png，L000001.png，L000002.png，…，
R000000.png，R000001.png，R000002.png，…

list.txtには次のように書かれます．

```
L000000.png   1
L000001.png   0
L000002.png   1
      ⋮
R000000.png   2
R000001.png   3
R000002.png   3
      ⋮
```

これに対応したlt_train_left_right.pyプログラムは次のようになります．

```
    self.l3 = L.Linear(None, 4)
⋮
 modelname = 'result/lt_LR.model'
```

左回りと右回りを行うときのラベルは0，1，2，3の4種類になりますので，4を引数とします．なお，ラベルは0，1，2，3と連番にしなければ評価のプログラムがうまく動きませんので，ここでは左回りの動作に右回りの動作を追加します．

そして，そのデータセットに十字路の動作を追加し，さらに切れ目の動作を追記します．この順番で追記しないと今回のプログラムはうまく動作しません．さらに学習モデルの名前もそれぞれに変えておきます．

シミュレーション④…学習済みモデルを利用して動く

最後に学習済みモデルを利用した動作検証を行います．ここでも4つのプログラムを提供しています．異なるのは次の2点です．

▶**どの学習済みモデルを使うのかを設定する**

```
chainer.serializers.load_npz('result/lt.model', model)
```

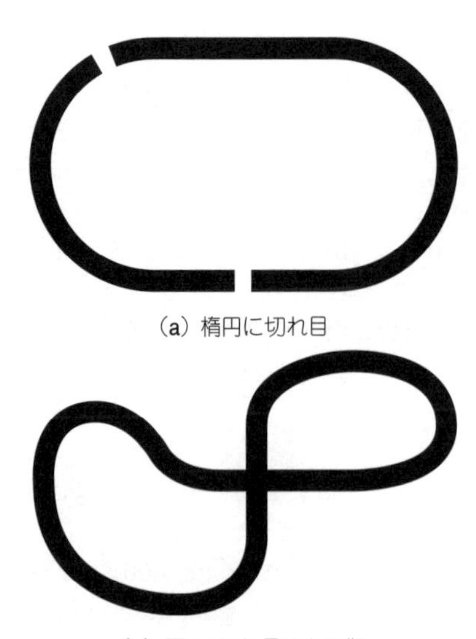

(a) 楕円に切れ目

(b) 図3の切れ目のない版

図19　動作検証のために用意したコース

▶そのモデルに合わせて出力ノード数を変更する点

```
self.l3 = L.Linear(None, 2)
```

また，次の部分を変えるとコースを変更できます．**図19**(**a**)に示す切れ目があるコースと，**図19**(**b**)に示す**図3**コースの切れ目がないバージョンを用意してあります．

```
img = cv2.imread("test_gap.bmp",
flags=cv2.IMREAD_GRAYSCALE)
```

動作確認

シミュレーション結果を**表1**にまとめます．OKと書いてある組み合わせで実行した場合，ライン・トレースの動作が成功しました．NGはライン・トレースできなかったものです．

● 左回りだけの行動

データの取得プログラム(logger_left.py)を実行後，前述した方法でimagesフォルダにコピーとlist.txtの中身の変更を行い，学習(train_left.py)と評価(eval_left.py)を実行します．

コースを変えたり，ロボットの初期方向を変えたりしてチェックを行うと，左回りしかできないことが確認できます．

表1　シミュレーション結果

コースのタイプ＼動作	左回り	左回り＋右回り	左回り＋右回り＋十字路	左回り＋右回り＋十字路＋切れ目
楕円(左回り)	OK	OK	OK	OK
楕円(右回り)	NG	OK	OK	OK
十字路	NG	NG	OK	OK
切れ目と十字路	NG	NG	NG	OK

● 右回りの行動を追加

データの取得プログラム(logger_left.pyとlogger_right.py)を実行後，前述した方法でimagesフォルダにコピーとlist.txtへの追記を行い，学習(train_right.py)と評価(eval_right.py)を実行します．

結果，左回りでも右回りでもできるようになりますが，十字路や切れ目には対応できないことが確認できます．

● 十字路の行動の追加

同じようにlogger_left.pyとlogger_right.py，logger_cross.pyから得られた画像を統合します．結果，左回りでも右回りでもできるようになり，十字路も直進するようになりますが，やはり切れ目には対応できません．

● 切れ目行動の追加

最後に4つのデータ取得プログラムから得られたデータを統合します．その結果，左回り，右回り，十字路，切れ目の全てに対応できるようになりました．

＊　＊　＊

データを合わせることで新たなルールを追加できることを示しました．ディープ・ラーニングの応用範囲が広がるのではないでしょうか．

まきの・こうじ，にしざき・ひろみつ

第3章

強化学習にディープ・ラーニングをハイブリッドする「深層強化学習」

牧野 浩二，西崎 博光

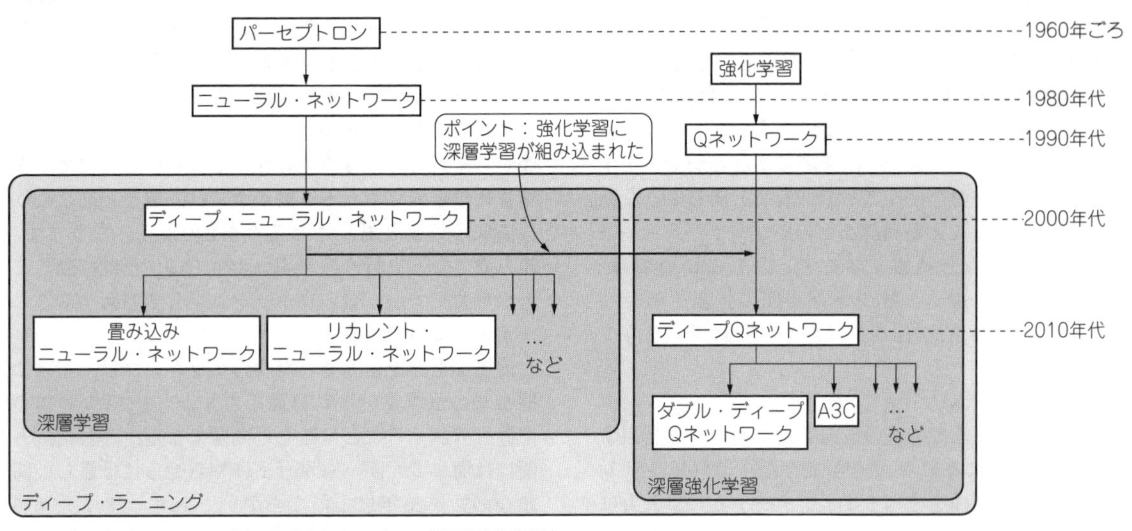

図1　ディープ・ラーニング（深層学習）とは別モノ「深層強化学習」

AIを搭載することでどんな物でも掴むことができるロボットや，車型ロボットが物を運んだり農作物の手入れをしたりするような「働くロボット」への応用例を紹介します．

ただし，これらのロボットを対象として学習するのは難しいので，深層強化学習を使用したライン・トレース・ロボットを取り上げます．このライン・トレース・ロボットを題材に，まずは深層強化学習について解説し，次に深層強化学習をライン・トレース・ロボットに組み込んで走行実験を行ってみます．

●ディープ・ラーニングとは別モノ…注目「深層強化学習」

現在最も注目されている技術の1つにディープ・ラーニングがあります．ディープ・ラーニングそのものは新しい技術ではなく，**図1**に示すように1960年ごろに提案されたパーセプトロンに端を発したニューラル・ネットワークから発展してきた技術です．ディープ・ラーニングは，強化学習から発展し，それにディープ・ラーニングを組み込んだものもあります．これを「深層強化学習」と呼びます．

本書では，ニューラル・ネットワークから発展したディープ・ラーニングを，深層強化学習と区別するために「深層学習」と呼ぶことにします．この深層学習と深層強化学習はあまり区別なく使われていますが，実現できることは大きく異なります．ここでは「深層強化学習」に焦点を当てます．

深層強化学習の強み

● その1：制御系

▶消費電力抑制

Googleのデータ・センタにおいて，サーバを冷却するために必要な冷却装置の設定を最適化することで，冷却に必要な消費電力を40％削減することに成功しています．サーバの稼働や天気などの外圧要因などの状態から，最適に冷却装置を動かす深層強化学習モデルとなっています．

▶バラ積みロボット

箱の中に入った，工場で使う部品を1つずつ取り出す作業をロボット・アームで行う問題です．Preferred Networksが開発したロボットでは，部品がどんなものとは教えずに，ロボット・アームを動かして試行錯

表1　深層学習でロボットを動かすことを人間の行動と対応させる

	ロボット	人　間
ステップ1	データ(画像など)を集める	本を読む
ステップ2	学習する	理解する
ステップ3	学習結果を使って動かす	実行する

誤しながら掴めるようになる，といった問題に応用されています．

● その2：戦略系

▶コンピュータ囲碁

囲碁に限りませんが，将棋やチェス，オセロなどで，現在の状況に応じて最適な手を打つ(動作を行う)ような問題を解くのにも適しています．われわれ人間は状況を理解し，最適な手段を講じることができますが，深層強化学習を使うことで，人間と同じような動作をさせられることが囲碁などのアプリケーション・レベルで証明され始めています．囲碁については，Googleのディープ・マインドが人間の世界チャンピオンに勝利するAIを作り上げたことで話題になりました．

▶テレビ・ゲーム

テレビ・ゲームで人間の能力を超えて高得点を出すことができるようになってきました．これは，テレビ・ゲームの画面をそのまま学習データとして入力に入れて，コントローラのどのボタンを押すべきかを出力として得られるように学習していき，高得点が出るまで何度もトライするという手法を基本にして行っています．

● AIフレームワークで手軽に実現できる

深層強化学習は難しいのですが，ディープ・ラーニングと同じようにフレームワークが公開されています．このフレームワークを使うと簡単に実現できます．そして，深層強化学習の学習方法は決まった1つの方法があるわけではありません．現在進行形でいろいろな学習のためのアルゴリズムが研究されています．まさに現在進行形の学習なのです．これからますます重要になってくると予想されますので，今理解して使いこなせるようになることで，次世代のAI技術者になれるかもしれません．

● 深層学習と深層強化学習の違い

深層学習の「学習」と，深層強化学習の「学習」を，人間の「学習」に置き換えて考えてみます．まず，深層学習でロボットを動かすには，人間の行動と対比させると**表1**のようになります．ここで，人間の行動を例にとると，詳しく解説してある本があれば理解もでき，実行したときに正しく行動できます．つまり，深層学習でロボットを動かすためには，しっかりとしたデータを用意することが必要となります

表2　深層強化学習でロボットを動かすことを人間の行動と対応させる

	ロボット	人　間
ステップ1	動いてみる	実行する
ステップ2	報酬(良い動作をしたときプラスの値，ダメな動作をしたときマイナスの値)を得る	褒められれば覚える
ステップ3	学習する	叱られれば今後実行しないようにする
ステップ4	うまくいくまで何度も繰り返す	さらに学習していく

これに対して深層強化学習は，試行錯誤を繰り返しながら学習して，うまく動作するようになります．深層強化学習でロボットを動かすには，前述と同じように人間の行動と対比させると**表2**のようになります．組み立てなどを行う産業用ロボットは，正確に動くことが重要ですが，賢いロボットは自分で判断することが重要となっています．

前述したバラ積みされた物のピッキングは，正確に掴む物の位置が分かれば簡単ですが，1つ1つの物の位置を計測することは難しい問題でした．これは，人間には簡単ですが，ロボットにやらせるには難しい問題なので，20年以上前から研究されています．深層強化学習を用いると，動いてみてうまく掴めれば覚えるということを実際のロボットで繰り返すだけで，バラ積みのピッキングができるようになるため，かなり衝撃的な成果でした．

元になる強化学習とは

深層強化学習の元になる強化学習と深層学習について解説します．まず得意な点と不得意な点を**表3**に示します．この得意な点と不得意な点を見ながら強化学習と深層学習を解説していくことにします．

● トライ＆エラーを繰り返して学習していく「強化学習」

強化学習とは「良い状態」，「悪い状態」を決めてお

表3　深層学習と強化学習にはそれぞれ得意分野と不得意な分野がある

	強化学習	深層学習
得　意	試行錯誤(行動ごとに教師ラベルを必要しない)	画像のような複雑なデータ
不得意	画像のような複雑なデータ	1つの動作や画像に対して対応するラベルがないデータ

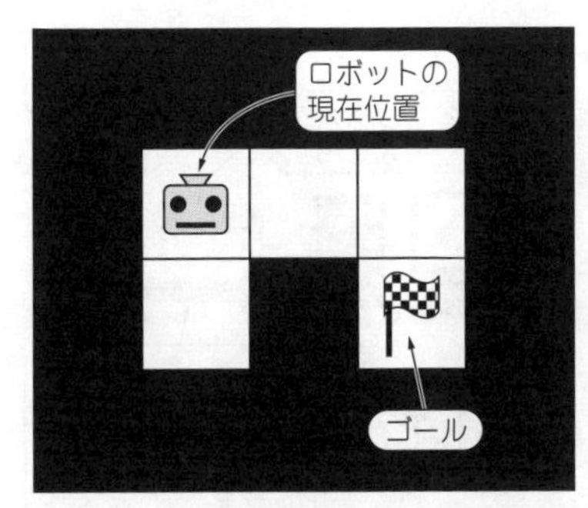

図2　ロボットで迷路をクリアする問題を考える

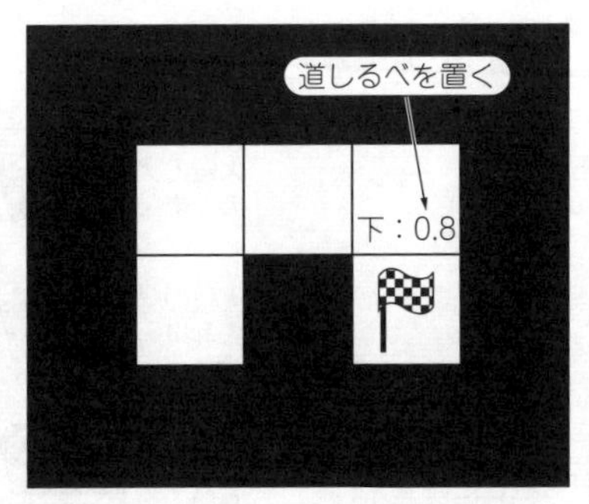

図3　Qラーニングはゴール直前に道しるべを置く

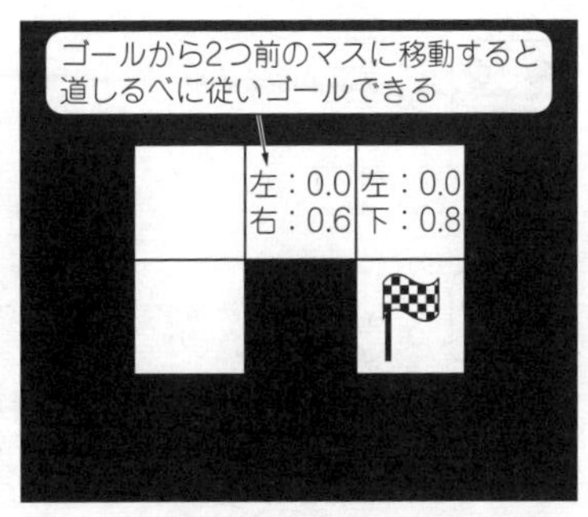

図4　強化学習は道しるべのマスに到達すると1つ前のマスに道しるべを置く

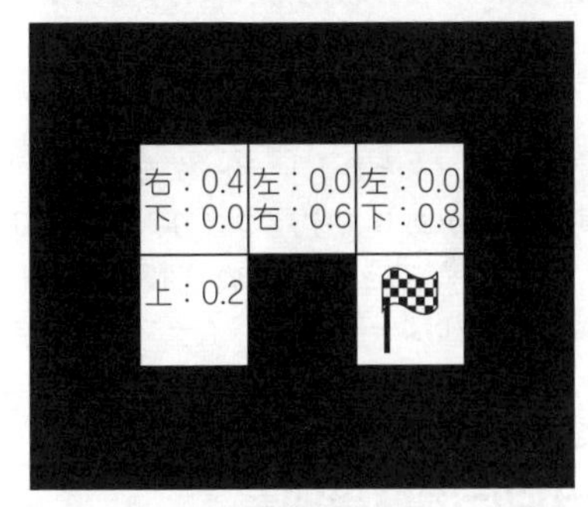

図5　強化学習を繰り返すと全てのマスに道しるべが置ける

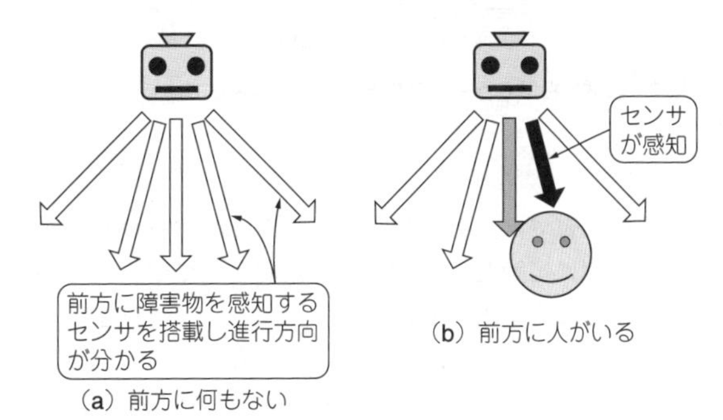

図6　前方に人がいるとセンサが反応する

くだけで，試行錯誤を繰り返すうちに，「悪い状態」になるような行動をせずに「良い状態」となるような行動だけを行うようにする学習方法です．今回は強化学習がポイントとなるため，次に2つの例を示します．

● 強化学習の例1…強化学習を使って迷路を効率よく進む

図2に示すような迷路をロボットが移動していくことを考えます．顔印がロボット，旗印がゴールです．ここで条件として，

- ロボットはこの迷路の挑戦が初めて
- 人間の目からは，ロボットは最初に右と下に動けると分かるが，ロボットそのものは最初は何も分からないのでランダムに動く

とします．以上の条件の下，ランダムに動くことを繰り返しているうちに，偶然ゴールに到達したとします．

この問題でロボットを効率よくゴールさせる方法としては，ゴールに到達した場合は，ゴールに到達するとあらかじめ設定した報酬がもらえるようにします．報酬をもらうと，これまで通ってきた道に，「道しるべ」を置きます．強化学習の1つである，「Qラーニング」は，その直前の位置に道しるべを置きます．例えば，**図3**のように置きます．このような方法で，次回にこのマスに来たときには道しるべに従ってゴールの方向に進むことができます．

強化学習は，ゴールすると最初からまた始めます．最初はランダムに動きますが，偶然に道しるべを設定されたマスに移動すると，その前のマスに道しるべを**図4**のように設定します．これにより，ゴールから2つ前のマスに移動すると，道しるべに従ってゴールできます．これを繰り返しているうちに，ゴールからスタートまでの道しるべが**図5**に示すようにできます．スタートからゴールまでの道しるべができれば，道に迷わずにゴールできるようになります．道しるべの値の大きい方向に進むだけでゴールできるようになっています．しかし，ロボットにはゴールしたら報酬を与えますが，それに至る過程は教えていないため，自分で学習しています．これが強化学習の特徴の1つです．

● 強化学習の例2…人混みの中の移動

次に，人混みの中を移動するロボットを考えてみます．このロボットの状態は，次のように「良い状態」と「悪い状態」の2つとします．

- 悪い状態：人間に接触する
- 良い状態：人間に接触しない

そして，このロボットには**図6**に示すように前方に幾つかの障害物を感知するセンサが搭載されていて，進行方向の状況を情報として得られるとします．

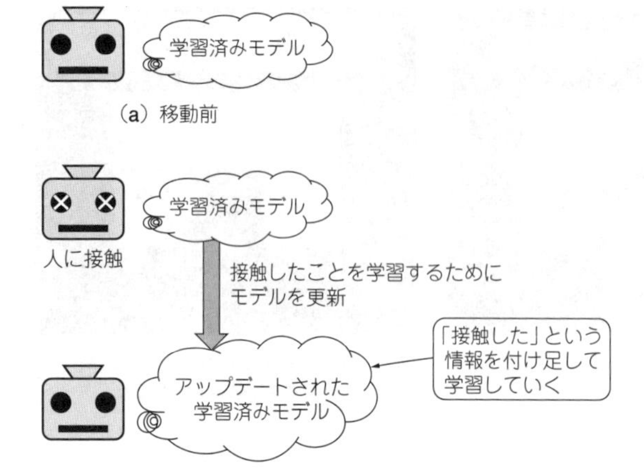
学習済みモデル
(a) 移動前
学習済みモデル
人に接触
接触したことを学習するために
モデルを更新
「接触した」という
情報を付け足して
学習していく
アップデートされた
学習済みモデル
(b) 移動結果：人間に接触

図7　人間に接触したらモデルを更新して学習していく

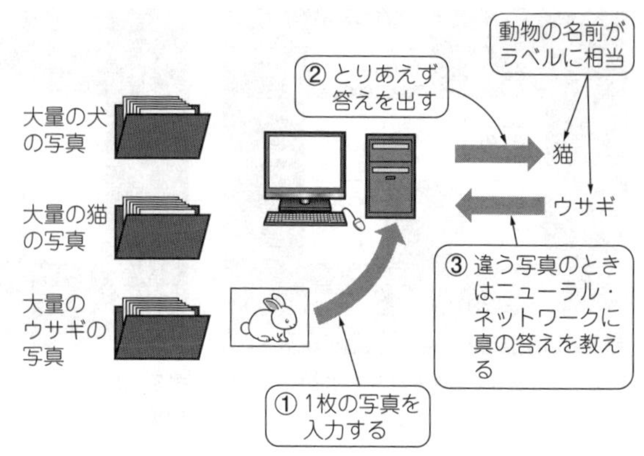
動物の名前が
ラベルに相当
② とりあえず
答えを出す
大量の犬
の写真
大量の猫
の写真
大量の
ウサギの
写真
猫
ウサギ
③ 違う写真のとき
はニューラル・
ネットワークに
真の答えを教え
る
① 1枚の写真を
入力する

図8　1つの写真に対する答えを教えていくと学習モデルが得られる

強化学習では，センサ情報を入力として行動した結果，人間に接触したかどうかを報酬として学習していきます．強化学習の特徴の1つとして，「良い」または「悪い」行動ということが分かると，**図7**に示すようにその情報を「付け足して」学習できる点が挙げられます．

● 深層学習について

深層学習とは，ラベルの付いた大量のデータを用意しておき，それを学習することで，学習していないデータを分類できる学習方法です．例として，動物の写真の分類を考えます．動物は犬と猫，およびウサギとします．ここでラベルに対応するのは，写真に写っている動物の名前になります．これを学習させるためには，大量（1000枚程度）の犬の写真をdogフォルダに入れておき，同じように大量の猫とウサギの写真をcatフォルダとrabbitフォルダに入れておきます．こうすることで写真に写っている動物が分かります．

この学習方法を**図8**に示します．**図8**に示すように，1枚の写真を入力します．そして，とりあえず答えを出します．ウサギの画像を入力したにもかかわらず，猫と分類されたとします．その場合，これは違うということをニューラル・ネットワークに教えます．これを1枚ずつ全ての画像で行います．つまり，1つの入力に対してその答えにあたるラベルが必要になります．これを繰り返して学習すると，「学習モデル」というものが得られます．この学習モデルを用いて，新しい画像を入力したとき正しい答えを出すことができるようになります．

ここで，学習モデルを作ったときの画像とは異なる犬と猫，およびウサギの画像データを用意したとします．ディープ・ラーニングでは，この新しいデータを使って先ほど学習した学習モデルを更新することはできず，最初のデータと新しいデータを混ぜてもう一度学習し直す必要があります．つまり，付け足して学習するということができないという特徴を持っています．ただし，これは一般的なディープ・ラーニングなので，世界の最先端の研究ではこれを解決するための方法が幾つか提案されつつあります．

強化学習に深層学習をハイブリッドする「深層強化学習」

強化学習だけでもロボットを動かすことができそうですが，画像のような複雑な入力データを扱うのがあまり得意ではないという特徴があります．これは主に，強化学習が入力によって得られる状態に応じて動作を決めるためです．強化学習の1つの例として人混みを動くロボットの例を挙げましたが，解説によると障害物センサを幾つか使っているとありました．

一方，深層学習に着目すると画像処理は得意分野の1つです．そこで，強化学習に深層学習の画像のような複雑な入力を組み込んだものが深層強化学習となります．

● 強化学習との違い

強化学習と深層強化学習の違いについて**図9**，**図10**を用いて説明します．強化学習といってもさまざまな方法が提案されていますが，**図9**はそのうちの1つであるQラーニングを示しています．同じように深層強化学習もさまざまなアルゴリズムがありますが，**図10**はディープQネットワークを示しています．

図9から，強化学習は表を用いて状態から行動を選んでいるのに対して，**図10**の深層強化学習はニューラル・ネットワーク（深層学習）によって行動を選んでいる点が異なります．

▶強化学習

この違いについて，例を用いて説明します．入力と

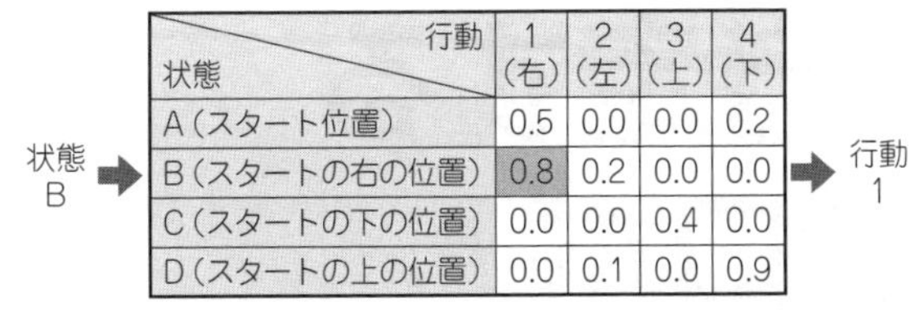

状態＼行動	1（右）	2（左）	3（上）	4（下）
A（スタート位置）	0.5	0.0	0.0	0.2
B（スタートの右の位置）	0.8	0.2	0.0	0.0
C（スタートの下の位置）	0.0	0.0	0.4	0.0
D（スタートの上の位置）	0.0	0.1	0.0	0.9

状態B
行動1

図9　強化学習…報酬もしくは行動後の状態の値を使って値が更新される

して8×8の白黒画像があったとします．この画像を入力とする場合，パターンは2の64乗個あります（グレー・スケールだと256の64乗個）．このパターン全てについて，**図9**の表を作ることができないことは明らかです．そこで画像を強化学習の入力として用いようとした場合，画像の前処理を人間が経験的に作る必要がありました．この前処理を問題に合わせて作らなければならなかったため，大変難しく，かつ手間のかかる手法でした．

▶ニューラル・ネットワーク

ニューラル・ネットワークで8×8の画像を扱うことは，とても簡単です．表からニューラル・ネットワークへの置き換えは簡単そうに見えますが，実は困難がありました．強化学習は報酬を得られなくても表が自動的に更新される仕組みが開発されていました．

これに対してニューラル・ネットワークは，報酬のような教師データ（ラベル）が得られないと，ネットワーク構成を更新できませんでした．

この問題を解決するための方法が開発されたため，深層強化学習が急激に普及しました．ただし，その方法はとても難しいアルゴリズムでした．深層強化学習は，深層学習と同じようにフレームワークとして提供されているため，簡単に使って問題を解くことができるようになっています．

● 報酬設定に明確な答えはない

深層強化学習はどのように報酬を与えるかがポイントとなります．この報酬の与え方が意外と難しいということを解説します．例として，前述した人混みで人間に接触せずに目的地まで移動するロボットに報酬を与えてみます．まずは，報酬を次のように定義します．

1. 人間に接触した場合：人間に接触しないことが重要なので，接触した場合は「マイナスの報酬」を与える
2. 目的地に到達した場合：目的地まで移動することが目的なので，「プラスの報酬」を与える

この場合，動かなければマイナスにならないため，ロボットは動かないという行動を起こすことがあります．まさに，「ノープレー，ノーエラー」です．そこで，次の報酬を与える設定を加えます．

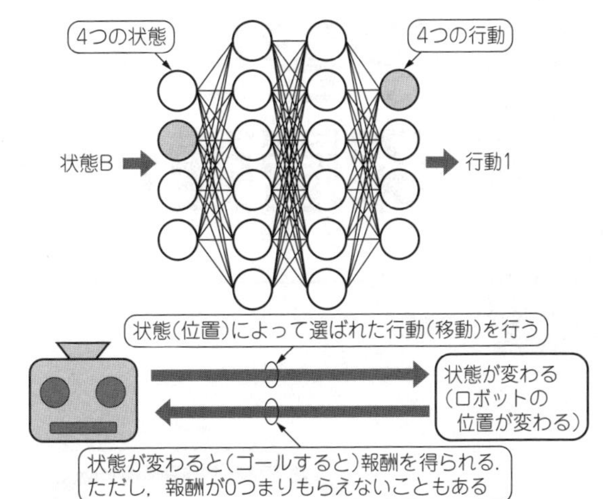
4つの状態
4つの行動
状態B
行動1
状態（位置）によって選ばれた行動（移動）を行う
状態が変わる（ロボットの位置が変わる）
状態が変わると（ゴールすると）報酬を得られる．ただし，報酬が0つまりもらえないこともある

図10　深層強化学習…ニューラル・ネットワークによって行動を選んでいる

3. 早い動作：なるべく早く動いた方が高い報酬を与えられる

こうすると動きそうです．しかし，その場で回転するという行動をすれば，動いてはいますし，その場に止まっているから人と接触しません．さらに，次のように報酬を設定してみます．

4. 移動距離：一定時間内の移動距離が長い方が報酬を与えられる

こうすると，人の居ない方向に動きますが，目的地に向かわなくて報酬が得られるので，目的地と関係なく遠くに行ってしまうことが起こります．そこで，次の報酬を設定します．

5. 目的地に近づく：移動後の位置が目的地に近づいていれば報酬を与えられる

さて，ここまで設定すればよさそうですが，移動で得られる報酬と人間と接触したときに与えられるマイナスの報酬のバランスによっては，マイナスの報酬があっても目的地へ近づいた方が結果的に大きな報酬を得られるかもしれません．そうなれば，人間に接触しながら目的地に一直線に移動します．

結局のところ，どのような報酬がよいのかという答えはありません．どのようなロボットで，どの程度の人ごみなのかなど，いろいろな要因から決まります．以上のことから分かるように，人間が思った動作を行わせるための報酬の設定は，簡単そうでかなり難しいです．

まきの・こうじ，にしざき・ひろみつ

第4章

学習しながら自走する深層強化学習ロボ

牧野 浩二，西崎 博光

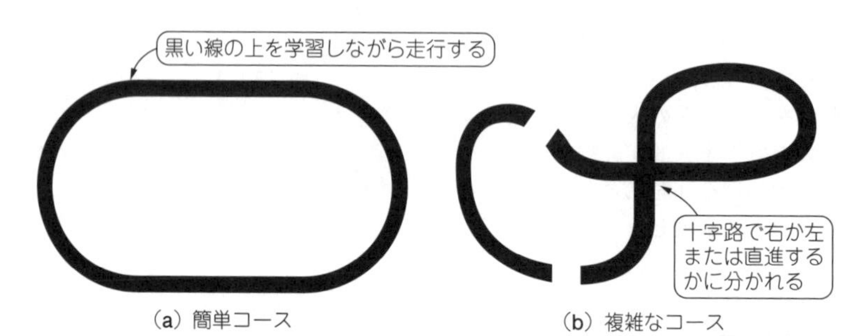
黒い線の上を学習しながら走行する
十字路で右か左
または直進する
かに分かれる
(a) 簡単コース
(b) 複雑なコース

図1　注目「深層強化学習」を自走ライン・トレース・ロボで確かめる

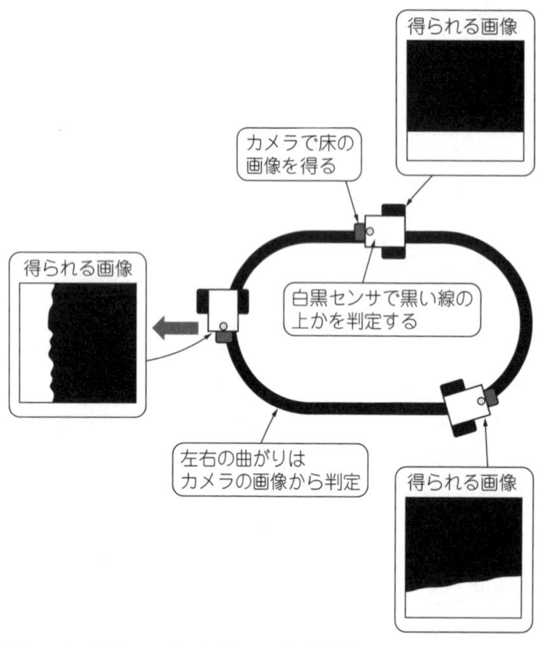
得られる画像
カメラで床の
画像を得る
得られる画像
白黒センサで黒い線の
上かを判定する
左右の曲がりは
カメラの画像から判定
得られる画像

図2　カメラとセンサから得られた判定条件をもとに走行する

深層強化学習シミュレーション条件

●「学習しながら」走行する

本章では，**図1**(a)や(b)に示す黒いラインが書かれたコースを，深層強化学習アルゴリズムを実装したライン・トレース・ロボットが学習しながら走行します．この，「学習しながら」というところがポイントです．深層強化学習で学習するときのルールは，次の通りです．

- 黒い線の上に居ればOK，白い線の上に居るときはNGであることを，動くたびに教える
- 画面からはみ出るほど遠くに動いた際には，最初からスタートさせる

● カメラとセンサが付いている

対象とするライン・トレース・ロボットは，ここまで使ったものと同じ2つの車輪で動く車型ロボットで，前方に1つだけ白黒センサが付いています．また，白黒センサの近くにカメラも付いています．

また，このライン・トレース・ロボットは，**図2**のように，カメラで床の画像を得ることができるとします．なお，得られる画像はロボットから見た画像となるようにシミュレーションでも回転させています．

白黒センサは，黒い線の上に居るかどうかを判定するために使い，右または左のどちらに曲がるかはカメラ画像から判定します．

開発環境＆プログラム

● Python環境＆フレームワークChainerを用意する

ここでもPythonを使います．Anacondaをまだインストールしていない場合はインストールしてください．その後，次のコマンドにてディープ・ラーニング用のフレームワーク「Chainer」と深層強化学習用フレームワーク「ChainerRL」をインストールします．

```
> pip install chainer
> pip install chainerrl
```

結果をグラフィカルに表示するために，次のコマンドでopencvをインストールします．

```
> pip install opencv-python
```

● ロボットを動かすプログラム

ライン・トレース・ロボットに深層強化学習を組み込んだプログラム(DRL_1.py)を**リスト1**に示します．このプログラムは**図2**に示すように，ライン・トレース・ロボットの前方の画像を撮影し，その画像を入力として，右回りまたは左回りする動作を選択します．まずは，プログラムの解説を行います．

プログラムはウェブ・ページからダウンロードできます．

▶1．画像を入力，行動を出力として得るネットワークの設定

リスト1の①の部分にあたります．ここでは畳み込みニューラル・ネットワークを2層使い，3層目はニューラル・ネットワーク層を使っています．linear(256,2)の2が行動の数となります．この後解説する「右回り」，「左回り」，「直進」の3つの行動を行うときにはこの部分を3にします．

▶2．ランダム行動の設定

強化学習では，常に同じ行動をさせないようにランダムに行動させる必要があります．深層強化学習も同じで，ランダムに行動するための関数を設定する必要があります．直進も含めて3つの行動になった場合は，プログラムの[0,1]を[0,1,2]に変える必要があります．

▶3．報酬の設定

報酬(reward変数)の設定は，センサ位置の下(カメラ画像の真ん中の位置)が黒だった場合は報酬を1に，白だった場合は0としています．

▶4．深層強化学習の設定

深層強化学習の設定が書かれています．この部分を解説すると長くなるので，文献(1)を参考にしてください．

▶5．エピソードの繰り返し

最初はランダムに動くので，ラインから離れていきます．その場合は，自動的に初期位置に戻して再スタートします．行動させて初期位置に戻すまでの動作を「エピソード」と呼びます．このプログラムでは，max_number_of_stepsで設定された値だけエピソードを繰り返します．

▶6．ロボットの動作

画像を切り抜き，それを入力として深層強化学習用の関数(agent.act_and_train)に入れて，次の行動(action)を得ています．行動は0と1で得られるので，0の場合は右回りするためにsteer変数に－0.1を入れ，1の場合は左回りするために0.1を入れています．そのsteer変数に従い，ロボットの角度を更新し，位置を更新しています．そして，ロボットが画面の端の方に到達した場合，報酬を－1にしてエピソードを終了させています．－1にして終了させることで，今回のエピソードがうまくいかなかったことを示しています．

▶7．画像の保存

図2のような画像を連番ビットマップで保存しています．動画を作成するときに使えます．コメント・アウトを外し，このプログラムと同じフォルダに，movie_cgフォルダを作ると画像が保存されます．

▶8．シミュレーションの中断

この部分は，シミュレーションの本質にかかわる部分ではないですが，移動の軌跡(後述しますが，軌跡は灰色で表示)を回転し続けたり，うまくラインに沿って移動できるようになったりすることがあるので，その場合に次のシミュレーションをすぐ始められるような設定にしています．キー入力関数(cv2.waitKey)でキー入力を受け付けています．

- qが押された場合：報酬を－1として1回のエピソードを終わらせています
- wが押された場合：報酬を1として1回のエピソードを終わらせています．これによってうまく動作していることを示しています
- eが押された場合：エピソードの繰り返しを終わらせて，学習モデルを出力して終了させるための処理に移行させています

▶9．エピソードの終了

エピソードの終了時には，深層強化学習の学習をさせるためagent.stop_episode_and_train関数で処理しています．

▶10．学習モデルの保存

agent.save関数で学習モデル(エージェント・モデルとも呼ばれる)を保存しています．この関数を実行するとagentフォルダが作られ，その中に必要なファイルが生成されます．

リスト1　ロボットの動作は右回りと左回りのみのプログラム(DRL_1)

```
# coding:utf-8

import numpy as np
import chainer
import chainer.functions as F
import chainer.links as L
import chainerrl
import copy
import time
import serial
import cv2
import math

init_theta = 1.7
init_rx = 110
init_ry = 200
fn = 0

class QFunction(chainer.Chain):
    def __init__(self):
        super(QFunction, self).__init__()
        with self.init_scope():
            self.conv1 = L.Convolution2D
    (1, 16, 5, 1, 0)  # 1層目の畳み込み層(フィルタ数は16)
            self.conv2 = L.Convolution2D
    (16, 64, 5, 1, 0) # 2層目の畳み込み層(フィルタ数は64)
            self.l3 = L.Linear(256, 2)
                                    # アクションは2通り
    def __call__(self, x, test=False):
        h1 = F.max_pooling_2d(F.relu(self.
                conv1(x)), ksize=2, stride=2)
        h2 = F.max_pooling_2d(F.relu(self.
                conv2(h1)), ksize=2, stride=2)
        y = chainerrl.action_value.
              DiscreteActionValue(self.l3(h2))
        return y

def random_action():
    return np.random.choice([0, 1])

def step(_img):
    reward = 0
    if _img[sy,sx]==0:
        reward = 1
    else:
        reward = 0
    return int(reward)

gamma = 0.8
alpha = 0.5
max_number_of_steps = 1000  #1試行のstep数
num_episodes = 500  #総試行回数

q_func = QFunction()
optimizer = chainer.optimizers.Adam(eps=1e-2)
optimizer.setup(q_func)
explorer = chainerrl.explorers.
       LinearDecayEpsilonGreedy(start_epsilon=1.0,
                             end_epsilon=0.0,
    decay_steps=num_episodes, random_action_
                           func=random_action)
replay_buffer = chainerrl.replay_buffer.
       PrioritizedRepla yBuffer(capacity=10 ** 6)
phi = lambda x: x.astype(np.float32, copy=False)
agent = chainerrl.agents.DoubleDQN(
    q_func, optimizer, replay_buffer, gamma,
                                  explorer,
    replay_start_size=50, update_interval=1,
           target_update_interval=10, phi=phi)

for episode in range(num_episodes):  #試行数ぶん繰り返す
    reward = 0
    done = True
    theta = init_theta
    rx = init_rx
    ry = init_ry
    pos = list([[init_rx,init_ry]])
    sx = int(rx + 5*math.cos(theta))
    sy = int(ry + 5*math.sin(theta))
```

```
    for t in range(max_number_of_steps):  #1試行のループ
        img = cv2.imread("1_oval.bmp", flags=cv2.
                               IMREAD_GRAYSCALE)
#        img = cv2.imread("2_cross_gap.bmp",
                          flags=cv2.IMREAD_GRAYSCALE)
        rect_img_size = 50
        out_img_size = 10#16
        out_img = img[sy-rect_img_size : sy+rect_img_
            size, sx-rect_img_size: sx+rect_img_size]
        rots = cv2.getRotationMatrix2D((rect_img_
           size,rect_img_size), theta *180/3.14, 1.0)
        out_img = cv2.warpAffine(out_img, rots, (rect_
                    img_size*2,rect_img_size*2))
        out_img = out_img[rect_img_size-out_img_size
                   : rect_img_size+out_img_size,
           rect_img_size-out_img_size: rect_img_
                             size+out_img_size]
        out_img = out_img/256.
        env = np.asarray(out_img, dtype=np.float32)

        action = agent.act_and_train(env[np.newaxis,
                                  :, :], reward)
        reward = step(img)

        cv2.circle(img, (int(rx), int(ry)), 10, 127,
                                            -1)
        cv2.circle(img, (sx, sy), 2, 32, -1)
        for i in range(len(pos)-1):
            cv2.line(img, (int(pos[i][0]), int
                (pos[i][1])), (int(pos[i+1][0]),
                      int(pos[i+1][1])), 192, 3)
        cv2.imshow("LineTrace",img)

#        filename = str(fn).zfill(6)+'.bmp'
#        fn = fn + 1
#        cv2.imwrite('./movie_cg/'+filename, img)

        if action==0:
            steer = - 0.1
        else:
            steer = 0.1
        theta = theta + steer
        rx = (rx + 2*math.cos(theta))
        ry = (ry + 2*math.sin(theta))
        sx = int(rx + 5*math.cos(theta))
        sy = int(ry + 5*math.sin(theta))
        pos.append([rx,ry])
        if(rx<60 or rx>540 or ry<60 or ry >340):
            reward = -1
            print(rx, ry)
            break
k = cv2.waitKey(10)
        if k==113:#q:
            cv2.destroyAllWindows()
            reward = -1
            break
        elif k==119:#w
            cv2.destroyAllWindows()
            reward = 1
            break
        elif k==101:#e
            cv2.destroyAllWindows()
            reward = 0
            t = -1
            break
    if t == -1:
        break

    agent.stop_episode_and_train(env[np.newaxis,
                          :, :], reward, done)

    print('episode : ', episode+1, 'statistics:', agent.
                                 get_statistics())

agent.save('agent')
```

- 右旋回と左旋回の2種類の行動なので2を設定
- ①畳み込みニューラル・ネットワークの設定部分
- ②ランダム行動
- ③報酬
- ④深層強化学習の設定
- ⑤エピソードの繰り返し
- ⑥ロボットの動作
- 画像の取得
- 次の行動と報酬
- 画面表示
- ⑦画像の保存
- 得られた行動から次の位置と方向を計算
- ⑧シミュレーションの中断
- ⑨1回の試行終了時の深層強化学習の学習
- ⑩学習済みモデルの保存

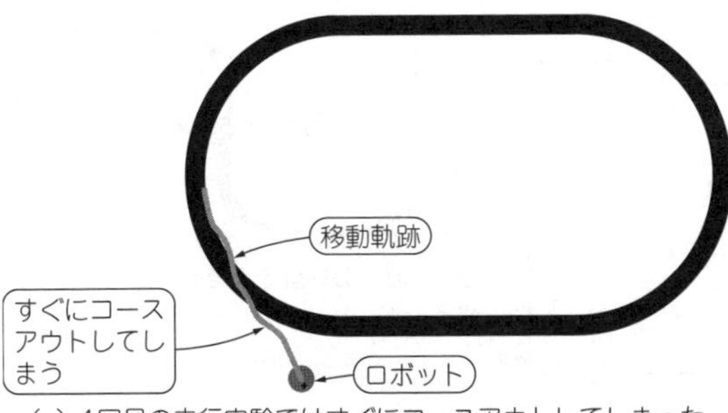

(a) 1回目の走行実験ではすぐにコースアウトしてしまった

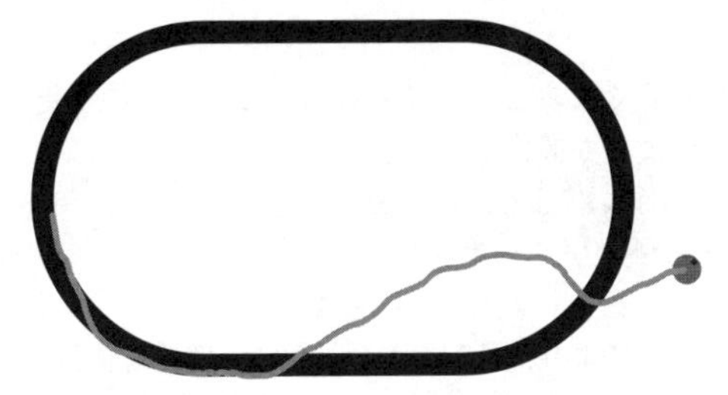
(b) 4回目は1回目よりも走行距離が伸びた

(c) 5回目で無事にゴールできた

図3　深層強化学習による走行シミュレーション1…単純なコース

走行シミュレーション

まずは，動作と報酬を次のように設定した場合の走行結果を見てみることにします．プログラムは**リスト1**です．

- 動作：右回り，左回り
- 報酬：黒ならば1，白ならば0

最初は**図3**(a)に示すように，すぐにラインを外れてしまいますが，数回学習すると**図3**(b)に示すようにラインに沿って走れるようになります．さらに学習を進めると，**図3**(c)に示すようにラインに沿って動かすことができます．深層強化学習は，毎回異なる学習が行われるので，今回のように5回でうまくいくとは限りませんが，最長でも10回も学習すればラインに沿って動きます．

なお，走行時の動画はDRL_1.wmvとしてダウンロードできます．また，ロボットが得る画像を動画にしたものも，log.wmvとしてダウンロードできます．

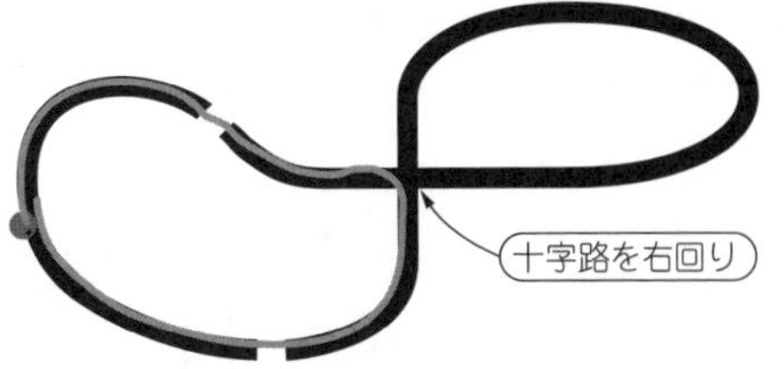

(a) 十字路では右に曲がった

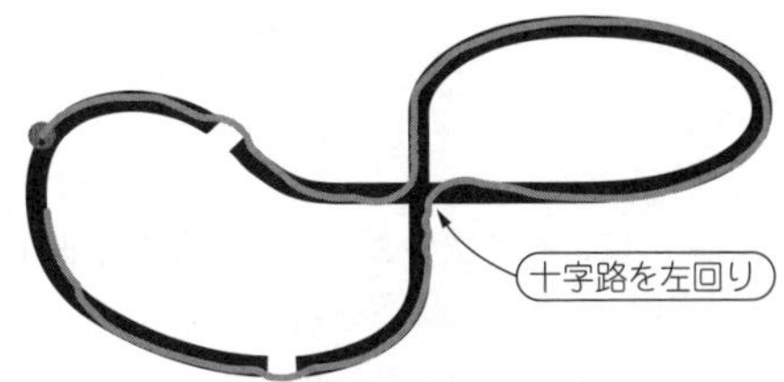

(b) 今度は左に曲がった

図4　深層強化学習による走行シミュレーション2…複雑なコース

ロボット目線の画像を保存するためのプログラムは，`DRL_Logger.py`です．これもダウンロード・データとして提供します．ロボット目線で見ると難しい問題です．

条件に合わせてプログラムを変更する

● 走行コースを変更する

コースを**図1**(b)に示すような複雑なものに変えます．この場合，プログラムを次のように変更します(`DRL_2.py`：ダウンロード・データで提供)．

• 変更前

```
img = cv2.imread("1_oval.bmp", flags=cv2.IMREAD_GRAYSCALE)
```

• 変更後

```
img = cv2.imread("test_cross_gap.bmp", flags=cv2.IMREAD_GRAYSCALE)
```

なお，コースをご自身で作りたい場合は600×400の白黒ビットマップの画像を作成してください．次の設定での走行結果を**図4**(a)と**図4**(b)に示します．

- 動作：右回り，左回り
- 報酬：黒ならば1，白ならば0

走行結果を見ると，十字路で左回りになったり，右回りになったりします．走行時の動画はDRL_2.wmvとしてダウンロードできます．

● 報酬を変更する

▶直進の動作を加える

ロボットの動作を右回り，左回りに加えて直進の計3動作にします(`DRL_3.py`：ダウンロード・データで提供)．プログラムの変更箇所を**リスト2**に示しま

リスト2　ロボットの動作を右，左，直進に変更する(DRL_3)

```
self.l3 = L.Linear(256, 2)
 (中略)
return np.random.choice([0, 1])
 (中略)
if action==0:
    steer = - 0.1
else:
    steer = 0.1
```

(a) 変更前

```
self.l3 = L.Linear(256, 3)
 (中略)
return np.random.choice([0, 1, 2])
 (中略)
if action==0:
    steer = - 0.1
elif action==1:
    steer = 0.1
else:
    steer = 0.0
```

(b) 変更後

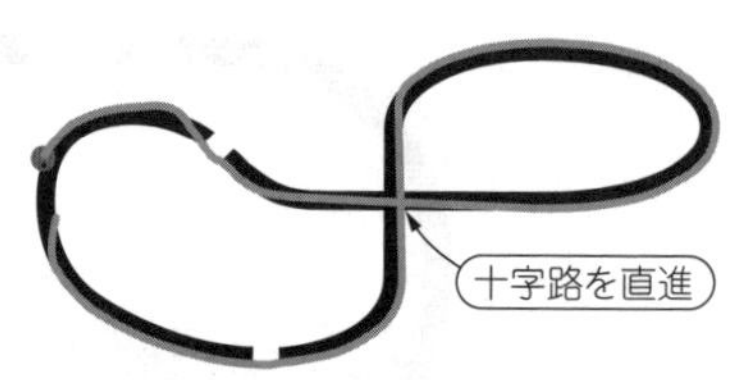

図5　直進の報酬を大きくして十字路を直進させる

す．この変更によって次のような設定となります．

- 動作：右回り，左回り，直進
- 報酬：黒ならば1，白ならば0

この変更でも，まだ十字路を直進しません．走行時の動画は，DRL_3.wmvとしてダウンロードできます．

▶白い線上を走行している場合は報酬をマイナスにする(DRL_4.py：ダウンロード・データで提供)

これは，step関数を次のように変更することになります．

```
def step(_img):
  reward = 0
  if _img[sy,sx]==0:
      reward = 1
  else:
      reward = -1
  return int(reward)
```

この変更によって次のような設定となります．

- 動作：右回り，左回り，直進
- 報酬：黒ならば1，白ならば－1

これでもまだ十字路を直進しません．走行時の動画はDRL_4.wmvとしてダウンロードできます．

▶直進の報酬を大きくする(DRL_5.py：ダウンロード)

右回りと左回りの報酬を小さくすることで相対的に直進の報酬を大きくします．これは，行動からsteer変数を決めているところで，報酬を次のように変更しています．

```
if action==0:
      steer = - 0.1
      reward = reward*0.2
elif action==1:
      steer = 0.1
      reward = reward*0.2
else:
      steer = 0.0
```

マイナスの報酬を与えているため，白い線上で直進しにくくなるという効果もあります．この変更により次のような設定となります．

- 動作：右回り，左回り，直進
- 報酬：黒ならば0.2(右，左)，1(直進)，白ならば－0.2(右，左)，－1(直進)

これにより，**図5**に示すように十字路を直進します．走行時の動画は，DRL_5.wmvとしてダウンロードできます．

● モデルを使って走行する

最後にモデルを使う方法を示します(DRL_load_agent.py：ダウンロード・データで提供)．**リスト1**のモデルを読み出すための関数のコメント・アウトを次のように外します．

```
#agent.load('agent')→agent.load('agent')
```

次に，モデルの保存のための関数を次のようにコメント・アウトします．

```
agent.save('agent')→#agent.save('agent')
```

さらに，次の行動を得るための関数を今回は学習を行わないため，次のように変更します．

• 変更前

```
agent.act_and_train(env[np.newaxis, :, :], reward)
```

• 変更後

```
agent.act(env[np.newaxis, :, :], reward)
```

モデルができていればこの変更で動作します．

◆参考文献◆

(1) 牧野 浩二，西崎 博光 共著；算数&ラズパイから始めるディープ・ラーニング，CQ出版社．

まきの・こうじ，にしざき・ひろみつ

第1章 決定木の拡張版「ランダムフォレスト」

牧野 浩二

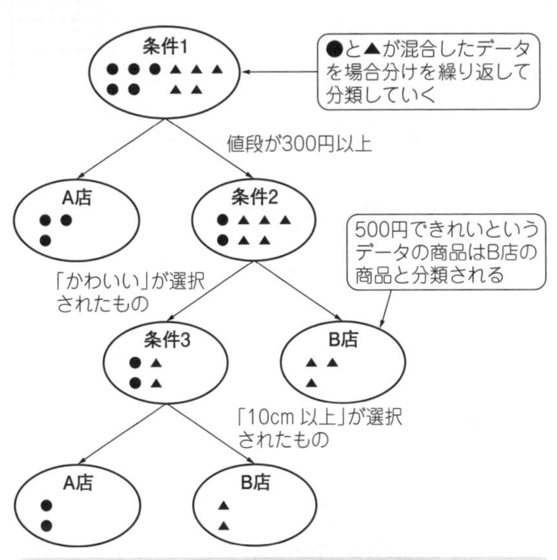

図1　ベースになる場合分けを繰り返して分類する手法「決定木」

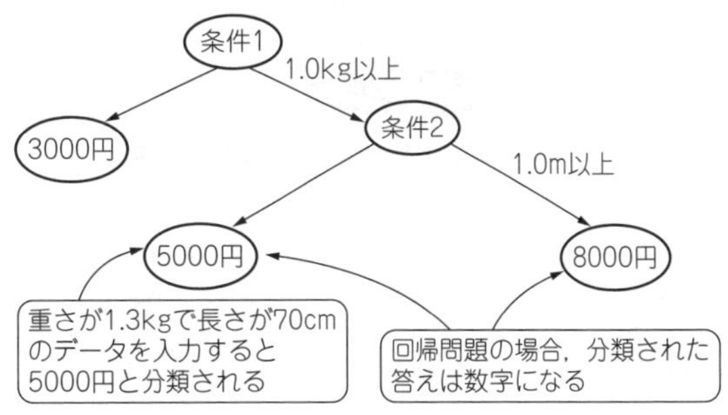

図2　回帰問題は分類された答えが数字

決定木を拡張した方法である「ランダムフォレスト」を紹介します．決定木は，名前に「木」が入っているように，木構造を持つ分類方法です．ランダムフォレストは，日本語に無理やり訳すと，「でたらめな森」となります．森を構成する木には決定木を使い，決定木を作るときはデータをランダムに選びます．

ランダムフォレストは，普通の決定木に比べて多くのデータが必要となります．そこで本章では，IRIS（アイリス）データという，データの分類でよく使われる「あやめ」データと，Boston（ボストン）データという「ボストンの家の価格」データを使うことにしました．この2つのデータや統計分析ソフト「R」を使って決定木とランダムフォレストで分類問題と回帰問題を解いてみます．

決定木がベース

● できること

▶その1：分類

分類問題とは，例えるとデータを入れるとどの店の商品かを当てるような問題です．決定木は，**図1**のように，多くのデータから分類するためのルールを作ります．分類のルールは，例えば**図1**では値段が「300円以下」ならば左に分類，「かわいい」ならば右に分類とした場合，A店で買った商品かB店で買った商品かを分類するためのルールができたことになります．決定木は，新しいデータを用意してこのルールで分類し，どれになるかで答えを出す方法です．実際に分類してみると，例えば「500円」で「きれい」というデータの商品は，B店の商品であると分類されます．

▶その2：回帰

回帰問題とは，例えるとあるデータを入れたらそのものの価値を当てるような問題です．**図2**に示すように回帰問題も分類問題と同じように木構造を作りますが，分類された答えが，数字になっています．例えば「重さ1.3kg，長さ70cm」のデータを入力した場合，5000円として分類されます．

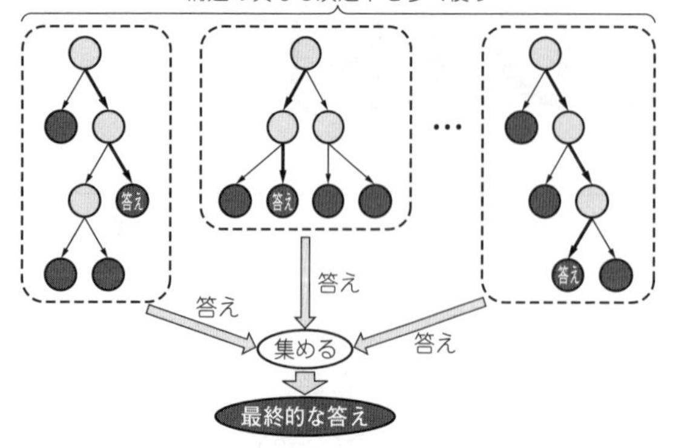

図3　ランダムフォレストは複数の異なる決定木が必要

表1　Bostonデータの説明変数

カラム	説　明
CRIM	犯罪発生率（人口単位）
ZN	25,000平方フィート以上の住宅区画の割合
INDUS	非小売業の土地面積の割合（人口単位）
CHAS	チャールズ川沿いかどうか（1：Yes，0：No）
NOX	窒素酸化物の濃度（pphm単位）
RM	1戸当たりの平均部屋数
AGE	1940年よりも前に建てられた家屋の割合
DIS	ボストンの主な5つの雇用圏までの重み付きの距離
RAD	幹線道路へのアクセス指数
TAX	10,000ドル当たりの所得税率
PTRATIO	教師当たりの生徒の数（人口単位）
B	アフリカ系米国人居住者の割合（人口単位）
LSTAT	低所得者の割合
MEDV	不動産の平均価格

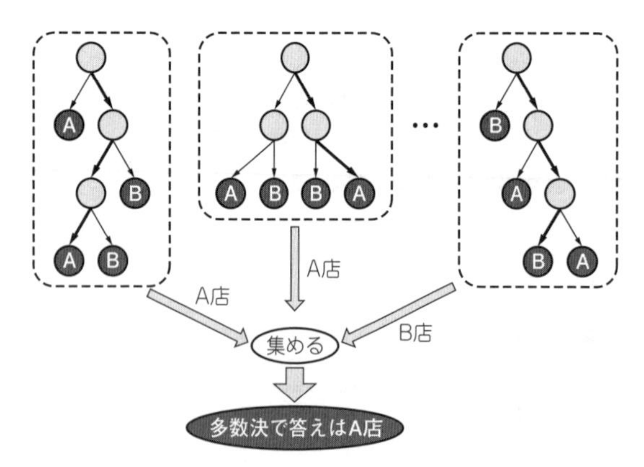

図4　分類問題は多数決で答えを出す

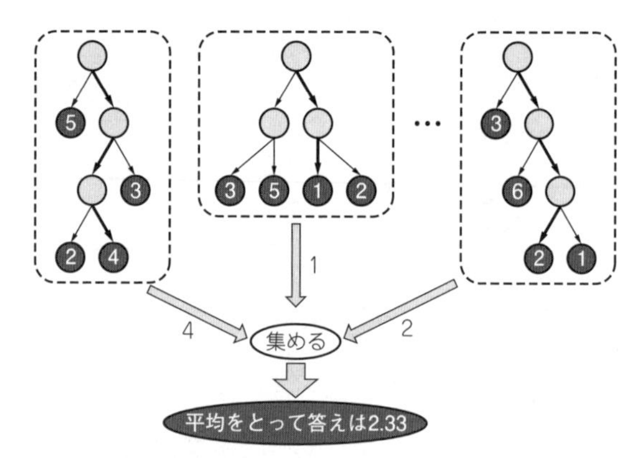

図5　回帰問題は平均で答えを出す

ランダムフォレストとは

● できることは決定木と同じ

ランダムフォレストは，**図3**のように構造の異なる決定木を多く（実際の動作では100個以上）使って，それぞれの決定木が答えを出します．そして，その答えを合わせて最終的な答えを出します．

ランダムフォレストでも，決定木と同じように分類問題と回帰問題を扱うことができます．分類問題の場合は，**図4**に示すように多数決で最終的な答えを出します．また，回帰問題の場合は，**図5**に示すように平均を求めることで最終的な答えを出します．ただし，多数決や平均以外の答えの出し方も研究されています．

● 多くの異なる決定木が必要

決定木は，ジニ係数が最も小さくなるような分類条件を作成していきます．そのため同じデータを使えば，いつも同じ木構造になります．ランダムフォレストは，たくさんの異なる決定木を作る必要があります．そこで例えば，決定木を作るためのデータが100個あるとすると，そのうちの90個をランダムに選んで決定木を作ります．これを何度も繰り返すことで，異なる決定木ができます．ランダムにデータを選んで多くの決定木を作るので，ランダムフォレストという名前は納得できるのではないでしょうか．

また，データをランダムに選ぶ以外の方法で異なる決定木を作るために説明変数と呼ばれるデータの種類を減らすことも行う場合があります．後で解説するボストンの家の価格データでは**表1**に示すように14個のデータがあります．そのうちのランダムに選んだ7個のデータを使うなどして，全部のデータを使わないことで異なる決定木を作る方法も用いられています．

● 決定木との違い

ランダムフォレストは決定木の拡張なので，ランダ

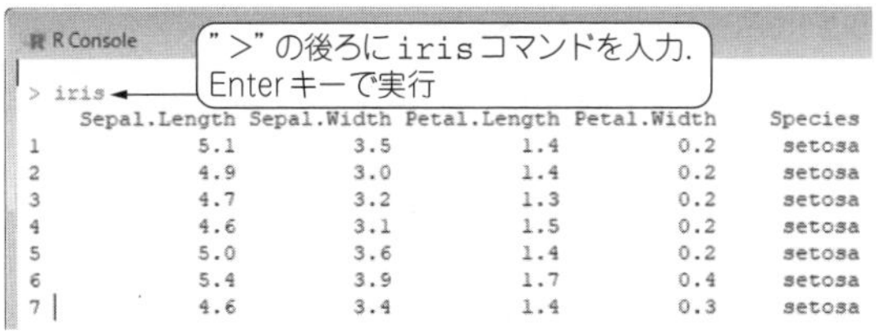

R Console

">"の後ろにirisコマンドを入力.
Enterキーで実行

```
> iris
  Sepal.Length Sepal.Width Petal.Length Petal.Width  Species
1          5.1         3.5          1.4         0.2   setosa
2          4.9         3.0          1.4         0.2   setosa
3          4.7         3.2          1.3         0.2   setosa
4          4.6         3.1          1.5         0.2   setosa
5          5.0         3.6          1.4         0.2   setosa
6          5.4         3.9          1.7         0.4   setosa
7          4.6         3.4          1.4         0.3   setosa
```

図6　Rをインストールして動作確認する

ムフォレストの方がよいように思うかと思います．しかし，それぞれ得意な分野というものがあります．ここではその違いを解説します．

決定木は，**図1**のように条件を木構造で表すことができるため，何が分類の要因かを分析するのに役立ちます．**図1**の場合ですと値段で最初に分類していることから，値段が重要な要因となることが分かります．一方，ランダムフォレストは決定木より結果の精度がよくなる場合が多いです．しかし，ランダムフォレストは決定木を100個以上使い，それぞれの木が異なるため，決定木のように簡単には可視化できません．ただし，何が分類の要因かを調べるための専用の関数が用意されています．

内閣府の調査で，ランダムフォレストが使われたケースとしては，「多様化する職業キャリアの現状と課題」があります．結構しっかりとした調査の分析にも使える方法です．

実験①…決定木で分類する

ランダムフォレストは，原理そのものは簡単ですがデータの分け方にコツがあったり，決定木を100個以上用意したりなど，始めから作ることは難しい手法です．そこで，統計分析のソフトウェアRを使って決定木とランダムフォレストを体験してみましょう．

irisコマンドを実行すると，**図6**の画面が表示されます．プロンプト">"の後ろに，これから解説するコマンドを入力します．初期状態ではコマンドは赤で書かれ，実行結果は青で表示されます．Enterキーを押すと，そのコマンドが実行されます．

● 使用するデータ

IRISデータは，3種類のあやめ(setosa, versicolor, virginica)の萼(がく)の長さ(Sepal.Length)と幅(Sepal.Width)，花弁の長さ(Petal.Length)と幅(Petal.Width)，および種類(Species)の5種類のデータから成り立っています．このデータが合計150個書かれたデータセットで，**表2**のようになっています．

表2　IRIS(アイリス)データ

	Sepal. Length (萼の長さ)	Sepal. Width (萼の幅)	Petal. Length (花弁の長さ)	Petal.Width (花弁の幅)	Species (種類)
1	5.1	3.5	1.4	0.2	setosa
2	4.9	3.0	1.4	0.2	setosa
中略					
50	5.0	3.3	1.4	0.2	setosa
51	7.0	3.2	4.7	1.4	versicolor
中略					
149	6.2	3.4	5.4	2.3	virginica
150	5.9	3.0	5.1	1.8	virginica

● 手順

IRISデータを決定木で分類する手順は，

①データを2つに分ける
②決定木で分類する
③分類精度の検証

という3ステップです．データを2つに分ける理由は，決定木を作るためのデータ(学習データ)と，作った決定木がどの程度よくできているかを調べるためのデータ(検証データ)に分けるためです．

● ステップ1…データの読み込み

検証データを20%とし，残りの80%を学習データとするためのコマンドを**リスト1**に示します．分割するには，sampleという関数を使います．1つ目の引数はデータの数，2つ目の引数は分割した後のデータ数となります．

なお，nrow(iris)とすることでirisデータの数(150個)が得られます．ir.indexコマンドを実行してir.indexの中身を確認すると「128　48　20　…　3　46　69」となっています．これは，1～150までの数からランダムに30個(150×0.2)を選んだものとなります．ir.indexの数字の列はランダムに選ばれるため，実行するたびに異なります．これをインデックスとして，検証データ(ir.test)と学習データ(ir.train)を作っています．

● ステップ2…決定木を作って分類する

先ほど2つに分けたデータのうち，学習データ(ir.

リスト1　検証データを20%として残り80%を学習データとする

```
> ir.index <- sample(nrow(iris), nrow(iris) * 0.2)
> ir.index
 [1] 128  48  20  91 116  50 131  29 113 107 150
45  12 125 130 147 100  59  16  89  96  63  22  86
34  43  27   3  46  69
> ir.test = iris[ir.index,]
> ir.train = iris[-ir.index,]
```

リスト2　学習データ(`ir.train`)を使って決定木を作成

```
> install.packages("partykit")
> library(rpart)
> library(partykit)
> ir.rpart <- rpart(Species ~ ., data = ir.train)
> plot(as.party(ir.rpart))
```

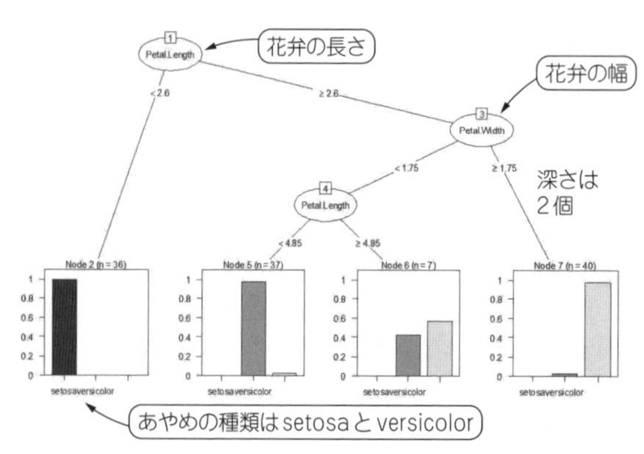

図7　IRISデータの決定木での分類結果(木の深さ2)

リスト3　決定木の分類精度を検証

```
> prediction = predict(ir.rpart, ir.test, type=
                                        "class" )
> table(prediction, ir.test$Species)
> result <- table(prediction, ir.test$Species)
> result

prediction    setosa versicolor virginica
  setosa          13          0         0
  versicolor       0          8         2
  virginica        0          0         7

> sum(diag(result)) / sum(result)
[1] 0.9
```

リスト4　決定木の深さを4にするコマンド

```
> ir.rpart <- rpart(Species ~ ., data = ir.train,
                          minsplit=0, maxdepth=4)
> plot(as.party(ir.rpart))
```

`train`)を使って決定木を作ってみます．そのためのコマンドを**リスト2**に示します．

1～3行目は決定木を使うためのライブラリの読み込みなので，最初に一度実行すればその後は実行する必要はありません．1行目を実行した場合は，ダウンロード・サイトを選択するダイアログが表示されることがあります．表示された場合は，その中からJAPAN (Tokyo) または(Yonezawa)を選択してください．

4行目の`rpart`関数で決定木を実行しています．`rpart`関数の1つ目の引数は分類対象とするデータの設定です．IRISデータは先に示したように，5種類のデータから成り立っています．今回は，この中のSpecies(種類)を対象として分類してみます．ここで，"～"マークを付けるのを忘れないようにしてください．そして，`rpart`関数の2つ目の引数は学習データの設定をしています．

5行目で**図7**を表示しています．初めに`Petal.Length`(花弁の長さ)が2.6以上かどうかで分類し，2.6以上の場合は右下で`Petal.Width`(花弁の幅)が1.75以上かどうかで分類する決定木ができたことが分かります．

● ステップ3…分類精度の検証

最後に，決定木がどの程度うまくできているか検証を行います．検証するためのコマンドを**リスト3**に示します．検証には，`prediction`コマンドを使います．1つ目の引数には決定木で分類したモデル(`ir.rpart`)を，2つ目の引数にはテスト・データを，3つ目の引数には分類問題であることを示すための文字列を設定します．この結果を見やすくするために，`table`コマンドを使用します．その結果を`result`とすることで表示すると表が示されます．

リスト3中の表から，setosaは13個，virginicaは7個全てが正しく分類されていることが分かります．一方，versicolorは10個のうち8個は正しく分類されていますが，2個はvirginicaに分類されていることが分かります．最後に精度を求めると，精度は90%（$(13+8+7)/(13+8+2+7)$）となっています．

● 木の深さは変えられる

図7では木構造の枝分かれの深さが2個でした．この深さは設定によって変えられます．**リスト4**は深さを4個にする場合のコマンドで，**図8**はそれを表示した結果です．**リスト4**の中の`minsplit`と`maxdepth`については次の通りです．

▶ **`minsplit`**

異なるデータが同じ分類になることを許容する数で，0とすると完全に分かれるまで分類を行うようになります．

▶ **`maxdepth`**

木の深さの最大値を設定しています．このように設定すれば，どんな問題でも必ず分けることができますが，過学習(オーバフィッティング)と呼ばれる状態になります．この設定の調整は，何度も試行して感覚的に身に着ける必要があります．

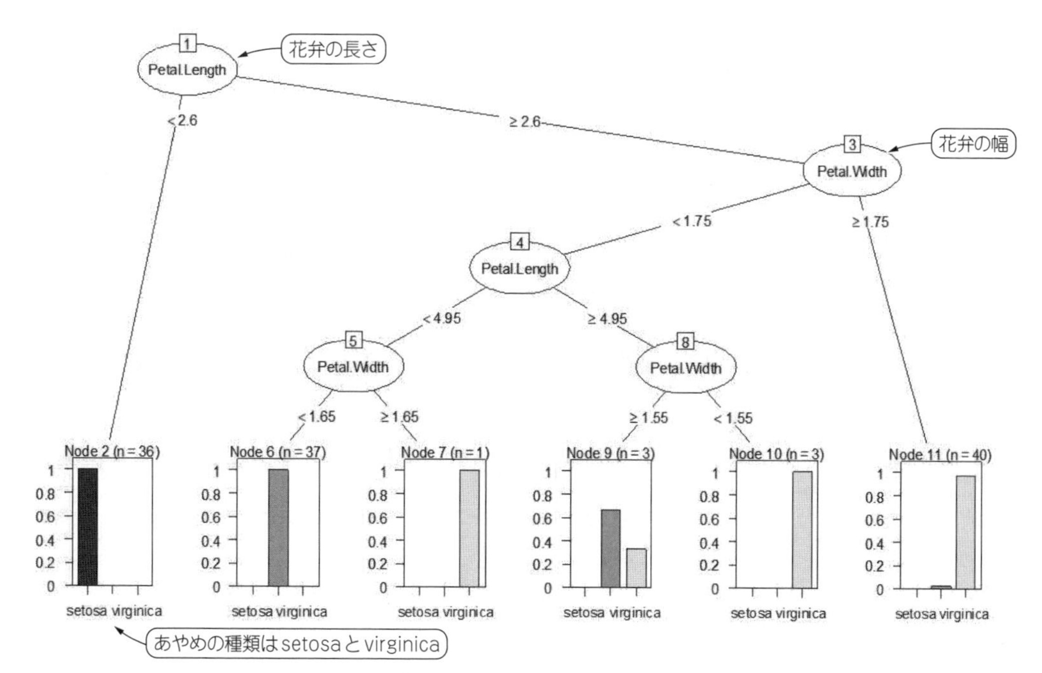

図8　IRISデータの決定木での分類結果（木の深さ4）

実験②…決定木で回帰する

● Bostonデータなるものを使う

前述しましたが，Bostonデータはボストンの家の価格のデータのことで**表1**に示す項目が並んでいるデータセットです．一見関係なさそうに思うデータも含まれていますが，いろいろな分類を行ってみると，意外に関連しているデータセットです．なお，このデータは**リスト5**に示すコマンドで表示できます．

● Bostonデータを決定木で解析

解析するコマンドは**リスト6**に示します．まずは，`data`関数でBostonデータを読み込んでいます．そして，`sample`関数で学習データ（`bst.train`）と検証データ（`bst.test`）に分類しています．それを，その地区の不動産の平均価格であるmedvに関して分類を行います．結果を**図9**に示します．

リスト5　Bostonデータを表示するコマンド

```
> data(Boston,package="MASS")
> Boston
```

● 分類精度の検証

学習データを使った分類の精度を，`prediction`コマンドで検証します．コマンドは，**リスト7**に示します．分類結果とmedvが対応しているかは，**リスト7**の最後の`plot`関数で調べています．結果を**図10**に示します．**図10**の横軸（`prediction`）が決定木による回帰の結果，縦軸（`bst.test[,14]`）が実際の価格です．正しく答えが求められている場合は，結果の数値と実際の価格が同じになるため，図中の線上に全てのデータが載ることとなります．

決定木の場合は，**図10**に示すように答えがあるカテゴリの中に入ってしまうので，とびとびの値になってしまいます．また，結果の数値が大きくなると実際の価格も大きくなっています．

リスト6　Bostonデータを決定木で解析し回帰問題を解くコマンド

```
> install.packages("partykit")
> library(partykit)
> library(rpart)
> data(Boston,package="MASS")
> bst.index <- sample(nrow(Boston), nrow(Boston) *
                                                0.2)
> bst.test = Boston[bst.index,]
> bst.train = Boston[-bst.index,]
> bst.rf = rpart(medv~.,data=bst.train)
> plot(as.party(bst.rf))
```

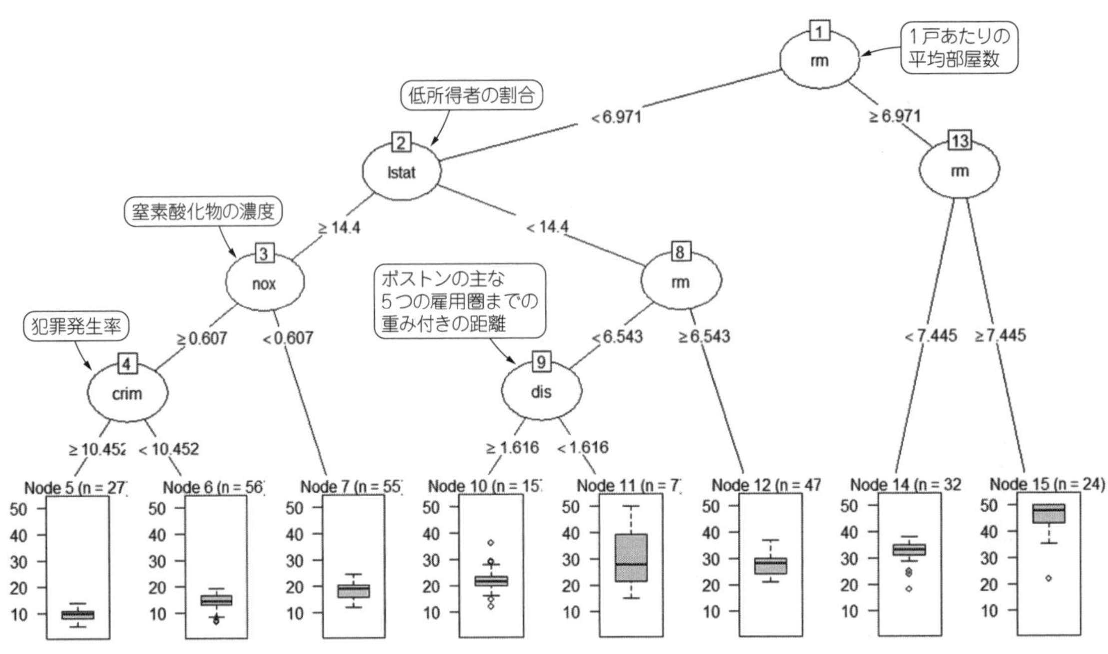

図9　Bostonデータの決定木による分類結果

リスト7　決定木で回帰問題を解いた場合の精度を検証

```
> prediction = predict(bst.rf, bst.train)
> plot(prediction,bst.train[,14])
```

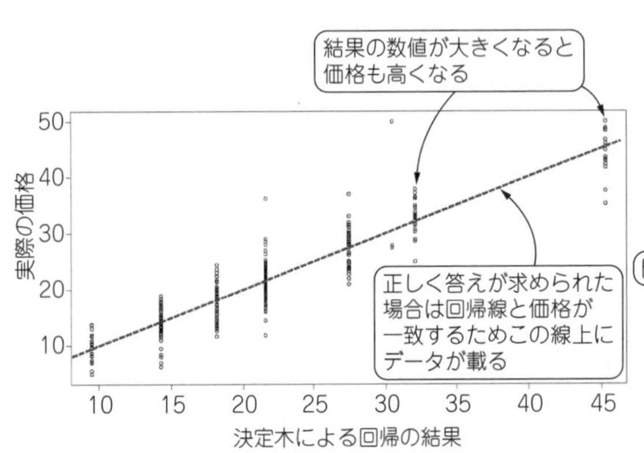

図10　分類精度の検証

リスト8　IRISデータをランダムフォレストで分類するためのコマンド

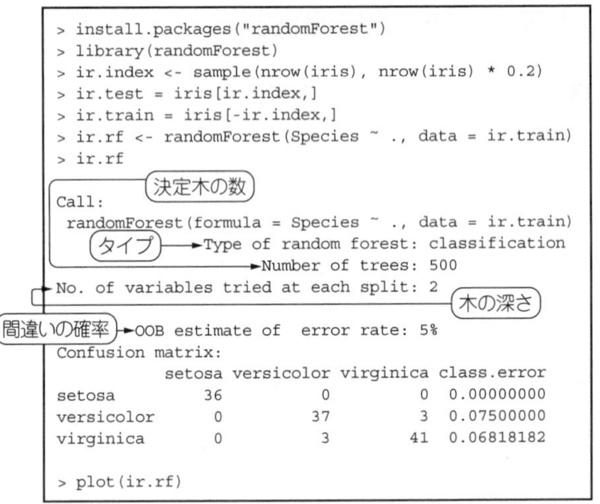

```
> install.packages("randomForest")
> library(randomForest)
> ir.index <- sample(nrow(iris), nrow(iris) * 0.2)
> ir.test = iris[ir.index,]
> ir.train = iris[-ir.index,]
> ir.rf <- randomForest(Species ~ ., data = ir.train)
> ir.rf

Call:
 randomForest(formula = Species ~ ., data = ir.train)
               Type of random forest: classification
                     Number of trees: 500
No. of variables tried at each split: 2

        OOB estimate of  error rate: 5%
Confusion matrix:
           setosa versicolor virginica class.error
setosa         36          0         0  0.00000000
versicolor      0         37         3  0.07500000
virginica       0          3        41  0.06818182

> plot(ir.rf)
```


実験③…ランダムフォレストに拡張

● その1：分類する

IRISデータをランダムフォレストで分類するためのコマンドを**リスト8**に示します．IRISデータを2つに分類するところまでは，決定木のときと同様です．ランダムフォレストでの解析は，`randomForest`関数で行います．引数は，決定木の`rpart`関数と同じで，1つ目の引数が分類する対象，2つ目の引数が学習データです．`ir.rf`として結果を確認すると，結果が表示されます．この結果の中にある用語を解説します．

- `Type of random forest：classification` となっているので，分類問題として解いたことを示しています．回帰問題として解いた場合は，

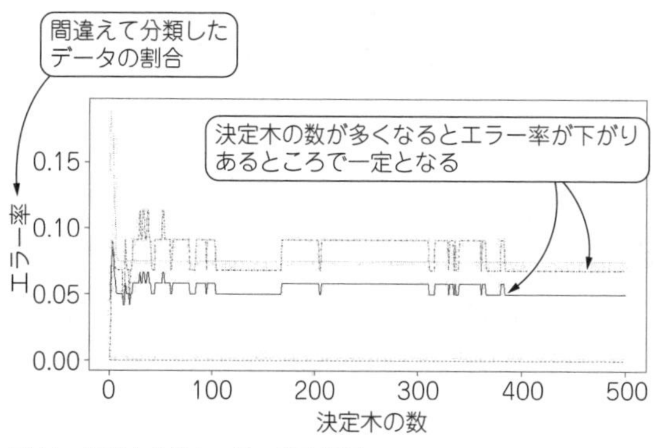

図11　決定木の数とエラー率の関係

リスト9　ランダムフォレストの精度を検証するコマンド

```
> prediction = predict(ir.rf, ir.test, type="class" )
> result <- table(prediction, ir.test$Species)
> result

prediction   setosa versicolor virginica
  setosa        13          0         0
  versicolor     0          8         1
  virginica      0          0         8


> sum(diag(result))/sum(result)
[1] 0.9333333
```

regressionと表示されます．

- Number of trees：使用した決定木の数です．今回は500個の決定木を使っています．なお，500がデフォルトです．
- No. of variables tried at each split：木の深さの設定を示しています．この値は自動的に決まります．今回は2となっています．
- OOB estimate of error rate：間違えて分類したものの確率です．ここでは，5%となっています．
- Confusion matrix：実際に学習データを分類した結果を示しています．先ほどの5%は，(3 + 3) / (36 + 37 + 3 + 3 + 41) を計算したものになります．

最後のplot関数で決定木の数とエラー率の関係（**図11**）を表示しています．横軸に決定木の数，縦軸に間違えて分類したデータの割合（エラー率）を示しています．決定木の数が多くなるとエラー率が下がっていき，あるところで一定になっていることが分かります．

● 分類の検証

IRISデータの検証データ（ir.rf）を使って，どの程度うまく分類できるかを検証します．コマンドは，**リスト9**に示します．この方法は決定木と同じ手順で

リスト10　木の数を変更するコマンド

```
> ir.rf <- randomForest(Species ~ ., data = ir.
                         train, ntree = 100 ,mtry=1)
> plot(ir.rf)
```

リスト11　重要なパラメータを数値で表示するコマンド

```
> importance(ir.rf)
                MeanDecreaseGini
Sepal.Length           14.084072
Sepal.Width             8.698439
Petal.Length           29.674070
Petal.Width            25.704252
```

す．**リスト9**から，結果の正答率は，90.7%（= 100 − 9.33 [%]）であることが分かります．

▶決定木の数は変更できる

リスト10に示すようにrandomForest関数にntree=100とすると決定木の数が100になります．ただし，決定木の数は10以上に設定してください．また，説明変数の数はmtryの値を設定することで，変えられます．これは自動的に決まり，変える必要はあまりありません．

● 重要なパラメータを確認する方法

ランダムフォレストは，木構造を**図7**のように可視化することができないため，分類するにあたって何が重要なのかを確認しにくい手法となっています．それを解決するために，重要なパラメータを表示する関数が用意されています．

決定木では，ジニ係数の減少が重要であることは初めの方で解説しました．このジニ係数の減少を数値で表すのが，**リスト11**に示すコマンドです．**リスト11**に示した右側の数字が平均減少ジニ係数を表しています．このコマンドの出力では，どのパラメータがどのくらいジニ係数の減少に寄与しているかを計算し，平均したものが示されています．

リスト11より，Petal.Lengthが最も重要で，その次にPetal.Widthが重要であるとなっています．決定木で作った**図7**でも，この2つが重要パラメータであることが分かります．今回は，4つのパラメータなので表示するだけでも分かりますが，もっとパラメータが多い場合には，確認しにくくなります．そこで，グラフで表すコマンドがあります．次のコマンドを実行すると重要なパラメータがグラフで表示されます（**図12**）．

```
> varImpPlot(ir.rf)
```

● その2：回帰する

最後にBostonデータをランダムフォレストで解析

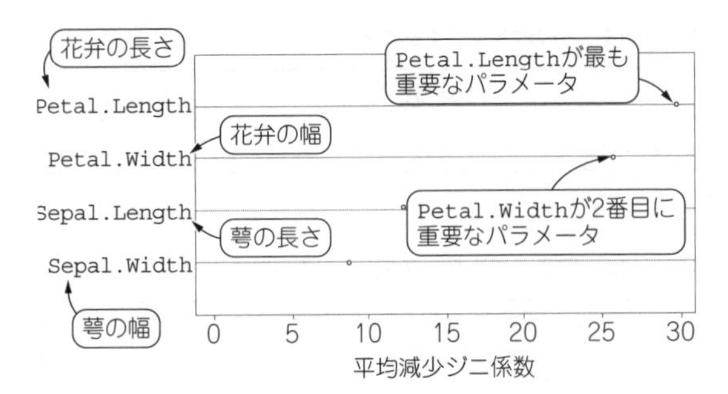

図12　重要パラメータのグラフ表示

リスト12　Bostonデータをランダムフォレストで解析するコマンド

```
> install.packages("partykit")
> library(partykit)
> library(rpart)
> data(Boston,package="MASS")
> bst.index <- sample(nrow(Boston), nrow(Boston) *
                                                0.2)
> bst.test = Boston[bst.index,]
> bst.train = Boston[-bst.index,]
> bst.rf <- randomForest(medv~ ., data = bst.train)
> bst.rf

Call:
 randomForest(formula = medv ~ ., data = bst.train)
              Type of random forest: regression
                    Number of trees: 500
No. of variables tried at each split: 4

          Mean of squared residuals: 8.997005
                    % Var explained: 89.4

> prediction = predict(bst.rf, bst.train)
> plot(prediction,bst.train[,14])
prediction = predict(bst.rf, bst.test)
plot(prediction,bst.test[,14])
```

してみます．これは，**リスト12**に示すコマンドで行います．Bostonデータを学習データ(`bst.train`)と検証データ(`bst.test`)に分ける部分は決定木と同じです．そして，`randomForest`関数でランダムフォレストでの解析を行います．合わせて**リスト12**には，その結果が示されています．先ほどと異なる表示は次の2点です．

- `Mean of squared residuals`：残差平方和を表しています．これは予測された値と，その答えの差の2乗の平方根の平均値です．これは，小さければ小さいほどよく分類できていることになります．今回は8.997005です．
- `% Var explained`：分散の説明因子の割合を表しています．これは難しいので，ここでは気にしないようにします．

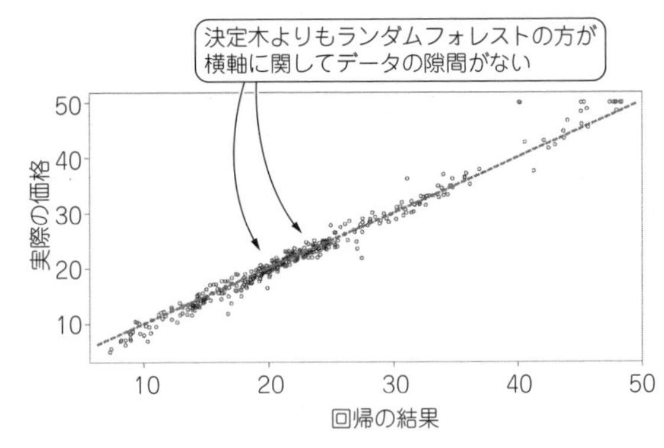

図13　学習データを用いて検証

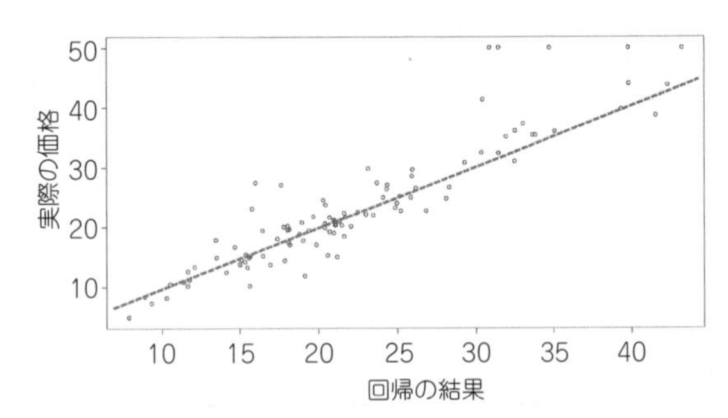

図14　検証データを用いた検証

学習データと検証データそれぞれについて，**図10**のようにグラフにして正しく計算できているかどうかを調べてみます．学習データを用いた場合は**図13**，検証データを用いた場合には**図14**となります．**図10**と同じく，横軸が求められた値，縦軸が実際の値を示しています．**図10**は横軸に関してとびとびの値でしたが，ランダムフォレストの場合にはその間の値も求められています．決定木よりもうまく値を求めることができています．

まきの・こうじ

第2章

アンケート調査のデータ分析「クロス集計」

牧野 浩二

アンケート結果の分析方法について解説します．

まずは「クロス集計」です．この方法のよいところは，人間が見やすい表を作れること，因果関係を考える手助けとなることです．

続いては「SD法」です．これは人の感情（感覚）をアンケートから読み取る手法です．

次の因子分析は，たくさんあるデータから何が要因かを見つける手法です．SD法と組み合わせると，例えば被験者が欲している商品のイメージが得られます．

最後に「ポートフォリオ分析」です．これは，顧客の満足度を散布図で表示します．

アンケート調査のデータ分析に使える「クロス集計」の特徴

テレビを観たり雑誌を読んだりすると，さまざまな場面でアンケート調査が行われています．実はしっかりとしたアンケート項目の作り方とその解析方法があります．そこで本章では，アンケート結果を集計する方法の1つである「クロス集計」を紹介します．筆者が作成した架空のアンケート結果をクロス集計し，集計結果からどのような傾向があるのかを見い出します．また，グーグル・フォームを利用してアンケートを作成する手順も併せて紹介します．

● 結果どうしから傾向をつかめる

まずクロス集計とはどのようなものかを簡単に解説しておきます．例えば，「食べ物の好みと年代の関係」や「起床時間と都道府県の関係」など，2つの関係性を調べるための集計手法です．2つの関係性を人間が見やすい形にまとめるため，さまざまなところで使われています．

クロス集計が利用されている例としては，内閣府の調査[注1]において「どの程度生きがいを感じているか」や「支えられるべき高齢者の年齢」などの分析が挙げられます．これらのデータはcsv形式でダウンロードできます．

注1：https://www8.cao.go.jp/kourei/ishiki/h25/sougou/zentai/csv.html

● 効果的に分析するための人工知能の役割

クロス集計は，先に述べましたがアンケート結果を人間にとって分かりやすくまとめるための方法であり，人工知能とは関係ないように感じるかもしれません．しかし，人工知能でもあらゆるデータに対して望み通りの結果が出てくるわけではありません．そこで，人工知能に行わせるときには，

- データを適切に処理すること
- データを分かりやすく出力させること

の2つを行っておくと，より効果的に分析できます．また，人工知能に頼らずとも人間の感性や経験というのは大きな武器になります．

アンケート手法の基礎知識

まずはアンケートとは具体的にどのようなものかを解説します．何気なく行っているアンケートですが，的確な答えを得るための技術や分析しやすくするための技術もあります．ここでは，分析しやすくするための質問の仕方を紹介します．質問の仕方は大きく4つに分けられます．

● その1：プリコード法

あらかじめ選択肢を複数用意しておき，選択肢の中から回答を選ぶ方法です．次に示す，Q1～Q4がプリコード法です．選択肢を選ぶ方法にも幾つかの種類があります．

▶選択肢から1つだけ選んでもらう「SA法」

次のQ1のようにどちらか一方を選ぶ方法や，Q2のように複数の選択肢の中から1つを選ぶ方法があります．

- Q1．どちらが好き？

イヌ　ネコ

- Q2．好きな飲み物は？（1つだけ）

コーヒー　紅茶　緑茶　麦茶　ジュース　スポーツ・ドリンク

▶複数の選択肢から幾つかを選んでもらう「MA法」

次のQ3のように幾つでも選んでよい方法や，Q4のように選択肢の数を制限する方法があります．

• Q3. 好きなすしネタは？（いくつでも）

マグロ　エビ　タマゴ　イカ　ハマチ　イワシ　ツブガイ　イワシ　タコ

• Q4. 好きな動物は（3つ）

イヌ　ネコ　パンダ　ゾウ　トラ　リス　ウサギ

● その2：自由回答法

自由回答法は，あらかじめ枠を作っておき自由に回答してもらう方法です．

▶文字回答

文字回答は，次のQ5のように回答枠があり，その中に回答を記入してもらう方法です．自由に書く自由記述欄とは違い，人の名前や動物の種類，都道府県の名前などカテゴリが決まっています．

• Q5. 行ってみたい都道府県は？

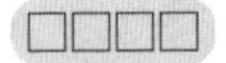

▶数値回答

数値回答は，次のQ6のように数字を書いてもらう方法です．例えば，次の例のようにして数字を書いてもらいたいときに使います．

• Q6. 1日何杯くらいお茶を飲みますか？

□□杯

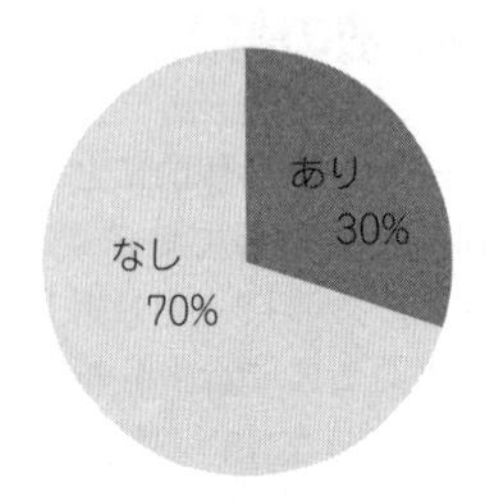

図1　Q1のアンケート結果を円グラフで表示

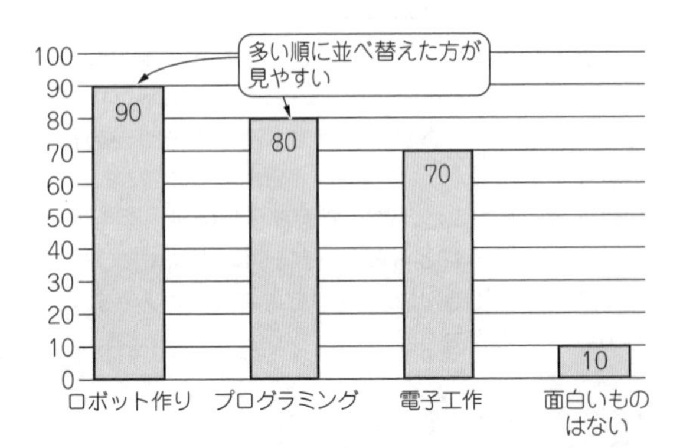

図2　Q4のアンケート結果を棒グラフで表示．大きい順に並べ替えた方が見やすい

● その3：段階的評価

どの程度よいかの基準を文字で示しておき，その中から選んでもらう方法です．次のQ7のように「非常に良い」から「非常に悪い」までの5段階に分けて聞く方法ですが，7段階や9段階にする方法もあります．

この派生として，次のQ8のように「非常に悪い」を消して非対称にする方法や，Q9のように「どちらでもない」のような中間的な選択肢を外す方法もあります．

• Q7. この店の雰囲気はいかがでしたか？

非常に良い　良い　どちらでもない　悪い　非常に悪い

• Q8. 定員の対応はいかがでしたか？

非常に良い　良い　普通　悪い

• Q9. この店にまた来たいですか？

また来たい　来たい　来たくない　来ない

● その4：SD法

次のQ10のように「明るいと暗い」や「派手なと地味な」のように対立する形容詞を用いて質問する方法です．これは，感情的なイメージを段階評価法を用いて質問する方法です．

• Q10. この洋服のイメージは？

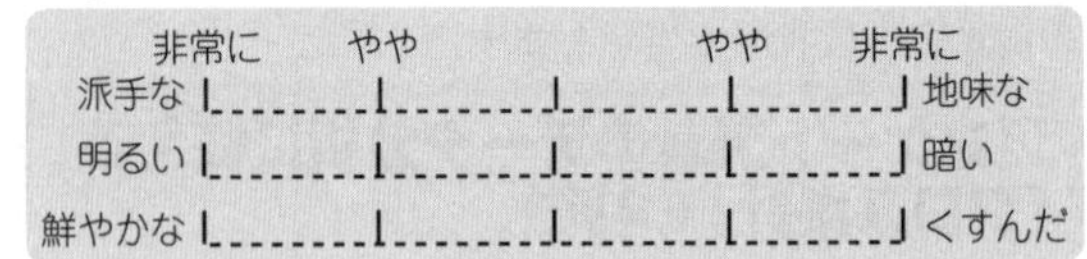

今回分析するアンケート

● アンケート内容

説明のため，できるだけ簡単な例を用いることを心がけています．まずは簡単な例として，次に示すアンケートを使います．

• Q1. 電子工作の経験は？

あり　なし

• Q2. プログラミングの経験は？

あり　なし

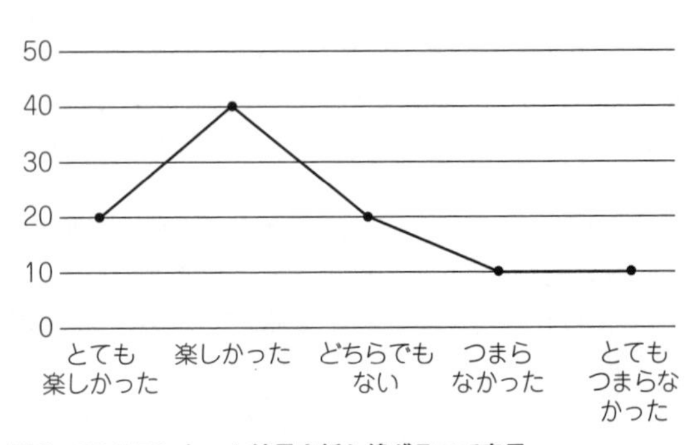

図3　Q6のアンケート結果を折れ線グラフで表示

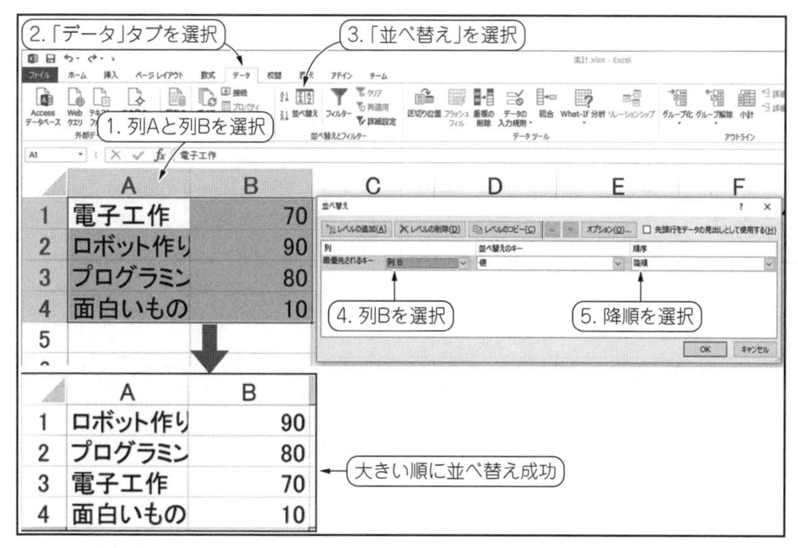

図4　棒グラフを大きい順に並べ替える

• Q3. プラモデルの組み立て経験は？

ありなし

• Q4. ロボット教室のどの実習が面白かった？（いくつでも）

電子工作　ロボット作り　プログラミング
面白いものはない

• Q5. ロボット教室の理解度は？

とてもよく分かった　分かった　どちらでもない
分かりにくかった　とても分かりにくかった

• Q6. ロボット教室は楽しかった？

とても楽しかった　楽しかった　どちらでもない
つまらなかった　とてもつまらなかった

● 結果をグラフで表示してみる

Excelを使ってアンケート結果を簡単なグラフで表示してみます．前述したQ1～Q6のアンケート結果を図1～図3にそれぞれ円グラフ，棒グラフ，折れ線グラフで表しました．

棒グラフの場合は，図2のように大きい順に並んでいると見やすくなります．このように並べるためには，図4のように列Aと列Bのデータを選択してから，「データ」タブの「並べ替え」を選択します．そして，優先するキーとして「列B」と順序として「降順」を選択してからOKを押すと大きい順に並びます．

ただし，図3はカテゴリに意味があるため，図2のように変更すると，意味のないデータになってしまいます．なんでも並べ替えすればよいというわけではない点に注意してください．

● 補足…項目を減らして選択肢を増やす方法もある

Q1～Q3にある経験の有無は次のようにまとめて聞くこともできます．

• Q1. 電子工作，プログラミング，プラモデル組み立ての経験は？

電子工作　プログラミング　プラモデル組み立て
全て経験はない

アンケート項目は減るので，アンケートの回答者からすると負担は減ります．また，Q4のどの実習が面

表1　電子工作とプログラミングの経験をクロス集計

アンケート項目		プログラミングの経験は？	
		あり	なし
電子工作の経験は？	あり	3	7
	なし	27	63

表2　プラモデルと電子工作の経験をクロス集計

アンケート項目		電子工作の経験は？	
		あり	なし
プラモデルの経験は？	あり	10	60
	なし	0	40

表3　プログラミングとプラモデルの経験をクロス集計

アンケート項目		プラモデルの経験は？	
		あり	なし
プログラミングの経験は？	あり	10	20
	なし	50	20

表4　経験有無(Q1～Q3)と面白かった実習(Q4)のクロス集計

アンケート項目	経験有無	電子工作	ロボット作り	プログラミング	面白いものはない
電子工作の経験	あり	90	90	80	0
	なし	60	80	90	10
プラモデルの経験	あり	60	100	80	10
	なし	90	80	70	20
プログラミングの経験	あり	70	80	100	0
	なし	80	90	70	10

表5　経験の有無(Q1～Q3)と理解度(Q5)をクロス集計

アンケート項目	経験有無	とてもよく分かった	分かった	どちらでもない	分かりにくかった	とても分かりにくかった
電子工作の経験	あり	10	20	20	40	10
	なし	10	25	40	20	5
プラモデルの経験	あり	5	10	30	35	20
	なし	10	10	30	35	15
プログラミングの経験	あり	15	20	25	30	10
	なし	10	20	30	35	5

表6　経験の有無とロボット教室は楽しかったか(Q6)をクロス集計

アンケート項目	経験有無	とても楽しかった	楽しかった	どちらでもない	つまらなかった	とてもつまらなかった
電子工作の経験	あり	35	25	20	10	10
	なし	10	35	45	5	5
プラモデルの経験	あり	20	40	20	15	5
	なし	10	25	35	20	10
プログラミングの経験	あり	30	25	25	10	10
	なし	5	45	35	10	5

白かったかは，次のように聞くこともできます．

- Q4．ロボット教室のどの実習が面白かったですか？

電子工作　ロボット作り　プログラミング　電子工作とロボット作り　ロボット作りとプログラミング　プログラミングと電子工作　全部面白かった　面白いものはない

この方法は2つ以上の経験がある人を抽出しやすくなりますが，答える人は選択肢がありすぎて大変です．

アンケート結果のクロス集計

● クロス集計①…経験の有無

まずは，Q1～Q3のアンケート結果をクロス集計し，どの2つが関係しているのかを調べてみます．3つの項目があるので，そのうちの2つのデータを使って**表1**～**表3**の3つの表を作ることができます．3つ程度の表であれば全体を見渡せます．

また，Excel上で強調したい部分に色をのせると見やすくなります．この結果から「電子工作の経験がある人は全員プラモデル経験がある」ことや「プラモデル経験がない人はプログラム経験の有無が同じくらい」という関係がありそうだと分かります．

● クロス集計②…経験の有無と他の結果

次に，もう少し複雑なデータをクロス集計してみます．

▶経験の有無と面白かった実習(Q4)をクロス集計

経験の有無(Q1～Q3)と面白かった実習(Q4)をクロス集計した結果を**表4**に示します．ここから，経験があると面白いと感じる傾向があることが読み取れます．

▶経験の有無と理解度(Q5)および教室が楽しかったか(Q6)をクロス集計

まず，経験の有無と理解度(Q5)の関係を表でまとめたものを**表5**に示します．この結果から，経験の有無と理解度はあまり関係がないと考えられます．

次に経験の有無とロボット教室が楽しかったか(Q6)どうかの関係性を**表6**に示します．この結果から，経験があるとよりロボット教室が楽しめていることが分かります．

表7　経験の有無と理解度(Q5)およびロボット教室は楽しかったか(Q6)の両方をクロス集計

アンケート項目	経験有無	ロボット教室の理解度は？	ロボット教室は楽しかったですか？
電子工作の経験	あり	30	60
	なし	35	45
プラモデルの経験	あり	15	60
	なし	20	35
プログラミングの経験	あり	35	55
	なし	30	50

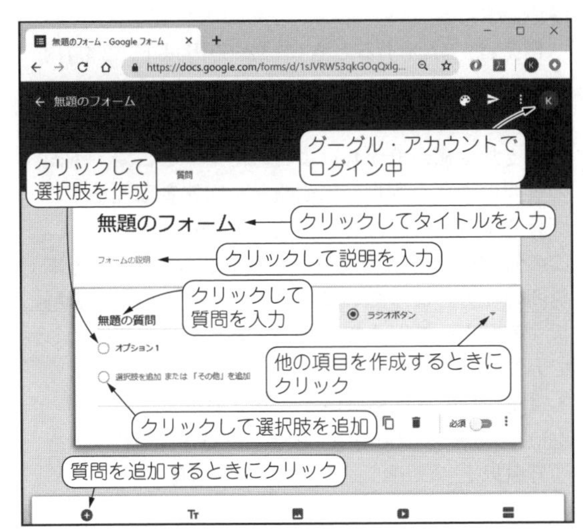

図5　タイトルや質問項目を設定する

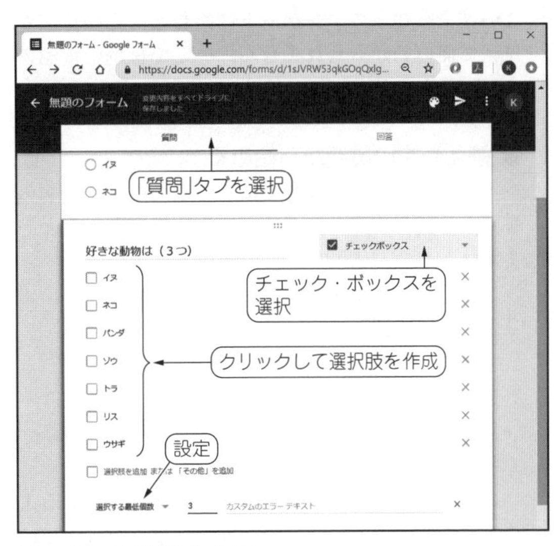

図6　2つ目の質問を作成する

図7　スプレッドシートを作成後に送信をクリックする

● 人によって分析結果が異なることもある

クロス集計では，アンケート項目が多いと表がさらに増えてしまいます．そこで，上位2つを足したものを使ってデータをまとめると**表7**になります．このように荒っぽいと思う方法でもまとめて分かりやすくすることができます．

この結果の見方は，これを分析する人の感性が入ってしまうことがあり，例えば「理解度に関係なく面白く感じる人が多い」や「経験がない方が理解度が高い」と分析することもできてしまいます．この解釈が正しいかどうかを調べる方法(例えばクラメール連関係数)もあるので，アンケート調査のプロフェッショナルになりたい，またはなる必要がある方は本章を足掛かりに，専門書を読み進めていただければと思います．

アンケート作り入門

アンケートをウェブで集める方法を紹介します．ただし，ここでは基本的な方法だけを紹介するので，これをもとにさらにしっかりとしたアンケート・サイトを作ることに挑戦してみてください．

● Googleフォームで作成

今回作成するアンケートは，Googleフォーム注2を使います．Googleフォームはウェブ上で簡単にアンケートを作成できます．ただし，これを使うにはグーグルにログインする必要があるので，あらかじめグーグル・アカウントを作成しておく必要があります．

グーグルにログイン後，表示されたページの「Googleフォームを使う」をクリックして始めます．右上の「テンプレートギャラリ」をクリックすると，さまざまなテンプレートが表示されます．その中には，「受講者アンケート」もあります．どのようなものが作れるかを知るために，幾つかクリックして開い

コラム　アンケートに答えてもらうためのテクニック

牧野 浩二

忙しい現代で，アンケートに答えてもらうのは大変です．ここ数年は個人情報に関する意識の高まりにより，さらに難しくなっているように感じます．しかし，多くの方々に協力してもらい回答を得ないとアンケートが成り立ちません．ここではアンケートに答えてもらうための技術を幾つか紹介します．この技術を知ってアンケートに臨むと，その意図が見えて面白いかもしれません．ここでは携帯電話のアンケートを例に解説します．

● 答えやすい質問から始める

年齢やお金のことは答えにくいため，答えやすい質問から始めます．例えば，次の順番で聞いたとします．

- 1番目の質問：キャリアはどこですか？
- 2番目の質問：スマートフォンを使用していますか？
- 3番目の質問：何年くらい使用していますか？
- 4番目の質問：月にどのくらいの使用料を払っていますか？

この順番にすると，最初に4番目の質問をするよりもお金に関する質問への抵抗が少なくなるのではないでしょうか．このように，ただ質問をするだけでも順番に配慮する必要があります．

● 答えにくい質問はカテゴリにする

先ほどの質問は，携帯ショップの店員さんが聞いた感じで書きましたが，アンケート用紙を渡された場合を考えると，「使用期間」や「支払っている金額」の数字を書く欄が用意されていて，実際の金額を書くように指示されると書きたくなくなります．実際，アンケートでは細かい金額を正確に書いてもらっても，その細かい部分はさほど必要ない場合が多いです．

例えば，分析するときには2000円以下，2000円から5000円，5000円から1万円，1万円以上のようにカテゴリに区切ってまとめます．つまり，だいたいの支払金額が分かればよいのです．そこで，下記の質問のような選択肢にすると，回答者は丸をするだけなので，「まあ答えてもよいか」と感じます．この質問の仕方は，幾つかある中から1つだけ選ぶ質問の仕方となっています．アンケートの結果を解析するときのことまで考えて，答えやすい質問にしています．

- 質問　月の支払額はいくら位ですか？

2000円以下　2000～5000円　5000～1万円
1万円以上

● 謝礼を先に渡す

くじで景品が当たり，その景品が渡されると同時にアンケートの話が始まったという経験がある方もおられると思います．このように先に謝礼をもらうと，なんとなくアンケートを断りにくくなります．

てみることをお勧めします．

図8　今回作成したスプレッドシート

● 手順

それでは実際にアンケートを作ってみます．空白を選択して最初から作ります．なお，ここでは前述したQ1～Q3のようなどちらか一方を選ぶものとQ4のような選択肢から複数を選ぶアンケートを作ります．

▶ステップ1…タイトルや質問項目を設定

まずは，空白をクリックすると**図5**が表示されるので，タイトルや質問項目を設定します．

▶ステップ2…2つ目の質問を作成

次に，**図6**に示すように2つ目の質問を作ります．質問を作成した後，「回答」タブをクリックすると**図7**が表示されます．

▶ステップ3…スプレッドシートを作成

図7のスプレッドシートの作成ボタンをクリック

注2：https://www.google.com/intl/ja_jp/forms/about/

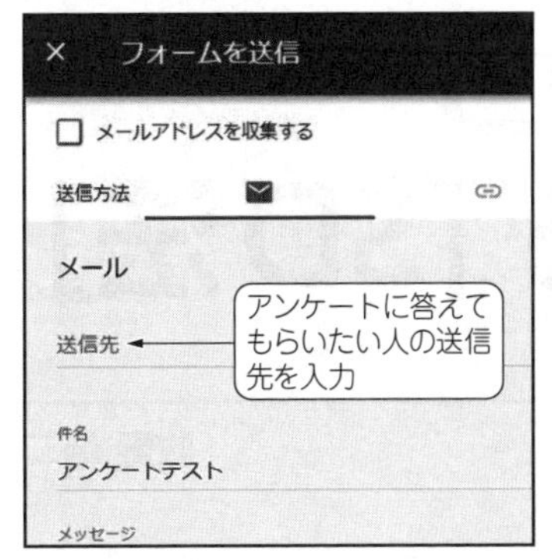

図9　回答してもらいたい人の送信先を入力する

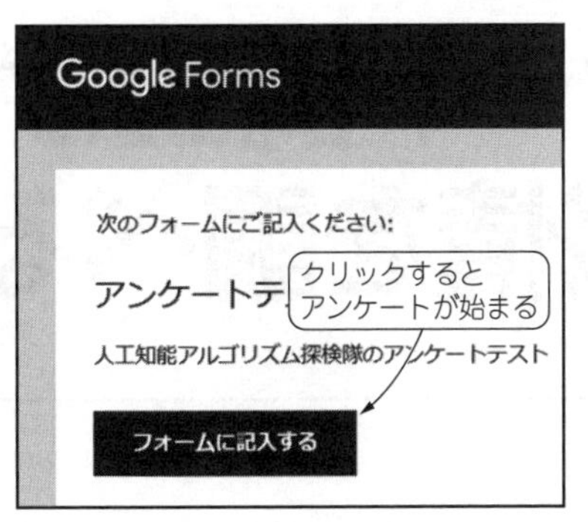

図10　アンケートを受信した場合の画面

アンケートテスト

人工知能アルゴリズム探検隊のアンケートテスト

どちらが好き

◉ イヌ
○ ネコ
} どちらか選択

好きな動物は（3つ）

☑ イヌ
☐ ネコ
☑ パンダ
☑ ゾウ
☐ トラ
☐ リス
☐ ウサギ
} 複数選択

アンケートに回答後送信

送信

図11　アンケートに回答して送信をクリックする

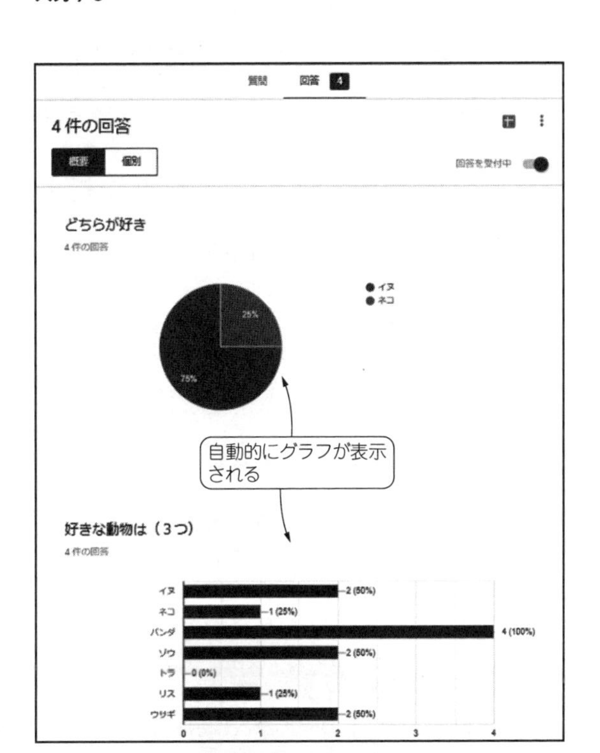

図12　アンケートの集計結果をグラフで確認

アンケートテスト（回答）

ファイル　編集　表示　挿入　表示形式　データ　ツール

100%　¥　%　.0　.00　123　Arial

	A	B	C
1	タイムスタンプ	どちらが好き	好きな動物は（3つ）
2	2019/06/28 22:26:15	イヌ	イヌ, パンダ, ゾウ
3	2019/06/28 22:27:27	イヌ	イヌ, パンダ, ウサギ
4	2019/06/28 22:27:35	ネコ	ネコ, パンダ, ゾウ
5	2019/06/28 22:27:43	イヌ	パンダ, リス, ウサギ
6			

図13　アンケートの集計結果をスプレッドシートで確認

し，その後出てくる「回答先の選択」を設定するダイアログでは，「新しいスプレッドシートを作成」を選択します．新しいスプレッドシートを作成すると**図8**が表示されます．

▶ステップ4…アンケートをメールで送信

その後，**図7**にある「送信」をクリックします．すると**図9**が表示されるので，アンケートを答えてもらいたい人へメールを送信します．

● 作成したアンケートを確認する

アンケートを受信すると**図10**の画面が表示されます．その中の「フォームに記入する」をクリックすると**図11**が表示されるので，回答者はアンケートに回答して「送信」をクリックします．その後，アンケート・フォームを見ると**図12**のように自動的にグラフで表示されます．また，スプレッドシートには**図13**のようにアンケート結果のデータが保存されます．

◆参考文献◆

(1) 菅 民郎；アンケート分析入門，オーム社．

まきの・こうじ

第3章

アンケート調査から人の感情を調べる「SD法」

牧野 浩二

一般に感情を扱うとなると，脳波を調べることを思いつくかもしれませんが，ここではアンケート調査から感情や感覚を調べる「SD法」と呼ばれる手法を紹介します．具体的には筆者が作成した架空のアンケート調査の結果をSD法で分析してみます．また，Excelを用いてSD法の分析で役立つグラフの作成方法についても併せて紹介します．

アンケート調査「SD法」のあらまし

● 位置づけ

SD法はたくさんの感情（感覚）を抽出する手法です．

● 50年以上前から存在した

アンケート調査から人の感情や感覚を調べることを行います．人の感情や感覚は個々で異なるため，調べることは困難と思われるかもしれません．しかし，SD法と呼ばれる手法を用いれば調べることが可能です．例えばブランド・イメージや商品の印象などを知ることができます．

SDとは，Semantic Differentialの頭文字をとったもので，日本語では「意味差判別法」や「意味微分法」と訳されます．これは，1952年にOsgood氏が提唱したと言われています．

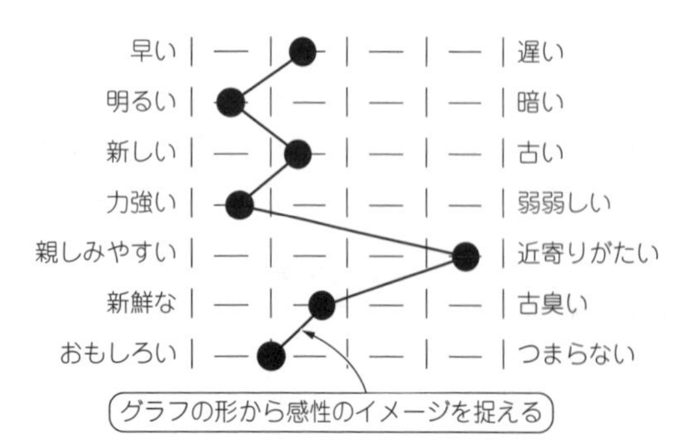

図1　アンケート調査から人の感情を調べるSD法の集計結果の表し方

● SD法が使われている場面

内閣府の調査では次の項目で使われていました．

- 幸福度に関するインターネット調査報告書(1)の「将来期待に関する意識の志向性」に関する調査

内閣府の調査ではあまり使われていないのですが，次のようなさまざまな研究の分析で使われています．

- 都市の建築外部空間を構成する緑地のもたらす生理・心理的効果(2)
- 身体動作インターフェースを利用した電動車椅子の操作(3)
- 色，香り，音楽に共通する印象次元の検討(4)
- 教育支援ロボットにおける身体動作と表情変化による共感表出法の印象効果(5)

アンケート調査をSD法で分析

● SD法で使うアンケート形式…形容詞対を用いる

アンケート形式はシンプルです．「早い―遅い」，「明るい―暗い」，「新しい―古い」などと対立する形容詞の対を用いて，商品や銘柄などの与える感情的なイメージを，5段階あるいは7段階で選ぶ方法です．

例えば，人工知能のイメージ調査を行う場合を想定したときのアンケートの一部を次に示します．

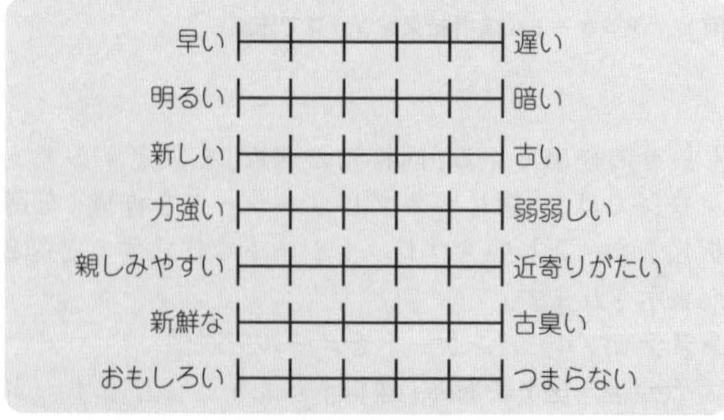

アンケート調査では，この縦棒に○（丸印）を付けてもらいます．SD法では，一見関係なさそうな言葉も含ませることで，思わぬ結果を得られることもあります．そして，集まったアンケートを集計して**図1**のようなグラフを作り，その形からアンケート回答者の感情や感覚のイメージを捉えることを行います．

表1　形容詞対の一例…SD法では多くの形容詞対が必要

形容詞対
鋭い—鈍い
粋な—やぼな
のびのびとした—俊敏な
純粋な—不純な
押しが強い—気配りのある

● 山梨県のイメージ調査から設問を作成してみる

先にも述べましたが，SD法は相反する形容詞対を並べることで，対象とするものがどの程度当てはまるのかを調べるものです．これには多くの形容詞対が必要となります．形容詞対の例を**表1**に示します．

本章では，山梨県のイメージ調査を例として解説します．なお，このアンケートは実際に行われたものでなく，あくまで筆者が適当に作成したデータです．

形容詞対は10個ほど選びました．たくさんあるほうが分析したときにいろいろな結果が考えられますが，あまり多いとアンケートを最後まで行ってもらえなくなることも考えられるので，調査の方法(例えば街頭で行うのか屋内で行うのかなど)に合わせて形容詞対の数を調整する必要があります．

また，アンケートに回答していただく方の属性(性別や年齢)を合わせて取っておくと，後の分析で使うことができます．

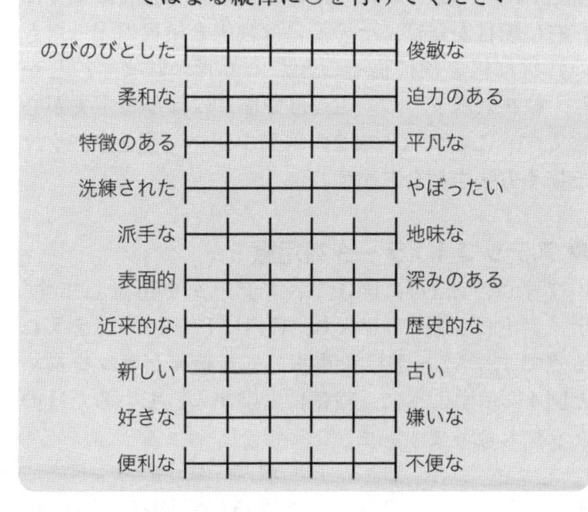

● 調査結果を分析してみる

分析は平均値をとることで行います．例えば，次のように点数を付けておきます．

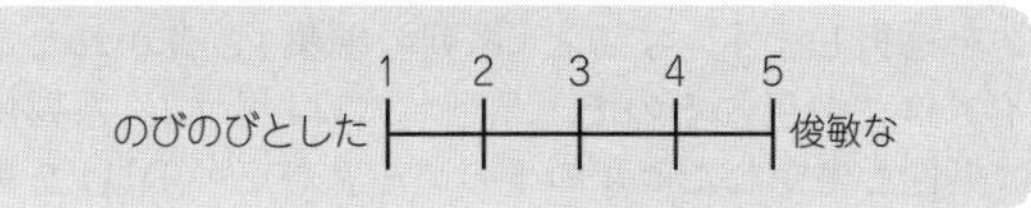

表2　筆者が作成したアンケート調査結果の平均値

	男性	女性
のびのびとした	1.2	1.8
柔和な	4.1	2.2
特徴のある	3	2.9
洗練された	1.8	1.3
派手な	3.9	3.5
表面的	4	4.3
近来的な	4.5	4.4
新しい	4.2	3.8
好きな	3.5	1.3
便利な	3.8	3.5

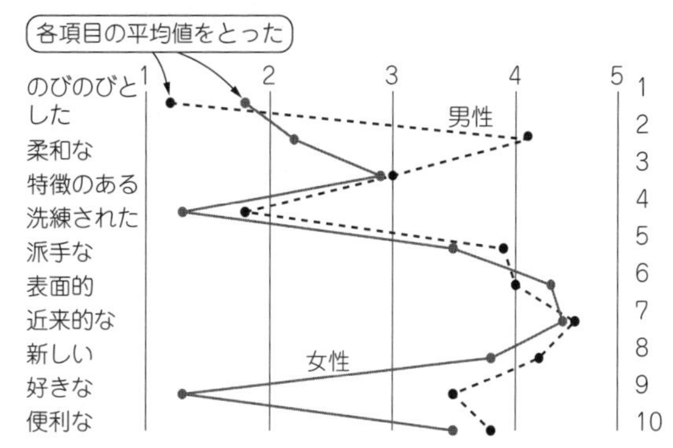

図2　筆者が作成したアンケート…調査結果から男性と女性で感性に違いがある

それぞれの項目の平均値をとった結果が**表2**のように得られたとします．それを**図1**のように図示したものが**図2**になります．

図2の結果から山梨県に対して「のびのびとして」いて「古く」，「歴史がある」というイメージがあることが分かります．意外なところは「洗練された」というイメージもあるところです．

男性と女性で山梨県のイメージの異なる箇所としては，男性は「迫力がある」と感じているのに対して，女性は「柔和な」イメージを持っている点です．また，どちらも「不便」ではあるが，それでも女性は「好き」と感じているようです．これらの分析には国語力が試されます．

繰り返しとなりますが，このデータは筆者が適当に作ったもので実際のデータとは何ら関係ありません．

● 形容詞対を使うことで注意することがある

形容詞対は使い方によって曖昧性があります．例えば，「明るい—暗い」を考えてみます．この場合，アンケートに回答する人が「部屋が明るい(暗い)」のように物理的な事象をイメージしているのか，「性格が明るい(暗い)」のように人の性格に関する事象をイ

B列には0を入れる

C列には1～10の値を入力

	A	B	C	D	E
1				男性	女性
2	のびのびとした	0	1	1.2	1.8
3	柔和な	0	2	4.1	2.2
4	特徴のある	0	3	3	2.9
5	洗練された	0	4	1.8	1.3
6	派手な	0	5	3.9	3.5
7	表面的	0	6	4	4.3
8	近来的な	0	7	4.5	4.4
9	新しい	0	8	4.2	3.8
10	好きな	0	9	3.5	1.3
11	便利な	0	10	3.8	3.5

図3　まずはデータを用意する

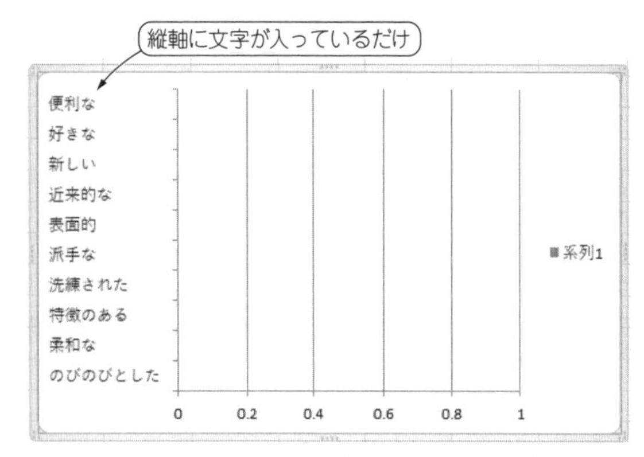

図4　この段階ではまだ棒グラフは描かれない（挿入→横棒→2-D横棒）

メージしているのか分かりません．

もう1つの例として，「暖かい―冷たい」を考えてみます．季節が夏の場合は，冷たいことは嬉しいと感じ，逆に冬の場合は冷たいことは嬉しいと感じません．つまり，SD法では評価対象となる事柄に対して，共通的で定量的な普遍の絶対尺度としての概念が存在しているという前提がないと成立しないという問題点があります．SD法を使う場合は，この点に注意して使う必要があります．

● 因子分析と組み合わせると分析力が上がる

上述のように注意すべき点はありますが，それでも感覚や感情を測ることができるのは魅力です．ただ，今回紹介した**図1**のようなグラフだけでは分析が難しいという問題もあります．そこで，次回紹介する因子分析を使うと，より詳細に感性を分析できます．是非，因子分析と一緒に使ってみてください．

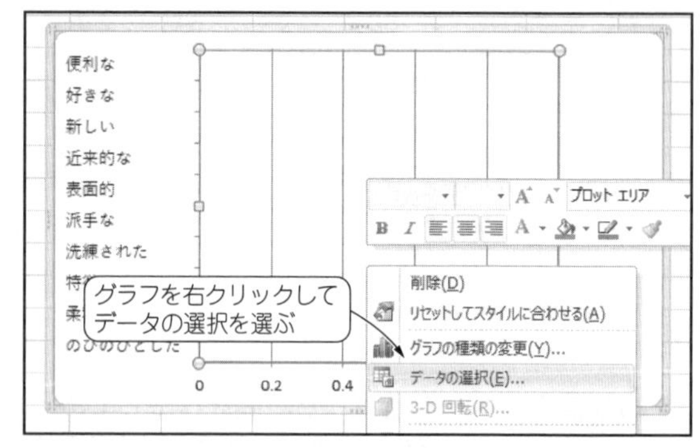

図5　アンケート調査の結果を追加するためデータの選択を選ぶ

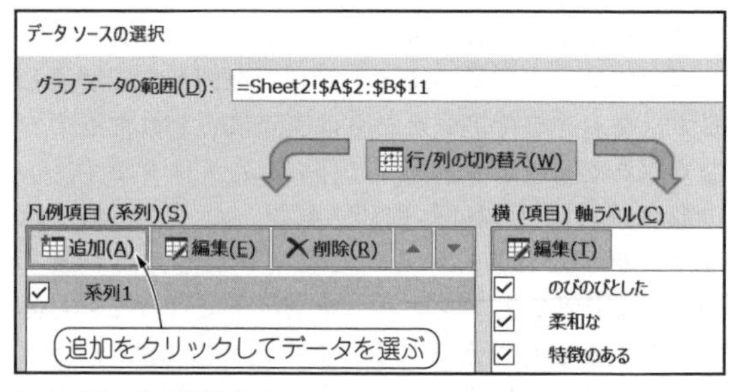

図6　データを選択する

分析に必要なグラフを作る

図1は筆者が手書きで作ったイメージ図で，**図2**はExcelで作った図です．SD法の分析には**図1**のように左右に項目が並び，その間には縦線と横線の入ったものに折れ線を縦に描くことがよく行われます．しかし，縦折れ線グラフをExcelで描くにはひと工夫が必要です．ここでは，**表2**の結果を用いて**図2**のグラフを描く方法を紹介します．

● ステップ1：データを用意

まずは，Excelに**図3**に示すデータを用意します．ポイントはB列に0を入れ，C列に1～10の値を入れる点です．A2～B11を選択して，横棒グラフを描くと**図4**に示すように，横軸に文字が入っているだけのグラフとなります．

● ステップ2：アンケート調査の結果を追加する

このグラフにアンケート調査の結果を追加します．グラフを右クリックして「データの選択」を選びます（**図5**）．すると**図6**が現れるので，追加を押してデータを選択します．すると「系列の編集」と書かれたダイアログが現れるので，系列名には「男性」，系列値は男性と書かれたセルの下のデータ（D2～D11）を選

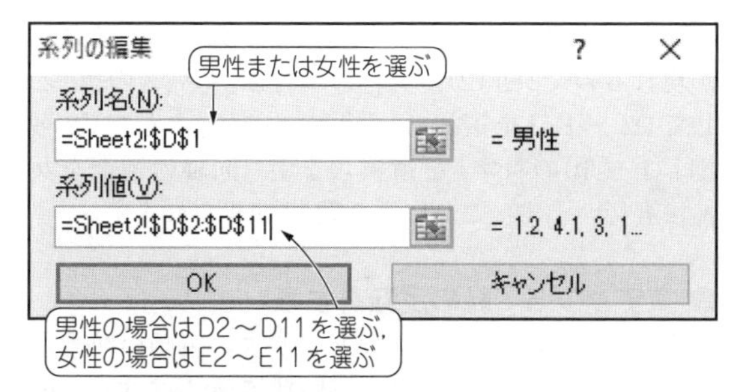

図7　系列名と系列値を選ぶ

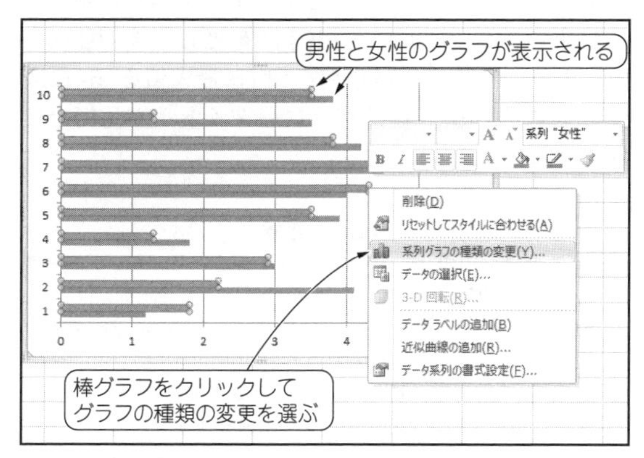

図8　棒グラフを右クリックしてグラフの種類の変更を選ぶ

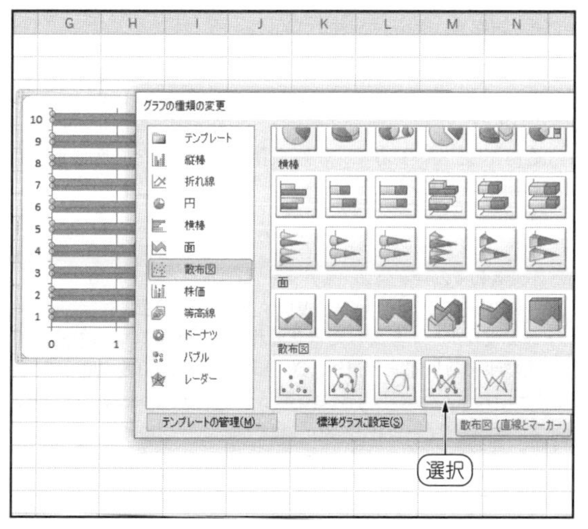

図9　男性と女性のグラフを集合横棒から散布図に変更する

びます(**図7**)．女性も同じように選びます．選択が終わると**図8**のようなグラフになります．

● ステップ3：グラフの種類を選ぶ

棒グラフを右クリック(グラフの白い部分ではなく棒グラフであることに注意)して，「グラフの種類の変更」を選びます(**図8**)．「グラフの種類の変更」と書

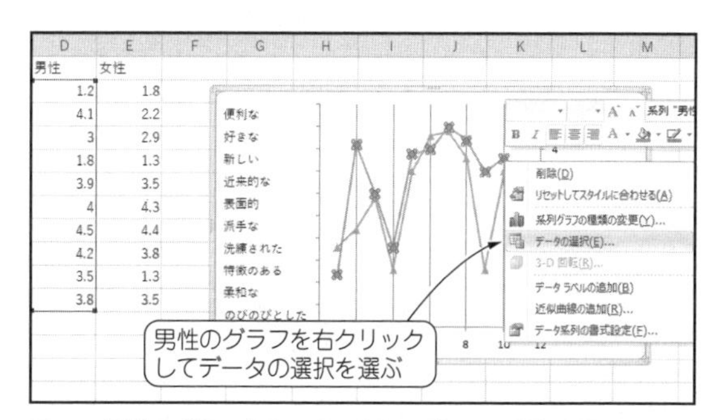

図10　男性のグラフを右クリックしてデータの選択を選ぶ

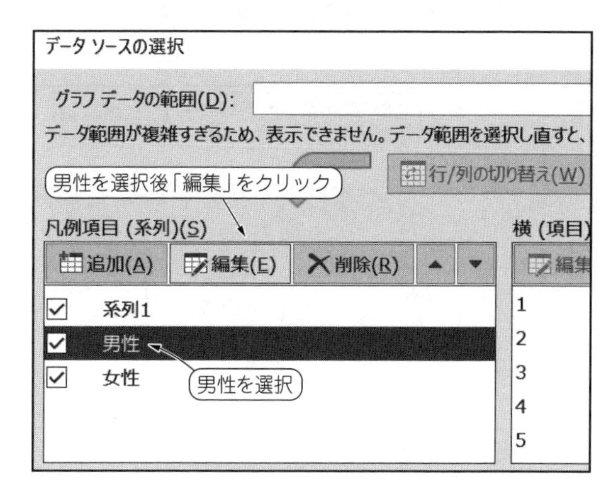

図11　図6と違い凡例項目に男性と女性が選べるようになっている

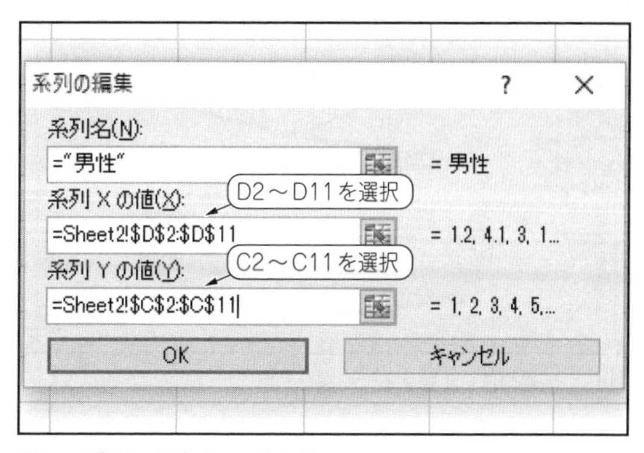

図12　系列Xと系列Yの値を選ぶ

かれたダイアログが現れるので，左側の一番下にある「組み合わせ」を選択すると**図9**のようなダイアログが現れます．男性と女性のグラフの種類を「集合横棒」から「散布図(直線とマーカ)」に変更します．

● ステップ4：男性と女性のデータを選択する

まずは，男性のグラフを右クリックして「データの選択」を選びます(**図10**)．**図6**に似たダイアログ(違いは男性と女性が含まれている点)が現れるので，まずは「男性」を選択して，「編集」をクリックします

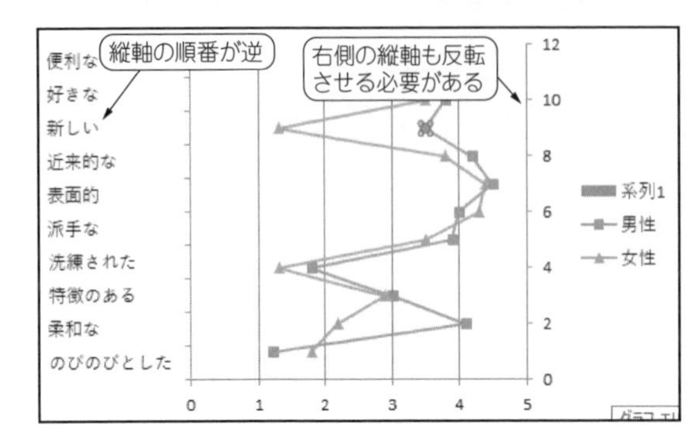

図13　グラフの縦軸とA列の順番が逆になっている

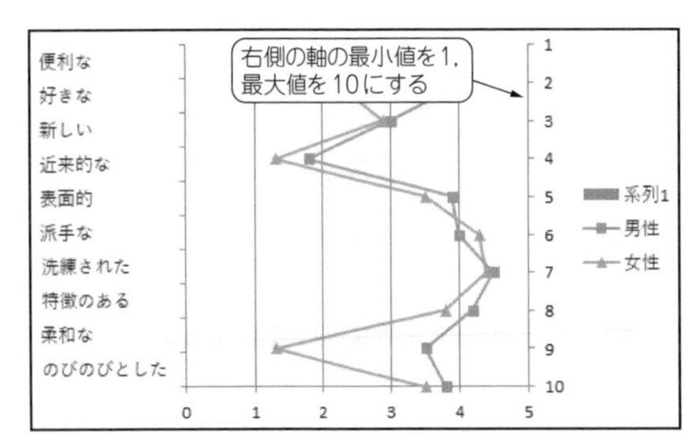

図14　右側の縦軸の値を変更する

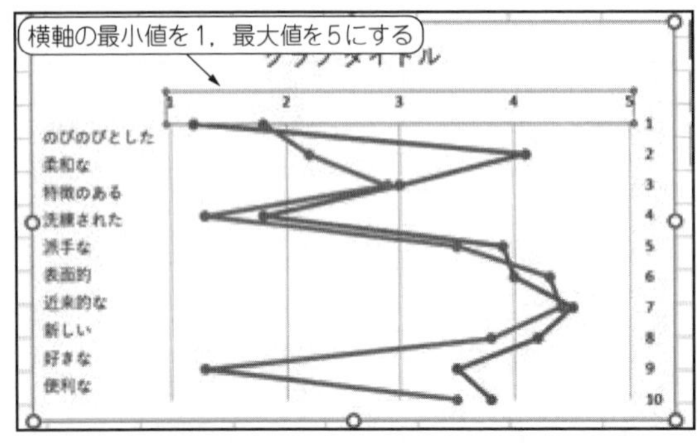

図15　横軸の値を変更する

（**図11**）．すると「系列の編集」と書かれたダイアログが現れるので（**図12**），男性の場合は「系列Xの値」としてD2～D11を選択し，「系列Yの値」としてC2～C11（1～10の数字）を選択します．同様の選択を女性にも行います．これにより**図13**が得られます．

● ステップ5：軸の反転をする

図13のグラフでは，A列とグラフの縦軸の順番が逆になっています．そこで，軸の反転をします．このとき，左の縦軸だけでなく右の縦軸も反転させることを忘れないようにしてください．そして，右の軸の最小値を「1」に，最大値を「10」に変更します（**図14**）．同じように，横軸の最小値を「1」に最大値を「5」に変更します（**図15**）．後はグラフのタイトルや凡例を付ければ**図2**が得られます．

◆参考文献◆

(1) 袖川 芳之，田邊 健；幸福度に関するインターネット調査報告書，内閣府，2007年.
http://www.esri.go.jp/jp/archive/e_dis/e_dis182/e_dis182_03.pdf

(2) 那須 守，岩崎 寛，林 豊；都市の建築外部空間を構成する緑地のもたらす生理・心理的効果，清水建設研究報告.
https://www.shimztechnonews.com/tw/sit/report/vol88/pdf/88_003.pdf

(3) 横田 祥，橋本 洋志，大山 恭弘，余 錦華；身体動作インタフェースを利用した電動車椅子の操作，電気学会論文誌C，129巻10号，pp.1874-1880，2009年.
https://www.jstage.jst.go.jp/article/ieejeiss/129/10/129_10_1874/_article/-char/ja

(4) 若田 忠之，森谷 春花，齋藤 美穂；色，香り，音楽に共通する印象次元の検討2，日本色彩学会誌，42巻3+ 号，p.96-，2018年.
https://www.jstage.jst.go.jp/article/jcsaj/42/3+/42_96/_article/-char/ja

(5) 谷嵜 悠平，ジメネス フェリックス，吉川 大弘，古橋 武；教育支援ロボットにおける身体動作と表情変化による共感表出法の印象効果知能と情報，30巻5号，pp.700-708，2018年.
https://www.jstage.jst.go.jp/article/jsoft/30/5/30_700/_article/-char/ja

まきの・こうじ

第4章 アンケート調査から共通要因の大小を求める「因子分析」の原理

牧野 浩二

因子分析の原理を解説するため，因子分析のイメージや数式や数値の持つ意味を具体的に述べていきます．細かい計算はExcelを使っているので，PCを用意すれば，読みながら試せます．

次章では，フリーの統計解析ソフトウェアRを用いた因子分析を体験します．因子分析は奥の深い手法です．本章で慣れておけば専門書も読みやすくなります．

データの傾向が探れる因子分析

因子分析は，大量に回答項目のあるデータを，第3者にシンプルに説明できるようにする手法です(**図1**)．少し難しく言うと，因子分析はデータを簡単に説明できるような要因(これを因子と呼ぶ)を見つけ出し，その因果関係を分析する方法です．抽象的で分かりにくいと思いますので，例を挙げます．

● 因子分析を知っておくとメリットがある

アンケート調査の分析を知っておくと，例えば次のような利点があります．

▶アンケート結果に対するより詳細な分析ができる

アンケート調査はさまざまなところで行われているため，アンケートをよりよく分析できるようになります．

▶AIが扱いやすいデータに加工できる

人工知能は万能ではありません．何らかの人工知能アルゴリズムに対して，人工知能が扱いやすい入力に変換することができます．

▶アルゴリズムの選択肢が広がる

これまで築き上げられてきた分析アルゴリズムを知ることで，効果がありそうなアルゴリズム同士を組み合わせることができるようになります．

▶実装時に役立つ

因子分析のように広く使われているアルゴリズムは，さまざまなソフトウェアに実装されています．それを使いこなすには，原理を知っておく必要があります．

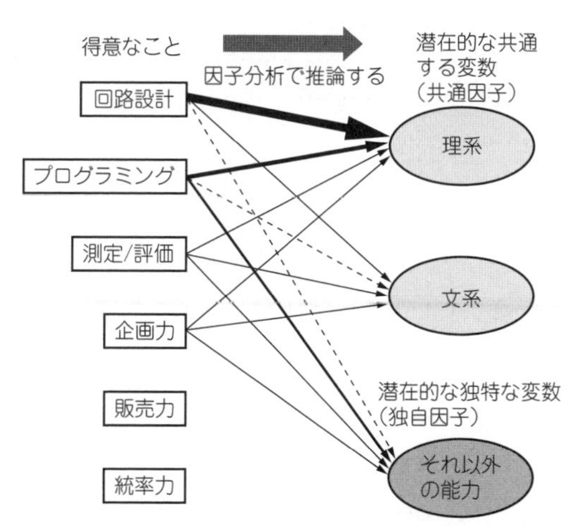

図1　観測できる事象の背後にある要因を推論する「因子分析」

● 因子分析が活躍している場面

因子分析は，アンケート調査の分析でよく用いられます．例えば，内閣府の調査でもよく利用されています．ウェブで「内閣府　因子分析」のキーワードで検索すると多くの検索結果がヒットします．また，因子分析はアンケート調査だけでなく，心理学や心理学をもとにしたロボットなどの分野でも使われています．**表1**に幾つかの例を示します．

表1　実績がある用途

分　野	分析内容
アンケート調査	小中学生の問題行動/逸脱規範の特徴とその関連要因
	青少年の逸脱行動と欲求不満耐性，価値観との関連について
	日本における能力開発の現状(職業意識に関する分析)
心理学	学校生活における児童の心理的ストレスの分析(1)
	ヒューマン・サービス従事者における組織ストレス(2)
	絵画鑑賞における芸術性評価要素に関する心理学的分析(3)
ロボット	人間－ロボット間相互作用にかかわる心理学的評価(4)
	周波数成分を考慮したEMG信号による電動車駆動(5)
	人と調和するペット・ロボットのための対人心理作用技術(6)(7)

表2　7教科の成績表から隠れた得意分野の大小を因子分析で調べる
筆者が制作したサンプル

名前＼教科	英語	社会	国語	数学	理科	体育	音楽
A	9	7	10	2	4	3	10
B	4	5	8	4	2	7	2
C	8	5	5	7	8	10	5
D	4	2	3	3	3	2	6
E	9	10	9	9	10	3	9
F	8	5	3	10	9	6	5
G	6	4	4	9	7	7	8
H	7	7	9	5	4	6	9
I	9	7	9	8	6	9	6
J	7	6	4	8	7	7	5

● 教科の成績から文系/理系の傾向を知るのも因子分析

因子分析の例としてさまざまな本で取り上げられている，理系と文系の例を用いて解説します．解説のために，10人の学生の国語，数学，理科，社会，英語，体育，音楽の成績表を筆者が作成しました(**表2**)．この表では人数は少ないですが，実際に因子分析する場合，データは多い方がよいです．

成績の左から5教科に着目すると，「Aさんは典型的な文系だね」とか，「Fさんは理系が強そうだね」とか思うのではないでしょうか．これは，無意識のうちに5教科の成績(5次元のデータ)を「理系」と「文系」という2次元のデータに経験的に分けて考えています．

このように因子分析は，数多くのデータ(高次元のデータ)から人間が直感的に理解しやすいデータ(低次元のデータ)に分けることを，数学的に行います．直感ではなく，しっかりとした根拠のある解析となります．

因子分析のイメージ

● 直感的なイメージ

因子分析は，次元数の高いデータを低次元のデータに分解して評価します．先ほど示した成績表から，理系/文系を分けるというのも5次元データから2次元のデータにしています．因子分析の直感的なイメージは**図2**に示すようなものです．これは，それぞれのデータは3つのデータの共通の特徴と，それ以外で構成されていることを表しています．

例えば，この3つが英語と国語と社会とします．これらに共通するものは文系の能力であり，これが灰色の部分で表されているとします．しかし，それぞれの科目は文系力だけあればよいものではないことは明らかです．

例えば，社会にはその科目特有の知識や能力が必要となります．国語や英語もそうです．その科目固有の知識や能力は白い部分で表されています．

次に国語と数学と体育を**図2(a)**と同じように表してみると，**図2(b)**に示すように共通の特徴が小さくなり，それぞれ独自の能力の部分が大きくなりそうです．因子分析を行うと，この共通する大きさがどのくらいなのかが分かります．

言葉やイメージではなんとなく分かったような気がするかもしれませんが，これを数学的に解くということになると今1つピンとこないかもしれません．数学的に解くとはどのようなものかを簡単なデータで体験しながら学んでいきましょう．

● 数式で表す

直感的なイメージの後は，因子分析を数式を用いて表現していきます．因子分析で用いる数式を次に示します．

$$x_1 = a_1 F + e_1 \quad \cdots\cdots (1)$$
$$x_2 = a_2 F + e_2 \quad \cdots\cdots (2)$$
$$x_3 = a_3 F + e_3 \quad \cdots\cdots (3)$$

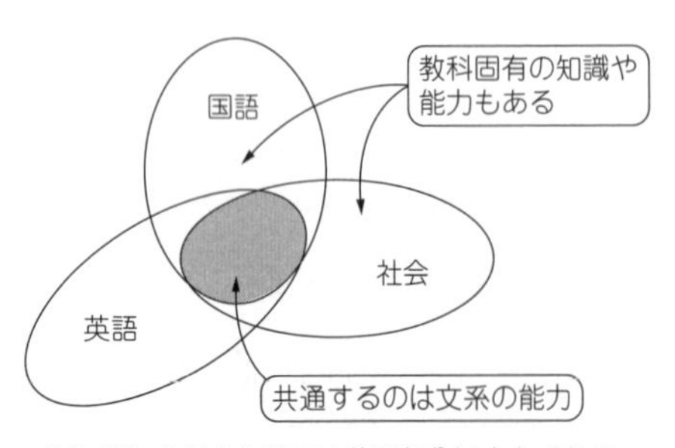

(a) 似たような教科では共通部分は大きくなる

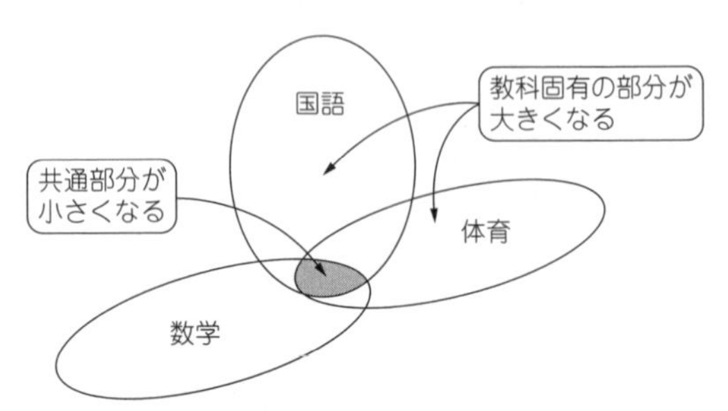

(b) 似ていない科目の場合は共通部分は小さくなる

図2　因子分析の直感的なイメージ

ここで，x_1，x_2，x_3に対して先に述べた教科を当てはめることにします．つまり，英語をx_1，社会をx_2，国語をx_3とします．因子分析は，Fで表す共通因子というものを用いています．また，a_1，a_2，a_3は因子負荷量，e_1，e_2，e_3は独自因子と呼ばれます．

この式が表す意味は，x_1（英語）は全体の中でa_1の量の重要性を持つ共通部分があり，e_1の量の独自部分があるとなります．因子分析を行うと対象とするデータから，それぞれの因子負荷量と独自因子を計算で求めることができます．

上で示した数式を言葉に置き換えてみます．例えば，共通因子を文系の能力とした場合，次のように表すことができます．

英語の能力（x_1）＝英語の文系能力の重要性（a_1）×
　文系の能力＋英語だけに求められる能力（e_1）
社会の能力（x_2）＝社会の文系能力の重要性（a_2）×
　文系の能力＋社会だけに求められる能力（e_2）
国語の能力（x_3）＝国語の文系能力の重要性（a_3）×
　文系の能力＋国語だけに求められる能力（e_3）

ただし，文系の能力というのは因子負荷量と独自因子が求まってから，分析者がいろいろと検討して決める言葉となります．

因子分析を簡単な計算でイメージ

まだ抽象的で数字が出てこないのでイメージしにくいと思います．ここでは，因子分析を手計算で体験してもらうために，先ほどの成績データを1次元のデータに因子分析することを行います．具体的には，共通因子を1つとして，実際に因子負荷量と独自因子の分散を求めることにします．分析の対象は，問題を簡単にするために**表2**の最初の3つ（英語，社会，国語）の教科とします．

● 因子負荷量を求める

因子負荷量を求めるために，x_1とx_2の共分散を求めます．なぜ共分散を使うかについては，ここでは触れません．計算すると因子負荷量が求まるところが面白いところです．ただし，ここでは手計算でできるように問題を簡単にしていますが，後ほど解説する「R」という統計解析ソフトウェアで行う計算は，手計算で行ったものよりも厳密に解いています．まずは，計算を始める前に分散と共分散の変換公式を次に示します．

$$V[ax+b] = a^2 V[x] \cdots\cdots (4)$$
$$V[x+y] = V[x] + 2\mathrm{Cov}[x, y] + V[y] \cdots\cdots (5)$$
$$\mathrm{Cov}[x, x] = V[x] \cdots\cdots (6)$$
$$\mathrm{Cov}[ax, by] = ab\,\mathrm{Cov}[x, y] \cdots\cdots (7)$$
$$\mathrm{Cov}[x+y, z] = \mathrm{Cov}[x, y] + \mathrm{Cov}[y, x] \cdots\cdots (8)$$

ここで，V[x]はxの分散（Variance），Cov[x, y]はxとyの共分散（Covariance）を表しています．この後に，これらの公式を使って式の展開をしていきます．ここでは，公式は使うことに重きを置くので，等式の証明は割愛します．

これらの公式から，上で述べた英語の能力x_1，社会の能力x_2の共分散Cov[x_1, x_2]を求めると次のようになります．

$$\begin{aligned}\mathrm{Cov}[x_1, x_2] &= \mathrm{Cov}[a_1 F + e_1, a_2 F + e_2] \\ &= a_1 a_2 V[F] + a_1 \mathrm{Cov}[F, e_2] \\ &\quad + a_2 \mathrm{Cov}[e_1, F] + \mathrm{Cov}[e_1, e_2] \cdots\cdots (9)\end{aligned}$$

一見，複雑に見えますが，

- 共通因子と独自因子，独自因子同士には相関がない
- 共通因子の分散は1

を仮定することで，共分散の項が全て0となり，V[F]が1となるため，次の式のように簡単になります．

$$\mathrm{Cov}[x_1, x_2] = a_1 a_2 \cdots\cdots (10)$$

同様に，x_2とx_3，x_3とx_1の共分散についても計算すると次の通りとなります．

$$\mathrm{Cov}[x_2, x_3] = a_1 a_2 \cdots\cdots (11)$$
$$\mathrm{Cov}[x_3, x_1] = a_3 a_1 \cdots\cdots (12)$$

ここで共分散の計算ですが，共分散はExcelを使えば簡単に求まります．共分散を求める関数はCORRELです．なお，この後解説する計算は**図3**中に示してあります．この関数を使って共分散を求めると，次のようになります．

$$\mathrm{Cov}[x_1, x_2] = a_1 a_2 = 0.735231812 \cdots\cdots (13)$$
$$\mathrm{Cov}[x_2, x_3] = a_1 a_2 = 0.743437074 \cdots\cdots (14)$$
$$\mathrm{Cov}[x_3, x_1] = a_3 a_1 = 0.422085068 \cdots\cdots (15)$$

これらを全て掛け合わせると次のようになります．

$$a_1^2 a_2^2 a_3^2 = 0.053227612 \cdots\cdots (16)$$

さらに，ルートをとると次の式を得ます．

$$a_1 a_2 a_3 = 0.230711102 \cdots\cdots (17)$$

最後に，式(17)を式(13)～式(15)で除算すれば，それぞれの因子負荷量が求まります．

$$a_1 = 0.707089723 \cdots\cdots (18)$$
$$a_2 = 0.813151599 \cdots\cdots (19)$$
$$a_3 = 0.801970505 \cdots\cdots (20)$$

計算で使用したExcelシートはウェブ・ページからダウンロードできるので，いろいろな数値を入れて試すことができます．

試してみると分かりますが，因子負荷量が1を超えたり，式(16)の答えがマイナスになったりします．これは，適当に作ったデータでは「共通因子と独自因子，独自因子同士には相関がない」という仮定が成り立たないからです．

● 独自因子の分散を求める

次に，独自因子の分散を求めます．まずは，x_1の独

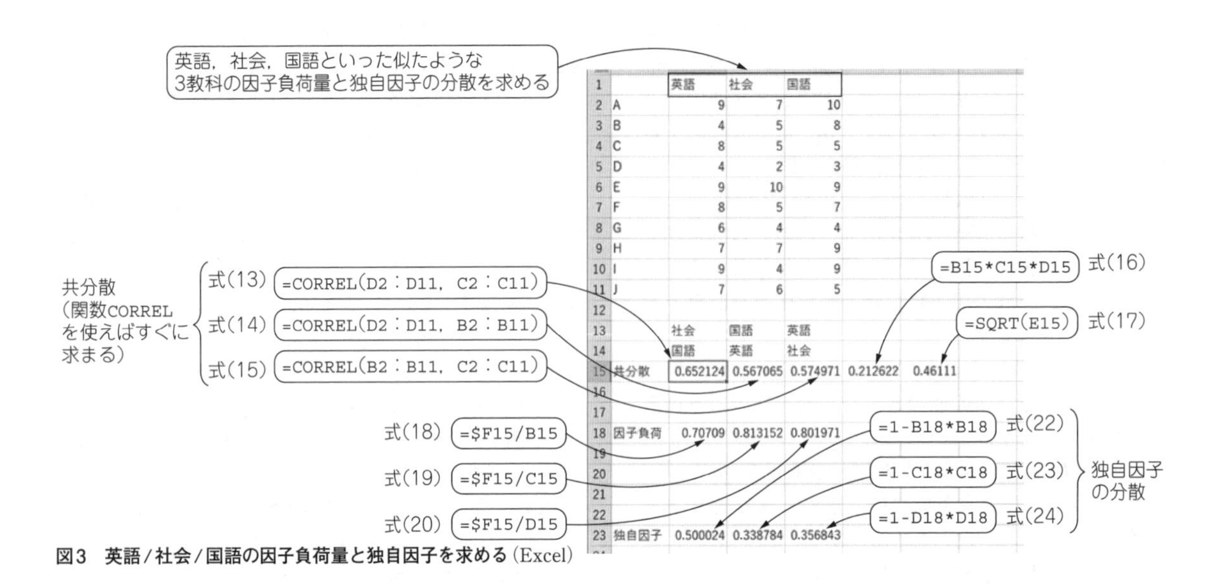

図3　英語/社会/国語の因子負荷量と独自因子を求める（Excel）

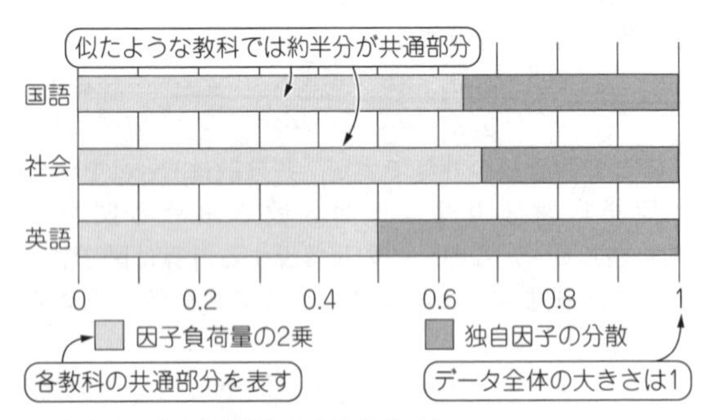

図4　似たような3教科では共通部分が多い

自因子の分散から求めていきます．

$$V[x_1] = V[a_1 F + e_1]$$
$$= a_1^2 V[F] + 2 a_1 \mathrm{Cov}[F,\ e_1] + V[e_1] \cdots (21)$$

因子負荷量を求めたときと同じ仮定を置く（$V[x_1]=1$，$V[F]=1$，$\mathrm{CoV}[F,\ e_1]=0$）と，次の式を得ます．

$$V[e_1] = 1 - a_1^2 \cdots\cdots (22)$$

x_1のときと同様に計算すると，x_2とx_3の独自因子の分散は次のようになります．

$$V[e2] = 1 - a_2^2 \cdots\cdots (23)$$
$$V[e3] = 1 - a_3^2 \cdots\cdots (24)$$

数式を得た後は，先ほど求めた因子負荷量を代入すると，次のように独自因子の分散値を得ることができます．

$$V[e_1] = 0.500024123 \cdots\cdots (25)$$
$$V[e2] = 0.338784476 \cdots\cdots (26)$$
$$V[e3] = 0.356843309 \cdots\cdots (27)$$

● 求めた数値をグラフ化して共通/独自部分の割合を見る

それでは，因子負荷量と独自因子の分散にはどのような関係性があるのかを解説します．式(22)～式(24)を変形すると次の通りとなります．

$$a_1^2 + V[e_1] = 1 \cdots\cdots (28)$$
$$a_2^2 + V[e_2] = 1 \cdots\cdots (29)$$
$$a_3^2 + V[e_3] = 1 \cdots\cdots (30)$$

▶共通部分が多い英語，社会，国語のグラフ

上式を図で表すと**図4**となります．データ全体の大きさを1としたときに，共通部分（因子負荷量の2乗）と独自部分（独自因子の分散）がそれぞれどのくらいの割合かを示しています．この結果では半分くらいが共通部分であることが分かります．共通因子が大きければ，データは共通要素が大きいということが計算から求まります．

▶共通部分が少ない国語，数学，体育のグラフ

他にも共通部分が少ない例も作成しました．**図5**は国語と数学と体育の成績表で先ほどと同じように計算したもののExcelシートです．これを**図4**と同じように棒グラフで表すと**図6**となります．**図4**に比べ共通部分が小さくなっています．この3教科では先に述べた英語，国語，社会と比べて，あまり共通する要素がありません．

このようにグラフにすると，例えば，体育と数学は少し共通する要素があるとか，国語は数学/体育とは共通する要素がほとんどないことも直感的に分かります．このように因子負荷量の大小で共通部分に寄与する割合を議論できる点が因子分析のよいところです．ただし，あくまでもこのデータは筆者が適当に作ったものです．

	A	B	C	D	E	F
1		国語	数学	体育		
2	A	10	2	3		
3	B	8	4	7		
4	C	5	7	10		
5	D	3	3	2		
6	E	9	9	3		
7	F	7	10	6		
8	G	4	9	7		
9	H	9	5	6		
10	I	9	8	9		
11	J	5	8	7		
12						
13		数学	体育	国語		
14		体育	国語	数学		
15	共分散	0.423514	-0.0857	-0.13663	0.004959	0.07042
16						
17	因子負荷	0.166276	-0.82169	-0.51542		
18						
19	独自因子	0.972352	0.324823	0.734345		

似ていない3教科の因子負荷量と独自因子の分散も求めた
国語と数学
体育と国語
数学と体育の因子負荷量と独自因子の分散

図5　国語，数学，体育といった似ていない3教科の因子負荷量と独自因子

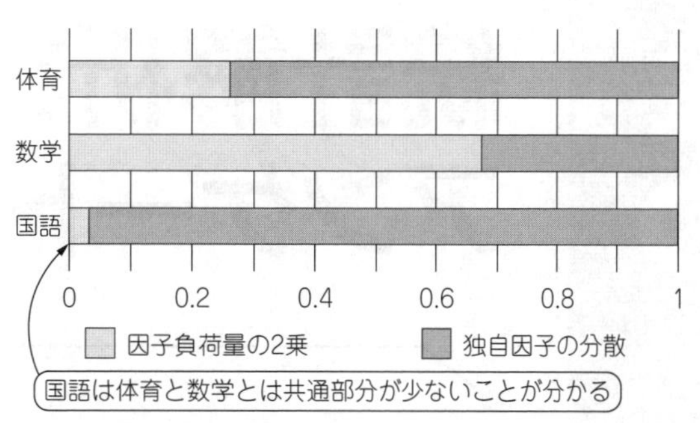

図6　似ていない教科同士では共通部分が少ない

◆参考・引用*文献◆

(1) 長根 光男；学校生活における児童の心理的ストレスの分析，日本教育心理学会.
https://www.jstage.jst.go.jp/article/jjep1953/39/2/39_182/_article/-char/ja/

(2) 田尾 雅夫；バーンアウト：ヒューマン・サービス従事者における組織ストレス，日本教育心理学会.
https://www.jstage.jst.go.jp/article/jssp/4/2/4_KJ00003725073/_article/-char/ja/

(3) 岡田 守弘，井上 純；絵画鑑賞における芸術性評価要素に関する心理学的分析
https://ynu.repo.nii.ac.jp/action=pages_view_main&activeaction=repository_view_main_item_detail&item_id=788&item_no=1&pageid=59&block_id=74

(4) 神田 崇行，石黒 浩，石田 亨；人間-ロボット間相互作用にかかわる心理学的評価
https://www.jstage.jst.go.jp/article/jrsj1983/19/3/19_3_362/_article/-char/ja

(5) 朝生 信一，佐々木 智典，橋本 洋志，石井 千春；周波数成分を考慮したEMG信号による電動車駆動，電気学会
https://www.jstage.jst.go.jp/article/ieejeiss/127/12/127_12_2109/_article/-char/ja/

(6) 佐藤 知正，中田 亨；人と調和するペットロボットのための対人心理作用技術，国立情報学研究所
https://ci.nii.ac.jp/naid/110002808521

(7) 佐藤 知正，中田 亨；人と調和するペットロボットのための対人心理作用技術，2001年5月，人工知能学会誌.
https://www.ai-gakkai.or.jp/whatsai/PDF/article-eai-5.pdf

まきの・こうじ

第5章

統計解析ソフトを使ったアンケートの因子分析

牧野 浩二

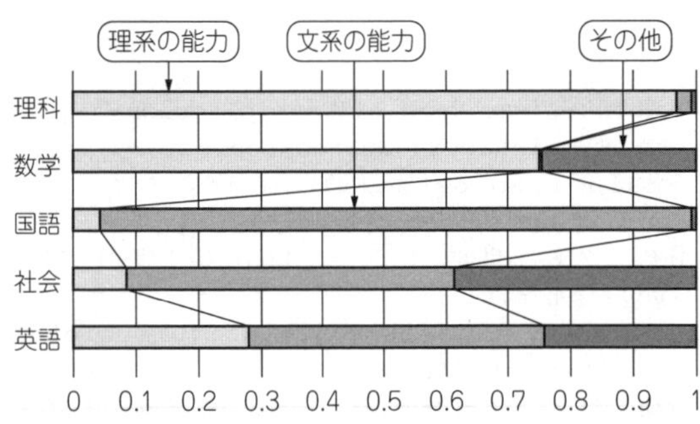

図1　因子分析は観測可能なデータから観測不可能なものの傾向をあぶり出す

本格的な応用ができるように,「R」という統計解析ソフトウェアを使った因子分析の実例を示します(**図1**).

統計解析環境Rの準備

● データを準備する

本章でも英語, 国語, 社会などの成績表データを使います.

因子分析を始める前に, study_esk.csvをドキュメント・フォルダに移動します. なお, 他のフォルダに置いたデータを使いたいときには「ファイルメニューからディレクトリの変更」を選択することで行ってください.

リスト1　まずは統計解析ソフトウェアRで`read.csv`コマンド&表示コマンドを実行してみる

```
   英語 社会 国語
A    9    7   10
B    4    5    8
C    8    5    5
D    4    2    3
E    9   10    9
F    8    5    7
G    6    4    4
H    7    7    9
I    9    4    9
J    7    6    5
```

● Rのコマンドに触れてみる…データの読み出し/表示と共分散を求める

Rでstudy_esk.csvのデータを読み出すにはread.csvコマンドを用います. このコマンドは, dataだけ入力することで読み込まれたデータを表示させることができます. コマンドを次に示します.

```
>data = read.csv("study_esk.csv", header=T)↵
>data↵
```

実行結果を**リスト1**に示します.

次に, 共分散を次のcorコマンドで求めてみます.

```
>cor(data)↵
```

実行結果を**リスト2**に示します. この結果を見ると, 英語と社会の共分散は0.5749711, 英語と国語は0.5670651, 社会と国語は0.6521236となっていることが分かります. これはExcelで求めた値と一致します.

まずは成績表サンプルで動かしてみる

● 共通因子が1つのとき

それでは, Rを用いて因子分析を行います. Rでの因子分析は, factanal関数を用います. そして, factors=1とすることで共通因子の数を1に設定しています. 次のコマンドを実行します.

```
>f <- factanal(x=data,factors=1)↵
>print(f,cutOFF=0)↵
```

結果を**リスト3(a)**に示します.

リスト3(a)のUniquenessesが独自因子の分散, Loadingsが因子負荷量を示しています. これも先ほど求めた値と一致しています.

国語, 数学, 体育の3教科のデータはstudy_

リスト2　共分数を求めるコマンドを実行してみる
英語, 社会, 国語の成績に対する共分散(対角成分は1)

```
          英語      社会      国語
英語 1.0000000 0.5749711 0.5670651
社会 0.5749711 1.0000000 0.6521236
国語 0.5670651 0.6521236 1.0000000
```

リスト3　成績に対する因子分析を行ってみる

```
Call:
factanal(x = data, factors = 1)

Uniquenesses:
 英語  社会  国語
0.500 0.339 0.357

Loadings:
     Factor1
英語 0.707
社会 0.813
国語 0.802

               Factor1
SS loadings      1.804
Proportion Var   0.601

The degrees of freedom for the model is 0 and the
                                         fit was 0
```

(a) 英語, 国語, 社会

```
Uniquenesses:
 国語  数学  体育
0.972 0.325 0.734

Loadings:
     Factor1
国語 -0.166
数学  0.822
体育  0.515
```

(b) 国語, 数学, 体育

kut.csvとしてダウンロード・データで提供します．英語，国語，社会と同じく因子分析を行った結果を**リスト3(b)**に示します．

リスト3(b)を見ると，独自因子の分散はExcel計算と同じ結果ですが，因子負荷量の国語の符号が異なっています．これは，Excelでは因子負荷量の全てが正と仮定したためです．

● 共通因子が2つのとき

次に，7教科のうち最初の5教科のデータを対象として因子分析を行います．5教科のデータはstudy_5.csvとしてダウンロードできます．次のコマンドで因子分析ができます．

```
>data = read.csv("study_5.csv",
header=T)↵
>f <- factanal(x=data,factors=2,rot
ation="varimax")↵
>print(f, cutOFF=0)↵
```

ポイントは，factanal関数の引き数をfactors=2とする点とrotation="varimax"とする点です．実行結果を**リスト4**に示します．

共通因子を2つにした場合の結果を解釈します．なお，ここで用いているデータは筆者が適当に作ったデータなので，5教科の本質を表しているわけではありません．

リスト4　共通因子を2つにした場合の因子分析

```
Call:
factanal(x = data, factors = 2)

Uniquenesses:
 英語  社会  国語  数学  理科
0.241 0.385 0.005 0.245 0.005

Loadings:
     Factor1 Factor2
英語  0.528   0.693
社会  0.288   0.729
国語 -0.208   0.976
数学  0.868   0.042
理科  0.985   0.158

               Factor1 Factor2
SS loadings      2.128   1.991
Proportion Var   0.426   0.398
Cumulative Var   0.426   0.824

Test of the hypothesis that 2 factors are
                                      sufficient.
The chi square statistic is 4.15 on 1 degree of
                                        freedom.
The p-value is 0.0418
```

▶因子負荷量に着目

因子負荷量(Loadings)に着目すると次のことが分かります．

- 数学と理科はFactor1の方が大きい
- 社会と国語はFactor2の方が大きい
- 英語はFactor2の方が若干大きいが大体同じ

この結果から，Factor1は理系の能力，Factor2は文系の能力という名前を付けてみます．これによって5教科のデータは，理系と文系という2つの指標で説明できるようになります．そして，英語は文系の能力の方が重要だが理系の能力も必要であることが分かります．

▶独自因子の分散に着目

独自因子の分散(Uniqueness)に着目すると英語，社会，数学の値が大きくなっています．このことから，この3教科はそれぞれ特有の知識が必要になっていることが分かります．

● グラフを活用すると視覚的に分かりやすくなる

以上のように数字だけで考えてもよいですが，教科数が多くなると解釈が難しくなります．そこで**図1**のように積み重ねグラフを用いると解釈がしやすくなります．なお，ここではFactor1の値を理系の能力，Factor2の値を文系の能力としています．そして，独自因子の分散は，その他という名前を付けました．その他として表されている独自因子の分散の値は，前章の式(22)を応用したもので求めます．例えば，数学に関して実際に求めると，次の通りとなります．

$$1 - 0.288^2 - 0.729^2 = 0.385615$$

リスト5　データを7教科にした場合の因子分析

```
Call:
factanal(x = data, factors = 3, rotation =
                                        "varimax")

Uniquenesses:
 英語  社会  国語  数学  理科  体育  音楽
0.226 0.284 0.005 0.113 0.005 0.461 0.433

Loadings:
     Factor1 Factor2 Factor3
英語  0.557   0.655   0.186
社会  0.312   0.692   0.373
国語 -0.156   0.984   0.048
数学  0.886   0.016  -0.319
理科  0.991   0.103   0.052
体育  0.232  -0.015  -0.697
音楽  0.104   0.329   0.670

               Factor1 Factor2 Factor3
SS loadings      2.263   1.996   1.214
Proportion Var   0.323   0.285   0.173
Cumulative Var   0.323   0.608   0.782

Test of the hypothesis that 3 factors are
                                       sufficient.
The chi square statistic is 5.58 on 3 degrees of
                                          freedom.
The p-value is 0.134
```

● 寄与率を用いた分析

寄与率(Proportion Var)とは，各因子(Factor1やFactor2)が，データを分析するのにどの程度寄与しているのかを表す値です．これを求めるには，求められた値の各因子の2乗和を求めます．これは，**リスト5**にある`SS loadings`の値のことです．5教科のFactor1の`SS loadings`を求めると次のようになり，確かに`SS loadings`のFactor1と一致しています．

$$0.528^2 + 0.288^2 + (-0.208)^2 + 0.868^2 + 0.985^2 = 2.128641$$

`SS loadings`の次に表示されている，`Proportion Var`が寄与率となります．これは，5教科なので先ほど求めた値を5で割ったものとなります．そして，`Cumulative Var`は累積寄与率となっています．Factor2の累積寄与率はFactor1の寄与率とFactor2の寄与率の和となっています．

寄与率を円グラフで表すと解釈しやすくなります．5教科の寄与率を円グラフで表すと**図2**となります．寄与率は各因子の合計とその他の因子とを合わせると

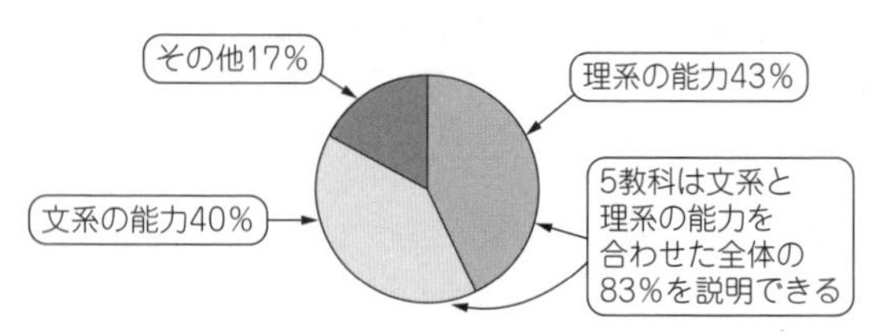

図2　寄与率を円グラフで表すと因子の割合が分かりやすい

1となります．そこで，「その他」の要素も加えています．この図の例では，その他は次の計算によって求めています．

$$1 - 0.426 - 0.398 = 0.176$$

この結果から，文系の能力と理系の能力で83%を説明できると読み取れます．

共通因子数を求める

● 方法1…寄与率の数値をもとに決める

共通因子の数は常に2つでよいわけではありません．共通因子の数を幾つにすればよいかを考えるにあたり，5教科のデータではデータ数が少なすぎるので，体育と音楽を加えた7教科とします．なお，このデータは`study_7.csv`として提供します．

それでは7教科の因子分析を行ってみます．コマンドを次に，実行結果を**リスト5**に示します．

```
>data = read.csv("study_7.csv",header=T)
>f <- factanal(x=data,factors=2,rotation="varimax")
>print(f, cutOFF=0)
```

寄与率が1を超えている因子までは共通因子として用いるとよいと言われています．従って，この場合は共通因子の数は3でよいことが分かります．

● 方法2…スクリー・プロットから決める

スクリー・プロット(Scree plot)とは，固有値を求めてグラフにプロットし，値が1を下回るまたは「ガクッと」小さくなっている手前までを共通因子として採用しようというものです．まずは，次のコマンドを実行し共分散を求めます．結果を**リスト6**に示します．

リスト6　スクリープロット1…7教科の成績に対する共分散を求める

	英語	社会	国語	数学	理科	体育	音楽
英語	1.0000000	0.5749711	0.56706510	0.38413088	0.63198979	0.13284875	0.50774103
社会	0.5749711	1.0000000	0.65212360	0.15528514	0.40265662	-0.23377116	0.48828698
国語	0.5670651	0.6521236	1.00000000	-0.13662752	-0.05061102	-0.08570141	0.33821067
数学	0.3841309	0.1552851	-0.13662752	1.00000000	0.86346243	0.42351386	-0.08872988
理科	0.6319898	0.4026566	-0.05061102	0.86346243	1.00000000	0.19050019	0.16932137
体育	0.1328487	-0.2337712	-0.08570141	0.42351386	0.19050019	1.00000000	-0.48168590
音楽	0.5077410	0.4882870	0.33821067	-0.08872988	0.16932137	-0.48168590	1.00000000

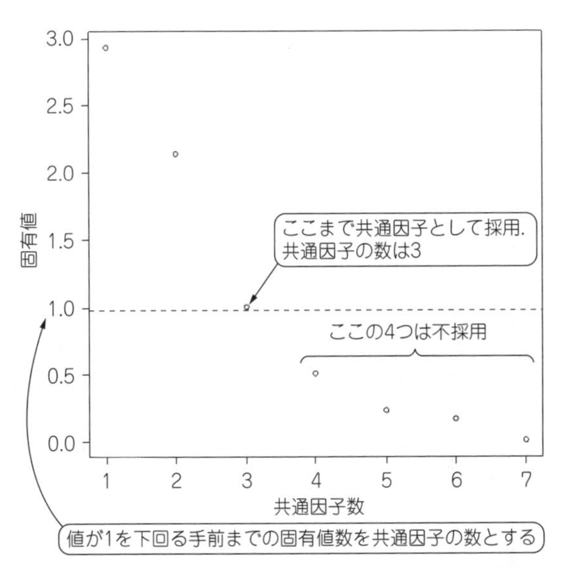

図3　スクリープロットはしきい値に対する固有値の数で共通因子数を決める

リスト7　スクリープロット2…eigenコマンドで固有値を求める

```
                Factor1 Factor2 Factor3
SS loadings       2.178   1.962   0.878
Proportion Var    0.311   0.280   0.125
Cumulative Var    0.311   0.592   0.717
```

```
>c = cor(data)↵
>c↵
```

次のコマンドを実行すると固有値を得られます.

```
>e = eigen(c)$values↵
>e↵
```

得られた固有値は次の通りです.

```
[1]2.93020124 2.13730487 1.00244996
0.50929105 0.23442180 0.17395952
0.01237157
```

最後に次のコマンドで**図3**のグラフが表示されます. このグラフから3つの因子を共通因子として用いるとよいことが分かります.

```
> plot(e)↵
```

● 成績が変わると共通因子も変わることを確認

Eさんの音楽の成績を9から7に変えてみます. このデータはstudy_7b.csvとして提供します. 寄与率を**リスト7**に示します.

また, スクリープロットを書くための固有値は次の通りとなり, プロットしたものは**図4**となります. 次の固有値を見ると確かに3つ目で1を下回っていることが分かります. つまり, この場合の共通因子の数は2となります.

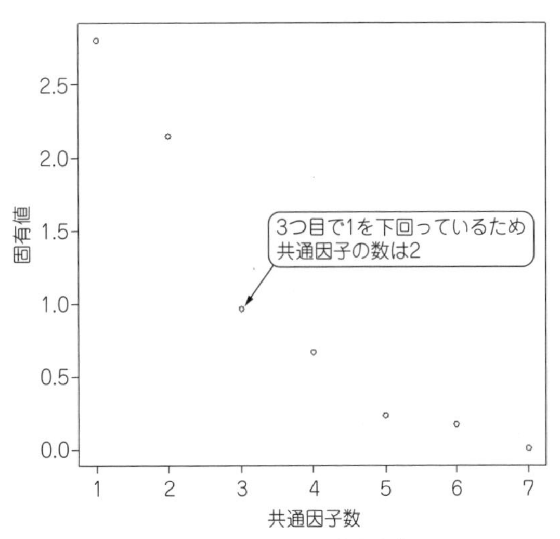

図4　音楽の成績を変えたら共通因子の数も変化した

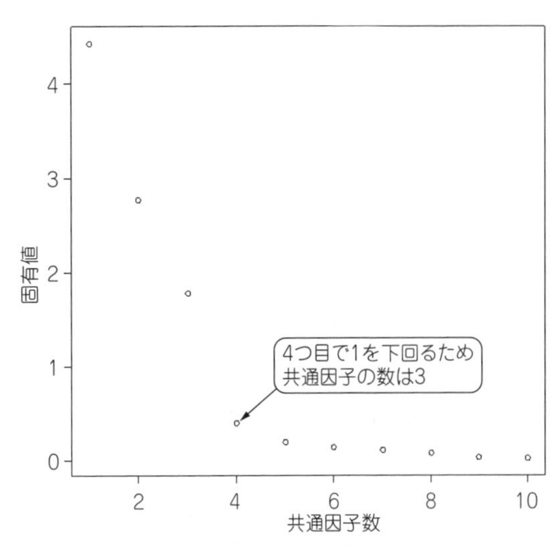

図5　スクリープロットから共通因子の数は3となる

```
[1]2.80118469 2.14027322 0.96439119
0.67089756 0.23520777 0.17656328
0.0114822
```

もうちょっと具体的に…山梨県印象アンケートの因子分析

仕上げとして山梨県の印象について調べたアンケート結果を因子分析します. このデータは, 解析しやすくなるように筆者が意図的に作ったものなので, 実際のアンケートとは関係ありません. ○○県と書くよりは皆さんがイメージしやすいと思い, 実際の県名を使っています. 作成したデータを**表1**に示します.

表1　因子分析のためのサンプル・データ
山梨県の印象を分析する．筆者が空想で作成した

県名＼印象	のびのびとした	派手な	柔和な	特徴のある	近来的な	洗練された	爽やかな	新しい	便利な	好きな
A	1	4	1	2	2	5	1	1	5	2
B	5	5	4	5	1	4	4	1	4	3
C	2	2	2	3	4	1	3	3	1	4
D	5	5	4	5	1	5	5	2	5	5
E	5	3	5	5	5	4	5	5	4	5
F	3	2	4	3	3	1	3	3	2	2
G	2	1	2	3	5	1	4	4	1	5
H	1	3	1	1	1	4	1	2	3	1
I	4	5	4	4	5	5	5	4	5	4
J	1	2	2	3	3	1	4	2	3	4
K	1	5	1	1	3	5	1	4	5	1
L	1	2	1	1	3	2	1	4	3	1
M	5	1	5	5	2	2	5	1	1	5
N	5	1	4	4	1	2	3	2	2	3
O	3	2	2	3	2	2	4	1	1	4
P	2	4	1	1	5	4	1	4	3	1
Q	5	5	5	5	1	4	5	2	5	5
R	1	3	1	1	4	4	1	5	4	1
S	4	3	5	5	2	3	5	2	4	5
T	4	3	4	3	2	2	3	2	4	3
U	3	1	3	2	3	1	2	2	2	3
V	3	2	3	4	4	2	4	3	2	3
W	4	3	5	5	4	4	4	4	4	3
X	1	4	1	1	3	4	1	4	3	1
Y	3	3	4	5	5	4	4	5	4	5
Z	1	2	1	2	1	2	2	2	2	1

● まずは共通因子数を決める

最初にスクリープロットで共通因子数を決めます．次のコマンドによって固有値と**図5**が表示されます．この図から共通因子数を3と決めます．

```
> data = read.csv("anke.csv",
header=T) ↵
> c = cor(data) ↵
> e = eigen(c)$values ↵
> e ↵
> plot(e) ↵

[1]4.42647395 2.76700358 1.77783006
0.40513135 0.20359263 0.14482636
0.11765898 0.09088248 0.03695324
0.02964736
```

● 因子分析する

いよいよ因子分析を行います．次のコマンドを実行した結果，**リスト8**に示す結果が表示されます．

```
>f <- factanal(x=data,factors=3,rot
ation="varimax") ↵
>print(f, cutOFF=0) ↵
```

Factor1が大きいのは「のびのびとした」,「柔和な」,「特徴のある」,「さわやかな」,「好きな」の5項目です．これらを表す言葉として筆者は「爽快性」を考えました．Factor2が大きいものは「派手な」,「洗練された」,「便利な」の3項目です．これらには「利便性」と名付けました．Factor3が大きいものは「近来的な」,「新しい」の2項目です．これは「新規性」がよいのではと考えました．

その結果，山梨県の印象は大きく分けると，「爽快性」,「利便性」,「新規性」の3つから成り立っていると言えます．これらの結果を**図1**のように表すと，**図6**となります．確かに3つに分けられそうです．

● グラフ表示

印象の3つを円グラフで表すと**図7**となります．この割合は，寄与率(Proportion Var)から求めています．爽快性，利便性，新規性の3要素で86%が説明できています．そして，それぞれの要素がどの程度の割

リスト8　スクリープロット3…求まった固有値をプロット

```
Call:
factanal(x = data, factors = 3, rotation =
                                          "varimax")

Uniquenesses:
  のびのびとした          派手な          柔和な
       0.207            0.151          0.152
     洗練された        さわやかな          新しい
       0.132            0.095          0.266
     特徴のある          近来的な
       0.034            0.005
        便利な            好きな
       0.178            0.211

Loadings:
               Factor1   Factor2   Factor3
のびのびとした     0.863     0.117    -0.186
派手な           0.003     0.922    -0.008
柔和な           0.915     0.069    -0.068
特徴のある        0.977     0.074    -0.073
近来的な         0.017    -0.085     0.994
洗練された       -0.020     0.928     0.080
さわやかな        0.951    -0.040     0.004
新しい          -0.142     0.169     0.828
便利な           0.077     0.903     0.026
好きな           0.878    -0.118     0.067

               Factor1   Factor2   Factor3
SS loadings      4.239     2.601     1.729
Proportion Var   0.424     0.260     0.173
Cumulative Var   0.424     0.684     0.857

Test of the hypothesis that 3 factors are
                                        sufficient.
The chi square statistic is 34.66 on 18 degrees of
                                          freedom.
The p-value is 0.0104
```

合かも直感的に分かります．以上のようにアンケートから印象を抽出できました．

まきの・こうじ

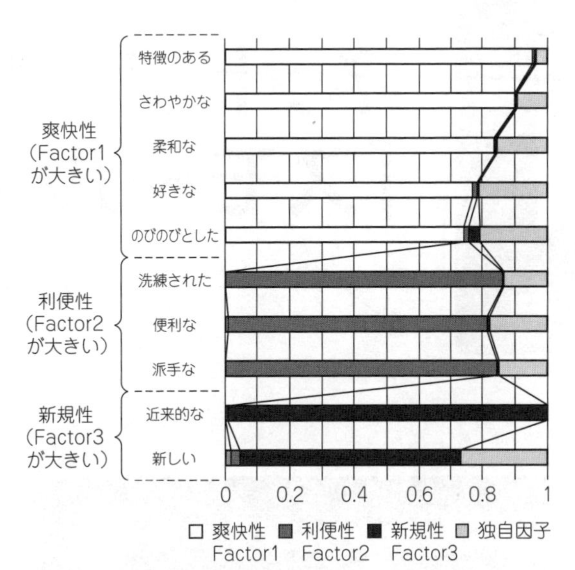

図6　山梨県の印象は爽快性，利便性，新規性の3つに分けることができる

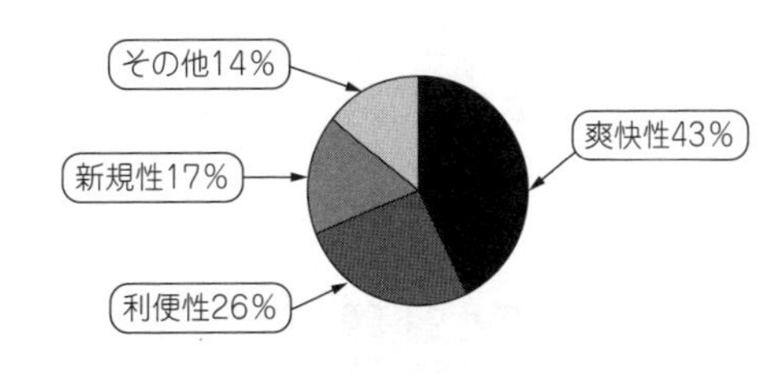

図7　寄与率から山梨県の印象を円グラフで表示

第1章 ネットワーク分析手法「スモール・ワールド」

牧野 浩二

(a) 検索画面

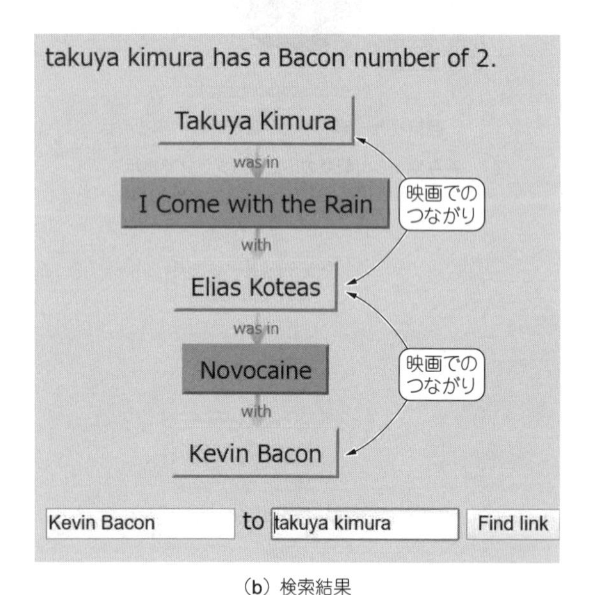

(b) 検索結果

図1　ケビン・ベーコンまでのリンクをたどれるサイト

物事や人の結びつきを分析するスモールワールドという考え方があります．新型コロナウイルスの世界的大流行（パンデミック）が起きました．本稿を読めば，「なぜ人の移動を制限することが有効か」について納得できると思います．

● 紹介するアルゴリズムと人工知能との関係

スモール・ワールドはネットワーク分析という分野のアルゴリズムです．ネットワーク分析そのものは人工知能とは関係ないのですが，人工知能の発展に寄与すると思います．

その理由を説明します．ディープ・ラーニングはニューラル・ネットワーク構造をうまく変えることで，さまざまな問題を解くことができます．このディープ・ラーニングは世界中で研究されており，年々，新たなアルゴリズムが開発/発表されています．スモール・ワールドの考え方をディープ・ラーニングに取り入れることで，皆さんも新たなアルゴリズムを発想できるかもしれません．

ただし，現在のディープ・ラーニングのネットワークと，ここで扱うスモール・ワールドのネットワークは，似て非なるものです．

「世間は狭い」を理論的に証明したい

初めて出会った人なのに，その人と共通の知人がいることがありませんか．スモール・ワールドとは，「世間は狭い」ということを，ネットワークの研究で使われるグラフというものを使って，理論的に示したものです．これは1998年に米国Cornell大学のワッツとストロガッツによって発表されました．理論的にというと難しそうに感じるかもしれませんが，原理が分かってしまえばさほど難しくありません．

● 世間は狭いという例1…ミルグラムの郵便実験

まずこの世間は狭いというのを調べた例を紹介します．1967年に米国で行われた実験で，ある場所から遠く離れた人に「手紙が人づてに届くか」を実験したものです．

＜実験条件＞

1. 住所と名前が記されている手紙がある
2. その人を知っていれば直接送る
3. 知らなければファースト・ネームで気軽に呼び合える仲の（かなり親しい）友人に手紙を転送する

(a) 近い○としかつながっていない

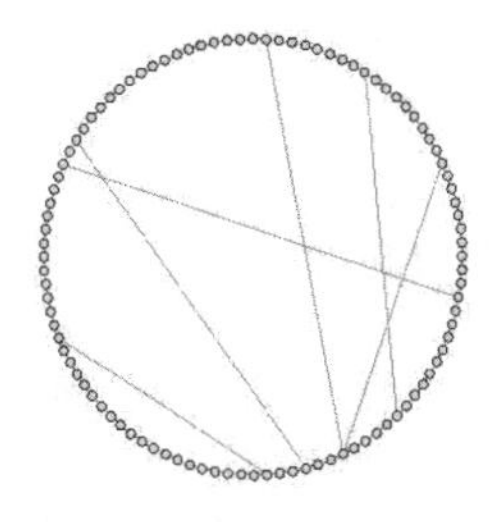

(b) 幾つかの○は遠くの○とつながっている

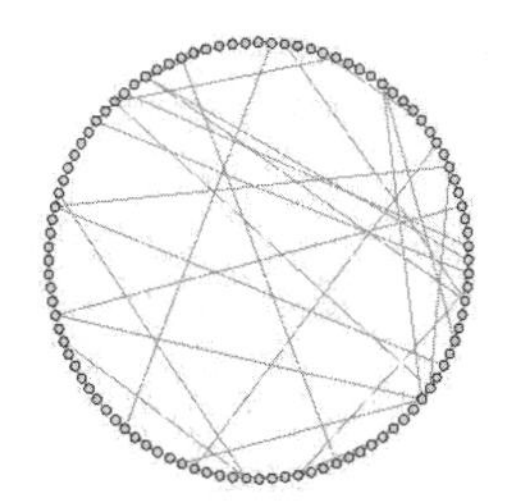

(c) さらにつながっている本数が増えている

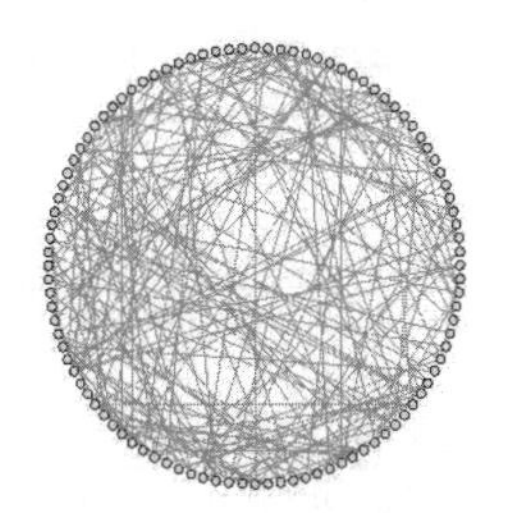

(d) ランダムに線がつながっている

図2　関係性を表すグラフ

実験の結果，たった6人を介してその人に手紙が届きました．これは「6次の隔たり」と呼ばれています．

● 世間は狭いという例2…俳優の競演

ケビン・ベーコンという主演は少ないが，たくさんの映画に出ている名脇役がいました．

- ケビン・ベーコンと共演したことがあれば1ベーコン
- ケビン・ベーコンとは共演したことがないが1ベーコンの共演者と共演したことがあれば2ベーコン
- 2ベーコンの共演者と共演したことがあれば3ベーコン

といった具合に関連性を調べました．データベースに登録された俳優のうち，ベーコン数を持つ俳優は90％いました．そのベーコン数を持つ俳優（約51万人）の約85％が3ベーコン以内，約99％が4ベーコン以内という結果になりました．

ベーコン数を評価するサイト（http://oracleofbacon.org/）もあります．サイトにアクセスすると**図1（a）**が表示されますので，名前（takuya kimura）を入れて［Find link］をクリックすると，**図1（b）**に示すようにつながりを示すと同時にベーコン数が表示されます．

仕組み

● スモール・ワールドを表すグラフ

スモール・ワールドは**図2**のような○と線で表されています．これはグラフと呼ばれていて，ネットワークの研究ではよく用いられる表し方です．**図2（a）**は近い○としかつながっていません．そして，**図2（d）**は全くランダムに線がつながっています．**図2（b）**と**図2（c）**は幾つかの○が隣の○とではなく遠くの○とつながっています．

このように，**図2（a）**のように規則的につながっているものから，**図2（b）**，**図2（c）**のように少しだけ遠くとつながると世界が小さく（スモール・ワールド）なることが分かっています．

● グラフで使われる単語

スモール・ワールドは**図2**のようにグラフで表されることが分かりました．スモール・ワールドを理解するには他にも幾つかの言葉を知っておく必要があります．**図2**は線が多すぎましたので，線を減らして分か

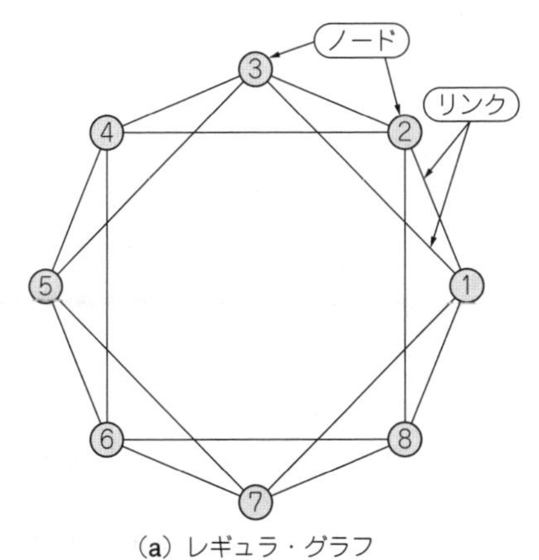

(a) レギュラ・グラフ

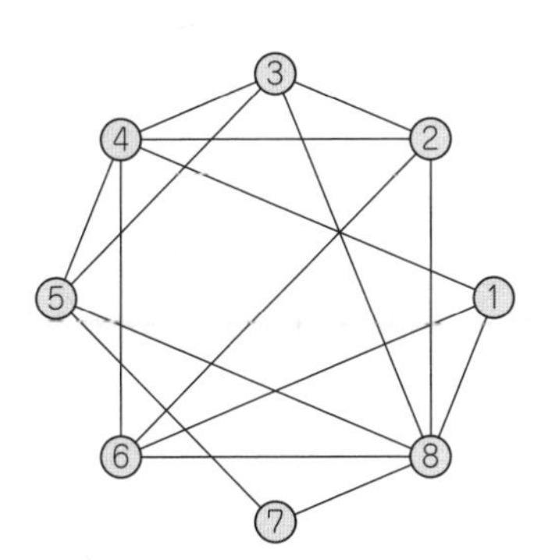

(b) (a)をつなぎ変えたグラフ1

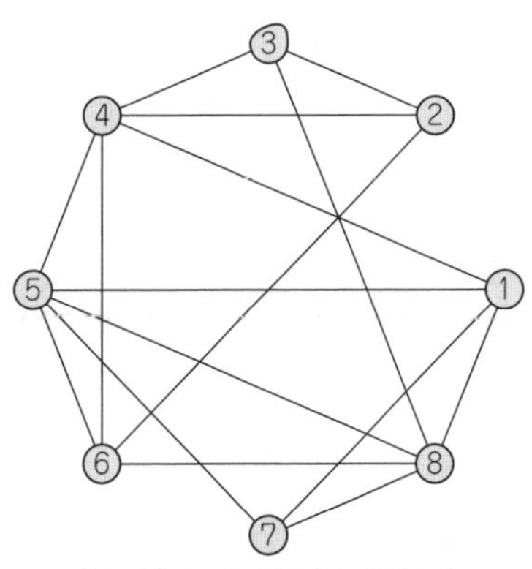

(c) (a)をつなぎ変えたグラフ2

図3　ノード数8のグラフ

表1　隣接行列…ノードのつながりを行列表記したもの

ノード	[, 1]	[, 2]	[, 3]	[, 4]	[, 5]	[, 6]	[, 7]	[, 8]
[1,]	0	1	1	0	0	0	1	1
[2,]	1	0	1	1	0	0	0	1
[3,]	1	1	0	1	1	0	0	0
[4,]	0	1	1	0	1	1	0	0
[5,]	0	0	1	1	0	1	1	0
[6,]	0	0	0	1	1	0	1	1
[7,]	1	0	0	0	1	1	0	1
[8,]	1	1	0	0	0	1	1	0

りやすくした**図3**を用いて説明します.

▶ノードとリンク

図3の○印はノードと呼びます．そして，○印同士をつなげる線はリンク（またはエッジ）と呼びます.

リンクでつながっているノード同士は関係があり，つながっていないものは関係がないノードとなります．以降は説明を簡単にするために1と書かれたノードは「ノード①」，2と書かれたノードは「ノード②」と表します.

▶隣接行列

ネットワークの問題では隣接行列と呼ばれるものがよく用いられます．**図3**(a)のつながっているノードは1，つながっていないノードは0として，表にすると**表1**となります．これを式(1)のように，行列に置き換えたものが隣接行列となります.

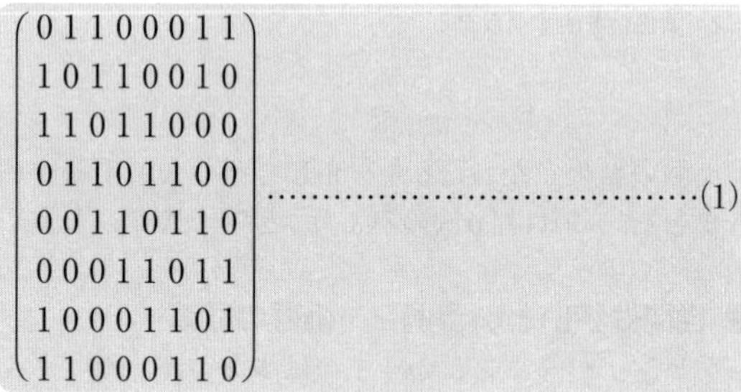

$$\begin{pmatrix} 0\,1\,1\,0\,0\,0\,1\,1 \\ 1\,0\,1\,1\,0\,0\,1\,0 \\ 1\,1\,0\,1\,1\,0\,0\,0 \\ 0\,1\,1\,0\,1\,1\,0\,0 \\ 0\,0\,1\,1\,0\,1\,1\,0 \\ 0\,0\,0\,1\,1\,0\,1\,1 \\ 1\,0\,0\,0\,1\,1\,0\,1 \\ 1\,1\,0\,0\,0\,1\,1\,0 \end{pmatrix} \cdots\cdots(1)$$

▶距離

あるノードから別のノードまで最短で到達するのにたどったリンクの数が距離になります．**図3**(a)のノード①からノード②は距離が1となります.

図3(a)ではノード①からノード②のリンクの長さとノード①からノード③のリンクの長さは異なっていますが，これは表示上の問題で，見た目の長さが違ってもリンクを1つ通るたびに距離は1つ増えます.

ノード①からノード⑤までの距離を考えてみます．この場合はノード③を経由するのが最も短いので，その距離は2となります.

▶平均距離

平均距離とはノードから他のノードに至る距離の平均を調べたものになります．**図3**(a)のノード①に着目すると，

- ノード②までの距離1
- ノード③までの距離1
- ノード④までの距離2
- ノード⑤までの距離2
- ノード⑥までの距離2
- ノード⑦までの距離1
- ノード⑧までの距離1

となり，これを全てのノードについて計算すると**表2**(a)となります．この表から平均距離を求めると1.428571となります.

平均距離を求める際は，全部足して平均をとるのではなく，ノード①からノード①まで（自分自身）の距離に相当する0の部分は平均を求めるのに含めません．そのため，**表2**(a)の全ての数を足して56（=7×8）で割ることで求めます.

図3(b)と**図3**(c)の距離はそれぞれ**表2**(b)，**表2**(c)となります．求めるのが難しそうですが，Rとい

表2　図3に示す各ノード間の距離

ノード	①	②	③	④	⑤	⑥	⑦	⑧
①	0	1	1	2	2	2	1	1
②	1	0	1	1	2	2	2	1
③	1	1	0	1	1	2	2	2
④	2	1	1	0	1	1	2	2
⑤	2	2	1	1	0	1	1	2
⑥	2	2	2	1	1	0	1	1
⑦	1	2	2	2	1	1	0	1
⑧	1	1	2	2	2	1	1	0

(a) 図3(a)の場合

ノード	①	②	③	④	⑤	⑥	⑦	⑧
①	0	2	2	1	2	1	2	1
②	2	0	1	1	2	1	2	1
③	2	1	0	1	1	2	2	1
④	1	1	1	0	1	1	2	2
⑤	2	2	1	1	0	2	1	1
⑥	1	1	2	1	2	0	2	1
⑦	2	2	2	2	1	2	0	1
⑧	1	1	1	2	1	1	1	0

(b) 図3(b)の場合

ノード	①	②	③	④	⑤	⑥	⑦	⑧
①	0	2	2	1	1	2	1	1
②	2	0	1	1	2	1	3	2
③	2	1	0	1	2	2	2	1
④	1	1	1	0	1	1	2	2
⑤	1	2	2	1	0	1	1	1
⑥	2	1	2	1	1	0	2	1
⑦	1	3	2	2	1	2	0	1
⑧	1	2	1	2	1	1	1	0

(c) 図3(c)の場合

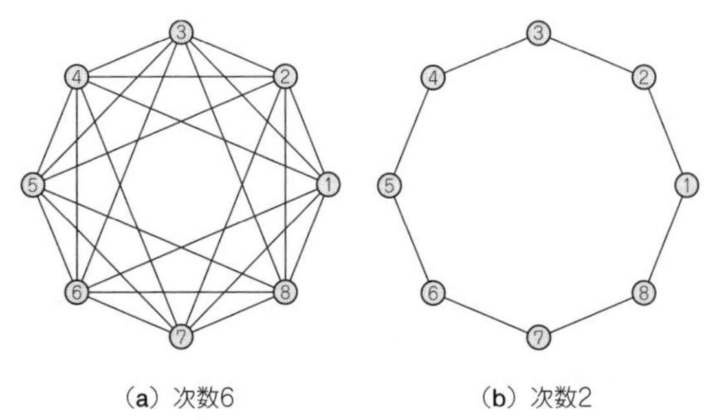

図4 リンク数を変えたグラフ

うソフトウェアを使えば自動的に求められます.

▶**次数**

次数は簡単で，ノードから出ているリンクの数です.

図3の各ノードの次数をまとめると**表3**となります．また，**図4**のようにもっとたくさんのリンクを持つグラフや，リンクの少ないグラフも作ることができます．これも**表3**に合わせて示します.

▶**次数分布**

全部のノード数に対して各次数を持つノードの割合を求めることが重要になる場合があります．**図3**，**図4**の各ノードにおける次数の割合は**表4**となります．**表4**の一部に注目すると，**図3(a)**は次数が4の割合が1なので全てのノードは次数4です．そして，**図3(b)**は次数が4の割合が0.5なので半分の4つのノードが次数4です.

▶**クラスタ係数**

クラスタ係数はちょっと難しいですが，図を用いてクラスタ係数を求めながら概念を説明していきます．スモール・ワールドではこのクラスタ係数が重要な指標となります.

クラスタの度合いを表すものがクラスタ係数と呼ばれています．これはリンクでつながっているノード同士がどれだけ密につながりがあるかを示すものとなります.

どれだけつながりがあるかは，ノードにできる3角形の数を数えることで示します．これがどんな意味を持つかは後で説明することにします.

まずは3角形とはどのようなものかを説明します．**図3(a)**のノード①に着目して考えると，**図5**に示すようにノード①を含んでリンクを使って作れる3角形は3個あります.

図3(a)は次数が全て4でノード数が8ですが，**図4(a)**に示すようにリンク数が変わると3角形の数が多くなります．ノード数や次数によって大きさが変わると指標として使いにくいので，クラスタ係数は比率で表します．そのためクラスタ数とは言わず，クラスタ係数と言います.

次にクラスタ係数を求める方法を説明します．ノード①のクラスタ係数は，「実際にできる3角形の数を，ノード①を含んでノード②/ノード③/ノード⑦/

表3 図3と図4の各ノードの次数

図＼ノード	①	②	③	④	⑤	⑥	⑦	⑧
3(a)	4	4	4	4	4	4	4	4
3(b)	3	4	4	5	4	4	2	6
3(c)	4	3	3	5	5	4	3	5
4(a)	6	6	6	6	6	6	6	6
4(b)	2	2	2	2	2	2	2	2

表4 図3と図4の次数分布…各ノードの次数の割合

図＼次数	0	1	2	3	4	5	6
3(a)	0.000	0.000	0.000	0.000	1.000	0.000	0.000
3(b)	0.000	0.000	0.125	0.125	0.500	0.125	0.125
3(c)	0.000	0.000	0.000	0.375	0.250	0.375	0.000
4(a)	0.000	0.000	0.000	0.000	0.000	0.000	1.000
4(b)	0.000	0.000	1.000	0.000	0.000	0.000	0.000

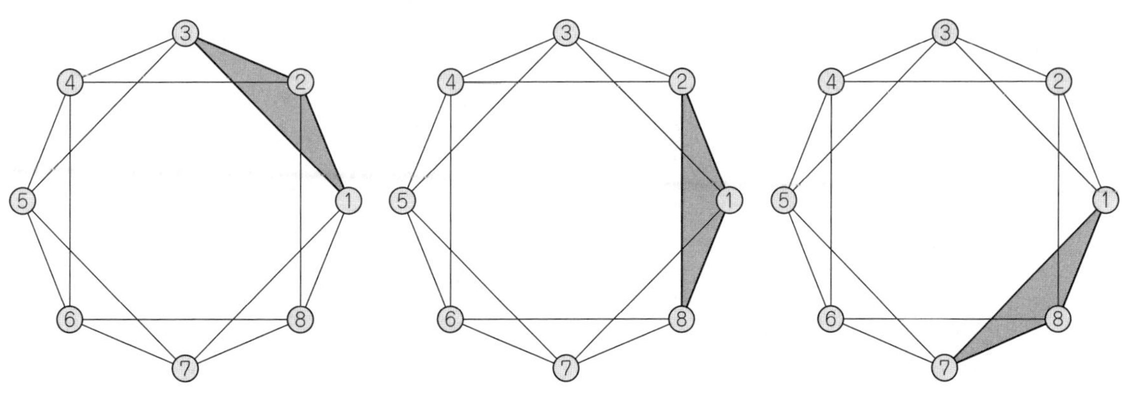

図5 図3(a)のノード①で作れる3角形は3個

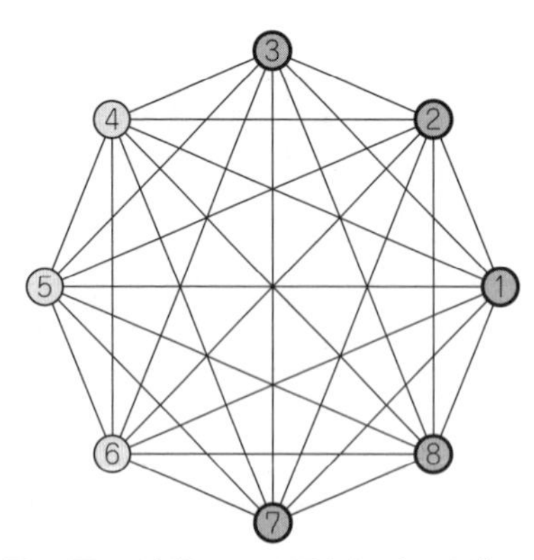

図6　図3の全部のノード同士をつないだグラフ

ノード⑧を使って作れる理論上最大の3角形の数で割ること」と定義されています．

図6は全部のノード同士をつないでいます．**図3(a)**でつながっているのはノード②/ノード③/ノード⑦/ノード⑧ですので，**図6**ではそのノードを黒い線で囲みました．**図6**からノード①の理論上作れる最大の3角形の数は6個です．

クラスタ係数を求める式は次のようになります．ノード①のクラスタ係数は，実際にできる3角形の数が3個，理論上できる3角形の数が6個なので，0.5となります．

ノード①のクラスタ係数
＝実際にできる3角形の数 ÷ 理論上できる3角形の数

同じように計算していくと，**図3**の各ノードのクラスタ係数は**表5**のようにまとめることができます．

▶平均クラスタ係数

クラスタ係数は各ノードについて計算しました．このクラスタ係数の平均を平均クラスタ係数と呼びます．**表5**の平均の列が平均クラスタ係数となります．なお大抵の場合は，単にクラスタ係数と呼ぶと平均クラスタ係数を指します．

各ノードのクラスタ係数は式(2)に定義されています[(3)]．

$$C_i = \frac{v_i\text{を含む三角形の数}}{k_i(k_i-1)/2} \quad \cdots\cdots(2)$$

ここでは，C_iが対象とするノードのクラスタ係数，v_iが対象とするノード，k_iがv_iとリンクでつながっているノードの数を示しています．なお，理論上できる3角形の数は対象とするノード以外の2つのノードの組み合わせの数で計算できます．

平均クラスタ係数は全部のノードのクラスタ係数の平均値となるため，式(3)で定義されています．

$$C = \frac{1}{n}\sum_{i=1}^{n} C_i \quad \cdots\cdots(3)$$

● クラスタ係数と距離の意味

クラスタ係数の求め方まで分かったところで距離とひも付けながら意味を考えてみましょう．

クラスタとは集団や集まりという意味があります．ここではイメージしやすくするために，グラフは友人関係を表しているものとしましょう．以降では3種類の友人関係を用いながらクラスタ係数と距離の関係を**図3**を用いて説明します．

▶整列したグラフ…学校のクラスの友人

図3(a)を見ると，自分の友人同士が友人という関係がたくさんありますので，学校のクラスのような関係に見えます．クラスタ係数を作るときに探した3角形になる2つのノードとは，自分の友人2人が友人であるかどうかを調べることとなります．この場合は3角形(友人の友人が友人という関係)がたくさんあるため，クラスタ係数が大きくなります．

新学期，クラスの中に今は友達ではないけど，仲良くなりたい人がいるとしましょう．いきなり話しかけるよりも友達から紹介してもらった方がよいと考えたとします．**図7(a)**のように，自分から近い人しか友人ではないので，たくさんの友人を経由しなければなりません．つまり，クラスタ係数が大きい集団では平均距離が長くなります．

▶ランダムにつながったグラフ…学校の友人とアルバイトの友人

図3(c)は友人同士が友人という関係はあまりないので，親しい人たちの集まりには見えないですね．3角形にならない2人はどういう関係でしょう．例えば，1人は学校のクラスの友人，もう1人はアルバイト先の友人という関係がそれに当たります．この場合は3角形(友人の友人が友人という関係)がほとんどないため，クラスタ係数が小さくなります．

先ほどと同じように，紹介してほしい人がいるとしましょう．**図7(b)**のように，実はランダムにつながっている場合は，よく探すと友人2，3人を経由す

表5　図3の各ノードのクラスタ係数とその平均

図＼ノード	①	②	③	④	⑤	⑥	⑦	⑧	平均
3(a)	0.50	0.50	0.50	0.50	0.50	0.50	0.50	0.50	0.500
3(b)	0.67	0.67	0.67	0.40	0.50	0.67	1.00	0.33	0.613
3(c)	0.67	0.67	0.33	0.40	0.60	0.50	1.00	0.40	0.571

るとその人にたどり着くことが多いのです．そのため，クラスタ係数が小さい集団では平均距離が短くなることが知られています．

▶何人かがランダムにつながったグラフ…意外な友人関係を持つ友人

では**図3(b)**を考えます．**図3(b)**は**図3(a)**の整列したグラフと**図3(c)**のランダムにつながったグラフの中間的なグラフとなります．これがどのようなものかというと，学校のクラスの中にいつもの仲間以外に意外な友人関係を持つ友人がいるという状況です．このように，意外な友人関係を持つ人がいると，そこを経由して一気に距離が縮まります．

図7(a)の例では紹介してもらうためには10人経由しなければなりませんでしたが，**図7(c)**のようにある人に意外な友人関係があれば，4人経由すれば紹介してもらうことができます．

このようなノード(人)のことをショートカット(またはバイパス)と呼びます．このようにショートカットを持つ人が何人かいると，クラスタ係数が大きいのに距離が短いという集団ができます．これがスモール・ワールドとなります．

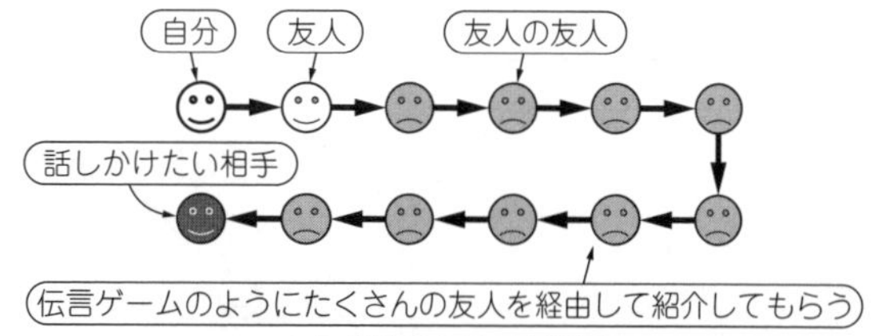

(a) 学校のクラスの関係

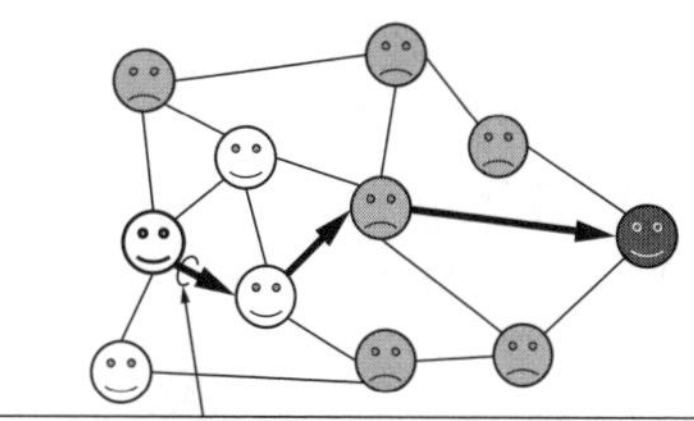

(b) 学校の友人とアルバイトの友人

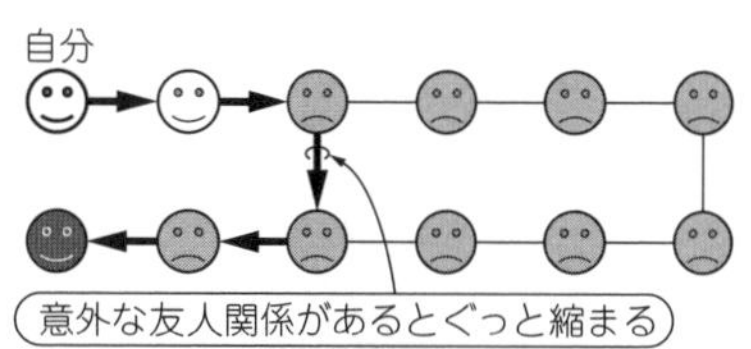

(c) 意外な友人関係を持つ友人

図7　距離の意味を考える

スモール・ワールドの作り方

● グラフの作り方と作る際に重要なつなぎ変え

図3のようなグラフを使ってスモール・ワールドを説明してきました．そして，**図3(b)**をスモール・ワールドを表すグラフの例として紹介しました．このグラフの作り方を紹介します．

作り方を知らなくても…と思うかもしれません．ですが，作るときに設定するつなぎ変えの確率がこの後スモール・ワールドを評価するときに必要となります．その意味の紹介も兼ねています．

まず，**図3(a)**はレギュラ・グラフと呼ばれるものとなっています．ノードが1列に並んでその隣とそのまた隣の左右4つのノードと規則的につながっています．スモール・ワールドを説明するときはこのレギュラ・グラフを基にして話を進めます．

スモール・ワールドを考えるときにはリンクのつなぎ変えというものを考えます．ここでは**図8**を例に説明します．

ノード①とノード②をつなぐリンクをノード①とノード⑥につなぎ変えると**図8(b)**となります．

さらに，ノード③とノード④をつなぐリンクをノード④とノード①につなぎ変えると**図8(c)**となります．

図8(d)は同じようにして5本のリンクをつなぎ変えたグラフとなります．

図3(b)に近くなってきたと思いませんか？もっとつなぎ変えて，数えきれないくらいつなぎ変えると**図8(e)**となり，**図3(c)**にかなり近づいていきます．

スモール・ワールドを考えるときには，どの程度のリンクをつなぎ変えたかが重要となります．ノードの数が違うグラフはいろいろ考えられますので，確率で表されています．この確率をスモール・ワールドではpで表します．

pを0～1まで変えた図が**図2**や**図3**となります．pが変わることでグラフの形が変わります．そしてpが1の場合は，全てのリンクをランダムにつなぎ変えることとなります．このグラフは特別にランダム・グラフと呼ばれています．

● スモール・ワールドの特徴を散布図で表す

スモール・ワールドとは「クラスタ係数が大きいのに平均距離が短い」というものでした．本当にそんなネットワークがあるのかを調べたのが**図9**の散布図です．横軸はlogスケールになっていることに気を付けてください．これまでは説明のためにノード数を少なくして図に表していましたが，この散布図を作るときにはノード数を1000にしています．

図9の散布図を見ていきましょう．

pが0に近いとき(リンクのつなぎ変えがほぼないとき=0.00001のとき)に注目します．この場合は，平均距離(○印)が大きく，クラスタ係数(□印)も大きく

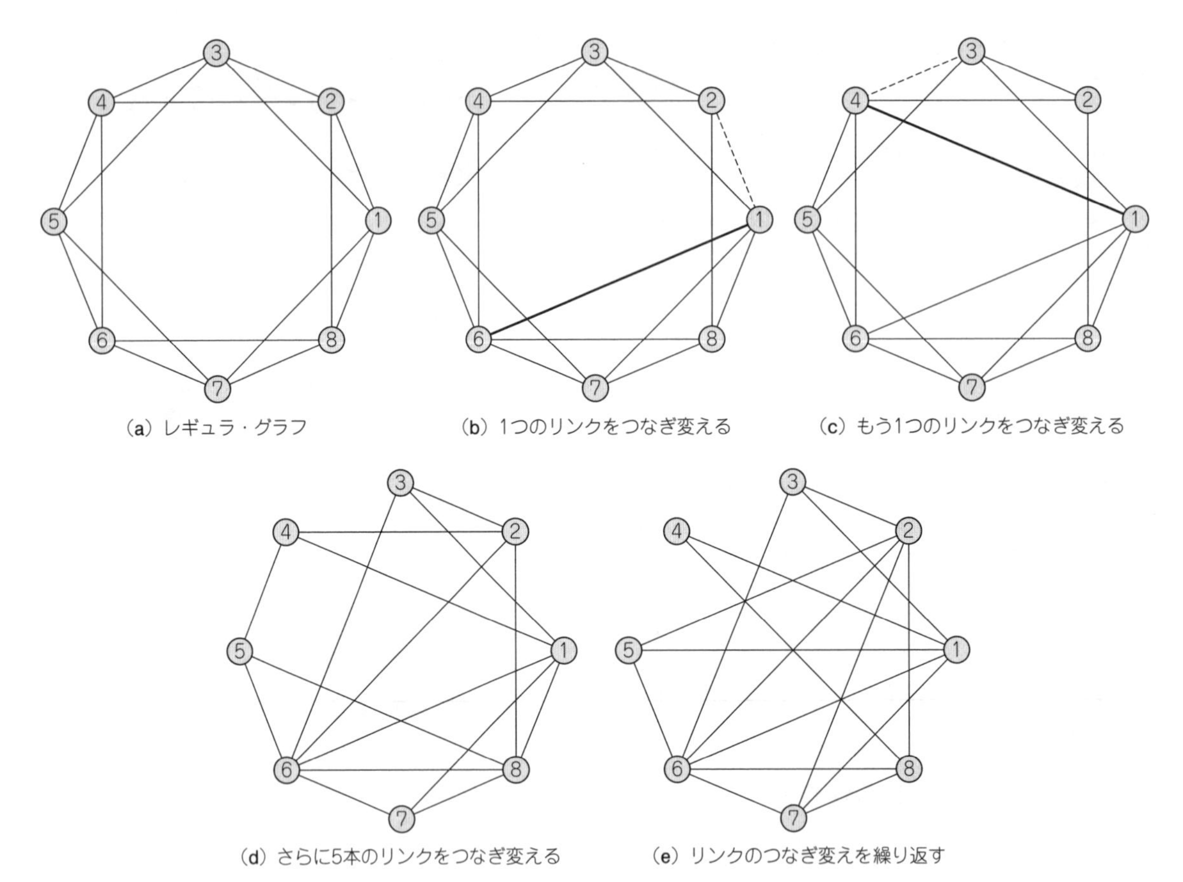

(a) レギュラ・グラフ
(b) 1つのリンクをつなぎ変える
(c) もう1つのリンクをつなぎ変える
(d) さらに5本のリンクをつなぎ変える
(e) リンクのつなぎ変えを繰り返す

図8　リンクのつなぎ変え

なっています．これはレギュラ・グラフの傾向に近いため，比率が1になっています．

pが1のとき（リンクを全てつなぎ変えたとき）に注目します．この場合は，平均距離が小さく，かつクラスタ係数も小さくなっています．これはランダム・グラフの傾向です．

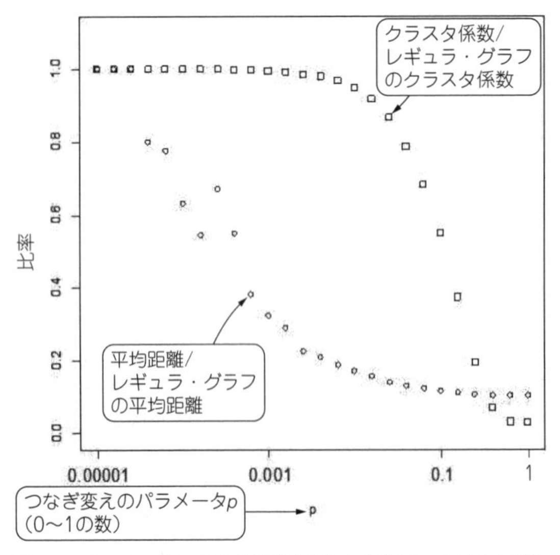

図9　スモール・ワールドの特徴を表した散布図…クラスタ係数より先に平均距離が小さくなる

pが0.001に注目します．クラスタ係数は大きいままですが，平均距離がガクッと小さくなっていますね．この状態がスモール・ワールドとなります．確かにスモール・ワールドとなるネットワークが存在します．

グラフを作る

読むだけでなく，パラメータを変えて体験してみると理解が深まると思います．

グラフを作るにはRを使います．

● グラフを作る準備

グラフを作るにはigraphというライブラリを使います．igraphは初期状態ではインストールされていませんので，次のようにしてigraphをインストールしてからライブラリを読み込みます．

```
install.packages("igraph")
library(igraph)
```

なお，installコマンド入力後にダウンロード元を選ぶダイアログ・ボックスが出ることがあります．その場合は「Japan」を選ぶとインストールがスムーズに行えます．

● グラフを作る

まずは**図3(a)**のグラフを作り，その後**図3(b)**と**図3(c)**のグラフを作ります．コマンドはたった2行です．実行すると**図3(a)**が表示されます．

```
ga <- sample_smallworld(dim=1,
                  size=8, nei=2, p=0)
plot(ga, layout=layout_in_circle)
```

▶グラフを変えてみる1…つなぎ変え

図3(c)のグラフはランダム・グラフであり，つなぎ変えの確率が1となっています．そこで，sample_smallworldのpの値をp=1とします．ただし，ランダムにつなぎ変えているので**図3(c)**と全く同じにはなりません．

```
gc <- sample_smallworld(dim=1,
                  size=8, nei=2, p=1)
plot(gc, layout=layout_in_circle)
```

図3(b)のグラフはレギュラ・グラフから幾つかをランダムにつなぎ変えたものとなります．そこで，p=0.2とすると**図3(b)**に近いグラフが表示できます．

```
gb <- sample_smallworld(dim=1,
                size=8, nei=2, p=0.2)
plot(gb, layout=layout_in_circle)
```

▶グラフを変えてみる2…ノード数

ノード数を変えてみます．ここでは，**図3(b)**を作るときと同じパラメータでノード数だけ16に変更します．これは次のように，size=16とすることで作れます．その結果を**図10**に示します．なお，実際にはノード数は$size^{dim}$となります．

```
g0 <- sample_smallworld(dim=1,
               size=16, nei=2, p=0.2)
plot(g0, layout=layout_in_circle)
```

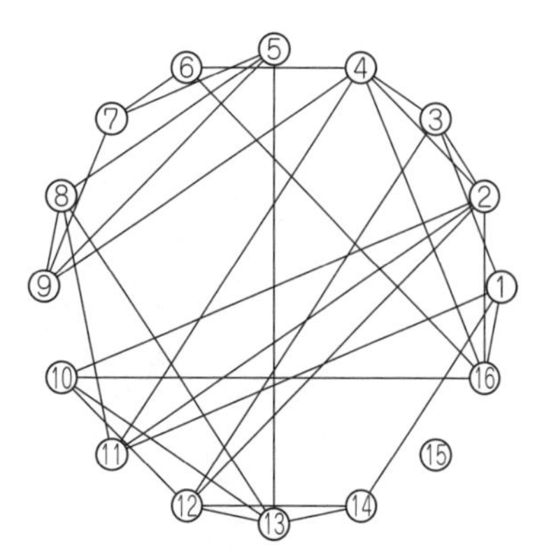

図10　図3(b)をノード数だけ16に変更したグラフ

▶グラフを変えてみる3…次数

次数を変えてみましょう．先ほどまではnei=2としていました．これは各ノードから2本ずつリンクを生成するという意味なので，円に並んだときは左右にそれぞれ2つのノードとつながることを意味していました．リンクの左右にノードが付きますので，次数はその2倍となり，nei=2の場合は次数は4になります．

次数を2(nei=1)/次数を4(nei=2)/次数を6(nei=3)としたグラフをそれぞれ**図11(a)**～**図11(c)**に示します．なお，リンクの数を数えやすくするため，レギュラ・グラフ(p=0)としています．

```
g1 <- sample_smallworld(dim=1,
                  size=16, nei=1, p=0)
 plot(g1, layout=layout_in_circle)
g2 <- sample_smallworld(dim=1,
                  size=16, nei=2, p=0)
 plot(g2, layout=layout_in_circle)
g3 <- sample_smallworld(dim=1,
                  size=16, nei=3, p=0)
```

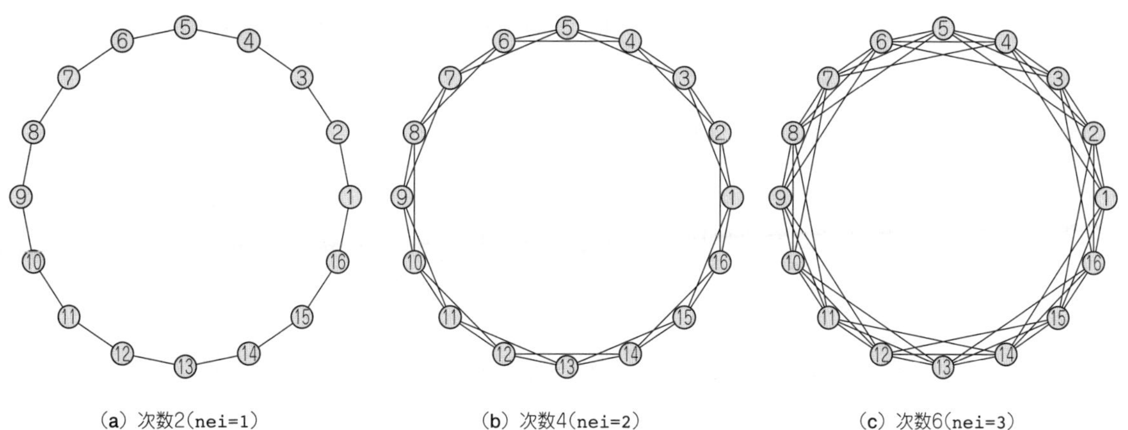

図11　次数を変えてグラフを作る

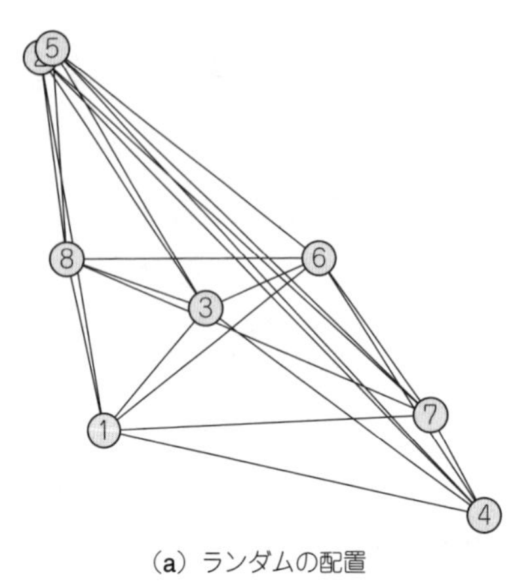

(a) ランダムの配置

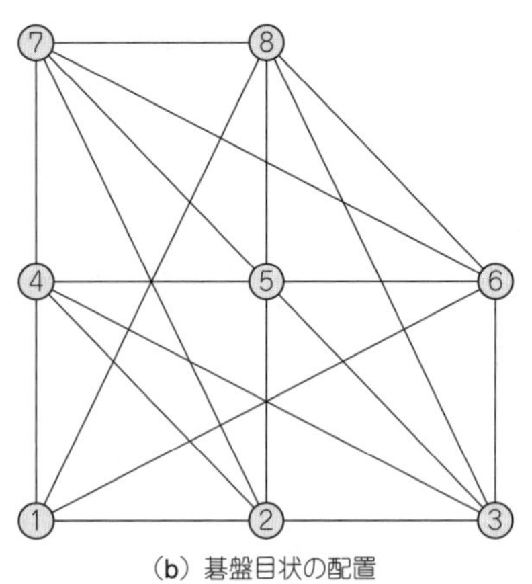

(b) 碁盤目状の配置

図12　ノードの配置を変更する

```
plot(g3, layout=layout_in_circle)
```

▶グラフを変えてみる4…表示方法

これまでは円形に並べていましたが，igraphでは他の並べ方もできます．並べ方を変えるにはplotの引数の中のlayoutを変更します．

図12(a)のようにランダムに配置するには，次のようにlayoutをlayout_randomlyに変更します．

```
g4 <- sample_smallworld(dim=1,
                  size=8, nei=3, p=0)
plot(g4, layout=layout_randomly)
```

図12(b)のように碁盤目状に配置することもできます．これは次のようにlayoutをlayout_on_gridに変更します．碁盤目状の配置は次に説明する次元を変えるときに役に立ちます．

```
g5 <- sample_smallworld(dim=1,
                  size=8, nei=3, p=0)
plot(g5, layout=layout_on_grid)
```

▶グラフを変えてみる5…次元

今までずっと円形に配置されたものを使っていましたが，2次元につなぐこともできます．dim=1としていたものを次のようにdim=2に変更すると**図13**となります．次元を変更するとノード数も変更されます．なお，2次元の図では格子状に配置した方がすっきりします．

```
g6 <- sample_smallworld(dim=2,
                  size=4, nei=1, p=0)
plot(g6, layout=layout_on_grid)
g6 <- sample_smallworld(dim=2,
                  size=4, nei=2, p=0)
plot(g6, layout=layout_on_grid)
```

▶グラフを変えてみる6…ノードの描き方

ここまでは，ノードに番号が入っていました．このままノード数を100などのように大きくするとノードの○印が大きすぎて見にくくなります．そこで，次のようにplotコマンドでノードの大きさを変更し，○印の中にノード番号を描かないようにできます．

```
g7 <- sample_smallworld(dim=1,
              size=100, nei=2, p=0.1)
```

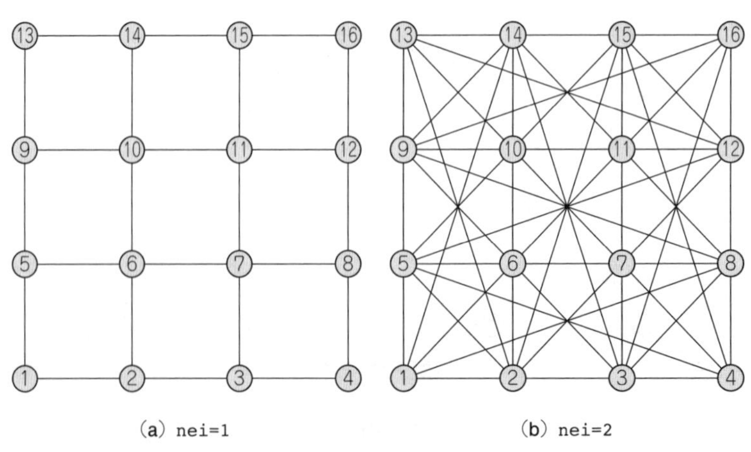

(a) nei=1　　(b) nei=2

図13　2次元につなぐ

表6 distances(gb)の実行結果

ノード	[, 1]	[, 2]	[, 3]	[, 4]	[, 5]	[, 6]	[, 7]	[, 8]
[1,]	0	2	2	1	2	1	2	1
[2,]	2	0	1	1	2	1	2	1
[3,]	2	1	0	1	1	2	2	1
[4,]	1	1	1	0	1	1	2	2
[5,]	2	2	1	1	0	2	1	1
[6,]	1	1	2	1	2	0	2	1
[7,]	2	2	2	2	1	2	0	1
[8,]	1	1	1	2	1	1	1	0

```
plot(g7, layout=layout_in_circle,
                vertex.color="gray90",
           vertex.label.color="black",
       vertex.label=NA, vertex.size=5)
```

次にplotコマンドのオプションを示します.

- vertex.color…ノードの色
- vertex.label.color…ノードの中に描く文字の色(ここではノード番号がないため関係ない)
- vertex.label…ノードの中に描く文字(NAとすることで文字を描かなくできる)
- vertex.size…ノードの大きさ

これ以外にもさまざまなオプションがあります. 上記に挙げたオプションを検索すると, その他のオプションの説明をまとめたウェブ・ページが表示されます. もっと見やすくするためにいろいろ調べてみてください.

● 平均距離を求める

各ノードの距離を求め, それをもとにして平均距離を求めます.

sample_smallworld関数を使ってもう一度**図3(b)**を描こうとすると, ランダムにつなぎ変えているので全く同じものとはなりません. そこで, 先に求めたgbを使うこととします. 各ノードの距離はdistances関数を用いて次のコマンドで求めることができます. 実行結果を**表6**に示します.

```
distances(gb)
```

距離の平均はmean_distance関数を用います. 実行結果を次に示します.

```
mean_distance(gb)
[1] 1.428571
```

● 次数分布を求める

図3(b)に示したグラフの次数分布は次のコマンドを実行すると, **図14**に示す棒グラフとして表すことができます. Rで作った棒グラフには横軸が入っていませんが, **図14**に示すように左から0, 1, 2, …となります.

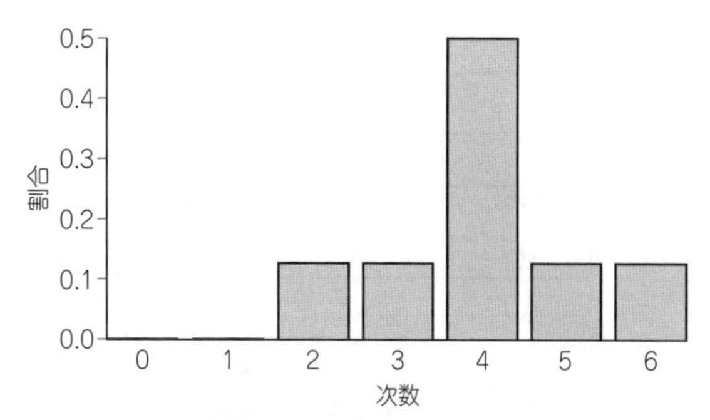

図14 次数分布を棒グラフで表す

```
plot(gb, layout=layout_in_circle,
                vertex.color="gray90",
           vertex.label.color="black")
barplot(degree_distribution(gb))
```

● クラスタ係数を求める

クラスタ係数を求めるときに3角形を見つける必要があります. それは大変な作業でしたが, 自動的に計算する関数が用意されています. **図3(b)**に示したグラフの各ノードのクラスタ係数は次のtransitivity関数を用いて求めることができます. そして, それらをmean関数で計算することにより, 平均クラスタ係数を求めています.

なお, **図3(b)**のグラフにはありませんでしたが, 次数が1以下のノードのクラスタ係数は求めることができません. その場合はtransitivityの戻り値はNAとなります. NAとなった場合に対応するために, mean関数の引数でna.rmのオプションを入れています

```
gb_t <- transitivity(gb,
                        type="local")
gb_t
[1] 0.8333333 0.6000000 0.5000000
    0.3333333 1.0000000 0.1666667
              0.6000000 0.5000000
mean(gb_t,na.rm=TRUE)
[1] 0.5666667
```

● 散布図を作る

図9のスモール・ワールドの効果を説明する散布図を作ってみましょう. 作り方は, つなぎ変えの確率を変えていろいろなグラフを作り, クラスタ係数と平均距離を求めます. そして, 基本となるレギュラ・グラフと比べてどのくらい変わっているのかを計算します. このフローチャートを**図15**に示します. また, **図9**の散布図を作るためのスクリプトを**リスト1**に示します.

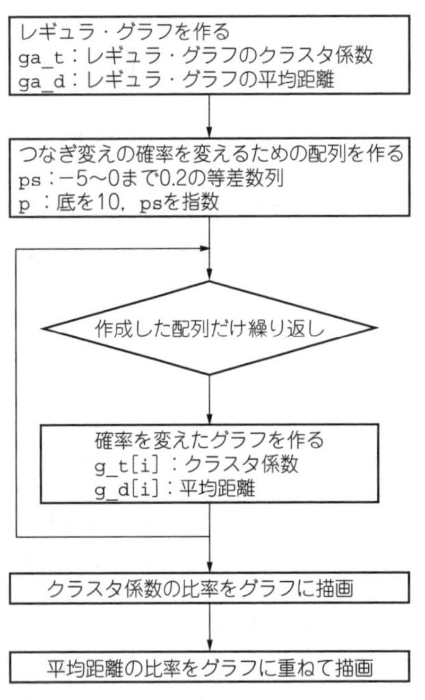
レギュラ・グラフを作る
ga_t：レギュラ・グラフのクラスタ係数
ga_d：レギュラ・グラフの平均距離
つなぎ変えの確率を変えるための配列を作る
ps：−5〜0まで0.2の等差数列
p ：底を10，psを指数
作成した配列だけ繰り返し
確率を変えたグラフを作る
g_t[i]：クラスタ係数
g_d[i]：平均距離
クラスタ係数の比率をグラフに描画
平均距離の比率をグラフに重ねて描画

図15　散布図を作成するフローチャート

リスト1　図9の散布図を作るためのR用スクリプト

```
ga <- sample_smallworld(dim = 1, size = 1000,
                                nei = 10, p = 0)
ga_t <- mean(transitivity(ga, type = "local"),
                                   na.rm=TRUE)
ga_d <- mean_distance(ga)

ps <-seq(-5, 0, by = 0.2)
p <- 10^ps
g_t <- 1:length(p)
g_d <- 1:length(p)
for (i in 1:length(p)) {
  g <- sample_smallworld(dim = 1, size = 1000,
                             nei = 10, p = p[i])
  g_t[i] <- mean(transitivity(g, type = "local"),
                                 na.rm = TRUE)
  g_d[i] <- mean_distance(g)
}
plot(p,g_t/ga_t,ylim=c(0,1.1),log="x",pch=0,
                                      ylab="")
par(new=T)
plot(p,g_d/ga_d,ylim=c(0,1.1),log="x",pch=1,
                              xlab="",ylab="")
```

病気の感染との関係

最後に病気の感染をスモール・ワールドに当てはめて考えてみます．ただ，病気の感染とスモール・ワールドとの関係性を実際にシミュレーションで求めるのはかなり難しいものとなります．そこで，概念でその関係性を説明します．なお，詳しくは文献(2)を参照してください．

● シミュレーション条件

シミュレーションで考えるとき，次の3種類の人に分けます．

- 健康な人（白色）…病気の人から感染する可能性がある
- 病気の人（黒色）…しばらくすると治る
- 治った人（灰色）…2回目は感染しない

説明のため，健康な人を白丸，病気の人を黒丸，治った人を灰色丸で色分けします．治った人が再度感染する場合もありますが，今回は免疫ができて2度は感染しないとします．また，健康な人は必ず感染するのではなく，設定された感染率に従って確率的に感染するとします．

● 結果と考察

まず，**図16**のようなレギュラ・グラフの場合を考えます．これは人の移動がほぼないことを表しています．レギュラ・グラフでは近い人しか感染しないため，黒色の部分が2か所になります．そのため，両端に接している健康な人が感染しなければ，拡大は終わります．

次に，**図17**のようなランダム・グラフの場合を考えます．これは人の往来が激しい場合に相当します．感染している人があちらこちらに点在しています．そして，感染している人に接している健康な人がレギュ

感染が
止まっている
(a) 初期状態
(b) 経過1
(c) 経過2

図16　レギュラ・グラフの場合のシミュレーション

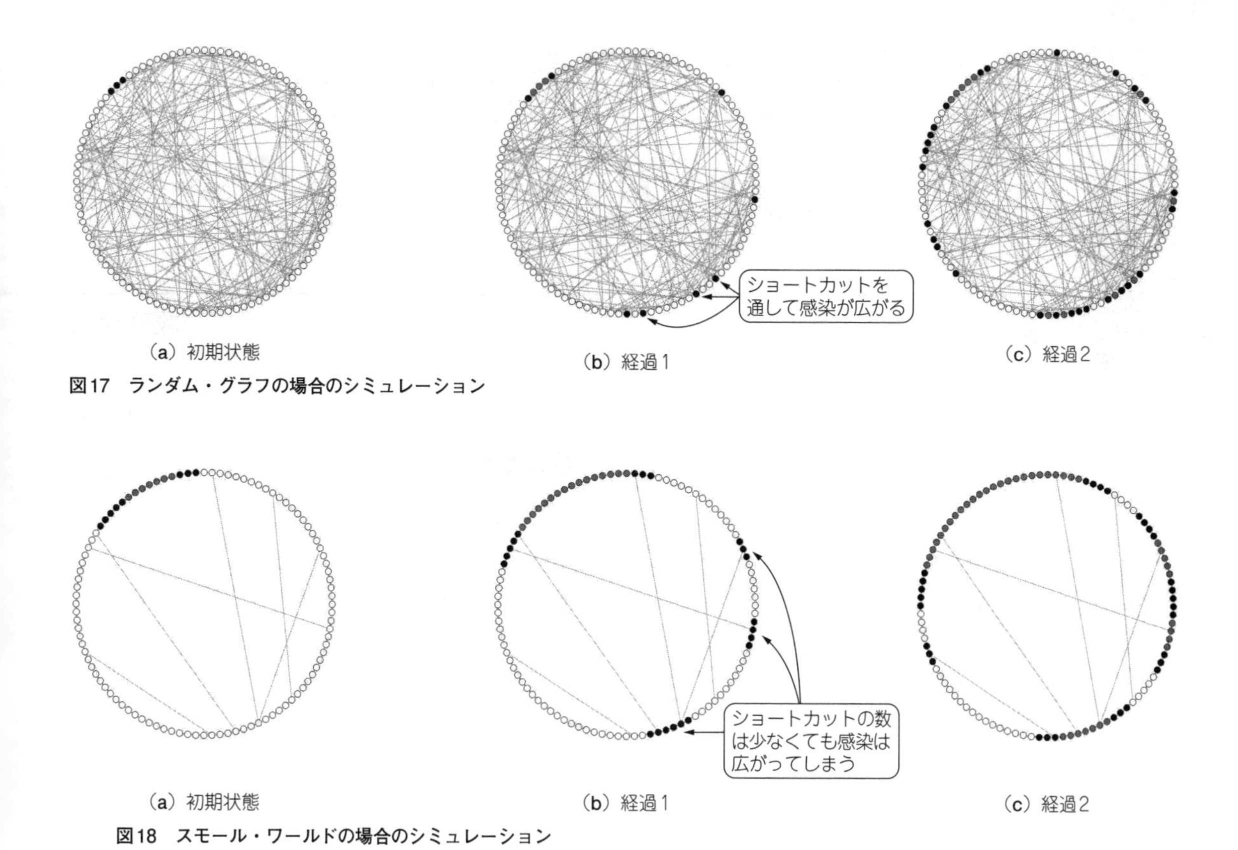
ショートカットを
通して感染が広がる
(a) 初期状態
(b) 経過1
(c) 経過2
ショートカットの数
は少なくても感染は
広がってしまう
(a) 初期状態
(b) 経過1
(c) 経過2

図17　ランダム・グラフの場合のシミュレーション

図18　スモール・ワールドの場合のシミュレーション

ラ・グラフよりたくさんいます．そのため，一定の確率で感染する場合，感染させられる人が多いため，結果的に感染者数がレギュラ・グラフよりも増えます．

ランダム・グラフとは，ノード同士がランダムにつながっているグラフです．スケール・フリー・ネットワークやスモール・ワールドが提唱される前のグラフで，グラフの解析手法の発展に大きく貢献したと言われています．

最後に，**図18**のようなスモール・ワールドの場合を考えます．ある部分だけ見るとレギュラ・グラフですが，ショートカットの人を通して他の部分も感染させてしまっています．そして，**図9**にも示したように，つなぎ変えの確率が上がると急激に平均距離が短くなり，ランダム・グラフの平均距離に近づいていきます．つまり，ごくわずかな人数でも他の地域に移動することで急激に感染が広まります．このことからも，不要不急の外出は控えた方がよいことが分かりますね．

● もっと詳しく知りたい方へ

スモール・ワールドの生みの親であるワッツとストロガッツはスモール・ワールドに関する本を幾つか書いており，翻訳書も多く販売されています．その幾つかは読み物として書かれていて，なかなか興味深いものとなっています．

◆参考文献◆

(1) Duncan J. Watts；スモールワールド・ネットワーク：世界を知るための新科学的思考法，2004年，阪急コミュニケーションズ．
(2) Duncan J. Watts；スモールワールド-ネットワークの構造とダイナミクス-，2006年，東京電機大学出版局．
(3) 鈴木 努；Rで学ぶデータサイエンス8 ネットワーク分析，2017年，共立出版．

まきの・こうじ

第2章

人と会わない方が良い理由「スケール・フリー・ネットワーク」

牧野 浩二

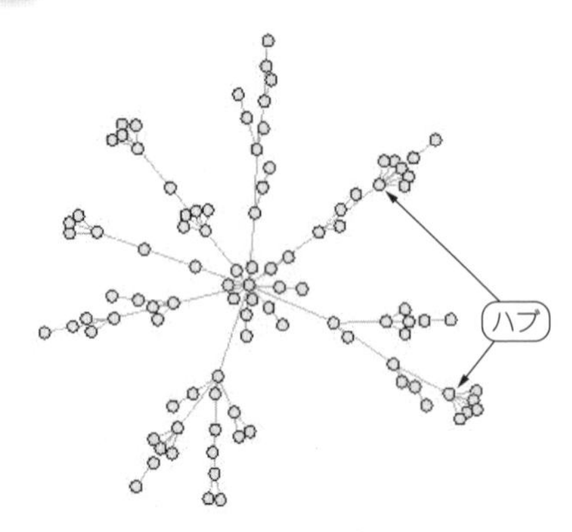

図1　スケール・フリー・ネットワークのグラフ

前章のスモール・ワールドに続いて，物事や人の結びつきに関する話題としてスケール・フリー・ネットワークを取り上げます．スモール・ワールドは人の移動に焦点を当てましたが，本章は人の結びつきの数に焦点を当てた話となります．

このアルゴリズムを理解できると，

- 1人から感染爆発を起こすことができるのはなぜか
- 人が集まることを制限することがなぜ有効なのか

について，納得できることがあると思います．

● 紹介するアルゴリズムと人工知能との関係

スケール・フリー・ネットワークはネットワーク分析という分野の話です．人工知能の分野で現在1番強力なツールとしてディープ・ラーニングがあります．これはニューラル・ネットワークから発展したことは皆さんの知るところと思います．

ニューラル・ネットワークはリンクに重みがついていたり，ノードに数値が入ったり，活性化関数で計算したりと，計算が多くあります．これに対してネットワーク分析では，ネットワークの構造に焦点を当てていますので少し内容は異なります．しかし，ニューラル・ネットワークの構造にスモール・ワールドやスケール・フリーなどの特殊な構造を組み込むことで新たな発展があるかもしれません．

あらまし

皆さんの周りには人脈の豊富な，いわゆる顔の広い人がいますでしょうか．顔の広い人はどんどん顔が広くなるということを感じることもあると思います．

スケール・フリー・ネットワークとは，現実世界にしばしば見られる他者との結びつきが極めて多い存在を，ネットワークの研究で使われるグラフというもので説明したものです．これは，1999年にアルバート＝ラズロ・バラバシという研究者によって発表されました．

ネットワークの研究で使われるグラフで説明すると聞くと難しそうに感じるかもしれませんが，作り方や原理が分かると概念を理解するのはさほど難しくありません．

● 特徴

スケール・フリー・ネットワークの詳細を説明する前に特徴を簡単に紹介しておきます．スケール・フリー・ネットワークは**図1**のようなたくさんの線が出ている○が少しだけしかなく，線が少ない○がたくさんあるようなネットワークです．ここで，線がたくさん出ている○印はハブと呼ばれています．このハブがスケール・フリー・ネットワークの重要な存在となります．

この図の傾向を散布図で表したのが**図2**です．なお，傾向を見やすくするために○印の数は10000として散布図を作っています．縦軸/横軸ともに対数軸となっています．線が出ている数の少ないものの割合が多く，線が出ている数の多いものは割合が小さく，その間は一直線になっています．

● 数式

図2の散布図の関係を数式で書くと式(1)となります．これをべき乗則と言います．ただし，γは定数です．両辺のlogをとると式(2)となります．$\log(\rho(k))$をy，$\log(k)$をxとすると式(3)となり，γの1次関数

になっていることが分かります．

$$p(k) \propto \frac{1}{k^{\gamma}} \cdots\cdots(1)$$

$$\log(\rho(k)) \propto -\gamma \log(k) \cdots\cdots(2)$$

$$y \propto -\gamma x \cdots\cdots(3)$$

現実のいろいろなものがスケール・フリー・ネットワークになっています．そして，スケール・フリー・ネットワークになっているものは，このようなべき乗則に当てはまるということがとても面白い点です．

スケール・フリー・ネットワークではありませんが，べき乗則にのっとっている現象として，地震の規模と発生回数の関係があります．小さい地震はたくさんありますが，大規模地震は100年単位で起きますね．人間が作ったものだけでなく，自然界の現象もべき乗則にのっとるという点は面白い特徴だと思います．

応用例

スケール・フリー・ネットワークの応用例として，しばしば用いられるのは次のものです．

- 航空網
- インターネット
- 学術論文の引用

● 応用例1…航空網

空港には羽田や関西のようにたくさんの航空機が発着するハブ空港と呼ばれるものから，茨城空港のような小さな空港までいろいろな大きさのものがあります．発着便数別に空港を数えると，便数の少ない空港はとてもたくさんあり，便数の多い巨大空港は数えるほどしかありません．この関係がべき乗則となっています．

この関係は日本だけでなく，米国内の空港を対象としても，世界中の空港を対象としても同じことが分かっています．数に関係ないという点もスケール・フリー・ネットワークの大きな特徴となっています．

● 応用例2…インターネット

インターネットはコンピュータ同士がつながるネットワークです．個人のPC同士でつながっているわけでなく，基地局を通してつながっています．基地局には小さいものから大きいものまであります．そして，基地局の規模と数を散布図で表すと**図2**に近いものになることも知られています．この関係もべき乗測となっています．

インターネットの通信網はここ30年で急激に成長しました．しかし，1990年代に調べたデータで作ったグラフから得られるべき乗則と2000年代に同じように得たべき乗則がほぼ同じ直線になっていることも分かっています[1]．スケール・フリー・ネットワークは数に関係ないだけでなく，ネットワークが成長して大きくなっても，その関係性を保てるという点も面白い特徴です．

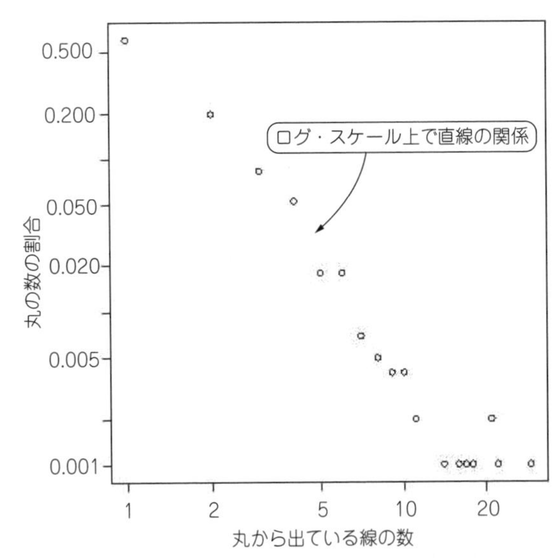

図2　スケール・フリー・ネットワークの特徴を表した散布図

● 応用例3…学術論文の引用

論文を書くときには過去の論文を参考として，必要があれば引用します．この引用論文の関係性を示すとスケール・フリー・ネットワークのべき乗則に従ってることが分かっています．

学問の世界でも有名な論文はよりたくさん引用され，一度も引用されないとそのまま引用されない論文になるということが，このことからも分かります．

他のネットワークとの違い

スケール・フリー・ネットワークと前章で説明したスモール・ワールドの違いをまずはグラフで比べてみます．スケール・フリー・ネットワークは**図1**に示すように，中心にあるハブと呼ばれる○印にたくさんの○印がつながっています．そこから遠ざかるに従って○印がつながる数が少なくなり，最後はつながる数が1つだけになるという構造をしています．

一方，スモール・ワールドは**図3**のように円形上に○印が並んでいて，近い者同士がつながっています．そして，幾つかの○印が遠くの○印とつながっています．スモール・ワールドでは，この遠くの○印につながっているのが重要で，この遠くにつながる○印はショートカット（またはバイパス）と呼ばれています．

次にランダム・グラフとの違いを示します．ランダム・グラフは**図4**に示すような構造で，どの○印同士がつながるかは，ランダムに決まっています．

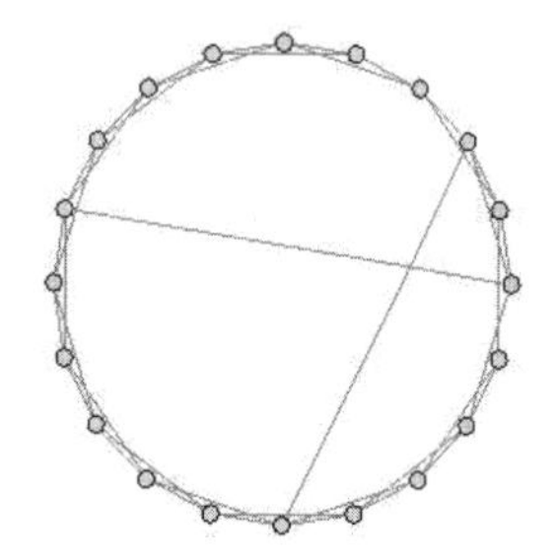

図3　スモール・ワールドのグラフ

図4　ランダム・グラフ

図6
あるグラフの一部を
取り出したグラフ

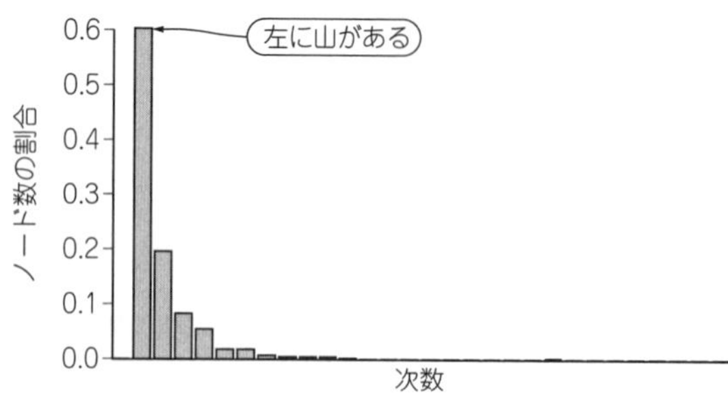

(a) スケール・フリー・ネットワーク

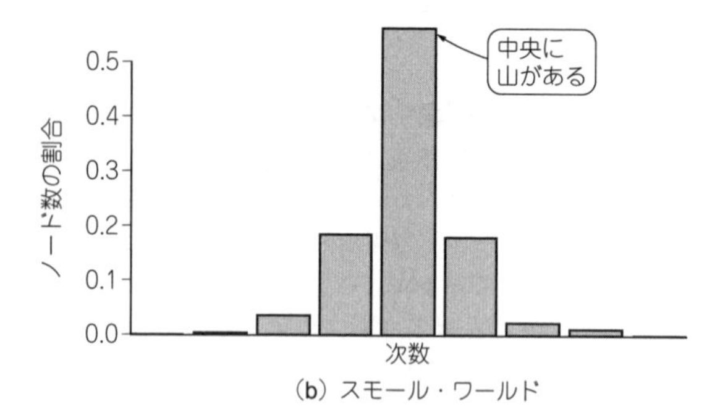

(b) スモール・ワールド

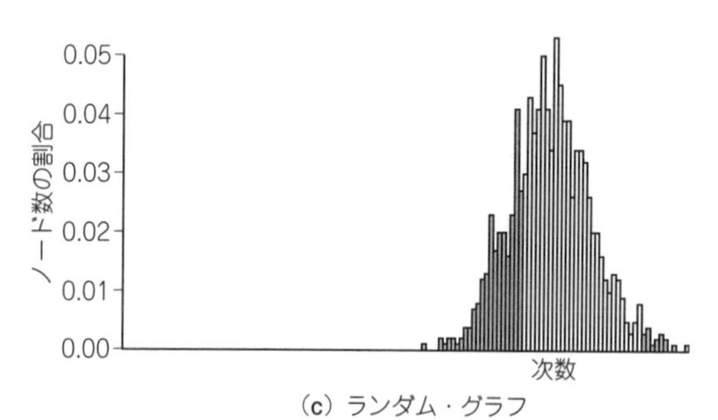

(c) ランダム・グラフ

図5　ネットワークの違いが次数分布を表した棒グラフに現れる

● 次数分布

次数は各ノードから出ているリンクの数です．スケール・フリー・ネットワークとスモール・ワールドとランダム・グラフを次数分布で比較するため，ノード数を10000にして棒グラフにまとめたものを**図5**に示します．スケール・フリー・ネットワークは横軸の左に山がありますが，スモール・ワールドとランダムグラフはどちらも横軸の途中に山がある形になっています．この違いが，スケール・フリー・ネットワークの大きな特徴です．

● クラスタ係数

クラスタ係数はスケール・フリー・ネットワークではあまり重要視されていませんが，スモール・ワールドとの比較のため説明をします．

クラスタ係数とはノード同士がどれだけ密につながっているかを表す指標です．どれだけ密につながっているかの指標として，リンクで3角形ができるかどうかをカウントします．例えば，リンクの一部を取り出して**図6**を考えます．この場合は2個の3角形ができます．この3角形の意味を友人関係に当てはめて考えると，自分の友人2人同士が友人であることを示しています．

クラスタ係数は，「実際にできる3角形の個数」を，「対象とするノードにつながっているノードが仮に全て3角形の関係があった場合の3角形の個数」で割った数を全てのノードについて求め，その求めたものの平均になります．**図6**の例では0.2 (=2/ (5 × 4/2)) となります．

スケール・フリー・ネットワークの作り方

● 基礎

スケール・フリー・ネットワークの特徴を知るには，その作り方を知っておくとよいです．

1, **図7(a)** のようにノードを1つ置きます
2, 2つ目と3つ目のノードを**図7(b)** のように置きます．ここで，偶然にノード①にノード②とノード③がつながったとします
3, 4つ目のノードは，ノードがつながっている数に従ってつながりやすくなるようにします．例えば，各ノードの次数を**図7(b)** の合計次数4で割った確率とします．この例では，ノード①の次数は2なのでこのノードにつながる確率は1/2になります．そして，ノード②とノード③の次

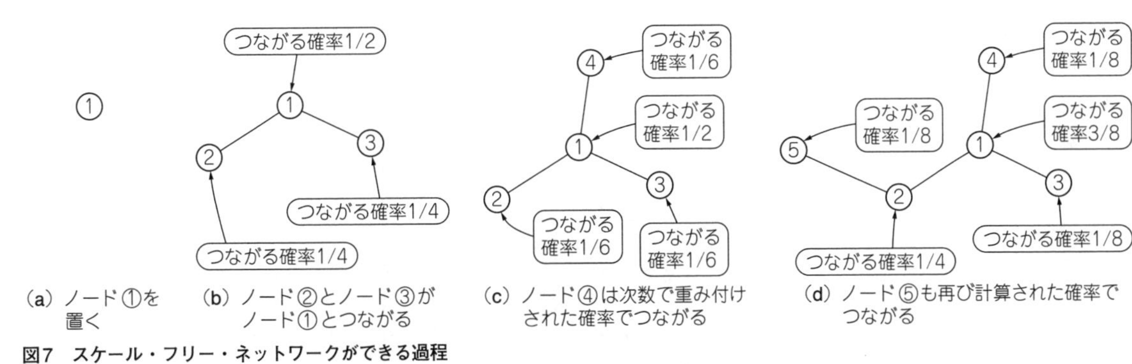

(a) ノード①を置く　(b) ノード②とノード③がノード①とつながる　(c) ノード④は次数で重み付けされた確率でつながる　(d) ノード⑤も再び計算された確率でつながる

図7　スケール・フリー・ネットワークができる過程

数は1なので，このノードにつながる確率はともに1/4となります．ノード④がノード①につながった場合は**図7(c)**となります

4. 同様にして5つ目のノードをつなぐ確率はノード①につながる確率が1/2，ノード②/ノード③/ノード④につながる確率が1/6となります．5つ目のノードがノード②に付いた場合は**図7(d)**となります
5. 6つ目のノードがつながるそれぞれのノードの確率は，ノード①は3/8，ノード②は1/4(=2/8)，ノード③/ノード④/ノード⑤は1/8となります

● 少し高度なもの

次にもう少し高度なスケール・フリー・ネットワークの作り方を紹介します．先ほどは次数に従って確率を決定していましたが，たくさんつながっているノード(次数の高いノード)はもっとたくさんつながるようにしましょう．これは現実の世界にも起こっていて，人気があるとより人気が出やすいということを表しています．

たくさんつながっているノードにたくさんつながるようにするために，次数に比例ではなく，次数のべき乗に比例するようにします．このべき乗にする数もスケール・フリー・ネットワークの特徴を決めるパラメータとなっています．例えば，このべき乗にする数を2とした場合を**図7(b)**を用いて考えます．

図7(b)の場合は，ノード①の次数が2，ノード②とノード③の次数が1です．そこでこの次数を2乗した数を考えると，ノード①は4，ノード②とノード③は1となります．そのため，**図8**に示すようにノード①とつながる確率は2/3(=4/6)，ノード②/ノード③とつながる確率は1/6となります．単純に次数を足し合わせたときはノード①につながる確率が1/2でしたので，よりつながりやすくなっていることが分かります．

このべき乗する数はべき指数(power index)と呼ばれています．この数は整数ではなく1.2のような小数を設定することもできます．なお，先ほど示した次数

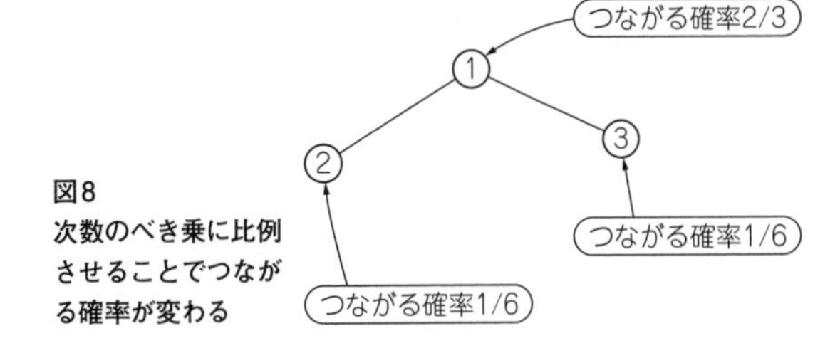

図8　次数のべき乗に比例させることでつながる確率が変わる

を単純に合計して確率を求めるのは，べき指数を1に設定したのと同じことになります．

● ランダム・グラフの作り方

今回はスケール・フリー・ネットワークとの比較のため，ランダム・グラフを用います．ランダム・グラフは文字通り，ランダムにノードがつながります．

例えば，**図9**のように8個のノードがあるとしましょう．この8個は最初はつながっていません．まず，**図9(a)**に示すようにノード①とノード②を対象として，確率pでリンクをつなぐかどうかを決めます．次に，ノード①とノード③についても同じように確率pでリンクをつなぐかどうかを決めます．これをノード①についてノード②～⑧までについて行うと**図9(b)**となります．

ここではリンクはつなぐかどうかの判定を行ったことを明確に示すために，リンクがあるところを実線で示し，リンクができなかったところを灰色の破線で示しています．

ノード①について終わりましたので，ノード②について考えます．ノード②とノード①は先ほどつなぐかどうか決めましたので，ノード②についてはノード③～ノード⑧までについて行うと**図9(c)**となります．このように，全ての組み合わせについて調べます．最終的には**図9(d)**となります．

グラフを作る

実際に体験していろいろなパラメータを変えると理解が深まります．ここでも統計解析用のRというソフ

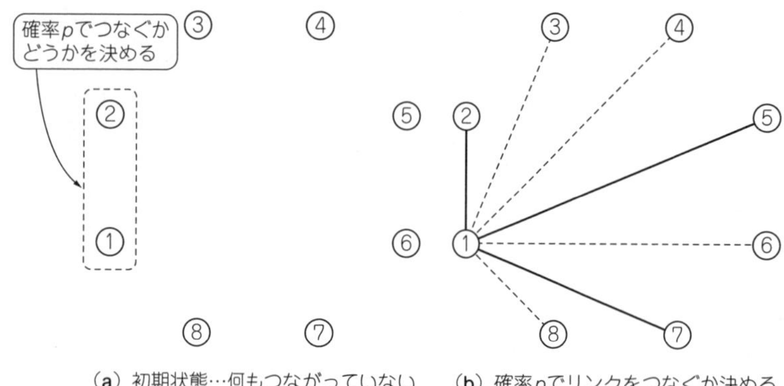

（a）初期状態…何もつながっていない8個のノードを置く　（b）確率pでリンクをつなぐか決める

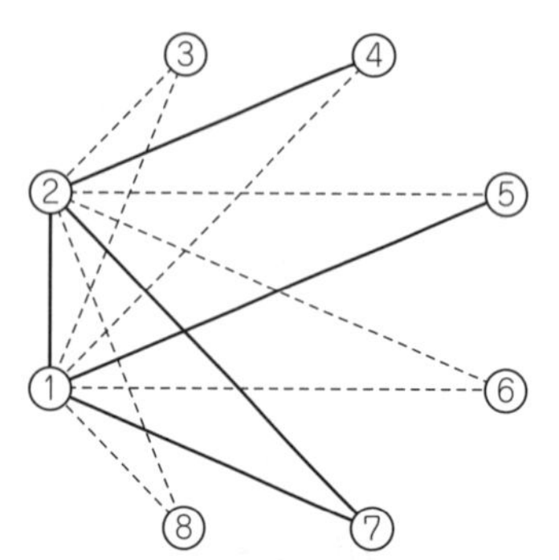

（c）ノード②について繰り返す

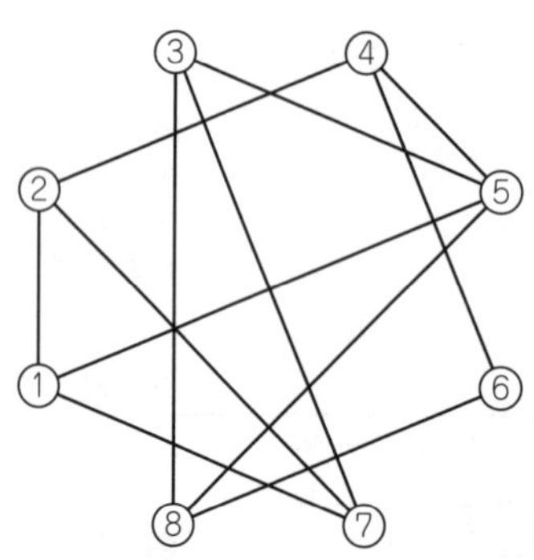

（d）全ての組み合わせで繰り返す

図9　ランダム・グラフの作り方

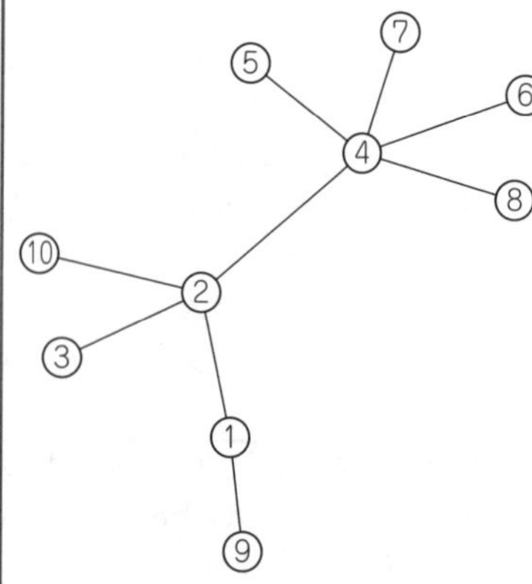

図10　説明用に○の数を減らしたスケール・フリー・ネットワークのグラフ

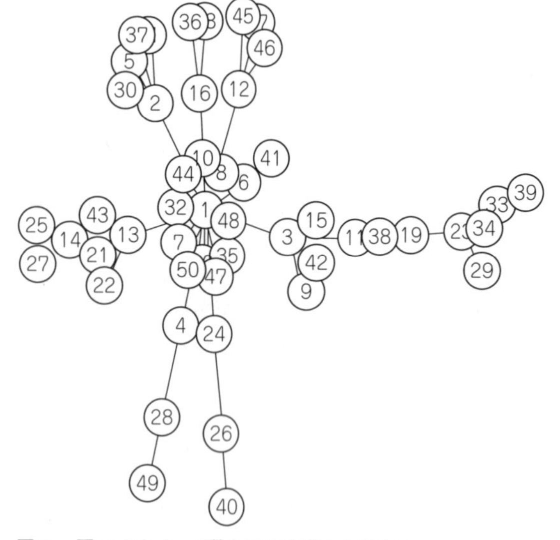

図11　図10からノード数を50に変更したグラフ

トウェアとigraphを使ってグラフを作ります．

● シンプルなグラフから

まずは**図10**のグラフを作ります．コマンドはたった2行です．ただし，ノードはオレンジ色で表示されます．

```
library(igraph)
ga <- sample_pa(n=10, power=1, m=1,
                          directed=F)
plot(ga)
```

▶グラフを変えてみる1…ノード数

ノード数を変えるにはnの値を変えます．

例えば，ノード数を50にした図を**図11**に示します．次のコマンドはノード数を50に変更したコマンドです．

```
ga <- sample_pa(n=50, power=1, m=1,
                          directed=F)
plot(ga)
```

▶グラフを変えてみる2…ノードの描き方

ノード数を大きくするとノードが重なって見にくくなりました．サイズなどを変更するにはplotコマンドのオプションを変更します．

次のコマンドを実行した結果が**図12**です．なお，オプションを変更しただけで**図11**と**図12**は同じグラフです．

```
plot(ga, vertex.size=6, vertex.
label=NA, vertex.color="gray90",
vertex.label.color="black")
```

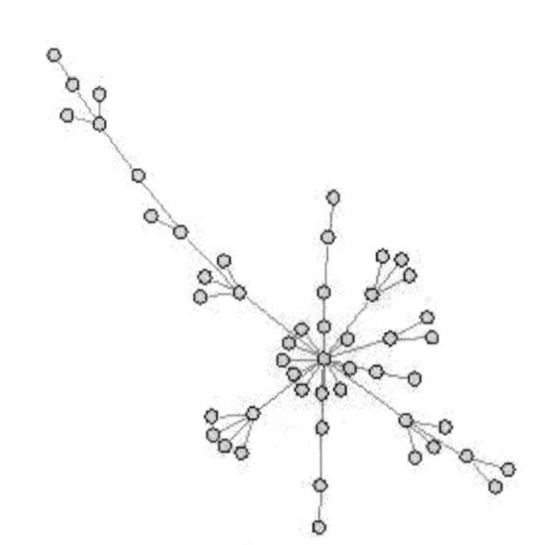

図12　オプションを変えただけで図11と同じグラフ

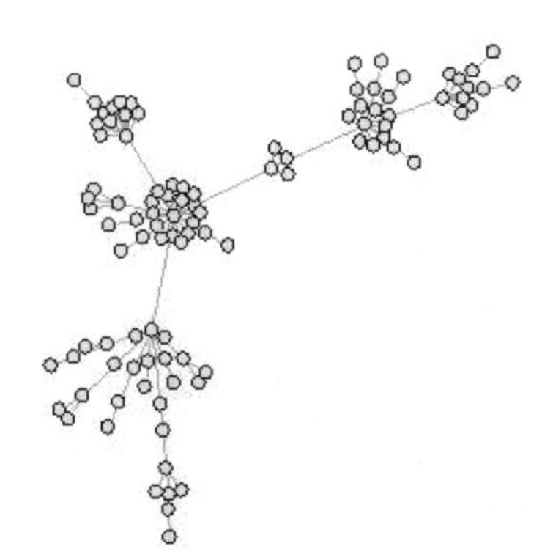

(a) べき指数(power)…1.5

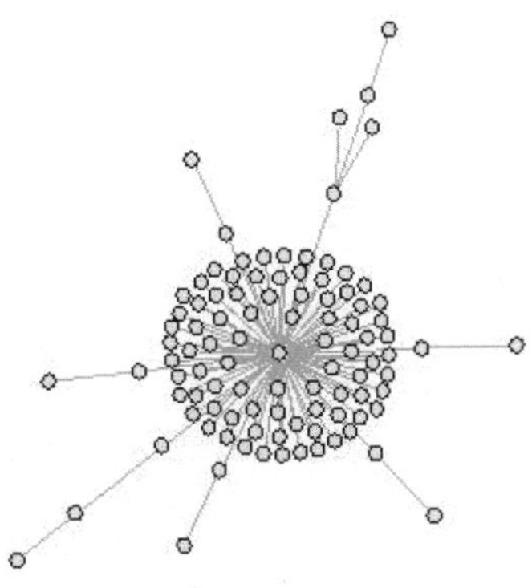

(b) べき指数(power)…2.0

図13　つなぎ方を変えたグラフ

▶グラフを変えてみる3…つながりやすさ

スケール・フリー・ネットワークではたくさんつながっているノードに，よりたくさんつなげるためのパラメータがあります．これはpowerにあたります．

ここではノード数を100にして，powerを1.5と2にしたグラフを**図13**に示します．powerを大きくするとたくさんつながりやすくなります．次のコマンドはノード数を100，powerを1.5に変更したコマンドです．

```
ga <- sample_pa(n=100, power=1.5,
                m=1, directed=F)
plot(ga, vertex.size=6, vertex.
                label=NA)
```

▶グラフを変えてみる4…リンク数

ここまでは新しいノードが追加されると，そのノードから1本のリンクが出るようにしていました．これはm=1としていたからです．

追加したノードから複数のリンクを出すことができます．次のコマンドはm=2として2本のリンクが出るように変更しました．このグラフを**図14**に示します．なお，これまでのようにリンクが1つしか出ないと3角形が作れないので，クラスタ係数は計算できません．

```
ga <- sample_pa(n=10, power=1, m=2,
                directed=F)
plot(ga, vertex.size=6, vertex.
                label=NA)
```

● 次数分布を求める

スケール・フリー・ネットワークは次数分布に特徴があるということを示しました．ここでは次数分布を散布図で表す方法を示します．

まず，**図15**のネットワークを次のコマンドで作成します．

```
ga <- sample_pa(n=1000, power=1,
                m=1, directed=F)
plot(ga, vertex.size=6, vertex.
                label=NA)
```

この次数分布を棒グラフで表すには次のコマンドで行います．この結果が**図5(a)**です．この棒グラフは横軸が次数，縦軸が割合になっています．

```
barplot(degree_distribution(ga))
```

スケール・フリー・ネットワークではべき乗則があ

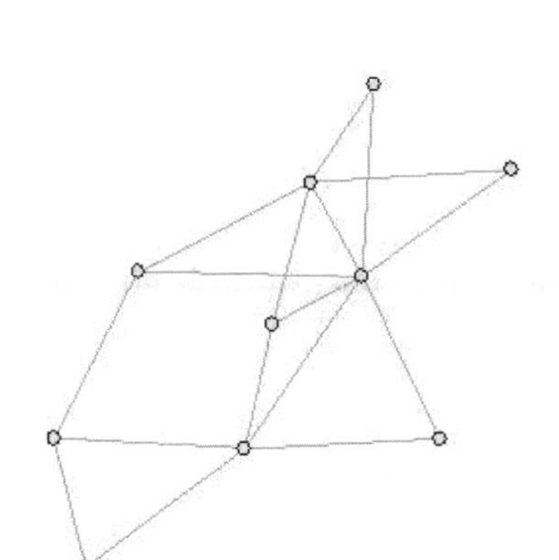

図14　図10からリンクの本数を2としたグラフ

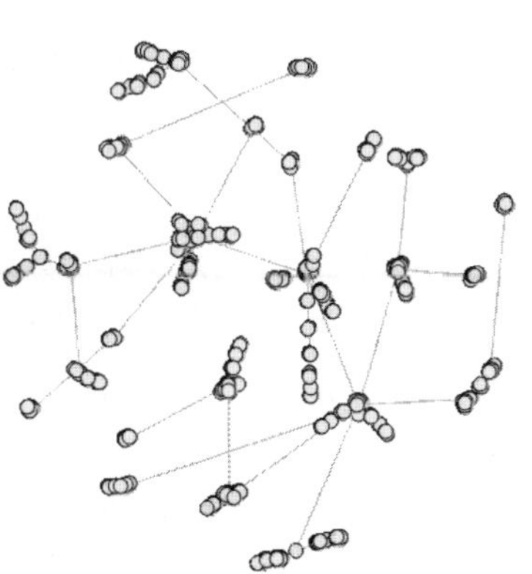

図15　次数分布を表したグラフ

図16　リンクの本数を4にしたグラフ

表1　distances(ga)の実行結果

ノード	[,1]	[,2]	[,3]	[,4]	[,5]	[,6]	[,7]	[,8]	[,9]	[,10]
[1,]	0	1	2	2	3	3	3	3	1	2
[2,]	1	0	1	1	2	2	2	2	2	1
[3,]	2	1	0	2	3	3	3	3	3	2
[4,]	2	1	2	0	1	1	1	1	3	2
[5,]	3	2	3	1	0	2	2	2	4	3
[6,]	3	2	3	1	2	0	2	2	4	3
[7,]	3	2	3	1	2	2	0	2	4	3
[8,]	3	2	3	1	2	2	2	0	4	3
[9,]	1	2	3	3	4	4	4	4	0	3
[10,]	2	1	2	2	3	3	3	3	3	0

ることを示したいので，横軸/縦軸ともに対数とした散布図で示すために次のコマンドを使います．この結果が**図2**です．確かに，ほぼ直線にプロットされています．このことからべき乗則が成り立っていることを確認できます．

```
plot(degree_distribution(ga)
                    [-1],log="xy")
```

● 平均距離を求める

ここでは**図10**に示したノード数10のグラフを対象として平均距離を求めます．それぞれのノード間の距離を次のコマンドで求めます．distancesコマンドの実行結果を**表1**に示します．**図10**のノード①からノード③へはリンクを2本たどればよいので距離は2となり，**表1**の結果でも確かに2となっています．

```
ga <- sample_pa(n=10, power=1, m=1,
                         directed=F)
distances(ga)
```

平均距離はmean_distance関数で求めることができます．これは距離の平均を求めるための専用の関数です．今回の距離の平均を求めるときには，自分から自分への距離(0となっている部分)を入れないで計算する必要があるからです．

```
mean_distance(ga)
[1] 2.311111
```

● クラスタ係数を求める

これまでは新しく追加されたノードは1本のリンクしか持たなかったため，クラスタ係数で必要となる3角形はできませんでした．クラスタ係数を求めるため，新しく追加したノードからつながるリンクの本数を4に変えるためのコマンドを次に示します．その場合のグラフは**図16**となります．

```
ga <- sample_pa(n=10, power=1, m=4,
                         directed=F)
plot(ga, vertex.size=6, vertex.
                           label=NA)
```

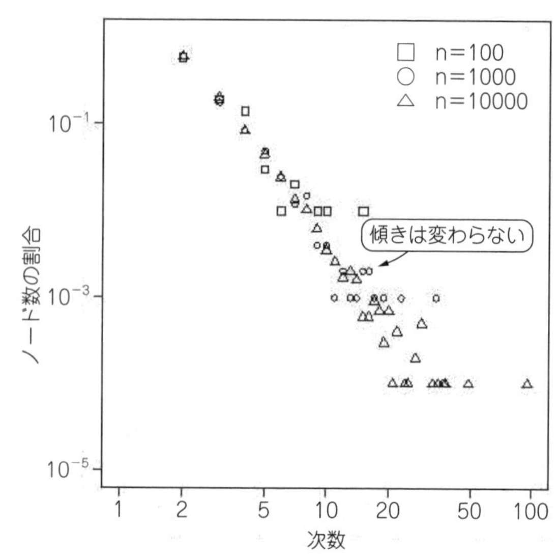

図17　3つのスケール・フリー・ネットワークの次数分布…ノード数を変えた場合

それぞれのノードのクラスタ係数はtransitivity関数を用いて次のコマンドで求めることができます．

```
transitivity(ga, type="local")
  [1] 0.7142857 0.8000000
0.7333333 0.5714286 0.6428571
0.7333333 0.6000000 1.0000000
0.6000000 0.6666667
```

クラスタ係数はその平均が重要となりますので，次のコマンドで平均を計算します．これはmean関数で求めることができます．なお，na.rm=TRUEとすることで，クラスタ係数が求められなかったノードの結果を無視して計算するようになります．

```
mean(transitivity(ga, type="local"),
                        na.rm=TRUE)
[1] 0.7061905
```

● 散布図を作る

スケール・フリー・ネットワークは2つの特徴がありました．

- つながる確率が同じ場合…ノード数が変わっても散布図の傾向は変わらない
- つながる確率が異なる場合…ノード数が同じでも散布図の傾きが変わる

それぞれについて本当にその傾向があるのか調べてみましょう．

▶ノード数が変わった場合

ノード数を100，1000，10000にしてそれぞれスケール・フリー・ネットワークを作り，その次数分布を散布図で表示してみます．そのためのスクリプトを次に示します．このスクリプトの結果を**図17**に示します．全部同じ傾きを持っていることが分かります．確かに，つなぎ方が同じならばノード数が変わっても同じ傾向となります．

```
ga1 <- sample_pa(n=100, power=1,
                 m=1, directed=F)
ga2 <- sample_pa(n=1000, power=1,
                 m=1, directed=F)
ga3 <- sample_pa(n=10000, power=1,
                 m=1, directed=F)
plot(degree_distribution(ga1),
     log="xy",pch=0,ylim=c(1e-5,1),
     xlim=c(1,1e2),xlab=NA,ylab=NA)
par(new=T)
plot(degree_distribution(ga2),
     log="xy",pch=1,ylim=c(1e-5,1),
     xlim=c(1,1e2),xlab=NA,ylab=NA)
par(new=T)
plot(degree_distribution(ga3),
     log="xy",pch=2,ylim=c(1e-5,1),
     xlim=c(1,1e2),xlab=NA,ylab=NA)
```

▶つながる確率が変わった場合

ノード数を10000にして，つながる確率を1，1.4，1.5の3種類としてスケール・フリー・ネットワークを作ります．その次数分布を次のスクリプトで調べます．このスクリプトの結果を**図18**に示します．3種類とも傾きが異なることが分かります．確かにノード数が同じでも，つながる確率を変えることで，散布図の傾きが変わることが分かります．

```
ga1 <- sample_pa(n=10000, power=1,
                 m=1, directed=F)
ga2 <- sample_pa(n=10000, power=1.4,
                 m=1, directed=F)
ga3 <- sample_pa(n=10000, power=1.5,
                 m=1, directed=F)
plot(degree_distribution(ga1),
     log="xy",pch=0,ylim=c(1e-5,1),
     xlim=c(1,1e2),xlab=NA,ylab=NA)
par(new=T)
plot(degree_distribution(ga2),
     log="xy",pch=1,ylim=c(1e-5,1),
     xlim=c(1,1e2),xlab=NA,ylab=NA)
par(new=T)
plot(degree_distribution(ga3),
     log="xy",pch=2,ylim=c(1e-5,1),
     xlim=c(1,1e2),xlab=NA,ylab=NA)
```

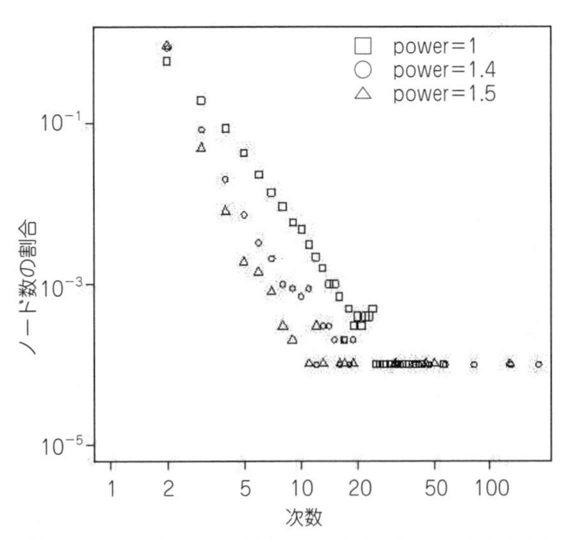

図18　3つのスケール・フリー・ネットワークの次数分布の散布図…つながる確率を変えた場合

病気の感染との関係

最後に病気の感染とスケール・フリー・ネットワークの関係を考えます．病気の感染とスケール・フリー・ネットワークとの関係性を実際にシミュレーションで求めるのはかなり難しいものとなります．そこで，概念でその関係性を説明します．

スケール・フリー・ネットワークは人のつながりも表すことができます．ここで問題となるのが，ハブとなる人の存在です．もし，この人が病気に感染すると爆発的に広がることが容易に想像できると思います．

この人とのつながりというのは何も友人だけではありません．例えば電車ですれ違う人でもこの関係は成り立つと考えられます．たくさんの電車を乗り継いで通勤している方もいるでしょう．そのような方が感染してしまうと，拡がりが加速します．確かに不要不急の外出はしない方がよさそうですね．

◆参考文献◆

(1) 一井信吾：「インターネットはスケールフリー」論再考，J-STAGE.
https://www.jstage.jst.go.jp/article/bplus/2008/7/2008_7_7_59/_pdf/-char/ja
(2) アルバート＝ラズロ・バラバシ；新ネットワーク思考：世界の仕組みを読み解く，2002年，NHK出版.
(3) ダンカン・ワッツ；スモール・ワールド・ネットワーク：世界を知るための新科学的思考法，2004年，阪急コミュニケーションズ.
(4) マーク・ブキャナン；複雑な世界，単純な法則：ネットワーク科学の最前線，2005年，草思社.

まきの・こうじ

第3章

感染シミュレーション

牧野 浩二

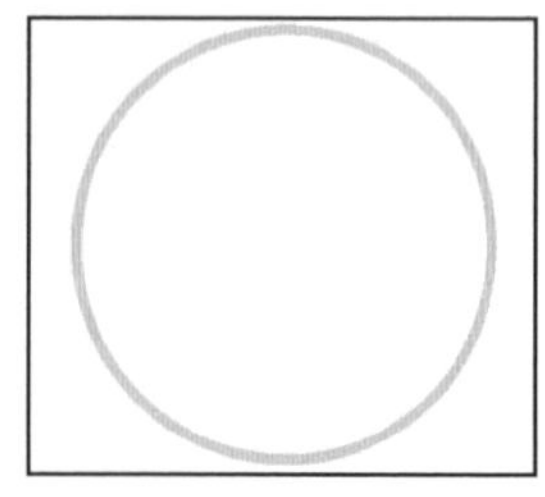
(a) 1日目

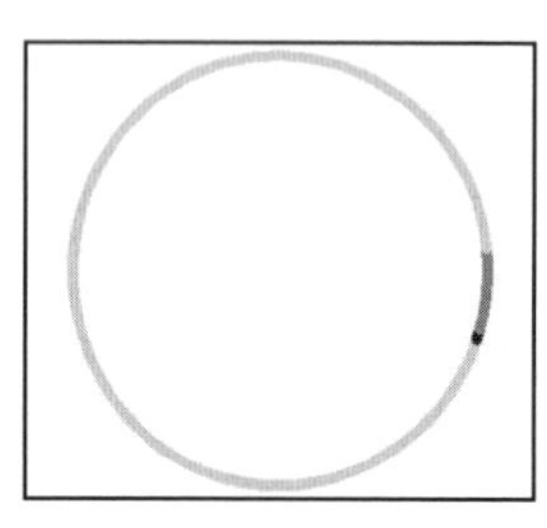
(b) 50日目

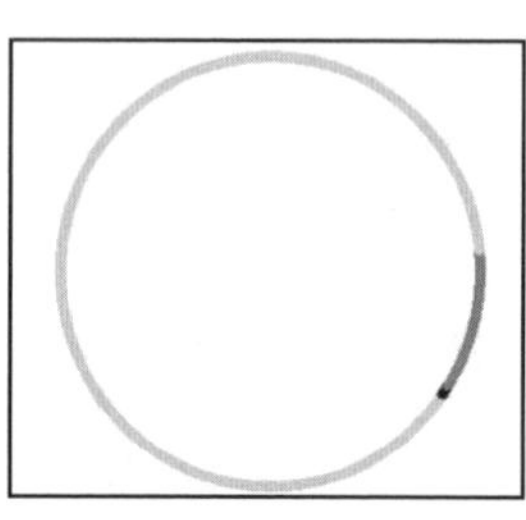
(c) 100日目

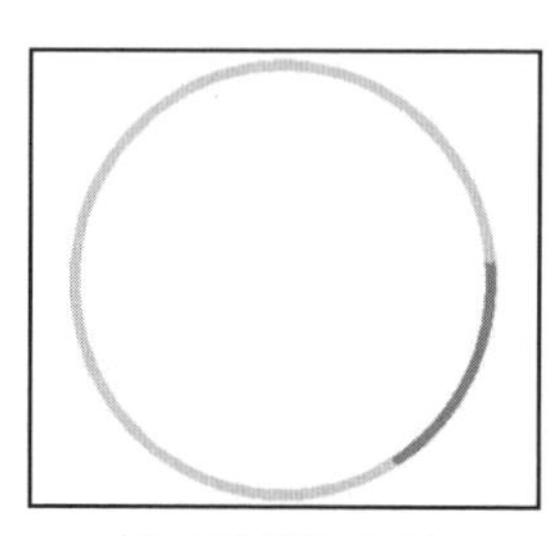
(d) 156日目(収束)

図1　レギュラ・グラフ…感染が半分くらいで止まる

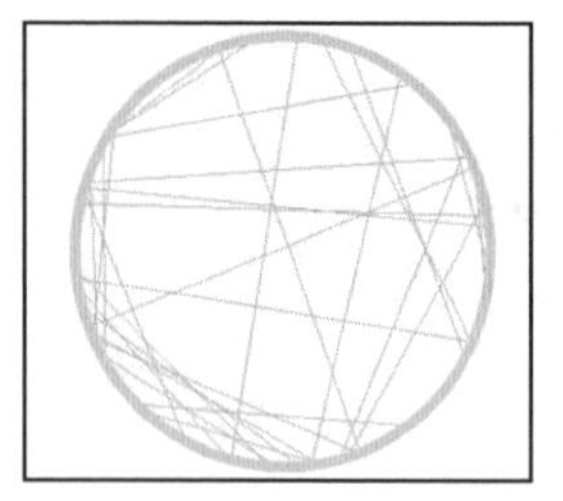
(a) 0日目

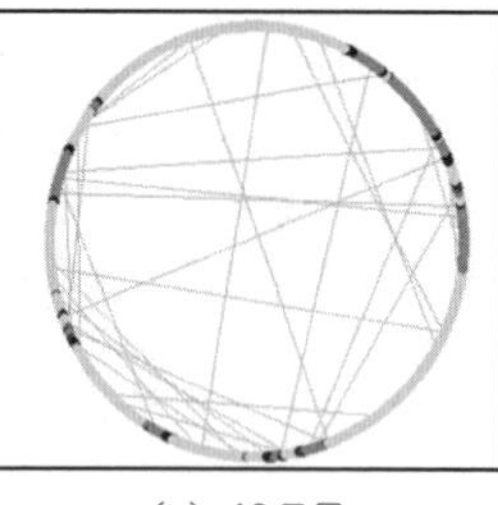
(b) 40日目

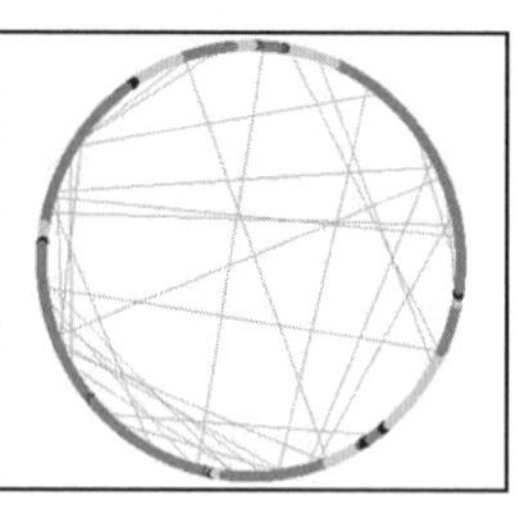
(c) 80日目

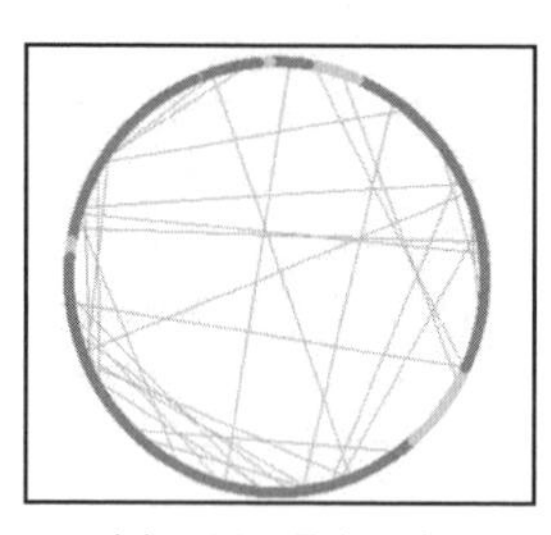
(d) 126日目(収束)

図2　スモール・ワールド…感染がいろいろな部分からじわじわ全体に広がる

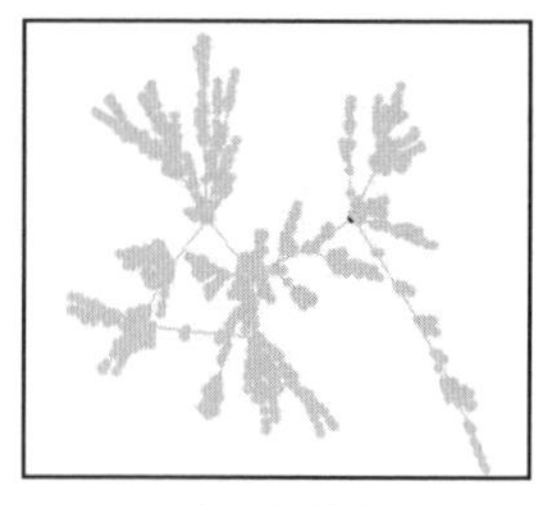
(a) 0日目

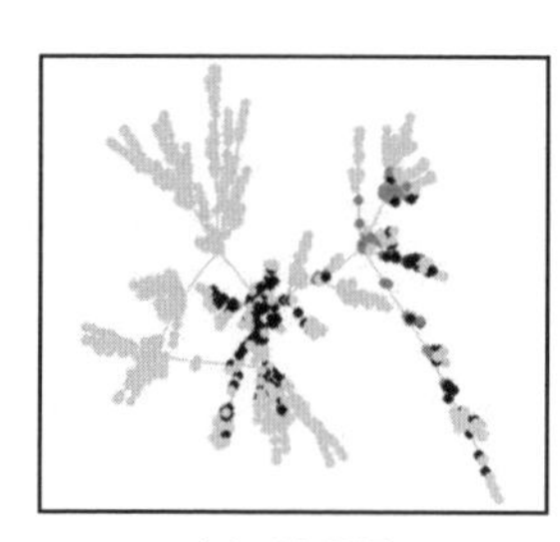
(b) 12日目

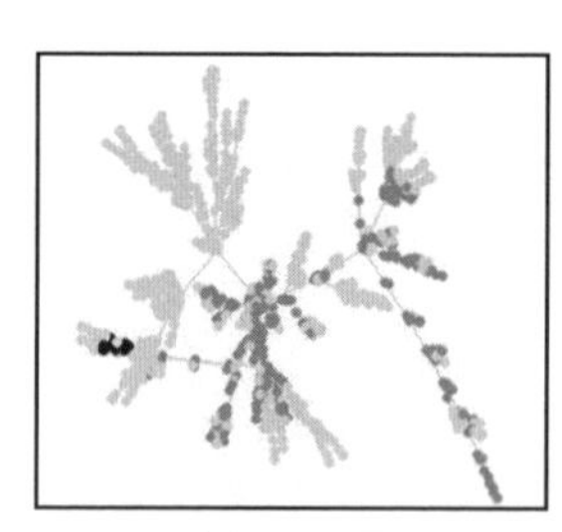
(c) 24日目

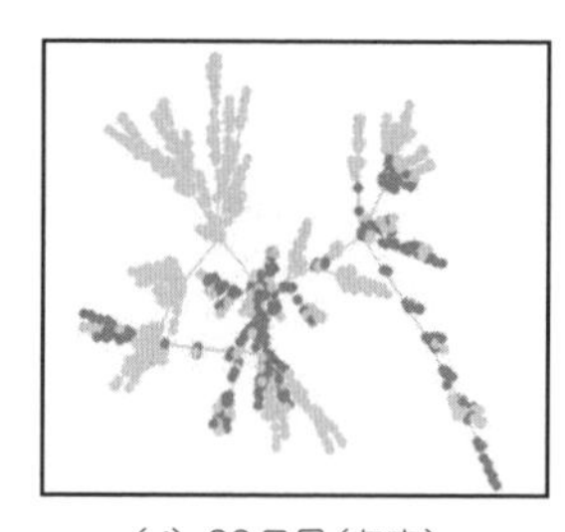
(d) 38日目(収束)

図3　スケール・フリー・ネットワーク…感染が一気に広がる

ここでは感染のシミュレーションを行い，感染が拡大していく様子を可視化します．ページの都合から幾つかの例を載せるだけですが，いろいろなネットワークで試したり，さまざまなパラメータ(感染率，病気の期間など)を変化させたりすると，いろいろ納得できることがあると思います．

シミュレータの使い方だけでなく作り方も紹介します．例えば潜伏期間や，回復した後再び罹患(りかん)するなどネットワークの改造に挑戦してみてください．

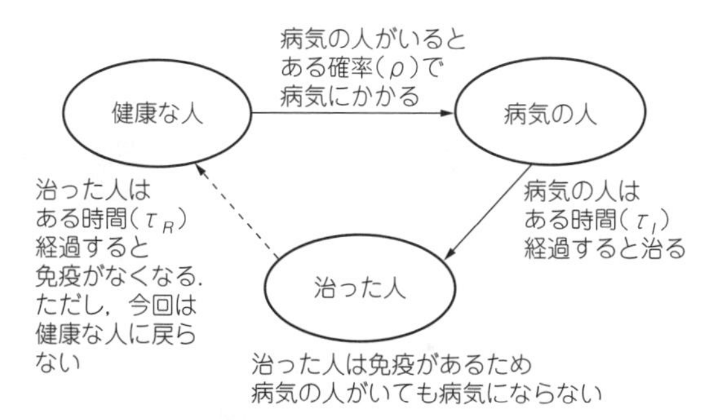

図4　感染モデルのルール

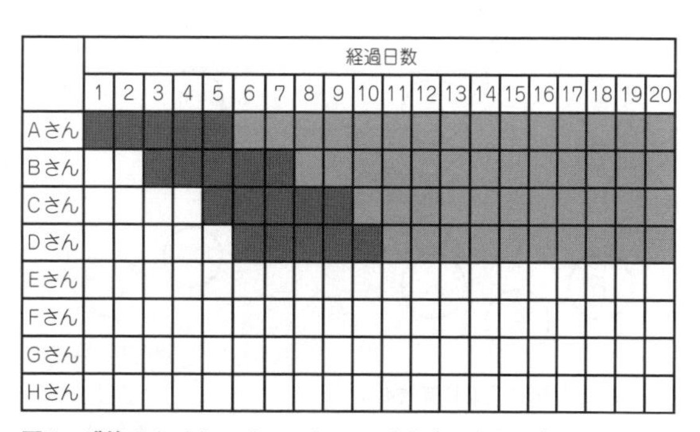

図5　感染のタイム・チャート1…4人のネットワーク

感染シミュレーションのイメージ

感染シミュレーションのイメージをつかんでいただくために，感染シミュレーション画像を紹介します．感染シミュレーションでは，次の3種類のノードを用意します．

- 健康ノード(健康な人，未感染者)：うすい灰色
- 病気ノード(病気中の人，感染者)：黒色(ダウンロード版では赤色)
- 回復ノード(病気から治った人，回復者)：濃い灰色(ダウンロード版では青色)

図1はレギュラ・グラフで，感染が半分くらいで止まります．

図2はスモール・ワールドのグラフで，感染がいろいろな部分からじわじわですが全体に広がっています．

図3はスケール・フリー・ネットワークのグラフで，感染が一気に広がっています．

図2のスモール・ワールドのグラフでは，収束が126日ですが，スケール・フリー・ネットワークでは，収束までが38日となり，かなり早い収束となっています．

感染モデルの作り方

この感染シミュレーションの作り方を説明します．作り方が分かると感染シミュレーションの意味がよく理解できると思いますし，パラメータを変えていろいろと試しやすくなると思います．

● 式

感染シミュレーションは筆者が作ったものですが，感染の広がりを予測するためのSIRモデルというものを基にしています．SIRモデルは病気の感染が拡大する様子の時間変化について調べるためによく用いられています．SIRモデルの式を次に示します．

$$S(t)+I(t)+R(t)=1$$

ただし，

$S(t)$：健康な人の割合
$I(t)$：病気にかかっている人の割合
$R(t)$：病気から治った人の割合

とします．割合なので全部を足すと1となります．

● ルール

このSIRモデルのルールを，**図4**に示す状態遷移図を用いながら説明します．

- 健康な人は病気にかかっている人がいると病気になる
- 病気になった人はある時間経過すると治る
- 治った人は(免疫があるため)病気にならない
- 治った人はしばらくすると(免疫がなくなるため)健康な人になり，再度，病気にかかる(今回は健康な人に戻らない)

このときモデルにおいて重要なパラメータとして，次の3つがあります．

- τ_I：病気になってから治るまでの時間
- τ_R：免疫が失われるまでの時間
- ρ：感染率(健康な人が病気の人から感染する確率)

このモデルを今回対象とするグラフに当てはめた場合を，8人を例にとってタイム・チャート**図5**で説明します．このタイム・チャートでは病気中は黒，治ったら灰色，病気にかかっていなければ白としています．

簡単にするため，免疫は1度つくと失われない($\tau_R=\infty$)とします．そして，病気はかかってから5日後に治る($\tau_I=5$)とします．さらに8人は**図6**のように隣の人とだけ接触するとします．つまり，AさんからはBさんとHさんにだけ感染します．説明ではあまり重要ではありませんが感染率ρは0.2としておきます．

● 動き

それではタイム・チャートを用いて説明します．同時に感染していく様子も**図7**に示しています．初期条件としてAさんが突然病気に感染したとします．

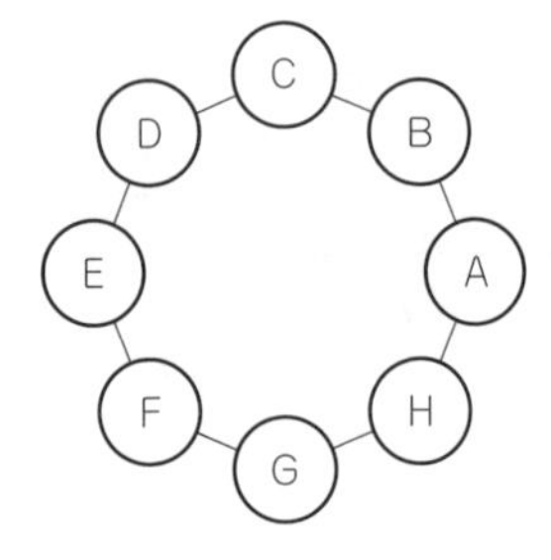

図6　8人は隣の人とだけ接触する

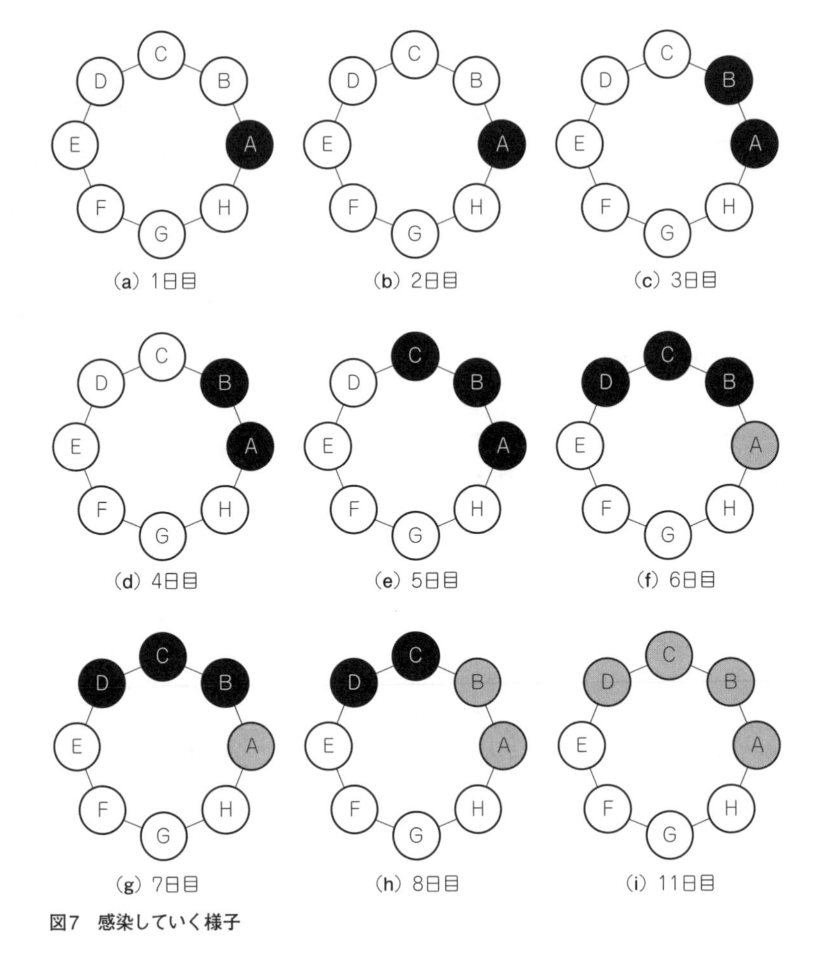

図7　感染していく様子

まず，Aさんに着目します．これを1日目とします．

2日目にBさんまたはHさんに病気がうつるかどうかを確率で決めます．**図7**では，この日はBさんもHさんも感染しませんでした．

3日目も同じように感染するかどうかを確率で決めます．Bさんには感染してしまったとしましょう．4，5日目はこれまでと同じようにAさんからHさんに感染したかどうか確率で決めます．幸いなことに5日までHさんは感染しなかったとします．そして6日目はAさんは病気が治ります．

次にBさんに着目すると，4日目からCさんに感染させる可能性が出てきます．この表では幸いなことに4日目は病気を感染させませんでしたが，残念ながら5日目にCさんに感染させてしまっています．そして6日目，Aさんは病気から治りましたが，免疫があるためBさんから感染することはありません．

このようにして，Dさんまで感染したとします．Eさんは病気にならなかったとします．11日で病気は収束しました．

A，B，C，Dさんが病気に感染し，E，F，G，Hさんは病気に感染しませんでした．

今回は病気が収束しましたが，確率の問題ですので，**図8**のように全員がかかる場合があります．この場合は18日目に収束しています．

一方，免疫が失われるまでの時間を10日（$\tau_R = 10$）としたときは**図9**のようになります．収束せずにもう1回かかります．免疫が失われるようにすると2回目の感染が始まりなかなか収束しなくなります．

シミュレーションの準備

Rでシミュレーションを行います．シミュレーションを行うために必要なノードのつながりを取得する方法について説明します．例として，先ほどの8個のレギュラ・グラフを考えます．

● 次数1のレギュラ・グラフから

次数が1のレギュラ・グラフを作るスクリプトを**リスト1**に示します．なお，installから始まるコマンドは1度行えば再度行う必要はありません．

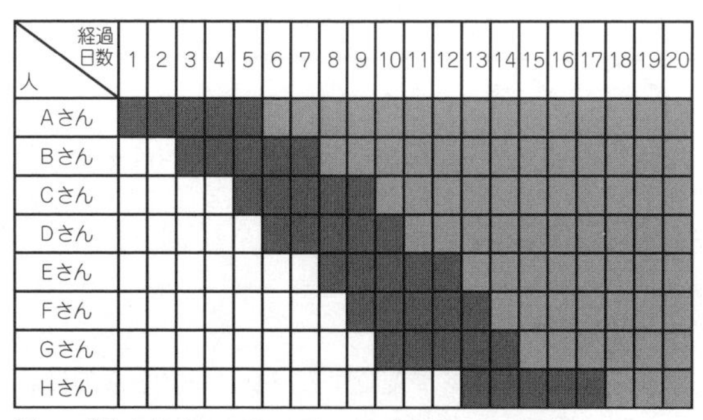

図8　感染のタイム・チャート2…8人のネットワーク

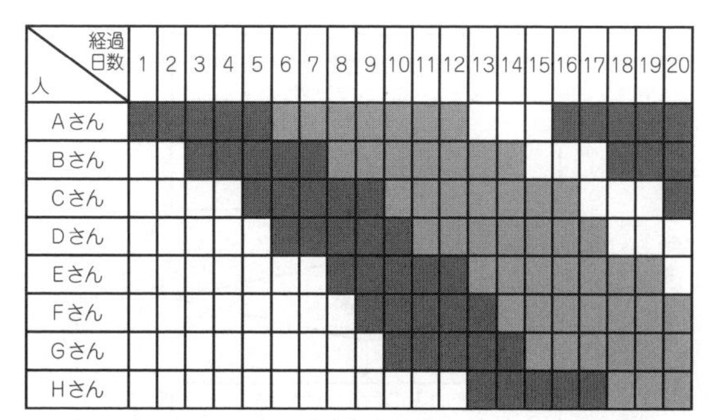

図9　免疫が失われるまでの時間を10日としたときは感染が収束しない

リスト1　次数が1のレギュラ・グラフを作るスクリプト

```
install.packages("igraph")
library(igraph)
ga <- sample_smallworld(dim=1, size=8, nei=1, p=0)
plot(ga, layout=layout_in_circle)
```

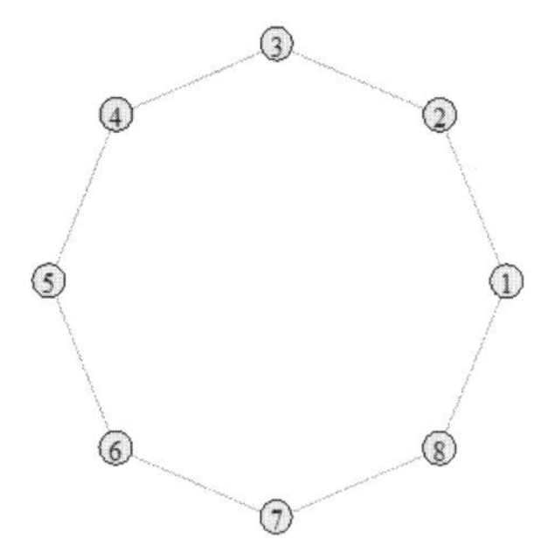

図10　シミュレーションの実行

リスト2　ノードのつながりを調べる

```
el <- as_edgelist(ga)
el
     [,1] [,2]
[1,]    1    2
[2,]    2    3
[3,]    3    4
[4,]    4    5
[5,]    5    6
[6,]    6    7
[7,]    7    8
[8,]    1    8

el[3,1]
[1] 3
el[3,2]
[1] 4

nrow(el)
[1] 8
```

libraryから始まるコマンドはRを起動するたびに行ってください．実行すると**図10**のグラフが表示されます．

● ノードのつながり

ノードのつながりは**リスト2**に示すようにas_edgelistコマンドで調べることができます．例えば，[1,]と書いてある行は1番目のリンクにノード①とノード②がつながっていることを示しています．

3番目のリンクについている2つのノード番号はそれぞれel[3,1]とel[3,2]とすることで得ることができます．そして，リンクが幾つあるかnrowコマンドで調べることができます．これらのコマンドでリンクの数が分かり，どのノード同士がつながっているかが分かりますので，これらをうまく使ってシミュレーションを行います．

● シミュレーションの流れ

シミュレーションはまず全体構造を知っておくと理解しやすくなります．シミュレーションのフローチャートを**図11**に示します．

まずはパラメータを設定してグラフを作成します．

次に変数の初期化を行います．その初期化ではグラフのつながりのリストなども求めます．また，シミュレーションが始まる前にグラフの形を確認することも行います．

その後，設定した最大日数だけ繰り返します．病気の人が0になるまでとしたいのですが，終わるまでにかなり長い時間がかかってしまうことがあるため，最大日数を設定して終わるようにしています．

健康ノード，病気のノード，回復ノードの数をカウントし，そのときのグラフ画像を保存する準備もします．

病気の人が0人になったらシミュレーションが終わります．その後，治るまで時間を進めます．

その次は病気が感染していく部分になります．これはリンクの数だけ繰り返し，各リンクに付いたノードの状態によって感染するかどうかを決めます．後ほどスクリプトを見ながら説明します．

● シミュレーションの設定

シミュレーションでは各ノードが，健康/病気/回

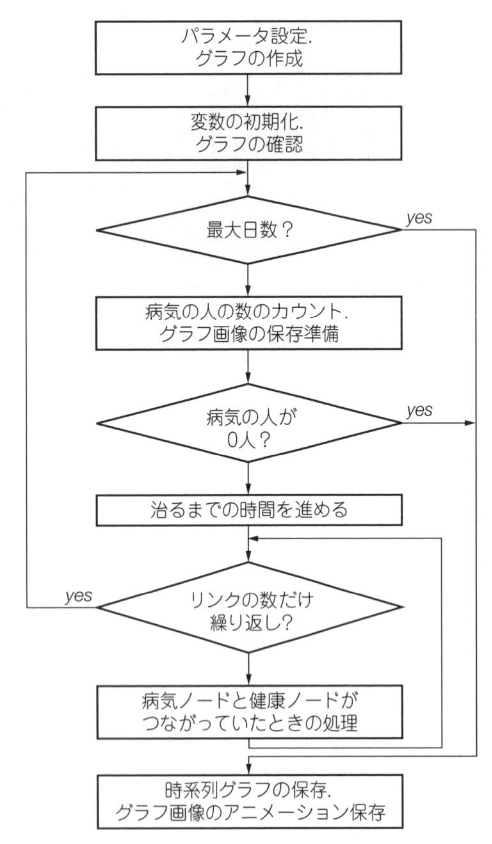

図11　シミュレーションのフロー

復ノードのどの状態にいるのか，病気になってからの経過日数が重要となります．スクリプトの説明をする前に，これらの設定の仕方を説明します．

▶ノードの状態

ノードの状態は次のように番号で表示します．

- 健康ノード：0
- 病気ノード：1
- 回復ノード：2

そして，各ノードの状態を番号で保存するベクトルを作成します．また，ノード①だけ初期状態で病気ノードとしておきます．例えば，8個のノードの場合は次のベクトルとなります．

```
10000000
```

● 病気になってからの時間

各ノードが病気になってからの経過時間を数えるためのベクトルを作成します．経過時間を数えるのではなく，治るまでの残りの時間を保存するものとします．例えば，初期状態でノード①は病気ノードですので，病気になってから5日かかるとする場合は次のベクトルとなります．

```
50000000
```

プログラム

図11に示したフローチャートに対応したスクリプトを**リスト3**に示します．フローチャートに書かなかった点だけ説明します．

● 初期設定

シミュレーションで変更するパラメータを最初に設定しています．それぞれ次の意味があります．

- NodeSize：ノード数
- rho：感染率
- I2Rtime：感染してから治るまでの時間

次に初期設定を行っています．

- el…ノードのつながりを保存する変数でas_edgelist関数で調べている
- NS_now…各ノードの状態を保存するベクトルであり初期状態で0にする
- NS_time…各ノードの病気になってから治るまでの残り時間を保存するベクトルで0にする

その後，ノード①を病気にする設定をしています．pdは各日にちの健康/病気/回復ノードの割合を保存する変数で，最後に散布図を作るときに使います．

グラフを描くたびに各ノードの配置が変わらないようにするため，グラフの形状を変数lに保存しています．そしてシミュレーションが始まる前にグラフの形を表示しています．

● シミュレーション開始

▶グラフを描画

ani.record関数でアニメーションの設定をしたら，いよいよ繰り返しのシミュレーションが始まります．まずはグラフを描画して画像を保存します．その後，それぞれの状態のノード数を調べています．

which関数は，引数の条件に合ったベクトルだけ抜き出してベクトルを作ります．そして，その長さを数えることで数を数えています．ちょっとしたテクニックです．

分かりにくいので例を挙げておきます．NS_nowが[0 0 1 1 0 2 0 1]となっていたとします．which(NS_now==0)とすると[0 0 0 0]というベクトルが得られます．そのベクトルの長さをlength関数で求めると0の個数が分かります．

それを散布図を書くための変数pdに追加するとともに，実行中の結果をコンソールに表示します．そして病気ノードの数を表すn1が0だった場合，ループから抜けて終了処理に入ります．

その後，病気の経過時間を進めます．もし経過時間が0になったら，回復ノードを表す2にノードの状態

リスト3 感染の広がりをシミュレーションする

図11に示したフローチャートに対応したスクリプト

```
install.packages("igraph")
install.packages("animation")
library(igraph)
library(animation)

NodeSize = 1000
rho = 0.3
I2Rtime = 5

pal = c("gray80","black","gray50")
pal = c("gray80","red","blue")
#ga <- sample_smallworld(dim=1, size=NodeSize, nei=2,
                                                  p=0.01)
#ga <- sample_smallworld(dim=1, size=NodeSize, nei=2,
                                                  p=0)
#ga <- sample_pa(n=NodeSize, power=1, m=1,
                                         directed=F)
ga <- sample_pa(n=NodeSize, power=1, m=2, directed=F)

el <- as_edgelist(ga)
NS_now <- numeric(NodeSize)
NS_time <- numeric(NodeSize)
NS_now[1] <- 1
NS_time[1] <- I2Rtime
pd <- NULL

#l <- layout_in_circle(ga)
l <- layout_with_fr(ga)
plot(ga, layout=l, vertex.label.color="black",
                       vertex.label=NA, vertex.size=5,
   vertex.frame.color=NA, vertex.color=pal[NS_now+1],
                                main=as.character(t))

ani.record(reset = TRUE)

for (t in 1:500) {
  plot(ga, layout=l, vertex.label.color="black",
                       vertex.label=NA, vertex.size=5,
   vertex.frame.color=NA, vertex.color=pal[NS_now+1],
                                main=as.character(t))
  ani.record()

  n0 <- length(which(NS_now==0))
  n1 <- length(which(NS_now==1))
  n2 <- length(which(NS_now==2))

  pd1 <- c(t,n0/NodeSize,n1/NodeSize,n2/NodeSize)
  pd <- rbind(pd,pd1)
  print(pd1)

  if(n1==0){
    break
  }

    for (i in 1:NodeSize) {
      if(NS_time[i]>0){
        NS_time[i] <- NS_time[i] -1
        if(NS_time[i]==0){
          NS_now[i] <- 2
        }
      }
    }

  NS_next <- NS_now
  for (i in 1:nrow(el)) {
    id1 <- el[i,1]
    id2 <- el[i,2]
    if(NS_now[id1]==1 && NS_now[id2]==0){
      if(runif(1)<rho){
        NS_next[id2]<- 1
        NS_time[id2] <- I2Rtime
      }
    }
    if(NS_now[id2]==1 && NS_now[id1]==0){
      if(runif(1)<rho){
        NS_next[id1]<- 1
        NS_time[id1] <- I2Rtime
      }
    }
  }
  NS_now <- NS_next

}
matplot(pd[,1],pd[,2:4],pch=1:3,ylim=c(0,1),
                              xlim=c(0,50),col="black")
save(pd, file="data.rda")
#load("data.rda")
oopts = ani.options(interval = 0.1)
saveHTML(ani.replay(), img.name = "record_plot")
saveGIF(ani.replay(), img.name = "record_plot")
```

パラメータの設定

グラフの色
上：グレー・スケール
下：カラー

ネットワークの設定
・スモール・ワールド
・レギュラ・グラフ
・スケール・フリー・ネットワーク(次数1)
・スケール・フリー・ネットワーク(次数2)

初期値の設定

グラフ形状の固定
上：円形(スモール・ワールド，レギュラ・グラフ用)
下：樹形図(スケール・フリー・ネットワーク用)

グラフの確認

アニメーション用録画の開始

アニメーション・グラフの記録

それぞれの状態のノードの数
n0：健康ノードの数
n1：病気ノードの数
n2：回復ノードの数

散布図用データの作成

病気ノードの数が0ならばシミュレーションの終了

病気状態の時間の更新

全リンクに関して感染させるかを調べる

一方が病気ノードでもう一方が健康ノードであれば

感染率と比較

病気ノードへ状態を変更

ノード1と2を入れ替えて同じ処理

散布図の描画

アニメーションの保存
上：HTML形式
下：GIFアニメーション

を変更します．

▶感染の伝播

その後がノードの感染を行う部分となります．健康ノードから病気ノードになるとES_nowの値が変化します．ただし，直ちにノードの状態を表すES_nowを変えてしまうとシミュレーションでは不都合が起こります．

例えばノード①が病気ノード，ノード②と③が健康ノードであったとします．ノード①からノード②に病気が感染したとしましょう．シミュレーションでは次にノード②がノード③に感染させるかどうかを決めます．

もし，直ちに状態が反映されてしまうと，1日でノード①からノード②とノード③に感染することが起きてしまいます．

そこで，次の状態NS_nextに現在の状態をコピーして，ノード②が感染した場合は次の状態に反映させることとします．こうすることで，1日で一気に伝播するというバグを防いでいます．

▶感染の発生

いよいよ感染の発生部分です．id1とid2はリンクに接続されているノード番号を示しています．そして，if文でid1のノードが病気ノードでかつid2のノードが健康ノードかどうかを調べています．もしそうなのであれば，乱数を発生(rnif関数)させて感染率と比較します．

感染するとなった場合，id2のノードの状態を1に変更し，id2の病気になってからの経過時間を設定値(I2Rtime)にします．

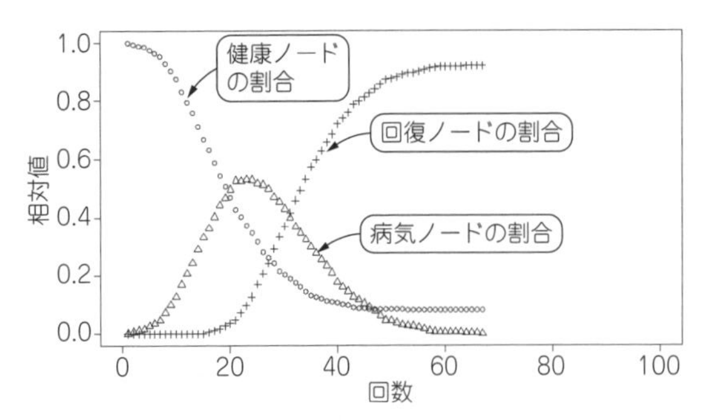

図12　感染の様子を時系列の散布図で

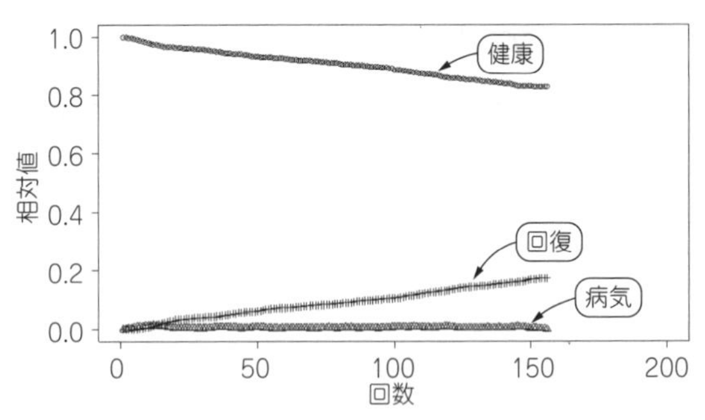

図14　レギュラ・グラフの時系列の散布図

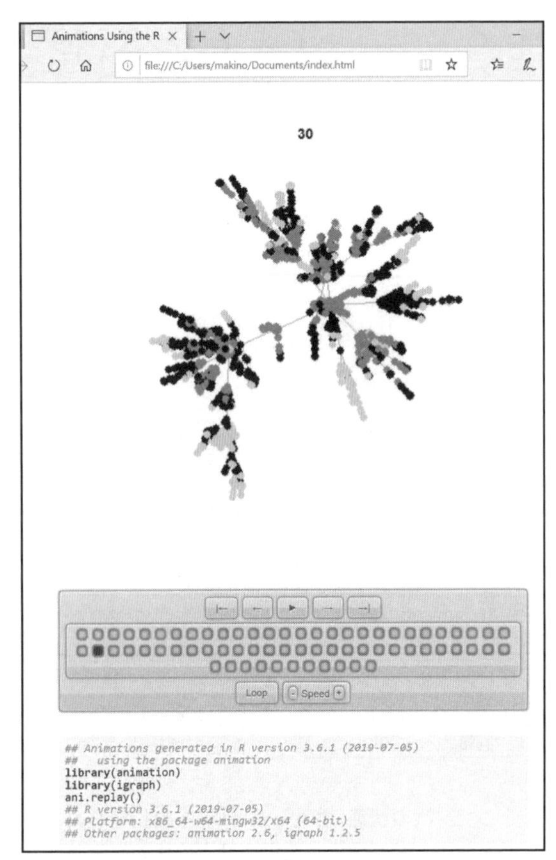

図13　HTML形式のアニメーション表示

次のif文はid1とid2を逆にして同じことを行っています．そして，次の状態を，NS_nowにコピーして状態を更新しています．

▶散布図の表示

散布図は**図12**のような画像が得られます．そして，散布図を作るときのデータをsave関数でdata.rdaとして保存しています．読み出すときはload関数で呼び出すと自動的にpd変数が作られその変数に展開されます．

▶アニメーションの保存

アニメーションは2種類保存しています．1つはHTML形式で，**図13**のように表示されます．スピードを変えられたり，1ステップごと確認できたりと何かと便利です．このHTMLを保存しておくにはたくさんのファイルを保存する必要があります．

もう1つはGIFアニメーションとして保存しています．ファイル名はanimation.gifです．アニメーションの保存には1分程度かかることがありますので，どちらか一方でよい場合は一方をコメント・アウトすることをお勧めします．

アニメーションの保存についてはコラムを参考にしてください．

なお，シミュレーション実行中は時間と，健康/病気/回復ノードの割合が次のように表示されます．

```
[1] 1.000 0.999 0.001 0.000
[1] 2.000 0.998 0.002 0.000
[1] 3.000 0.997 0.003 0.000
(中略)
[1] 120.000   0.001   0.001   0.998
[1] 121.000   0.001   0.001   0.998
[1] 122.000   0.001   0.000   0.999
```

シミュレーションの実行

シミュレーションを実行します．全て次のパラメータで行いました．

- ノード数（Node Size）：1000
- 感染率（rho）：0.3
- 感染から回復までの時間（I2Rtime）：5

● レギュラ・グラフ

レギュラ・グラフのシミュレーションは，ランダム要素が含まれているので，必ずしも**図1**のように途中で収束しない場合があります．その際にはスクリプトを次のように変更します．

```
ga <- sample_smallworld(dim=1,
```

コラム アニメーションの保存

牧野 浩二

● animationライブラリ

アニメーションを保存するためにはanimationライブラリを用います(**リストA**). これは初期状態ではインストールされていない場合がありますので, installから始まるコマンド(**リストA**)でインストールを行ってから使います.

保存の開始はani.record(reset = TRUE)で行います.

その後, 繰り返し処理でplot関数で何かを描画するたびにani.record()を呼びます.

繰り返し処理が終わったらani.options(interval = 0.1)として, アニメーションの更新間隔を決めます. ここでは0.1sに設定しています.

saveHTMLを実行するとアニメーションを表示できるHTMLが作成されます.

saveGIFを実行するとアニメーションGIFが作成されます.

● saveHTLM実行時の注意

▶1. アニメーションを保存しておきたい場合

次のファイルとフォルダを全て移動する必要があります.

- index.html
- cssフォルダ
- imagesフォルダ
- jsフォルダ

▶2. アニメーションの表示がうまくいかない場合

imagesフォルダの中身は実行するたびに削除されるようになっているのですが, たまに削除されずに残ってしまうことがあります. その場合, アニメーション表示がうまくいかなくなります. imagesフォルダを削除することで解決できる場合が多いです.

cssフォルダ, imagesフォルダ, jsフォルダには他のアプリケーションのデータが入っている場合があります. それを削除すると他のアプリケーションの動作に影響を与えることがあります. 判断基準として, 各フォルダの中にあるファイルの作成時刻が, Rを実行したときの時刻かどうかで判別できます.

リストA animationライブラリのインストール

```
install.packages("animation")
library(animation)

ani.record(reset = TRUE)

繰り返し{
  plot関数で描画
  ani.record()
}

ani.options(interval = 0.1)
saveHTML(ani.replay(), img.name = "record_plot")
saveGIF(ani.replay(), img.name = "record_plot")
```

```
size=Esize, nei=2, p=0)
```

何度か実行しましたが, 100～200日程度で感染が収束し, 最終的な感染者数の割合は20%程度でした. 時系列の散布図を**図14**に示します.

● スモール・ワールド

図2に示したスモール・ワールドのシミュレーションを行います. このシミュレーションもランダム要素が含まれているので, 感染が全体に広がらない場合もあります. スクリプトを次のように変更します.

レギュラ・グラフとの違いは, ショートカットするノード(遠くのノードとつながるノード)をたった1%(p=0.01)入れただけです. これだけで全体に広がります.

```
ga <- sample_smallworld(dim=1,
size=Esize, nei=2, p=0.01)
```

何度か実行しましたが, 100～200日程度で収束することが多く, 最終的な感染者数の割合はほぼ95%以上でした. 時系列の散布図を**図15**に示します. 1%の人がうろうろするだけで感染が広がっていることが分かります.

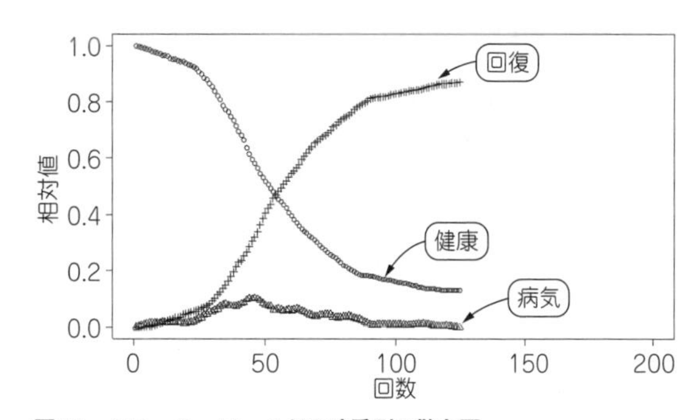

図15 スモール・ワールドの時系列の散布図

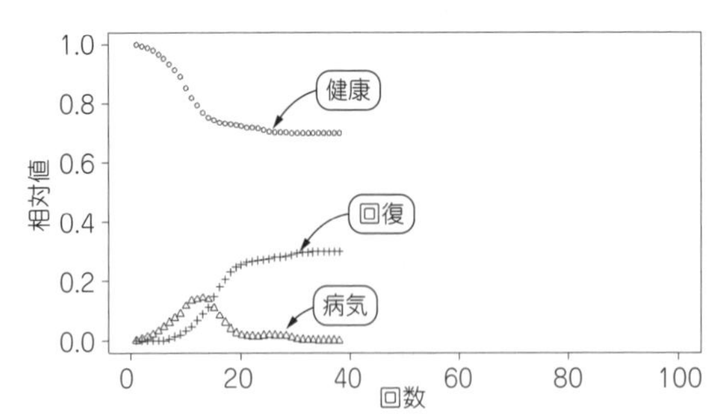

図16　スケール・フリー・ネットワークの時系列の散布図

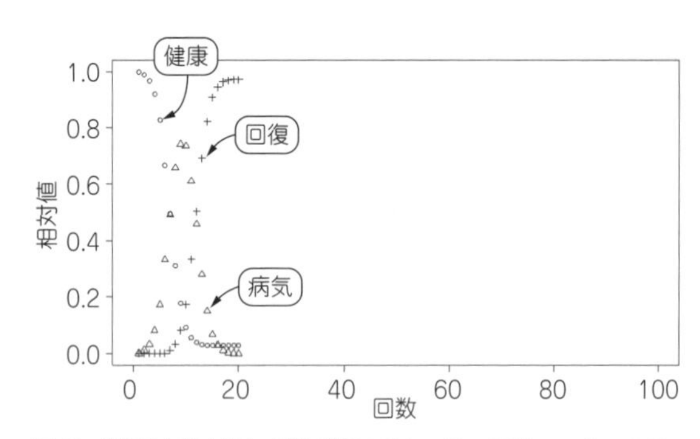

図18　図16よりもリンク数が多いスケール・フリー・ネットワークの時系列の散布図

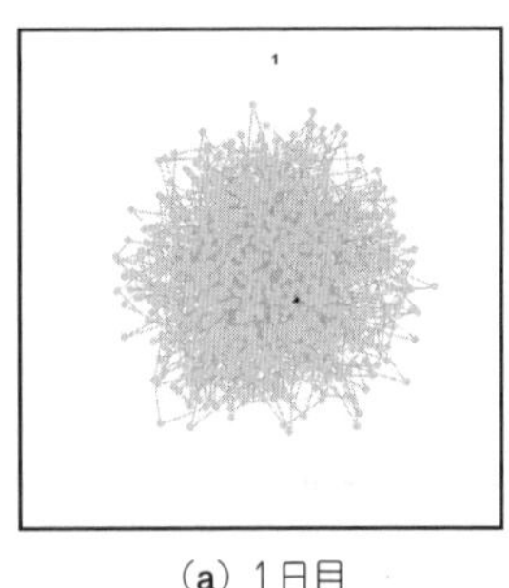

(a) 1日目

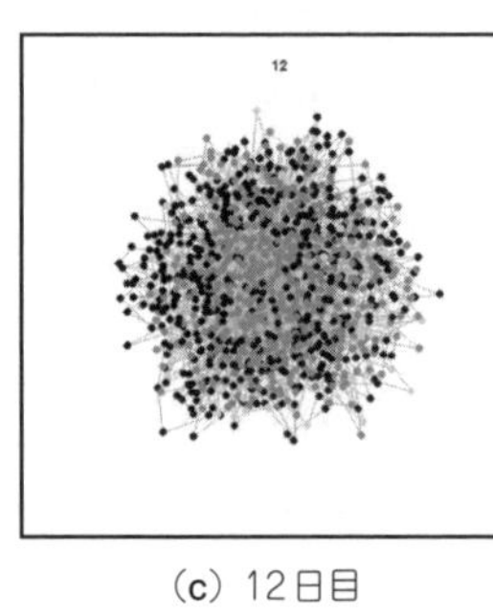

(b) 6日目

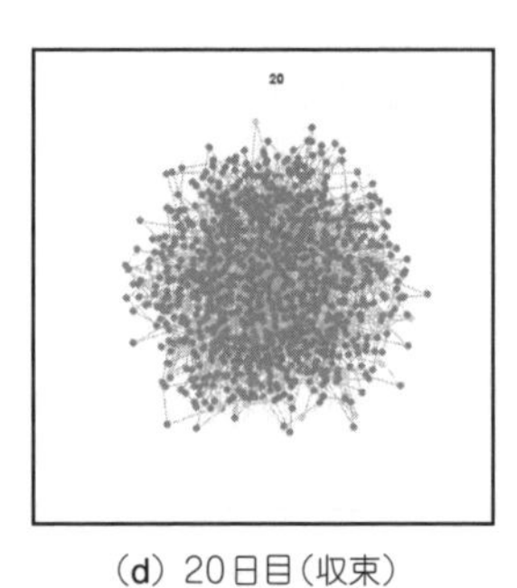

(c) 12日目

(d) 20日目(収束)

図17　図3よりもリンク数が多いスケール・フリー・ネットワークの拡散の様子

● スケール・フリー・ネットワーク1

レギュラ・グラフとスモール・ワールドのグラフはともにノードを円形に配置しましたが，スケール・フリー・ネットワークは，ツリー・グラフで表示します．次の点を変更します．

```
ga <- sample_pa(n=Esize, power=1,
                  m=1, directed=F)
l <- layout_with_fr(ga)
```

時系列の散布図を**図16**に示します．なおこの散布図の横軸のスケールが100になっていることに気をつけてください．50日程度で収束することが多く，感染者数の割合は30％程度でした．感染率は低いですが，レギュラ・グラフに比べて感染までにかかる時間がとても短いです．

また，**図3**のスケール・フリー・ネットワークは，追加されるたびにリンクを1つだけ持つことになります．そのため**図1**や**図2**のリンクに比べてリンクの数は半分になっています．

● スケール・フリー・ネットワーク2

リンク数をレギュラ・グラフやスモール・ワールドのグラフとほぼ同じにしたスケール・フリー・ネットワークのグラフを作成し，シミュレーションを行いました．このグラフを作るためには次に示すようにm=2とします．

```
ga <- sample_pa(n=Esize, power=1,
                  m=2, directed=F)
l <- layout_with_fr(ga)
```

図17に拡散の様子を示します．**図3**に比べて全体に拡散しています．

これまでと同じように時系列の散布図を**図18**に示します．なお，この散布図の横軸のスケールは**図16**と同じように100になっています．20日程度で収束することが多く，感染者数の割合は90％以上になりました．クラスタが発生すると感染が爆発的に増えることが分かります．

まきの・こうじ

第1章 良い音データの集め方

牧野 浩二，西崎 博光，澤田 直輝

写真1 「音」認識人工知能を育てる実験セット

ディープ・ラーニングは，画像だけでなく音データも判別可能です．ここでは，どうすれば正答率の高いMy「音」認識人工知能を育てることができるのか，実験を交えて解説します．

● 育てるMy「音」認識人工知能

精度の高いMy「音」認識人工知能を育てるためには，良い音データを用意しなくてはいけません．まず，必要なハードウェアやソフトウェアを紹介します．ディープ・ラーニング・アルゴリズムが，音を判別しやすくするための(正答率を上げるための)，学習用データを用意して，次のMy「音」認識人工知能をできるだけ正答率が高くなるように育ててみます(**写真1**)．

(1) 生ずる音から物を当てるMy人工知能
(2) 声から人間を当てるMy話者認識人工知能
(3) ウェブから集めた学習用データを使って育てたMy生活音認識人工知能

人工知能で認識できそうな音の世界

● どのような音が判別できるか

▶人間が分かる音はディープ・ラーニングも分かる

人間が聞いて分かるものは，ディープ・ラーニングで大体判別できると考えてよいでしょう．人間でもお菓子の袋を振ったときの音は，何度も聞いているうちに分かります．誰がしゃべっているかも，慣れれば分かります．

また，声を聴くと「うれしそう」とか「疲れてそう」などと分かるときがあります．これは人生経験が積まれていくに従って敏感に感じ取れるようになります．これをディープ・ラーニングで行うという研究もあります．

その道のエキスパートになれば分かる音というのもあります．例えば列車や車の車軸をたたくと，緩んでいるのが分かるとか，てんぷらの揚げている音でおいしい温度を知るなどがあります．

たたいた音で状態を知るのは「打音検査」いう名前でよく知られており，この音を機械学習で判別しようという試みは，盛んに行われています[(1)]．

● ざっくり人間と同じくらい学習時間もかかる

判別対象を学習するにはどの程度の量を学習すればよいのでしょうか．しっかりした基準はありません．感覚的には，人間が学習するのに必要な時間のオーダに近い時間分の学習データが必要になるでしょう．

▶お菓子

例えばお菓子の音は，いろいろなお菓子を交互に振って，1つ当たり合計で3分程度も聞けば，大体聞き分けられるようになります．そこで，ディープ・ラーニングでは少し多めにとって，5分程度を学習用データとして用意すればよいと考えます．

▶声

誰の声かを判別するときを考えましょう．似ている声の判別は難しいです．例えば「あ」を400回発音しても誰の声か覚えることは難しそうです．作文用紙1枚(400字)程度の文章を読んでもらえると，数名ならば誰の声か判別できそうです．

▶てんぷらを揚げる音

打音検査やてんぷらのおいしい温度はどうでしょう．これが分かるまでには何年もの修業が必要となりますね．

今のところ音の聞き分けについて，人工知能が人間以上の性能を発揮したという発表はされていません．つまり，人間が行って習得までに時間がかかる音の判別は，やはり難しい問題となります．

写真2　お菓子を振った音をAI認識させて銘柄を判別する

写真3　使用したお菓子

良い音データ集めに必要なもの

● ハードウェア

音データを集めるには**写真1**に示すようなデバイスが必要になります．参考までに本稿で使用した機材も括弧内に記載しておきます．

- PC（内蔵マイク，FMVS90PWD1）
- PC＋マイク端子付きマイク（MZ-V8）
- PC＋USB接続マイク（BSHSM05BK）
- ICレコーダ（DS-850）
- スマホ（VPA0511S）

● ソフトウェア

データの作り方がメインになりますので，音データをリアルタイムに扱うことはせず，全て録音したものを使うこととします．筆者が使用したソフトウェアを紹介します．

▶ Windows PCでは「Audacity」

Windowsで録音する際には，「Audacity」を使いました．インストールするにはホームページ（`https://www.audacityteam.org/`）にアクセスし，「Download」ボタンを押し，OSを選択し，インストール・プログラムをダウンロードします．筆者は「Audacity 2.2.2 installer」をダウンロードしてインストールしました．

ソフトウェアを起動後，「録音」ボタンで録音が始まります．ファイルへの保存は，「ファイル」→「Export」→「オーディオの書き出し」を選択して，ファイルの種類を「WAV 16 bit PCM 符号あり」として使用しました．

▶ Androidでは「簡単ボイス・レコーダ」

Androidで録音するときには「簡単ボイス・レコーダ」というソフトウェアを使いました．これはGoogle Playストアで「録音」と検索すると出てきます．設定はデフォルトで使用しました．

「音」認識人工知能で分類するターゲット

● お菓子の種類

スナック菓子を**写真2**のように左右にカシャカシャ振って，その音によって銘柄を判別します．

スナック菓子は**写真3**に示すように，

- ポテトチップス
- ベビースター
- とんがりコーン
- かっぱえびせん
- サッポロポテト（バーベキュー），（ベジタブル）

の小袋タイプを用意しました．サッポロポテト（バーベキュー）とサッポロポテト（ベジタブル）は人間が聞くとよく似た音がします．

● 話している人間

マイクに向かって話しかけると，誰の声なのかを分類（話者認識）します．

● 生活音（音イベント）

生活音とは日常生活の中でする音のことで，ここでは次の10種類の音を分類します．オープンデータを利用しました．

- ドアのノック音
- マウスのクリック音
- キーボードのタイピング音
- ドアが閉まる音
- カンの開栓音
- 洗濯機の音
- 掃除機の音
- 時計のアラーム音
- 時計のチクタク音
- ガラスの割れる音

「音」認識人工知能を作る準備

● ディープ・ラーニングのフレームワークChainerのインストール

実際に音認識を体験してみましょう．

音を判別するためのディープ・ラーニング・プログ

ラムは，Chainerを使って書かれています．Chainerとはディープ・ラーニングのフレームワークの1つでTensorFlowなどの仲間の1つです．

ChainerはLinux（Ubuntu/CentOS）上で実行できます．WindowsではAnacondaをインストールしてそのソフトウェア上で実行します．インストール方法について詳しくはhttps://chainer.org/を参照してください．

ターミナルを起動したら，次のコマンドを実行することでインストールできます．Linuxやmac OSを使っている方は，pipの前にsudoを付けてください．

```
$ pip install chainer↵
```

インストールの確認は，次のようにpythonとしてから，import chainerとします．何も表示されなければインストール成功です．なお，公式ホームページに書いてある方法はWindows上のAnacondaでは，tarコマンドがないため実行できません．

```
$ python3↵
>>> import chainer↵
```

「音」認識人工知能をまず動かす①…お菓子の種類判別

とりあえず動かしてみましょう．ただし，正答率は高くないと思います．改善方法はこの後で示します．先に本書サポート・ページからダウンロード・データを入手します．

```
https://interface.cqpub.co.jp/2023ai45/
```

判別まで3ステップです．提供するサンプル・プログラムは，Python ver.3.7.0で動作確認をしています．また，Pythonのライブラリとして"matplotlib"，"librosa"，"scipy"が必要です．

● ステップ1…録音

スナック菓子を振ってその音を録音します．録音時間は5秒あれば十分です．長い分には構いません．録音した音データのファイル名を，test1.wavとします．なお，録音しなくてもできるように，テスト・データも用意してあります．テスト・データは次に示すダウンロードしたプログラムの中のtestフォルダにあります．

● ステップ2…プログラムの用意

ダウンロードしたプログラムを使って分類します．次のフォルダ構造になるようにtest1.wavを移動させます．

```
Snack
  ¦-eval_soundfile.py
  ¦-test1.wav
  ¦-result
  ¦-test
```

● ステップ3…学習と判定

Anacondaを起動してターミナルを開きます．cdコマンドでeval_soundfile.pyがあるフォルダに移動します．その後，次のコマンドを実行します．振ったお菓子の種類が表示されます．

```
$ Python3 eval_soundfile.py -m result_all/sound.model -w test1.wav↵
認識結果：かっぱえびせん
```

なお，この「学習と判定」については，各実験ごとに都度，解説します．

「音」認識人工知能をまず動かす②…話者の認識

● ステップ1…録音

自分の声を録音します．録音は短い言葉でよく，例えば「こんにちは」とします．これをtest2.wavとして保存します．なお，録音しなくても試せるように，テスト・データも用意してあります．

● ステップ2…プログラムの用意

ダウンロードしたプログラムが次のフォルダ構造になるようにtest2.wavを移動させます．

```
Speaker
  ¦-eval_speaker.py
  ¦-test2.wav
  ¦-result
  ¦-test
```

● ステップ3…学習と判定

eval_speaker.pyがあるフォルダに移動してから，次のコマンドを実行します．誰の声かを判別してくれます．ここでは，誰の声に似ているのかが表示されるだけとなります．

この後，自分の声を録音してそれも含めて学習すると自分の名前が表示されるようになります．

```
$ Python3 eval_speaker.py -m result/speaker.model -w test2.wav↵
認識結果：太郎
```

「音」認識人工知能をまず動かす③…環境音

● ステップ1…録音

先に示した環境音10種のいずれかを録音します．例えばドアのノック音とします．これをtest3.wavとして保存します．なお，テスト・データも用

コラム 音データのフォーマット

牧野 浩二，西崎 博光，澤田 直輝

音データは可逆圧縮と不可逆圧縮で録音することができ，それぞれに複数のフォーマットがあります．

● 可逆圧縮

可逆圧縮は，録音した音を圧縮してファイルを小さくして保存できます．その圧縮したファイルから元の音に戻すことができる圧縮法です．

- FLAC (Free Lossless Audio Codec)
- WavPack
- Windows Media Audio Lossless (WMA Lossless)

● 不可逆圧縮

不可逆圧縮は，圧縮してファイル・サイズを小さくすることはできますが，その圧縮したファイルから元の音に正確には「戻せない」圧縮法です．ファイル・サイズと引き換えに音質を犠牲にします．

- MP3 (MPEG-1 Audio Layer-3)
- AAC (Advanced Audio Coding)
- WMA (Windows Media Audio)

● 非圧縮

圧縮なしで録音することもできます．ただし，録音した音をそのままファイルに保存するためファイル容量が大きくなります．プログラムで扱いやすいフォーマットです．

- PCM (Pulse Code Modulation) またはRAW…サンプリングしたものをそのままバイナリ形式で保存したもの
- WAVE…基本的にはPCMデータを格納するフォーマットであるが，他の形式のデータも保存できるコンテナ．音データの前にヘッダ部があり，格納されているデータの情報が記載されている

などがあります．録音するときには可逆圧縮を用いることを勧めます．この後の節で不可逆圧縮をすると認識率がどのように変わるかテストします．

意してあります．

● ステップ2…プログラムの用意

ダウンロードしたプログラムが次のフォルダ構造になるようにtest3.wavを移動させます．

```
Event
  ¦-result
  ¦-train_sound.py
  ¦-test3.wav
```

● ステップ3…学習と判定

train_sound.pyがあるフォルダに移動してから，次のコマンドを実行します．「0」と判別してくれます．音の種類は後に示すIDに従っています．「0」はドアのノック音です．

```
$ python train_sound.py -TEST test3.wav↵
Prediction label:0
```

音の判定に用いた人工知能アルゴリズム

3つのプログラムは全て同じアルゴリズムでできています．LSTM（リカレント・ニューラル・ネットワークの進化版）を使いました．

その結果に対してバッチ正規化という処理を加えました．その後，2層のニューラル・ネットワークを使いました．ニューラル・ネットワーク間もバッチ正規化という処理を行いました．実際にプログラムで使用したネットワークを次に示します．

```
self.l1 = L.NStepLSTM(n_layers, in_units, h_units, dout) # LSTMを使用
# LSTM層の定義．n_layersはLSTM層の数（今回は1），h_unitsはLSTMの出力次元数（今回は512），doutはドロップアウト率（今回は0.5）です．
self.b1 = L.BatchNormalization(h_units)
# LSTMの出力に対してバッチ正規化処理を適用します．
self.l2 = L.Linear(h_units, h_units, initialW=w)
# LSTMの出力を全結合層に入力します．入力次元数と出力次元数は同じ512次元です．
self.b2 = L.BatchNormalization(h_units)
# l2の全結合層の出力に対してバッチ正規化処理を適用します．
self.l3 = L.Linear(h_units, n_out, initialW=w)
# l2の出力を入力し，音を分類する全結合層です．出力次元数は音の種類数になっています．
```

まきの・こうじ，にしざき・ひろみつ，さわだ・なおき

第2章

音から物を判別する人工知能の作り方

牧野 浩二，西崎 博光，澤田 直輝

袋を振ったときの音からお菓子を判定する人工知能をうまく育てていきます．

● 使用したマイク

音を録音するときにはマイクの性能が影響するかどうかを調べてみましょう．実験として**写真1**のデバイスで音を録音します．これを**写真1**のように配置しました．

● 音の長さ

お菓子は6種類用意し，**写真2**のように横方向に振りました．学習用には5分，テスト用には1分の長さのデータを用意しました．実際には5種類のマイクのスタート・ボタンを押す時間も考慮して，最初の30秒は使わないデータとしました．そこで学習用のデータは5分30秒，テスト用のデータは1分30秒録音しました．

正答率の高いマイクの選び方

5種類のマイクで録音した結果の正答率を**表1**にまとめました．表からは，学習データを作ったときと同じマイクを使ってテスト・データを作ると，正答率が上がっていることが分かります．

写真1　録音時のマイクの配置

例えば，PCの内蔵マイクで録音したデータを使って学習した場合は，PCの内蔵マイクで録音したテスト・データを分類した場合で，87.8％の認識率になります．しかし，ICレコーダを使って録音したテスト・データの場合には，30.6％になってしまいます．

つまり，「学習データ生成時と同じマイクで判定（推論）」することが重要です．また，どのマイクを使っても，正答率はさほど変わらないことも分かりました．

正答率の高い音の出し方

● 横に振っていたものを縦に振ってみる

お菓子の振り方を変えてみたらどのようになるのか実験をしてみました．先ほどまでは横に振っていましたが，比較として**写真2**のように，縦にお菓子を振りました．テスト・データは先ほどと同じように1分30秒録音し，最初の30秒は使わないものとしました．

● 結果

正答率を**表2**にまとめました．なお，数字の横に書いた▼は認識率が下がったことを表し，付いていない部分は認識率が上がったことを示しています．全部の比較をしましたが，重要な点は，学習用データを作ったときのマイクで判定を行った際の正答率の低下です．全てのマイクで，正答率が下がっています．

つまり，「サンプルは学習時と同じように振るのがよい」，裏を返せば「学習用データを作るときはできるだけ実物，実行動から生成した方がよい」ということです．

表1　マイクの種類は正答率［％］に影響する

判定用データ録音マイク／学習用データ録音マイク	マイク端子	USBマイク	内蔵マイク	ICレコーダ	スマホ
マイク端子	85.7	21.2	50.6	21.7	28.5
USBマイク	35.4	86.3	18.4	19.3	29
内蔵マイク	24.4	16.2	87.8	30.6	35.6
ICレコーダ	35.4	17.3	50.2	87.4	25.7
スマホ	37.6	16.9	29.3	39.2	79.3

写真2　お菓子を縦に振る

いろいろなマイクを組み合わせて学習させたときの正答率への影響

● 同じマイクを用意するのは面倒

上記の結果では，同じマイクであれば認識率が高まることが分かりました．ですが，実験のたびに同じマイクを用意するのは面倒です．そこで，使用した5種類のマイクで録音したデータを全て，学習用データとして使ってみます．そして，そこから生成した学習済みモデルを用いて，5種類のマイクで録音したテスト・データを分類した結果を調べました．結果を**表3**，**表4**に示します．

● 結果

表3は同じ振り方の場合の比較をしています．比較には**表1**の中で「学習データを作成したマイクと同じマイクで作成したテスト・データを作ったときの正答率」を使いました．また，先ほどと同様に認識率が下がった場合は▼を付けました．ICレコーダ以外は全て上昇しています．

表4は違う振り方をテスト・データとした場合の比較をしています．比較には違う振り方で行った結果を示した**表2**中の「学習データを作成したマイクと同じマイクで作成したテスト・データを作ったときの正答率」を使いました．また，先ほどと同様に正答率が下がった場合は▼を付けました．USBマイクと内蔵マイク以外は，全て上昇しています．

表2　表1と同じ実験だがお菓子の振り方を縦方向にしたときの正答率 [%]

判定用データ録音マイク / 学習用データ録音マイク	マイク端子	USBマイク	内蔵マイク	ICレコーダ	スマホ
マイク端子	60.4 ▼	28.4	45.9 ▼	38	28.8
USBマイク	18.0 ▼	65.4▼	16.8 ▼	18.8 ▼	26.7 ▼
内蔵マイク	30.5	16.5	81.2 ▼	28.6 ▼	38.4
ICレコーダ	34.1 ▼	27.7	49.6 ▼	64.2 ▼	20.2 ▼
スマホ	21.6 ▼	18.3	34.4	30.2 ▼	49.3 ▼

● 考察

コツとしては，正答率を上げるには「いろいろなマイクで録音した学習データを使う」ことです．いろいろなマイクを使って学習データを集めるには，かなりの労力が必要となります．そして，学習にかかる時間もデータ量が増えるに従って多くなります．

趣味で行う場合には同じマイクに限定する，実用的に行うには違うマイクを用いて学習データを大量に集めるなど，求めるレベルに合わせてデータ量を調整する必要があります．

苦手な音をあえて外して正答率を上げる効き目

● 似た音は難しい

判別する音の選び方も重要となります．分かりやすいものだけ選ぶのは「ずるい」と思うかもしれませんが，知っておくことは重要です．内蔵マイクを使って集めたデータを使って分類するとき，どのお菓子がどの程度の認識率になるのかを**表5**にまとめました．ここでは同じ振り方のテスト・データを使っています．

ポテトチップス以外は全て90％を超えています．ポテトチップスの音は特徴がなく，カッパえびせんやサッポロポテトのように聞こえていたような気がします．

この分類結果を見て特に驚いたのが，「サッポロポテト（バーベキュー）」と「サッポロポテト（ベジタブル）」がしっかり分かれている点です．この2つは筆者が聞いても音が似ており，よく分からなかったからです．

表3　いろいろなマイクを組み合わせて学習用データを作ると正答率 [%] は上がるのか1…お菓子横振り

判定用データ録音マイク / 学習用データ録音マイク	マイク端子	USBマイク	内蔵マイク	ICレコーダ	スマホ
全部のマイク・データで学習	91.1	88.8	94	86.7 ▼	84.1
1つのマイク・データで学習	85.7	86.3	87.8	87.4	79.3

表4　いろいろなマイクを組み合わせて学習用データを作ると正答率 [%] は上がるのか2…お菓子縦振り

判定用データ録音マイク / 学習用データ録音マイク	マイク端子	USBマイク	内蔵マイク	ICレコーダ	スマホ
全部のマイク・データで学習	63.8	64.9 ▼	77.4 ▼	72.3	66.6
1つのマイク・データで学習	60.4	65.4	81.2	64.2	49.3

表5　お菓子ごとの正答率の違い

本物＼判定結果［%］	ポテトチップス	とんがりコーン	ベビースター	サッポロポテト（バーベキュー）	サッポロポテト（ベジタブル）	かっぱえびせん
ポテトチップ	49.8	5	1.1	22.5	0.4	21
とんがりコーン	0.1	95.9	0.2	0.4	1.1	2.4
ベビースター	0.4	1.4	97.2	0.2	0.3	0.4
サッポロポテト（バーベキュー）	0.2	0.3	0	96.4	2.2	0.9
サッポロポテト（ベジタブル）	0.5	0	0	1.2	96	2.2
かっぱえびせん	0.1	0.1	0	0.6	2.7	96.5

表6　人工知能にとって苦手な音を外し表1と同じ実験をしてみたときの正答率［%］

学習用データ録音マイク＼判定用データ録音マイク	マイク端子	USBマイク	内蔵マイク	ICレコーダ	スマホ
マイク端子	91.7	20.4	59.7	32.1	25.7
USBマイク	20.3	89.8	20	20.4	20.4
内蔵マイク	26.8	19.8	95.7	38.6	34.8
ICレコーダ	52.8	31.3	55.6	88.4	22.2
スマホ	56.3	20.9	33.6	45.1	89.3

コツとして言えることは，「特徴のない音の判定は難しい」ことです．

● 人工知能にとって苦手な音を外す

さて，お菓子の音の分類では，ポテトチップスの音の認識率がよくないという結果になりました．そこでポテトチップスを抜いた5種類のデータで学習とテストをしてみました．結果を**表6**と**表7**に示します．

表6にはポテトチップス以外の5種類の音の認識率を示しています．全て88%以上となっています．

次に，ポテトチップス以外の5種類の音を内蔵マイクで分類した結果を**表5**と同様に**表7**に示しています．認識率が93%を超えています．

学習用データを作る際には，人工知能にとって苦手な音（正答率が低いデータ）を除外してみると，正答率が上がることもありそうです．

学習＆判定のプログラム

今回比較に用いたプログラムの使い方を説明します．コツを試すときや，うまく分類できているかどうかをチェックするときに使ってください．

まず，学習用データを集めます．各マイクで収録した音が，次のようにrecordedフォルダに置いてあるとします．recordedフォルダの下にはマイク別のフォルダが用意してあり，その下にお菓子別のファイルが置いてあります．これはName_X_Y.wavとなっています．

- Name：お菓子名

表7　人工知能にとって苦手な音を外し表5と同じ実験をしてみたときの正答率［%］

本物＼判定結果［%］	とんがりコーン	ベビースター	サッポロポテト（バーベキュー）	サッポロポテト（ベジタブル）	かっぱえびせん
とんがりコーン	96.5	0.2	0.5	1.2	1.6
ベビースター	1.1	93.3	1.2	4	0.4
サッポロポテト（バーベキュー）	0.5	0.1	97.1	1.8	0.5
サッポロポテト（ベジタブル）	0.4	0.1	2.1	95.6	1.8
かっぱえびせん	0.5	0.0	1.2	2.2	96.1

- X：マイク・ラベル（AがPC内蔵マイク，BがPC端子，CがUSBマイク，DがICレコーダ，Eがスマホ）
- Y：学習または評価データのラベル（1が横振りの学習用データ，2が横振りの評価用データ，3が縦振りの評価用データ）

を表しています．

```
Snack
  ¦-sound_segment.py
  ¦-train_sound.py
  ¦-eval_sound.py
  ¦-eval_soundfile.py
  ¦-recorded
  ¦¦-laptop-|-babystar_A_1.wav
  ¦¦        ¦-babystar_A_2.wav
  ¦¦        ¦-babystar_A_3.wav
  ¦¦        ¦-bbq_A_1.wav
  ¦¦        ¦-…
  ¦¦
  ¦¦-jack-|-babystar_B_1.wav
  ¦¦      ¦-…
  ¦¦
  ¦¦-usb-|-babystar_C_1.wav
  ¦¦     ¦-…
```

```
 ¦¦
 ¦¦-voicedecoder-|-babystar_D_1.wav
 ¦¦           ¦-…
 ¦¦
 ¦¦-smartphone-|-babystar_E_1.wav
 ¦¦          ¦-…
 ¦
 ¦-data
 ¦¦-laptop-|-babystar_A_1_0000.wav
 ¦¦        ¦-babystar_A_1_0001.wav
 ¦¦        ¦-…
 ¦¦
 ¦¦-jack-|-babystar_B_1_0000.wav
 ¦¦      ¦-…
 ¦¦
 ¦¦-usb-|-babystar_C_1_0000.wav
 ¦¦     ¦-…
 ¦¦
 ¦¦-voicedecoder-|-babystar_D_1_0000.wav
 ¦¦           ¦-…
 ¦¦
 ¦¦-smartphone-|-babystar_E_1_0000.wav
 ¦¦          ¦-…
 ¦
 ¦-result_?????  ← マイクの種類が入る
```

recordedフォルダのデータは録音したファイルがそのまま置いてありますので，まずはこれを処理しやすいように短く区切ってファイルに分割します．PC内蔵マイクの学習用音ファイルを処理する場合は次のコマンドを使います．

```
$ python3 sound_segment.py -i recorded/laptop -o data/laptop -t 1↵
```

-iが入力データが置いてあるフォルダ，-oが出力先のフォルダ名です．これにより，もともとの音ファイルが2秒ごとに区切られてファイルに保存されます．

内蔵マイクの音を使って学習を行うには，次のコマンドを実行します．学習が終了するとresult_laptopフォルダの中にsound.modelができます．

```
$ python3 train_sound.py -w data/laptop -o result_laptop↵
```

CPUのみでの学習にはものすごく時間がかかるので，GPUを持っている人はGPUを使ってください．GPUを使うためのセットアップ方法は，書籍「算数&ラズパイから始めるディープ・ラーニング」で詳しく説明しました．セットアップが済んでいれば，-g 0でGPUを使って学習できます．

次に，そのモデルを用いてテストを行います．PC内蔵マイクの評価用音ファイル（横振り）を使う場合は，次のコマンドを実行します．

```
$ python3 eval_sound.py -w data/laptop -m result_laptop/sound.model -t 2↵
```

全ての評価データの正解率が出力されます．カテゴリ別の分類精度が見たい場合は，-c bbqのようなオプションを付けてください．この場合，サッポロポテト（バーベキュー）の正解率が表示されます．

この評価プログラムでは，音ファイルの単位で正解率を計算しておらず，学習の際にニューラル・ネットワークに入力する単位で正解率を計算していますので注意してください．

ファイル単位で評価したい場合は，次のコマンドを実行してください．

```
$ python3 eval_soundfile.py -w data/laptop/bbq_A_2_0000.wav -m result_laptop/sound.model↵
```

-wで分類したいファイルを指定すると，-mで指定したモデルを使ってファイル単位での分類ができます．

今回は6種類でしたが，もっとたくさんの種類を分類したくなる場合もあります．その場合は，

```
train_sound.py, eval_sound.py, eval_soundfile.py
```

の中のLABELLISTというリスト変数を変更することで対応できます．

なお，この例では6種類から8種類への変更を行っています．逆に，リスト変数を削除することで少ない種類の分類にも対応することができます．

▶ **train_sound.py**の変更

• 変更前

```
LABELLIST = ['babystar', 'bbq', 'corn', 'kappaebi', 'potechi', 'vegetable']
```

• 変更後

```
LABELLIST = ['babystar', 'bbq', 'corn', 'kappaebi', 'potechi', 'vegetable', 'jagariko', 'karamucho']
```

このリスト変数の値は，録音した音声ファイルと対応しておく必要がありますので，気をつけてください．

データは圧縮すると正答率が下がるか？

上記のように録音の工夫をすることで正答率が上がります．もっとも，データ圧縮によって品質を落としてしまうと，判定（推論）がうまくいかなくなります．そこで圧縮によってどの程度正答率が下がるのかを調

べました．結果が**表8**です．

なお，圧縮したデータを用いた場合とは，次のように非圧縮データを圧縮し，そのデータを非圧縮の形式にもう一度復元したデータを用いて，学習とテストを行って認識率を調べています．音データの圧縮にはAACコーデックを利用しました．

44.1kHz, 16ビットWAVE(705kpbs) →（圧縮）→ AAC 64kpbsに圧縮（約10分の1）→（復元）→ WAVE 44.1kHz, 16ビット(705kpbs)

表8に示すように，圧縮すると正答率が下がります．そこで次に示した非圧縮の形式で録音することをお勧めします．

▶非圧縮形式

- WAVE
- PCM

最も扱いやすいのはWAVE形式ですので，WAVE形式を使うことをお勧めします．

表8　圧縮したデータを使って表1と同じ実験をしてみたときの正答率 [%]

学習用データ録音マイク ＼ 判定用データ録音マイク	マイク端子	USBマイク	内蔵マイク	ICレコーダ	スマホ
マイク端子	83.7 ▼	16.9 ▼	34.6 ▼	25.2	29.3
USBマイク	18.8 ▼	83.7 ▼	18.4	17.7 ▼	17.4 ▼
内蔵マイク	18.6 ▼	16.1 ▼	79.8 ▼	31.4	30.8 ▼
ICレコーダ	48	33.4	47.6 ▼	87.7	31.4
スマホ	17.8 ▼	17	17.2	19.8 ▼	74.2 ▼

良い「音」認識人工知能が育つ音データ作りのコツ

● 前処理

録音したデータをうまく処理することで分類しやすくするコツを示します．実はこのコツは先ほどまでの音の分類プログラムに含めていました．録音したデータをディープ・ラーニングの入力とする前にデータを処理するので，この処理は「前処理」と呼ばれています．

音データは横軸に時間，縦軸に音圧をとると**図1**(**a**)のようになっています．このデータをそのまま使って学習することもできますが，この場合は学習のためのデータが大きくなりすぎて，学習時間が膨大になるなどうまく学習できなくなることがあります．そこで，これを変換した方がより簡単に精度が上がることが分かっています．ここでは次の処理を行います．

▶(1) FFT処理後のデータをディープ・ニューラル・ネットワーク(DNN，513次元)の入力にする

FFTとは，音声データを周波数ごとに分ける処理で，**図1**(**a**)のデータにFFT処理を施すと**図1**(**b**)のようになります．このように時間軸→周波数軸変換をすると，音の特徴がうまく抽出されると言われています．

今回，扱う音のサンプリング周波数は44.1kHzですので，1秒間に44100点のデータがあります．

これをFFTする場合，まず，短い区間の音を切り出します(これを窓掛けと言う)．窓関数はハミング窓，窓の長さは1024点とします．1024点に対してFFT処理をして，512次元のパワー・スペクトル＋バイアス項で計513次元のデータに変換します．波形に対してこの窓掛け処理を441点(10msに相当)ずらしながら処理をします．

2秒の音の場合，最終的には198個の513次元のデータが得られることになります．時間方向のデータ数が88200個から198個に減ったおかげで学習させやすくなります．

▶(2) 生データを畳み込みニューラル・ネットワーク(CNN，1024次元)の入力にする

先ほど示したように音の時系列データは時間方向のデータ数が多いため学習の入力としてそのまま用いる

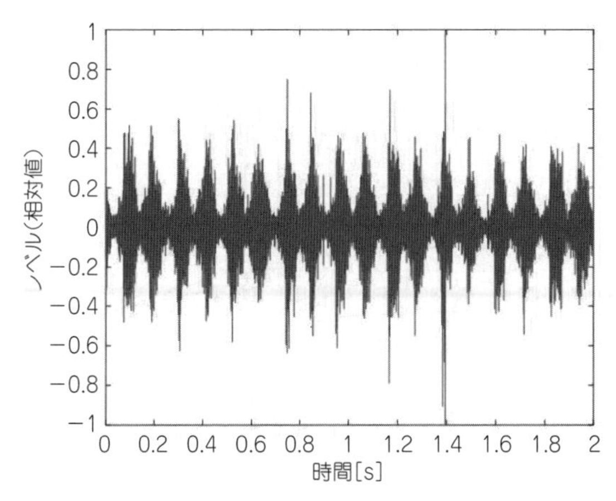

(a) 声の時間軸データ

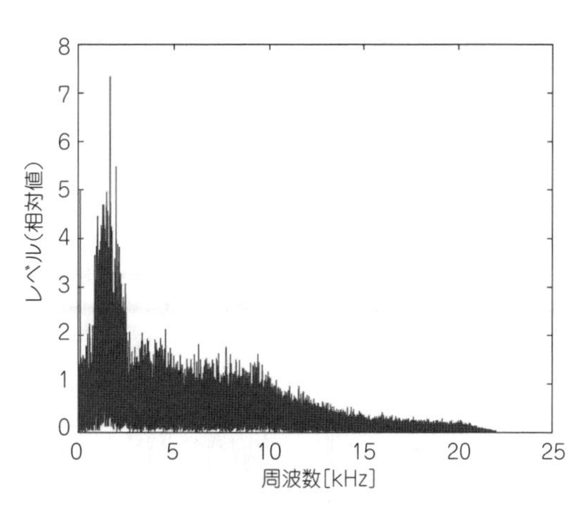

(b) (a)の声データにFFT処理を施した

図1　音の特徴は時間軸より周波数軸に変換した方がよく抽出できる

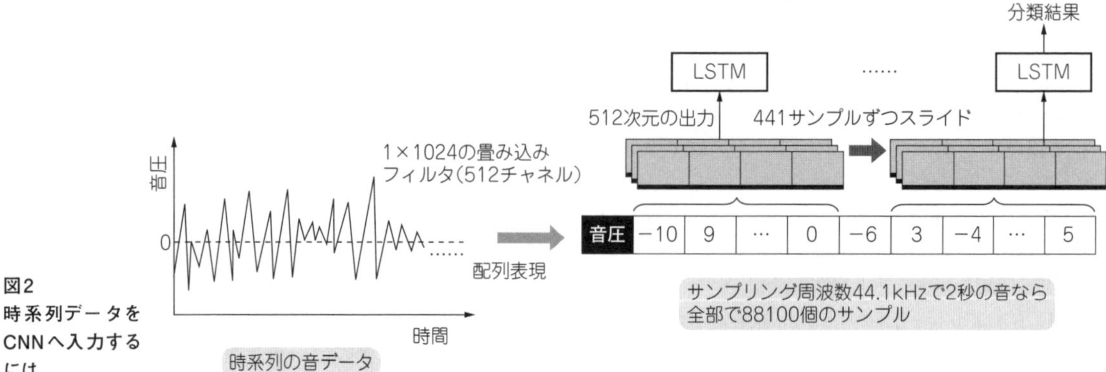

図2　時系列データをCNNへ入力するには

ことが難しいという問題がありました．そこで，音データを**図2**のようにCNNの入力とすることを行いました．

CNNは画像処理でよく用いられる手法で通常のDNNよりも大きな入力を使えるため，比較のためにこの入力を用いてみました．CNNでは，フィルタ・サイズ1×1024，ストライド441(10msに相当)，チャネル数(フィルタ数)512として，上記のFFT前処理に合わせるようにしています．

▶結果比較

学習データに前処理を加えたときの正答率を**表9**にまとめました．事前にFFTを使って処理をした方が正答率が高くなりました．やはり，音声データをそのまま使うよりもFFT処理をした方がうまく分類できることが分かりました．一方，CNNを使った場合の結果も思ったほど悪くありませんでした．

表9　学習データに前処理を加えたときの正答率［%］

判定用データ録音マイク ＼ 前処理	FFT	CNN
マイク端子	85.7	68.4
USBマイク	86.3	51.0
内蔵マイク	87.8	73.6
ICレコーダ	87.4	73.1
スマホ	79.3	68.7

● データを大量に作るには

入力データを大量に作るためのコツを紹介します．ディープ・ラーニングはデータの量が学習の良し悪しを決める要因の1つですので，たくさんあるに越したことはありません．

音データは**図1(a)**に示すような波形でした．これを**図3**に示すように切り分けるとなると，長い時間のデータが必要になります．例えば1つの学習に2秒のデータを必要とします．60秒のデータを取得した場合，**図3**の例ですと30個のデータにしか分けられません．

そこで**図4**のように，0.1秒ずつずらして，そこから2秒間のデータを切り出すこととします．こうすると580個のデータ(＝(60－2)/0.1)を作ることができます．

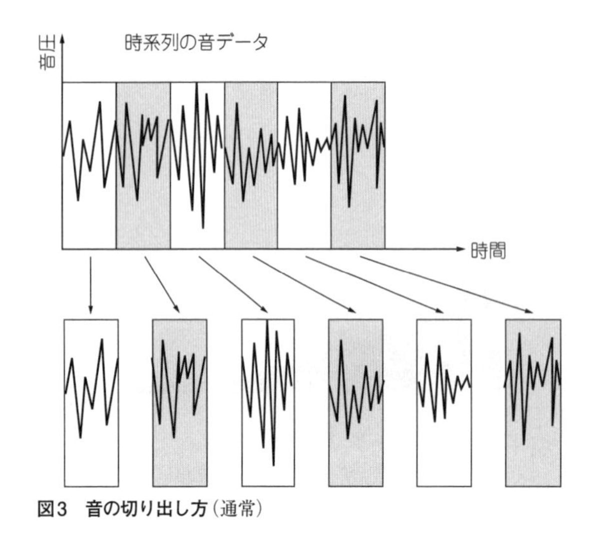

図3　音の切り出し方(通常)

図4　音の切り出し方(オーバーラップ)

写真3　顔に近づけて原稿を読みながら録音

話者認識人工知能のうまい育て方

今度は人間の声を分類することを行います．これは「話者認識」と呼ばれるもので，何人かの声を録音して学習し，誰の声かを当てるものです．

話者認識のすごいところは，学習に用いた文章に含まれない単語をテスト・データとしても，誰の声なのか当てられることです．

今回は5人の声を録音して，どのようにするとうまく分類できるか，コツを探ってみます．

音声の録音にはICレコーダを使い，**写真3**のように顔に近づけて，原稿を読みながら録音しました．

正答率が高まる音声・言葉の選び方

● 音素バランスが取れている学習用データというものがある

何かしらの文章をもとに発音し，それを録音し，学習用のデータとします．何でもよいわけではありません．発音用データには「音素バランスATR503文」(`http://research.nii.ac.jp/src/ATR503.html`)を使うのがお勧めです．以下の文章となります．

あらゆる　現実を　すべて　自分の　ほうへ　ねじ曲げたのだ。
一週間ばかり　ニューヨークを　取材した。
テレビゲームや　パソコンで　ゲームを　して　遊ぶ。
物価の　変動を　考慮して　給付水準を　決める　必要がある。
救急車が　十分に　動けず　救助作業が　遅れている。
言論の　自由は　一歩　譲れば　百歩も　千歩も　攻めこまれる。
会場の　周辺には　原宿駅や　代々木駅も　あるし　ちょっと　歩けば　新宿御苑駅も　ある。
老人ホームの　場合は　健康器具や　ひざ掛けだ。
ちょっと　遅い　昼食を　とるため　ファミリーレストランに　入ったのです。
嬉しいはずが　ゆっくり　寝ても　いられない。(312文字)

これは「音声資源コンソーシアム」(`http://research.nii.ac.jp/src/`)で公開されている文章で，ウェブ・サイトでは次のように説明されています．

「音声分析・認識の研究で使われている各種の音素バランス文・語を集めたものです．できるだけ少ない語数・文数で音素出現のバランスをとるために，それぞれ工夫がなされています．」

音素バランス文は全部で513文ありますが，今回は公開されている文のみを利用しました．

音素とは，音声言語における音の最小構成要素です．例えば日本語ですと/a/, /i/ などの母音，/k/, /s/ などの子音が該当します．

表10　単語ごとの認識率[%]

判定用データ＼学習用データ	音素バランス文	あいうえお	インターフェース
ただいま	80	60	60
おはよう	80	80	100
本日は晴天なり	60	80	80
人工知能	100	80	80
かきくけこ	80	80	60
ニューヨーク	80	60	60
新幹線	100	80	80
平均	82.9	74.3	74.3

● テストのために用意したデータ

話者認識ができるかどうかを調べるためのデータとして，次の7単語を用意しました．

- おはよう
- ただいま
- 本日は晴天なり
- 新幹線
- ニューヨーク
- かきくけこ
- 人工知能

上の4つは適当に選びました．下の3つは音素バランス文の比較のため，この後に紹介する2つの文章(「あいうえお」と「インターフェースの記事」)のそれぞれの文章に出てくる単語としました．例えば「人工知能」という言葉は，比較のために用いたインターフェースの記事の中に5回出てきます．

● 結果1…単語ごとの認識率

単語ごとの認識率を**表10**に示します．この結果をもとにして，うまくできるコツを紹介していきます．音素バランス文の列に注目します．人工知能と新幹線が正答率100%となっています．また，低い場合でも「本日は晴天なり」の60%です．

5人から1人を当てるため，全く認識できてない場合は20%になります．それからするとかなりの認識率となっています．

表11　話者の認識1…学習時にATR503文を使用

本物＼判定結果	A	B	C	D	E
A	3	0	3	0	1
B	0	7	0	0	0
C	0	0	7	0	0
D	0	0	0	7	0
E	0	0	0	0	7

表12　話者の認識2…あいうえお繰り返し文を使用

本物＼判定結果	A	B	C	D	E
A	4	0	3	0	0
B	0	7	0	0	0
C	0	0	6	0	1
D	0	0	0	7	0
E	0	0	1	2	4

表13　話者の認識3…本誌過去記事を使用

本物＼判定結果	A	B	C	D	E
A	0	0	4	0	3
B	0	7	0	0	0
C	0	0	6	0	1
D	0	0	0	7	0
E	0	0	1	1	5

● 結果2…話者の認識率

5人のテスト・データが，実際にはどの人として認識されたのかを**表11**にまとめました．Aさんのテスト・データだけが，他人の声として認識されています．Aさんの場合，3つの単語はCさんとして認識され，1つの単語はEさんとして認識されています．

それ以外のB～Eさんまではちゃんと自分の声であると認識されています．

音素バランスが取れている文章/取れていない文章の違い

● 音素バランスが取れていない文章を2つ用意した

この文章の効果を示すために，次の2つの文章を使って学習データを作成しました．なお，音素バランス文は312文字でしたので，比較用の文章は，それに近いくらいの文字数のものを選びました．

▶1…比較的ましな「あいうえお」

「あいうえおかき…わをん」までを7回繰り返す(322文字)

選んだ理由：日本語の全ての音が含まれている．全ての音素を含んでいるわけではない(例えば「ば」や「きゃ」)．

▶2…出現頻度に偏りがある記事

人工知能の代表ディープ・ラーニング．最近の人工知能はすごいという話題から入りました．人工知能といっても，その言葉の指し示す範囲はとても広いです．実は上記の事例は，人工知能の中のディープ・ラーニングや深層学習というアルゴリズムを用いて実現されています．今，世間をにぎわせている人工知能の正体は，ディープ・ラーニングといっても過言ではなさそうです．ディープ・ラーニングなる言葉を聞いたことがある方もいるでしょうが，具体的なアルゴリズムや利用方法をイメージできる方は少ないかと思います．そこを解説させていただくのが本書の狙いです．(317文字)

選んだ理由：「人工知能」という言葉が5回，「ディープ・ラーニング」という言葉が4回など，単語に偏りがある．

● 結果1…言葉の認識率

「あいうえお」を7回繰り返した文と「インターフェースの記事」の文章を学習データとして用いて，同じテスト・データを使って認識率を調べた結果を**表10**に示します．平均認識率が音素バランス文に比べて低いことが分かります．また，認識率が60%となったテスト・データも増えています．音素バランスが良い方が，良い結果が得られることを確認できました．

● 結果2…話者の認識率

表11と同様に，「あいうえお」の文で学習した場合と「インターフェースの記事」の文章で学習した場合の認識結果を**表12**と**表13**に示します．

まず，**表11**でもそうであったように，Aさんの認識率が高くありません．**表12**，**表13**を見ても，CさんやEさんとして認識されています．

ここで，表の見方を変えてみましょう．Aさんの声はBさんやDさんとして認識されることはありませんでした．このことから全く学習できなかったのではなく，テスト・データのときの声がCさんやEさんの発音に近い発音をしていたとも言えます．

次に「あいうえお」と「インターフェースの記事」で学習したら，テスト・データの認識率が変わったCさんとEさんに着目します．CさんはEさんと間違えて認識されることがあり，EさんはCさんやDさんと間違えることがあるようです．そして，BさんとDさんのテスト・データは他の人と間違えることがありませんでした．

この関係を**図5**に示します．例えば，AからCに伸びる矢印は，Aさんのテスト・データがCさんと認識されたということを示しています．そして，線の太さは間違えた数に関連して太くしてあります．

この関係を見ると，Aさん，Cさん，Eさんは間違えられる可能性がありますが，BさんとDさんはあま

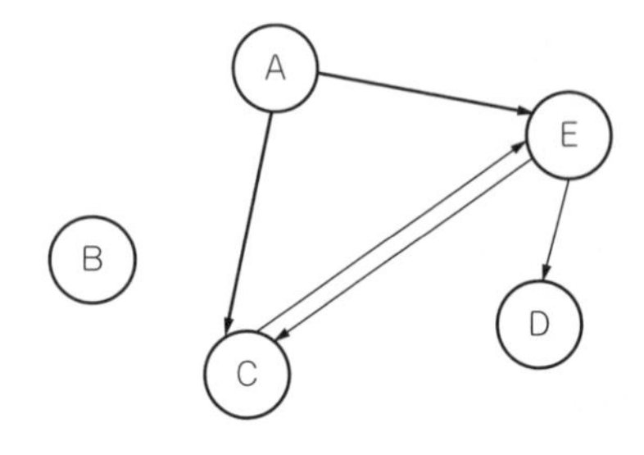

図5　話者の認識…誰が誰と間違えられる可能性があるのか

り間違えられていません.

筆者はこの5人をよく知っていて，確かに，Bさんと Dさんの声は他とハッキリ違うと思っていますし，Aさん，Cさん，Eさんはなんとなく似ているような気がします. やはり似ている声の分類は難しくなります.

学習&判定

音声はICレコーダを使って集めます. 学習用に50音，音素バランス文，本誌の過去記事を読み上げたものを用意し，評価用に7単語を用意しておきます. 録音した音声はWAVE形式，16kHzサンプリング，モノラル音声とします.

フォルダ構造は次の通りです. 今回はA～Eさんの5名の音声があるので，recordedフォルダに5名分の読み上げた音声ファイルが置いてあります.

```
Speaker
  ¦-train_speaker.py
  ¦---recorded
  ¦¦-A_50音.wav
  ¦¦-A_バランス.wav
  ¦¦-A_記事.wav
  ¦¦-A_ありがとう.wav
  ¦¦-…
  ¦¦-B_50音.wav
  ¦¦-…
  ¦
  ¦-data
  ¦¦-train
  ¦¦¦-50on
  ¦¦¦¦- A_50音_0000.wav
  ¦¦¦¦-…
  ¦¦¦
  ¦¦¦-balance
  ¦¦¦-article
  ¦¦
  ¦¦-test
  ¦ ¦-A_ありがとう.wav
  ¦ ¦-…
  ¦
  ¦-result_50on
  ¦-result_balance
  ¦-result_article
```

話者認識モデルの学習には，音声区間のみを使いたいので，recordedファルダに置いてある音声から「音声区間のみ」を取り出して，切り出した区間ごとにさらに細かくファイルに分割します.

```
$ ls recorded/A_50音.wav | adintool
-in file -out file -filename data/
train/50on -cutsilence -headmargin
80 -tailmargin 80 -lv 200↵
```

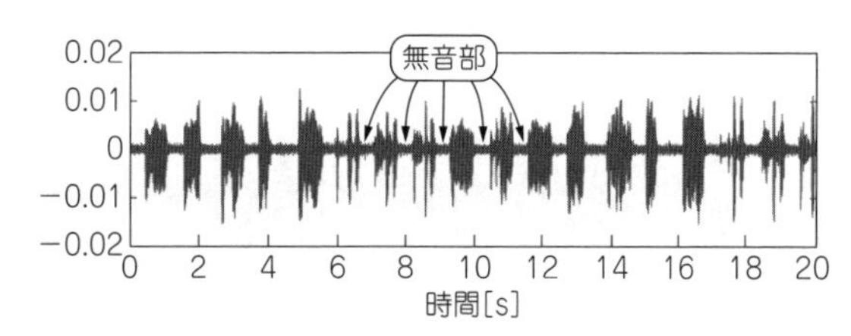

図6 無音部が混ざっている音声波形

adinToolはフリーで公開されている音声認識ソフトウェアJulius(http://julius.osdn.jp/)に付属している音声切り出しプログラムです. 音声区間のみを検出して区間ごとにファイルに保存することができます. JuliusはWindowsやLinux, Macで動作します. 詳しいインストール方法はJuliusのページをご覧ください.

話者モデルの学習は，次のコマンドで行います. このコマンドは50音の音声から話者モデルを学習する例です.

```
$ python3 train_speaker.py -d data/
train/50on -o result_50on↵
```

次に，そのモデルを用いてテストを行います. 50音の音声から学習したモデルを使って，Aさんの「おはよう」という音声を認識する例です.

```
$ python3 eval_speaker.py -w data/
test/A_おはよう.wav -m result_50on/
speaker.model↵
```

結果として，入力した音声ファイルがどの話者に対応しているのかが出力されます.

無音部のありなしの正答率への影響

● どうしても無音部は生じてしまう

読み方による正答率のばらつきはないのでしょうか. 実はA～Eさんまでは筆者のお願いの仕方が悪く，ゆっくり読みすぎて音がない部分(無音部)が結構できてしまいました. その音声波形の一部を**図6**に示します. これは単語の区切りだったり，読点の後だったりするところで一息ついているからです.

音声を無音部をなくすように編集しました. 編集後の音声波形の一部を**図7**に示します. これまでの結果はこの編集をして無音部をなくした音声データを使っています.

学習用の音声の無音部は，JuliusのadinToolコマンドを利用して自動的に音声区間だけを切り出しています. また，評価用音声は手動で無音部を削除しました.

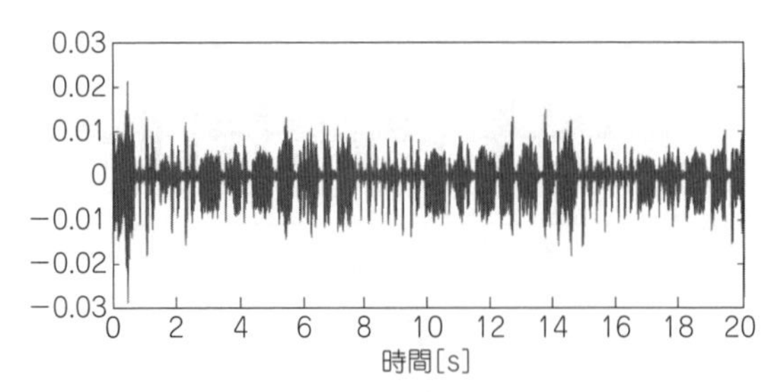

図7　無音部を編集で除いた音声波形

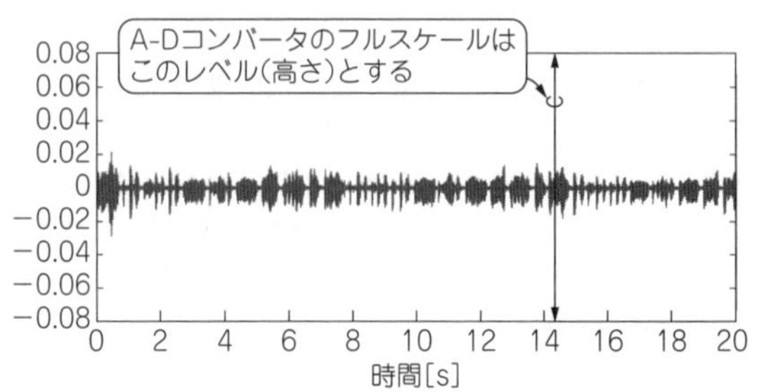

図8　これまでの録音レベルは小さかったかも…通常のスケールで表示してみた

表14　表10と同じ実験ながら無音部がある学習データを使用したときの正答率[%]

学習用データ ＼ 判定用データ	音素バランスATR503文	あいうえお	インターフェース
ただいま	60	20	20
おはよう	60	20	40
本日は晴天なり	60	60	40
人工知能	60	40	40
かきくけこ	40	20	40
ニューヨーク	60	20	40
新幹線	60	20	40

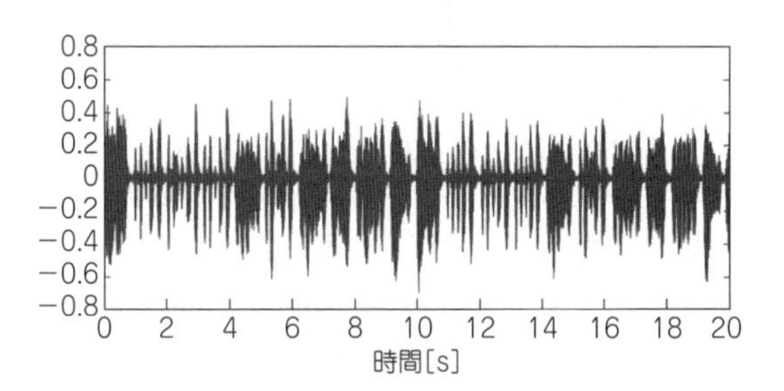

図9　入力レベルを大きくして録音してみた

表15　表10と同じ実験ながら声を大きくしてみたときの正答率[%]

学習用データ ＼ 判定用データ	音素バランスATR503文	あいうえお	インターフェース
ただいま	100	100	100
おはよう	100	100	80
本日は晴天なり	80	100	100
人工知能	80	100	100
かきくけこ	80	100	100
ニューヨーク	100	100	100
新幹線	80	100	100

表16　話者の認識4…学習時の音量を大きくしてみた

判定結果 ＼ 本物	A	B	C	D	E
A	7	0	0	0	0
B	0	7	0	0	0
C	0	0	7	0	0
D	0	0	0	7	0
E	0	0	0	0	7

● 結果

無音部があるまま学習したらどうなるか試してみました．結果を**表14**に示します．**表10**に比べて正答率がぐっと下がっています．特に，「あいうえお」で学習した場合はほとんどが20％の認識率，つまり全く認識できない結果となりました．

声の大きさで正答率は変わるか

● 上述の実験では声が小さかったかも

声の大きさによる影響はないのでしょうか．実は，A～Eさんの音声データの録音レベルはとても小さかったのです．**図7**はスケールを大きくして示していますが，通常のスケールにすると**図8**となります．

そこで，新たに5名の人に協力いただき録音レベルを大きくして録音しました．波形の一部を**図9**に示します．ずいぶん大きくなっています．このデータを使って先ほどまでと同じ実験をして認識率を調べました．

● 結果

表10と同様に3つの文章を学習データとして，テスト・データの認識率を調べました．結果を**表15**に示します．どの文章も**表10**に比べて高い認識率となっています．この結果では音素バランス文の認識率が一番ではなくなりました．しかし，悪いといっても80％となっていることから，1人だけ認識がうまくできなかったということになります．1人のデータだけ認識できないのは誤差の範囲として扱えそうです．このとき，**表11**と同様に話者の認識をしてみたのが**表16**です．

コツとしては，「録音レベルはA-Dコンバータがクリップしない範囲で大きくした方がよい」と言えます．理由の1つに，*SN*比が上がるため雑音にも強くなっていることが挙げられます．また，音声研究でよく用いられる音声の自動切り出しがうまくいきます．

まきの・こうじ，にしざき・ひろみつ，さわだ・なおき

第3章

ウェブから集めた学習用データを使った生活音認識人工知能の作り方

牧野 浩二，西崎 博光，澤田 直輝

音データの入手

学習データを作るのではなく，ウェブから集める方法を紹介します．これまで紹介してきたように音データを作るのは難しいものです．学習データを集めるにもかなりの時間を必要とします．実際，お菓子の音や話者認識の音声を集めるのに1時間以上かかっています．

ディープ・ラーニングの研究のために，無料で音データを公開しているサイトが複数あります．

● 音データを公開しているサイト

音のデータを公開しているサイトを検索サイト(Googleなど)で探しましょう．検索ワードは次とします．

表1　音の学習用データを公開しているウェブ・サイト

名　称	内　容	URL
ESC-50	音イベント50種類(動物の鳴き声，自然界の音など)	`https://github.com/karoldvl/ESC-50`
AudioSet	音イベント632種類(YouTube上の人間や動物，自然界の音など)	`https://research.google.com/audioset/`
Acoustic Event Dataset	音イベント28種類(動物や，乗り物の音など)	`https://data.vision.ee.ethz.ch/cvl/ae_dataset/`
DCASE2017 Task 1	シーン分類15種類(乗り物，屋内，屋外)	`https://dcase.community/challenge2017/index`

表2　公開されている音データ

Animals (動物)	Natural soundscapes & water sounds (自然や水の音)	Human, non-speech sounds (人間の話し声以外の音)	Interior/domestic sounds (室内/家庭内の音)	Exterior/urban noises (郊外・都市騒音)
Dog (犬の鳴き声)	Rain (雨の音)	Crying baby (赤ちゃんの泣き声)	Door knock (ドアのノック音)	Helicopter (ヘリコプタ)
Rooster (雄鶏の鳴き声)	Sea waves (波の音)	Sneezing (くしゃみ音)	Mouse click (マウスのクリック音)	Chainsaw (チェーンソー)
Pig (豚の鳴き声)	Crackling fire (焚き火の音)	Clapping (拍手音)	Keyboard typing (キーボードのタッチ音)	Siren (サイレン)
Cow (牛の鳴き声)	Crickets (コオロギの音)	Breathing (呼吸音)	Door, wood creaks (木製ドアのきしみ)	Car horn (クラクション)
Frog (蛙の鳴き声)	Chirping birds (鳥のさえずりの音)	Coughing (せきの音)	Can opening (缶を開ける音)	Engine (エンジン音)
Cat (猫の鳴き声)	Water drops (水滴音)	Footsteps (足音)	Washing machine (洗浄機)	Train (電車)
Hen (牝鶏の鳴き声)	Wind (風の音)	Laughing (笑い声)	Vacuum cleaner (掃除機)	Church bells (協会の鐘)
Insects (flying) (虫の羽音)	Pouring water (注水音)	Brushing teeth (歯磨き音)	Clock alarm (時計のアラーム)	Airplane (飛行機)
Sheep (羊の鳴き声)	Toilet flush (トイレを流す音)	Snoring (いびきの音)	Clock tick (時計のクロック音)	Fireworks (花火)
Crow (カラスの鳴き声)	Thunderstorm (雷雨の音)	Drinking, sipping (飲む音)	Glass breaking (ガラスの割れる音)	Hand saw (手のこぎり)

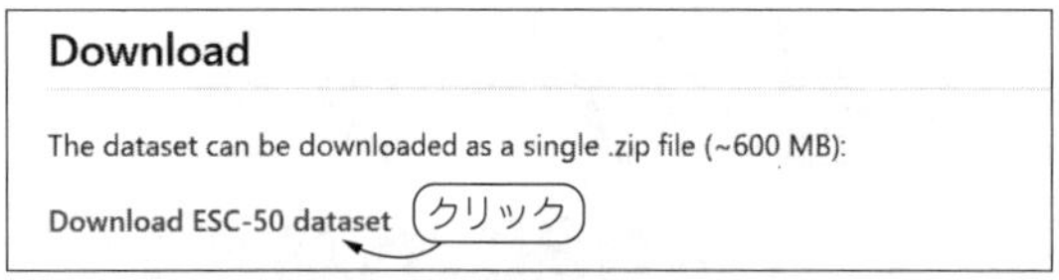

Download

The dataset can be downloaded as a single .zip file (~600 MB):

Download ESC-50 dataset (クリック)

図1　室内/家庭内の音のダウンロード

「audio event detection」

例えば**表1**のウェブ・サイトがあります.

● 公開されている音データ

ここではESC-50というウェブ・サイトから，音データをダウンロードして使います．このサイトで公開されている音を**表2**にまとめます．この表はESC-50サイトに載っています(英語).

この中の「室内/家庭内の音(Interior/domestic sounds)」を使うこととします.

● ダウンロード

ウェブ・サイトにアクセスしたら「Download ESC-50 dataset」と検索すると**図1**のようにリンクが表示されます.

リンクをクリックするとダウンロードが始まります．容量は約630Mバイトでした．データはzip形式で圧縮されていますので，ダウンロード後に解凍すると次のようなフォルダ構造を持つフォルダが開きます．これ以外にもたくさんのファイルやフォルダがありますが，ここでは説明に必要なものだけ載せています.

なお，train_sound.pyは本書ウェブ・ページから提供します.

```
Event
  ¦-train_sound.py
  ¦-ESC-50-master(含まれるファイルや
                            フォルダは抜粋)
   ¦-audio(学習データが含まれるフォルダ)
   ¦-meta                  ¦-ESC
    ¦-esc50.csv             ¦-result
    ¦-esc50-human.xlsx      ¦-sound.model
```

resultディレクトリの"sound.model"をフォルダ構造に追加する

● ダウンロード・ファイルの説明

ダウンロードしたファイルを解凍すると，上記のフォルダ構造となっています．その中で重要なファイルを紹介します.

esc50.csvには音声ファイルの説明が書かれています．一部を**表3**に示します.

ここで重要なのがfilenameとtargetとcategoryです．1-100032-A-0.wavを対象として説明します.

表3　音声ファイルの説明書き esc50.csv

filename	fold	target	category	esc10	src_file	take
1-100032-A-0.wav	1	0	dog	TRUE	100032	A
1-100038-A-14.wav	1	14	chirping_birds	FALSE	100038	A
(中略)						
4-181999-A-36.wav	4	36	vacuum_cleaner	FALSE	181999	A
4-182034-A-30.wav	4	30	door_wood_knock	FALSE	182034	A
4-182039-A-30.wav	4	30	door_wood_knock	FALSE	182039	A
(後略)						

categoryは音の内容を示しています．この場合はdogとなっていますので，犬の鳴き声のファイルであることが分かります．targetはcategoryを番号で表したものになっていて，**表2**と対応しています．左上にある犬(dog)が0番，その下にあるオンドリ(Rooster)が1番，その列の1番下のカラス(Crow)が9番となっています．そして，2列目の一番上の雨(Rain)が10番となります．例えば，掃除機(Vacuum cleaner)は36番，飛行機(Airplane)は47番となります.

なお，ファイル名の付け方は次のフォーマットに従っています.

```
{FOLD}-{CLIP_ID}-{TAKE}-{TARGET}.
wav
```

▶人間との比較

esc50-human.xlsxには人間との比較が書いてあります．Summary, confusion matrixタブに，いろいろな情報が書かれた表があります．中で人間の正答率が書かれた部分を次に示します．人間の正答率が81%であると読み取れます.

```
"TOTAL
(with control questions):"      6193
After quality control(control
           questions excluded):3939

Correct:    3203
  81.3%
```

さらに，その下に表が出てきます．その抜粋を**表4**に示します．**表4**を見ると飛行機(airplain)は61%の正答率であり，1%がチェーンソー(Chainsaw)に間違えています.

このように提供してくれるデータを利用したときの「人間の正答率」を収録してくれているため，この正答率をディープ・ラーニングで超えれば，人間の能力を超えていると言えます.

表4　人間の正答率（抜粋）

本物＼判定結果	Airplane	Breathing	Brushing teeth	Can opening	Car horn	Cat	Chainsaw
Airplane	61	0	0	0	0	0	1
Breathing	0	89	0	0	0	0	0
Brushing teeth	0	0	94	0	0	0	0
Can opening	0	0	1	85	0	0	1
Car horn	0	0	0	0	92	0	0
Cat	0	0	0	0	0	100	0
Chainsaw	0	0	0	0	1	0	66

学習

（ノックの音やガラスのコップが割れる音）など，室内/家庭内の10種類の音を学習しました．次のコマンドで実行します[注1]．

```
$ python3 train_sound.py ESC-50-master/audio/↵
```

● 学習データの選択

学習対象とする音のカテゴリはtrain_sound.pyの中の次の部分で設定しています．LABELLISTにIDを設定することで学習するようにしています．30番はドアのノックの音でした．

```
LABELLIST =
     [30,31,32,33,34,35,36,37,38,39]
        #Interior/domestic soundsのID
```

学習対象を変えたい場合はこのリストに書いてある番号を変える必要があります．

写真1　ノックしている様子

例えば動物の鳴き声（Animals）のデータを対象として学習したい場合は次のように変更してください．

```
LABELLIST = [0,1,2,3,4,5,6,7,8,9]
```

さらに，動物の鳴き声の中での「イヌ」，「ブタ」，「ネコ」だけを学習したい場合は次のように変更します．

```
LABELLIST = [0,2,5]
```

判定

● テスト用の音を集める

テスト用の音を集めましょう．ダウンロードしたデータベースには大量の音データが収録されています．そのため，先に述べたように録音したときと同じような録音環境で録音しなくてもそこそこ良い結果が出ます．

音を集めるにはスマホやICレコーダを利用すると簡単です．筆者はスマホで音を集めるときには「簡単ボイスレコーダ」というアプリケーションをよく使います．**写真1**はICレコーダで音を集めているときの様子です．

これまでに示したように，音が小さくなりすぎないよう**図2**のように，ドアのノックしている部分に録音機器を近付けて録音します．

● 集めた音のデータ・フォーマットは学習用データと同じにしておく

集めた音のデータ・フォーマットと学習用データの

図2　録音機器はできるだけ音源の近くに

データ・フォーマットとを合わせる必要があります．データ・フォーマットはsoxコマンドにiオプションを付けたコマンド（またはsoxiコマンド）で確認することができます．

```
$ sox --i record.wav↵

Input File      : 'record.wav'
Channels        : 1
Sample Rate     : 22050
Precision       : 16-bit
Duration        : 00:00:05.00 =
  110250 samples ~ 375 CDDA sectors
File Size       : 221k
Bit Rate        : 353k
Sample Encoding: 16-bit Signed
Integer PCM
```

この結果からサンプル・レートが22050Hz（22.050kHz），ビット数が16，チャネル数が1の音データとなっていることが分かります．

今回対象としたESC-50サイトからダウンロードしたデータは，サンプル・レートが44.1kHz，ビット数が16ビット，チャネル数が1の音データですので，このデータに合わせてファイル・フォーマットを変更する必要があります．

▶フォーマット変更のコマンド

この変換は次のコマンドで行います．なお，ここでは集めた音をrecord.wavとして，変換後の音をoutput.wavとしました．

```
$ sox record.wav -r 44100 -c 1 -b
16 output.wav↵
```

変換時に必要なオプションを次に示します．

- -rオプション：サンプリング・レートを変更
- -bオプション：ビット数を変更
- -cオプション：チャネル数を変更

なお，皆さんが集めなくても実験できるように，ドアをノックする音を録音し，フォーマットを合わせた音をknock.wavとして保存しておきました．

● soxコマンドのインストール．

次のコマンドでインストールできます．

```
$ sudo pip install sox↵
```

Anacondaをお使いの方は次のようにインストールすると簡単にインストールができます．

```
$ conda install -c groakat sox↵
```

● 集めた音で判定（推論）する

自身で集めてきた音の判定を次のコマンドで行います．音の分類結果が表示されます．

```
$ python3 train_sound.py -TEST
output.wav↵
Prediction label:0
```

なお，筆者が提供するknock.wavをテストするときには次のコマンドを実行します．

```
$ python3 train_sound.py -TEST
knock.wav↵
Prediction label:0
```

分類結果はtrain_sound.pyに書かれた次に示す部分と対応させて何が分類されたか知る必要があります．

```
 LABELLIST =
     [30,31,32,33,34,35,36,37,38,39]
        #Interior/domestic soundsのID
```

上記のknock.wavを使った例ではPrediction label:0と出力されています．この場合，ラベル0に分類されたことを意味するため，LABELLISTの中の0番目のリスト番号という意味となります．つまり，30番のラベルとなります．

30番のラベルは**表2**と対応させるとドアのノックの音となっています．分類がうまくできています．

例えばPrediction label:4と出力された場合には34番のラベルとなります．この番号は**表2**の左上を0番として，その下を順に1番，2番とし，左から2番目の列の1番上を10番，その下を11番といった具合に付けているため，34番は缶を開けた音（Can opening）が分類されたことになります．室内の音を録音して，ぜひいろいろ試してみてください．

◆参考文献◆

(1) 人工知能を用いた打音検査で点検漏れを防止するシステムを開発，産業技術総合研究所．
https://www.aist.go.jp/aist_j/press_release/pr2017/pr20170601/pr20170601.html

まきの・こうじ，にしざき・ひろみつ，さわだ・なおき

索　引

索　引

初出一覧

本書は『Interface』誌 連載「人工知能アルゴリズム探検隊」および，『Interface』誌に掲載した記事を編集したものです．

第2部　いろいろな人工知能

第1章　連載第2回 パターン認識でよく使われる「サポート・ベクタ・マシン」，2016年10月号
第2章　連載第3回 ニューラル・ネットの基本学習法「バックプロパゲーション」，2016年11月号
第3章　連載第4回 パラメータから分類「主成分分析」，2016年12月号
第4章　連載第5回 多数データのグループ分け「クラスタ分析」，2017年2月号
第5章　連載第6回 少数データを丁寧に分けられる「階層型クラスタ分析」の基本原理，2017年3月号
第6章　連載第7回 少数データ分類向き「階層型クラスタ解析」を実験で試す，2017年4月号
第7章　連載第8回 答えを学習してなくても特徴を予測できる「自己組織化マップ」，2017年5月号
第8章　連載第9回「自己組織化マップ」を使った成功・失敗判定の実験，2017年6月号
第9章　一般 自己組織化マップを使ってセンサ・データをもとに人の触り方を推定する，2016年7月号
第10章　一般 迷路探索やゲームで試す強化学習，2019年1月号
第11章　連載第1回 PICマイコンで試せる人工知能記憶装置「アソシアトロン」，2016年9月号

第3部　小型ロボなどの移動体向け

第1章　連載第10回 1番簡単なAIアルゴリズム「If-Thenルール」，2017年7月号
第2章　連載第12回 パラメータを変えながら答えに近づく「山登り法」，2017年10月号
第3章　連載第13回 パラメータを交配させて生物のように進化させる「遺伝的アルゴリズム」，2017年11月号
第4章　連載第14回 過去も加味してベスト行動を決める「拡張版遺伝的アルゴリズム」，2017年12月号
第5章　連載第15回 対戦ゲームや自動運転AIの基本アルゴリズム「Qラーニング」，2018年1月号
第6章　連載第16回 イライラ棒で「Qラーニング」の実験，2018年2月号
第7章　連載第17回 突然変異も起こせる「遺伝的プログラミング」，2018年3月号
第8章　連載第18回 突然変異も起こせる発展形「遺伝的プログラミング」のプログラム，2018年4月号
第9章　連載第19回 自律移動車が「正確な位置＆地図」を推定する「SLAM」，2018年7月号
第10章　連載第20回 正確な位置＆地図推定「SLAM」のプログラム，2018年8月号

●第4部　生命の動きをシミュレーション

第1章　連載第21回 人工知能とは違うアプローチ「人工生命」，2018年9月号
第2章　連載第22回「巡回セールスマン問題」の最短ルートをアリのエサ探しから解く，2018年10月号
第3章　連載第23回 人工生命で群れを動かす，2018年11月号
第4章　連載第24回 生命の誕生と死をコンピュータの中にモデル化する，2019年1月号
第5章　連載第25回 社会科学の基本問題「囚人のジレンマ」，2019年2月号
第6章　連載第26回 社会科学のコンピュータ実験・・・囚人のジレンマで作る村社会，2019年3月号

●第5部　センサ・データを例に分類アルゴリズムを試す

第1章　連載第27回 単純パーセプトロンで「紙幣」の分類に挑戦，2019年5月号
第2章　連載第28回 紙幣の種類判定データの妥当性を統計的「t検定」で確かめる，2019年6月号
第3章　連載第29回 分かりやすい2分割を繰り返す分類方法「決定木」，2019年8月号

初出一覧

●第6部　ディープ・ラーニングと自走ロボ

第1章　連載第33回 画像ディープ・ラーニング自走ロボ・シミュレーション，2019年12月号
第2章　連載第34回 AI自走ロボに別の学習データを追加で教える，2020年1月号
第3章　連載第35回 強化学習にディープラーニングをハイブリッドする「深層強化学習」，2020年2月号
第4章　連載第36回 学習しながら自走する深層強化学習ロボ，2020年3月号

●第7部　アンケート集計で試すデータの統計手法

第1章　連載第30回 決定木の拡張版「ランダムフォレスト」，2019年9月号
第2章　連載第31回 アンケート調査のデータ分析「クロス集計」，2019年10月号
第3章　連載第32回 アンケート調査から人の感情を調べる「SD法」，2019年11月号
第4章　連載第37回 アンケート調査から共通要因の大小を求める「因子分析」の原理，2020年5月号
第5章　連載第38回 統計解析ソフトを使ったアンケートの因子分析，2020年6月号

●第8部　要素の結びつきをもとにウィルス感染をシミュレーション

第1章　特別編 新型コロナ対策を考える　ネットワーク分析手法「スモールワールド」，2020年8月号
第2章　特別編 新型コロナ対策を考える　人と合わない方が良い理由「スケールフリーネットワーク」，2020年8月号
第3章　特別編 新型コロナ対策を考える　感染シミュレーション，2020年8月号

●第9部　「音」認識人工知能の作り方

第1章　特集 My人工知能の育て方　良い音データの集め方，2018年12月号
第2章　特集 My人工知能の育て方　音から物を判別する人工知能の作り方，2018年12月号
第3章　特集 My人工知能の育て方　ウェブから集めた学習用データを使った生活音認識人工知能の作り方，2018年12月号

著者略歴

牧野 浩二（まきの こうじ）

1975年　神奈川県横浜市生まれ.

（学歴）

1994年　神奈川県立横浜翠嵐高等学校卒業

2008 年　東京工業大学 大学院理工学研究科 制御システム工学専攻 修了 博士（工学）

（職歴）

2001 年　株式会社本田技術研究所 研究員

2008 年　財団法人高度情報科学技術研究機構 研究員

2009 年　東京工科大学 コンピュータサイエンス学部 助教

2013 年　山梨大学 大学院総合研究部工学域 助教

2019 年　山梨大学 大学院総合研究部工学域 准教授

これまでに地球シミュレータを使用してナノカーボンの研究を行い，Arduinoを使ったロボコン型実験を担当した．マイコンからスーパーコンピュータまでさまざまなプログラミング経験を持つ．人間の暗黙知（分かってるけど言葉に表せないエキスパートが持つ知識）の解明に興味を持つ.

本誌のダウンロード・データは以下の本誌サポート・ページから取得できます.

https://interface.cqpub.co.jp/2023ai45/

試せる45！ 人工知能アルゴリズム全集

2023年5月15日　初版発行

著　者　牧　野　浩　二
発行人　櫻　田　洋　一
発行所　ＣＱ出版株式会社
〒112-8619　東京都文京区千石4-29-14
電話　編集　03-5395-2122
販売　03-5395-2141

ISBN978-4-7898-4519-9

定価はカバーに表示してあります
乱丁，落丁本はお取り替えします

編集担当　永井 明
DTP　クニメディア株式会社
イラスト　神崎 真理子，浅井 亮八，シェリーカトウ
印刷・製本　三共グラフィック株式会社
Printed in Japan